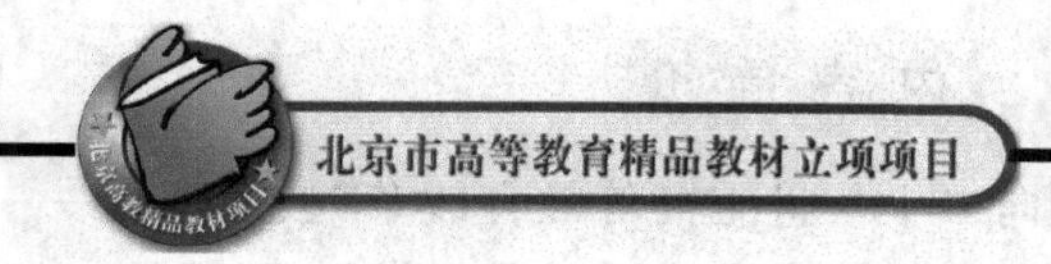

机械设计基础

上 册

（第 2 版）

吴瑞祥　刘静华
王之栎　郭卫东　主编

北京航空航天大学出版社

内 容 简 介

本书根据教育部提出的"面向二十一世纪高等教育改革"教改项目——"机械基础系列课的教改研究与实践"课题的改革成果编写而成。分上、下两册。上册主要内容包括:空间形体、几何元素的投影、投影变换、平面立体、相交、三维图形表达、组合体、零件的构形设计与表达以及装配图与结构设计。

本书可作为高等工科院校机械类、近机类专业本科学生的技术基础课教材,也可作为工程技术人员的参考用书。

图书在版编目(CIP)数据

机械设计基础. 上册/吴瑞祥等编著. —2 版. —北京:北京航空航天大学出版社,2004.9

ISBN 978-7-81077-515-1

Ⅰ.机… Ⅱ.吴… Ⅲ.机械设计—高等学校—教材 Ⅳ.TH122

中国版本图书馆 CIP 数据核字(2004)第 086631 号

机械设计基础 上册(第 2 版)

吴瑞祥 刘静华 王之栎 郭卫东 主编

责任编辑 王 实

*

北京航空航天大学出版社出版发行

北京市海淀区学院路 37 号(100083) 发行部电话:(010)82317024 传真:(010)82328026

http://www.buaapress.com.cn E-mail:bhpress@263.net

北京建宏印刷有限公司印装 各地书店经销

*

开本:787×960 1/16 印张:34.25 字数:762 千字

2004 年 9 月第 1 版 2005 年 9 月第 2 版 2020 年 8 月第 12 次印刷 印数:27 001～28 000 册

ISBN 978-7-81077-515-1 定价:69.80 元

前言

20世纪90年代以来，围绕高等工程教育如何进行改革，国内外展开了一系列讨论。1996年，教育部提出了“面向二十一世纪高等教育改革”教改项目，开始了全国范围内的教改大行动。我们有幸参加了“机械基础系列课的教改研究与实践”课题，针对画法几何、机械制图、机械原理、机械设计等课程进行改革，历经7年时间，取得了一系列成果，荣获国家教学成果二等奖和北京市教学成果一等奖。本系列课已成为北京市精品课程，而《机械设计基础》教材已被评为北京市重点精品教材。

机械基础系列课的改革从何入手，我们根据“高等工程教育应回归工程”的精神，选择设计作为切入点。设计是工业的灵魂，是创新的温床。机械基础系列课以设计来整合课程，能够很好地重建体系，重新组织教学内容，突出工程思维，有利于提高学生的能力和素质，满足培养目标的要求。

为了突出设计，我们提出了以培养学生的综合设计能力为主线的思想，并以此改革课程体系和教学内容。从体系上讲，我们打破原有课程的界限，将以上四门课合成一门课，从整体优化的角度安排教学内容，以机械设计为主干，按机械设计的一般规则和程序建立新的体系，体现从总体设计到功能设计、从全局设计到局部设计，以及先设计后计算、再画图的一般流程。同时，让学生建立起什么是设计，什么是机械设计，以及设计的原则、程序、方法和设计与环境的关系等基本概念。在新体系中，画法几何和机械制图作为机械设计的表达手段，机械原理作为运动设计构成机械设计的一部分，而机械设计则作为新体系的核心与画法几何、机械制图及机械原理的内容融合起来。

在图形的表达部分，我们将画法几何与机械制图融合在一起，打破原来以投影几何为中心的体系，改为以三维造型为核心，突出了形体分析－构型分析－造型分析的规律和现代工程图学的理论基础。在运动设计和结构设计部分，我们强调从整体出发，使学生对机器或机构建立一个整体的概念，然后介绍具体的零件和机构，最后归结到整体。在教学内容的安排上，我们将标准零件的画法及其结构、强度计算放在一起讲，将传统的传动、支承和联结的内容改为强度和刚度设计、摩擦学设计及标准件选择设计，以达到整体优化的效果，同时也体现了我们的改革思想。

本课程强调对学生综合设计能力的培养。这种能力应包含三个层次：第一个层次是培养学生表达设计对象的能力；第二个层次是培养学生运用传统和现代的手段进行设计综合和设计分析的能力；第三个层次是培养学生创造性构思的设计能力和总体上把握设计方案的能力。

而具体的能力培养包括几何抽象能力、投影作图能力、构型表达能力、形体设计能力、运动分析能力、机构综合能力、结构设计能力及计算分析能力等。

为了突出设计，图形的表达围绕设计来进行，运动设计将以分析为主变为以设计为主，结构设计部分将设计问题贯穿于始终。此外，为了使学生受到完整的设计训练，本课程还将原有的机械原理课程设计与机械设计课程设计合并，以使学生从原理方案设计到结构设计一气呵成。

为了适应课程改革，本课程将运用 CAI 教学，并最大限度地将计算机渗透到课堂教学、课下作业和课程设计中去。

总之，本课程是一门面向 21 世纪、改革力度较大的新课程，其出发点和归宿都围绕设计而展开。在课程的开头强调了整体设计的概念，在内容的安排上打破了原有的体系，服从于设计的进程，舍弃了原来与设计关系不大的内容，使每一部分都体现了以设计为中心的思想。希望学生通过本课程的学习，在综合设计能力方面切实得到提高，为今后学习专业课程打下一个良好的基础。

本书分上、下两册，共八篇 34 章。讲授 187 学时，另有 10 学时实验、48 学时上机和 160 学时的课程设计。

本书由吴瑞祥负责课题研究、组织编写并拟定大纲；吴瑞祥、王之栎、刘静华和郭卫东主编。参加本书上册编写工作的有刘静华、王之栎、潘柏楷、王运巧、杨光、马金盛、王玉慧、肖立峰、宋志敏和汤志东，参加绘图工作的有浦立、唐科、王凤彬、王增强和李瀛博，参与工作的还有鲁君尚、陈路、王晚霞、曹伟、郭皓明、陈学文和李江涛。由吴瑞祥、刘静华统稿。

《机械设计基础（上册）》出版后，教师和数千学生经过一年的使用，对其提出了宝贵的意见。经部分编著者对其进行精心修改、更正并扩展了部分内容，形成了此第 2 版。但由于改革力度较大，而我们缺乏经验且水平有限，故错误之处恳请广大读者批评指正。

吴瑞祥
2005 年 8 月 15 日

目 录

绪 论

0.1 机械设计理论与方法概论 …… 1
0.2 机械设计的基本原则 …… 3
0.3 设计方法学 …… 6
0.4 总体设计 …… 12
0.5 机械产品的详细设计 …… 13
0.6 机械工程实验与设计实践 …… 15

第一篇 机械制图基础知识

第1章 现代制图基础知识

1.1 制图基础知识 …… 19
1.1.1 机械制图国家标准 …… 19
1.1.2 手工绘图基础 …… 23
1.1.3 尺寸注法 …… 24
1.2 平面图形的构形与尺寸标注 …… 29
1.2.1 由内部结构决定的平面图形 …… 29
1.2.2 带有圆角轮廓的图形 …… 34
1.2.3 对称图形的尺寸 …… 35
1.2.4 歪斜图形的尺寸标注 …… 36
1.2.5 圆弧连接图形 …… 37
1.3 当今使用的绘图软件概述 …… 41
1.3.1 AutoCAD 2004 …… 41
1.3.2 CAXA …… 43
1.3.3 MDT 三维机械设计软件 …… 44
1.3.4 Unigraphis …… 45
1.3.5 Solid Edge …… 47
1.3.6 CATIA …… 48

1.3.7　Pro/E …… 49
1.4　AutoCAD 2004 绘图初步 …… 51
1.4.1　初步认识 AutoCAD …… 51
1.4.2　常用绘图命令 …… 58
1.4.3　常用编辑命令 …… 68
1.4.4　绘图环境设置 …… 75
1.4.5　绘图实例 …… 79
1.5　AutoCAD 绘制平面图形 …… 86
1.5.1　图　层 …… 87
1.5.2　编辑命令 …… 88
1.5.3　绘制图形 …… 92
1.5.4　尺寸标注 …… 99

第2章　空间形体

2.1　形体及其生成与分解 …… 102
2.1.1　形体的分类 …… 102
2.1.2　形体的生成与分解 …… 104
2.2　空间形体的三维与二维描述方法 …… 107
2.2.1　空间形体的三维描述方法 …… 107
2.2.2　空间形体的二维描述方法 …… 109

第3章　几何元素的投影

3.1　点在两投影面体系中的投影 …… 113
3.1.1　两投影面体系 …… 113
3.1.2　点的投影 …… 114
3.1.3　投影面上的点 …… 115
3.2　点在三投影面体系中的投影 …… 115
3.2.1　三投影面体系 …… 115
3.2.2　点在三面体系中的投影 …… 116
3.2.3　点的投影与坐标的关系 …… 116
3.2.4　点的三面投影作图举例 …… 117
3.3　直线的投影 …… 119
3.4　直线与投影面的相对位置 …… 120
3.4.1　一般位置的直线 …… 120

3.4.2　特殊位置的直线 …… 121
3.5　二直线的相对位置 …… 124
3.5.1　平行二直线 …… 124
3.5.2　相交二直线 …… 125
3.5.3　交叉二直线 …… 125
3.5.4　应用举例 …… 126
3.6　一般位置直线段的实长与倾角的解法 …… 126
3.7　直线上的点 …… 128
3.7.1　投影特性 …… 128
3.7.2　作图举例 …… 129
3.8　直角投影定理 …… 130
3.8.1　定　理 …… 130
3.8.2　逆定理 …… 130
3.8.3　应用举例 …… 131
3.9　平　面 …… 132
3.9.1　平面的确定及其投影作图 …… 132
3.9.2　平面与投影面的相对位置 …… 134
3.9.3　平面上的点和直线 …… 136
3.9.4　平面上的特殊直线 …… 139

第4章　几何元素的相对位置

4.1　平行问题 …… 143
4.1.1　直线与平面平行 …… 143
4.1.2　平面与平面平行 …… 144
4.2　相交问题 …… 146
4.2.1　平面与平面相交 …… 146
4.2.2　直线与平面相交 …… 148
4.2.3　可见性问题 …… 150
4.2.4　利用穿点法求两平面的交线 …… 150
4.3　垂直问题 …… 152
4.3.1　直线与平面垂直 …… 152
4.3.2　平面与平面垂直 …… 154
4.3.3　直线与直线垂直 …… 155
4.4　综合问题 …… 157

第 5 章　投影变换

5.1　换面法的基本原理 …… 161
5.2　点的换面 …… 161
5.3　直线的换面 …… 163
5.4　平面的换面 …… 165

第二篇　立体的投影与表达

第 6 章　平面立体

6.1　平面基本几何体 …… 171
6.2　切割型平面立体 …… 172
6.3　相贯型平面立体 …… 174
6.3.1　几何分析 …… 175
6.3.2　投影分析 …… 175

第 7 章　基本旋转体

7.1　基本旋转体的形成 …… 178
7.2　基本旋转体的投影 …… 178
7.2.1　圆柱体 …… 178
7.2.2　圆锥体 …… 180
7.2.3　圆球体 …… 181
7.2.4　圆环体 …… 182
7.3　旋转面上点的投影 …… 184
7.3.1　圆柱面上点的投影 …… 184
7.3.2　圆锥面上点的投影 …… 185
7.3.3　圆球面上点的投影 …… 185
7.4　简单组合体 …… 186
7.5　表示物体内部形状的方法——剖视 …… 187

第 8 章　平面与曲面相交

8.1　截交线的基本概念 …… 189
8.2　截交线的投影作图 …… 190
8.2.1　平面与圆柱相交 …… 190

8.2.2 平面与圆锥相交 …… 193
8.2.3 平面与球相交 …… 197
8.2.4 平面与圆环相交 …… 198
8.3 组合体的截交线 …… 199

第9章 曲面与曲面相交

9.1 相贯线的基本概念 …… 203
9.2 用积聚性法求相贯线 …… 204
9.3 用辅助平面法求相贯线 …… 206
9.4 用辅助球面法求相贯线 …… 208
9.5 相贯线的形式及影响因素 …… 210
9.5.1 关于二次曲面的相贯线 …… 210
9.5.2 尺寸大小的变化对相贯线的影响 …… 211
9.5.3 相对位置的变化对相贯线的影响 …… 212
9.6 复合相贯 …… 212

第10章 用CSG体素构造法分析空间形体

10.1 体素构造CSG的原理和方法 …… 217
10.2 空间形体的正则集合运算 …… 218
10.3 建立实体模型的一般过程 …… 219
10.4 空间形体的CSG树表示 …… 220
10.5 空间形体的体素和构造形式实例分析 …… 222

第11章 三维图形表达

11.1 三维绘图初步 …… 228
11.1.1 三维显示功能 …… 228
11.1.2 基本体素的生成 …… 231
11.1.3 常用命令 …… 233
11.1.4 三维形体的生成及其二维投影显示实例 …… 236
11.2 AutoCAD三维实体造型实例 …… 241
11.3 轴测投影图 …… 255
11.3.1 轴测投影 …… 255
11.3.2 徒手绘制轴测草图 …… 268
11.3.3 计算机绘制三维图形 …… 270

第12章 组合体的构形与表达

12.1 组合体的构形……………………………………………………………… 274
12.2 组合体的投影作图………………………………………………………… 275
12.3 组合体的尺寸标注………………………………………………………… 282
12.3.1 几何体的尺寸……………………………………………………… 282
12.3.2 组合体的尺寸……………………………………………………… 284
12.3.3 尺寸标注的安排…………………………………………………… 288

第三篇 零件的构形设计与表达

第13章 机件常用的表示方法

13.1 视 图……………………………………………………………………… 291
13.1.1 基本视图…………………………………………………………… 291
13.1.2 向视图……………………………………………………………… 292
13.1.3 局部视图…………………………………………………………… 292
13.1.4 斜视图……………………………………………………………… 293
13.2 剖视图和断面图…………………………………………………………… 294
13.2.1 剖视图……………………………………………………………… 294
13.2.2 断面图……………………………………………………………… 300
13.3 AutoCAD 绘制剖视图与断面图 ………………………………………… 301

第14章 零件的构形与表达方法

14.1 零件图的要求……………………………………………………………… 304
14.2 零件的合理构形…………………………………………………………… 305
14.2.1 零件的构形原则…………………………………………………… 305
14.2.2 零件的功能构形…………………………………………………… 305
14.3 零件的局部构形…………………………………………………………… 308
14.4 零件图的图形表达………………………………………………………… 315
14.4.1 选择主视图的原则………………………………………………… 315
14.4.2 其他视图的选择…………………………………………………… 317
14.4.3 惟一确定…………………………………………………………… 320
14.5 零件的技术要求…………………………………………………………… 322
14.5.1 表面粗糙度………………………………………………………… 322

14.5.2　极限与配合…… 328
14.6　零件图的尺寸标注…… 336
14.6.1　零件图尺寸标注的要求…… 336
14.6.2　尺寸与结构设计…… 338
14.6.3　尺寸与加工工艺…… 342
14.7　计算机绘制零件图实例…… 357
14.7.1　绘制二维零件图…… 357
14.7.2　绘制三维零件实体模型…… 367
14.8　零件测绘…… 387
14.8.1　零件测绘的方法与步骤…… 387
14.8.2　徒手绘制草图的方法…… 387
14.8.3　零件尺寸的测量…… 390
14.8.4　典型零件草图测绘图例…… 391
14.8.5　轴测草图…… 394
14.9　简化尺寸表示法…… 396

第四篇　常用部件的设计与表达

第15章　标准件和常用件

15.1　螺纹及螺纹紧固件…… 403
15.1.1　螺纹的形成、结构和要素…… 403
15.1.2　螺纹的种类…… 406
15.1.3　螺纹的规定画法…… 407
15.1.4　螺纹的标注…… 410
15.1.5　常用螺纹紧固件的画法和标记…… 413
15.1.6　螺纹紧固件的装配图画法…… 415
15.1.7　简化画法…… 419
15.1.8　防松装置及其画法…… 420
15.2　键、花键和销…… 422
15.2.1　键…… 422
15.2.2　花　键…… 423
15.2.3　销…… 425
15.3　齿　轮…… 426
15.3.1　圆柱齿轮…… 427

15.3.2　锥齿轮……431
15.3.3　蜗轮、蜗杆……435
15.4　弹　簧……441
15.4.1　圆柱螺旋压缩弹簧的各部分名称和尺寸关系……441
15.4.2　螺旋压缩弹簧的规定画法……442
15.4.3　圆柱螺旋压缩弹簧的画图步骤……443
15.4.4　圆柱螺旋压缩弹簧的标记……443
15.4.5　零件图示例……444
15.5　滚动轴承……445
15.5.1　滚动轴承的种类……445
15.5.2　滚动轴承的代号……446
15.5.3　滚动轴承的画法……449

第16章　装配图与结构设计基础

16.1　装配图的内容与要求……454
16.1.1　装配图的作用……454
16.1.2　装配图的内容……454
16.2　机械设计中常见的装配关系……455
16.3　机械设计中装配结构的表达……464
16.3.1　一般表达方法……464
16.3.2　装配图的特殊表达方法……465
16.4　绘制机械设计图的方法与步骤……467
16.4.1　装配基准面……467
16.4.2　装配图的画图步骤……470
16.4.3　装配图中的零件序号、标题栏和明细表……472
16.5　计算机生成二维装配图……474
16.5.1　绘制二维零件图……474
16.5.2　绘制二维装配图……477
16.6　计算机生成三维装配图……480
16.7　设计过程与装配图的读图……483
16.7.1　读装配图的要求……483
16.7.2　装配图读图的一般方法与步骤……485
16.8　根据装配图拆画零件图……487
16.8.1　拆画主体零件图……487

16.8.2　在计算机上由装配图拆画主体零件的二维图 …… 498
16.8.3　根据装配图生成主体零件的三维图 …… 500
附录 A　螺　纹 …… 502
附录 B　螺纹紧固件 …… 506
附录 C　键、销 …… 516
附录 D　滚动轴承 …… 520
附录 E　公差与配合 …… 524
参考文献 …… 532

绪 论

0.1 机械设计理论与方法概论

1. 机械设计基础课程的任务

机械设计基础课程是一门培养工科学生机械工程设计能力的系列课程。其主要内容包括:机械工程涉及的图学基础;工程图样的认识、绘制、表达和设计;通用的及与航空航天工程相关的机器、机构、机械零部件的运动、动力、强度、摩擦学和结构等的分析和设计原理、方法及实例。

本课程的主要任务是:通过机械工程设计基本知识和相关设计方法的教学过程,使学生了解和掌握通用机械工程中常用机械装置的设计方法,并使之具备扎实的机械设计基本知识、技能及一定的创新设计能力。

本课程与以往机械设计课程的不同之处在于将画法几何、机械制图、机械原理与机械设计等相关课程有机地融为一体,以设计为主线,组成新的体系。

2. 机械设计

(1) 机　械

机械是机构和机器的总称,是人类生产、生活的工具。机械的生产和使用水平是公认的工业技术水平及其现代化程度的衡量标志之一。先进的生产机械常具有机-电一体化特征。

(2) 设　计

设计是人们为达到某种目的所做的创造性工作的描述。广义上是指对发展过程的安排,目的是加速或减缓自然过程;狭义上是指为满足某些特定需要而进行的工作计划的具体描述,是将构思物体转变成实际物体这一过程的一系列作业。英文“设计”(design)一词来自拉丁语“记下”(DESIGNARE=DE)和“符号、图形”(singare)两词。设计是对人们创新思维的客观描述,具体讲就是提出满足人们需要的方案。

经济学角度上,设计是把各种先进技术转化为生产力的手段之一,是生产力的反映,是先进生产力的代表。

社会人文学上,设计是为满足某种需求进行的创造性思维活动及实践。

思维方式上,设计是一个具有抽象思维、形象思维和创造性思维综合特征的思维过程,是一个从发散到收敛,既有逻辑推理,又有分析、判断综合的综合过程。

(3) 机械设计

机械设计是指机械装置和机械系统的设计,是根据使用要求对机械工作原理、结构及运动方式,力和能量的传递方式,各个零件及其材料、形状、尺寸和润滑方法等进行构思分析和计算,并将其转化为具体的描述以及作为制造依据的工作过程。机械设计是一种创造性行为,对机械产品的品质和价值起着决定性作用。没有高质量的设计,就不可能有高质量的产品。设计决定了产品的结构、功能、成本、外型、表面特点、内在质量及其相互联系,确定了产品生产过程和消费过程的满意度。

机械设计的发展,经历了直觉设计为主、经验设计为主、半经验半理论设计以及现代设计等阶段。随着科学技术的发展,机械设计的效率和质量大大提高,盲目性减少。设计工作的完善,使工业节奏加快,更新周期缩短,生产力迅速发展,社会需求增加,进而使得社会生产发展速度加快。随着工业科技发展水平的不断提高,先进的设计发明,可以迅速得到应用。表0-1是几项代表性工业设计从发明到实用所经历的时间表。

表0-1　设计项目从发明到实用的时间表

设计发明	从发明到实用所经历的时间
蒸汽机	100年
电动机	57年
汽　车	27年
电　视	12年
激光器	1年

工业科技水平的提高为设计发明的实现提供了催化剂,加速了其市场实现的速度,也对设计本身提出了更高的要求。

现代机械设计,首先应是创新的设计,是理论经验与直觉的结合。现代设计的综合性内涵已越来越突出地显现于产品设计本身。

设计的核心是创造。其过程是针对目标任务寻求最佳结果的优化过程。现代机械设计的特点常表现为系统产品设计、多领域跨学科交叉共同设计以及多目标、短周期、多品种的设计,如飞行器、机器人系统、汽车、家电产品和计算机等。

3. 机械设计基础课程的学习准备和要求

学习本课程前,应对投影理论和机械学常识有所了解,掌握材料学、理论力学、金属工艺学及金属加工工艺学的基本理论和技能。本课程拟用170课内学时,课内外学时比为1∶2的教学时间,完成投影理论、机械设计理论与方法、机械工程图样表达等内容的基本学习与训练。

机械设计基础课程的后续课程“机械设计课程设计”将为学生提供一个应用所学知识,从工程实际出发,设计简单或中等复杂程度机械装置的教学环节。该教学环节的设置将注重针对实际工程问题设计能力的培养。

任何先进的装备和机器,无一不涉及机械设计,如在机器人设计、航天器设计等工程中,机械设计的内容不胜枚举;而所有的设计都要求设计者将设计内容明确无误地表达为图纸或软件形式,经过加工、装配方能成为产品。图样表达、机构设计、强度和刚度设计及摩擦学设计是在一般设计中必备的知识。本课程所讨论的投影理论、图样表达以及机械设计理论和方法都是工程技术及研究人员必备的知识。课程的讨论将注重设计能力的培养，加强实践环节的训练，强调认识、分析和解决问题的基本方法的掌握，以完成机械综合设计能力培养的任务。

4. 机械设计基础课程的特点和改革之处

机械设计基础是由传统教学计划中画法几何、机械制图、机械原理、机械设计等课程系统改革整合而成。与以往单独开设的课程不同，本课程强调以培养学生的综合设计能力为主线安排课程内容，着重培养学生的几何抽象能力、投影作图能力、形体设计能力、运动设计能力、结构设计能力及综合创新设计能力。在课程体系上按照先总体设计、后零部件设计，先概要设计、后详细设计的要求，对原有教学体系作了较大调整。在结构设计部分，不再按传统的联结、支承和传动三大部分安排教学，而改为按强度和刚度设计、结构设计及摩擦学设计等内容组织教学。在后续的实践环节——课程设计中，将原来机械原理课程设计与机械设计课程设计整合为一体，使学生得到更进一步的综合训练。另外，在每一个教学环节中都渗透了计算机的应用，以提高学生运用现代设计手段的能力。

0.2　机械设计的基本原则

机械设计是完成机械系统产品化的重要组成部分，产品的成本、研制周期、产品化周期、产品质量、技术经济价值及工作可靠性指标等，都受到其设计的制约。统计表明，50%的质量事故是设计失误造成的，60%～70%的产品成本取决于设计本身。机械设计在产品的形成过程中起着十分重要的作用。

1. 机械设计的基本原则

(1) 创新原则

设计过程本身就是以创新为其重要特征的。工程实践中的机械设计工作，首先应该追求的是创新思维方式下的新颖的设计结果。对于初学者来说，注意了解、继承前人的经验，学习优秀的设计作品，发挥主观能动性，勇于创新，是做好设计工作的前提；符合时代精神的、有特色的创新设计最具生命力，是社会和工业发展的要求和需要，是设计者追求的目标，也是评价一个设计结果成功与否的重要原则。

(2) 安全原则

产品能安全可靠地工作是对设计的基本要求。在机械设计中，为了保证机械设备的安全运行，必须在结构设计、材料性能、零部件强度和刚度，以及摩擦学性能、运动和动态稳定性等方面依照一定的设计理论和设计标准来完成设计。产品的安全性是相对的，在规定条件和时间内完成规定功能的能力，称为可靠性。可靠度作为衡量系统可靠性的指标之一，可以用来描述系统安全运行的随机性，可靠度越大，产品维持功能的能力越强，系统越可靠；反之，产品越不可靠。产品的安全性通常是指在某种工作条件下及可靠度水平上的安全性，是设计中必须满足的指标。

(3) 技术经济原则

产品的技术经济性是指产品本身的技术含量与经济含量之间的配比特性。在满足设计结果安全性的前提下,提高产品的技术价值,降低其成本消耗,缩短生产周期,可以获得具有高竞争力的产品。通常,产品的技术效益、经济效益和社会效益的高低,是决定其生命力的重要因素。现代工业产品的设计对设计周期、技术指标及成本消耗等方面的要求具体而明确,作为设计评价的基本原则之一,必须引起设计者的充分重视。

(4) 工艺性原则

产品设计一般用图样表达完整后,进入生产阶段。产品机械零部件的生产和装配工艺性问题,应是设计者在设计过程中解决的问题。通常,加工、制造过程对产品安全性和经济性起着决定性的作用,同时也对产品在使用过程中的维护和维修产生影响,因此要力求改善零部件的结构工艺性,使生产过程最简单,周期最短,成本最低。现代工艺技术的发展、传统机加工、高精度组合加工、光加工和电加工等为产品的生产制造提供了许多先进的加工手段,同时合理的设计不仅能使产品加工、装配易于实现,而且具有良好的经济性。

(5) 维护性和实用性原则

产品经流通领域到达最终用户后,其实用性和维护性就显得十分重要。平均无故障时间、最大检修时间通常是用户的基本维护指标,而这些指标显然取决于设计过程。过长的维护时间会使生产系统超时瘫痪,有时还会造成企业的极大浪费,甚至对生产过程和产品本身产生影响。良好的维护性和实用性,可以使产品较好地适应使用环境和生产节奏。事实上,维护性和实用性也具有潜在的社会效益和经济效益。

2. 机械设计的过程

(1) 一般工程设计过程

工程设计就是运用科学的原理去发展对人类社会有用的产品。需求确定后,设计者的责任就是运用工程方法,在社会、经济及时间等约束条件下,设计研制出满足需求的产品。工程设计中对概念发展、设计验证性的预测,都是必不可少的环节。有必要指出,设计既是一种创新的过程,也是一个逐步完善的过程;圆满的设计是经验积累和升华的产物,因而具有不可估量的价值。

一般工程设计过程如图 0-1 所示。

(2) 机械设计的过程

机械设计可以分为计划调研阶段、产品设计阶段、试制阶段、批量生产阶段和销售阶段。在计划调研阶段的工作是,通过市场调查,预测市场趋势,确定市场需求,完成需求分析;进行可行性研究,对市场、投资环境、生产条件、成本及效益进行分析,完成可行性报告;并为产品设计阶段提供完整的功能、工况及安全指标设计要求,提出设计任务书。在生产设计阶段的工作是,根据设计要求提出各种原理性方案;经评价分析后,确定结构方案;再经评价决策后,进行总体设计和施工设计。试制阶段是在设计基本完成后，进行样机的制造和试验，并对样机进行鉴定评价。经过个性设计、规范工艺后，进入批量生产阶段。最后，在销售阶段实现产品的价值，并反馈产品的信息。机械设计的整个过程如图 0－1 所示。

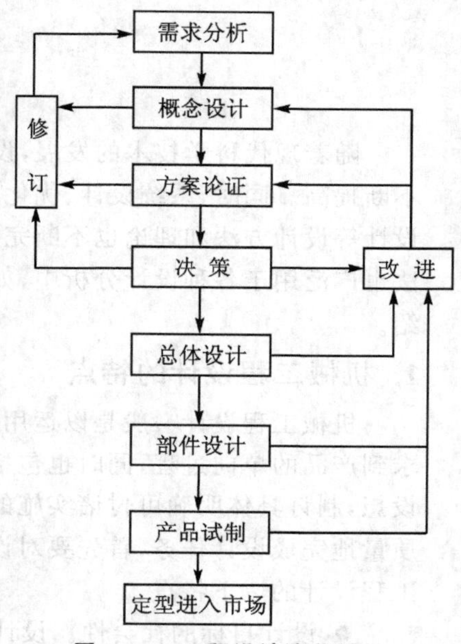

图 0－1　工程设计流程图

设计阶段是关键性阶段，包括原理方案设计、结构方案设计、总体设计和施工设计。在这个阶段，设计者要对设计要求进行完整的分析计算，对零部件的承载、应力状况、强度、刚度、摩擦学性能及动态性能等进行逐一计算，确定其基本形状和工艺路线，再进行结构设计，将设计结果表达为规定的图样形式，提供试制阶段实施。设计过程除图纸外一般要提供详细的计算说明书。

试制阶段，除对产品进行工艺设计、样机制造、试验、评价及改进完善产品外，还对产品提出更改建议，以提高设计质量。机械产品设计的主要过程如图 0－2 所示。

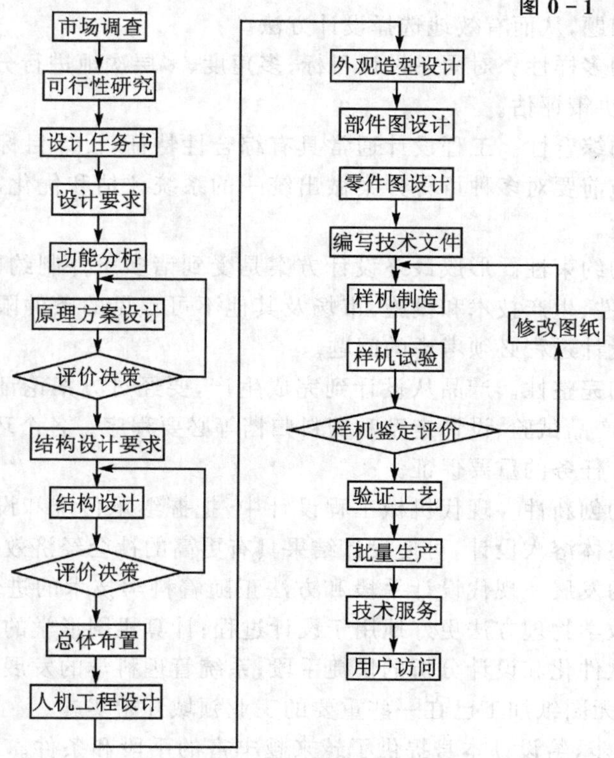

图 0－2　机械产品设计流程图

0.3 设计方法学

随着现代科学技术的发展,设计的理论和手段不断完善,机械产品的系统化、集成化水平不断提高。同时,系统设计、优化设计、可靠性设计、功能成本设计、反求设计以及计算机辅助设计等设计方法和理论也不断完善,并被广泛应用于工程实际中;许多模型分析方法、计算方法也广泛用于各种设计分析中,如有限元分析方法等。下面将一些常用设计方法作一简要介绍。

1. 机械工程设计的特点

机械工程设计一般是以运用科学原理去创造对人类社会有用产品为目标的,是一种从需求到产品的单向过程,同时也包括改进和修正的反向循环。设计的任务是根据需求,提出技术设想,制订具体明确可付诸实施的方案、说明,并为产品的形成和使用提供依据。若要高效、高质量地完成设计任务,首先要对设计任务的目的性、社会性和技术条件进行全面评估,并注意工程设计的以下特点:

- 设计目标的社会性。设计任务常来自于简单的社会需求,对设计对象进行解析,明确设计关键问题,从而有效地选择设计方法。
- 设计方案的多样性。对同一设计目标,多角度、多层次地进行分析综合,制订多种实施方案,提供决策评估。
- 工程设计的综合性。工程设计通常具有综合性特征,设计目标具有多元性,因而在设计方案实施前要对多种可行方案做出统一的系统评估和优化,确定设计方案,并进一步设计实施。
- 设计条件的约束性。形成最终设计方案是受到诸多条件制约的,如数理模型、经济条件、社会条件、生产技术和设施、市场及其他不可预见的条件限制,都构成对设计的约束。这是设计过程必须考虑的问题。
- 设计过程的完整性。产品从设计到完成生产,要经过方案论证、初步设计、详细设计、样机试制、产品试验、设计定型和资料归档等必要程序。各个环节相互补充完善,是顺利完成设计任务的重要保证。
- 设计结果的创新性。现代机械工程设计中,把握继承传统和设计创新,将其有机地统一为一个整体溶入设计,可使设计结果具有更高的社会经济效益和更强的生命力。
- 设计手段的发展。现代设计手段和方法正随着科学技术的进步逐步完善。计算技术的发展使数学物理方法更好地用于设计过程;计算机图形学的发展使计算机绘图成为设计图纸软件化和设计分析的快捷手段;系统管理科学的发展使设计制造管理的集成成为可能;无图纸加工已在一些重要的工业领域开始实施。

科学技术的进步,给设计本身提供了越来越丰富的手段和条件。机械工程设计也有它自己的特点和必须遵循的科学规律。设计者要掌握设计规律和先进的设计方法,充分发挥聪明才智,才能圆满完成设计任务。

2. 系统设计方法

(1) 系统设计方法的几个原则

系统设计方法是合理研究组成系统各因素及其内在联系,辩证解决设计问题的方法。它以系统的概念为研究和设计各种系统的基础,提出基本设计原则,指导设计者完成设计。它具有良好的整体性、有序性和相关性。

整体性原则反映了在系统设计中,分系统设计的总体协调特点是,在综合的条件下分解,然后又有相对独立分系统的综合,采用系统方法,遵循整体性原则,分解系统设计;将分系统设计综合为整体,使整体系统功能优于各孤立部分功能的总和。在设计中避免把设计对象进行简单分解、简单组合的片面做法。

有序性原则反映了系统全过程的等级、层次及其关系。设计方法和设计过程本身就是一个有序系统。将其与设计任务系统有机地融合,并与更高层次的系统统一研究,使具有纵横关系的设计系统形成一个具有稳定关系和联络特征的系统结构,进而使设计者明确目标和责任,使设计信息流动通畅,分系统与整体系统关系清晰明了,从而为提高设计效率和质量提供可靠的保证。

相关性原则是指设计系统及与之相关联的外部系统之间,存在着必然的联系。系统设计方法的相关性原则是辩证法普遍联系规律在设计中的具体体现和实际应用。设计整体系统受外部条件制约,内部分系统之间存在网状联系;各分系统诸要素间既有特殊性,即相对独立的工作特点,又须遵从整体协调性。这样就形成各设计环节之间具有的多样性、相对独立性和统一性特征。只有在设计中考虑各系统的相关性,把每一问题都作为系统要素来研究,明确其在系统中的位置和联系,才能使未知系统向已知系统的过渡过程合理而高效,并使形成的目标系统更加完善,从而得到高质量的设计结果。

(2) 系统设计方法

系统设计方法的主要思想是在设计过程中强调外部系统和内部系统的关系,强调整体系统和分系统的关系,并使之贯穿于整个设计过程。

系统的分解和综合在系统设计中起着十分重要的作用。系统的分解可按结构、功能、时序及空间等多方分类;但分解系统时要考虑便于综合,如子系统数为 n,则综合方案有 $2^{n(n-1)/2}$ 种,因而系统分解在设计中十分重要。在分解综合中要考虑各分系统联络关系的强弱及其与整体系统关联的完整性。

系统的辨识和分析,是为了考查和明确系统的特征、结构、性质、功能及其重要性,是系统设计方法实施的基础。系统的辨识和分析水平取决于设计者的经验水平,系统的复杂程度也对其具有影响。系统分析在不同的设计阶段具有不同的对象,如规划阶段的系统概念分析,设计阶段的多种方案优劣分析、经济性分析、实施方案的惟一性分析,制造过程中的试验分析和工艺设计分析等。

系统评价作为系统分析的核心,对设计实施过程和结果均具有深刻影响。系统评价的主要方法有:相关矩阵法、交叉增援矩阵法、交叉影响矩阵法和费用效果分析法等。

系统设计方法是一种从整体出发,注重整体与局部联系来进行设计的方法,在现代设计中经常使用。

3. 优化设计方法

优化设计方法,是借助数学最优化原理解决实际问题的设计方法。针对某一设计任务,以结构最合理、工作性能最佳及成本最低等为设计要求,在多种方案、多组参数及多种设计变量中,确定设计变量的取值,使之满足最优设计需求。在机械工程设计中,优化设计体现为最佳设计方案的确定和最佳设计参数的确定。

进行优化设计时,首先需要针对具体的工程问题,构造合适的数学模型,选择优化计算方法,建立完备的求解系统,寻找最优设计结果,最终为详细的结构设计提供最佳设计参数。其基本步骤如图0-3所示。

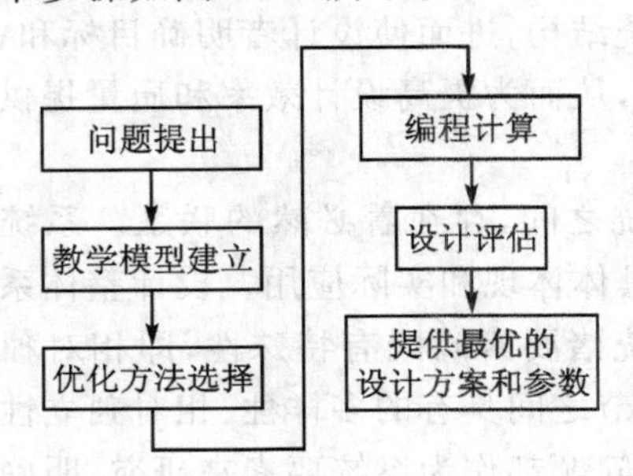

图0-3　优化设计流程图

数学模型由设计变量、目标函数及约束条件组成。一个设计方案可用若干个设计参数来描述。参数分为两类:一类是不变的设计常量;另一类是须在设计中不断调整的变量,称为设计变量。设计变量根据工程问题及设计对象设置,与影响设计目标实现的设计因素密切相关。如果设计因素考虑得详尽、细致,则设计变量选取较多,设计结果在理论上的准确度也较高,但计算过程也较复杂。以设计变量为变量,以设计目标为依据,构造的数学方程 $f(x)$,称为优化设计中的目标函数,也称评价函数。同一设计问题可有一个或多个目标函数。约束条件是工程问题中限制设计变量取值范围的一系列数学方程 $g_i(x), i=1,\cdots,N$,它们也是设计变量的函数,又称为约束条件。各约束条件之间不应彼此矛盾。某些问题对设计变量没有取值限制,也就没有约束条件。目标函数与约束条件所构成的完备数学体系,称为该问题的数学模型。

求解数学模型,要根据数学模型的类型和特点,选择合适的数学方法。方法选择适当,可使计算过程大大简化,从而节省大量的时间和精力;方法选择不当,会造成计算过程繁复,费时费力,有时会导致最优化求解失败。求解数学模型常用以下几类方法:线性规划、非线性规划、单目标优化、多目标优化、网络优化及动态优化等。

问题解算过程可利用计算机进行,而标准的优化方法,已有标准程序供设计者选择。计算技术的发展给设计者带来了极大的方便。

优化是一常用的设计思想,优化设计方法的多样性为解决工程问题提供了良好的途径;但是数学模型的建立和方法选择的合理性,决定了优化过程的成败。把握问题的关键,清晰地分析判断,配之以恰当的数学方法可以加速设计过程、缩短设计周期,达到事半功倍的目的。

4. 可靠性设计

可靠性设计是从某一系统、设备或零部件工作能力的有效保证方面认识设计最优问题。可靠性是指系统在规定时间内、给定条件下完成规定功能的能力。产品的可靠性需有一个定量的表述,但对于一般工程而言,很难用惟一的量值来完成。可靠性的定量表述具有随机性。对任何产品来讲,在其可靠工作与失效之间,都具有时间上的不确定性;因此,对于不同类型的可靠性问题,就需要不同的表述方式,常见的有:可靠度、无故障率、失效率及平均无故障时间等。

可靠度(R)是系统在规定工况和时间内,完成规定功能的概率。对于不可修复系统,其可靠度与无故障率相当。R 为统计量,通常借助大量的试验来确定。确定某一产品的可靠度时,可在产品组中抽取 N 件产品,在规定工况下试验,如有 n 件失效,则这种工况下的失效概率为

$$P = n/N$$

可靠度为

$$R = \frac{N-n}{N} = 1 - P$$

事实上,P、R 与产品的工作时间 t 关系密切。R 与 t 间的典型函数关系如图 0-4 所示。

因此,P 与 R 常表述为时间的函数,即

$$P(t) = \frac{n(t)}{N}$$

$$R(t) = 1 - P(t) = \frac{N - n(t)}{N}$$

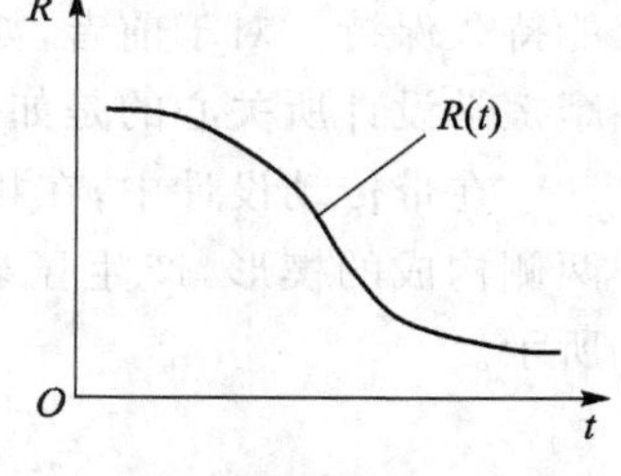

图 0-4 可靠度与时间关系

其中,$R(t)$ 在 $(0,\infty)$ 区间内表现为非增函数,且 $0 \leqslant R(t) \leqslant 1$。

机械设计中常用到可靠性的概念,如齿轮设计时,安全系数被表述为失效概率的列表函数;滚动轴承的寿命,一般取可靠度是 90%时的工作次数或时间,等等。

对于系统而言,其总体可靠性是受各部分可靠性制约的,并由零部件的可靠性保证。设计规划时,合理分配各部分的可靠性指标,可以最大限度地发挥各部分的设计优势,保证产品在工作品质、技术标准和安全使用等方面达到高效高质。提高系统的维修性,尽量采用标准件、通用件,简化零件结构,减少零部件数量等都是提高可靠性的途径。

5. 功能成本设计

功能成本设计就是从有效利用资源,追求最大效益作为产品设计的出发点,以产品的价值分析、功能分析为基础的设计方法。价值(V)、总成本(C)和功能(F)可以用数学方法表示为

$$V = F/C$$

上式直接体现了产品的功能与成本的比例关系,成本投入越少,功能越强,产品的价值越高。

对于某一产品,其功能、成本可以划分为多个单元进行价值分析,这就是ABC分类法。其基本思想是把形成产品的零部件,按成本比例划分为A,B,C三类,并认为:产品的价值构成主要取决于个体数量百分比为10%～20%,但成本百分比占70%～80%的A类制造单元;而单元数量为70%～80%仅占成本的10%～20%的B类单元和C类单元对产品的价值构成影响不大。在产品的价值分析中,重点是A类,B类视情况而确定取舍,C类基本不予考虑。这种分析方法的优点在于分析重点突出,易于集中问题焦点,解决技术经济问题,使产品更具竞争力。

6. 摩擦学设计

摩擦学是研究摩擦、磨损和润滑的一门边缘科学,涉及材料、化学及流体力学等多个学科。统计表明,全球生产能源的1/3～1/2消耗于摩擦,80%的机械零件失效与摩擦问题有关;而几乎所有机械装备,都存在相对运动部件,其中的摩擦是不可避免的。摩擦造成磨损,导致零部件失效,同时消耗了能源。20世纪后期,美国统计因摩擦学设计不合理造成年浪费量高达120亿～160亿美元。

依据摩擦学原理和方法进行设计称为摩擦学设计,用于机械工程中不外乎两个方面,即一方面是利用摩擦的设计;另一方面是尽量减小摩擦降低磨损,进而使摩擦表面的设计工作状态能持久保持。对于前者,如摩擦式离合器、制动器及带传动等,后者的典型应用如滑动轴承。摩擦学设计所关心的是如何长久保持摩擦表面的工作状态,而又使其能耗最低。

在带传动设计中,在相同的占用空间和张紧力(F)的作用下,由于V形带利用其梯形表面两侧构成的楔形,产生了较大的正压力,因而可以传递较平带更大的有效拉力,如图0-5所示。

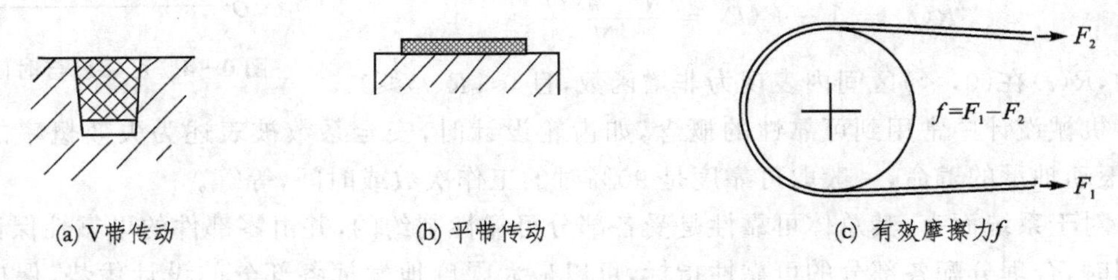

图0-5　带传动

在滑动轴承设计中,摩擦磨损问题的解决常靠增加运动表面间的润滑来实现。当润滑剂产生的压力可以承担轴承的全部载荷时,两摩擦表面被润滑剂完全分离。实现这样的设计,需要轴承部分的几何形状与润滑剂的化学物理特征具有一定的匹配关系。这种关系与工作状况共同决定了润滑剂能否实现上述设计思想。著名的雷诺方程:

$$\frac{\partial}{\partial x}\left(h^3\frac{\partial p}{\partial x}\right)+\frac{\partial}{\partial y}\left(h\frac{3\partial p}{\partial y}\right)=6\eta v\frac{\partial h}{\partial x}$$

得出了滑动轴承中润滑膜中任意点的压力、间隙及相对运动速度与几何条件、物理条件间的力学关系。其中，$p(x,y)$为润滑膜的压力分布，根据 p 可计算出轴承的承载能力、摩擦功耗及运转状态等。它是摩擦学设计中重要的润滑力学方程。

摩擦学设计从 20 世纪 60 年代渐成系统后，逐步发展完善，研究的问题也越来越深入细致，如考虑摩擦表面弹性变形的弹流润滑，考虑微表面运动摩擦学问题的微动摩擦学，针对纳米尺度研究对象的纳米摩擦学等。

7. 反求设计

反求设计是一种在已有产品的基础上，设计、创新、提高及更新产品品质的设计方法。反求设计可以分成两个阶段，即：使用、消化和吸收同类产品阶段；融合新技术，综合、创新和设计出适合具体工况的新产品阶段。

反求设计，对某些发展中国家的技术进步起到了十分重要的作用。如二战结束时，日本经济状况近于瘫痪，国民生产总值仅为英、法的 1/29 和 1/38，其在 1945—1970 年间，用 60 亿美元（相当于自行研制费用的 1/30）和 2～3 年（相当于自行研制周期的 1/6）时间，消化吸收了全球各国的众多先进技术产品，并逐步研究、发展了各专项技术，使其产品超过了欧美某些国家，30 余年后成为世界经济强国。

反求设计过程一般经过反求分析、创新设计和产品试制几个过程，可与仿制设计、变形设计、针对性和适应性设计并行实施。

8. 其他设计方法

在科学技术飞速发展的时代，为了满足社会的各种需求，产生了很多新的设计理论和方法。

并行设计是在考虑了市场、设计、制造和使用环境等多方面因素后，在信息集成的基础上，系统筹划，使多个设计过程在同一时段进行，用增加空间复杂性来实现时间需求的减少。串行设计是传统上常用的设计方法；并行设计以时间为关键要素，以缩短产品上市时间为目标。采用并行相关设计和系统化设计模式，将设计与工艺、装配、质保、销售及维护等过程一并考虑，交叉进行，及时发现问题，评估决策，从而达到缩短产品开发周期，提供高质量、低成本产品的目的。

计算机辅助设计是利用计算机的高速数据处理能力和图像表达功能，协助设计者进行设计计算、机构运动学动力学分析、机械结构的应力应变分析，绘图并形成工艺文件，控制和实施生产过程等的整个或局部设计工作。随着计算机应用的普及，分析和图形软件的不断完善，使计算机辅助设计渗入到从绘图到系统设计、制造和管理等过程。

三次设计是以质量或成本的最佳平衡为设计目标，把设计分成：市场调查和初步系统设计；在参数优化的基础上获得最佳产品设计方案；在最佳方案中针对技术波动性关键因素，确定合适容差达到产品质量成本的最佳配比。

现代设计理论与方法还有很多，如虚拟设计、智能设计、相似性设计和人机工程等。所有这些设计方法都以系统性、社会性、创造性、智能化、数字化和最优化为特征,以快速获得高技术经济价值为目标。

0.4 总体设计

1. 总体设计中的基本问题

总体设计的主要任务是根据设计要求,完成总体设计方案,绘制总体布置图,进行结构成形设计和计算。具体工程问题的总体设计是决定设计方向和质量的决策,关系到整个产品的品质和生命,因而必须从系统工程的角度分析、综合和决策。

(1) 总体设计与社会

产品设计的目的是满足社会需求。产品设计不仅要完好地满足这一需求,还必须符合各种社会法律、法规的要求。如高压密闭容器装置必须符合国家安全保护标准,并由相关部门审核后方可投入使用;机械产品在不同的使用环境中,噪声的分贝数有国家标准限制,超标工作将对操作者或环境造成损害;另外,设计者不能自行设计用于制造武器、制造毒品的机器,等等。设计结果将以产品的方式进入社会,完美的设计可以给企业带来巨大的效益,并极大地促进社会生产力的发展;而不良的设计则会给社会带来无法估量的损失。如某飞机失事的原因为蜗杆—蜗轮传动失效;某航天飞机失事是由于密封圈工作不可靠等等都是例证。凡此种种,都说明设计者肩负着巨大的社会责任。

(2) 产品设计与环境

机械工业是现代社会发展的支柱产业,规模、数量巨大,其生产消耗多为不可再生的资源,如何在设计中兼顾技术经济指标和对环境资源的利用开发,都是自然界给人类提出的重大课题。合理地使用资源,提高材料利用率,提高失效零部件的修复率,使产品本身失效后,其组件可在新一代产品中获得再生。这既符合国家可持续发展战略,也是对设计者提出的新的挑战。

设计规定了产品的制造过程。不合理的制造方法,将对环境产生污染;不合理的设计,也会使产品在使用过程中产生大量污染,如粉尘、烟雾及噪声等,从而对社会和人类造成危害。现代设计中提出的绿色设计,就是在设计中追求产品与环境利益的统一。

(3) 产品的经济性和适应性

提高产品质量与降低生产成本是现代产品设计中首要的设计目标。提高产品的工艺性和使用维护性,合理地选择产品的可靠性设计指标,对通用零部件的系列化、标准化设计,新技术、新工艺和新方法的采用等,对提高产品的技术经济性和市场竞争能力都具有现实意义。如在零件设计中常要注意合理选择精加工表面的位置和大小等。

在诸如螺栓、键和轴承等机械零件的设计时,国家已有标准化的系列产品供设计者选择,设计者只需按标准件规格和运行工况条件进行设计校核计算。对于需用特殊设备加工的如渐开线齿轮,国家标准提供了规定的模数,使齿轮的设计和加工工艺都得到简化。系列化、标准化的设计使通用零件具有良好的互换性，从而给设计、使用和维护带来了方便，也使生产过程简化和专业化，生产成本大大降低。总体设计中要兼顾整体与局部，专门设计和标准化设计优势互补。这样可以得到更好的设计结果。

2. 总体设计的基本过程和内容

(1) 总体设计的基本过程

总体设计从接受任务开始，经过设计任务的抽象，技术路线的确定，功能设计分析，多种方案比较，同时考虑制造销售和售后的因素，最后确定总体方案。

(2) 总体设计的主要内容

总体设计的主要内容包括：

- 设计任务的分析；
- 相关产品的使用现状分析；
- 设计技术关键和要重点解决的设计问题；
- 解析设计系统，确定设计方法和技术路线；
- 进行功能结构分析，确定工艺原理和技术过程；
- 总体结构简图，机构运动简图，各部件的设计协调条件和要求，机—电配匹、电气原理总体图；
- 分系统如电气、结构部件装配图；
- 完成总体设计报告书及技术说明书。

总体方案设计一般要有以上内容，设计任务和设计要求不同时，也各有不同。总体设计的优劣，直接影响新产品的技术性能和使用效果。在总体设计时，要充分进行功能分析，正确处理传统设计与创新设计的关系，力求做到技术先进，可靠安全，经济合理，使用维护方便。

0.5　机械产品的详细设计

产品的总体设计方案一经确定，就进入了产品的实质性设计阶段。产品的详细设计就是在总体设计的设计原则指导下，对每一局部系统、构件进行详细的设计，为产品生产提供技术资料。

1. 产品的功能设计

产品设计的依据是设计任务书，总体设计完成后，根据设计任务书和机械装置总体方案对各分系统及其零部件都直接或间接地提出相应的设计要求。这种设计要求往往是功能和结构总体上的宏观要求。在详细设计阶段，首先要针对具体设计对象，进行功能分析。

功能是技术系统或产品实现某种意图或特定任务的抽象描述，决定了系统输入与输出之间的链接方式。功能系统是具有一定独立性和一定复杂程度的技术单元。功能是由各分系统的子功能组合实现的。各分系统及其组分可以是相关的功能单元,也可以是相对独立的功能单元。

2. 系统功能分析

系统功能分析的主要内容有以下几点:

- 系统和分系统及其组分的功能分解与组合,目的是构造合理的设计体系。这部分工作在总体设计中已经完成,在详细设计前应进一步细化明确。
- 明确各功能的定义,无论是产品还是部件、零件,都存在某种功用;否则就失去了存在的理由。这就是它的功能。根据设计目的,简明准确地表达其功能的特定内容,不仅对设计本身具有指导意义,也给功能、设计及设计结果的评价提供了依据。
- 功能的分类整理是详细设计前必须完成的工作。功能单元的功能可以是单一的,而大部分具有多样性,确定实现功能的方式方法是设计者要完成的主要任务。功能可以分为基本功能和辅助功能。基本功能可以分为简单动作功能、复杂动作功能、综合技术功能、关键技术功能和工艺功能等,是生产、使用维护必需的功能,设计时要优先保证;辅助功能则处于次要地位。对功能进行整理可以进一步明确细化、改善合并冗余功能,为制定详细设计方案提供依据和保证。

3. 机械产品的详细设计

机械产品的详细设计是给生产制造产品的单位提供可用于指导生产的技术文件,同时为产品走向市场提供技术保证。机械图纸就是一种重要的文件形式。详细设计是在进行了功能分析的基础上进行的,不同的功能要求,有不同的实现方法。

(1) 机械运动功能的实现

机械运动功能的实现是根据机械运动要求,在多种可实现的原理、方法和具体方案中选取设计。例如,实现旋转运动可用燃气轮机、电动机;实现直线运动可用直线电机直接获得,也可使用电动机经某种机构如螺旋机构、齿轮齿条机构完成;对于有一定运动精度要求的场合,可选用伺服电机、高精度传动单元等。

(2) 机械结构功能的实现

机械运动方式的实现,不仅依赖于原理上合理,而且还要在结构上可行,才能制造出产品。因此,结构上实现系统的功能是机械设计的核心任务。

机械结构功能的涵义和相关条件范围较广,如机械承力功能的实现与结构、形状及强度相关;零部件及系统的刚度与机械装置中各零部件的几何尺寸、形状及连接关系相关;系统整体或局部的热稳定性与各部件间的摩擦学特征、工况条件和材料的热物理性能等相关;系统运转精度和灵活性,主要取决于各执行元件的加工精度和支承方式及系统刚度的大小;零部件的加工、装配和维护工艺性也主要由结构设计来实现。本课程中将介绍多种典型机械装置、机械结构及机械零部件的设计理论和方法,并进行必要的结构设计训练。

设计结果的技术交流功能是以图和文字的方式实现的。要完成良好的构思并予以实现，首先要具备良好工程交流能力。在本课程的开始部分，将完整地介绍实体结构及与其相对应的图面表达的基本原理和方法，并予以大量实践，使设计者具备必需的用图和文字表达机械零部件和机械工程设计思想的能力。

0.6 机械工程实验与设计实践

机械系统的详细设计完成后，产品在定型批量生产前，工程实验是必要的环节。工程实验在产品形成的过程中占有极为重要的地位。产品用途及工作状况不同，实验方式及时间要求也有所不同。工程实验可分为对比实验、析因实验、中间实验、模型实验及模拟实验等。工程实验一方面为产品设计研制提供各种数据资料，另一方面也是技术成果的检验手段。机械设计系列课程，将提供实体图形转换、机构认识设计、各种零部件的运转性能和受力分析、机构与机械结构设计及机械运动控制综合实验等多个实验项目，为巩固和加深对本课程的理解及认识服务。

要做好工程设计，除了掌握必要的设计理论和方法外，还需在工程设计实践和实验中逐步摸索，才能熟练地掌握设计方法和技巧。本系列课程将在教学环节中，安排机械工程设计实践，针对某些机械系统进行设计实践。这将是对机械设计系统课程学习成果的综合检验。

第一篇

机械制图基础知识

- 现代制图基础知识
- 空间形体
- 几何元素的投影
- 几何元素的相对位置
- 投影变换

第1章　现代制图基础知识

1.1　制图基础知识

1.1.1　机械制图国家标准

作为指导生产的技术文件，工程图样必须具有统一的标准。我国于1959年首次颁布机械制图国家标准，以后又经过多次修改。改革开放以来，由于国际间技术及经济交流日益增多，新国家标准吸取了相关国际标准的成果，其内容更加科学合理。每一个工程技术人员在绘制生产图样时都应严格遵守国家标准。

1. 图纸幅面和格式

国家标准规定了绘制工程图样的基本幅面和加长幅面。绘图时应优先选用基本幅面，必要时可选择加长幅面。基本幅面以A表示，如A0，A1，…，A4，其尺寸如表1－1所列，其中A1幅面尺寸594×841（宽×长）应给予特别关注，因为丁字尺与绘图桌都与其有关。此外，A1的一半是A2，A2的一半是A3，以此类推。

表1－1　基本幅面　　mm

<table>
<tr><th>图纸幅面</th><th>$B\times L$</th><th>a</th><th>c</th><th>e</th></tr>
<tr><td>A0</td><td>841×1 189</td><td rowspan="5">25</td><td rowspan="3">10</td><td rowspan="2">5</td></tr>
<tr><td>A1</td><td>594×841</td></tr>
<tr><td>A2</td><td>420×594</td><td rowspan="3">10</td></tr>
<tr><td>A3</td><td>297×420</td><td rowspan="2">5</td></tr>
<tr><td>A4</td><td>210×297</td></tr>
</table>

每个图幅内部都要画一图框，并用粗线表示，在图框右下角还要画一标题栏，如图1－1所示。图纸可横放或竖放，留装订边的图纸格式如图1－1所示，不留装订边的图纸格式如图1－2所示。标题栏的内容格式和尺寸在国标中未作统一规定，图1－3所示的标题栏格式可供教学时参考。

2. 比　例

绘制工程图样最好按1∶1的比例，即图样大小与实物大小相同。但是机件的形状、大小各不相同，结构复杂程度也有差别，为了在图纸上清晰地表达机件的形状、结构以及标注尺寸和技术要求，并使图纸幅面得到合理利用，就须根据不同情况选用合适比例。国标规定的比例如表1－2和表1－3所列。

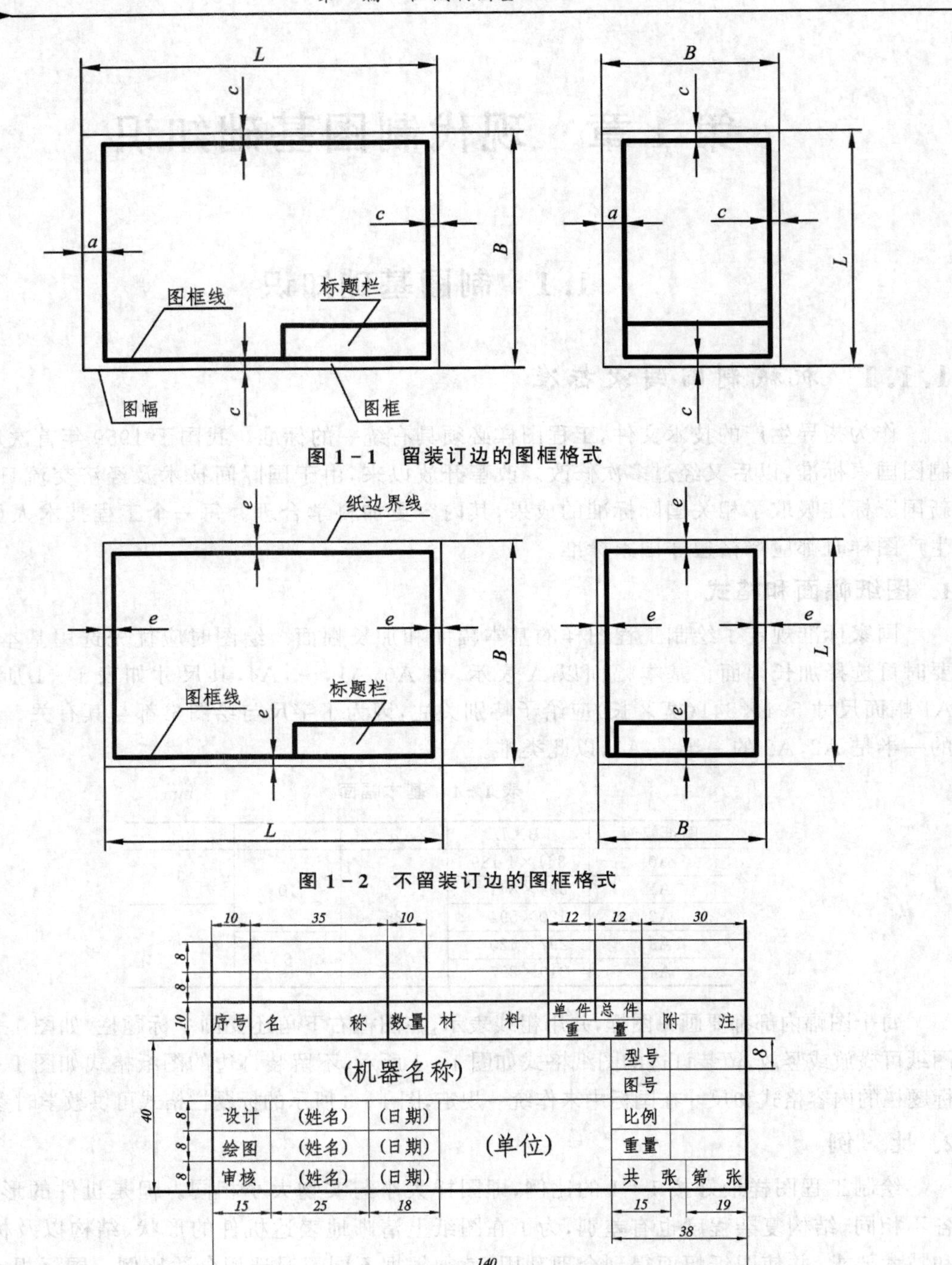

图 1－1　留装订边的图框格式

图 1－2　不留装订边的图框格式

图 1－3　教学参考用标题栏

表 1-2　绘图比例

种　类	比　例					
原值比例	1∶1					
放大比例	2∶1	5∶1	10∶1	2×10^n∶1	5×10^n∶1	1×10^n∶1
缩小比例	1∶2	1∶5	1∶10	1∶2×10^n	1∶5×10^n	1∶1×10^n

表 1-3　绘图比例

种　类	比　例				
原值比例	1∶1				
放大比例	4∶1	2.5∶1	4×10^n∶1	2.5×10^n∶1	
缩小比例	1∶1.5 1∶1.5×10^n	1∶2.5 1∶2.5×10^n	1∶3 1∶3×10^n	1∶4 1∶4×10^n	1∶6 1∶6×10^n

注：n 为正整数，优先选用表 1-2。

3. 字　体

图样中除了图形之外还有尺寸及文字说明，因此书写符合标准的字体是十分重要的。

① 书写要求：字体工整、笔画清楚、间隔均匀及排列整齐。

② 字高（用 h 表示）：字体高度的公称尺寸系列为 1.8 mm，2.5 mm，3.5 mm，5 mm，7 mm，10 mm，14 mm，20 mm，字体高度即代表字体的号数。例如 5 号字的字体高度为 5 mm。

③ 汉字：工程图样中的汉字应写成长仿宋体。

④ 长仿宋体的特点：横平竖直，字体细长，起落笔有锋。汉字的高度不应小于 3.5 mm，字体的宽度一般为 $h/\sqrt{2}$。示例如下：

10 号字

字体工整 笔画清楚 间隔均匀 排列整齐

7 号字

横平竖直注意起落结构均匀填满方格

⑤ 字母和数字：字母和数字的书写有直体和斜体两种形式。斜体字的字头向右倾斜，并与水平基准线成 75°，通常数字书写时采用斜体。示例如下：

拉丁字母

数　字

罗马字母

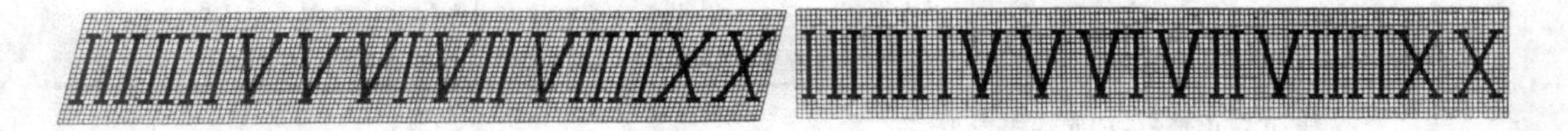

4. 线　型

工程图样是由各种线条组成的，图线按其用途有不同的宽度和型式。各种图线的名称、型式、宽度及一般应用如表 1－4 所列。

表 1－4　线　型

图线名称	基本线型	图线宽度	一般应用
粗实线		b	可见轮廓线、可见过渡线
细实线		$b/3$	尺寸线、尺寸界线及剖面线等
波浪线		$b/3$	断裂处的边界线、剖视及视图的分界线
双折线		$b/3$	断裂处的边界线
虚　线		$b/3$	不可见轮廓线、不可见过渡线
细点画线		$b/3$	对称中心线、轴线及轨迹线
粗点画线		b	有特殊要求的线或表面的表示线
双点画线		$b/3$	极限位置的轮廓线、假想投影轮廓线

1.1.2 手工绘图基础

正确使用绘图工具可以提高绘图效率和精度，在绘图之前应首先了解绘图工具的使用。常用的绘图工具有：铅笔、丁字尺、三角板、圆规、分规和曲线板等。

1. 铅 笔

在手工绘图之前应先将铅笔削好，加深粗实线的铅笔要用砂纸磨削成所需厚度的矩形，其余则为圆锥形，如图 1－4 所示。

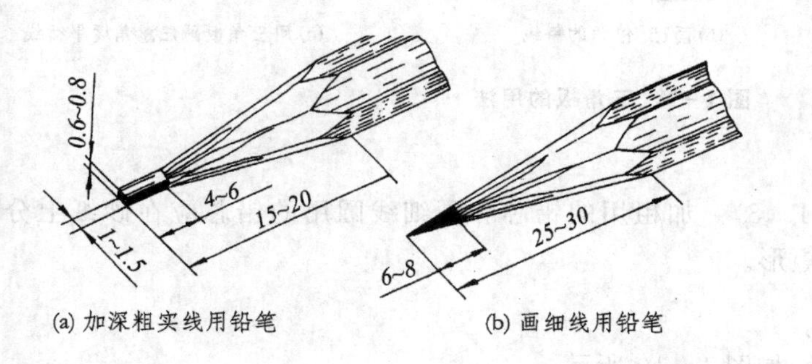

(a) 加深粗实线用铅笔　(b) 画细线用铅笔　(c) 磨圆锥形铅笔的磨法

图 1－4 铅笔削法

2. 丁字尺及图板

图板和丁字尺配合在一起使用，如图 1－5 所示。丁字尺由尺头和尺身组成。使用时，尺头沿图板上下移动，铅笔沿尺身移动可画水平线，如图 1－6 所示。

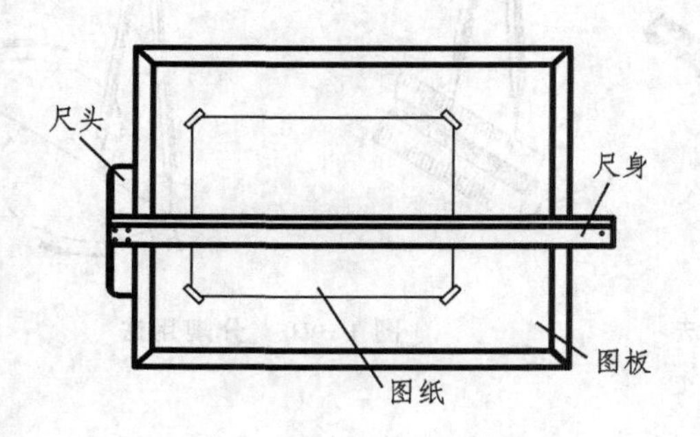

图 1－5 丁字尺及图板

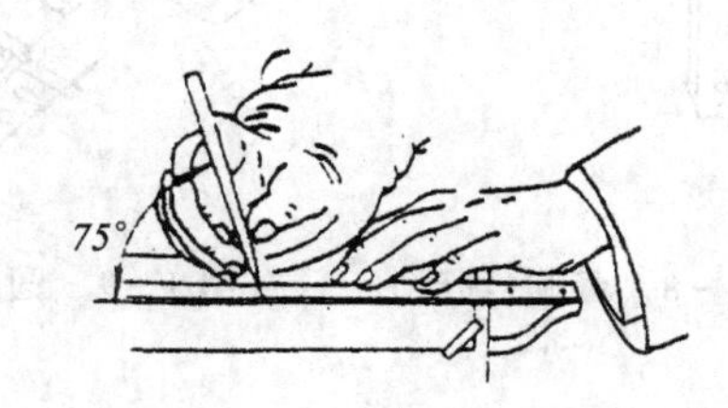

图 1－6 画水平线

3. 三角板

三角板分为 45°及 30°～60°两种，可通过三角板在丁字尺上平移来画垂直线或 45°和 60°线，如图 1－7(a)所示；三角板和丁字尺配合使用还可画 15°倍角的斜线，如图 1－7(b)所示；两个三角板配合可画任意平行线，如图 1－7(c)所示。

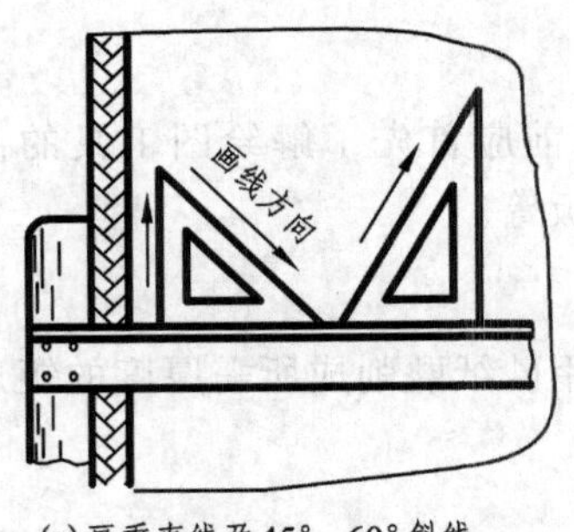

(a) 画垂直线及45°、60°斜线

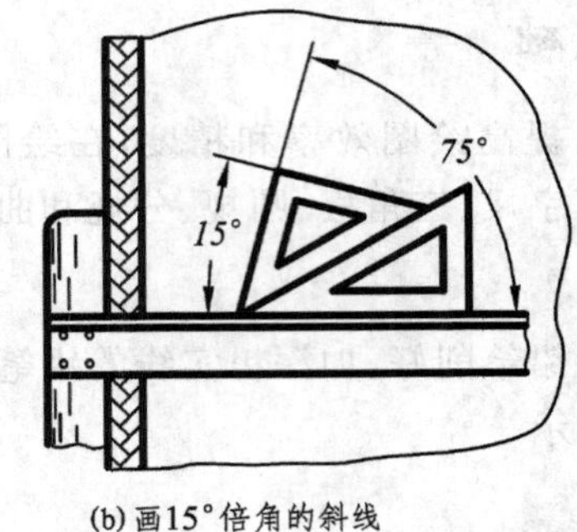

(b) 画15°倍角的斜线

(c) 用三角板画任意角度平行线

图 1－7　三角板的用法

4. 圆　规

圆规可用于画圆及圆弧(图 1－8)。加粗用的铅芯和画细线圆用的铅芯应在砂纸上分别磨削成如图 1－9 所示的铲形和矩形。

5. 分　规

分规可用于量取或等分线段,如图 1－10 所示。

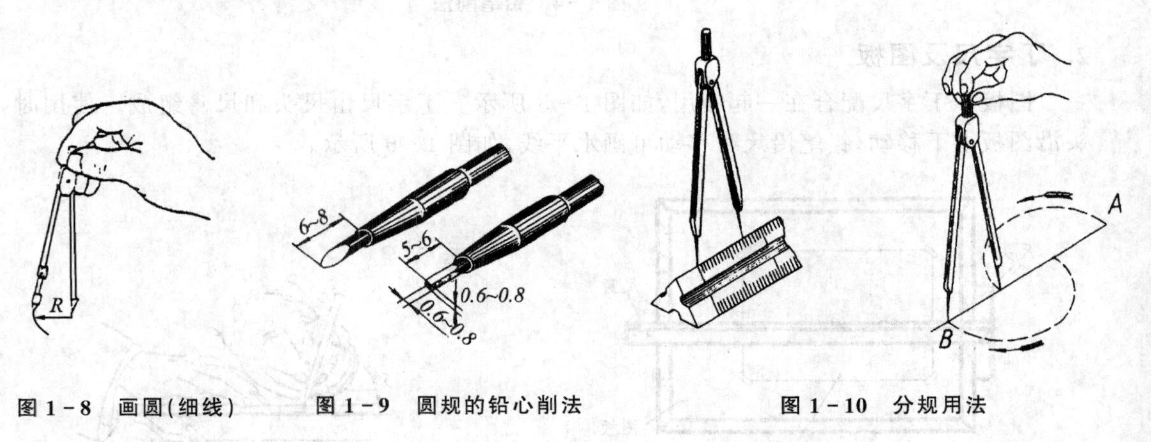

图 1－8　画圆(细线)　　图 1－9　圆规的铅心削法　　图 1－10　分规用法

1.1.3　尺寸注法

图样中的视图,主要用以表达机件的形状;而机件的真实大小,则由所标注的尺寸来确定。尺寸标注是绘制工程图样的一个重要环节,因此,国家标准 GB4458.4—84 规定了标注尺寸的方法。

1. 标注尺寸的基本规定

标注尺寸的基本规定如下:

① 机件的真实大小应以图样上所注的尺寸数值为依据,与图形的大小及绘图的准确性

无关。

② 图样中的尺寸以 mm(毫米)为单位时,不必标注尺寸计量单位的名称或代号,如果采用其他单位,则必须注明相应单位的代号或名称,例如:10 cm(厘米),5 in(英寸),60°等。

③ 图样中的尺寸应为该机件的最后完工尺寸,否则应另加说明。

④ 机件的每一个尺寸,一般只标注一次,并应标注在反映该结构最清晰的图形上。

2. 组成尺寸的四个要素

一个完整的尺寸,一般应包含尺寸线、尺寸界线、尺寸数字和箭头这四个要素,如图 1-11 所示。

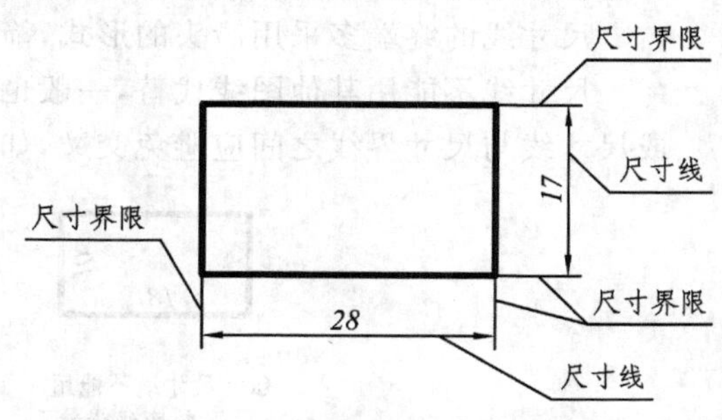

图 1-11　组成尺寸的要素

(1) 尺寸界线

尺寸界线用来确定所注尺寸的范围,用细实线绘制,一般从图形的轮廓线、轴线或对称中心线处引出;也可利用轮廓线、轴线或对称中心线作尺寸界线,如图 1-12 所示。

尺寸界线的末端应超出箭头 2 mm 左右,一般应与尺寸线垂直,必要时也允许倾斜,如图 1-12(d)所示。

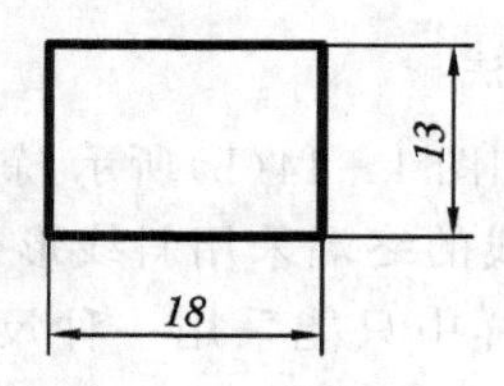

(a) 尺寸界线用细线表示由轮廓线引出

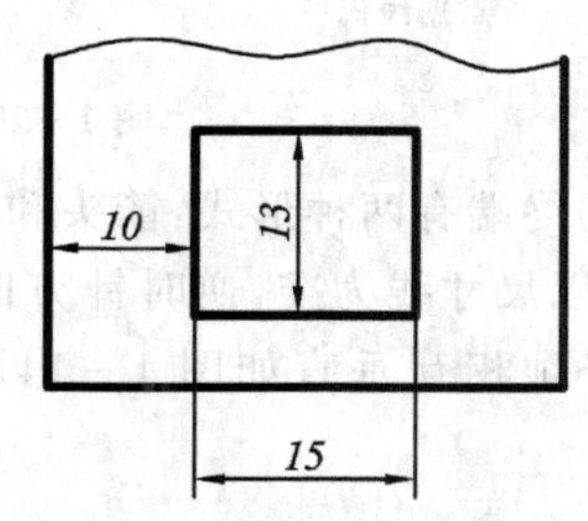

(b) 尺寸界线可以用轮廓线代替

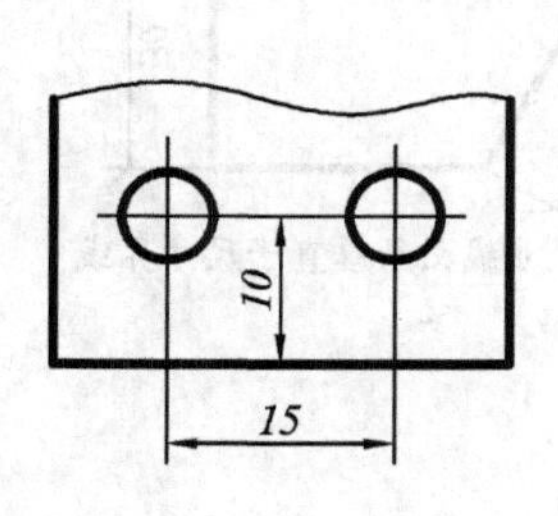

(c) 尺寸界线可以用点画线代替

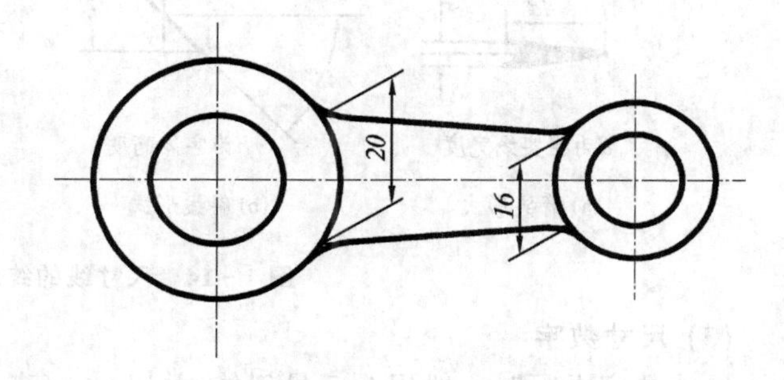

(d) 尺寸界线可以不与尺寸线垂直

图 1-12　尺寸界线画法

(2) 尺寸线

尺寸线用细实线绘制，一般应与图形中标注该尺寸的线段平行，并与该尺寸的尺寸界线垂直。

尺寸线的终端多采用箭头的形式，箭头应指到尺寸界线，如图 1－12 所示。

尺寸线不能用其他图线代替，一般也不能与其他图线重合或画在其延长线上，尺寸线之间或尺寸线与尺寸界线之间应避免交叉，如图 1－13 所示。

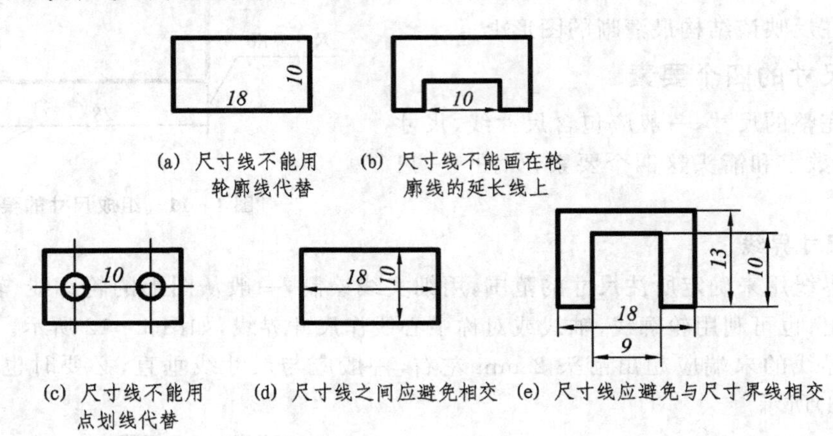

图 1－13　尺寸线的几种错误画法

尺寸线的终端有两种形式：箭头和斜线如图 1－14(a)和图 1－14(b)所示，斜线用细实线绘制，且必须以尺寸线为准，逆时针方向旋转 45°。当尺寸线的终端采用斜线形式时，尺寸线与尺寸界线必须相互垂直如图 1－14(c)所示。同一张图样中只能采用一种尺寸线终端的形式。

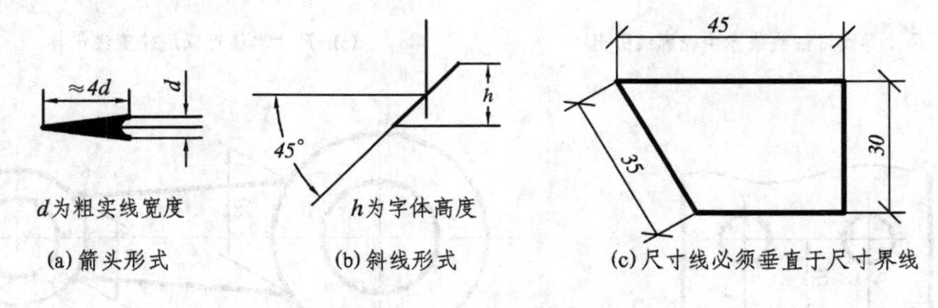

图 1－14　尺寸线的终端形式

(3) 尺寸数字

尺寸数字书写时一般用 3.5 号斜体，并以 mm(毫米)为单位，在图样中不须标注其计量单位的名称或代号。

线性尺寸的数字一般应注写在尺寸线的上方，也允许注写在尺寸线的中间断开处。水平方向的尺寸，尺寸数字应水平书写，垂直方向的尺寸数字一律朝左书写，如图 1 - 14(c)所示。倾斜方向的尺寸，其尺寸数字的方向应按图 1 - 15(a)所示的方向标注，并尽可能避免在图示的 30°范围内标注尺寸，当无法避免时，可按图 1 - 15(b)所示的形式引出标注。

尺寸数字不可被任何图线穿过，否则应将该图线断开，如图 1 - 16 所示。

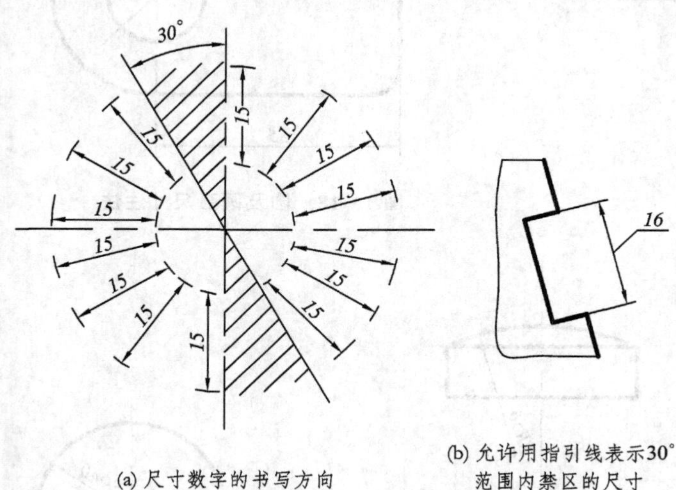

(a) 尺寸数字的书写方向

(b) 允许用指引线表示30°范围内禁区的尺寸

图 1 - 15　各种方向的尺寸数字注写法

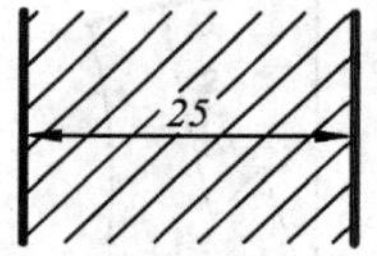

25

应避免图线与字体相交，应将通过字体的图线断开

图 1 - 16　尺寸数字不允许被图线穿过

3. 角度、圆及圆弧尺寸的标注

(1) 角度尺寸的标注

标注角度时，尺寸线应画成圆弧，其圆心为该角的顶点；尺寸界线应沿径向引出，角度的数字一律写成水平方向，一般注写在尺寸线的中断处。必要时也可注写在尺寸线上方或外面或引出标注，如图 1 - 17 所示。

(2) 圆、圆弧及球的尺寸标注

对于圆及大于 180°的圆弧应标注直径，并在尺寸数字前加注符号“ϕ”；对于小于或等于 180°的圆弧应标注半径，并在尺寸数字前加注符号“R”，如图 1 - 18 所示。

当圆弧半径过大或在图纸范围内无法标出圆心位置时，半径尺寸可按图 1 - 19 的形式标出。

标注球的直径或半径时，应在符号“R”或“ϕ”前再加符号“S”，如图 1 - 19(b)和图 1 - 20 所示。

4. 狭小部位尺寸的标注

小的部位的直线尺寸箭头应朝里画，尺寸数字可写在里面、外面，甚至用指引线引出标注，如图 1 - 21(a)所示。多个小尺寸连在一起，无法画出所有箭头时，尺寸线的终端允许用斜线或圆点代替箭头，如图 1 - 21(a)所示。对小的圆或圆弧允许用图 1 - 21(b)所示的各种方式标注。

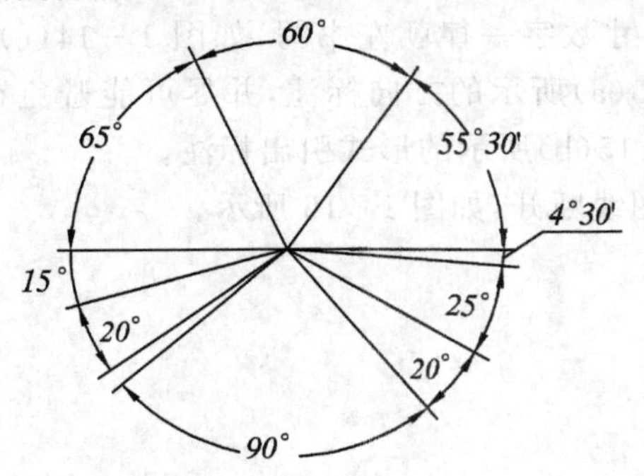

图 1 - 17　角度尺寸注法

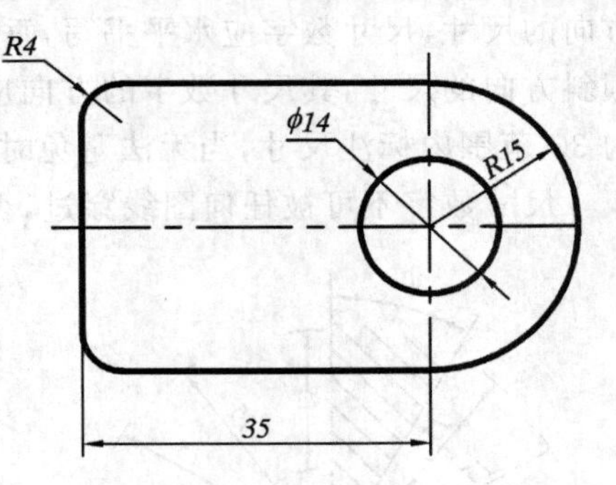

图 1 - 18　圆及圆弧尺寸注法

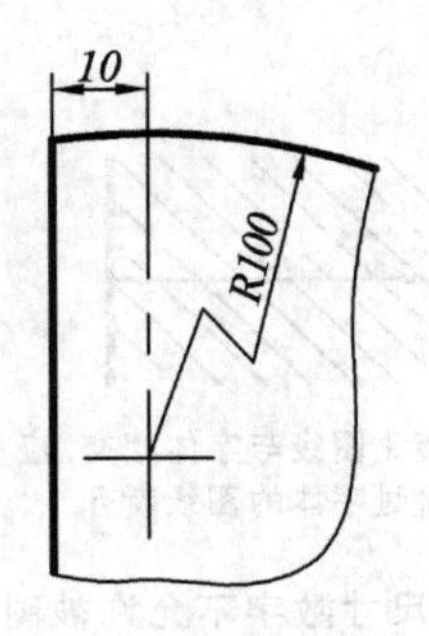

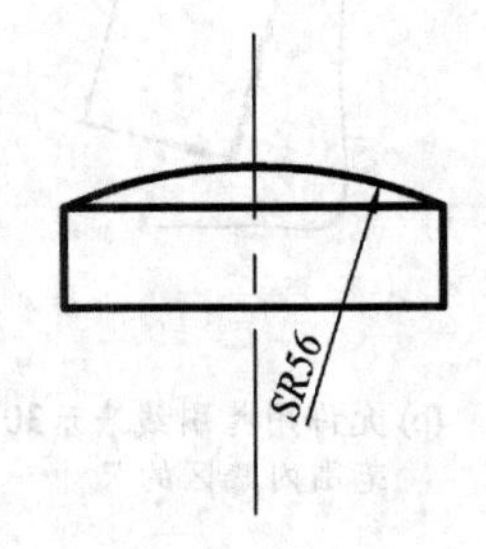

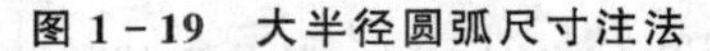

(a) 尺寸线允许曲折一次，并引至表示圆心位置线的任一点

(b) 尺寸线对应圆心方向，不画到圆心

图 1 - 19　大半径圆弧尺寸注法

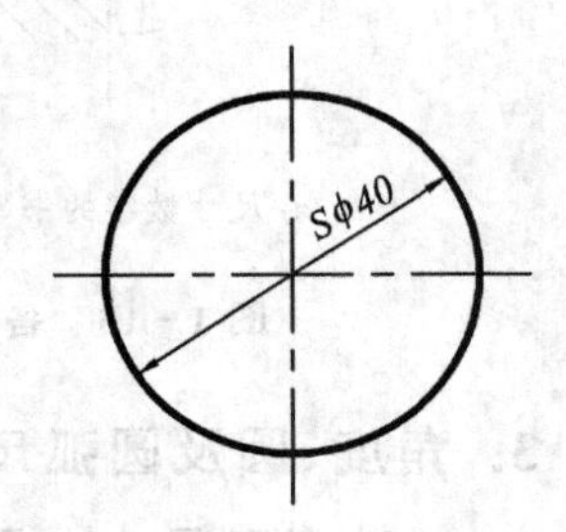

图 1 - 20　球的尺寸注法

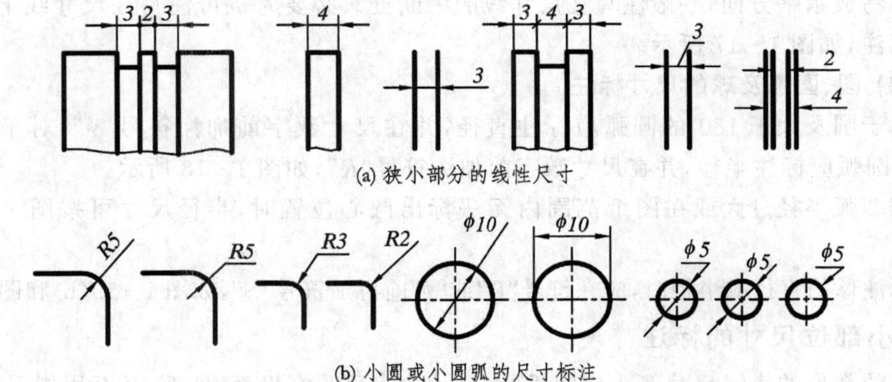

(a) 狭小部分的线性尺寸

(b) 小圆或小圆弧的尺寸标注

图 1 - 21　狭小部位尺寸注法

1.2　平面图形的构形与尺寸标注

由于零件设计上的要求,零件的某些凸缘、安装板、剖面形状和板类零件的外形,具有平面图形的特征,因此,根据构形和几何确定来标注平面图形的尺寸,就成为零件图尺寸的一个基本组成部分。

所谓平面图形特征是指在大多数情况下,平面图形是规则的几何图形。它一般是由圆弧和直线光滑连接而成的。因此,在标注这类图形尺寸时,首先应从它的构形特点出发,标出一些最基本尺寸,然后再从几何条件出发,注出其全部尺寸。

1.2.1　由内部结构决定的平面图形

零件上的某些凸缘,其内部常有一些均匀或规则排列的孔,它的外形大致也是由这些孔决定的,因此在标注这类图形的尺寸时,首先标注出各孔的大小和位置尺寸,然后再标注出各孔外圆弧的尺寸,整个图形就确定了,如图 1-22 所示。图 1-23 虽是个剖视图形,但从图中可以明显看出,它也是个由内定外构形的图形,其内部是个空腔,外部形状也就依照空腔而定。对于这类图形,无论是画图还是标注尺寸,都应按照构形特点去作才会得到较好的效果。

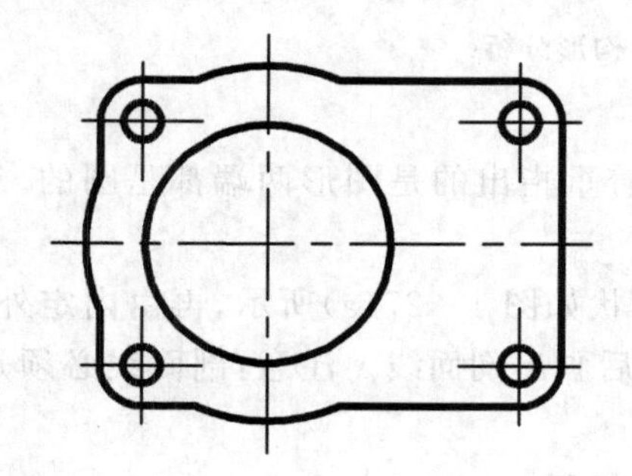

图 1-22　内定外构形(一)

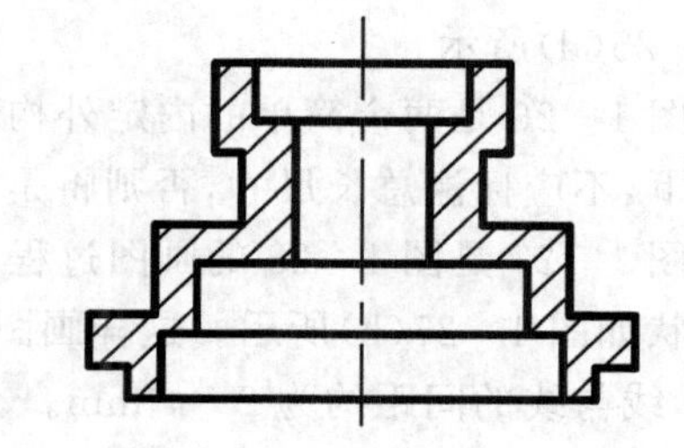

图 1-23　内定外构形(二)

图 1-22 的图形画法如图 1-24 所示,即先画内部五个孔,如图 1-24(a)所示;再画孔外圆弧,如图 1-24(b)所示;然后将各外圆弧相连接,如图 1-24(c)所示;最后擦去多余的线并加深,如图 1-24(d)所示。

图 1-25 是其标注尺寸过程。首先标出内部尺寸,即标注 $\phi29$ 和 $4\times\phi8$ 定形尺寸,再标注 4 孔的定位尺寸 50 和 75,由于图形上下对称,所以 50 即上下位置各 25,左右不对称,必须再加上定位尺寸 25,才能确定其位置,如图 1-25(a)所示;其次要标注各圆的外圆弧尺寸 $\phi72$ 和 $R8$,如图 1-25(b)所示,由于图形周围为矩形,所以还要标注矩形的长和宽,即 91 和 66,但左右不对称,所以还要标注偏心距 33,如图 1-25(c)所示;最后将所有尺寸安排清晰妥当,如

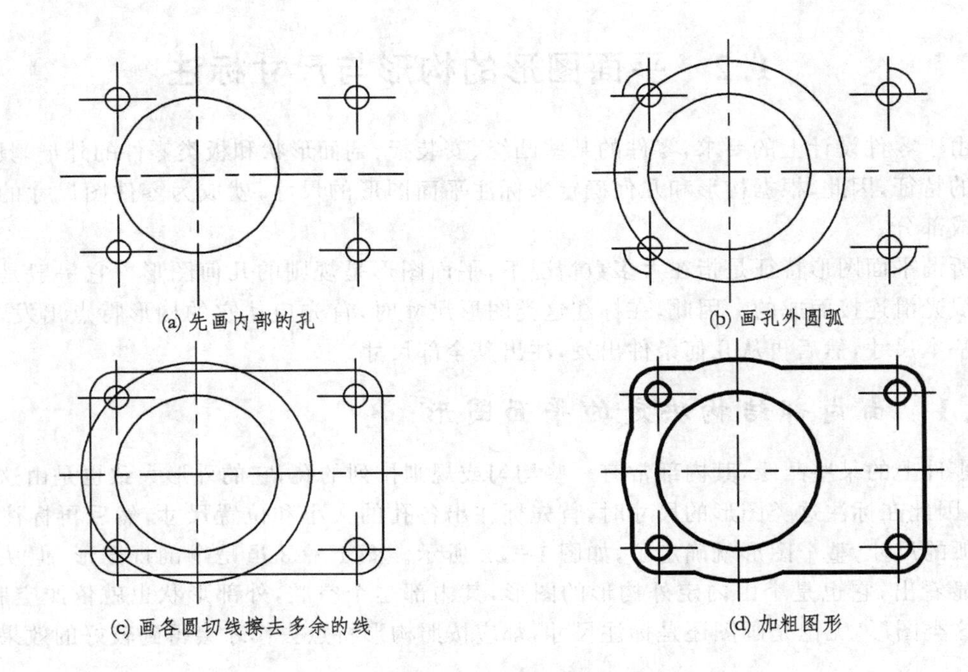

图 1－24　平面图形构形分析

图 1－25(d)所示。

图 1－26 是两个简单的内定外构形的例子，要着重指出的是图形两端都是圆的。在这种情况下，不应标注总长尺寸，否则将是错误注法。

图 1－27 是图 1－23 的画图过程。先画内部形状如图 1－27(a)所示，再由内定外画出外部形状如图 1－27(b)所示。这样画图又快又好，最后画出剖面线。注意：剖面线必须是 45°倾斜线，线与线的间距约为 2～4 mm。

图 1－28 是图 1－23 的尺寸标注过程。其步骤如下：

- 标注内部尺寸，即标注孔的直径与深度。为了使标注尺寸清晰可见，孔深尺寸一般标在图形的外部，且安排在图形的一侧，如图 1－28(a)左侧所示。这样，标注内孔尺寸的顺序是，先标注孔 ϕ20，然后标注上面的孔 ϕ32 和深 9，再标注下面的孔 ϕ48 和深 21 以及 ϕ58 和深 10，最后标注总高 52。
- 标注外部尺寸，即标注各外部圆柱直径和高度。为了清晰起见，各直径应尽可能标在图形外面，且尺寸应由小到大排列，间距应保持在 7～10 之间，且各圆柱高度应安排在图形的另一侧，如图 1－28 (b)所示。这样，标注的顺序是 ϕ68 和 5、ϕ80 和 8、ϕ36、ϕ44 和 14 及 ϕ62 和 14。
- 最后将所有尺寸安排清晰妥当，如图 1－28(c)所示。

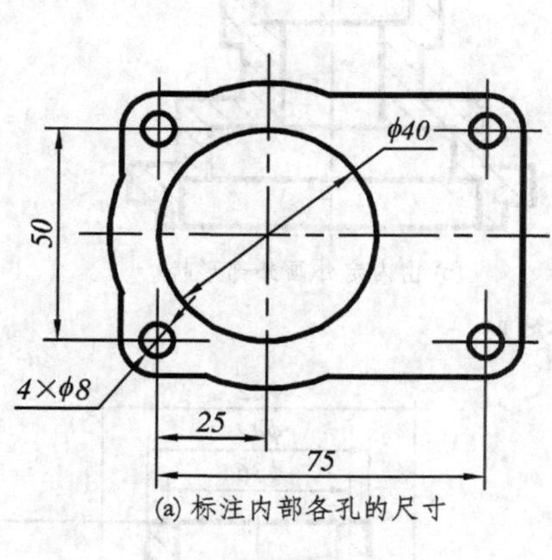

(a) 标注内部各孔的尺寸

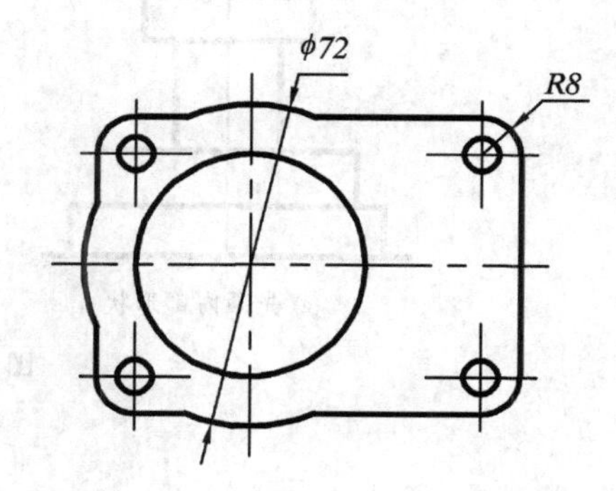

(b) 标注各孔外圆弧的尺寸

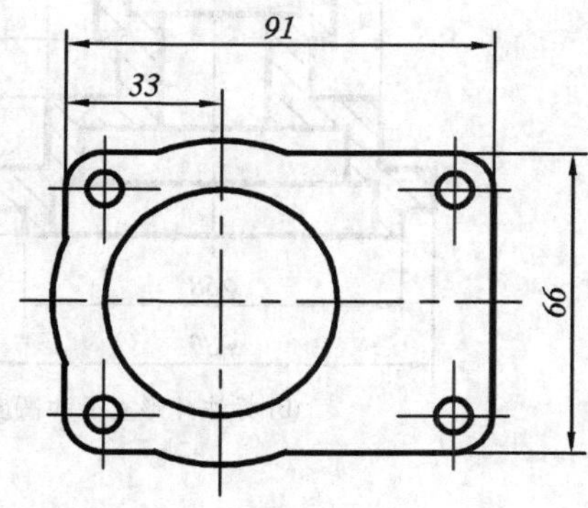

(c) 标注总的外形尺寸

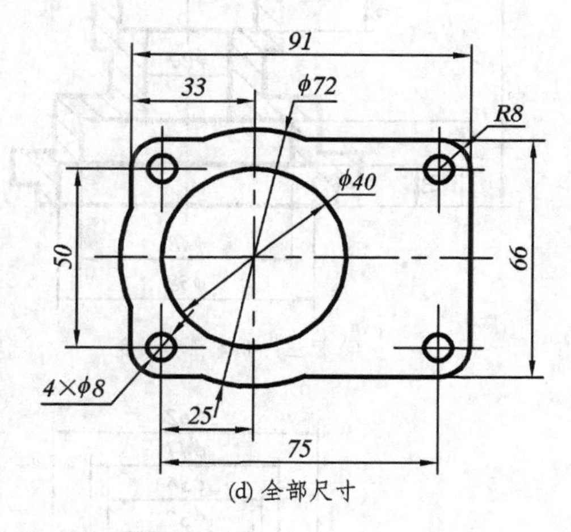

(d) 全部尺寸

图 1－25　按构形分析标注尺寸

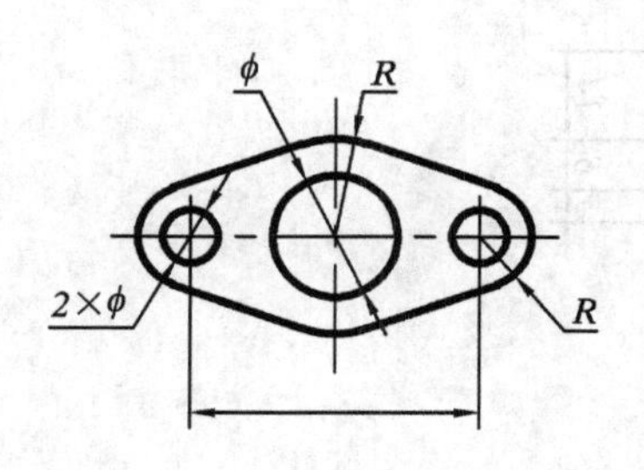

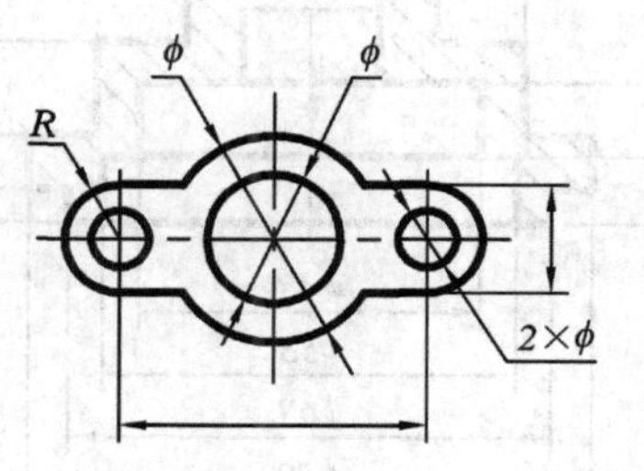

图 1－26　按内定外构形标注尺寸

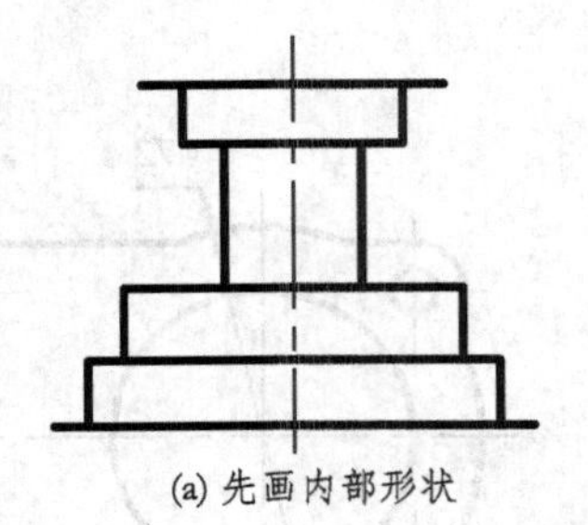

(a) 先画内部形状

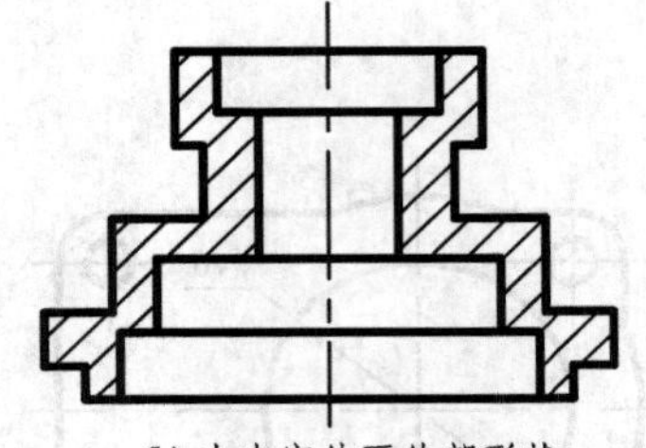

(b) 由内定外画外部形状

图 1－27　内定外构形

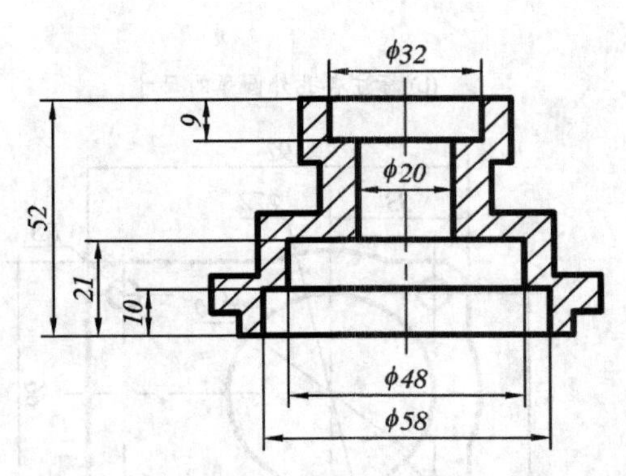

(a) 标注内孔直径和深度

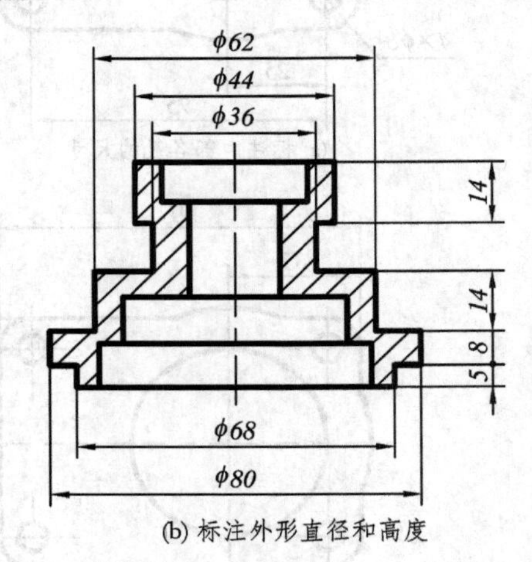

(b) 标注外形直径和高度

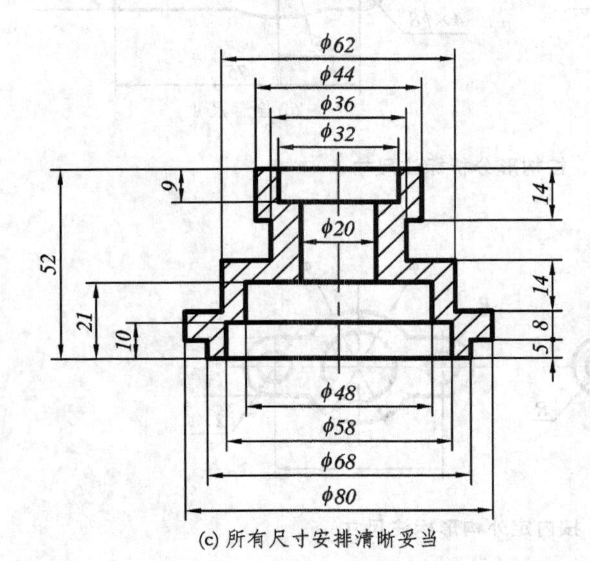

(c) 所有尺寸安排清晰妥当

图 1－28　由构形分析标注尺寸

这里要特别强调，尺寸标注清晰是非常重要的，也是很难的。如果已经发现尺寸没有安排好，应该擦去重新安排、标注，直到满意为止。

有些图形中，孔沿圆周分布，如图 1－29 所示。这时仍可用内定外构形标注尺寸，不过是采用极坐标标注孔的定位尺寸，即标注分布孔所在圆周的直径或半径以及分布孔的角度。图 1－29的图形标注尺寸步骤如下：

- 标注五个孔的定形尺寸，即 $\phi21$ 和 $4\times\phi5$，左边两孔的定位尺寸为 $R15$ 和 45°，右边两孔的定位尺寸为 $R22$ 和 15°、75°。
- 标注整个图形的外部尺寸 $R6$、$R28$ 和 $R17$。

图 1－30 和图 1－31 是不规则图形，仍可以用内定外构形标注尺寸，只是要找到标注尺寸的基准。图 1－30 以左边 $\phi12$ 孔的中心为基准，标注定位尺寸 30、20 和 40、30 及定形尺寸 $2\times\phi8$、$\phi12$，最后再标注 $R10$ 和 $\phi24$，整个图形尺寸即标注完毕。

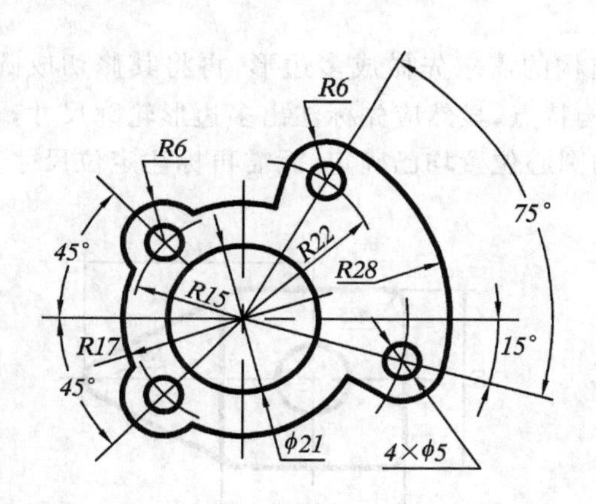

图 1－29　构形分析与尺寸标注(一)

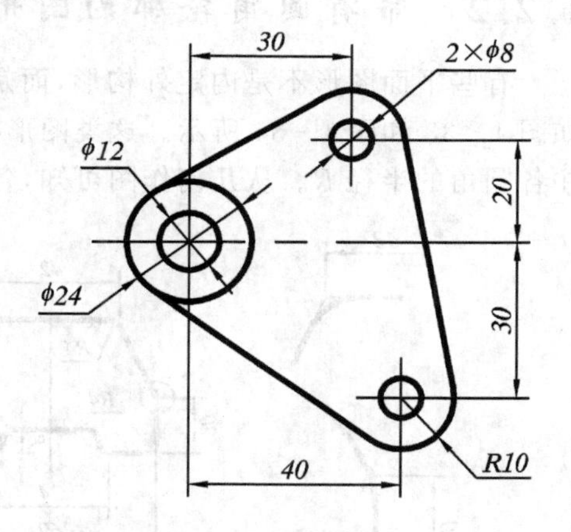

图 1－30　构形分析与尺寸标注(二)

图 1－31 以下边直角形的底边 A 和侧边 B 为基准标注尺寸，所以整个图形标注尺寸的过程是，先标注直角形尺寸 10、45 和 10、25，再标孔径 $\phi12$ 和定位尺寸 25 和 40，最后标注外形尺寸 $\phi24$ 和右边切线端点的定位尺寸 9。

图 1－32(a)中图形为六孔 $\phi8$ 沿圆周均匀分布，此时可只画出其中一个孔，其他孔仅画出中心线即可。标注尺寸时，除标注 $6\times\phi8$ 之外，还要标注“均布”两字，也可像图 1－32(b)中那样写上“EQS”。

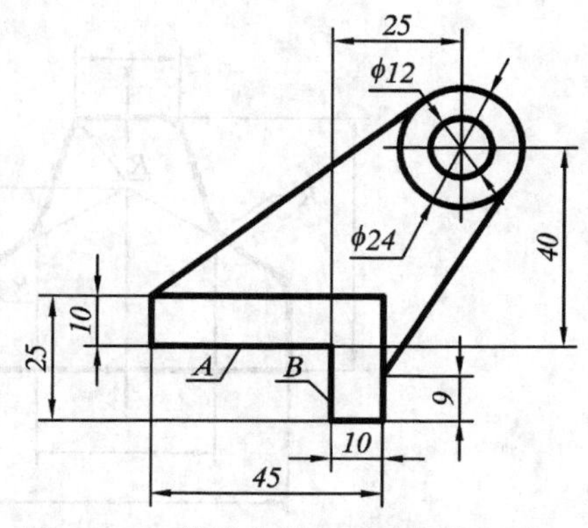

图 1－31　构形分析与尺寸标注(三)

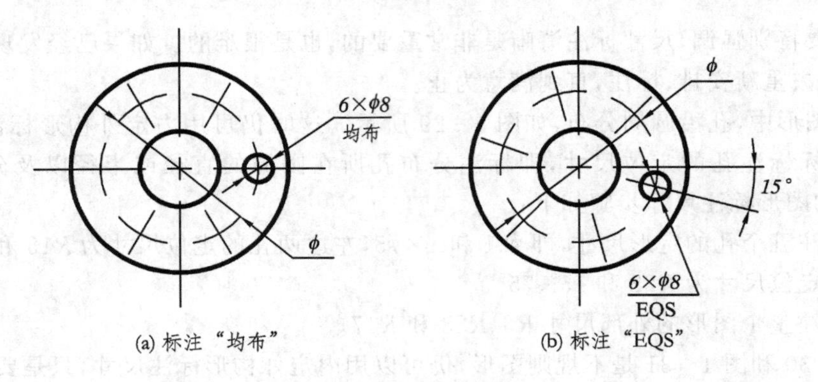

图 1-32　均布孔与尺寸标注

1.2.2　带有圆角轮廓的图形

有些平面图形不是内定外构形，而是由于结构的需求先做成多边形，再将其修切成圆角，如图 1-33 和图 1-34 所示。这类图形根据结构特点，显然应先标注出多边形轮廓尺寸，再标注各圆角的半径 R。从几何作图可知，各圆弧的圆心位置均已确定，无需再标注定位尺寸。

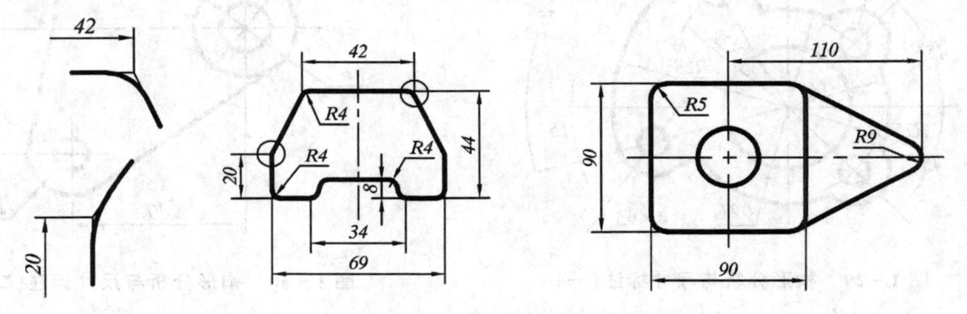

图 1-33　构形与尺寸

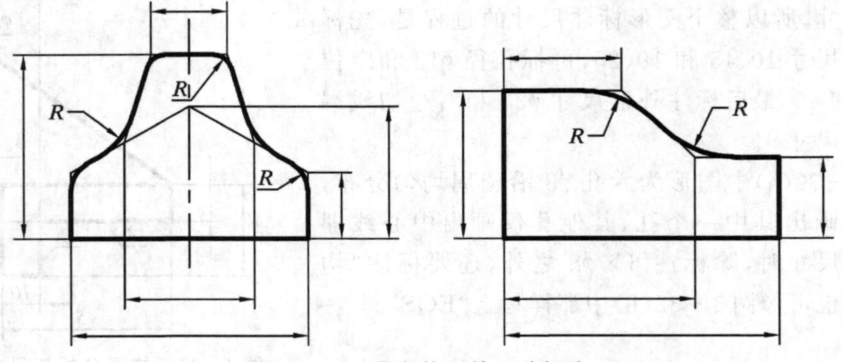

图 1-34　圆角构形的尺寸标注

对这类图形，不能像内定外构形那样先标注各圆弧的圆角半径尺寸，再标注各圆弧圆心的定位尺寸，如图 1－35 所示那样。这是错误标注法。

图 1－36 和图 1－37 的尺寸标注法都是正确的，分析它们的区别，以便在标注尺寸时借鉴。

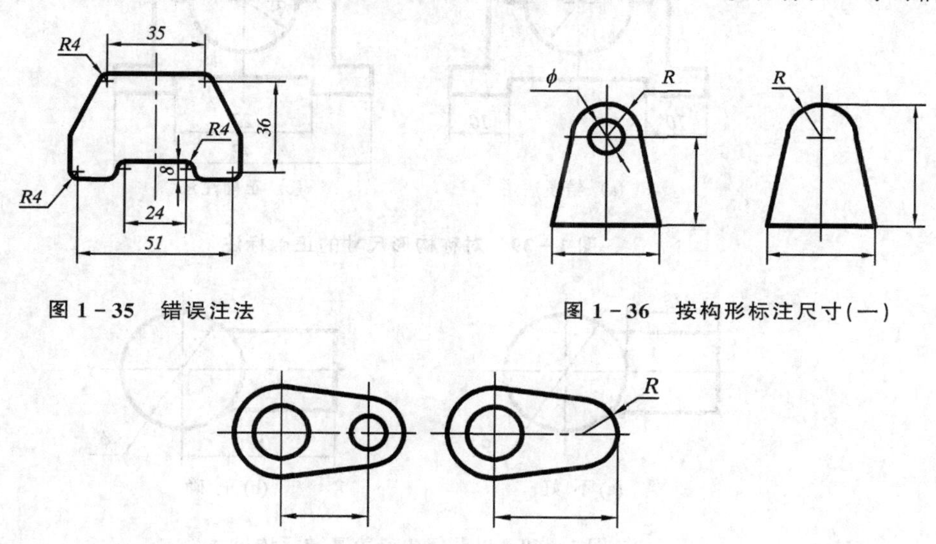

图 1－35　错误注法

图 1－36　按构形标注尺寸(一)

图 1－37　按构形标注尺寸(二)

1.2.3　对称图形的尺寸

当图形具有对称中心线时，分布在对称中心线两边的相同结构，可仅标注其中一边的结构尺寸，如图 1－38 中的 $R64$，12，$R9$ 及 $R5$ 等。

图 1－39(a)是常见的错误注法，错误的原因之一是缺乏构形分析；错误的另一原因是缺乏对称的概念，只要是对称图形，应该以对称中心为基准标注尺寸。这样可把尺寸标注的特别清晰简单，且合理。

从图 1－39(b)标注的尺寸可以清楚看出，这个图形原来长度为 28，切出 23 的一个槽，再作出 $R8$ 的半圆，下边也是先有 42，再切去成 22，所以这是正确的构形分析注法。

图 1－40(a)所示是另一种常见标注尺寸的基准选择不妥，即以圆周的某一点为基准标注尺寸 13；显然，图 1－40(b)是正确的，它以圆的对称中心为基准标注尺寸 24。

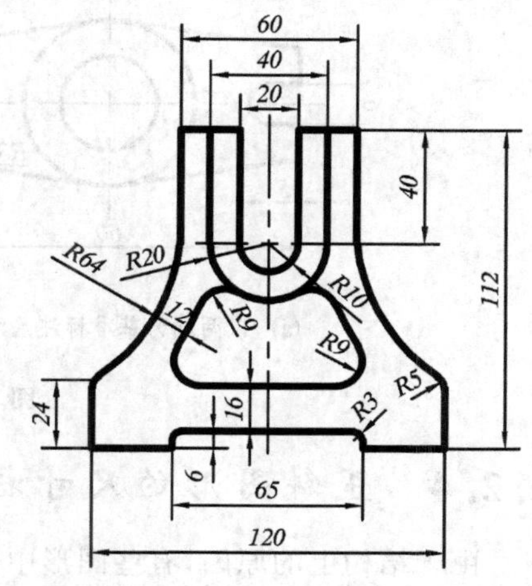

图 1－38　对称构形的尺寸标注

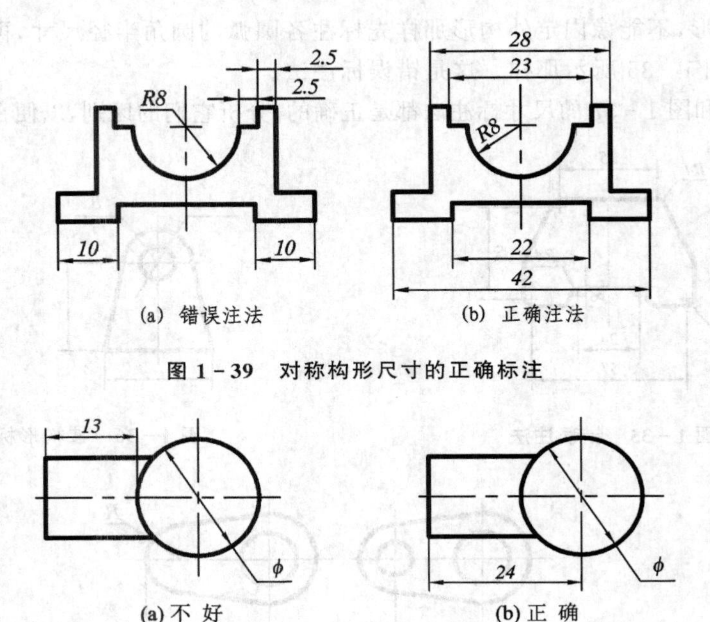

(a) 错误注法　　(b) 正确注法

图 1-39　对称构形尺寸的正确标注

(a) 不 好　　(b) 正 确

图 1-40　以几何中心为基准标注尺寸

图 1-41 中，从对称的角度看，两图的标注尺寸均正确。但从基准选择看，图 1-41(b)无疑是比较好的注法，因为它是以对称中心为基准，标注圆弧 $R3$ 的定位尺寸 50；而图 1-41(a)则通过尺寸 60，以两边为基准标注圆弧 $R3$ 的定位尺寸 5，是不好的注法。

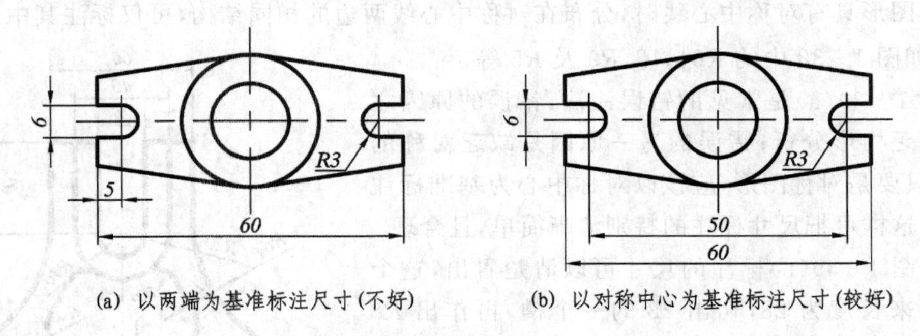

(a) 以两端为基准标注尺寸(不好)　　(b) 以对称中心为基准标注尺寸(较好)

图 1-41　对称图形尺寸标注

1.2.4　歪斜图形的尺寸标注

由于结构上的原因，有些图形中的某些结构，要求作成与主要结构部分成倾斜位置，因而成了具有歪斜部分的图形。多数情况下，歪斜部分仍有自己的对称轴线或对称中心，如图 1-42所示。这类图形标注尺寸也很简单，只要标注歪斜部分时按其对称中心标注尺寸，如图中的尺寸 10 和 16,4 和 30,然后再加注一歪斜角度 30°即可。

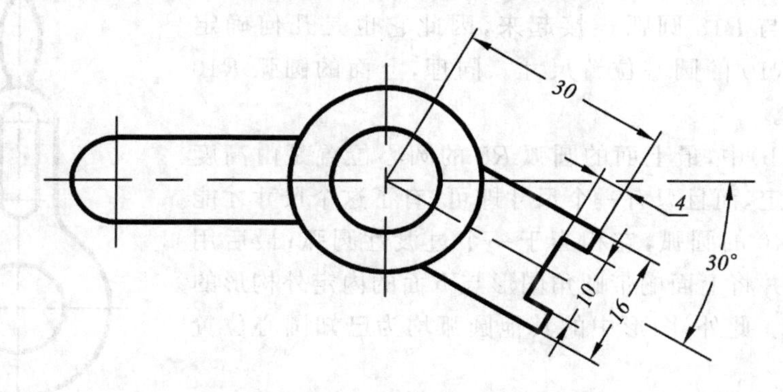

图 1-42　歪斜构形的尺寸标注

图 1-43 是一个更复杂的歪斜图形,但标注尺寸仍很简单,只要将下部尺寸标注好,再标上部尺寸,按其局部对称中心为基准标注尺寸,如图 1-43 中的 38,11,$R20$ 和 $R25$,然后再标注上部图形与下部图形的相对位置和歪斜角度即可,如图中的 x,y 和 60°。

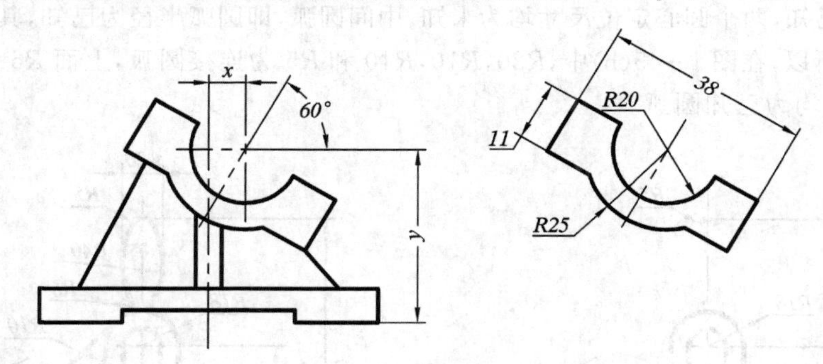

图 1-43　歪斜部分构形的尺寸标注

1.2.5　圆弧连接图形

由于结构原因,机械上某些零件,往往设计成圆弧连接的图形,如摇臂、拨叉、挂轮架等零件。这种图形的特点是比较复杂,既有内定外构形,又有带圆角的图形;既有圆弧和圆弧连接,又有圆弧和直线连接等。画图时,要求画的光滑美观;标注尺寸时,要根据几何分析,既不能给出多余尺寸,也不能缺少尺寸,如有些连接圆弧只须给出半径大小,而其圆心位置尺寸不必给出,或只给出一个圆心位置即可。

如图 1-44 所示挂轮架,其下部分有三处内定外构形,上部分为带圆角的构形。图 1-45(a)是图 1-44 的作图过程。图 1-45(b)是它标注后的图形。从图中可以看出,左边的尺寸 $R20$ 是个连接圆弧,它把已知直线与 $\phi90$ 的圆弧连接起来,所以是惟一确定的,无须给出它的圆心位置尺寸。同理，图形右边下面的圆弧 $R10$ 也是连接圆弧，它把 $\phi90$ 圆弧与 $R18$ 圆弧连接起来，因此它也是几何确定的，无须给出 $R10$ 的圆心位置尺寸。同理，上面的圆弧 $R10$ 也是连接圆弧。

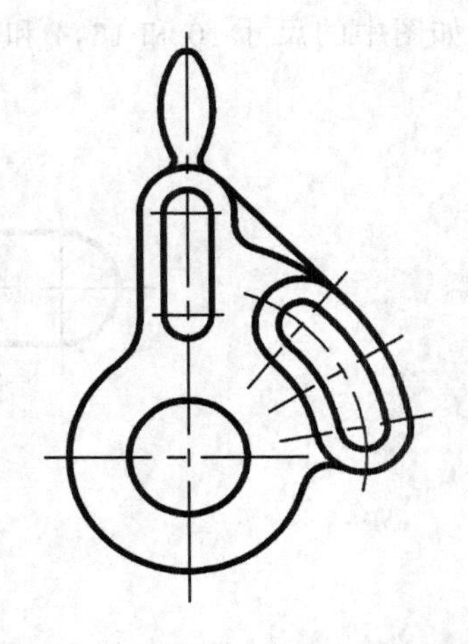

图 1-44　复杂构形的平面图形

图 1-45(b)中，最上面的圆弧 $R5$ 的圆心位置是由高度尺寸 160 所决定，而且只有一个尺寸即可；有了这个尺寸才能进一步画出 $R40$ 的圆弧，它相当于一个过渡性圆弧；最后用 $R5$ 连接圆弧，并将上面的带圆角图形与下面的内定外构形的图形连接起来。此外，图形中的其他圆弧均为已知圆心位置和半径的圆弧。

从上面的分析可知，要正确画出这类图形并标注尺寸，几何分析是非常重要的。从已知的分析可以看出，图形中的线段(直线或圆弧)，按其作用可以分为已知线段、中间线段和连接线段。对圆弧来说，已知圆弧，即圆弧的半径尺寸和两个定位尺寸均为已知；连接圆弧，即圆弧的半径为已知，两个圆心定位尺寸均为未知；中间圆弧，即圆弧半径为已知，其中只有一个定位尺寸已知。所以，在图 1-45(b)中，$R20$，$R10$，$R10$ 和 $R5$ 为连接圆弧，上面 $R5$ 和 $R40$ 为中间圆弧，其他圆弧均为已知圆弧。

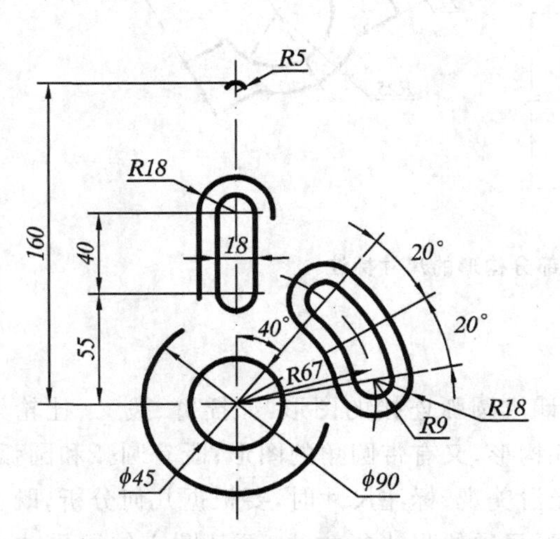

(a) 根据给定尺寸先画出已知直线、圆、圆弧或图形

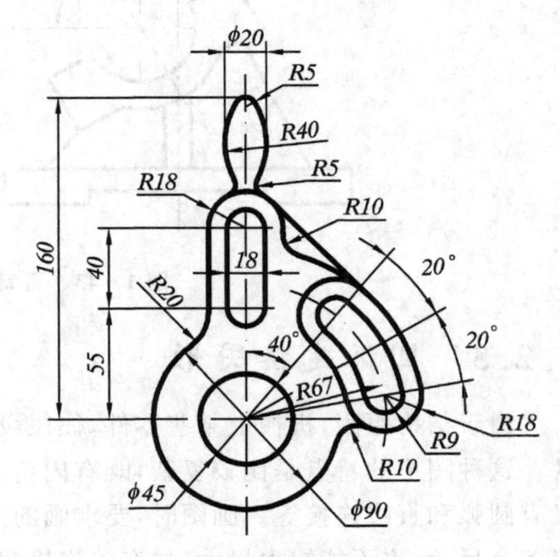

(b) 画出连接圆弧和中间圆弧

图 1-45　按构形分析作图和标注尺寸

画中间圆弧和连接圆弧均须根据已知条件，求出其圆心的位置才能作图，并准确求出圆弧与圆弧或圆弧与直线的连接点(或切点)。这是图形光滑的首要条件。求圆心位置的原理最好

的解释是用轨迹的方法，下面通过几个例题加以说明。

例1-1 求作一圆弧 R 与一已知直线 L 相切，如图1-46(a)所示。

与一已知直线相切的圆弧可能有无数个，其圆心轨迹在与 L 线平行且距离为 R 的直线上，所以在轨迹线上的任意点均可以作出圆弧与该直线相切。

例1-2 求作一圆弧 R 与两已知直线均相切。

与两条直线均相切，实际上是求两条圆心轨迹直线的交点，如图1-46(b)所示。

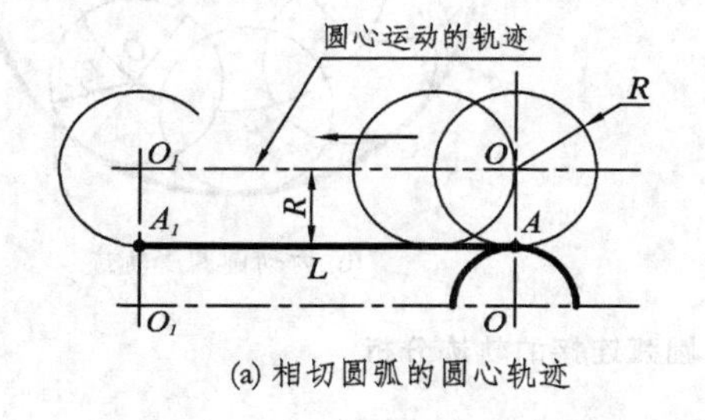

(a) 相切圆弧的圆心轨迹

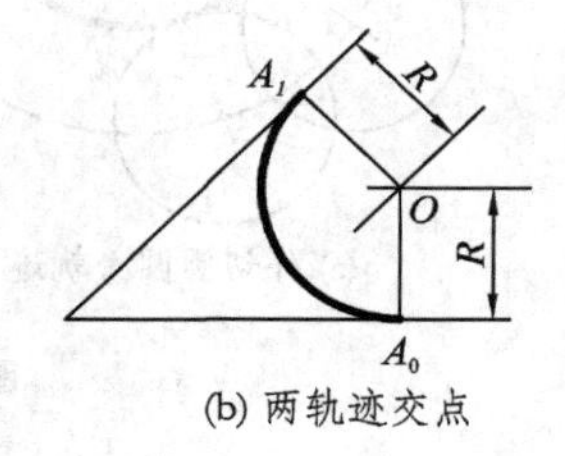

(b) 两轨迹交点

图1-46 圆弧连接的构形分析

例1-3 求作一圆弧 R_1 与已知圆弧 R 相切(外切)。

与一已知圆弧外切的圆弧有无数个，只要在圆弧 R 的外面任意作圆弧与其外切即可；而两个圆心的连接线与圆弧 R 的交点即为两圆弧的切点，如图1-47(a)所示。从图中可以清楚看出，圆弧 R_1 的圆心轨迹是圆，其半径为 R_2，而 $R_2=R_1+R$。

例1-4 求作一圆弧 R_1 与已知圆弧 R 相内切。

与一已知圆弧 R 内切的圆弧有无数个，只要在已知圆弧内画出许多圆弧与之内切即可，如图1-47(b)所示。从图中可以看出，圆弧 R_1 的圆心轨迹是圆弧 R_2，且 $R_2=R-R_1$。同理，两圆心连线与圆弧 R 的交点即为切点，如图中的 A 点。

注意：两圆心 O_1 和 O 均在切点的同一侧。这是区别内切与外切的标志，即内切在同侧，外切在两侧。

例1-5 求作一圆弧 R 与两已知圆弧 R_1 和 R_2 外切 。从轨迹的角度看，这实际上是求两个轨迹圆弧的交点，如图1-48(a)所示。其作图过程是，以 O_1 点为中心，以 $R+R_1$ 为半径作弧；再以 O_2 为中心以 $R+R_2$ 为半径作弧。这两段圆弧的交点 O 即为所求连接弧 R 的中心，O_1O 连线上的 A_1 和 O_2O 连线上的 A_2 即为切点，$\widehat{A_1A_2}$ 即为所求连接弧。

例1-6 求作一圆弧 R 和两已知圆弧 R_1 和 R_2 均内切，如图1-48(b)所示。

与例1-5相似，这也是求两轨迹圆弧的交点，只是分别以 O_1 和 O_2 为中心，以 $R-R_1$ 和 $R-R_2$ 为半径作圆弧，两圆弧交点 O 即为所求。

例1-7 求作一圆弧 R 与已知圆弧 R_1 外切，与另一圆弧 R_2 内切。

显然，其作图过程是用 $R+R_1$ 和 $R-R_2$ 作圆弧求交点，如图1-48(c)所示。

例1-8 如图1-49所示，求连接圆弧 R 的圆心位置。

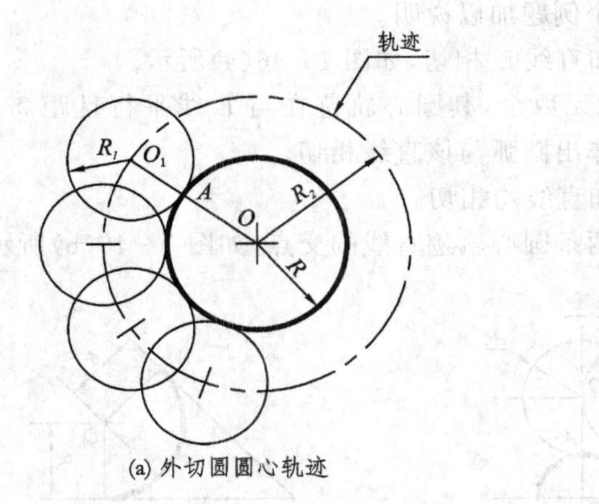

(a) 外切圆圆心轨迹

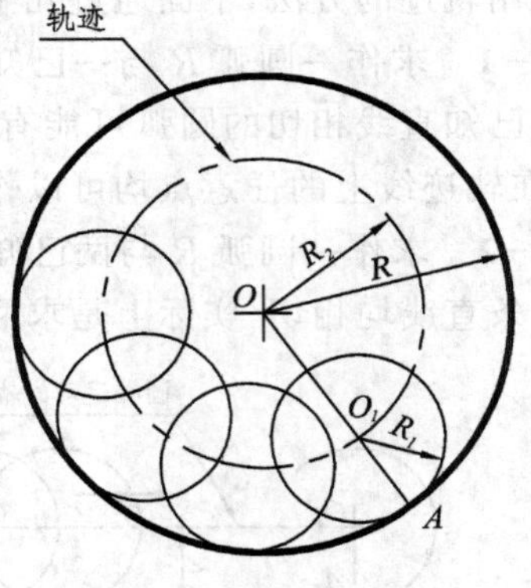

(b) 内切圆圆心轨迹

图 1－47　圆弧连接的轨迹分析

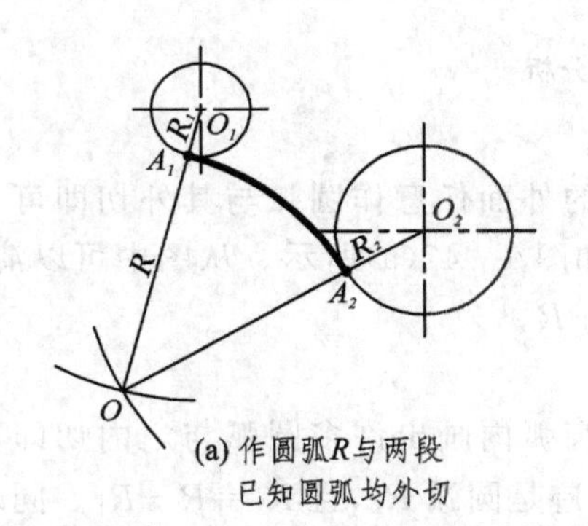

(a) 作圆弧R与两段已知圆弧均外切

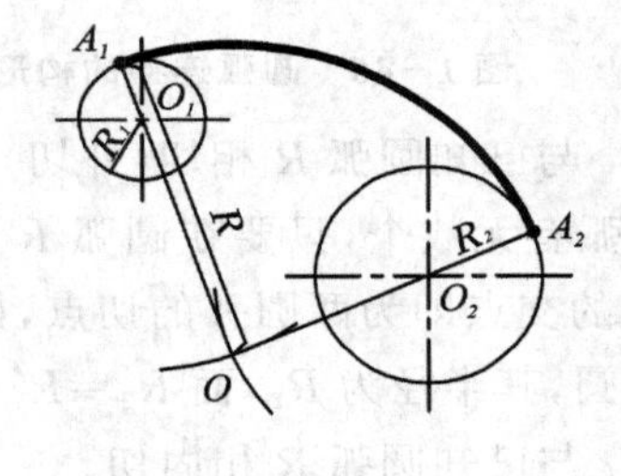

(b) 作圆弧R与两段已知圆弧均内切

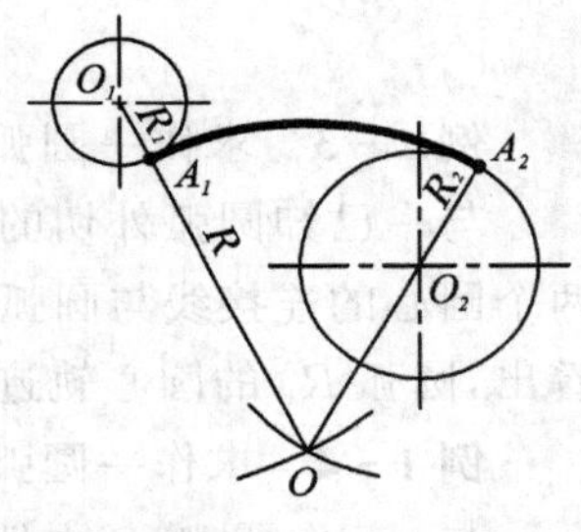

(c) 作圆弧R与两段已知圆弧之一外切，另一内切

图 1－48　圆弧连接的轨迹分析

显然，圆心位置在两轨迹的交点，即 R_1+R 的圆弧与直线的平行线相交的交点 O，A_1 和 A_2 是切点，$\widehat{A_1A_2}$ 即为所求的连接弧。

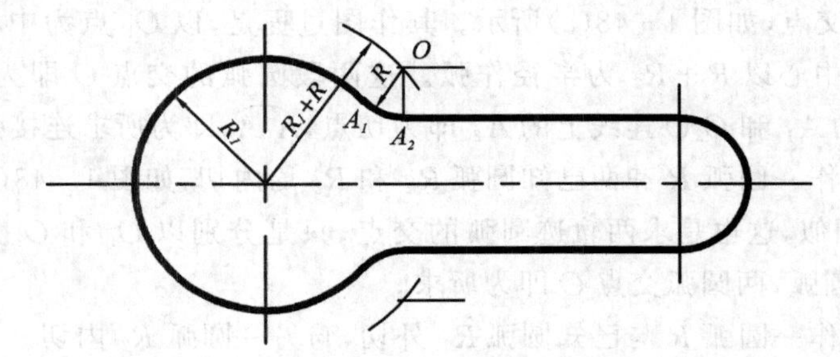

图 1－49　求连接圆弧的圆心位置

通过上述几个例题可以总结出图 1-45 的画图过程如下：

- 先画出主要中心线，即 $\phi 90$ 的中心线，并布置在合适位置上，再画出图形最高线，即 160 的水平线；
- 画出所有已知线段如图 1-45(a)所示；
- 画出所有连接弧和中间弧；
- 标注尺寸；
- 将底段中的细线描深；
- 将图形轮廓线描深，如图 1-45(b)所示。

1.3　当今使用的绘图软件概述

1.3.1　AutoCAD 2004

计算机技术的迅猛发展对各行各业都产生了深远的影响，计算机辅助设计(CAD)技术正是随着计算机技术的发展而发展起来的。AutoCAD 2004(图 1-50)作为当今全球最流行的绘图及二次开发软件，广泛应用于机械制图、零部件加工、建筑设计及电路设计等多种领域。

图 1-50　AutoCAD 2004

AutoCAD 2004 是 AutoDesk 公司推出的功能强大的二维与三维 CAD 设计软件。从 1982 年至今，经历了各种操作系统版本的变更，整个软件由几张软盘的 DOS 软件发展到今天的需要光盘安装的 Windows 应用程序。在整个发展过程中，绘图功能得到了极大的丰富与完善，许多绘图功能几乎成为 CAD 的绘图标准。

下面简略介绍 AutoCAD 系列绘图软件提供的主要功能。

1. 提供多种用户接口

AutoCAD 作为一种标准的人机交互绘图软件，为用户提供了多种标准人机接口设备。整个软件支持键盘输入、鼠标输入和数字化仪输入等，还支持全球范围内各种打印输出设备，可以大大提高绘图的效率和作图的精确程度。

除了硬件接口的广泛支持以外，随着互联网的兴起，AutoCAD 2004 提供了支持网络协同设计的功能。使用户通过浏览器浏览 AutoCAD 图形文件，并传递设计图纸等。使 AutoCAD

软件不仅仅是一个绘图软件，更成为网络时代一种新的设计交流工具。

2. 提供丰富的绘图功能

AutoCAD 提供了一系列基本绘图实体，即系统预先定义的图形元素，如点(point)、直线(line)、构造线(construction line)、圆(circle)、弧(arc)、椭圆(ellipse)、多义线(polyline)、样条曲线(spline)、矩形(rectangle)、多边形(polygon)和文本(text)等。这些图形实体可以各种样式绘制在规定的绘图区域中。除了这些基本的图形实体外，还提供了块(block)操作的功能，允许用户将绘制的组合图形元素，像一个单独实体一样插入到任意图形中。这样使得绘图就像装配零件一样可以迅速地获得更复杂图形的生成，并且整个图形更便于修改维护。

AutoCAD 为绘制这些图形实体提供了多种绘图实现的途径，如下拉菜单、工具栏及命令行输入等。在绘图环境的设置方面，提供了各种样式对话框，如图层样式、字体样式、线型样式、线宽样式及尺寸样式等，既方便用户对图形的管理，又能够帮助用户生成丰富多彩、层次分明的图形。

3. 提供强大的编辑功能

与一般的绘图软件不一样，AutoCAD 将图形绘制定位在更精确、更方便和更快速的要求下，所以提供了许多编辑功能，实现了图形的快速修改、精确定位，如实体目标捕捉(object snap)是 AutoCAD 提供的非常有特色的定位功能。配合实体目标捕捉，用户可以根据图形特点选用相应的编辑命令，包括复制(copy)、擦除(erase)、移动(move)、镜像(mirror)、阵列(array)、旋转(rotate)、等距线(offset)、变比(scale)、拉伸(stretch)、变长(lengthen)、延伸(extent)、裁剪(trim)及拆开(explode)等。组合使用这些命令，可以帮助用户在简单图形元素的基础上勾画出更加复杂的图形。

4. 强大的三维绘图功能

从 AutoCAD 2.17 版本开始，软件就提供了绘制三维图形的功能。早期由于图形算法及计算机硬件性能的限制，三维绘图功能显得很不完善，它实际上只是一个二维半的几何图形，只能绘制像棱柱体、圆柱体这样上下一样大的几何体，而不能绘制像圆锥体这样的几何形体。从 2.6 版本开始，软件提供了绘制真三维图形的功能，即生成的三维图形可以通过视点位置的变化，获得与观察方向一致的三维图形，并能自动消影和渲染。现在版本的三维绘图功能更加完善，提供了实体造型的功能，使三维图形的生成更快、更精确。

5. 强大的二次开发能力

从 2.17 版本开始，AutoCAD 在其集成平台上增加了 LISP 语言。现在的 AutoCAD 2004 就提供了非常完善的 AutoLISP 编程语言，可以方便地利用该语言对 AutoCAD 进行二次开发，如编制专业图形数据库。

除了 AutoLISP 以外，AutoCAD 2004 还提供了与 Windows 一致的 VBA 扩充语言，可以与微软的许多产品进行数据交换。另外，AutoCAD 2004 还提供了一个图形设计中心，可以方便地进行图纸文档的管理与协同设计。

AutoCAD 2004 提供多种图形文件格式，与许多应用程序具有交互接口，如可以将绘制的图形输出为位图(bitmap)，生成与三维动画软件兼容的文件格式等，更重要的是可以生成一种文本文件格式的图形文档。用户可以遵循 AutoCAD 发布的文件格式说明，利用各种高级编程语言，编制自己的应用程序，并存取 AutoCAD 的图形文件。

1.3.2　CAXA

CAXA 是我国具有自主知识产权软件的知名品牌，是中国 CAD/CAM/CAPP/PDM/PLM 软件的优秀代表，并在国内设计制造领域有 120 000 套软件被授权使用，具有广泛的影响。CAXA 软件最初起源于北京航空航天大学，经过十多年市场化、产业化和国际化的快速发展，目前已成为"领先一步的中国计算机辅助技术与服务联盟(Computer Aided X，Ahead & alliance)"，产品覆盖设计(CAD)、工艺(CAPP)、制造(CAM)及协同管理(EDM/PDM)四大领域，有近 20 个模块和构件，构成 CAXA－PLM 集成框架。CAXA 软件公司是国内制造业信息化服务的主要供应商之一。

CAXA－PLM 解决方案包括以下四个子方案：

① CAXA 设计解决方案　提供从二维绘图到三维设计的创新设计工具，帮助完成产品的概念、外观、结构、零部件和总体设计等，以及提供对设计标准、设计文档和经验的知识管理与共享平台。产品包括 CAXA 电子图板和 CAXA 三维实体设计等。

② CAXA 工艺解决方案　建立企业制造资源、工艺标准和典型工艺库，采用 CAD 图形、数据及各种工艺知识与工艺经验，生成各种材料清单和工艺汇总数据。产品包括 CAXA 工艺图表和 CAXA 工艺汇总表等。

③ CAXA 制造解决方案　提供各种数控机床 NC 编程/轨迹仿真/后置处理、图形编控系统、数控车间网络通讯与管理以及模具铣雕系统等。产品包括 CAXA 制造工程师(2－5 轴铣削加工)、CAXA 数控车、CAXA 线切割、CAXA 雕刻、CAXA 网络 DNC、CAXA 图形编控系统及 CAXA 模具铣雕解决方案等。

④ CAXA 协同管理解决方案　实现产品设计制造过程中各种图档和文档、业务和经验以及即时交流和沟通的数据共享与协同，实现流程管理的协同和不同类型数据管理的协同。产品包括 CAXA 协同管理-个人管理工具/图文档管理/产品数据管理/工艺数据管理/生产过程管理等。

CAXA 电子图板和 CAXA 三维实体设计是 CAXA－PLM 设计解决方案的核心构件之一。

CAXA 电子图板是一款功能强大、技术成熟及应用广泛的国产优秀二维 CAD 绘图软件，具有多(用户多、套数多)、快(学得快、绘图快)、好(图库好、标注好)、省(时间省、费用省)及全面兼容 AutoCAD 等显著特点，是国内 CAD 正版化、普及化的替换产品，并与 AutoCAD 一起共同构成了当前我国通用二维工程绘图平台。

CAXA 三维实体设计是国家 863 计划重点支持的、具有国际领先技术的新一代创新三维 CAD 系统，如图 1－51 所示。它提供了包括基本体素、齿轮、轴承和紧固件等标准件在内的丰富三维图库，以及简单快捷的三维图库扩展功能；配合智能捕捉，提供了对设计元素的简单直观的拖放式操作，以及独特、强大和灵活的三维空间定向、定位工具——三维球，实现了真正三维 CAD 创新设计；提供了拉伸、旋转、放样、导动、抽壳和布尔运算等丰富的实体特征造型功能，以及直纹面、旋转面、导动面、放样面、边界面、网格面以及过渡、裁剪等强大的曲面造型功能；提供了毛坯、折弯、凸缘、缝、包边及钣金展开等钣金设计功能，以及将零件设计与装配设计集中于同一设计环境的三维球装配、无约束装配、约束装配及干涉检查等装配设计功能；提供了高级真实感三维渲染，以及三维轨迹动画、视向动画与机构约束动画的复杂动画设计功能，二、三维双向关联以及符合国标的强大工程图绘制功能；提供了 Parasolid 和 Acis 等多内核技术，可实现多种数据格式（Catia，Pro/E，STEP，X_T，SAT，IGES，3DS 等）的读入/输出，并集成了 CAXA 协同管理组件，支持协同设计与管理等。

图 1－51　CAXA 实体设计 2005 的三维设计环境

1.3.3　MDT 三维机械设计软件

MDT（Mechanical Desktop）是美国 AutoDesk 公司于 1996 年推出的基于 Windows 95/98/NT/2000 的应用程序，是融合二维绘图和三维造型为一体的全参数化机械设计软件，如图 1－52 所示。MDT 3.0 中文版本是结合 AutoCAD R14 与参数化实体造型、曲面造型、装配造型、二维与三维双向关联绘图以及 IGES、STEP 转换器等模块于一体的机械设计系统；具有易学易用、便于掌握和容易进行二次开发的特点。

下面介绍 MDT 3.0 版本的主要功能特点：

- 提供创建三维零件实体模型的功能。AutoCAD 软件的二维绘图功能绘制的图形经过简单的拉伸旋转就可以构造出简单的三维实体模型。若对其进行工艺造型,如打孔、倒角、做拔模斜度、抽壳及阵列等,就可以构造出更加复杂的模型。

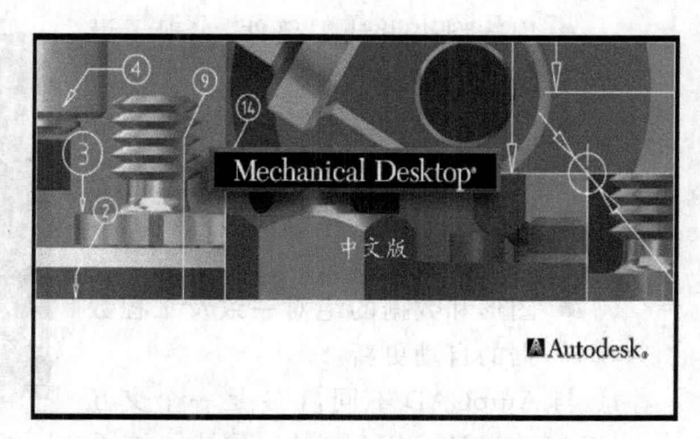

图 1-52　Mechanical Desktop

- 提供三维装配模型的创建。MDT 可以按照零件的装配关系创建装配模型。整个装配模型也具有全参数化的特点,当零件模型发生变化时,整个装配模型将自动更新。
- 提供二维和三维图形的智能关联。由三维模型可以自动生成二维工程图,即各种平面投影视图和轴测投影图。当三维模型改变时,二维工程图的所有视图将全部更新;反之也是一样。
- 提供基于 Nurbs 的曲面造型功能。MDT 采用的先进的 Nurbs 曲面造型,提供了一个将初等曲线曲面(如圆柱、圆锥或球等)和各种样条曲线曲面统一起来的数学模型,建立各种复杂的曲线、曲面十分方便。
- 具有一定的工程设计与分析功能。可以计算零件和装配模型的表面积、质量和体积,并自动进行装配模型的干涉检查。
- 提供标准数据接口与二次开发语言。软件提供了 IGES,STL,DWG,DXF,IDF,VRML,SAT(ACIS),3DS,WMF,EPS 和 BMP 等数据格式,方便与其他 CAD 用户进行数据交换。另外,软件还提供了 LISP 编程语言及 MCAD API 编程接口,可以直接访问 AutoCAD 和 MDT 的三维数据对象,可以解决机械设计、分析和加工制造的问题。

1.3.4　Unigraphis

Unigraphis(简称 UG)是世界著名的通用机械 CAD/CAE/CAM 一体化软件,其界面如图 1-53 所示。UG 软件起源于美国麦道飞机公司,后于 1991 年 11 月并入世界上最大的软件公司——EDS 公司。UG 用户可以享受美国工业的心脏和灵魂——航空航天及汽车工业的专业经验。集成世界一流的设计、工程及制造系统的 UG 软件,现已广泛地应用于通用机械、模具、汽车及航天等领域。UG 软件进入中国后,得到了越来越广泛的应用,已成为我国工业界使用最广泛的大型 CAD/CAE/CAM 软件之一。

UG 具有三维实体建模和装配建模,可以生成直观可视的数字虚拟产品,并可对其进行运动分析、干涉检查、仿真运动及载荷分析等。其功能特点如下:

● 用造型来设计零部件，实现了设计思想的直观描述。

● 充分的设计柔性，使概念设计成为可能。

● 提供了辅助设计与辅助分析的完整解决方案。

● 图形和数据的绝对一致及工程数据的自动更新。

图 1-53　Unigraphis

与 AutoCAD 不同，UG 是一个交互的 CAD/CAE/CAM/PDM 系统。该系统的 CAD 模块提供了一个真三维的设计环境，允许工程设计人员精确地描述几乎任一几何形状，通过组合可对产品进行设计、分析和建立工程图等。

UG 提供如下主要功能：

● 曲线曲面绘制与编辑功能。如画线（line）、圆弧（arc）、圆（circle）、圆角（fillet）、样条曲线（spline）、螺旋线（helix）、圆锥曲线（genral conic）、抛物线和双曲线（parabola & hyperbola）等曲线曲面，以及 OFFSET，PROJECT POINTS&CURVES，EXTRACT，SECTION，JOIN，BRIDGE，SIMPLIFY，OFFSET IN FACE，WRAP/UNWRAP，INTERSECT 和 EDIT CURVE 等编辑功能。另外，还具有自由曲面建立功能，提供了 THROUGH CURVE MESH 和 SWEPT 两种方法。

● 实体建模功能。提供多种实体建模实现途径，如通过多实体的穿越、延伸和旋转等获得基本实体；结合布尔运算（交并差）及有关编辑功能可以得到复杂的几何实体造型。

● 特征建模功能。通过对实体进行特征形状的构造获得实体造型，可以定义的特征形状包括 BLOCK，CYLINDER，CONE，SPHERE，TUBE，HOLE，BOSS，GROOVE，SLOT，POCKET，PAD，HOLLOW，BLEND，CHAMFER，TAPER 和 INSTANCE 等。

● 提供工程图纸的生成。其中包括图纸的设置、主视图、正交视图、辅助视图、局部视图、阶梯剖、半剖视图及旋转剖视图的生成等，以及尺寸的标注。

● 装配建模功能。提供各种手段获得实体的装配，并提供装配干涉分析。

● 提供文件数据交换。包括 DXF TO PRT，PRT TO DXF 和 IGES & CGM 等。

UG 15 版本要求安装在 Windows NT 4.0 中文版或英文版或 Windows NT Service Pack5，Exceed&Exceed 3D6.0。UG 16 可以安装在 Windows NT SP6 或 Windows 2000 SP1 下使用。目前，UG 发布了基于工程语言的完全知识集成的 UG V17 版本，使 UG 成为工业界第一个可装载包含深层嵌入“基于工程知识”（KBE）语言的世界级 MCAD 软件产品。

1.3.5　Solid Edge

Solid Edge 软件是美国 Unigraphics Solutions 公司的中端软件包(见图 1－54),基于微机平台与 Microsoft 公司的产品完全兼容。该软件具有非常强大的零件设计、钣金设计、零件装配和二维工程图设计等功能。同时,Solid Edge 软件兼容了所有 Windows 的卓越性能,并具有易学、易用等特点。

图 1－54　Solid Edge

Solid Edge 的主要功能特点如下:

- 采用参数化以及基于特征的实体建模技术,使软件操作依据定义清晰、工作步骤直观,可以较大地提高工作效率。Solid Edge 全面应用流技术。流技术通过改善用户交互速度和效率,从而全面优化工作效率。
- 强大的建模工具和特征命令,能帮助用户快速而高效地设计出典型的机械零件特征,例如打孔、除料、拉伸和抽壳特征;同时,还能设计更复杂的几何特征,如拔模斜度、扫掠成形、层叠拉伸、螺旋特征以及特征阵列。
- 将二维几何图形作为特征轮廓用于特征建模,通过扫掠、拉伸和旋转生成实体。有了这些直观的工作流程,即使从未进行过 3D 建模,也可以很快掌握将二维 CAD 图纸转化为三维实体模型的方法。
- 具有强大的工业装配设计功能,使用自顶向下或者自底向上的装配形式,就像传统的图纸设计一样。在三维空间里,装配草图提供了一个自顶向下的零部件设计框架,设计者可根据草图中规划的结构形状、衔接面以及设计轮廓构造每个零部件的实体模型。
- 具有无可比拟的钣金功能。钣金是一个独特的造型设计环境,它应用特殊的钣金制作行业的命令建立和展示完整的三维模型。钣金设计环境中所有的命令和功能都使用了钣金设计行业所熟悉的术语:动态拖动、板材生成、自动放置弯曲和切口、自动展平/重新弯曲造型、生成相关的展开图、封闭角边、百叶窗、冲压凸台和二次折弯等。
- 具有新型流畅的产品工程制图功能。无论从实体零件建模设计开始,还是从装配建模设计开始,甚至是从草图设计开始,Solid Edge 的绘图和标注功能都能帮助用户完成高质量的设计文件。Solid Edge 专为机械制图开发提供了最佳的图纸生成、标注和尺寸控制的功能,并自动遵守机械制图标准 ISO,ANSI,BSI,DIN,JIS 或 GB。

● 应用程序接口完整、文件详细，可用 Visual Basic，Visual C＋＋等对 Solid Edge 进行二次开发。

1.3.6　CATIA

CATIA 是法国达索系统公司(Dassault Systemes)主持开发、美国 IBM 公司服务销售、波音飞机等大型制造企业应用参与的高端数字化产品设计制造 CAX 系统。CATIA 最早源于航空航天领域的尖端应用，20 世纪 70 年代发展成形，不仅开创了三维线架、曲面及实体特征等多项技术先河，而且随着在航空、航天以及汽车等领域的深入应用和不断发展，系统不断得到丰富、完善和扩展，到目前已发展成为一套集成的大型应用软件包，内容覆盖了产品设计的各个方面，包括 CAD/CAE/CAM，既提供了支持各种类型的协同产品设计的必要功能，又可进行无缝集成，支持"端到端"的企业流程解决方案，是 IBM－达索系统的完整电子商务"产品生命周期管理方案/PLM"的核心产品(与 ENOVIA，SMARTEAM，DELMIA，CAA V5 等共同构成 IBM－达索 PLM 系统)。2000 年前后推出的该系统的 V5 版实现了从 UNIX 向 PC/Windows 平台的成功移植。

目前，CATIA(如图 1－55 所示)在全球拥有 24 000 多个客户，主要集中在航空、航天、国防及汽车等大型制造企业的高端应用，使用量超过了 180 000 套，是全球应用最为广泛的高端工业软件系统之一。

CATIA V5 特有的"产品/流程/资源(PPR)"模型和工作空间提供了真正的协同环境，可以激发设计人员的创造性，共享和交流 3D 产品信息及以流程为中心的设计流程信息。除了 CATIA V5.10 的 140 多个产品，CATIA V5 开放的应用架构也允许越来越多的第三方供应商提供针对特殊需求的应用模块。

CATIA V5 的主要产品系列与功能特点：

● 机械设计(mechanical design)　从概念设计到详细设计，直至工程图的生成。其中包括线架/曲面/实体特征造型、零件设计、装配设计、钣金设计、焊接设计、铸/锻件优化、模具设计、结构设计及 3D 公差标注等。

● 外形设计和风格造型(shape design & styling)　可用于构建、控制和修改工程曲面和自由曲面。

● 产品综合应用(product synthesis)　提供高级的数字样机的验证和仿真功能。系列化的知识工程产品可有效地捕捉和重用企业的经验知识，延长整个产品的生命周期。其中包括人体工程分析、电子样机优化及知识专家系统等。

● 设备与系统工程(equipment & systems engineering)　用于 3D 电子样机的空间预留优化，并在电子样机中模拟复杂电器、液压传动和机械系统的协同设计和集成。其中包括电路、管路及空间布局设计等。

● 工程分析(analysis)　可快速对任何类型的零件或装配件进行工程分析。它包括零件

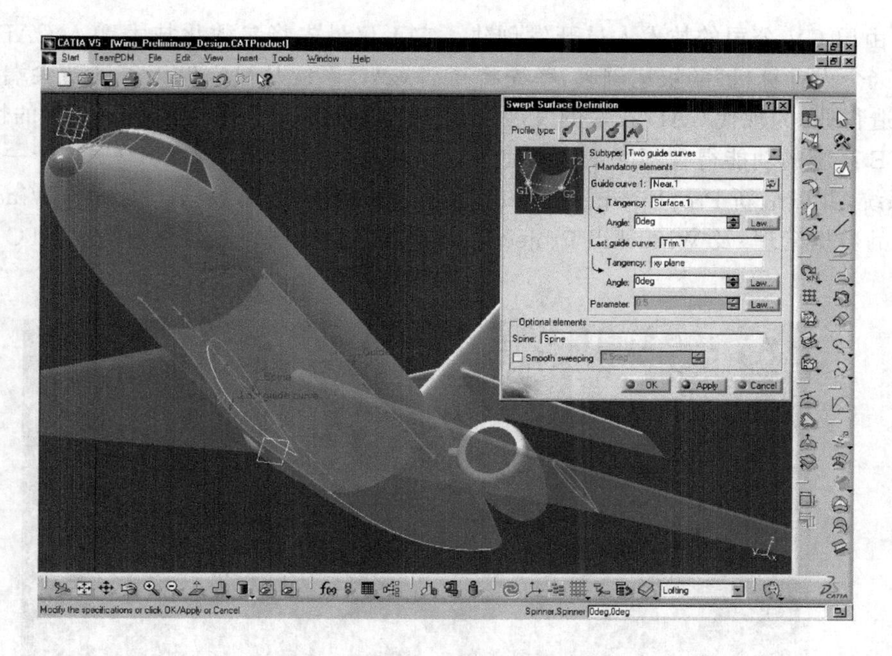

图 1 - 55　CATIA V5

结构分析、装配结构分析、动力分析、装配变形公差分析及 FEM 曲面/实体分析等。

- NC 加工(machining)　CATIA V5 的 NC 加工功能优于其他现有的 NC 加工解决方案。它包括 3 轴、多轴铣削加工、车削加工、STL 快速原形制造及 NC 代码浏览检验等。
- 基础架构(infrastructure)　CATIA V5 基础架构为协同产品开发提供了广阔的产品平台。它包括项目管理、CADAM/IGES/STEP/CATIA V4/SOLIDWOKS 集成接口等。
- CAA RADE　可以将用户的专用知识集成到 CATIA 和 ENOVIA 应用程序中，也可以将现有的系统集成到 ENOVIA 3D com 中。它包括数据模型的优化、C++/JAVA 接口及 API 等。
- 基于 Web 的在线学习解决方案(Web - based learning solutions)　是一个新一代简易好用的电子支持系统 EPSS(Electronic Performance Support System)，可以为 CATIA 和 ENOVIA 用户从单一数据源快速访问所有信息进行使用培训。辅助自学工具(companion)可以作为用户的桌面工具，随时随地解决培训和应用问题。

1.3.7　Pro/E

Pro/E(全称 Pro/Engineer)(图 1 - 56)是美国 PTC 公司的数字化产品设计制造系统，于

1986 年由原 CV 公司的技术人员开发创建。它不仅最先将参数化技术融入 CAD 系统，而且借助 PC（个人计算机）的快速崛起，率先将高端 CAD 系统从航空航天等国防尖端领域推介到民用制造行业，为现代 CAD 技术的发展与普及应用做出了贡献。经过近 20 年的快速发展，目前 Pro/E 系统的功能得到不断增强和完善，已成为一个集 CAD/CAM/CAE 于一体的中高端 CAX 系统，并以最新 Pro/Engineer Wildfire 为核心构件（产品数据产生），与 Windchill PDMlink（产品数据管理）及 Windchill Projectlink（产品过程协同）一起，共同构成 PTC－PLM 解决方案。

图 1－56　Pro/E Wildfire

Pro/E 软件主要应用于轻工、电器及其模具设计制造等的中小型制造企业，并随着发展壮大不断向汽车等大型制造领域延伸。随着 20 世纪 80～90 年代我国对外开放，Pro/E 伴随“三来加工”从台、港等地迅速传入广东、浙江一带，并在我国东南地区轻工行业的快速发展中产生较大影响。

Pro/E Wildfire 是新一代面向产品全生命周期的数字化产品开发系统，具有以下功能和特点：

- 概念与工业设计（conceptual and industrial design）　包括概念草绘（sketching）、图片修饰（image retouching）、曲线/曲面建模（curve and facet modelling）、3D 渲染设计（painting 3D designs）及实时照片级渲染（real time and photo-realistic rendering）等。
- 详细设计（detailed design）　提供通用参数化实体建模功能，包括零件几何建模

(geometry creation)、焊接设计(weld documentation)、工程图纸生成(2D production drawings)、钣金设计(sheetmetal design)、装配设计与管理(assembly management)、机构运动(mechanism kinematics)及动画设计(design animation)等。

- 仿真分析(simulation)　包括对产品结构与热效分析(structural and thermal)、疲劳分析(fatigue advisor)、机构动力分析(mechanism dynamics)及行为建模(behavioral modeling)等数字化仿真分析与优化。
- 制造(production)　提供面向模具行业的 NC 编程等 CAM 功能,包括注塑专家(plastic advisor)、计算机辅助检测(computer-aided verification)、2 轴半至 5 轴铣削加工 NC 编程与后置处理(production machining),以及激光/火焰切割和冲裁等钣金加工 NC 编程和控制(NC sheetmetal)等。
- 线路/管路系统设计(routed systems)　提供线路/管路系统的设计(cabling design/piping design/routed systems designer)等。

1.4　AutoCAD 2004 绘图初步

1.4.1　初步认识 AutoCAD

1. 启动 AutoCAD

作为基于 Windows 的应用程序,与其他多数软件一样,AutoCAD 2004 在安装完成后,在 Windows 窗口将出现一个 AutoCAD 图标,同时在 Windows 程序组中出现一个 AutoCAD 的程序组。AutoCAD 可以通过以下三种方式启动:

① 直接单击 Windows 屏幕上的 AutoCAD 图标,可以启动 AutoCAD 2004,如图 1－57(a)所示。

② 单击"开始"|"程序",在程序组 Autodesk→AutoCAD 2004 中选择 AutoCAD 2004,如图 1－57(b)所示,也可以启动 AutoCAD 2004。

③ 如果存在 AutoCAD 2004 的图形文件(DWG 文件),可以通过资源管理器直接打开该文件,同时也启动 AutoCAD 2004,并载入该图形文件。

2. 进入用户界面

AutoCAD 2004 提供基于 Windows 的用户界面。熟悉 Windows 应用程序的用户会发现 AutoCAD 2004 具有许多与 Windows 应用程序相一致的命令和界面布局等,如图 1－58 所示。这样,用户可以将学习重点放在工程绘图的内容上。

一般来说,用户可以直接在绘图区域内开始设计工作。建议通过菜单中的新建功能选择样板(图 1－59)来开始一个新的工程图纸设计。单击"打开"按钮,可以选择英制和公制绘图。

(a) AutoCAD图标

AutoCAD 2004
标准批处理检查器
参照管理器
附加数字签名
许可证转移实用程序

(b) 程序组

图 1－57　启动 AutoCAD 2004

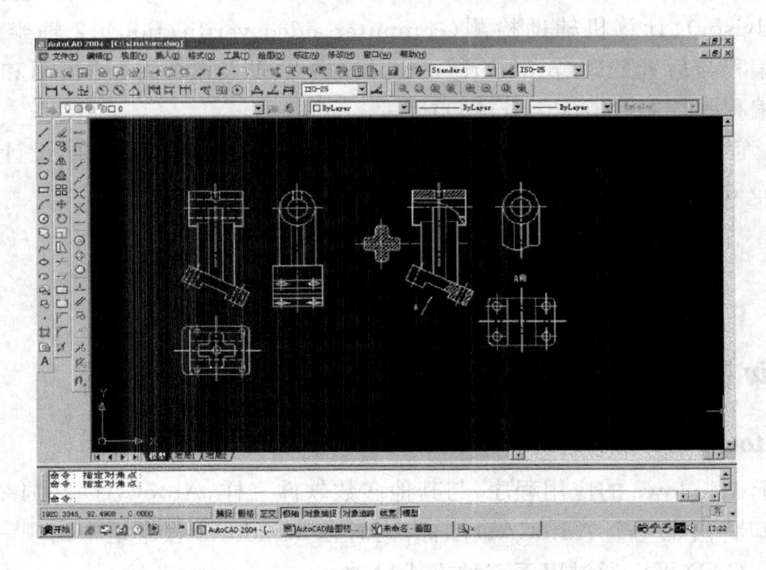

图 1－58　AutoCAD 2004 界面

由于国家标准对工程图的规定，所以要求选择“公制”(M)。

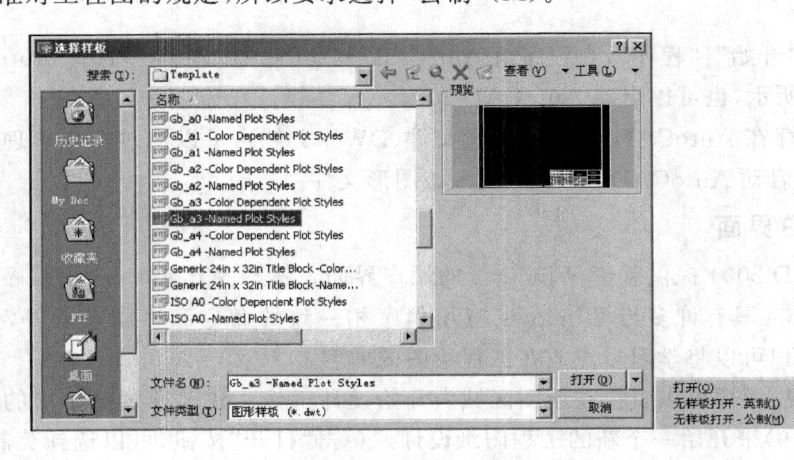

图 1－59　选择工程图纸样式

一旦选择了相应的图纸样式，在 AutoCAD 2004 的绘图区域将出现相应的工程图纸样式。可以通过下拉菜单条、工具条和命令输入行等多种方式进行绘图工作，所有的图形将绘制在黑色的图形区域内。这种黑色的作图背景是 AutoCAD 2004 的缺省设定，用户可以通过重新设置，得到自己喜欢的作图背景颜色。建议使用缺省的黑色作图背景。

3. 认识菜单

与所有 Windows 应用程序一样，AutoCAD 2004 的所有绘图命令都可以通过下拉菜单得到执行，包括从文件管理到图形绘制、编辑等一系列复杂命令。

主菜单包括 File，Edit，View，Insert，Format，Tools，Draw，Dimension，Modify，Express，Window 和 Help。下面分别加以叙述：

- File(文件)　主要提供图形文件的管理及打印输出等。
- Edit(编辑)　主要提供与 Windows 一致的编辑操作，包括复制、粘贴及清除等。
- View(视图)　提供对图形区域的重画、视图区域的控制及三维图形有关显示控制等。
- Insert(插入)　提供图形块的插入及其他 Windows 应用程序对象的嵌入。
- Format(格式)　提供绘图中各种属性格式的控制，如颜色、线型、文本格式、尺寸属性、图层属性和点的属性等。
- Tools(工具)　提供与绘图有关的各种工具，包括拼写、快速查询、属性及 UCS 管理等。
- Draw(绘图)　提供各种二维和三维绘图命令。
- Dimension(标注)　提供尺寸标注。
- Modify(修改)　提供各种对图形的编辑命令。
- Window(窗口)　提供绘制图形的多窗口排列方式。
- Help(帮助)　提供学习 AutoCAD 2004 的各种学习帮助资料。

4. 认识标准工具栏

AutoCAD 2004 的标准工具栏将一些经常使用的命令，以图标形式方便用户使用，提高绘图效率。

文件管理与输出图标如下：

创建一个新的图形文件；　　打开一个已存在的文件；

保存图形文件；　　打印图形文件；

打印预览；　　发布图纸。

常用修改操作图标如下：

对图形实体进行剪切操作；　　对图形实体进行复制操作；

对图形实体进行粘贴操作；　　对实体对象进行匹配操作；

取消图形操作；　　恢复图形操作。

视区显示管理图标如下：

在指定的视区内实时移动整个图形；　　在视区内实时放大、缩小整个图形；

以矩形窗口形式进行图形的缩放；　　恢复上一次视图缩放状态。

5. 认识绘图工具条和编辑工具条

除了上面介绍的一系列操作界面外，AutoCAD 2004 还针对专门的命令集合，提供了可以加载或卸载的图标型工具栏。在 AutoCAD 2004 安装完成后，缺省将在绘图区的最左面加载专门用于“绘图”和“修改”的两个工具栏，如图 1－60 所示。在下拉菜单 View 中选择 Toolbars，将打开工具栏显示控制对话框，如图 1－61 所示。通过拾取需要的工具项，可以将图表工具栏加载到绘图区域旁边，方便作图时使用。但建议不要加载太多，以免导致作图区域过于狭小，影响图形的绘制。

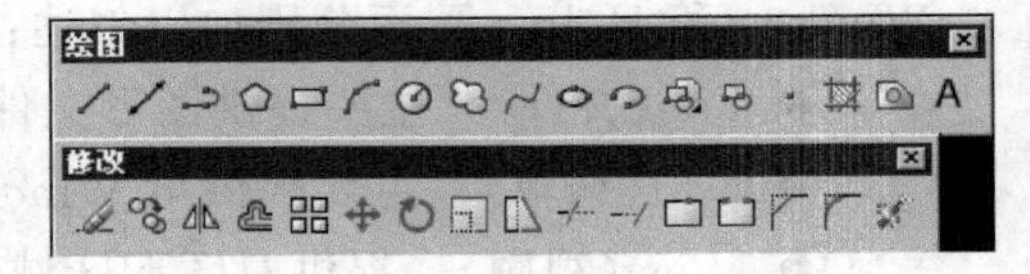

图 1－60 “绘图”和“修改”工具栏

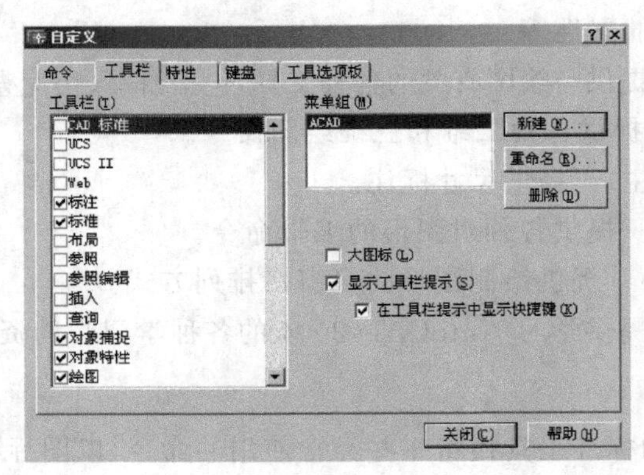

图 1－61 工具栏显示控制对话框

从图 1－60 中可以看出，这两个工具栏基本包含了绘图和“修改”的所有命令，为图形操作提供了方便且直接的方式。

6. 命令输入方式

AutoCAD 2004 的图形绘制是依靠一系列的命令操作来完成的。这些命令可以通过以下三种方式执行：

① 通过下拉菜单选择输入命令。

② 通过各种工具栏输入命令。

③ 通过命令行输入命令。

其中，下拉菜单和工具栏是任何 Windows 应用程序都提供的。对 AutoCAD 的初学者来说，这两种方式会比较习惯；但对于有经验的用户来说，更喜欢 AutoCAD 提供的命令行输入方式。这主要基于以下两点考虑：

一是 AutoCAD 工具栏太多，若全部载入，可以布满整个屏幕。即使只加载常用的工具栏，也将使作图区域减小，影响作图。而下拉菜单的多级子菜单操作起来太麻烦，只有命令行输入是最简单的，许多命令只需在命令行中输入一个字母就可以执行。

二是命令操作速度最快，最直接。实际上，AutoCAD 的下拉菜单和工具栏是由 AutoCAD 的菜单文件 acad. mnu 编辑生成的。当用户单击工具栏上的按钮或菜单中的选项时，AutoCAD 根据菜单文件执行相应的命令，完成命令的执行。所有通过下拉菜单和工具栏输入的命令都将显示在命令行中，并通过命令行输入相关参数，完成命令的执行。

所以，建议初学者养成时刻注意命令窗口的好习惯。如果觉得命令窗口太小，可以拖动将窗口拉大，但这样会缩小作图区域，不妨按下功能键 F2，以获得独立的命令窗口（AutoCAD Text Windows），用户可以根据需要调出该窗口，如图 1 - 62 所示。

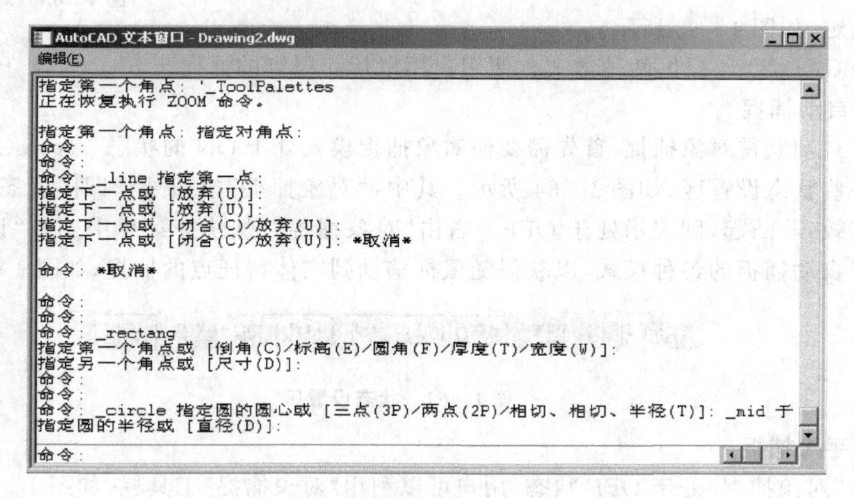

图 1 - 62 命令行输入窗口

后面各种命令的执行主要以命令行方式进行介绍。

7. 数据输入方式

当一个命令输入后，一般需要为其提供相应的参数。例如，输入 Circle（画圆）命令后，需要输入圆心坐标和半径大小。画三维的圆柱需要输入相应的底圆圆心、半径和圆柱的高度等。所以，一个完整命令的执行，需要根据命令执行中的提示信息，输入相应的参数，才能最终在绘图区域内显示出图形。

在这些参数的输入中，输入最多的是坐标。AutoCAD 的坐标输入主要提供两种输入方式：

① 键盘输入方式；

② 鼠标输入方式。

键盘输入方式要求在绘制图形时，预先了解自己所绘制图形的各个坐标参数，以便获得准确的图形。AutoCAD 提供了绝对坐标和相对坐标输入两种形式。可以以直角坐标（x，y）和极坐标（距离＜角度）进行输入。绝对坐标直接在命令提示符后输入坐标点，如（10，20）或（20＜30）；相对坐标则需要在相应的坐标点前加上前缀@，如@10，20 或@20＜30。

鼠标输入方式则通过鼠标利用所绘制图形实体的几何特点来捕捉点。鼠标输入和对象捕捉（object snap）的结合为AutoCAD提供了强大的绘图功能，使得绘制图形不仅快速，而且更精确。当命令执行请求坐标输入时，屏幕上的鼠标将变成十字光标。如果对象捕捉模式处于打开状态，那么当将鼠标移动到相应的图形实体时，图形实体上将出现捕捉符号，提示用户是否确定，如图 1－63 所示。

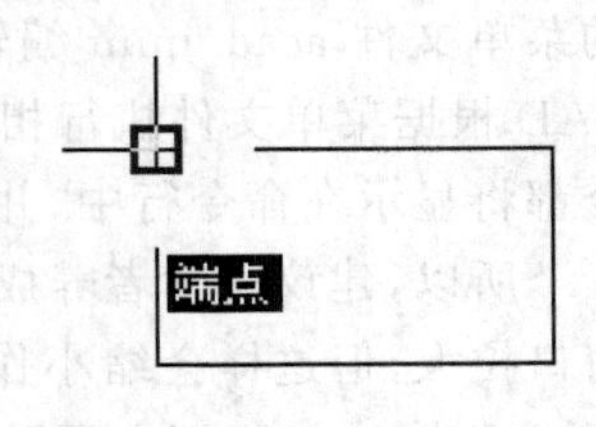

图 1－63　对象捕捉

AutoCAD 2004 提供两种方式方便用户用鼠标获得点的捕捉。

（1）自动捕捉

为了自动获得对象捕捉，首先需要使对象捕捉模式处于 ON 的状态。AutoCAD 界面底部提供了一些状态设置区，如图 1－64 所示。其中，“对象捕捉”按钮处于凹陷状态，表示现在对象捕捉有效；若凸起，则表示处于 OFF。右击“对象捕捉”，从快捷菜单中选择“设置”菜单项，通过设置自动捕捉的各种模式，以获得随鼠标移动到实体特征点的捕捉，如图 1－65 所示。

捕捉　栅格　正交　极轴　对象捕捉　对象追踪　线宽　模型

图 1－64　状态设置区

（2）手工捕捉

如果“对象捕捉”处于 OFF 状态，用户可以利用“对象捕捉”工具栏，如图 1－66 所示，根据需要随时获得图形实体的特征点。

AutoCAD 2004 提供许多基于实体几何特征点捕捉模式。下面介绍各种捕捉模式：

- 临时追踪点（tracking）　相对两指定点，在水平或垂直方向确定第三点。
- 捕捉自（from）　捕捉基点。
- 捕捉到端点（endpoint）　捕捉端点。
- 捕捉到中点（midpoint）　捕捉中点。
- 捕捉到交点（intersect）　捕捉交点。
- 捕捉到外观交点（apparent intersect）　捕捉图形实体在视图平面上的交点（它们在空间可能不相交，相当于异面直线在投影面上的重影点）。

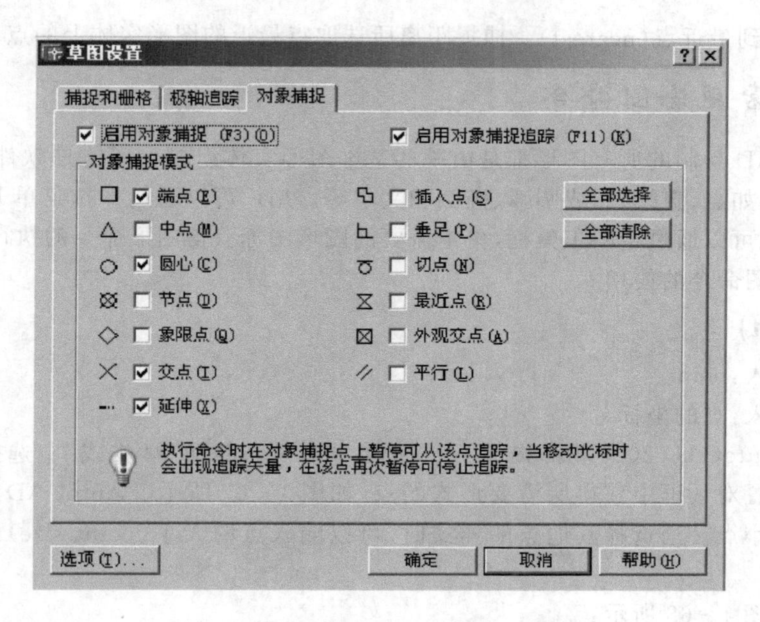

图 1-65　设置"对象捕捉"缺省的模式

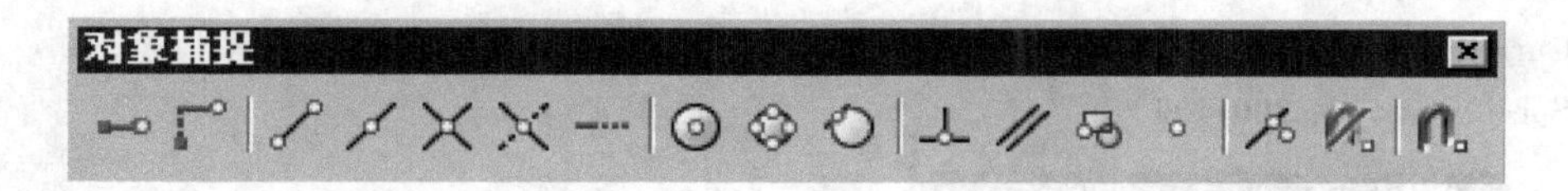

图 1-66　"对象捕捉"工具栏

- 捕捉到延长线　当光标经过对象的端点时，显示临时延长线，以便使用延长线上的点绘制对象。
- 捕捉到圆心(center)　捕捉圆和圆弧的中心。
- 捕捉到象限点(quadrant)　捕捉圆、圆弧或线段上的象限点。
- 捕捉到切线(tangent)　捕捉圆和圆弧的切线。
- 捕捉到垂足(perpendicular)　捕捉线段、圆和圆弧或其延长线上，与最近生成的点正交且离光标最近的点。
- 捕捉到平行线　无论何时 AutoCAD 提示输入矢量的第二个点，都绘制平行于另一个对象的矢量。指定矢量的第一个点后，如果将光标移动到另一个对象的直线段上，则 AutoCAD 获得第二点。当所创建对象的路径平行于该直线段时，AutoCAD 显示一条对齐路径，可以用它来创建平行对象。
- 捕捉到插入点(insert)　捕捉块、文本等的插入点。
- 捕捉到节点(node)　捕捉点对象。

● 捕捉到最近点(nearest)　捕捉距离所选取点最近的图形实体上的点。

1.4.2　常用绘图命令

AutoCAD绘制的所有图形都是由一些基本图形实体组成。实体是软件已经定义的绘图基本元素,例如点、直线、圆或圆弧、椭圆和文本等。用户可以通过下拉菜单Draw选择各种图形的绘制,也可以通过绘图工具栏,单击需要的图形图标获得图形命令的执行。下面介绍其中一些常用绘图命令的使用。

1. 点(point)

命令输入:point

参数输入:点的坐标。

说明:AutoCAD 2004为点提供了20种形式。从下拉菜单"格式"中选择"点样式",即可以从点的设置对话框中获得所需要形式的点,如图1-67所示。AutoCAD 2004缺省点的形式为一实心小点。当选择其他点的样式时,可以输入点的大小(point size),以改变图形中点的大小。

实例如图1-68所示:

Command: **point**

Current point modes:　PDMODE=98　PDSIZE=-10.0000

Specify a point: **200,100**

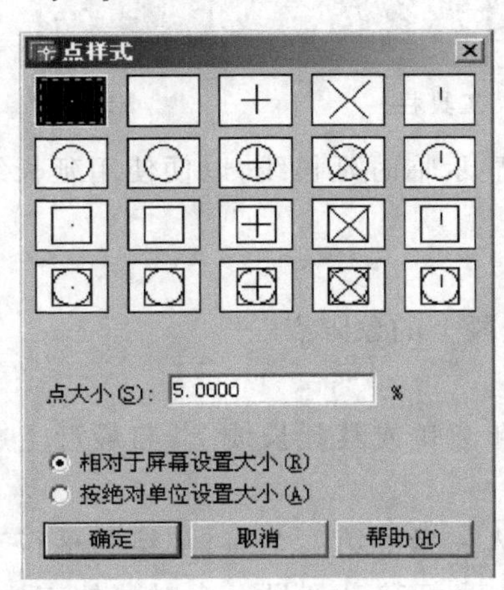

图1-67　点的样式

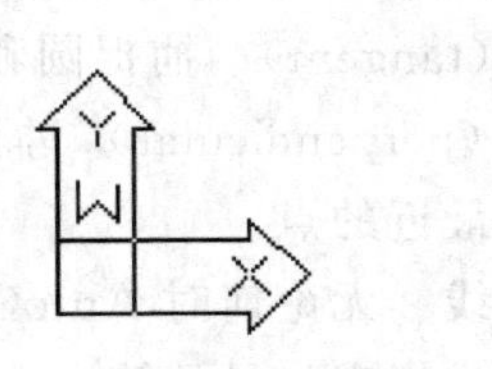

图1-68　画　点

2. 直线(line)

命令输入:line

参数输入:点的坐标。

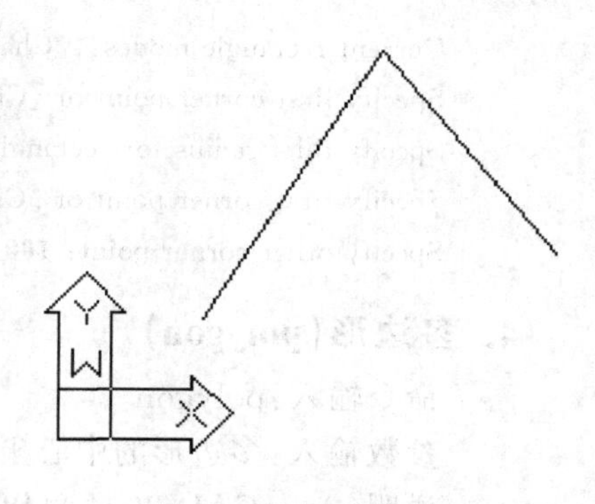

图 1－69　画直线

说明：AutoCAD 2004 画线是一个连续的过程，要求连续输入需要的坐标。当连续绘制了两条以上的线时，如果要获得封闭的图形，可以键入 C，使最后一条线的末端与第一条线的始端连接；如果希望结束直线的连续绘制，可以按 ESC 键结束命令。

实例如图 1－69 所示：

Command：**line**
Specify first point：**50,60**
Specify next point or [Undo]：**100,140**
Specify next point or [Undo]：**150,80**
Specify next point or [Close/Undo]：

3. 矩形(rectang)

命令输入：rectang

参数输入：对角点的坐标或倒角宽度(选择 c)或圆角半径(选择 f)等。

说明：在二维图形绘制时，只需直接输入矩形对角坐标点坐标即可。选择 Chamfer，可以获得带倒角的矩形；选择 Fillet，可以获得带圆角的矩形。

实例如图 1－70 所示：

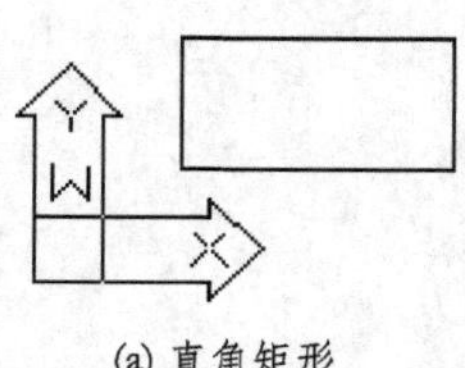

(a) 直角矩形

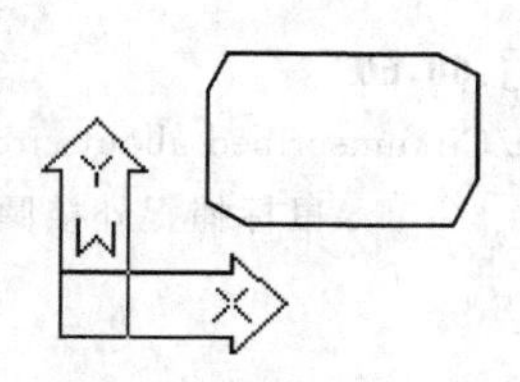

(b) 带倒角的矩形

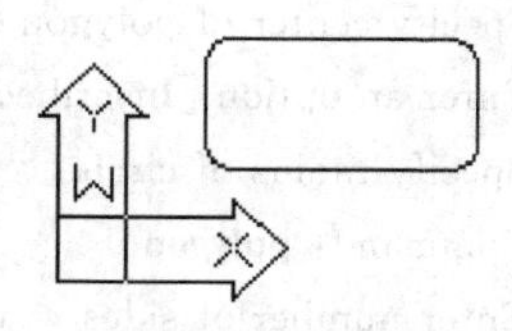

(c) 带圆角的矩形

图 1－70　画矩形

Command：**rectang**
Specify first corner point or [Chamfer/Elevation/Fillet/Thickness/Width]：**40,50**
Specify other corner point：**100,80**
Command：**rectang**
Specify first corner point or [Chamfer/Elevation/Fillet/Thickness/Width]：**c**
Specify first chamfer distance for rectangles <10.0000>：**5**
Specify second chamfer distance for rectangles <20.0000>：**10**
Specify first corner point or [Chamfer/Elevation/Fillet/Thickness/Width]：**40,50**
Specify other corner point：**100,90**
Command：**rectang**

Current rectangle modes:　Chamfer=5.0000 x 10.0000
Specify first corner point or [Chamfer/Elevation/Fillet/Thickness/Width]: **f**
Specify fillet radius for rectangles <5.0000>:
Specify first corner point or [Chamfer/Elevation/Fillet/Thickness/Width]: **40,50**
Specify other corner point: **100,80**

4. 多边形(polygon)

命令输入:polygon

参数输入:多边形的中心坐标、绘制方式及相应的参数。

说明:AutoCAD 2004 可以绘制 2～1 024 条边的正多边形。该命令具有三种方式:以边长确定多边形(Edge)、圆的内接多边形(I－Scribe)和圆的外切多边形(C－Scribe)。

实例如图 1－71 所示:

Command: **polygon**
Enter number of sides <4>: **5**
Specify center of polygon or [Edge]: **e**
Specify first endpoint of edge:**60,70**
Specify second endpoint of edge:　　　　　　'鼠标捕捉多边形边长另一端点
Command: **polygon**
Enter number of sides <4>:**5**
Specify center of polygon or [Edge]:**60,60**
Enter an option [Inscribed in circle/Circumscribed about circle] <I>:
Specify radius of circle:　　　　　　'鼠标捕捉外接圆半径
Command: **polygon**
Enter number of sides <4>: **5**
Specify center of polygon or [Edge]: **60,60**
Enter an option [Inscribed in circle/Circumscribed about circle] <I>: **c**
Specify radius of circle:　　　　　　'鼠标捕捉内切圆半径

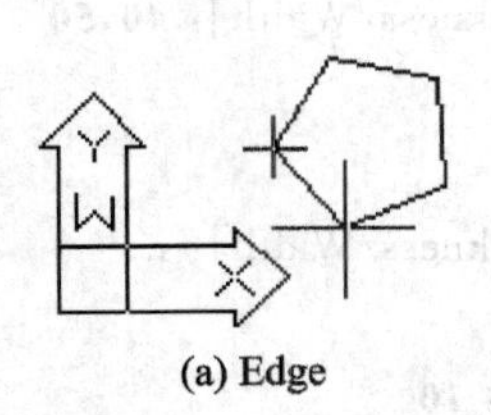

(a) Edge

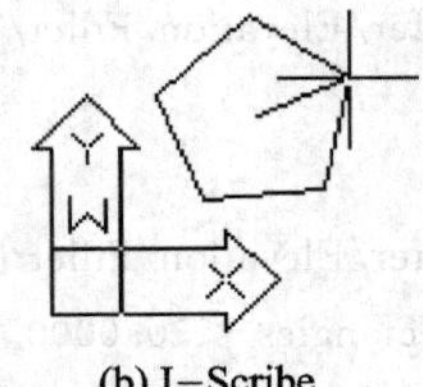

(b) I－Scribe

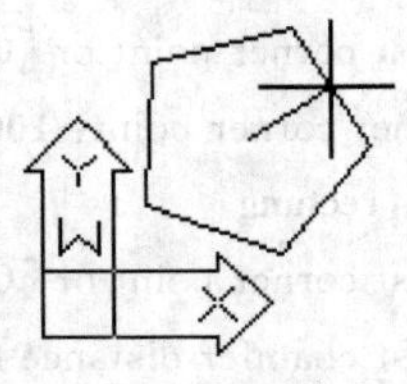

(c) C－Scribe

图 1－71　画多边形

5. 圆(circle)

命令输入:circle

参数输入:圆的圆心、半径及画圆方式。

说明:AutoCAD 2004 提供四种画圆方式和一种画公切圆的方式。

实例如图 1－72 所示:

Command: **circle**
Specify center point for circle or [3P/2P/Ttr (tan tan radius)]: **60,60**
Specify radius of circle or [Diameter]:　　　　　　'鼠标捕捉圆的半径
Command: **circle**
Specify center point for circle or [3P/2P/Ttr (tan tan radius)]: **60,60**
Specify radius of circle or [Diameter]: **d**
Specify diameter of circle:　　　　　　'鼠标捕捉圆的直径
Command: **circle**
Specify center point for circle or [3P/2P/Ttr (tan tan radius)]: **3p**
Specify first point on circle: **30,40**
Specify second point on circle: **60,80**
Specify third point on circle:　　　　　　'鼠标捕捉圆经过的第三个点
Command: **circle**
Specify center point for circle or [3P/2P/Ttr (tan tan radius)]: **2p**
Specify first end point of circle's diameter: **_nod of**　　'鼠标捕捉圆经过的第一个点
Specify second end point of circle's diameter:　　　'鼠标捕捉圆经过的第二个点

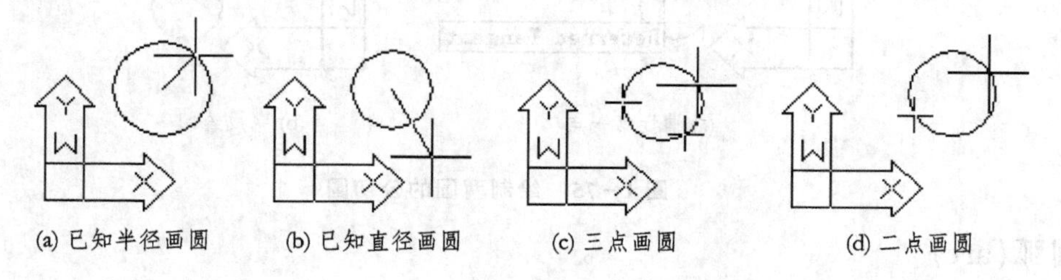

(a) 已知半径画圆　(b) 已知直径画圆　(c) 三点画圆　(d) 二点画圆

图 1－72　画　圆

TTR 方式提供了非常快速精确的绘制公切圆的方法。用户可以绘制直线之间、直线与圆弧及两圆弧之间的公切圆,如图 1－73～1－75 所示。对于两圆,提供内切、外切和内外公切。

Command: **circle**
Specify center point for circle or [3P/2P/Ttr (tan tan radius)]: **ttr**
Specify point on object for first tangent of circle:　'鼠标捕捉第一个切点
Specify point on object for second tangent of circle:　'鼠标捕捉第二个切点
Specify radius of circle: **20**　　　　　　'输入公切圆的半径

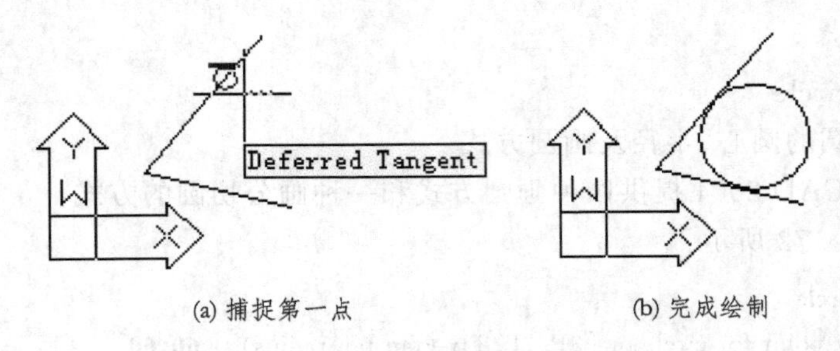

(a) 捕捉第一点　　(b) 完成绘制

图 1－73　绘制两直线的公切圆

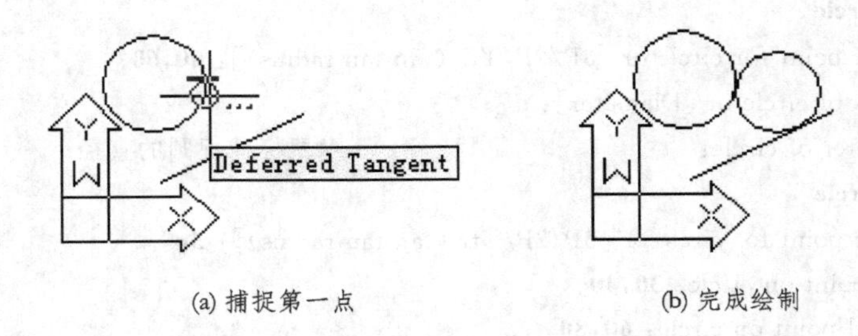

(a) 捕捉第一点　　(b) 完成绘制

图 1－74　绘制直线与圆的公切圆

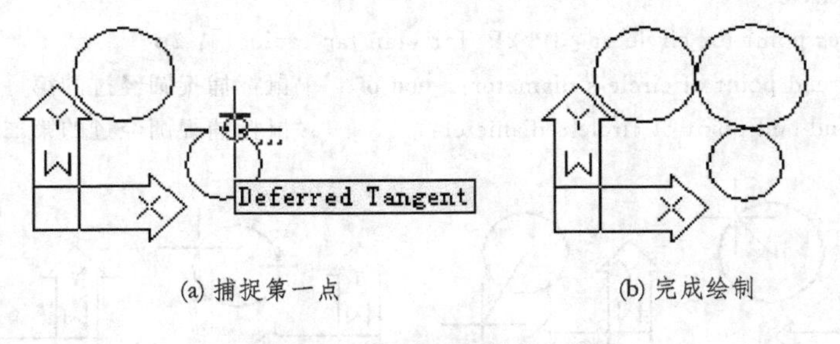

(a) 捕捉第一点　　(b) 完成绘制

图 1－75　绘制两圆的公切圆

6. 圆弧(arc)

命令输入:arc

参数输入:圆弧的圆心、半径及画圆弧方式。

说明:AutoCAD 2004 提供 11 种绘制圆弧的方法如图 1－76 所示,可以根据情况灵活选用。下面简要介绍其中的几种方法,如图 1－77 所示。

(1) 3－point(圆弧上的三个点)

三点画弧的方法可以按照顺时针和逆时针两个方向确定圆弧,但最终给的点是圆弧的终点,可连接后续的直线或圆弧(图 1－77(a))。

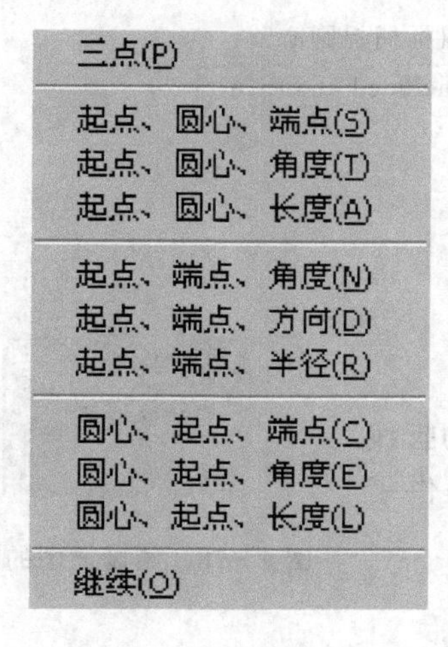

图 1－76　绘制圆弧的菜单

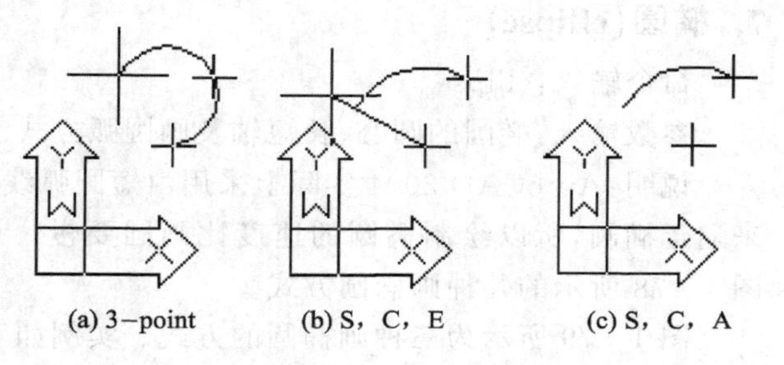

图 1－77　绘制圆弧

Command：**arc**

Specify start point of arc or [CEnter]：**_nod of**　　　　‘鼠标捕捉起始点

Specify second point of arc or [CEnter/ENd]：**_nod of**　　　　‘鼠标捕捉第二点

Specify end point of arc：　　　　‘鼠标捕捉第三点

(2) S,C,E(起点、圆心和终点)

该方法给定圆弧的起点和终点，同时还需要给出圆心，并按照逆时针方向画弧(图 1－77(b))。输入的终点坐标实际上只是用于确定圆弧所含的圆心角，圆弧结束在该角度上，而不是结束在这个点上，因为圆弧的半径已由起始点和圆心之间的距离确定。

Command：**arc**

Specify start point of arc or [CEnter]：**_nod of**　　　　‘鼠标捕捉起始点

Specify second point of arc or [CEnter/ENd]：_c Specify center point of arc：**ce**

Invalid 2D point.　　　　‘选择输入圆心方式

Specify center point of arc：**_nod of**　　　　‘鼠标捕捉圆心

Specify end point of arc or [Angle/chord Length]：　　　　‘鼠标捕捉圆弧终点

(3) S,C,A(起点、圆心和夹角)

该方法根据圆弧的起始点、圆心和圆弧的圆心角画弧。如果给定的角度为正，则按逆时针方向画弧，否则按顺时针方向画弧(图 1－77(c))。

Command：**arc**

Specify start point of arc or [CEnter]：**_nod of**　　　　‘鼠标捕捉起始点

Specify second point of arc or [CEnter/ENd]：_c Specify center point of arc：**ce**

Invalid 2D point.

Specify center point of arc：**_nod of**　　　　　　　　　　　　　　‘鼠标捕捉圆心

Specify end point of arc or [Angle/chord Length]：_a Specify included angle：**a**

Requires valid numeric angle or second point.

Specify included angle：**90**

7. 椭圆(ellipse)

命令输入：ellipse

参数输入：椭圆的圆心、长短轴及画圆弧方式。

说明：AutoCAD 2004 实际上采用由短圆弧线段组成的折线来逼近椭圆，所以绘制椭圆的速度比画圆要慢。该命令提供了图 1－78 所示的几种画椭圆方式。

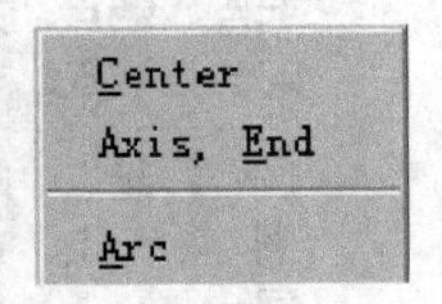

图 1－78　绘制椭圆的菜单

图 1－79 所示为三种画椭圆的方式。实例如下：

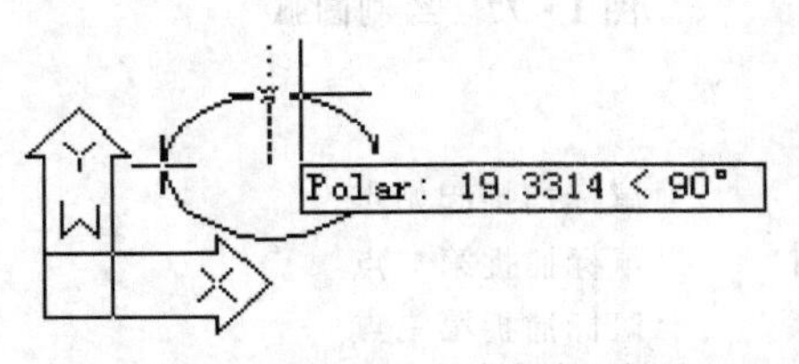

(a) 按椭圆一轴和另一轴半长度画椭圆

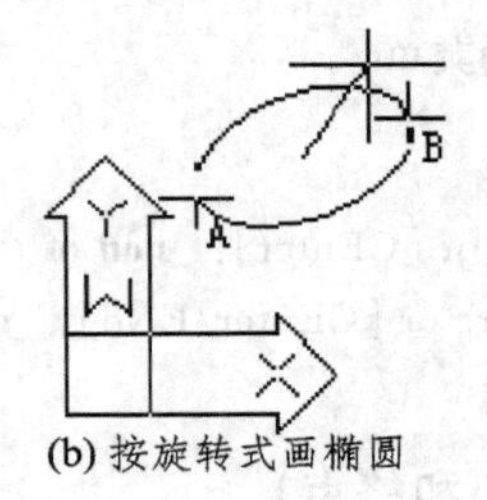

(b) 按旋转式画椭圆

(c) 按给定中心和两半长轴画椭圆

图 1－79　三种画椭圆方式

(1) 按椭圆的一个轴和另一轴的半长度画椭圆

Command：**ellipse**

Specify axis endpoint of ellipse or [Arc/Center]：**_nod of**　　‘鼠标捕捉其中一轴的端点

Specify other endpoint of axis：**_nod of**　　　　　　　　　‘鼠标捕捉该轴的另一端点

Specify distance to other axis or [Rotation]：　　　　　　　‘鼠标捕捉给定另一轴的半长度

(2) 按旋转方式画椭圆

该方式是将 AB 两点之间的距离作为圆的直径，并命令圆绕该直径旋转一定角度后再投影到屏幕平面上形成椭圆。AutoCAD 2004 允许输入的角度范围是(0°,89.4°)。若输入的角度为 0°，显然得到的仍是圆；若角度大于 89.4°，将拒绝输入。也可以采用拖动，依靠其十字光标给定点来确定。这时，输入点与主轴中点连线和水平线的夹角被认为是输入的旋转角。

Command：**ellipse**

Specify axis endpoint of ellipse or [Arc/Center]：**_nod of**　　‘鼠标捕捉其中一轴的端点

Specify other endpoint of axis：**_nod of**　　　　　　　　　‘鼠标捕捉该轴的另一端点

Specify distance to other axis or [Rotation]：**r**

Specify rotation around major axis：**60**　　'给出绕直径旋转的角度

（3）按给定中心和两个半轴长方式画椭圆

Command：**ellipse**

Specify axis endpoint of ellipse or [Arc/Center]：**c**

Specify center of ellipse：**_nod of**　　'鼠标捕捉椭圆的中心

Specify endpoint of axis：**_nod of**　　'鼠标捕捉其中一轴的端点

Specify distance to other axis or [Rotation]：　　'鼠标捕捉另一轴的端点

8. 多义线(pline)

命令输入:pline

参数输入:线的坐标及画线的各种选项。

说明:AutoCAD 2004 提供一种类似于“折线”的图形实体。这种“折线”是由不同宽度、不同线型的直线或圆弧组成的连续线段。AutoCAD 将它作为一个实体来处理。下面分直线和圆弧两种方式介绍其各个选项。

pline 首先以直线方式给予提示：

Specify next point or [Arc/Close/Halfwidth/Length/Undo/Width]：

① 输入坐标点。像 line 一样,允许继续画直线。

② Arc。使命令转为圆弧方式,并出现圆弧方式提示。

③ Close。该选项将绘制一从当前位置到折线的初始点的直线,从而使折线变成一个封闭的图形,然后结束该命令。

④ Halfwidth。该选项允许按线宽的一半回答该提示。所谓半线宽就是指从宽线段的中心线到宽线的边界的距离。

⑤ Length。该选项允许绘制一条与前面线段的角度相同的线段,只要给出新线段的长度。如果前面是圆弧,则新绘制的线段将通过圆弧的终点与该圆弧相切。

⑥ Undo。该选项可以删除多义线上最后的线段或圆弧。Undo 可以使用多次,直到多义线只剩下最后一点,但这时将退出 pline 命令执行。

⑦ Width。该选项规定后面要画的多义线的宽度。宽度为零时将显示一条细线,不管将其放大多少倍,总是以屏幕最小显示宽度显示;若宽度大于零,则可以绘制宽线条。该选项将方便绘制不等宽的“折线”,并且线段的起始点和终点都位于宽线的中心轴线上。

当选取 pline 命令的 Arc 选项时,其后续操作将转化为绘制多义线的画弧方式,同时出现下面的提示信息：

Specify endpoint of arc or

[Angle/CEnter/CLose/Direction/Halfwidth/Line/Radius/Second pt/Undo/Width]：

① 输入坐标点。该点将作为圆弧的终点，将要绘制的圆弧总是将最后画的直线或圆弧的终点作为起始点，并与前面的圆弧保持相切的关系。但是，当所画的是多义线的第一段时，为得到圆弧的确定方向，则应选用其他选项。实际上这是按 S,D,E 方式画圆弧。

② CLose。与 pline 命令的直线方式中的 Close 选项相类似。但是，这里是以弧线（不是直线）使多义线闭合。选用该项，要输入 CL 两个字母。

③ Line。该选项可使 pline 命令转换为画直线方式，并出现相应的提示信息。

④ Halfwidth 或 Width。这两个选项的含义与直线方式相同。

⑤ Angle。该项可作为圆弧指定夹角（即圆弧对应的圆心角），输入角度时需要回答下面信息：

Specify included angle:

若输入正角度，圆弧段以逆时针画弧，否则按顺时针画圆弧。

⑥ CEnter。该选项要求输入 CE 两字母，以区别 CLose。AutoCAD 画圆弧时一般与前面的线段相切，同时自动地计算圆弧的圆心点。但是，该选项允许给定一个明确的圆心点，而使原来计算出的圆心点失效，当出现提示信息：

Specify center point of arc: ‘输入圆心坐标
Specify endpoint of arc or [Angle/Length]:

给定上述三选项之一后，就可以画出圆弧。注意这时画出的圆弧不一定与前面的线保持相切关系。

⑦ Direction。一般情况下，画出的圆弧都将与前面的直线或圆弧保持相切关系，如果不希望保持这种相切关系，可以选择该项，以便明确规定出圆弧的起始方向。这时的提示信息如下：

Specify the tangent direction for the start point of arc: ‘输入坐标，将该点与“折线”终点的连线作为新圆弧的起始方向
Specify endpoint of the arc: ‘输入终点坐标，可确定圆弧

⑧ Radius。该项指定所画圆弧的半径，其提示信息如下：

Specify radius of arc: ‘输入圆弧的半径
Specify endpoint of arc or [Angle]: ‘输入终点坐标或角度可以确定圆弧

⑨ Second pt。选择该项，允许按三点方式画圆弧，与 Arc 命令中的 3－point 方式类似。

实例如图 1－80 所示：

pline 命令中的选项较多，需要通过实例学习以加强对各选

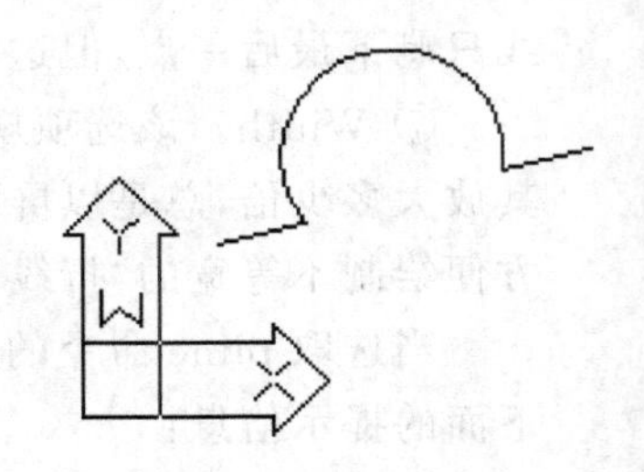

图 1－80　绘制多义线

项的理解和熟悉。这样可以针对绘图中的各种情况灵活使用。下面的实例是利用 Radius，Angle 和 Direction 的方式绘制一个倾斜的两段直线之间连着一个突起的角度为 225°的圆弧。

Command：**pline**

Specify start point：**40,50**

Current line - width is 0.0000

Specify next point or [Arc/Close/Halfwidth/Length/Undo/Width]：**@20 <15**

Specify next point or [Arc/Close/Halfwidth/Length/Undo/Width]：**a**

Specify endpoint of arc or

[Angle/CEnter/CLose/Direction/Halfwidth/Line/Radius/Second pt/Undo/Width]：**r**

Specify radius of arc：**25**

Specify endpoint of arc or [Angle]：**a**

Specify included angle：**－225**

Specify direction of chord for arc <15>：

Specify endpoint of arc or

[Angle/CEnter/CLose/Direction/Halfwidth/Line/Radius/Second pt/Undo/Width]：**1**

Specify next point or [Arc/Close/Halfwidth/Length/Undo/Width]：**@20 <15**

Specify next point or [Arc/Close/Halfwidth/Length/Undo/Width]：

9. 样条曲线(spline)

命令输入：spline

参数输入：样条中各点的坐标及起始点和终点的切线方向。

说明：AutoCAD 2004 提供该命令可以绘制工程上经常使用的样条曲线。该曲线是一光滑曲线。当拾取了构成样条曲线中的各点后，可以通过输入点来确定起始点和终止点的切线方向，即起点(终点)与输入点连线方向为切线方向。

实例如图 1－81 所示：

Command：**spline**

Specify first point or [Object]：**_nod of**

Specify next point：**_nod of**

Specify next point or [Close/Fit tolerance] <start tangent>：**_nod of**

Specify next point or [Close/Fit tolerance] <start tangent>：**_nod of**

Specify next point or [Close/Fit tolerance] <start tangent>：　‘回车确定样条曲线经过的所有点输入完成

Specify start tangent：　‘输入点给出起始点的切线方向

Specify end tangent：　‘输入点给出终止点的切线方向

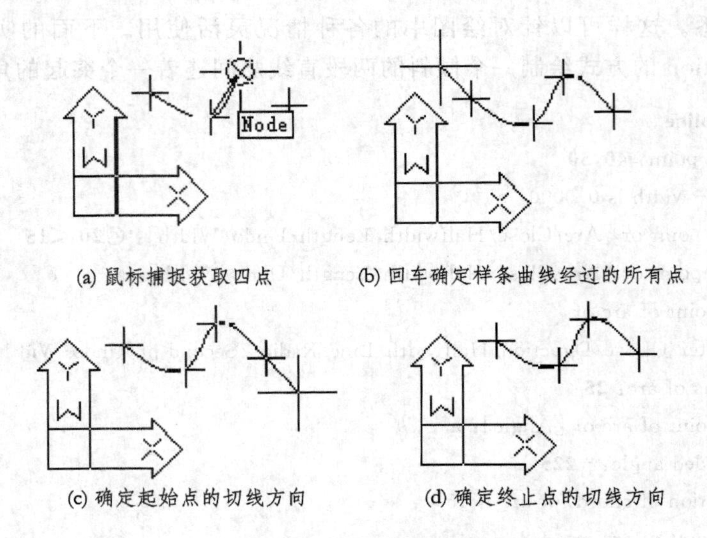

(a) 鼠标捕捉获取四点　(b) 回车确定样条曲线经过的所有点

(c) 确定起始点的切线方向　(d) 确定终止点的切线方向

图 1－81　绘制样条曲线

1.4.3　常用编辑命令

AutoCAD 提供了丰富的图形编辑功能，包括修改、移动、复制和删除等命令。交替地使用实体绘图命令和图形编辑命令，可以大大提高绘图效率，绘制复杂的图形。

编辑命令可以像绘图命令一样，通过下拉菜单执行，也可以通过工具栏或命令行输入的命令执行。下面介绍其中一些常用编辑命令的使用方法。

注意：在执行下面的编辑命令时，建议先用鼠标拾取需要进行编辑操作的图形实体。

1. 擦除（erase）

命令输入：erase

工具图标：

说明：擦除指定的图形实体。

实例如图 1－82 所示：

Command：**erase**

3 found

2. 复制（copy）

命令输入：copy

工具图标：

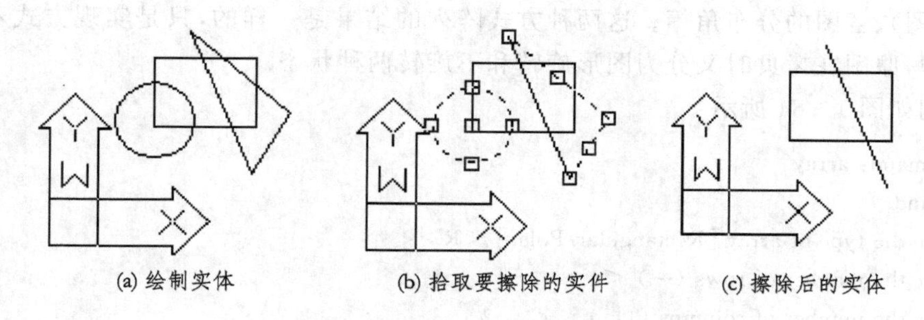

(a) 绘制实体　(b) 拾取要擦除的实件　(c) 擦除后的实体

图 1－82　擦除指定的图形

说明：将指定的图形实体复制到指定的位置。

实例如图 1－83 所示：

Command：**copy**

1 found

Specify base point or displacement，or [Multiple]：Specify second point of displacement or <use first point as displacement>：'将拾取的图形移动到指定位置

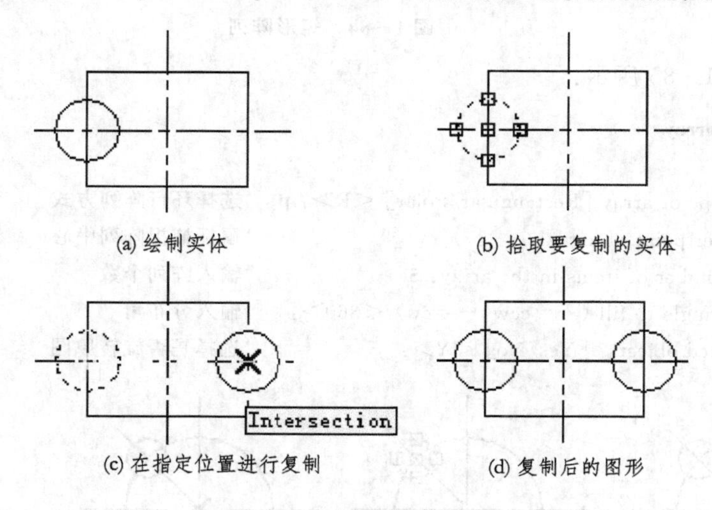

(a) 绘制实体　(b) 拾取要复制的实体

(c) 在指定位置进行复制　(d) 复制后的图形

图 1－83　复制指定的图形

3. 阵列(array)

命令输入：array

工具图标：

说明：将指定的图形实体作多重拷贝，阵列类型可分为矩形阵列和环行阵列两种形式。矩形阵列要求输入阵列的行数、列数、行间距和列间距。环行阵列要求输入阵列中心、图形个数

(包含原图)、各图的分布角等。这两种方式阵列的结果是一样的，只是实现方式不同。另外，在阵列中，原图在拷贝时又分为图形旋转和不旋转两种状态。

实例如图 1－84 所示：

Command：**array**

1 found

Enter the type of array [Rectangular/Polar] ＜R＞：

Enter the number of rows (---) ＜1＞：**2**

Enter the number of columns (|||) ＜1＞：**2**

Enter the distance between rows or specify unit cell (---)：Specify opposite corner：

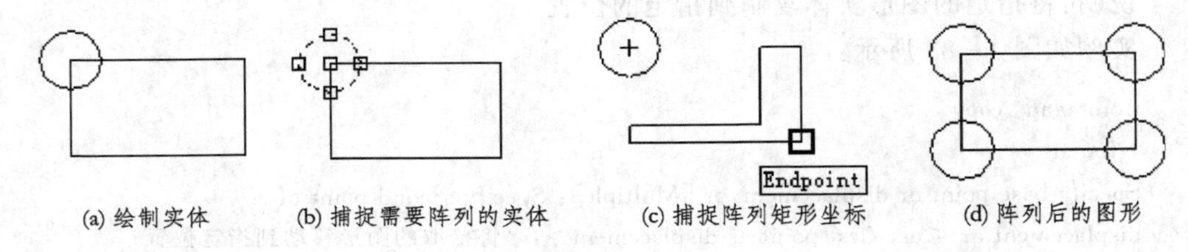

(a) 绘制实体　(b) 捕捉需要阵列的实体　(c) 捕捉阵列矩形坐标　(d) 阵列后的图形

图 1－84　矩形阵列

实例如图 1－85 所示：

Command：**array**

1 found

Enter the type of array [Rectangular/Polar] ＜R＞：**p**　'选择环行阵列方式

Specify center point of array：　'鼠标捕捉阵列中心

Enter the number of items in the array：**5**　'输入阵列个数

Specify the angle to fill (＋＝ccw，－＝cw) ＜360＞：　'输入分布角

Rotate arrayed objects? [Yes/No] ＜Y＞：　'选择是否旋转原图

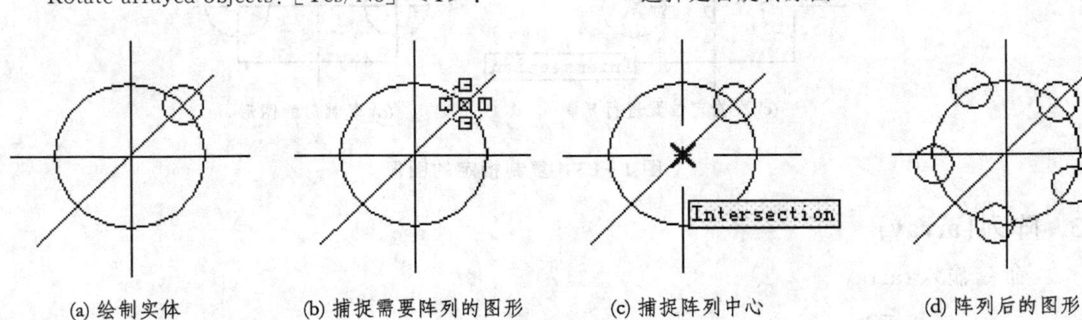

(a) 绘制实体　(b) 捕捉需要阵列的图形　(c) 捕捉阵列中心　(d) 阵列后的图形

图 1－85　环形阵列

4. 移动(move)

命令输入:move

工具图标:

说明:将指定的图形实体移动到指定的位置。

实例如图 1-86 所示:

Command: **move**

1 found

Specify base point or displacement:

Specify second point of displacement or <use first point as displacement>:

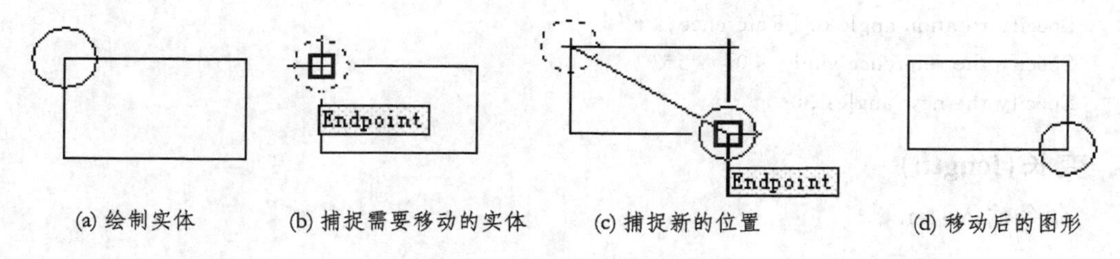

(a) 绘制实体　(b) 捕捉需要移动的实体　(c) 捕捉新的位置　(d) 移动后的图形

图 1-86　移动图形

5. 旋转(rotate)

命令输入:rotate

工具图标:

说明:将指定的图形实体按指定的中心和旋转角进行旋转。旋转角的单位为度,以逆时针旋转为正,以 X 轴方向为测量角度的基准方向,AutoCAD 提供两种旋转方式:

① 缺省方式　直接给出图形旋转的角度 A。

② 参考方式　先给出参考方向对 X 轴正向夹角 B,然后给出图形旋转后。这个参考方向对 X 轴正向应具有新的夹角 C。此时图形的实际旋转角应为 $C-B$。

实例如图 1-87 所示:

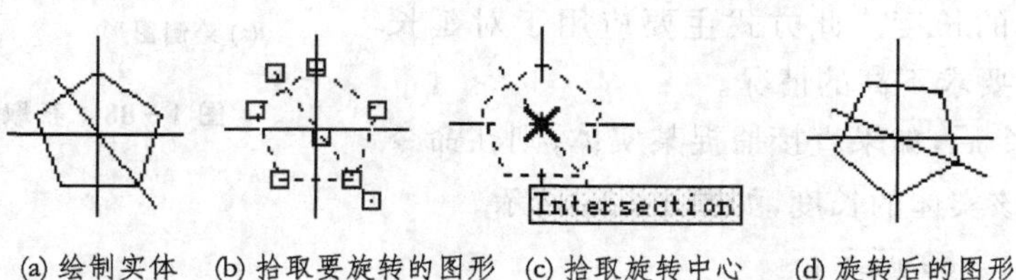

(a) 绘制实体　(b) 拾取要旋转的图形　(c) 拾取旋转中心　(d) 旋转后的图形

图 1-87　直接给定旋转角度

Command：**rotate**
Current positive angle in UCS：　ANGDIR＝counterclockwise　ANGBASE＝0
2 found
Specify base point：　‘鼠标捕捉旋转中心
Specify rotation angle or [Reference]：**30**

下面是用参考方向输入旋转角的方式，旋转结果与上图相似。

Command：**rotate**
Current positive angle in UCS：　ANGDIR＝counterclockwise　ANGBASE＝0
2 found
Specify base point：
Specify rotation angle or [Reference]：**r**
Specify the reference angle <0>：**15**
Specify the new angle：**30**

6. 变长(length)

命令输入：len

工具图标：

说明：将指定的图形实体(主要是直线、圆或圆弧)的长度通过鼠标进行增减。AutoCAD提供四种变长方式：

- 偏差方式(delta)　通过设置偏差量来改变实体长度。输入正值表示延长，否则为缩短。此方式主要用来改变弧长，其中的Angle参数是以角度方式改变弧长。
- 百分比方式(percent)　通过输入百分比来改变实体长度。大于100表示延长，否则为缩短。
- 总长方式(total)　通过输入新的长度替代原长度以获得变长。在不知道实体长度的情况下，最好不要用此方式。
- 动态方式(dynamic)　通过拖动，动态地改变实体的长度。此方式主要应用于对延长的精度要求不高的情况。

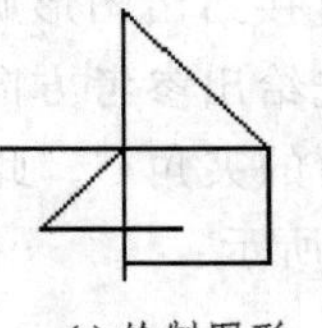

(a) 绘制图形

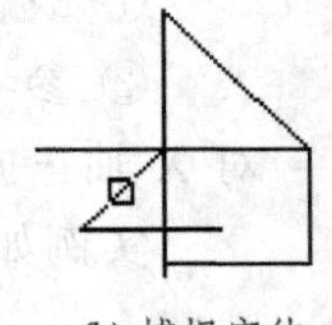

(b) 捕捉实体

图1－88　获取实体的长度

输入该命令后，如果直接捕捉某实体，则在命令行将直接显示该实体的长度，如图1－88所示。

实例如图1－89所示：

Command：**len**
LENGTHEN

Select an object or [DElta/Percent/Total/DYnamic]：**de**

Enter delta length or [Angle] ＜0.0000＞：**30**

Select an object to change or [Undo]：　‘用鼠标捕捉需要变长的实体

Command：**len**

LENGTHEN

Select an object or [DElta/Percent/Total/DYnamic]：**p**

Enter percentage length ＜100.0000＞：**130**

Select an object to change or [Undo]：‘用鼠标捕捉需要变长的实体

实例如图 1－90 所示：

Command：**len**

LENGTHEN

Select an object or [DElta/Percent/Total/DYnamic]：**t**

Specify total length or [Angle] ＜50.0000)＞：**a**

Specify total angle ＜45＞：**90**

Select an object to change or [Undo]：

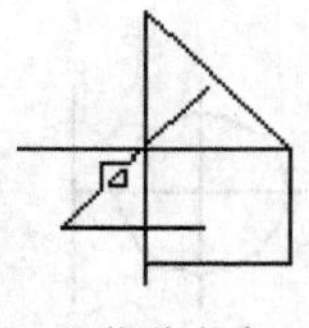

(a) 偏差方式

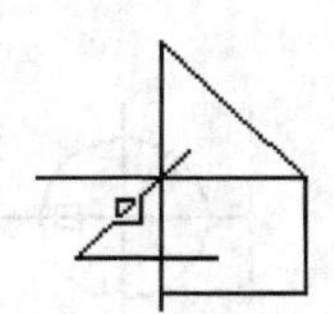

(b) 百分比方式

图 1－89　改变实体的长度的方式

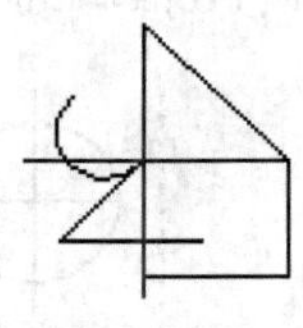

(a) 原　图

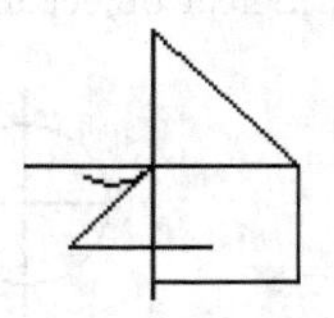

(b) 将圆弧缩短90°

图 1－90　Total 方式

实例如图 1－91 所示：

Command：**len**

LENGTHEN

Select an object or [DElta/Percent/Total/DYnamic]：**dy**

Select an object to change or [Undo]：‘用鼠标捕捉需要变长的实体

Specify new end point：‘动态移动到新的长度

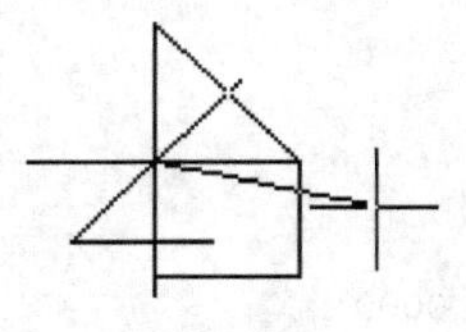

(a) 动态变长

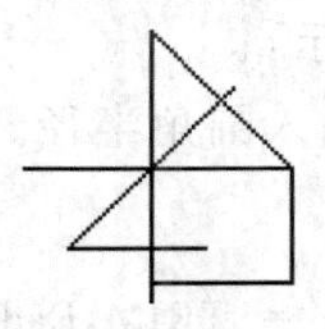

(b) 变长后的线段

图 1－91　动态方式

7. 延伸(extend)

命令输入:extend

工具图标:

说明:将指定图形实体延伸,使其到达图中指定的边界上。只有直线、圆、圆弧和多义线可以作为延伸边界。当以宽的多义线作为边界时,应以其中心线为边界。

实例如图 1-92 所示:

Command: **extend**
Current settings: Projection=UCS Edge=None
Select boundary edges ...
Select objects: 1 found
Select objects: 1 found,2 total　　‘选择作为延伸边界的实体
Select objects:　　‘回车确认边界选择
Select object to extend or [Project/Edge/Undo]:　　‘选择需要延伸的实体
Select object to extend or [Project/Edge/Undo]:
Select object to extend or [Project/Edge/Undo]:

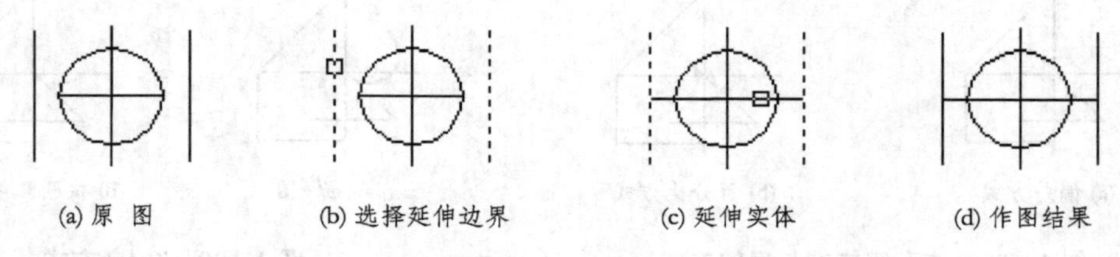

(a) 原　图　　(b) 选择延伸边界　　(c) 延伸实体　　(d) 作图结果

图 1-92　延伸图形

8. 圆角(fillet)

命令输入:fillet

工具图标:

说明:对两条相交直线、圆弧或圆进行倒圆角。倒圆角时,不足的线段自动延长,多余的线段自动删除。但对于两个圆之间的倒圆角,两个圆都不作删除。

实例如图 1-93 所示:

在倒圆角前,需要输入圆角半径。

Command: **fillet**
Current settings: Mode = TRIM,Radius = 10.0000
Select first object or [Polyline/Radius/Trim]: **r**
Specify fillet radius <10.0000>: **20**

按照指定的圆角半径，对指定的实体进行倒圆角。

Command：**fillet**
Current settings：Mode ＝ TRIM，Radius ＝ 20.0000
Select first object or [Polyline/Radius/Trim]：　‘鼠标捕捉第一个实体
Select second object：　‘鼠标捕捉第二个实体

(a) 对相交直线倒圆角

(b) 对圆或圆弧倒圆角

图 1－93　对图形倒圆角

9. 拆开(explode)

命令输入：explode

工具图标：

说明：将一个包含多个图形元素的实体拆开成多个图形实体。如矩形或多边形被拆成多条直线，多义线将被分解成不同的线段，并且其宽度、切线方向等信息将丢失。

实例如图 1－94 所示：

Command：**explode**
1 found

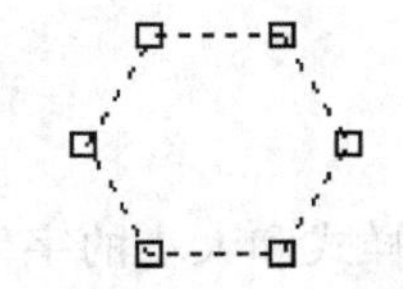
(a) 拆开前为一个实体

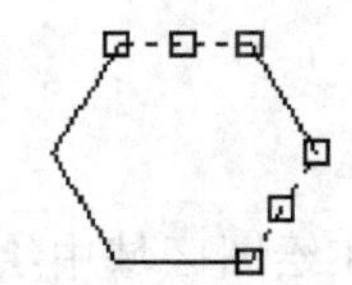
(b) 拆开后可以分别拾取实体

图 1－94　拆开实体

1.4.4　绘图环境设置

使用 AutoCAD 进行工程图的绘制时，需要预先了解工程图形的特点，如图形所在工程图纸的幅面、图形的比例、图形中各种字体和线型要求等。AutoCAD 2004 提供了一系列命令或样式对话框，帮助用户设置自己的绘图环境，包括绘图范围设置、字体样式及图线样式等。这些环境设置对话框集中由“格式”下拉菜单提供，如图 1－95 所示。在使用各种绘图命令之前一般需要根据图形特点进行相应的绘图环境设置，如画直线、圆或圆弧等，并需要明确是绘制实线、虚线或是点划线等以及图形的颜色、线的宽度等。这些都由AutoCAD 提供的相应样式对话框控制。而字体的标注,则专门有字体样式来控制显示需要的字体类型和字体大小等。所以,要获得丰富多彩的图形,需要结合相应的样式设置对话框的使用。

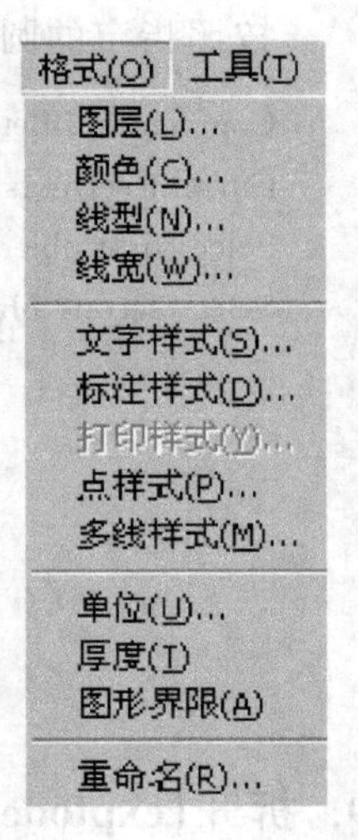

图 1-95 图形样式设置菜单

1. 绘图界限设置

命令输入:limits

下拉菜单:"图形界限"

说明:AutoCAD 的绘图区域由矩形边界表示。它是由矩形区域的左下角和右上角的坐标值确定。使用该命令可以确定图形绘制的范围,并控制绘图边界的限制功能。绘图边界的限制功能分为打开和关闭两种状态:

- ON 绘图实体不能超出边界,否则将出现 Outside limits 警告信息。AutoCAD 将不画出这部分图形。
- OFF 不进行边界检查,因此绘图实体超出边界也可以画图。

该命令缺省状态为 OFF,允许用户在绘图区域的任意范围画图。

下面的命令将绘图范围设置为 A4 图纸幅面(297,210)。

Command: **limits**

Reset Model space limits:

Specify lower left corner or [ON/OFF] <0.0000,0.0000>:

Specify upper right corner <420.0000,297.0000>: **297,210**

2. 字体样式设置

下拉菜单:"文字样式"

说明:AutoCAD 可以在绘图区域中绘制各种样式和大小的字体。按照我国的工程图国家标准规定,对中文汉字要求采用仿宋体,英文和数字采用直体或斜体。字体按绘图要求选取合适的大小。这些参数设置都可以通过"文字样式"对话框对整个绘图区域进行字体显示控制。对话框中主要各项介绍如下:

- "样式名"(style name) 将设置的各项参数保存为 AutoCAD 的字体样式文件,便于以后绘图时调用(单击 New 按钮)。该样式名可以重命名(rename)或删除(delete)。
- "字体名"(font name) AutoCAD2004 提供了与 Windows 一致的字体类型。只要 Windows 中安装的字体类型(通过控制面板安装),通过该对话框,用户都可以在 AutoCAD绘图时选择使用。一般中文字体类型选用"仿宋_GB2312",英文或字母类型选用 txt。
- "字体样式"(font style) 指定字体的格式,当选中 Use Big Font 时,允许获得三种形式的字体：斜体(italic)、加粗(bold)、标准(regular)。这三种形式与 Microsoft Word 对字体的排版格式一致。

- “高度”(height)　在绘图区域绘制字体实体时，按照该项设置得到需要的字体大小。
- “效果”(effects)　可以根据需要设置字体的各种效果。如图 1-96 中可设置字体向后显示、斜体显示(oblique angle)等。

另外，用户可以通过在对话框的右下角，输入某些字符或汉字，预览(preview)一下字体的样式设置。

最后，单击“应用”按钮确认样式设置，如图 1-96 所示。

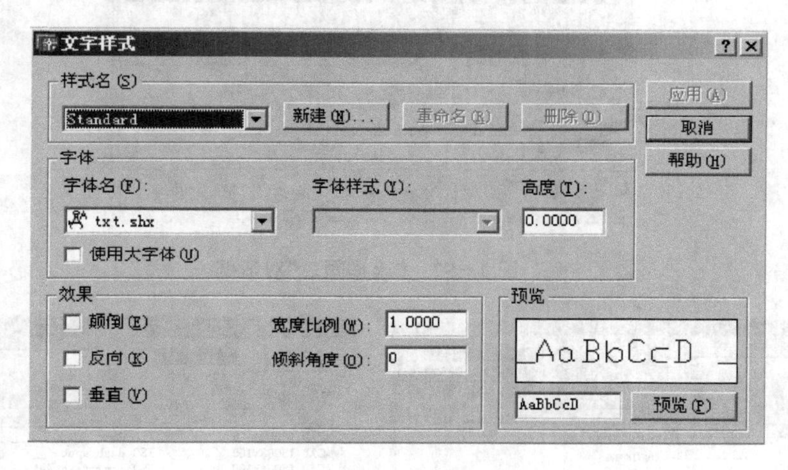

图 1-96　“字体样式”对话框

3. 颜色样式设置

下拉菜单：“颜色”

说明：AutoCAD 2004 为绘制的图形提供了丰富的颜色，使图形增加了层次感，并且美观。该对话框与 Windows 的许多应用程序一样，提供了“索引颜色”、“真彩色”和“配色系统”标签，如图 1-97 所示。

AutoCAD 2004 提供的标准颜色包括：Red(红)、Yellow(黄)、Green(绿)、Cyan(青)、Blue(蓝)、Magenta(洋红)和 White(白)，以及灰度值为 8 和 9 的两个灰色。

4. 线型样式设置

下拉菜单：“线型”

说明：在工程图中，经常出现各种线型，如虚线、点划线等。AutoCAD 2004 提供了大量的线型样式，方便用户使用，如图 1-98 所示。根据我国对工程图线型的规定，用户可以选择如下线型：实线(continuous)、虚线(dashDot2)、点画线(center2)、双点画线(phantom2)。

用户在调用系统提供的各种线型时，需要单击“加载”，如图 1-98(a)所示，打开线型列表对话框，如图 1－98(b)所示，选择所需要的线型。

图 1－97　“选择颜色”对话框

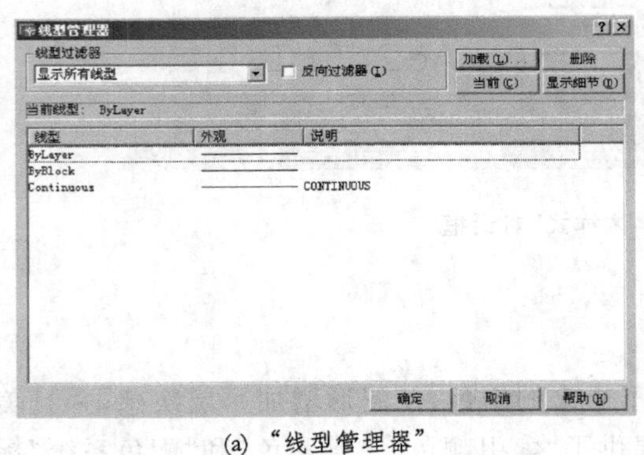

(a)“线型管理器”

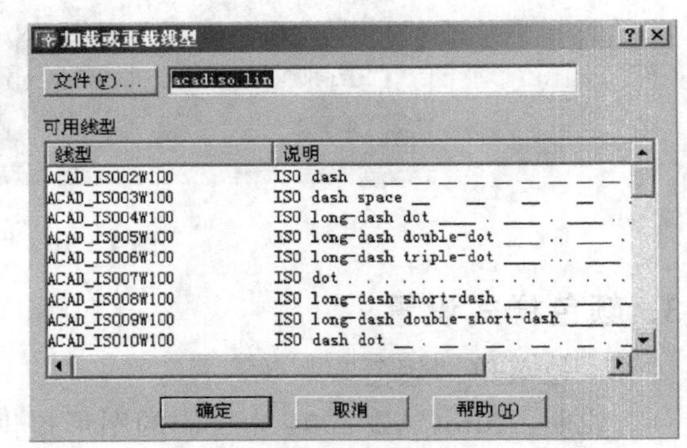

(b) 线型列表

图 1－98　线型样式对话框

5. 线宽样式设置

下拉菜单：“线宽”

说明：对于线条的处理，除了颜色和线型外，还可以具有不同的宽度。工程图国家标准也提供了线宽的系列宽度，以使绘制的图形具有不同的性质和层次。在 AutoCAD 的早期版本里，就提供了图线在打印输出时不同线宽的设置。实际上，图形在显示时，似乎所有的图线都是一样粗细，AutoCAD 采取不显示粗细的方式，可以大大加快图形重画的速度。而在 AutoCAD 2004 版本里提供了允许线宽显示设置的开关，方便用户在绘制时感受图线的粗细。

该对话框提供了所绘制图形中不同线宽的设定，如图 1－99 所示。

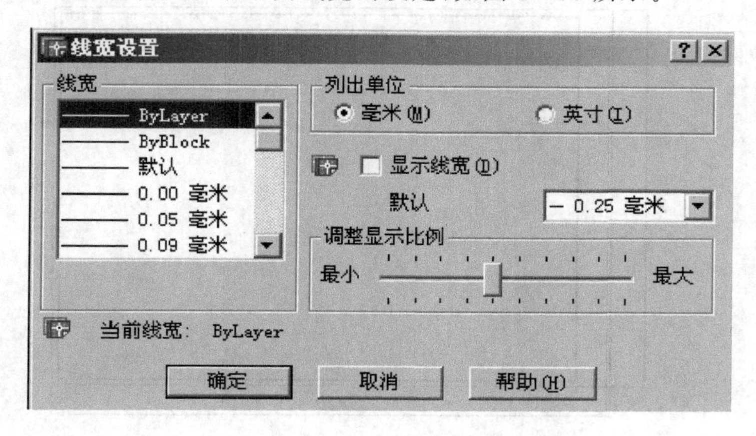

图 1－99　"线宽设置"对话框

首先要求用户选择线宽单位(units for listing)，缺省为"毫米"。

在 Lineweights 中提供了与毫米相对应的一系列具体的线宽值，如细实线一般选用"0.05 毫米"，粗实线一般选用"0.30 毫米"等。用户可以根据所作图线的要求合理选用。

复选框"显示线宽"允许用户在绘制过程中实时显示线的粗细。为了不降低图形绘制时的重画速度，建议该项不选中。

"默认"设定了在绘图过程中线宽缺省值。当图形中有大部分图线为相同粗细时，该选项可以方便地设定为缺省值。

"调整显示比例"配合缺省值，将其值按设定的比例尺放大显示或输出。

1.4.5　绘图实例

下面综合以上介绍的命令，使用 AutoCAD 2004 绘制一个 A3 图纸幅面。

工程图纸要求图样具有国家标准规定的图幅大小，并具有一定的图框格式和标题栏。A3 的图纸幅面宽度为 420×297，其图框格式如图 1－100 所示。图 1－101 为标题栏的格式和尺寸要求。下面绘制标题栏为横向放置时的 A3 图幅。在绘制过程中采取的作图方法不惟一，为了显示各种绘图命令的使用，采用不同命令来获得相同的结果。

1. 设置绘图边界范围

Command：**limits**

Reset Model space limits：

Specify lower left corner or [ON/OFF] ＜0.0000,0.0000＞：**0,0**

Specify upper right corner ＜594.0000,420.0000＞：**420,297**

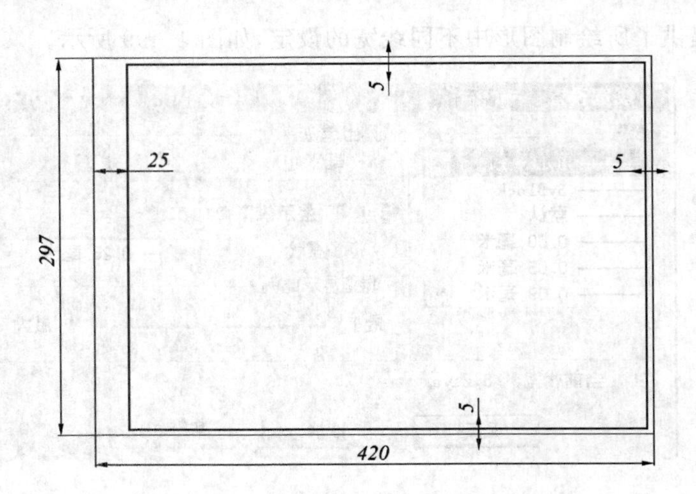

图 1－100　A3 图幅格式及相应尺寸规格

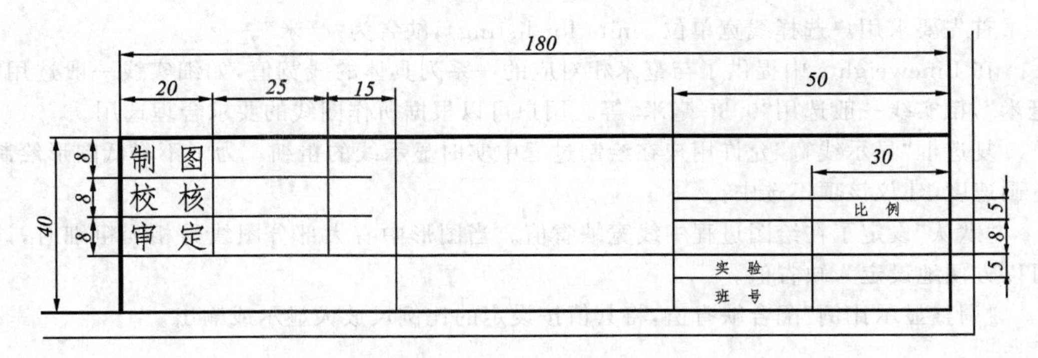

图 1－101　A3 图幅标题栏格式及相应尺寸规格

2. 绘制 A3 图框的外围细实线矩形框

首先通过 Linetype 和 Lineweight 样式对话框设置线型为 Continuous，线宽为0.05 mm；或直接通过标准工具栏下的线型属性列表框快速设置线的各项属性，如图 1－102 所示。

图 1－102　线型属性选择列表框

Command：**line**

Specify first point：**0,0**

Specify next point or [Undo]：**420,0**

Specify next point or [Undo]：**420,297**

Specify next point or [Close/Undo]：**0,297**
Specify next point or [Close/Undo]：**c**　　　'获得闭合的矩形框

3. 绘制 A3 图框的内部粗实线矩形框

与上面一样，通过 Linetype 和 Lineweight 样式对话框设置相应的线型。粗实线样式为 Continuous，线宽为 1.00 mm；或直接通过标准工具栏下的线型属性列表框快速设置线的相应属性。绘制得到的图框如图 1－103 所示。

Command：**rectang**
Specify first corner point or [Chamfer/Elevation/Fillet/Thickness/Width]：**25,5**
Specify other corner point：**415,292**

图 1－103　A3 图幅

4. 在图框右下角绘制标题栏

① 用多义线绘制标题栏外部粗实线矩形框。

Command：**pline**
Specify start point：**415,45**　　'多义线起点为图框粗实线右边线开始，标题栏高度为 40
Current line-width is 1.0000
Specify next point or [Arc/Close/Halfwidth/Length/Undo/Width]：**w**　　'设置标题栏外部线框为粗实线，线宽为 1.00 mm
Specify starting width <1.0000>：**1**
Specify ending width <1.0000>：**1**
Specify next point or [Arc/Close/Halfwidth/Length/Undo/Width]：**235,45**　　'绘制标题栏上边框，长度为 180

Specify next point or [Arc/Close/Halfwidth/Length/Undo/Width]: **_per to**

'捕捉与底部粗实线垂直的点,得到标题栏的左边框

Specify next point or [Arc/Close/Halfwidth/Length/Undo/Width]: * Cancel *

'用前面图框中的粗实线作为标题栏的右下边框

② 用 line 命令绘制标题栏内各细实线表格。

为画图方便,先用 zoom 命令将标题栏区域放大如图 1-104 所示。

Command: **_zoom**

Specify corner of window, enter a scale factor (nX or nXP), or

[All/Center/Dynamic/Extents/Previous/Scale/Window] <real time>: **_w** '选取 Window 方式

Specify first corner: Specify opposite corner: '鼠标捕捉需要放大矩形区域

图 1-104 放大显示标题栏部分

在绘制各细实线表格之前,先通过 Linetype 和 Lineweight 样式对话框设置线型为 Continuous,线宽为 0.05 mm。

Command: **line** '绘制标题栏上下两部分分界线

Specify first point: **415,18**

Specify next point or [Undo]: **_per to** '鼠标捕捉与标题栏左边线的垂直点,获得该分界线的末端点

Specify next point or [Undo]: * Cancel *

'绘制标题栏左中右表格分界线(均分 180 三等分)

Command: **line**

Specify first point: **355,45** '从标题栏上边线距右边线 60 mm 开始

Specify next point or [Undo]: **_per to** '鼠标捕捉与标题栏底边线的垂直点

Specify next point or [Undo]: * Cancel *

Command: **line**

Specify first point: **295,45** '从标题栏上边线距右边线 120 mm 开始

Specify next point or [Undo]: **_per to** '鼠标捕捉与标题栏底边线的垂直点

Specify next point or [Undo]: * Cancel *

绘制左边"制图"、"校核"、"审定"、"(图名)"所在的细线表格,如图 1-105 所示。

Command：**line**

Specify first point：**255,45**

Specify next point or [Undo]：**_per to**

Specify next point or [Undo]：* Cancel *

Command：**line**

Specify first point：**280,45**

Specify next point or [Undo]：**_per to**

Specify next point or [Undo]：* Cancel *

Command：line

Specify first point：**295,36**

Specify next point or [Undo]：**_per to**

Specify next point or [Undo]：* Cancel *

Command：line

Specify first point：**295,27**

Specify next point or [Undo]：**_per to**

Specify next point or [Undo]：* Cancel *

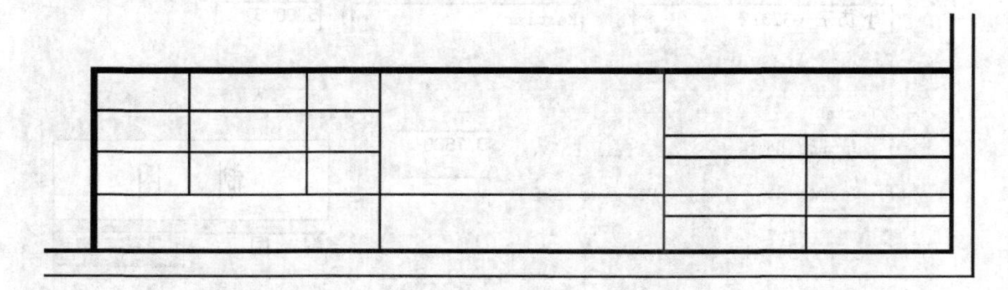

图 1-105　绘制标题栏内部的各细实线表格线

绘制右边"件数"、"比例"、"班号"等所在的细线表格，如图 1-105 所示。

Command：line

Specify first point：**415,31**

Specify next point or [Undo]：**_per to**

Specify next point or [Undo]：* Cancel *

Command：line

Specify first point：**415,26**

Specify next point or [Undo]：**_per to**

Specify next point or [Undo]：* Cancel *

Command：line

Specify first point：**415,13**

Specify next point or [Undo]：**_per to**

Specify next point or [Undo]: * Cancel *

Command: line

Specify first point: **385,31**

Specify next point or [Undo]: **_per to**

Specify next point or [Undo]: * Cancel *

5. 在标题栏内标注相应的文字

根据不同内容文字的字体大小，要求通过"文字样式"对话框设置相应的字体形式，如"制图"要求是长仿宋体，字体名称选择"仿宋_GB2312"，Width Factor 值为 0.75，字高为 5，通过在预览框内输入"制图"，可以观察将在标题栏中显示的字体形式，如图 1-106 所示。

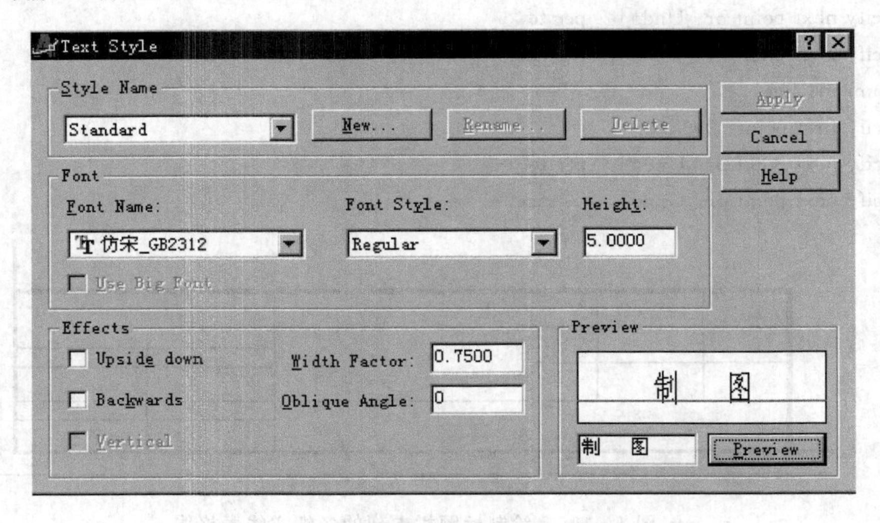

图 1-106 设置标题栏相应文字的字体样式

Command: **text**

Current text style: "Standard" Text height: 5.0000

Specify start point of text or [Justify/Style]: **238,38**

Specify rotation angle of text <0>:

Enter text: 制 图

Command: **text**

Current text style: "Standard" Text height: 5.0000

Specify start point of text or [Justify/Style]: **238,29**

Specify rotation angle of text <0>:

Enter text: 校 核

Command: **text**

Current text style: "Standard" Text height: 5.0000

Specify start point of text or [Justify/Style]: **238,20**
Specify rotation angle of text <0>:
Enter text: 审　定
Enter text:　'按 ESC 键结束文字标注命令

下面用编辑命令，通过复制并修改上面的字体标注获得"件数"等文字的标注，如图 1－107所示。

Command: **_copy**　'复制"制图"文字实体
1 found
Specify base point or displacement,or [Multiple]: Specify second point of
displacement or <use first point as displacement>:

捕捉复制过来的文字，如"制图"，右击，选取 Properties，从属性中修改有关内容。如将"制图"改为"件数"，字体大小改为 2.5。

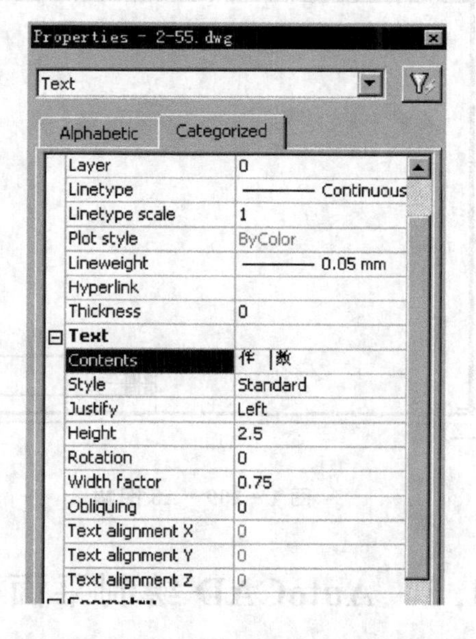

图 1－107　通过复制修改已存在的文字属性获得其他文字的标注

由于"比例"、"共　张"、"第　张"大小与"件数"相同，所以采用复制并修改属性的方法可以快速得到其他文字的标注，然后将这些标注利用 move 命令移动到相应的表格内。

"班号"标注的方法与上述相同，只是将字号大小设置为 3.5。最后，得到如图 1－108 所示的标题栏。

通过 zoom 命令使整个图框在绘图区显示出来，如图 1－109 所示。

制　图					
校　核				件　数	比　例
审　定					
				共　张	第　张
				图　号	

图 1-108　标题栏

Command: **z**

ZOOM

Specify corner of window, enter a scale factor (nX or nXP), or

[All/Center/Dynamic/Extents/Previous/Scale/Window] <real time>: **e**

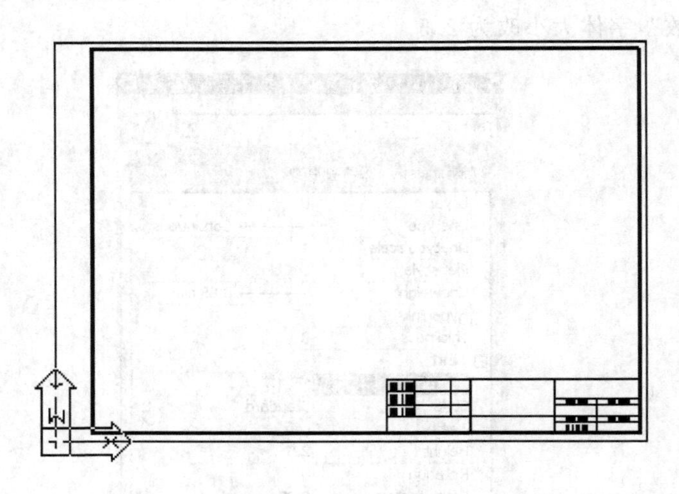

图 1-109　A3 图幅

1.5　AutoCAD 绘制平面图形

一张标准的二维工程图样往往包括了不同的线型、各种图线及尺寸等图形信息，要用AutoCAD准确、完整绘制，须涉及到二维绘图命令、图层命令、尺寸标注以及其他一些辅助绘图工具。下面就以一张典型二维工程图样——吊钩(图 1-110)的绘制为例，涉及到命令的第一次使用将具体介绍。

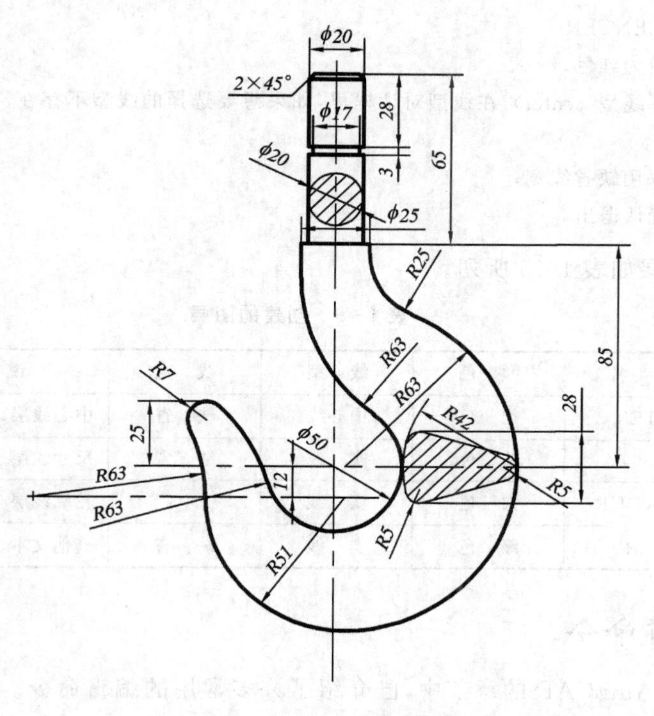

图 1－110　吊钩零件图

1.5.1　图　　层

在绘制工程图时，可使用图层帮助绘图。图层是 AutoCAD 中性质相近或相同，或在逻辑意义上相关的图形对象的集合，是帮助组织图形的最重要、最有效的工具之一。AutoCAD的图形对象必须绘制在某个层上。图层可以是 AutoCAD 中缺省设置的 0 层，也可以是用户自己创建的。每一层都有其相关的颜色和线型。例如，可以创建一层，其上只有尺寸线，线型为细实线，颜色为蓝色。当需要标注尺寸时，就转换至这一层。这样就不必每一次标注尺寸时都设置颜色和线型。如果不想显示和输出尺寸，关闭这一层就可以了。

命令输入：Layer

工具图标：

说明：首先打开一张新图（new），此时 AutoCAD 的缺省图层 0 层设置为颜色 7（白或黑，取决于背景色）和 Continuous 线型。默认状态下，用户将在这一层上绘制所有图线。

下面以中心线层为例来介绍创建新图层的步骤：

Command：Layer

在 Layer Properties Manager 中，单击 New 按钮；

输入新的层名 CENTER；

改变新的层颜色为红色；

为新的图层选择线型(center)，在线型对话框里，如果想要选择的线型不存在，则选择 Load 按钮装载新的线型；

新图层的线宽采用缺省线宽；

单击 OK 按钮确认退出。

需创建的图层如表 1-5 所列。

表 1-5 创建的图层

层　名	颜　色	线　型	线　宽	说　明
CENTER	红　色	中心线	缺　省	中心线层
DIM	蓝　色	实　线	缺　省	尺寸线层
CONTOUR	白　色	实　线	0.3	轮廓线层
OTHER	绿　色	实　线	缺　省	其他文本、细实线

1.5.2 编辑命令

在前面介绍 AutoCAD 的章节中，已介绍了许多常用的编辑命令。本节还会用到一些前面未涉及到的命令，在此先简单说明，后面将结合具体实例运用。

1. 镜像(mirror)

命令输入：mirror

工具图标：

说明：将指定的图形实体绕指定的轴进行对称复制或移动。根据命令行提示信息选择是否需要删除原图形。

Command：mirror

选择要做镜像的图形实体：选择图 1-111(a)中的三角形及中心线。

2 found

指定镜像轴的第一点：选择图中 *A* 点；

指定镜像轴的第二点：选择图中 *B* 点；

是否删掉原图？[Yes/No]<N>：输入 Y 表示删除原图，如图 1-111(b)所示；

如果选择 N，则保留原来的图形，如图 1-111(c)所示。

2. 等距线(offset)

命令输入：offset

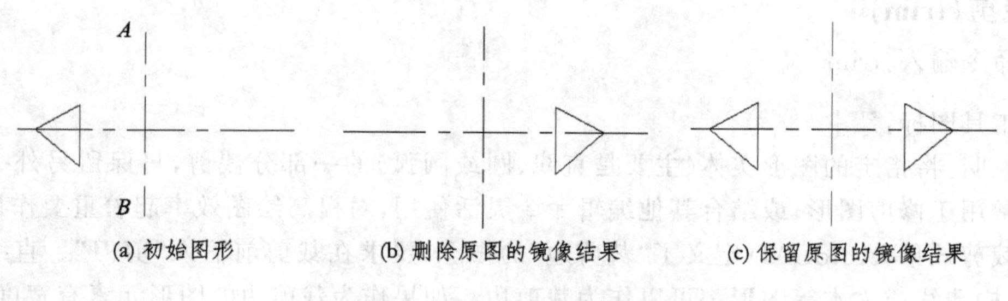

(a) 初始图形　(b) 删除原图的镜像结果　(c) 保留原图的镜像结果

图 1-111　镜像命令操作

工具图标：

说明：将指定的图形实体（主要是直线、圆弧、圆或 Pline 线）按照指定的偏移距离和方向，任意复制图形实体，对于圆或圆弧来说，是按照给定的偏移距离作为半径差画出一系列的同心圆(弧)。该命令在绘制工程图时非常有用，如确定几何图形相互之间的基准位置等。AutoCAD提供了两种输入方式：

① 给出通过点的方式，即 Through 方式，给出要画的等距线通过点。由此可以输入等距线的距离和方位。

② 先给出距离的方式，即先给出距离值，然后用指定点的方式，给出在原始线的那一侧画等距线（该点不一定是等距线要通过的点）。

```
Command:offset
指定偏移距离或[Through]<1.0000>:5;
选择需要偏移的图形实体<exit>:选择图 1-112 中的五边形;
取点指定偏移方向:选择 A 点;
继续选择需要偏移的图形实体<exit>:选择圆;
取点指定偏移方向:选择 B 点;
继续选择需要偏移的图形实体<exit>:回车结束命令。
```

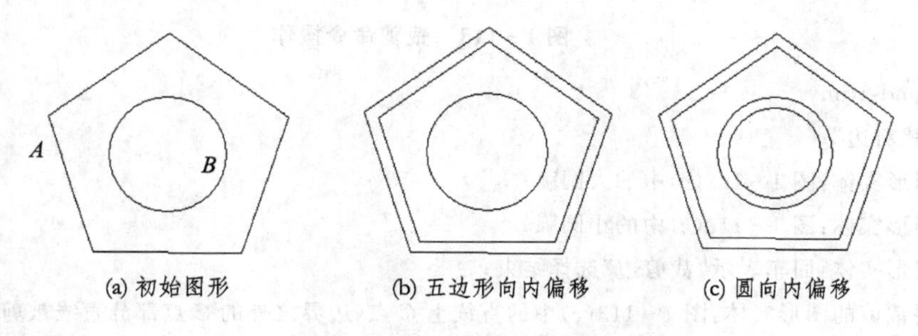

(a) 初始图形　(b) 五边形向内偏移　(c) 圆向内偏移

图 1-112　偏移命令操作

3. 裁剪(trim)

命令输入:trim

工具图标:

说明:将指定的图形实体(主要是直线、圆或圆弧)的一部分裁剪,只保留另外一部分。该命令常用于修剪图形,或结合其他编辑命令灵活使用,对提高绘图效率起着重要作用。为获得各种裁剪效果,AutoCAD 定义了"裁剪边"的概念,要求在裁剪前输入"剪刀"。直线、曲线、多义线、构造线或文本等图形都可以作为裁剪边。如果作为裁剪边的图形元素有宽度,则实际将按照图形元素的中心线剪裁。

Command:trim
选择"裁剪边";
选择图形实体:图 1-113 中的水平直线;
选择图形实体:图 1-113 中的铅垂直线;
选择图形实体:回车表示"裁剪边"选择结束;
选择要裁剪的图形实体:图 1-113 中的 *A* 点附近圆弧;
选择要裁剪的图形实体:图 1-113 中的 *B* 点附近圆弧;
结果,在两条裁剪边界之间的圆弧部分被剪掉了,如图 1-113(b)所示;
继续上面裁剪命令,选择裁剪边界之间的其余部分,直到如图 1-113(c)所示,回车表示裁剪结束。

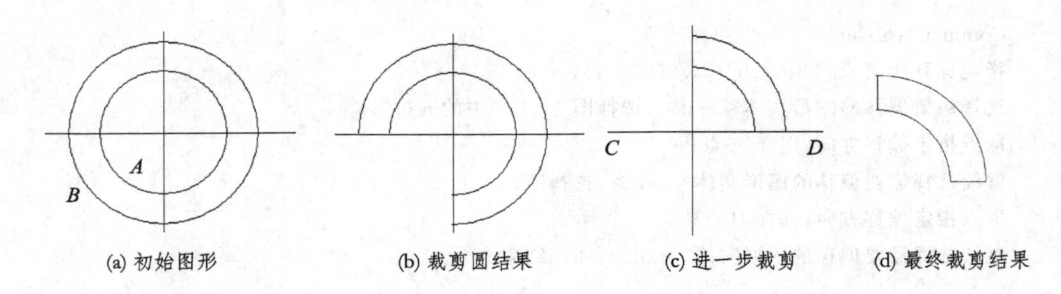

(a) 初始图形　(b) 裁剪圆结果　(c) 进一步裁剪　(d) 最终裁剪结果

图 1-113　裁剪命令操作

Command:trim
选择"裁剪边";
选择图形实体:图 1-113(c)中的大圆弧;
选择图形实体:图 1-113(c)中的小圆弧;
选择图形实体:回车表示"裁剪边"选择结束;
选择要裁剪的图形实体:图 1-113(c)中的直线上 *C* 点(边界之外的 *C* 点部分直线被剪掉);
选择要裁剪的图形实体:图 1-113(c)中的圆弧上 *D* 点(边界之外的 *D* 点部分直线被剪掉);
同上裁剪另外一条直线在圆弧外的部分,最后结果如图 1-113(d)所示。

4. 倒角(chamfer)

命令输入：chamfer

工具图标：

说明：对两条相交直线作倒角。在倒角处，直线段将自动裁剪或延伸，两直线上倒角的距离可以不同。在进行倒角前，需要通过命令提示符输入相应的倒角参数，AutoCAD 提供了距离和角度两种倒角方式。

① 距离方式：分别输入在两条直线上的倒角长度，如图 1-114(a)所示。

Command：chamfer
当前倒角距离 Dist1＝10.0000，Dist2＝10.0000；
选择要倒角的第一条直线[Polyline/Distance/Angle/Trim/Method]：d(改变缺省倒角长度)；
指定第一条边的倒角长度：20；
指定第二条边的倒角长度：15。

② 角度方式：输入其中一条边上的倒角长度，然后输入倒角的角度，如图 1-114(a)所示。

Command：chamfer
当前倒角距离 Dist1＝20，Dist2＝15；
选择要倒角的第一条直线[Polyline/Distance/Angle/Trim/Method]：a(选择以角度方式指定倒角长度)；
指定第一条边的倒角长度＜20＞：35；
指定第二条边的倒角长度：45。

③ 当设置了倒角方式及相应的参数后，继续执行倒角命令，选择相应直线对图形进行倒角。

Command：chamfer
当前倒角距离＝35，倒角角度＝45；
选择要倒角的第一条直线[Polyline/Distance/Angle/Trim/Method]：选择第一条线；
选择要倒角的第二条直线：选择第二条直线。

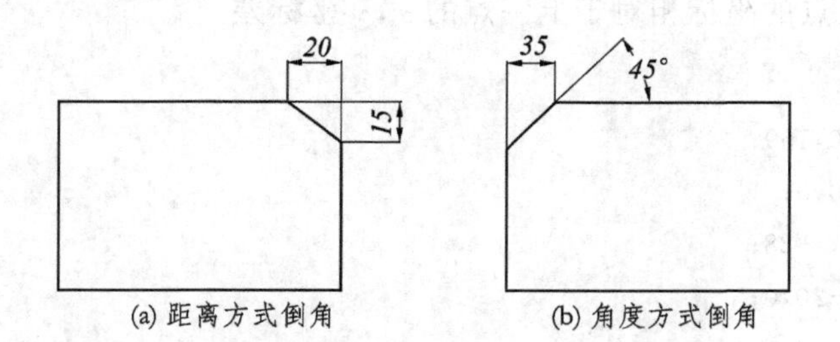

(a) 距离方式倒角　　(b) 角度方式倒角

图 1-114　倒直角命令操作

1.5.3　绘制图形

1. 画主体中心线

首先改变图层。

Command:layer
在 Layer Properties Manager 中，选中 CENTER 层，单击 Current 按钮，将中心线层设为当前层。

分析：若以图 1-115 中两条主中心线的交点为原点，则坐标确定、尺寸标注都变得相对简化。画线的工具图标为 。

Command: line
指定第一点：-150,0；
指定下一点：150,0；
指定下一点；
回车。

Command: line
指定第一点：0,-210；
指定下一点：0,210；
指定下一点；
回车。

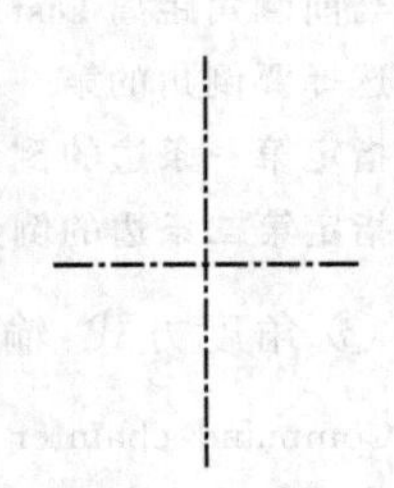

图 1-115　绘制吊钩主中心线

2. 画轮廓线

将 CONTOUR 层设置为当前层。

(1) 直线部分图形

首先确定最上面的直线 y 坐标为 150，先不考虑 2×45°倒角，则宽度为 20，即 x 坐标分别为-10 和+10，可以输入绝对坐标，但是像这种情况，输入相对坐标更简便（即在@后给定的坐标），表示将输入点的坐标相对于上一点的 x，y 坐标差。

Command: line
指定第一点：-10,150；
指定下一点：@20,0；
指定下一点：@0,-28；
指定下一点：@-20,0；
指定下一点：@0,28；
指定下一点；
回车。

倒角命令 Chamfer 属于 Modify 菜单下的修改图形命令。

Command：chamfer
输入 D(Distance)，选择改变倒角长度；
输入第一条边的倒角长度：2；
输入第二条边的倒角长度：2。

Command：chamfer(重新进入 Chamfer 命令，直接按回车可重复上一次命令)
选取倒角的第一条边；
选取倒角的第二条边；
重复 Chamfer 命令，同样对另外一边倒角。
画两倒角顶点连线。因为此直线的两端点都是图中已知的交点，因此可用目标捕捉工具(OSNAP 设置)准确捕捉端点连线。此时结果如图 1-116 所示。

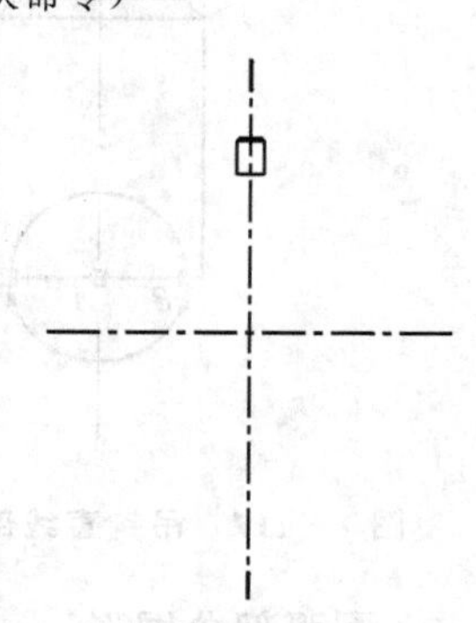

图 1-116　吊钩直线部分绘制(一)

下面由尺寸为 17 确定的高为 3 的两段竖直线，可用绝对坐标或相对坐标输入，也可用其他辅助线。例如：以中心线和直线的交点 A(可自动捕捉)为中心，以 17 为直径画圆，工具图标为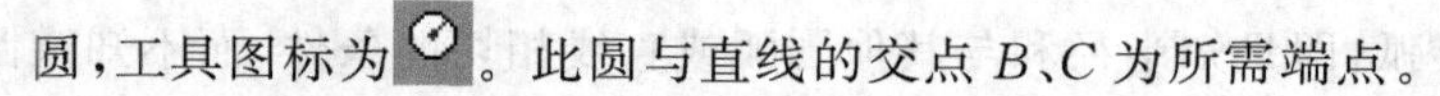。此圆与直线的交点 B、C 为所需端点。

Command：circle
指定圆心：选择交点 A；
指定半径(或直径 D)：D；
指定直径：17。

Command：line
指定第一点：选择交点 B；
指定下一点：@0，－3；
指定下一点；
回车。

Command：line
指定第一点：选择交点 C；
指定下一点：@0，－3；
指定下一点；
回车。

作图时的辅助直线应及时擦除(工具图标为)，以免影响图面显示，如图 1-117 所示。

Command：Erase
选择要擦除的对象：选择圆；

选择要擦除的对象；
回车。

下面的直线段可参照以上方法绘制完成，如图 1－118 所示。

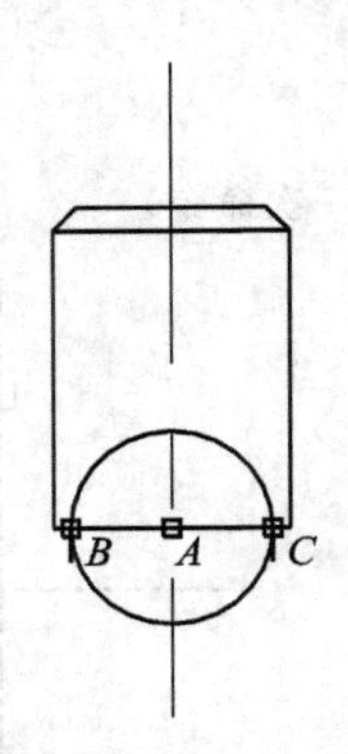

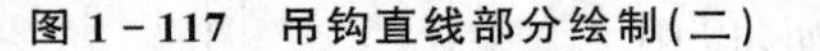

图 1－117　吊钩直线部分绘制(二)

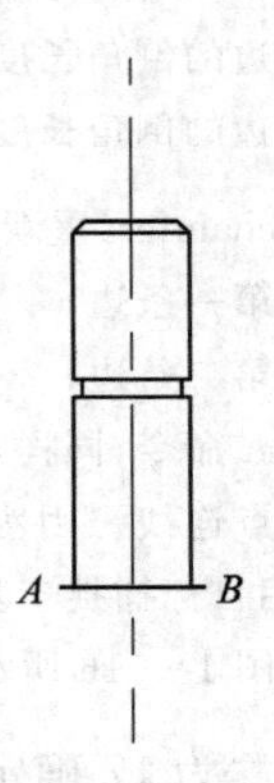

图 1－118　吊钩直线部分绘制(三)

(2) 圆弧部分图形

本图的圆弧基本上都为连接弧，即只知半径和与其他圆弧或直线相切的条件，而不知道圆心位置。在手工绘图中往往要先根据已知条件确定圆心和两端切点作图；而在 AutoCAD 中，不用确定圆心，可以直接画出满足条件的圆，再加以截取即可。分析图 1－110 中的各段圆弧，互相关联，只有中间 $\phi50$ 的圆弧为已知弧，即已知圆心和半径。

Command：circle
输入圆心：0，0；
输入半径(或直径 *D*)：*D*；
输入直径：50。

此时可以得到与 $\phi50$ 圆弧右边相切的 $R63$ 的圆弧(上边与一直线相切)。

Command：line
输入第一点：图 1－118 中 *A* 点；
输入下一点：因长度未知，可以垂直向下任意点取 *D*，不能太短；
输入下一点；
回车。

Command：circle
输入圆心(三点 3|两点|Ttr 方式)：T；
选择第一条相切的线：选择直线 *AD*；
选择第二条相切线：在圆上 *C* 点左右点取；
输入半径：63，如图 1－119 所示。

这里要说明的是，选用 Ttr 方式画圆，即 Tangent（切线）、tangent（切线）、radius（半径），分别指定与圆相切的两个对象和圆的半径，切线可以是直线或圆弧，图中 $R63$ 的圆与 $\phi50$ 的圆相切可能会有几种情况（内切、外切），必须先大致判断切点位置在 C 点左右，故在 C 点附近点取圆。

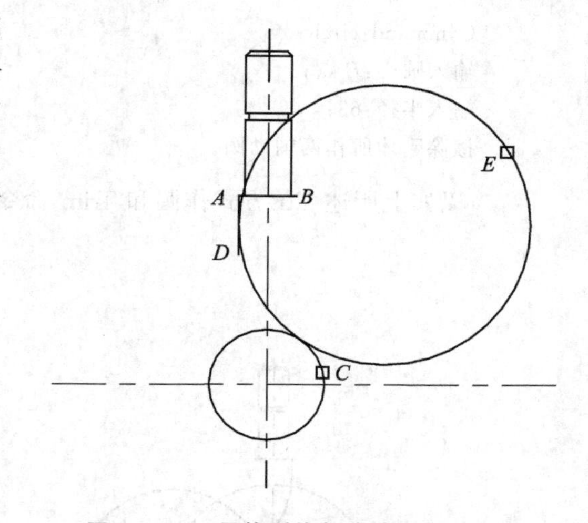

图 1－119　吊钩弧线部分绘制(一)

下面裁剪 $R63$ 的圆与直线 AD。

Command：trim
选取裁剪边界：直线 AD；
选取裁剪边界：$\phi50$ 的圆；
选取裁剪边界；
回车。
选取想要裁剪对象：在 E 点方向选取 $R63$ 的圆；
选取想要裁剪对象；
回车。

Command：trim
选取裁剪边界：$R63$ 的圆弧；
选取裁剪边界；
回车。
选取想要裁剪对象：在 D 点方向选取直线 AD；
选取想要裁剪对象；
回车。

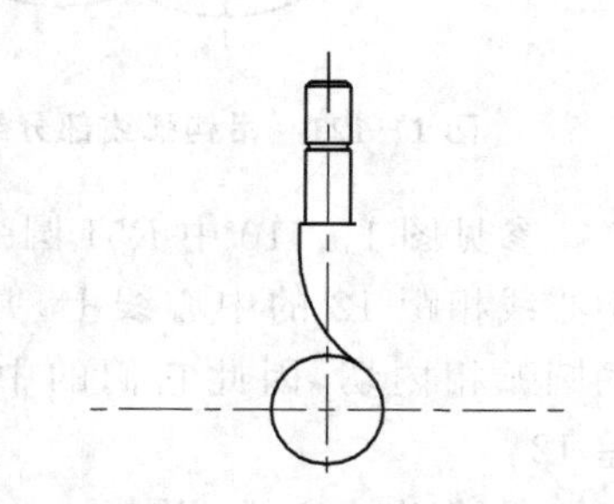

图 1－120　吊钩弧线部分绘制(二)

如图 1－120 所示，$\phi50$ 右边的重合剖面的长度（x 方向）为 42，因此得到 $R63$ 的圆弧与水平中心线的交点 A。实际上不必计算 A 点的坐标，完全可以用作图的方法快速得到。下面用偏移命令实现。工具图标为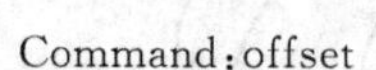。

Command：offset
指定偏移距离：42；
选择偏移对象：选择 $\phi50$ 的圆；
指定偏移在对象的哪一边：在圆外任取一点；
选择偏移对象；
回车。

此时，偏移得到的圆与中心线的交点即为所求 A 点。现在以 A 点为圆心，以 63 为半径作圆。此圆与中心线的交点 B 即为 $R63$ 圆弧的中心，如图 1－121 所示。

Command:circle

输入圆心:B 点;

输入半径:63;

擦除刚才所作两辅助圆。

以如上所述 Ttr 方式作圆和 Trim 命令作出与 $R63$ 圆相切的 $R25$ 圆弧,如图 1－122 所示。

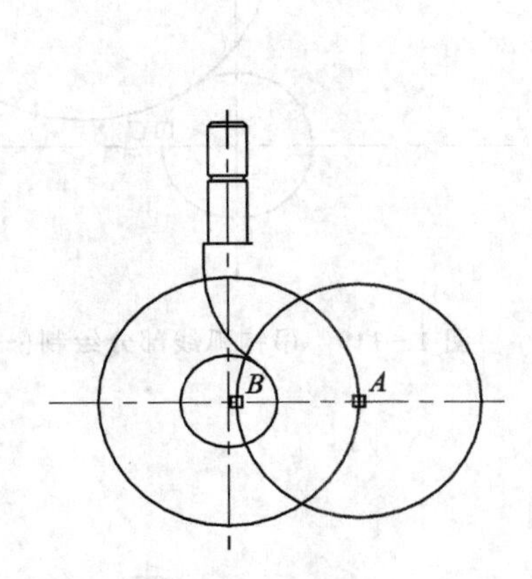

图 1－121　吊钩弧线部分绘制(二)

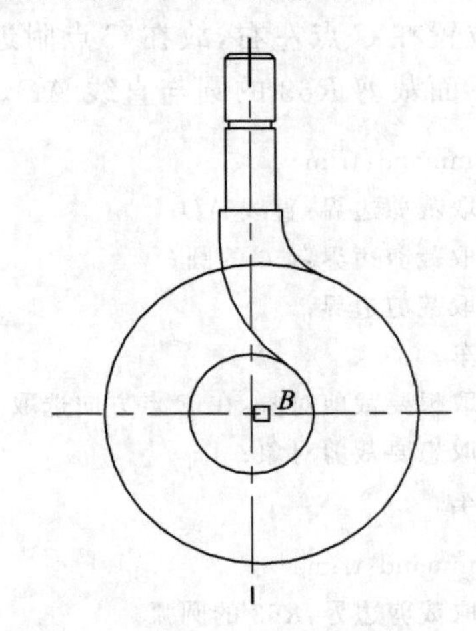

图 1－122　吊钩弧线部分绘制(四)

参见图 1－110 中 $R51$ 圆弧的圆心在与主中心线相距 12 的中心线上,并且右侧与 $R63$ 的圆弧相内切,因此它们的中心距为半径的差 12。

① 作出中心线,用 offset 命令将主水平中心线向下偏移 12。以 B 点为圆心,以 12 为半径作圆,与中心线切于 C 点。以 C 点为圆心,以 51 为半径作圆,如图 1－123 所示。

② 擦除辅助圆,并修剪与 $R51$ 右侧相切的 $R63$ 的圆。作出圆心也在这条中心线上的 $R63$ 的圆弧,与 $R51$ 的圆左侧相外切。仍以作辅助圆的方法,求出圆心 A,作出 $R63$ 的圆,如图 1－124 所示。

③ 作出与主水平线相距 25 的辅助线(offset)。

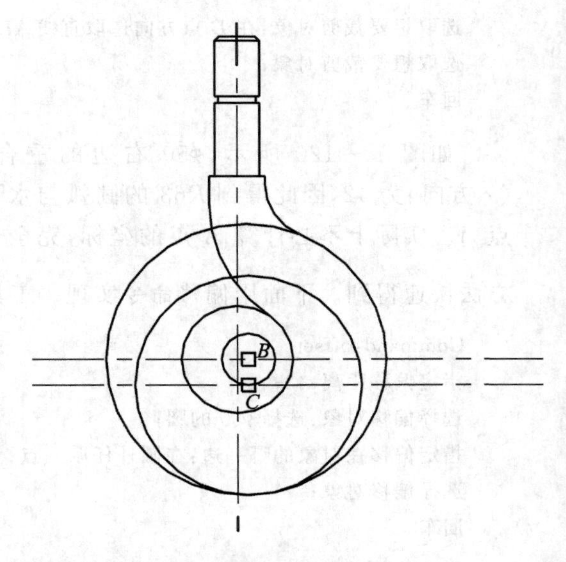

图 1－123　吊钩弧线部分绘制(五)

④ 作 $R7$ 的圆。

⑤ 擦除辅助圆、辅助直线，修剪 $R51$ 和 $R63$ 的圆。

⑥ 作与 $R7$ 和 $\phi50$ 的圆相切的半径为 63 的圆弧。

⑦ 修剪 $\phi50$，$R7$，$R63$ 的圆。

至此轮廓线部分完成，如图 1－125 所示。

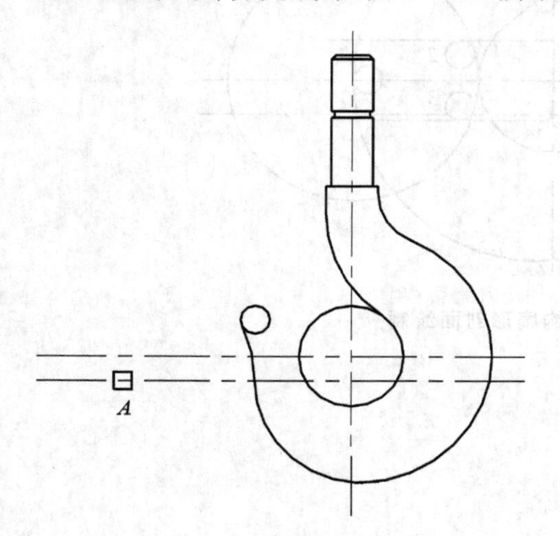

图 1－124　吊钩弧线部分绘制(六)

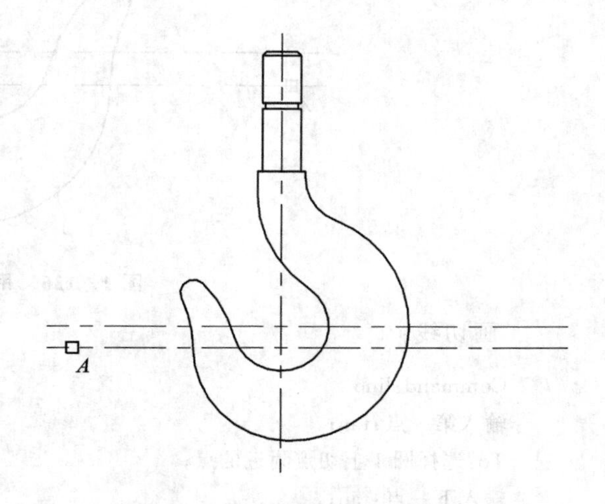

图 1－125　吊钩弧线部分绘制(七)

3. 重合剖面

将 OTHER 层设置为当前层。

(1) 圆形重合剖面

画 $\phi20$ 的圆。

打剖面线(工具图标为 ）：

Command：hatch
选择剖面线图案：ANSI31；
确定剖面线比例〈1〉，回车；
确定剖面线角度〈0〉，回车；
选择对象：选择 $\phi20$ 的圆；
选择对象；
回车。

(2) 扇形剖面

画 $R42$ 的圆，画 $R5$ 的圆 1，画距离为 28 的两条辅助直线（offset）。画与直线和 $R42$ 相切的圆 2 和圆 3，如图 1－126 所示。

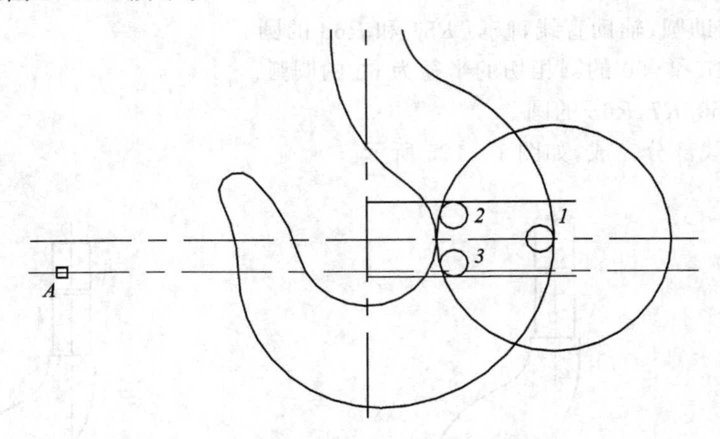

图 1－126　吊钩扇形剖面绘制

画切线：

Command：line
输入第一点：tan；
To：选择圆 1 上切点附近的点；
输入下一点：tan；
To：选择圆 2 上切点附近的点；
输入下一点；
回车。

说明：输入 tan 回车后，提示 To，要求选择与直线相切的曲线。当直线的第一点以与曲线相切的方式给出时，直线不能以实时方式拖动，因为在另一端点确定之前，第一点还是未知的。只能等另一点给定之后，第一点才能确定。另一条直线可以同样画出，也可通过对第一条直线的镜像编辑得到。

Command：mirror
选择对象：选取以上所画直线；
选择对象，回车；
确定镜像线上的第一点：在主中心线上任取一点；
确定镜像线上的第二点：在主中心线上任取另一点；
是否删除原来对象（Yes|No）：N；
修剪 $R42$ 和 $R5$ 的圆，如图 1－127 所示。

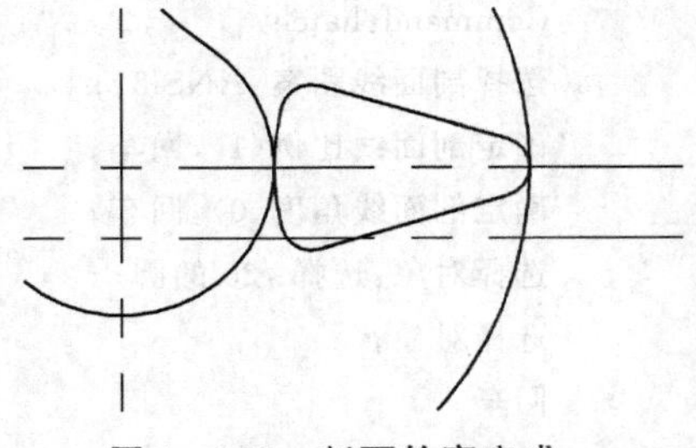

图 1－127　剖面轮廓完成

（3）画剖面线

用与上面相同的方法画出剖面线。但因为这个重合剖面的边界组成较复杂，用选取内部点的方法更方便。在 Draw 菜单中选取 Hatch 命令，在其对话框中选择剖面线图案和比例等选项。然后选择 Pick Point 按钮，屏幕提示在要打剖面线的边界内任意取一点，AutoCAD 则以从此点向外蔓延的方式，以碰到的对象为填充边界，并变虚表示选中。但由于中心线的影响，选中的边界并非预想，会出现图 1－128 的情况。此时可将中心线层关闭（单击图层列表中的灯泡形图标变成蓝色），再选取内部点填充，如图 1－129 所示。

4. 裁剪中心线

开始画的中心线因为并不知道图形的具体大小，往往画得较长。此时图形部分已经完成，可将多余部分剪掉，用 break 命令即可。最后，完成图形部分如图 1－130 所示。

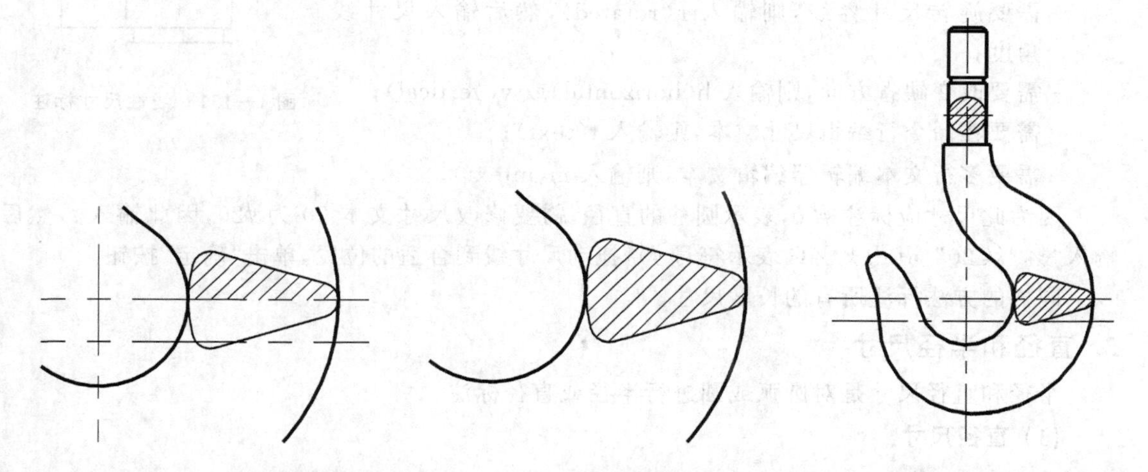

图1－128　剖面线边界异常情况　图 1－129　利用图层选取剖面线边界　图 1－130　吊钩图形部分完成

1.5.4　尺寸标注

尺寸标注是设计过程中一个相当重要的环节。AutoCAD 能够根据图形的实际大小自动生成尺寸，并能在图形实际尺寸改变后实现自动更新，因此标注尺寸前精确绘制图形是必要的。在标注尺寸后，可以通过尺寸样式、样式覆盖等方式很方便地对尺寸进行编辑，同时便于保证图形尺寸符合国家标准或企业标准。设计通常分为四个过程：绘图、注释、建立视图和出图。在注释过程中，用户需要增加文本、数量和其他符号用以说明尺寸、材料或设计说明。尺寸是一种通常的图形注释，说明对象的测量值，如长度、直径和位置等。AutoCAD 提供了多种尺寸类型和多种格式化方法。下面仍以吊钩为例进行具体介绍。将 DIM 层设为当前层。

1. 线性尺寸

工具图标：

线性尺寸包括水平和垂直方向尺寸，标注时，AutoCAD 根据用户放置尺寸的位置自动建立水平或垂直尺寸。

Command：Dimlinear（或从 Dimension 菜单选择 Linear）

指定第一点和第二点，如图 1－131 所示。分别选择 *A* 点和 *B* 点（或按回车键后选择 *C* 点）。

此时，AutoCAD 已经自动测量出 *AB* 间的长度尺寸为 20，可以上下拖动尺寸直到合适的位置；同时命令行提示：在指定尺寸线位置，前用户可以输入以下选项更改尺寸方向、编辑文本及其角度和尺寸线角度：

－需要旋转文本，则输入 a(angle)，然后输入角度值；

－需要旋转尺寸界线，则输入 r(rotated)，然后输入尺寸线角度；

－需要改变缺省方向，则输入 h(horizontal)或 v(vertical)；

－需要在命令行编辑尺寸文本，则输入 t(text)；

－需要多行文本编辑器编辑文本，则输入 m(mtext)。

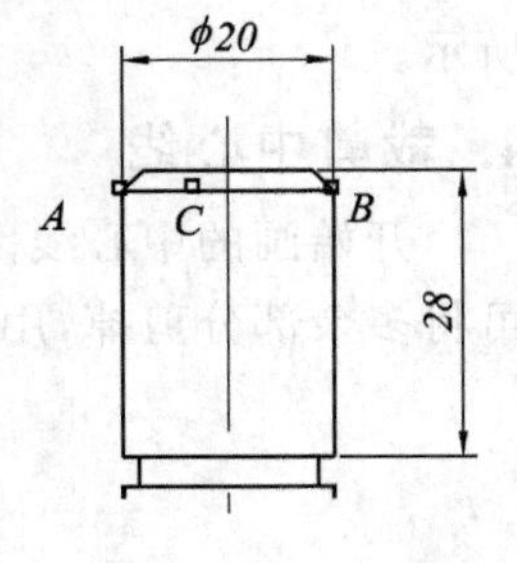

图 1－131 线性尺寸标注

因为此尺寸应标注 ϕ20，表示圆柱的直径，需要修改尺寸文本 20 为 ϕ20，因此输入 *t*，然后输入“%%C20”(其中%%C 表示符号 ϕ)，拖动尺寸线到合适的位置，单击“确定”按钮。

同样的方法标注所有的长度尺寸。

2. 直径和半径尺寸

半径和直径尺寸是对圆弧或圆进行半径或直径标注。

(1) 直径尺寸

工具图标：

Command：Dimdiameter（或从 Dimension 菜单选择 Diameter）

如图 1－132 所示，在 *D* 点处选择圆，AutoCAD 自动测量到圆的直径为 ϕ20。在指定尺寸位置前，用户可以采用以下方式编辑尺寸文本或改变文本角度：

－输入 m，可以通过多行文本编辑器对尺寸文本进行编辑；

－输入 t，可以在命令行对尺寸文本进行编辑；

－输入 a，可以输入尺寸文本角度。

(2) 半径尺寸

工具图标：

Command：Dimradius（或从 Dimension 菜单选择 Radius）

在图 1－132 的 *E* 点处选择圆弧，AutoCAD 自动测量圆弧半径为 *R*25，拖动将尺寸标注到合适的位置，也可以同直径尺寸标注一样编辑尺寸文本或改变文本角度。采用同样的方法标注所有的直径和半径尺寸。

3. 旁注线

工具图标：

旁注线是连接注释与图形对象的一条线，可以从图形上任何一点，作一条由直线段组成的旁注线，并控制其形式，当最末段与水平线成角大于 15°时，则自动创建一水平短线与注释相连。旁注线的样式受当前尺寸样式的控制，亦可以右击打开属性窗口单独改变其样式，如注释语引线端点的偏移量、文本注释相对引线的位置以及文本连于引线点的位置。

Command：Qleader（或从 Dimension 菜单选择 Leader）

回车，选择 Settings，打开 Leader Setting 对话框，在其中箭头选择中选择不使用箭头。在连接选项中选择下画线方式，即沿最后一段折线画水平线，注释将位于水平线之上。依次选择图 1－133 中 *A* 点、*B* 点和 *C* 点，然后按提示输入文本高度，可以回车选缺省值。输入文本内容：2×45%%d。其中，%%表示符号“°”。系统从 *B* 点开始沿 *BC* 的方向画水平线，并显示“2×45°”于其上，如图 1－133 所示。所有内容完成之后，在 Tools 菜单中选择 Options，打开对话框，在线宽设置中，打开显示线宽设置，最后结果如图 1－110 所示。

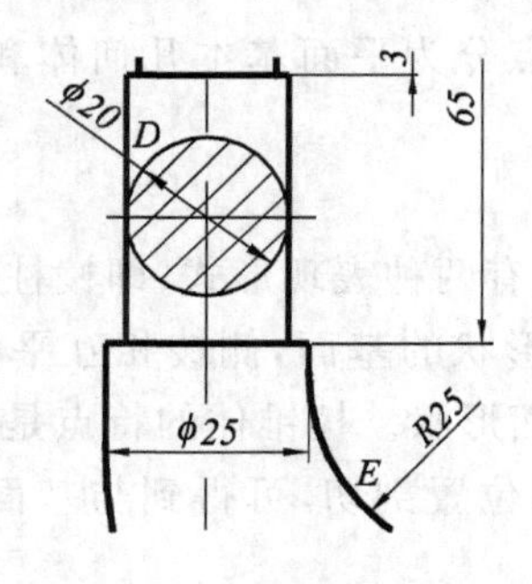

图 1－132　直径尺寸标注

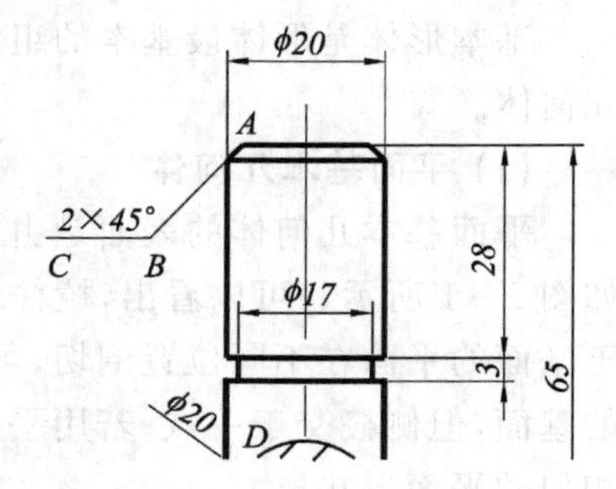

图 1－133　旁注线标注

第2章　空间形体

2.1　形体及其生成与分解

自然界物体的形状是多种多样的。但从几何构形的观点来看，任何形体都是有规律的。为了全面认识各种形体的几何含义，并且将其进行正确表达，就需要研究物体的类型和形成的规律，研究空间形体的分析方法，在对空间形体进行生成和分解的分析过程中，更加深刻地认识空间形体。

2.1.1　形体的分类

空间形体可以分为基本形体和组合形体。

1. 基本形体

基本形体是形体最基本的组成，按其表面形成的特点分为平面基本几何体和回转面基本几何体。

(1) 平面基本几何体

平面基本几何体的表面是由若干个平面围成的。它有两种表现形式，即棱柱体和棱锥体，如图2-1所示。可以看出，棱柱体的特点是：它有不同形状的基面，侧棱相互平行；若用平行于基面的平面在不同位置剖切，可得到与基面全等的平面形状。棱锥体的特点是：有不同形状的基面，但侧棱交于一点；若用平行于基面的平面在不同位置剖切，可得到与基面大小不等但相似的平面形状。

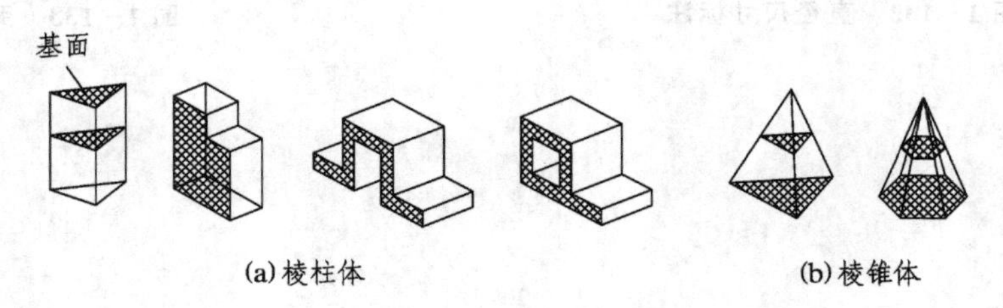

图2-1　平面基本几何体

(2) 回转基本几何体

回转基本几何体的表面主要是由回转面围成的。通常有四种表现形式，即圆柱体、圆锥体、圆球体和圆环体，如图 2－2 所示。它们的共同特点是用平面垂直轴线剖切后，可得圆的形状；而不同点是回转面中素线的形状和素线与轴线的位置不同。如圆柱体回转面的素线为直线，并与轴线平行；圆锥体回转面的素线亦为直线，但与其轴线交于一点；圆球体回转面的素线为一半圆，其圆心位于轴线上；圆环体回转面的素线为一整圆，其圆心不在轴线上。

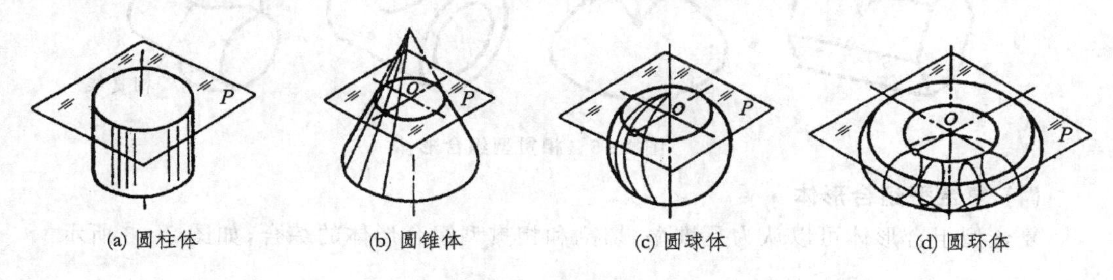

图 2－2　回转基本几何体

2. 组合形体

组合形体是由若干个基本形体组合而成。由于组合方式不同，可分为堆垒型组合形体、切割型组合形体、相贯型组合形体和复合型组合形体。

(1) 堆垒型组合形体

这种组合形体像积木块一样，将若干个基本形体简单地叠加，并保持各自基本形体的完整性，如图 2－3 所示。

(2) 切割型组合形体

这种组合形体是用若干个平面切割基本形体而成，如图 2－4 所示。

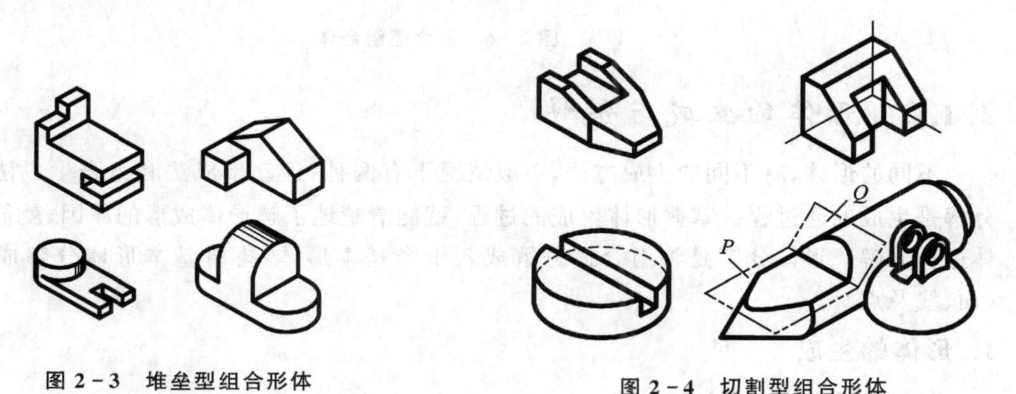

图 2－3　堆垒型组合形体

图 2－4　切割型组合形体

(3) 相贯型组合形体

立体间的相交称为相贯。相贯型组合形体可以分为实体与实体相贯及实体与空体相贯、空体与空体相贯，如图 2－5 所示。

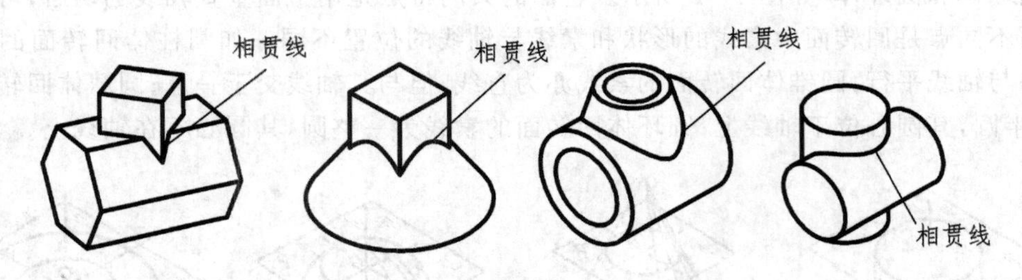

图 2-5　相贯型组合形体

(4) 复合型组合形体

复合型组合形体可以认为是堆垒、切割和相贯型组合形体的综合，如图 2-6 所示。

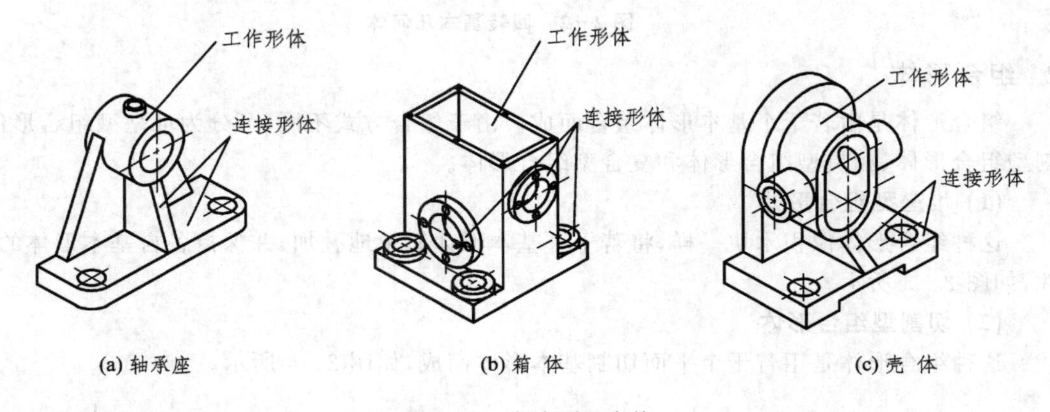

图 2-6　复合型组合体

2.1.2　形体的生成与分解

不同的形体，有不同的生成方法，一般情况下有两种：运动生成法和组合生成法。形体的分解是生成的逆过程。掌握形体生成的过程，就能清楚地了解形体成形的原因，就能将任何形体进行分解。形体分解是将组合体分解成若干个基本形体，再将基本形体分解成几何元素(面、线及点)。

1. 形体的生成

(1) 回转法

回转法生成回转体，生成的条件为：回转轴线和运动母线(或平面图形)。不同性质的运动母线(或平面图形)，与回转轴线相对位置不同，可生成不同的回转体。图 2-7 所示是基本回转体的生成。图 2-8 所示是组合型回转体的生成。

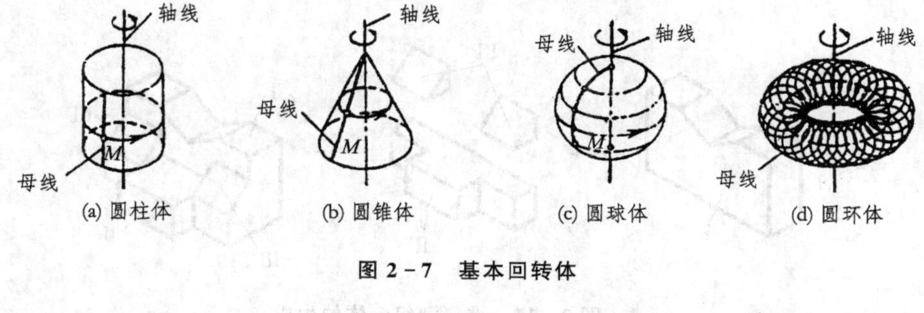

图 2－7　基本回转体

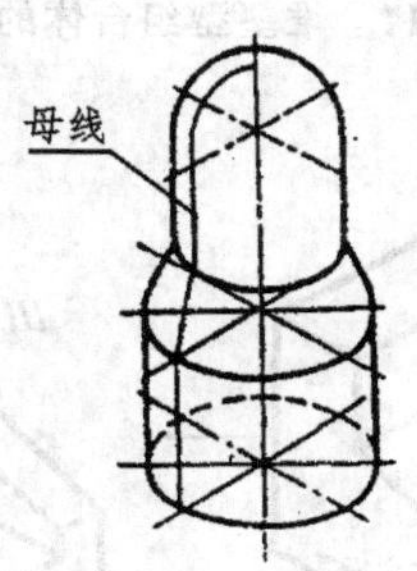

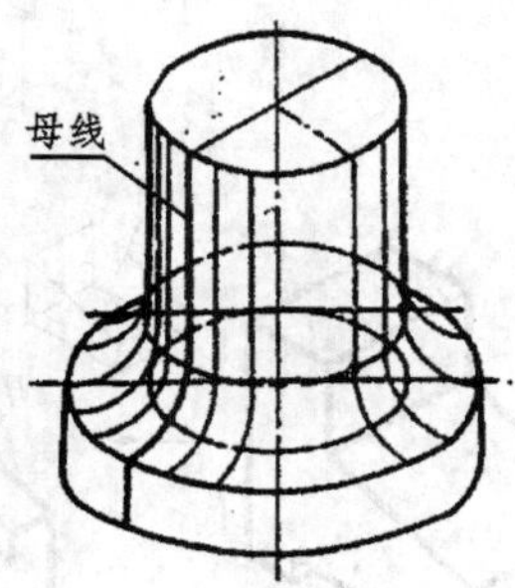

图 2－8　组合型回转体

(2) 移动法

任一平面图形(基面)沿某一直线或曲线方向平移可生成某种形体。如正圆柱体可以看成是圆沿着垂直于圆平面的方向平移的结果,如图 2－9 所示;同理,正六棱柱体也可看成是正六边形沿垂直于正六边形平面的方向平移的结果,如图 2－10 所示。

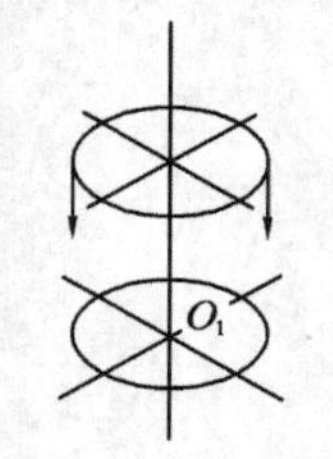

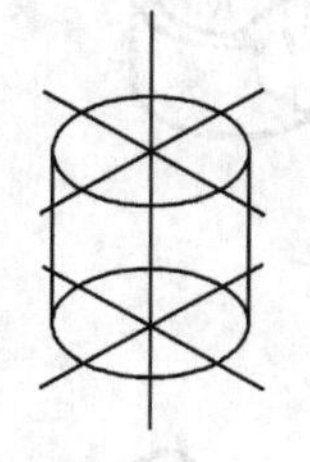

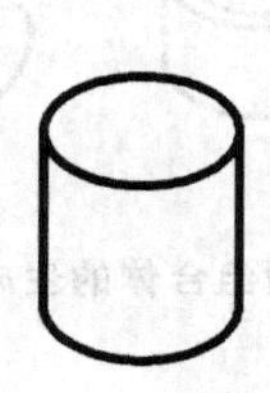

图 2－9　平移法生成正圆柱体

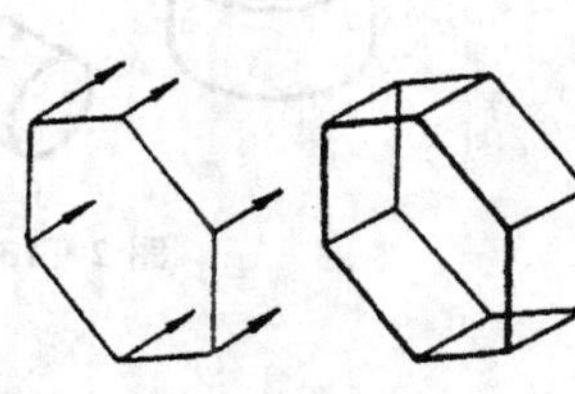

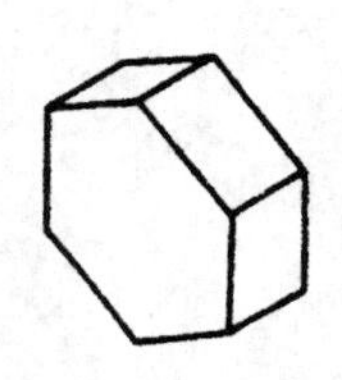

图 2－10　平移法生成正六棱柱体

(3) 组合法

堆垒型组合体:将各种基本形体用叠加的方法组合成的形体,如图 2－11 所示。

切割型组合体:将基本形体用面剖切的方法组合成的形体,如图 2－12 所示。

相贯型组合体:用若干个基本形体之间的各种相交关系组合成形体,如图 2－13 所示。

复合型组合体:用若干个基本形体,通过堆垒、切割及相贯的方法,综合地组合成的形体,如图 2－14 所示。

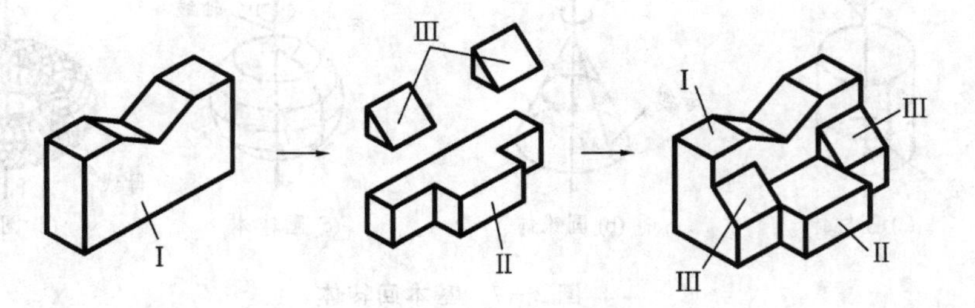

图 2－11　堆垒型组合体的生成

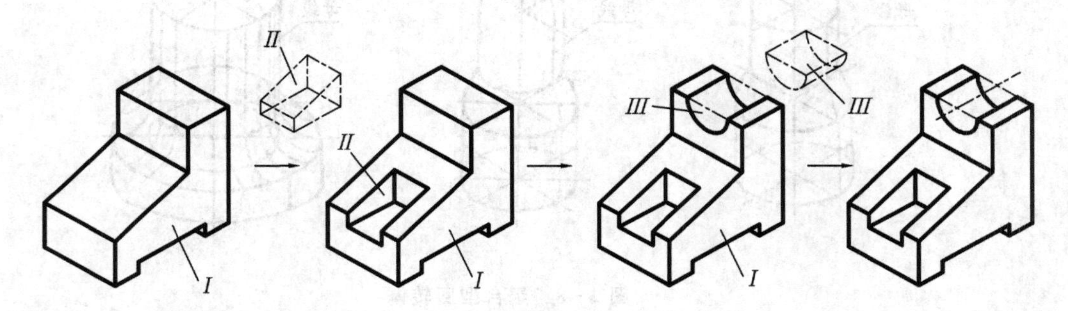

图 2－12　切割型组合体的生成

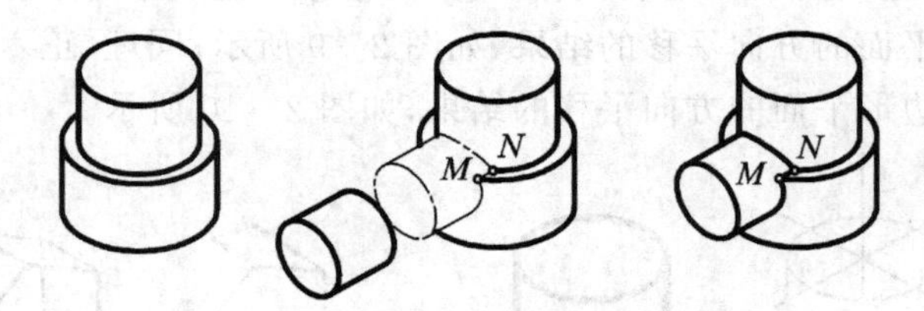

图 2－13　相贯型组合体的生成

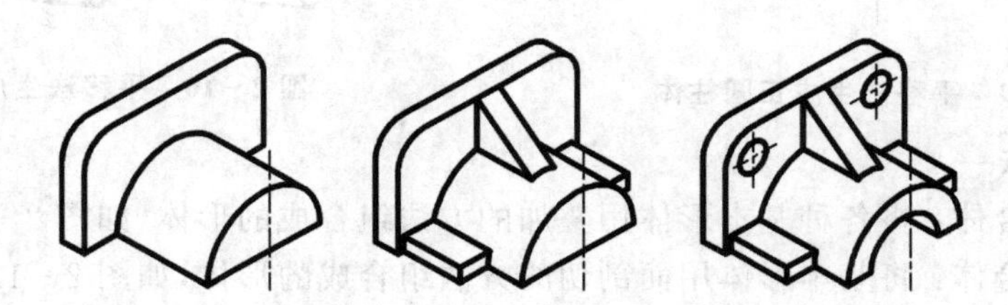

图 2－14　复合型组合体的生成

2. 形体的分解

组合形体是由各种基本形体组合而成的,因此,它可以分解成若干个基本形体。

(1) 简单组合体的分解

对于简单组合体的分解,要用堆垒、切割及相贯的方法去分析它的生成,如图 2-15 所示。

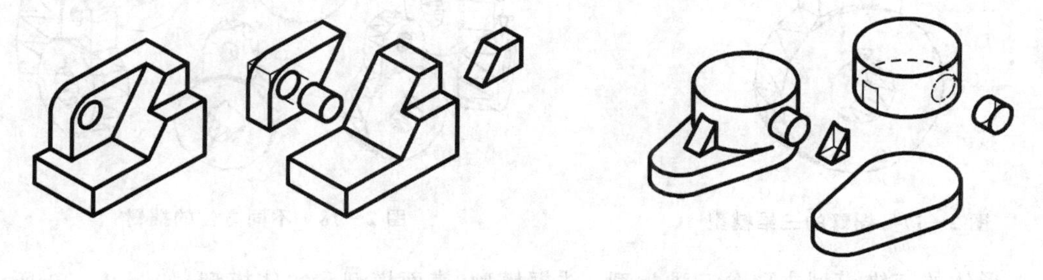

图 2-15　简单组合体的分解

(2) 复杂组合体的分解

复杂组合体是由若干个简单组合体组合而成,是具有功能性的组合体。因此,它的分解过程是,首先分解成带有某种功能的简单组合体,然后再分解成若干个基本形体,如图 2-16 所示。

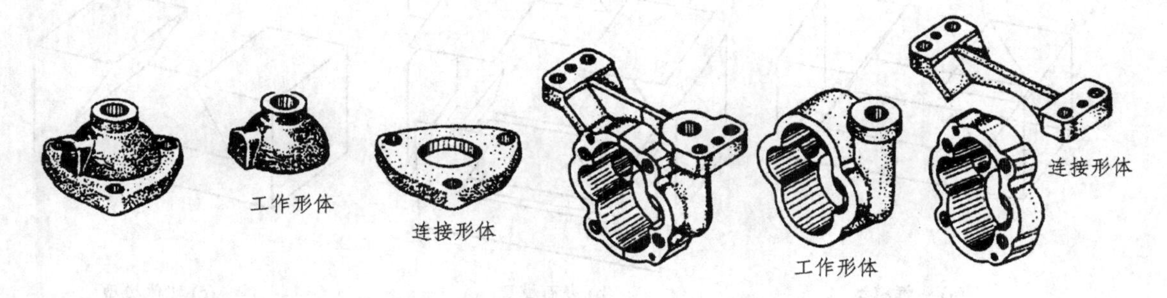

图 2-16　复杂组合体的分解

2.2　空间形体的三维与二维描述方法

2.2.1　空间形体的三维描述方法

随着计算机技术和图形学理论的迅猛发展,计算机可以生成非常逼真的、各种各样的三维形体。利用绘图软件,将空间形体的有关数据输入,就可以在计算机内部建立起完整的三维几何模型,并在屏幕上显示。图 2-17 即为计算机生成的摇臂的三维几何模型。该模型建立完成后，可以根据需要显示不同观察点下的摇臂的图形，如图 2－18 所示。

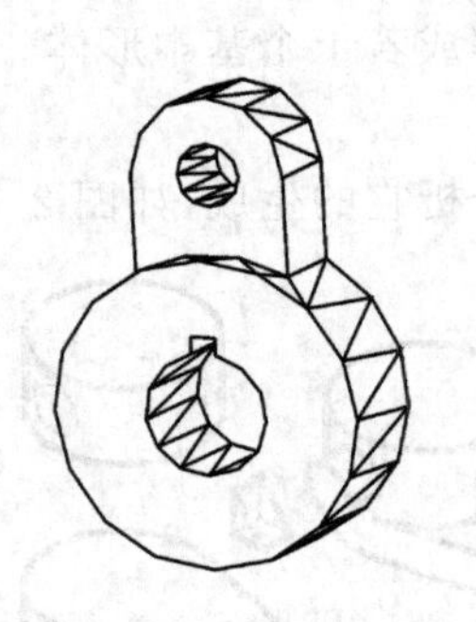

图 2－17　摇臂的三维模型

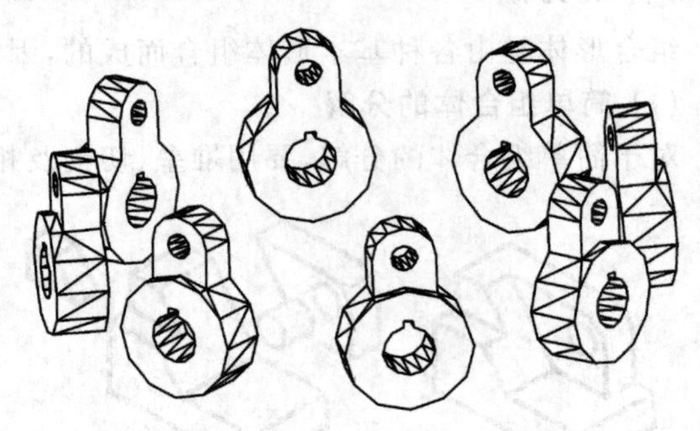

图 2－18　不同方位的摇臂

形体的三维模型主要分三种类型：线框模型、表面模型和实体模型，如图 2－19 所示。一般来讲，这三种模型都可产生三维视觉效果，但它们在计算机内部定义几何模型的数据结构是不同的。

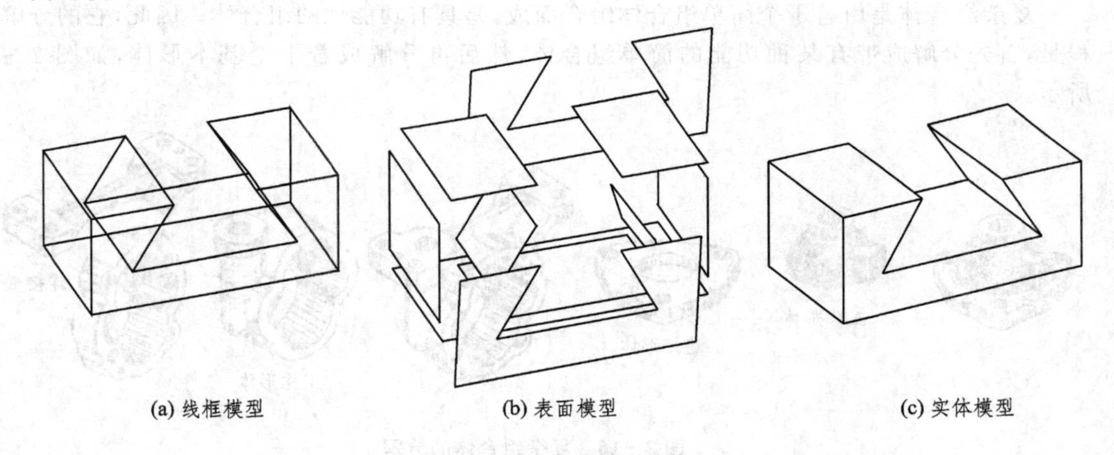

(a) 线框模型　(b) 表面模型　(c) 实体模型

图 2－19　三维模型分类

- 线框模型：用顶点和棱边定义形体的几何模型，如图 2－19(a)所示。由于只有点和边的几何信息，所以这种模型类似于用铁丝弯成的框架模型。
- 表面模型：用形体的表面定义形体的几何模型，如图 2－19(b)所示。由于具有点、边和面的几何信息，所以这种模型类似于用纸板围成的模型。要注意的是，它的内部是空心的，因此不能直接用这种模型进行与质量有关的分析计算。
- 实体模型：用实体造型技术生成的几何模型，如图 2－19(c)所示。它类似于用石膏制成的实心体模型。由于它的几何模型中包含了实心体部分的有关信息，所以不仅可以直接用它进行物理性质分析计算，而且还可以对模型内部进行剖切显示。

形体的三维模型不仅具有直观、逼真、符合人们空间思维习惯的优点，更重要的是它在现代工程设计过程中占有核心地位。工程设计是一个完整的过程。广义上讲，它包括市场调查、需求分析、概念设计、草图设计、详细设计、计算分析、生产及销售等环节。现代工程设计过程中，在计算机上建立的产品的三维模型可以直接应用于后续分析、生产和制造阶段。与其相关的各种工程数据可以在设计、生产的各个环节连续传递，设计结果以计算机文件的形式进入生产阶段，并控制加工制造的过程，从而实现设计、生产一体化。

2.2.2　空间形体的二维描述方法

如果要将空间的三维形体在平面上表达出来，那么就必须遵循投影规律进行转换。也就是说，把空间的三维形体按照一定的投影方法投影到二维平面上，在平面上可以得到该形体的二维图形。只有掌握了投影规律，才能正确地用二维表达方法来描述三维形体。

1. 投影方法

形体的二维图像是通过投影的方法得到的。

例如空间一点 A，按照给定的方式，过 A 点向平面 H 引直线 l；l 与 H 平面的交点 a 称为 A 点在 H 平面上的投影，H 称为投影面，l 称为投影线，如图 2－20 所示。

一般较为常用的投影方式有两种：

(1) 中心投影法

过空间所有点的投影线都通过空间一定点 S(称为投影中心)，它们在投影面上的投影称为中心投影(见图 2－20)。

(2) 平行投影法

如果投影中心沿某个方向移到无穷远，则所有投影线皆互相平行。用这种方式得到的投影称为平行投影。当投影方向 S 与投影面垂直时称为正投影，如图 2－21(a)所示；否则称为斜投影，如图 2－21(b)所示。

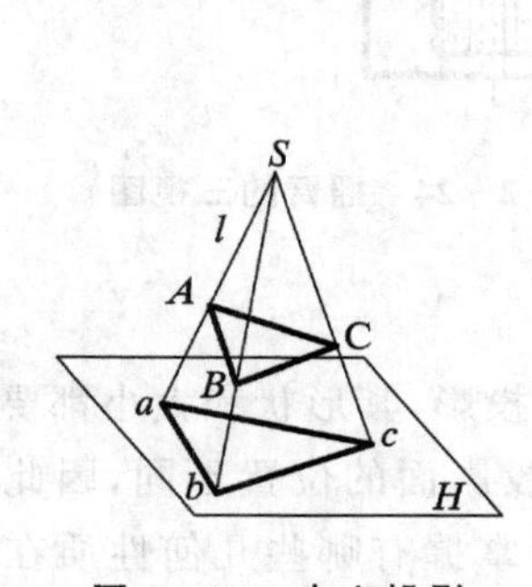

图 2－20　中心投影

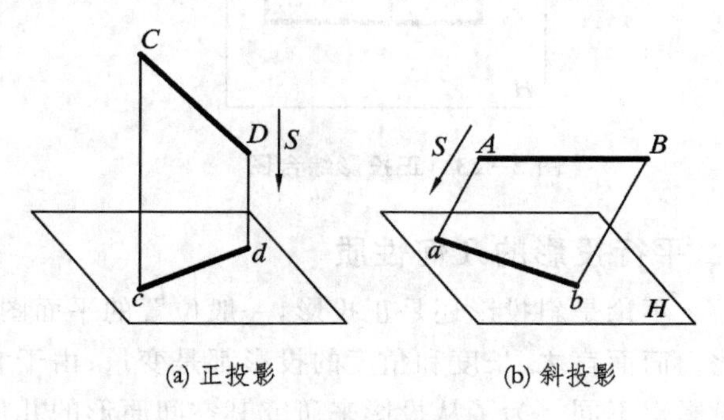

图 2－21　平行投影

中心投影符合人的视觉，多用于美术绘画和建筑制图；而平行投影，相对来说作图较为简单，尤其是正投影便于度量，故普遍应用于机械行业设计制图。画法几何就是以正投影为基础的。

下面着重介绍正投影法。

正投影法是一种双面或多面的正投影综合图。将空间的点 A 分别垂直投影到相互垂直的两个投影面 V 和 H 上得 a' 和 a；用这两个投影分别说明 A 点到 H 面的高度和距离 V 平面的远近。对于立体，其 V 投影表现出它正面形状和大小，H 投影表达出它顶面的形象和大小，如图2－22所示。

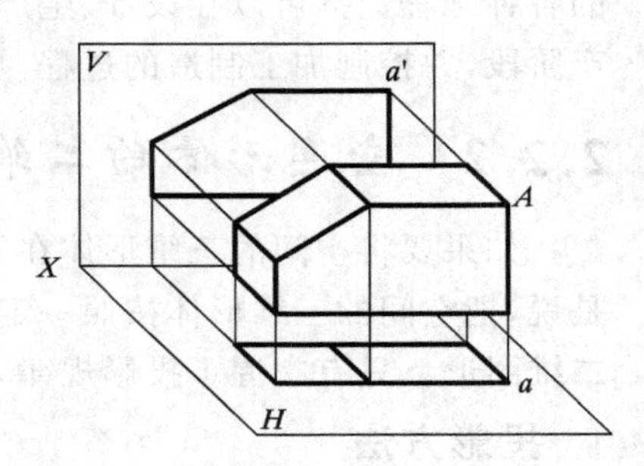

图 2－22　两面投影图

为了在一张图纸上展现两个不同平面上的投影，规定以 V 面和 H 面的交线 X 为轴将 H 向下旋转 90°与 V 面重合，就得到了图 2－23 所示的两面投影，也称为综合图。

将摇臂(图 2－17)的三维形体按照正投影方法投影到二维平面上，就得到工程上常用的三视图，如图 2－24 所示。

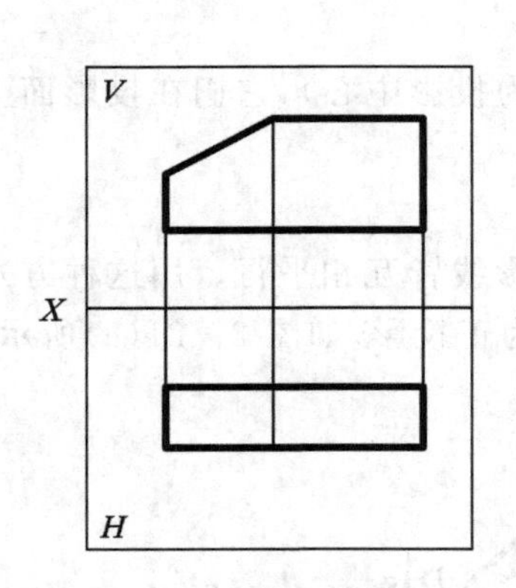

图 2－23　正投影综合图

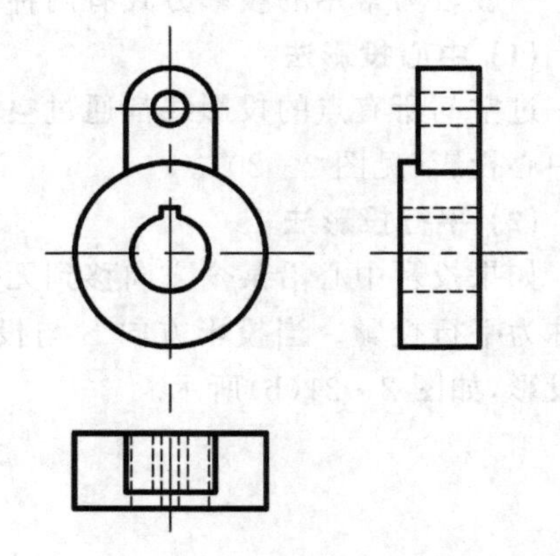

图 2－24　摇臂的三视图

2. 平行投影的几何性质

不论是斜投影还是正投影，一般位置的平面图形经过平行投影，其形状和大小都要发生变化。简而言之，长度和角度的投影都是变量；由于它们相对于投影面的位置不同，因此它们的投影也不同。为了从投影来研究其空间原形的几何性质，需要掌握有哪些几何性质在平行投影下是不变的。

下面将介绍平行投影的几何不变性以及几何元素在特殊位置时的投影特性。

(1) 单值同素性

一般来说,点的投影是点,线段的投影仍然是线段。空间元素及其投影是一一对应的,如图 2－25 所示,A 点对应于它在 H 面上惟一的投影 a;线段 BC 对应于它在 H 面上的投影 bc。故称为单值同素性。

(2) 从属性

线上的点(见图 2－25)的投影仍然在该线的投影上。这种从属关系经过投影仍然不变。

(3) 平行性

由立体几何可知,两平行平面被第三平面所截,其交线平行,故平行二直线的投影必然平行。空间线段 $BD//CE$,其投影 $bd//ce$,如图 2－26 所示。

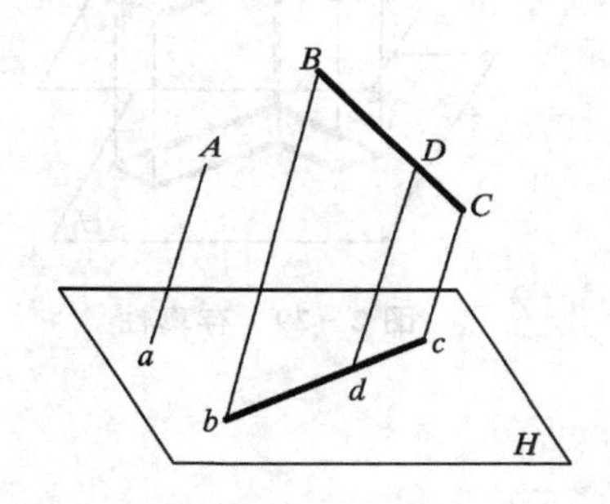

图 2－25　平行投影

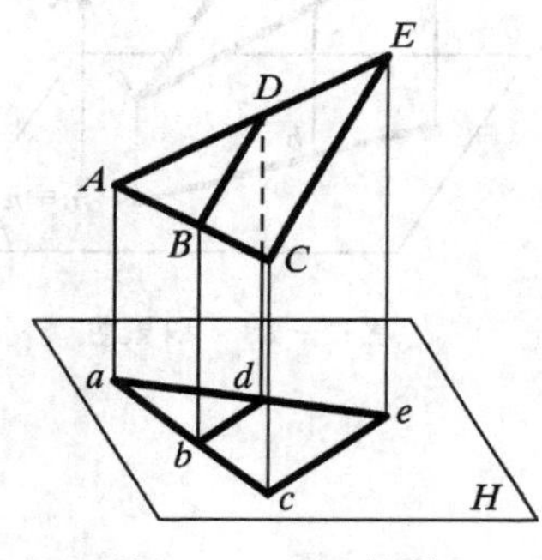

图 2－26　正投影

(4) 定比性

直线上两线段长度之比等于其投影长度之比(见图 2－25),即 $BD/DC=bd/dc$。

两平行线段长度之比等于其投影长度之比(见图 2－26),即 $BD/CE=bd/ce$。

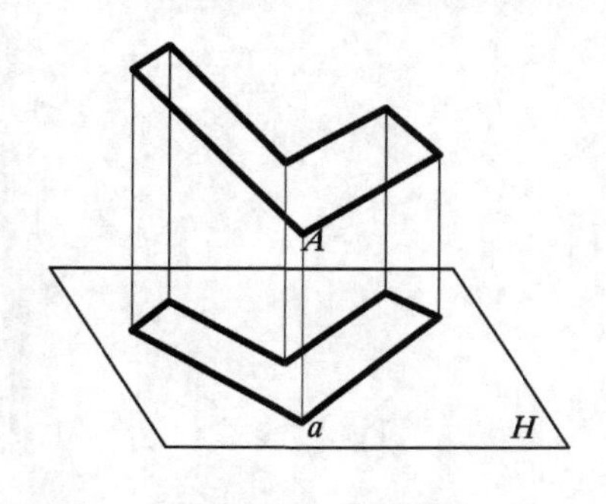

图 2－27　亲似性

(5) 亲似性

图 2－27 中所给 L 形平面的投影仍然是 L 形;按平行性和定比性变化,其平行边的投影保持平行和定比。但是,由于两组平行边的方向不同,比值也不相同。平面图形的这种性质称为亲似性。亲似不同于相似,最突出的区别就是:相似图形具有保角性,而亲似图形则不然(如$\angle A=90°$,$\angle a$ 则为一锐角)。与其类似,三角形的投影仍然是三角形,二次曲线的投影必为同类型的二次曲线。

(6) 积聚性

在平行投影中,当直线平行于投影方向时,则其投影蜕变为一点,平面图形则蜕变为一直线。这种蜕变称为投影的积聚性。在正投影中,当直线或平面垂直于投影面时,其投影会积聚成一点或直线，如图 2－28 所示。

(7) 存真性

一条线段或者一个平面图形的斜投影，可能变长或变大，也可能变短或变小。但是，在正投影时，线段的投影只能小于或等于其实长；平面图形的投影只能小于或等于其原形。

可是，当线段或平面图形平行于投影面时，不论斜投影还是正投影，线段的投影长等于实长，平面图形的投影是平面图形的全等形，如图 2－29 所示。这种性质称为存真性。

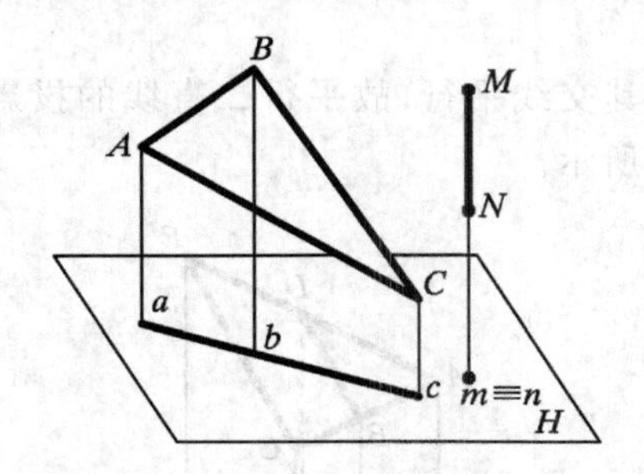

图 2－28　积聚性

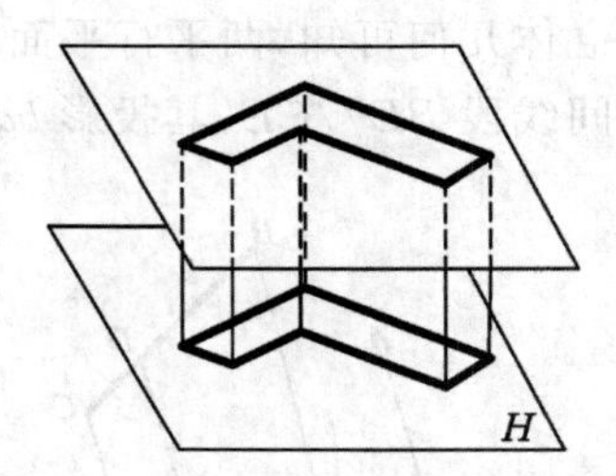

图 2－29　存真性

第3章 几何元素的投影

物质世界的各种物体，用几何观点分析，都可以看作是由基本几何元素——点、线(直线和曲线)、面(平面和曲面)依据一定的结构要求共同组合而成的。图3-1所示的立体可分解为7个面、15条棱边和10个顶点。只有先研究出基本几何元素——点的图示方法和规律，才能掌握由其定义的线、面和体的图示方法。下面以AB边上的A点为例进行研究。

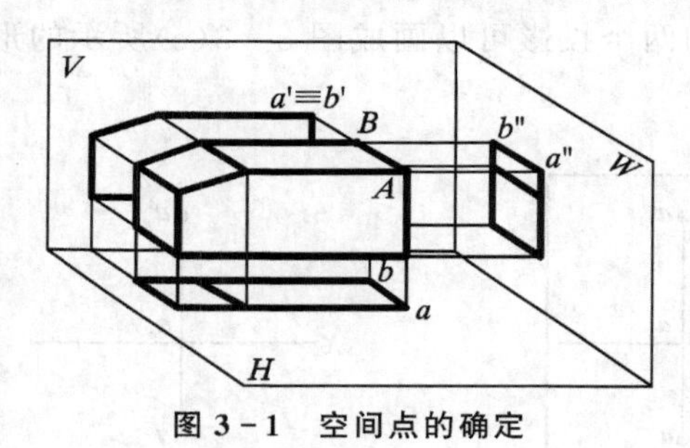

图3-1 空间点的确定

前面已经介绍过，空间形体上的A点可以按照一定的投影方式(中心投影或平行投影)，惟一地确定它在V投影面上的投影a'；反之，只由A点的一个投影a'，却不能惟一确定A点的空间位置。为克服投影的这一不可逆性，正投影法是采用两个或两个以上的投影面，作出A点在不同投影面上的投影a'、a和a''，从而确定空间点A的位置，如图3-1所示。

3.1 点在两投影面体系中的投影

3.1.1 两投影面体系

在空间取两个互相垂直的平面，一个处于正立位置，称为正立投影面，标以符号V，简称V面；另一个为水平位置，称为水平投影面，符号为H，简称H面。两投影面的交线，称为投影轴，记以符号X。由V和H投影面组成的投影面体系，如图3-2所示。

V和H两个投影面，把空间分成为四部分，每部分称为分角或象角。其划分顺序如图3-2所示，分别记为1,2,3,4。空间的点(或物体)，可以放置在任意分角内进行投影。工程技术界绘制的图纸，通常是把物体放在第1或第3分角进行投影，即1分角画法或3分角画法。我国采用的是第1分角画法；西方国家(如英、美)则采用第3分角画法。

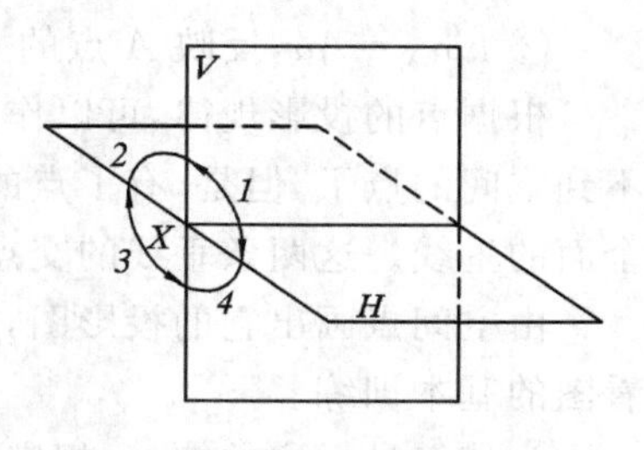

图3-2 两投影面体系

3.1.2 点的投影

设空间一点 A 在投影面体系内,如图 3-3(a)所示。自点 A 分别向 H 面和 V 面作垂线,它们与 H 面、V 面的交点(垂足),即点 A 在 H 面和 V 面的投影,分别记为 a 和 a'。

两条垂线 Aa 和 Aa',决定一个矩形平面 $Aa a_X a'$。显而易见:$a'a_X = Aa$,反映 A 点到 H 面的距离,称为 A 点的立标;$aa_X = Aa'$,反映 A 点到 V 面的距离,称为 A 点的远标。

为把三维空间的 A 点,表现为二维平面上的图像,规定 V 面不动,将 H 面以 X 轴为旋转轴,其前半部向下转 90°,使其与 V 面重合。于是,A 点的两个投影 a 和 a' 就表现在垂直 X 轴的一条直线上。线段 $a'a_X$ 表示 A 点的立标;线段 aa_X 表示 A 点的远标,如图 3-3(b)所示。又因投影面 V 和 H 的框线可以略去,于是 A 点的两个投影可以画成图 3-3(c)所示的形式,即为 A 点的两面投影图。

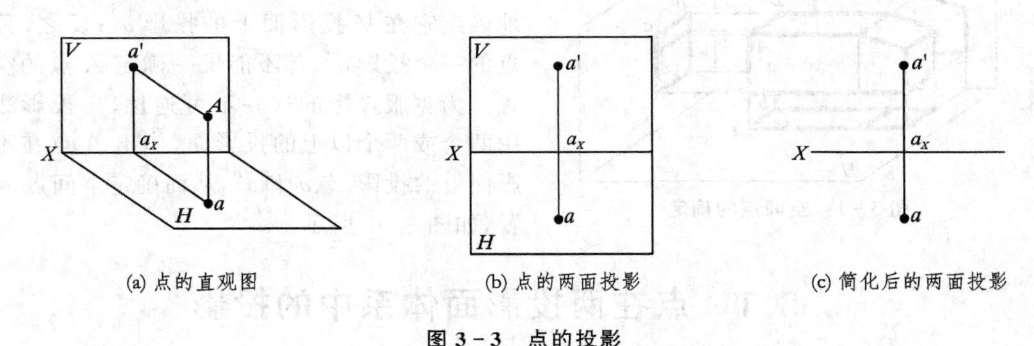

(a) 点的直观图　(b) 点的两面投影　(c) 简化后的两面投影

图 3-3 点的投影

因为矩形平面 $Aa a_X a'$ 既垂直于 H 面,又垂直于 V 面,因而也就垂直于两投影面的交线 X 轴。当 H 面绕 X 轴向下旋转 90°后,则 $a'a_X$ 与 $a_X a$ 两直线之间的交角即由 90°变成 180°。所以,a' 与 a 两投影之连线即为垂直 X 轴的一条直线。

综上分析,点的投影规律如下:

① A 点的两投影 a' 与 a 的连线垂直投影轴 X;

② $a'a_X = Aa$,反映 A 点的立标;$aa_X = Aa'$,反映 A 点的远标。

根据点的投影规律,可以作出第 1 分角内任意点的两面投影图。在点的投影图上,虽然见不到空间的点了,但是,有了点的两个投影,把 H 面旋转回去,再自两投影分别作出 V 和 H 两个面的垂线。这两条垂线的交点就是空间点的所在位置。

由空间点画出它的投影图,再自投影图想像出空间点的位置。这一可逆过程就是画图和看图的基本训练。

为使符号标注的统一,规定:用大写字母 $A,B,C,\cdots$ 表示空间点,用小写字母 $a,b,c,\cdots$ 表示点的 H 面投影;$a',b',c',\cdots$ 表示点的 V 面投影。

3.1.3 投影面上的点

空间点如果位于某一个投影面上，也就是该点到某投影面的距离为零。若点在 H 面上，则其立标为零；若点在 V 面上，则其远标为零。于是，在点的投影图中，必然有一个投影落在 X 轴上，另一个投影则与该点自身重合，如图 3-4 所示。由此可得结论为：在点的两面投影图中，若有一个投影落在投影轴上，则该点一定在某一个投影面上。例如点 A，其 H 投影 a 在 X 轴上，则该点远标为零，故知 A 点在 V 面上，它的 V 投影 a' 与 A 点自身重合。又因 a' 在 X 轴下方，故知 A 点在 H 面下半部。

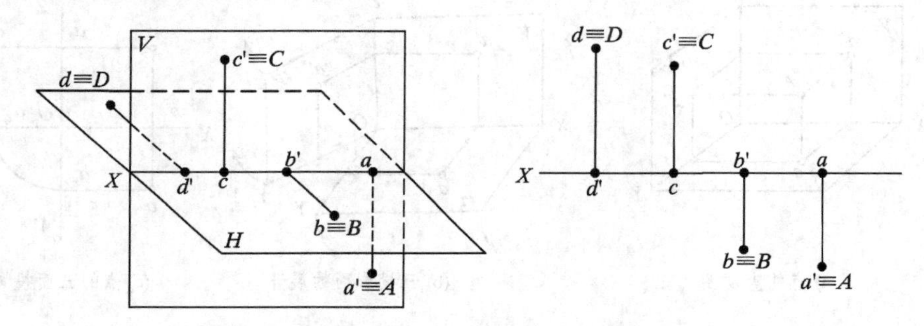

图 3-4　点在两投影面体系中的投影

3.2 点在三投影面体系中的投影

3.2.1 三投影面体系

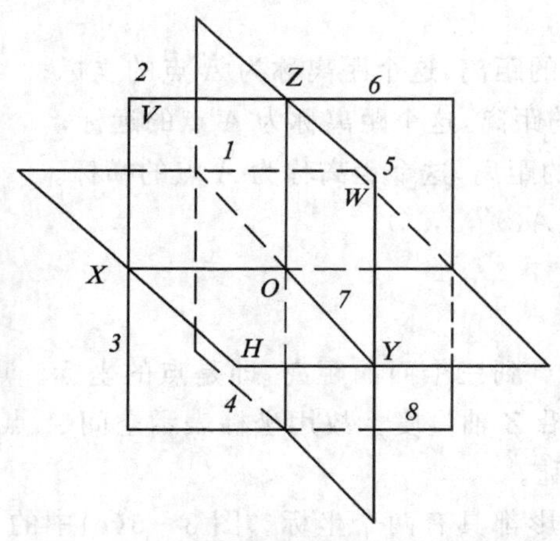

图 3-5　三个投影面把空间分成八部分

根据点或物体在两面体系中的两个投影，已能确定它们的空间位置。但由于定形的需要，有时还必须再增加一个侧立的投影面，作出第三个投影。这个新增的侧立面，记以符号 W，简称为 W 面。V,H,W 三个投影面两两互相垂直，组成三投影面体系，如图 3-5 所示。点或物体在三个面上的投影，组成三面投影图。它是工程制图的基础图样。

V,H,W 三个投影面两两相交于一条直线。该直线仍称为投影轴。V 与 H 之交线仍为 X 轴；H 与 W 之交线记为 Y 轴；V 与 W 之交线记

为 Z 轴。三轴之交点记为 O,称为原点。

三个投影面把空间分成八部分,每部分仍称为分角或象角。其划分顺序如图 3-5 所示。

3.2.2　点在三面体系中的投影

如图 3-6(a)所示,A 点位于第 1 分角内。自 A 点分别向三投影面作垂线,三垂线与三平面的交点 a,a',a'',就是 A 点在 V,H,W 面上的投影(W 面上的投影,用小写字母加两撇表示)。

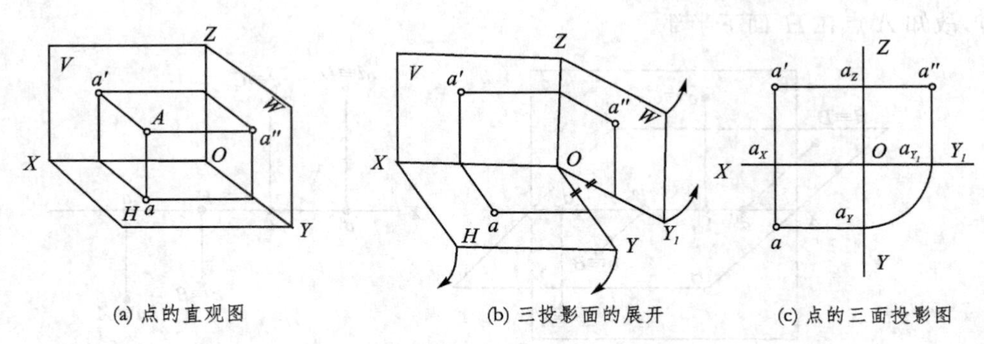

(a) 点的直观图　(b) 三投影面的展开　(c) 点的三面投影图

图 3-6　点在三面体系中的投影

展开三个投影面。为此,仍规定 V 面不动,H 面绕 X 轴使其前半部向下旋转 90°,与 V 面重合,W 面绕 Z 轴使其前半部向右后方旋转 90°,亦与 V 面重合,如图 3-6(b)所示。当三投影面重合为同一平面后,就得到点的三面投影图。略去投影面的框线,即得如图 3-6(c)所示的形式。它是点的三面投影图的基本形式。

点在三面体系中的投影规律如下:

① 每两投影之连线,垂直于相应的投影轴;

② 线段 $a'a_X=Aa=a''a_{Y_1}$,反映 A 点到 H 面的距离,这个距离称为 A 点的立标;

线段 $aa_X=Aa'=a''a_Z$,反映 A 点到 V 面的距离,这个距离称为 A 点的远标;

线段 $aa_Y=Aa''=a'a_Z$,反映 A 点到 W 面的距离,这个距离称为 A 点的横标。

故用三面投影来表示空间某个点时可以写成 $A(a',a,a'')$。

3.2.3　点的投影与坐标的关系

把投影面看成坐标面、投影轴看成坐标轴,则点到三个面的距离,即是点的坐标。点的横标沿 X 轴量度,点的远标沿 Y 轴量度,点的立标沿 Z 轴量度。故用坐标表示空间 A 点时,可以写成 $A(x,y,z)$。三字母 x,y,z 的顺序不能混乱。

在点的三面投影图上,可以看出:点的每个投影都具有两个坐标。图 3-6(c)中的 A 点,其 H 投影 a 的坐标为(x,y),V 投影 a'的坐标为(x,z),W 投影 a''的坐标为(y,z)。因此,点的任两个投影均具备三个坐标，即是点的两个投影可以惟一确定点的空间位置的原因。

归结点的投影与坐标的关系可知：

① 由点的投影可确定点的坐标；反之，给出点的坐标，就可以确定点的投影。

② 坐标有正负值，应用坐标的正或负，可以准确地表示出空间点在不同的分角。坐标正负值的规定是：以原点 O 为基准，当采用右手坐标系时 x 坐标沿 X 轴向左为正，向右为负；y 坐标沿 Y 轴向前为正，向后为负；z 坐标沿 Z 轴向上为正，向下为负。

③ 由于点的任意两投影具备三个坐标，故给定任意两投影可求得第三个投影。

3.2.4　点的三面投影作图举例

例 3－1　已知点 M 和 N 的两个投影，求其第三个投影如图 3－7(a)所示。

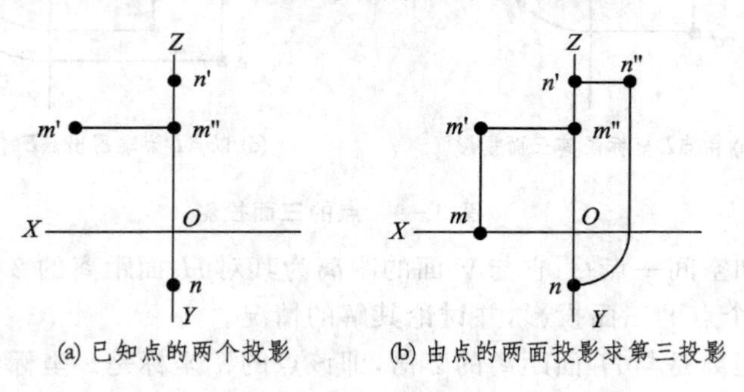

图 3－7　由点的两面投影求作第三个投影

解　从两面投影分析：m''在 Z 轴上，故其 y 坐标为零，说明 M 点在 V 面上，所以其水平投影 m 应在 X 轴上。又因 n'在 Z 轴上，说明其横标为零，则它在 W 平面上，故可根据 n'和 n 求出其 n''。

例 3－2　已知点 $A(40,30,40)$和点 $B(0,0,30)$，求其三面投影。

解　先将各点的坐标画在投影轴上，然后过这些点画出两面投影，如图 3－8(a)所示，再由二求三，最后完成点的三面投影。

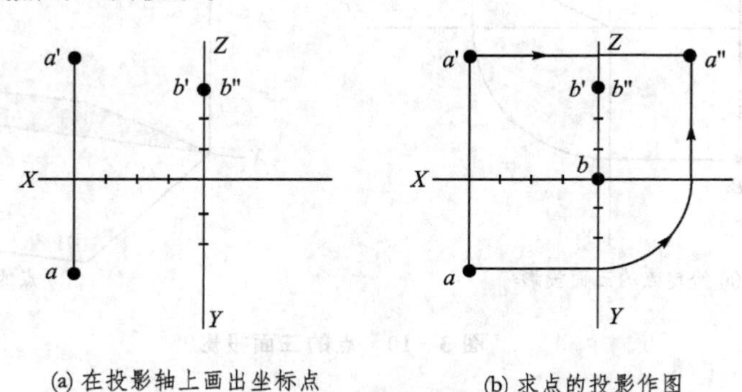

图 3－8　点的三面投影

例 3－3　已知点 D 的 y 坐标为 30，并知点 D 距三个投影面等距，完成其三面投影。又知点 E 在点 D 左方为 20，上方为 5，前方为 10，完成 E 点的投影。

解　点 D 的 y 坐标即它距 V 面的距离，又知点 D 与三个投影面等距，故点的另两坐标也均为 30，因此可以立即画出点 D 的三面投影，如图 3－9(a)所示。以点 D 为基准不难再画出点 E 的三面投影，如图 3－9(b)所示。

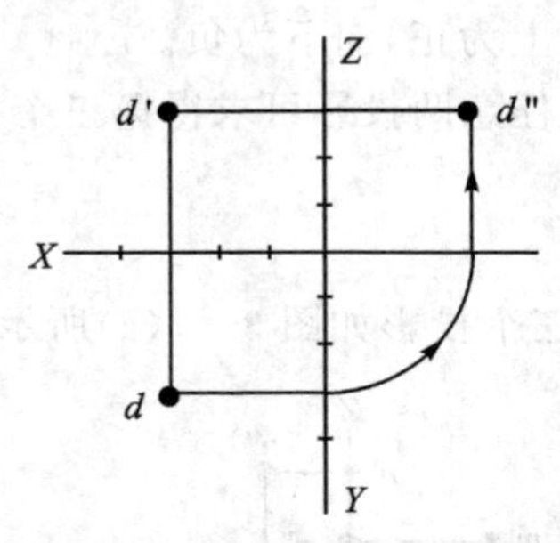

(a) 由点D坐标画其三面投影

(d) 以点D为准画出点E的三面投影

图 3－9　点的三面投影

例 3－4　已知空间一点 G，它与 V 面的距离为其对 H 面距离的 2 倍，它与 W 面距离不予限制，画出这样一个点的三面投影，并讨论其解的情况。

解　与 V 面距离是与 H 面距离的 2 倍，即该点的 x 坐标是 z 坐标的 2 倍，而 x 坐标任意，在 W 投影上画一 $y=2z$ 的斜线，如图 3－10(a)所示，即斜线上任何一个点 g'' 都满足条件 $y=2z$，且 g' 和 g 也不定，可以有多个解，如 $g_1'g_1g_2'g_2$ 等，故本题有无穷多解，其轨迹为第一分角的一个过原点的分角面，如图 3－10(b)所示。

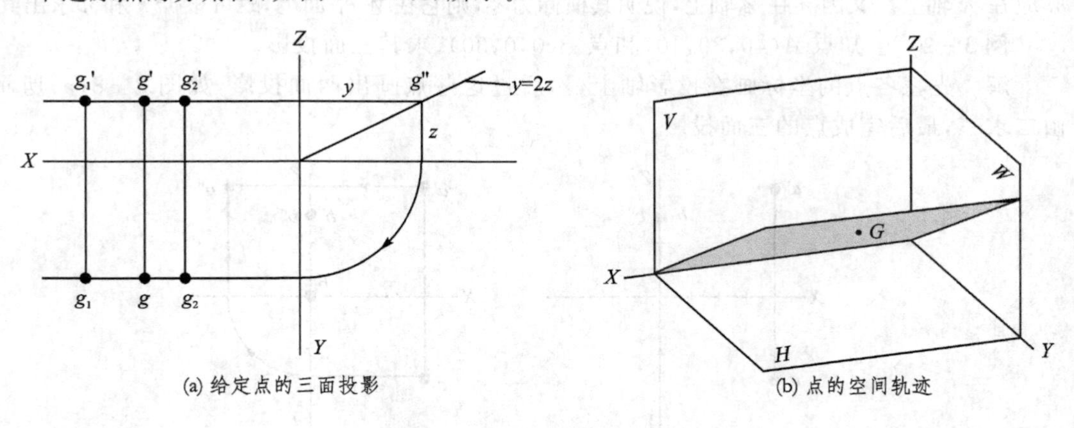

(a) 给定点的三面投影

(b) 点的空间轨迹

图 3－10　点的三面投影

3.3 直线的投影

空间一点按给定的方向运动，其轨迹就是一条直线。因而，直线可由一点及一方向确定，或由直线上任意两个点确定。

图 3－11 所示三棱锥的任意两个顶点均可确定一条直线。下面以由 A、B 两点确定的直线为例来研究直线 AB 的投影。

根据平行投影的特性，可知：

① 直线的投影仍为直线。在特殊情况下，当直线与投影方向平行时，其投影则积聚为一点，如图 3－12 所示。

② 直线的投影，可由线上任意两点的同名投影相连而得，如图 3－13 所示。

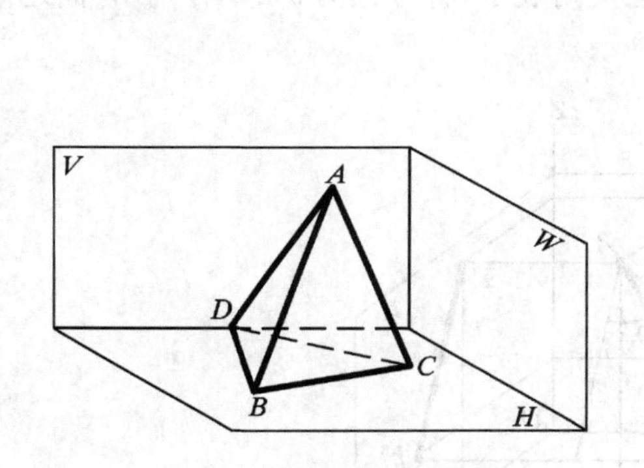

图 3－11　两点确定直线

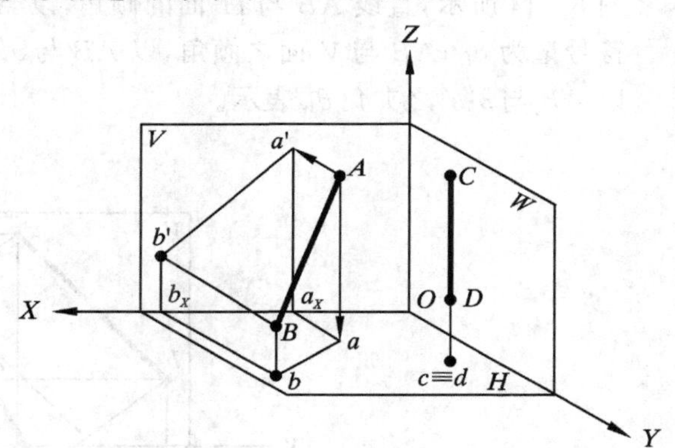

图 3－12　直线的投影图

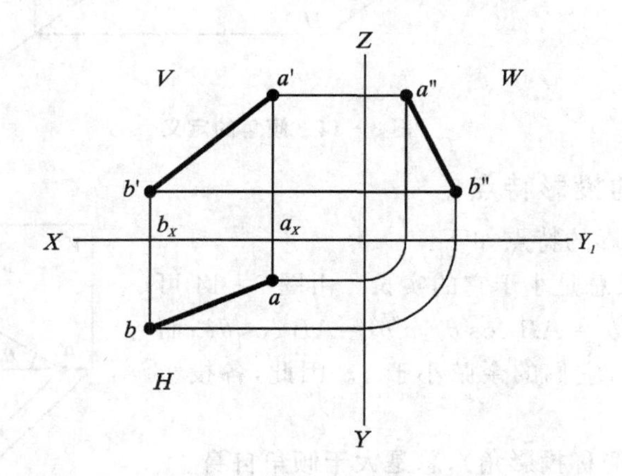

图 3－13　直线的投影作图

3.4 直线与投影面的相对位置

直线与投影面的相对位置，有一般位置和特殊位置两种。

3.4.1 一般位置的直线

空间直线与任何一个投影面既不平行也不垂直，即为一般位置直线。它与三个投影面都倾斜，各形成一定的倾角。

1. 倾角的定义

空间直线与其在某个投影面上的投影间的夹角，定义为直线与该投影面的倾角。如图 3-14 所示，直线 AB 与 H 面的倾角，以 AB 直线与其在 H 面上的投影 ab 之夹角来表示，符号记为 θ_H；AB 与 V 面之倾角，以 AB 与 $a'b'$ 之夹角表示，符号记为 θ_V；AB 与 W 面之倾角，以 AB 与 $a''b''$ 之夹角 θ_W 表示。

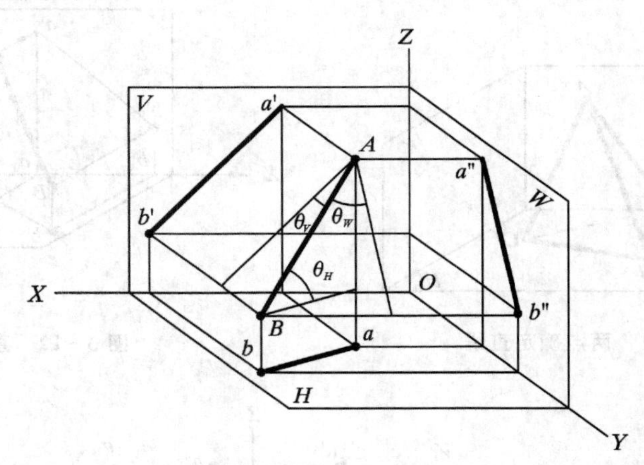

图 3-14 倾角的定义

2. 一般位置直线的投影特点

一般位置直线投影的特点如下：

① 线段的投影长总是小于它的实长。由图 3-14 可知：$ab=AB\cos\theta_H$，$a'b'=AB\cos\theta_V$，$a''b''=AB\cos\theta_W$；而 θ_H，θ_V，θ_W 都不等于零，它们的余弦小于 1。因此，各投影长小于实长 AB。

② 倾角的投影(简称投影角)，总是大于倾角自身。

如图 3-15 所示，设 AB 直线与 H 面成倾角 θ_H，它

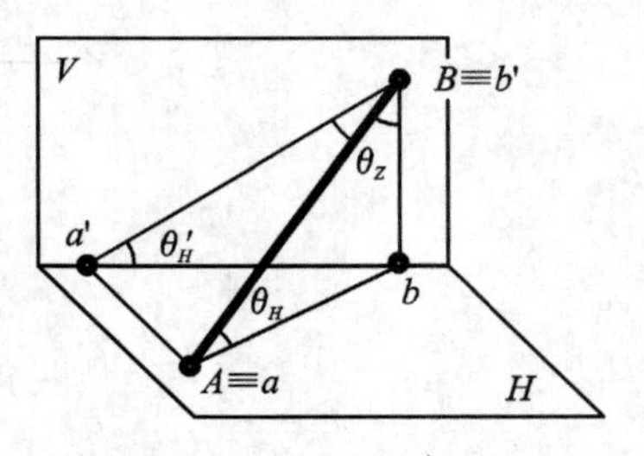

图 3-15 求证 $\theta'_H>\theta_H$

的 V 投影为 θ'_H，证明 $\theta'_H > \theta_H$。

证明　在直角三角形 ABb 与 $a'b'b$ 中，由于 $ab > a'b$，而 $Bb = b'b$，故知 $\theta'_H > \theta_H$。

③ 直线 AB 与投影轴 Z 的夹角为 θ_Z，与 Y 轴之夹角为 θ_Y，与 X 轴之夹角为 θ_X，从图 3-15 中可见，θ_H 与 θ_Z 互为余角；同理，θ_V 与 θ_Y 互为余角，θ_W 与 θ_X 互为余角。

④ 一般位置直线的三个投影均处一般位置，即均不与任何投影轴平行或垂直，如图 3-13 所示。

3.4.2　特殊位置的直线

空间直线与投影面之一平行或垂直时，即为特殊位置直线。

1. 平行于投影面的直线

平行于一个投影面，且与其他投影面成倾斜位置的直线，称为投影面平行线，简称“面”//线。

平行于 H 面的称水平线；平行于 V 面的称正平线；平行于 W 面的称侧平线。

“面”//线的投影特点如下：

① 在直线所平行的投影面上，直线段的投影反映实长及其与其他两投影面之倾角，即有存真性；

② 直线的其他两投影，分别平行于相应的投影轴。

如图 3-16 所示，以水平线 AB 为例，可以看出：

① AB 直线的 H 投影 ab 反映实长，且反映 AB 线与 V 面和 W 面之倾角 θ_V 及 θ_W，均为实际大小，即 H 投影有存真性；

② AB 线的其他两投影 $a'b'$ 及 $a''b''$，分别平行于 X 轴及 Y_1 轴，如图 3-16(b)所示。

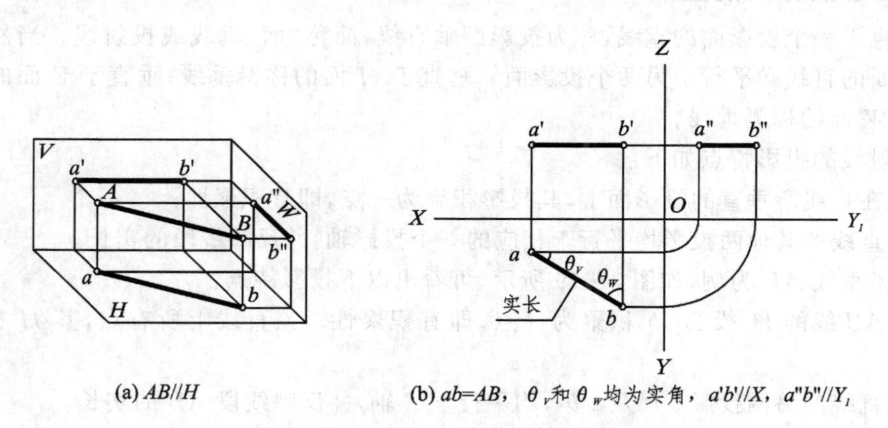

(a) $AB//H$　　(b) $ab=AB$，θ_V 和 θ_W 均为实角，$a'b'//X$，$a''b''//Y_1$

图 3-16　“面”//线的投影特点

同理可知：正平线 BC(图 3-17)、侧平线 AC(图 3-18)亦具有同样的投影特点。

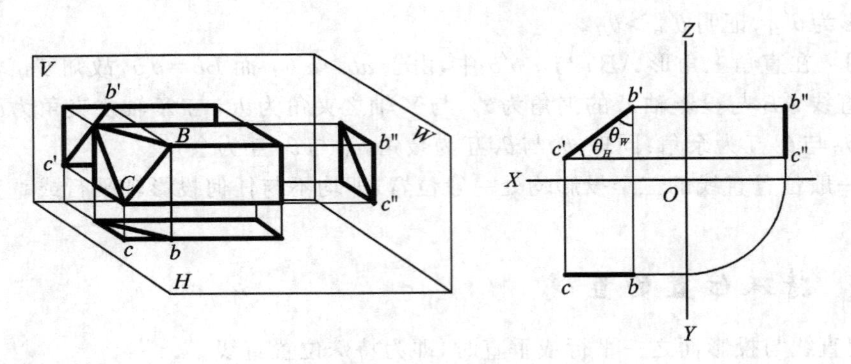

图 3-17　正平线 *BC*//*V* 面

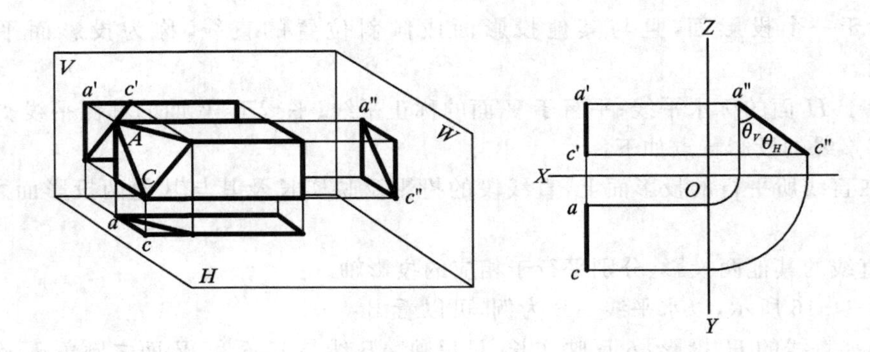

图 3-18　侧平线 *AC*//*W* 面

2. 垂直于投影面的直线

垂直于一个投影面的直线，称为投影面垂直线，简称“面”垂线或投射线。当然，垂直于一个投影面的直线必平行于另两个投影面。垂直于 H 面的称铅垂线；垂直于 V 面的称正垂线；垂直于 W 面的称侧垂线。

投射线的投影特点如下：

① 在直线所垂直的投影面上，其投影积聚为一点，即有积聚性；

② 直线的其他两投影均平行于相应的一个投影轴，并反映线段的实长。

以铅垂线 AB 为例，如图 3-19 所示，可看出以下投影特点：

① AB 线的 H 投影 ab 积聚为一点，即有积聚性。该直线上所有点，其 H 投影都与 ab 重合。

② 直线的另两投影 $a'b'$ 及 $a''b''$，均平行于 Z 轴，并反映线段 AB 的实长。

同理可知，正垂线 AB（见图 3-20）、侧垂线 AC（见图 3-21）亦具有同样的投影特点。

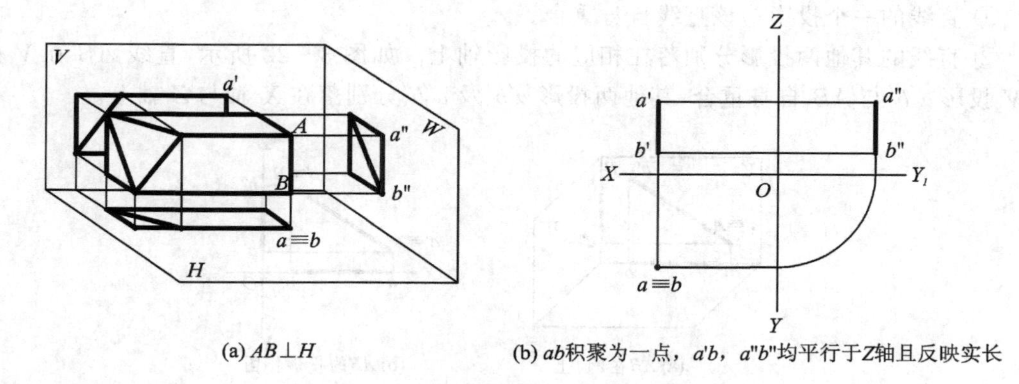

(a) $AB \perp H$　　(b) ab积聚为一点，$a'b'$，$a''b''$均平行于Z轴且反映实长

图 3-19　铅垂线的投影特点

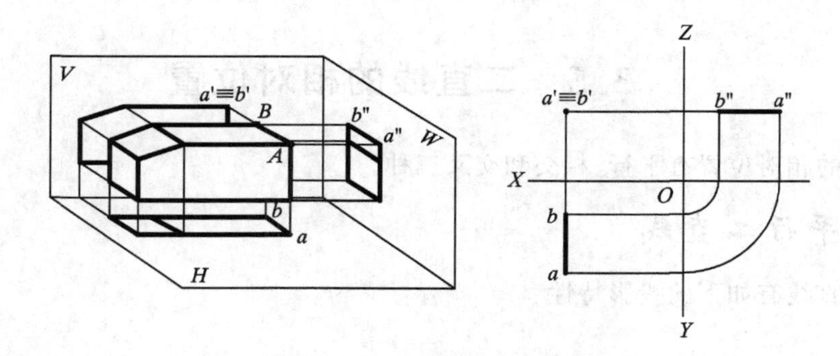

图 3-20　正垂线的投影

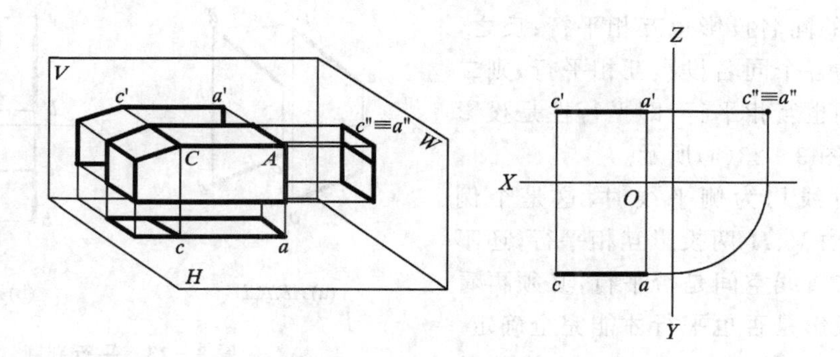

图 3-21　侧垂线的投影

3. 投影面上的直线

投影面上的直线是投影面平行线的特殊情形。这种直线具有投影面平行线的一切特点。因它又在投影面上，所以还具有其自身的特性，这就是：

① 直线的一个投影与该直线自身重合。

② 直线的其他两投影分别落在相应的投影轴上。如图 3－22 所示，直线 AB 在 V 面上，其 V 投影 $a'b'$ 与 AB 自身重合；其他两投影 $a'b'$ 及 $a''b''$ 分别落在 X 轴与 Z 轴上。

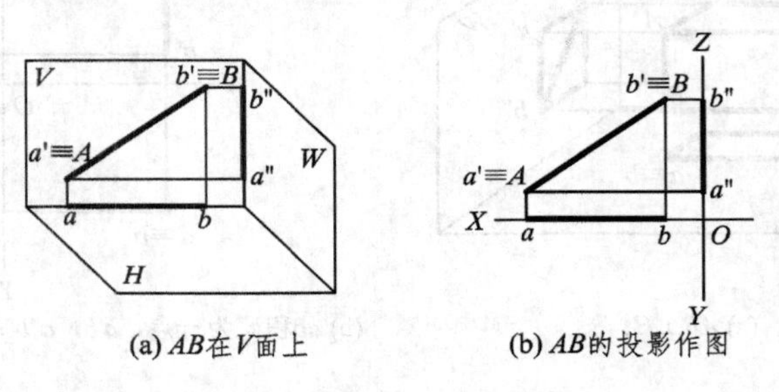

(a) AB在V面上　　(b) AB的投影作图

图 3－22　投影面上的直线

3.5　二直线的相对位置

二直线的相对位置有平行、相交和交叉三种。

3.5.1　平行二直线

平行二直线有如下的投影特性。

1. 平行性

一般情况下，若二直线在空间互相平行，则它们的同名投影也互相平行；反之，若二直线的各个同名投影互相平行，则二直线在空间也互相平行，即平行性是投影不变性，如图 3－23(a)所示。

若二直线均为侧平线时，这是个例外，因为只由 V、H 两投影互相平行，还不能确定该二直线空间是否平行，必须再看它们的侧投影是否也平行才能完全确定。如图 3－23(b)所示，AB 与 CD 二直线的 V、H 投影平行，而侧投影不平行，则知 AB 与 CD 不是平行二直线。

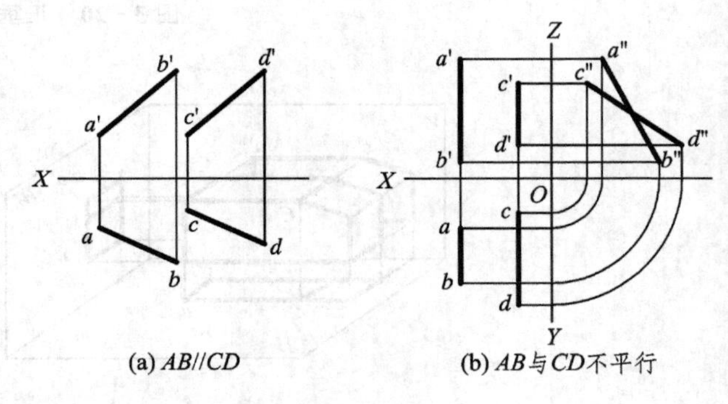

(a) AB//CD　　(b) AB与CD不平行

图 3－23　平行判断

2. 定比性

二平行线段之比等于其投影之比，即 $AB:CD=ab:cd=a'b':c'd'=a''b'':c''d''$。定比性也是投影不变性。图 3－23(b)中，若不利用 W 投影，只凭 V 和 H 投影即可判断 AB 与 CD

不平行，因为投影中明显可见 $a'b'/ab \neq c'd'/cd$。

3.5.2　相交二直线

空间二直线相交，其各个同名投影也相交。投影的交点即是二直线交点的投影。由于交点是两直线的共有点，故该点的投影满足点的投影规律，即它的两投影连线必垂直于投影轴。据此，可在投影图上识别二直线是否相交。

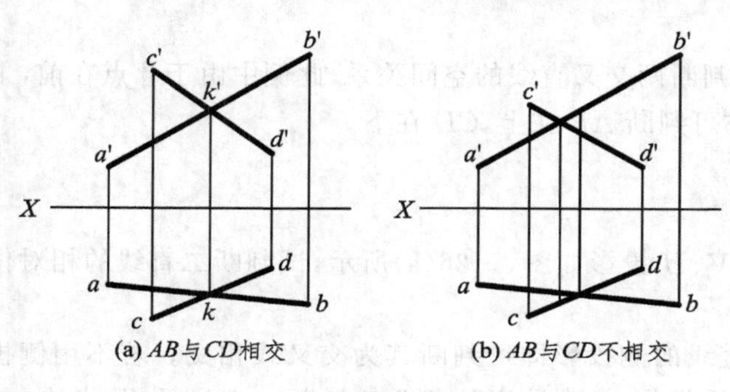

(a) AB与CD相交　(b) AB与CD不相交

图 3-24　相交判断

如图 3-24(a)所示，AB 与 CD 为相交二直线，其交点 K 为共有点，即 K 点既属于 AB，也属于 CD。图 3-24(b)所示 AB 与 CD 为不相交，因它们无共有点，即它们的投影交点不是一个点的投影。

3.5.3　交叉二直线

二直线既不平行也不相交，就是交叉二直线。交叉二直线也称相错二直线或异面二直线，如图 3-25 所示。

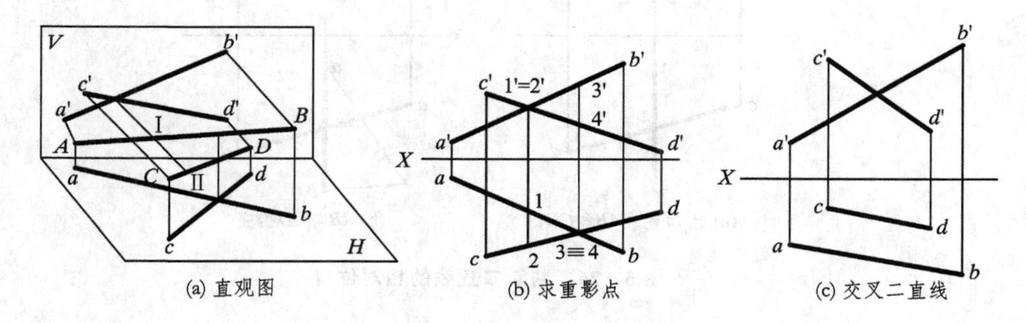

(a) 直观图　(b) 求重影点　(c) 交叉二直线

图 3-25　交叉二直线的空间关系

在 V、H 两投影面体系中，交叉二直线的投影可能表现为：两投影分别平行且都与 X 轴垂直，如图 3-23(b)所示；一个投影平行，另一投影相交，如图 3-25(c)所示；两投影分别相交，但二交点的连线不垂直于 X 轴，如图 3-25(b)所示。

在交叉二直线的投影中，其投影的交点称为重影点，它是二直线上有相同坐标的两个点的投影。如图 3-25(b)所示，V 投影 $a'b'$ 与 $c'd'$ 的交点，是 AB 线上的点Ⅰ与 CD 线上的点Ⅱ的重影点，即 $1'=2'$，该两点有相同的立标和横标；同理，ab 与 cd 的交点，是二直线上有相同远标和横标的两个点的投影，即 $3=4$。

当有重影点出现时，必有一个点遮住另一个点，从而产生可见点与不可见点的问题，即可见性问题。判断重影点可见性的方法是：当两点在某一个投影面上重影（如图 3－25(b)中的 1′和 2′点）时，就观察其另一投影。在该投影中坐标较大的点（图中 H 投影的 2 点）为可见点（Ⅱ点的 V 投影 2′为可见点）；坐标较小的点（H 投影中的 1 点）为不可见点（Ⅰ点的投影 1′不可见，用小括号括起来）。

更重要的是，利用重影点判断，可以判断两交叉直线的空间关系，此例中由于Ⅱ点在前，Ⅰ点在后，故直线 CD 在 AB 之前。同理亦可判断 AB 在上，CD 在下。

3.5.4　应用举例

例 3－5　已知 AB 与 CD 二直线的 V、H 投影如图 3－26(a)所示，试判断二直线的相对位置为相交或交叉。

解　因直线 AB 为侧平线，画出二直线的侧投影即可判断其为交叉或相交。若不用侧投影，则可根据“二直线若相交，其交点的投影应满足定比性”来判断。本题采用此法，如图 3－26(b) 所示。由作图结果看：交点满足定比性，故二直线处于相交位置。

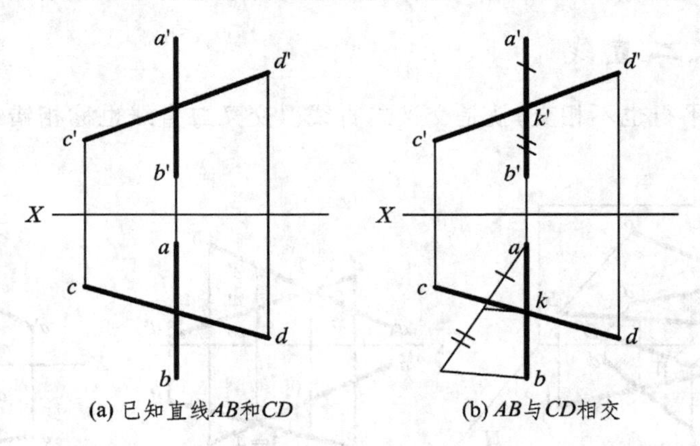

图 3－26　判断二直线的相对位置

3.6　一般位置直线段的实长与倾角的解法

一般位置直线段的投影，既不反映线段的实长，也不反映它与投影面的倾角。在解决空间几何问题时，常需根据投影求出线段的实长与倾角。为此，应分析研究此问题的解法。

如图 3－27 所示，有一般位置直线段 AB，它与 H 面的倾角为 θ_H，今欲由投影求其实长与倾角。

由图可以看出：当 AB 线向 H 面投影时，过 AB 线的投影射线组成一个投射平面 $ABba$，

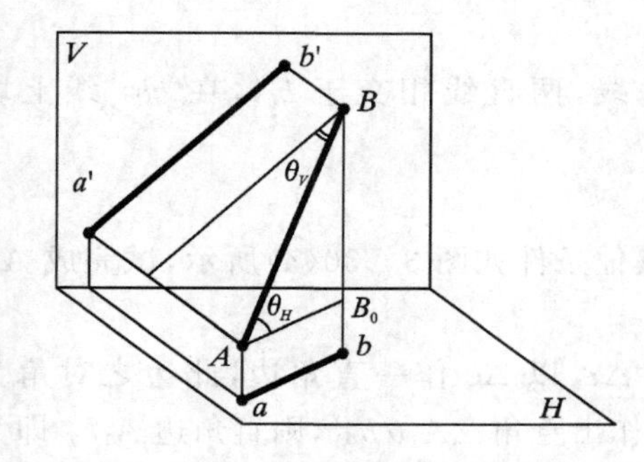

图 3-27　一般位置直线段及投影

此平面与 H 面垂直。在平面 $ABba$ 上，过点 A 作 $AB_0 /\!/ ab$。$\triangle ABB_0$ 为一直角三角形；斜边 AB 为线段自身；AB 与 AB_0 之夹角即为该直线与 H 面的倾角 θ_H。可见，要求 AB 线段的实长与倾角 θ_H，关键在于作出直角$\triangle ABB_0$的实形。

由直角$\triangle ABB_0$可以看出：该三角形的直角边 AB_0 平行且等于 ab；另一条直角边 BB_0，则为 A、B 两点的立标之差，即 $BB_0 = z_b - z_a = \Delta z$。这些线段的长短都可在已知投影图上得到。因而，直角$\triangle ABB_0$的实形可以作出，问题也就因之得解。这个方法称为直角三角形法。

1. 投影作图

如图 3-28(a)所示，设线段 AB 的两投影已知，求 AB 的实长及倾角 θ_H。

作图步骤如图 3-28(b)所示：

① 过 a' 作直线 $a'b_0' /\!/ X$ 轴，得 $b'b_0' = z_b - z_a = \Delta z$；

② 自 H 投影的点 b 作 $B_1b \perp ab$，取 $B_1b = b'b_0'$

③ 连接 B_1a 得直角$\triangle B_1ab$，斜边 aB_1 为 AB 线段之实长，aB_1 与 ab 之夹角即为倾角 θ_H。

也可以利用 V 投影上的立标差 $b'b_0$ 为一直角边，再以 H 投影 ab 之长为另一直角边组成直角 $A_1b'b_0'$，同样可以求得 AB 之实长及倾角 θ_H，作法如图 3-28(c)所示。

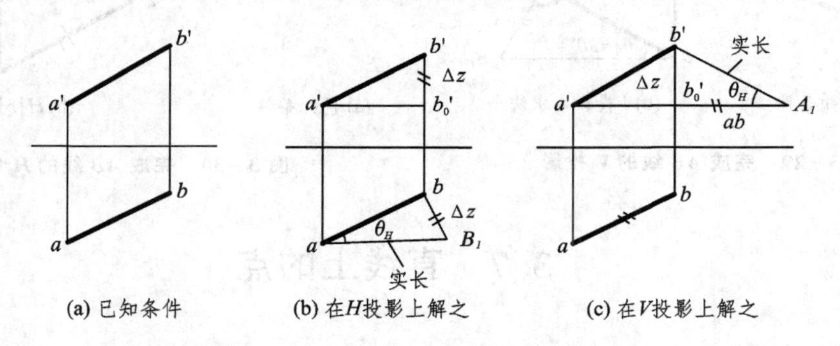

(a) 已知条件　(b) 在H投影上解之　(c) 在V投影上解之

图 3-28　求 AB 的实长及倾角 θ_H

同理可以推得，求线段 AB 实长及其与 V 面的倾角 θ_V 和与 W 面的倾角 θ_W 的作图法。

2. 应用举例

例 3-6　已知直线段 AB 与 H 面的倾角 $\theta_H = 30°$，其他条件如图 3-29(a)所示，试完成 AB 线的 V 投影。

解　作图步骤如图 3-29(b)所示：

① 以 ab 为直角边作直角$\triangle abB_1$，并使$\angle B_1ab = 30°$；

② 另一直角边 B_1b 之长为 A、B 两点立标之差 Δz：

③ 自 a' 作 $a'b_0' /\!/ X$ 轴，再自 b 点作 X 轴的垂线，两直线相交于 b_0'，在 bb_0' 线上取 $b'b_0'=B_1b$ 得点 b'，连 $a'b'$ 即为所求。

本题有两解。

例 3-7　已知直线段 AB 与 H 面的倾角为 θ_H，其他条件如图 3-30(a)所示，试完成 AB 线的 H 投影。

解　根据已知的 V 投影，可得 A、B 两点立标差 Δz，以 Δz 作一直角边，此边之对角为 $\theta_H=30°$，于是可得其余角 $\theta_Z=60°$。据此，在 V 投影上作出直角$\triangle A_1b'b_0'$，则直角边 A_1b_0' 即为 AB 的 H 投影 ab 之长。再以 a 为圆心、A_1b_0' 为半径画圆弧，与 $b'b_0'$ 之延长线交于 b_1 和 b_2 两点，连接 ab_1 与 ab_2 之线段均为所求。

本题有两解，如图 3-30(b)所示。

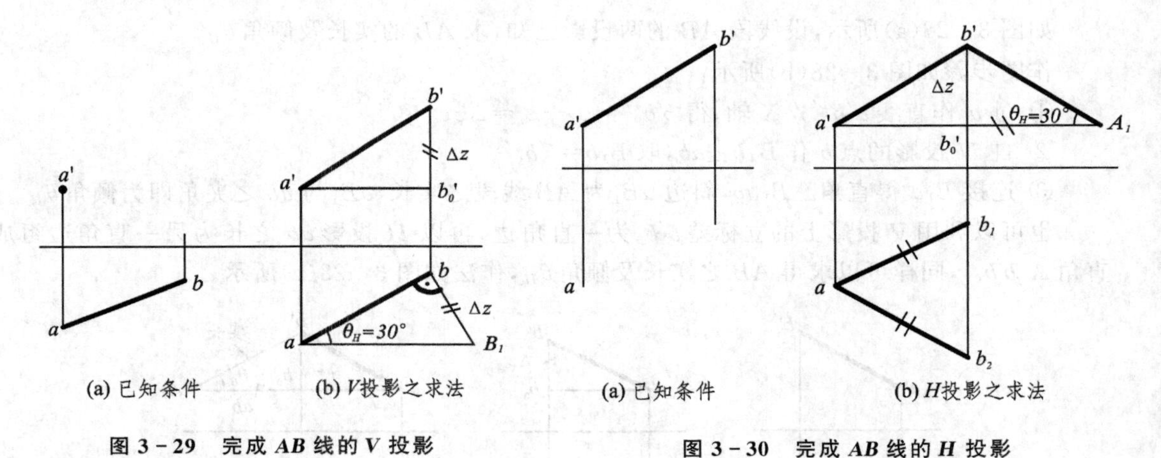

(a) 已知条件　(b) V投影之求法

图 3-29　完成 AB 线的 V 投影

(a) 已知条件　(b) H投影之求法

图 3-30　完成 AB 线的 H 投影

3.7　直线上的点

3.7.1　投影特性

直线上的点有以下投影特性。

1. 从属性

点在直线上，点的各投影必在直线的同名投影上，如图 3-31(a)所示。若点有一个投影不在直线的同名投影上，则表明空间点也不在空间直线上。如图 3-31(b)所示，E 和 F 两点不在 AB 直线上。

2. 定比性

直线上的点，把直线段分成一定的比例，则点的投影也把直线段的投影分成相同的比例。如图 3-31 所示，AB 线段上一点 C，将 AB 分成 $AC:CB=m:n$，则其 V、H 投影也分成相同的比例，即 $AC:CB=a'c':c'b'=ac:cb=m:n$。

若一点的两投影虽然在直线的同名投影上，但不成相同的比例，则表明点不在直线上。如图 3-32 所示，有 K 点及直线 AB，K 点的 V、H 投影虽然在 AB 线的同名投影上，但 $a'k':k'b'\neq ak:kb$，则表明 K 点不在直线 AB 上。

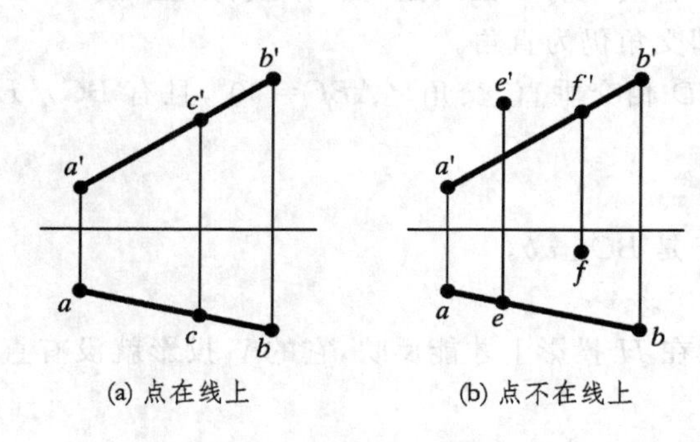

图 3-31　点在线上

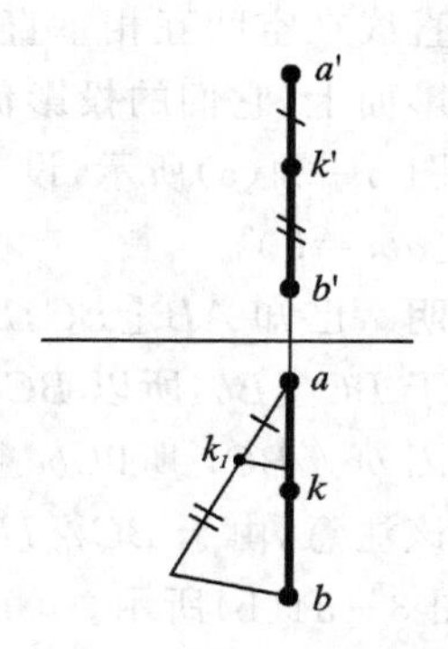

图 3-32　点不在线上

3.7.2　作图举例

例 3-8　在侧平线 AB 上有一点 K，已知 V 投影 k'，如图 3-33(a)所示，求作 H 投影 k。

解　根据点在直线上具有定比性，即可由 k'求得 k。具体作图见图 3-33(b)：过 a 任引一直线，在直线上取 $ab_1=a'b'$，$ak_1=a'k'$，连 b_1b，过 k_1 作 $k_1k\parallel b_1b$，其与 ab 的交点 k 即为所求。

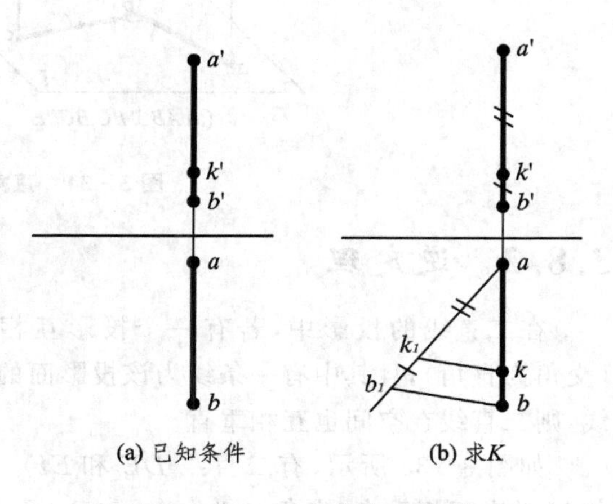

图 3-33　作 K 点的 H 投影

3.8　直角投影定理

二直线在空间互相垂直，组成直角。它们可以是相交垂直；也可只是交叉垂直。现在研究此直角的投影。

3.8.1　定　理

二直线在空间互相垂直（交角为直角）。若其中有一条线是“面”∥线，则在“面”∥线所平行的投影面上，它们的投影仍然互相垂直，即交角仍为直角。

如图 3－34(a)所示，设有二直线 AB、CD 相交垂直，交角 $\angle ABC=90°$，且有 $BC\parallel H$ 面。求证：$\angle abc=90°$。

证明　已知 $AB\perp BC$，$BC\parallel H$ 面。

由于 $BC\perp Bb$，所以 $BC\perp ABba$ 平面，于是 $BC\perp ab$。

又因 $bc\parallel BC$，所以 $bc\perp ab$，即 $\angle abc=90°$。

应该注意，由于 $BC\parallel H$ 面，故直角只能在 H 投影上才能反映，它的 V 投影就没有直角关系，如图 3－34(b)所示。

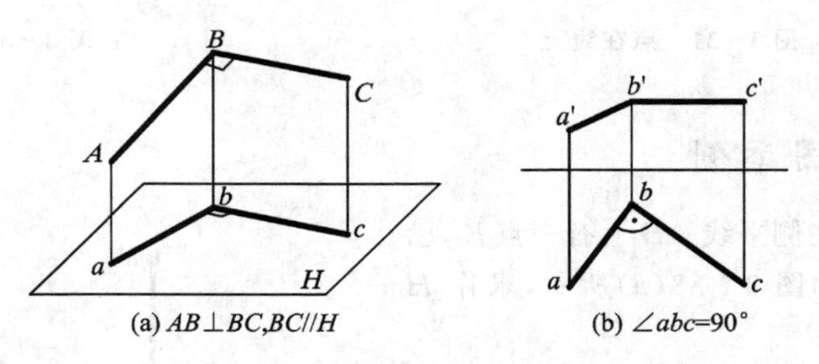

(a) $AB\perp BC,BC//H$　　(b) $\angle abc=90°$

图 3－34　直角投影定理的证明

3.8.2　逆定理

在二直线的投影中，若有一个投影互相垂直（交角为直角），且其中有一条线为该投影面的平行线，则二直线在空间也互相垂直。

如图 3－35 所示，有二直线 DE 和 EF。它们的 V 投影互相垂直（交角 $\angle d'e'f'=90°$），且 $DE\parallel V$ 面，则 DE 和 EF 二直线在空间也互相垂直。图 3－35(a)是相交垂直；图 3－35(b)是交叉垂直。

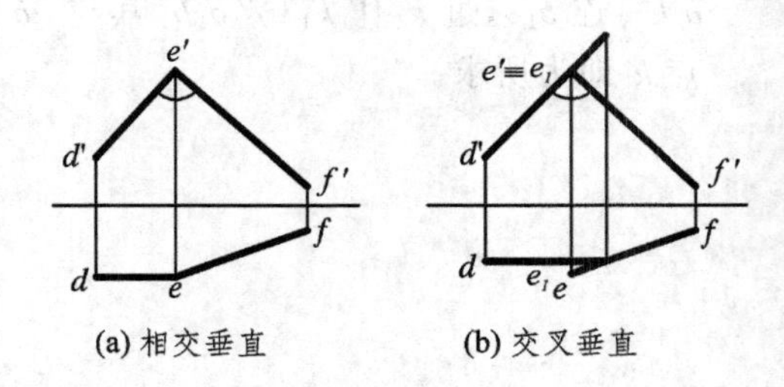

(a) 相交垂直　　(b) 交叉垂直

图 3－35　逆定理的证明

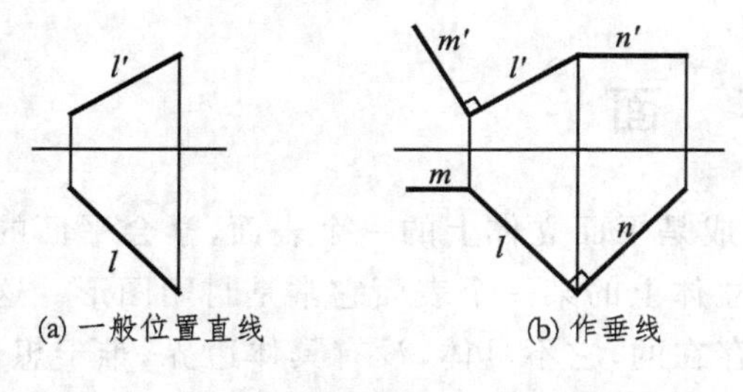

图 3-36　作直线垂直于一般位置直线

此外，还应该会逆向思维。例如，已知一条一般位置直线，要求作一直线与其垂直，如图 3-36(a)所示。显然，从空间分析，这样的线有无数条。解题的思路应该是作一平面与该直线垂直，则该平面上任何直线都是解答。但是根据直角投影定理可以逆向思维，作两条平行线与其垂直，即一水平线 N 和另一正平线 M，如图 3-36(b)所示。

3.8.3　应用举例

例 3-9　求 A 点到水平线 BC 的距离，如图 3-37 所示。

解　求距离问题实则是垂直问题。本题的实质为过 A 点作直线垂直于 BC，因 BC 为水平线，故自 A 点向 BC 线作垂线时，其垂直关系可在 H 投影上得到反映，自 a 向 bc 作垂线，得交点 k，再自 k 求得 V 投影 k'。连线得 A、K 两点距离的两投影，亦即 A 点到 BC 线距离的两投影。因两投影不反映距离的实长，还需再应用直角三角形法求出 AK 的实长，如图 3-37(b)所示。

如果求平行二直线间的距离，则分析过程如下：

因平行二直线之间距离处处相等，故可在其中一直线上任取一点，向另一直线作垂线，求出垂足。于是，该点与垂足间之距离即是二平行线之距离，即转化为求点到直线间的距离问题，解法原理与上例相同。

例 3-10　已知△ABC 的 V 投影及 C 点的 H 投影，又知三角形的底边 BC 为正平线，高 AD 的实长为 25 mm，如图 3-38 所示。试完成△ABC 的 H 投影。

解　因 BC 为正平线，故可求得 H 投影 bc；过 a' 作 $a'd' \perp b'c'$（因高线 $AD \perp BC$，而 $BC /\!/ V$ 面，故其 V 投影 $a'd' \perp b'c'$）；由高线 AD 的实长 25 mm 及 V 投影 $a'd'$，求出 A、D 两点远标差 Δy；由 Δy 求出 A 点的 H 投影 a；连接各点得△abc，即为所求，如图 3-38(b)所示。

本题有两解。

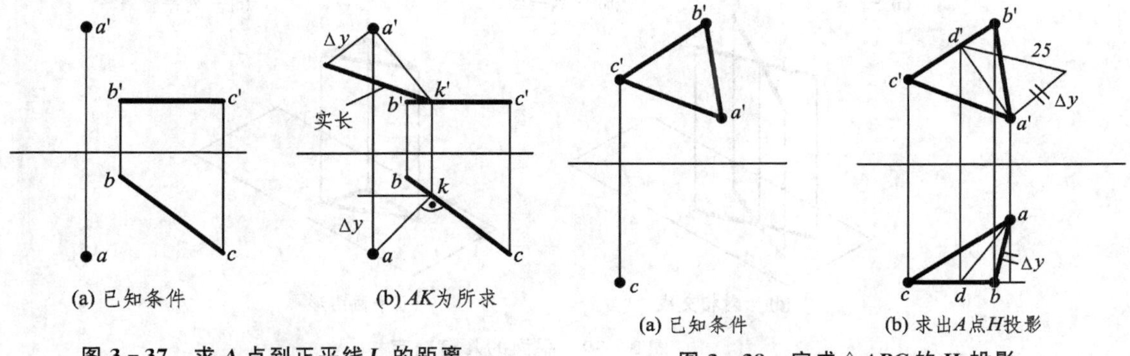

图 3-37　求 A 点到正平线 L 的距离

图 3-38　完成△ABC 的 H 投影

3.9　平　面

立体是由表面包围而成的，所以平面可以看成是平面立体上的一个表面，学会平面的投影，对学习平面立体将会有很大帮助。作为平面立体上的某一个表面它常是封闭图形。这种图形比较具体，易于想像；而抽象的平面是客观存在的，它不具体，没有具体边界，难于想像。如地球赤道平面，以及与它成65°的平面；又如某机器内部的构件，其运动是很复杂的，但其中也许有某个构件，它总是在某个特定平面内运动，分析并想像出这个平面，而且能用投影图将它表示出来，最后还能从投影图上求出该平面与投影面的倾角等。这就是本课程要培养学生具有的能力，即几何抽象能力、空间想像力和投影作图能力。

3.9.1　平面的确定及其投影作图

1. 几何元素表示法

所谓确定，即位置的确定，也就是在空间确定了一个平面，以便区别于另外的平面。从几何上讲，空间不在同一直线上的任意三个点即可确定一个平面，如图 3－39(a)所示。当然，由这个基本条件可以推引出各种形式的几何确定，如图 3－39(b)～(e)所示。

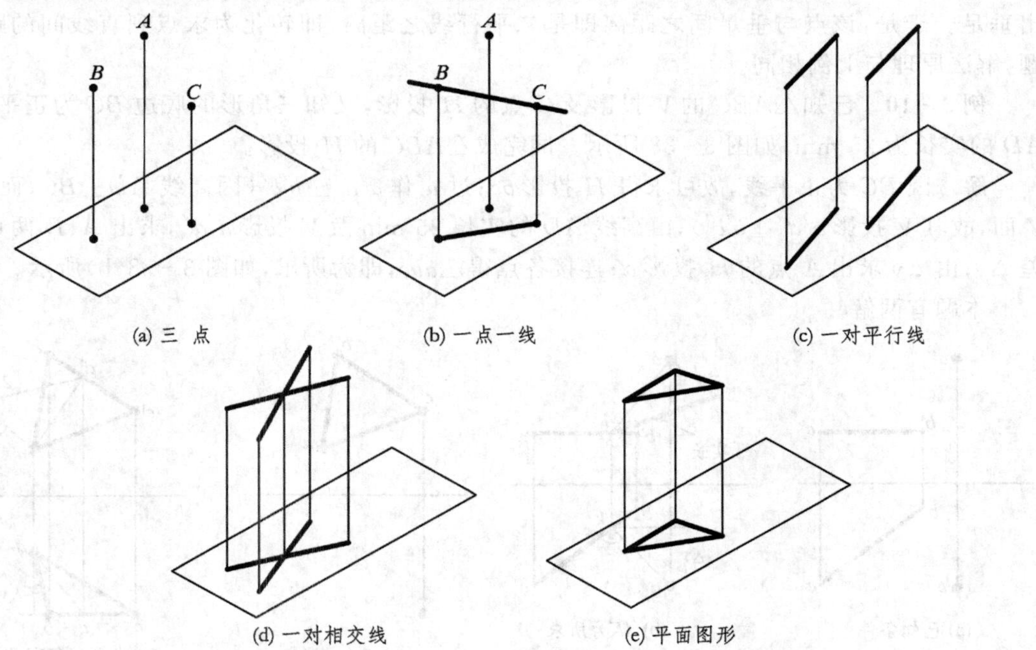

图 3－39　平面的几何确定

图 3－40 是几个不同平面的投影图。它们与三个投影面既不平行也不垂直，属于一般位置的平面，要承认它们都表示了一个平面，这很容易；但要从投影图想像出平面的空间位置就比较难。但这很重要，要求学生一定要学会从投影图想像出空间形象。要说明一个平面的空间位置可以用左倾或右倾(所谓左倾即向左倾斜，右高左低)，前倾或后倾(前倾即后高前低)来描述。

要从投影图上想像出平面的空间位置，就要从分析平面各几何元素的空间相对位置开始。如图 3－40(a)所示，其投影分析可以从 B 点开始即 B 点最高，A、C 均在 B 点前面，故可确定平面是前倾的；又知 A、B 均高于 C，所以平面是右倾的。同理，图 3－40(b)中的直线 BC 在最高点 A 之后，所以平面是后倾的；且 AC 高于 B，故平面又是左倾的。在图 3－40(c)中，直线 L 高于 M，且 M 在前，L 在后，故平面为前倾的；又因直线均为右高左低，故平面为左倾的。其余两图读者可自己想像。

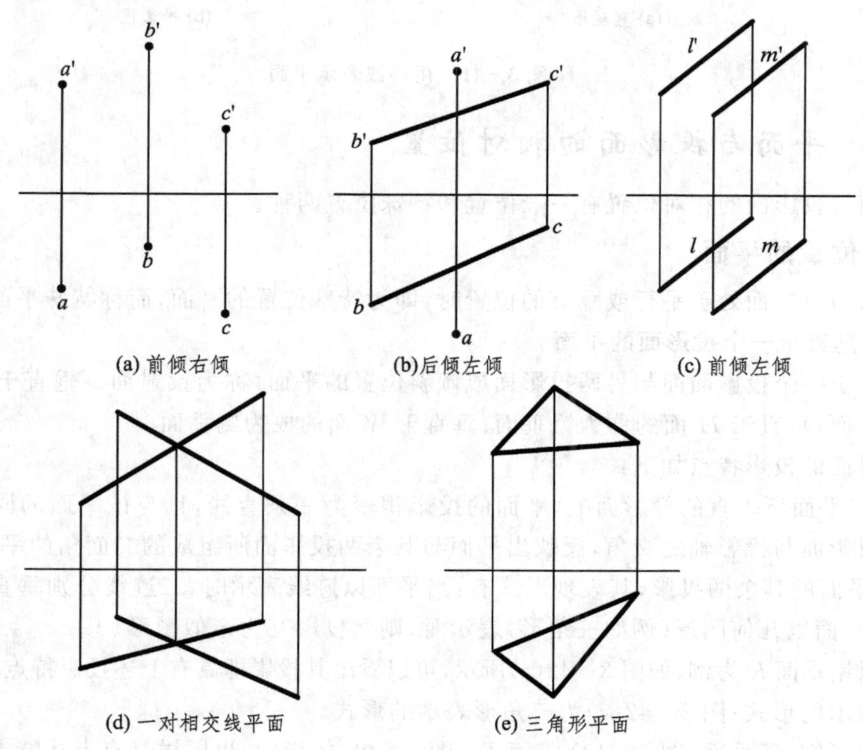

图 3－40　平面的投影

2. 平面的迹线

定　义　空间的平面与投影面的交线，就称为平面的迹线。如图 3－41 所示，设空间平面为 P，它与 V 面的交线，称为 P 平面的正面迹线；它与 H 面的交线，称为 P 面的水平迹线；它

与 W 面的交线，称为 P 平面的侧面迹线。它们分别以符号 P_V，P_H，P_W 表示。

用平面迹线来表示平面，优点是作图简便，并具有一定的直观性。显然，从图 3－41(b)中不难想像出 P 面为前倾且左倾平面。

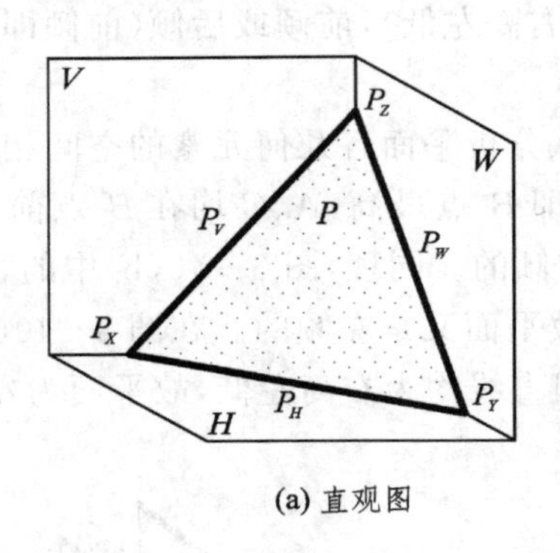

(a) 直观图

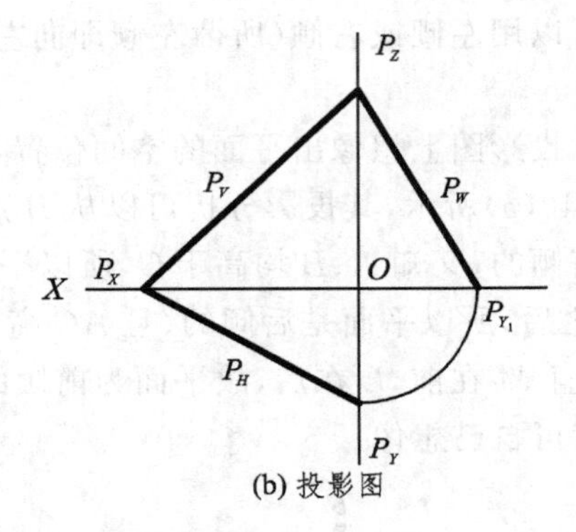

(b) 投影图

图 3－41　用迹线表示平面

3.9.2　平面与投影面的相对位置

平面与投影面的相对位置有一般位置和特殊位置两种。

1. 特殊位置的平面

平面与投影面处于平行或垂直的位置时，即为特殊位置的平面，简称特殊平面。

(1) 垂直于一个投影面的平面

垂直于一个投影面而与另两投影面成倾斜位置的平面，称为投射面。垂直于 V 面的平面称为正垂面；垂直于 H 面的称为铅垂面；垂直于 W 面的成为侧垂面。

投射面的投影特点如下：

① 在平面所垂直的投影面上，平面的投影积聚为一条直线，且与该平面的同名迹线相重合。此投影面与投影轴之交角，反映出平面与其余两投影面所组成的二面角的平面角。

② 平面的其余两投影，其表现形式有：当平面以迹线表示时，二迹线分别垂直于相应的投影轴；当平面以几何图形(例如三角形)表示时，则两投影互为亲似图形。

今以铅垂面 R 为例，如图 3－42(a)所示，可以看出其投影即具有上述投影特点；图 3－42(b)为迹线表示的形式；图 3－42(c)为三角形表示的形式。

同理可知：正垂面(图 3－43)、侧垂面(图 3－44)的投影，也同样具有上述特点。

(2) 平行于投影面的平面

在三投影面体系中，平行于一个投影面的平面，称为投影面平行面。投影面平行面必然垂直于其他二投影面，故可称双投射面。平行于 V 面的平面称为正平面，如图 3－45 所示；平行于 H 面的称水平面，如图 3－46 所示；平行于 W 面的称侧平面，如图 3－47 所示。

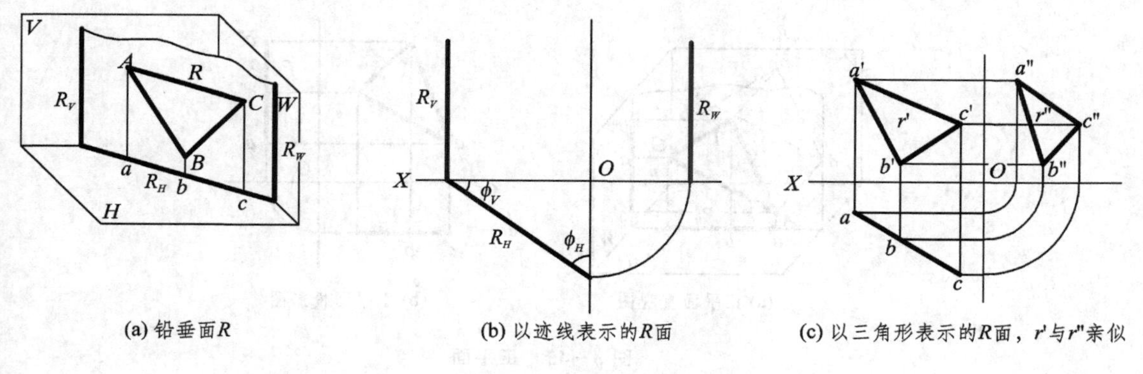

(a) 铅垂面R　　(b) 以迹线表示的R面　　(c) 以三角形表示的R面，r'与r''亲似

图 3－42　铅垂面 R

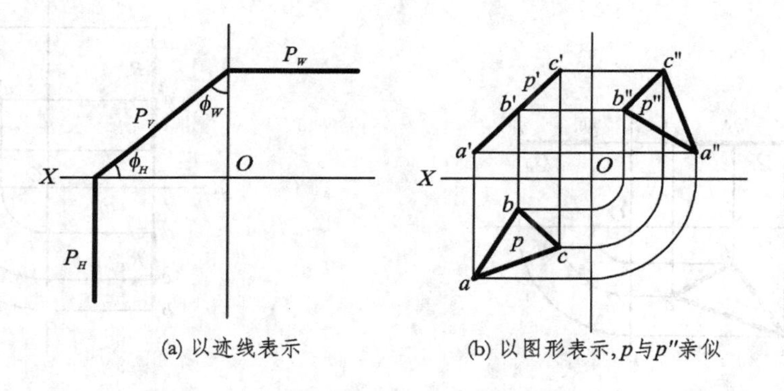

(a) 以迹线表示　　(b) 以图形表示，p与p''亲似

图 3－43　正垂面 P

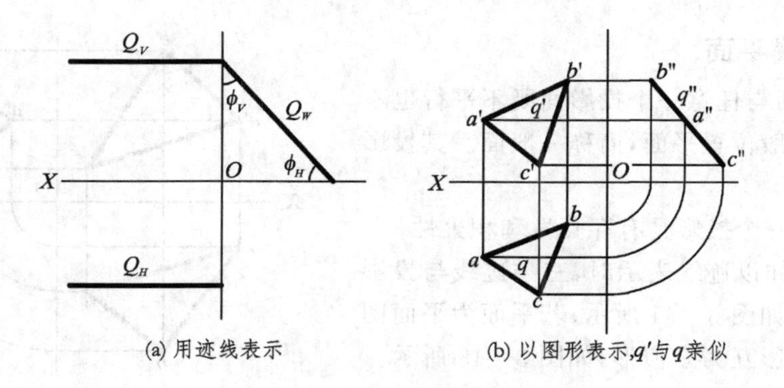

(a) 用迹线表示　　(b) 以图形表示，q'与q亲似

图 3－44　侧垂面 Q

投影面平行面的投影特点如下：

① 在平面所平行的投影面上，平面上的图形，其投影反映真形，即具有存真性。

② 平面的其他两投影，分别积聚为直线段，并平行于相应的投影轴(详见图 3－45～3－47 各投影图)。

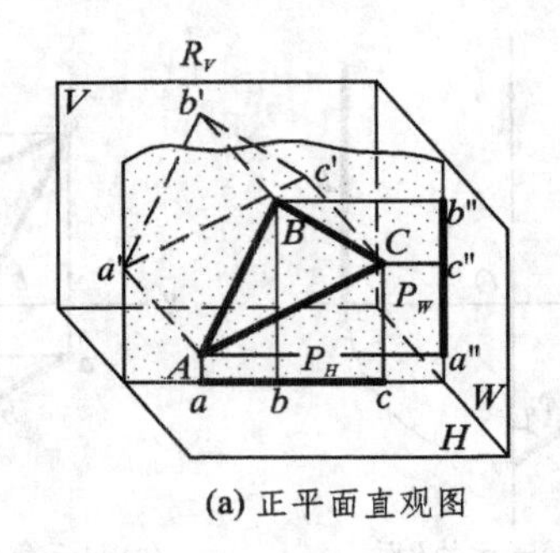

(a) 正平面直观图

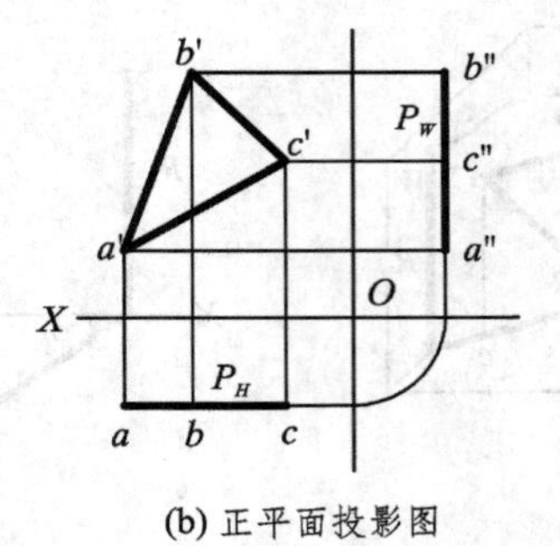

(b) 正平面投影图

图 3-45　正平面

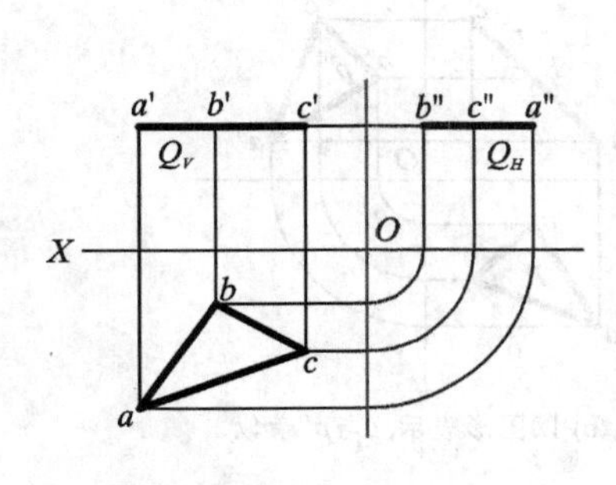

图 3-46　水平面

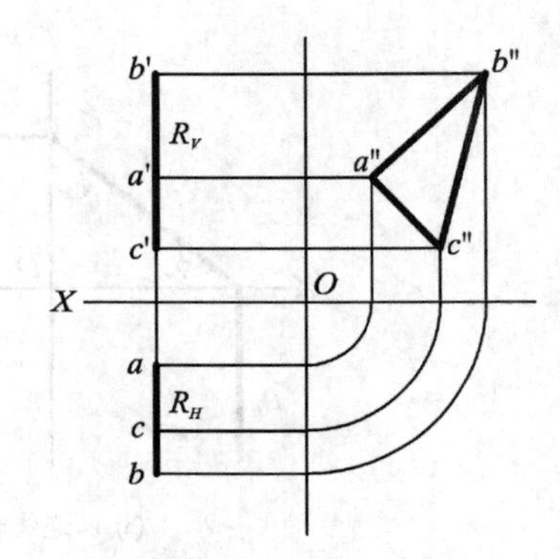

图 3-47　侧平面

2. 一般位置平面

空间平面与任意一个投影面既不平行也不垂直，即为一般位置平面，简称一般面。其投影表现如下：

① 没有一个投影具有存真性和积聚性。

② 平面如以迹线表示时，三条迹线与投影轴倾斜相交，如图 3-41 所示；若平面为平面图形，则三个投影互为亲似形，如图 3-48 所示。

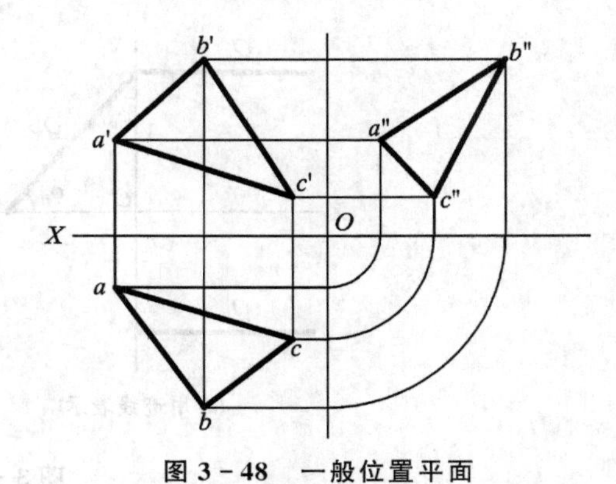

图 3-48　一般位置平面

3.9.3　平面上的点和直线

1. 点和直线在平面上的几何条件

点在平面上，必须在平面的一条已知直线上，如图 3-49 所示。

直线在平面上，必须过平面上两已知点，或过平面内一已知点且平行于面上另一已知直线，如图 3－50 所示。

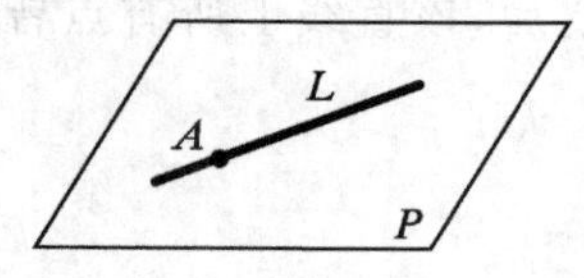

图 3－49　点在面上的几何条件

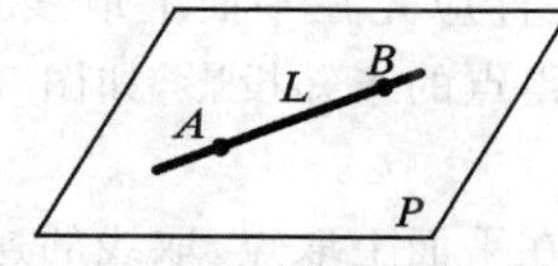

(a) L过面上两已知点A和B

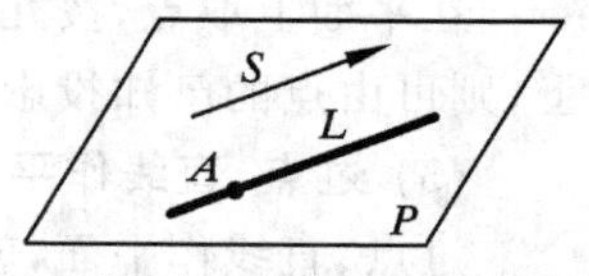

(b) L过面上已知点A且平行于线S

图 3－50　线在面上的几何条件

2．基本作图问题

（1）在平面上取直线

由几何条件可知：要在平面上取直线，必须先在平面上取两已知点，再由此两点决定此直线，如图 3－51 所示；或取一已知点，过此点作直线平行于面上另一已知直线，由一点一方向决定此直线，如图 3－52 所示。

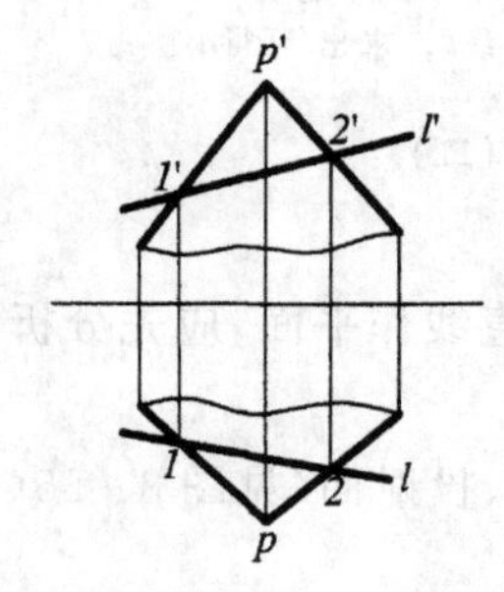

图 3－51　两点 Ⅰ、Ⅱ 定直线 L

图 3－52　一点 A 和一方向 S 定直线 L

若直线在平面上，则可由直线的已知投影求得直线的未知投影，如图 3－53 所示。

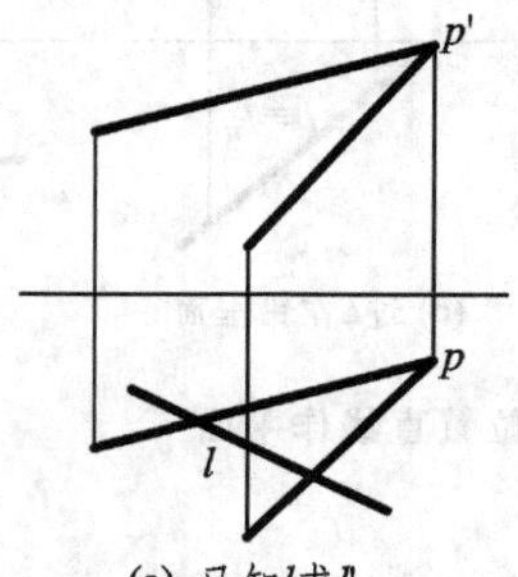

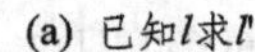

(a) 已知l求l'

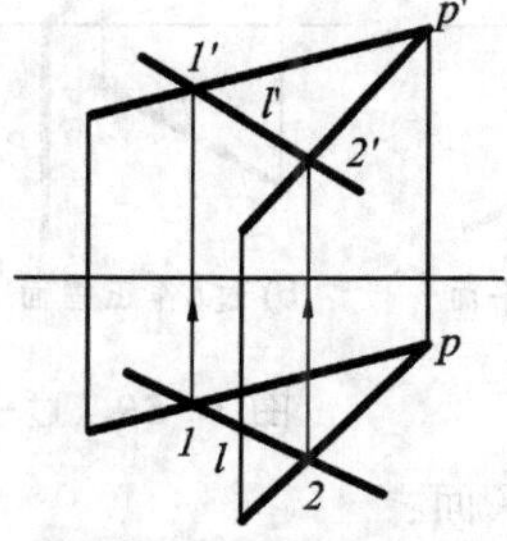

(b) 由1和2得1'和2'，连1'和2'得l'

图 3－53　面上取线的投影作图(一)

(2) 在平面上取点

在平面上取点，按几何条件应先在平面上取线。直线确定后，该直线上所有点皆在平面上，则可由点的已知投影，求得点的未知投影，如图 3－54 所示。

(3) 过点、直线作平面

过点、直线作平面，就是在平面上取点、取线的逆作图。

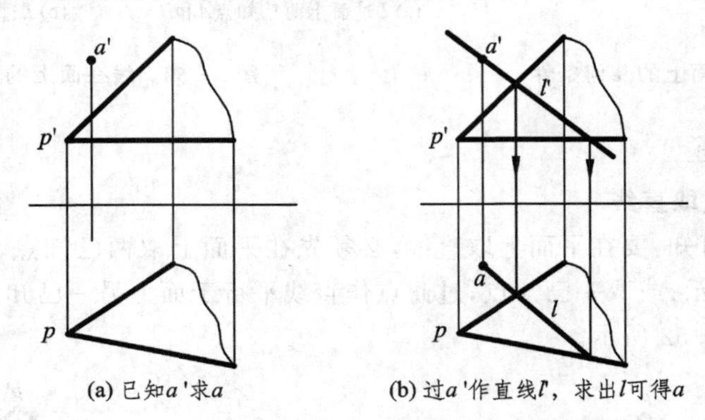

(a) 已知a'求a　　(b) 过a'作直线l'，求出l可得a

图 3－54　面上取点的投影作图(二)

1）过直线作平面

由于直线和平面都有一般和特殊的不同位置，因而过直线作平面，应先分析已知条件及作图可能性。

- 过一般直线作平面：可以作一般面（见图 3－55(a)）、投射面（见图 3－55(b)，(c)，(d)），但不能作投影面平行面，因直线的方向已定。

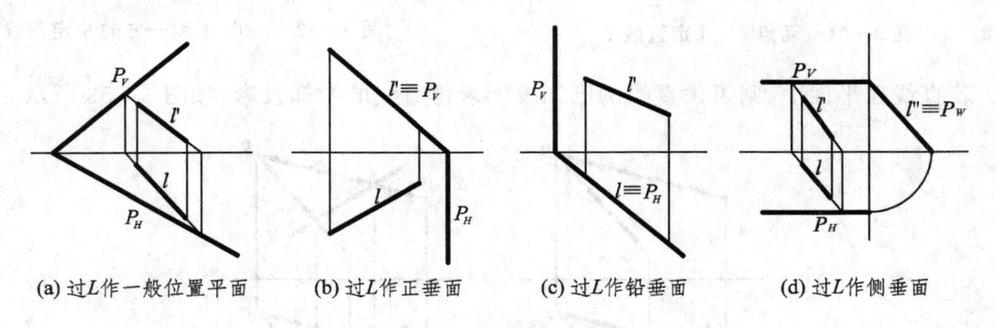

(a) 过L作一般位置平面　(b) 过L作正垂面　(c) 过L作铅垂面　(d) 过L作侧垂面

图 3－55　过一般位置直线作平面

- 过特殊直线作平面：
  - 过投影面平行线，可以作相应的投影面平行面（见图 3－56(a)）、相应的投射面（见图 3－56(b)）及一般位置的平面（见图 3－56(c)）。
  - 过投射线可以作相应的投射面（见图 3－57(a)）、投影面平行面（见图 3－58(b)）。

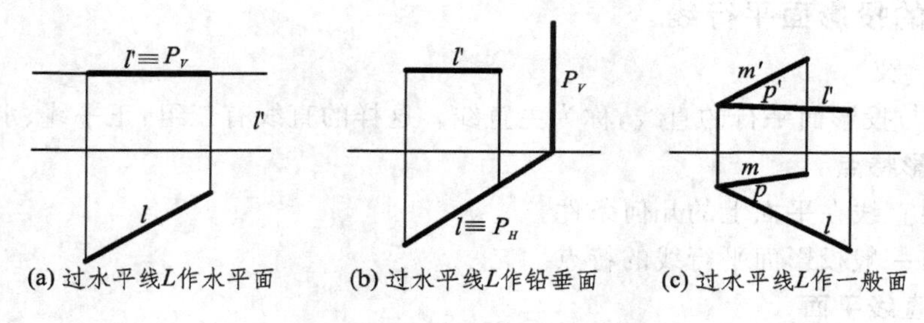

图 3-56　过平行线作平面

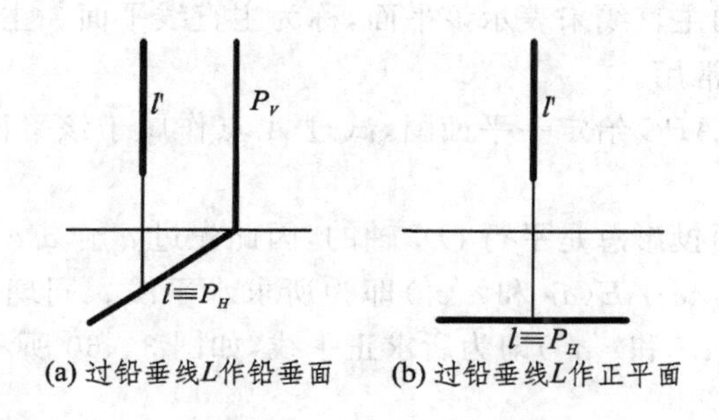

图 3-57　过投射线作平面

2）过点作平面

过一点可以作各种位置的平面，既可以作一般面，也可以作特殊面，视问题需要而定。如图 3-58所示，过已知点 A 可作一般面（见图 3-58(a)），也可作正垂面（见图 3-58(b)）及水平面（见图 3-58(c)），还可作出合乎其他要求的平面。

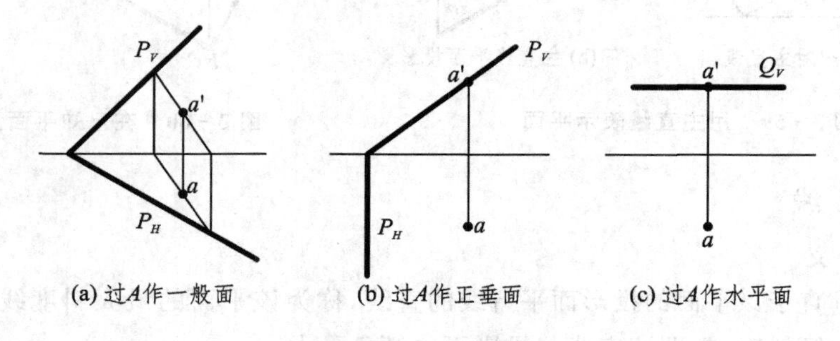

图 3-58　过点作面

3.9.4　平面上的特殊直线

平面上特殊位置直线有两种，即投影面平行线和最大斜度线。

1. 平面上的投影面平行线

(1) 定 义

平面上与投影面平行的直线,称为主直线。这样的直线有三组:正平线、水平线和侧平线。

(2) 投影特点

① 满足直线在平面上的几何条件。

② 具有一般投影面平行线的特点。

(3) 主直线平面

过平面上一点 A,作一对相交的主直线:一条是水平线 M,另一条是正平线 N,如图 3-59 所示。用此一对相交的主直线来表示该平面,称为主直线平面。主直线平面作图简单,且易于想像其空间位置,因此常用。

例 3-11 已知△ABC 给定一平面图,试过 A 点作属于该平面的水平线,过 C 点作属于该平面的正平线。

解 水平线的正面投影总是平行 OX 轴的,因此先过 a' 作 $a'e'$ 平行于 OX 轴,与 $b'c'$ 交于 e';在 bc 上标出 e,连接 ae;AE(ae 和 $a'e'$)即为所求水平线。同理,过 C 点作 CD 平行于 OX 轴,然后作出 $c'd'$,CD(cd 和 $c'd'$)即为所求正平线,如图 3-60 所示。

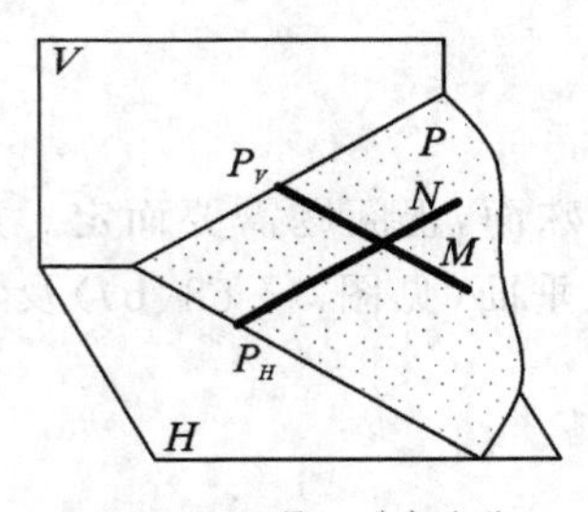

(a) M、N是一对主直线

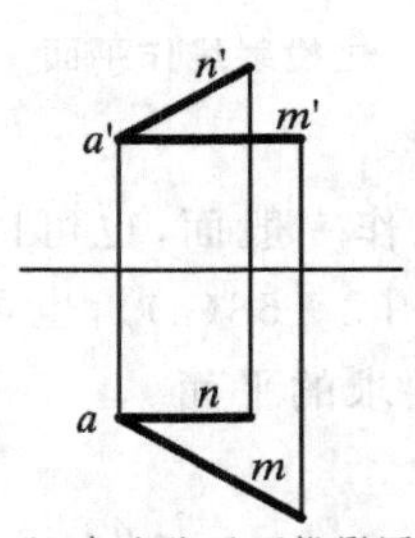

(b) 主直线平面投影图

图 3-59 用主直线表示平面

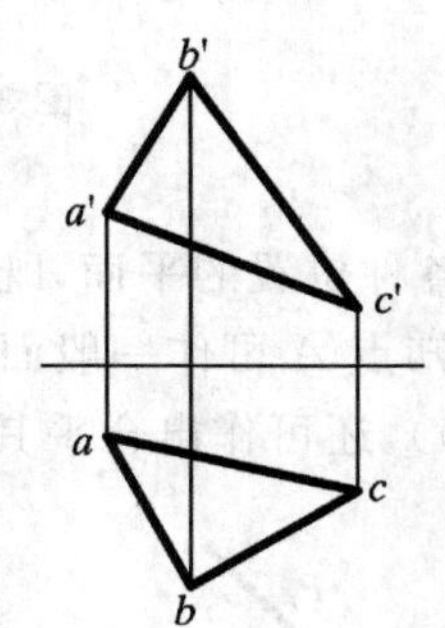

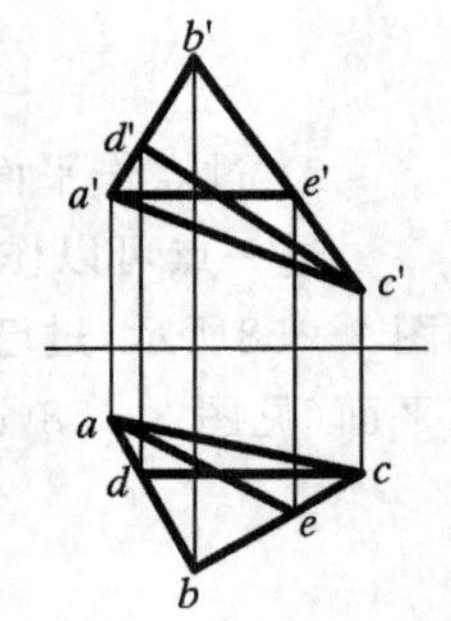

图 3-60 在已知平面上作面平行线

2. 最大斜度线

(1) 定 义

平面上垂直于该平面的投影面平行线的直线,称为该平面的最大斜度线。这种直线表示了平面的最大倾斜度,亦即该直线与投影面之倾角最大。

由于投影面平行线有三组,所以最大斜度线也有三组:垂直于水平线的直线,称为对 H 投影面的最大斜度线;同理,对 V 面和 W 面的最大斜度线如图 3-61 所示。

(2) 最大斜度线的斜度为最大的证明

如图 3-62 所示,设 AB 直线为 P 平面上对 H 面的最大斜度线;AB_1 为 P 平面上另一倾斜直线。它们与 H 面的倾角分别为 θ_H 与 θ_1。

比较两角 $\angle ABa$ 和 $\angle AB_1a$，Aa 为公用边，由于 $B_1a > Ba$，故知 $\theta_H > \theta_1$，如图 3－62(b)所示。

又因 $AB \perp P_H$，故 $aB \perp P_H$。由 a 点到 P_H 直线的距离只有垂线为最短，从而得知 θ_H 为最大。

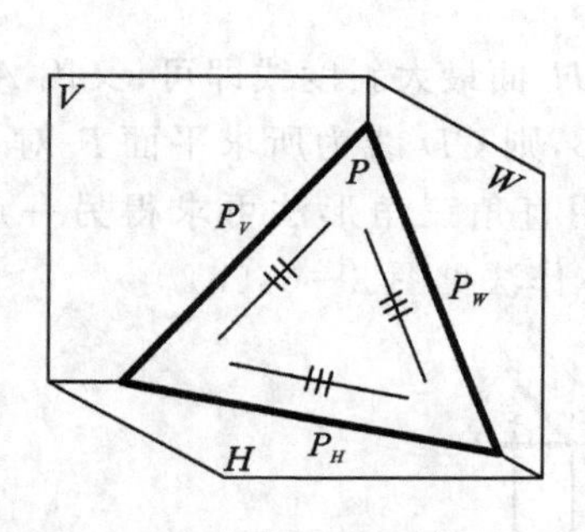

图 3－61　三组最大斜度线

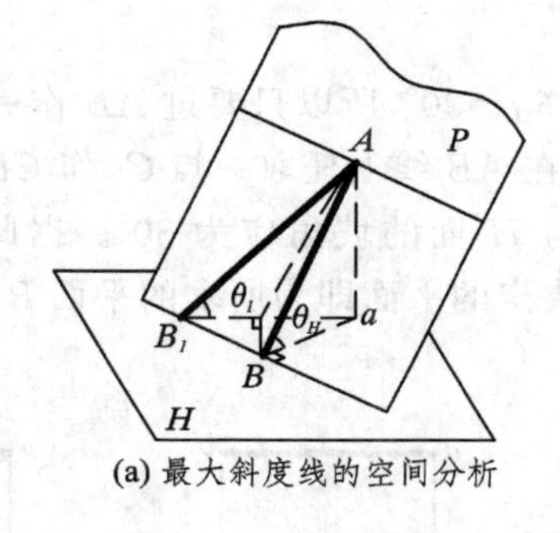

(a) 最大斜度线的空间分析

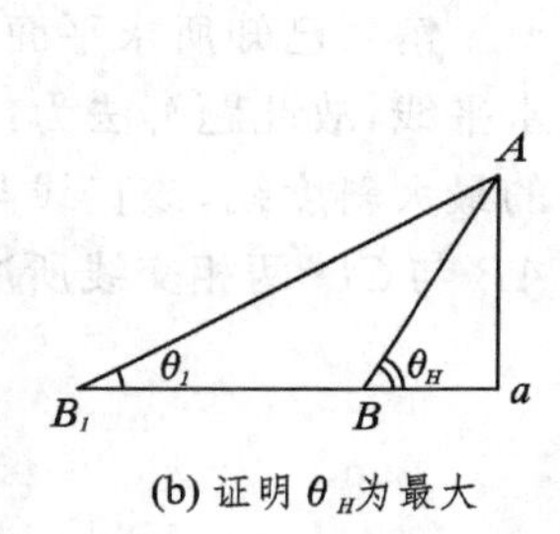

(b) 证明 θ_H为最大

图 3－62　最大斜度线的证明

(3) 最大斜度线的投影特点

因最大斜度线垂直于投影面平行线，故知该直线的一个投影必垂直投影面平行线的同名投影。最大斜度线与其相应投影面的倾角，即为该平面与该投影面之倾角，称为平面的坡角。利用最大斜度线可求得平面的坡角。因此，利用最大斜度线就把求平面坡角问题，转化为求线的倾角问题，从而使问题得到简化。

(4) 应用举例

例 3－12　求△ABC 与 V 面的坡角如图 3－63 所示。

解　作出△ABC 上对 V 面的最大斜度线 BE，再求出 BE 线与 V 面的倾角 θ_V，即为所求的坡角。具体作图如下(见图 3－63(b))：

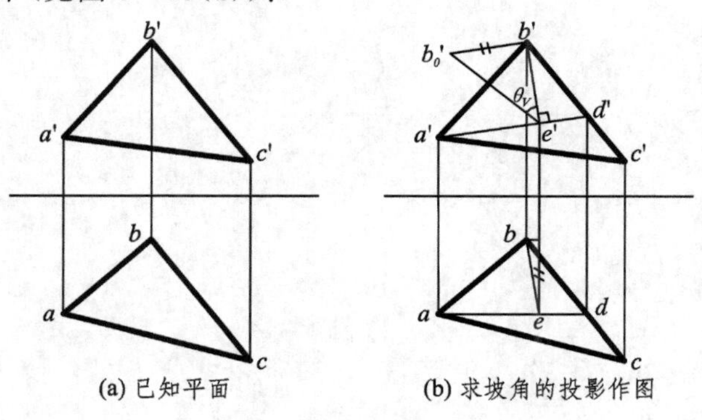

(a) 已知平面　　(b) 求坡角的投影作图

图 3－63　求平面的坡角

① 过 A 点作正平线 AD，画出其 V、H 投影；

② 过 B 点作对 V 面的最大斜度线 BE，其 V 投影 $b'e' \perp a'd'$，据此，再求得 BE 的 H 投影 be；

③ 用直角三角形法求出 BE 线与 V 面的倾角 θ_V，即为所求的坡角。

例 3-13　过直线 AB，如图 3-64(a)所示，求作一平面 P，使 P 平面与 H 面的坡角为 30°。

解　已知所求平面 $\theta_H = 30°$，所以只要过 AB 作一条对 H 面最大斜度线即可；又因 AB 为水平线，故此题解法为：在 AB 线上任取一点 C，作 $CD \perp AB$，则 CD 线为所求平面 P 对 H 面的最大斜度线，该直线与 H 面的坡角应为 30°。据此，应用直角三角形法可求得另一点 D。AB 与 CD 两相交线所决定的平面即为所求的平面 P。具体作法见图 3-64(b)。

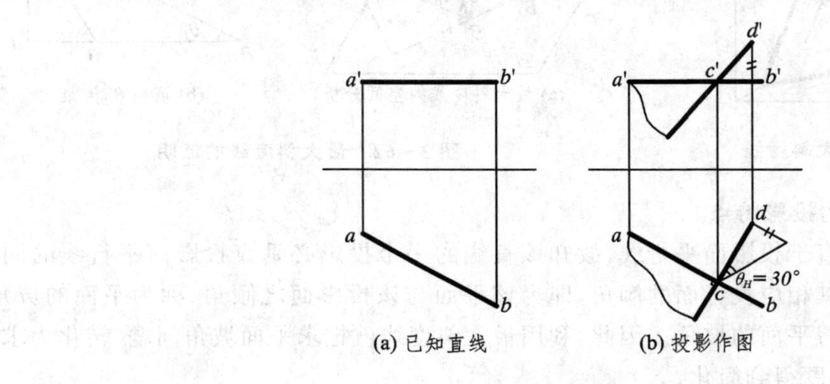

图 3-64　过线作与 H 面成坡角的平面

若给定直线 AB 非水平线，应如何求解？

第 4 章　几何元素的相对位置

几何元素的相对位置，是指直线与平面、平面与平面的相对位置。它们有平行、相交和垂直三种情形。

4.1　平行问题

4.1.1　直线与平面平行

1. 几何条件

空间一直线若与平面上一直线平行，则该直线与平面平行。如图 4-1 所示，直线 $AB /\!/ CD$，而 CD 属于平面 P，则直线 $AB /\!/ P$ 平面。

2. 作图举例

例 4-1　过已知点 K 求作一条水平线，使之与 $\triangle ABC$ 平行如图 4-2(a)所示。

解　过 K 点可作无数条水平线，但与 $\triangle ABC$ 平行的水平线只有一条。为此，应先在 $\triangle ABC$ 上作一水平线 AD，定出方向；再过点 K 作直线 $KE /\!/ AD$，则 KE 即为所求的水平线，如图 4-2(b)所示。

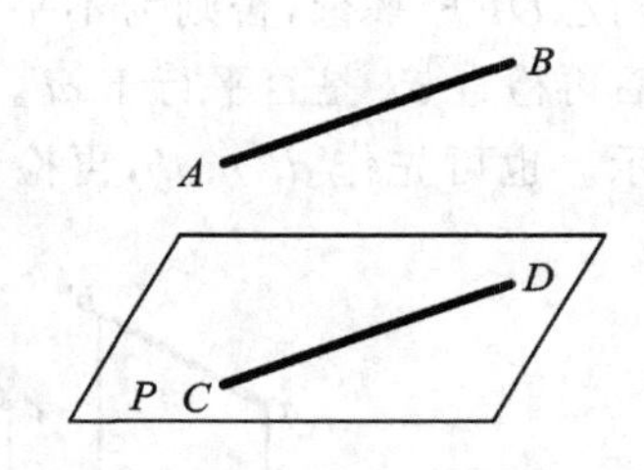

图 4-1　直线与平面平行的几何条件

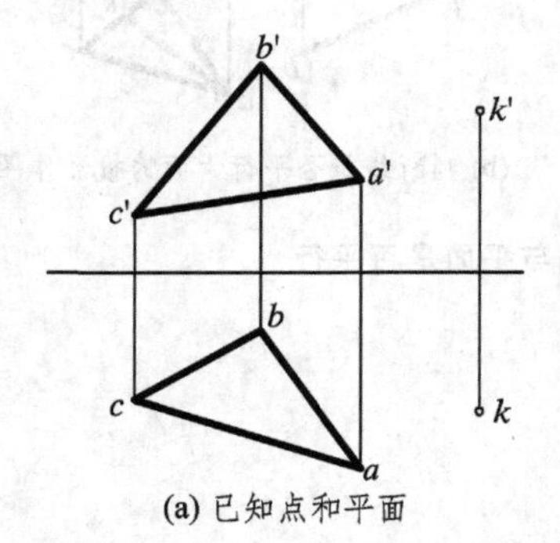

(a) 已知点和平面

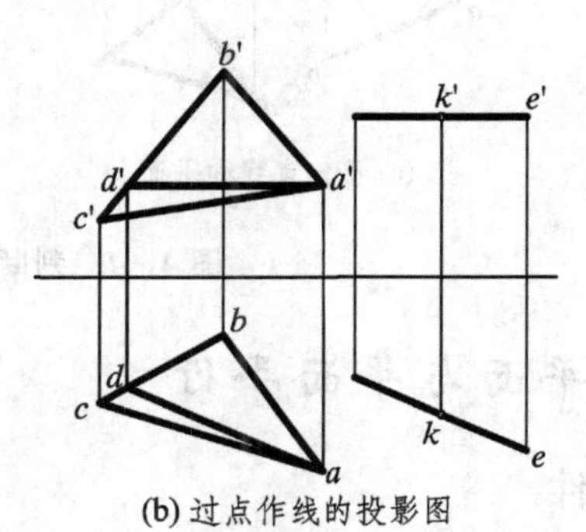

(b) 过点作线的投影图

图 4-2　过点作线(水平线)平行于已知平面

例 4-2　过已知点 A 求作一平面，使该平面平行于已知直线 L，如图 4-3 所示。

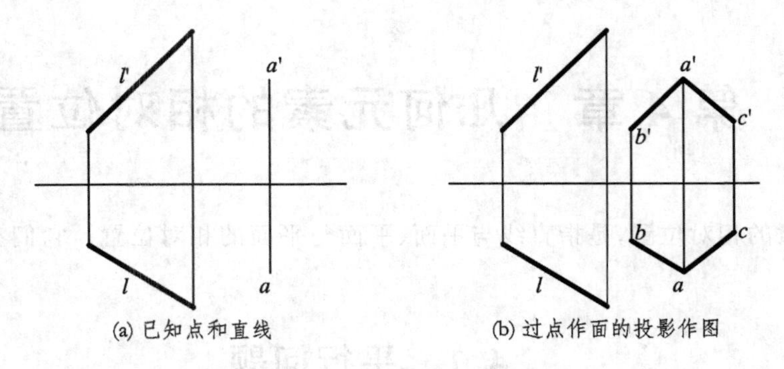

图 4-3　过点作平面平行于已知直线

解　根据几何条件，过 A 点先作一直线 AB 平行于 L 线，则包含 AB 线所作的平面都与 L 线平行。过 A 点再任作一直线 AC，则 AB 与 AC 两相交线所确定的平面即为所求。

本题有无穷多解，图 4-3(b)为其一解。

例 4-3　判断直线 AB 是否平行于 $\triangle DEF$ 如图 4-4 (a)所示。

解　按几何条件在 $\triangle DEF$ 上寻找平行于 AB 的直线，如能找出 AB 的平行线，则 AB 线即与 $\triangle DEF$ 平行，否则为不平行。为此，过 d' 作 $d'k' \parallel a'b'$，再在 $\triangle DEF$ 上，由 $d'k'$ 求出 dk，然后再检查 dk 是否平行于 ab。此处 dk 不平行于 ab，故知 AB 线不平行于 $\triangle DEF$，如图 4-4(b)所示。也可先作 $dk \parallel ab$，再检查 $d'k'$ 是否平行于 $a'b'$。

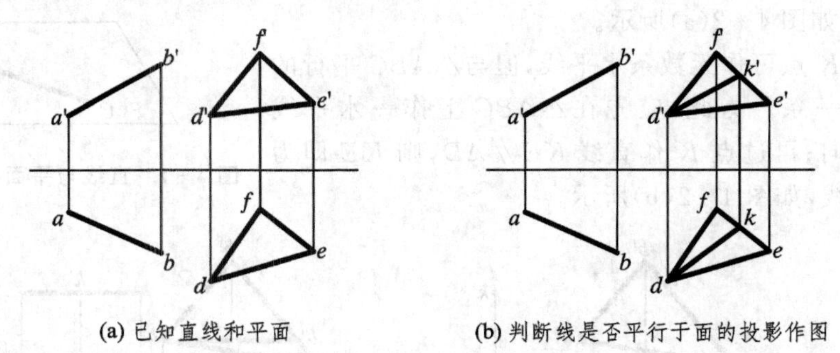

图 4-4　判断直线与平面是否平行

4.1.2　平面与平面平行

1. 几何条件

若两平面各有一对相交线且两两对应平行，则两平面互相平行。如图 4-5 所示，在 P 和 Q 两面上，若有 $AB \parallel A_1B_1$，$AC \parallel A_1C_1$，则 P 与 Q 二平面相互平行。

思考题：若两平面各有一对平行线两两对应平行，两平面是否也平行？

2. 作图举例

例 4－4　过已知点 A 求作一平面，使与已知平面 $\triangle DEF$ 平行，如图 4－6(a)所示。

解　按几何条件，过 A 点作一对相交线分别平行于 $\triangle DEF$ 上一对相交线，则过点 A 的两相交线所确定的平面平行于 $\triangle DEF$。如图 4－6(b)所示，作 $AB /\!/ DE$，$AC /\!/ EF$，则由 AB 和 AC 二线确定的平面即为所求。

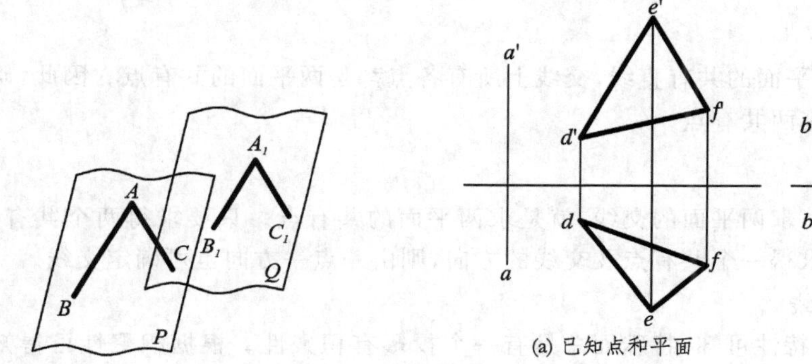

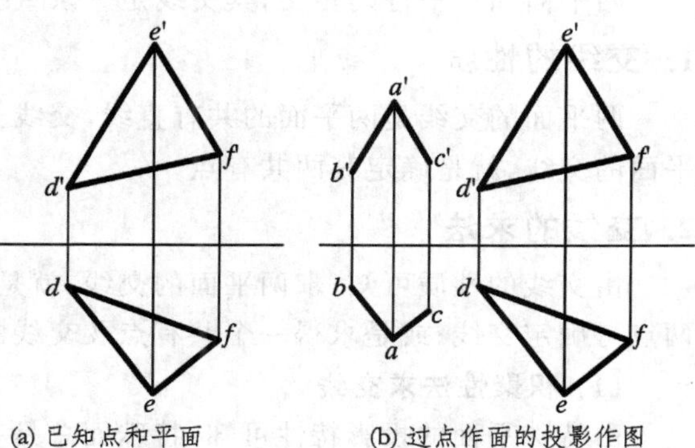

图 4－5　平面与平面平行的几何条件　　**图 4－6　过点作已知平面的平行平面**

例 4－5　判断 P、Q 两面是否平行，见图 4－7(a)。

解　按几何条件，过 Q 平面上任意点 A 作一对相交线 AB 和 AC，在 P 平面上是否能找到一对相交线 A_1B_1 和 A_1C_1 与之对应平行。作图结果表明：它们互相不平行。从而可判定 P、Q 两面是不平行的，如图 4－7(b)所示。

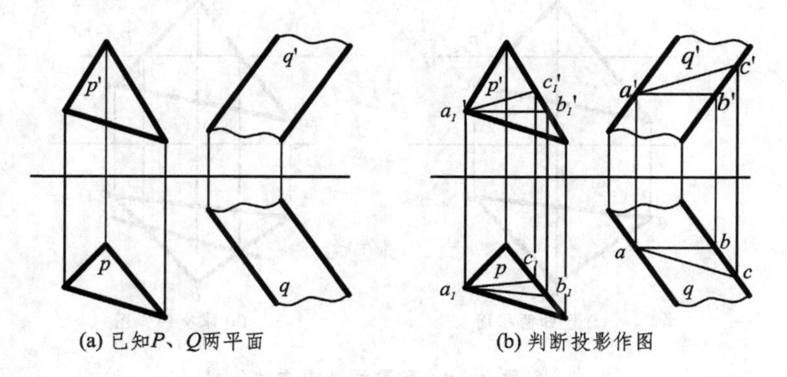

图 4－7　两平面平行性判断

4.2　相交问题

4.2.1　平面与平面相交

两平面如不平行则相交,其交线是一条直线。两平面相交问题,即是确定其交线。

1. 交线的性质

两平面的交线是两平面的共有直线,交线上所有各点都是两平面的共有点。因此,确定两平面的交线,就是确定其两共有点。

2. 交线的求法

由交线的性质可知:求两平面的交线,就是求两平面的共有点。只要求得两个共有点,则两点可确定交线;或是求得一个共有点及交线的方向,则由一点一方向也可确定交线。

(1) 积聚性法求交线

由特殊平面的投影特性可知:特殊面总是有一个投影有积聚性。根据积聚性可得知交线的一个投影,从而可求得其他投影。举例如下:

例 4-6　求作水平面 P 与△ABC 的交线如图 4-8(a)所示。

解　因交线属于水平面 P,而 P 面的 V 投影积聚为迹线 p_V,故交线的 V 投影为已知。设交线为 L,则 $l' \equiv p_V$。又因交线也属于△ABC,于是,问题变成已知△ABC 上一直线 L 的投影,求其 H 投影。应用在平面上取线的作图法即可求出,如图 4-8(b)所示。

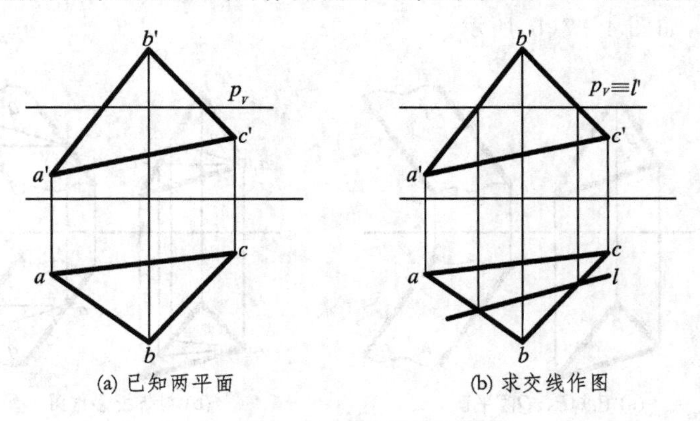

图 4-8　积聚性法求交线(一)

例 4-7　求作铅垂面 P 与△ABC 的交线,如图 4-9(a)所示。

解　因交线是铅垂面 P 上一条线,而 P 面的 H 投影有积聚性,故交线的 H 投影为已知。又因交线也在△ABC 上,与例 4-6 同理,问题转化为在△ABC 上取线,于是问题得解,如

图 4－9(b) 所示。

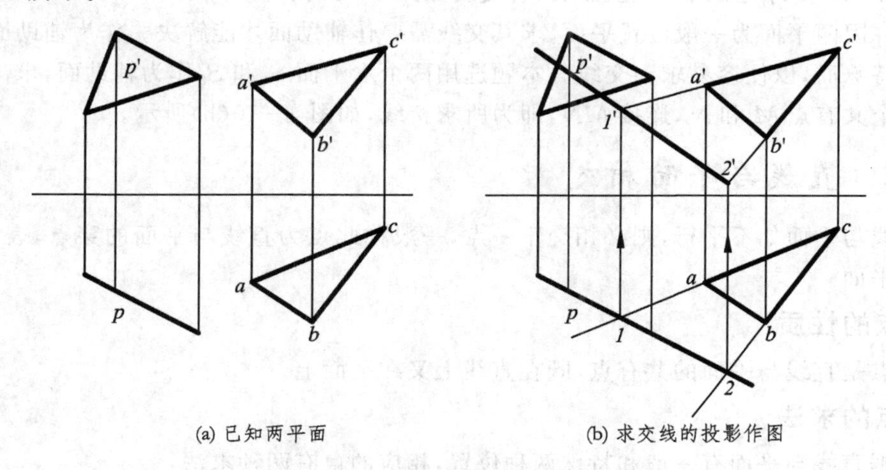

(a) 已知两平面　　(b) 求交线的投影作图

图 4－9　积聚性法求交线(二)

(2) 辅助面法求交线

当两平面均为一般位置平面时，其投影无积聚性可供利用，那么应根据“三平面共点”原理，作辅助面求交线上的共有点，从而确定交线。

如图 4－10 所示，有两个一般位置平面 P、Q 相交。为求其交线，可作辅助平面 S_1，求出 S_1 与 P、Q 二面的交线 L_P 和 L_Q。该二直线的交点 M，为三平面的共有点，当然也就是 P、Q 两面交线上的点。同理，再作第二个辅助面 S_2，又可求得另一个共有点 N。由 M 和 N 两点所确定的直线，即是 P、Q 两平面的交线。下面举例说明作图法。

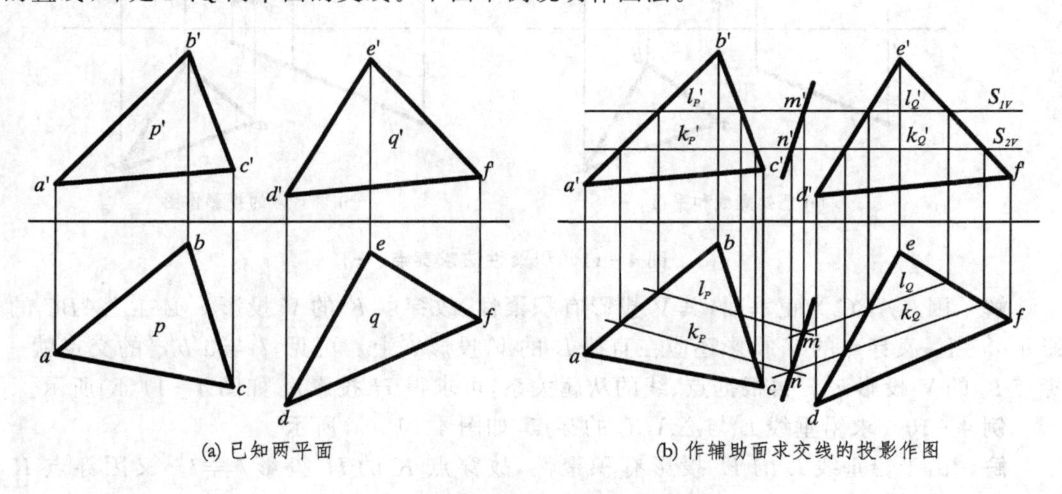

(a) 已知两平面　　(b) 作辅助面求交线的投影作图

图 4－10　辅助平面法求交线

例 4-8　求作△ABC 与△DEF 的交线如图 4-10(a)所示。

解　因两平面为一般位置平面,求其交线需要作辅助面才能解决。作为辅助面的平面,一般多为特殊面,以便容易求出交线。本题选用两个水平面 S_1 和 S_2 作为辅助面,求出 P、Q 二平面的两个共有点 M 和 N,连接 MN,即为所求交线,如图 4-10(b)所示。

4.2.2　直线与平面相交

直线与平面如不平行,则必相交于一点,一般称此点为直线与平面的穿点,表示直线经此点穿过平面。

1. 穿点的性质

穿点是直线与平面的共有点,既在直线上又在平面上。

2. 穿点的求法

根据直线与平面有一般和特殊两种位置,相应的也有两种求法:

① 积聚性法,适用于特殊线或特殊面;

② 辅助面法,适用于一般线和一般面。

(1) 积聚性法求穿点举例

例 4-9　求一般直线 L 与正垂面△ABC 的穿点,如图 4-11(a)所示。

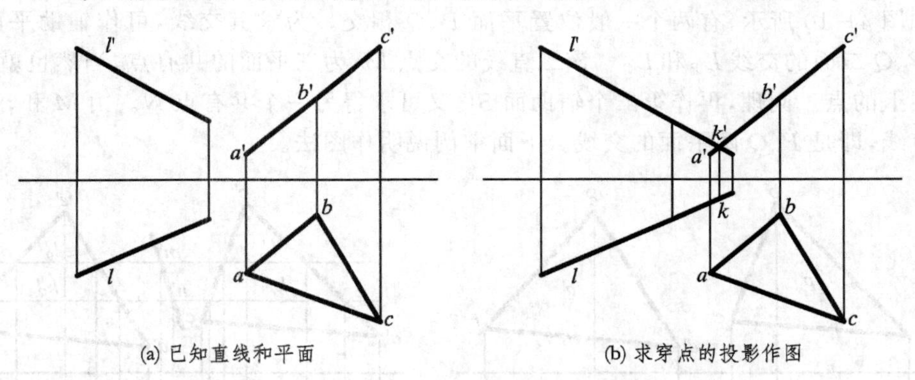

图 4-11　积聚性法求穿点(一)

解　因△ABC 为正垂面,其 V 投影有积聚性,故穿点 K 的 V 投影 k' 必在△ABC 的 V 投影 $a'b'c'$ 上;又穿点的 V 投影还应在直线 L 的 V 投影 l' 上。可见,l' 与 $a'b'c'$ 的交点就一定是穿点 K 的 V 投影 k'。再根据点、线的从属关系,可求得 H 投影 k,如图 4-11(b)所示。

例 4-10　求铅垂线 L 与△ABC 的穿点,如图 4-12(a)所示。

解　由于铅垂线 L 的 H 投影有积聚性,故穿点 K 的 H 投影 $k \equiv l$。又因穿点 K 也在△ABC 上,于是,可由平面上取点的方法,由已知的 H 投影 k 求得 V 投影 k',如图 4-12(b)所示。

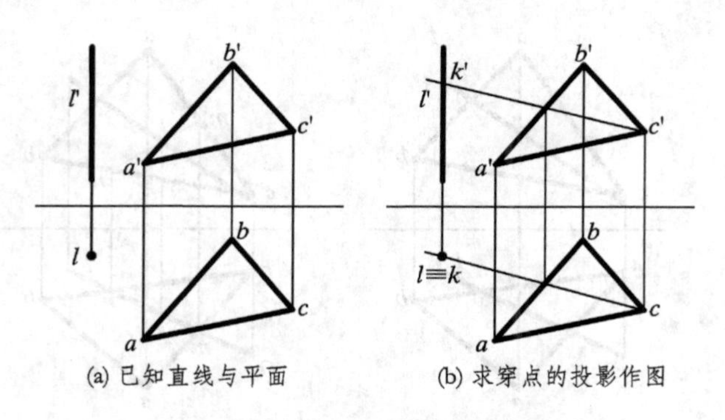

(a) 已知直线与平面　　(b) 求穿点的投影作图

图 4-12　积聚性法求穿点(二)

(2) 辅助面法求穿点举例

当直线与平面都是一般位置时,它们的交点不能直接在投影图上得到,就需要通过作辅助平面才能解决。

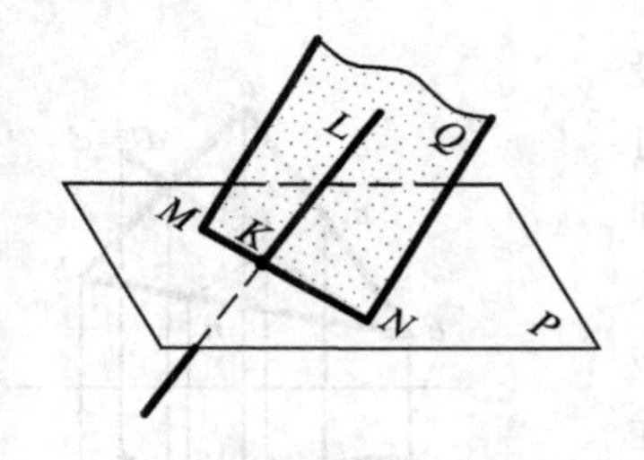

图 4-13　辅助平面法求穿点原理

如图 4-13 所示,设有直线 L 与平面 P 相交,其交点为 K。因交点是线、面共有点,既在 L 线上,又在 P 平面上。K 点在 P 平面上,因此必在该平面的一条直线上,例如在 MN 上。于是,直线 MN 与直线 L 为相交二直线,可组成平面 Q(即辅助平面)。显然,MN 就是 P、Q 二平面的交线,交线与 L 线的交点 K,即是穿点 K。由于过 K 点的直线(如 MN)有无穷多,故过 L 线的平面 Q 有无穷多。为作图简便,一般过 L 线所作的辅助面多为投射面。

综上所述,可得求穿点作图的三个步骤如下:

- 过已知直线 L 作辅助面 Q(多为投射面);
- 求出辅助面 Q 与已知面 P 的交线 MN;
- 直线 MN 与 L 线的交点 K 即为所求。

现举例说明其投影作图过程。

例 4-11　求直线 L 与△ABC 的穿点,如图 4-14(a)所示。

解　因 L 线与△ABC 均为一般位置,故应通过辅助面法求解。

按上述作图步骤:

- 过直线 L 作辅助面 Q(在此为铅垂面,$l \equiv Q_H$);
- 求出 Q 面与△ABC 的交线 MN($mn \equiv l$,m 点在 ac 上,n 点在 bc 上,于是有:m' 在 $a'c'$ 上,n' 在 $b'c'$ 上);
- $m'n'$ 与 l' 的交点 k',即是穿点 K 的 V 投影,由此可得 H 投影 k,如图 4-14(b)所示。

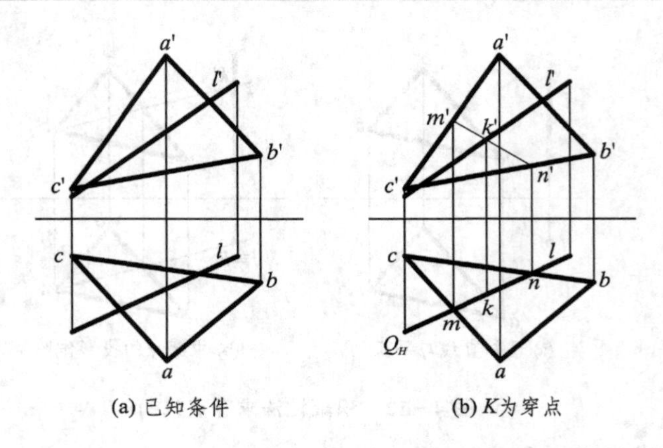

(a) 已知条件　　(b) K为穿点

图 4－14　辅助平面法求穿点

4.2.3　可见性问题

直线经穿点过平面后，将有一部分线段被平面遮住。设平面为不透明的，则线段产生可见性问题，穿点成为直线可见与不可见部分的分界点。直线哪一段可见或不可见需加以判断并表示出来（不可见部分用虚线表示）。其判断方法仍归结为重影点的可见性。如图 4－15 所示，欲判断 L 直线 V 投影的可见性，可取重影点 $d' \equiv e'$。设 D 在 L 线上，E 在 AB 线上，由该两点的 H 投影观察，可知 E 的远标大于 D，故 d' 为不可见点，从而得知 $d'k'$ 一段直线为不可见，图上用虚线画出。

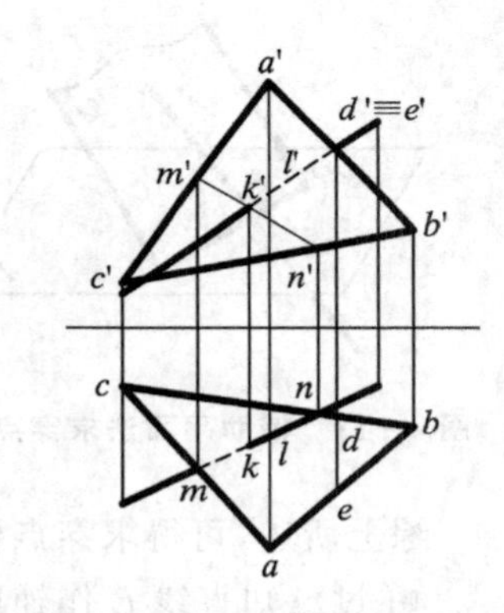

图 4－15　判断直线与平面相交的可见性

同理，可以判断直线 L 在 H 面上的可见性。为此，应先在 H 投影上确定重影点，然后按上述作法求解。在此不赘述。但必须强调指出，各投影的可见性，必须分别加以判断。因为如图 4－15 所示，V 投影上 $k'd'$ 不可见，而 H 投影上却是 km 不可见。

4.2.4　利用穿点法求两平面的交线

当平面以三角形、四边形或其他平面图形表示时，为了求出两平面的交线，可采取从其中一平面上选两直线，分别求此两直线对另一平面的穿点，连接此两穿点的直线，即为两平面的交线。

如图 4－16(a)所示，有两个三角形平面△ABC 和△DEF 相交。为求其交线，可选△DEF 的两边 DE 和 DF，分别求出该两直线与△ABC 的穿点 M 和 N，再连接 MN，即得此两平面的交线，如图 4－16(b)所示。交线求得后，因两平面有相互重叠部分，产生可见性问题，再应用重影点加以判断，如图 4－16(c)所示。

为判断 V 投影的可见性，取 V 投影中 $d'e'$ 与 $a'c'$ 的交点 $1'$ 为重影点，在 H 投影上，可求得 ac 上的 1 和 de 上的 2，说明 AC 在前，DE 在后。同理，还要判断 H 投影的可见性，可在 H 投影上取 de 和 ac 交点 4 为重影点，在 V 投影上求得 $4'$、$5'$ 说明 DE 在上，AC 在下。

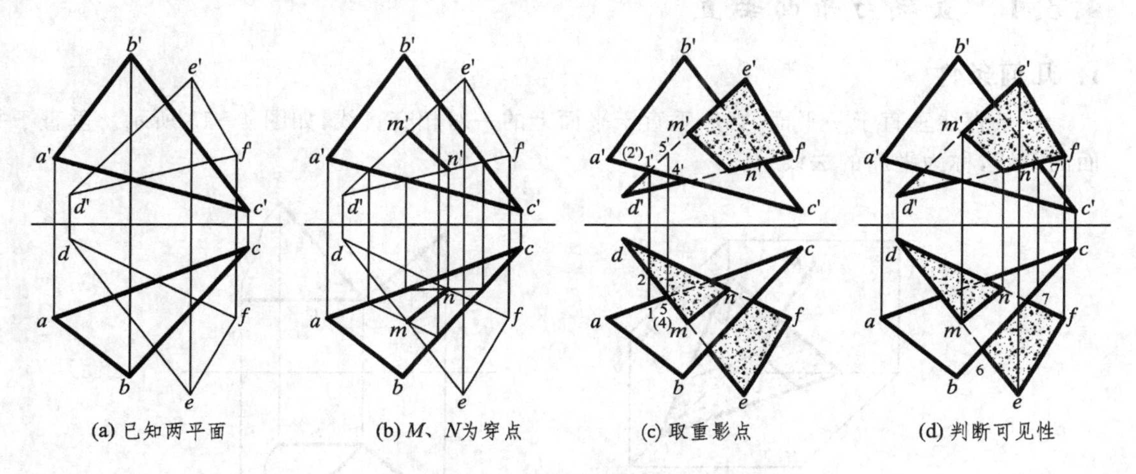

(a) 已知两平面　(b) M、N 为穿点　(c) 取重影点　(d) 判断可见性

图 4－16　穿点法求两平面交线(一)

当两平面咬交时，如图 4－17 所示，同样可应用穿点法，求出其中一平面上两直线(例如取四边形的两长边)与另一平面的穿点(如 K 和 G)，连成直线后，取共同有效部分(如 KL)，即得交线。

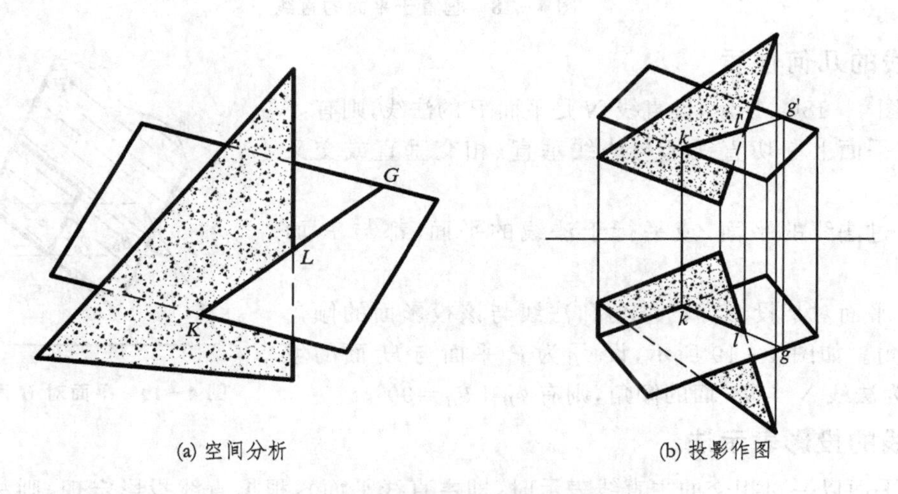

(a) 空间分析　(b) 投影作图

图 4－17　穿点法求两平面交线(二)

4.3　垂直问题

4.3.1　直线与平面垂直

1. 几何条件

一条直线垂直于一平面，必然垂直于平面上的一对相交直线，如图 4－18 所示。垂直于平面的直线，称为平面的法线。

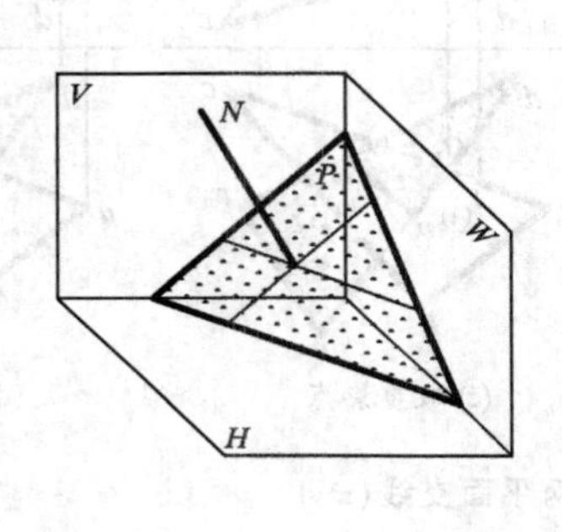

(a) 平面的法线

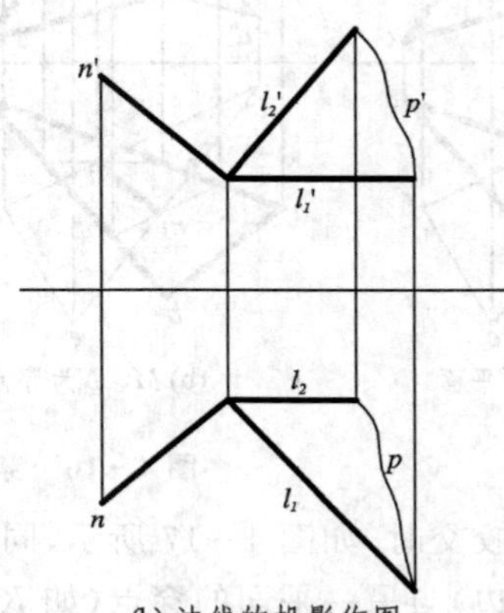

(b) 法线的投影作图

图 4－18　垂直于平面的直线

2. 法线的几何性质

如图 4－18(a)所示，设直线 N 是平面 P 的法线，则有：

① 平面上一切直线都与法线垂直（相交垂直或交叉垂直）；

② 过法线的平面，或平行于法线的平面，都与 P 面垂直；

③ 平面对某投影面的坡角和法线与该投影面的倾角互为余角。如图 4－19 所示，设 ϕ_H 为 P 平面与 H 面的坡角，θ_H 为法线 N 与 H 面的倾角，则有 $\phi_H+\theta_H=90°$。

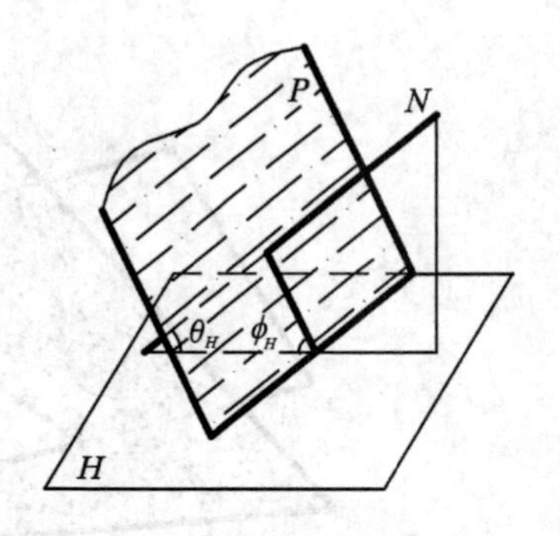

图 4－19　平面对 H 面的倾角

3. 法线的投影表示法

当平面以一对相交的主直线表示时（即主直线平面），根据直线投影定理，则法线的 V 投影垂直于正平线的 V 投影，法线的 H 投影垂直于水平线的 H 投影，如图 4－18(b)所示。

4. 基本作图题

① 过已知点作一平面的法线如图 4－20 所示。

若已知平面以平面图形(例如三角形)表示,则应先在平面上取一对相交的主直线,再过已知点的投影,分别作直线垂直于主直线相应的投影。

② 过已知点作已知直线的垂直平面如图 4－21(a)所示。

欲过已知点 A 作已知直线 L 的垂直平面。为此,过 A 点作一对相交的主直线,一条是正平线 M,另一条是水平线 N。这一对主直线同时垂直于 L 直线,即 $m' \perp l'$, $m /\!/ X$ 轴, $n \perp l$, $n' /\!/ X$ 轴,那么由 M 与 N 所确定的主直线平面即为所求,如图 4－20(b)所示。

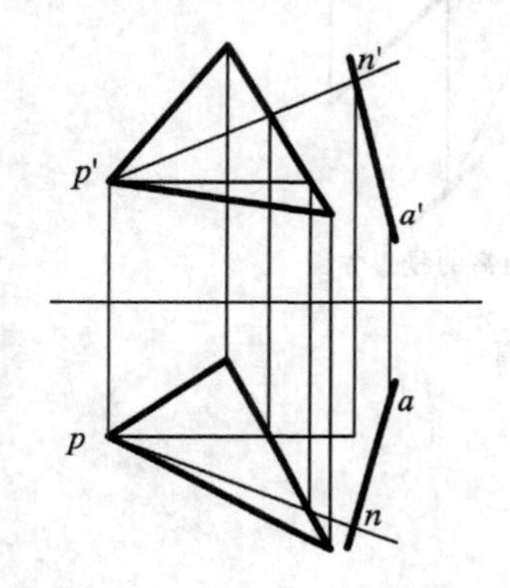

图 4－20　过点作线垂直于已知平面

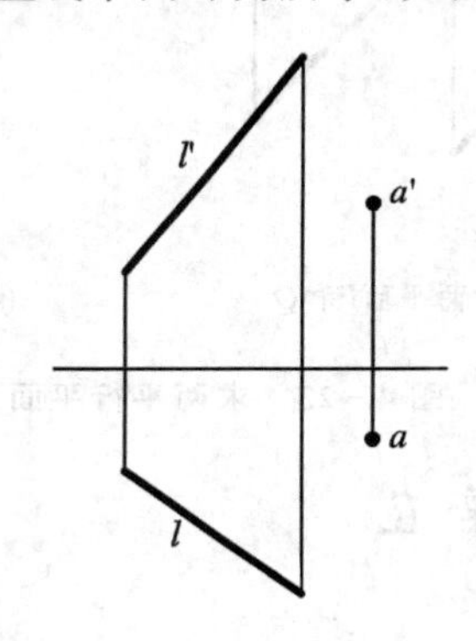

(a) 已知点和直线

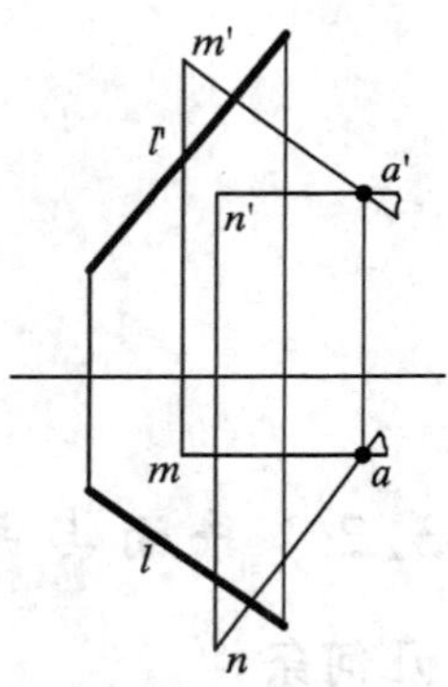

(b) 作垂面的投影作图

图 4－21　过点作面垂直于已知直线

5. 应用举例

例 4－12　求 A 点到 P 平面的距离如图 4－22(a)所示。

解　求 A 点到 P 平面的距离,应首先自 A 点向 P 平面作垂线(即法线),然后求出法线与平面的穿点 K(即垂足)。A、K 两点之距离,即为 A 点到 P 平面的距离。

具体作图如下:

① 过 A 点作 P 平面的法线 N;

② 求 N 与 P 平面的穿点 K;

③ 连 AK,即为所求距离;

④ 求 AK 真长,如图 4－22(b)所示。

例 4－13　求两平行平面之距离如图 4－23(a)所示。

解　求两平行平面之距离,可自一平面上

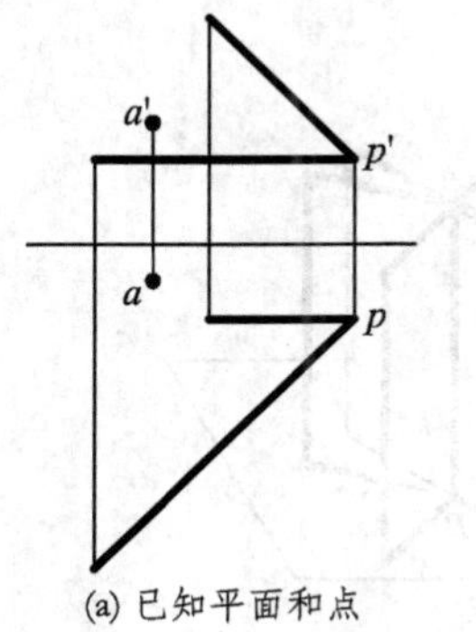

(a) 已知平面和点

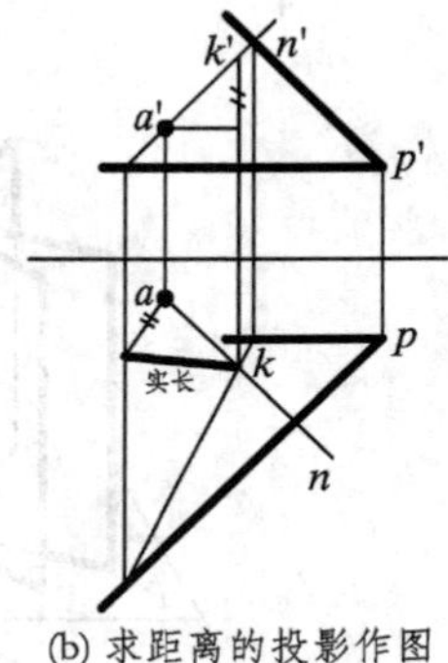

(b) 求距离的投影作图

图 4－22　求 A 点到 P 平面的距离

任取一点，向另一平面作垂线，求出垂足。此两点之间的距离，即为两平行平面之间的距离。问题的解法同例 4-12，作法如图 4-23(b)所示。本例未求实长。

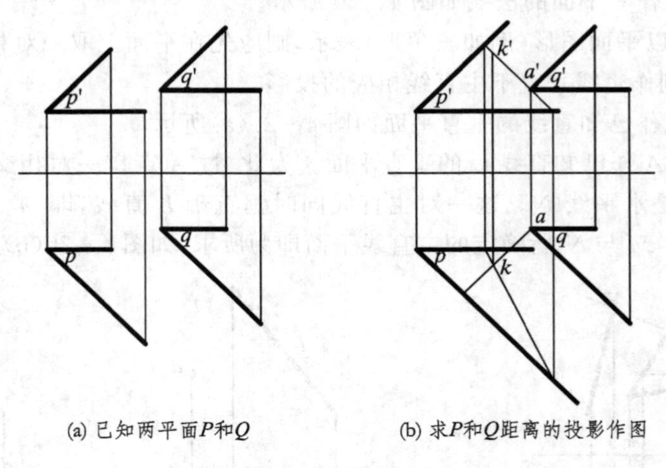

(a) 已知两平面 P 和 Q　　(b) 求 P 和 Q 距离的投影作图

图 4-23　求两平行平面之间的距离

4.3.2　平面与平面垂直

1. 几何条件

若两平面互相垂直，则其中一平面必过另一平面的法线，或平行于该法线。如图 4-24 所示，设直线 AB 为 P 平面的法线，则过 AB 线的任何平面(或平行于 AB 线的平面)，都与 P 平面垂直。

2. 基本作图题

① 过已知点 A 作平面垂直已知平面 P，如图 4-25 所示。

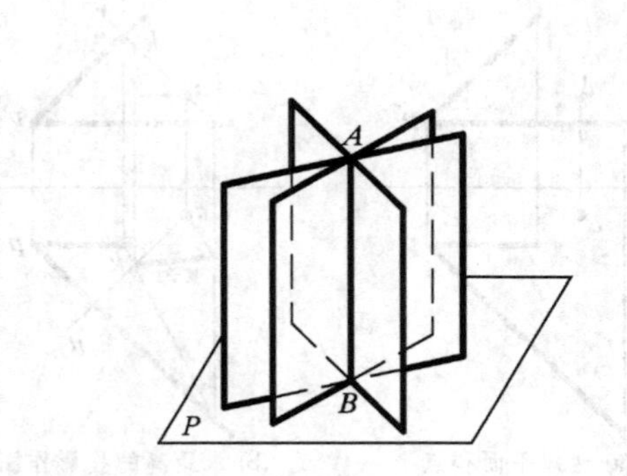

图 4-24　过 AB 线的平面都与 P 平面垂直

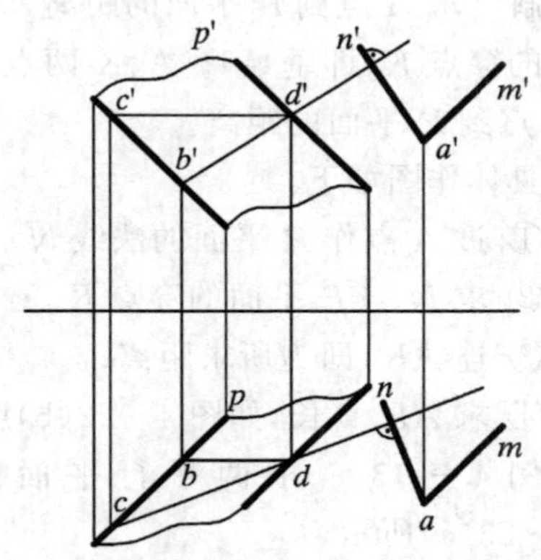

图 4-25　过已知点 A 作平面垂直于已知平面 P

如图 4－25 所示，由几何条件，过 A 点先作已知平面 P 的法线 AN（垂直于 P 面的一对主直线）；然后再过点 A 作任意直线 AM。由 AM 和 AN 二直线所确定的平面即为所求。本题有无穷多解。

② 过已知直线 L 作平面垂直于已知平面 P，如图 4－26 所示。

由几何条件知：所作平面应过 P 平面的法线。因而，可自 L 线上任取一点 A 作 P 平面的法线 AB，由 L 与 AB 二直线所确定的平面，即为所求。

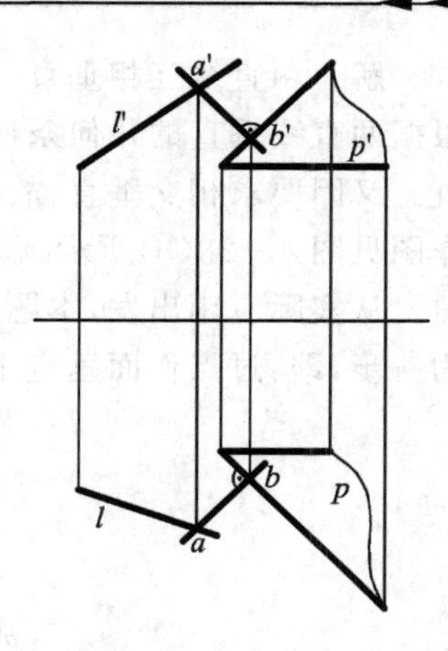

图 4－26　过直线 L 作平面垂直于 P 平面

3. 应用举例

例 4－14　如图 4－27(a)所示，判断 P、Q 两平面是否垂直？

解　要判断 P、Q 两平面是否垂直，就要检验 P 平面上是否有 Q 平面的法线，或检验 Q 平面上是否有 P 平面的法线（本题检验前者）。为此，自 P 平面上任意点 A 作 Q 面的法线 AB，再检查法线上的 B 点是否也在 P 平面上。若 B 点在 P 面上，则两平面垂直；反之，则不垂直。由图 4－27(b)可以看出，B 点不在 P 面上，故两平面不垂直。

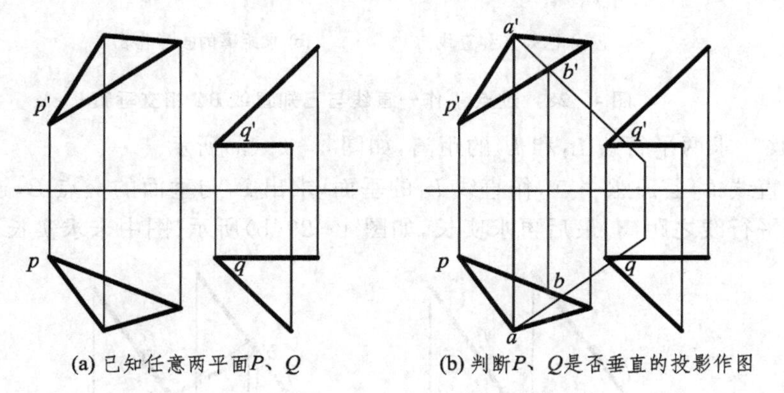

(a) 已知任意两平面P、Q　　(b) 判断P、Q是否垂直的投影作图

图 4－27　判断 P、Q 两平面是否垂直

4.3.3　直线与直线垂直

1. 几何条件

两直线互相垂直，其中一条线必在另一直线的垂直面上，或平行于另一直线的垂直面。

2. 作图举例

例 4－15　过已知点 A 求作一直线与已知直线 BC 相交垂直，如图 4－28(a)所示。

解　两直线互相垂直，若其中没有投影面平行线，则其投影不能反映垂直关系。因此，应根据两直线垂直的几何条件，过 A 点作 BC 线的垂直平面，从而保证垂面上的直线与 BC 垂直。又因要求相交垂直，故必须求出 BC 线与垂面的穿点 K，连接 AK 之直线即为所求。具体作图见图 4－28(b)所示。

从实际应用出发，本题也可写成求 A 点到 BC 间之距离。解题方法与投影作图仍可归纳为三步，即：过点作面垂直于线；求穿点；求实长如图 4－28(b)所示(图中未求实长。)

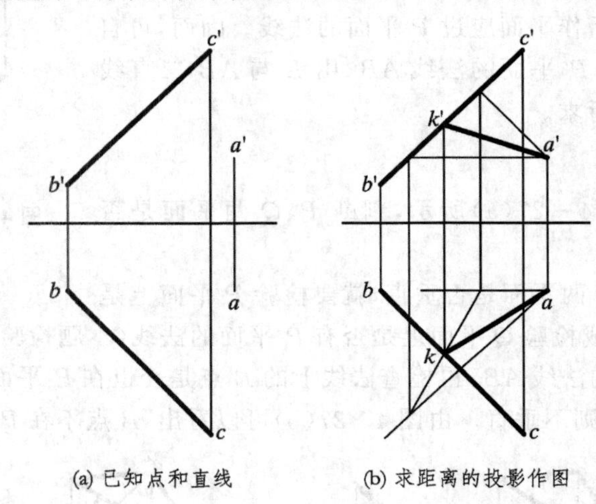

(a) 已知点和直线　　(b) 求距离的投影作图

图 4－28　过点 A 作一直线与已知直线 BC 相交垂直

例 4－16　求两平行线 L_1 和 L_2 的距离，如图 4－29(a)所示。

解　过直线 L_2 上任意一点，作直线 L_1 的垂面，求出 L_1 与垂面的交点 B，连接 A、B 两点之直线即为两平行线之距离，最后再求实长，如图 4－29(b)所示(图中未求实长)。

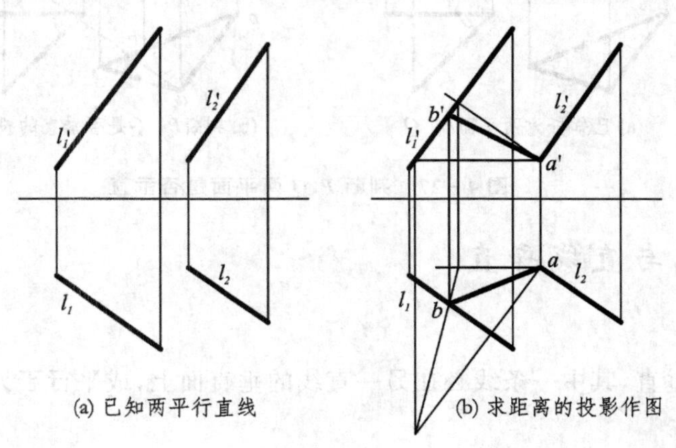

(a) 已知两平行直线　　(b) 求距离的投影作图

图 4－29　求两平行线 L_1 与 L_2 的距离

例 4-17 判断 AB、CD 两相交线是否垂直，如图 4-30(a)所示。

解 根据两直线垂直的几何条件，过其交点 K 作直线 AB 的垂面，然后判断点 C 或 D 是否在垂面上即可。图 4-30(b)表明，C 点不在 AB 的垂面上，故 AB 和 CD 两直线不垂直。

也可以过 K 点作 CD 线的垂面，再检查 AB 线是否在该平面上，同样可以判断。

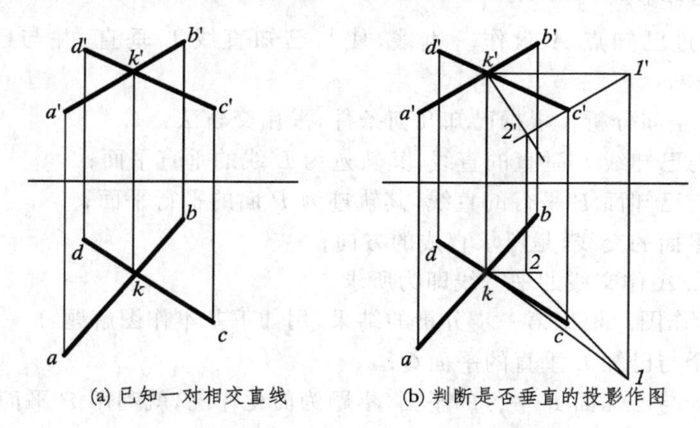

(a) 已知一对相交直线　　(b) 判断是否垂直的投影作图

图 4-30 判断 AB、CD 两相交线是否垂直

4.4 综合问题

1. 综合作图题的含义

综合作图题是指具有如下内容的作图题：

- 元素的综合　点、线、面等几何元素及其相互关系同时出现在问题中。
- 条件的综合　问题的解答须满足的条件较多，需要进行综合分析。

2. 解综合作图题的方法和步骤

根据点、线、面综合作图题的特点，其解题方法除一般的分析推理方法外，尚有如下方法可以选用：

- 交轨法　分析满足条件的几何元素各自的空间轨迹，然后求得可以同时满足所有条件的几何元素或关系，从而得到解题的途径。
- 反推法　当问题从正面着手分析，不容易解决时，可事先假定问题已解，再反推回去，找出问题的相互联系或条件，从而得到解题的途径。

解题的步骤，一般可以分为三步：

第一步空间分析　根据给定的条件和要求着重分析问题的空间关系和几何实质，然后应用轨迹法、交轨法、逐步逼近法或反推法进行分析推理，求得解题的方法或途径；

第二步投影作图　按第一步分析所得的结果，通过多个基本的投影作图求得解答；

第三步讨论解答　对所求的解答进行空间想像，看是否合理，并指出问题为独解、多解或无解，以及其他应予讨论的问题。

3. 综合作图题举例

例 4－18　过已知点 A 求作一直线，使与已知直线 L 垂直，并与已知平面 P 平行如图 4－31(a) 所示。

解　第一步空间分析。根据已知几何条件，采用交轨法：

① 在空间与已知线 L 垂直的直线，其轨迹为 L 线的垂直平面；

② 在空间与已知面 P 平行的直线，其轨迹为 P 面的平行平面；

③ 上述二平面的交线，是所求直线的方向；

④ 过已知点 A 作交线的平行线即为所求。

第二步投影作图。根据第一步分析的结果，用如下基本作图解题：

① 任作一个与已知 L 垂直的平面 Q；

② 任作一个与已知面 P 平行的平面（本题为简化作图，就利用 P 平面本身）；

③ 求出 P、Q 二平面的交线 MN；

④ 过 A 点作直线 $AB /\!/ MN$，AB 线为所求，如图 4－31(b)所示。

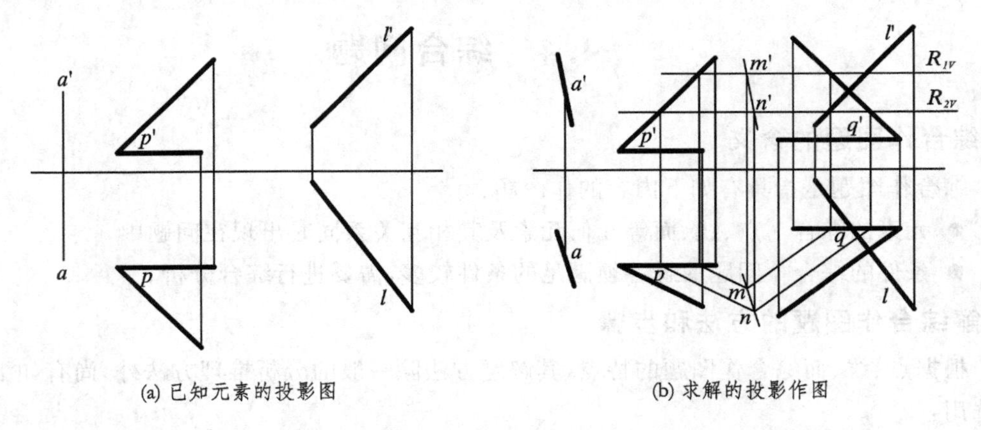

图 4－31　过点 A 作一直线与直线 L 垂直且与平面 P 平行

第三步讨论解答。本题为独解。在一般情况下，所求直线 AB 与 L 线为交叉垂直。

此例也可采用反推法求解，现分析如下：

如图 4－32 所示，设过 A 点垂直于 L 线且平行于 P 面的直线 AB 已作出。可以看出：AB 应平行于 P 平面上一直线 CD，因 $AB \perp L$，故 $CD \perp L$，于是可知，L 线在 CD 的垂面上；又因 CD 在 P 平面上，故 CD 的垂面也与 P 平面垂直，即 L 线在 P 面的垂面上。因此，得作图步骤为：过 L 线先作 P 面的垂面 Q，再过 A 点作 Q 面的垂线 AB，则 AB 线即为所求直线。投影作图,读者自练之。

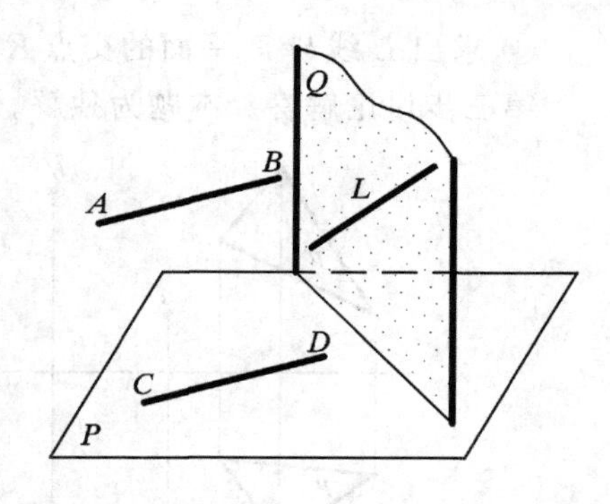

图 4－32　*AB* 平行 *P* 平面上一直线 *CD*

例 4－19　过已知点 A 求作一直线,与已知两交叉线 L_1 和 L_2 相交,如图 4－33(a)所示。

解　第一步空间分析。根据已知几何条件,采用反推法。设所求直线已作出,如图 4－33(b)所示。显而易见,该直线与 L_1 交于 K_1,与 L_2 交于 K_2。而 AK_1 与 L_1 为相交二直线,可确定平面 P,点 K_2 为直线 L_2 与平面 P 的交点。由此得解题方案为:先由点 A 与直线 L_1 确定一平面 P,再由直线 L_2 与平面 P 得交点 K_2,连接 A 与 K_2 两点间之直线即为所求。

第二步投影作图。作图过程如图 4－33(c)所示。

第三步讨论解答。本题为独解。

本例也可采用另一解法:取点 A 与 L_1 决定一平面 P,再由点 A 与 L_2 决定另一平面 Q。求出 P、Q 两平面的交线亦为所求直线。但作图稍繁琐,因 P、Q 两平面都是一般面。

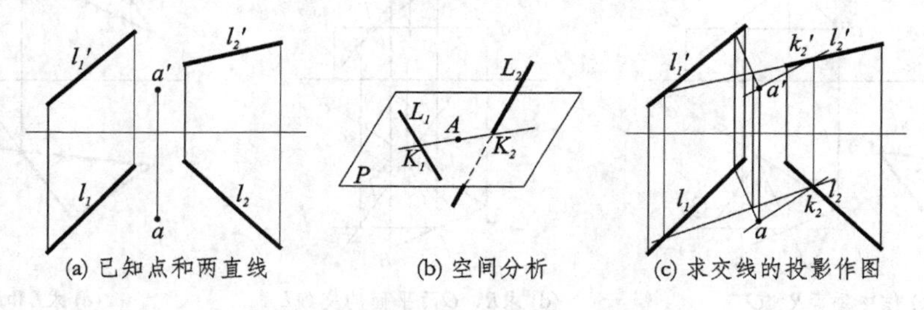

图 4－33　过点 *A* 求作一直线与已知两交叉线 L_1、L_2 相交

例 4－20　在已知平面 P 上求一点 K,使 K 点与已知点 A,B,C 等距。已知 A 和 C 两点立标相同,如图 4－34(a)所示。

解　第一步空间分析。根据已知几何条件,采用交轨法:

① 与 A、B 两点等距的点,其轨迹为 A、B 连线的中垂面 R;

② 与 A、C 两点等距的点,其轨迹为 A、C 连线的中垂面 Q;

③ R、Q 两平面的交线 L 与已知面 P 的交点 K 即为所求。

整个作图结果如图 4－34(b)所示。

第二步投影作图。作图过程如下:

① 作 A、B 连线的中垂面 R,在此为主直线平面,如图 4－34(c)所示;

② 作 A、C 连线的中垂面 Q,因 A、C 立标相同,故 AC 线为水平线,于是平面 Q 为铅垂面,如图 4－34(c)所示;

③ 求出 R、Q 两平面的交线 L,如图 4－34(d)所示;

④ 求出 L 线与 P 平面的交点 K，K 点即为所求，如图 4－34(e)所示。

第三步讨论解答。本题为独解。

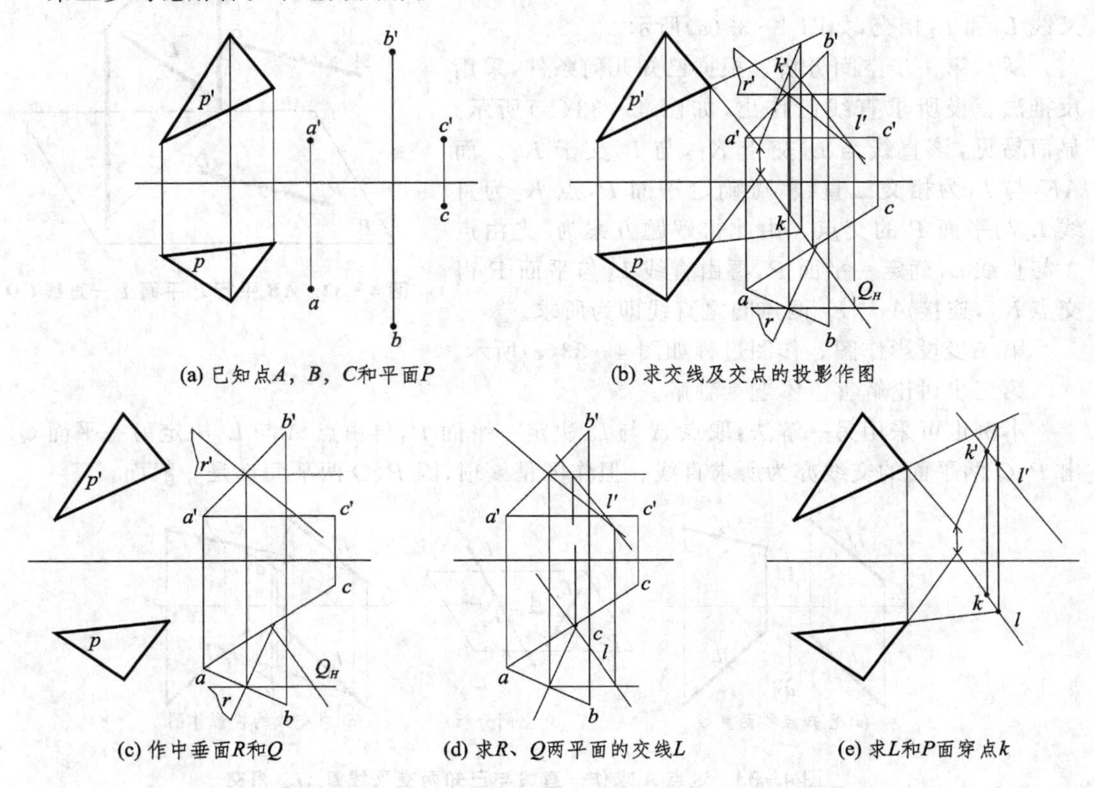

图 4－34　在平面 P 上求一点 K 与已知点 A，B，C 等距，并与 A 和 C 立标相同

第5章　投影变换

当空间的几何元素对投影面处于一般位置时，它们的投影既不反映真实大小，也不具有积聚性；而当它们和投影面处于特殊位置时，其投影或反映真实大小，或具有积聚性。从这里可以得到启示，要解决一般位置几何元素的度量或定位问题时，如能把它们由一般位置改变成特殊位置，问题就很容易得到解决。为此，当空间的几何元素在已知的投影体系中处于一般位置时，可以选取与几何元素成特殊位置的新投影体系来置换旧的投影体系。这种由原投影到新投影的变换，被称为投影变换中的换面法。

5.1　换面法的基本原理

换面法的原理就是保持几何元素在原来的投影体系中的相对位置不变，用新的投影面来代替旧的投影面，使空间的几何元素对新投影面的相对位置变成有利解题的位置，然后求出其在新投影面上的投影。那么，新的投影面与原来的投影面之间究竟是什么样的位置关系呢？新的投影方向与新的投影面之间是否仍为正投影呢？在此，换面法的基本规则如下：

- 新投影面与原投影面之一保持垂直，形成新的投影体系；
- 新投影面的位置必须满足解题的要求；
- 向新投影面作正投影；
- 新的投影面应沿着新的投影方向折倒展开。

5.2　点的换面

点是最基本的空间几何元素。理解和掌握点的投影变换规律，是学习和掌握换面法的基础。

1. 点的一次换面

如图5-1(a)所示，在V/H体系中，点A正面投影为a'，水平投影为a。先用一V_1面($V_1 \perp H$)来代替V面，组成一新的V_1/H体系；然后，将点A向V_1面作正投影，得A点在V_1面上的新投影a'_1。a'_1和a是点A在新的投影体系V_1/H中的两个投影。V面上的a'称为旧投影，V_1面上的a'_1称为新投影，H面上的a称为不变投影。显然，V/H体系中的(a',a)与V_1/H体系中的(a'_1,a)有这样的关系，即在两投影体系中点A到H面的距离(Z坐标)均相同，即$a'a_X = Aa = a'_1a_{X_1}$；此外，由正投影原理可知，当V_1面绕X_1轴旋转到与H面重合时，a与a'_1的连线必

定垂直于 X_1 轴。由此可得出点的投影变换规律：

① 点的新投影和不变投影的连线，垂直于新投影轴。

② 点的新投影到新投影轴的距离等于被替换的旧投影到旧投影轴的距离。

根据上述投影变换规律，由 V/H 体系中的(a'，a)求出 V_1/H 体系中的投影 a'_1 的作图步骤见图 5-1(b)。首先在适当的位置作新投影轴 X_1，新轴 X_1 确定的 V_1 面即代替旧 V 面，形成新的 V_1/H 投影体系；然后过不变投影 a 向新轴 X_1 作垂线，即 $aa_{X_1} \perp X_1$ 轴，a_{X_1} 为垂足；最后在垂线的延长线上量取 a'_1，使得 $a'_1a_{X_1} = a'a_X$，从而得到 A 点在 V_1 面上的新投影 a'_1。

同理，可求出变换 H 面时点的投影过程(作图略)。

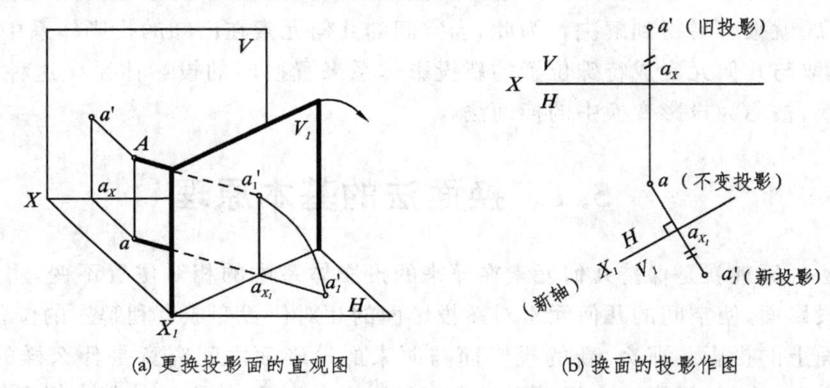

(a) 更换投影面的直观图　　(b) 换面的投影作图

图 5-1　点的一次换面(变换 V 面)

2. 点的二次换面

只更换一次投影面的换面，称为一次换面。在解决实际问题时，往往需要二次或多次换面，因此又称为点的二次换面或连续换面。二次换面或多次换面与一次换面类同，只是被变换的投影面应交替选取。按照点的投影对应规律，可以由旧的投影建立新的投影，但是在选取坐标时，特别要注意体系的方位，如图 5-2 所示。

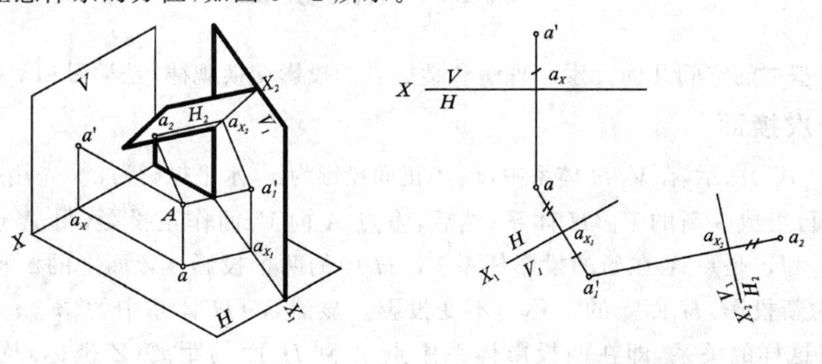

(a) 更换投影面的直观图　　(b) 换面的投影作图

图 5-2　点的二次换面

5.3　直线的换面

1. 一般位置直线一次变为投影面的平行线

一般位置直线 AB 对 V 和 H 面都是倾斜的，根据平面平行与直线的几何条件，可以作出与 AB 平行且与原体系中任一个投影面垂直的新投影面。在图 5-3 中，选取铅垂面 $V_1 /\!/ AB$。V_1 面距离 AB 的远近不影响其平行关系，因而在图上，X_1 轴应平行于 ab，二者间的距离可任取；然后，按点的换面规律作出新投影 $a'_1b'_1$。在 V_1/H 二面体系中 $AB /\!/ V_1$，故 $a'_1b'_1$ 即为 AB 之实长。它与 X_1 夹角 α 等于 AB 直线与 H 面的倾角 θ_H。

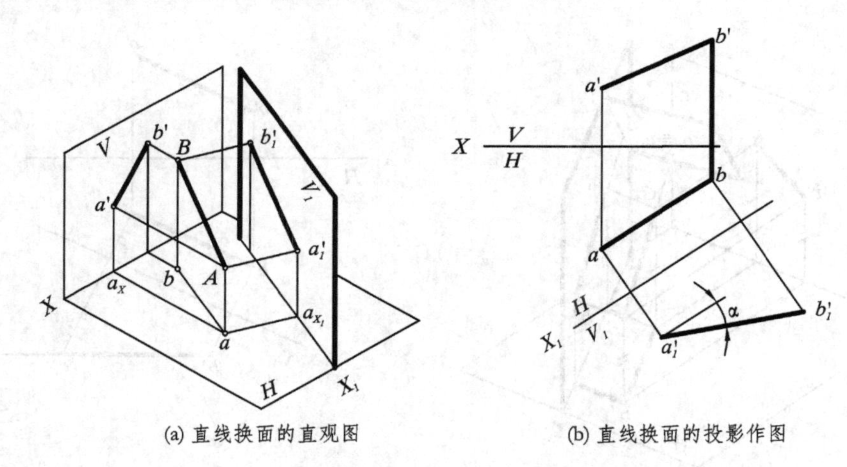

(a) 直线换面的直观图　　(b) 直线换面的投影作图

图 5-3　一般位置直线一次变换为投影面的平行线

2. “面”//线一次变换为投射线

与“面”//线垂直的新投影面必垂直于与直线平行的投影面，因而与之组成新的正投影体系。

图 5-4 中，新投影面 H_1 与正平线 AB 垂直，AB 直线在新体系中则是正垂线了。

作图步骤如下：

① 作 $X_1 \perp a'b'$；

② 按点的投影变换规律作出 $a_1 \equiv b_1$。

3. 一般位置直线经二次变换为投射线

如果选取新投影面垂直于一般位置直线，则此面与旧投影面必不垂直。所以，一般位置直线不能一次变换为投射线，必须先变直线为“面”//线，再变换为投射线，如图 5-5 所示。

作图步骤如下：

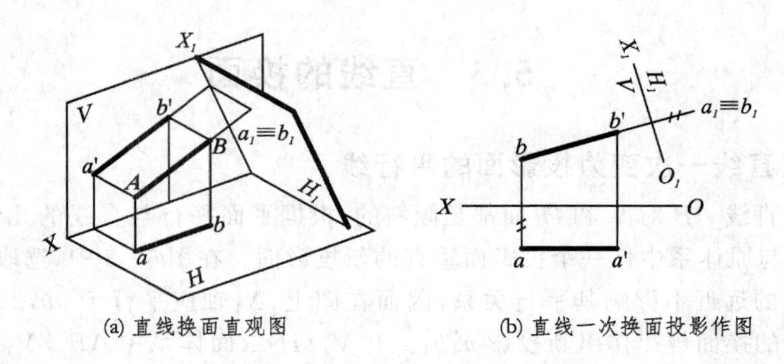

(a) 直线换面直观图　　(b) 直线一次换面投影作图

图 5-4　将“面”∥线一次变换为投射线

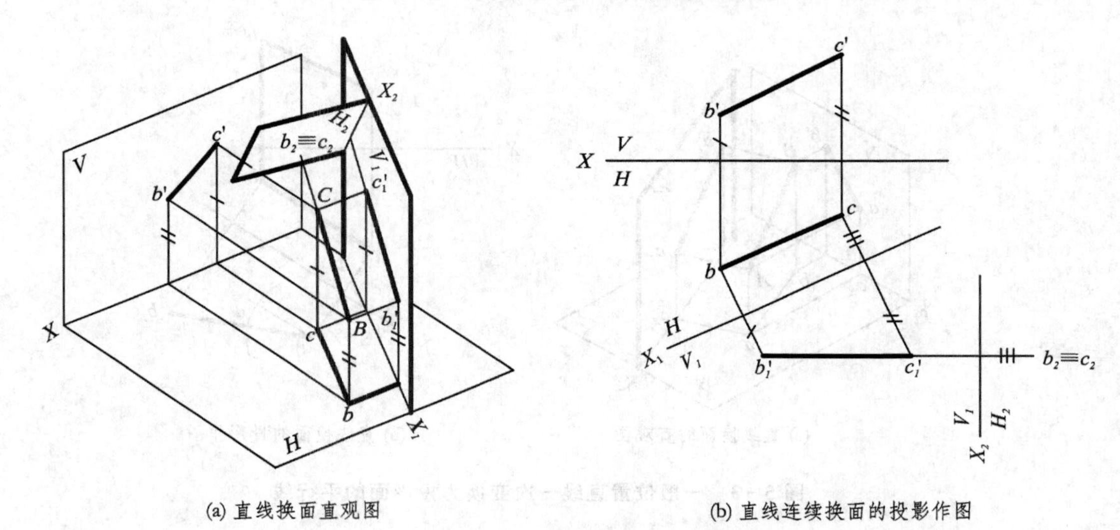

(a) 直线换面直观图　　(b) 直线连续换面的投影作图

图 5-5　一般位置直线经二次变换为投射线

① 变 BC 为 V_1 面的平行线　作 $X_1 /\!/ bc$，按规律作出 $b'_1c'_1$。

② 变 BC 为 H_2 面的垂直线　作 $X_2 \perp b'_1c'_1$，按变换规律作出 $b_2 \equiv c_2$。

作图时要特别注意，哪两个是间接对应的投影，并搞清坐标如何量？方位如何定？

例 5-1　如图 5-6 所示已知点 A 和直线 BC，求点 A 到 BC 线距离的投影和实长。

解　经过两次变换，直线在新体系中处于铅垂位置，则 a_2k_2 即为距离实长，如图 5-6(a) 所示。注意，此时还应取 a_2k_2 返回成 $a'_1k'_1$，且 $a'_1k'_1 /\!/ X_2$。再按从属性作出垂足 K 的投影，$a'c'$ 和 ac 即为距离之投影。

例 5-2　求交叉两直线 AB 与 CD 间的距离(投影及实长)。

解　两交叉直线间的距离是指两直线的公垂线。由于 AB 和 CD 均为一般位置直线，故它们的公垂线也是一般位置的，因此在投影图中不能直接量出该距离的实长。根据一般位置直线经过二次换面，可以变成新投影面的垂直线，不妨先把其中的一条线如 AB 变成新投影面的垂直线。这时，直线 CD 也应跟着实行二次换面。经二次换面后的直线 CD 对于新投影体系仍然是一般位置。但由于它们的公垂线同时与它们垂直，因此这条公垂线在新投影体系中是新投影面的平行线。根据直角投影定理，公垂线与 AB 的垂直关系在新投影面的投影中可直接反映出来。作图过程如图 5－7 所示。图中 EF 为两直线的距离，作图时过 f_2 作直线垂直于 d_2c_2 交于 e_2，f_2e_2 即距离实长，将 f_2e_2 返回求出 $f'_1e'_1$，注意它应平行于 X_2。

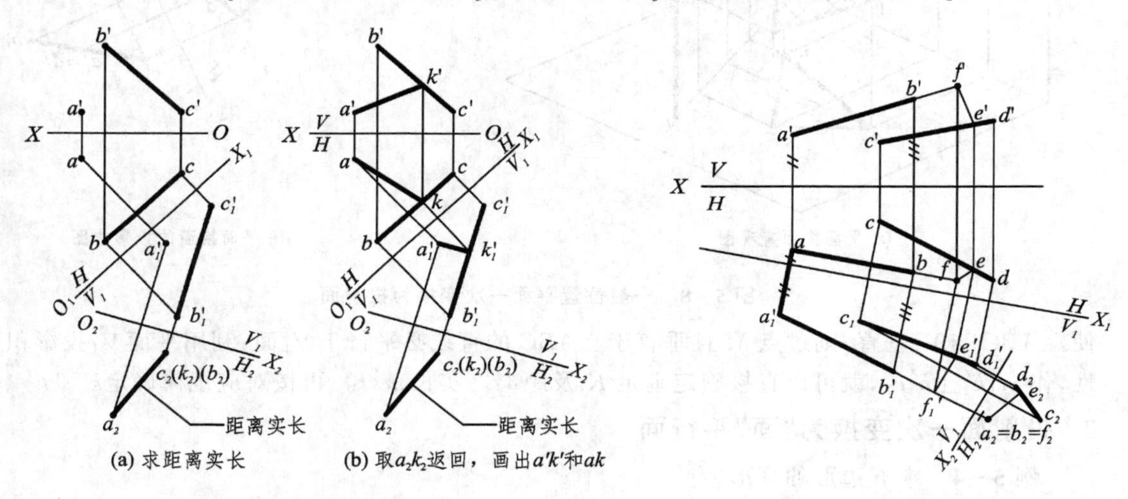

图 5－6　求点到直线的距离　　　　图 5－7　求交叉两直线间的距离

5.4　平面的换面

一般位置平面对两个投影面都是倾斜的，如果要变换为投影面的平行面，则新投影面仍然与原投影面倾斜，因此必须要二次换面。

能否一次变换为投射面呢？根据两平面垂直条件，只要使投影面垂直于平面上的一条直线，则包含此直线的平面必变换为投射面。但是，一般位置直线变换为投射线需要换两次面。因为只有面平行线才能一次变换为投射线。所以在平面上取一条“面”∥线，作新轴与之垂直，则一般位置平面就可以一次变换为投射面。

1. 一般位置平面一次变换为投射面

在△ABC 上任作一水平线 AD（图 5－8），作 $X_1 \perp ad$，在 V_1 上 $a'_1 \equiv d'_1$，并且与 c'_1 和 b'_1 共线，即三角形有积聚性。由于保留了 H 面，可直接在 V_1 面上得出平面的水平坡角 ϕ_H。

例 5－3　求点 M 到△ABC 的距离（投影及实长）。

解　当平面处于投射面位置时，则易于求点到面的距离。如图 5－9 所示，经过一次换面

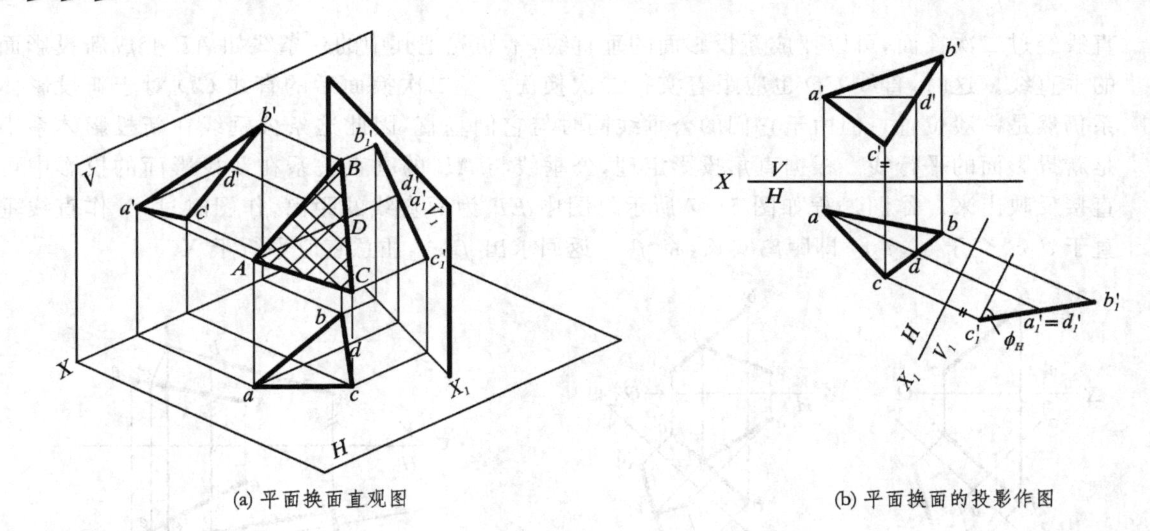

(a) 平面换面直观图

(b) 平面换面的投影作图

图 5-8　一般位置平面一次变换为投射面

使$\triangle ABC$与V_1垂直，则过点M且垂直于$\triangle ABC$的直线必平行于V_1面；利用平面V_1投影积聚性，作$m_1'k_1'\perp b_1'c_1'$，就可以直接确定垂足K及距离之实长$m_1'k_1'$，再按对应规律确定k和k'。

2. 投射面一次变换为"面"平行面

例 5-4　求五边形的真形。

解　图 5-10 中给出五边形垂直于V面。为求其真形，可以作一新投影面H_1平行于五

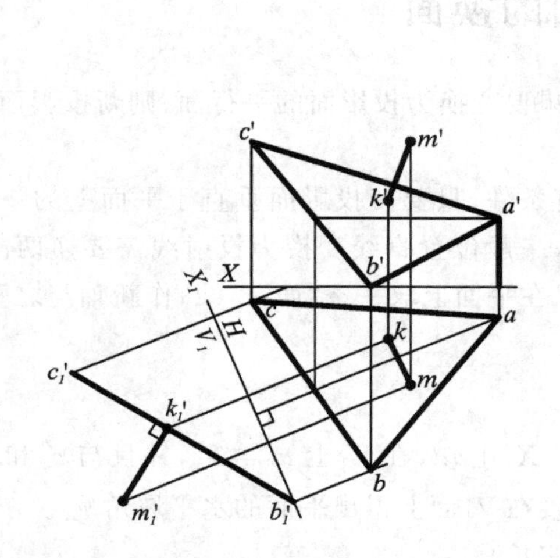

图 5-9　求距离的投影与实长

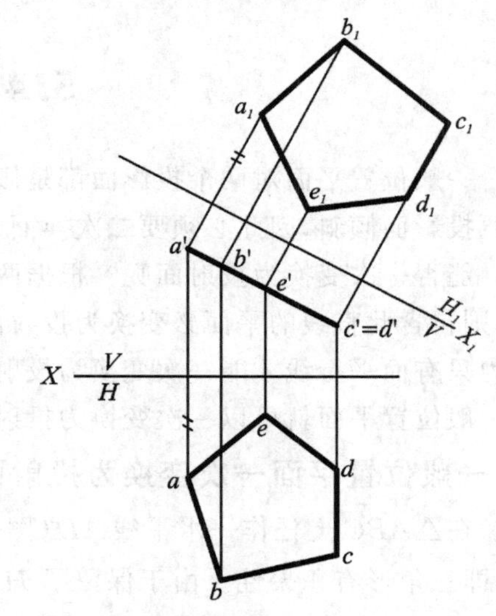

图 5-10　求五边形的真形

边形，则 H_1 与 V 面组成新的正投影体系，按点的变换规律作出各顶点的新投影，即得所求五边形的真形。

3. 一般位置平面二次变换为“面”平行面

一般位置平面须先变换为投射面，再变换为“面”平行面。利用新投影的存真性，便于解决真形问题和定位问题。现举例说明。

例 5-5　已知△ABC 的 $AC /\!/ H$，在此平面上求作一点 K 与 A、B、C 三点等距。

解　由于图形大小和形状的投影是变量，故通过两次换面先得出△ABC 的真形，然后作出与 A、B、C 三点等距的 K 点，反变换可得 K 点的投影，如图 5-11 所示。

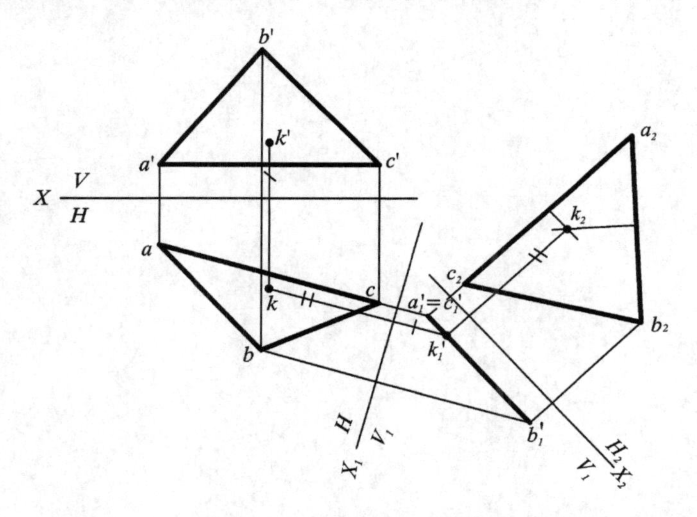

图 5-11　在平面上求作一点 K 与 A，B，C 三点等距

作图步骤如下：

① 二次换面作出△ABC 的真形△$a_2b_2c_2$。

② 在真形上作出与 a_2、b_2、c_2 三点等距的点 k_2，按积聚性由 k_2 作出 k'_1，再依据点的间接投影对应规律作出 k 和 k'，也可以按从属性由 k 作出 k'。

第二篇

立体的投影与表达

- 平面立体
- 基本旋转体
- 平面与曲面相交
- 曲面与曲面相交
- 用 CSG 体素构造法分析空间形体
- 三维图形表达
- 组合体的构形与表达

第6章　平面立体

平面立体是由平面多边形所围成的多面体，而平面多边形又是由点和直线组成。因此，可以说平面立体就是点、直线、平面多边形的综合。由此可见，平面立体的投影问题并没有什么新的内容，只不过要求注重解决问题的思路、方法和更高的综合想像能力而已。

解决平面立体的投影问题的基本方法被称为线面分析法。平面立体的投影，实际上是组成该物体的各个表面的投影综合，而这些表面都是按一定的形状要求和连接方式构成的。因此，只要画出各个表面及其相互关系的各投影，就可以在投影图上表示出物体的形状。构成平面立体的各表面虽然形状各异，但其空间位置只有三种情况：投影面平行面、投影面垂直面和一般位置平面。以看图为例：从投影图上一个一个的封闭线框入手，并根据投影对应规律找出与之对应的另外两个投影，从而分析出各个表面的空间方位和形状，最后就可以综合想像出物体的形状。

解决平面立体的投影问题，经常用到以下的基本知识和基本概念：

- 各种不同位置的直线和平面的投影特性。
- 投影图中一个封闭的线框一般表示物体的一个表面的投影。
- 投影图中的图线，有的是一个平面积聚成的线段，有的是表示两平面的交线。
- 空间平面多边形与它的投影之间及投影与投影之间都具有亲似性。

6.1　平面基本几何体

平面基本几何体分为两大类：棱柱体和棱锥体。棱柱体中互相平行的两个平面称为棱柱的底面，其余各平面称为棱柱的侧面，侧面与侧面的交线称为棱柱的侧棱。棱锥体由底面、锥顶和若干个侧面组成。棱锥的底面是多边形，侧面都是三角形。其各侧面的交线，也称为侧棱。

图6-1和图6-2分别为正三棱锥和正六棱柱的三面投影图。

下面以三棱锥的三面投影为例，进行线面分析。根据投影对应规律可以看出，它的三条侧棱中 SA 和 SB 是一般位置直线，SC 是侧平线；组成底面的三条边都是水平线，其中 AB 为侧垂线，其 W 投影积聚为一点。棱锥上的各面：$\triangle SAC$ 和 $\triangle SBC$ 为一般位置平面；$\triangle SAB$ 为侧垂面，其 W 投影积聚成一直线段；底面 $\triangle ABC$ 为一水平面，因而它的 H 投影反映真实形状。

只有把图上每一条线和每一个面的性质都了解得清清楚楚，才能对所看到的图形有比较深刻的理解。

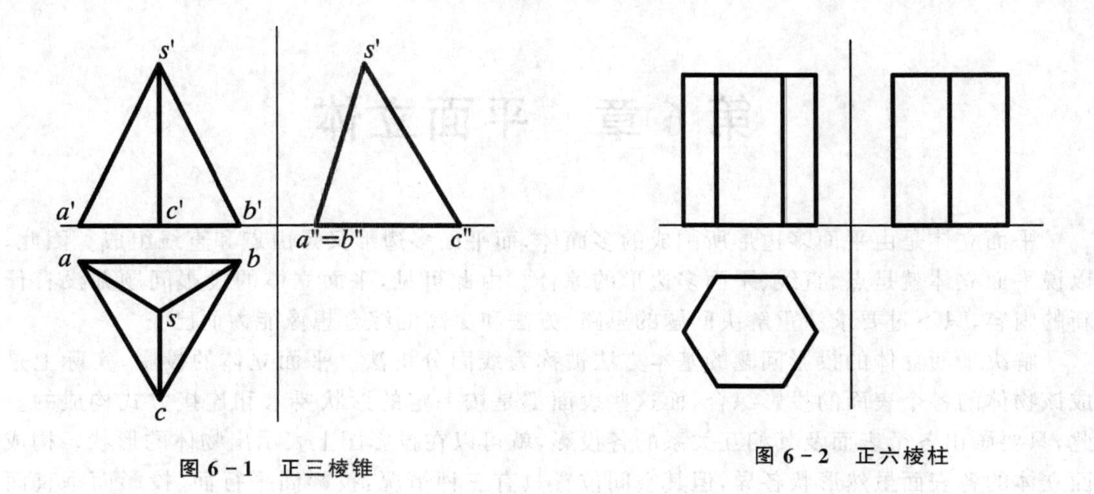

图 6－1　正三棱锥　　　　图 6－2　正六棱柱

6.2　切割型平面立体

切割型平面立体是由一个基本几何形体被若干个不同位置的截平面切割而成。如图 6－3 所示物体，可看作是一个长方体被一个垂直于 V 面的截平面切去物体左上方的一个角，然后被两个垂直于 H 面的截平面切去物体前后两个角而形成。

例 6－1　分析图 6－4 所示的物体。

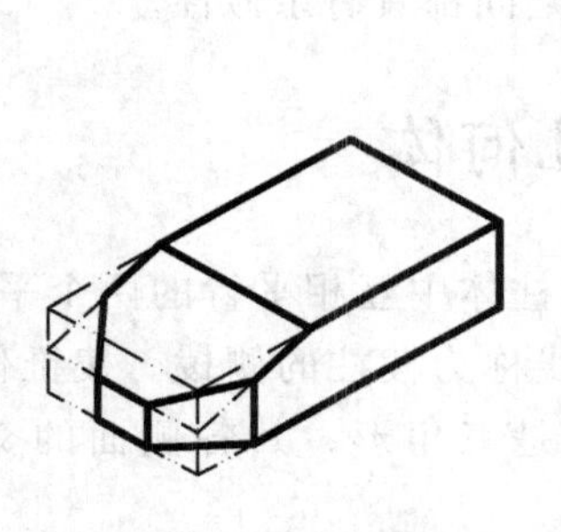

图 6－3　棱柱体的切割

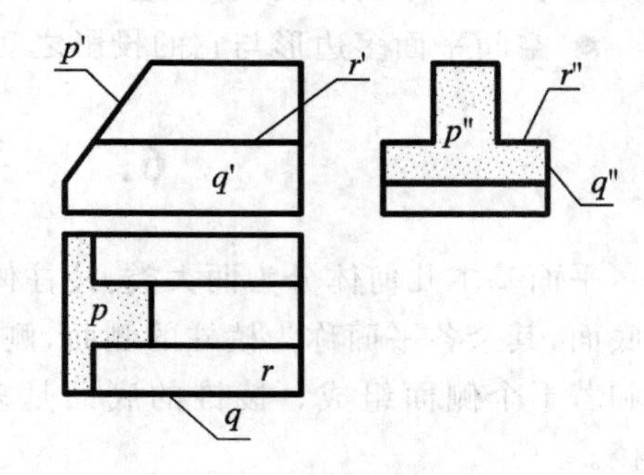

图 6－4　线面分析

分析　根据三个投影的最大线框来分析，主体是一个棱线垂直于 W 面的“凸”形棱柱体，它的各个侧面和端面都分别平行于 V、H、W 面。棱柱体的左上角被一个垂直于 V 面的截平面切去一个角，如果把这个截平面与棱柱表面的截交情况分析清楚了，这个图也就看懂了。首选从 H 投影的封闭线框 P 入手，根据投影对应关系，在 V 投影上找不出与它相亲似的封闭线框，只能积聚成一斜直线 P'。因此，P 平面是一个正垂面。根据投影对应关系很容易找到封闭线框 p''。p 和 p'' 具有亲似性。其他表面如 $Q(q',q,q'')$ 为正平面，$R(r',r,r'')$ 为水平面。

例 6－2　分析图 6－5 所示物体。

分析　根据三个投影上的最大线框来分析，主体是一个长方体，长方体的左上角被两个截平面切去一部分。这两个平面是怎样分析出来的？它们的位置又怎样？下面从封闭的线框入手，用线面分析的方法来分析这两个平面。从 H 投影可以看到封闭线框 a，根据投影对应关系，在 V 投影中找不出与它相亲似的封闭线框，只能积聚成一段直线 a'，这就可以肯定该平面是一个水平面。根据投影对应关系很容易找到 a''。从 H 投影中还可以看到平行四边形▱1234，且 12∥34；在 V 投影中与之相对应的是平行四边形▱1′2′3′4′和 1′2′∥3′4′；在 W 投影中与之相对应的是平行四边形▱1″2″3″4″和 1″2″∥3″4″。由于这个平面的三个投影都是具有亲似性的四边形，所以它是一个一般位置平面。综上所述，物体是一个长方体被一个水平面和一个一般位置平面切割而成。

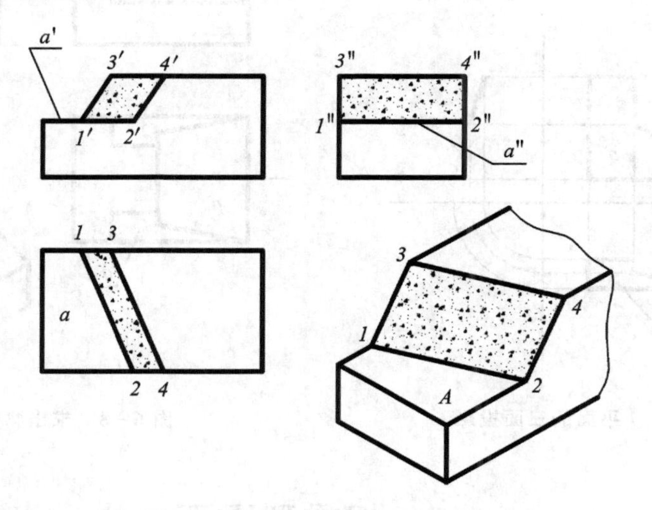

图 6－5　分析形体

在分析物体的投影图时，必须将几个投影联系起来分析，切忌把各个投影割裂开来，从一个投影就下结论。这也是初学者容易产生的不正确思想方法。

例 6－3　已知物体的 V 和 W 投影，画出 H 投影，如图 6－6 所示。

解　从 V 和 W 投影可以看出，物体基本上是一个长方体，从 V 投影看出物体的左上部被一个侧平面和一个正垂面共同切去了一部分。从其交线的投影 1″2″变短可以看出，物体左上部的前后被对称的两个侧垂面切去两个角。

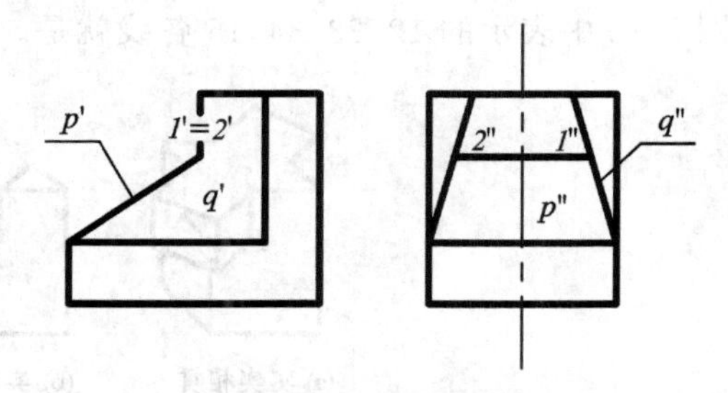

图 6－6　已知物体的 V 和 W 投影，画出 H 投影

进一步分析细节形状，用线面分析方法分析每个表面的空间位置和形状。如 $P(p',p'')$ 为正垂面，$Q(q',q'')$ 为侧垂面等。如果已知每一个平面的两个投影，就可以画出它们的第三个投影。如图 6-7 是 Q 平面的三面投影，q 和 q' 具有亲似性。这样，就可以逐步地把物体的 H 投影画出来。

因为物体基本上是一个长方体，所以 H 投影可以先画出一个长方形，然后逐个画出其他表面的 H 投影，如图 6-8 所示。

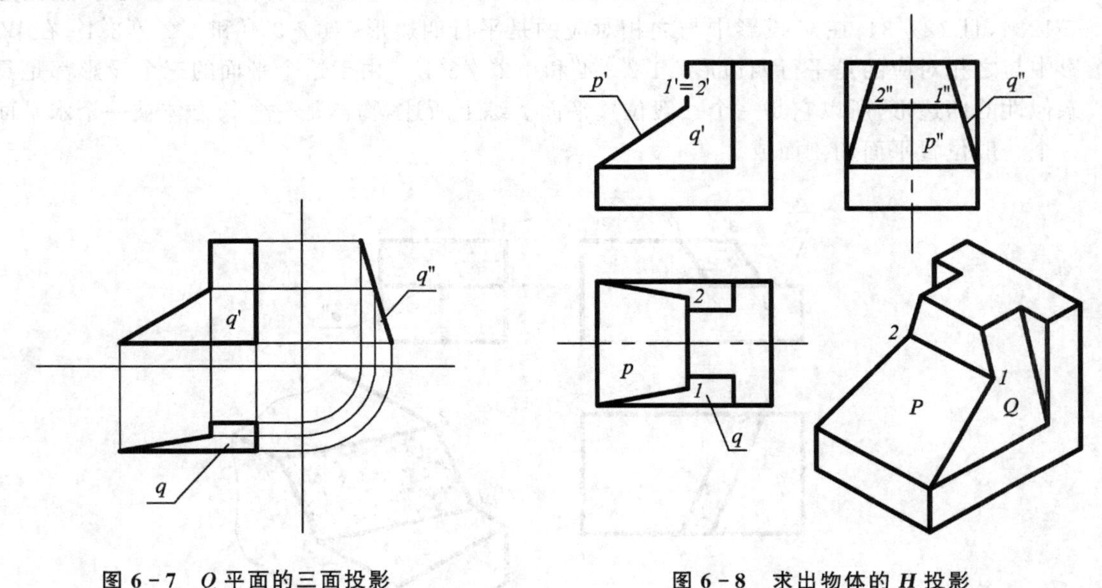

图 6-7　Q 平面的三面投影　　　图 6-8　求出物体的 H 投影

6.3　相贯型平面立体

两个平面立体相贯是一种常见的零件结构形式。在前述线面分析方法的基础上，正确解决这类问题的投影，主要是正确分析和处理它们之间的分界线，即两个平面的交线。例如图 6-9 中表示的 12，23，34，15 各线就是。

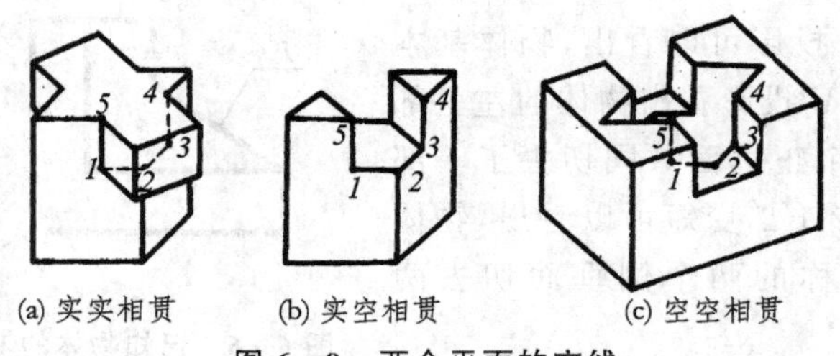

(a) 实实相贯　(b) 实空相贯　(c) 空空相贯

图 6-9　两个平面的交线

6.3.1 几何分析

遇到这类物体时，首先对它进行形体分析，如图 6－9(a)所示，是两个四棱体相贯。在分析过程中遇有空腔、槽及孔等，同样把它当作一个形体来看待，如图 6－9(b)和(c)所示；同时还可以进一步分析，不论所讨论的面是零件实体的外表面还是空腔的内表面，从几何元素的抽象性来说都是没有厚度的平面。图 6－9 所示的三种情况，虽各不相同，但都可抽象为图6－10(a)所示的几何模型。因此，皆可按交线是两平面的公共线这一几何性质分别求各平面的交线。

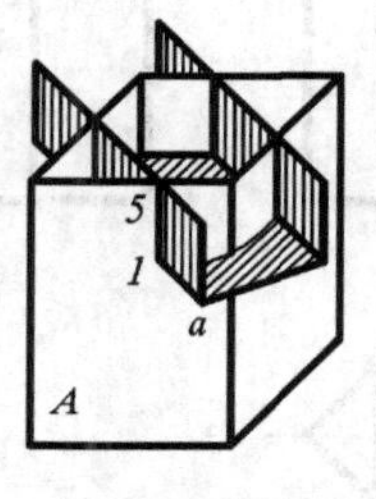

(a) 交线几何分析

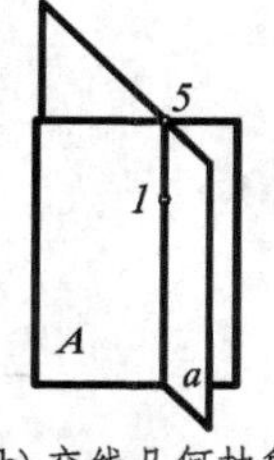

(b) 交线几何抽象

图 6－10　对于每一条交线将产生交线的两个平面

对于每一条交线，还可以进一步将产生交线的两个平面，单独抽象出来进行分析，如图 6－10(b)所示的 A 和 a 平面那样。

从上述分析可以看出，在具体作图时应该注意：① 根据两个有限表面的相对位置分析是否有交线产生；② 根据两个表面的相对位置分析交线的位置和方向；③ 根据两个表面的有限范围确定交线的长短。

6.3.2 投影分析

以上对物体的空间性质进行了几何分析，下面再回到投影图上作一些讨论。

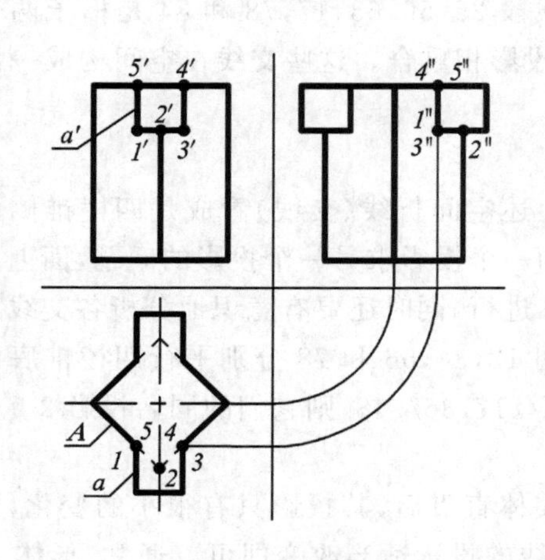

图 6－11　投影分析

从图 6－11 可看出，由于 $a \perp H$，$A \perp H$，其 H 投影相交，所以存在交线。交线 15 的 H 投影积聚为一点，1≡5。由于 $a \perp V$，故 $1'5'$满足积聚性，与 a 面的 V 投影重合。由 15 和 $1'5'$可求出 $1''5''$。$1'5'$和 $1''5''$都反映真长，并且都垂直于相应的投影轴。交线 34 的分析相同。另外，正垂方柱的底面与铅垂方柱的四个侧面的交线 12 和 23 的投影都满足积聚性，不需要另外作图。但从其相对位置来看，其 H 投影皆不可见，故画成虚线。

图 6－12 表示了交线相同，而物体的实体或空腔有些变化的情况，其交线的性质都一样，请读者自行分析。

例 6－4　补全物体的 V 投影(图 6－13)。

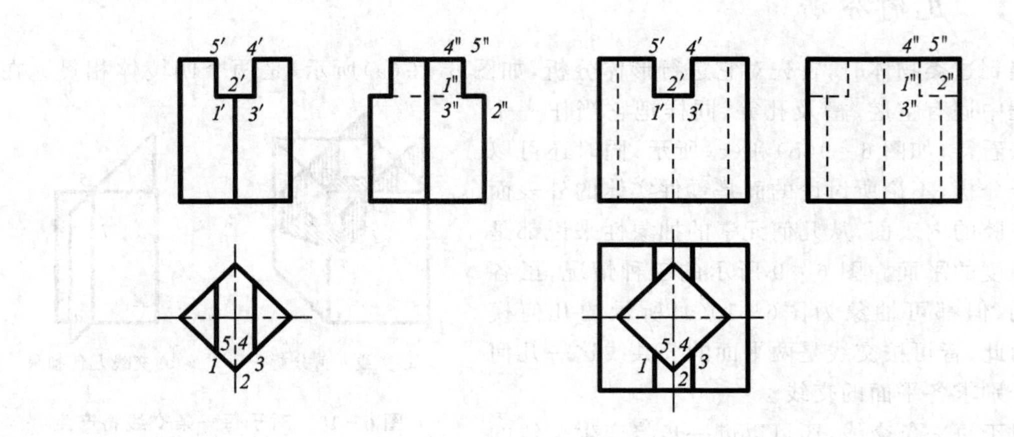

图 6-12　物体空腔交成的投影

1）空间分析

从图 6-13 可以看出，物体是一个四棱锥，然后沿着 45°方向平行四棱锥的底面加工出一个长方槽，也就是说，可以看成是一个四棱柱（空腔）与四棱锥相贯。因此，补全物体的 V 投影，实质上就是画槽子的两个侧面（铅垂面）和底面（水平面）与四棱锥侧面的交线，同时还要判断其可见性。

在分析 H 投影时应注意，长方形线框 1234 所包含的范围是槽子底面的投影，而线段 12 和 34 是槽子底面与四棱锥两个侧面交线的投影。线段 25，56，63，17，78 和 84 是槽子两个侧面与四棱锥侧面交线的投影，它们与槽子侧面的 H 投影相重合。这些交线在空间构成一条封闭的空间折线。

2）投影作图

根据交线是两个面的公共线这一性质，可以把上述空间折线（交线）看成是四棱锥侧面上的线。然后，把问题转化成已知四棱锥侧面上直线的一个投影求另一个投影的问题，面上取点取线的问题。在作图时，一方面根据投影对应规律来进行，同时还要有意识地分析各交线之间的几何关系，以便更准确地画出投影图来。如在空间 12，34，56 和 78 分别平行四棱锥底面的边线，则它们的同名投影应互相平行；又如在空间 25//17，36//48，则它们的同名投影 $2'5' \parallel 1'7'$，$3'6' \parallel 4'8'$。具体作图及可见性判断见图 6-14。

从上面几个实例的投影分析中可以看出，两个实体直贯后，其投影只有很小的变化，因此作题时，可以先将两形体都画出，然后只将其中几条线的投影适当改变即可。通常，形体 A 被形体 B 相贯，即形体 A 的外形线已不存在了，它会被平面的交线代替。这一投影规律被称为外形线退缩，它对今后作图是很有帮助的，如图 6-15 所示。

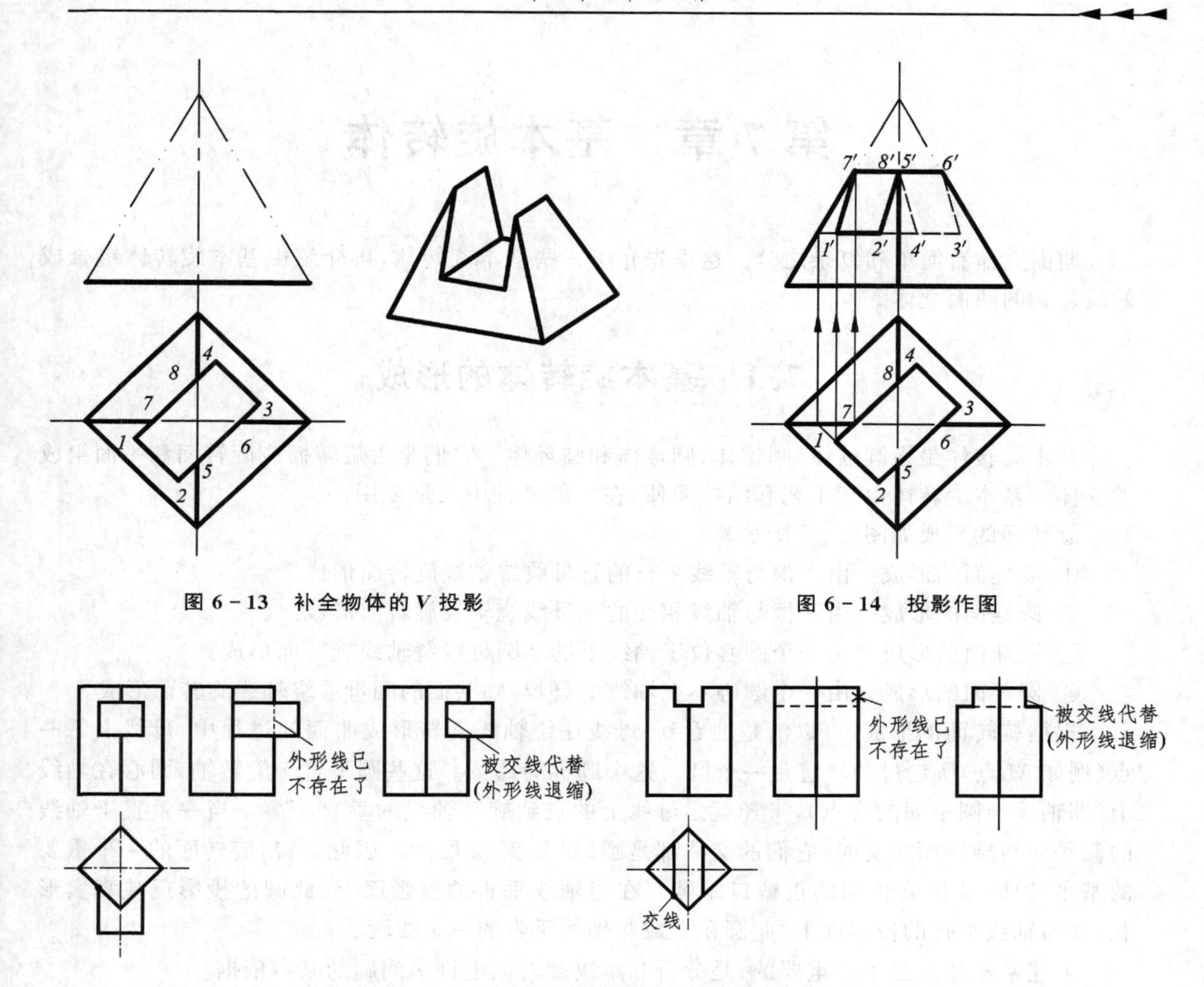

图 6－13　补全物体的 V 投影

图 6－14　投影作图

图 6－15　外形线退缩投影作图

综上所述，平面立体的形状可能是多种多样的，但解决问题的思路和方法是一致的，归纳如下：

① 形体分析能力，即善于把组合体分解成基本几何形体的能力。

② 几何抽象能力，即善于把物体的内外表面、棱线抽象成几何元素点、线、面来认识和处理它们的投影问题。

③ 线面分析方法，即根据投影对应规律，分析组成物体的每一个表面的形状和它们的相互位置(包含它们之间的交线)，达到综合认识、想像物体的形状和解决投影作图问题的目的。

第 7 章　基本旋转体

曲面立体有简单和复杂之分。这里先介绍一些基本旋转体,再介绍由基本旋转体组合成的较复杂的曲面立体。

7.1　基本旋转体的形成

基本旋转体是指圆柱体、圆锥体、圆球体和圆环体。它们是由旋转面或旋转面和平面组成的立体。基本旋转体由于工艺和结构简便,在一般零件中大量采用。

旋转面的形成如图 2－7 所示。

① 圆柱面的形成　由一根与轴线平行的直母线绕轴线旋转而形成。

② 圆锥面的形成　由一根与轴线相交的直母线绕轴线旋转而形成。

③ 圆球面的形成　由一个圆心位于轴线上的半圆母线绕轴线旋转而形成。

④ 圆环面的形成　由一个圆心不在轴线上,但与轴共面的圆母线绕轴线旋转而形成。

根据旋转面的形成,可以清楚地看到:母线在绕轴线旋转形成曲面的过程中,母线上每一点(例如 M 点)所走过的轨迹是一个圆。这个圆称为纬圆。这些圆垂直于旋转轴,圆心在轴线上(即轴线与圆平面的交点),半径就是母线上的点到旋转轴线的垂直距离。当一垂直于轴线的截平面与旋转面相交时,它们的交线都是圆,如图 2－2 所示。因此,得出旋转面的一个重要的基本性质:任何旋转面的正截口是圆。在与轴线垂直的投影面上,此圆的投影反映真实形状;在与轴线平行的投影面上,此圆积聚成与轴线垂直的一直线段。

上述基本性质是十分重要的,是分析和解决旋转面上许多问题的基本依据。

7.2　基本旋转体的投影

常见到的基本旋转体,其轴线多为投影面垂直线。因为旋转面是光滑的,没有明显的棱线,所以,在解决这种位置旋转面投影画法问题时,很重要的一点就是要搞清楚该旋转面各投影外形线及其投影对应关系。

7.2.1　圆柱体

图 7－1 所示的圆柱体的轴线是铅垂线。它的水平投影为一圆,有积聚性,圆柱面上任何点和线的水平投影都积聚在这个圆上。圆柱体的其他两个投影是形状相同、大小相等的两个

长方形线框。

图 7-1(a)表示了圆柱面向 V 面投影时，必有一组投影线与圆柱面相切，形成两个与圆柱面相切于素线 AA_1 和 BB_1 的切平面，素线 AA_1 和 BB_1 与它们的 V 投影 $a'a'_1$ 和 $b'b'_1$ 就是圆柱面的 V 投影外形线。同时还可以看出，对 V 方向而言，外形线 AA_1 和 BB_1 将圆柱面分为可见与不可见的两部分，前半部可见，后半部不可见。

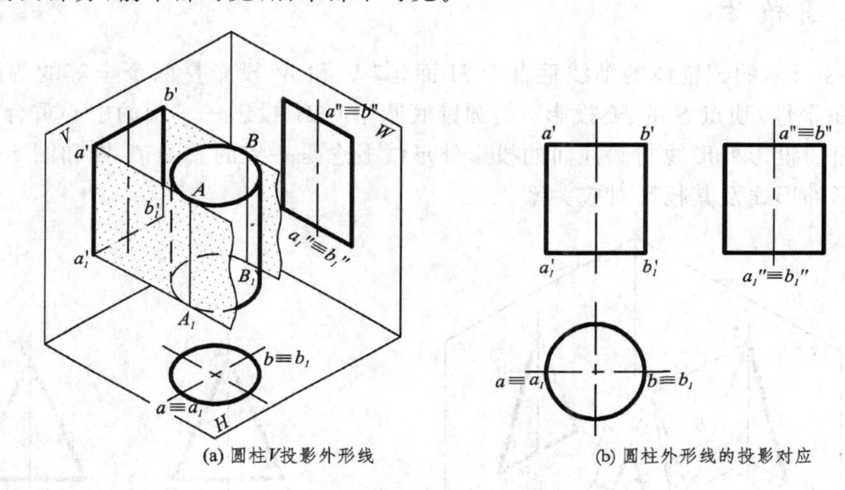

(a) 圆柱 V 投影外形线　　(b) 圆柱外形线的投影对应

图 7-1　圆柱面向 V 面投影

由于旋转面是光滑的，所以 AA_1 和 BB_1 的 W 投影没有必要画出。但其对应位置 $a''a''_1$ 和 $b''b''_1$ 与轴线重合；其 H 投影积聚成点 $a≡a_1$，$b≡b_1$。

图 7-2 则表示了旋转面外形线的另一个特点——外形线的方向性，即外形线是随着投影

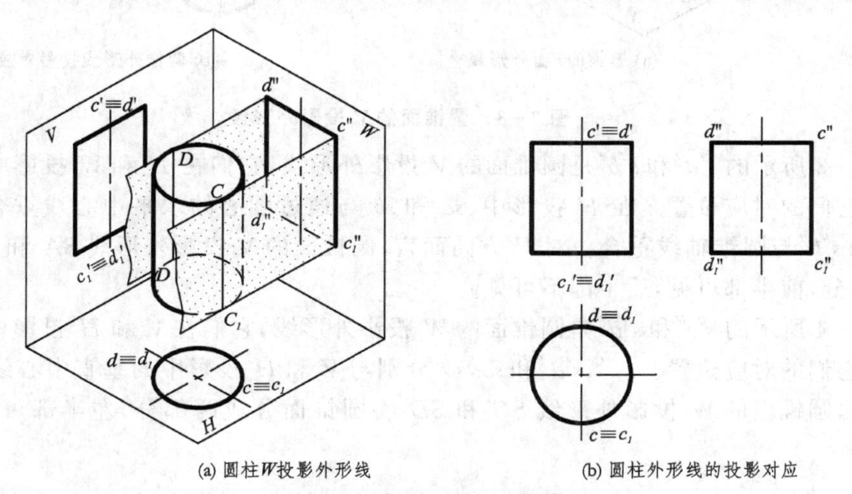

(a) 圆柱 W 投影外形线　　(b) 圆柱外形线的投影对应

图 7-2　圆柱面向 W 面投影

方向而变化的。不同方向的外形线对应着旋转面上不同位置的素线。CC_1 和 DD_1 是圆柱面上 W 方向的外形线。对 W 方向而言，它们将圆柱面分成两部分，左半部可见，右半部不可见。$c''c''_1$ 和 $d''d''_1$ 是圆柱面的 W 投影外形线，CC_1 和 DD_1 的 V 投影 $c'c'_1$ 和 $d'd'_1$ 与轴线重合；其 H 投影积聚成点 $c \equiv c_1$，$d \equiv d_1$。

7.2.2　圆锥体

图 7－3 所示的圆锥体的轴线垂直于 H 面，其 V 和 W 投影是两个全等的等腰三角形，其 H 投影无积聚性，顶点 S 的 H 投影 s 与圆锥底圆中心 H 投影——圆的中心重合。

圆锥面的投影外形线与圆柱面的投影外形线概念是一致的。图 7－3 和图 7－4 表示了圆锥面的投影外形线及其投影对应关系。

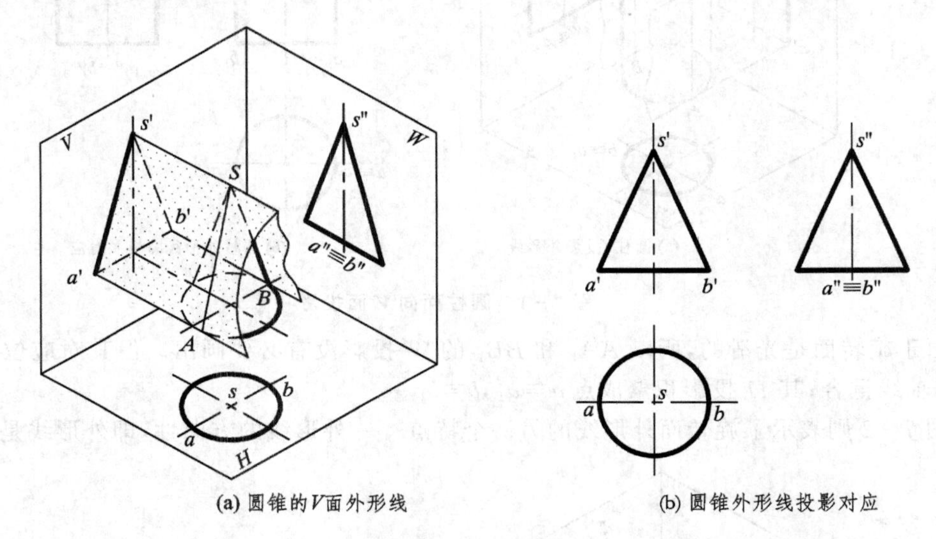

(a) 圆锥的V面外形线　　(b) 圆锥外形线投影对应

图 7－3　圆锥面的 V 投影外形线

图 7－3 所示的 $s'a'$ 和 $s'b'$ 是圆锥面的 V 投影外形线，它们在 H 和 W 投影中没有明显的线，但有它们的对应位置。在 H 投影中，sa 和 sb 与通过圆心的水平中心线重合；在 W 投影中，$s''a''$ 和 $s''b''$ 与圆锥轴线重合。对 V 方向而言，圆锥面的 V 投影外形线 SA 和 SB 将圆锥面分为两部分，前半部可见，后半部不可见。

图 7－4 所示的 $s''c''$ 和 $s''d''$ 是圆锥面的 W 投影外形线，它们在 V 和 H 投影中没有明显的线，但有它们的对应位置。$s'c'$，$s'd'$ 和 sc，sd 分别与 V 和 H 投影中的垂直中心线重合。对 W 方向而言，圆锥面的 W 投影外形线 SC 和 SD 将圆锥面分成两部分，左半部可见，右半部不可见。

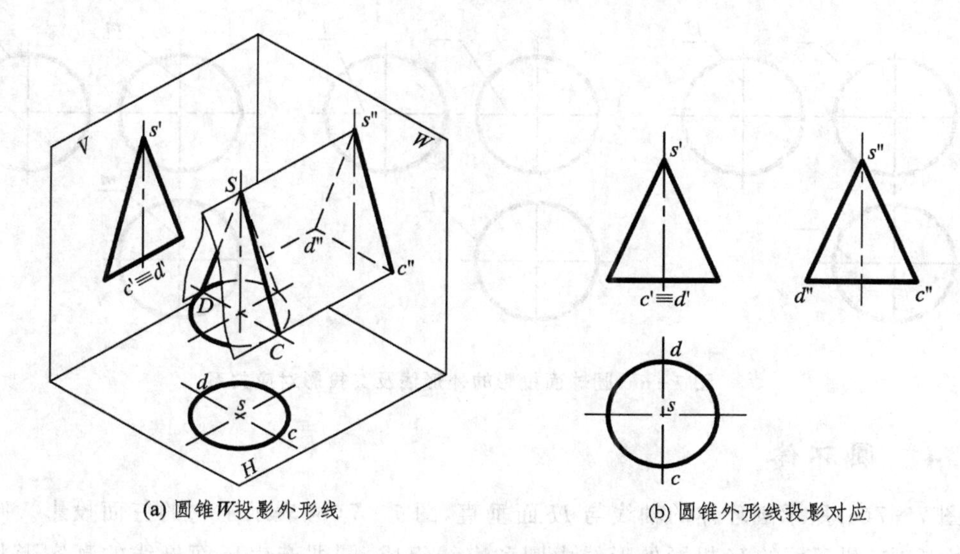

(a) 圆锥*W*投影外形线　　(b) 圆锥外形线投影对应

图 7-4　圆锥面的 *W* 投影外形线

7.2.3　圆球体

图 7-5 表示了圆球面的三面投影情况。对一个完整的圆球面而言，它的 V,H,W 投影都是直径相等的圆，其大小等于圆球的直径。这三个圆 k',l,m'' 就是圆球面的 V,H,W 投影外形线，它们是三个方向的大圆 K,L,M 的投影。

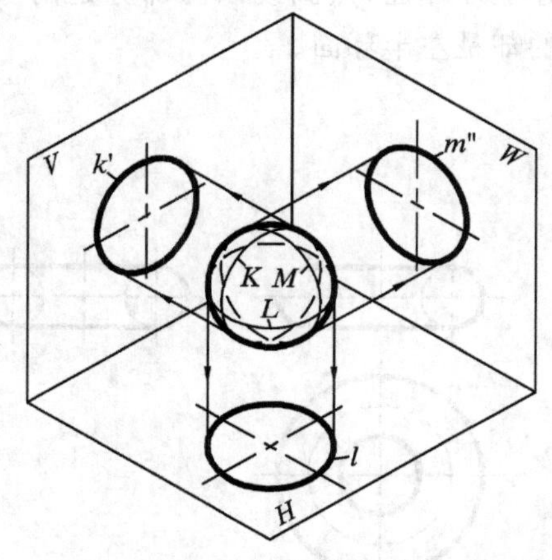

图 7-5　圆球面在三个投影面上的投影

图 7-6 表示了圆球面的投影外形线及其投影的对应关系。球面上大圆 K 的 V 投影是圆 k''，其 H 投影 k 和 W 投影 k'' 均与中心线重合，不必画出。其他两个大圆 L 和 M 的投影，在三个投影上的对应关系也是类似的，读者可根据图自行分析。

关于可见性问题：对 V 方向而言，以大圆 K 为界，将圆球面分为前、后两部分，前半部可见，后半部不可见；对 H 方向而言，以大圆 L 为界，将圆球分为上、下两部分，上半部可见，下半部不可见；对 W 方向而言，以大圆 M 为界，将圆球面分为左、右两部分，左半部可见，右半部不可见。

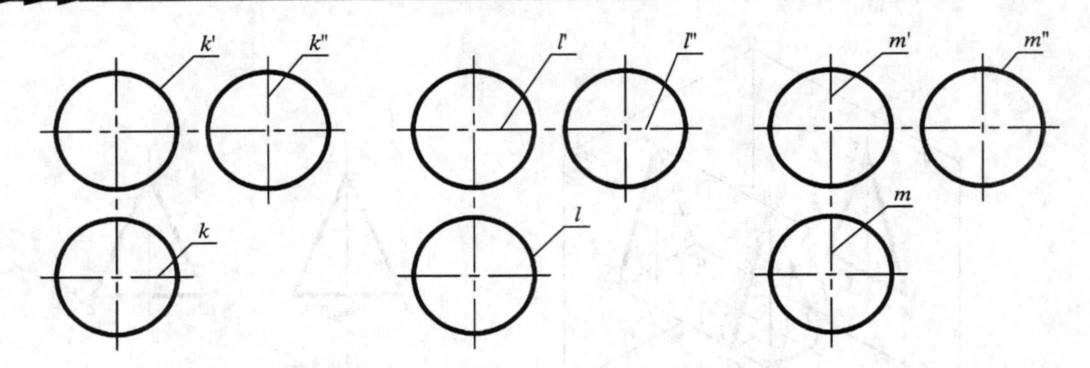

图 7-6　圆球面投影的外形线及其投影对应关系

7.2.4　圆环体

图 7-7(a)所示圆环体的轴线与 H 面垂直，图 7-7(b)表示了它的三面投影。圆环体由圆环面围成，圆环面的 V 投影外形线由圆和直线组成，圆即产生环面母线的真实形状。每个圆的外侧一半可见，表示外环面，画粗实线；内侧一半为不可见，表示内环面，画虚线。直线为二母线圆的公切线，它是圆环最高线（圆）的 V 投影，其水平投影与圆环中心线点画线圆重合。圆环面的 H 投影外形线是同心的大圆和小圆（圆环面的赤道圆和喉圆的投影），也是圆环面在 H 面上可见与不可见的分界线。点画线圆的直径等于 V 投影中两个小圆的中心距离。此外，点画线圆还是内外环面的分界线。点画线圆以外部分是外环面，点画线以内部分是内环面部分。圆环面的 W 投影形状与 V 投影相同，但它表示的却是左半环面。

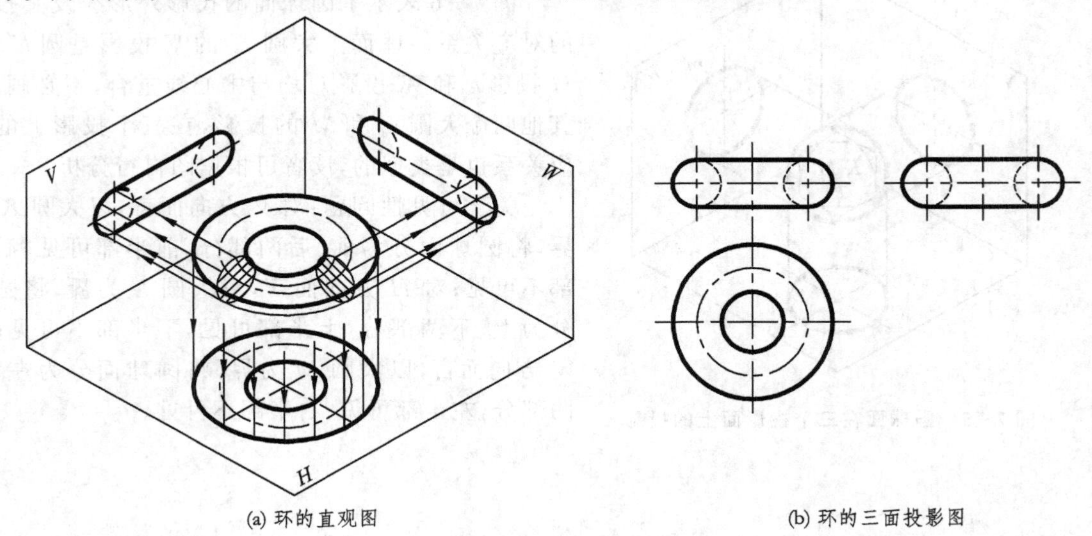

(a) 环的直观图　　(b) 环的三面投影图

图 7-7　圆环体的三面投影

图 7－8～7－11 所示为圆环面投影外形线的对应关系。

图 7－8 所示的 V 投影中两个外形线圆 d' 与轴线在同一个平行于 V 面的平面内。所以，它们的 H 和 W 投影积聚为一直线。其对应位置：d 与水平中心线重合；d'' 与轴线重合。同理，可分析 W 投影两个外形线圆的投影对应关系。

图 7－9 中 V 和 W 两个外形线圆的公切线 d'，d'' 和 t'，t'' 也是圆环面在 V 和 W 投影中的外形线。它们对应于实物上的两个圆——$M(m',m)$ 和 $N(n',n)$ 点在圆环面形成过程中的运动轨迹，在 H 投影的对应位置与点画线圆重合。圆 D 和 T 把完整的圆环面分为外环面和内环面。在绕轴线旋转过程中，半圆 $M3N$ 的轨迹形成外环面，而半圆 $M4N$ 的轨迹形成内环面。

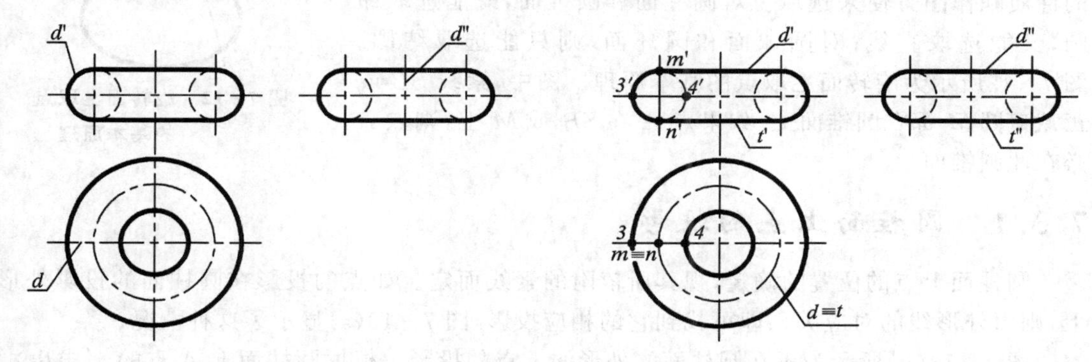

图 7－8　V 投影中两个外形线圆的投影对应关系　　**图 7－9　圆环面在 V 和 W 投影中的外形线**

图 7－10 中 H 投影外形线圆 l 在 V 和 W 投影中积聚为直线 l' 和 l''，其对应位置与两外形线圆中心的水平线重合。对 H 方向而言，L 是外环面上半部与下半部的分界线，上半部可见，下半部不可见。

图 7－11 中 H 投影外形线圆 S 在 V 和 W 投影中积聚为直线 s' 和 s''，其对应位置与图 7－10 中的 l' 和 l'' 重合且是不可见的，因为 S 和 L 同在一个水平面内。对 H 方向而言，S 是内环面上、下两部分的分界线，上半部可见，下半部不可见。

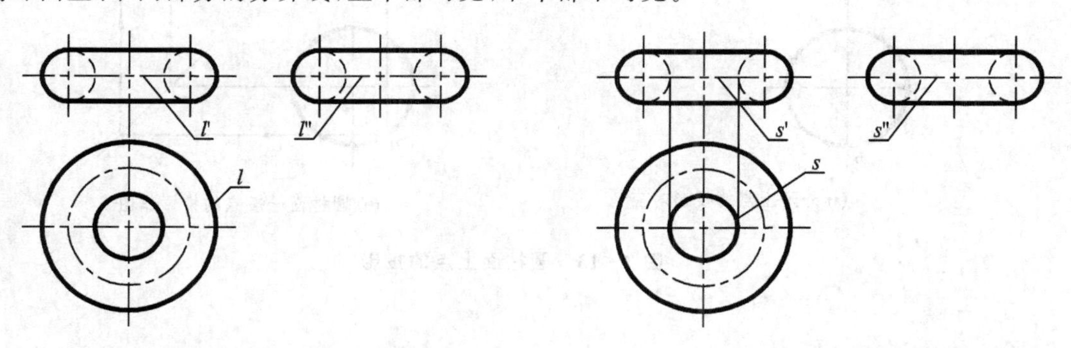

图 7－10　圆环外环面 H 投影外形线圆　　**图 7－11　圆环内环面 H 投影外形线圆**

7.3　旋转面上点的投影

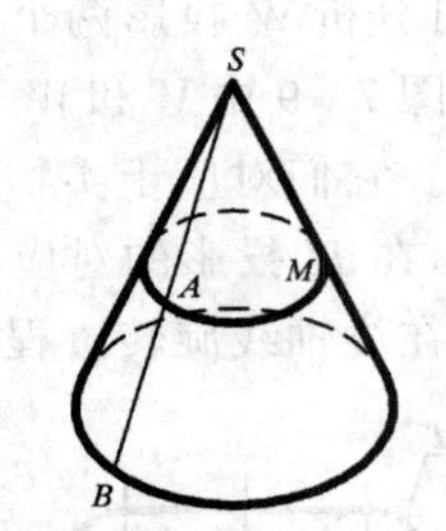

图 7－12　旋转面上取点的基本原理

要确定旋转面上点的投影，必须满足"面上取点"的几何条件，即首先过该点在曲面上取一条辅助线，先求出此辅助线的投影，再根据从属性确定点的投影。不过，在曲面上取辅助线时应取最简单易画的线——圆或直线。这就需要根据曲面的性质和作图方便来选取。对圆柱面和圆锥面，既能选取纬圆，又能选取直线；对圆球面和圆环面，则只能选取纬圆。图 7－12所示为旋转面上取点的基本原理。图中，素线 SB 或正截口圆 M 都在圆锥面上，如果点 A 在 SB 或 M 上，则点 A 必在此圆锥面上。

7.3.1　圆柱面上点的投影

圆柱面上点的位置的确定，视其所依附的素线而定。如点的投影在圆柱面的投影外形线上，则由外形线的对应关系即可找到它的相应投影，图 7－13(a)显示了这种情况。

图 7－13(b)所示为不在圆柱面的外形线上点的投影。根据圆柱面上 A 点的 a' 求出 a'' 的作图过程是：已知 a'，就可以利用圆柱在 H 面上有积聚性求出 a，然后根据点的两个投影 a' 和 a 求出第三个投影 a''。

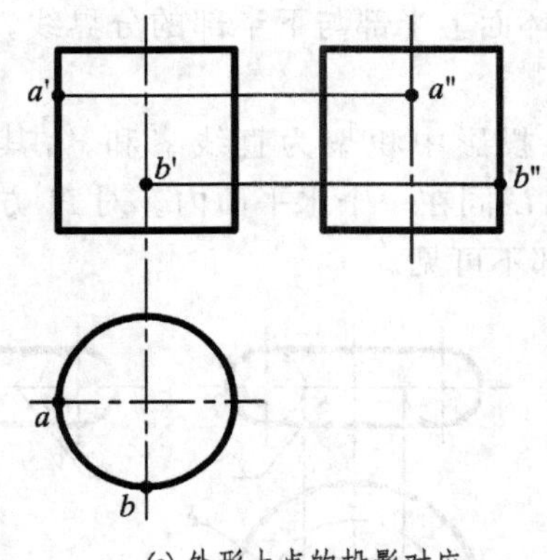

(a) 外形上点的投影对应

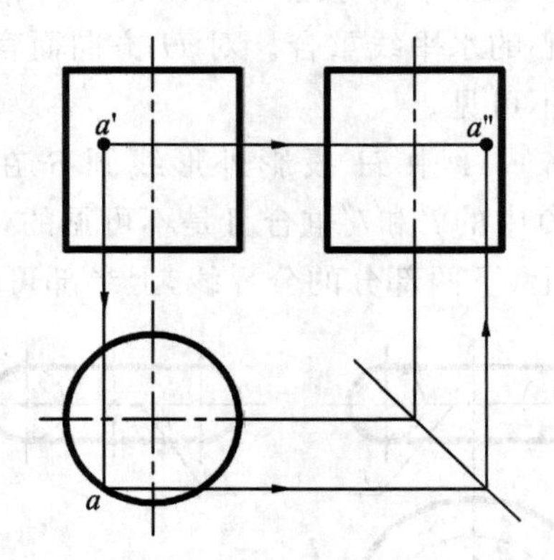

(b) 圆柱面一般点的投影作图

图 7－13　圆柱面上点的投影

7.3.2　圆锥面上点的投影

如果点的投影在圆锥面的外形线上，则由外形线的对应关系即可确定点的相应投影，如图 7-14(a)所示。若点的投影不在圆锥面的外形线上，即圆锥面的 H 投影没有积聚性可以利用，则可利用"面上取点"的原理，即首先通过该点在圆锥面上取一条辅助线，求出此辅助线的投影，再根据点和线的从属关系定出点的投影。如图 7-14(b)和(c)所示，已知锥面上一点的 a' 求 a 和 a'' 的情形。其中，图(b)所示为过 A 点作一辅助水平面，交圆锥面于一纬圆。该纬圆的 V 投影为过 a' 的一条水平线；其 H 投影为一圆，半径为 cs。然后利用点 A 和纬圆的从属关系，求得 a 和 a''。图(c)所示为过锥顶作辅助线 SB 的方法求 a 和 a''。

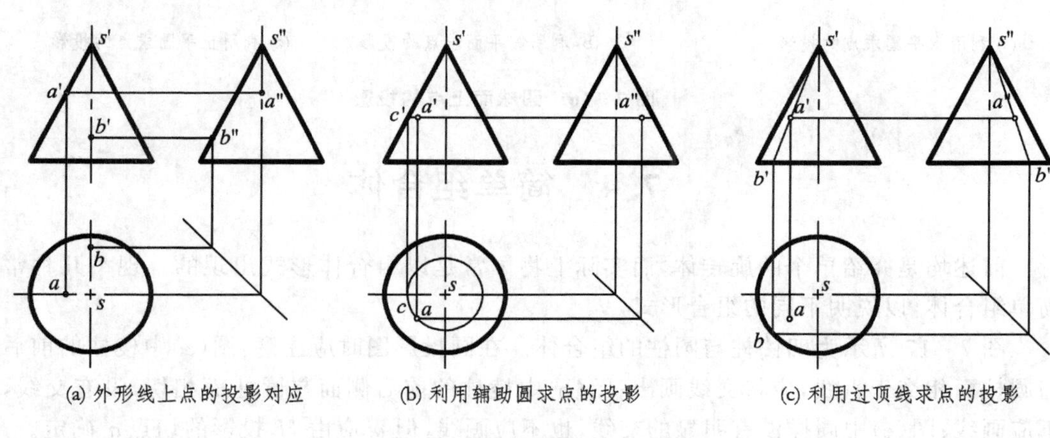

(a) 外形线上点的投影对应　(b) 利用辅助圆求点的投影　(c) 利用过顶线求点的投影

图 7-14　圆锥面上点的投影

7.3.3　圆球面上点的投影

如果点的投影在圆球面的外形线上，则由外形线的对应关系即可确定点的投影，如图 7-15 所示。如果点的投影不在圆球面的外形线上，可过此点作平行于某一投影面的辅助平面与圆球面相交于一圆。此圆所平行的投影面上反映真实形状(圆)。然后，利用该点与圆的从属关系，可作出点的各投影，如图 7-16 所示。

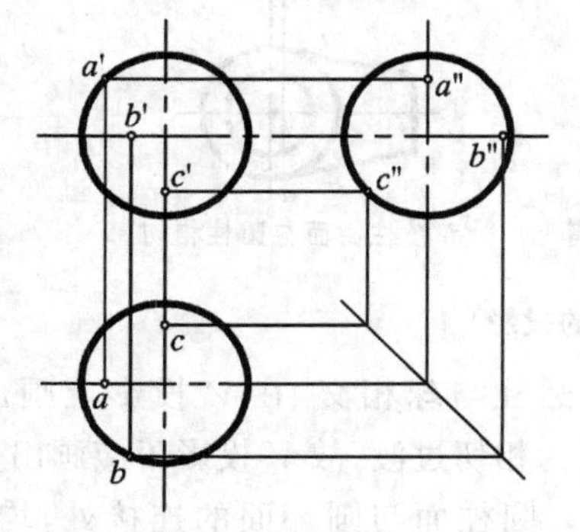

图 7-15　点的投影在圆球面的外形线上

设已知球面上一点的 V 投影 a'，求 a 和 a''。图 7-16(a)所示为过 A 点作一水平辅助平面 P，P 平面与圆球面相交于一圆，其 H 投影反映真实形状(圆)。再利用点 A 与该圆的从属关系，可定出 a 和 a''。图 7-16(b)所示为过 A 点作平行 W 面的辅平面求a和a''。图7-16(c)所示为已知a求a'和a'',所选辅平面过A点且平行于V面。

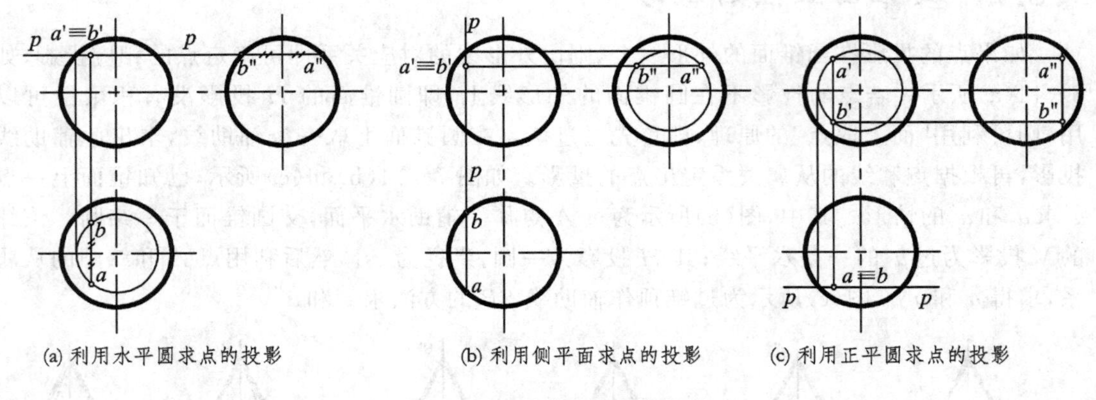

(a) 利用水平圆求点的投影　(b) 利用侧平面求点的投影　(c) 利用正平圆求点的投影

图7-16　圆球面上点的投影

7.4　简单组合体

前述均是介绍单个的旋转体,而实际上物体常是以组合体形式出现的。现举几种常见的简单组合体,以说明不同的组合形式。

图7-17所示为四棱柱与圆柱的组合体。在画投影图时应注意:图(a)中棱柱的前后侧面与圆柱面相交于直线,应将交线画出;图(b)中棱柱的前后侧面与圆柱面相切,没有交线,因此不应画线;图(c)中同样没有明显的交线,也不应画线,但a'应由H投影的切点a确定。

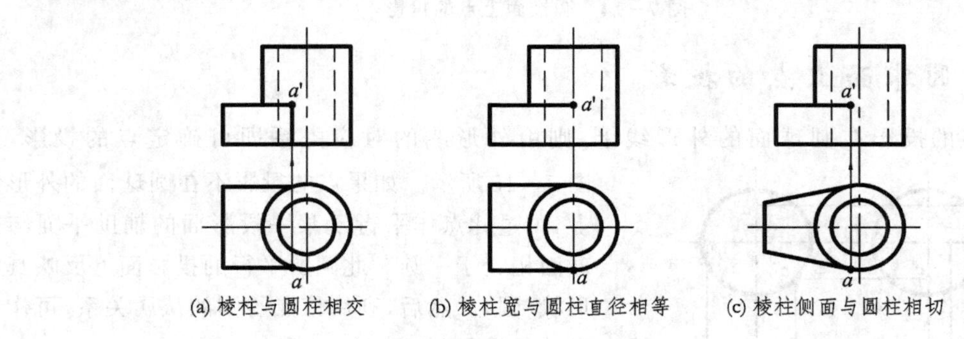

(a) 棱柱与圆柱相交　(b) 棱柱宽与圆柱直径相等　(c) 棱柱侧面与圆柱相切

图7-17　简单组合体的投影

图7-18是球与圆柱体的组合体。其中,图(a)中圆柱与球相交,在V投影上画出交线;图(b)所示的圆柱直径和圆球直径相等,它们的相互关系为相切过渡,故V投影不应画出交线。

图7-19所示为圆柱与圆环组合的几种常见形式。圆柱面与圆环面的连接处,均为相切过渡,因此,在连接处不应画出线。图(a)为圆柱面与外环面相切;图(b)为小圆柱面、大圆柱体

端面与内环面相切；图(c)为直径等于圆环面母线圆直径的圆柱面与圆环面相切。

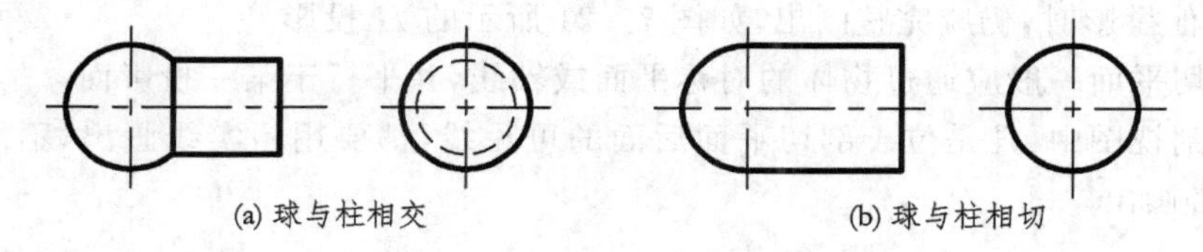

(a) 球与柱相交　　(b) 球与柱相切

图 7－18　球与圆柱的组合体

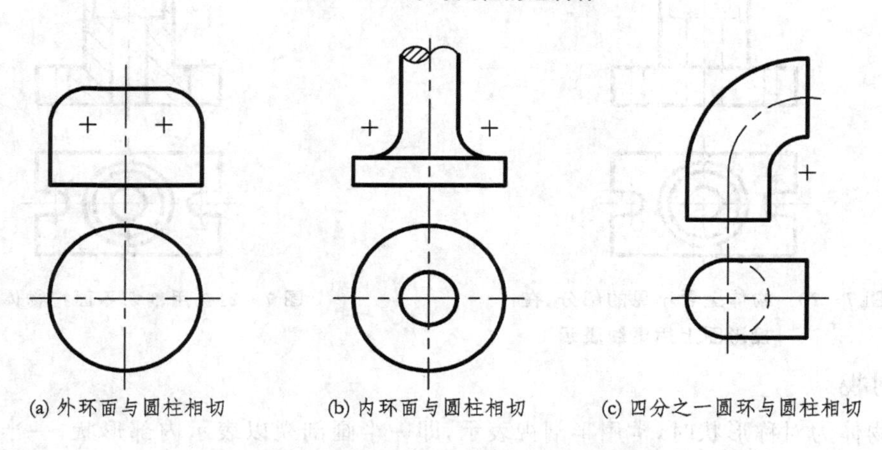

(a) 外环面与圆柱相切　　(b) 内环面与圆柱相切　　(c) 四分之一圆环与圆柱相切

图 7－19　圆柱与圆环组合的几种常见形式

7.5　表示物体内部形状的方法——剖视

1. 什么是剖视图

物体上看不见的部分，在投影图上可用虚线表示，如图 7－20 所示。如果物体内部结构较复杂，虚线就很多，影响图形清晰，既不便于看图，又不便于标注尺寸。在实际工作中，常采用剖视方法来表示物体的内部结构，即用一个假想的剖切平面，平行于某投影面，沿物体内部结构的主要轴线将物体全部切开，移去前半部分，将后半部分物体向投影面投影所得到的视图叫做全剖视图，如图 7－21 所示。

为了区别物体的实体部分和中空部分，按规定将物体与剖切平面接触的部分画上剖面符号。金属材料的剖面符号，其剖面线应画成与水平线成 45°的细实线。同一物体在各个投影上的剖面线方向、间隔应该相同。

2. 画剖视图应注意的问题

画剖视图时应注意的问题如下：

① 用剖切平面把物体剖开得到剖视图是一种假想的方法。所以，当某一个投影画成剖视后，在画其他投影时，仍应完整画出，如图 7－21 所示的 H 投影。

② 剖切平面一般应通过物体的对称平面或轴线，并平行于某一投影面。

③ 在剖视图中，凡是位于剖切平面后面的可见线，都要用粗实线画出，不能遗漏；不可见线一般不必画出。

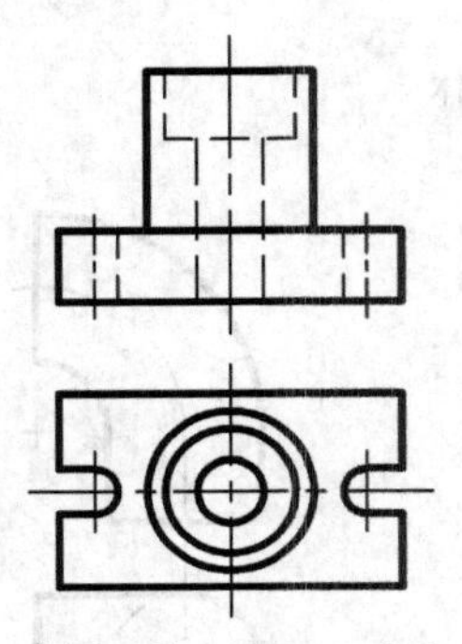

图 7－20　物体上看不见的部分，在投影图上用虚线表示

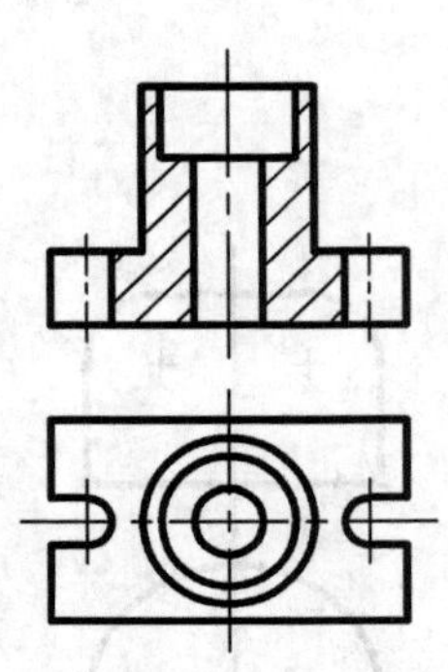

图 7－21　用剖切平面把物体剖开

3. 半剖视

当物体为对称形状时，常用半剖视表示，即一半画剖视以表示内部形状，一半画外形以表示外部形状。图 7－22 中 V 和 W 都是半剖视图。半剖视图以对称轴作剖与未剖的分界线，在分界处只画点画线，而不画粗实线。半剖视图的优点是在一个投影上，既能表示物体的内部形状，又能表示物体的外部形状。在一半外形图上不必画出虚线。

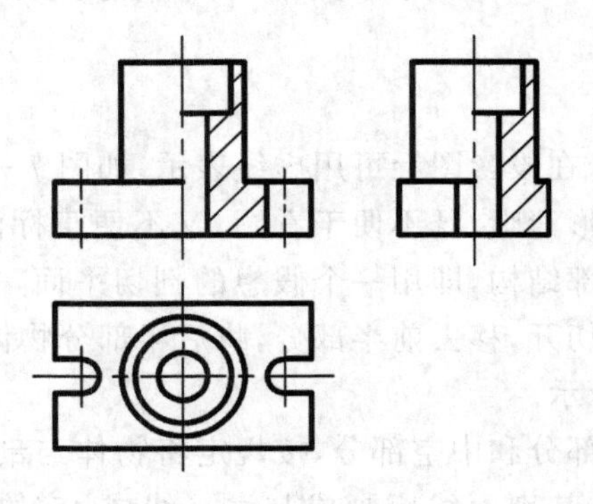

图 7－22　半剖视图

第 8 章　平面与曲面相交

在工程上经常遇到平面与立体表面的交线问题，如图 8－1 中箭头所示。本章讨论怎样分析并求出这类交线的投影。

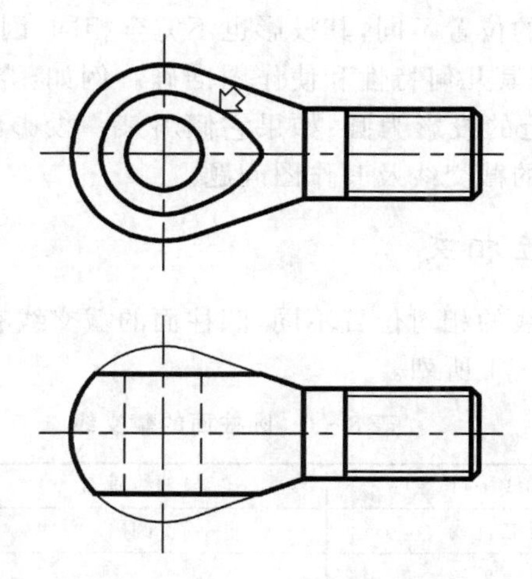

图 8－1　平面与立体表面的交线

平面与立体相交分为平面与平面立体相交和平面与曲面立体相交两类。前者已在平面立体章节中讨论过。本章只讨论平面与曲面立体相交。

8.1　截交线的基本概念

平面与立体相交，可以看作是立体被平面所截。此平面称为截平面。截平面与立体表面的交线称为截交线。

为了求得截交线，首先应当了解截交线的下列性质：

性质 1　截交线是截平面和被截立体表面的共有线，是由截平面和立体表面的一系列共有点集合而成。

性质 2　由截交线所围成的图形，是封闭的平面图形，一般称为截口。当截平面与平面立体相交时，其截口为封闭的平面折线；当截平面与曲面相交时，其截交线一般为封闭的平面曲线。显然，当同一截平面既与平面相交，又与曲面相交时，所得截口是由平面折线和曲线组合而成的封闭的平面图形。

由性质1求截交线的问题，可归结为求出截平面与被截立体表面的共有点的问题。其基本方法仍是积聚性法或者辅助面法，求出一系列共有点后，将它们连成光滑的曲线或折线。

由性质2可判断所求截交线是平面曲线还是平面折线，避免盲目作图。

8.2　截交线的投影作图

曲面立体的类型不同、截平面与曲面立体的相对位置不同，截交线的形状也不同。同一截交线由于截平面对投影面的位置不同，其投影也不完全相同，因此，在求截交线的投影之前，应对其形状进行分析，以了解其几何特性和使作图准确。例如，当知道截交线为圆时，如果它平行某一投影面，则在该面上的投影为圆；如果它倾斜某一投影面，则在该面上的投影为椭圆。下面介绍几种常见旋转面的截交线及其作图问题。

8.2.1　平面与圆柱相交

由于截平面与圆柱轴线的相对位置不同，圆柱面的截交线有三种情况——圆、椭圆或与轴线平行的二直素线，如表8-1所列。

表8-1　圆柱面的截交线

截平面位置	与轴线平行	与轴线垂直	与轴线倾斜
截交线形状	平行二直线	圆	椭　圆
轴测图	 P	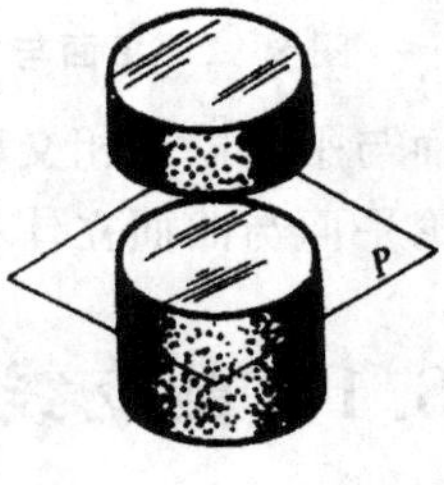 P	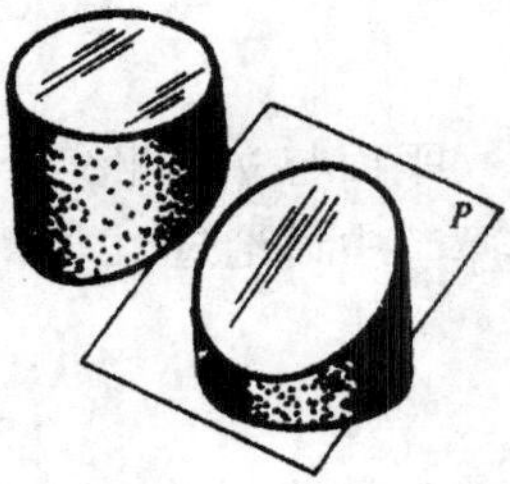 P
投影图	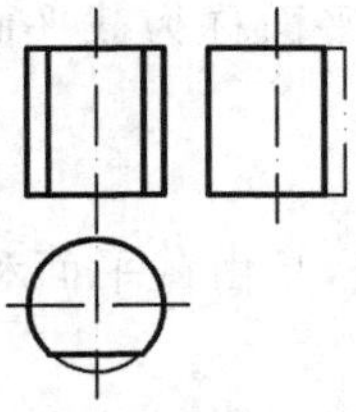	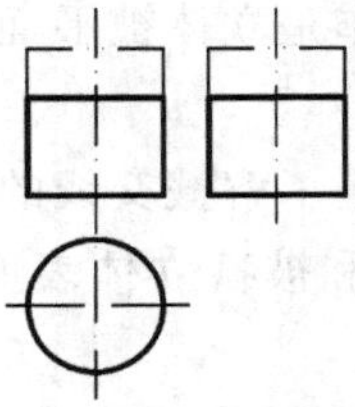	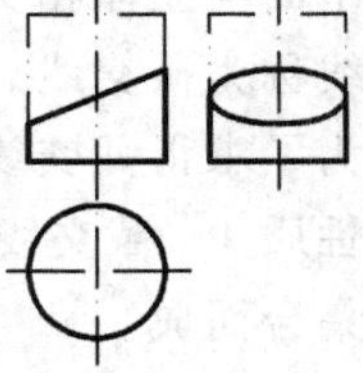

求圆柱的截交线，是利用圆柱面在其轴线所垂直的投影面上投影有积聚性这一特点，把求截交线的问题转化为圆柱面上取点的问题。

例8-1　求开槽圆柱的W投影(见图8-2)。

解　从已知投影可分析出槽口是由两个与轴线平行的侧平面 P、Q 和一个与轴线垂直的水平面 R 切割而成。前者与圆柱面相交于二平行的直素线，后者与圆柱面交于与轴线垂直的圆弧。此外，P 和 Q 与 R 还分别相交于正垂线 BD 和 EF。

由于平面 P 为侧平面，故 P 与圆柱面的交线 AB 和 CD 的 V 投影与 P_V 重合。又因圆柱的轴线垂直于 H 面，所以 AB 和 CD 的 H 投影积聚为圆上的两个点（$a \equiv b, c \equiv d$）。平面 Q 的情况与 P 相同。由于平面 R 是水平面，故 R 与圆柱面的交线 BGF（还有后面对称的一段未标明）的 V 投影 $b'g'f'$ 与 R_V 重合，H 投影 bgf 与圆柱面的 H 投影（圆周）重合。

与图 6－12 相似，侧投影外形线（$g''s''$）已不存在，应退缩成 $a''b''$。

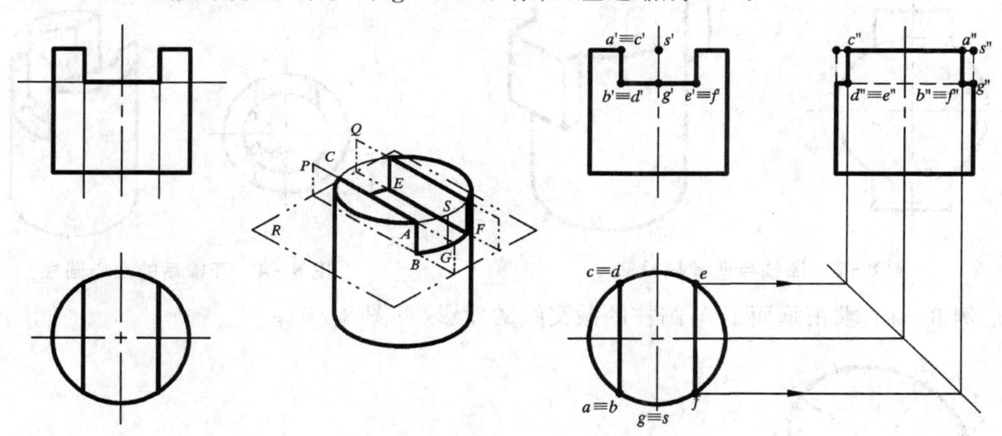

图 8－2　求开槽圆柱的 W 投影

例 8－2　圆柱与四棱柱相交，求其 W 投影（见图 8－3）。

解　本题的交线的性质和投影与例 8－1 是完全相同的。因为，四棱柱除了前后端面外，同样是两个与圆柱轴线平行的侧平面和一个与圆柱轴线垂直的水平面与圆柱面相交。另外，由于四棱柱与圆柱是一体的，故 W 投影上没有虚线部分。与图 6－11 比较，很明显圆柱的 W 投影外形线也应退缩。

例 8－3　求开槽后空心圆柱的 W 投影（见图 8－4）。

解　本题的交线从性质和作图上看，与例 8－1 完全相同。不同的是空心圆柱有内外两个圆柱面，而 P，Q，R 三个平面同时都与内外圆柱面相交，因而产生了两层交线。

先画出整个空心圆柱的 W 投影，然后再分别求出槽与外圆柱面和内圆柱面的两层交线。同样，要特别注意由于开槽而引起的外形线的变化。在 W 投影中，内外圆柱面的外形线都被切掉了一段，所以外形线不存在了，看到的是槽的平面与圆柱的交线。这是个投影规律，但又最常出现错误，与平面截交线相似也称它为外形线退缩，即当在圆柱中间部分开槽时，在另一投影一定会出现外形线退缩现象。另外，还要注意的是，由于圆柱是空心的，所以槽底平面 R 被圆孔分割成两部分，故在 W 投影上的 $m''n''$ 之间不应画线。

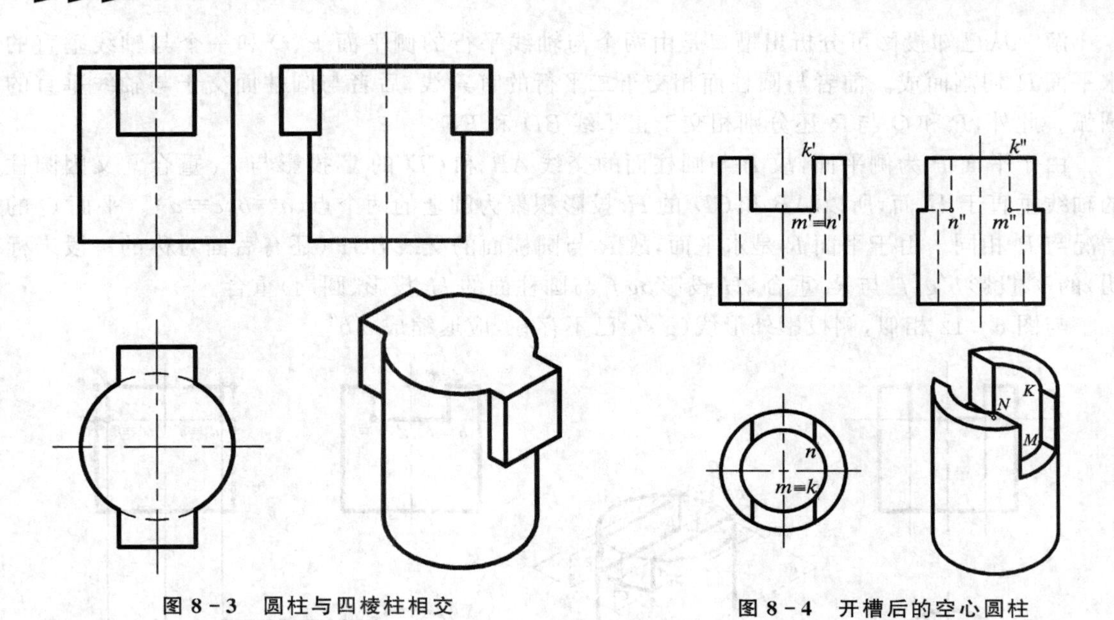

图 8-3　圆柱与四棱柱相交　　　　图 8-4　开槽后的空心圆柱

例 8-4　求正垂面 P 与圆柱的截交线的投影(见图 8-5)。

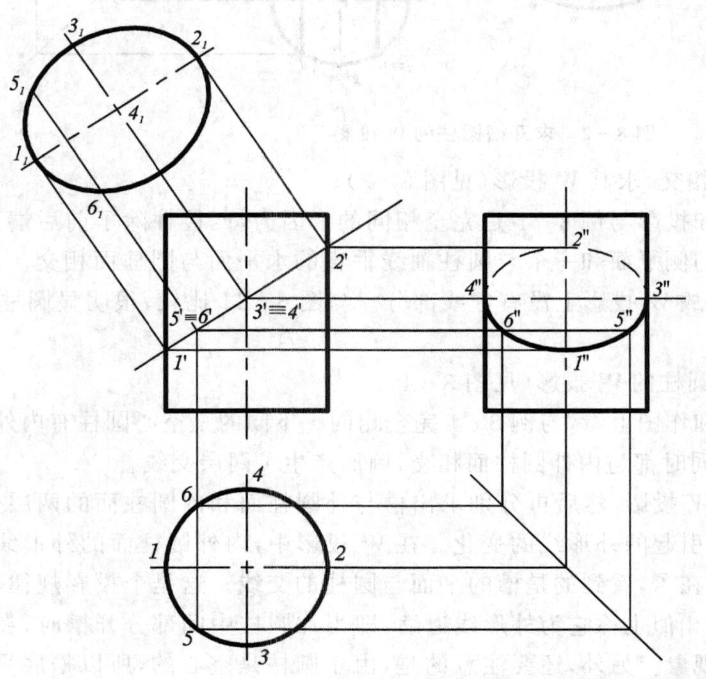

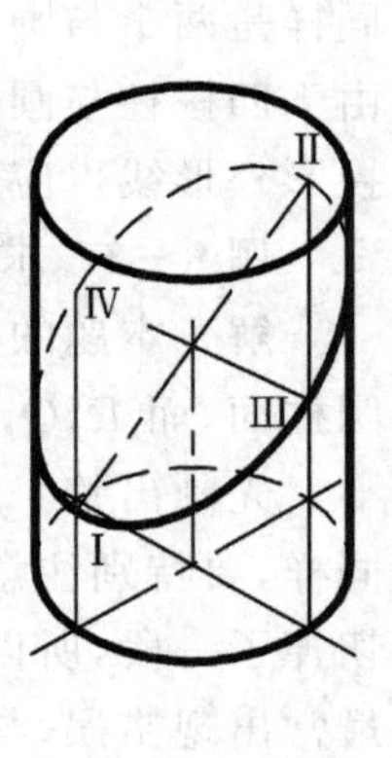

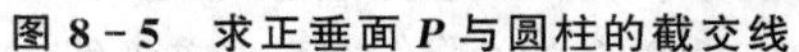
图 8-5　求正垂面 **P** 与圆柱的截交线

解　因为平面 P 与圆柱轴线斜交，所以截交线为椭圆。截交线的 V 投影积聚在 P_V 上，截交线 H 投影积聚在圆柱面的 H 投影（圆周）上。故截交线的 V 和 H 两个投影均为已知。利用圆柱面上取点的方法，可求出其 W 投影。本题中椭圆 W 投影仍为椭圆（但不反映真形），作图时应先找出长短轴的端点，然后再求出适当数量的一般点，把它们连成光滑的曲线即可（一般点的数量愈多，所画的曲线愈准确，但作图线随之增多，影响图面清晰；过少，准确性较差）。

椭圆的长轴Ⅰ和Ⅱ为正平线，其端点的 V 投影 $1'$ 和 $2'$ 位于圆柱面的外形线上，且反映了长轴的实长。由于长短轴相互垂直平分，故短轴Ⅲ和Ⅳ为正垂线，其端点的 V 投影位于 $1'2'$ 的中点处，且重合为一点（$3' \equiv 4'$）。Ⅰ，Ⅱ，Ⅲ，Ⅳ点的 H 投影都积聚在圆周上，利用外形线的对应关系，可直接求得它们的 W 投影 $1''$，$2''$，$3''$，$4''$。$3''4''$ 是 W 投影中椭圆的长轴，$1''2''$ 是其短轴。

一般点Ⅴ和Ⅵ的求法，可先在有积聚性的 P_V 上的适当位置定出 $5' \equiv 6'$，再找到它们的 H 投影 5 和 6（在圆周上），即可求出它们的 W 投影 $5''$ 和 $6''$。

求得了椭圆上一系列点后，即可光滑地连成椭圆。

作图中要注意截交线与外形线的相互关系。本例中，空间椭圆与圆柱面 W 投影的外形线相切于Ⅲ和Ⅳ两点，故此椭圆的 W 投影必与圆柱面 W 投影的外形线相切，切点即为 $3''$ 和 $4''$。

还要注意区分可见性。今后约定，截平面 P 若不是形体上固有的，在区分可见性时就不考虑它，只根据交线在形体表面上的部位来判别。Ⅲ，Ⅱ，Ⅳ位于圆柱的右半部，所以 $3''2''4''$ 不可见；$3''$ 和 $4''$ 两点即是 W 投影中可见性的分界点。图 8－5 中还画出了斜截口的真形，它是用换面法确定其上一系列的点后作出的。

8.2.2　平面与圆锥相交

由于截平面与圆锥轴线的相对位置不同，其截交线可有五种形式——两相交直线、圆、椭圆、抛物线和双曲线（见表 8－2），统称为圆锥曲线。这些截交线中，直线和圆容易求出，其余三种则需要利用素线法、纬圆法等在圆锥面上取点来求出。素线法是通过作出锥面上诸素线与截平面的穿点的方法来得到交线上的点；纬圆法是在圆锥面上作一系列的纬圆，求出这些纬圆与截平面的交点。然后，光滑地连接这些交点以得到截交线。

例 8－5　如图 8－6 所示为一直立圆锥被正垂面截切，求截交线的 H 和 W 投影。

解　对照表 8－2 可知，截交线为一椭圆。由于圆锥前后对称，所以此椭圆也一定前后对称。椭圆的长轴就是截平面与圆锥前后对称面的交线（正平线），其端点在最左、最右转向轮廓线上，而短轴则是通过长轴中点的正垂线。截交线的 V 投影积聚为一直线，其 H 投影和 W 投影通常均为一椭圆。

作图如下：

① 求特殊点　最低点Ⅰ、最高点Ⅱ是椭圆长轴的端点，也是截平面与圆锥最左、最右素线的交点，可由 V 投影 $1'$ 和 $2'$ 作出 H 投影 1 和 2 及 W 投影 $1''$ 和 $2''$。圆锥的最前、最后素线与截平面的交点为Ⅴ和Ⅵ，其 V 投影 $5'(6')$ 为截平面与轴线 V 投影的交点，根据 $5'(6')$ 作点 $5''$、$6''$，

再由 5′(6′)和 5″、6″求得 5 和 6；椭圆短轴在 V 面上的端点为Ⅲ和Ⅳ，其 V 投影 3′(4′)应在 1′和 2′的中点处，H 投影 3 和 4 可利用辅助纬圆法求得，再根据 3′(4′)和 3、4 求得 3″和 4″。

表 8-2 圆锥面的截交线

截平面位置	与轴线垂直，$\theta=90°$	与轴线倾斜，$\theta>\alpha$	平行一根素线，$\theta=\alpha$	平行两根素线，$\theta<\alpha$	过锥顶
截交线形状	圆	椭 圆	抛物线	双曲线	相交二直线
轴测图					
投影图				$\theta=0°$	

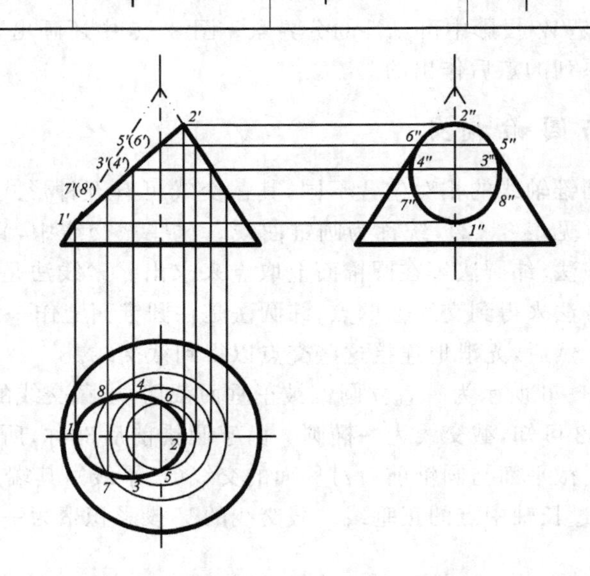

图 8-6 一直立圆锥被正垂面截切

② 求一般点　为了准确作图，在特殊点之间作出适当数量的一般点，如Ⅶ和Ⅷ两点，可用辅助纬圆法作出其各投影。

③ 依次连接各点即得截交线的 H 投影和 W 投影。

例 8-6　求正平面 P 与圆锥面的截交线(见图 8-7)。

解　因截平面 P 平行于锥面的两条素线 SA 和 SB，$\theta<\alpha$，故截交线为双曲线的一支。截交线的 H 投影积聚在 P_H 上，只须求出其 V 投影。V 投影反映真形。

采用纬圆法作图。先求出最高点Ⅰ(距锥顶 S 或锥轴最近的点)和最低点Ⅱ、Ⅲ(距锥顶 S 或锥轴最远的点)等特殊点的 V 投影。2 和 3 两点是 P_1 与圆锥底圆的交点，$2'$ 和 $3'$ 可直接求出。点Ⅰ的水平投影 1 在 2 和 3 的中点处，以 s 为中心，s_1 为半径作圆，求出此圆的 V 投影即可得到 $1'$。同法可求得一般点 $4'$ 和 $5'$。然后将 $2'4'1'5'3'$ 连成曲线，注意 $1'$ 点不应是尖点，如果需要应多求几个一般点。

$1'$ 也可由 W 投影来确定。

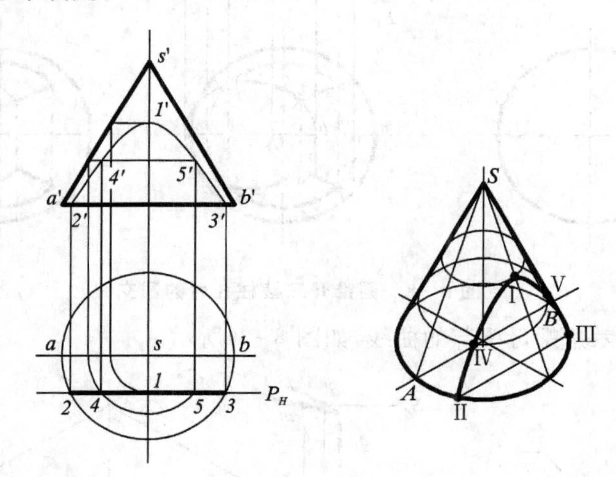

图 8-7　正平面 P 与圆锥面的截交线

例 8-7　分析圆锥开三棱柱孔后的截交线(见图 8-8)。

解　与圆锥截交的是棱柱孔的三个侧面，设分别用 P，Q，R 表示。因为它们都垂直于 V，所以 P_V，Q_V，R_V 都有积聚性。

因为平面 P 只平行锥面的一条素线 SM，故截交线为抛物线，顶点为 G，$\overset{\frown}{AC}$ 和 $\overset{\frown}{BD}$ 是此抛物线的两段弧；

平面 Q 与锥轴倾斜且与锥面的所有素线相交，故截交线为椭圆，$\overset{\frown}{AE}$ 和 $\overset{\frown}{BF}$ 是此椭圆的两段弧，$s'm'$ 和 $s'n'$ 与 Q_V 的交点 h' 和 k' 即长轴端点 H 和 K 的 V 投影；

平面 R 与锥轴垂直，故截交线为圆周，$\overset{\frown}{CE}$ 和 $\overset{\frown}{DF}$ 是此圆周的两段圆弧。

这些截交线彼此相交于 A，B，C，D，E，F。平面 P，Q，R 彼此还相交于正垂线 AB，CD，EF。这些正垂线与圆锥面的穿点即是 A，B，C，D，E，F。

由于开孔，在 W 投影中，圆锥的外形线被截去了一段，椭圆与圆锥的外形线相切于 t'' 和 l''，抛物线段与圆锥的外形未相切。

为了能准确判断曲线段的走向，同时也为了便于理解，H 投影中用细线补出了截交线的完整形状。图 8-8 中还给出擦去多余线后的图形。

截交线上其他点的求法，可用素线法、纬圆法或辅助平面法，可参考前面几个例子。

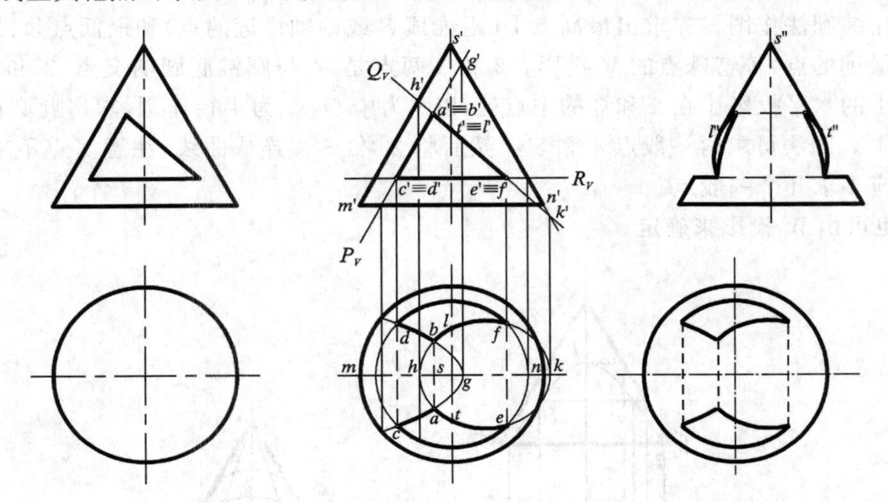

图 8-8　圆锥开三棱柱孔后的截交线

例 8-8　分析六角螺母头部的曲线，如图 8-9 所示。

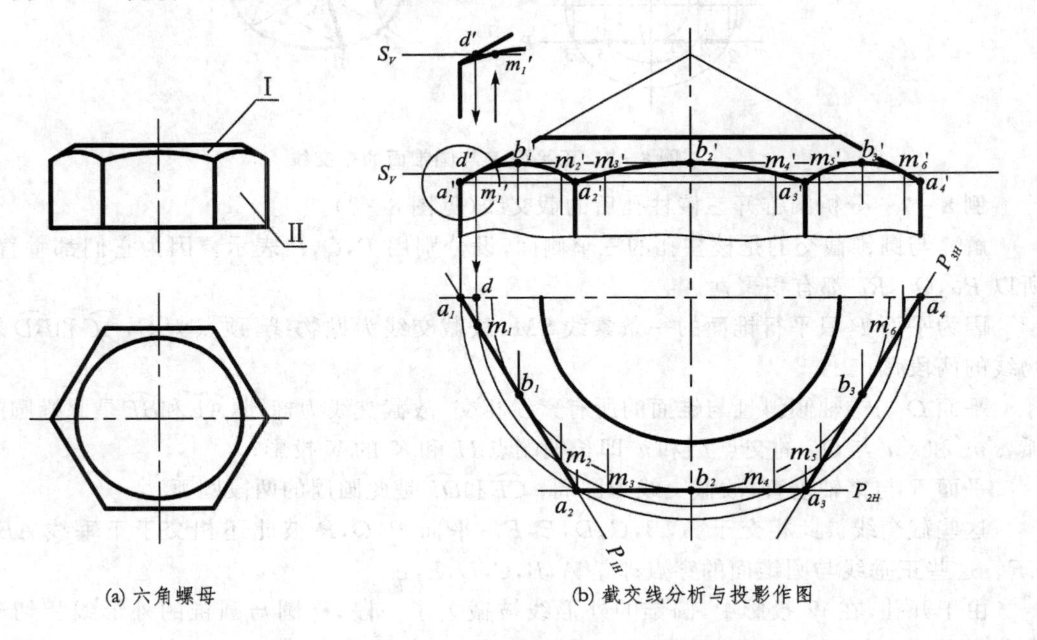

(a) 六角螺母　　(b) 截交线分析与投影作图

图 8-9　六角螺母头部的截交线

解　六角螺母是由圆锥面Ⅰ和六棱柱Ⅱ组成(见图 8-9(a)),头部的曲线是六棱柱的侧面与圆锥面相交而产生的截交线。因六个侧面都平行于锥轴,故截交线为六条双曲线。前半部三条与后半部三条对称,V 投影重合。在图 8-9(b)中分析了前半部三条。设六个侧面为 $P_1, P_2, \cdots, P_6$,因为它们都垂直于 H,所以双曲线的 H 投影都重合在 $P_{1H}, P_{2H}, \cdots, P_{6H}$ 上。P_2 是正平面,它所截得的双曲线的 V 投影反映真形。双曲线的最低点 $A_1, A_2, \cdots, A_6$ 可直接求出;利用纬圆法或取水平的辅助平面即可求得最高点 $B_1, B_2, \cdots, B_6$ 和一般点 $M_1, M_2, \cdots, M_6$。

8.2.3　平面与球相交

平面与球面相交时,截交线总是圆。圆心位于球的轴线上。圆的大小随平面离球心的远近而异。由于截平面对投影面的位置不同,截交线圆的投影可能是圆也可能是椭圆。当平面平行于投影面时,在该面上的投影反映真形;当平面倾斜于投影面时,圆投影成椭圆。

例 8-9　半圆球被水平面和侧平面截割,求截割后的 H 和 W 投影。

解　水平面 P 截球面为水平圆的一部分,如图 8-10(b)所示,圆心为 O_1,半径为 O_1' 至 P_V 与外形线的交点 m' 之长 $O_1'm'$,H 投影反映真形。侧平面 Q 与球面交于侧平圆的一部分,圆心为 O_2,半径为 O_2' 至 Q_V 与外形线的交点 n' 之长 $O_2'n'$,W 投影反映真形。此两圆弧交于 A 和 B 两点,P 和 Q 二平面交于正垂线 AB。

作图如下:

有了水平圆和侧平面圆的圆心和半径,即可作图。

作图时要特别注意球面外形线的变化。在 W 投影中,由于 P 平面以上的那段外形线被切除了,因此不能再画出它的投影;而在 H 投影中,P 和 Q 都未切割到外形线,故仍是完整的。

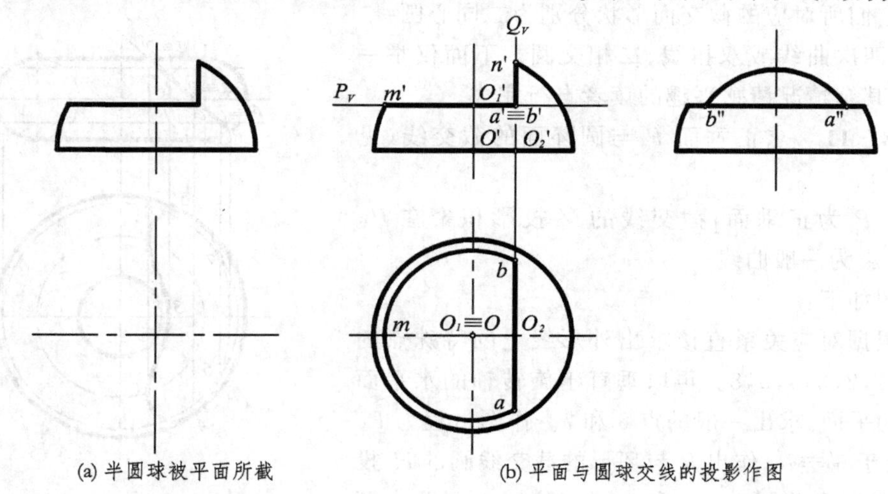

(a) 半圆球被平面所截　　(b) 平面与圆球交线的投影作图

图 8-10　半圆球被水平面和侧平面截割

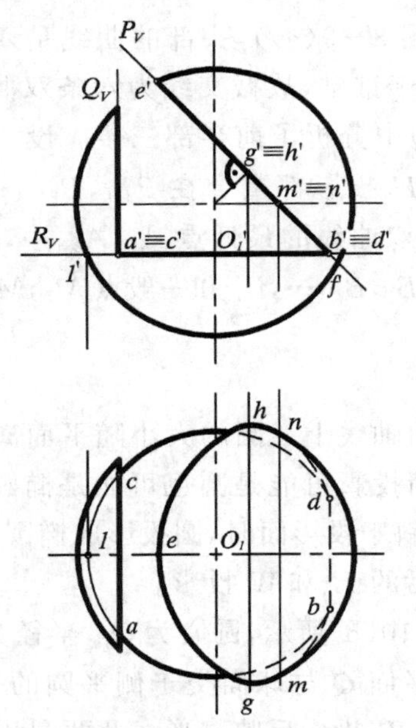

图 8-11　分析圆球开槽后的投影

例 8-10　分析圆球打孔后的投影（见图 8-11）。

解　设孔的三个侧面分别以 P,Q,R 表示。因为 Q 为侧平面，它与球面的截交线是一侧平圆，V 和 H 投影积聚为直线。R 为水平面，它与球面的截交线为一水平圆上的两段弧$\overset{\frown}{AB}$和$\overset{\frown}{CD}$，圆心为 O_1，半径长为 $O_1'1'$。H 投影反映真形。P 为正垂面，对 H 面倾斜。它与球的截交线圆在 H 上投影成椭圆，长、短轴各为直径 GH 和 EF 之投影。Q 与 R 交于正垂线 AC，P 与 R 交于正垂线 BD。R 的截交线和 Q 的截交线交于 A 和 C 两点，与 P 的截交线交于 B 和 D 两点。

在 H 投影中，椭圆与球面的外形线相切于 M 和 N 两点，弧$\overset{\frown}{MB}$和$\overset{\frown}{ND}$位于下半部球面上，故不可见。R 上的圆弧$\overset{\frown}{AB}$和$\overset{\frown}{CD}$也各有一部分被球面挡住，因而也画成了虚线。

8.2.4　平面与圆环相交

平面与圆环面相交，由于圆环面是四次曲面，截交线是四次曲线，其形状变化较大，常用的几种情况有：截平面与圆环轴线垂直、截平面过轴线、截平面与轴线平行、截平面与圆环面二重相切。它们所对应的截交面形状分别为二同心圆、二对称圆、四次曲线或双扭线、二相交圆。下面仅举一例说明，其余情况请感兴趣的读者自行完成。

例 8-11　求正垂面 P 与圆环面的截交线（见图 8-12）。

解　P 为正垂面，截交线的 V 投影积聚在 P_V 上，H 投影为一般曲线。

作图如下：

先根据对应关系直接求出外形线上的特殊点的 H 投影 1,2,3,4,5,8。再取垂直于旋转轴的水平面 R 作辅助平面，求出一般的点 6 和 7。作图过程为 P_V 与 R_V 交于 $6'\equiv7'$，作出 R 与环形的截交线圆的 H 投影，6 和 7 即在此圆上。4 和 5 两点位于上下两半环面的分界线上，因此在 H 投影中，4 和 5 两点是可见

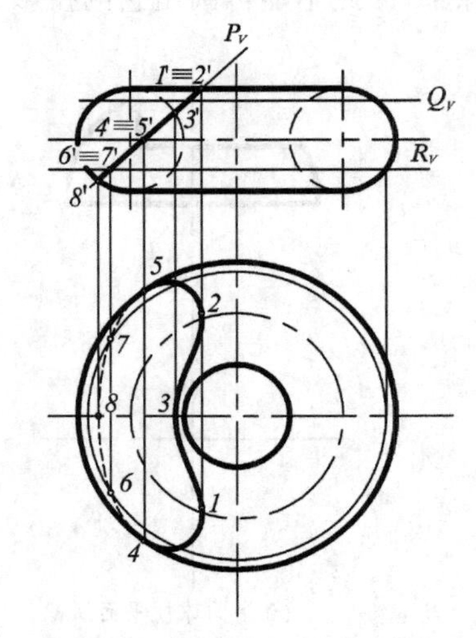

图 8-12　求正垂面 P 与圆环面的截交线

性的分界点，截交线的投影与圆环赤道圆相切于这两点，弧$\overset{\frown}{57864}$位于环的下半部，不可见。显然，为了将$\overset{\frown}{523}$连线，须作辅助面 Q，至少再得两个点。

8.3　组合体的截交线

组合体是由基本形体组合而成。组合体的截交线是由基本形体的截交线连接而成。因此，求组合体的截交线要分两步：① 求出各基本几何体的截交线；② 将各段截交线正确地连接起来。一般情况下，两个基本几何体表面若相交，则截平面截得的二截交线也相交，交点即为两基本形体表面交线与截平面的交点。特殊情况下，若两基本形体表面相切，则二截交线也相切，切点就是两基本形体表面的切线与截平面的交点。

求组合体截交线的具体步骤是：

① 形体分析。分析组合体是由哪些基本几何体组成的，它们之间是如何连接的(相交、堆垒还是相切)。

② 找出各形体表面的分界线，进而找出此分界线与截平面的交点(即各段截交线的连接点)。

③ 分别完成各段截交线的作图，画出实际存在的部分。

例 8-12　正平面 P 与组合体截交，分析截交线的投影(见图 8-13)。

解

① 组合体是由半球、圆柱和圆锥台组成，具有公共的轴线(铅垂线 O-O)。圆柱面与圆球面相切、与圆锥面相交，切线和交线就是它们的分界线。

② P 平面与这三个形体都截交了，圆柱面、圆球面的切线圆与截平面的交点即为圆柱面的截交线与圆球面的截交线的切点 A 和 B。同理，圆柱面与圆锥面的交线圆与截平面的交点即为圆柱面截交线与圆锥面截交线的交点 C 和 D。

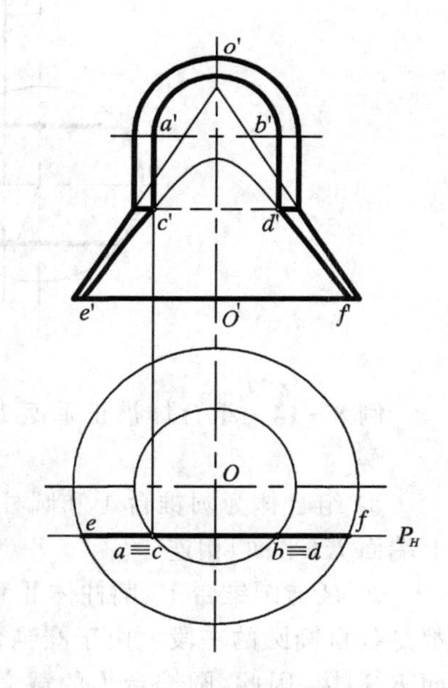

图 8-13　正平面 P 与组合体截交

③ 分别作出各段截交线。半球面的截交线为半圆弧$\overset{\frown}{AB}$；圆柱面的截交线为二平行素线 AC 和 BD；圆锥台的截交线为双曲线的两段弧$\overset{\frown}{CE}$和$\overset{\frown}{DF}$。具体作图不再赘述。为了便于读者理解，图中用细线画出了圆锥的外形线和双曲线的有关部分。

例 8-13　求图 8-14 所示零件的表面交线。

解

① 本零件是由圆球、圆锥和圆柱组成，三者共轴(侧垂线 OO)。圆锥面与圆球面相切、与圆柱面相交。

② 由 H 投影可知，平面 P 只与圆球面和圆锥面截交。求出圆球面与圆锥面的切线即分界线 C（侧平圆），C 与截平面的交点Ⅰ和Ⅱ即为圆球面的截交线与圆锥面的截交线的切点，在 V 投影中二截交线即切于 $1'$ 和 $2'$。

③ 分别作出各段截交线。圆球的截交线为圆弧 $\overset{\frown}{\text{Ⅰ Ⅳ Ⅱ}}$；圆锥的截交线为双曲线Ⅰ Ⅲ Ⅱ。

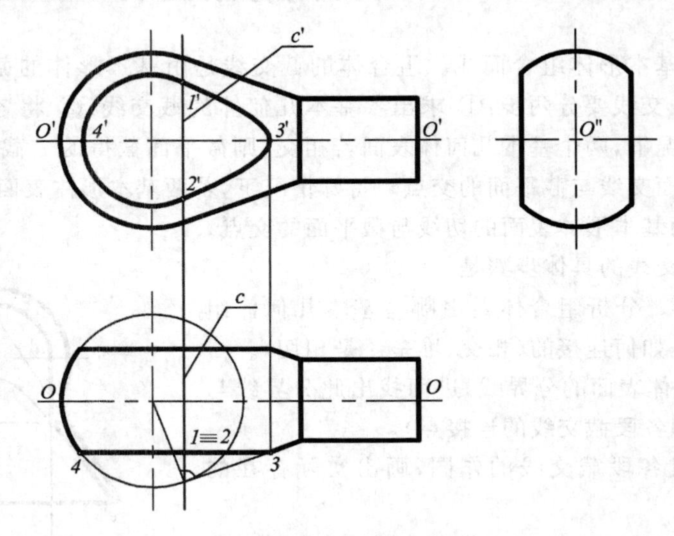

图 8-14　组合体的表面交线

例 8-14　组合体被正垂面 P 所截，求截断面的真形（见图 8-15）。

解

① 组合体为圆锥台Ⅰ和圆柱体Ⅱ组成，且打有圆孔Ⅲ，三者同轴。锥台Ⅰ与圆柱体Ⅱ的上端面 K（平面）相连。

② P 与圆锥台Ⅰ、圆柱体Ⅱ和圆孔Ⅲ都截交。根据 P 与它们的相对位置，三者的截交线都是各自椭圆的一段。由于圆锥台Ⅰ和圆柱体Ⅱ不是曲面直接相连，而是与圆柱体Ⅱ的上端面 K 相接，因此，圆锥台Ⅰ的截交线椭圆与圆柱体Ⅱ的截交线椭圆也不能直接相连。二者之间是由 P 与 K 相交的直线段（正垂线）AC 和 BD 连起来的。P 与圆柱体的底面也相交于正垂线 EF，且 EF 被断开。

③ 用换面法分别求出各形体的截断面真形。

在学习过程中，为了便于理解，建议用假想线补全各形体的截断面真形，如图 8-15 所示。具体作图时，还应注意以下几点：

① 要注意各形体断面真形的相对位置，例如圆、椭圆等的中心和对称轴线等。本例中，圆柱体Ⅱ和圆孔Ⅲ上的椭圆同心（O_1），而圆锥台Ⅰ上的椭圆则与它们不同心（O_2）。

② 为便于分析和作图，可将局部形体完整化或延长。本例中，为了求圆柱体Ⅱ上椭圆的长轴以及求圆锥面上椭圆的中心 O_2，都将各自的 V 投影外形线延长。

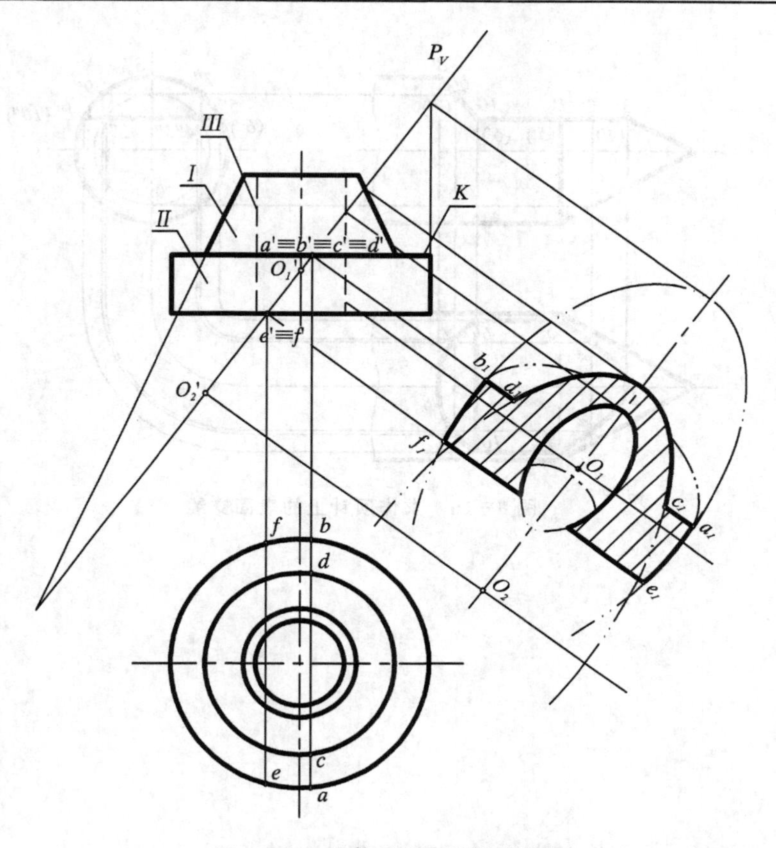

图 8－15　求截断面真形投影作图

③ 为了解题过程思路清晰，层次清楚，对于空心的组合体，可分成组合体的外表面和内表面两步，分别求出截断面真形。

例 8－15　求作顶针上的表面交线（见图 8－16）。

解　顶针的基本形体是由同轴的圆锥和圆柱组成。上部被一个水平截面 P 和一个正垂面 Q 切去一部分，表面上共出现三组截交线和一条 P 面与 Q 面的交线。由于截面 P 平行于轴线，所以它与圆锥面的交线为双曲线，与圆柱面的交线为两条平行直线。因截面 Q 与圆柱斜交，交线为一段椭圆曲线。由于平面 P 和圆柱的轴线都垂直于 W 面，所以三组截交线的 W 投影分别在截平面 P 和圆柱面的侧面积聚性投影上，而 V 投影分别在 P 和 Q 两平面的正面积聚性投影（直线）上。因此，本例只须求作三组截交线的 H 投影。

作图如下：截交线有三组，应先作出相邻两组交线的结合点。Ⅰ和Ⅴ两点是双曲线与平行两直线的结合点；Ⅵ和Ⅹ两点是椭圆曲线与平行两直线的结合点；Ⅲ是双曲线上的顶点，位于圆锥 V 投影的外形线上；Ⅷ是椭圆曲线上最右点，位于圆柱投影的外形线上。上述各点均为特殊点，Ⅱ，Ⅳ，Ⅶ，Ⅸ分别是双曲线和椭圆曲线上的一般点。

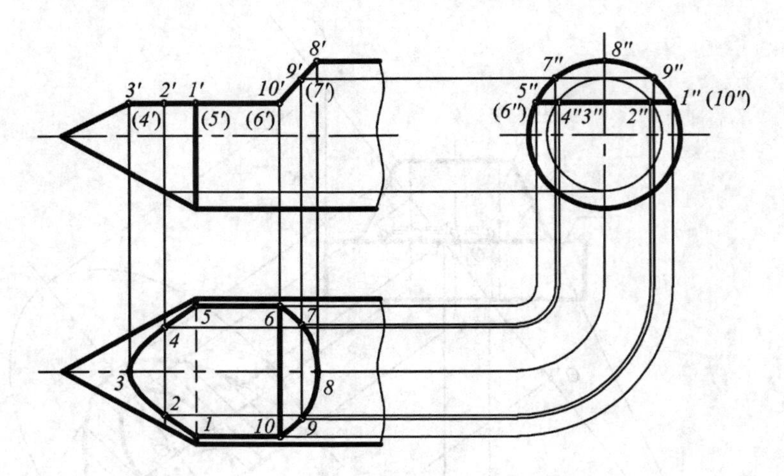

图 8-16　求作顶针上的表面交线

第 9 章　曲面与曲面相交

本章进一步讨论两旋转体表面的相交问题，目的是说明如何求出这类交线的投影。

9.1　相贯线的基本概念

两个立体相交，称为相贯。两立体表面相交而产生的交线称为相贯线。图 9－1 中箭头所示即圆柱Ⅰ和Ⅱ相交而产生的相贯线。

平面立体相贯的问题在前面已经讨论过了。平面立体与曲面立体相贯的问题，可归结为平面与曲面相交问题，用第 8 章的方法解决。本节讨论曲面立体(只讨论旋转体)的相贯问题。

相贯线具有如下基本性质：

- 相贯线是两形体表面的共有线，是相交两立体表面上一系列共有点的集合。显然，它也是相交两表面的分界线。
- 相贯线一般都是封闭的。两曲面相贯时，它们的相贯线一般都是光滑封闭的空间曲线（特殊情况下为平面曲线或直线）。

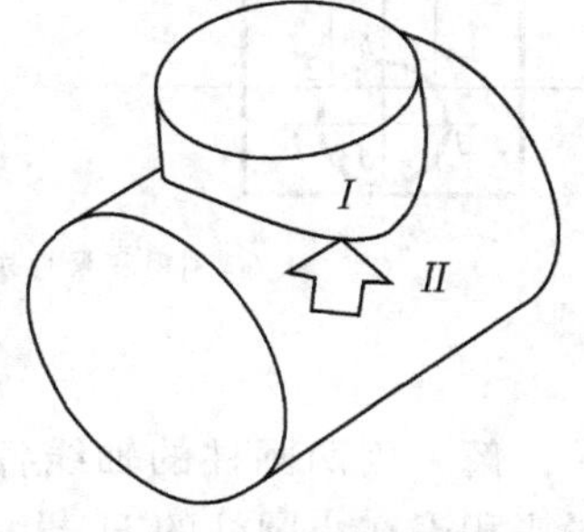

图 9－1　两个立体相交

由上述性质得出求相贯线的基本方法如下：

① 积聚性法　若相贯的两形体之一为圆柱，则利用此圆柱面在轴垂面上的投影有积聚性的特点，不必作图就可确定一系列共有点在此轴垂面上的投影。由于这些点也在另一形体表面上，就可求出这些点的未知投影，然后把它们光滑地连接起来。

② 辅助面法　依据“三面共点”的原理，用辅助面求出一系列共有点的投影，再把它们光滑地连接起来。

求相贯线的一般步骤：

① 分析两相贯形体投影特点，确定求相贯线的方法。

② 确定并求出相贯线上的特殊点(如相贯线的最高和最低点、最前和最后点、最左和最右点以及最凸、最凹和拐点等)。这些点是决定相贯线的分布范围、投影形状并区分可见性等的关键点，非常重要，应该求出足够的特殊点，否则会使相贯线失真(特别是复杂的相贯线)，达不到预期效果。

③ 求一般点。根据连线的需要，求出适当数量的一般点。

④ 检查外形线与相贯线的关系，即检查外形线由于相贯是否被贯去了，以及外形线与相贯线的连接关系。

⑤ 判断可见性并连线。

9.2　用积聚性法求相贯线

例 9-1　两圆柱偏贯(轴线不相交)，求相贯线的投影(见图 9-2)。

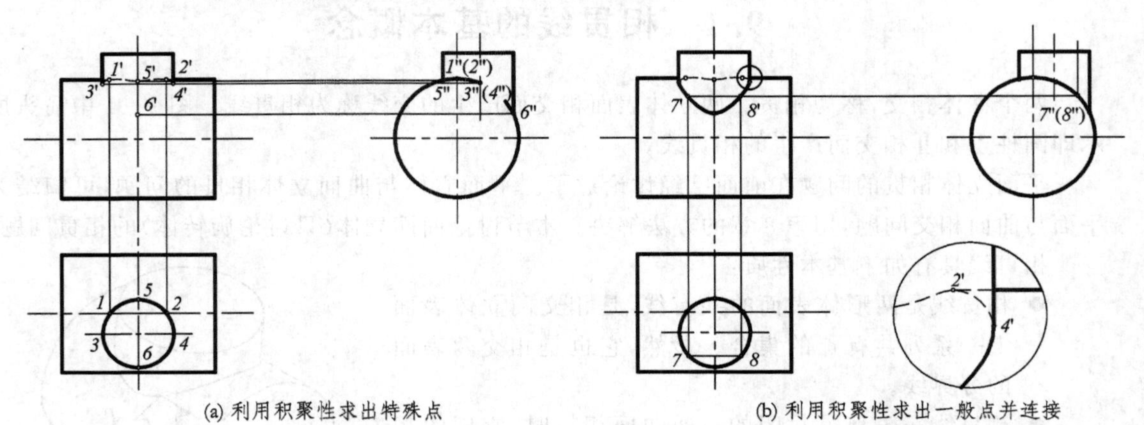

(a) 利用积聚性求出特殊点　　(b) 利用积聚性求出一般点并连接

图 9-2　用积聚性法求相贯线

解　因两圆柱的轴线各自垂直于 H 和 W 面，故它们的相应投影有积聚性，相贯线的 H 投影积聚在小圆柱的 H 投影——圆上。相贯线的 W 投影积聚在大圆柱面的 W 投影上，且重合在小圆柱面外形线中间的一段弧上。相贯线的 V 投影待求，它可由已知的 H 和 W 投影的对应关系求得。具体步骤如下：

① 求出 V 投影中相贯线上的特殊点，如图 9-2(a)所示。圆柱和圆柱相贯的特殊点，主要是外形线上的点(即一圆柱面外形线对另一圆柱面的贯穿点)。大圆柱外形线上的点 $1'$ 和 $2'$，是由 H 投影中对应位置上的点 1 和 2 求得；小圆柱面外形线上的点 $3'$ 和 $4'$，是由 W 投影中 $3''$ 和 $4''$ 求得；投影中可直接得到的小圆柱面外形线上的点 $5''$ 和 $6''$，由 $5''$ 和 $6''$ 可定出 $5'$ 和 $6'$。

② 求出适当数量的一般点。本例求出了 $7'$ 和 $8'$，如图 9-2(b)所示。它们是根据圆柱面上取点的方法，由已知投影上的 7 和 8 定出 $7''$ 和 $8''$，然后再求出 $7'$ 和 $8'$。

③ 检查 V 投影中外形线与相贯线的关系。要注意两点：一是在空间，若相贯线与曲面某投影外形线相交时，则在该投影中一般与外形线相切，外形线的贯穿点就是切点，且相贯线只位于外形线的一侧。所以大圆柱的外形线与相贯线相切于 $1'$ 和 $2'$；小圆柱的外形线与相贯线相切于 $3'$ 和 $4'$(参见局部放大图)。二是要从相贯的两形体是一个整体来看相贯后外形线的

变化。所以，大圆柱的外形线在 1′与 2′之间的一段就不再有了；小圆柱的外形线在 3′和 4′以下的也不再有了。另外，还应注意两相贯体的外形线是否在同一个平面上，以判断它们是相交还是交叉。本例中即是交叉情况。

④ 判别可见性。判别原则是：相贯两形体的表面都可见，相贯线才可见；否则，不可见。所以 3′6′4′可见，其余不可见。其中 3′1′和 2′4′虽然在大圆柱面的可见面上，但在小圆柱的不可见面上，故仍为不可见。

⑤ 连线。连线时要注意曲线的光滑性和封闭性。本例应连成一光滑的、封闭的曲线，3′1′之间与 2′4′之间不应断开（参见局部放大图）。

例 9－2　两圆柱正贯，求相贯线的投影（见图 9－3）。

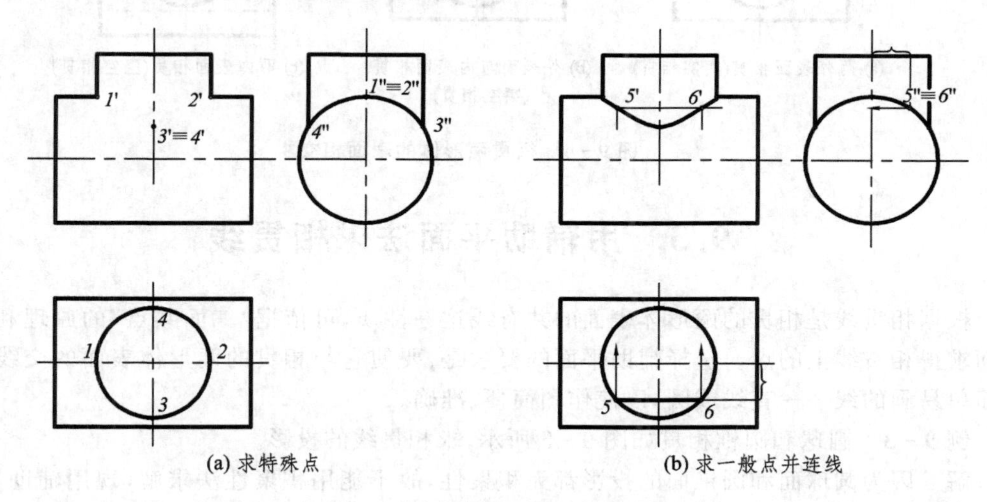

(a) 求特殊点　　(b) 求一般点并连线

图 9－3　求相贯线的特殊点和一般点

解　相贯线的 H 投影，积聚在直立圆柱的 H 投影——圆周上；相贯线的 W 投影，积聚在横圆柱的 W 投影——圆周上，且重合在直立圆柱外形线中间的一段弧上；相贯线的 V 投影可由它的 H 和 W 投影求出，其作图方法和步骤同前。这里应注意的是：由于相贯的两圆柱都具有平行于 V 的公共对称面，因此前后两部分相贯线的 V 投影重合，并且成为双曲线的一段，3′为其顶点。在 V 投影中，两圆柱的外形线相交，交点 1′和 2′即是相贯线上的点，顶点（最凸点）3′≡4′由 3″和 4″求得。

在实际零件中相贯两形体的表面相交可有三种情形：两外表面相交，如图 9－4(a)所示；外表面与内表面相交，如图 9－4(b)所示；两内表面相交，如图 9－4(c)所示。但无论从相贯线的性质、形式和求法来看，都是相同的。因为不论是内表面或外表面，从几何上来看，性质都是一样的，所以，关于相贯线的所有论述和求法，都同样适用于两个内表面相交及内外表面相交的情况。

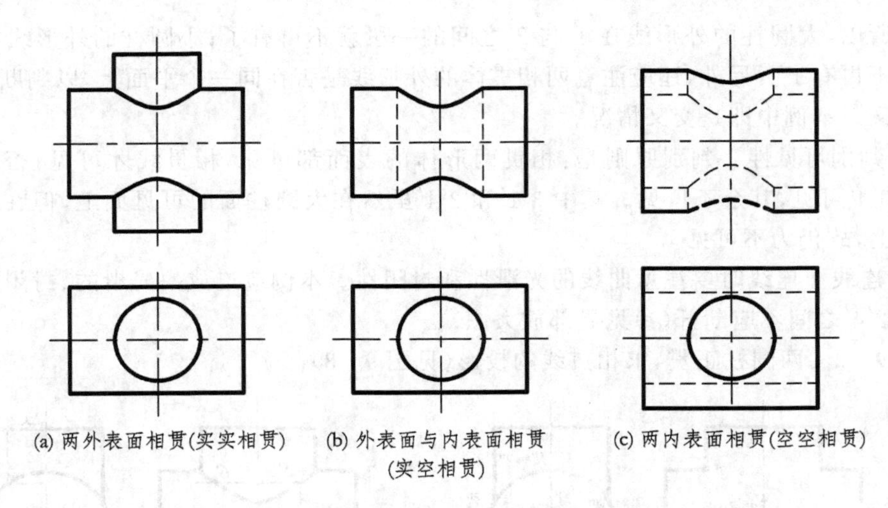

(a) 两外表面相贯(实实相贯)　(b) 外表面与内表面相贯(实空相贯)　(c) 两内表面相贯(空空相贯)

图 9-4　相贯两形体的表面相交

9.3　用辅助平面法求相贯线

根据相贯线是相贯的两形体表面的共有线这一性质，可依据“三面共点”的原理利用辅助平面求得相贯线上的点。选择辅助平面的要求是：要使它与相贯的两形体表面的交线的投影是简单易画的线——直线或圆，以使作图简便、准确。

例 9-3　圆球和圆锥相贯如图 9-5 所示，求相贯线的投影。

解　因为圆球面和圆锥面的投影都无积聚性，故不能用积聚性法求解，现用辅助平面法。根据选择辅助平面的要求，本例只能选用水平面 P 作辅助面。其作图原理如图 9-5(b)所示：作辅助平面 P_1 与圆球和圆锥相交，分别求出 P_1 与圆球和圆锥的截交线。这两条截交线在同一平面上，必定相交。其交点Ⅲ和Ⅳ即为圆球与圆锥面上的共有点，也就是所求相贯线上的点。同理取若干辅助平面，就可得一系列相贯线上的点。

作图如下：

① 求特殊点。因球与圆锥的轴线相交且具有平行于 V 的对称面，所以在 V 投影中球与锥的外形线是相交的，因此直接得到相贯线上的两个特殊点 $1'$ 和 $2'$，如图 9-5(c)所示，由 $1'$ 和 $2'$ 可得 1 和 2。H 投影中球面外形线上的点(即球面外形线与锥面的贯穿点)，是通过球心作水平辅助平面 P_1 求出的，P_1 与球面交于水平大圆，与锥面交于水平圆 C。这两圆相交即得 3 和 4，由 3 和 4 即可得 $3' \equiv 4'$。

② 求一般点。同理，用水平辅助平面 P_2 求得 5,6 和 $5'$,$6'$，如图 9-5(d)所示。

③ 检查外形线与相贯线的关系。由于有平行于 V 的公共对称面，故 V 投影中前后两条相贯线的投影重合，成为抛物线的一段。它与球面和锥面的外形线相交于 $1'$ 和 $2'$。$1'$ 与 $2'$ 之

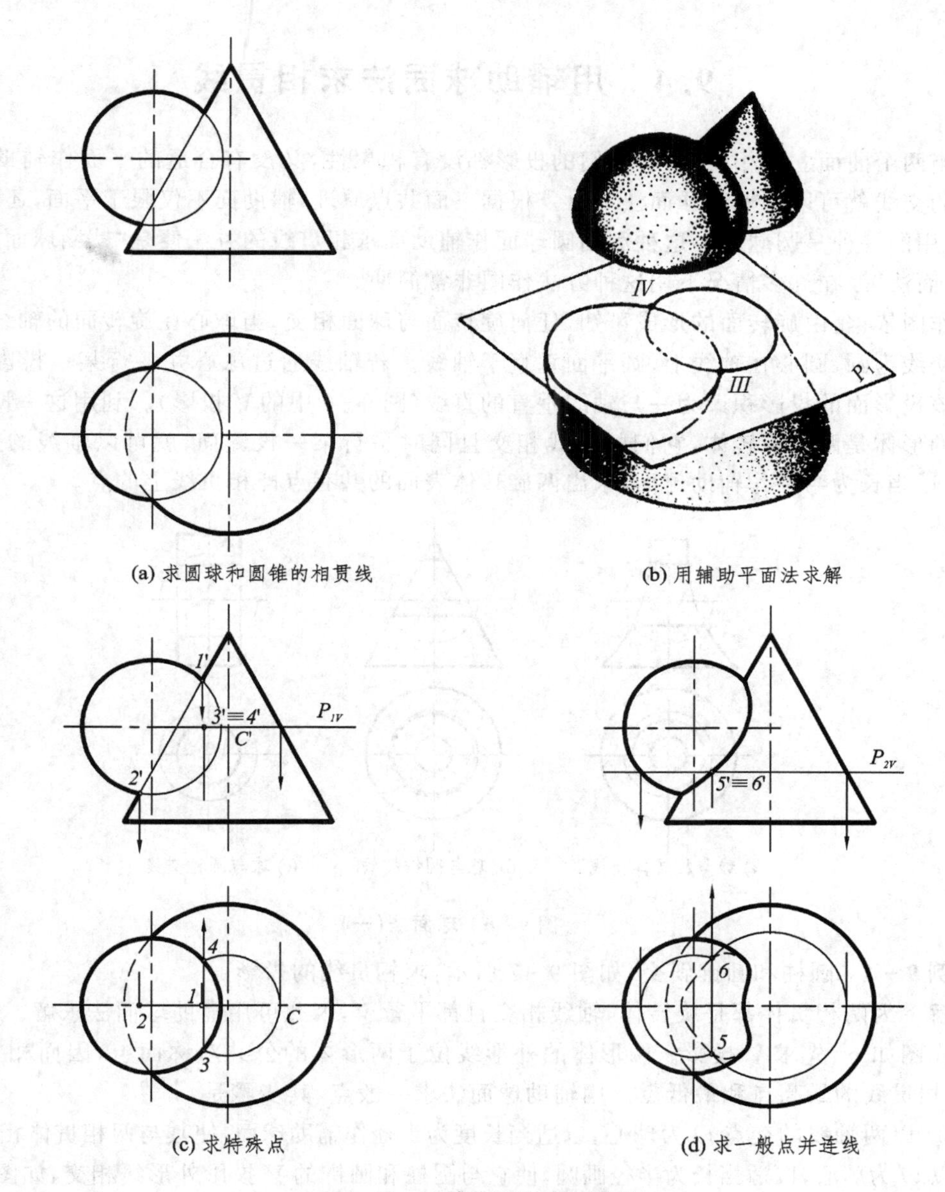

(a) 求圆球和圆锥的相贯线

(b) 用辅助平面法求解

(c) 求特殊点

(d) 求一般点并连线

图 9－5　用辅助面法求相贯线

间的外形线被贯去了，H 投影中球面外形线与相贯线相切于 3 和 4 两点。

④ 判断可见性。V 投影中可见与不可见部分重合。H 投影中 314 可见，其他不可见。

⑤ 连线。V 投影为抛物线的一段。H 投影为一光滑的封闭曲线且与球面外形线切于 3 和 4 两点。

9.4　用辅助球面法求相贯线

当两个曲面立体相交时，若它们的投影都没有积聚性，又没有合适的平面作辅助面，它们之间的交线就可以用辅助球面法求出。根据三面共点原理，辅助面不仅限于平面，还可以是曲面，常用的一种是圆球面。这种利用圆球面作辅助面求相贯线的方法便是“辅助球面法”，或称为“球面法”。在许多情况下用这种方法作图非常简便。

作图依据：由旋转面的形成可知，任何旋转面与球面相交，当球心在旋转面的轴线上时，它们的交线为圆，圆心在轴线上，圆平面垂直于轴线。若轴线通过球心并平行某一投影面，则交线在该投影面的投影积聚为一与轴线垂直的直线（图 9-6 中的 V 投影）。利用这一特征，如果相贯的形体是两个旋转体，它们的轴线相交且同时平行某一投影面，就可以轴线的交点为球心，以适当长为半径作辅助球面，求出两旋转体表面的共有点即相贯线上的点。

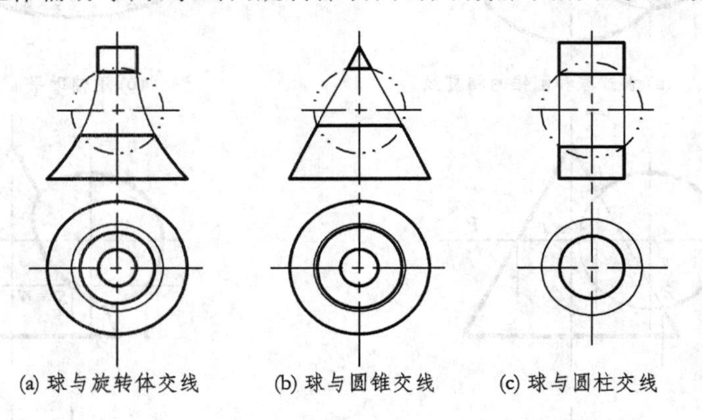

(a) 球与旋转体交线　(b) 球与圆锥交线　(c) 球与圆柱交线

图 9-6　球面法(一)

例 9-4　圆柱和圆锥斜交，如图 9-7 所示，求相贯线的投影。

解　因两相贯体都是旋转体，轴线相交且都平行 V，因此可用辅助球面法求解。

作图如下：先求 V 投影。两形体的外形线位于两形体的公共对称面上，因而相交得 $1'$ 和 $2'$，即相贯线的最高点和最低点。用辅助球面法求一般点，其步骤是：

① 以两轴线的交点 O 为球心，以适当长度为半径作辅助球面，使其与两相贯体相交。本例就是以 O' 为球心，以适当长为半径画圆，使它与圆柱和圆锥的 V 投影外形线相交，如图 9-7(b)和(c)所示。

② 求出辅助球面与圆柱面和圆锥面的交线，即球面与圆柱面外形线的交点的连线 l' 与圆锥面外形线交点的连线 m' 和 n'。

③ 求出球面与二相贯体表面交线的交点，即 l' 与 m' 和 n' 的交点分别为 $3'\equiv4'$，$5'\equiv6'$，它们就是所求相贯线上的点的 V 投影。有了一个投影，就可用“面上取点”法求出其他投影。H

投影中的 3,4,5,6 点,就是借助圆锥面上水平圆 M 和 N 的投影求得的,如图 9-7(d)所示。

依法仍以 O'为球心,改变球的半径,又可求得相贯线上一系列点。

V 投影中的 $7'$是利用最小球 R_{min} 作辅助球求得的,$7' \equiv 8'$并由它们可求得 7、8 两点。H 投影中圆柱外形线上的点 9 和 10,是画出相贯线的 V 投影得到 $9'$和 $10'$后再定出的,如图 9-7(e)所示。它是 H 投影中相贯线与圆柱外形线的切点,也就是可见性的分界点。

相贯线的 V 投影前后对称,投影重合,与外形线相交,成为双曲线的一段;H 投影是一封闭的、光滑的曲线,与圆柱面外形线相切(图 9-7(e)),$\overset{\frown}{952610}$位于圆柱的下半部都不可见。

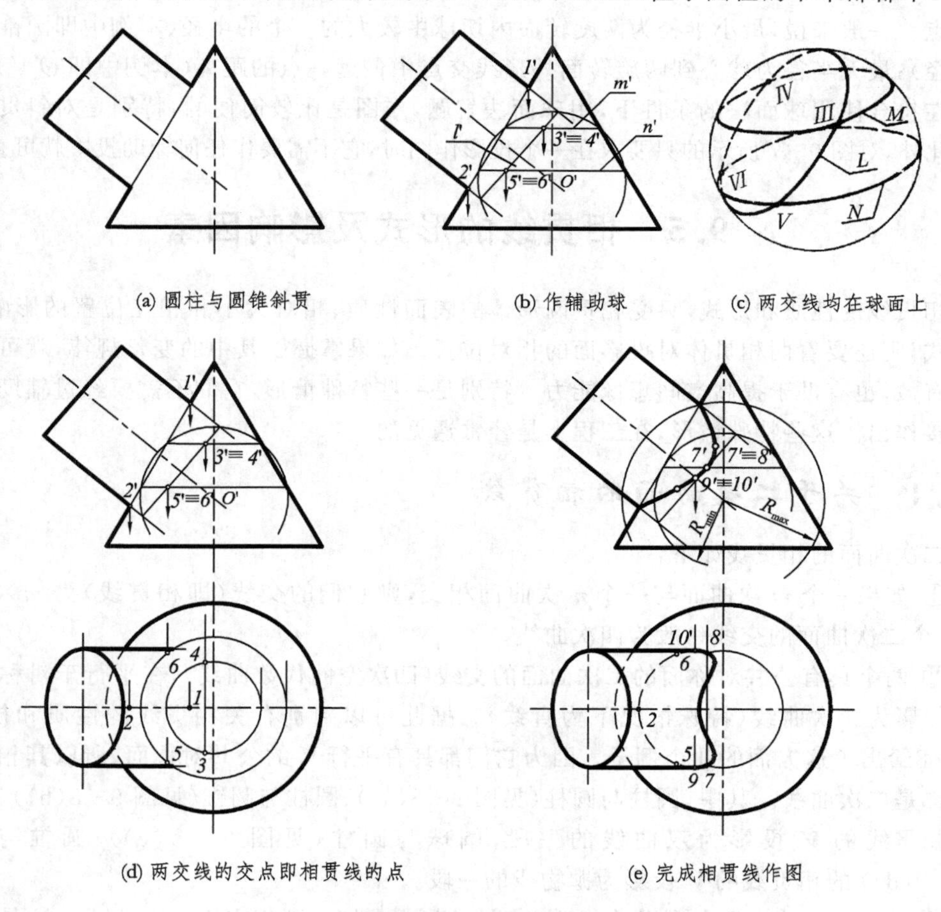

(a) 圆柱与圆锥斜贯　(b) 作辅助球　(c) 两交线均在球面上

(d) 两交线的交点即相贯线的点　(e) 完成相贯线作图

图 9-7　球面法(二)

讨论:

① 显然,用辅助球面法求相贯线时,只能先在两旋转体轴线所平行的那个投影面上的投影中作图,然后按照"旋转面上取点"的方法求其他投影。

② 两相贯的形体必须满足下面三个条件才可用辅助球面法:

- 必须都是旋转体——这样才能与辅助球面交于圆周。
- 轴线必须相交——这样才能将交点选作公共的球心,因而才能使辅助球面分别与相贯的二旋转体交出圆来。
- 两轴线必须平行同一投影面——这样才能使辅助面与相贯的两旋转面的交线圆投影积聚为直线;否则,投影成椭圆,不便于准确画图(当然,如果允许用换面法,此时球面法仍可行)。

③ 辅助球面半径的大小,有一定的范围;否则,就不能同时与相贯的两旋转体相交以求得共有点。一般来说,最小半径为两旋转面内切球中较大的一个的半径(本例中即圆锥面内切球的半径);最大半径为球心到两旋转面外形线交点中最远一点的距离(本例中即 $O'1'$)。

在符合使用球面法的条件下,用球面法解题,作图是比较简便的,特别是对斜贯效果更明显。此外,对图 9-7 所示的只要求在一个投影作图时,它不需要作任何辅助投影就可直接求出。

9.5　相贯线的形式及影响因素

相贯线的性质和形式,只受相贯两形体的表面性质、相对大小和相互位置的影响;而其投影形式,则还要看两相贯体对投影面的相对位置。如果掌握了其中的变化规律,就可在作图时心中有数,也有助于提高空间想像能力。特别是一些特殊情形,它们不需要经过辅助性作图就可直接作出。这些特殊情形,在工程上是经常遇见的。

9.5.1　关于二次曲面的相贯线

二次曲面的相贯线如下:

① 如果一个 m 次曲面与一个 n 次曲面相交,则它们的交线(即相贯线)为 $m \times n$ 次。因此,两个二次曲面的交线一般为四次曲线。

② 两个具有公共对称面的二次曲面的交线(四次空间代数曲线),在平行于对称面的平面上的投影为二次曲线(特殊情况下为直线)。据此可以判别有关相贯线的性质和投影形式。图 9-8给出了这方面的几个例子。因为它们都具有平行 V 的公共对称面,所以其相贯线的 V 投影都是二次曲线。其中,圆柱与圆柱(见图 9-8(a))、圆柱与圆锥(见图 9-8(b))、圆锥与圆锥的相贯线的 V 投影为双曲线的一段,圆球与圆柱(见图 9-8(c))、圆锥与圆球(见图 9-8(d))的相贯线的 V 投影为抛物线的一段。

③ 若两个二次曲面与另一个二次曲面外切(或内切),则相交于二次曲线。这是由法国学者蒙若(G. Monge)提出,故称为蒙若定理。图 9-9 是关于蒙若定理的几个最常见的例子。其中,圆柱与圆柱、圆柱与圆锥相贯,都有公共的内切球面。因此,相贯线为两个椭圆,它们的 V 投影聚集为两条直线段 $a'b'$ 和 $c'd'$,故相贯线的 V 投影是只需将外形线的交点 a' 与 b'、c' 与 d' 连成直线即可,而不要逐点去求了。

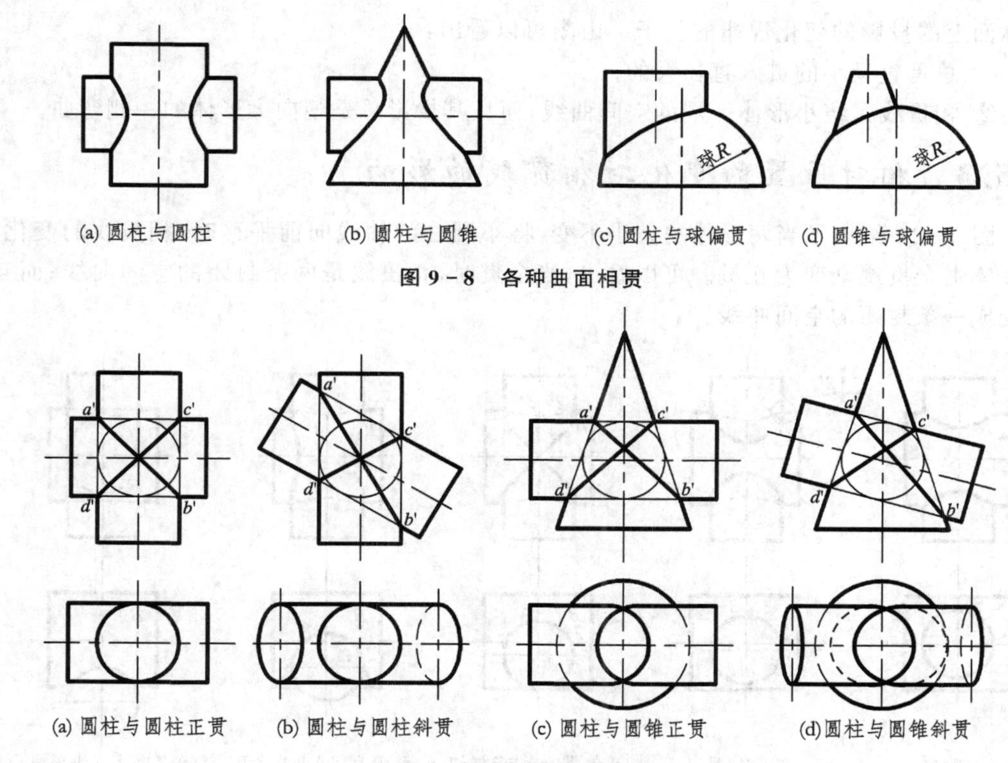

(a) 圆柱与圆柱　(b) 圆柱与圆锥　(c) 圆柱与球偏贯　(d) 圆锥与球偏贯

图 9－8　各种曲面相贯

(a) 圆柱与圆柱正贯　(b) 圆柱与圆柱斜贯　(c) 圆柱与圆锥正贯　(d)圆柱与圆锥斜贯

图 9－9　蒙若定理举例

9.5.2　尺寸大小的变化对相贯线的影响

图 9－10 给出了两圆柱在轴线相交的情况下，随着立圆柱的直径逐渐增大，相贯线在公共

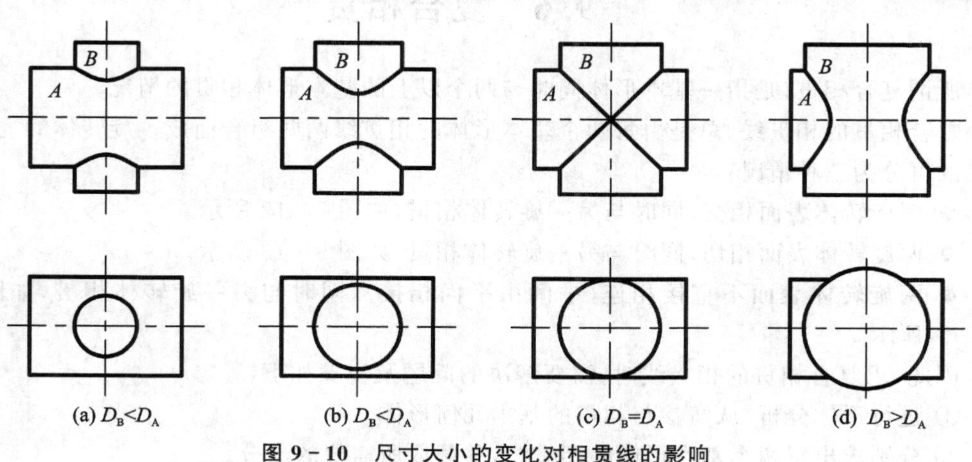

(a) $D_B<D_A$　(b) $D_B<D_A$　(c) $D_B=D_A$　(d) $D_B>D_A$

图 9－10　尺寸大小的变化对相贯线的影响

对称面上的投影的变化规律的例子。由图可以看出：

① 总是直径小的贯入直径大的；

② 相贯线是绕小形体一周的空间曲线，而且其投影总是朝向大形体的一侧弯曲。

9.5.3　相对位置的变化对相贯线的影响

图 9－11 给出了当两形体的大小不变，将小圆柱的轴线向前平移时，相贯线的变化规律。两形体由全贯逐渐变为互贯。可以看出，当全贯时，相贯线是两条封闭的空间曲线；而互贯时就变成一条封闭的空间曲线。

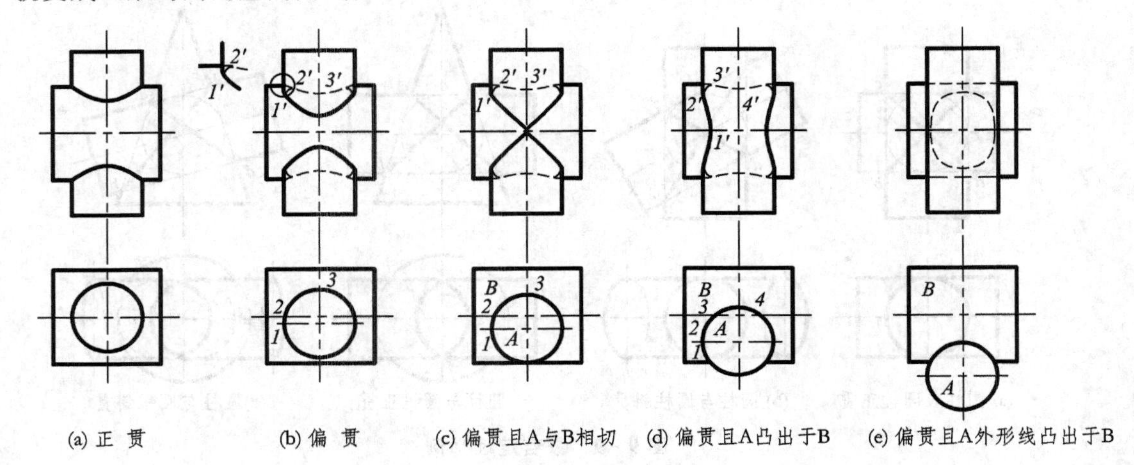

图 9－11　相对位置的变化对相贯线的影响

9.6　复合相贯

所谓复合相贯，是指一基本形体同时与两个以上的基本形体相贯的情况。

复合相贯的相贯线，总是由每两个基本形体的相贯线两两组合而成。旋转体的复合相贯，常见的可分为三种情况：

- 两旋转体表面相交，同时与另一旋转体相贯，如图 9－12 所示。
- 两旋转体表面相切，同时与另一旋转体相贯，如图 9－13 所示。
- 两旋转体表面不直接相连（中间由平面相接），同时与另一旋转体相贯，如图 9－14 所示。

因此，求复合相贯的相贯线时，需要解决的问题及步骤如下：

① 进行形体分析，认清参与相贯的基本几何形体。

② 分别求出每两个基本形体的相贯线，并截取所需要的部分。

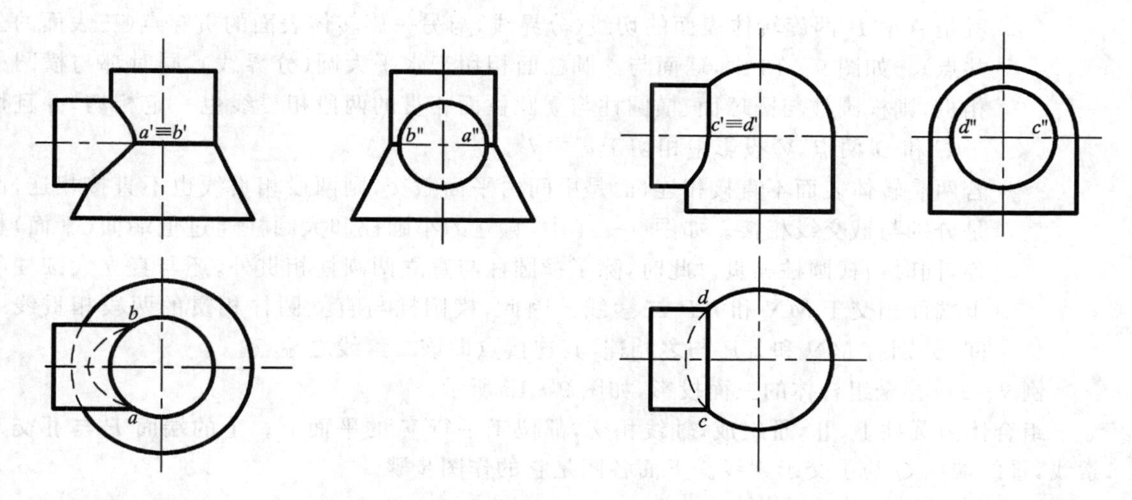

图 9-12　两旋转体相交同时与另一旋转体相贯　　**图 9-13　两旋转体相切同时与另一旋转体相贯**

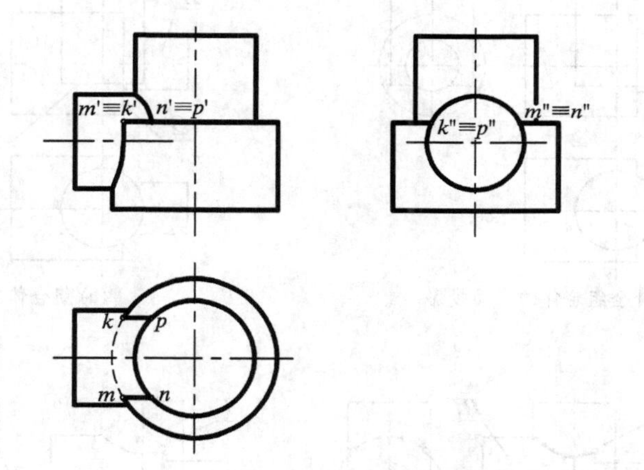

图 9-14　两旋转体表面不直接相连同时与另一旋转体相贯

③ 正确地表示出各段相贯线之间的连接关系及接合点。关于这一点，从上面三个情况可以看出如下重要事实：

- 若 A 与 B 两旋转体表面相交，同时又与另一旋转体相贯，则两段相贯线也相交。交点就是 A 和 B 两旋转体表面交线（分界线）与另一旋转体的贯穿点（三表面的公共点）。如图 9-12 中，立圆柱与圆锥表面相交，同时与横圆柱相贯，则横圆柱与立圆柱、横圆柱与圆锥相贯的两段相贯线也相交，并且交于 A 和 B 两点，V 投影中交于 $a' \equiv b'$。
- 若 A 与 B 两旋转体表面相切，同时又与另一旋转体相贯，则两段相贯线也相切，切点

就是 A 和 B 两旋转体表面的切线(分界线)与另一旋转体表面的贯穿点(三表面的公共点)。如图 9-13 中,球面与立圆柱面相切于水平大圆(分界线),同时都与横圆柱相贯,则横圆柱与圆球面、横圆柱与立圆柱面相贯的两段相贯线也一定相切,并且切于 C 和 D 两点,V 投影中相切于 $c' \equiv d'$。

若两旋转体表面不直接相连,而是中间由平面截交,则两段相贯线也不直接相连,而是分别与截交线相接。如图 9-14 中,直立的小圆柱和大圆柱通过上端面(平面)相连,同时与横圆柱相贯。此时,除了横圆柱与直立两圆柱相贯外,还与直立大圆柱的上端面相交于 MN 和 KP 二素线。因此,横圆柱与直立圆柱相贯的两段相贯线之间,分别有 MN 和 KP 与之相连,其连接点即该二素线之端点。

例 9-5　补全组合体的三面投影,如图 9-15 所示。

组合体由圆柱Ⅰ,Ⅱ,Ⅲ组成,轴线相交,都位于平行 V 的平面上。Ⅰ的端面 P 与Ⅱ交于素线,Ⅲ的端面 Q 与Ⅰ交于素线。下面各图是它的作图步骤。

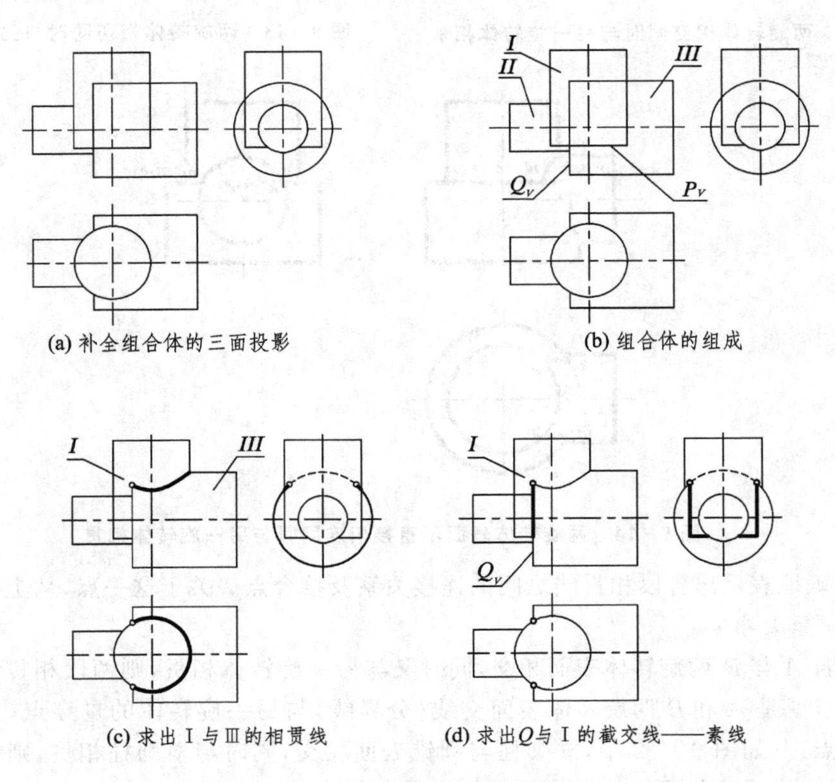

(a) 补全组合体的三面投影　(b) 组合体的组成

(c) 求出Ⅰ与Ⅲ的相贯线　(d) 求出Q与Ⅰ的截交线——素线

图 9-15　简单复合体相贯

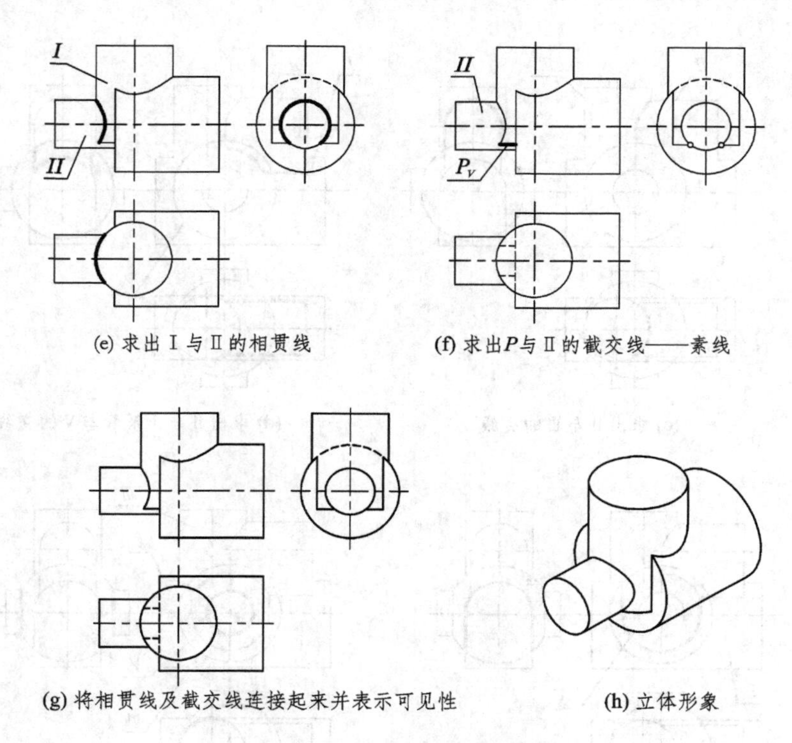

(e) 求出Ⅰ与Ⅱ的相贯线　(f) 求出P与Ⅱ的截交线——素线

(g) 将相贯线及截交线连接起来并表示可见性　(h) 立体形象

图 9－15　简单复合体相贯(续)

例 9－6　补全组合体的三面投影,如图 9－16 所示。

组合体由Ⅰ,Ⅱ,Ⅲ,Ⅳ和球体Ⅴ组成且有平行于 V 的公共对称面。下面各图是它的作图步骤。

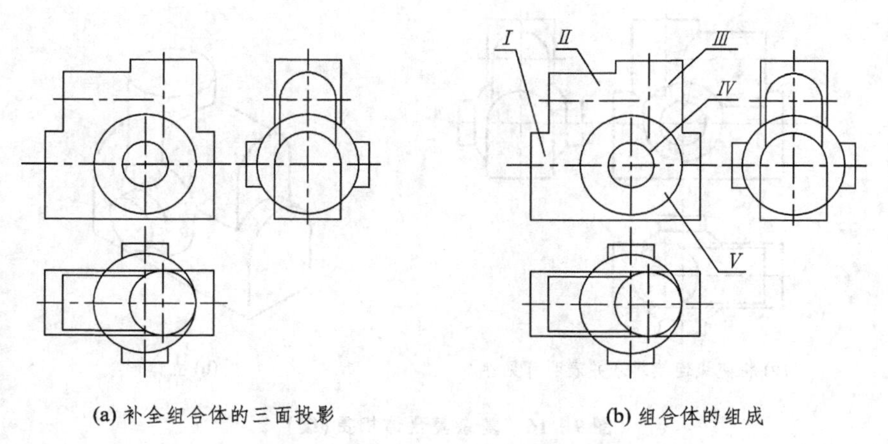

(a) 补全组合体的三面投影　(b) 组合体的组成

图 9－16　复杂复合体相贯

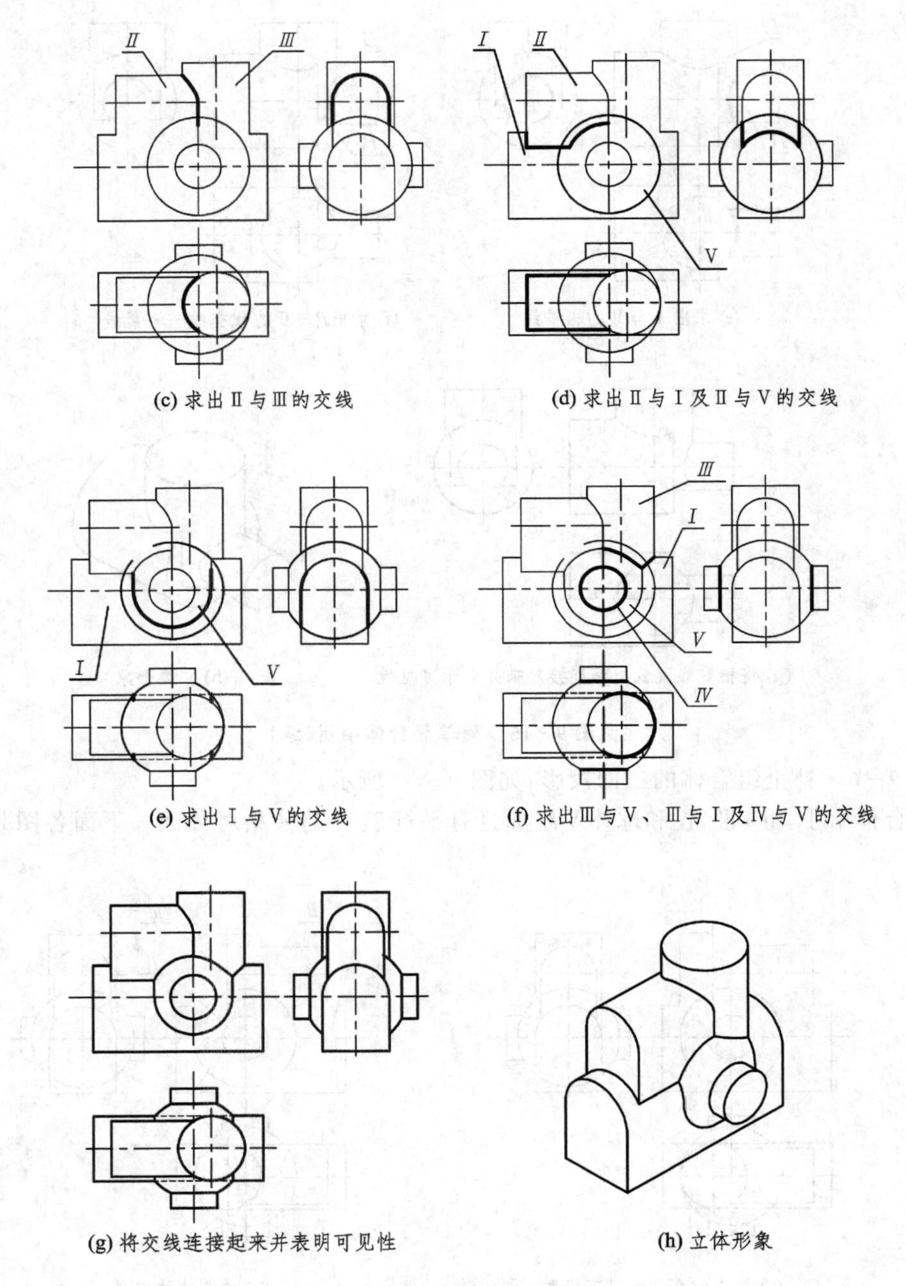

(c) 求出Ⅱ与Ⅲ的交线

(d) 求出Ⅱ与Ⅰ及Ⅱ与Ⅴ的交线

(e) 求出Ⅰ与Ⅴ的交线

(f) 求出Ⅲ与Ⅴ、Ⅲ与Ⅰ及Ⅳ与Ⅴ的交线

(g) 将交线连接起来并表明可见性

(h) 立体形象

图 9-16　复杂复合体相贯(续)

第 10 章　用 CSG 体素构造法分析空间形体

10.1　体素构造 CSG 的原理和方法

CSG(Constructive Solid Geometry)体素构造表示法，是用计算机进行实体造型的一种构形方法，也是一种新的构形思维方式。这种构形方法的描述，既符合空间形体的构形过程，又能满足计算机实体造型的要求。

体素构造表示法，把复杂的实体看成由若干较简单的最基本实体，经过一些有序的布尔运算而构造出来。这些简单的、最基本的实体称为体素，如图 10－1 所示。

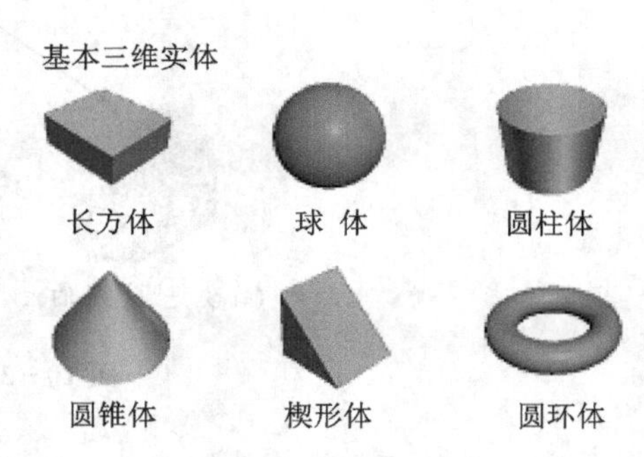

图 10－1　基本几何体素

在现有的实体造型系统中可为用户提供基本体素。这些体素的尺寸、形状、位置和方向，由用户输入较少的参数就可以确定，例如，用户输入不同的长、宽、高和位置参数即可定义一组不同尺寸的长方体体素。用户可以对圆球体输入不同的参数，使其成为球体(或椭球体)，如图 10－2 所示。

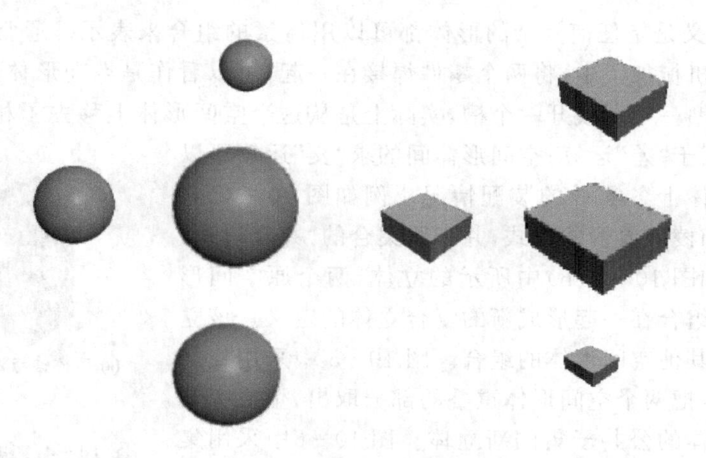

图 10－2　设定几何体素的参数

CSG表示法与机械产品的装配方式类似。一般的机械产品都是由零部件装配而成的。用CSG表示构造几何形体时，先定义几何体素，然后通过几何变换和布尔运算将体素拼合成所需要的几何形状，如图10－3所示。通过改变几何体素的参数或用某些体素代替原有体素，就可以达到改变零件形状的目的。

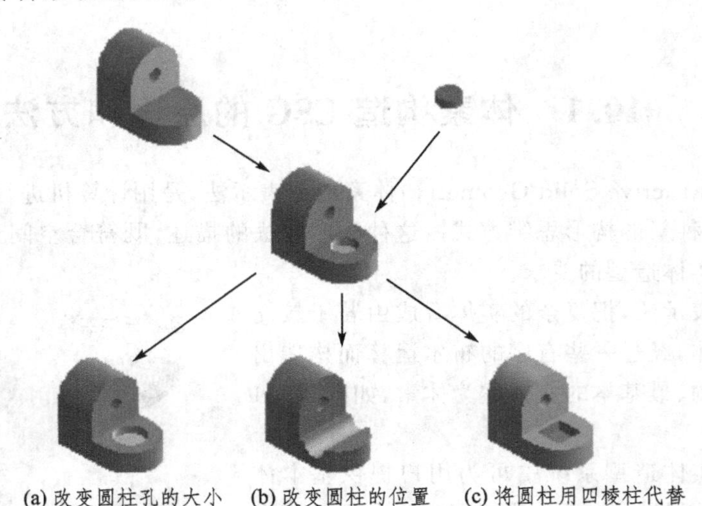

图10－3　CSG表示法构造实体的参数改变

10.2　空间形体的正则集合运算

CSG的含义是指任何复杂的形体都可以用体素的组合来表示。通常用正则运算来实现这种组合。在机械加工中，将两个零件焊接在一起，可以看作是空间形体的求“并”过程；在一个空间形体上钻一个孔或开一个槽，实际上是从这个空间形体上移去了相应于孔或凹槽的那部分材料，相当于“差”运算；空间形体间的求“交”运算可以用来检查装配体上各零件的装配情况。例如图10－4(a)中，指明方块和棱锥放置的方式，并指明集合的“并”(∪)运算，即可生成如图10－4(b)中所示的立体，两个原空间形体的表面定义组合在一起形成新的复合立体的定义。该立体也可用于与其他空间形体的组合。图10－5中采用集合“交”(∩)运算，把两个空间形体重叠的部分取出，生成一个作为原空间形体的公共子集的新立体。图10－6中采用集合“差”(－)运算，把第二个空间形体的体积从第一个空间

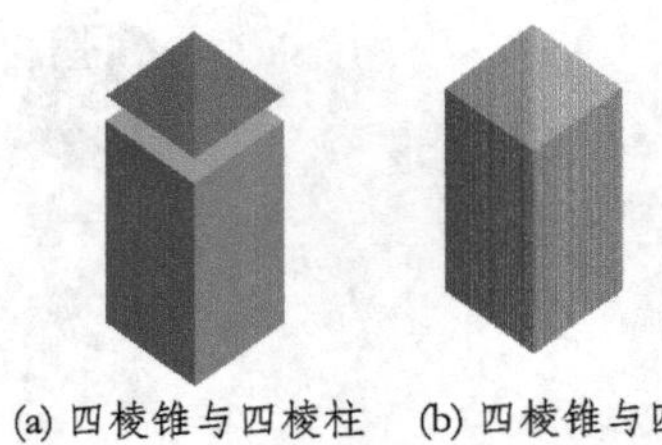

图10－4　用“并”(∪)运算将两个实体组合

形体的体积中减去。

图 10－7 和图 10－8 分别为锥与球的“并”、“差”、“交”和渲染后的效果图。

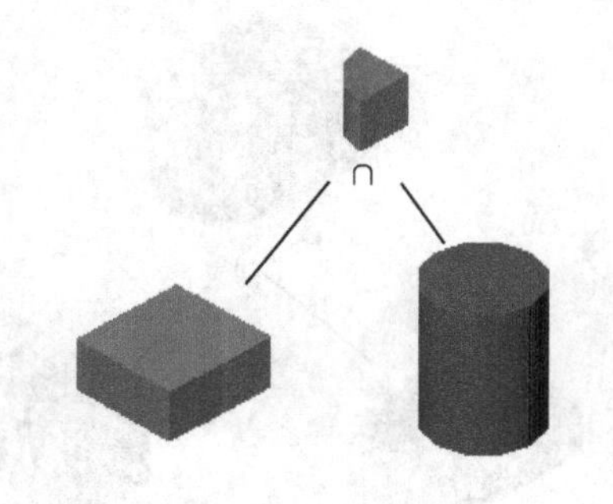

图 10－5　用“交”(∩)运算

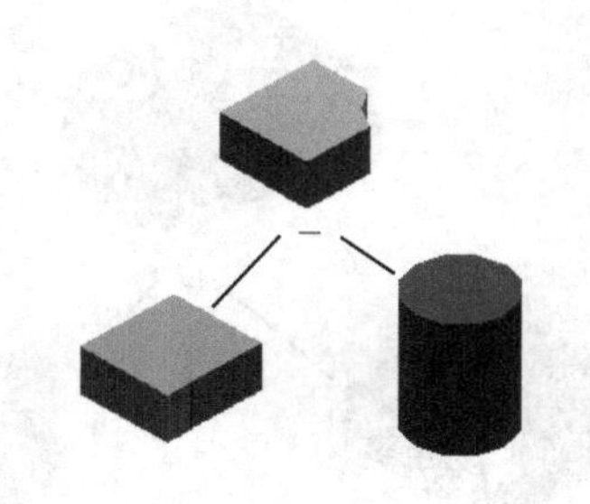

图 10－6　用“差”(－)运算产生割体

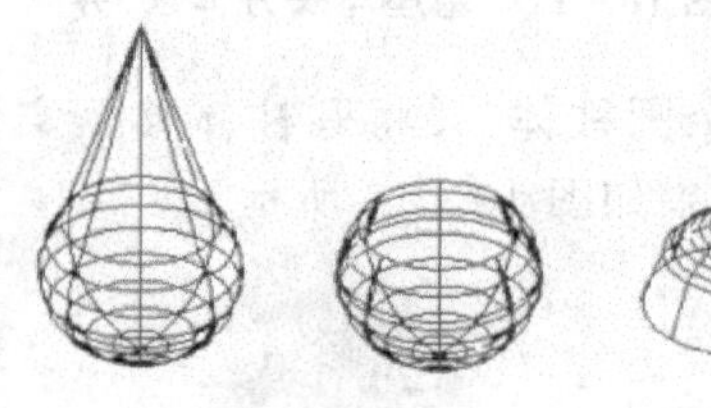

图 10－7　锥与球的“并”、“差”、“交”

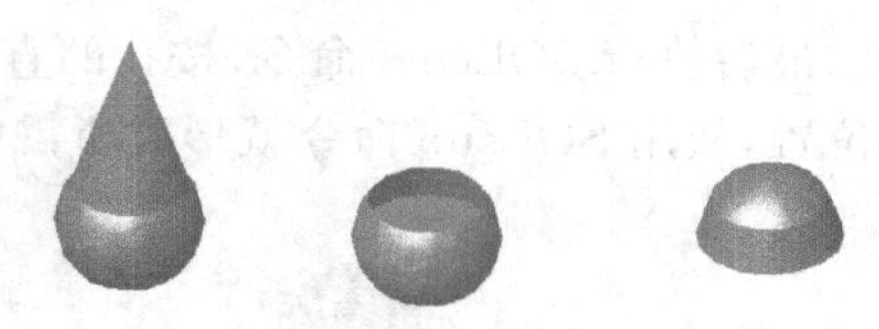

图 10－8　渲染后的效果图

10.3　建立实体模型的一般过程

所有的空间形体，无论复杂或简单，都是由一些基本几何形体组合而成。基本形体一般包括长方体、球体、圆柱体和圆球体等。实体造型就是首先生成这些基本体素，然后通过拼合或者减取，得到最终的实体模型。下面将讨论如何利用体素拼合的方法，得到图 10－9 中的形体模型。

首先执行 SULbox 命令生成一个长方体，只要输入长方体的长、宽、高即可得到所需的实体块；然后执行 SOLcyl(Solid cylinder)命令，生成一个圆柱体；执行构造实体几何 CSG(Constructive Solids Geometry)命令 SOLunion(实体“并”运算)，把生成的长方体与圆柱体合并成一个实体，如图 10－10 所示。

图 10－9　形体模型

接着，在基座的顶部生成一个长方体，用 SOLunion 命令，将该长方体与基座合并成一个新实体，如图 10－11 所示；然后在模型中的指定位置生成一个长方体，与所形成实体进行“差”运算

(SOLsub)生成新的实体,如图 10－12 所示。

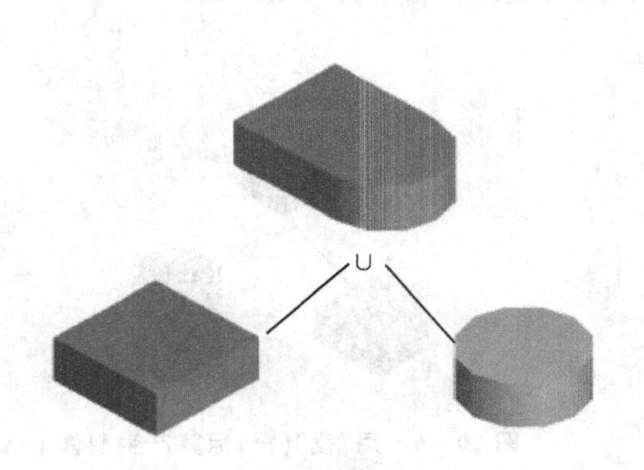

图 10－10　长方体与圆柱体求“并”

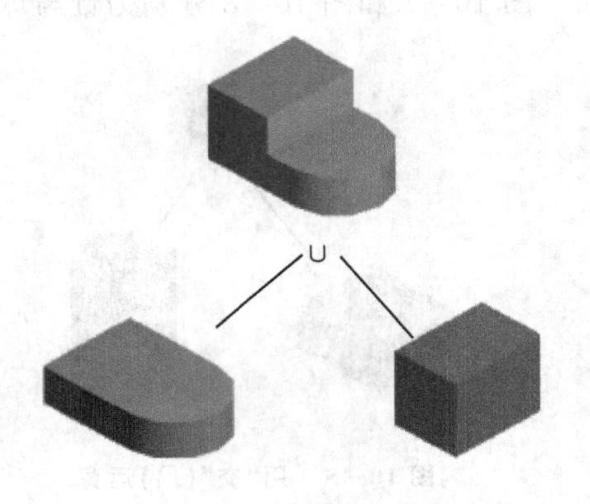

图 10－11　基座与长方体求“并”

最后执行 SOLcoyl 命令,按孔的直径和深度建立一个圆柱体,并将圆柱体移至实体中指定位置,使用 SOLsub 命令就形成所需的基座孔。所得结果如图 10－13 所示。

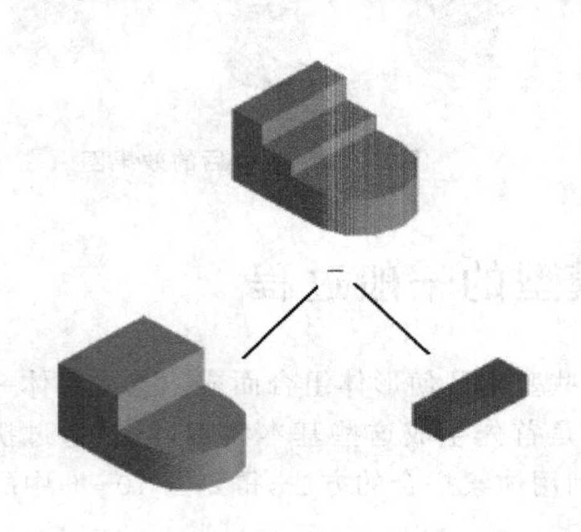

图 10－12　所形成实体与长方体求“差”

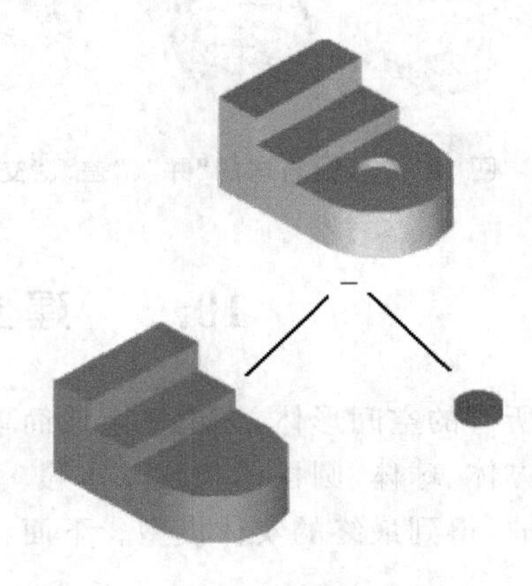

图 10－13　形成实体与圆柱体求“差”

10.4　空间形体的 CSG 树表示

1. CSG 树结构

前面将图 10－9 中的压块按 CSG(构建实体几何)法说明了建立实体模型的一般过程。通过 CSG 法建立的实体模型可以保留形体的结构和尺寸信息。

建立实体模型时使用的布尔运算,可以形成一个记录每步执行信息的层结构或者树结构。

因为有时需要将实体模型分解还原为独立的基本体素，所以使用树结构保存建模信息比较重要。图 10－14 表示实体模型构造过程的树结构，叶节点Ⅰ和Ⅱ代表长方体和圆柱体执行“并”运算后生成新的实体 A；与叶节点Ⅲ进行“并”运算生成实体 B；再与叶节点Ⅳ进行“差”运算生成实体 C；最后与叶节点Ⅴ进行“差”运算，得到根节点处完整的实体模型 D。

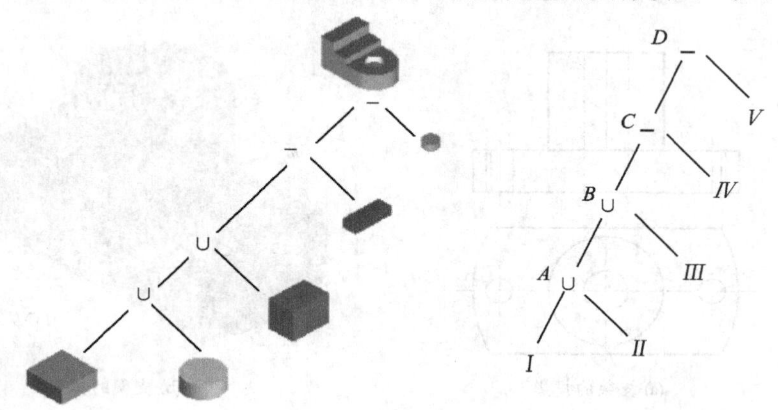

图 10－14　压块的 CSG 树表示

2. 空间形体的 CSG 树表示

如上所述，一个复杂的空间形体，可以由一些比较简单、规则的空间形体经过布尔运算而得到，于是这个复杂的空间形体可以描述为一棵树。这棵树的终端节点为基本体素（如立方体、圆柱及圆锥），而中间节点（叶节点）为正则集合运算的节点。这棵树叫做 CSG 树。图 10－14所示为压块的 CSG 树表示，图 10－15 所示为空间形体 CSG 树表示。

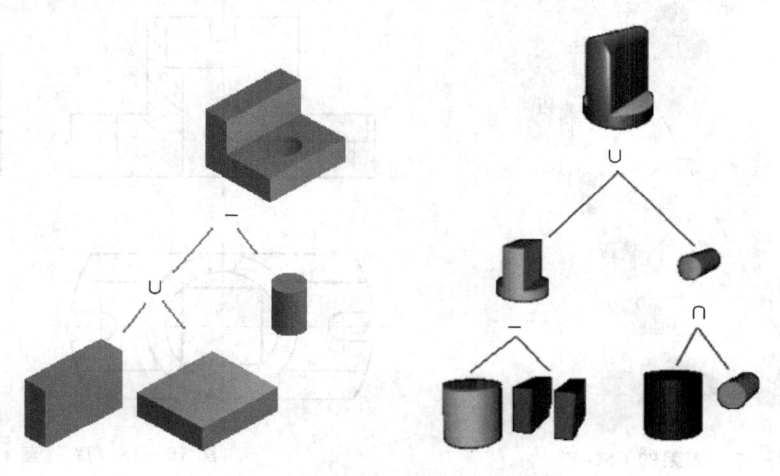

图 10－15　空间形体 CSG 树表示

10.5　空间形体的体素和构造形式实例分析

例 10－1　根据支架的投影如图 10－16 所示，构造其 CSG 树。

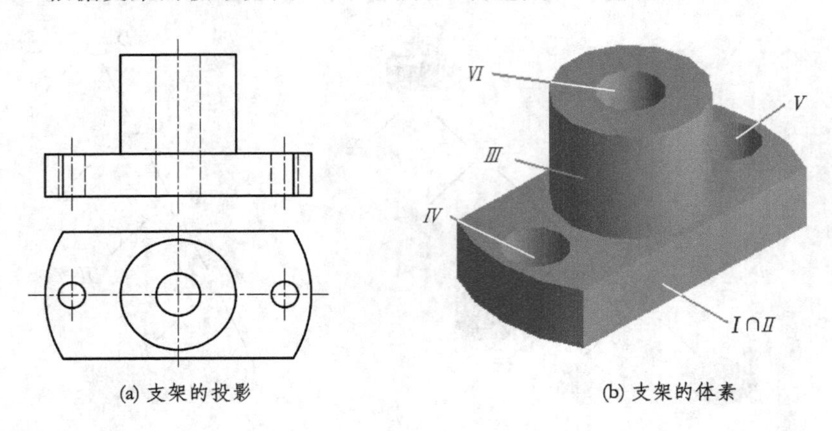

(a) 支架的投影　　(b) 支架的体素

图 10－16　支　架

从图 10－16 可以看出，支架由Ⅰ，Ⅱ，Ⅲ，Ⅳ，Ⅴ，Ⅵ基本形体构成。其中，Ⅳ和Ⅴ是同一个形体，而形体Ⅰ，Ⅱ，Ⅲ是“并”运算，再减(sub)去形体Ⅳ，Ⅴ，Ⅵ就形成了该支架。图 10－17 为支架的 CSG 树表示。

例 10－2　根据底座三视图，分析形体的生成过程，想像它的三维形状，画出其 CSG 树。

由投影图 10－18 分析底座生成过程如下：

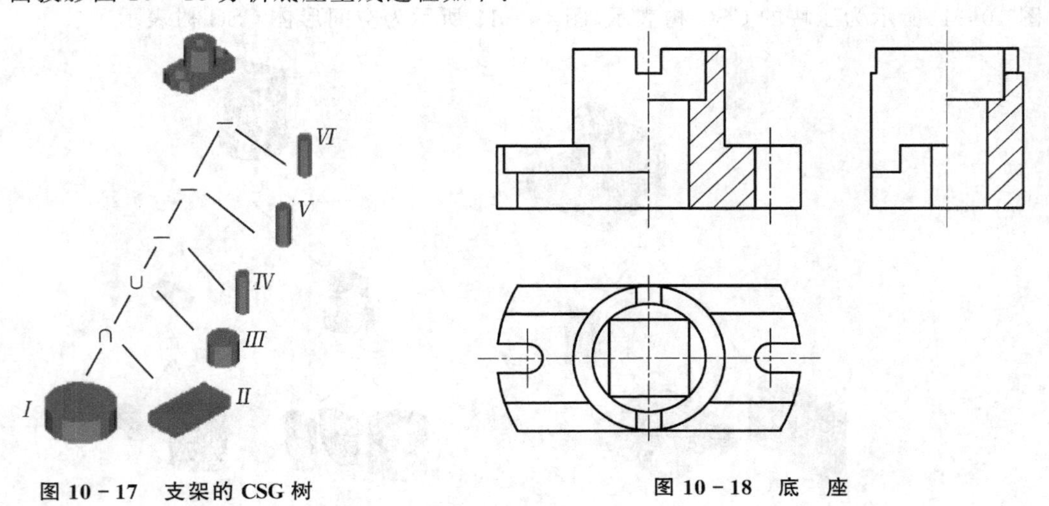

图 10－17　支架的 CSG 树　　**图 10－18　底　座**

由基本体素圆柱Ⅰ和四棱柱Ⅱ求"交"，再与四棱柱Ⅲ求"差"后生成实体 B；然后与两个圆柱及棱柱求"并"后的实体求"差"生成实体 C；由圆柱Ⅳ与Ⅴ求"差"后生成实体Ⅵ，Ⅵ与四棱柱Ⅶ求"差"后生成实体Ⅷ，Ⅷ与四棱柱Ⅸ求"差"后生成实体Ⅹ；最后，实体 C 与Ⅹ求"并"得到实体模型 D，如图 10－19 所示。

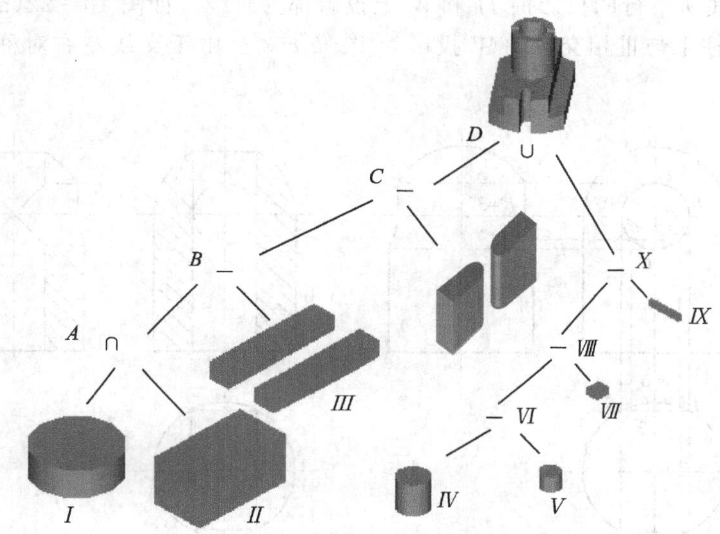

图 10－19　分析底座的生成过程

例 10－3　分析如图 10－20 所示组合体的构造形式，画出 CSG 树并求其 W 投影。

解

形体分析：组合体（图 10－20）的 CSG 树构成形式如图 10－21 所示。它由基本体素圆柱和圆球求"并"后，再分别与轴线⊥H 面和轴线⊥V 面的两圆柱求"差"后形成。

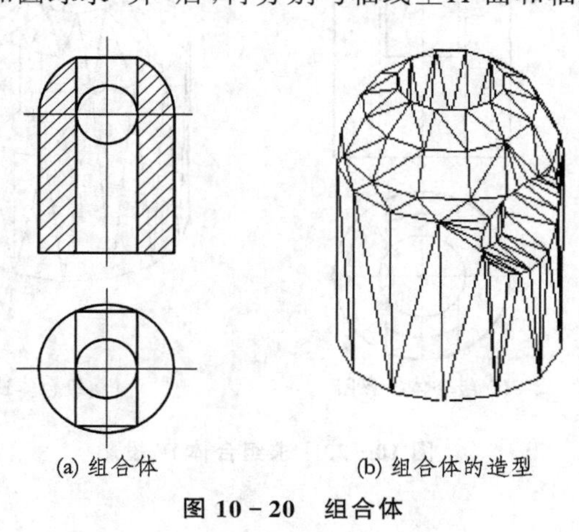

(a) 组合体　　(b) 组合体的造型

图 10－20　组合体

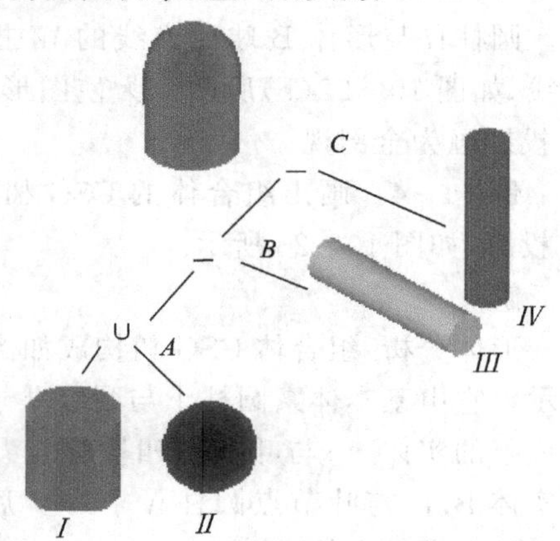

图 10－21　组合体的 CSG 树

作图步骤：

① 求圆柱Ⅰ与圆球Ⅱ求“并”后 A 的投影。

② 求圆柱Ⅲ与形体 A 的交线如图 10－22(a)所示。当圆柱通过球心时，柱球交线空间为圆。在圆柱轴线所平行的投影面 *H* 和 *W* 上投影都为直线。如图 10－22(a)所示，*W* 投影 1″2″3″为直线，圆柱Ⅰ与Ⅲ相交线的 *W* 投影为 1″*a*″*b*″*c*″3″。由于交线左右对称，故同理可求出右边的交线。

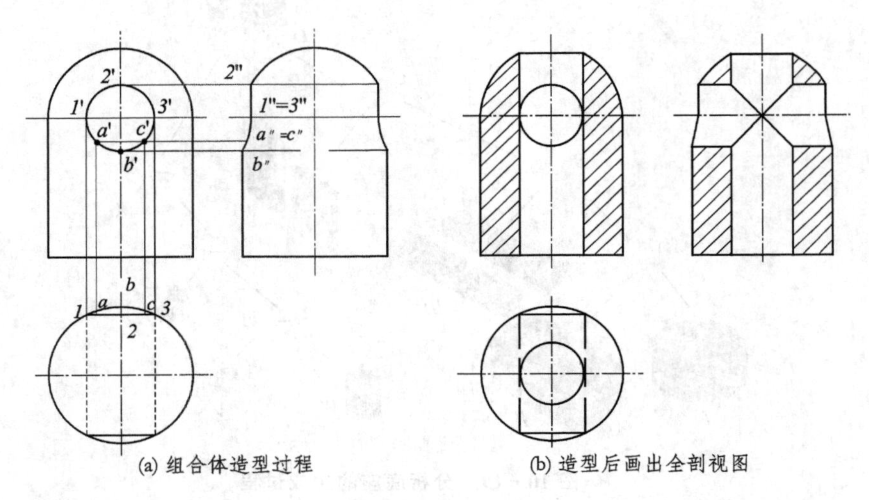

(a) 组合体造型过程　　(b) 造型后画出全剖视图

图 10－22　组合体的投影

③ 求形体 B 与圆柱Ⅳ的交线。圆柱Ⅲ与圆柱Ⅳ直径相等，轴线相“交”、“并”都平行 *W* 投影面，由此得出两圆柱交线的 *W* 投影为直线。圆柱Ⅳ与形体 B 球面交线的 *W* 投影也为直线，如图 10－22(b)所示。为使图形清晰，将 *W* 投影画为全剖视。

例 10－4　画出组合体的 CSG 树，并求其 *W* 投影，如图 10－23 所示。

解

形体分析：组合体 CSG 树构成如图 10－24 所示。它由基本体素圆柱Ⅰ与圆锥Ⅱ求“并”后生成新的实体 A；与叶节点四棱柱Ⅲ“差”后生成实体 B；再与叶节点圆柱Ⅳ求“差”后得到根结点处完整的实体模型 C。

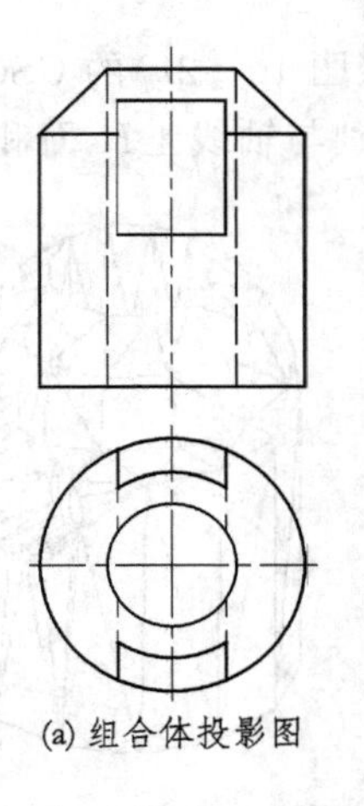

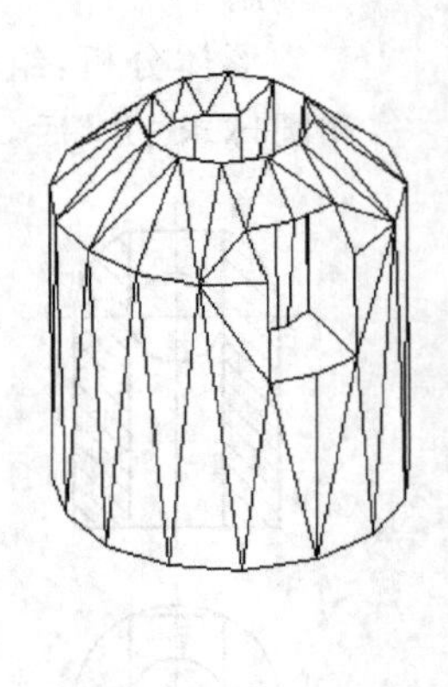

(a) 组合体投影图　　(b) 组合体造型

图 10－23　求组合体 *W* 投影

作图步骤：

① 求圆柱Ⅰ与圆锥Ⅱ“并”运算生成形体 A 的 W 投影。

② 求四棱柱Ⅲ与形体 A 交线的 W 投影——平面截锥(部分双曲线 1″2″3″)、平面截柱(外形线退缩3″4″)及四棱柱孔的 W 投影。由对称性，求出另一边的投影，如图 10－25(a)所示。

③ 求出四棱柱Ⅲ与圆柱Ⅳ交线的 W 投影 5″6″及圆柱Ⅳ与形体 B“差”运算后柱孔外形线的 W 投影。同理求出左半部，如图 10－25(b)所示。

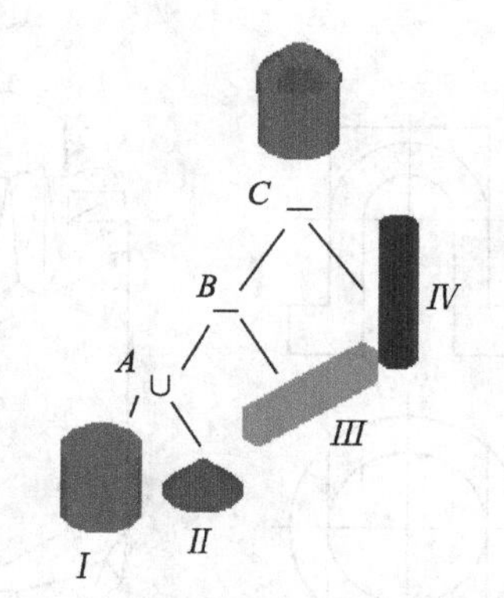

图 10－24　组合体的 CSG 树

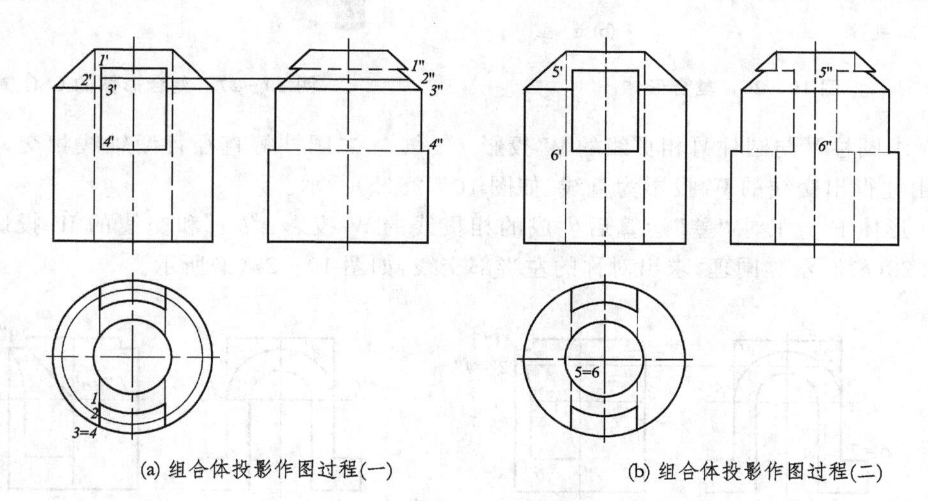

(a) 组合体投影作图过程(一)　　(b) 组合体投影作图过程(二)

图 10－25　用 CSG 树法求组合体 W 投影

例 10－5　分析复合形体的构造形式如图 10－26(a)所示，画出 CSG 树，并求其 W 投影。

解

形体分析：图 10－26 所示复合体的 CSG 树构成如图 10－27 所示。它由叶节点圆柱分别与两个四棱柱进行“差”(－)运算生成形体 B，与圆柱Ⅳ和Ⅴ进行“交”(∩)运算生成形体 C，求“并”(∪)生成新的实体 D；然后与叶节点圆柱Ⅵ求“并”(∪)生成实体 E，再与圆柱Ⅶ和四棱柱Ⅷ求“并”后生成的实体 F 进行“差”运算；最后得到根结点处的完整形体 G。

作图步骤：

① 求圆柱Ⅳ与Ⅴ相贯线的 W 投影 1″2″3″4″5″。

② 求四棱柱Ⅱ与圆柱Ⅰ“差”运算后所得的交线的 W 投影 1″6″和 6″7″，如图 10－28(a)所示。

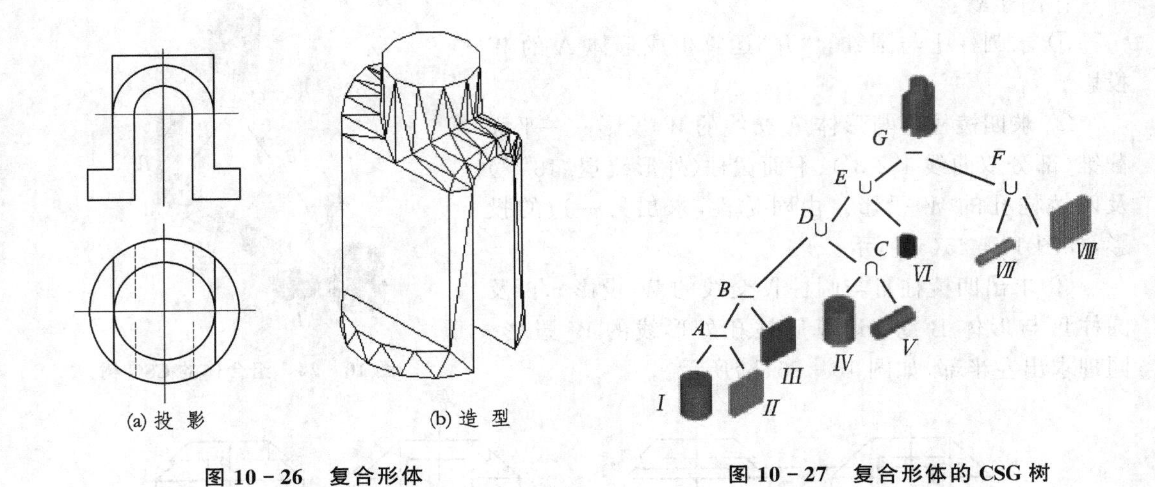

图 10-26　复合形体

图 10-27　复合形体的 CSG 树

③ 求圆柱Ⅴ与圆柱Ⅵ相贯线的 W 投影 $f''g''h''$。二圆柱等直径且两轴线相交，并平行 W 投影，由此得出交线的 W 投影为直线，如图 10-28(b)所示。

④ 形体 F 与 E 求“差”运算后生成的相贯线的 W 投影 $a''b''c''$和交线的 W 投影 $a''d''$，如图 10-28(c)所示。同理，求出对称的左半部交线，如图 10-28(d)所示。

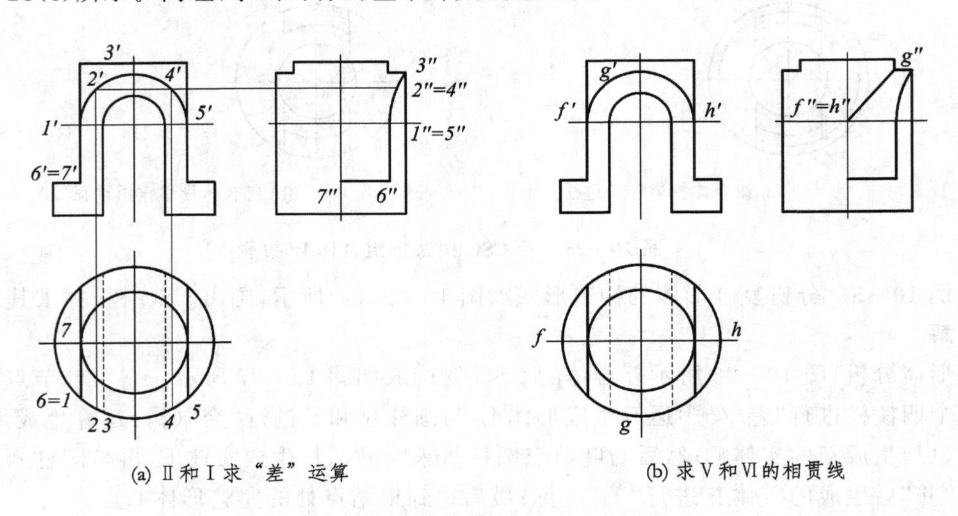

(a) Ⅱ和Ⅰ求“差”运算　　(b) 求Ⅴ和Ⅵ的相贯线

图 10-28　求复合形体 W 投影的过程

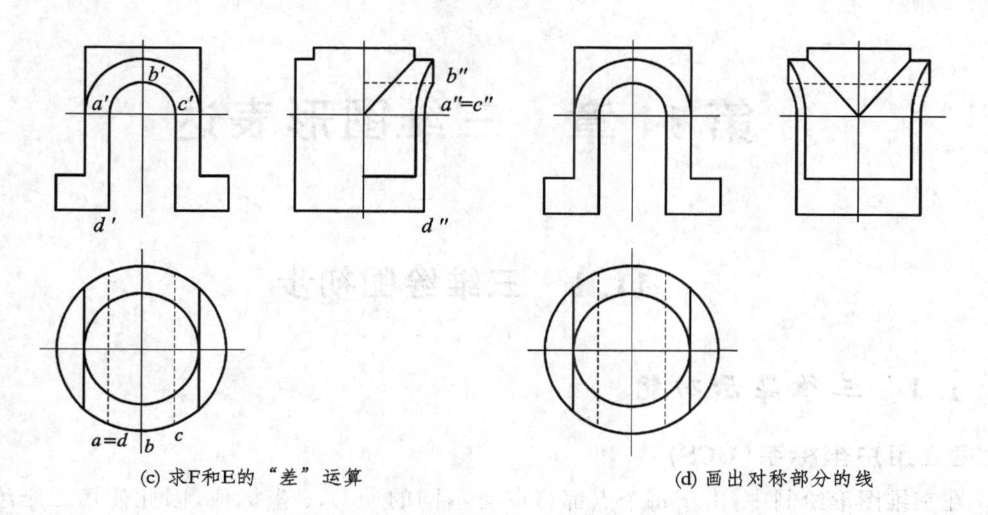

(c) 求F和E的“差”运算　　　　(d) 画出对称部分的线

图 10－28　求复合形体 W 投影的过程(续)

第 11 章　三维图形表达

11.1　三维绘图初步

11.1.1　三维显示功能

1. 建立用户坐标系(UCS)

在三维图形绘制中，由于每个点都可以有不同的 x，y，z 坐标值，因此使用二维绘图时的平面坐标系将带来极大不便。AutoCAD 根据需要提供了定制的三维坐标系，其命令就是 UCS。

命令执行方式有两种：

① 在命令提示区输入：[Command：]UCS

② 从 Tools 菜单中选择 UCS 选项，在其级联菜单中选择 Preset UCS 命令。

第①种方式是利用命令提示区进行设置，第②种方式是利用对话框进行设置。下面先介绍第①种方式。

命令提示区如下：

```
Command:UCS
Origin/ZAxis/3Point/Object/View/X/Y/Z/Previou/Restore/Save/Del/? /<World>:
```

提示中各命令的含义说明如下：

- Origin　确定新的坐标原点，而坐标轴的方向保持不变。当坐标原点改变后，屏幕上的 UCS 图标会立即移动到新的位置。
- ZAxis　将当前坐标系沿 Z 轴正方向移动一段距离。
- 3Point　用三点的方法定义坐标系。三点分别是原点，X 轴正方向上的一点和坐标值为正的 XOY 平面上的一点。
- Object　用一个指定实体来定义新的坐标系。被指定的实体将与新坐标系有相同的 Z 轴方向。
- View　将坐标系的 XY 平面设为与当前视图平行。
- X/Y/Z　这三个选项是将当前坐标系分别绕 X，Y，Z 轴旋转一指定角度。旋转的角度是逆时针方向为正，顺时针方向为负。

- Previou　返回上一坐标系。
- Restore　调用已存储的坐标系。
- Save　存储当前的坐标系。
- Del　删除已存储的坐标系。
- <World>　缺省选项，即把当前坐标系设置为世界坐标系 UCS。

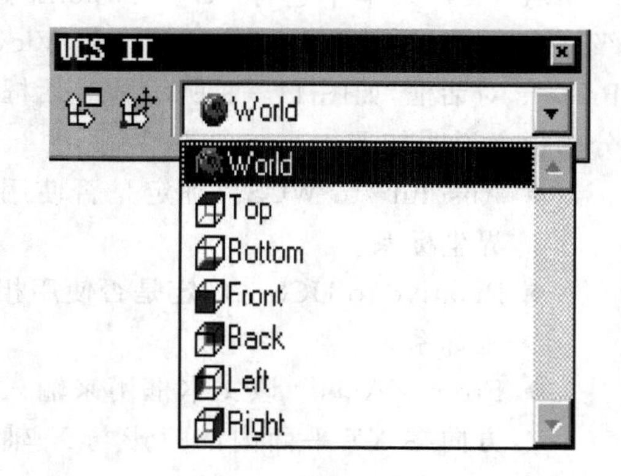

图 11－1　把当前坐标系设置为世界坐标系 UCS

注意：以上各个命令的执行也可采用 Tools 菜单中的 UCS 命令。在第②种命令执行方式下，将出现如图 11－1 所示的下拉列表框，即 UCS Orientation 对话框。在该对话框中，列出了 AutoCAD 本身已有的坐标系 UCS，供用户选择调用。可以直接选择某一坐标系，如果选择 Current View 项，则重新使用当前坐标系；选择 Previous 项，则返回上一坐标系。

2. 选择三维视点(vpoint)

在二维绘图时，所有工作都是在 XY 平面上进行的，绘图的视点无须改变，但在三维立体图形绘制中，需要经常变化视点，以便从不同角度来视察三维物体。

命令执行方式如下：

① 在命令提示区输入：[Command:]Vpoint

② 从 View 菜单中选择 3D ViewPoint 选项，在级联菜单中选择 Vector 命令。

命令提示区如下：

Command：Vpoint

Rotate/<View Point>：(缺省项为输入视点 x,y,z 三个绝对坐标值，从而确定视点的位置)

如果在上面的提示下输入“R”，表示将当前视点旋转一个角度，从而形成新的视点，将会出现如下的提示：

Enter angle in XY plane from XAxis<0>：(输入新视点在 XY 平面内的投影与 X 轴正方之间的夹角)
Enter angle from X－Y plane<0>：(输入新视点的方向与 XY 平面的夹角)

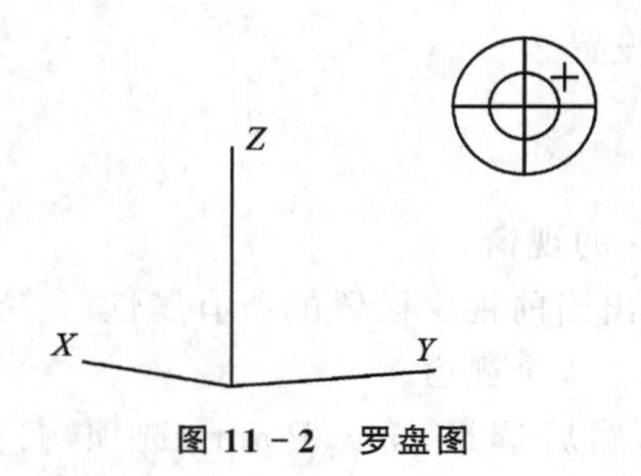

图 11－2　罗盘图

如果在 Rotate/<ViewPoint>提示下直接回车，则在屏幕右上角会出现一个罗盘图形，如图 11－2 所示。

罗盘相当于一个球体的俯视图，其中的小十字光标代表视点的位置：光标在小圆环内，表示视点位于 Z 轴正方向一侧；光标在内外环之间时，说明视点位于 Z 轴负方向一侧。单击光标，即可设置视点。另一种是利用对话框形式来设置视点，方法如下：

从 View 菜单中选择 3D Viewpoint 选项，在级联菜单中选择 Select 命令，打开 View point Presets 对话框，如图 11－3 所示。对话框中各部分的含义说明如下：

- Absolute to WCS　确定是否使用绝对世界坐标系。
- Relative to UCS　确定是否使用相对世界坐标系。
- From XAxis　该文本框用来输入新视点方向在 *XY* 平面内的投影与 *X* 轴正方向的夹角。
- XY Plan　文本框用来输入新视点方向与 *XY* 平面的夹角。

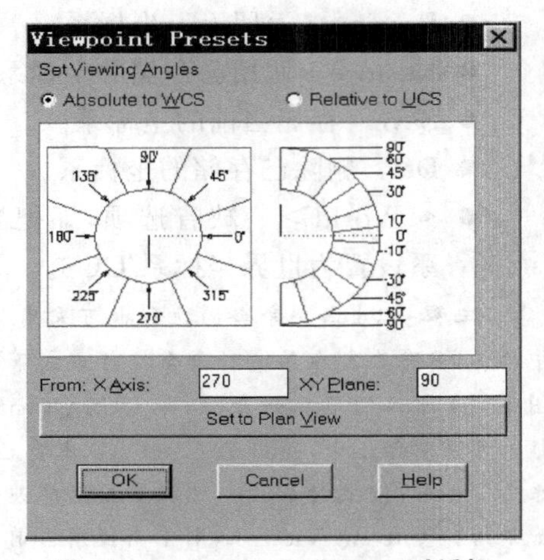

图 11－3　Viewpoint Presets 对话框

- Set to Plan View　单击此按钮，可以返回到 AutoCAD 初始视点状态。

3. 建立多个视窗（vports）

把一个视窗分为多个不同的视图，在各个视图中设置不同的视点，从而更加全面地观察三维实体。但要说明的是各个视窗都是相同的用户坐标系。

命令执行方式如下：

① 在命令提示区输入：[Command:]Vports

② 从 View 菜单中选择 Tiled ViewPorts 选项，再选择选项中的各个命令。

命令提示区如下：

```
Command: Vports
Save/Restore/Delete/Join/Single/? /2/<3>/4:
```

提示中各命令的含义说明如下：

- Save　以指定的名字将当前的视窗设置保存在图形文件中，内容包括当前视窗设置和视窗配置等。
- Restore　调用当前在图形文件中已保存的视窗设置。
- Delete　删除已保存的视窗设置。
- Join　将相邻的两个视窗合并成为一个视窗。
- Single　使当前视窗充满整个绘图区域，成为单一的视窗。
- ?　查询视窗配置的所有属性。AutoCAD 将列出当前视窗设置的所有属性。
- 2/<3>/4　这三个选项是把当前视窗分割为 2，3，4 个视窗。

除此之外，在 View 菜单中选择 Viewpoints 命令，然后选择 New Points 选项，打开如

图 11－4所示的对话框。这是 AutoCAD 本身已配置的几种视窗设置，可以直接在对话框中选取某种选项。

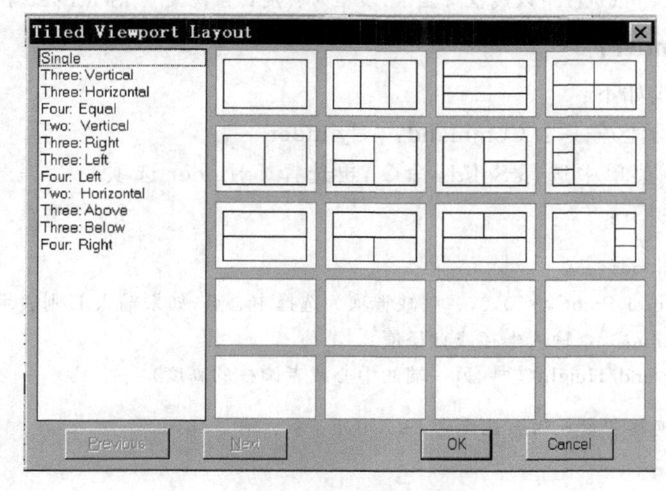

图 11－4　建立多个视窗

11.1.2　基本体素的生成

1. 长方体(box)

命令执行方式如下：

① 在命令提示区输入：[Command：]box

② 从 Draw 菜单中选择 Solids 命令，再选择 Box 选项。

命令提示区如下：

Command：box

CEnter/<corner of box><缺省值>：(缺省项为确定长方体的一个角点)

Cube/Length/<Other Corner>：(缺省项为输入另一个角点)

画长方体的命令比较简单，请读者自行体会各条子命令的含义。

2. 球体(sphere)

命令执行方式如下：

① 在命令提示区输入：[Command：] Sphere

② 从 Draw 菜单中选择 Solids 命令，再选择 Sphere 选项。

命令提示区如下：

Command：Sphere

Center of Sphere<0,0,0>：(输入球心坐标)

Diameter/<Radius>of sphere:(输入半径或直径)

注意:球体在 AutoCAD 中以线框来显示,线框的密度由系统变量 ISOLINES 控制。

3. 圆柱体(cylinder)

命令执行方式如下:

① 在命令提示区输入:[Command:] Cylinder

② 从 Drawn 菜单中选择 Solids 命令,再选择 Cylinder 选项。

命令提示区如下:

Command: Cylinder

Elliptical/<Center Point><0,0,0>(缺省项为选择中心点,如果输入 E 则表示画椭圆柱)

Diameter/<Radius>:(输入半径或直径值)

Center of other end/Height(输入另一端的中心或者圆柱的高度)

注意:圆柱的网格密度也由系统度量 ISOLINES 来控制。

4. 圆锥(cone)

命令执行方式如下:

① 在命令提示区输入:[Command:] cone

② 从 Draw 菜单中选择 Solids 命令,再选择 Cone 选项。

画圆锥的命令提示与画圆柱差不多,但有一点要注意:如果在 Apex/[Height]提示下输入 A,则表示画一个倾斜的圆锥体。

5. 楔形体(wedge)

命令执行方式如下:

① 在命令提示区输入:[Command:]Wedge

② 从 Draw 菜单中选择 Solids 命令,再选择 Wedge 选项。

命令提示区如下:

Command:Wedge

Center/<Corner of Wedge>/<0,0,0>:(缺省项为输入楔形体的一个角,如果输入 C 表示指定楔形体斜面上的中心点生成楔形体)

Cube/Length<Other Corner>:(Cube 命令用来生成等边楔形体,Length 命令用来根据长、宽、高三个参数生成楔形体,缺省项为用户指定楔形体的另一个顶点)

6. 圆环体(torus)

命令执行方式如下:

① 在命令提示区输入:[command:]torus

② 从 Draw 菜单中选择 Solid 命令,再选择 Torus 选项。

命令提示区如下：

Command：torus
Center of Torus
Center of Torus<0,0,0>：(输入圆环体中心坐标)
Diameter/<Radius>of torus：(输入圆环的半径或直径)
Diameter/<Radius>of tube：(输入圆环管体的半径或直径)

11.1.3　常用命令

1. 拉伸实体(extrude)

封闭的多义线，如多边形、3D 封闭多义线、平面闭合多义线等都可以通过拉伸的方法变成三维实体。

命令执行方式如下：

① 在命令提示区输入：[Command：]extrude

② 从 Draw 菜单中选择 Solids 命令，在选择其中的 Extrude 选项。

命令提示区如下：

Command：extrude
Select object：(选取被拉伸的二维实体)
Select object：(继续选取，直接回车表示结束选择)
Path/<Height of Extrusion>：(缺省项为指定拉伸的高度)
Extrusion taper angle<0>：(输入拉伸实体的倾斜角度)

如果为 0，则进行垂直拉伸。

如果在 Path /<Height of Extrusion>提示下输入 P，则表示沿指定路线进行拉伸，命令提示如下：

Select path：(选取作为拉伸路径的实体)

注意：如果输入的拉伸高度为负值，则实体将沿 Z 轴负方向拉伸。在拉伸前先用 Region 命令将封闭的圆形建立成区域圆形，以保证拉伸后为一个实心实体。

2. 旋转实体(revolve)

用这种方法可以将一些二维图形绕指定的轴旋转而形成三维实体。用于旋转的三维多义线必须是封闭的。

命令执行方式如下：

① 在命令提示区输入：[Command：]revolve

②从 Draw 菜单中选择 Solids 命令，再选择 Revolve 选项。

命令提示区如下：

Command：revolve
Select objects：(选取要旋转的二维实体)
Select objects：(继续选取，直接回车表示结束选择)
Axis of revolution-Object/X/Y/ ：(选择旋转轴缺省项为轴的起点，Object 选项要求指定某一直线为旋转轴，X 选项表示以 X 轴为旋转轴，Y 选项表示以 Y 为旋转轴)
<End point of Axis>：(选择轴的终点)

3. 求"并"运算(union)

将两个或两个以上的实体进行合并，形成一个整体。

命令执行方式如下：

① 在命令提示区输入：[Command：]union

② 从 Modify 菜单中选择 Solids Editing 命令，再选择 Union 选项。

注意：求"并"运算中选取的实体可以不接触，求"并"的结果是生成一个组合实体。

4. 求"差"运算(subtract)

从一个实体中减去另一个实体以得到新的实体。

命令执行方式如下：

① 在命令提示区输入：[Command：]subtract

② 从 Modify 菜单中选择 Solids Editing 命令，再选择 Subtract 选项。

命令提示区如下：

Command：subtract
Select solids and regions to subtract from…
Select solids：(选择被减的实体)
Select solids and regions to subtract…(继续选取，回车表示选取结束)
Select solids(选择作为减数的实体)
Select solids(继续选取，回车表示选取结束)

注意：求"差"运算中，选择的被减实体与作为减数的实体必须有公共部分。

5. 求"交"运算(intersect)

对两个或两个以上的实体进行求"交"运算，将得到实体的公共部分，其余部分被删掉。

命令执行方式如下：

① 在命令提示区输入：[Command：]intersect(in)

② 从 Modify 菜单中选取 Solid Editing 命令，再选择 Intersect 选项。

注意：进行求"交"运算的两个实体必须有公共部分。

6. 倒直角(chamfer)

三维物体进行倒直角的命令与二维实体倒直角命令相同。

命令执行方式如下：

在命令提示区输入：[Command：]Chamfer

AutoCAD 将会出现如下提示：

Select base surface：(选择基面，即实体边所在的两个平面中的一个)

Next/ ：(缺省值，OK 表示以当前高亮度显示的面为基面，N 表示以下一个面为基面)

Enter base surface distance，缺省值：(输入基面上倒直角的长度)

Enter other surface distance，缺省值：(输入与基面相邻的另一面的倒直角的长度)

Loop/＜select edge＞：(缺省项＜select＞要求指定一条要进行倒直角操作的边，Loop 选项表示对基面上的各边均进行倒直角操作)

Loop/ /＜select edge＞：(继续选择，直到回车结束时为止)

7. 倒圆角(fillet)

三维物体倒圆角用命令 Fillet。这跟二维图形倒圆角是一样的。

AutoCAD 将出现如下提示：

Polyline/Radius/Trim/Select First object (选取要进行倒圆角操作的边)

Enter radius：(输入倒圆角的半径)

Chain/Radius/ /＜select edge＞：(缺省项为选取要倒角的边，Radius 选项用于重新定义倒圆角半径，chain 选项用于首尾相连的一系列边都进行圆角操作)

8. 剖切实体(slice)

此命令是将实体切为两部分，用户可保留其中一部分，也可以全部保留。

命令执行方式如下：

① 在命令提示区输入：[Command：]Slice

② 从 Draw 菜单中选择 Solids 命令，再选择 Slice 选项。

命令提示区如下：

Command：Slice

Select objects：(选择要进行剖切操作的实体)

Select objects：(继续选取直到回车结束)

Select plane by Object/Zaxis/View/XY/YZ/ ZX/＜3 Point＞：

现对该提示行中各条子命令的含义说明如下：

● Object　用指定的实体所在平面来切开被剖切实体。AutoCAD 提示为

select on object：(选择剖切平面上的实体作为参照物)

Both sides/ <Point on desired side of the plane>:(缺省项为保留实体一部分，用户只要在要保留的一侧单击即可；Both sides 是保留两部分实体)

Point on plane(输入剖切平面上的任一点)

Point on Z−axis(normal)of the plane:(输入与剖切平面垂直的 Z 轴上的一点)

Both sides/<point on desired side of the plan>:(选择保留方式)

- View　选择与当前视图平面作为剖切面。AutoCAD 出现如下提示：

Point on view plane<0,0,0>:(输入确定剖面位置的一点)

Both sides/ <Point on desired side of the plane>:(确定保留方式)

- XY/YZ/ZX　表示以与当前 UCS 下的 *XOY* 平面、*YOZ* 平面和 *ZOX* 平面平行的平面作剖切面。
- <3 point>　缺省选项通过三点来确定剖切平面。

9. 生成剖面(section)

此命令将实体进行剖切，并且生成一个实体在剖切位置的剖面图。

命令执行方式如下：

① 在命令提示区输入：[Command:]Section

② 从 Draw 菜单中选择 Solids 命令，再选择 Section 选项。

说明：生成剖面的操作与剖切实体的操作一样，只是效果不同罢了。

10. 消隐(hide)

消隐是把三维实体中应被遮挡住的轮廓线条隐藏起来，从而更加鲜明、生动地表达三维形体。

命令执行方式如下：

① 在命令提示区输入：[Command:]Hide

② 从 View 菜单中选择 Hide 命令。

说明：执行消隐命令，不用选择物体。AutoCAD 将自动对当前视窗内的所有实体进行消隐，如要恢复消隐前的状态则执行 Regen 命令(重画)。

11.1.4　三维形体的生成及其二维投影显示实例

1. 准备绘图环境

(1) 设置绘图界限

Command: limits

ON/OFF/<Lower left corner> <0.0000,0.0000>:(直接回车)

Upper right corner <420.0000,297.0000>:420,297

(2) 设置三维视点

Command：vpoint

Rotate/<View point> <0. 0000,0. 0000,1. 0000>：－1,－1,1

(3) 设置原点坐标

Command：ucs

Origin/ZAxis/3point/Object/View/X/Y/Z/Prev/Restore/Save/Del/？/<World>：o(原点)

Originpoint:200,100

2. 绘制底座

在本例中,将练习画一个简单的三维支座图,如图 11－5 所示。

先绘制它的底座。这是由一个圆柱和一个长方体通过求"交"后得到的。

Command：cylinder

Elliptical/<center point> <0,0,0>:(直接回车)

Diameter/<Radius>：80

Center of other end/<Height>：40

Command：box

Center/<Corner of box> <0,0,0>：－80,－60

Cube/Length/<other corner>：80,60

Height：40

Command：intersect(求"交"运算)

Select objects:(选择圆柱)

Select objects:(选择长方体)

Command：(直接回车)

Command：hide(消隐)

消隐之后的视图如图 11－6 所示。

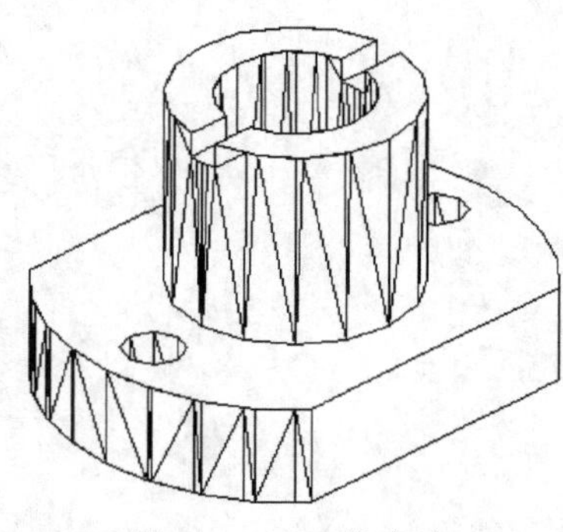

图 11－5　三维支座

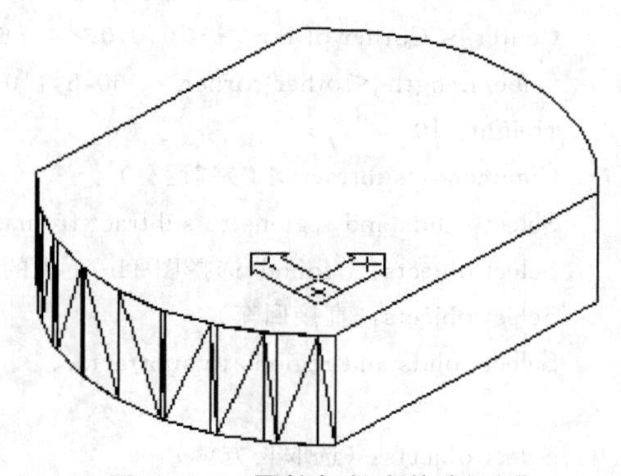

图 11－6　圆柱与长方体求"交"

3. 绘制上体部分

Command：cylinder

Elliptical/<center point> <0,0,0>：0 ,0,40

Diameter/<Radius>：40

Center of other end/<Height>：80

Command：union(求“并”运算)

Select objects：1 found(选择下体部分)

Select objects：1 found(选择所画圆柱)

Select objects：(直接回车)

求“并”运算后的视图如图 11－7 所示。下面将画柱体上的矩形槽、中空部分和底座上的两个孔。

Command：cylinder(柱体中空圆柱)

Elliptical/<center point> <0,0,0>:0,0,0

Diameter/<Radius>：25

Center of other end/<Height>：120

Command：cylinder(底座上的两个圆柱孔)

Elliptical/<center point> <0,0,0>：－60,0,0

Diameter/<Radius>：10

Center of other end/<Height>：40

Command：cylinder

Elliptical/<center point> <0,0,0>：60,0,0

Diameter/<Radius>：10

Center of other end/<Height>：40

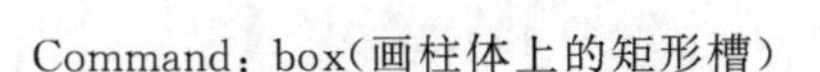

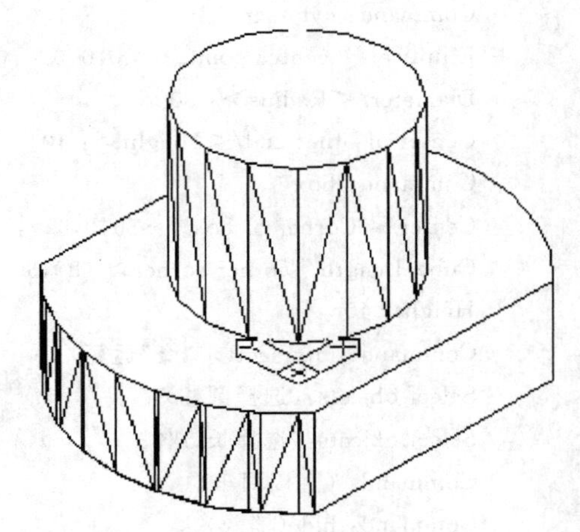

图 11－7　求“并”

Command：box(画柱体上的矩形槽)

Center/<Corner of box> <0,0,0>：－60,－5,110

Cube/Length/<other corner>：60,5,110

Height：10

Command：subtract(求“差”运算)

Select solids and regions to subtract from...

Select objects：1 found(选择图 11－7 中的三维主体部分)

Select objects：(直接回车)

Select solids and regions to subtract...

Select objects：(选取长方体)

Select objects：(选取三个要减去的圆柱体)

Command：hide

执行上述操作后，视图如图 11－8 所示。

4. 提取剖面

Command：section

Select objects：(选择所画的三维物体)

Select objects：(直接回车)

Section plane by Object/ZAxis/View/XY/YZ/ZX/<3points>：zx(以平行于 *ZX* 面的平面作为剖面)

Point on ZX plane <0,0,0>：0,0,0(剖面过原点)

Command：move(把剖面从原图中移出)

Select objects：(选择已经在原图中生成的剖面)

Select objects：(直接回车)

Base point or displacement：0,0,0(选择基点)

Second point of displacement：－50,100,20(移动后的点)

Command：zoom(显示整个视图)

All/Center/Dynamic/Extents/Previous/Scale(X/XP)/Window/<Realtime>：a

执行上述操作后，视图如图 11－9 所示。

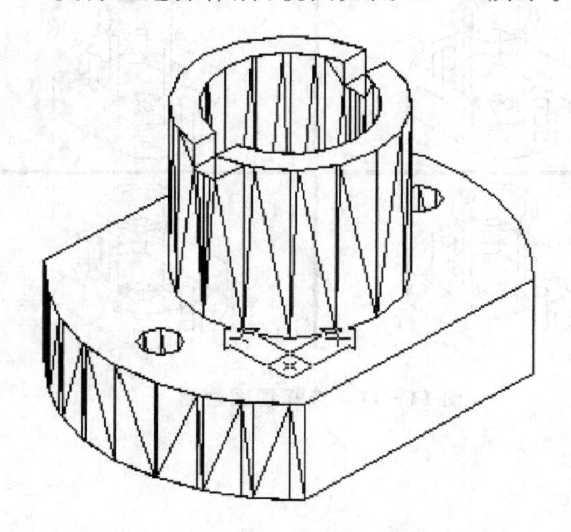

图 11－8　画柱体上的矩形槽和底座上的两个孔

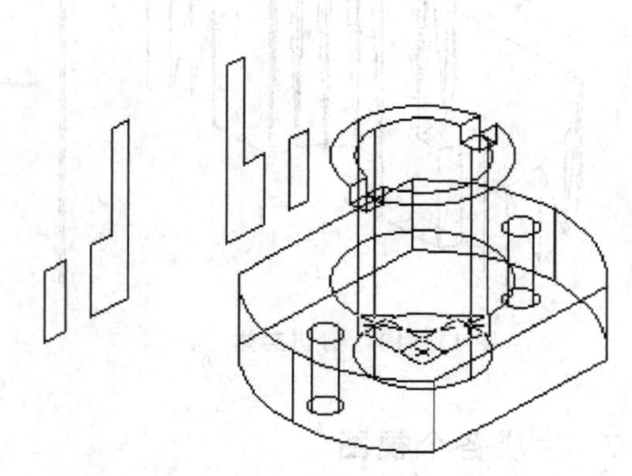

图 11－9　提取剖面

5. 剖切实体

打开图 11－8 所示的视图，执行以下命令：

Command：slice

Select objects：(选择所画的三维物体)
Select objects：(直接回车)
Section plane by Object/ZAxis/View/XY/YZ/ZX/<3points>：zx(以平行于 *ZX* 面的平面作为剖切面)
Point on ZX plane <0,0,0>：0,0,0(剖切面经过原点)
Both sides/<Point on desired side of the plane>：(选择需要保留的部分，在屏幕的左上角点一点)
Command：hide

执行剖切操作后，视图如图 11－10 所示。

6. 形成三视图

打开图 11－8 所示的视图，执行以下命令：

Command：vports
Save/Restore/Delete/Join/Single/? /2/<3>/4：4(选择视图数目为 4 个，分别作为主视图、侧视图、俯视图及三维立体图)

执行视图生成操作后，屏幕如图 11－11 所示。

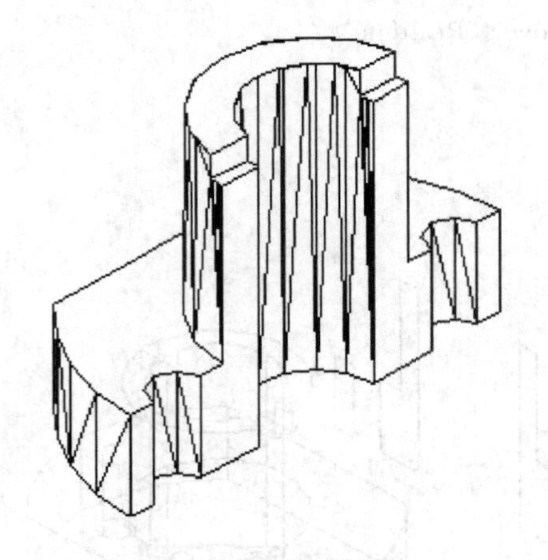

图 11－10　剖切实体

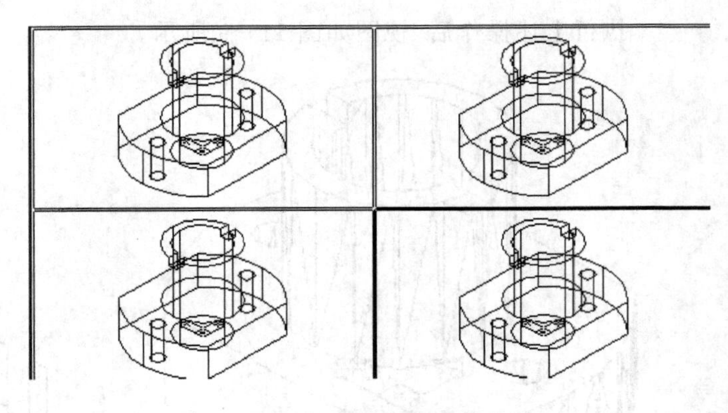

图 11－11　选择视图数目

7. 生成各个视图

选择左上角的视图，让其成为主视图。

Command：vpoint
Rotate/<View point> <−1.0000,−1.0000,1.0000>：0,−1,0

选择右上角的视图，让其成为侧视图。

Command：vpoint

Rotate/<View point> <−1.0000,−1.0000,1.0000>：−1,0,0

选择左下角的视图，让其成为俯视图。

Command：vpoint

Rotate/<View point> <−1.0000,−1.0000,1.0000>：0,0,1

右下角的视图已经是三维立体视图，只需要执行 Hide 命令即可。生成的各个视图关系如图 11－12 所示。

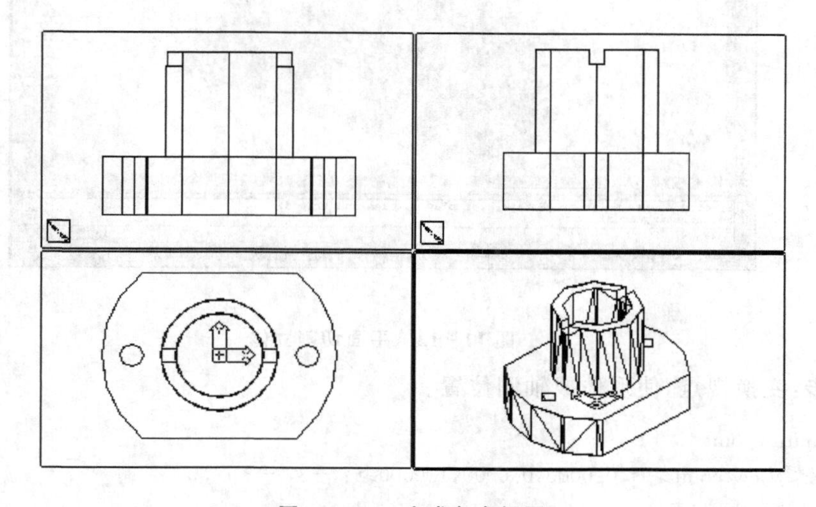

图 11－12　生成各个视图

11.2　AutoCAD 三维实体造型实例

AutoCAD 具有强大的三维造型功能。本节在三维绘图的基础上，通过三个实例，来介绍三维实体造型技术的方法和技巧。

例 11－1　平面切割立体，如图 11－13 所示。

第一步：首先建立一个长方体，如图 11－14 所示。

Command：box

Center/<Corner of box> <0,0,0>：300,100,200

Cube/Length/<other corner>：l

Length：200

Width：80

Height：100

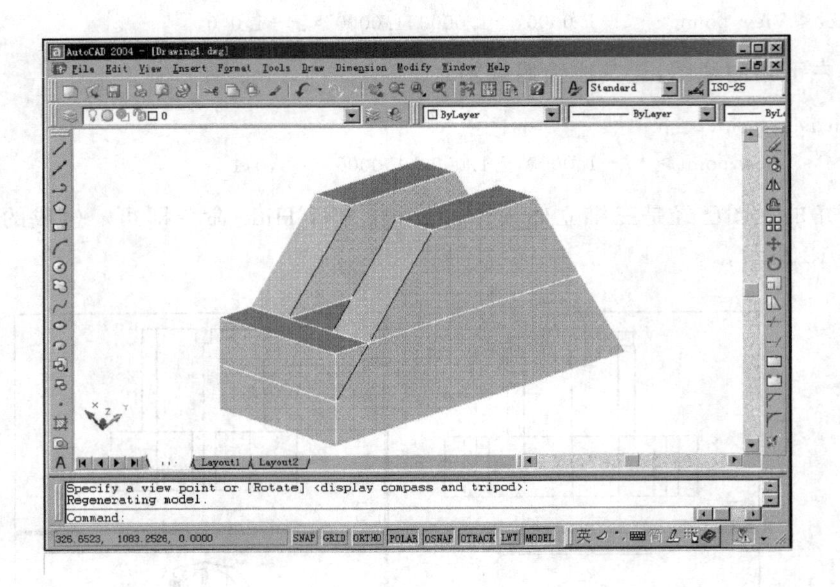

图 11－13　平面切割立体

第二步：变换视点，使形体成轴测位置。

Command：vpoint

Rotate/＜View point＞＜0.0000，0.0000，1.0000＞：－3，－3，1.5

Regenerating drawing.

第三步：再建立一个长方体，如图 11－14 所示。

Command：box

Center/＜Corner of box＞＜0，0，0＞：300，200，200

Cube/Length/＜other corner＞：l

Length：200

Width：30

Height：80

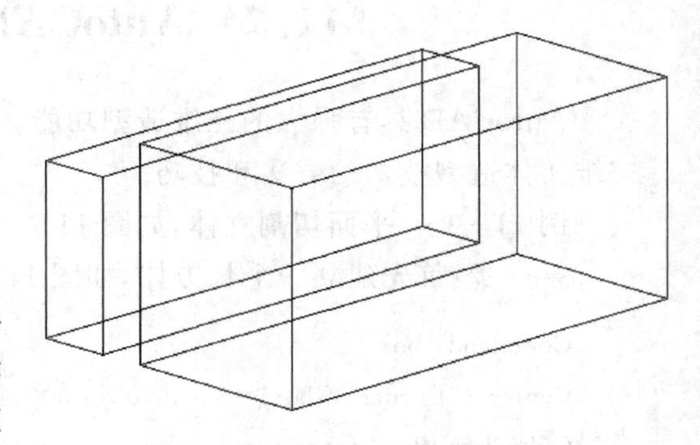

图 11－14　形体——长方体的建立

第四步：为了拾取物体方便，从 Tools（工具栏）中打开对话框 Drafting Settings，单击“目标捕捉”选项卡，并设置所需项，单击 OK 按钮；或在命令行中输入命令 slice，则在移动鼠标捕捉物体时，会有一个小捕捉框随之移动（见图 11－15 和图 11－16）。

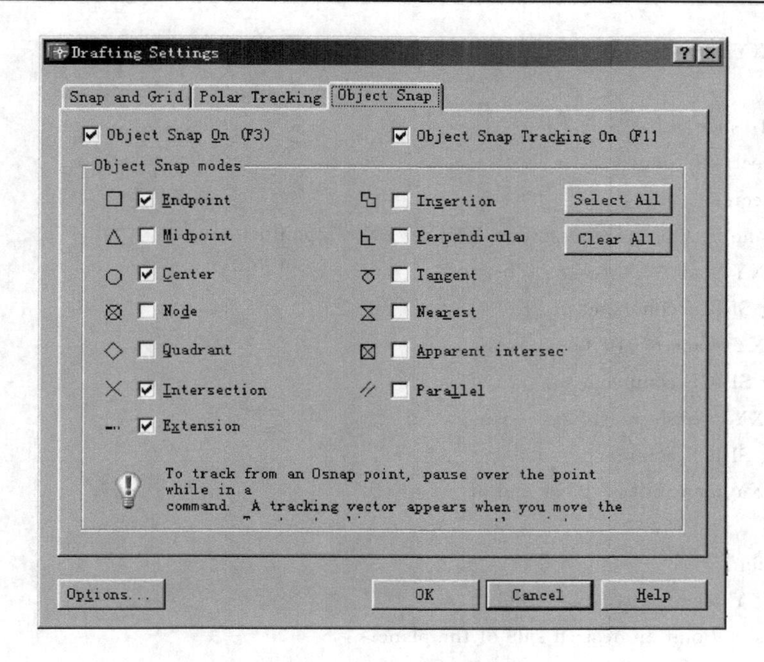

图 11－15　“目标捕捉”选项卡

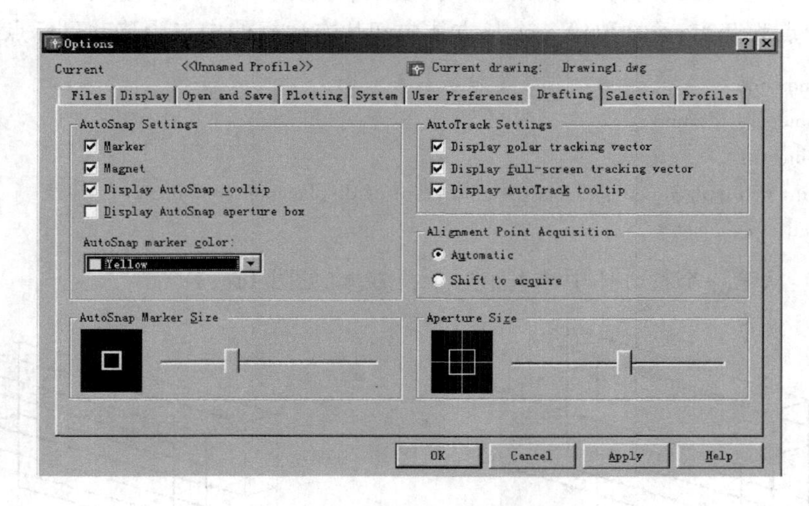

图 11－16　“目标捕捉”图标的设置

Command：slice

Select objects：1 found

Select objects：

Slicing plane by Object/ZAxis/View/XY/YZ/ZX/<3points>：xy

Point on XY plane <0,0,0>：* Cancel *（命令结束或断开，右击或按 ESC 键）

Command：slice

Select objects：1 found

Select objects：

Slicing plane by Object/Zaxis/View/XY/YZ/ZX/<3points>：xy

Point on XY plane <0,0,0>：'_osnap

Resuming SLICE command.

Point on XY plane <0,0,0>：'_osnap

Resuming SLICE command.

Point on XY plane <0,0,0>：'_osnap

Resuming SLICE command.

Point on XY plane <0,0,0>：mid of

Invalid point.

Point on XY plane <0,0,0>：mid of

Both sides/<Point on desired side of the plane>：b

第五步：移动第二个长方体到第一个长方体中(见图 11－17)。选取第二个长方体的底部左边框的中点为基点，并选取第一个长方体中切片左边框的中点为移动目标点。

Command：move

Select objects：1 found

Select objects：

Base point or displacement：mid of Second point of displacement：mid of

Command：* Cancel *

第六步：从第一个长方体中减去第二个长方体(见图 11－18)。

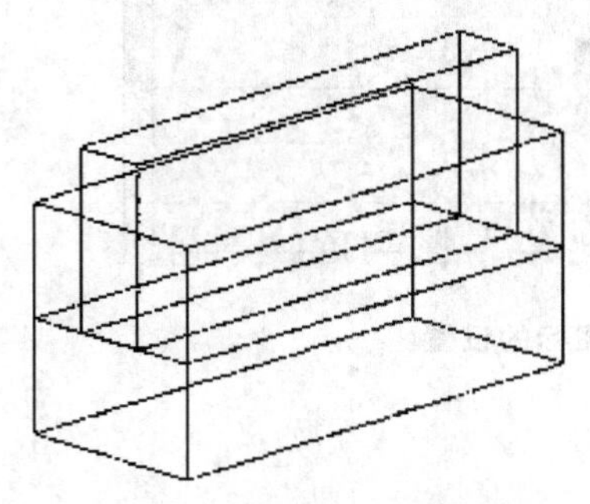

图 11－17　建立两个基本形体

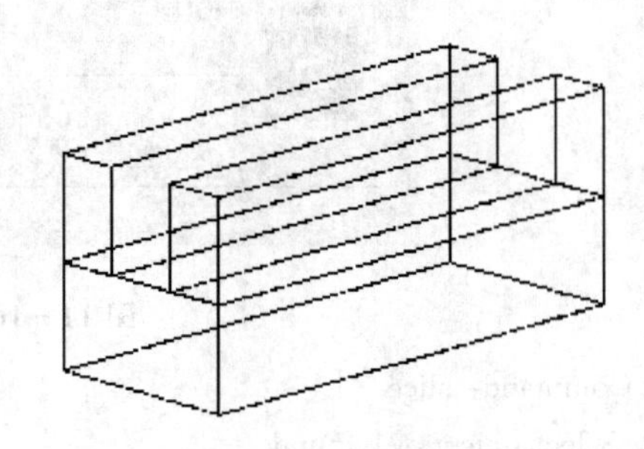

图 11－18　两个形体求“差”

Command：subtract
Select solids and regions to subtract from...
Select objects：1 found
Select objects：
Select solids and regions to subtract...
Select objects：1 found
Select objects：

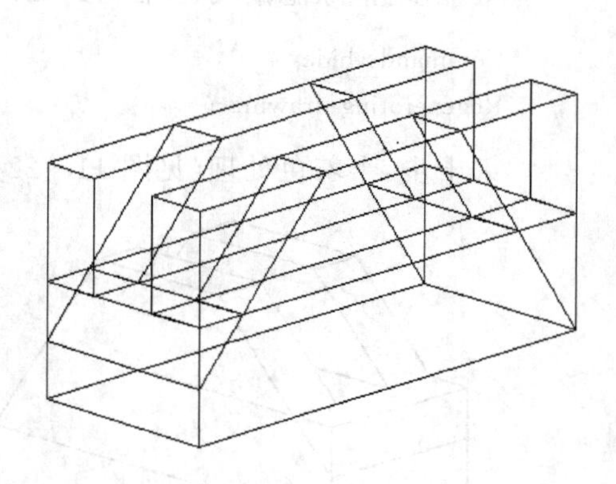

图 11－19　切割形体

第七步：再切去两个角(见图 11－19)。

Command：slice
Select objects：1 found
Select objects：1 found
Select objects：
Slicing plane by Object/Zaxis/View/XY/YZ/ZX/<3points>：3
1st point on plane：
2nd point on plane：　<Ortho on>
3rd point on plane：　<Ortho off>
Both sides/<Point on desired side of the plane>：b

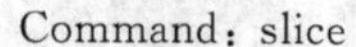

Command：slice
Select objects：1 found
Select objects：1 found
Select objects：
Slicing plane by Object/Zaxis/View/XY/YZ/ZX/<3points>：3
1st point on plane：
2nd point on plane：
3rd point on plane：
Both sides/<Point on desired side of the plane>：b

第八步：擦除被切割的部分(见图 11－20)。

Command：erase
Select objects：1 found
Select objects：
Command：　ERASE
Select objects：1 found
Select objects：1 found
Select objects：

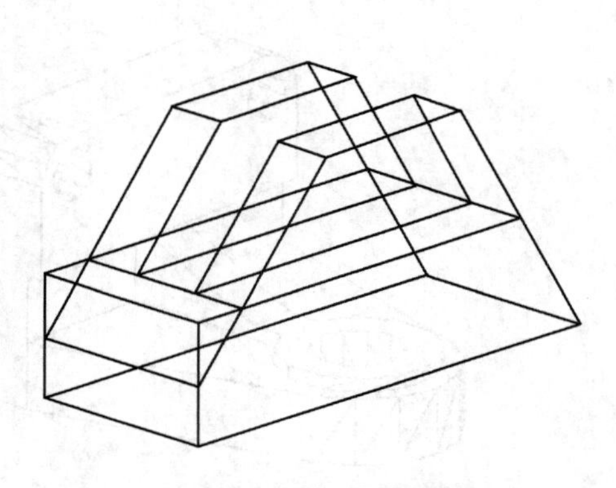

图 11－20　擦除被切割部分

第九步：消除隐藏线(见图 11－21)。

Command：hide

Regenerating drawing

第十步：半着色处理(见图 11－22)。

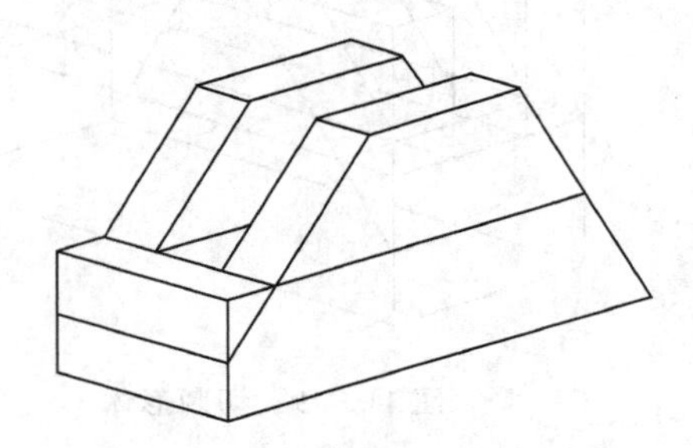

图 11－21　形体的建立

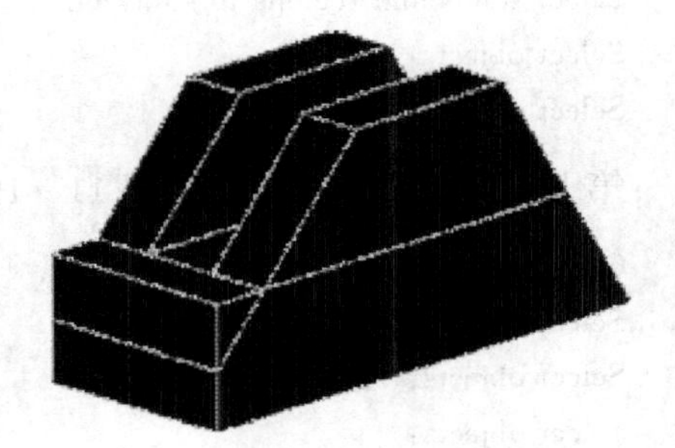

图 11－22　半着色处理

Command：_shadedge

New value for SHADEDGE <0>：1

Command：_shade Regenerating drawing

Shading complete

第十一步：着色处理(见图 11－23)。

Command：Render

Landscape Object module

Initializing Render...

Initializing preferences...done

图 11－23　着色处理

例 11－2　曲面立体实体造型(支架)见图 11－24 和图 11－25。

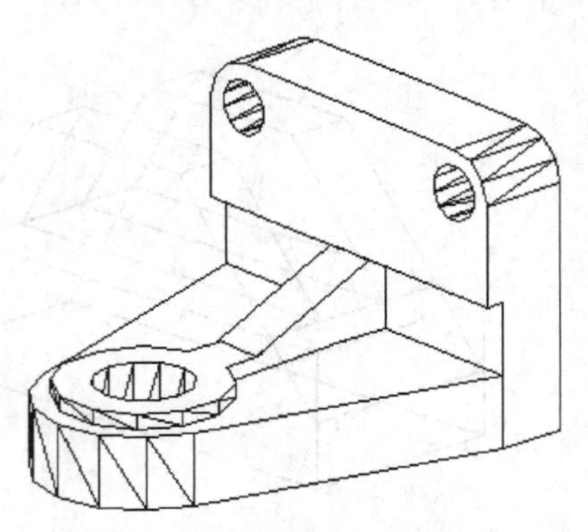

图 11－24　消隐后的线框图

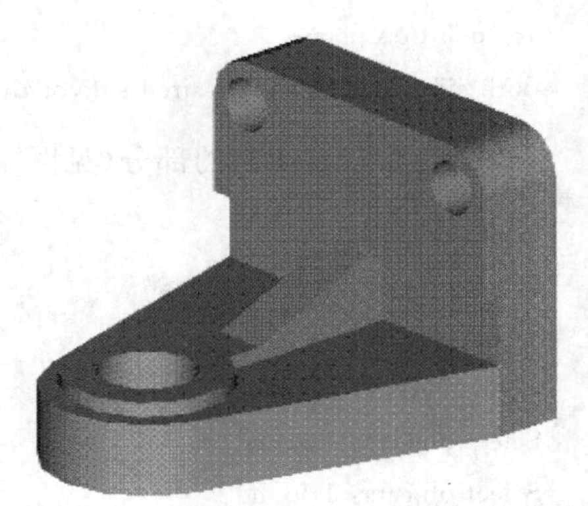

图 11－25　渲染(着色)后的图形

绘图步骤如下：

第一步：建立基准线，用 line 命令，如图 11－26 所示。

Command：_line Specify first point：
Specify next point or [Undo]：
Specify next point or [Undo]：＊Cancel＊
Command：line
Specify first point：
Specify next point or [Undo]：
Specify next point or [Undo]：
Specify next point or [Close/Undo]：＊Cancel＊

说明：输入的命令前有一下画线的表示用图标菜单选取命令；输入的命令前没有下画线的表示用键盘直接输入。

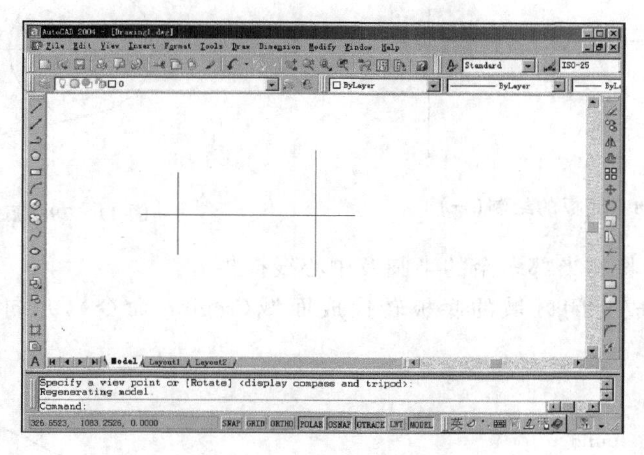

图 11－26 基准线的建立

第二步：画出底板。

图 11－27 列出 Object Snap 图标工具栏。其中，图标为捕捉圆弧切点图标按钮。“目标捕捉”功能设置选项卡见图 11－15 和 11－16。

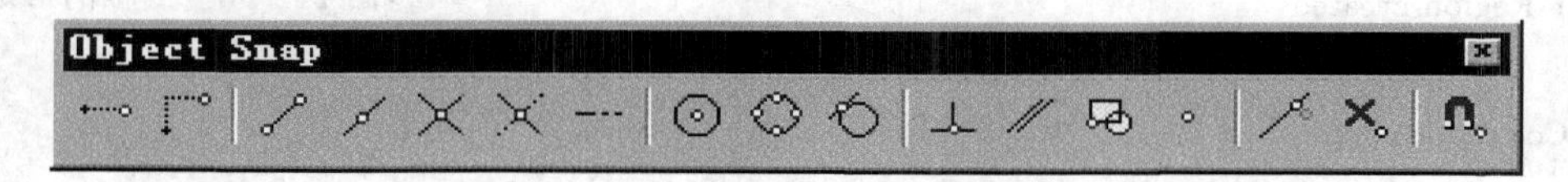

图 11－27 Object Snap 图标工具栏

① 确定好右侧垂直线的长度为立板的底边长度，左侧画出底板头部的轮廓外圆（见图 11－28）。

Command：_circle Specify center point for circle or [3P/2P/Ttr (tan tan radius)]：

Specify radius of circle or [Diameter]：(单击图标菜单中画圆 Circle 的图标)

② 用目标捕捉功能 Object Snap 捕捉圆弧切点，画出与圆相切的底板两边线，如图 11－29 所示。

Command：_line Specify first point：(画出与圆弧相切的边线)

Specify next point or [Undo]：_tan to(自动求切点)

Specify next point or [Undo]：

Specify next point or [Close/Undo]：

Specify next point or [Close/Undo]：*Cancel*

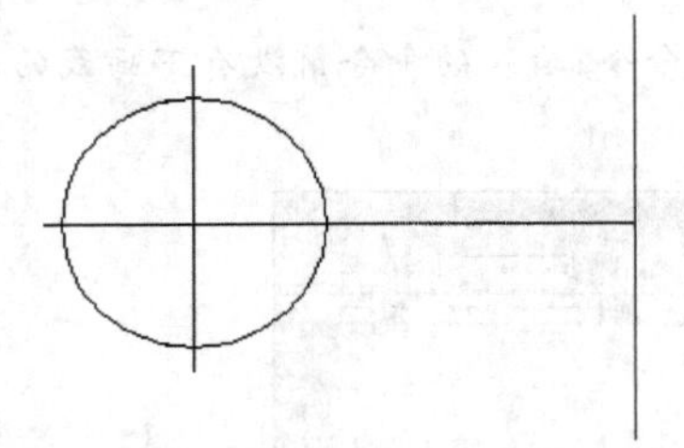

图 11－28　底板的绘制(一)

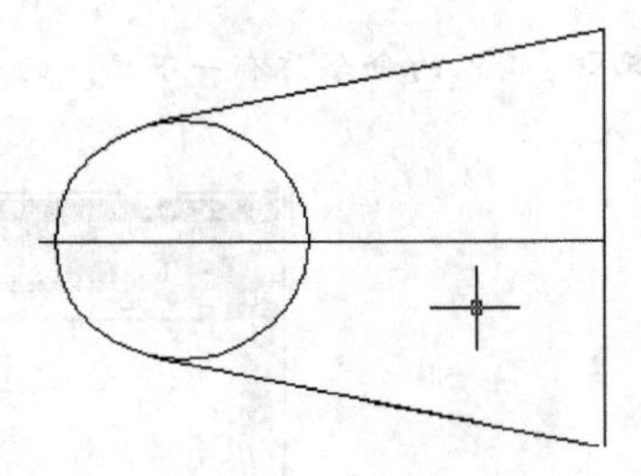

图 11－29　底板的绘制(二)

③ 修改图形，将右半部多余的半圆及中心线擦掉。

第三步：将已成封闭区域的底板转换成面域(region 命令)，并向上拉伸(ext 命令)，如图 11－30 所示。

Command：region

Select objects：1 found

Select objects：1 found，2 total

Select objects：1 found，3 total

Select objects：1 found，4total

Select objects：(回车)

1 loop extracted

1 Region created

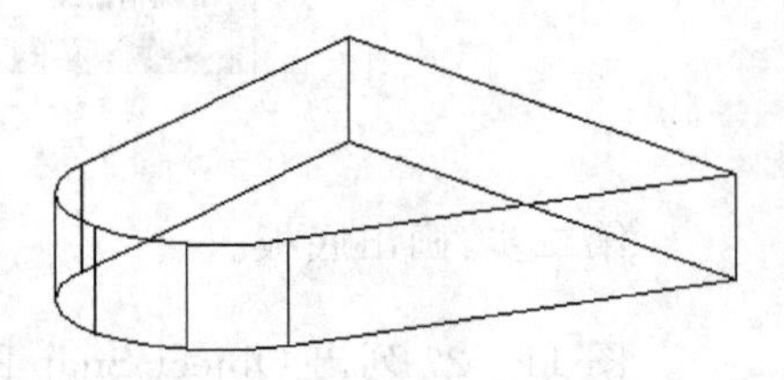

图 11－30　底板的形成

Command：ext

EXTRUDE

Current wire frame density：　ISOLINES＝4

Select objects：1 found

Select objects：(回车)

Specify height of extrusion or [Path]：50
Specify angle of taper for extrusion <0>：

Command：vpoint
Current view direction：　VIEWDIR＝0.0000,0.0000,1.0000
Specify a view point or [Rotate] <display compass and tripod>：
Regenerating model

第四步：建立两个圆柱体，大圆柱体与底板相“并”(union 命令)成一体后再减去小圆柱体(subtract“差”集命令)。注意两个圆柱要与底板头部圆弧同心，如图 11－31 所示。

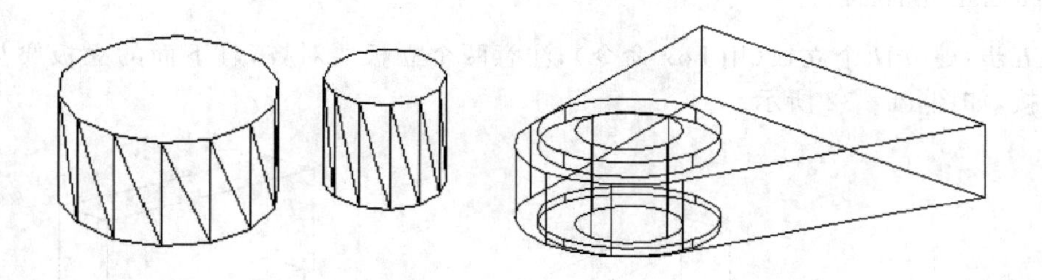

图 11－31　圆孔的绘制

Command：_cylinder　　(大圆柱)
Current wire frame density：　ISOLINES＝4
Specify center point for base of cylinder or [Elliptical] <0,0,0>：
Specify radius for base of cylinder or [Diameter]:55
Specify height of cylinder or [Center of other end]：65

Command：_cylinder　　(小圆柱)
Current wire frame density：　ISOLINES＝4
Specify center point for base of cylinder or [Elliptical] <0,0,0>：
Specify radius for base of cylinder or [Diameter]:35
Specify height of cylinder or [Center of other end]：65

Command：union　　　　　(选大圆柱与底板相“并”成一体)
Select objects：1 found　　　(大圆柱)
Select objects：1 found，2 total (底板)
Select objects：　　　　　(回车)

Command：subtract　　　　(减去小圆柱)

Select solids and regions to subtract from . .
Select objects：1 found　　　　(大圆柱与底板)
Select objects：　　　　(回车)
Select solids and regions to subtract . .
Select objects：1 found　　　　(小圆柱)
Select objects：　　　　(回车)

Command：vpoint
Current view direction：　VIEWDIR＝0.0000,0.0000,1.0000
Specify a view point or [Rotate] <display compass and tripod>：
Regenerating model.

第五步：建立两个立板(用 box 命令)，注意两个立板要对齐，且下面的立板要与前面做的底板对接，如图 11－32 所示。

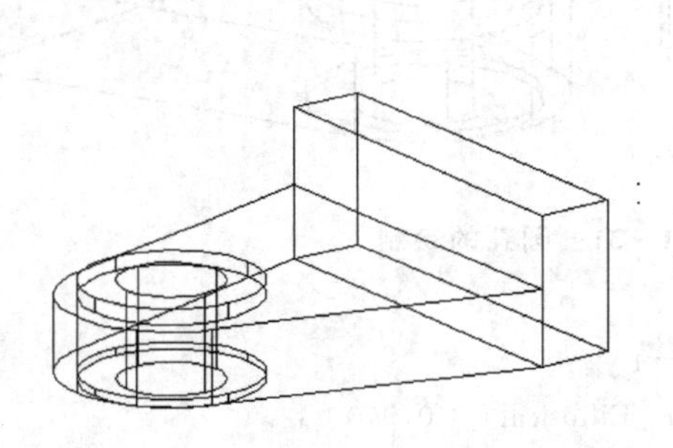
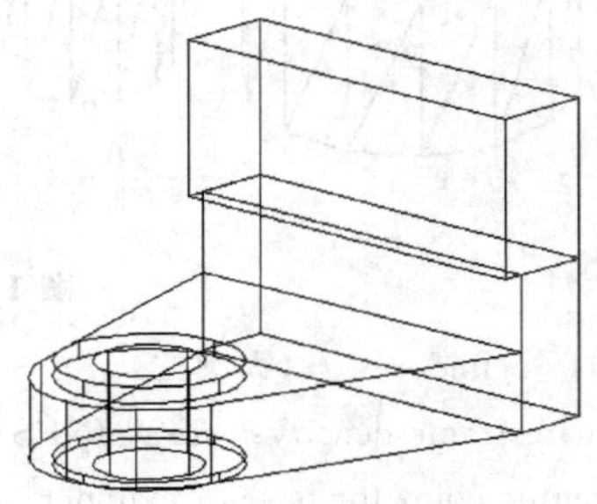

图 11－32　立板的绘制

第六步：立板倒圆角，如图 11－33 所示。

Command：_fillet
Current settings：Mode ＝ TRIM，Radius ＝ 10.0000
Select first object or [Polyline/Radius/Trim]：
Enter fillet radius <10.0000>：20(倒圆角半径)
Select an edge or [Chain/Radius]：
Select an edge or [Chain/Radius]：
2 edge(s) selected for fillet.

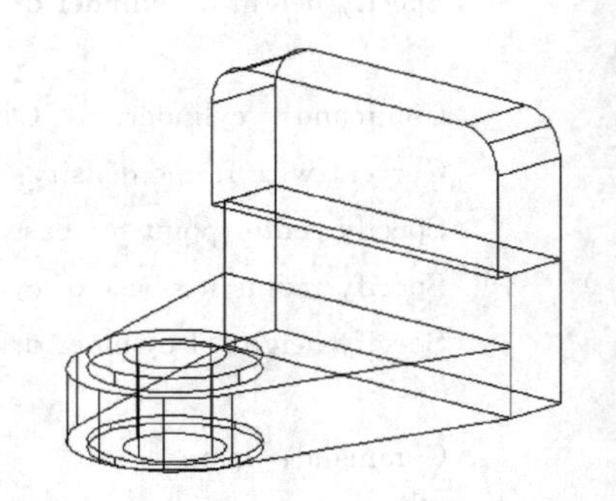

图 11－33　立板圆角的形成

第七步：建立两个同样大小的圆柱，为立板打孔(立板减圆柱，subtract 命令)。先建一个圆柱 1，用 rotate3d 命令将圆柱沿 *Y* 轴旋转 90°如圆柱 2，并移到立板指定位置 3，再 copy 到位置 4，如图 11－34 所示。

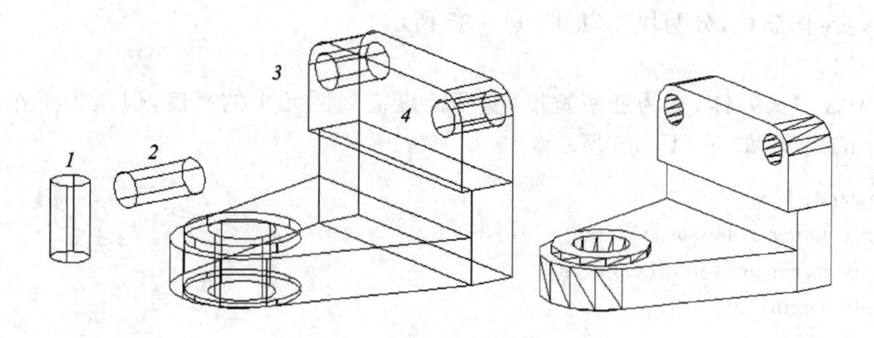

图 11－34　立板上小孔的形成

Command：_cylinder （建立圆柱）
Current wire frame density：　ISOLINES＝4
Specify center point for base of cylinder or [Elliptical] <0,0,0>：
Specify radius for base of cylinder or [Diameter]：
Specify height of cylinder or [Center of other end]：20

Command：rotate3d （将圆柱由垂直放置转成水平放置）
Initializing...
Current positive angle：　ANGDIR＝counterclockwise　ANGBASE＝0
Select objects：1 found
Select objects：
Specify first point on axis or define axis by
[Object/Last/View/Xaxis/Yaxis/Zaxis/2points]：y （绕 Y 轴旋转）
Specify a point on the Y axis <0,0,0>：
Specify rotation angle or [Reference]：90

Command：move （将圆柱移到立板上）
Select objects：1 found
Select objects：
Specify base point or displacement：Specify second point of displacement or
<use first point as displacement>：

Command：copy （复制另一个圆柱）
Select objects：1 found
Select objects：
Specify base point or displacement，or [Multiple]：Specify second point of
displacement or <use first point as displacement>：

第八步：作筋板，分两块作，如图 11－35 所示。

第一块：

① 先做一长方体，宽为筋板宽度，实际高度需要图元 1 的高度，但是为了作图方便，可做成图元 4 的高度，如图 11－35 所示。

```
Command: box
Specify corner of box or [CEnter] <0,0,0>:
Specify corner or [Cube/Length]: l
Specify length: 100
Specify width: 36
Specify height: 25
```

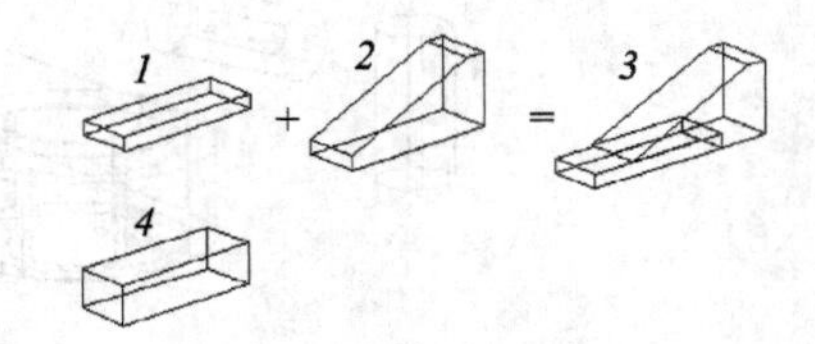

图 11－35　筋板的组成

② 将此长方体移到底板上部与圆柱相贯，且上顶面高度应与底板上圆柱等高。

```
Command: move
Select objects: 1 found
Select objects:
Specify base point or displacement: Specify second point of displacement or
<use first point as displacement>:
```

第二块：

① 第二块筋板(见图 11－35 中的图元 2)斜边上部须与支架立板棱边对齐，下部须与第一块筋板(图 11－35 中的图元 1)对接，所以可用如下方法：先作出第二块筋板的中心截面轮廓线，然后拉伸成所需宽度。

② 用 section 命令沿形体对称中心切出截面轮廓线，如图 11－36 所示。图中，截面轮廓线上的①，②，③，④和⑤点是所需要的。

```
Command: section
Select objects: 1 found
Select objects: 1 found, 2 total
Select objects: 1 found, 3 total
Select objects: 1 found, 4 total
Select objects: 1 found, 5 total
Select objects: 1 found, 6 total
Select objects:
```

③ 用画线命令 line 沿①，②，③，④和⑤点连成一个封闭区域，并用面域命令 region 使此封闭区域成面域，见图 11－36。图 11－37 为这时的消隐图。

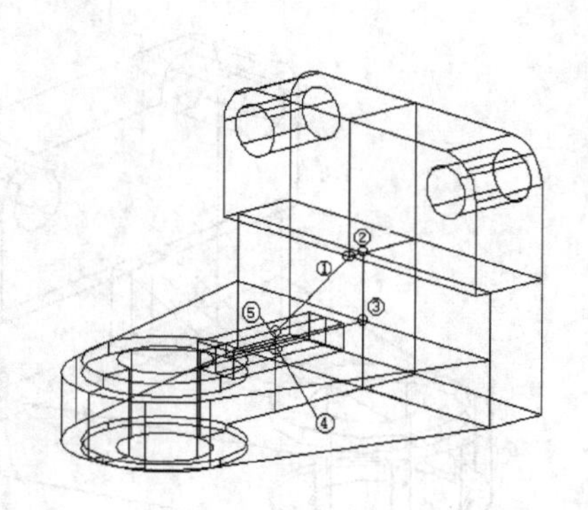

图 11－36　第二块筋板的截面轮廓线图

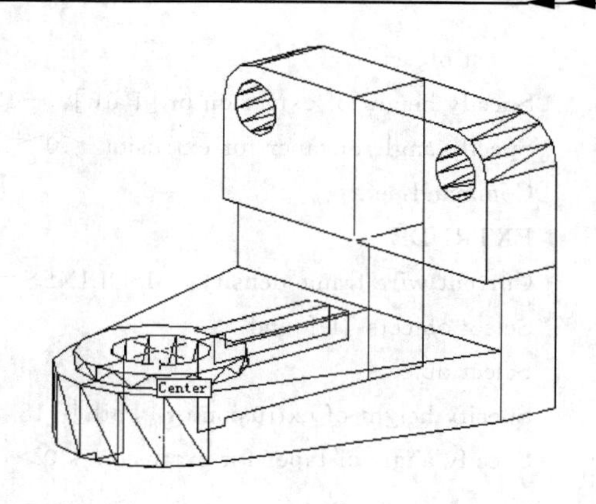

图 11－37　消隐图

```
Command: _line Specify first point:
Specify next point or [Undo]:
Specify next point or [Undo]:
Specify next point or [Close/Undo]:
Specify next point or [Close/Undo]:
Specify next point or [Close/Undo]:
Specify next point or [Close/Undo]: *Cancel*

Command: region
Select objects: 1 found
Select objects: 1 found, 2 total
Select objects: 1 found, 3 total
Select objects: 1 found, 4 total
Select objects: 1 found, 5 total
Select objects: 1 found, 6 total
Select objects:
1 loop extracted.
1 Region created.
```

④ 沿此封闭面域的正、负法线方向各拉伸出筋板的 1/2 厚度，则完成筋板，如图 11－38 所示。

```
Command: ext
EXTRUDE
Current wire frame density:  ISOLINES=4
Select objects: 1 found
```

Select objects：

Specify height of extrusion or [Path]：－18

Specify angle of taper for extrusion <0>：

Command：ext

EXTRUDE

Current wire frame density：　ISOLINES＝4

Select objects：1 found

Select objects：

Specify height of extrusion or [Path]：18

Specify angle of taper for extrusion <0>：

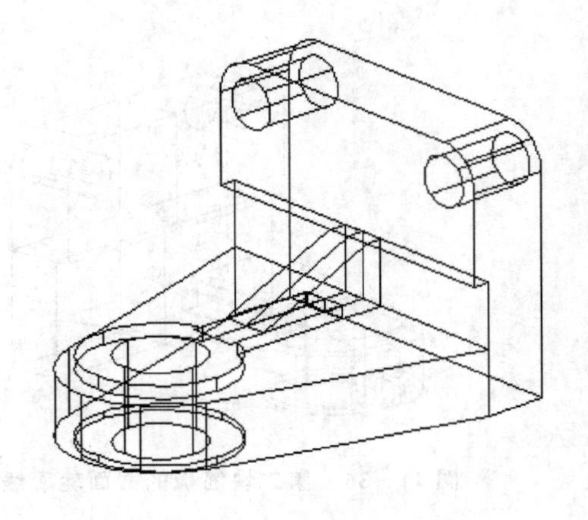

图 11－38　筋板的形成

第九步：实体化，用 union 命令将所有部分形成一个整体，如图 11－24 所示。此步骤可不做。

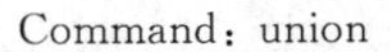

Command：union

Select objects：1 found

Select objects：1 found，2 total

Select objects：1 found，3 total

Select objects：1 found，4 total

Select objects：1 found，5 total

Select objects：1 found，6 total

Select objects：

第十步：渲染，见图 11－25。

Command：_hide Regenerating model.

Command：_render Using current view.

Default scene selected.

100% complete，377 of 377 scan lines

例 11－3　曲面立体实体造型及切割后的形状，如图 11－39 和图 11－40 所示。

图 11－39　曲面立体实体造型及斜切割后的形状

图 11-40　曲面立体实体造型及切割后的形状

11.3　轴测投影图

11.3.1　轴测投影

1. 基本概念

(1) 定　义

用平行投影法，选择适当的投影方向，将物体连同其上的直角坐标系，投影到一个投影面上，所得到的投影，称为轴测投影。如图 11-41 所示，物体放置在两投影面体系中，其上的直角坐标轴分别平行于投影轴。现选择对三个投影面都倾斜的直线 S 作为投影方向，则在不与 S 平行的平面 π 上，就可得到物体有立体感的单面平行投影，即其轴测投影。

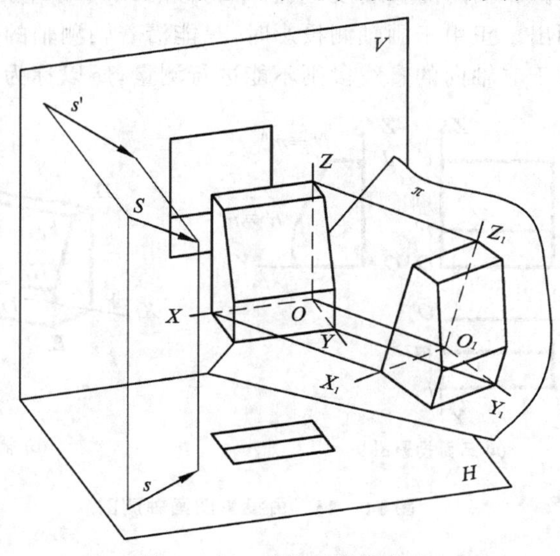

图 11-41　物体的轴测投影

(2) 轴测轴、轴间角、轴向变形系数

由平行投影的性质可知：

① 空间互相平行的直线，其轴测投影互相平行；

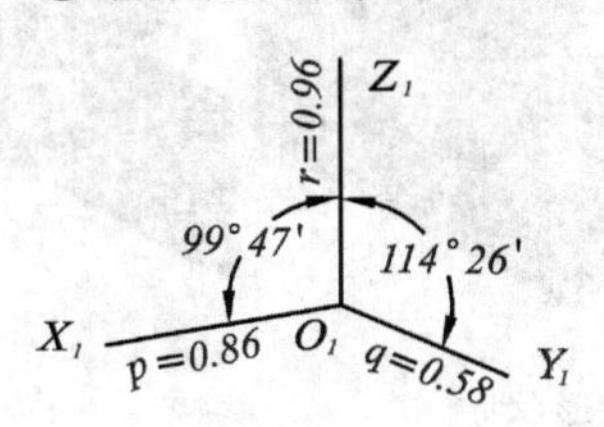

图 11－42　轴测投影性质

② 同一方向的空间直线段，其轴测投影长与其实长之比相同。此比值称为变形系数。若已知物体上直角坐标系 $O-XYZ$ 的轴测投影为 $O_1-X_1Y_1Z_1$，将后者画在图纸平面上并使 O_1Z_1 轴保持铅直方向，如图 11－42 所示。若又已知沿此三坐标轴方向的变形系数依次为 p，q 和 r，则利用上述性质就可作出物体的轴测投影，如图 11－43 所示。以 C_1 点和 D_1F_1 线为例：C 点的轴测投影 C_1 点在 O_1Z_1 轴上，且 $O_1C_1=r\times O'c'$。DF 线的轴测投影为 D_1F_1，其端点 D_1 在过 C_1 的 O_1X_1 的平行线上，且 $C_1D_1=p\times c'd'$；其端点 F_1 在过 D_1 的 O_1Y_1 平行线上，且 $D_1F_1=q\times df$。其中，p，q，r 是轴的变形系数。

坐标轴 $O-XYZ$ 的轴测投影 $O_1-X_1Y_1Z_1$ 被称为轴测轴；每两条轴测轴之间的夹角被称为轴间角；沿轴测轴方向直线段的变形系数被称为轴向变形系数。选定投影方向 S 和投影面 π 之后，轴间角和轴向变形系数随之确定；改变投影方向 S 和投影面 π，轴间角和轴向变形系数也随之改变。于是，就可得到各种不同的轴测投影。

已知轴测轴和轴向变形系数，就可直接画出与任一坐标轴平行的直线段的轴测投影。而不平行于任何坐标轴的直线段，就不能直接画出。例如，图 11－43 中的 F_1H_1 线段，就只能定出 F_1 和 H_1 点之后，连接此两点才能画出。根据平行性，与 FH 平行的 MN，其轴测投影 M_1N_1 必平行于 F_1H_1。非轴向的直线段，虽有平行性可以利用，但由于不知沿此方向的变形系数，所以不能直接画出。正由于画轴测投影时，只能沿着轴测轴的方向分别按照各自的轴向变形系数进行测量，对于非轴向的直线段则不能进行测量，所以称为轴测投影。

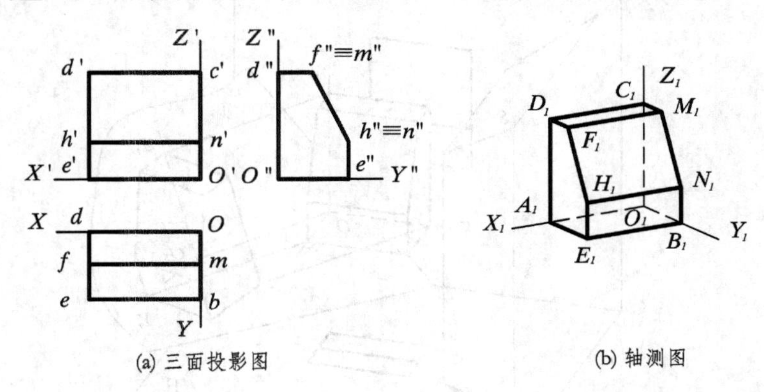

(a) 三面投影图　　(b) 轴测图

图 11－43　由投影图画轴测图

(3) 正轴测和斜轴测

若投影面 π 与投影方向 S 垂直，则所得的轴测投影称为正轴测投影，简称正轴测。图 11－43(b) 就是一种正轴测。

若 π 和 S 不垂直，则所得的轴测投影称为斜轴测投影，简称斜轴测。

(4) 次投影

从带有轴测轴的物体的轴测投影中，如果已知轴向变形系数，常可得出物体上点的坐标值。如图 11－43(b)中的 F 点，其 y 坐标为 D_1F_1/q、x 坐标为 D_1C_1/p、z 坐标为 C_1O_1/r。但一般情况下，若仅知轴测轴和点的轴测投影如图 11－44(a)所示，则不能确定该点的坐标值；必须再给出该点在一个坐标面上正投影的轴测投影，例如图 11－44(b)中的 K_{1V}，才能用轴向变形系数得出 K 点的坐标值。点在坐标面上正投影的轴测投影，称为该点的次投影。图 11－44(c)中的 K_{1H} 和图 11－44(d)中的 K_{1W} 都是 K 点的次投影。

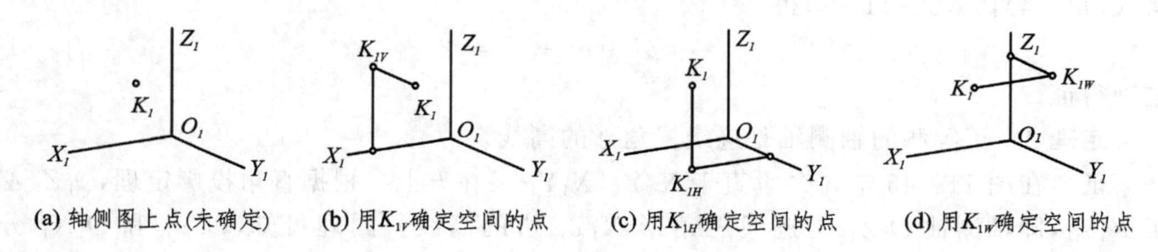

(a) 轴侧图上点(未确定)　(b) 用 K_{1V} 确定空间的点　(c) 用 K_{1H} 确定空间的点　(d) 用 K_{1W} 确定空间的点

图 11－44　次投影

2. 正轴测的轴向变形系数和轴间角

(1) 正轴测的两个定理

图 11－45 表示三投影面体系中的一般位置平面 π。如将 $O-XYZ$ 看作物体上的直角坐标系，将 π 看作轴测投影面，则沿垂直于 π 的投影线将 $O-XYZ$ 投影到 π 上，就得到正轴测的轴测轴 $O_1-X_1Y_1Z_1$。π 的三条迹线 X_1Z_1，X_1Y_1 和 Y_1Z_1 组成的三角形称为迹线三角形。

定理 1　正轴测的三个轴向变形系数的平方和等于 2。

证　在图 11－45 中，轴测轴 O_1X_1，O_1Y_1，O_1Z_1 与物体上对应坐标轴的夹角分别为 α，β 和 γ，投射线 OO_1 与三个坐标轴的夹角(方向角)分别为 α_1，β_1 和 γ_1，由于 OO_1 垂直于 π 平面，所以 $\triangle OO_1X_1$，$\triangle OO_1Y_1$，$\triangle OO_1Z_1$ 都是直角三角形，于是有

$$\begin{aligned}\alpha &= 90^\circ - \alpha_1 \\ \beta &= 90^\circ - \beta_1 \\ \gamma &= 90^\circ - \gamma_1\end{aligned} \qquad (11-1)$$

根据轴向变形系数的定义，有

$$p = O_1X_1/OX_1 = \cos\alpha$$
$$q = O_1Y_1/OY_1 = \cos\beta \qquad (11-2)$$
$$r = O_1Z_1/OZ_1 = \cos\gamma$$

将式(11－1)代入式(11－2)得

$$p = \sin\alpha_1$$
$$q = \sin\beta_1$$
$$r = \sin\gamma_1$$

三式的平方和为

$$p^2 + q^2 + r^2 = 3 - (\cos^2\alpha_1 + \cos^2\beta_1 + \cos^2\gamma_1) \qquad (11-3)$$

由空间解析几何可知

$$\cos^2\alpha_1 + \cos^2\beta_1 + \cos^2\gamma_1 = 1 \qquad (11-4)$$

将式(11－4)代入式(11－3)得

$$p^2 + q^2 + r^2 = 2 \qquad (11-5)$$

定理得证。

定理2　正等测的轴测轴是迹线三角形的高线。

证　在图11－45中，OZ垂直于X_1Y_1，X_1Y_1又在π上。根据直角投影定理，O_1Z_1必垂直于X_1Y_1，即轴测轴O_1Z_1是迹线三角形X_1Y_1边的高线。同理可知，O_1Y_1和O_1X_1分别是X_1Z_1边和Z_1Y_1边的高线，如图11－46所示。定理得证。

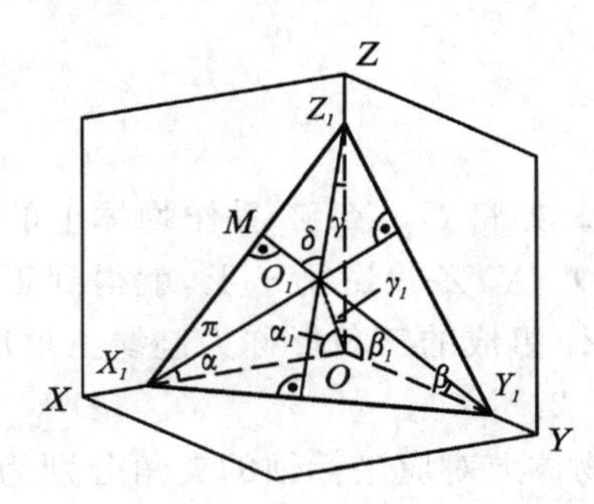

图11－45　迹线三角形

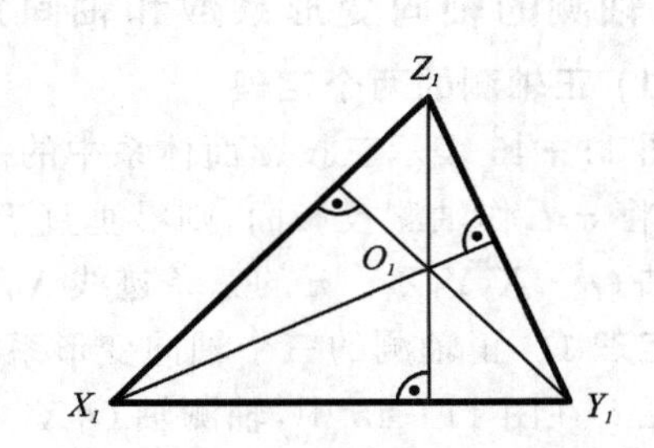

图11－46　正等测的轴测轴是迹线三角形的高线

(2) 正等测的轴向变形系数和轴间角

三个轴向变形系数都相等($p=q=r$)的正轴测称为正等测。

1) 正等测的轴向变形系数

将$p=r$和$q=r$代入式(11－5)得

$$3r^2 = 2 \qquad (11-6)$$

$$r = \sqrt{2/3} \approx 0.82$$

即正等测的三个轴向变形系数均为 0.82，如图 11－47(b)所示。

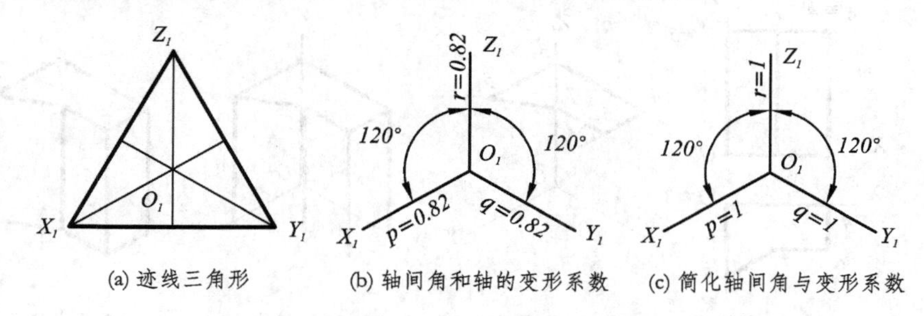

图 11－47　正等测的轴向变形总数和轴间角

2）正等测的轴间角

在图 11－45 中，当 $p=q=r$ 时，π 在 $O-XYZ$ 坐标系中的三个截距必相等，因而迹线三角形的三条边等长，成为等边三角形，如图 11－47(a)所示。由于轴测轴是迹线三角形的高线，所以两轴间的夹角为 120°，即正等测的轴间角均为 120°，如图 11－47(b)所示。

3）正等测的简化变形系数

为便于作图，画正等测时，通常不采用实际轴向系数 0.82，而采用 $p=q=r=1$ 作为轴向变形系数，也就是沿轴测轴方向的直线段的长度按其实长量取，如图 11－47(c)所示。称 $p=q=r=1$为正等测的简化变形系数。这时，所得图形比真实正等测要大，放大为真实投影的 1/0.82≈1.22 倍，但对图形的立体感没有影响。

3. 平面立体的正轴测

下面主要叙述由物体的三面投影画其正等测的方法和步骤。一般来说，可分为三步进行：

① 在三面投影中画出物体上的直角坐标系；

② 在适当位置画出对应的轴测轴；

③ 具体画出物体的轴测投影。

由于轴测投影主要起增强立体感的作用，并不用它来度量，所以，常常在画出物体的轴测投影之后，不再保留轴测轴。

为了使图形清晰，轴测投影中一般可不画虚线。

以下各例都采用简化变形系数。

(1) 棱柱体

根据棱柱体的特点，应先画出其可见的底面，再画可见的侧棱，最后画不可见的底面，即以底面为基准面，使之沿侧棱作平移运动，从而生成棱柱体。这一方法称为基面法。

例 11－4　画出图 11－48(a)所示五棱柱的正等测。

取上底面为基面，定出 3_1 点，画出上底面，如图 11－48(b)所示；再画侧棱及下底面，如图 11－48(c)所示；判断可见性后，将可见线描深，如图 11－48(d)所示。

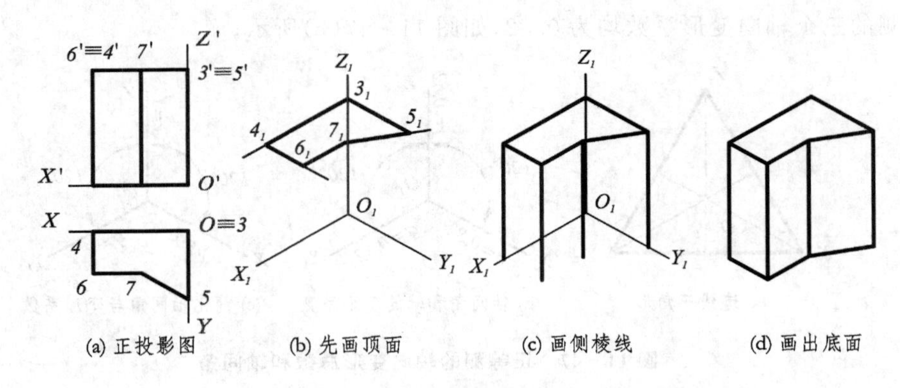

图 11-48　五棱柱的正等测

例 11-5　画出图 11-49(a)所示正六棱柱的正等测。

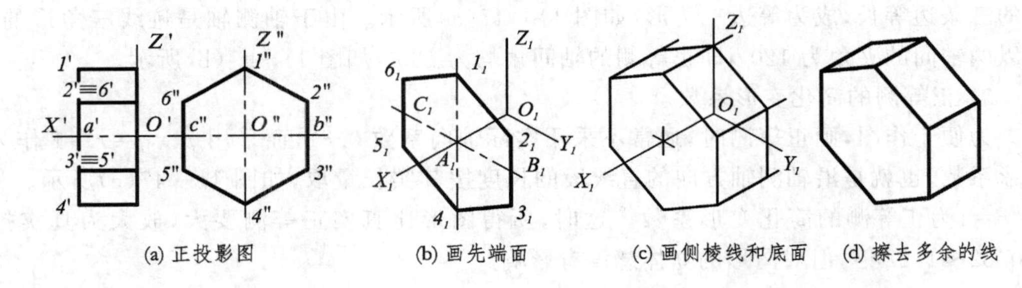

图 11-49　六棱柱的正等测

为作图方便，将坐标系的 X 轴选为与六棱柱的轴线重合；将基面选为左前端面。在 X_1 轴上量出 A_1 点后，过 A_1 作 O_1Z_1 的平行线，就可量得顶点 1_1 和 4_1，而 6_1 则须过 A_1 作 O_1Y_1 的平行线，量得 B_1 和 C_1，再过 B_1 和 C_1 作 O_1Z_1 的平行线后，才能得出。

(2) 棱锥体

先画底面和顶点，再画各侧棱，就可完成棱锥体的正等测。若为棱锥台，则应先画出顶面和底面，后画各侧棱。

例 11-6　画出图 11-50(a)所示三棱柱的正等测。

图中所选取的坐标系，是使底面三角形有两个顶点落在两个坐标轴上，以减少画图时量取坐标的次数。由于所有棱线都不平行于坐标轴，所以只能间接画出。

例 11-7　画出图 11-51(a)所示开槽四棱台的正等测。

先画未开槽时的四棱台，如图 11-51(b)所示，然后再画槽的投影。槽有三个表面，这里是先画出底面，然后画出两个侧面。而为了画出槽的底面，又利用了 $Y_1O_1Z_1$ 坐标面与四棱台的截交线 $A_1B_1C_1D_1$，如图 11-51(c)所示。在 Z_1 轴上量得 R_1 点后，过 R_1 作 O_1Y_1 的平行线，交出 E_1 和 F_1，过 E_1 和 F_1 作 O_1X_1 的平行线，才能量得槽的底面 $K_1L_1N_1M_1$，如图 11-51(d)

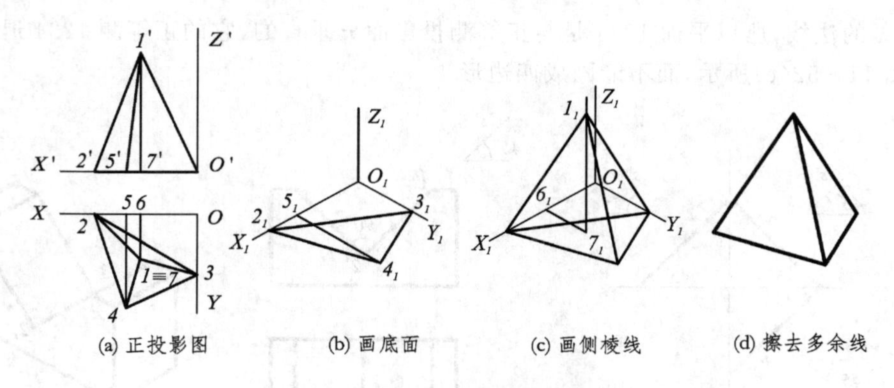

(a) 正投影图　(b) 画底面　(c) 画侧棱线　(d) 擦去多余线

图 11－50　三棱柱的正等测

所示。利用平行性，过 K_1 和 L_1 作 A_1B_1 的平行线，得出 S_1 和 T_1，过 M_1 和 N_1 作 C_1D_1 的平行线，得出 U_1 和 V_1，就完成了槽的两个侧面，如图 11－51(e)和(f)所示。

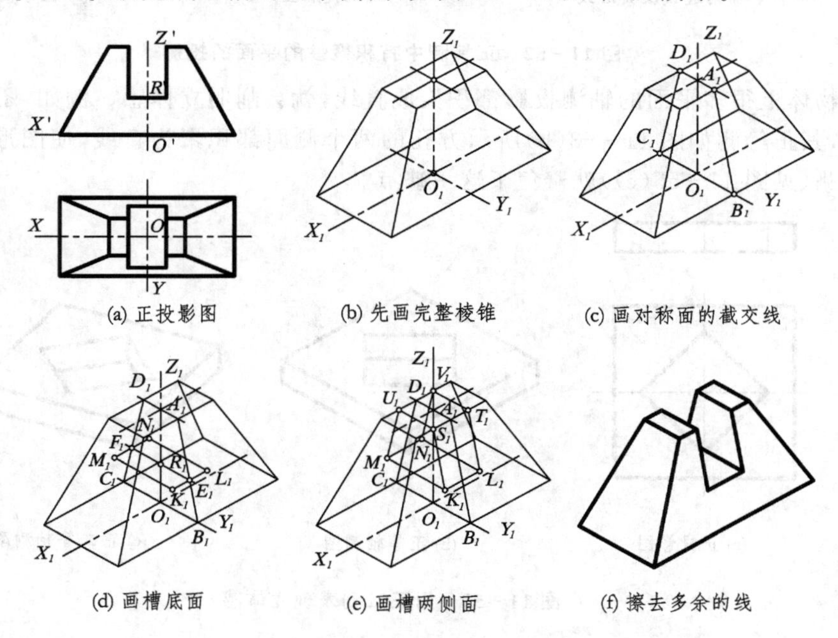

(a) 正投影图　(b) 先画完整棱锥　(c) 画对称面的截交线

(d) 画槽底面　(e) 画槽两侧面　(f) 擦去多余的线

图 11－51　开槽四棱台的正等测

(3) 正等测中有积聚性的平面

凡与轴测投影面垂直的平面，其正等测积聚为直线。

平面是否与轴测投影面垂直，可在三面投影中进行检查。在图 11－52(a)中，画出了正等测投影面的迹线 π_V，π_H 和 π_W，它们分别与 OX 轴和 OY 轴成 45°角。图中也画出了 π 的法线 S，它的三面投影分别垂直于 π_V，π_H 和 π_W。由于在图 11－52(b)所示物体的 1234 平面上，可

以作出 π 的法线，所以平面 1234 是与正等测投影面 π 垂直的，它的正等测 1234 退化为一条直线，如图 11－52(c)所示，而不能画成四边形。

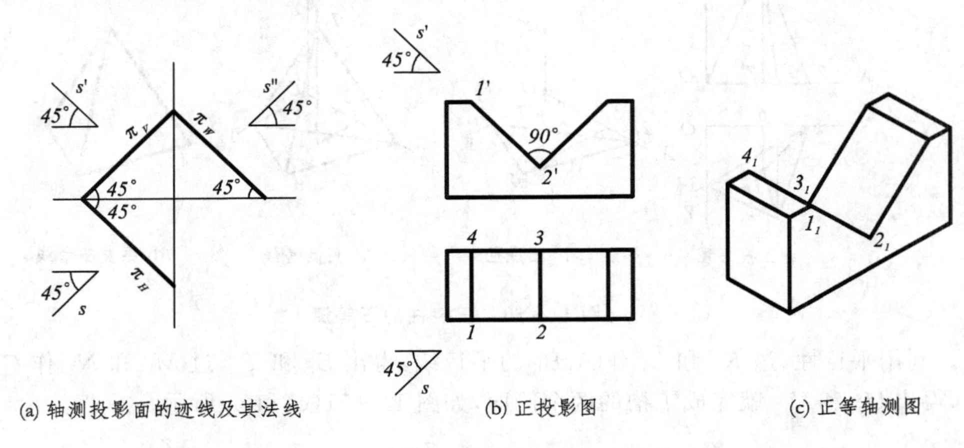

(a) 轴测投影面的迹线及其法线　　(b) 正投影图　　(c) 正等轴测图

图 11－52　正等测中有积聚性的平面的投影

如果物体上很多平面的轴测投影都积聚成直线，就会削弱立体感。例如，图 11－53(a)所示的物体，其正等测如图 11－53(b)所示方孔的两个侧面都积聚为直线，使图形立体感不强，而其正二测(见图 11－53(c))就避免了这一缺点。

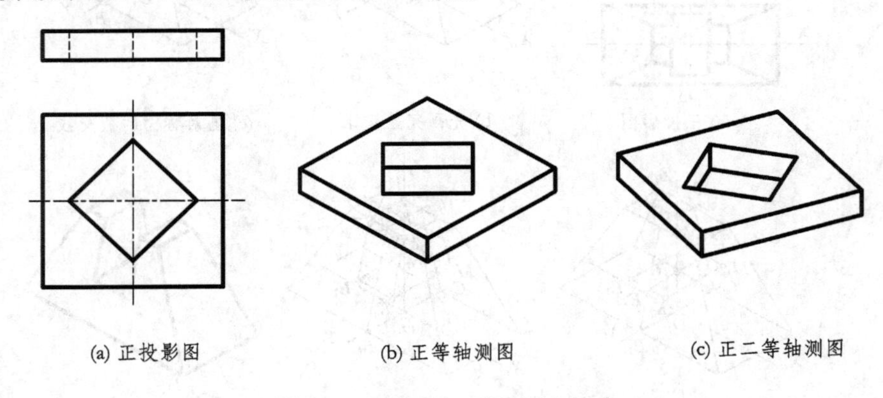

(a) 正投影图　　(b) 正等轴测图　　(c) 正二等轴测图

图 11－53　用正二测表现立体感

4. 圆的正等测

这里只讨论平行于坐标面的圆。

(1) 椭圆短轴长度的计算

由前所述知，由倾斜于投影面的圆投影成的椭圆，其短轴与该圆所在平面法线的投影方向相同，短轴的长度等于圆的直径 D 乘以法线对投影面的倾角 θ_H 的正弦。

对于平行坐标面的圆，其法线即为相应的坐标轴，因而该圆的正等测椭圆短轴方向与相应轴测轴相同,长度等于圆的直径 D 乘以相应坐标轴与轴测轴的夹角(即 α,β 或 γ)的正弦。

圆的正等测如图 11－54 所示。

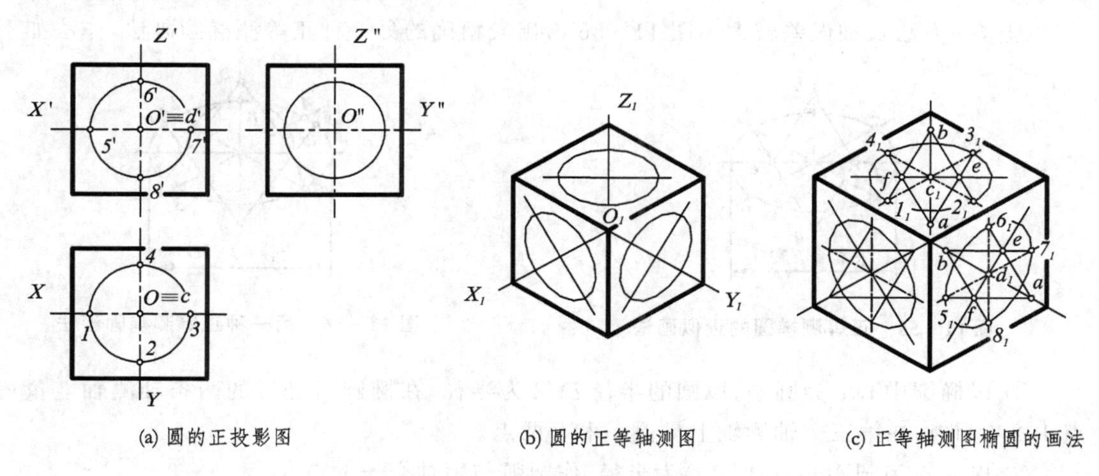

(a) 圆的正投影图　　(b) 圆的正等轴测图　　(c) 正等轴测图椭圆的画法

图 11－54　圆的正等测

凡平行 XOY 坐标面的圆(水平圆),其正等测椭圆短轴方向与轴测轴 O_1Z_1 相同,短轴长度为

$$2b = D\sin\gamma = D\sqrt{1-\cos^2\gamma}$$

由式(11－6)可知,正等测的 $\cos r=\sqrt{2/3}$

故有

$$2b = D\sqrt{1-2/3}\approx 0.58D$$

即短轴长度等于 0.58 乘以圆的直径。

由于正等测 $\alpha=\beta=\gamma$,所以平行另两个坐标面圆(正平面和侧平面)的正等测椭圆短轴长度与上述相同。

各椭圆长轴分别与自己的短轴垂直,长度等于圆的直径。图 11－54(a)是三个不同平面上的圆(水平面、正平面和侧平面)的三面投影,图 11－54(b)则为其正等测投影图。

(2) 用简化变形系数画正等测椭圆

当采用简化变形系数画正等测时,为了便于作图,常不去计算短轴长度,而是利用圆上平行于坐标轴的二直径的四端点,过此四点作四段圆弧来近似地画出椭圆,如图 11－54(c)所示。这种椭圆的画法如图 11－55 所示,作法如下:

① 以椭圆中心 c 为圆心,以圆的半径 $D/2$ 为半径,在椭圆所经过的两条轴测轴上量得四点 1,2,3 和 4,在第三个轴测轴上量得 a 和 b 两点。

② 连接 $b1$ 和 $a4$,它们与长轴共同交于 f 点;连接 $b2$ 和 $a3$,它们与长轴共同交于 e 点。

③ 以 a 点为圆心,$a4$(或 $a3$)为半径,作大圆弧$\overset{\frown}{43}$;以 b 点为圆心,$b2$(或 $b1$)为半径,作大圆

弧$\widehat{21}$；以 f 点为圆心，$f1$（或 $f4$）为半径，作小圆弧$\widehat{14}$；以 e 点为圆心，$e3$（或 $e2$）为半径，作小圆弧$\widehat{32}$。

但这一方法长轴误差较大。图 11－56 给出较精确的另一种正等测椭圆画法，作法如下：

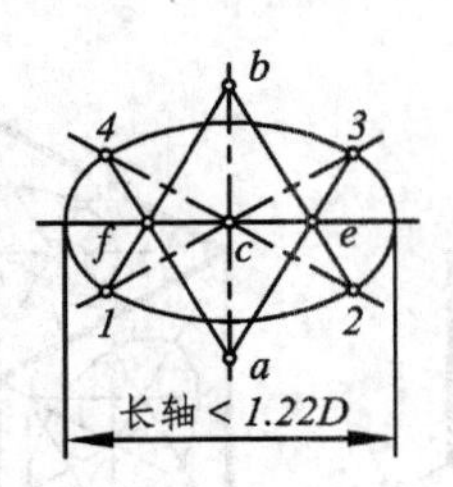

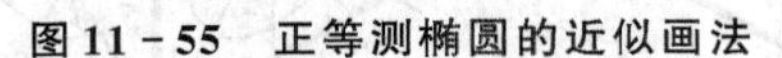
图 11－55　正等测椭圆的近似画法

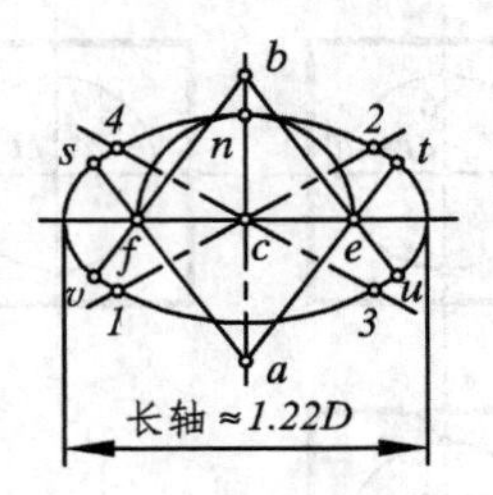

图 11－56　另一种正等测椭圆画法

① 以椭圆中心 c 为圆心，以圆的半径 $D/2$ 为半径，在椭圆所经过的两条轴测轴上量得四点 1,2,3 和 4，在第三个轴测轴上量得 a 和 b 两点。

② 以 a 点为圆心，$a4$（或 $a2$）为半径，作圆弧与短轴交于 n 点。

③ 以 c 点为圆心，cn 为半径作圆弧与长轴交于 f 点和 e 点。

④ 连接 af，ae，bf，be，并延长之。

⑤ 以 a 点为圆心，$a4$（或 $a2$）为半径，作大圆弧$\widehat{st}$；以 b 点为圆心，$b3$（或 $b1$）为半径，作大圆弧$\widehat{uv}$；以 f 点为圆心，fv（或 fs）为半径，作小圆弧$\widehat{vs}$；以 e 点为圆心，et（或 eu）为半径，作小圆弧$\widehat{tu}$。

5. 曲面立体和组合体的正等轴测

(1) 圆柱体

例 11－8　画出图 11－57(a)所示圆柱体的正等测。

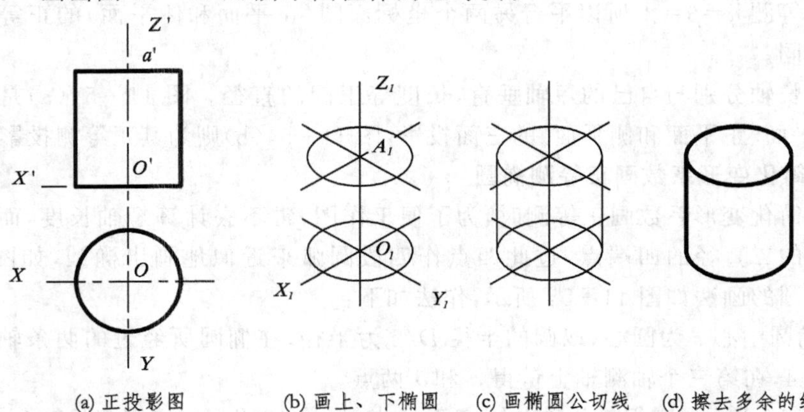

(a) 正投影图　(b) 画上、下椭圆　(c) 画椭圆公切线　(d) 擦去多余的线

图 11－57　圆柱体的正等测

先画出其两端的正等测椭圆，如图 11－57(b)所示；然后作此二椭圆的外公切线，就是圆柱面正等测的外形线，如图 11－57(c)所示；最后将可见线描深如图 11－57(d)所示。

例 11－9　画出图 11－58(a)所示开槽圆柱体的正等测。

这里先画出槽底平面与圆柱面相交的交线椭圆，如图 11－58(b)所示；再过顶面椭圆中心 A_1 点，在 O_1X_1 方向量取槽宽 12 得出 1_1 和 2_2 点；再过 1_1 和 2_2 作 O_1X_1 的平行线，与槽底面椭圆交于 7_1，8_1，9_1 和 10_1 四点；最后连 7_18_1 和 9_110_1。这两条线就是槽的两个侧面与槽面的交线，如图 11－58(c)所示。

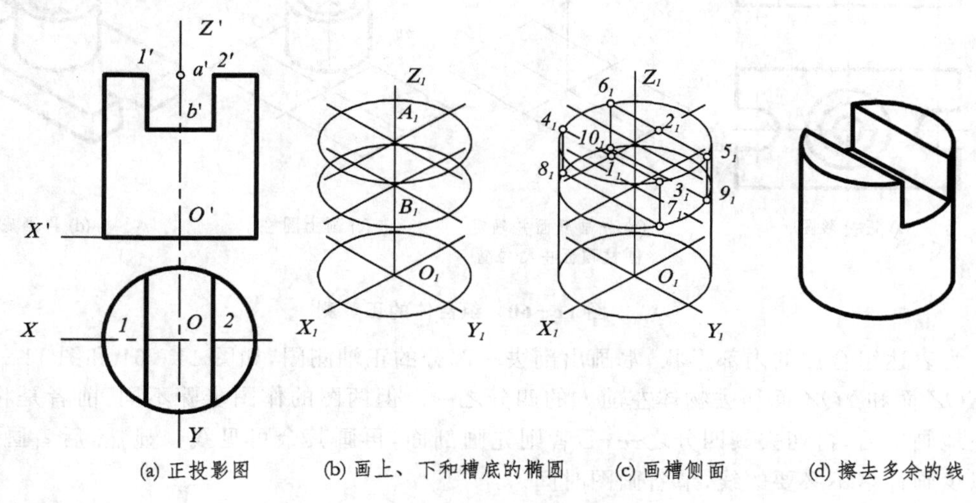

(a) 正投影图　(b) 画上、下和槽底的椭圆　(c) 画槽侧面　(d) 擦去多余的线

图 11－58　开槽圆柱体的正等测

(2) 圆锥台

画图 11－59(a)所示圆锥台的正等测时，可先画出其端面椭圆，如图 11－59(b)所示，然后作外公切线，即为圆锥面正等测的外形线，如图 11－59(c)所示。

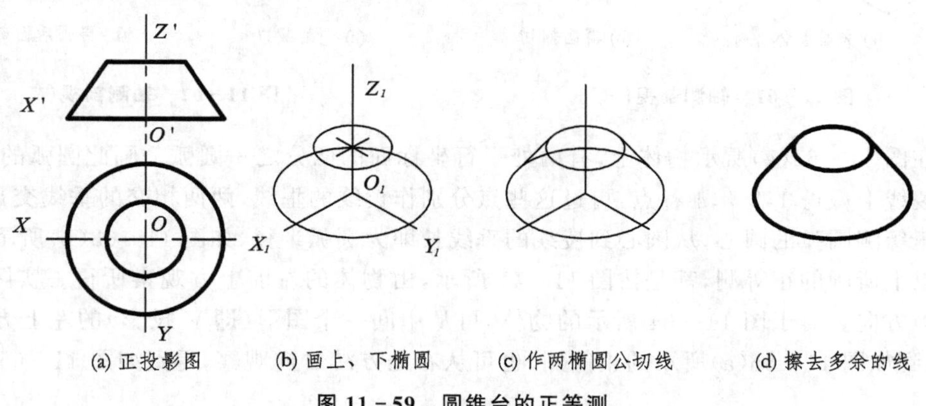

(a) 正投影图　(b) 画上、下椭圆　(c) 作两椭圆公切线　(d) 擦去多余的线

图 11－59　圆锥台的正等测

(3) 组合体

画组合体的正等测时，也应采用形体分析法，逐个画出组成该组合体的各基本组合体，从而完成组合体，如图 11－60 所示。

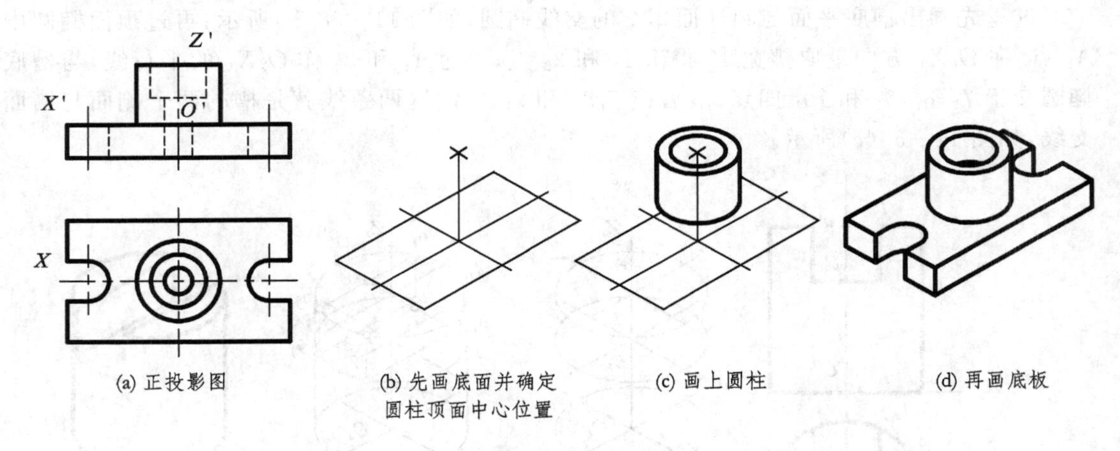

(a) 正投影图　(b) 先画底面并确定圆柱顶面中心位置　(c) 画上圆柱　(d) 再画底板

图 11－60　组合体的正等测

为表达组合体的内部形状，常画出剖去一部分的正轴测图，如图 11－61 和图 11－62 都是沿 *XOZ* 面和 *YOZ* 面切去物体左前方的四分之一。但两图的作图步骤不同：前者是将组合体完整地画出后，再切去其四分之一；后者则先画剖面，再画其余可见线。显然，后者画法较好，可以少画许多不必要的线，节省画图时间。

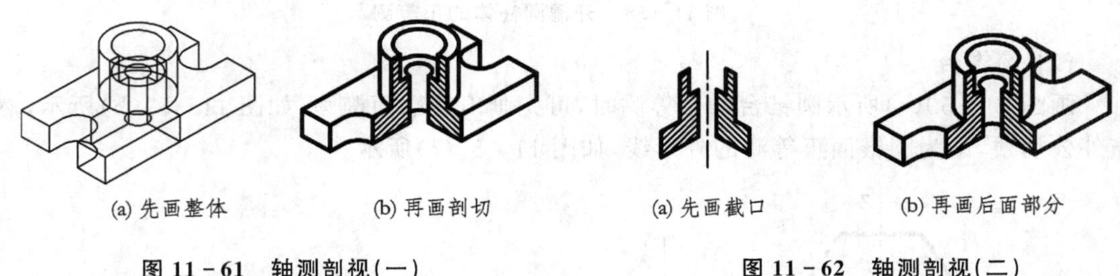

(a) 先画整体　(b) 再画剖切　(a) 先画截口　(b) 再画后面部分

图 11－61　轴测剖视(一)　　**图 11－62　轴测剖视(二)**

在图 11－63(a)所示物体上，有两处平行坐标面的四分之一圆弧。画此圆弧的正等测时，先在棱线上截得 1,2,3,4 各点，再过这些点分别作棱线的垂线，两两相交的垂线交点 O_1 和 O_2 即为正等测圆弧的圆心，从圆心到棱线的垂线长即为圆弧半径，如图 11－63(b)所示。

以上所画的正等测，都是按图 11－41 所示，由物体的左前上方观察所得。实际上也可选取其他方向。对于图 11－64 所示的物体，可从中间一个图形(即 *V* 投影)的左上方沿 *S* 向观察，得到如图 11－65(a)所示的正等测，也可从右上方沿 *S* 向观察，得到如图 11－65(b)所示的正等测。

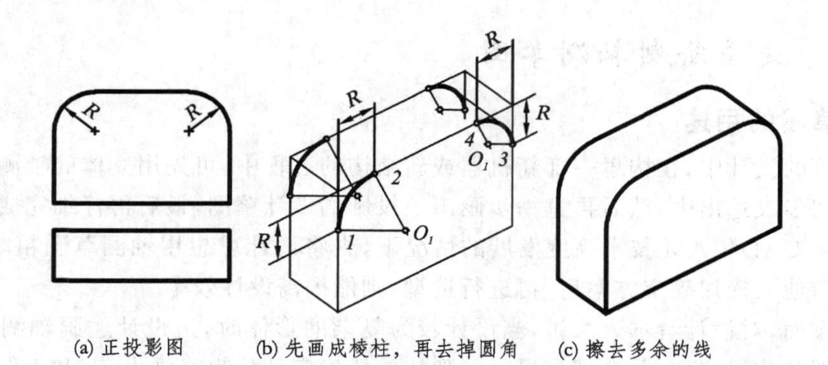

(a) 正投影图 (b) 先画成棱柱，再去掉圆角 (c) 擦去多余的线

图 11－63 轴测剖视中圆弧画法

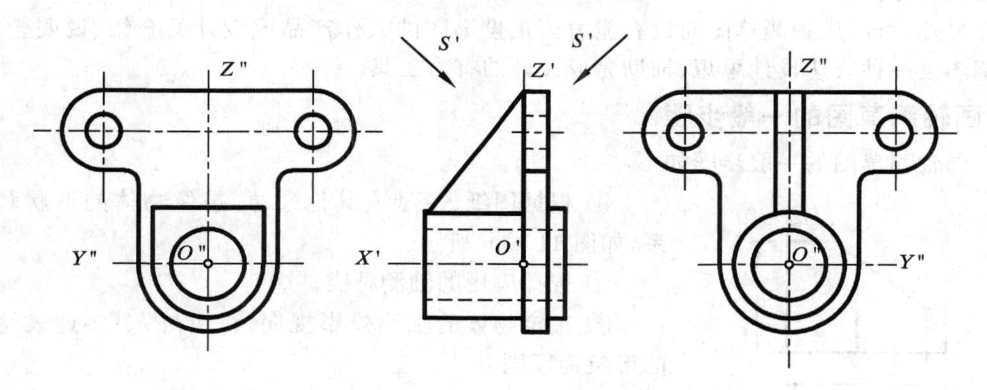

图 11－64 支架投影图

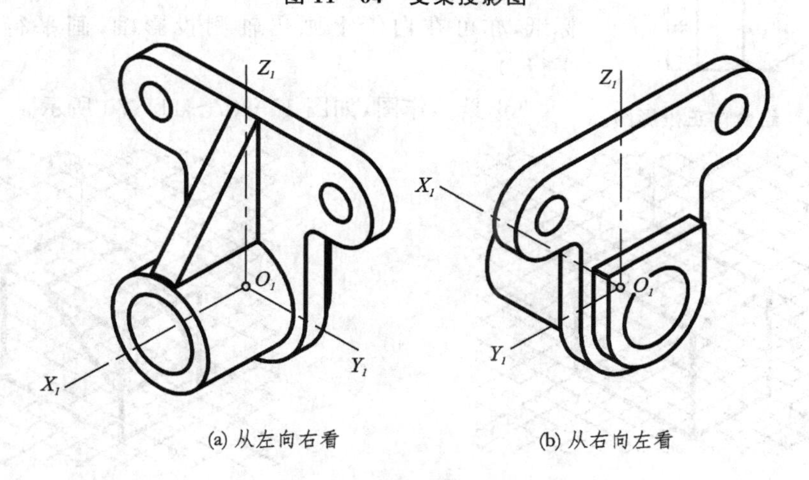

(a) 从左向右看 (b) 从右向左看

图 11－65 不同视向的轴测图

11.3.2　徒手绘制轴测草图

1. 轴测草图的用途

在传统的设计中，在构思一部新机器或新结构的过程中，可先用立体的轴测草图将结构设计的概貌初步表达出来，然后再进一步画出正投影的设计草图，最后再仔细完成设计工作图。

在当今 CAD/CAM 技术高度发展的情况下，先将设计思想用轴测草图粗略表达出来，经推敲以及与他人探讨确定方案后，再进行造型，则能提高设计效率。

另一方面，对设计者本人来讲，当设计较为复杂的形体时，边设计边画轴测草图有利于将形体各个部分构思完整，并合理布局。将形体的已确定部分粗略画出，有利于促使设计者构思未完成部分。

另外，可以用轴测草图向没有能力读正投影图的人作产品或设计的介绍、说明。所以，轴测草图是一种表达设计思想、辅助完成设计的有力工具。

2. 画轴测草图的一般步骤

画轴测草图的一般步骤如下：

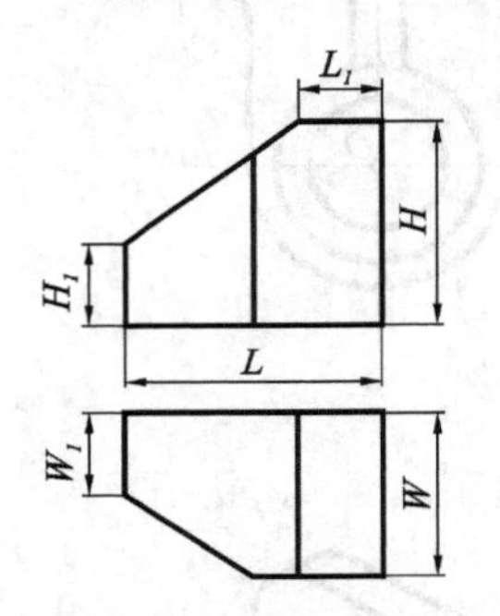

图 11－66　组合体正投影图

① 根据图纸、模型或其他来源，想像物体的形状和比例关系，如图 11－66 所示。

② 选择应用的轴测种类。

③ 决定物体的轴测投影视向，以更好、更多地表达出物体的形象为原则。

④ 选择适当大小的图纸(可选用轴测坐标纸，如无轴测坐标纸，亦可在白纸上画出轴测投影轴，画平行线时尽量保持平行。)

⑤ 具体作图，如图 11－67～11－70 所示。

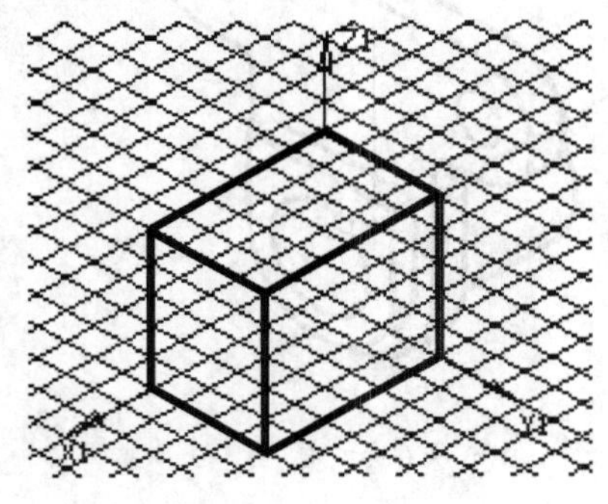

图 11－67　先画轴测轴和四棱柱

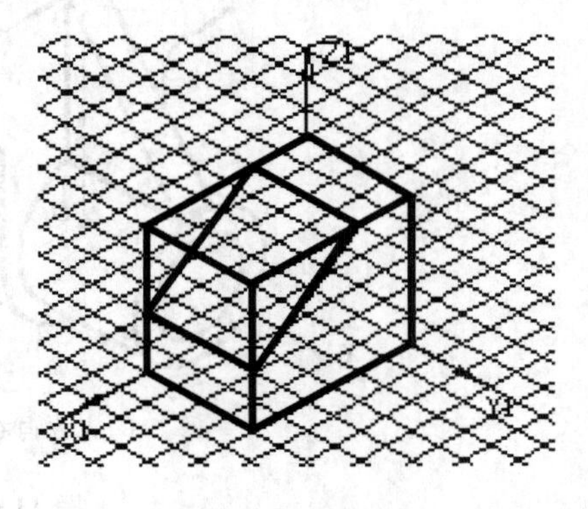

图 11－68　画正垂面切角

选择轴测坐标纸作图，选正等测投影，先画出轴测投影轴，根据 L, L_1, W, W_1, H, H_1 的比例关系分别沿着 X_1, Y_1, Z_1 方向截取相应长度；然后作出长方体，用正垂面截长方形，再用铅垂面截长方形，截切过程中严格遵守“沿轴测量”的原则。

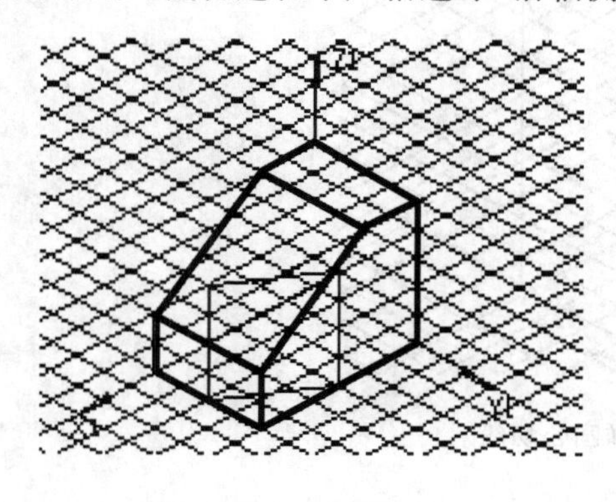

图 11-69　画铅垂面切角

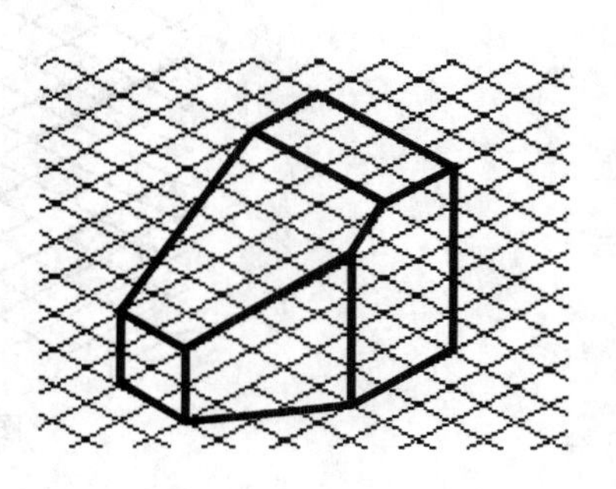

图 11-70　擦去多余的线

3. 圆柱的轴测草图

圆的轴测投影是椭圆。椭圆的长轴方向垂直于回转轴，短轴方向与回转轴一致。

画圆柱的轴测草图的步骤如下：

① 根据圆柱高度先定出上下椭圆的中心，如图 11-71 所示。

② 利用方箱法画圆柱体。先画出圆柱顶面椭圆的外切菱形，利用菱形画椭圆，徒手勾出大、小圆弧，与四边的中点均相切，连成光滑的椭圆曲线。

③ 再按圆柱体高度 H 画出底面的椭圆。为简单起见，可以只画前半个椭圆，如图 11-72 所示。

④ 画两椭圆公切线，就可迅速画出圆柱的轴测草图，如图 11-73 所示。

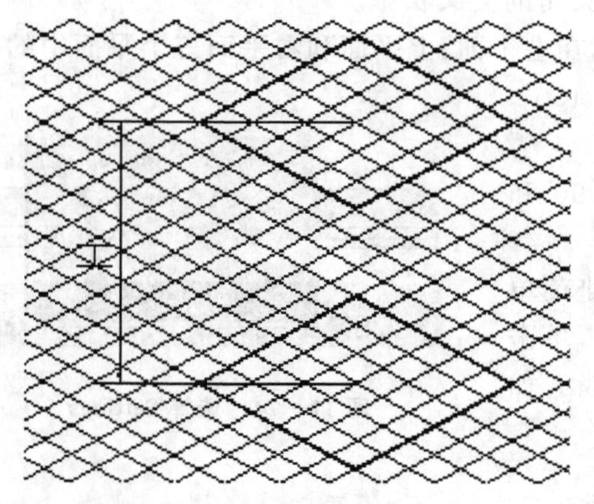

图 11-71　先确定圆柱高度，定出上、下椭圆的中心

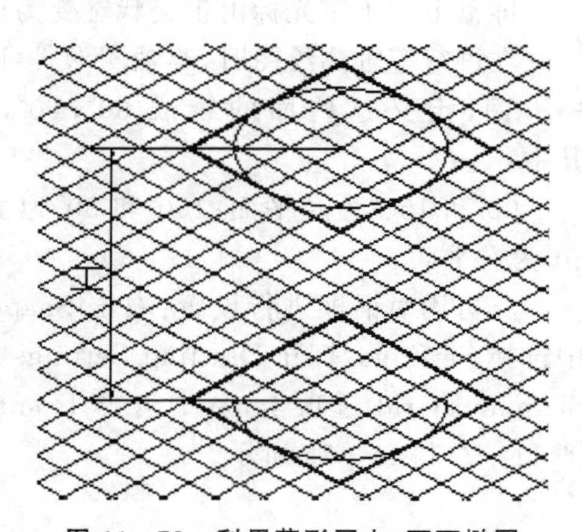

图 11-72　利用菱形画上、下两椭圆

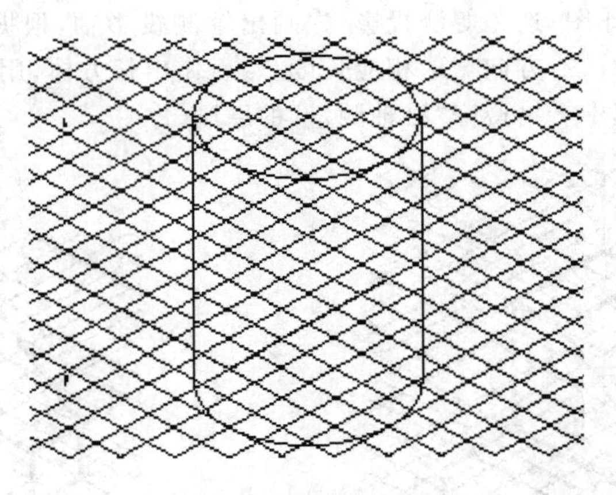

图 11-73　画椭圆公切线

11.3.3　计算机绘制三维图形

设定正等测平面(ISOPLANE)旨在利用 AutoCAD 绘制轴测图。

1. 正等轴测模式

AutoCAD 提供的正等轴测模式可辅助用户作正等轴测图。首先调用 Snap 命令选择相应的捕捉模式。

Command:Snap

Snap spacing or ON/OFF/Aspect/Rotate/Style<1.00>:S(选捕捉模式)

Standard/Isometric<S>:I (选正等轴测模式)

Vertical spacing<1.000>:(输入纵向栅格距离)

屏幕上的十字光标由正交状态变为成 120°夹角的交叉状态。

在进行等轴测绘图时，等轴测形式可以显示在左平面、上平面和右平面三个平面中的任何一平面，定义这些面的线成 30°，60°，90°或 150°。其中：

90°和 150°为左平面；150°和 30°为上平面；90°和 30°为右平面。

亦可用对话框进行设置：右击 Snap，在快捷菜单中选择 Settings，打开 Drafting Settings 对话框，单击 Snap and Grid 选项卡，从中选择 Isometric snap，如图 11-74和 11-75 所示。

图 11-74　选择 Settings

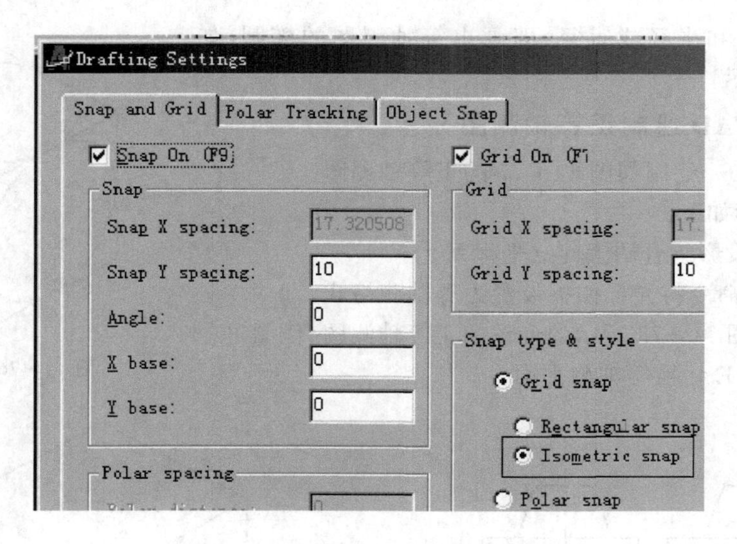

图 11－75　Drafting Settings 对话框

2. ISOPLANE 等轴测平面

功　能　光标从一种等轴测平面状态转换为另一种等轴测平面状态。

操　作

Command:ISOPLANE

Left / Top / Right /<Toggle>:(选定等轴测平面)

- L(Left)——选左平面;
- T(Top)——选上平面;
- R(Right)——选右平面;
- 回车——自动按 Left－Top－Right－Left。

说　明

① 使用 Ctrl＋E 可切换等轴测平面。

② Ortho,Grid 和 Snap 命令在等轴测绘图模式中仍然保持着原来的功能,但是它们都以等轴测平面为参考坐标系。

③ 等轴测圆在等轴测绘图模式中的 Ellipse 命令专门适用于画等轴测图。圆形在等轴测图形中自动地显示为椭圆。

Command:Ellipse

Arc /Center /Isocircle /<Axis　endpoint 1>:I(画等轴测圆)

Center of Circlele:(给圆心)

<Circle radius >Diameter:(给半径或选 *D* 给直径)

给出圆心和半径或直径，即画出等轴测图的椭圆，如图 11－76 所示。

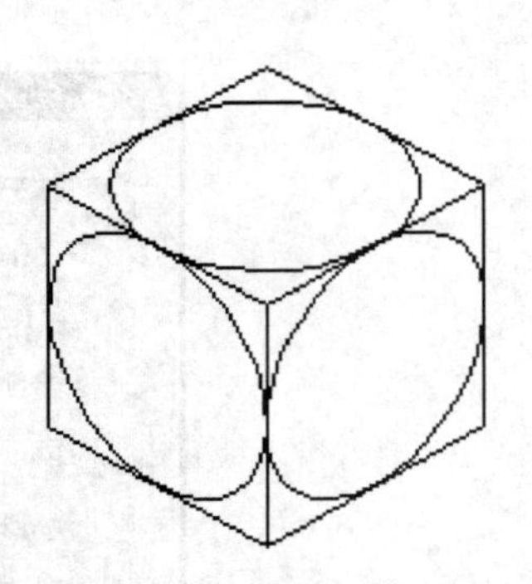

图 11－76　等轴测图

3. 用 AutoCAD 绘制正等轴测图

例 11－10　绘制如图 11－77 的正等轴测图。

绘图步骤如下：

① 在正投影组合图上建立坐标系。

② Snap 命令将光标捕捉设置为等轴测格式。

③ 画出图 11－78 所示的形体的正等轴测图，作图过程中使用 Ctrl＋E 切换等轴测平面。

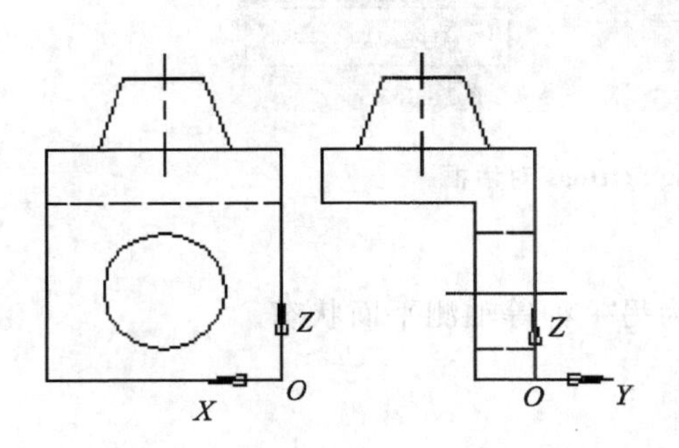

图 11－77　组合体正投影图

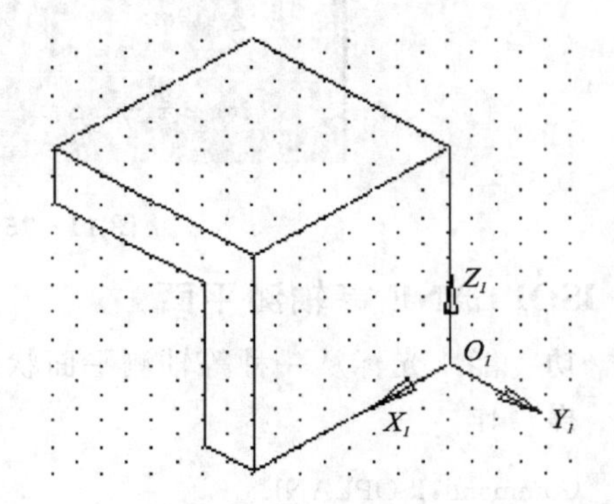

图 11－78　先画出平面立体轴测图

④ 作出 XOZ 面上的圆的正等轴测图。先作出其外切正方形的轴测投影，再用 Ellipse 命令作椭圆，注意选择 Isocircle 选项作轴测图上的椭圆，如图 11－79 所示。

⑤ 将外切正方形及椭圆沿 $-Y_1$ 方向平移距离为板厚，如图 11－80 所示。

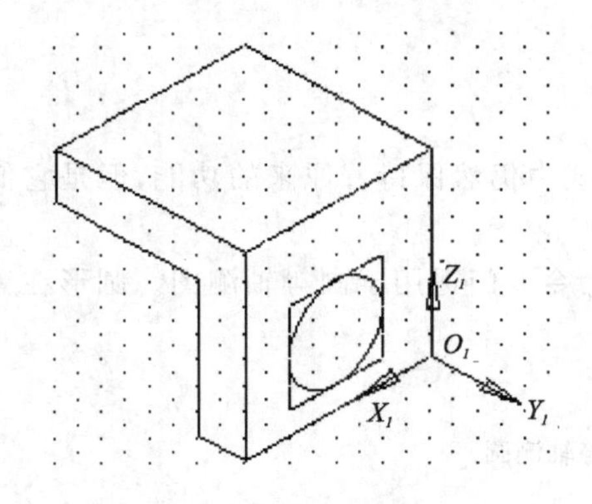

图 11－79　画外侧面上的圆的轴测投影

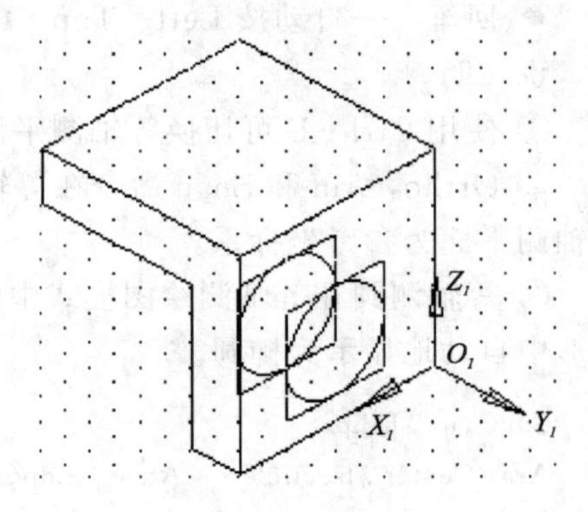

图 11－80　画内测面上的圆的轴测投影

⑥ 椭圆处消隐，在上顶面上作出圆台上下底面上的椭圆，如图 11－81 所示。

⑦ 作上下椭圆的公切线并消隐，如图 11－82 所示。

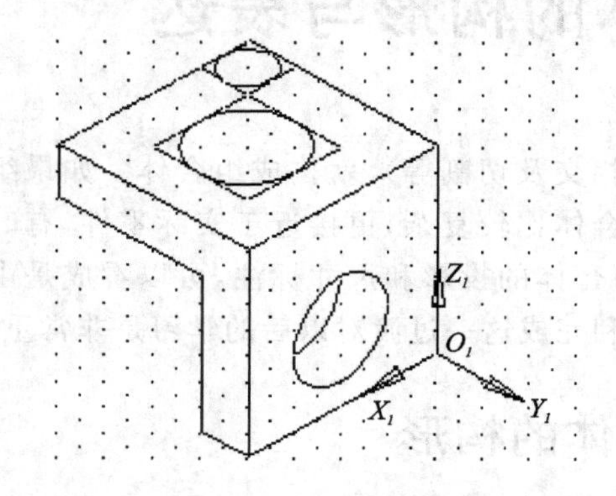

图 11－81　画圆台的上下底圆的轴测投影

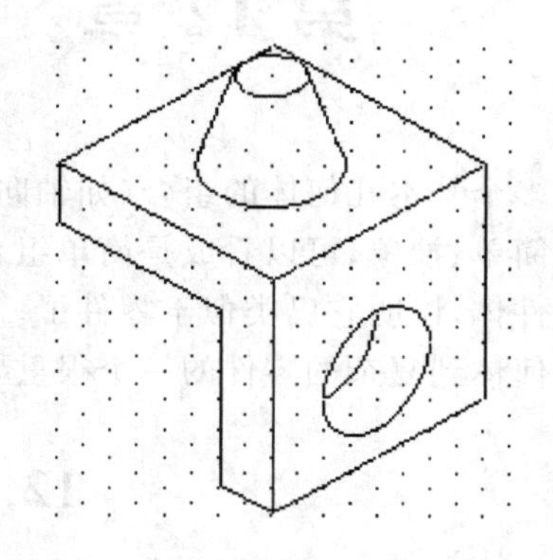

图 11－82　完成组合体的轴测投影

第 12 章　组合体的构形与表达

多个基本几何体的组合(如轴向堆垒、偏置、相交及切割等),就构成组合体。如果组合体比较简单、抽象,可以看成是简单组合体;如果组合体比较复杂,更接近于实际零件,有时称它为机件体,说明它已类似于零件了。所以,学习组合体的投影和尺寸标注,可以看成是由简单的几何体到复杂的零件的一个很重要的过渡,顺利完成这一过渡对以后的学习是非常重要的。

12.1　组合体的构形

与平面图形相同,为了作出组合体的投影和标注尺寸,必须对组合体进行充分的构形分析。对组合体的构形分析通常着重于讨论它的几何构形,一般情况下组合体可看成是:

- 组合体可分解成多个基本几何体,如图 12-1 所示。
- 复杂组合体可看成是由几串不同方向的几何体组成的,如图 12-2 所示。
- 多数情况下组合体是对称的。
- 组合体可以是切割的,如图 12-3 所示。
- 对一些空心的组合体,应该把内部形状和外部形状分成两部分来考虑,如图 12-4 所示。当然,内部形状与外部形状存在着必然的联系。

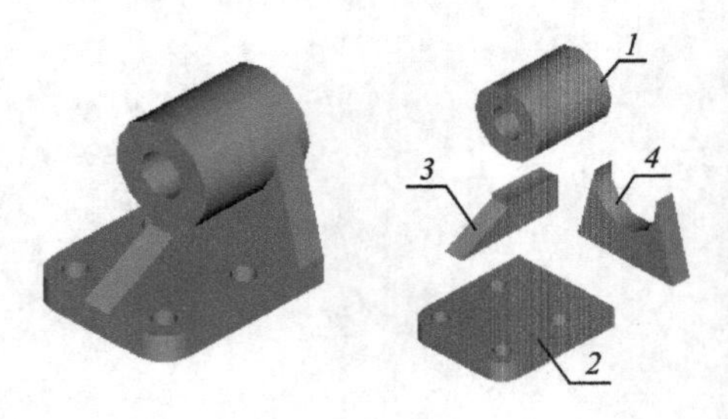

图 12-1　堆垒型组合体

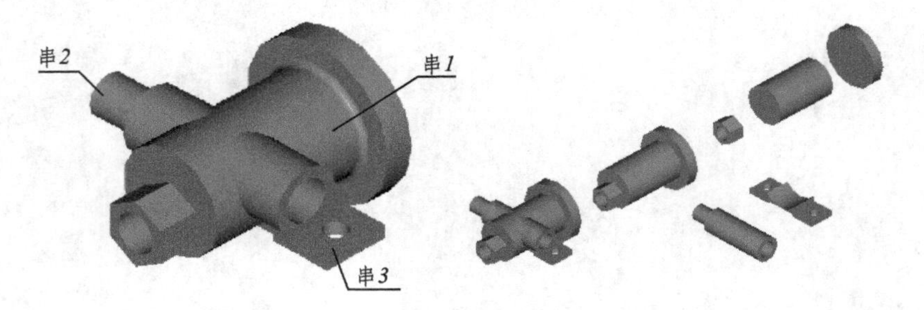

图 12-2　组合体的分串

组合体的构形分析是很重要的,因为下面的组合体的投影作图和尺寸标注基本上是按构形分析来进行的。

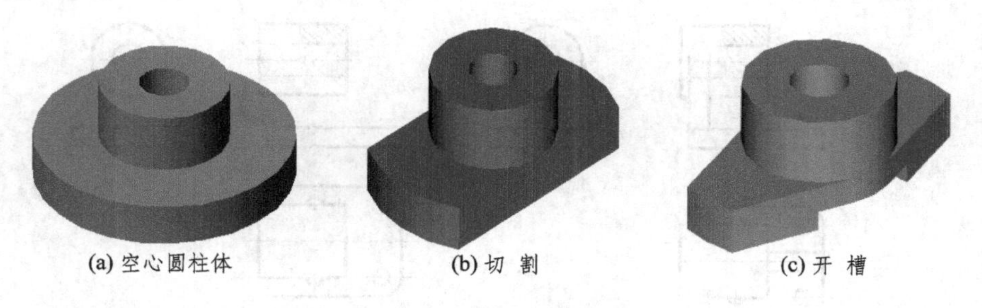

图 12－3　开槽切割型组合体

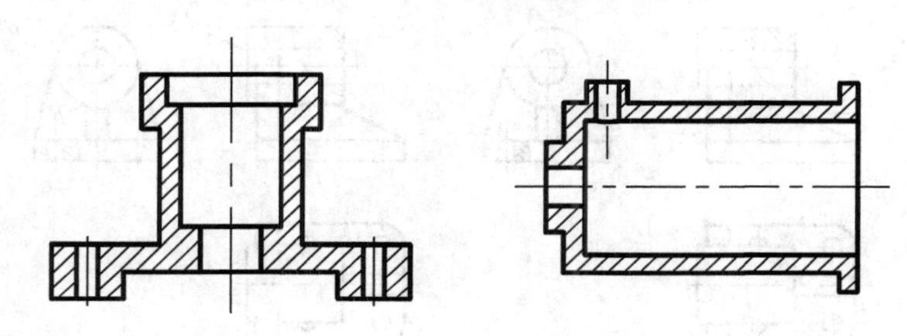

图 12－4　空心组合体

12.2　组合体的投影作图

在绘制组合体三视图时，首要的问题是要求三视图应有严格的投影对应，为此在绘制三视图时，三个视图应同时进行，而不是画完一个视图再画另外一个视图，至少应同时画出两个视图，然后再利用二求三，即由两个投影求第三个投影。总之，一定要保证严格的投影对应。下面举四个例题，详细说明按照构形分析绘制组合体投影的方法和过程。

例 12－1　绘制图 12－5(a)所示组合体的三面视图。

解　这是一个简单堆垒的组合体，如前所述，可以根据构形分析，逐个把形体画出，如图 12－5(b)和(c)所示。

根据线面分析，修正图上的错误，如图 12－5(d)所示。主视图上，形体 4 应画至切点为止，由侧视图上的 a''投影求得；又如形体 3 与圆柱 1 应该有交线，由侧视图上的 b''求得。当然，此时圆柱的外形线应擦去。

同理，俯视图上形体 4 应画至切点 a 为止且擦去外形线。

图 12－5 (d)是正确的组合体三视图的投影。

例 12－2　求图 12－6 中的组合体的投影作图过程。

解　先画串 1，此时先画出内部，然后根据内定外原则画出外部，再画出串 2 和串 3 的投影。

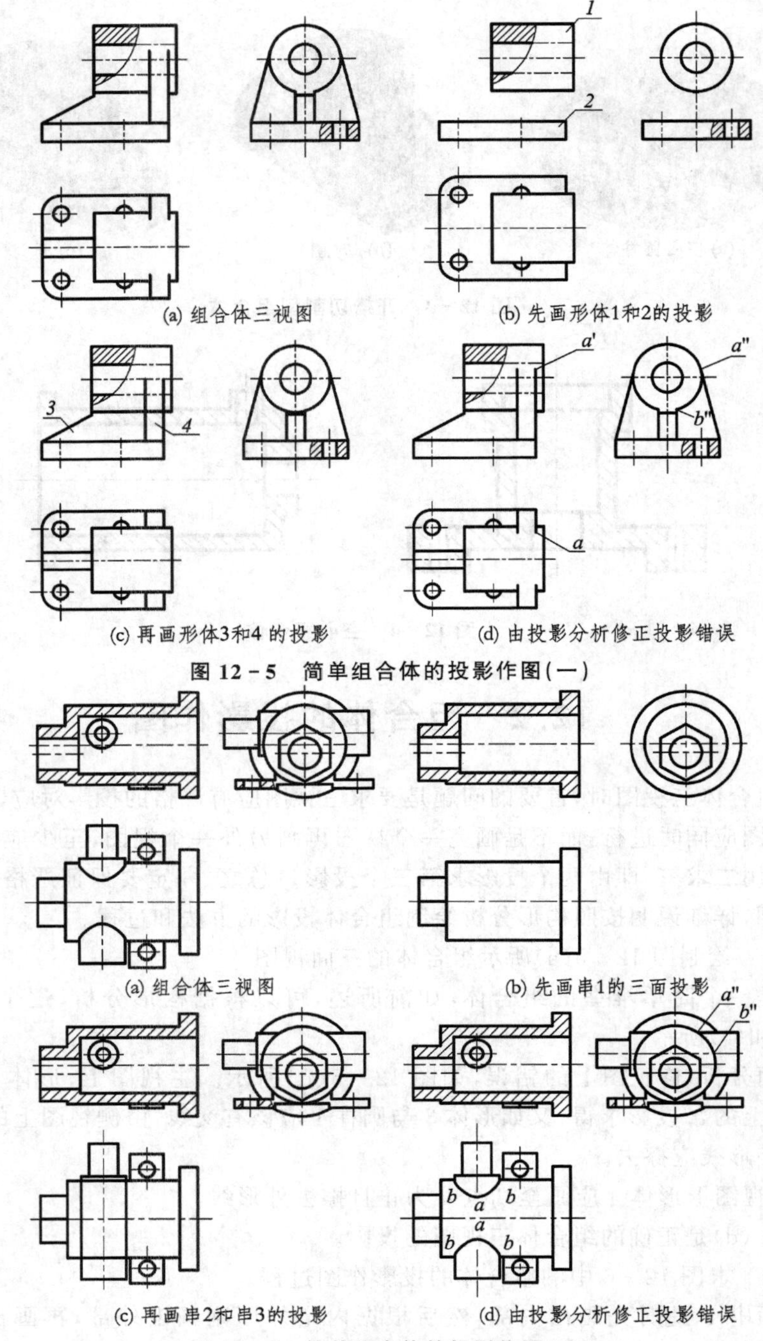

(a) 组合体三视图　　(b) 先画形体1和2的投影

(c) 再画形体3和4 的投影　　(d) 由投影分析修正投影错误

图 12－5　简单组合体的投影作图(一)

(a) 组合体三视图　　(b) 先画串1的三面投影

(c) 再画串2和串3的投影　　(d) 由投影分析修正投影错误

图 12－6　简单组合体的投影作图(二)

根据线面分析，画出两形体(圆柱与圆柱偏贯)交线的投影，由侧视图上的特殊点 a''和 b''求得，画出相贯线，擦去外形线，如图 12-6(d)所示。

例 12-3　已知复杂组合体的三视图，如图 12-7 所示。求作主视图的外形图，即图中的 A 向视图。

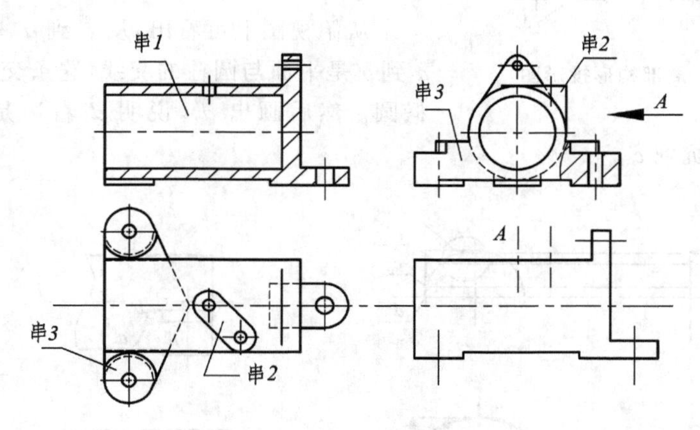

图 12-7　复杂组合体的构形分析

为了求作 A 向视图，必须先读懂三视图。在读图过程中，仍然要按构形分析方法，想像出组合体中各形体的形状及相互位置关系，如形体是对称还是偏贯等。在读图时，一定要注意严格的投影对应，因为只有严格的投影对应才能分清各个基本形体，也才能想像出形体的形状。

由严格投影对应知道，该组合体由三串形体组成，即(见图 12-7)

串 1：水平放置的空心圆柱，右边有两个凸起部分，一为竖放，一为横放，从侧视图和俯视图的投影对应可看清它们的形状。

串 2：与串 1 偏置且轴线垂直的形体 2。

串 3：在串 1 左端，前后各突出的形体。

根据构形分析先将主视图各形体外形轮廓画出来，如图 12-8 所示。

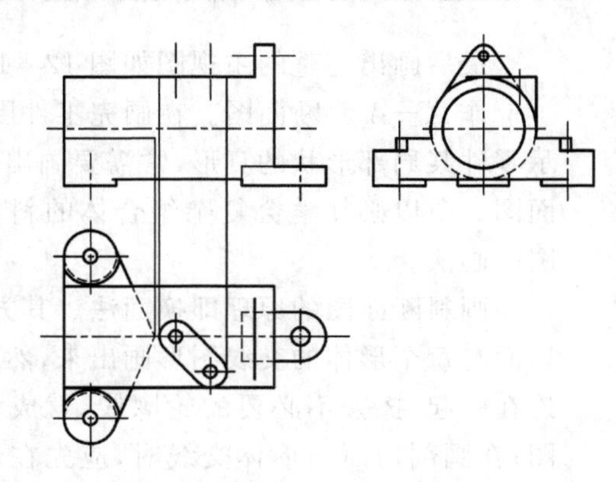

图 12-8　构形分析与投影图

再根据线面分析，准确地画出各形体表面的交线。其作图步骤如下：

① 画串 1 右凸块的投影。由于平面与圆柱相切，所以主视图上，上面的凸块应画至切点 a''为止，并擦去圆柱外形线。同理，下面的凸块应根据 b''画出交线如图 12-9 所示。

② 画出串 2 的主视图。它是两半圆柱加上两平面连接成的形体。从俯视图上线面分析可以看出，在主视图上从 a 到 b 为两圆柱相贯线，从 b 到 c 为平面与圆柱交线，其交线为椭圆，

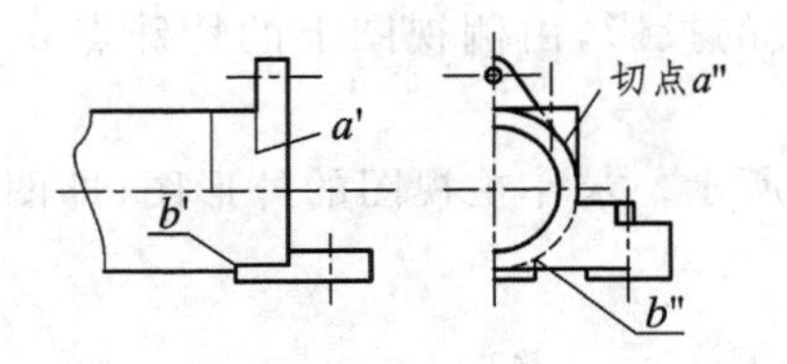

图 12－9　局部构形投影图

从 c 到 e 为两圆柱相贯线，其中 d 点为最低点，由侧投影可以求 a''，b''，c''，d''，e''，由 a，b，c，d，e 和 a''，b''，c''，d''，e''可以求出串 2 的主视图投影如图 12－10 所示。

③ 画出串 3 的主视图如图 12－11 所示。

从俯视图上可看出，从 a 到 d 是个铅垂面，其中从 a 到 b 是平面与圆柱的交线，这条交线在 V 投影是部分椭圆。然后画出 d'，说明 d'右边是平面，d'左边是柱面，最后画一凹坑到 c'。

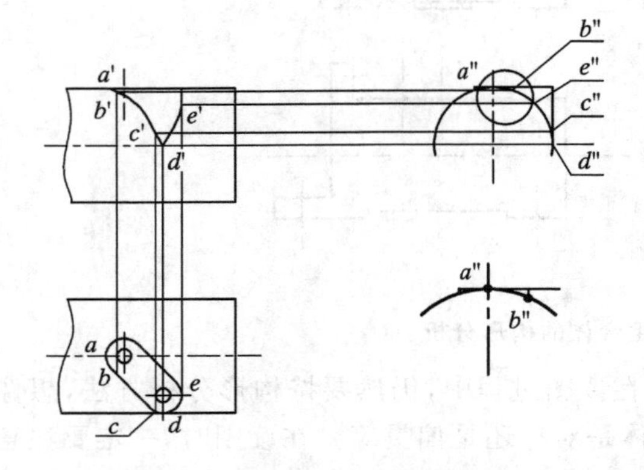

图 12－10　局部构形的投影作图(一)

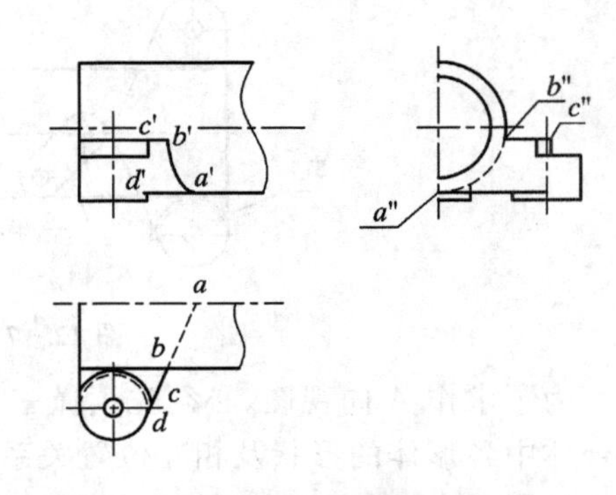

图 12－11　局部构形的投影作图(二)

最后画出完整的主视图如图 12－12 所示。

作 $A—A$ 斜断面图。在画完零件图后，有时为表示零件某局部形状的真形，常需要画出斜视图或斜断面图。所以必须学会复杂组合体的斜视图或斜断面图的画法。

画斜断面图的原理即换面法。其方法是，先将剖切面与每个形体的交线图形画出来，然后再把各图形连在一起，擦去不必要的轮廓线，就成为总的斜断面图；在画剖切面与形体交线时，应先在剖切线上确定出几个剖切面与形体的交点，利用其他视图求出这些点的其他投影，然后才能作出斜断面图的真形。

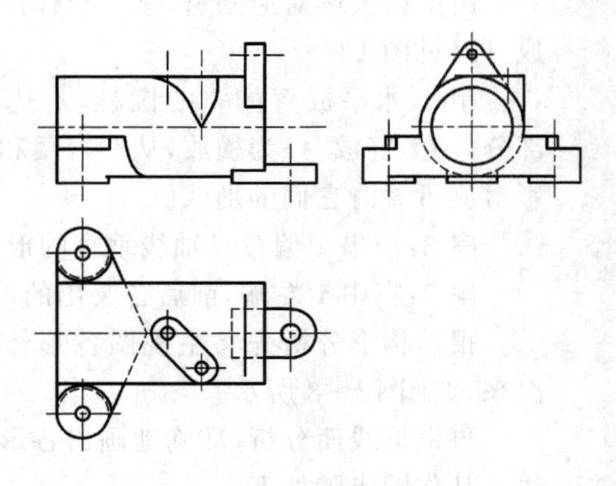

图 12－12　正确的构形与投影

具体作图步骤如下(见图 12－13～12－15)：

① 确定斜剖面与串 1 各形体的交点 1～8(见图 12－13)。

② 在适当的位置上任画一条与剖切线平行的直线，并将 1～8 点移至该直线上。

③ 利用1和2两点画出梯形如图(12－13)所示,再利用9和10两点画出内部椭圆。

④ 利用3,4,5,6,7画出内外两个椭圆,如图12－13所示。

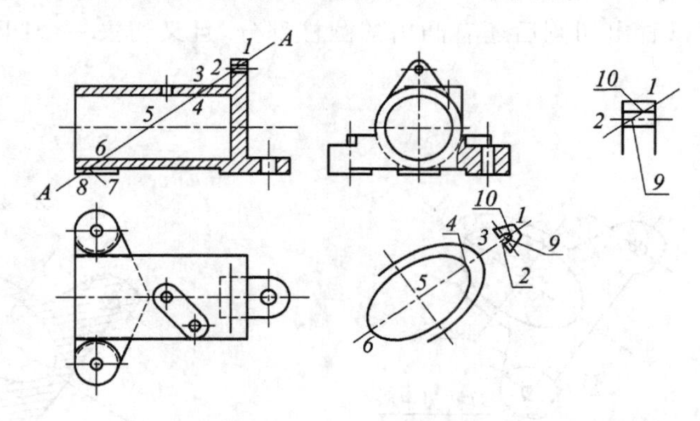

图12－13　斜断面作图(一)

⑤ 利用21,22,23画出两椭圆,如图12－14所示。

⑥ 擦去椭圆多余的线,如图12－14所示,这里作了一些简化。

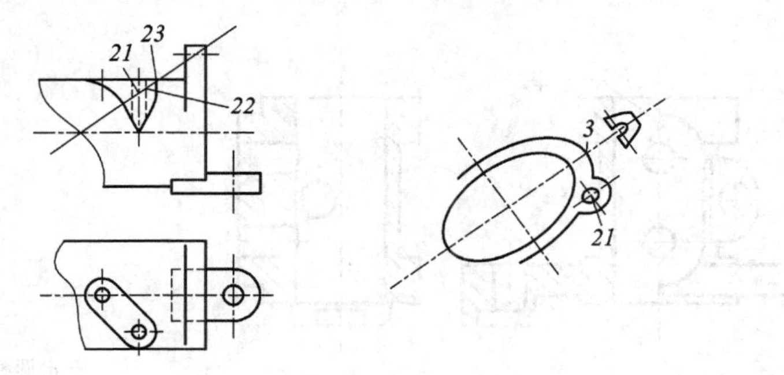

图12－14　斜断面作图(二)

⑦ 为了画出斜切面与串3的交线,选取31,32,33并以31为中心画出两椭圆,如图12－15所示。

⑧ 为了画出斜切面与平面(斜面)的交线,在平面上任取一点34,求取它的水平投影,并画出它的斜断面投影,然后过它画出与椭圆的切线,并延长与大椭圆相交,如图12－15所示。

⑨ 此外,斜切面还应与底面相交,过图12－13中的点7画与轴垂直的线与两个椭圆相交。

⑩ 最后取点36画与轴线垂直的线,切去椭圆多余的部分,得到斜断面与串3部分的形状如图12－15所示。

⑪ 整个斜断面的真形如图12－16所示。在断面图上写出其图名$A-A$。

例12－4　已知复杂组合体三视图如图12－17所示,求作侧视图外形图,如图中箭头A的方向,即画出A向视图。

从图中可看出该组合体由三串形体组成，即

串 1：轴线为铅垂线的空心圆柱，下部为被切割后的形状，类似于图 12－3 的形状，由俯视图中的局部仰视可以看出切割后还有凸出的圆柱部分，且又切去一个凹坑，如图 12－18 所示。

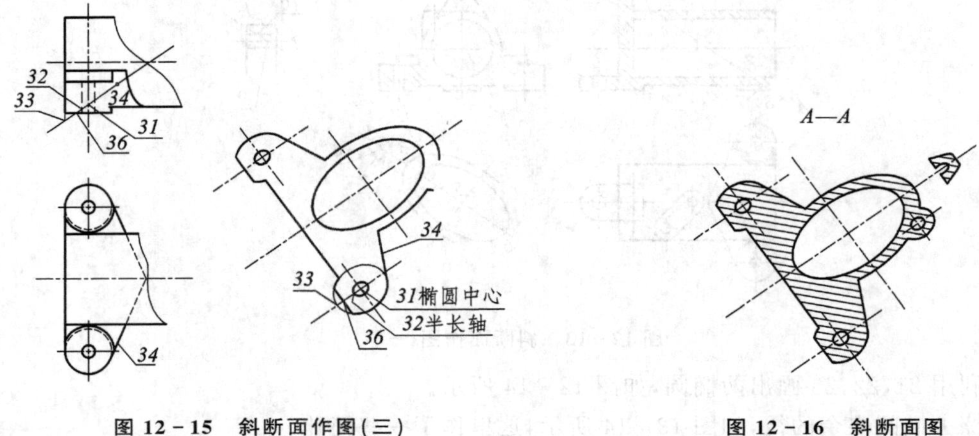

图 12－15　斜断面作图(三)　　图 12－16　斜断面图

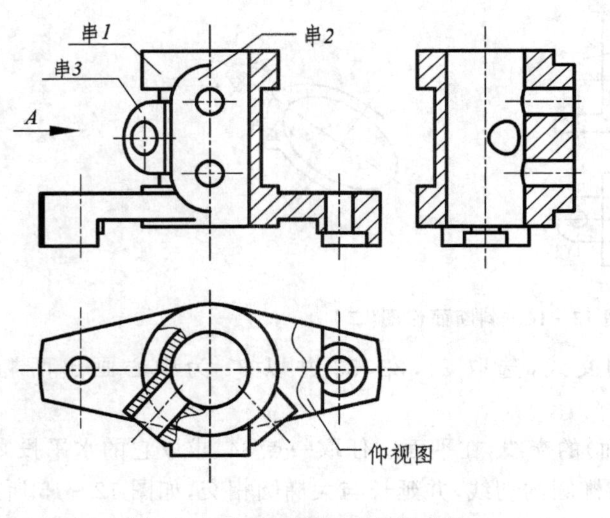

图 12－17　复杂组合体构形分析

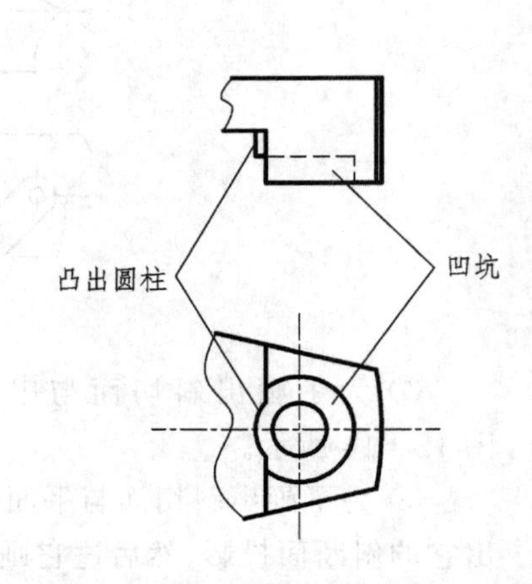

图 12－18　局部构形分析

串 2：轴线为正垂线的两个圆柱的形体。

串 3：轴线为水平线，斜圆柱部分形体。

因此在左视图的位置上先画出一个铅垂的轴线，然后按下列步骤作图，如图 12－19 所示。

① 画出串 1 的侧投影，不画虚线，如图 12－19(a)所示。

② 画出串 2 的侧投影，如图 12－19(b)所示。

③ 画出串 3 的侧投影，如图 12－19(c)所示。

④ 根据线面分析求出串 2 与串 1 各面的交线（见图 12－20），其上部是 0，1，2，3 各点的投影对应简图，其下部是 4，5，6，7，8，9 各点的对应简图。

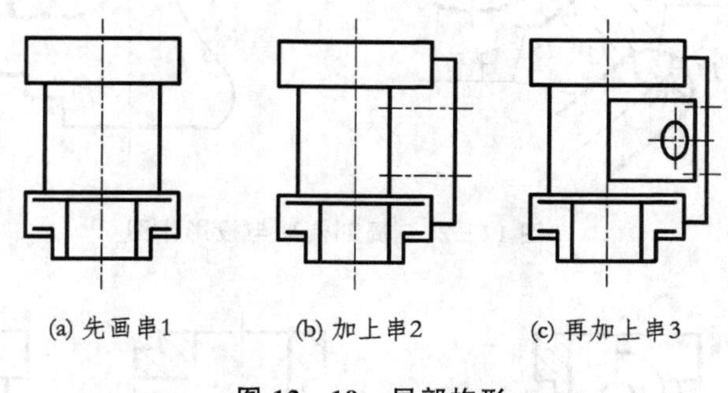

图 12－19　局部构形

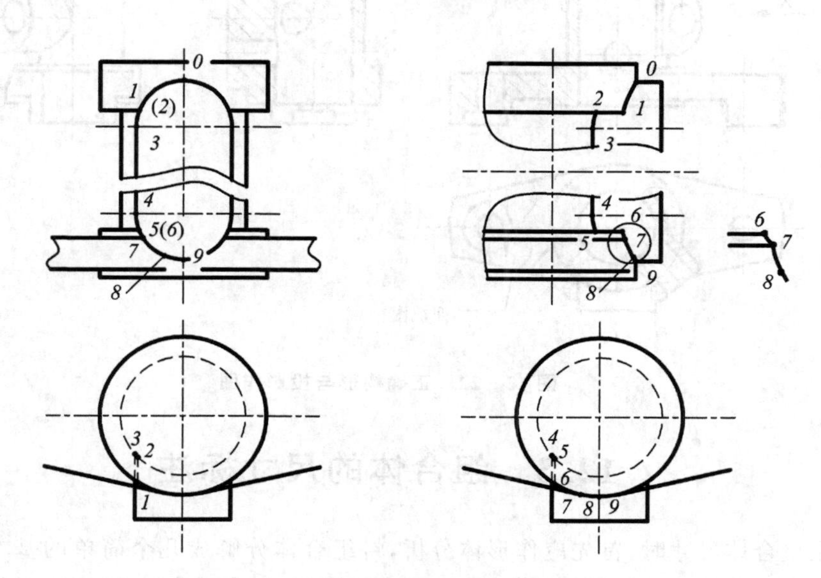

图 12－20　局部构形分析与投影作图

⑤ 画出斜圆柱部分串 3 与串 1 的交线，通过图 12－21 可以简单看出点 11 和 12 的右边为平面，左边为斜圆柱面，故点 11 是相贯线起点，点 13 是相贯线的终点，点 12 至 14 为椭圆。如果还要求出中间的任意点以便画出相贯线，可以通过辅助作图，如图 12－21 中的点 16。最后绘制的复杂组合体视图如图 12－22 所示。

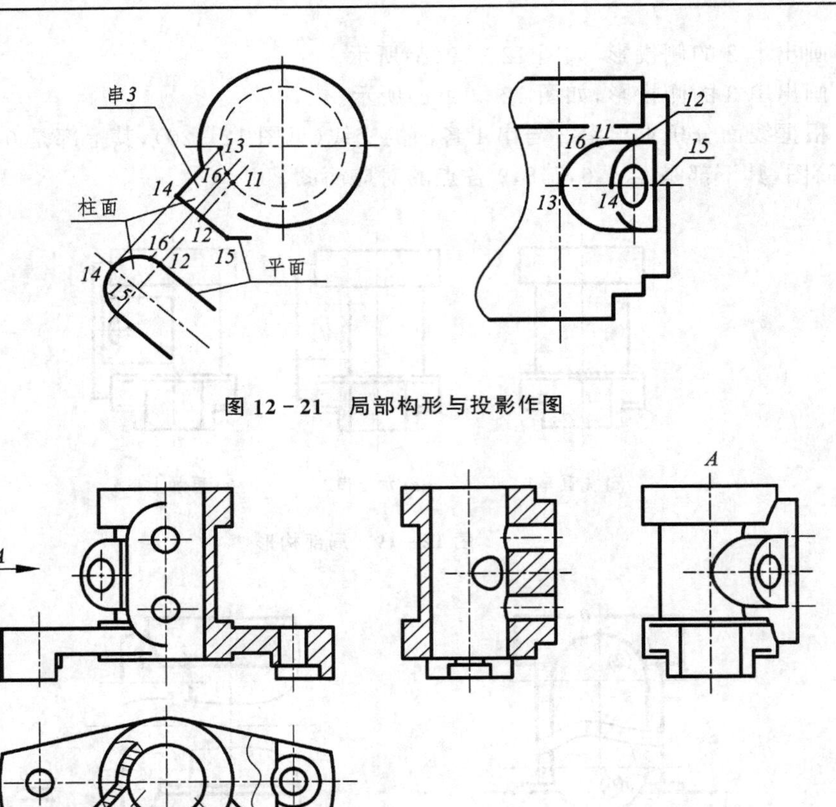

图 12－21　局部构形与投影作图

图 12－22　正确构形与投影作图

12.3　组合体的尺寸标注

在标注组合体尺寸时，首先应作形体分析，将组合体分解成几个简单的基本几何体，然后逐个标注出这几个简单几何体的大小尺寸（或称定形尺寸）与它们之间的相对位置尺寸（或称为定位尺寸）。

12.3.1　几何体的尺寸

1. 基本几何体的尺寸标注

立体是三维的，它必须沿三个方向来度量，即长、宽和高。因此对柱体，通常应标注平面图形尺寸再加高度尺寸。如图 12－23 中的四棱柱，在俯视图上标注 30 和 24，在主视图上标注高度尺寸 30，六棱柱通常标注六边形宽度，如图中的 24 就够了，六边形的长度已确定，无须再标尺寸，有时可标注作为参考尺寸，但要加括号如图中的 27.7。对棱锥台应标注上顶和下底的尺寸，再加高度尺寸，如图中的 18 和 13、40 和 24 以及高度 30 等。图 12－24 是一个复合的柱体，标注平面图形尺寸，再加上高度 13。

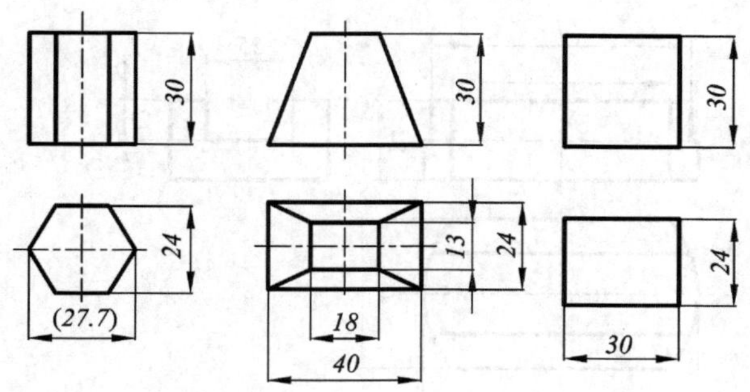

图 12－23　简单几何体的尺寸

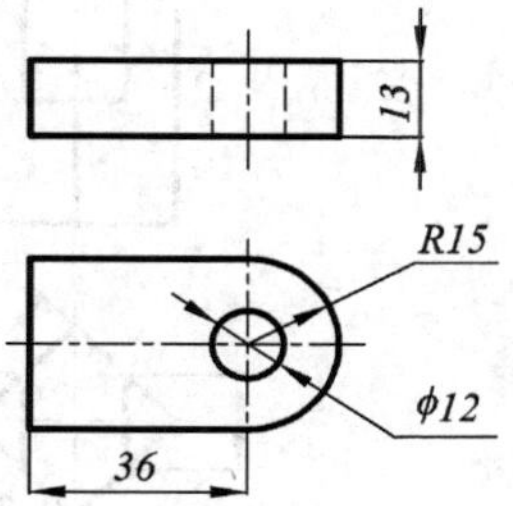

13
R15
φ12
36

图 12－24　复合几何体的尺寸

对于圆柱体和圆锥体只要标注直径和高度即可，通常习惯于将直径和高度标注在一个视图上，如图 12－25(a)中的 $\phi24$ 和 30，图(b)中的 $\phi25$，$\phi38$ 和 30。对圆环的尺寸，标注 $\phi12$ 和它的回转直径 $\phi38$ 即可，如图(c)所示。对于球体尺寸，一般要求标注球体直径 ϕ 或半径 R，但应在 ϕ 或 R 前加上 S，如图(d)所示。

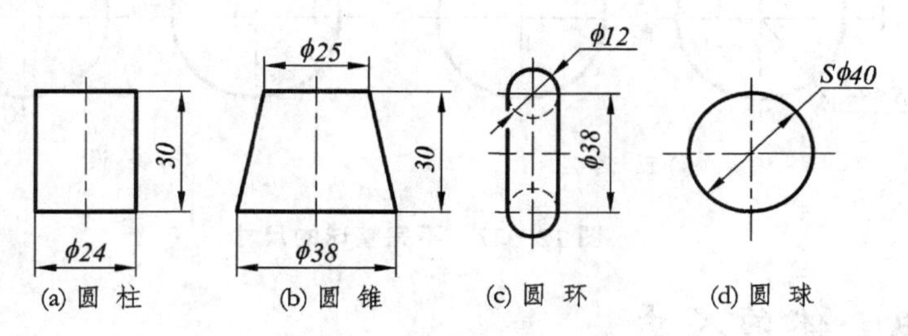

(a) 圆　柱　　(b) 圆　锥　　(c) 圆　环　　(d) 圆　球

图 12－25　基本回转体的尺寸

2. 不完整几何体的尺寸

几何体被切割后就成了不完整的几何体，零件上的开槽、钻孔可视为不完整几何体，见图 12－26和图 12－27。在标注不完整几何体的尺寸时，首先标注出完整几何体尺寸，然后再按切割的顺序标注出切去部分(开槽)或余下部分(将边角切去)的尺寸。注意，不要标注交线的尺寸，因为它是多余尺寸无须标注。

图 12－26(a)是个四棱柱开槽不完整几何体的尺寸标注，显然应先标注 21，21 和 35，再标注槽宽 15 和槽深 16 两尺寸。图 12－26(b)是一个柱体前后被切平，中间再开槽的形体。显

然，应先标注完整几何体尺寸 $\phi80$ 和高度 24，再标注前后被切平后剩下的宽度 46，最后再标注槽宽 25 和深度 12。

注意：不要标注切平后和开槽后的交线尺寸，如图 12－26 中的尺寸 J；对于球体上的缺口，应标注剖切平后通过球心的对称平面的位置尺寸，如图 12－27(a)所示，而不要标注剖切后交线尺寸 ϕ 和 R，如图 12－27(b)所示。

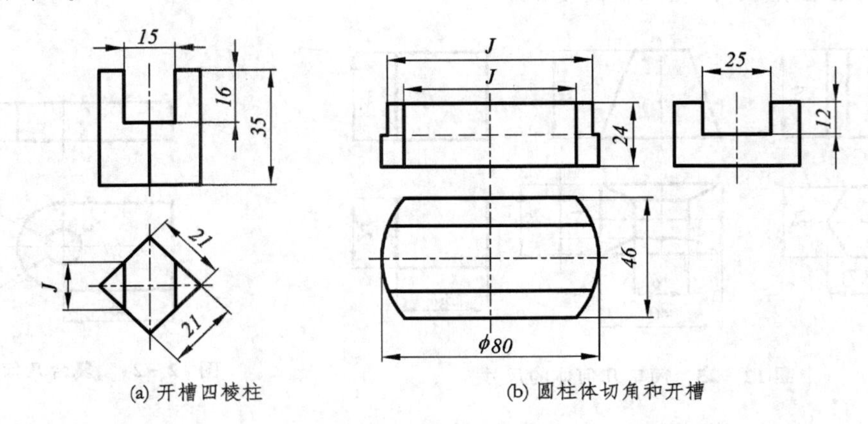

(a) 开槽四棱柱　　(b) 圆柱体切角和开槽

图 12－26　不完整几何体的尺寸

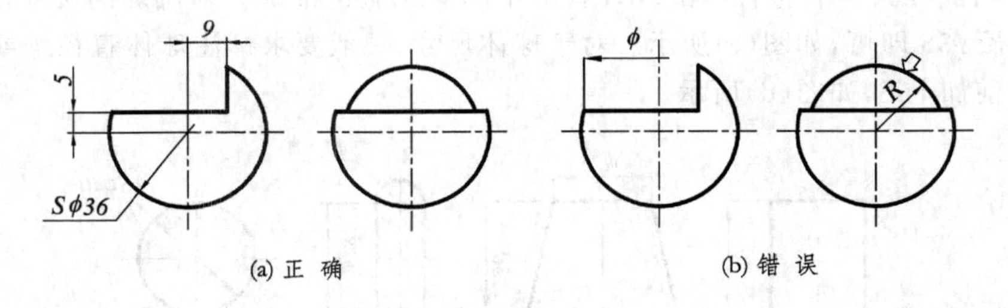

(a) 正　确　　(b) 错　误

图 12－27　不完整球的尺寸

12.3.2　组合体的尺寸

多个几何体的组合（诸如堆垒、相交和切割）就成为组合体，因此标注组合体的尺寸关键在于：

① 仔细分析组合体由多少个几何体组成，然后一个不漏地标注每个几何体的定形尺寸和定位尺寸。

② 在标注定位尺寸时，应选择合适的基准。通常形体的对称平面、底面、端面和轴线等均可作为基准。

③ 应该严密和有序地标注尺寸。这是防止大量遗漏和重复尺寸的关键。

下面通过两个例题说明组合体的尺寸标注。

例 12-5　求图 12-21 所示组合体尺寸。

一般情况下，应该从投影图上想像出组合体由哪几个几何体组成，然后标注尺寸。图 12-1 给出了组合体的轴测图和它的分解图。从图中可看到，组合体由上面的空心圆柱体Ⅰ、底板Ⅱ、支板Ⅲ和支板Ⅳ组成。

因此，标注尺寸的步骤如下：

首先标注定位尺寸，如图 12-28(a)所示。因为整个组合体前后是对称的，所以前后方向不要定位，定位尺寸 5 即横向定位尺寸，以底板右端为基准，确定圆柱右端的位置，定位尺寸 53 即以底板底面为基准，确定圆柱的高度。标注圆柱的定形尺寸 ϕ20，ϕ45 和长度 52，如图 12-28(b)所示。

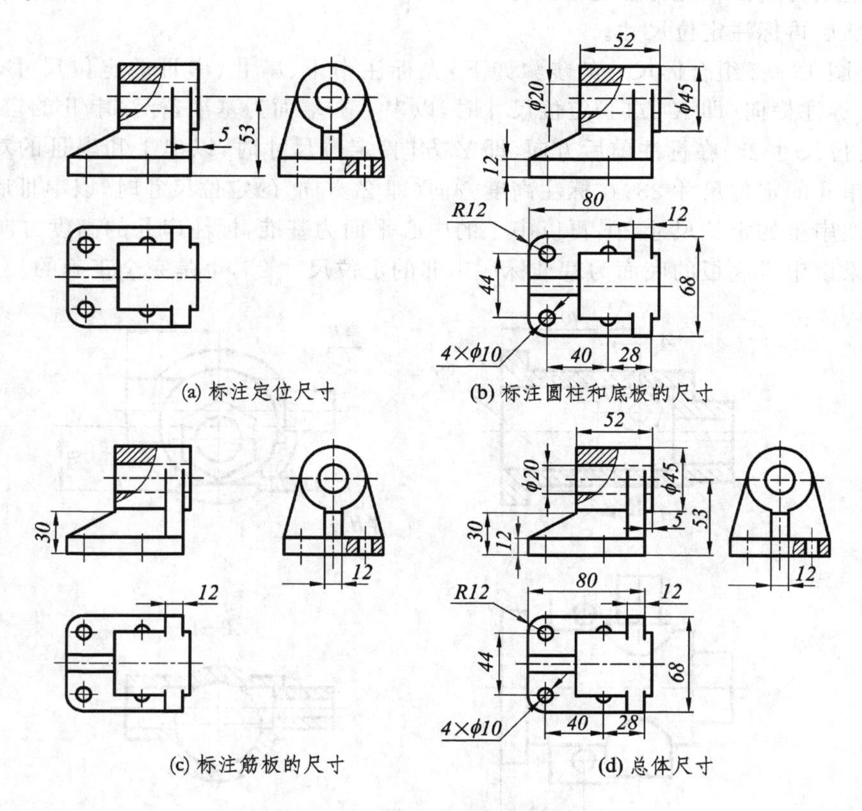

(a) 标注定位尺寸　(b) 标注圆柱和底板的尺寸

(c) 标注筋板的尺寸　(d) 总体尺寸

图 12-28　按构形分析标注尺寸

标注底板的定形尺寸，即底板平面图形尺寸加上高度尺寸 12，在标注平面图形尺寸时，先标注4×ϕ10，再标注各圆心定位尺寸 40 和 28，表示以底板右端面为基准确定各孔的横向位置，再标注 44，确定各孔前后位置的尺寸如图 12-28(b)所示。注意，44 表示以对称平面为基准，前后各为 22，在要求不甚严格的情况下，通常不要标注两个 22 的尺寸，而只标注尺寸 44

就可以理解为前后是对称的。最后还应该标注定形尺寸 R12,68 和 80。支板Ⅳ上部与圆柱相接,下部与底板同宽,因此只要标注厚度 12 即可;支板Ⅲ与圆柱、底板和支板Ⅳ相邻接,因此只要标注厚度 12 和尺寸 30 即可,如图 12-28(c)所示。结果如图 12-28(d)所示。

例 12-6　求如图 12-2 所示的组合体的尺寸。

这是个稍复杂的组合体,从图上可以看出它由三部分组成。其中,串Ⅰ部分的几何体,即两个同轴的圆柱体和一个偏心的六棱柱体,内部为圆柱孔;串Ⅱ部分是两个空心圆柱体;串Ⅲ部分是由另一串几何体切割而成。因此在标注这个组合体尺寸时,由于三个方向均不对称,所以要有三个方向的定位尺寸。在标注定位尺寸时,应适当选用基准,由于定位尺寸特别容易遗漏,所以这里特别强调先标注定位尺寸。实际上,由于尺寸的安排,习惯上还是可以先标注定形尺寸,然后再标注定位尺寸。

标注图 12-2 组合体尺寸的步骤如下:先标注串Ⅰ、串Ⅱ、串Ⅲ的定位尺寸,如图 12-29 所示。在标注横向(即 X 方向)定位尺寸时,以串Ⅰ右端面为基准,标注串Ⅱ的定位尺寸 40 和串Ⅲ的定位尺寸 25;在标注前后方向(即 Y 方向)定位尺寸时,以串Ⅰ和串Ⅲ的对称平面为基准,标注串Ⅱ的定位尺寸 28;在标注高度方向(即 Z 方向)的定位尺寸时,以串Ⅲ底板的底面为基准,标注串Ⅰ的定位尺寸 20,再以串Ⅰ的中心平面为基准,标注串Ⅱ的高度方向定位尺寸 5。当然,如果以串Ⅲ底板的底面为基准标注串Ⅱ的定位尺寸 25,也是完全正确的。

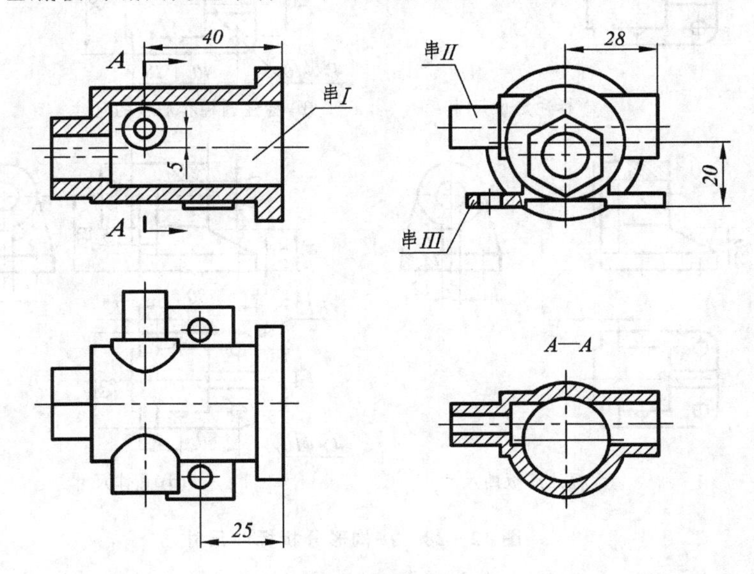

图 12-29　标注组合体的定位尺寸

标注串Ⅰ的定形尺寸如图 12-30 所示,由于尺寸安排关系,一般应先标注内部尺寸,再标注外部尺寸,所以标注的顺序应该是,先标 ϕ26,深度 52,再标 ϕ36,ϕ48 及外形尺寸 8 和 50,再标注 ϕ14、六角形定形尺寸 22 和定位尺寸 4(在侧视图上),最后标注串Ⅰ的总长尺寸 70。此

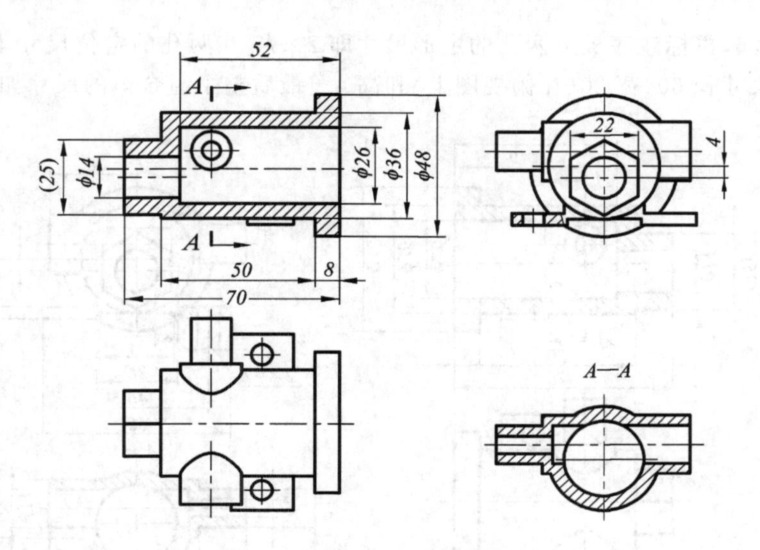

图 12-30　标注串Ⅰ的尺寸

外，还要标注六角形的参考尺寸 25，并加上括号。

标注串Ⅱ和串Ⅲ的尺寸如图 12-31 所示。串Ⅱ的尺寸标注在 $A-A$ 剖视图上，标注的顺序仍然是先内后外，即先标注 φ13、深度 48，再标 φ20 和长 52，再标注 φ6 和 φ13 及总长 67。串Ⅲ的尺寸标注在侧视图和俯视图上，根据尺寸安排应由里向外排列，所以应先标注槽宽 24 和

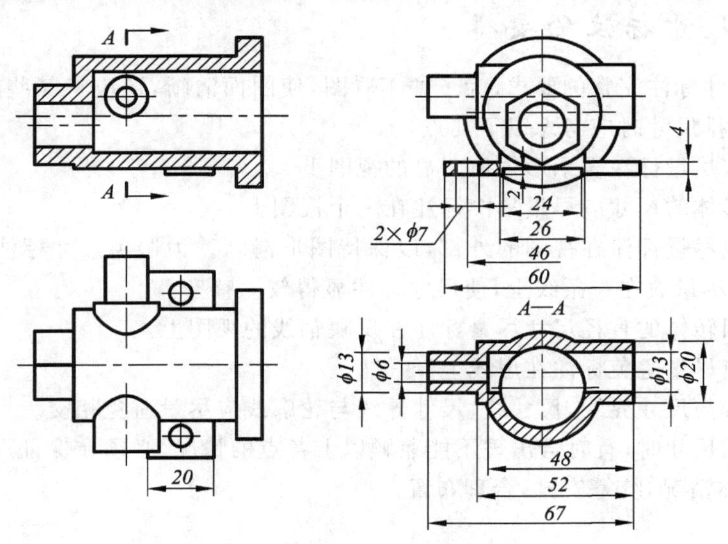

图 12-31　标注串Ⅱ和串Ⅲ的尺寸

深 2，再标注 26，再标注底板上两孔的定形尺寸即 2×ϕ7 和两孔的定位尺寸 46，最后标注整个底板的定形尺寸长 60、宽 20（在俯视图上）和高 4。最后整个组合体的尺寸如图 12－32 所示。

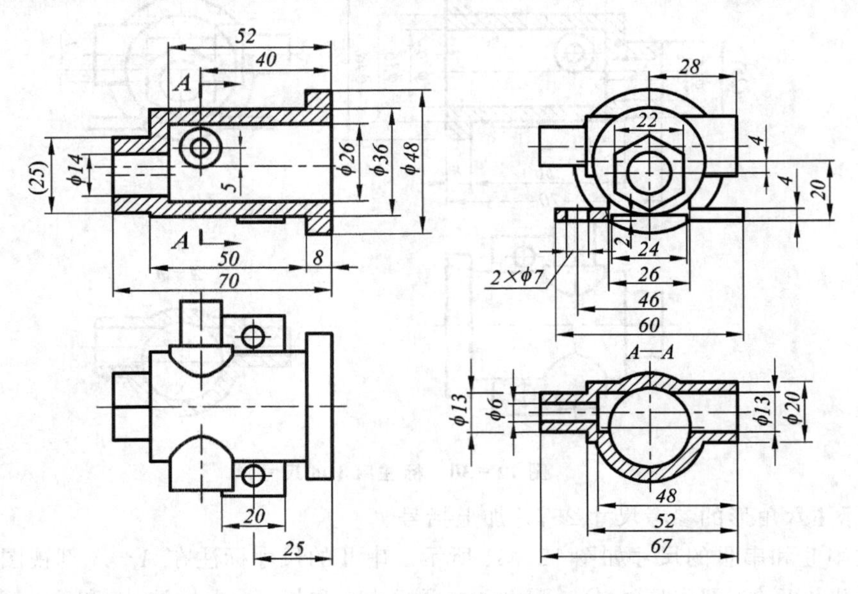

图 12－32　整个组合体的尺寸标注图

12.3.3　尺寸标注的安排

完成了尺寸标注完整的要求，为了便于看图，使图面清晰，还应将某些尺寸的安排进行适当的调整。安排尺寸时应考虑以下几点：

① 尺寸应尽量标在表示形体最明显的视图上。

② 同一形体的尺寸应尽量集中标注在一个视图上。

③ 尺寸应尽量标注在视图的外部，以保持图形清晰。为避免尺寸标注凌乱，同一方向连续的几个尺寸尽量放在一条线上，使尺寸标注显得较为整齐。

④ 同轴回转体的直径尺寸尽量标注在反映轴线的视图上。

⑤ 尺寸应尽量避免标注在虚线上。

⑥ 尺寸线与尺寸界线，尺寸线、尺寸界线与轮廓线应尽量避免相交。

⑦ 在标注尺寸时，有时会出现不能兼顾以上各点的情况，必须在保证尺寸完整、清晰的前提下，根据具体情况，统筹安排，合理布置。

第三篇

零件的构形设计与表达

- 机件常用的表示方法
- 零件的构形与表达方法

第 13 章　机件常用的表示方法

机件的形状千差万别，对于结构形状简单的机件，用前面介绍的三个视图即可将其表达清楚，但是对那些内外形结构复杂的机件体，仅仅通过三个视图是不足以将其完全、清晰地表示出来的。因此，技术制图国家标准（GB/T 17451—1998）规定了视图的基本表示法。学习这些方法并灵活运用它们，才能完全、清晰、简便地表示机件的形状结构。

13.1　视　图

视图主要用于表达机件的外部形状和结构，一般只画出机件的可见部分，必要时才用虚线表示其不可见部分。视图的种类通常分为基本视图、向视图、局部视图和斜视图四种。

13.1.1　基本视图

在原有的三个投影面的基础上，再增加三个互相垂直的投影面，形成一个正六面体的六个侧面。这六个侧面称为基本投影面。将机件放于正六面体当中，并向这六个基本投影面进行投影，得到六个基本视图，如图 13－1 所示。其中，除前面学过的主视图、侧视图和俯视图外，还有由右向左投射所得的右视图，从下向上投射所得到的仰视图和由后向前投射所得的后视图。

各个视图的展开方法如图 13－2 所示，在同一张图样上，当六个基本视图的配置如图 13－3 所示时，一律不标注各视图名称。因此，一旦机件的主视图确定之后，其他基本视图与主视图的配置关系也随之确定，且各视图之间仍满足“三等”关系，即“长对正，高平齐，宽相等”的投影规律。

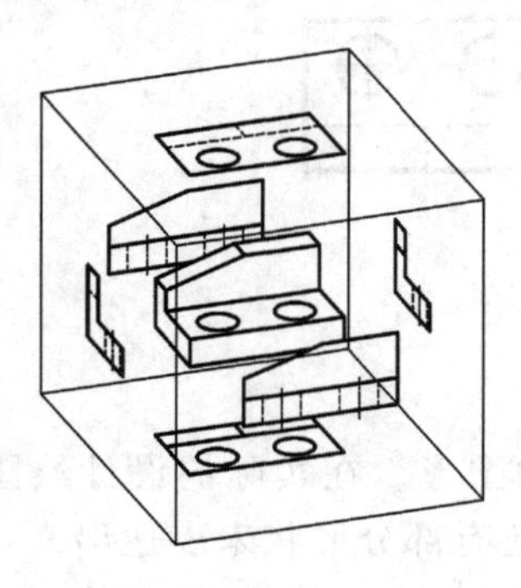

图 13－1　六个基本投影面

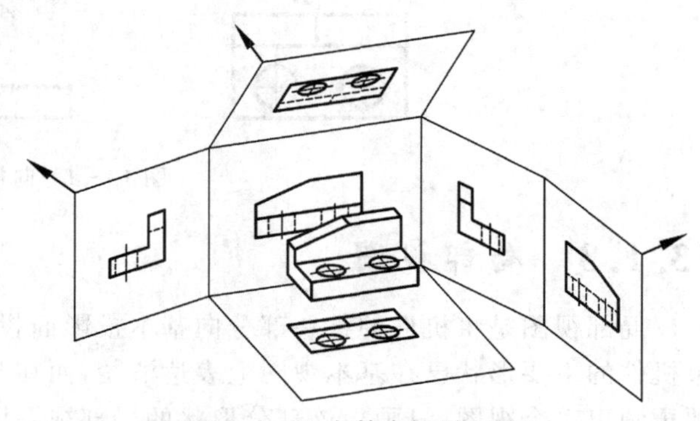

图 13－2　六个基本投影面展开

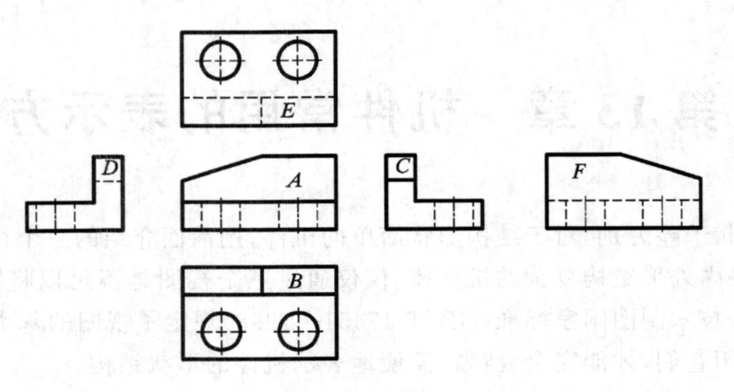

图 13-3　六个基本视图

基本视图选用的数量与机件的复杂程度和结构形式有关，并不是每个图样都需要六个基本视图。基本视图选用的次序，一般是先选用主视图，其次是俯视图或左右视图。

13.1.2　向视图

向视图是基本视图的一种表达形式。其位置可不受主视图的限制而随意确定。为便于读图，应在向视图的上方用大写英文字母如 A 标注该向视图的名称，意即此为 A 向视图，同时还应在相应视图的附近用箭头指明投射方向，并标注同样字母，如图 13-4 所示。采用向视图的最大优点是可不用严格地按照投影位置排列，因此可节省图幅。显然，图 13-4 比图 13-3 的图幅要小得多。但应注意，图 13-4 是三个基本视图（自成一组，严格按投影对应位置绘制），再加上三个向视图，不能用六个都是向视图，这会给看图带来困难。

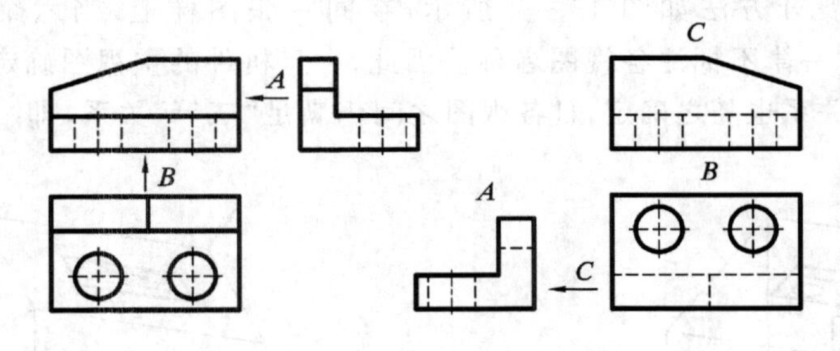

图 13-4　向视图

13.1.3　局部视图

局部视图是将机件的某一部分向基本投影面投射所得的图形。在实际的设计绘图中，如果机件的主要形状已在基本视图上表达清楚，而在某一方向还有部分形状未表达出来，此时无须再画出整个视图，只画出该部分形状的局部视图即可。例如图 13-5 所示的机件，其主视图和俯视图已将主体形状表示清楚，但是左右两个凸缘的形状尚未完全表达清楚，为使视图配置简便易读，在图中采用 A 和 B 两个局部视图，从而将左右两个凸缘的形状完全表达清楚。

画局部视图时应注意以下几点：

① 局部视图可按严格的投影对应关系来画，如图 13－5(a)中的视图 A 和 B；也可按向视图的配置形式配置，即不按直接投影对应关系来画，如图 13－5(a)中的 C 向视图所示。

② 局部视图的断裂边界通常以波浪线(或双折线、中断线)表示，如图 13－5(a)中的视图 A 和 B；但当表示的局部结构是完整的，且外形轮廓又为封闭时，则波浪线可省略不画，如图 13－5(a) 中的 C 向视图。

③ 波浪线不应超出实体的投影范围，如图 13－5(b)所示。

④ 必须用带字母的箭头指明投影方向，并在局部视图的上方注明视图的名称，如 B 和 A。

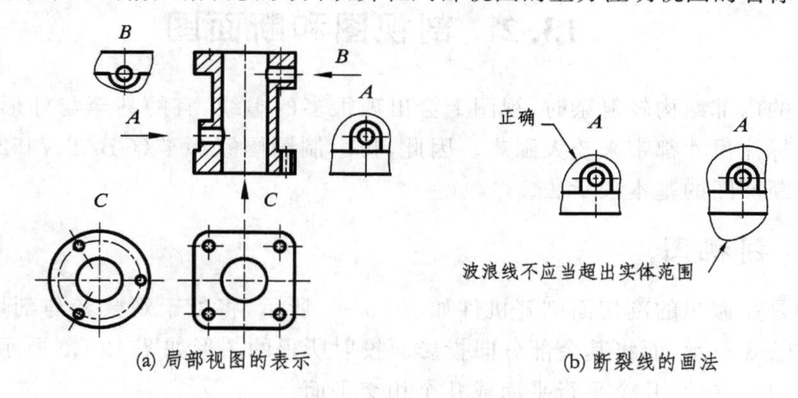

(a) 局部视图的表示　　(b) 断裂线的画法

图 13－5　局部视图

13.1.4　斜视图

当机件的表面相对基本投影面成倾斜位置时，如图 13－6(a)所示，基本视图就不能表示其真实形状。这时，可假设一个新的辅助投影面，使它与零件上的倾斜部分平行(且垂直于一个基本投影面)，则倾斜部分在辅助投影面上的投影反映该倾斜部分的真实形状。这个图形被称为斜视图。

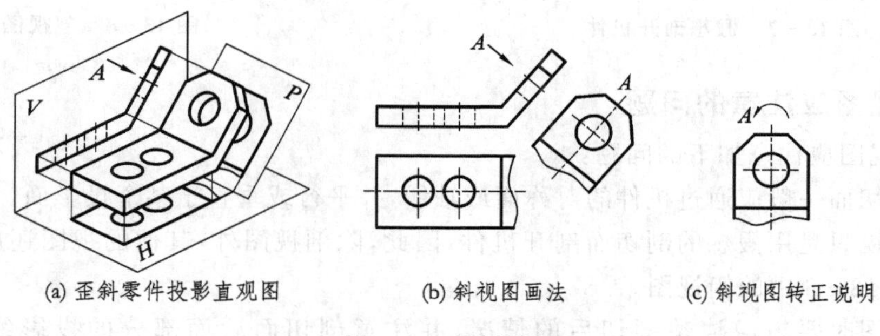

(a) 歪斜零件投影直观图　　(b) 斜视图画法　　(c) 斜视图转正说明

图 13－6　斜视图

画斜视图时要注意以下几点：

① 斜视图必须用带字母的箭头指明投影方向，并在斜视图的上方注明视图的名称，如 *A*。

② 斜视图是为了表达机件倾斜部分的真实形状，而机件的非倾斜部分在斜视图上并不反映其真形，因此可略去不画，但要用断裂线作为边界。

③ 斜视图最好如图 13-6(b)所示，配置在箭头所指的方向上，并保持投影对应关系。必要时也允许将斜视图旋转配置，如图 13-6(c)所示，表示该视图名称的大写英文字母应靠近旋转符号的箭头端。此时，应用带箭头的旋转符号表示该视图的旋转方向，也可将旋转符号及角度标注在字母之后。

13.2　剖视图和断面图

当机件的内部结构较复杂时，视图上会出现很多的虚线，有的甚至与外形轮廓线重合，从而给看图及标注尺寸都带来较大困难。因此，技术制图国家标准(GB/T17452—1998)中规定了剖视图和断面图的基本表示法。

13.2.1　剖视图

剖视图是用假想的剖切面剖开机件如图 13-7 所示，将处于观察者与剖切面之间的部分移去如图 13-8 所示，而将其余部分向投影面投射所得的图形如图 13-9 所示，简称剖视。剖切面可以是单一平面、几个平行平面或几个相交平面。

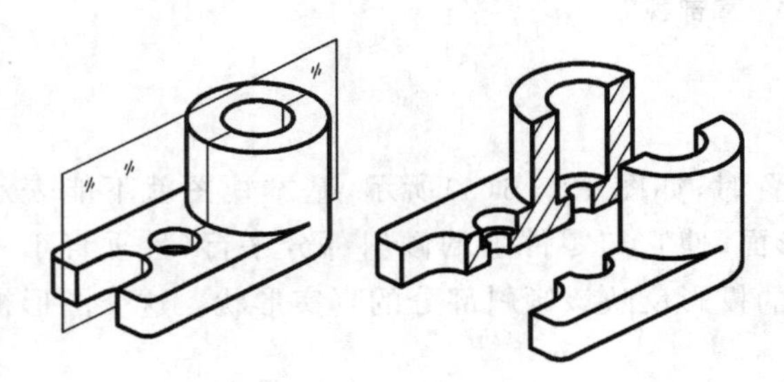

图 13-7　假想剖开机件

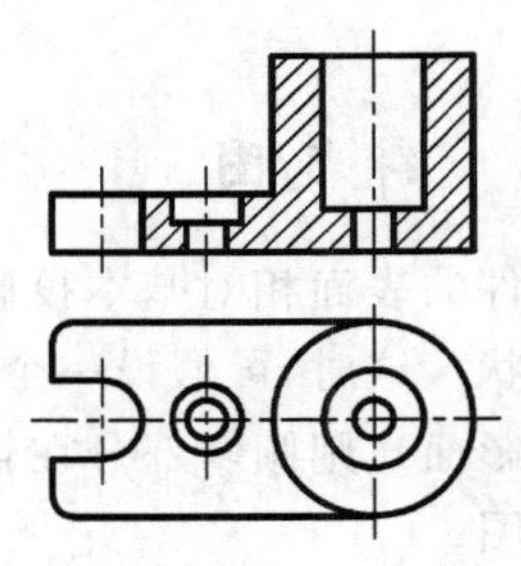

图 13-8　剖视图

1. 画剖视图应注意的问题

画剖视图应注意如下的问题：

- 剖切面一般应通过机件的对称面或轴线，并平行或垂直于某个投影面。
- 剖视只是用假想的剖切面剖开机件，因此，除剖视图外，其他的视图还应完整画出，如图 13-8 中的俯视图。
- 画图时要想像清楚剖切后的情况，并注意剖切面后面部分的投影线不要漏掉，如

图 13－9 和 13－10 所示。

● 要在切断面上画剖面符号并进行剖视标注。在相应的视图上说明该剖视图的剖切位置，并标注剖切符号（后面介绍）。

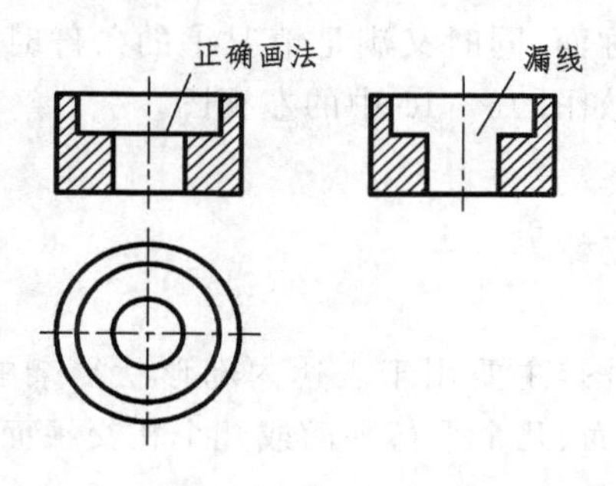

图 13－9　轴套剖视图

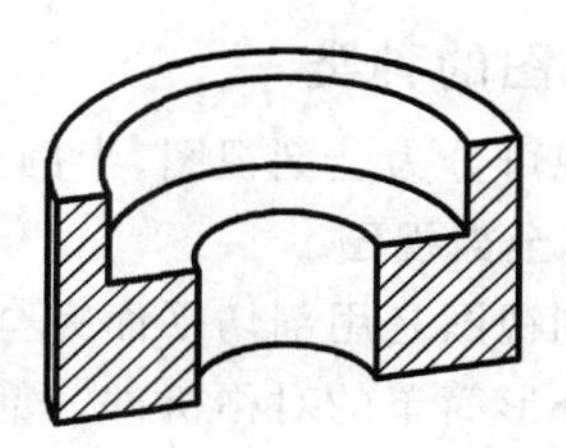

图 13－10　剖视图

2. 剖面符号

剖视图中，剖面区域一般应画出剖面符号。通常机件材料不同，剖面符号也不相同，但在不需要剖面中表示材料的类别时，可采用剖面线表示，一般剖面线用适当角度的细实线绘制，最好与主要轮廓线的对称线成 45°，如图 13－10 所示。

3. 剖视图的标注

在剖视图上，为便于看图，应将剖切位置、投影方向及剖视的名称在相应的视图上进行标注。标注内容如下：

① 剖切符号　表示剖切平面的位置及投影方向，用箭头或粗实线表示。它不能与图形的轮廓线相交，其间应留有少量间隙。

② 剖视名称　用相同的大写英文字母，写在箭头的外侧，并在相应的剖视图上方标明剖视图名称×－×，如图 13－11 中的视图 $A—A$。若在同一张图上同时有多个剖视图，应分别使用不同的大写英文字母表示，以便于看图。

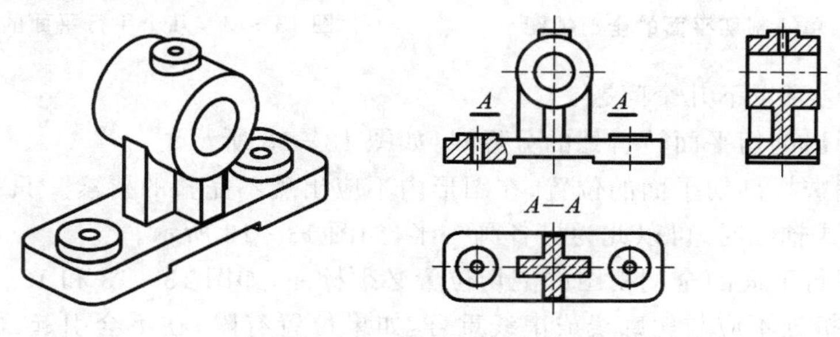

图 13－11　剖视图的标注

下列情况下，剖视图可省略标注或少标注：

① 当剖视图按投影关系配置，中间又无其他图形隔开时，可以省略箭头，如图 13－11 中的视图 $A-A$。

② 当单一剖切面通过机件的对称面或基本对称面，同时又满足情况①的条件时，由于剖切位置及投射方向都非常明确，故可省略全部标注，如图 13－11 中的左视图。

4. 剖视图的种类

剖视可分为全剖视图、半剖视图和局部剖视图三种。

(1) 全剖视图

全剖视图是用剖切平面完全剖开机件所得的视图，主要用于表达内部形状复杂的不对称机件或外形简单的对称机件。剖切面可以是单一平面、几个平行平面或几个相交平面。

1）单一剖切平面的全剖视图

单一剖切平面的全剖视图如图 13－12 所示（此剖视图可以不作任何标注）。

2）几个平行平面的全剖视图

当机件上的孔及槽等结构要素较多，而且它们的轴线又不共面时，为表达它们的内部形状，可采用几个平行平面剖切机件，如图 13－13 所示的 $A-A$ 剖视图。

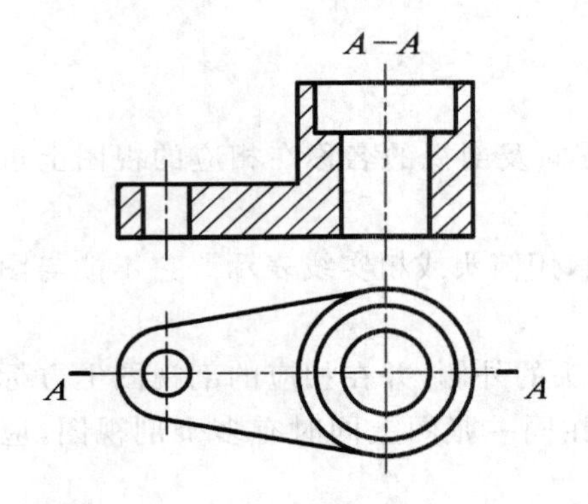

图13－12　单一剖切平面的全剖视图

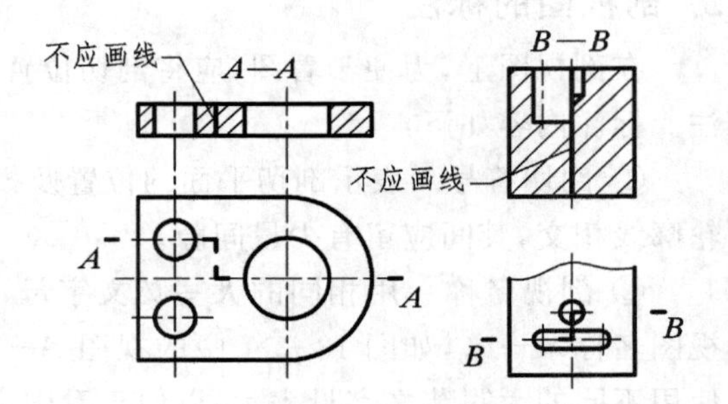

图 13－13　几个平行平面的全剖视图(一)

画图时应注意以下几个问题：

① 不应画出剖切平面转折处的分界线，如图 13－13 所示。

② 要正确选择剖切平面的位置，在图形内不应出现不完整的要素。只有当两个要素有公共对称中心线或轴线时，可以此为界各画一半，如图 13－13 所示。

③ 几个平行平面的全剖视图的剖切位置必须标注，如图 13－13 和 13－14(b)所示。表示剖切平面的转折处不应与轮廓线或虚线重合，如果位置有限，在不会引起误解的情况下，其转换处可不标注字母，如图 13－13 所示。

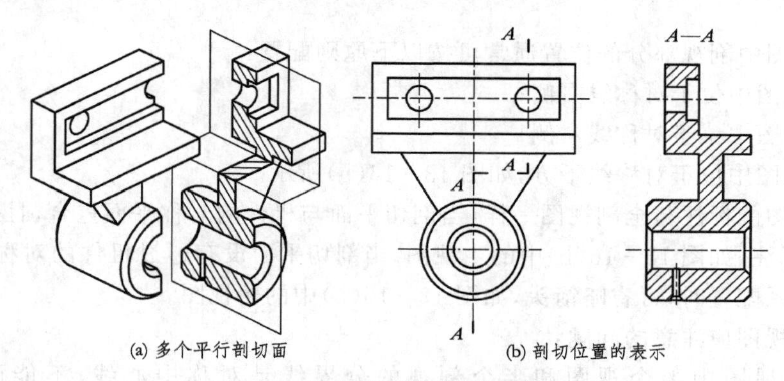

(a) 多个平行剖切面　　(b) 剖切位置的表示

图 13 - 14　几个平行平面的全剖视图(二)

3）几个相交平面的全剖视图

几个相交平面的全剖视图，各剖切平面的交线必须垂直于某一基本投影面。一般用来表达回转体机件的内部结构，剖切平面的交线应与机件的轴线重合，如图 13 - 15 所示。

画图时应注意以下几点：

① 几个相交平面的全剖视图必须标注，如图 13 - 15 所示。剖切符号的起、止转折处应用相同的字母标注，当转折处地方有限又不致引起误解时，允许省略字母。

② 采用几个相交的剖切平面的方法绘制全剖视图时，应将被剖切平面剖开的结构及有关部分旋转到与选定的基本投影面平行，再进行投射。

③ 在剖切平面后的其他结构一般仍按原来的位置投影，如图 13 - 15 中的小槽，在剖视图中仍按原位置画出。

(2) 半剖视图

半剖视图是将机件向与其对称平面垂直的基本投影面进行投射，一半画剖视，一半画视图，如图 13 - 16 所示。一般用来表达内外形都较复杂的对称机件，当机件的形状接近于对称，且不对称部分已另有图形表达清楚时，也可以采用半剖视图，如图 13 - 17 所示。

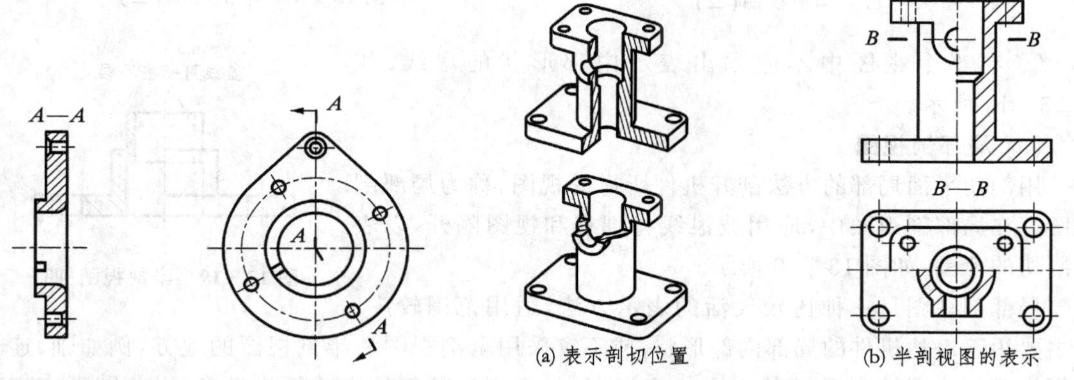

(a) 表示剖切位置　　(b) 半剖视图的表示

图 13 - 15　几个相交平面的全剖视图　　图 13 - 16　半剖视图(一)

半剖视图中剖视部分的位置通常可按以下原则配置：

- 主视图中位于对称线右侧；
- 左视图中位于对称线右侧；
- 俯视图中位于对称线下方，如图 13－16(b)所示。

半剖视图的标注与全剖视图一样，当剖切平面与机件的对称平面重合，且按投影关系配置时，可省略标注，如图 13－16(b)中的主视图；当剖切平面没有通过机件的对称平面，而剖视图是按投影关系配置时，可省略箭头，如图 13－16(b)中的俯视图。

画半剖视图应注意的问题：

① 半剖视图中半个视图和半个剖视的分界线是对称中心线，不能画成粗实线，如图 13－18 所示。

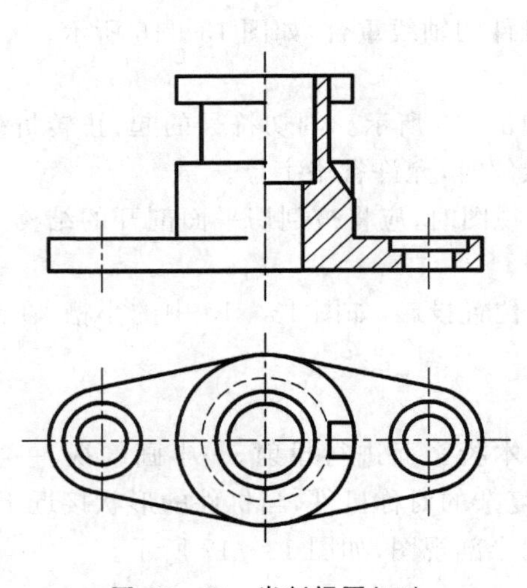

图 13－17　半剖视图(二)

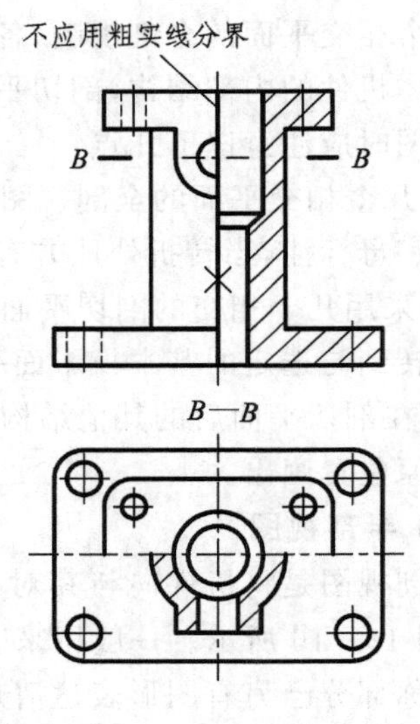

图 13－18　半剖视图(三)

② 在半个视图中不应画出表示内部形状的虚线，如图 13－19 所示。

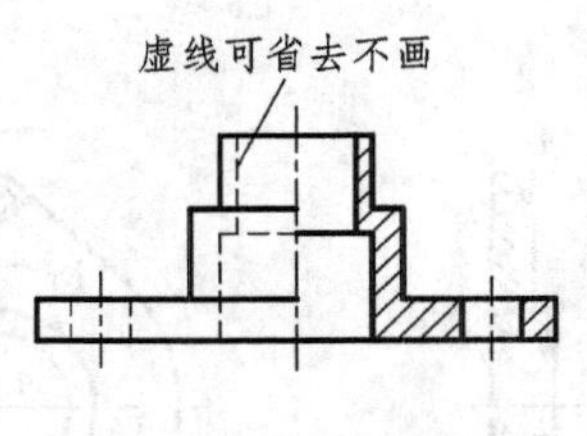

图 13－19　半剖视图(四)

(3) 局部剖视图

用剖切平面局部的方法剖开机件所得的视图，称为局部剖视图。在局部剖视图中，应用波浪线将剖视和视图隔开，以表示剖切的范围，如图 13－20 所示。

局部剖视图是一种比较灵活的表示方法，适用范围较广。它主要用于表达机件的局部内部形状，或不宜采用全剖视图和半剖视图的地方，例如轴、连杆及螺钉等实心件上的孔或槽。在一个视图中，选用局部剖的次数不宜过多，以免图形支离破

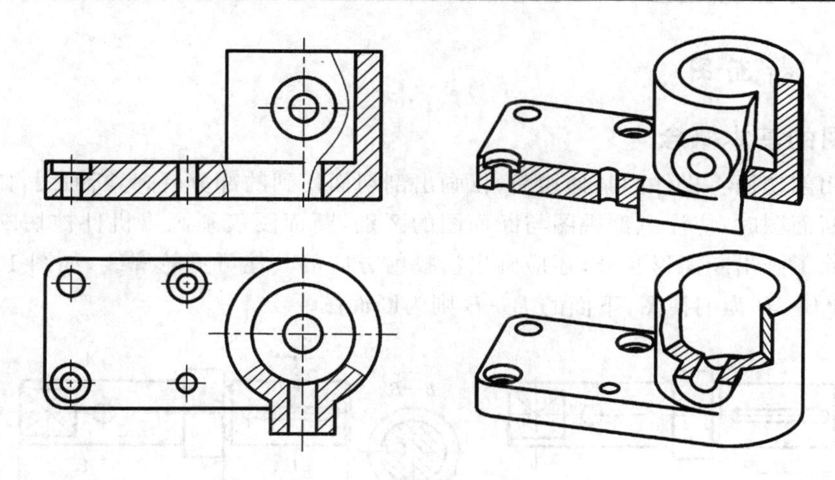

图 13－20　局部剖视图(一)

碎，影响图的清晰。

画局部剖视图应注意的问题：

① 表示断裂处的波浪线不应与图样上的其他图线重合，如图 13－21 所示。

② 波浪线在遇到槽、孔等空腔时不应穿空而过，也不能超过视图的轮廓线，如图 13－22 所示。

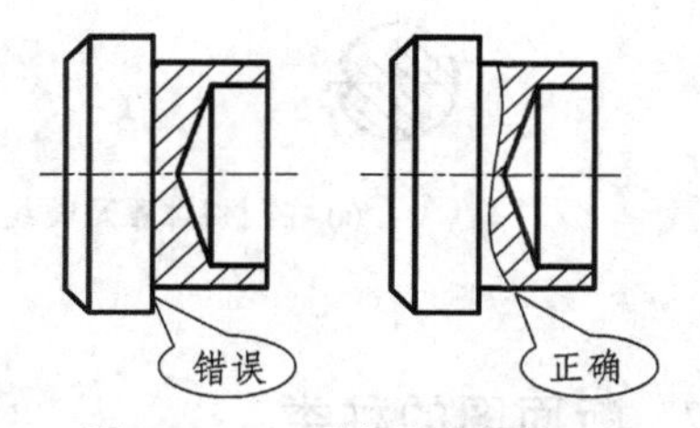

图 13－21　局部剖视图(二)

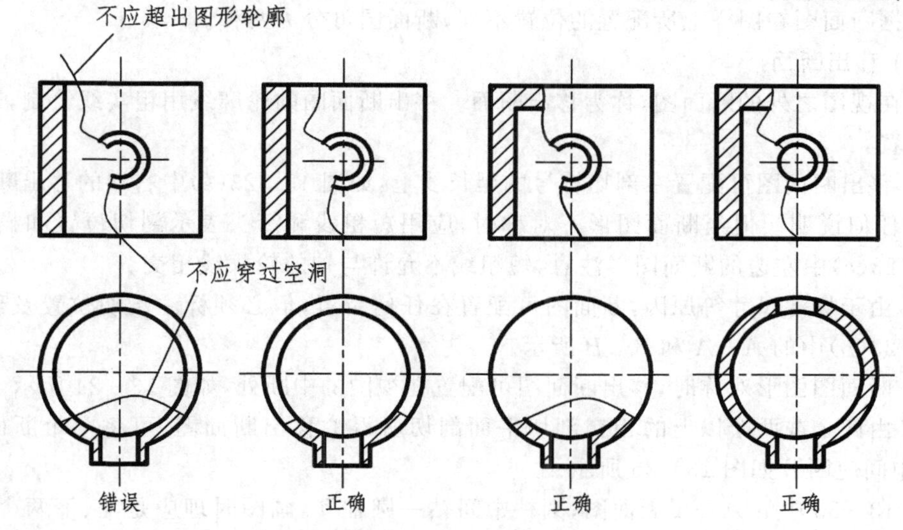

图 13－22　局部剖视图（三）

13.2.2 断面图

1. 断面图的基本概念

假想用剖切面将机件的某处切断，仅画出剖切面切到的部分，称为断面图，如图 13-23(a)所示。画断面图时，应注意剖视图与断面图的区别：断面图仅须画出机件被切断处的断面形；而剖视图除了画出断面形状外，还应画出沿投射方向的其他可见轮廓线，如图 13-23(b)所示中，上面的 $B—B$ 为剖视图，下面的 $B—B$ 则为断面图。

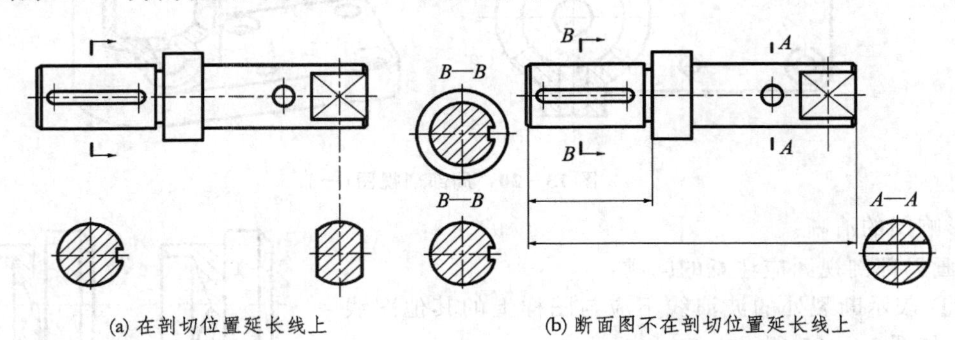

(a) 在剖切位置延长线上　　(b) 断面图不在剖切位置延长线上

图 13-23 断面图(一)

2. 断面图的种类

根据断面图在图样上所配置的位置不同，断面图可分为两种。

(1) 移出断面

画在视图之外的断面图，称为移出断面。移出断面图的轮廓线用粗实线绘制，通常按以下原则配置：

① 移出断面图可配置在剖切符号的延长线上，如图 13-23(a)中右端的移出断面图，此时可不加任何说明。但当断面图形不对称时，应用短粗线和箭头表示剖切位置和投影方向，如图 13-23(a)中左边的断面图。注意，短粗线不允许与轴的轮廓线相交。

② 由于标注尺寸等原因，断面图可配置在任何位置，但必须标注剖切位置及剖切符号如图 13-23(b)中的 $A—A$ 和 $B—B$ 所示。

③ 断面图图形对称时，移出断面图可配置在视图的中断处，如图 13-24 所示。

④ 由两个或两个以上的相交剖切平面剖切所得的移出断面图，可将两个断面图画在一起，但中间应断开如图 13-25 所示。

图 13-23 中的 $A—A$ 断面图，圆柱中间钻一圆柱孔，画图时理应是上、下两个月牙形，但为了使图形完整，国家标准中规定，凡是圆柱上钻圆柱孔时可以将圆弧连上，使图形完整。但 $B—B$ 断面图中圆柱上作一方槽，外形圆弧就不可连上。

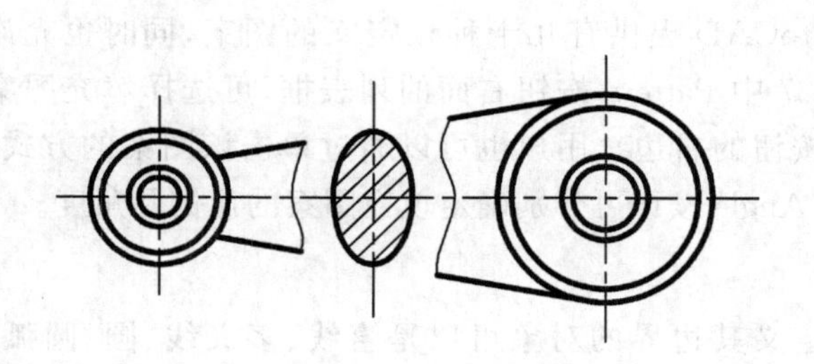

图 13 - 24　断面图（二）

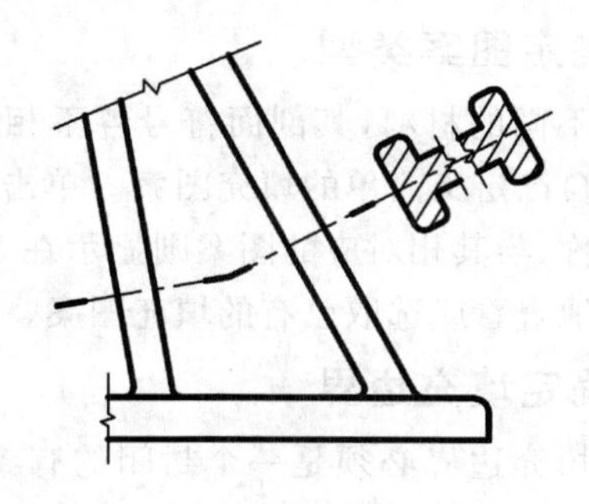

图 13 - 25　断面图(三)

(2) 重合断面

重合断面画在视图之内,其轮廓线用细实线绘制,如图 13 - 26 所示。当视图中轮廓线与重合断面图的图形重合时,视图的轮廓线仍应连续画出,不可间断,如图 13 - 26(b)所示。

对称的重合断面,可省略全部标注,如图 13 - 26(a)所示;不对称的重合断面,可省略标注字母,如图 13 - 26(b)所示。

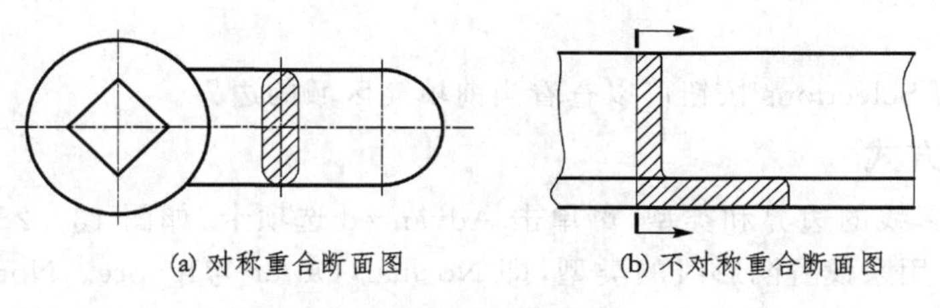

(a) 对称重合断面图　(b) 不对称重合断面图

图 13 - 26　重合断面

13.3　AutoCAD 绘制剖视图与断面图

绘制剖视图或断面图,剖面符号是必不可少的。AutoCAD 采用区域填充的方式绘制剖面符号。相比手工绘图而言,AutoCAD 绘制剖面符号不但高效精确,而且操作简便。下面介绍有关的命令使用。

1. 命令输入方式

命令输入方式共有以下三种:

- 从命令行键入 bhatch 并按回车键;
- 从 draw 工具栏中单击 hatch 按钮;
- 从 draw 菜单中选择 hatch 选项,命令执行后,将显示 Boundary Hatch 对话框,如图 13 - 27 所示。该对话框用来确定图案填充时的图案类型,填充边界以及填充方式等内容。

2. 确定图案类型

不同的材料，其剖面符号各不相同。AutoCAD 提供有几十种预定义的图案，同时也允许用户自己定义简单的填充图案。单击图 13－27 中 Pattern 按钮右面的列表框，可选择填充图案的名称，与其相对应的图案则显示在 Swatch 按钮的右边。用户也可以通过单击该图案的方式，迅速地查看或选取已有的填充图案。Scale 和 Angle 按钮可分别确定填充图案的比例及角度。

3. 确定填充边界

填充边界必须是一个封闭的有界区域，定义其边界的对象可以是直线、多义线、圆、圆弧、椭圆、椭圆弧、样条曲线及多边形等。用户可通过以下两种方法确定填充边界：

(1) 选择对象

单击 Select Objects 按钮，将关闭对话框并提示用户指定要填充阴影线的对象。选择对象后，按回车键切换回对话框，单击 OK 按钮，即可创建指定的阴影图案。

(2) 拾取点

单击 Pick Points 按钮，将关闭对话框并提示用户在边界内拾取一点。拾取点后，AutoCAD 会自动定义封闭区域所围成的边界，按回车键切换回对话框，单击 OK 按钮，即可创建指定的阴影图案。

单击 View Selections 按钮可以查看当前填充区域的边界。

4. 确定填充方式

要控制阴影线的边界和类型，可单击 Advanced 选项卡，如图 13－28 所示。其中，Island detection style 用来设置阴影线的类型，即 Normal，Outer 与 Ignore。Normal 为标准类型，表示从最外层边界开始向里画，奇次相交区域被画上阴影线，偶次相交区域不画阴影线；Outer 表示只画最外层的区域；Ignore 则忽略，全部画上阴影线。

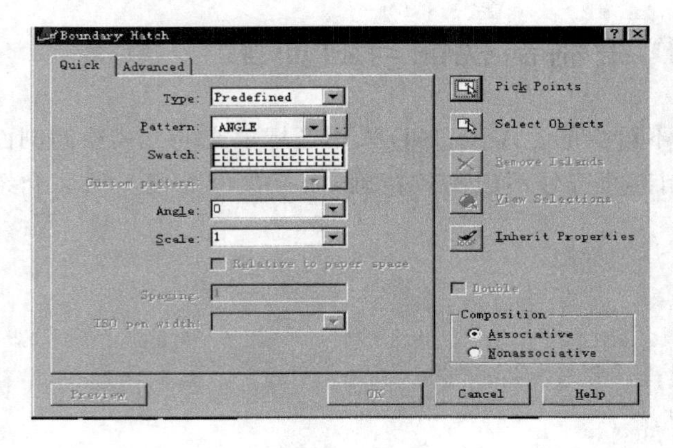

图 13－27　Boundary Hatch 对话框

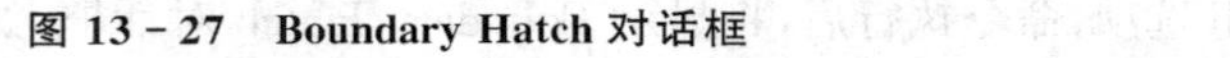

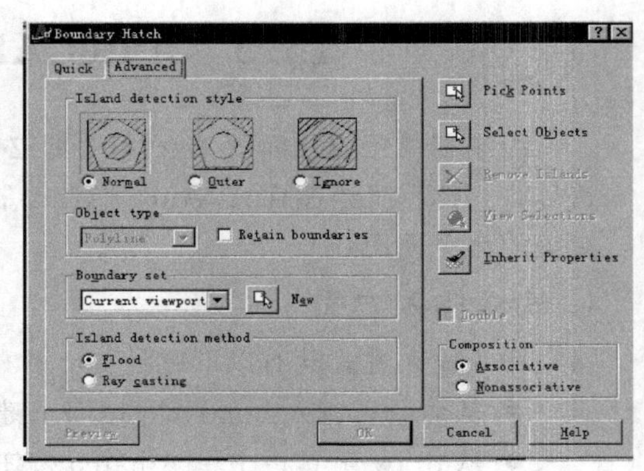

图 13－28　Advanced 选项卡

5. 编辑填充的图案

对于图形中的图案,可以同时编辑其边界和图案。例如:用户可以修改填充图案,或者为已有的阴影线选择新的图案。

Hatch Edit 命令用于编辑填充的图案,执行方法有以下几种:

- 从命令行输入并按回车键。
- 从 Modify Ⅱ 中单击 Edit Hatch 按钮。命令执行后,首先提示用户选择要编辑的阴影线,选择后将显示如图 13－29 所示的对话框。如果要改变已有阴影线图案的角度和间距,或者用新的预定义图案来代替,直接从该对话框选择相应的图案类型和图案特性。

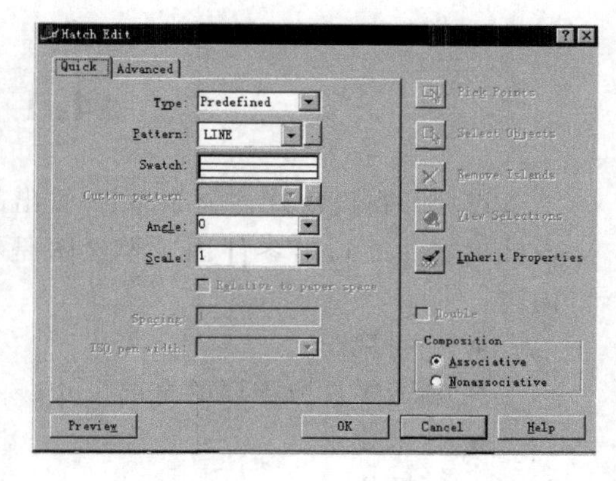

图 13－29　Hatch Edit 对话框

6. AutoCAD 绘制剖视图

例　完成图 13－30 所示的全剖视图。

步骤如下:

① 设置绘图环境,将剖面线置于单独的图层。

② 用二维绘图命令绘制图 13－30 (b)中的视图。

③ 从 draw 工具栏中单击 Hatch 按钮,在打开的对话框中确定剖面线类型。

④ 单击 Pick Points 按钮后,在图 13－30(b)所示的 A,B,C 区域中各拾取一点,单击 OK 按钮,即完成剖面线的绘制。

注意:A,B,C 区域必须是闭合的,否则剖面线将无法画出。为了保证区域闭合,在画出图 13－30(b)后,可用 Fillet 命令(令 Radius＝0)使剖面线区域完全封闭。

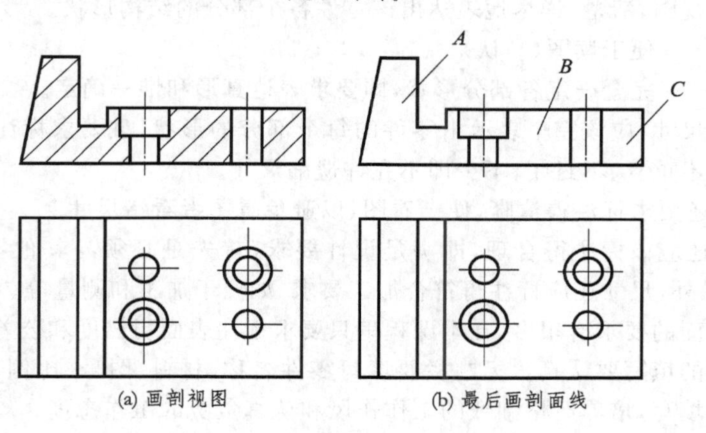

图 13－30　阴影线绘制图例

第 14 章　零件的构形与表达方法

14.1　零件图的要求

设计师在设计好整个部件后，画出部件装配图，再从装配图上考虑零件之间的装配关系，设计出零件并画出零件图。零件图是零件加工的依据，因此，零件图必须包括下述四方面内容：

- 一组视图；
- 制造零件所需要的全部尺寸；
- 技术要求；
- 标题栏。

对这四方面内容均应提出严格要求。因为在实际生产中，任何错误都是不允许的。如果造成废品，会给国家带来经济损失。特别是时间的损失是无法弥补的，因此要求在画零件图时严肃，认真，细致，准确。此外，在实际生产中，画零件图仅是设计者一人，而看这张零件图却有多人，因此，设计者在画零件图时应多为看图的人着想，尽可能把图形表达清楚，便于看图。这一点是很重要的，因为它会节省多数人消化图纸所需要的时间。为此，对上述四点提出以下更具体的要求：

- 用一组视图，清楚、详尽地表达出该零件各个部分的结构形状。
  - 清楚——便于读图（易认）。
  - 详尽——完全确定各部分形状，即要求表达真形和惟一确定。
- 所标注尺寸，应该完全表示出零件的每个部分的形状，且要求标注得不多不少。所谓不多即不重复、不封闭，不少即不允许遗漏尺寸。
  - 尺寸还要求标注得清晰，便于看图，以避免看图者看错尺寸。
  - 尺寸还应该标注得合理，即满足设计要求，首先是必须与其他零件的尺寸协调、配合；另外，尺寸还应标注得符合加工要求，如便于加工和测量等。
- 技术方面的要求有很多，在本课程里只要求标注表面粗糙度和公差。
- 标题栏的填写要认真。标题栏要填写零件名称、材料、图号、比例、班号及姓名等。要求认真填写，培养严格细致的工作作风和认真负责的工作态度。

14.2　零件的合理构形

14.2.1　零件的构形原则

前面着重讨论的是平面图形和组合体的几何构形。下面要讨论的是真实机器零件(简称零件)的构形。与组合体不同,零件的最大特点是:

- 任何一个零件必定是某机器部件里的一个零件,即零件是不能孤立存在的。
- 零件的各部分形状是有功用的,它必须满足一定的设计要求,诸如强度、刚度等。又如零件形状应尽可能设计简单,便于制造。此外,零件形状还必须与其装配的其他零件的形状很好地协调,以便完成整机的功能。因此,机器零件必须根据实际要求合理构形。

从构形的角度看,零件合理构形的原则应该是在满足设计要求的前提下,尽可能使零件形状简单,符合加工要求,以便缩减制造周期和降低成本。

14.2.2　零件的功能构形

零件的结构和形状是千变万化的,但从构形角度看,它总可以看成是由以下几个功能部分组成的:

- 工作部分——用以完成零件在部件中的作用。
- 连接部分——用以与部件中其他零件的连接。
- 加强或其他特殊要求部分——常见的加强筋或其他专有的特殊结构。
- 安装部分——整个部件对外连接部分。

对于某一个零件来说,不一定都具有上述四个部分。多数情况下,只有工作部分和连接部分。一般情况下,只有壳体或支架类零件才可能包含上述四个部分。

下面以折角阀和柱塞泵作为零件构形分析的例子。

1. 柱塞泵泵体的构形分析

如图 14－1 所示为柱塞泵的装配图,泵体中空部分(装入柱塞)为工作部分,其左端类似椭圆形凸缘,右边螺纹为连接部分,其底板为安装部分,中间的纵向和横向筋板为支撑及加强部分。

2. 折角阀各零件的构形分析

图 14－2(a)是折角阀的装配图和其主要零件(阀体)的一个视图。从图中可以看出,各零件的功能构形。

(1) 阀体功能构形分析

由于阀体内腔是流体的通道,所以阀体的主体部分即其工作部分,如图 14－2(b)所示。

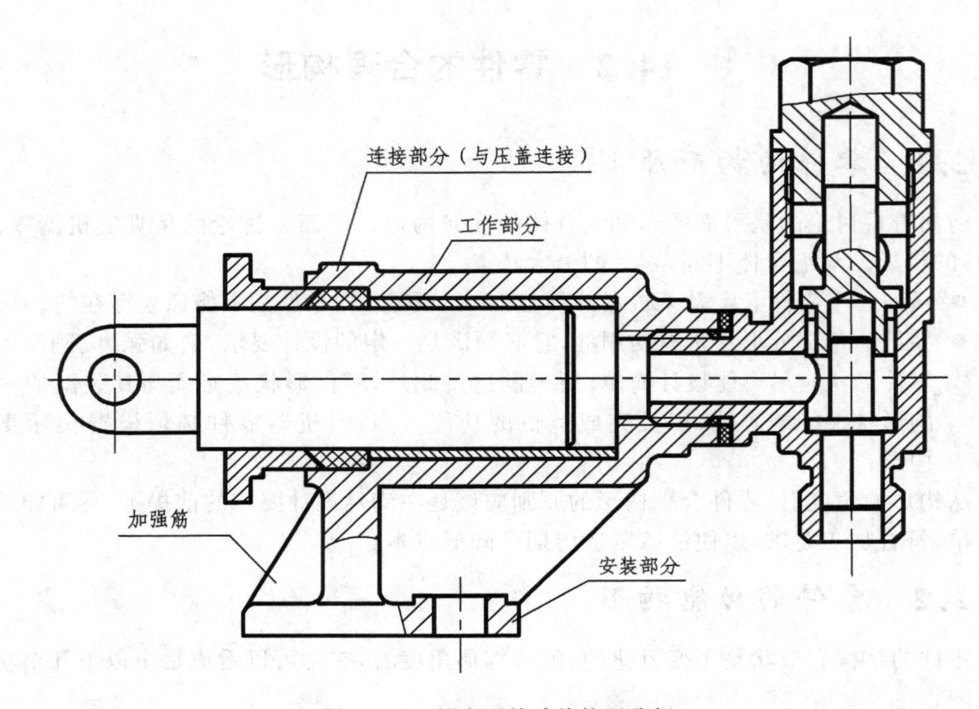

图 14－1　柱塞泵的功能构形分析

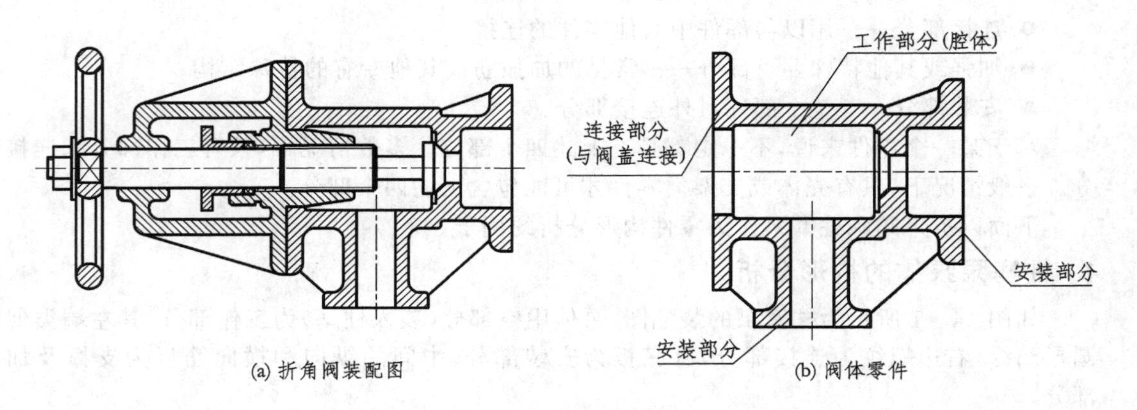

(a) 折角阀装配图　　(b) 阀体零件

图 14－2　折角阀中的零件构形图例

阀体的左边做成一个圆盘，以便用螺栓与阀盖连接。通常称这个圆盘为连接凸缘。右边和下部也做成两个凸缘，只不过它们是两处安装用的凸缘。下部分为方形，右边部分为圆形。为了保证零件的刚性，在两个安装凸缘处都做出加强筋。

(2) 阀杆构形分析

阀杆右边圆锥部分是控制折角阀的启闭阀门,所以它是阀杆的工作部分。中间的螺纹和左边的方头是连接部分,如图 14 - 3 所示的阀杆的构形分析。

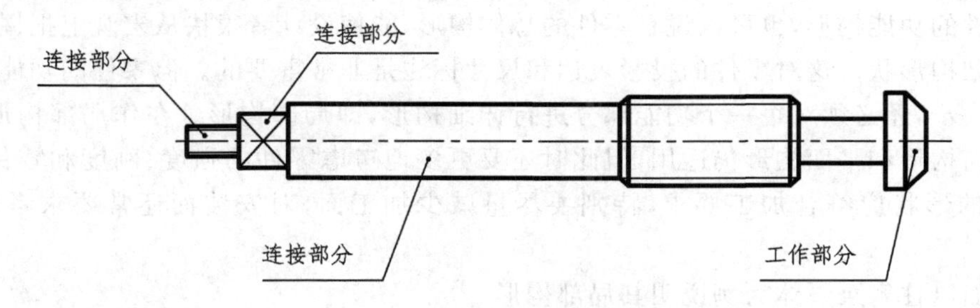

图 14 - 3　阀杆(轴)的构形分析

(3) 阀盖构形分析

如图 14 - 4 所示,整个阀盖的主要工作是给阀杆以两个支点(或约束),使阀杆能顺利地工作。因此,阀盖中间部分的螺纹与左边圆柱是其工作部分,右边凸缘为连接部分,中间有连接和加强用的加强筋部分。

(4) 手轮的构形分析

如图 14 - 5 所示,手轮的轮缘是其工作部分,中间的轮辐是连接及加强部分,中间轮毂是其连接部分。手轮的这三个部分,可以有各种不同的构形。

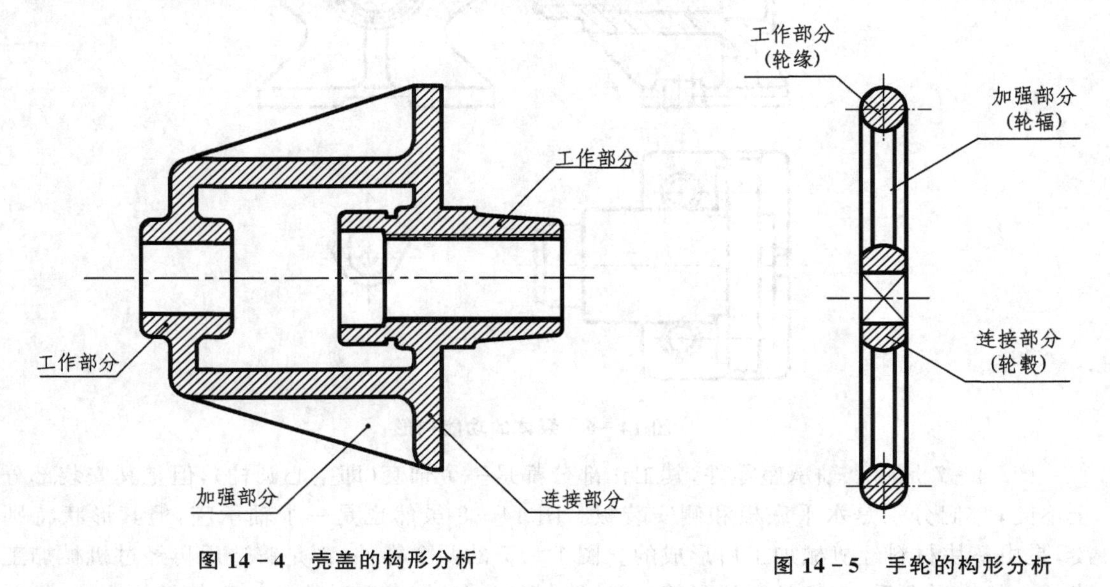

图 14 - 4　壳盖的构形分析

图 14 - 5　手轮的构形分析

14.3　零件的局部构形

零件的功能构形，也可以说是零件的总体构形，能使设计者很快从宏观上把握住一个零件的总体结构形状。这对零件的投影表达和尺寸标注是非常重要的。但零件的功能构形只是构形的第一步，还必须对每一个功能部分进行详细构形，即局部构形。在作局部构形时，前面讲过的几何构形和平面构形仍适用，但此时还要更多地考虑零件的强度、刚度和零件的工艺性，即零件的形状应符合加工要求，特别要尽量减少加工面，对安装面还常要求考虑减少接触面等。

下面以柱塞泵泵体为例说明其局部构形。

柱塞泵泵体工作部分比较简单，采用内定外构形，连接部分采用四段圆弧光滑连接代替椭圆形的凸缘构形。但根据设计要求，在连接凸缘上安装螺柱旋入端，故其厚度必须厚些，所以做成局部加强的结构，如图 14－6 所示。工作部分的圆柱轴向比较长，为增加其刚度在纵向两端均加上斜筋板，以防止受力后变形。其安装底板为矩形，为减少接触面以使安装稳定，在中间部分做成中空结构，为减少加工面，两安装孔做成比底板凸出的结构。

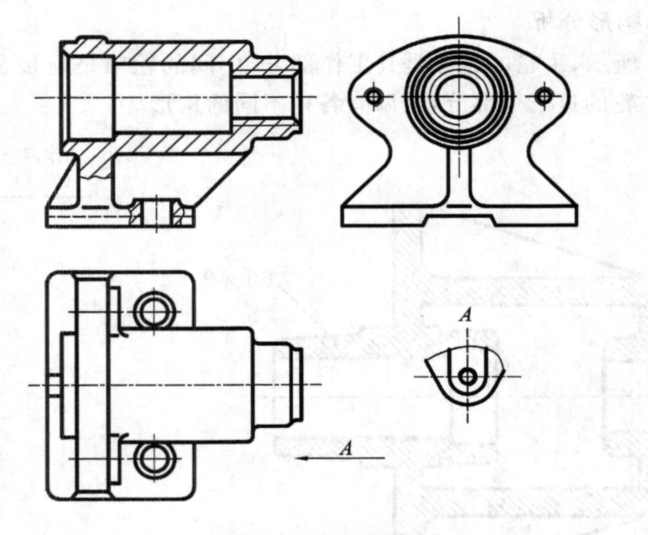

图 14－6　泵体的功能构形

图 14－7 是两个轴承座零件，其工作部分都是一个轴套（即空心圆柱），但是其安装部分完全不同，它们分别是水平底板和侧安装板。图 14－8 虽然也是一个轴承座，但其形状特别紧凑，是由整块材料经机械加工后形成的。图 14－7 的两个零件，都是铸造后再经过机械加工而成的。从构形上看，它们都有加强筋、连接筋，都有铸造圆角和减少加工面等结构。

以下是零件常见的局部构形要点。

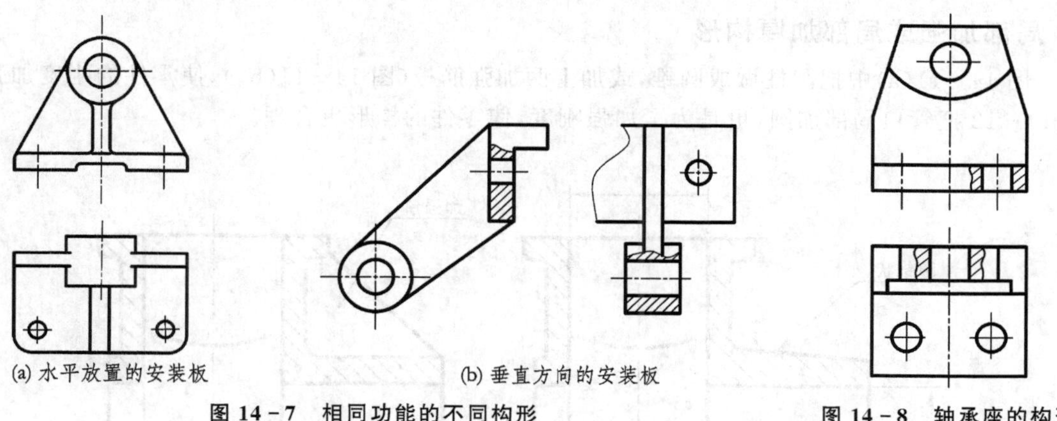

(a) 水平放置的安装板　　(b) 垂直方向的安装板

图 14－7　相同功能的不同构形

图 14－8　轴承座的构形
（全部机械加工）

1. 内定外构形

图 14－9 和图 14－10 中，画粗线部分是零件的内部要求形状，其外部形状都是由内部形状决定的，故称零件结构为内定外构形。

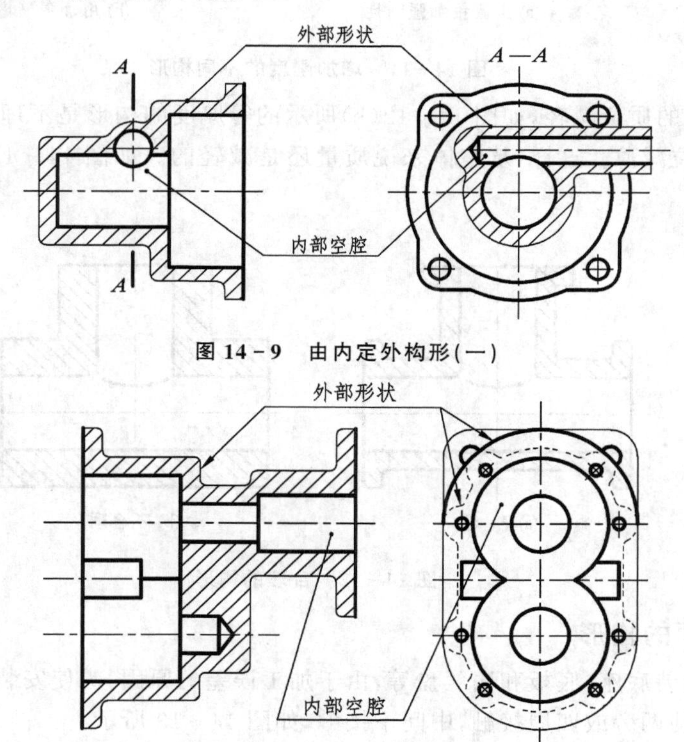

图 14－9　由内定外构形（一）

图 14－10　由内定外构形（二）

2. 局部加强或局部加厚构形

图 14－11(a)中把圆柱做成圆锥，或加上两加强筋板(图 14－11(b))，使零件的刚度加强。图 14－12 把管口局部加圆，也是为了加强刚度，使零件的构形更合理。

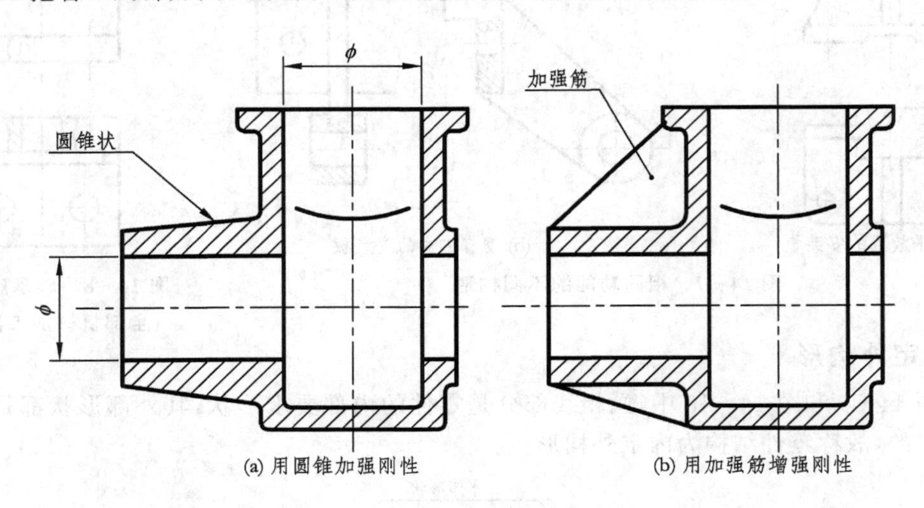

图 14－11　增加刚度的不同构形

为了使零件的质量减轻，如图 14－12(b)所示的等厚度的构形是不理想的，应该使受力部位加厚，其他部位减薄。这样，从整体来说质量还是减轻的。如图 14－12(a)所示，是比较好的构形方案。

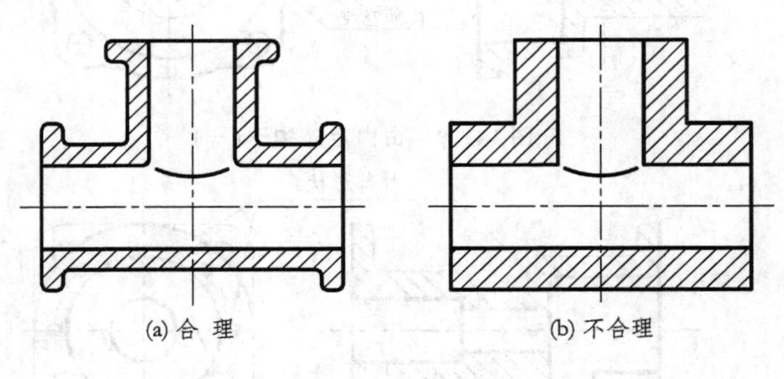

图 14－12　合理的构形

3. 减少接触面的构形

对于一些安装底座、底板和法兰盘等，由于加工误差的原因，为使安装稳定可靠，常将底部做成中空结构，使两旁或四周接触，中间不接触，如图 14－13 所示。

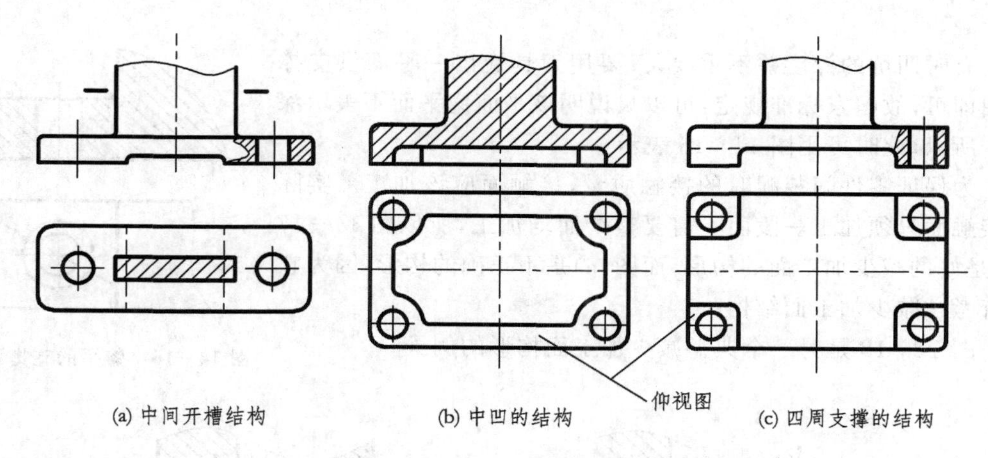

图 14－13　安装底板的局部构形

4. 减少加工面的构形

对于安装底板或连接法兰盘等结构，为使垫圈或螺母有良好的支撑面，通常安装底板的上下表面均应整个表面加工。显然，为了减少加工面，可以将上表面做成凸台或凹坑。这样，只需要加工凸台上表面或凹坑的下凹面即可，如图 14－14 所示。当然，凸台和凹坑的直径应大于垫圈的直径。有时，为了提高加工效率，希望一次装夹多个零件，一次加工多个零件，因而把凹坑设计成整个平面，如图 14－15 所示。

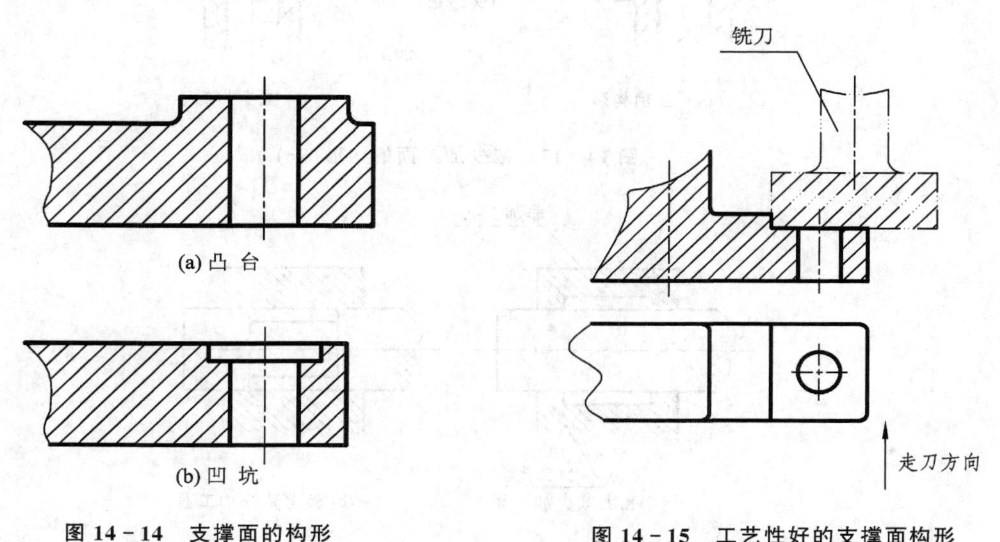

图 14－14　支撑面的构形

图 14－15　工艺性好的支撑面构形

有时凹坑的深度并不重要，只要用刀具锪出一平面供支撑垫圈即可，故国家标准规定：可以只说明该平面锪平而不表示深度。所以，此时可用图 14－16 表示。

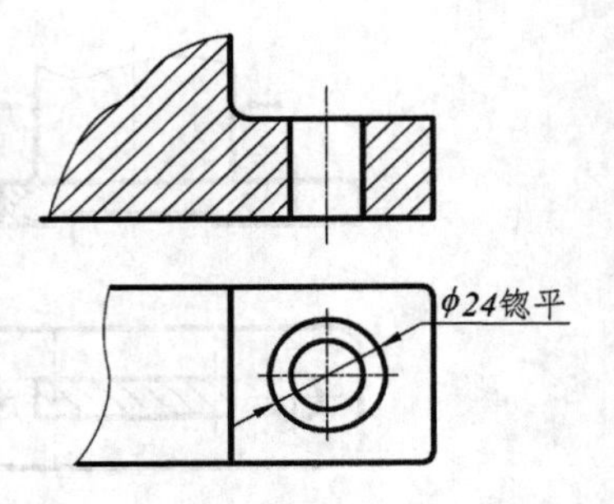

图 14－16　锪平的支撑面构形

为保证零件间装配时的接触质量，接触面应该加工。实际上接触面只须加工一段而不需要整个面均加工，所以图 14－17(b)是好的减少加工面的构形，而图(a)是不正确的构形，因为它没有考虑减少加工面结构。

图 14－18 是另一个典型减少加工面构形的例子。

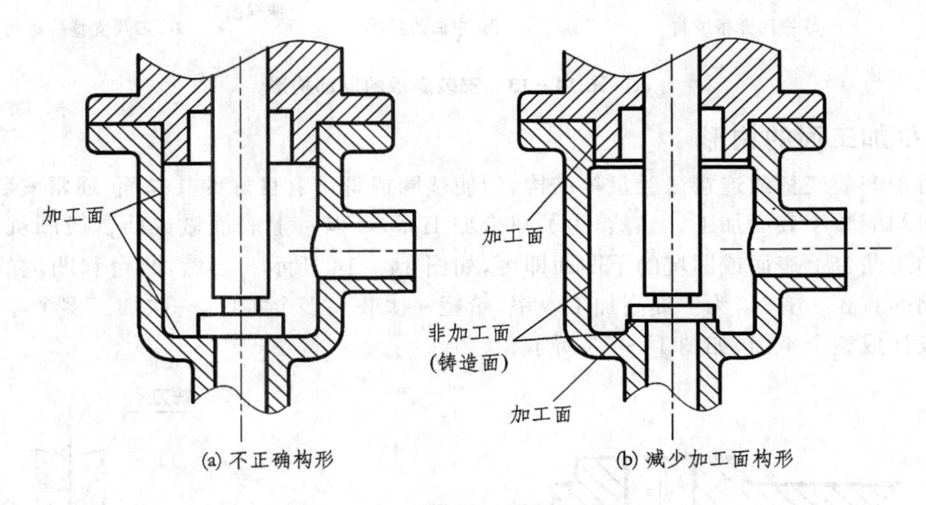

图 14－17　减少加工面的构形(一)

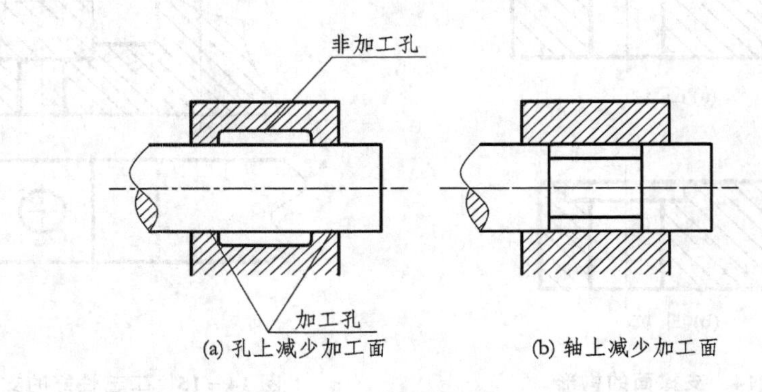

图 14－18　减少加工面的构形(二)

5. 与刀具有关的构形问题

有时零件的形状还与刀具动作有关,图 14－19(b)中斜孔的角度不对,无法下钻头。

图 14－20(a)中轴套上无法钻孔,必须先在皮带轮上钻孔,以它为工艺孔才能钻出轴套上的孔,如图(a)所示。

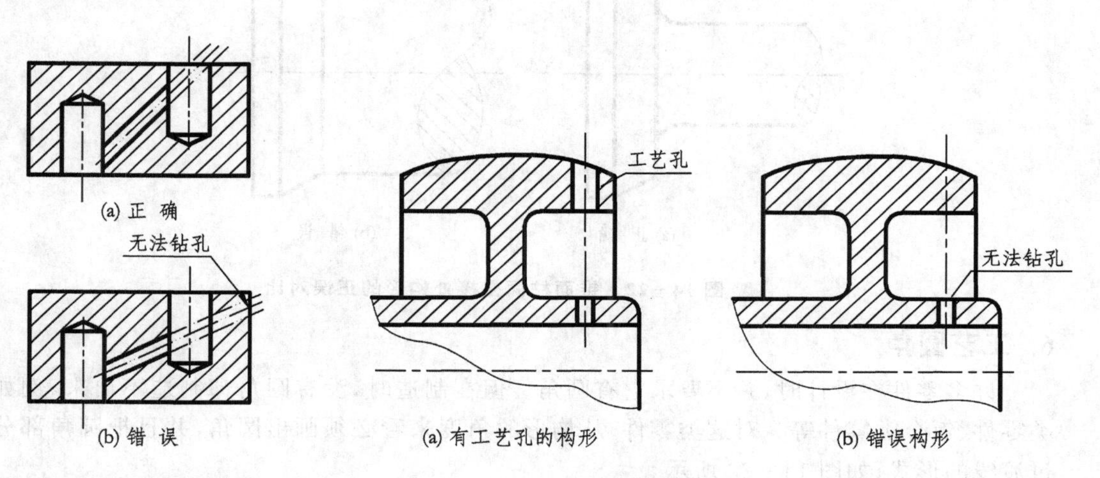

(a) 正 确

(b) 错 误

图 14－19　钻孔的正误结构(一)

(a) 有工艺孔的构形

(b) 错误构形

图 14－20　钻孔的正误结构(二)

图 14－21(b)中的 C 孔无法加工,应该如图 14－21(a)所示进行加工。先从左边钻工艺孔,使 A 与 B 相通,然后在工艺孔上加一堵塞(螺塞),将工艺孔堵住。

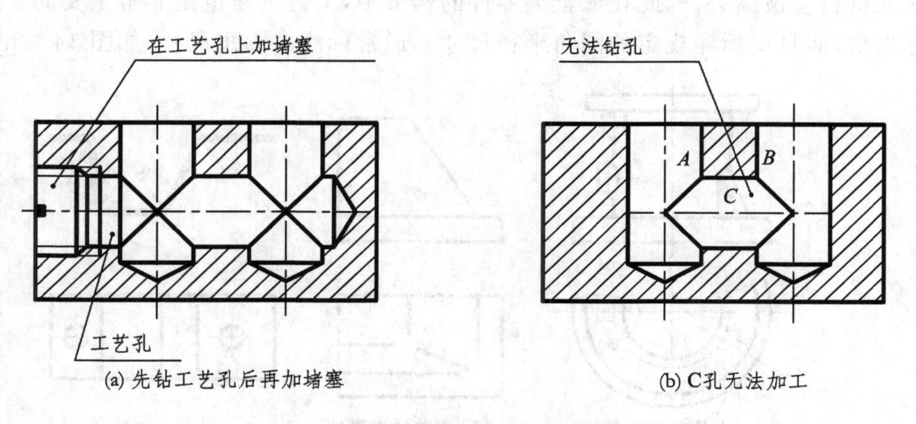

(a) 先钻工艺孔后再加堵塞

(b) C孔无法加工

图 14－21　钻孔的正误结构(三)

在图 14－22 中,为了用砂轮磨削锥面,考虑到砂轮的动作,应采用图(a)所示的结构。

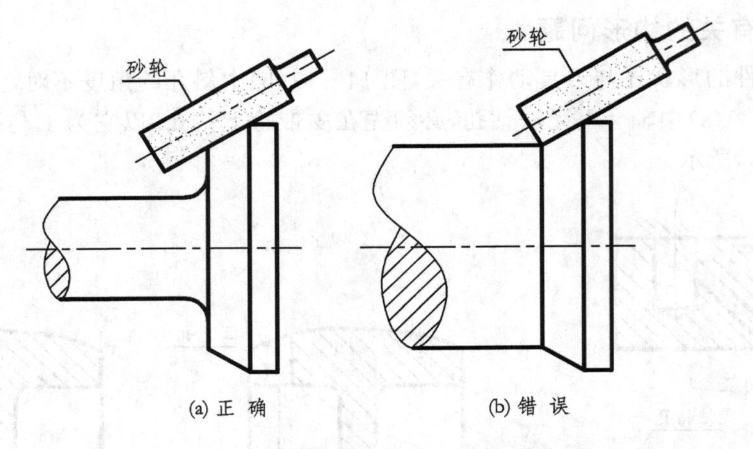

图 14-22　锥面柱面交接处构形的正误对比

6. 工艺圆角

许多零件在设计时，并不要求它有圆角。但在制造时，没有圆角却制造不出来，例如铸锻类零件、钣金类零件等。对这类零件，从构形的角度来看必须画出圆角，并且把圆角部分画成过渡线的形式，如图 14-23 所示。

由于铸造表面均有铸造圆角，因此在标注尺寸时，可以不一一标出圆角半径，而是在《技术要求》中统一标注，如"铸造圆角 $R3 \sim R5$"。

钣金类零件是由板材弯曲或压制而成的零件，在弯曲或压制过程中不可能没有圆角，否则在弯曲处材料会被撕裂，因此在钣金类零件的构形中，工艺圆角也是非常重要的。这类圆角不仅要标出来，而且要标注规定的圆角半径尺寸。通常标注内圆角尺寸，如图 14-23(c)所示。

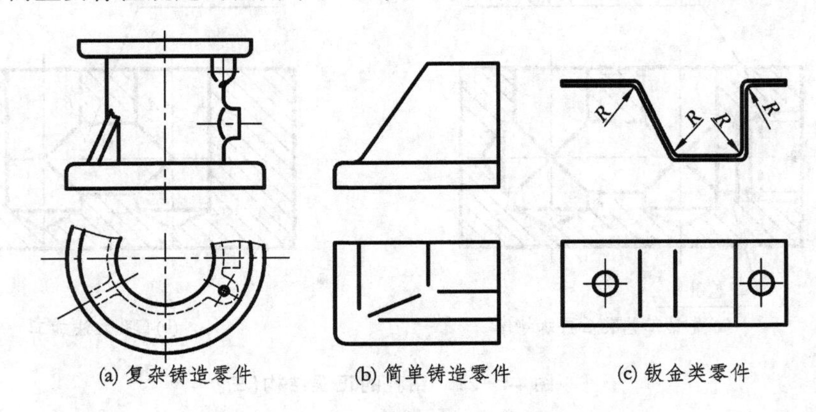

图 14-23　零件的工艺圆角

14.4　零件图的图形表达

从零件图的要求看，要完成一张合格的零件图是比较难的。所以，要求在绘制零件图时一定要有明确的思路、科学的方法和严密的步骤。

① 思路：所画的图是要给别人看的，一定要表达得特别清晰、完善。

② 方法：先用构形分析方法分析零件的结构，再用形体分析方法和线面分析方法分析零件的几何形状。

③ 步骤：

- 首先根据装配关系，弄清零件的作用，与哪个零件连接及定位等。
- 进行构形分析，即功能构形和局部构形。
- 选择视图，应先选主视图，再选其他视图，最后确定要采用多少个视图。
- 图面布置，应选择比例与图幅，并明确视图大致布置，且均匀合理地安排在图幅里面。
- 按照构形分析画图，即按工作部分、安装部分、连接部分和加强部分的构形顺序画图，先形体分析后线面分析，注意严格的投影对应关系。
- 标注尺寸，应按构形分析方法标注尺寸。
- 标注表面粗糙度和公差。
- 填写明细表。
- 自我检查。

上述步骤的核心部分是构形分析和视图选择。

零件图的视图选择的目的是用一组视图将零件的形状结构完全表达清楚，特别是要求惟一确定。这里须讨论三个问题，即

- 如何选择主视图。
- 如何选择其他视图。
- 什么是惟一确定。

14.4.1　选择主视图的原则

在一组视图中，主视图应该是最重要的，应该能更多地表达出零件的总体结构形状。这对读图者快速消化图纸是非常关键的。为此，提出以下几点选择主视图的原则。

1. 工作位置或加工位置

工作位置即零件在部件里所处的位置。设计者很喜欢用工作位置作为主视图，因为这对零件间最后尺寸的协调是很方便的。绝大部分壳体零件都采用工作位置为主视图。当然不能绝对化地理解，例如零件在部件中处于倾斜位置，显然不应该用倾斜位置作为主视图。对于轴类零件，不管它在部件中处于垂直或倾斜位置，通常都是以轴的加工位置（即横放）作为主视图。

2. 功能构形原则

如图 14－24 所示的泵体零件，几个视图都是工作位置，显然应该用能充分表达零件的功能构形的那个视图作为主视图，即能充分表达零件的工作部分、安装部分、连接部分及加强部分的相对位置关系和形状。因此，应选用图 14－24（b）作主视图。一般情况下不宜用图 14－24（a）和图 14－24（c）作主视图，因为它们给人以平面图形的感觉，不易产生立体感。

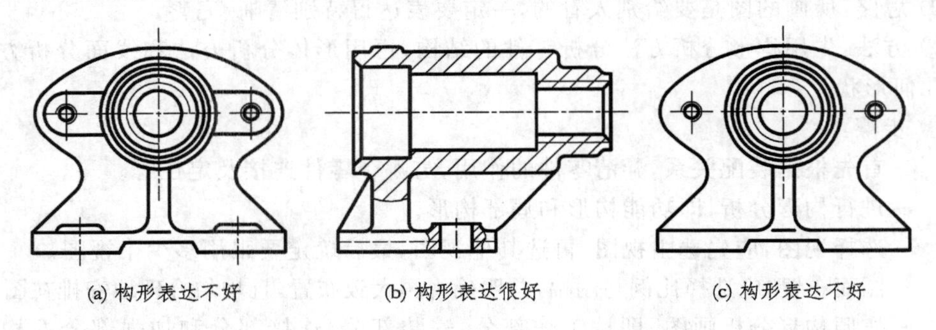

(a) 构形表达不好　(b) 构形表达很好　(c) 构形表达不好

图 14－24　泵　体

有些零件比较平面化，如图 14－25 和图 14－26 所示。从功能构形看，图 14－25 和图 14－26(b)更能表现其功能构形的空间关系。但是，对这类平面化了的零件，图 14－25（a）和图 14－26（a）都具有平面特点，充分显示该零件的结构特征。如考虑其视图布置，显然采用图 14－26（a）为主视图是合适的。图 14－27(a)所示，显然是不正确的，而图(b)是正确的。

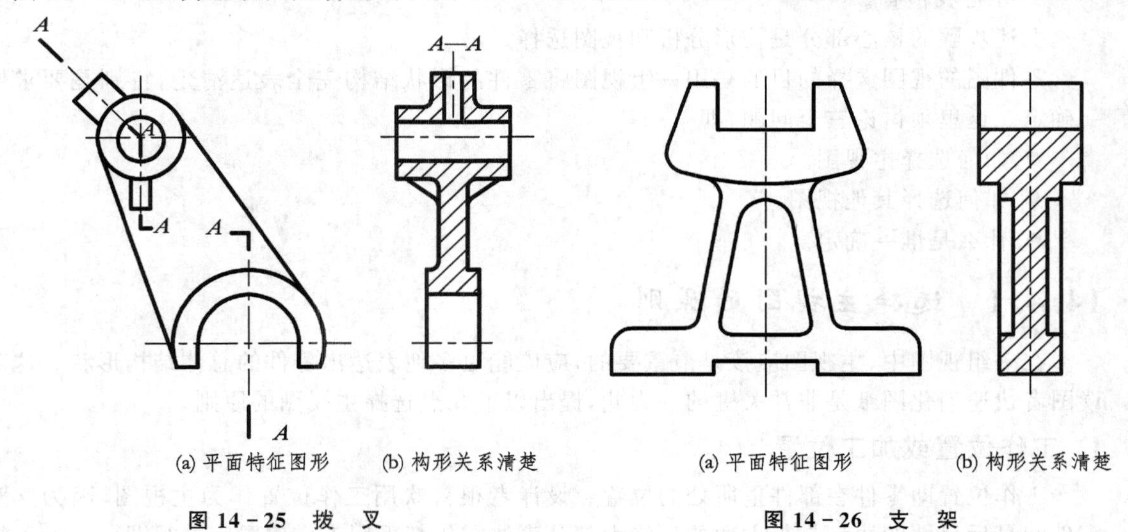

(a) 平面特征图形　(b) 构形关系清楚　(a) 平面特征图形　(b) 构形关系清楚

图 14－25　拨　叉　　**图 14－26　支　架**

比较图 14－28 的两种选择主视图的方案中，显然，从看图的角度，图 14－28（a）比图 14－28（b）好。

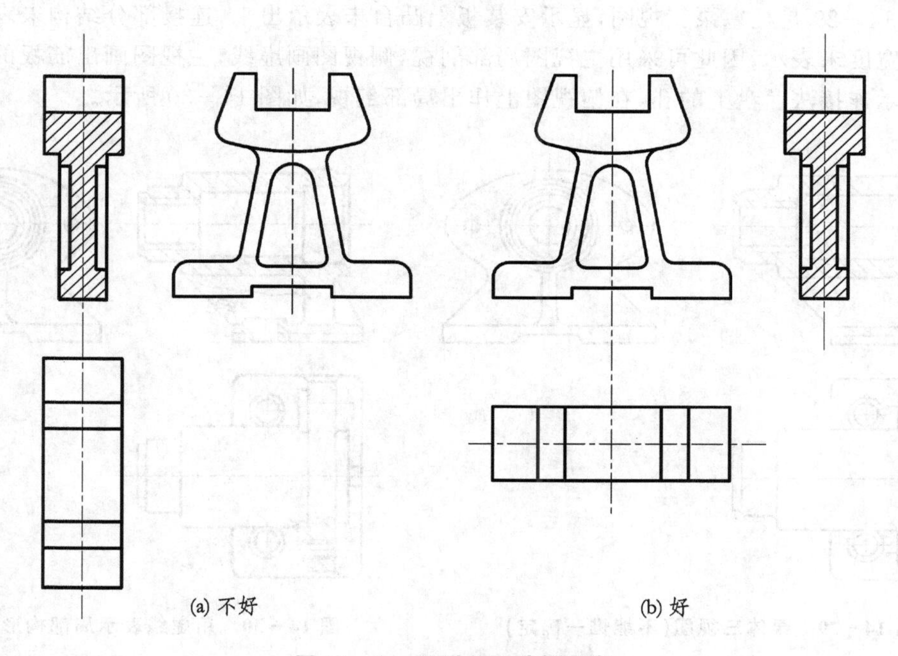

图 14－27　两种视图选择方案

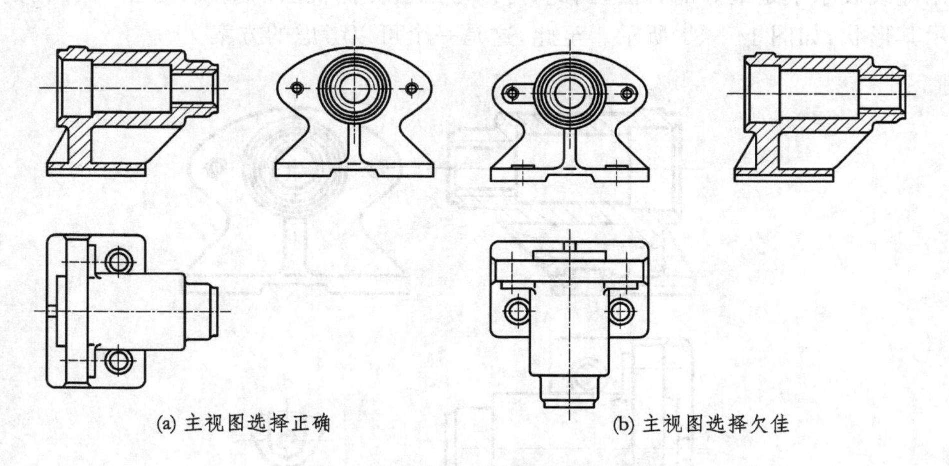

图 14－28　泵体主视图选择的比较

14.4.2　其他视图的选择

通常首选左视图和俯视图，并充分利用剖视、半剖视和局部剖视，尽可能清楚地表示出各部分结构形状。当这样做还不能表示其形状时，再加上其他视图。

图 14－29 是柱塞泵三视图，显示安装板上凸台未表示出来，连接部分结构未表示清楚，右边筋板宽度未表示，因此可采用主视图局部剖视，侧视图画虚线，主视图画出筋板的重合断面。为了表示连接法兰盘上的孔，在俯视图上作出局部剖视，如图 14－30 所示。

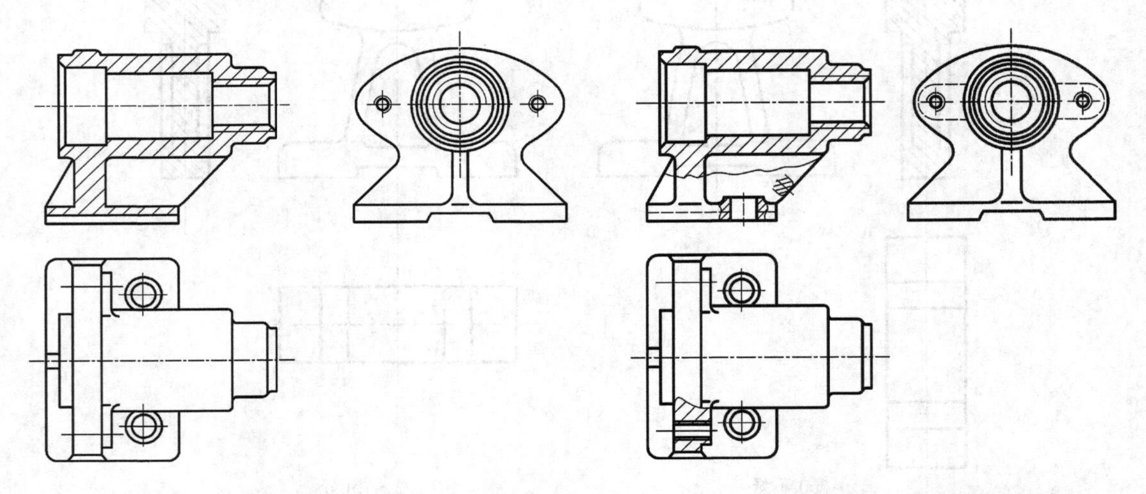

图 14－29　泵体三视图(不能惟一确定)　　**图 14－30　用虚线表示局部构形(不好)**

用虚线表示不是最好的方法，因此，可以考虑去掉侧视图的虚线，另加一 A 向的局部视图以表示其形状，如图 14－31 所示。至此，这是一个可以考虑的方案。

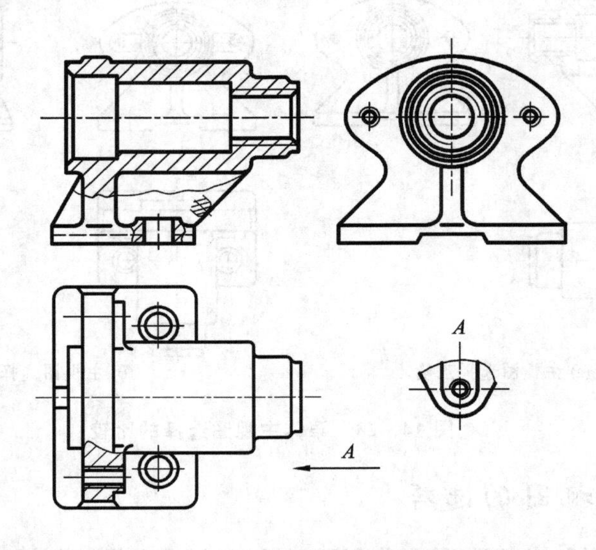

图 14－31　用局部视图表达局部构形

从读图的角度看，应考虑主视图的枢纽作用，即以主视图为中心向四周的辐射作用。这样做会大大地加快读图的速度，并且对标注尺寸也十分有利，所以这个零件的最佳视图选择方案应如图 14－32 所示。

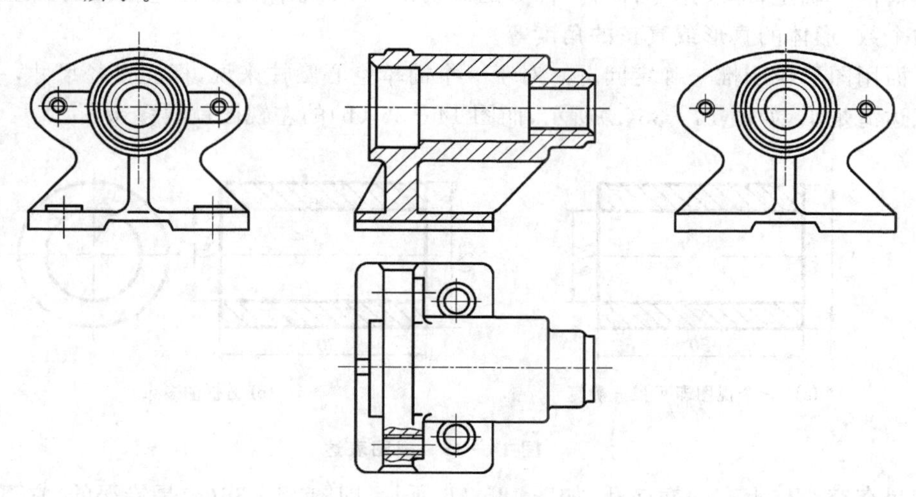

图 14－32　泵体的视图选择(较好)

当然，有时也可以考虑从表达零件最有利的情况来考虑主视图。对于上述泵体，如果将主视图翻转 180°，就可以表达得特别简单明了，如图 14－33 所示。此时，左视图已经充分表示出连接部分构形和安装板的凸台形状，加上局部剖视表示其为透孔，因而这也是一种可以考虑的方案。

最后，如果希望主视图的工作位置与装配图上一致，也可采用如图 14－34 所示的方法，即在左视图的位置上画出右视图。这样做更简单，只要在主视图右边画一箭头，在所画右视图上标出 A 即可，如图 14－34 所示。这样做也可达到上述方案的结果。

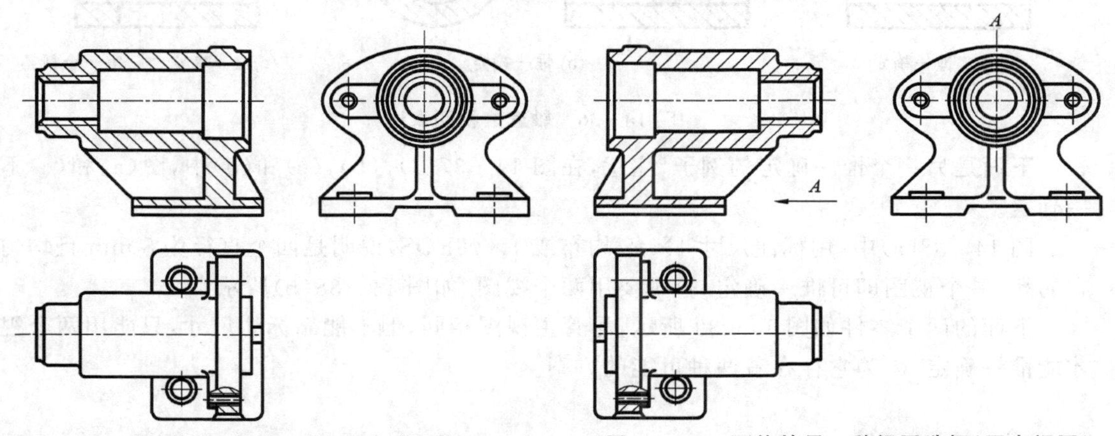

图 14－33　泵体的视图选择(主视图与装配图不一致)　　**图 14－34　泵体的另一种视图选择(画右视图)**

14.4.3　惟一确定

所谓惟一确定，即表达零件每一部分的确切形状，如形体与形体连接处的确切形状、相同要素的个数、形体的真形或真正的角度等。

下面用图形说明惟一确定问题。对于一个简单空心圆柱来说，标注直径尺寸，一个视图就已经表达清楚了，如图 14－35(a)所示，而图 14－35 (b)的左视图就属多余了。

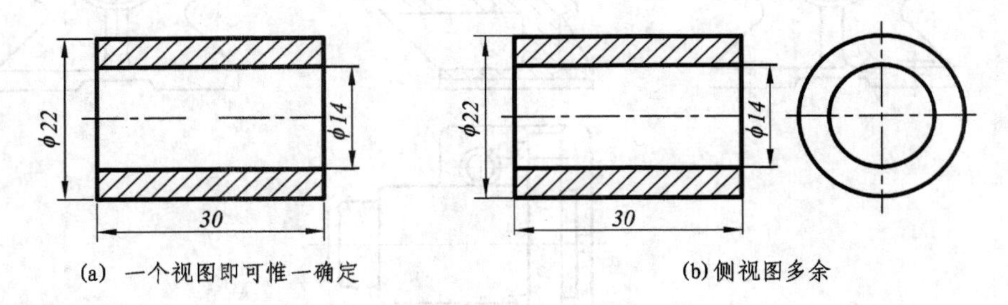

(a) 一个视图即可惟一确定　　(b)侧视图多余

图 14－35　视图表达

如果在空心柱上有一横向孔，如图 14－36 所示，即图 14－36(a)是错误的，它不惟一确定，必须如图 14－36(b)所示用两个视图表示才能惟一确定，或将零件旋转 90°，如图 14－36(c)所示，也能达到惟一确定。

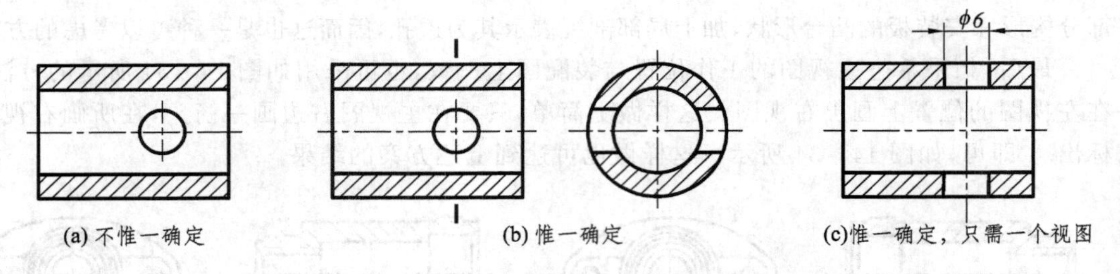

(a) 不惟一确定　　(b) 惟一确定　　(c)惟一确定，只需一个视图

图 14－36　轴套的视图表达

下面是另一个惟一确定的例子，注意，在图 14－37(a)，(b)，(c)和(d)中，图(a)和(c)不惟一确定。

图 14－38(a)中，用标注尺寸 4×ϕ8 均布或 4×ϕ8EQS，说明是四个直径为 8 mm 且均匀分布的孔，一个视图即可惟一确定，否则要用两个视图，如图 14－38(b)所示。

下面的两个零件如图 14－39 所示，尽管主视图相同，但不能靠标注尺寸，只能用两个视图才能惟一确定，因为它存在着两种可能的方案。

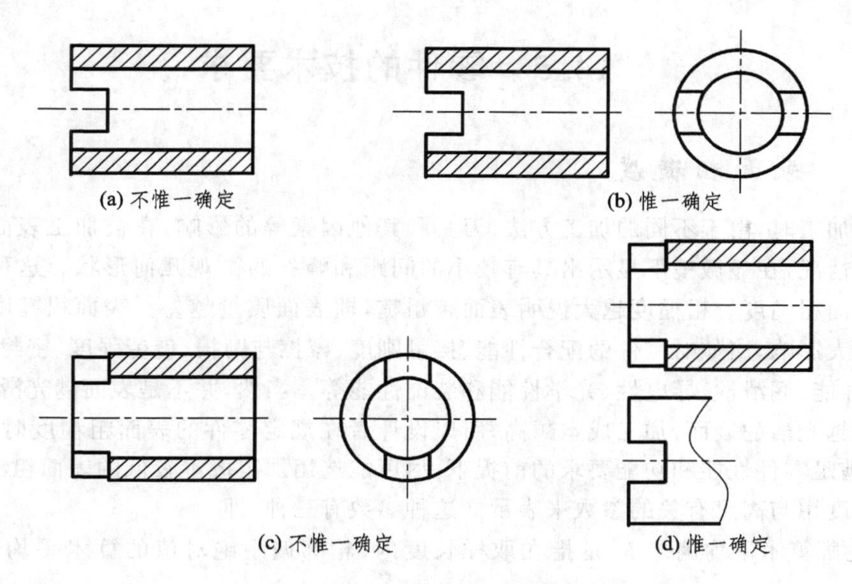

图 14－37　轴套的视图表达

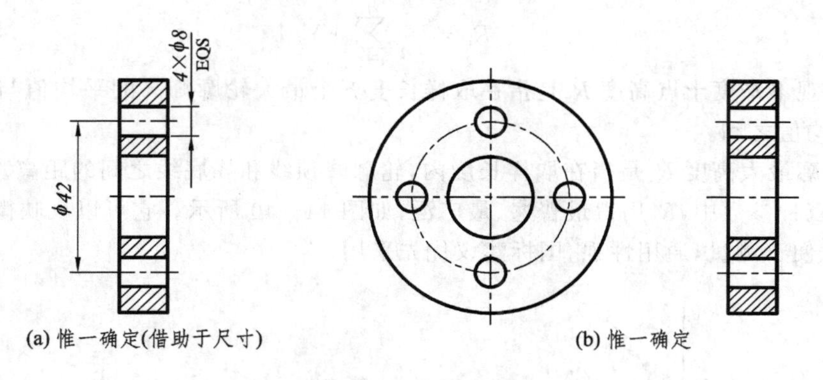

图 14－38　端盖的视图与表达

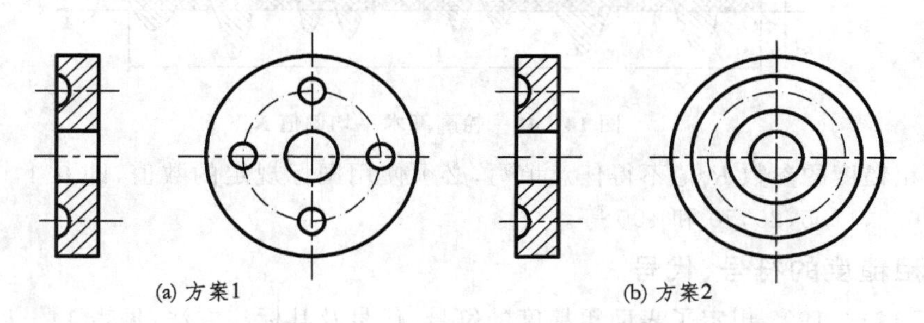

图 14－39　惟一确定(侧视图是必要的)

14.5　零件的技术要求

14.5.1　表面粗糙度

零件加工时，由于不同的加工方法、刀具和其他因素等的影响，在被加工表面上会形成粗糙不平的情况，在显微镜下显示出具有较小的间距和峰谷的微观几何形状。这种微观几何形状称为表面粗糙度。粗糙度越大说明表面越粗糙，即表面质量越差。表面粗糙度对零件的性能会有很大影响，诸如对零件的配合性能、接触刚度、摩擦与磨损、疲劳强度、密封性能、耐腐蚀性、磨合性能、润滑性、导电性、光学性能和装饰性能等。当然，并不是表面越光滑越好，越粗糙越不好。越光洁的表面，加工成本越高，所以设计者在规定零件的表面粗糙度时，应遵循的原则是，在满足零件性能和功能要求的前提下，尽可能选用加工成本较低的表面粗糙度。

不平度用与高度有关的参数来表示。这种参数有三种，即

① 轮廓算术平均偏差 R_a 是指在取样长度内，轮廓偏距绝对值的算术平均值，可近似表示为

$$R_a = \frac{1}{n}\sum_{i-1}^{n} | Y_i |$$

② 微观不平度十点高度 R_z 是指在取样长度五个最大轮廓峰高的平均值与五个最大轮廓谷深的平均值之和。

③ 轮廓最大高度 R_y 是指在取样长度内，轮廓峰顶线和峰底线之间的距离。

上述三种参数中，R_a 用得最普遍、最广泛，如图 14－40 所示。它可以反映微观不平度的主要状态，且便于测量，通用性强，国标建议优先采用。

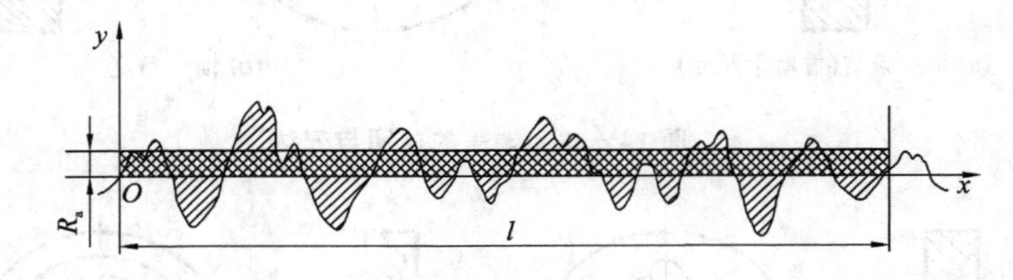

图 14－40　轮廓算术平均偏值 R_a

表面粗糙度的参数 R_a 值不得任意填写，必须使用国标规定的数值，即 0.1，0.2，0.4，0.8，1.6，3.2，6.3，12.5，25，50 和 100 等。

1. 表面粗糙度的符号、代号

GB/T131—1993 规定了表面粗糙度的符号、代号及其标注方法，见表 14－1 和表 14－2。

表 14－1　表面粗糙度的符号

符　号	说　明
	基本符号。单独使用时没有意义的
	此符号由基本符号加一短横构成，其表面是由去除材料的方法获得，如：铣、车、钻、磨、剪切、抛光、腐蚀、电火花加工等。如无其他要求，可单独使用此符号
	此符号由基本符号加一圆构成，其表面是由不去除材料的方法获得，如：铸、锻、冲压、轧制、粉末冶金等，或保持原供应状态的表面。如无其他要求，可单独使用此符号

表 14－2　表面粗糙度的代号

符　号	说　明
3.2max	用任何方法获得的表面，R_a 的最大允许值为 3.2 μm
3.2max	用去除材料的方法获得的表面，R_a 的最大允许值为 3.2 μm
3.2max	用不去除材料的方法获得的表面，R_a 的最大允许值为 3.2 μm
3.2max 1.6min	用去除材料的方法获得的表面，R_a 的最大允许值为 3.2 μm，R_a 的最小允许值为 1.6 μm

表 14－1 中表面粗糙度符号加上参数值，如 R_a3.2，R_a6.3 和 R_a12.5 就成为表面粗糙度代号。国标中规定，在标注表面粗糙度代号时，R_a可不书写（R_y和 R_z要书写）。表面粗糙度符号应如图 14－41 所示方法绘制。

(a) H=1.4h(h为数字高)　(b) 用去除材料方法获得的表面粗糙度　(c) 用非去除材料方法获得的表面粗糙度

图 14－41　表面粗糙度符号画法

2. 表面粗糙度代号在零件图上的标注

在零件图上标注表面粗糙度时应该注意下述三点：

第一，零件上每个表面都要标注粗糙度，且只标注一次，当然可以采用简化标注方法（见表 14－3 图例）达到这一要求。

第二，表面粗糙度代号一般注在可见轮廓线、尺寸界线、引出线或它们的延长线上。

第三，标注时，特别要注意表面粗糙度代号标注的错误，图 14－42 是表面粗糙度代号标注图例，图 14－43 是表面粗糙度标注正误对比图例。正确地注法是，代号的尖端要指向被加工表面，代号的数值应与标注尺寸数字时的方向相一致。

图 14－44 是标注表面粗糙度时正确标注图例。图中特别要注意 30°倾斜面时的标注方法（必须用指引线）。

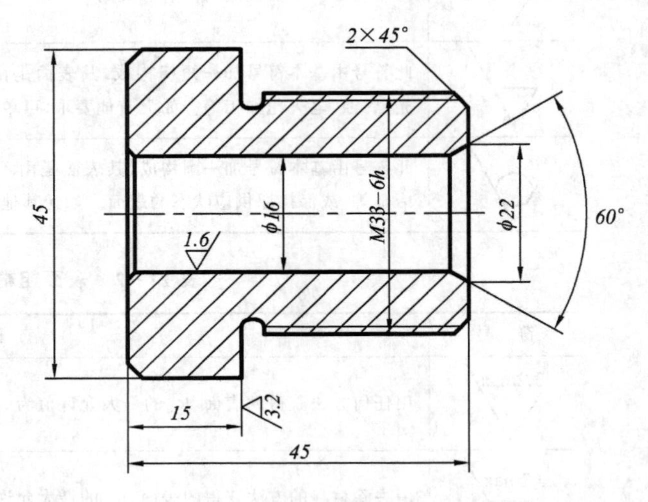

图 14－42　表面粗糙度代号标注图例

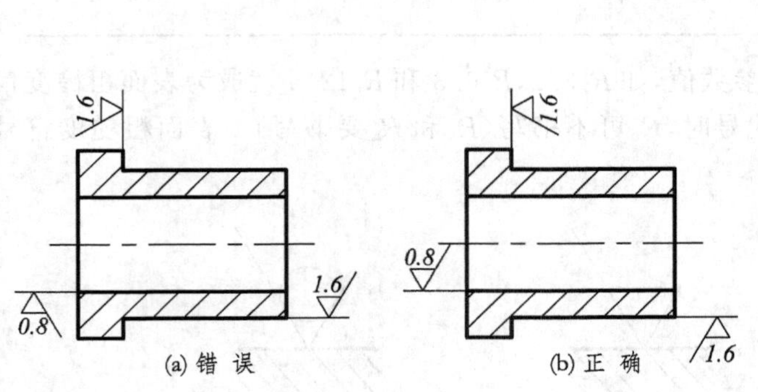

图 14－43　表面粗糙度标注正误

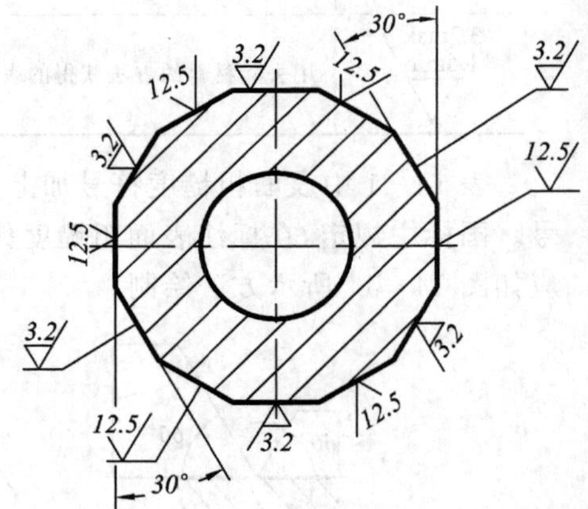

图 14－44　国标中规定的表面粗糙度代号标注

3. 表面粗糙度标注图例

表 14－3 是表面粗糙度标注图例，均为说明如何满足上述三点要求而采用的简化标注方法。

表 14－3　表面粗糙度标注图例

图　例	说　明	图　例	说　明
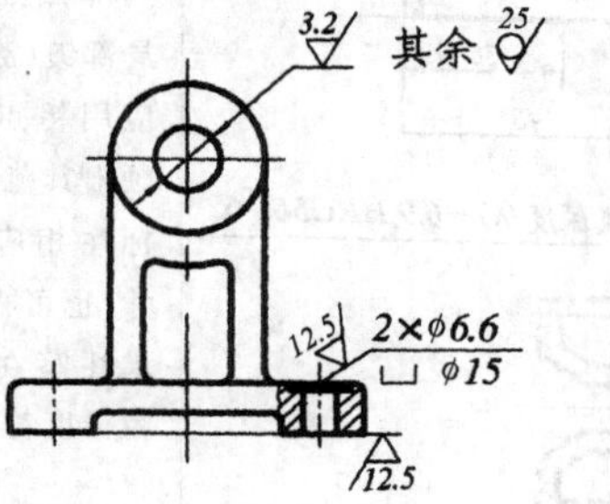	对其中使用最多的一种代（符）号可以统一标注在图样右上角，并加注“其余”两字，且应比图形上其他代（符）号大 1.4 倍	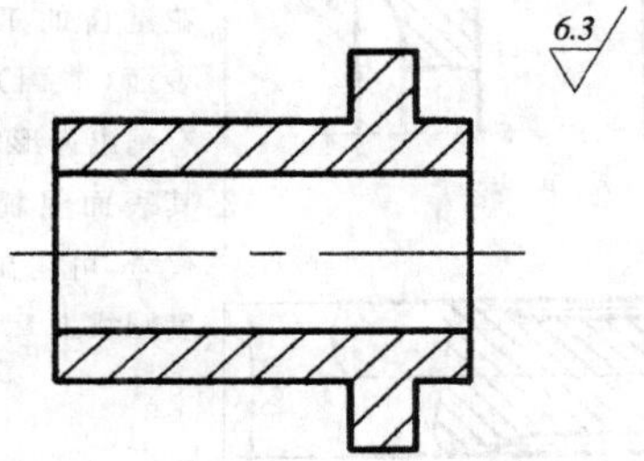	当零件所有表面具有相同的粗糙度时，其代（符）号，可在图样的右上角统一标注，且应较一般的代号大 1.4 倍
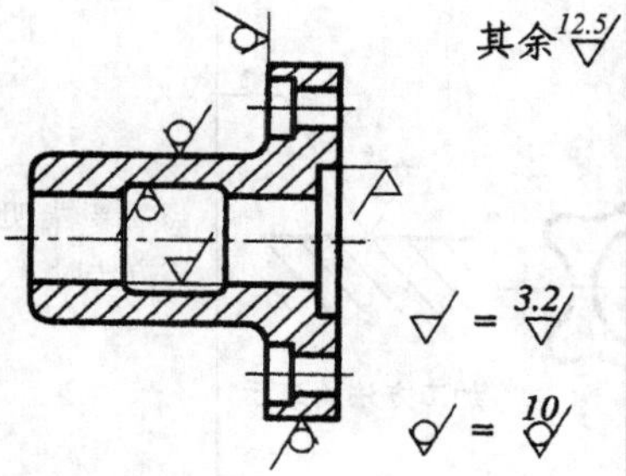	可以采用省略注法，但要在标题栏附近说明这些简化符号、代号的意义	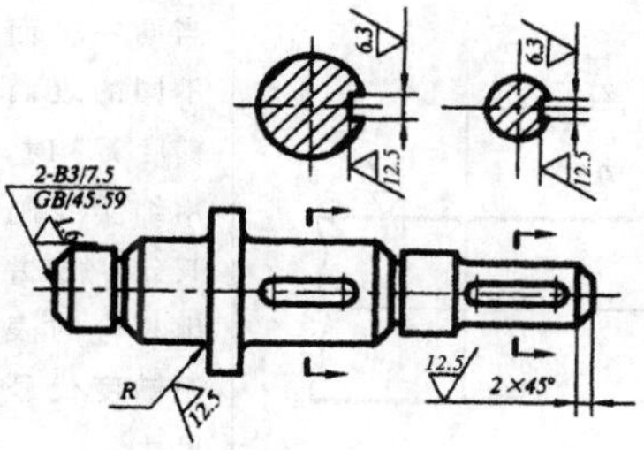	中心孔、键槽工作面、倒角和圆角的粗糙度符号可简化标注
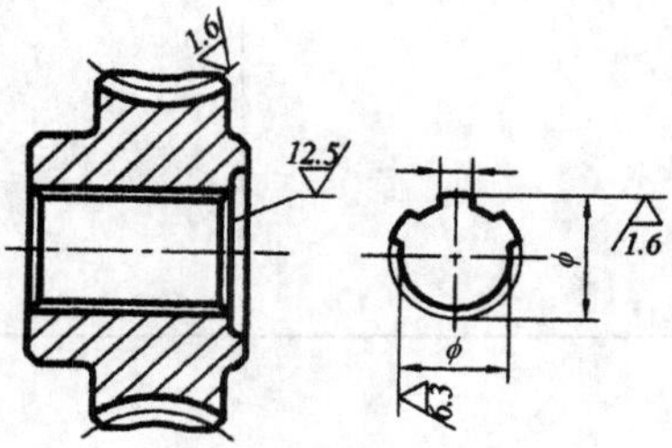	齿槽的注法	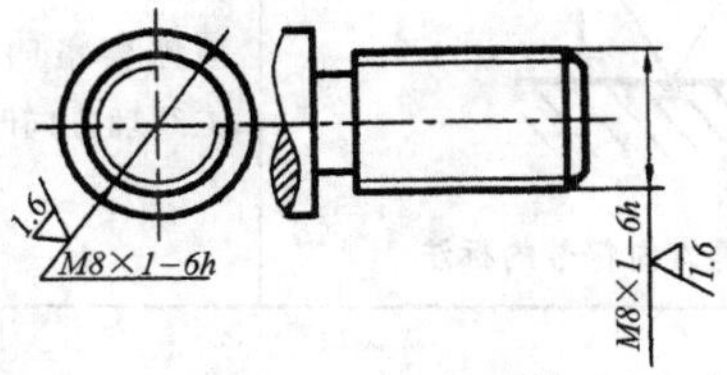	螺纹的注法

续表 14－3

图　例	说　明	图　例	说　明
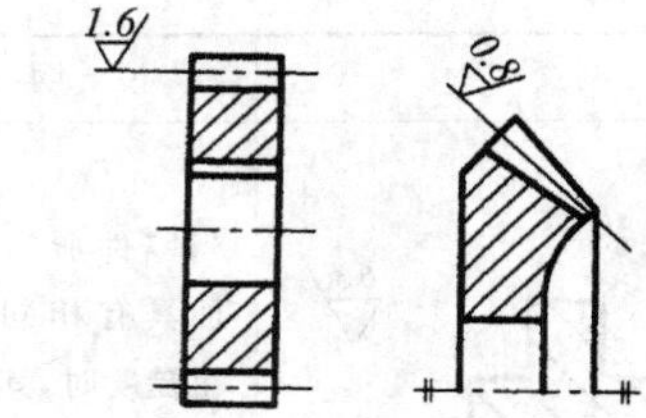 (a) 齿轮 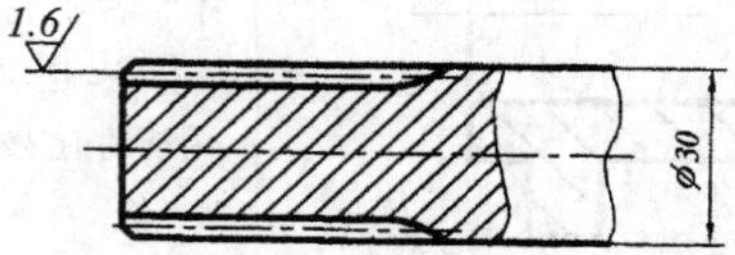 (b) 渐开线花键	当齿轮、渐开线花键齿的工作表面（曲面）没有画出齿形时，其表面粗糙度代号，可注在分度圆线上	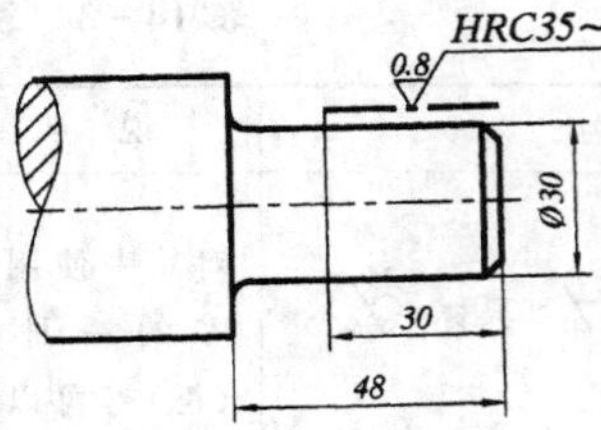 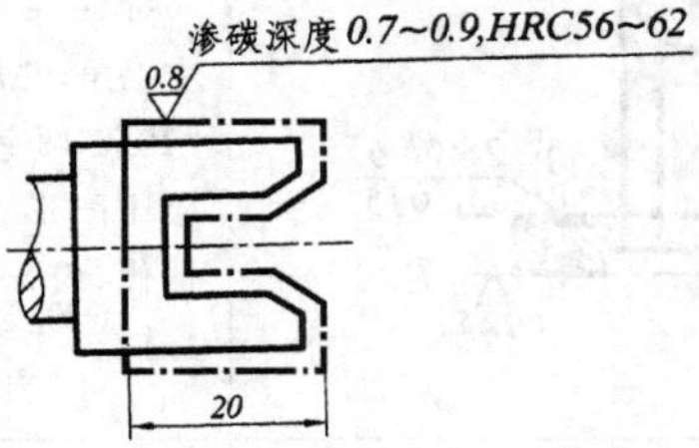 HRC35～40 渗碳深度 0.7～0.9,HRC56～62	当需要将零件局部热处理或局部镀（涂）时，应用粗点画线画出其范围，并标注相应的尺寸；也可将其要求注写在表面粗糙度符号上
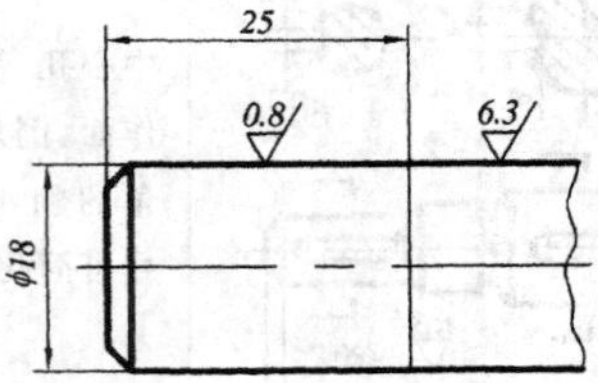	当同一表面有不同的表面粗糙度要求时，须用细实线画出其分界线，并注出相应的表面粗糙度代号和尺寸	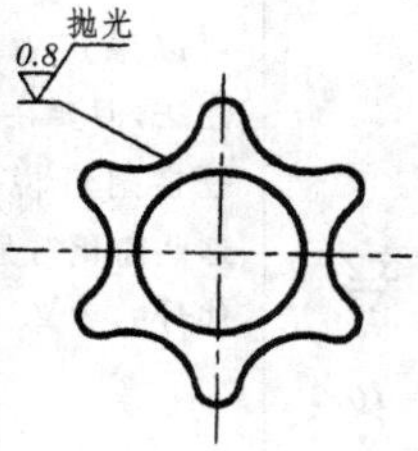 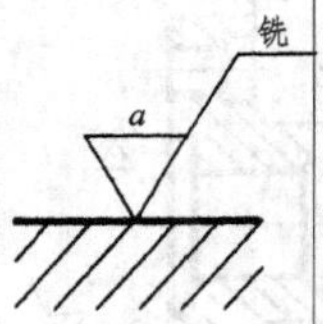 抛光　铣 加工方法的表示	当需要指明加工方法时
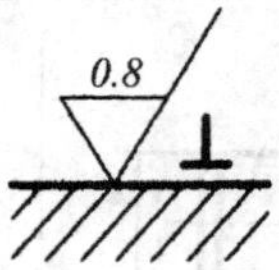 加工纹理方向符号的标注	当需要指明加工纹理方向时		

4. 表面粗糙度选用

设计者在标注表面粗糙度之前已经作过零件的构形分析，对零件上每个表面的功能均已了解，特别是一些配合面、运动面、接触面以及某些会影响机器性能的表面等，然后根据配合性质和精度，从表 14－4 中查出与其相适用的表面粗糙度参数数值。

表 14－4　与表面相适用的表面粗糙度参数数值　μm

配合类别	轴径/mm											
	1～3	3～6	6～10	10～18	18～30	30～50	50～80	80～120	120～180	180～260	260～360	360～500
H7	1.6	1.6	3.2	3.2	3.2	3.2	3.2	3.2	3.2	3.2	3.2	3.2
s7,u5～6,s6,r6	0.8	0.8	0.8	1.6	1.6	1.6	1.6	3.2	3.2	3.2	3.2	3.2
n6,m6,k6,js6	0.8	0.8	1.6	1.6	1.6	1.6	3.2	3.2	3.2	3.2	3.2	3.2
h6,g6,f7	0.8	0.8	1.6	1.6	1.6	1.6	3.2	3.2	3.2	3.2	3.2	6.3
e8	0.8	0.8	1.6	1.6	1.6	3.2	3.2	3.2	6.3	6.3	6.3	6.3
d8	1.6	1.6	1.6	3.2	3.2	6.3	6.3	6.3	6.3	6.3	6.3	6.3
H8	1.6	1.6	3.2	3.2	3.2	3.2	3.2	3.2	3.2	3.2	6.3	6.3
n7,m7,k7,j7,js7	0.8	0.8	1.6	1.6	3.2	3.2	3.2	3.2	3.2	3.2	6.3	6.3
h7	1.6	1.6	3.2	3.2	3.2	3.2	3.2	3.2	6.3	6.3	6.3	6.3
H9	—	3.2	3.2	6.3	6.3	6.3	6.3	6.3	6.3	6.3	6.3	6.3
h8～9,f9	3.2	3.2	3.2	3.2	6.3	6.3	6.3	6.3	6.3	6.3	6.3	6.3
d9～10	3.2	3.2	3.2	6.3	6.3	6.3	6.3	6.3	6.3	6.3	6.3	6.3
H10,h10	1.6	1.6	3.2	6.3	6.3	6.3	6.3	6.3	6.3	6.3	6.3	12.5
H11	6.3	6.3	6.3	6.3	6.3	6.3	12.5	12.5	—	—	—	—
h11,d11,b11,c10～11,a11	6.3	6.3	6.3	12.5	12.5	12.5	12.5	12.5	12.5	12.5	12.5	12.5
H12～13,h12～13,b12,c12～13	6.3	12.5	12.5	12.5	12.5	12.5	12.5	12.5	12.5	12.5	12.5	12.5

对于一个具体的零件来说，这种要求比较高的表面还是少数，对多数剩下的不甚重要的表面，可以根据要求确定它们的粗糙度。下面一些说明可供参考：

① 不十分重要，但有相对运动的部位或较重要的接触面、低速轴的表面、相对运动较高的侧面、重要的安装基准面及齿轮和链轮的齿廓表面等，可以选用 R_a3.2。

② 尺寸精度不高、没有相对运动的接触面，如不重要的端面、侧面及底面可以选用 R_a6.3。

③ 不重要的加工表面，如油孔、螺栓或螺钉通过孔及不重要的底面倒角等，可选用 R_a12.5。

此外，在选用表面粗糙度时，还应考虑该表面如何加工，采用什么样的加工方法可以获得该表面的粗糙度。这与零件的制造成本也有关系。表 14－5 是加工方法与相对应的表面粗糙度 R_a 值，可供选用粗糙度时参考。

表 14-5　加工方法与相对应的表面粗糙度 R_a 值

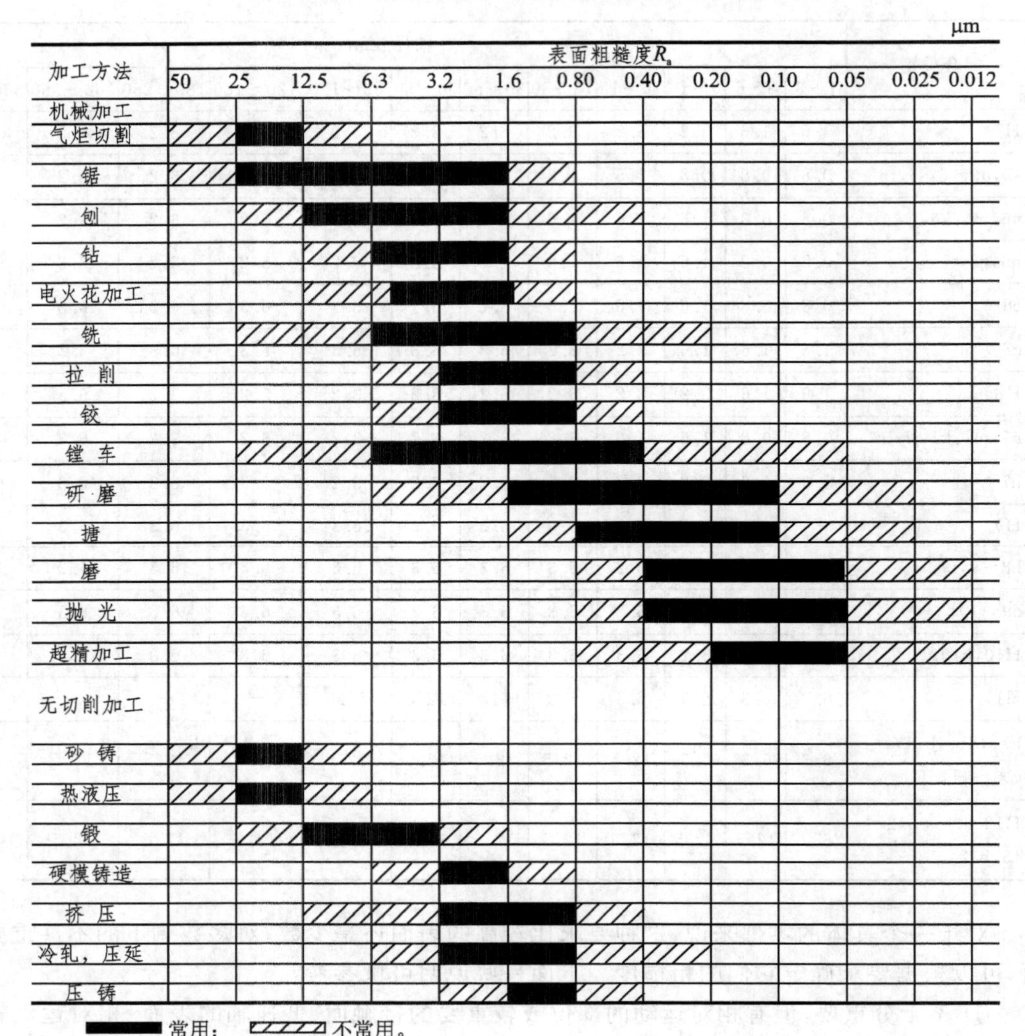

14.5.2　极限与配合

1. 极限的基本概念

(1) 极限尺寸与公差

由于种种原因，零件在加工时，其尺寸必定要产生误差，如零件图上标注一个孔的基本尺寸为 $\phi30$，但实际加工后该孔直径的实际尺寸可能会是 $\phi30.1$ 或 $\phi29.8$，前者误差为 0.1，后者为 0.2，但是误差太大会影响零件的装配质量。因此，为了控制住零件的加工误差，可以用两个极限尺寸，即最大极限尺寸和最小极限尺寸来规定一个基本尺寸的允许误差范围。这个允许的误差范围称为公差。显然，一个尺寸的公差等于两个极限尺寸代数差的绝对值，例如：

基本尺寸为 $\phi30$，最大极限尺寸为 $L_{max}=30.1$，最小极限尺寸为 $L_{min}=29.9$，那么这个尺寸的公差为

$$T = L_{max} - L_{min} = 30.1 - 29.9 = 0.2$$

(2) 极限偏差与公差

为了标注的方便，常采用极限偏差的概念。所谓极限偏差即极限尺寸偏离基本尺寸的程度，例如上偏差的计算方法为

上偏差＝最大极限尺寸－基本尺寸

用符号表示为

$$ES = L_{max} - L$$

则上例中的上偏差为

$$ES = 30.1 - 30 = 0.1$$

下偏差的计算方法为

下偏差＝最小极限尺寸－基本尺寸

$$EI = L_{min} - L$$

则上例中的下偏差为

$$EI = 29.9 - 30 = -0.1$$

显然，公差也可看成上偏差减下偏差之差的绝对值，即

$$T = ES - EI = 0.1 - (-0.1) = 0.2$$

对于轴，偏差用小写表示，即 es 和 ei。

公差是一个范围，是无正负号且不为零的数值。该数值越小表示精度越高，加工越困难。

图 14－45 给出一个孔的基本尺寸、最大和最小的极限尺寸，以及上、下偏差和公差带的图例。

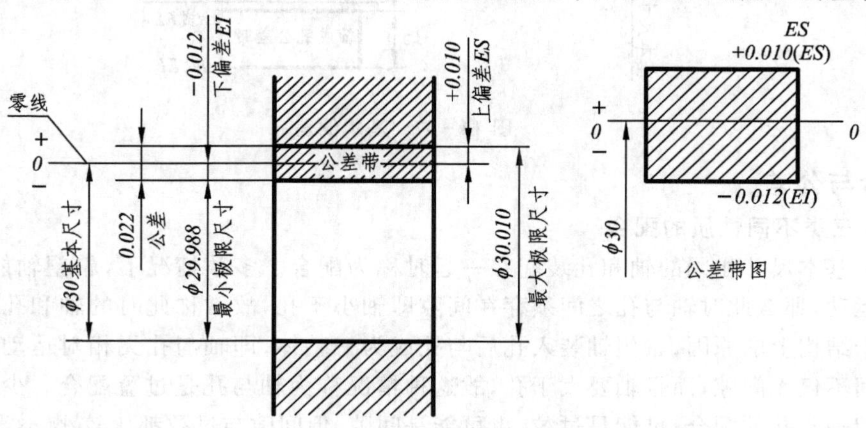

图 14－45　公差基本概念

(3) 公差带图

为了研究公差，特别是复杂的公差，画出公差带图能直观地看清误差的允许范围如图 14－46所示。图中先画出零件，即基本尺寸线或零偏差线，再画上偏差线、下偏差线，即这两条线之间的矩形为公差带，只要实际尺寸在公差带范围内即是合格，否则为不合格。

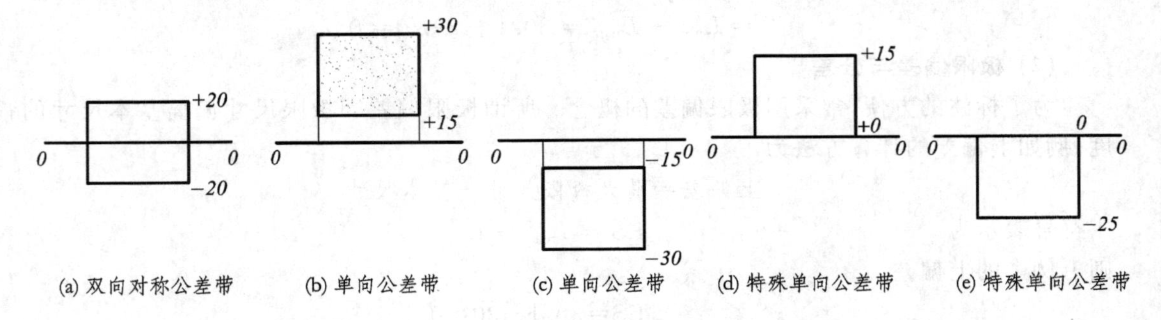

图 14－46　几个不同的公差带图(单位为 μm)

从图 14－47 的两公差带图中可以看到，尺寸公差决定于两个基本要素，即公差带的大小和公差带的位置。公差带的大小即公差带的宽度，取决于上下偏差值。而公差带的位置，当公差带位于零线上方时，它取决于下偏差；当公差带位于零线下方时，它取决于上偏差。通常把决定公差带位置的那个偏差称为基本偏差。

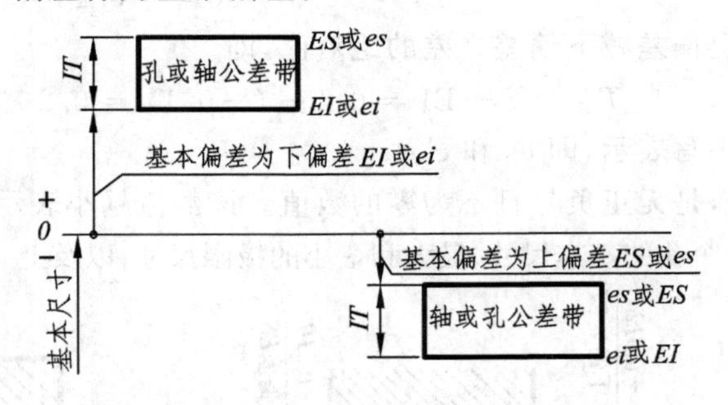

图 14－47　基本偏差

2. 配合与公差

(1) 三类不同性质的配合

两个基本尺寸相同的轴和孔装配在一起时称为配合。多数情况下，希望轴能在孔中转动或往复运动，那么此时轴与孔之间须存在间隙即轴小于孔，故常称此时的轴和孔是间隙配合；有时由于结构上的原因，希望轴装入孔后与孔成为一整体，即轴与孔无相对运动，那么此时轴与孔之间不仅无间隙，而且轴要大于孔，故这种情况称为轴与孔是过盈配合。少数情况下，设计师希望轴与孔的配合，可能是过盈，也可能是间隙，但间隙与过盈都比较小，这种配合称为过渡配合。

图 14－48 用公差带直观地说明三类不同性质的配合，即间隙配合、过渡配合和过盈配合。值得注意的是，三个图中，孔的公差都是相同的，只改变轴的公差，就可以得到不同性质的配合。

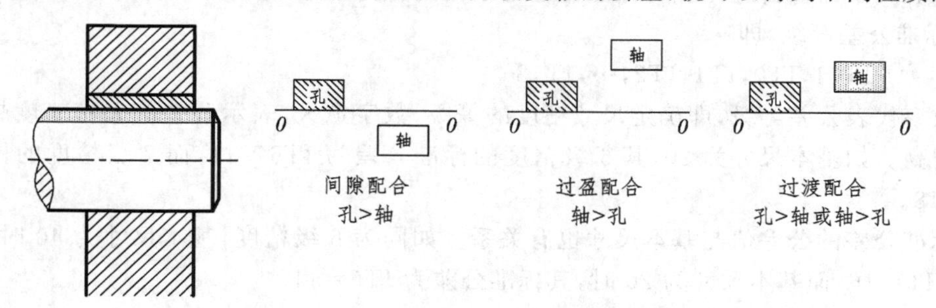

图 14－48　三类不同的轴孔配合

（2）国标中规定的基本偏差与标准公差

在配合中，如果孔的公差带不变，而改变轴的公差带，可以得到不同松紧程度的配合。为此，国家标准给出了各种不同公差值（公差带宽度）和基本偏差值（决定公差带位置），并且用代号来表示，如 H7 和 f6，其中孔用大写字母如 H，轴用小写字母如 f，H 和 f 表示公差带的位置。数字 6 和 7 代表精度，表示公差带的宽度。图 14－49 给出了国家标准规定的孔和轴各有 28 种

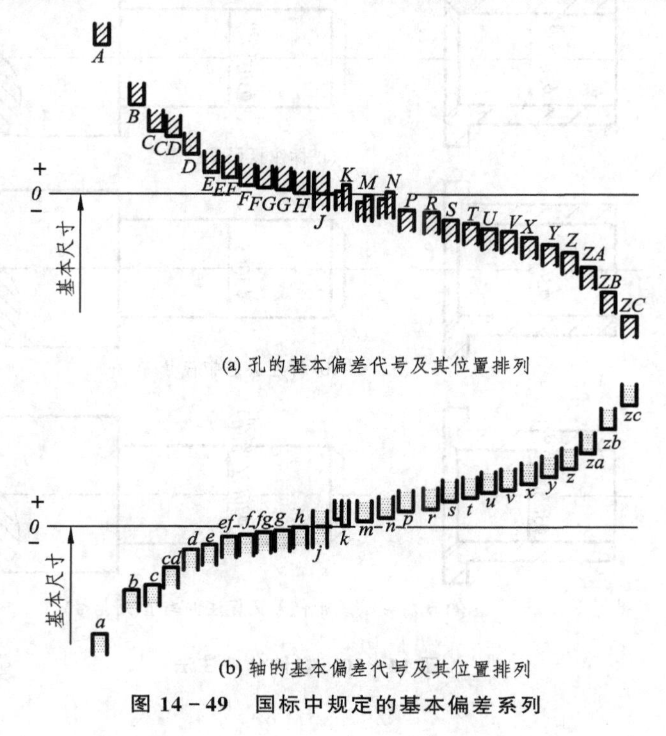

(a) 孔的基本偏差代号及其位置排列

(b) 轴的基本偏差代号及其位置排列

图 14－49　国标中规定的基本偏差系列

不同位置的基本偏差及其代号。图中仅画出基本偏差而未画出公差带的宽度，是因为公差带的大小取决于标准公差，显然，标准公差越小，说明精度越高，反之则越低。国家标准中规定了20种标准公差等级，即：

IT01，IT0，IT1，IT2，…，IT18

数字代表公差等级，即确定尺寸精度的等级，数字愈大，表示公差值大精确度越低；反之，精确度高。如基本尺寸为20，其6级精度的标准公差为IT6＝11，而7级精度的标准公差为IT7＝18。

标准公差的公差值与基本尺寸也有关系。如同为6级精度，基本尺寸为40时，其标准公差为IT6＝16；而基本尺寸为20时，其标准公差为IT6＝11。

(3) 公差在零件图上的标注

设已知一基本尺寸为$\phi30$的孔和轴，其公差代号为H8和f7，由表中查出的上下偏差值分别为孔$_{0}^{+33}$、轴$_{-41}^{-20}$，表中查出的值33即0.033，在标注上应写成$\phi30_{0}^{+0.033}$和$\phi33_{-0.041}^{-0.020}$。

在零件图上标注公差时，可以有三种注法，适合于三种不同的场合，如图14－50所示。其中，第一种是最常用的标注方法。

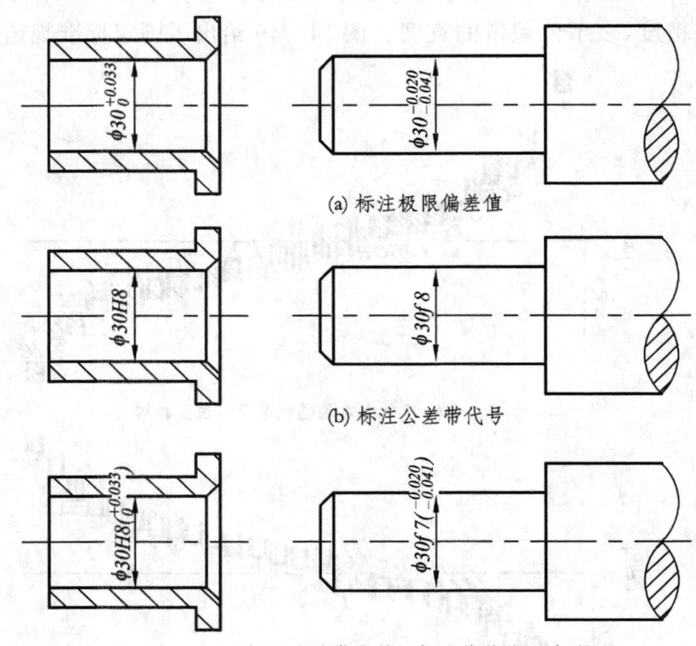

图14－50　零件公差注法

这三种注法是：

① 标注极限偏差值如图 14－50(a)所示，适合于多数场合。

② 标注公差带代号，如图 14－50(b)所示，通常适用于大量或大批生产的场合，因为这种情况下，采用专用量规检验，而量规上就标有公差带代号。

③ 既标注公差带代号又标注极限偏差值，如图 14－50(c)适用于试生产的场合。

(4) 配合的基制

在图 14－48 中，用改变轴的公差来达到不同的配合性质。这种配合基制称为基孔制，即孔为基准件。绝大部分机械部门和行业都采用基孔制，这是因为孔难加工，而轴是外表面，易于加工。在个别情况下需要使轴的公差不变，依靠改变孔的公差来达到不同性质的配合，此时轴为基准件。这种配合基制称为基轴制，如图 14－51 所示。

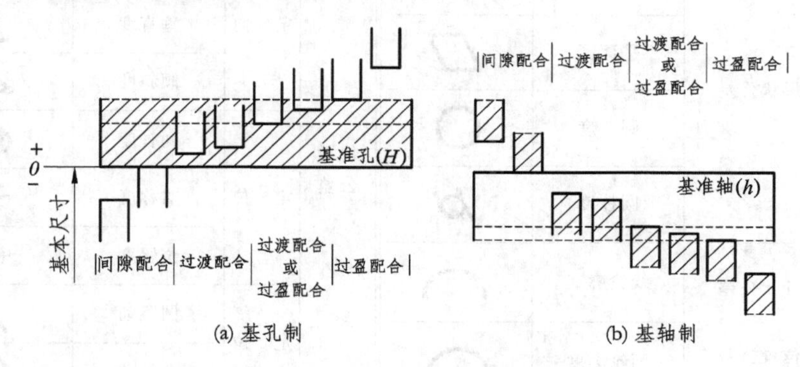

图 14－51　基孔制与基轴制

在装配图上，配合的标注用分数表示，分子写孔的公差带代号，分母写轴的公差带代号如图 14－52 所示。在基孔制中，孔为基准件，它用 H 表示，如 H7/g6 和 H8/f7。在基轴制，轴为基准件，它用 h 表示，如 F6/h5 和 N6/h5。

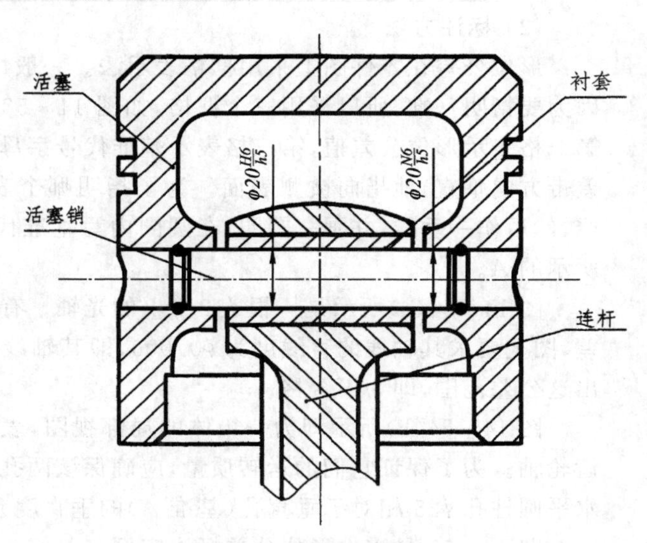

图 14－52　配合代号的标注

3. 形状和位置公差的基本概念及标注方法

(1) 基本概念

在机械加工中，除尺寸误差外，还会产生一些更为微观的几何形状和几何位置误差，而这些误差对机械产品性能和质量的影响远远大于尺寸误差的影响，越是精密的产品，越要限制几何形状和几何位置的误差，因此就有几何形状公差和几何位置公差。

所谓几何形状公差即允许的实际形状对理想形状的变动范围；位置公差即允许的实际位置对理想位置的变动范围。当然，理想形状和理想位置是有非常严格和严密定义的，而且测定起来也是非常困难的。这些由专门课程来讲述，这里仅介绍如何在零件图上标注这些公差。

为了严格限制这两类误差，国家标准规定了形位公差（形状公差和位置公差的总称）的分类、项目及代号，如表 14－6 所列。

表 14－6　形位公差分类、项目及代号

分　类	项　目	代　号	分　类		项　目	代　号
形状公差	直线度	—	位置公差	定　向	平行度	∥
	平面度	▱			垂直度	⊥
	圆　度	○			倾斜度	∠
	圆柱度	⌭		定　位	同轴度	◎
开状公差或位置公差	线轮廓度	⌒			对称度	⌯
	面轮廓度	⌓			位置度	⌖
				定　位	圆跳动	↗
					全跳动	⌰

（2）标注方法

形位公差在零件图上采用框格表示法。一般情况下，形状公差采用两个框格，而位置公差因为要指明基准，所以采用三个框格，如图 14－53(a)所示。通常第一格标注形位公差代号，第二格表示形位公差值，第三格表示基准代号字母，然后整个框格用指引线加箭头垂直（与公差带方向垂直）地指向被测表面。为了指明哪个表面是基准，在充当基准的部位附近画一粗线，然后作一垂线，并画一圆圈，在圆圈内写基准代号，表明该形状是基准，如图 14－53(b)中所示的 A。

图 14－54(a)所示是一根 $\phi12^{-0.017}_{-0.026}$ 的光轴。有时尽管尺寸公差合格，但其形状可能会有误差，图上要求其轴线的直线度为 $\phi0.006$，即其轴线形状只允许在形状为 $\phi0.006$ 的圆柱内，超出这公差范围，即为不合格。

图 14－54(b)所示即为一箱体的局部视图，表示两个 $\phi25$ 的孔为装入两互相垂直的圆锥齿轮轴。为了保证它们的运转质量，应确保该两孔的轴线互相垂直。图上形位公差的意义即水平圆柱孔 $\phi25$ 相对于垂直孔（基准 A）的垂直度允许误差为 0.05。

图 14－55 是零件形位公差标注实例。

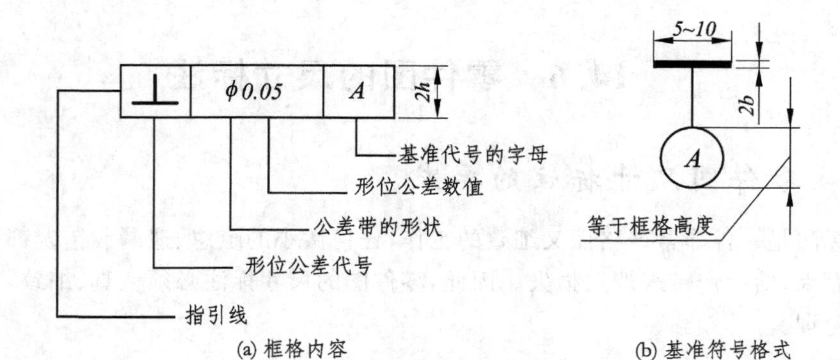

(a) 框格内容　　(b) 基准符号格式

图 14－53　框格表示法

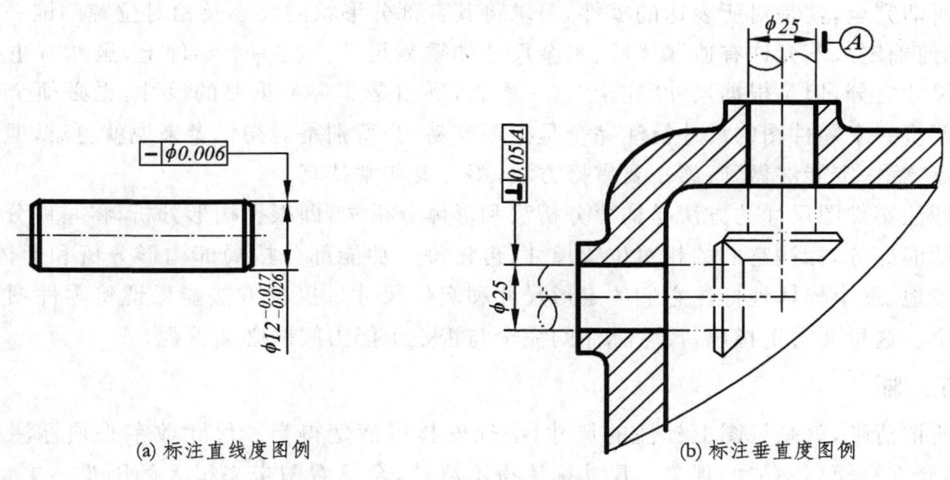

(a) 标注直线度图例　　(b) 标注垂直度图例

图 14－54　形位公差的标注

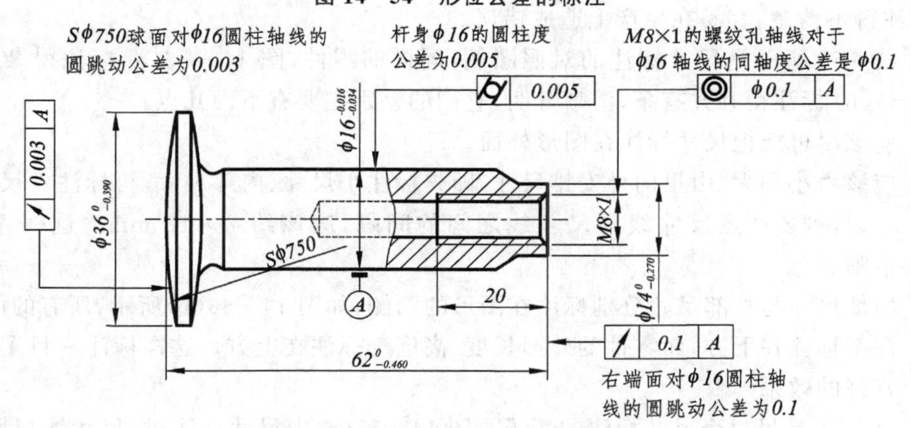

图 14－55　零件形位公差标注实例

14.6　零件图的尺寸标注

14.6.1　零件图尺寸标注的要求

尺寸标注是一件非常严格而又细致的工作，任何微小的疏忽、遗漏或错误都可能在生产上造成不良后果，给生产带来严重损失。因此，零件图的尺寸标注必须认真、细致，并要求做到完全、清晰、合理。

1. 完　全

所谓完全，就是对所表达的零件，要求将其各部分形状的大小及相对位置都惟一确定下来(即几何确定)，不允许有遗漏尺寸、多余尺寸和重复尺寸。在一个零件上，虽然有主要尺寸和次要尺寸之分，但是根据尺寸"完全"这一概念，哪怕是非常不重要的尺寸，也必须全部标注出来。要将一个零件图的尺寸标注完全是很不容易的，特别是对初学者来说就更难，但是只要注意两点，就一定能够做到：第一要掌握方法，第二要非常认真。

标注零件图尺寸的方法是构形分析法和形体分析法，即根据构形分析，将零件分解成几个大的功能部分，标注它们的相对位置尺寸，再将每个功能部分按局部构形分析和形体分析，认真细致地、逐个形体地标注它们的定形尺寸和定位尺寸。这种方法能保证将零件图的尺寸标注完全。这里要着重指出，尺寸标注的完全与否是个能力问题必须重视。

2. 清　晰

所谓清晰，就是说图上标注的尺寸，必须安排得清楚得当。尺寸数字必须标注得清晰易认，不允许有模糊不清的现象。尺寸标注得不清楚，会给看图带来很大的困难。更重要的是，尺寸标注得不清楚，容易在生产上造成错误。

图 14－56 所示是尺寸标注的对照图例，同样的零件，图 14－56(a)标注得杂乱无章，而图 14－56(b)标注得井井有条，清晰分明，它们的差别主要有下面几点：

- 应该尽可能把尺寸标注在图形外面。
- 应该由小到大、由里向外安排尺寸，即先标注小尺寸、内部尺寸，再标注大尺寸、外部尺寸，特别要注意尺寸线与尺寸线之间的间隔，应该约 7～10 mm。这样才能标注得清晰。
- 内部尺寸与外部尺寸分别标注在图形的两侧，如图 14－56(b)所示，所有的内部尺寸孔深都标注在下方，而零件的外形长度、高度都标注在上方。这样标注一目了然，起到非常好的效果。

图 14－57 是另一个尺寸标注的例子。图 14－57(a)中尺寸标注时，尺寸线与尺寸界线不合理的交叉，使图形非常不清晰；而图 14－57(b)标注时，注意尺寸界线与尺寸界线合理的交

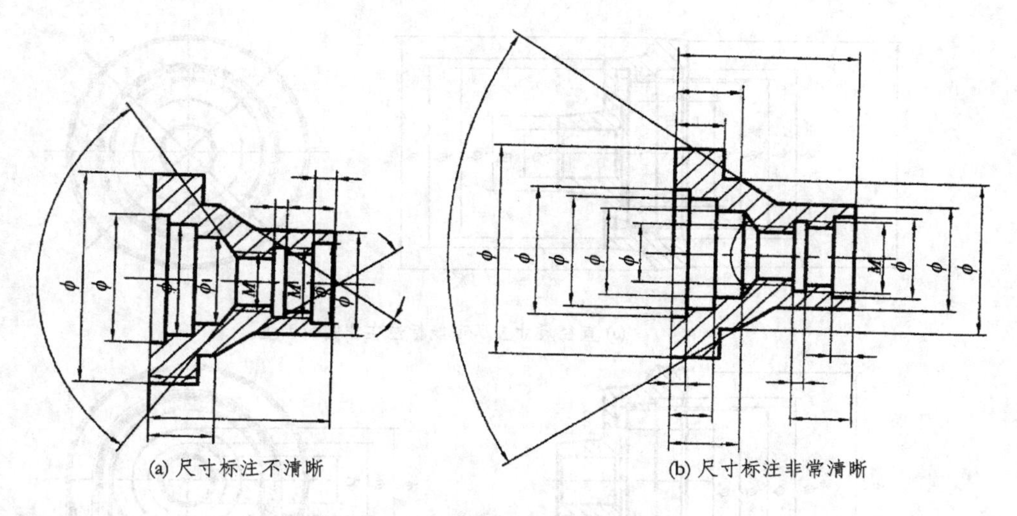

图 14-56　尺寸标注清晰正误对比(一)

叉,使图形保持清晰。图 14-58 说明直径尺寸应避免标注在同心圆的视图上。

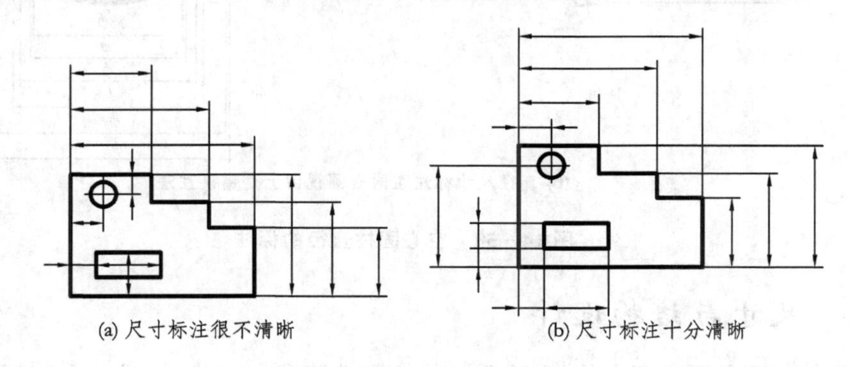

图 14-57　尺寸标注清晰正误对比(二)

图 14-58 说明通常把圆柱的直径标注在非圆的视图上。如图 14-58(a)所示,其圆形视图实际上可以不画。图 14-58(b)中把圆柱直径都标注在同心圆上,给看图增加很大困难,此种拙劣注法应该避免。

严格遵守国家标准“尺寸标注”的规定,将使尺寸标注得清楚易认,这是尺寸标注清晰的关键。因此,在标注尺寸时,应参考第 1 章尺寸部分,特别是学会国家标准中规定简化注法,运用这种注法将使图形更显清晰。

3. 合　理

合理就是说尺寸应标注得合乎设计和工艺要求。在讲平面图形和组合体时,已经涉及到尺寸标注的基准问题,这是最基本的合理。下面两节将讲述结构设计与尺寸标注、尺寸与工艺。

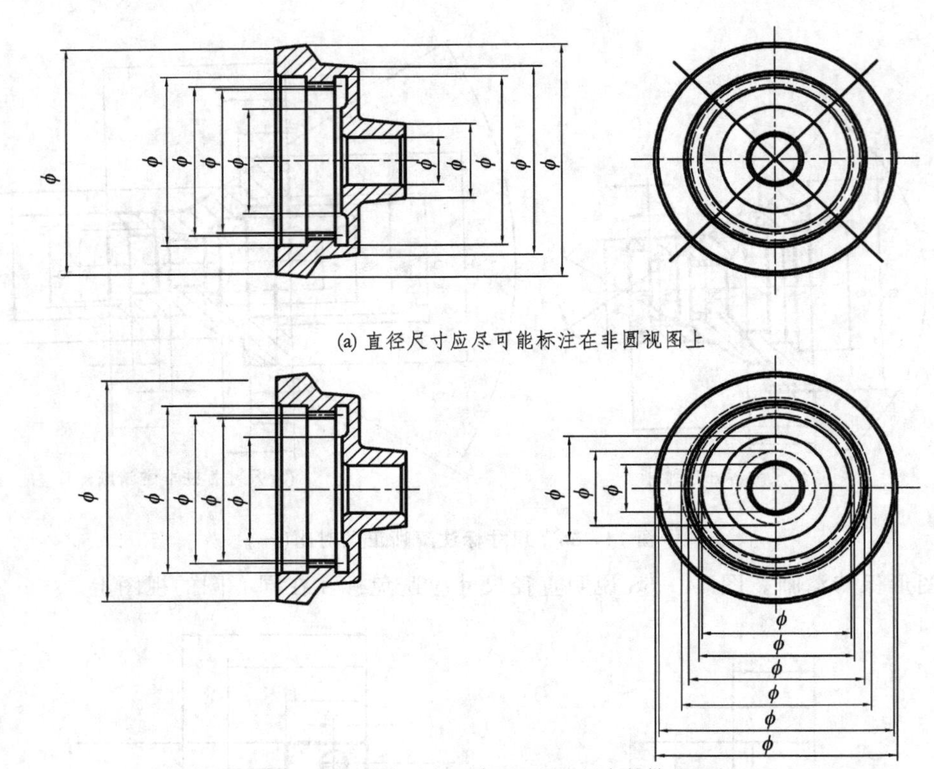

(a) 直径尺寸应尽可能标注在非圆视图上

(b) 直径尺寸标注在同心圆视图上是错误注法

图 14－58　空心圆柱直径的标注

14.6.2　尺寸与结构设计

所有零件都不是孤立存在的，它总要与其他零件装配在一起，构成一个装配体。因此，从构形上看，零件的形状与大小必须满足零件间的装配关系。这种关系主要有配合、连接、传动及协调等。而在标注零件尺寸时，必须保证零件间的这种装配关系。

1. 配合尺寸

所谓配合是指两个零件装配在一起，依靠其基本尺寸相同来保证相互配合的装配关系。这时，它们的基本尺寸称为配合尺寸。常见的配合有圆柱配合、锥度配合和长度配合，如图 14－59 所示。

图 14－59(a)中柱塞在孔内转动或沿轴方向作往复运动，所以它们的直径，即配合尺寸必须相同，均为 $\phi20$。图 14－59(b)为一活门，依靠其锥顶角相同，即锥轴和锥孔的锥顶角均为 60°，保证活门处于关闭状态。这是锥度配合，60°是锥度配合尺寸。图 14－59(c)中，滑块与槽

沿垂直于纸面的方向作往复相对运动，所以它们的长度必须相同。这是长度配合，20 即为长度配合尺寸。

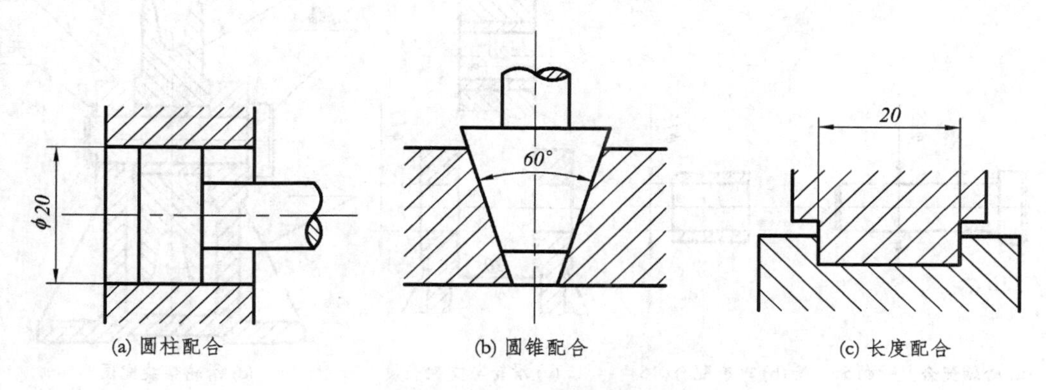

图 14-59　三种不同的配合

图 14-60 是常见的普通滑动轴承的配合尺寸图例。从图上可以看出，轴承盖上的孔径 ϕ55 与上轴瓦的轴径 ϕ55 是圆柱配合尺寸；而轴承盖上的宽度 40 与上轴瓦上的宽度 40 是长度配合尺寸。它们必须尺寸相同才能保证正确的装配关系，上轴瓦中有半个圆柱，但加工时与下轴瓦一起加工，所以为了加工和测量方便，应标注直径 ϕ55，而标注 $R27.5$，则是错误的。

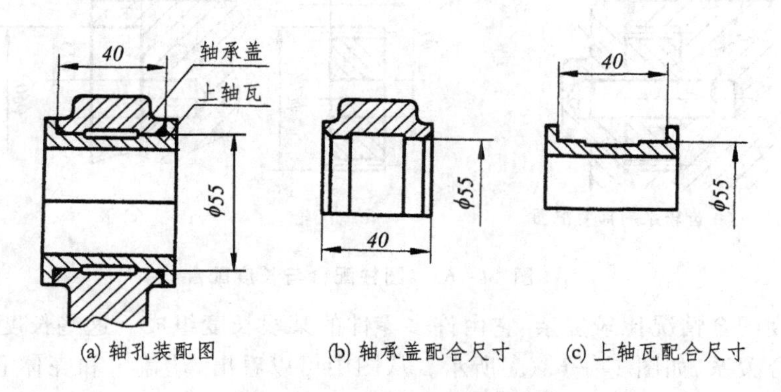

图 14-60　圆柱配合与长度配合尺寸

图 14-61 是一滑轮支架，通过心轴和滑轮被支承在支架上，滑轮轮毂宽度 20、衬套宽度 20，与支架宽度 20 又是长度配合的另一个图例。从图中还可看出，心轴直径 ϕ15、支架孔径 ϕ15，与衬套内孔孔径 ϕ15 是圆柱配合尺寸。

图 14-62 中，齿轮的齿顶圆直径 ϕ60，应与壳体放置齿轮的孔 ϕ60 相同，小轴直径 ϕ15，应与壳体的 ϕ15 孔直径相同。此外，齿轮厚度 20.5，应与壳体上齿轮孔深度 20 加上密封垫片厚度 0.5 尺寸相等，即 20.5＝20＋0.5。这样才能保证正确的装配关系。

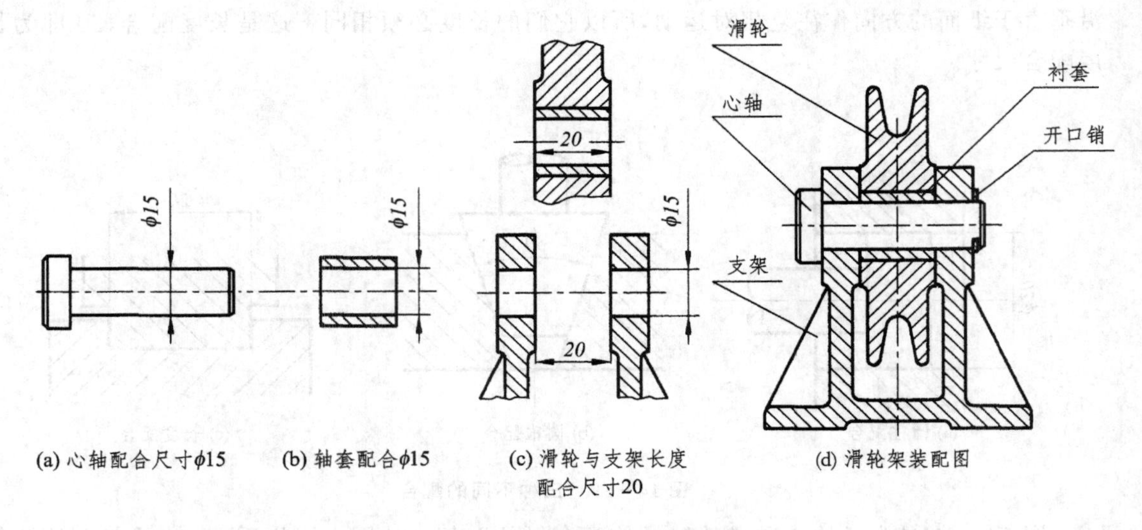

图 14-61　圆柱配合与长度配合

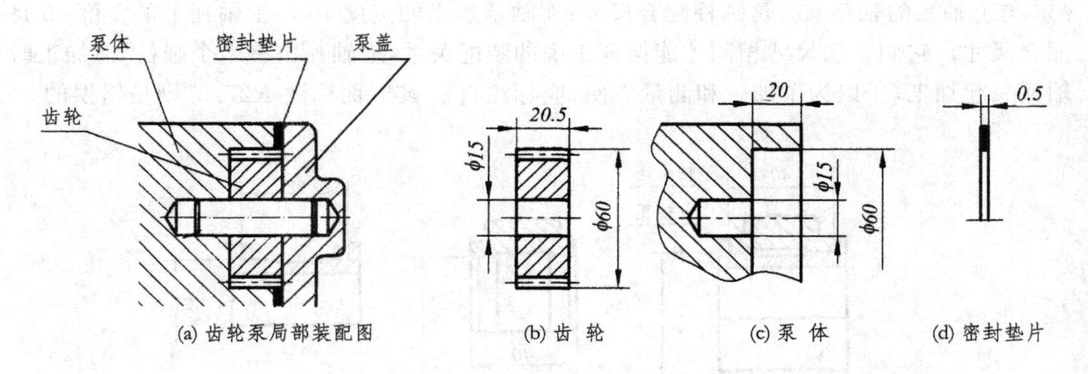

图 14-62　圆柱配合与长度配合

有时长度配合情况比较复杂，它由许多零件的某段长度组成。这些长度尺寸排列起来，满足一定的配合关系，如图 14-63(a)所示。从图中可以看出，端盖Ⅰ和壳体Ⅱ的基本尺寸 $A+B$ 应等于衬套Ⅲ、轴Ⅳ、衬套Ⅴ的基本尺寸 $C+D+E$。通常把这种成串排列满足一定装配关系的尺寸，称为装配尺寸链，简称尺寸链，如图 14-63(b)所示。把尺寸链中的每一段尺寸，如图中的 $A,B,\cdots,E$，称为尺寸链的一个环。

当单独标注图 14-63 中每个零件的尺寸时，应首先标注尺寸链各环的尺寸。例如，在标注端盖的尺寸时，首先应标注尺寸 A，以保证配合的顺利进行。

由于这些尺寸须满足一定的设计要求，所以是设计尺寸。又由于它们都是从设计要求出发标注的尺寸，因此也可以说是由设计基准标注尺寸。从工艺的角度看，图 14-63 中的尺寸 A 标注得很不合理，因为它不便于加工与测量，或者说它不是由工艺基准标注尺寸。这里要强调指出，在标注零件图的尺寸时，一些重要的设计尺寸，应该按设计基准标注尺寸，即使这种注法给工艺带来很大的不便，此时工艺要求也应服从于设计要求。

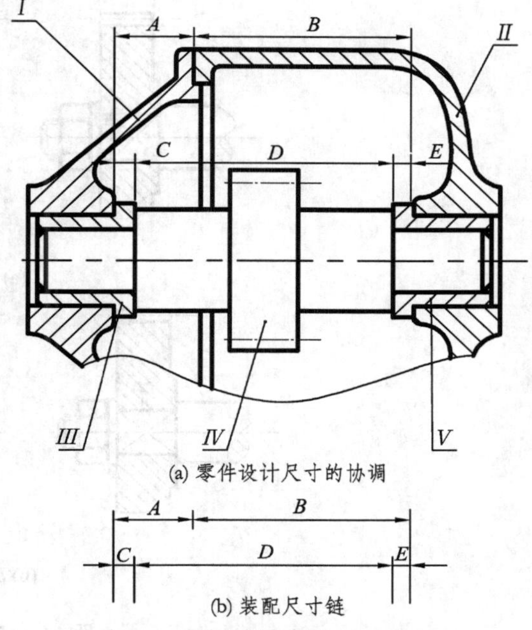

(a) 零件设计尺寸的协调

(b) 装配尺寸链

图 14－63　按设计基准标注尺寸

2. 协调尺寸

有时零件间的尺寸并不一定要求相互配合，但却要求相互协调，以图 14－64 的滑轮支架为例，为使心轴在轴向定位，采用了开口销。这样，心轴上开口销孔的中心位置必须按设计基准标注 L_1，且 L_1 必须略大于支架宽度 L_2 与开口销孔的半径之和，即 $L_1 > L_2 + \phi/2$，如图 14－64所示。若 $L_1 = 20$，$L_2 = 18$，开口槽直径 $\phi 2$，则 $20 > 18 + 1$，所以尺寸能很好协调。

图 14－65 说明为了保证齿轮可靠的轴向定位，齿轮的宽度 L 与轴颈的长度必须协调，即 $L_2 > L_1$，如图(a)为正确，图(b)为不正确。

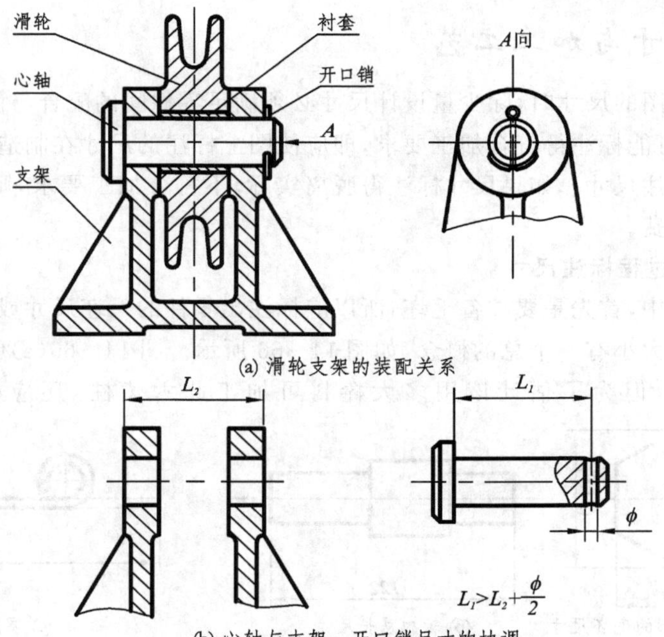

(a) 滑轮支架的装配关系

(b) 心轴与支架、开口销尺寸的协调

图 14－64　零件间尺寸的协调

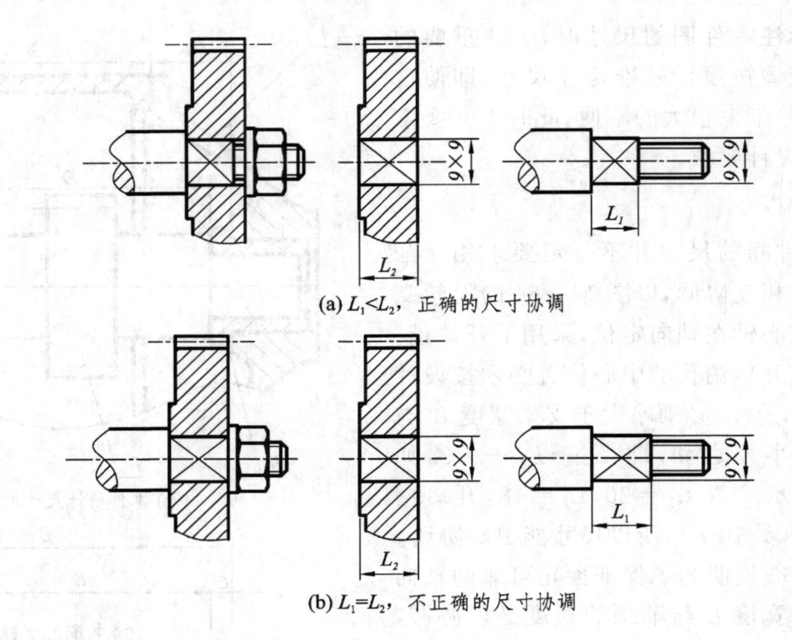

(a) $L_1<L_2$，正确的尺寸协调

(b) $L_1=L_2$，不正确的尺寸协调

图 14－65　零件间尺寸的协调

14.6.3　尺寸与加工工艺

在标注零件图的尺寸时，除少量设计尺寸必须满足零件间的配合与协调关系之外，其余大多数尺寸，应尽可能标注得符合加工要求，即应使图上标注的尺寸在制造、检验和测量时方便，或按工艺基准标注尺寸。如果尺寸标注得脱离实际，不符合加工要求，则会造成人力、物力和时间等方面的浪费。

(1) 按加工过程标注尺寸

在加工过程中，首先是要准备毛坯，所以应标注出零件的毛坯尺寸或总体尺寸，以便估料、下料或对零件的大小有一个总的概念，如图 14－66 所示。图 14－66(a)中的六棱柱，应标注扳手宽度尺寸19，但为了估计该用多大棒料可加工此六棱柱，还应标注参考尺寸21.9。

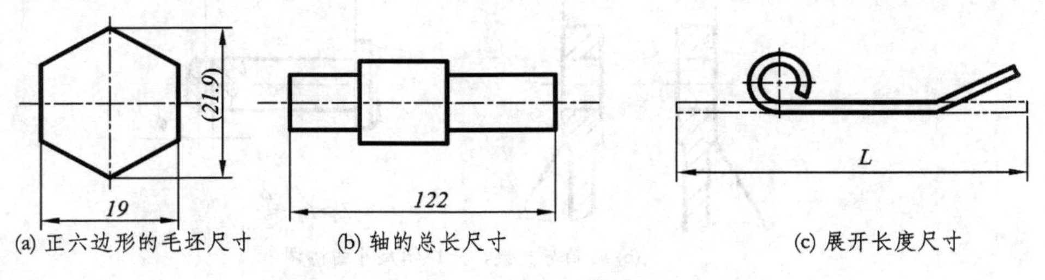

(a) 正六边形的毛坯尺寸　(b) 轴的总长尺寸　(c) 展开长度尺寸

图 14－66　标注毛坯尺寸

图 14－66 (b)是一个简单的轴,必须标注总长尺寸 122,以便下料或估料。图 14－66 (c)是一个板料零件,通常应画出展开图并标注展开尺寸,以便下料。

在加工过程中,会有不同的阶段,如铸、锻后再经机械加工。因此,对不同工种所需的尺寸,最好分别标注,以利于看图。例如,对铸造后经机械加工的零件,铸造与机械加工所需的尺寸可分别标注,如图 14－67 所示。其中,图 14－67(a)为不正确注法。这种注法,当加工右端面时,由于铸造误差,要同时满足 20, 100 和 108 是困难的。图 14－67(b)为正确注法,其中 88 和 8 为铸造尺寸,铸造面只应有一个尺寸 20 与加工基准相联系。

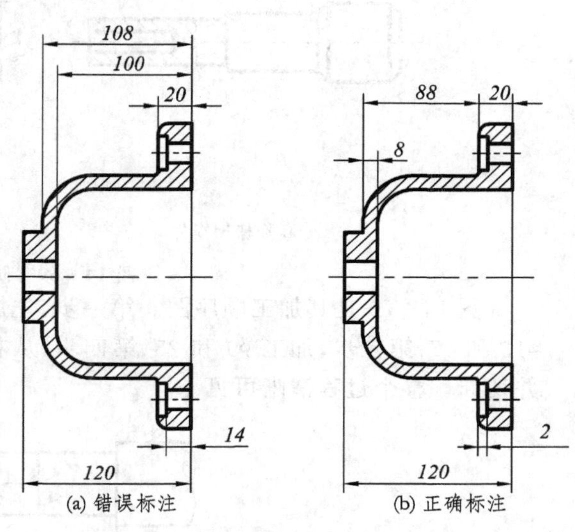

(a) 错误标注　(b) 正确标注

图 14－67　铸造尺寸与机械加工

图 14－68 中的零件,在加工过程中,为了加工小孔,钻头应该从孔中下去,所以图 14－68(a)的尺寸 9 和 45°正好给出钻头的位置,是正确的;而图 14－68(b)中虽然也给出 45°,但是给出与垂直方向的角度,而尺寸 3 对确定钻头的位置没有作用,或说根据尺寸 3 不知如何下钻头来钻这个孔,所以是错误的。

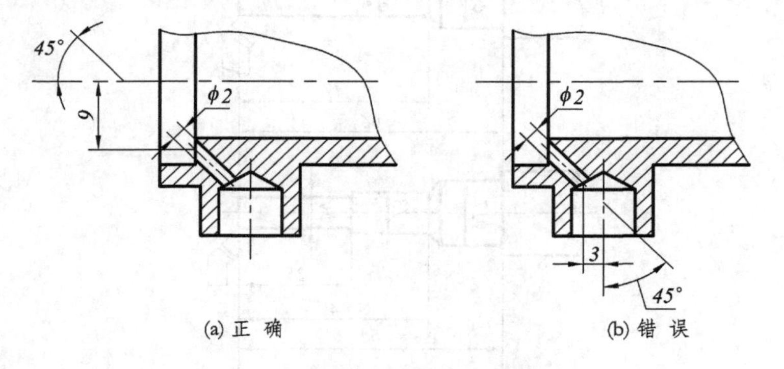

(a) 正 确　(b) 错 误

图 14－68　尺寸与工艺

(2) 按加工顺序标注尺寸

按加工顺序标注尺寸,对于选择基准,直接测量,避免尺寸换算都是非常方便的,因此是很好的标注尺寸方法,所以零件上除非有特殊设计要求的尺寸外,其余的尺寸均应按加工顺序标注尺寸。

例 14－1　阶梯轴尺寸标注。

图 14－69(a)是一个典型阶梯轴,图 14－69(b)是其尺寸标注图。从图中可看出,它以右

端面为基准标注尺寸，这是正确的，因为它符合加工顺序。

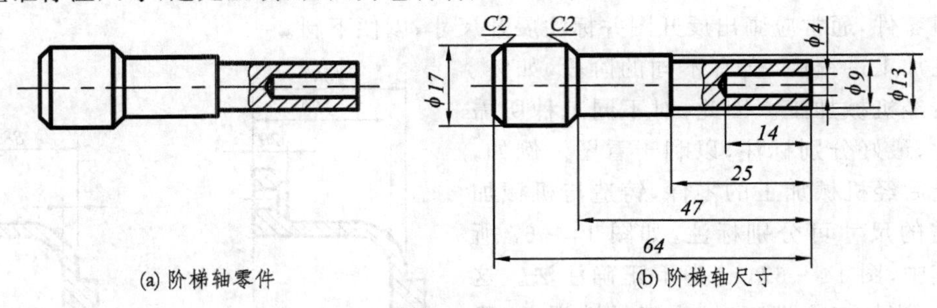

(a) 阶梯轴零件　　(b) 阶梯轴尺寸

图 14-69　阶梯轴的尺寸标注

图 14-70 是其加工顺序图。第一步，先加工 ϕ17 和总长 64；第二步，以右端面为基准加工 ϕ13 和 47；第三步，加工 ϕ9 和 25；第四步，从右端面钻孔 ϕ4 和 14；第五步，加工左端面及倒角并切断。整个过程清晰可见。

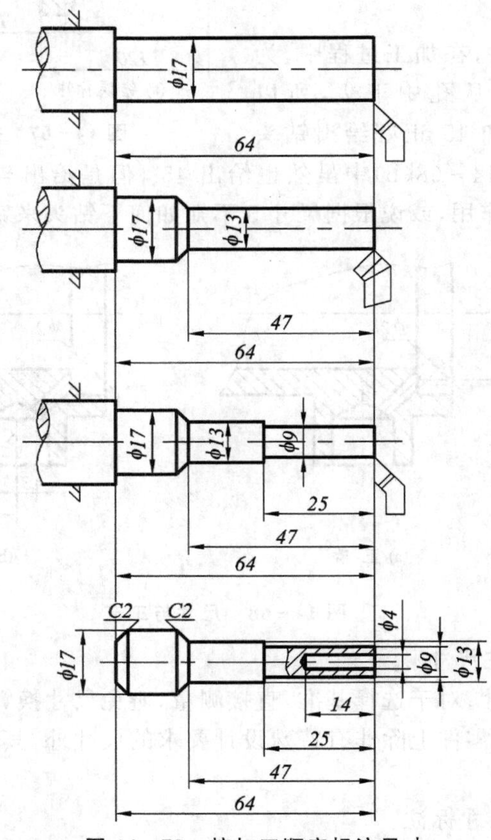

图 14-70　按加工顺序标注尺寸

图 14－71 是个错误注法，它以左端面为基准。如果按图 14－71 那样标注尺寸，则不符合加工顺序，不仅要进行尺寸换算，而且增加了加工和测量的难度。

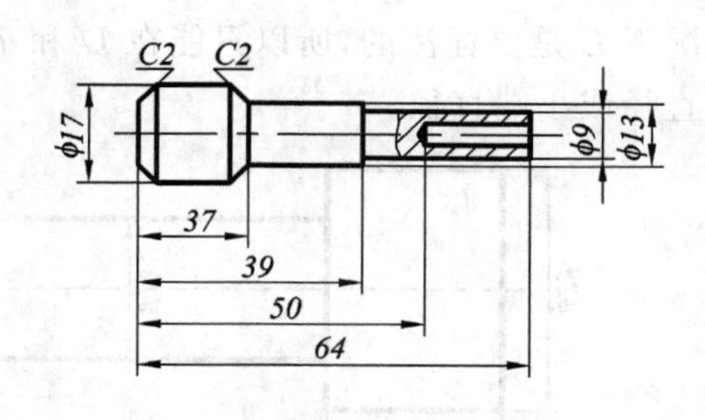

图 14－71　错误的阶梯轴尺寸标注

例 14－2　阶梯轴的尺寸标注。

图 14－72(a)是另一阶梯轴零件。与例 14－1 不同的是，这个轴以两端面为基准标注尺寸。图 14－72(b)是其标注尺寸图。

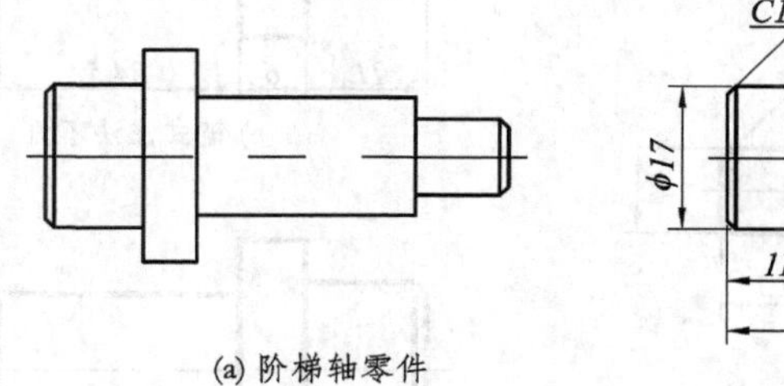
(a) 阶梯轴零件

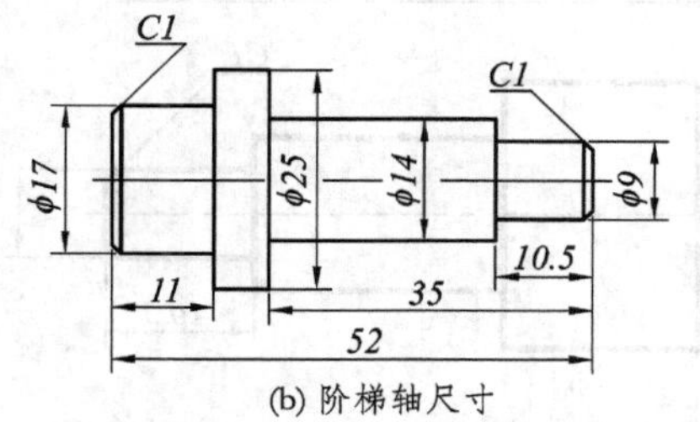

(b) 阶梯轴尺寸

图 14－72　阶梯轴尺寸标注

图 14－73(a)是其加工顺序图。第一步下料，先以左端面为基准车成 ϕ25 长 52；第二步以右端面为基准，车出 ϕ14 长 35；第三步仍以右端面为基准，车出 ϕ9 长 10.5，并车倒角 1×45°；第四步调头，以左端面为基准，车出 ϕ17 长 11，并车倒角 1×45°。至此整个轴加工完毕。中间一段长度为 6 不必标注（它最后自然形成），否则会成封闭尺寸，属多余尺寸。图 14－73(b)和(c)是两个常见错误标注方法。图 14－73(b)虽然排列整齐，但它是错误的；图 14－73(c)基准选择错误。

例 14－3　阶梯孔尺寸标注。

图 14－74(a)是个典型的阶梯孔；图(b)是其标注尺寸图。

图 14－75 是其加工顺序图。从图(a)中可以看出，它也是以两端为基准标注尺寸，中间一段仍为自然形成，不必标注尺寸，也不能标注尺寸，因为它无法测量。

图 14－75(b)和(c)是常见阶梯孔尺寸注法的错误。图 14－75(b)为链式注法，显然这种注法不符合加工顺序，尺寸 A 无法测量。图 14－75(c)都以左端面为基准标注，显然也是错误的，中间标有 A 的两个尺寸，均无法直接测量。

例 14－4　圆锥轴和圆锥孔的尺寸标注。

对于非配合的圆锥轴和孔的尺寸标注，可简单地标注其大小端的直径，以及锥轴长度和锥孔深度，如图 14－76 所示。

① 对于需要配合的圆锥轴和圆锥孔，锥度或锥顶角是配合尺寸必须标注，因此从锥度 $2\tan\alpha=(D-d)/L$ 中，只要 α 角已知，即 D,d 和 L 三个尺寸中，只需再标注两个即可，一般情

况下 L 是要标注的，所以只能在 D 和 d 中任选其一，因此就要根据加工顺序，选择是标注大端直径或小端直径。

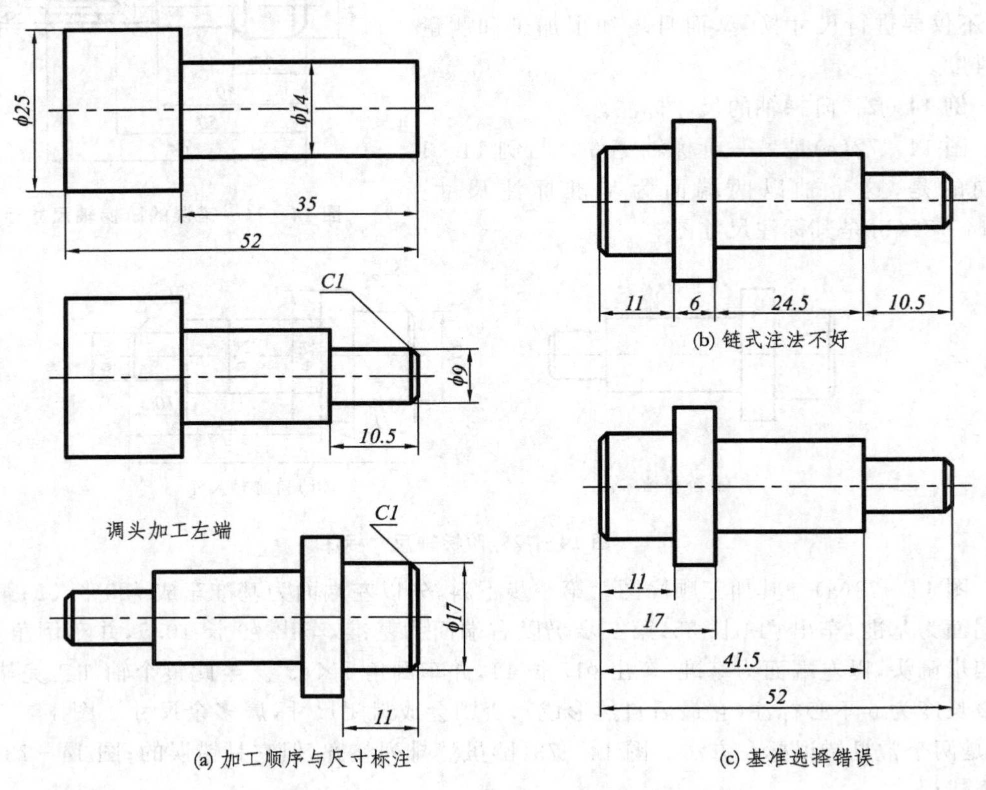

图 14－73　按加工顺序标注阶梯轴尺寸

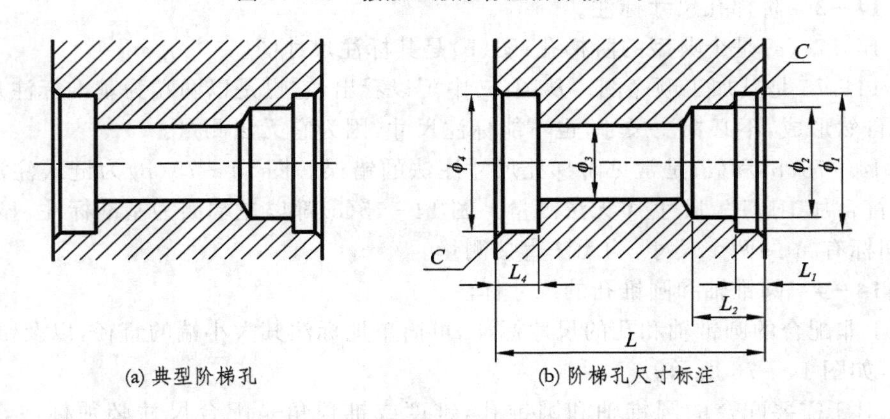

图 14－74　典型阶梯孔尺寸标注

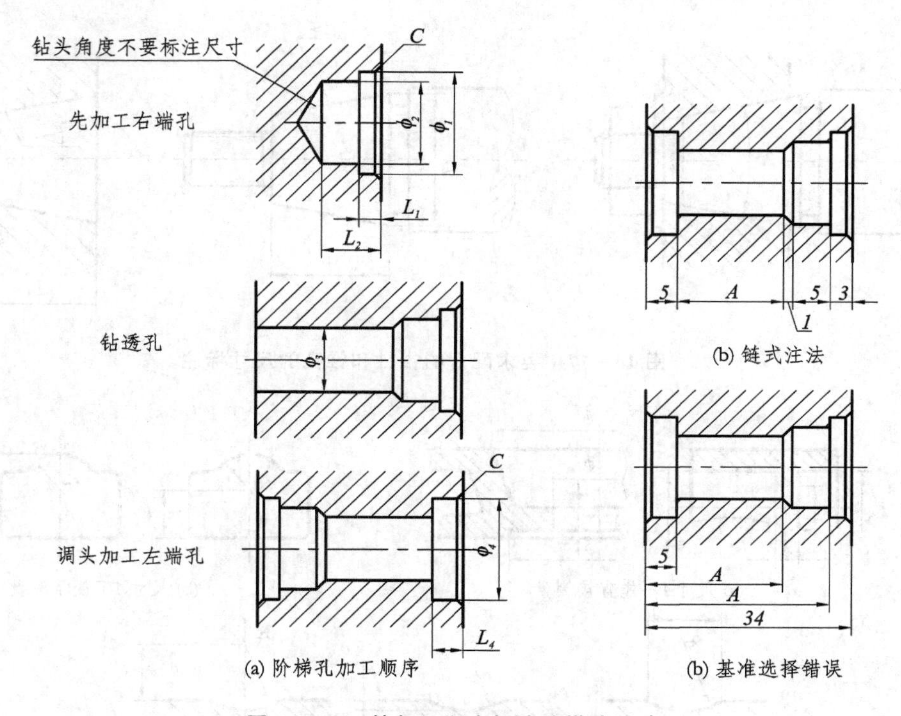

(a) 阶梯孔加工顺序

(b) 链式注法

(b) 基准选择错误

图 14－75　按加工顺序标注阶梯孔尺寸

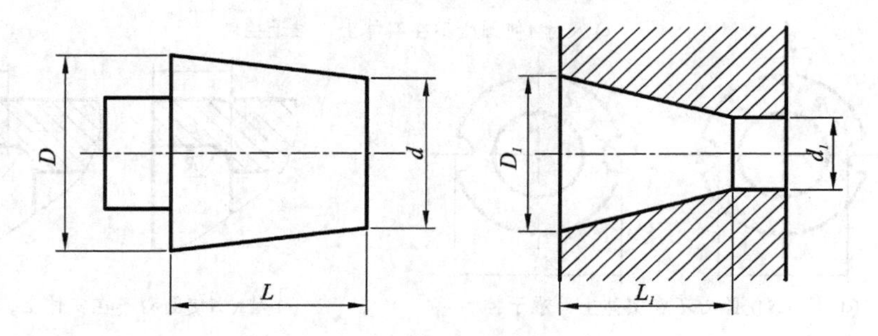

图 14－76　圆锥轴和孔的尺寸标注

② 从图 14－77 中可以看出，对于有配合的锥轴，应标注锥度、L 和大端直径 D，再根据要求的锥度加工成锥。这时，小端直径是自然形成，当然就无须标注其尺寸了。对于有配合的圆锥孔，应该标注锥度、L 和小端直径 d，因为加工锥孔时，必须先加工出小端直径 d 的圆柱孔，然后再根据锥度扩成圆锥孔。这时大端直径自然形成，当然就无须标注其尺寸了。

③ 有时标注尺寸要考虑加工和测量的方便，特别是要便于直接测量。为此，应尽可能从实际存在的基准面标注尺寸，在图 14－78 中，标有尺寸 A 的图都是不好的或错误的注法。因为尺寸不便于测量，所以图中无尺寸 A 的图都是好的或正确的尺寸注法。

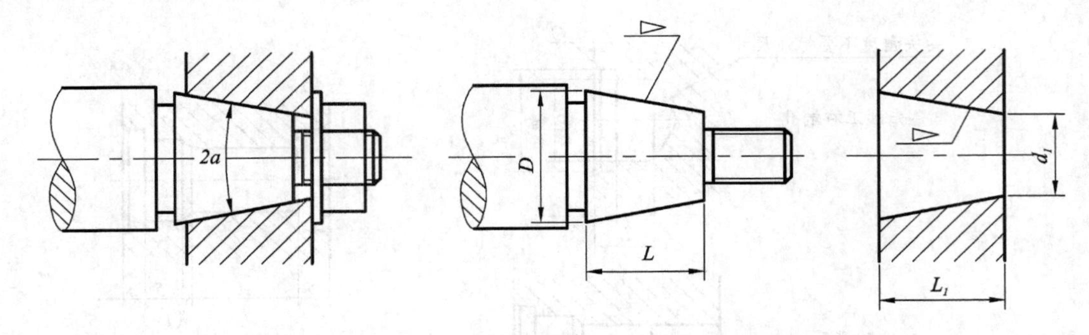

图 14-77 要求配合的锥轴和锥孔的尺寸标注

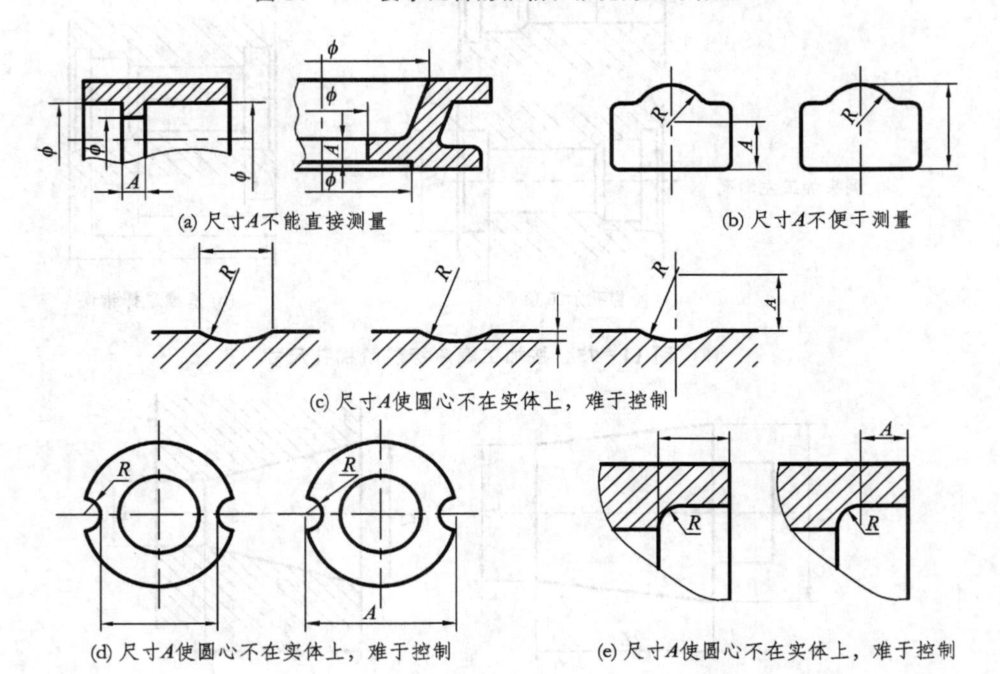

图 14-78 与测量有关的尺寸标注

④ 注出刀具直径及其行程尺寸以供参考，如图 14-79 所示。

图 14-79(a)中的尺寸 L 是从实际存在的表面标注尺寸，便于测量，也是设计要求的尺寸，因为它要保证能够放下螺母和垫圈。铣刀直径 $\phi55$ 可大可小是个参考尺寸。图 14-79(b)中，铣刀行程 L 是个设计尺寸，因为它是花键的有效长度，只要有效长度保证了，铣刀的直径可大可小，是个参考尺寸。

⑤ 对于一些装配后再一起加工的零件，在画零件图时，可以不画，如果画时，标注尺寸须加说明，如图 14-80 所示。

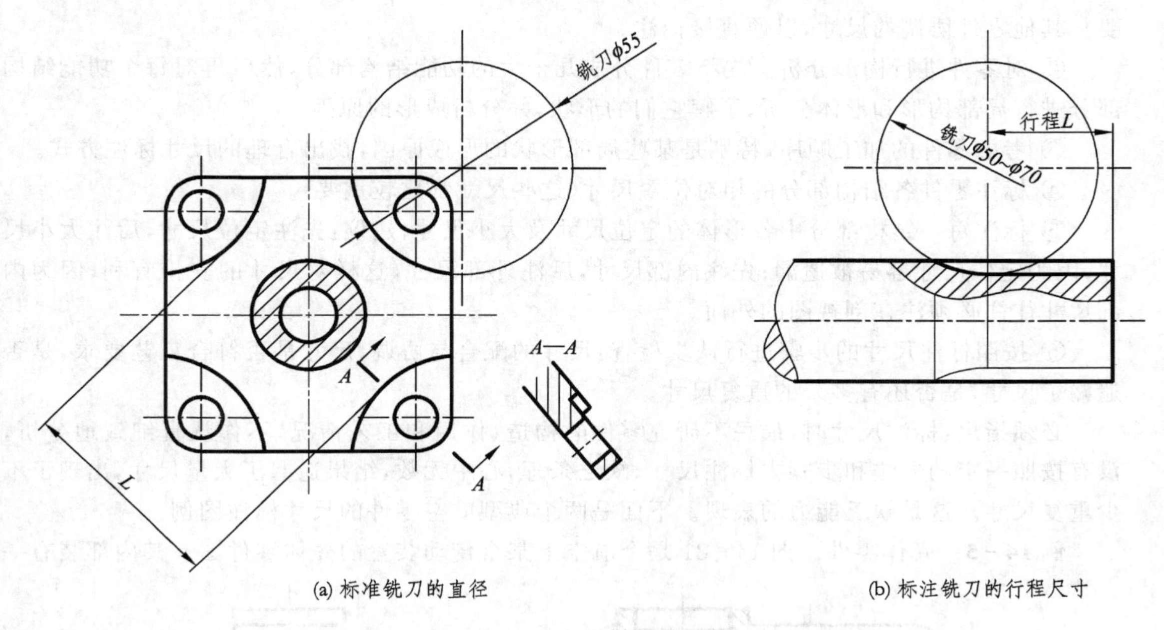

(a) 标准铣刀的直径　　(b) 标注铣刀的行程尺寸

图 14－79　尺寸与刀具

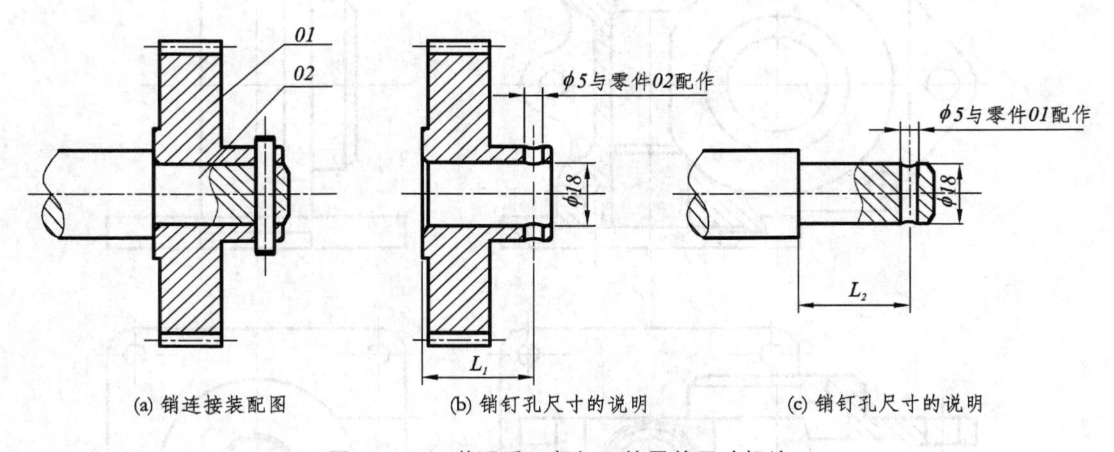

(a) 销连接装配图　　(b) 销钉孔尺寸的说明　　(c) 销钉孔尺寸的说明

图 14－80　装配后一起加工的零件尺寸标注

3. 标注零件图尺寸的步骤

从上两节的讲述中可以看出，零件上有少量尺寸必须与其他零件配合协调，是重要尺寸，必须直接标注，或者说必须按设计基准标注。除此之外，零件上大量尺寸应该尽可能标注得符合工艺要求，便于加工、安装与测量，因此标注零件图尺寸的步骤如下：

① 从装配体或装配图上弄清该零件与其他零件的装配关系，找出零件上的设计尺寸及需

要与其他零件协调的尺寸，以便直接标注。

② 对零件进行构形分析。先将零件分成几个大的功能结构部分，然后再对每个功能结构部分进行局部构形和形体分析，了解它们的形状，并分析成形的原因。

③ 考虑零件的加工顺序，特别是某些局部形状的形成原因，找出合理的尺寸标注方式。

④ 标注零件各结构部分的相对位置尺寸（这些尺寸都比较重要）。

⑤ 标注每一结构部分中各形体的定位尺寸及大小尺寸，建议：先注定位尺寸，后注大小尺寸，因为定位尺寸容易被遗漏；先注内部尺寸，后注外部尺寸，这样对尺寸的安排有利，因为内部尺寸往往必须注在剖视图的外面。

⑥ 按照标注尺寸的步骤进行认真检查：尺寸的配合与协调，尺寸是否符合工艺要求，是否遗漏了尺寸，是否还有多余的重复尺寸。

必须指出：标注尺寸时，最忌不研究零件的构造、作用和工艺情况，不作认真细致地分析，没有按照一定的方法和步骤去标注尺寸，缺乏条理，心中无数，结果遗漏了大量尺寸，出现了不少重复尺寸。这是缺乏能力的表现。下面是两个典型航空零件的尺寸标注图例。

例 14－5　壳体零件。图 14－81 是个航空上某个传动装置的壳体零件图。其内部装有一

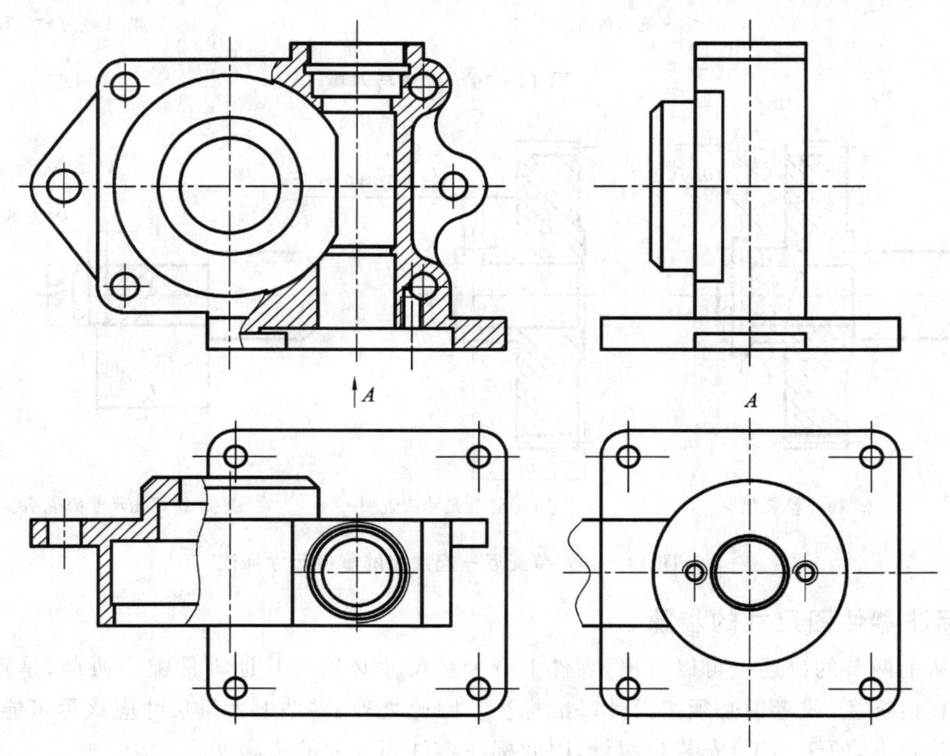

图 14－81　壳体零件图（构形分析）

蜗杆(竖放)与一蜗轮。因此,壳体零件内部空腔和将此空腔紧凑包容起来的外形为工作部分,空腔外部的四个孔是壳体与壳盖连接的螺栓通过孔,装蜗杆孔的下部的一个方盘及其上的四个螺栓通过孔是壳体与电动机的连接部分,最后在主视图上可看到左右两耳片及其上的两个通过孔,是整个传动装置安装到机器上用的安装孔。图 14－82 是其标注尺寸后的零件图(不包括公差)。

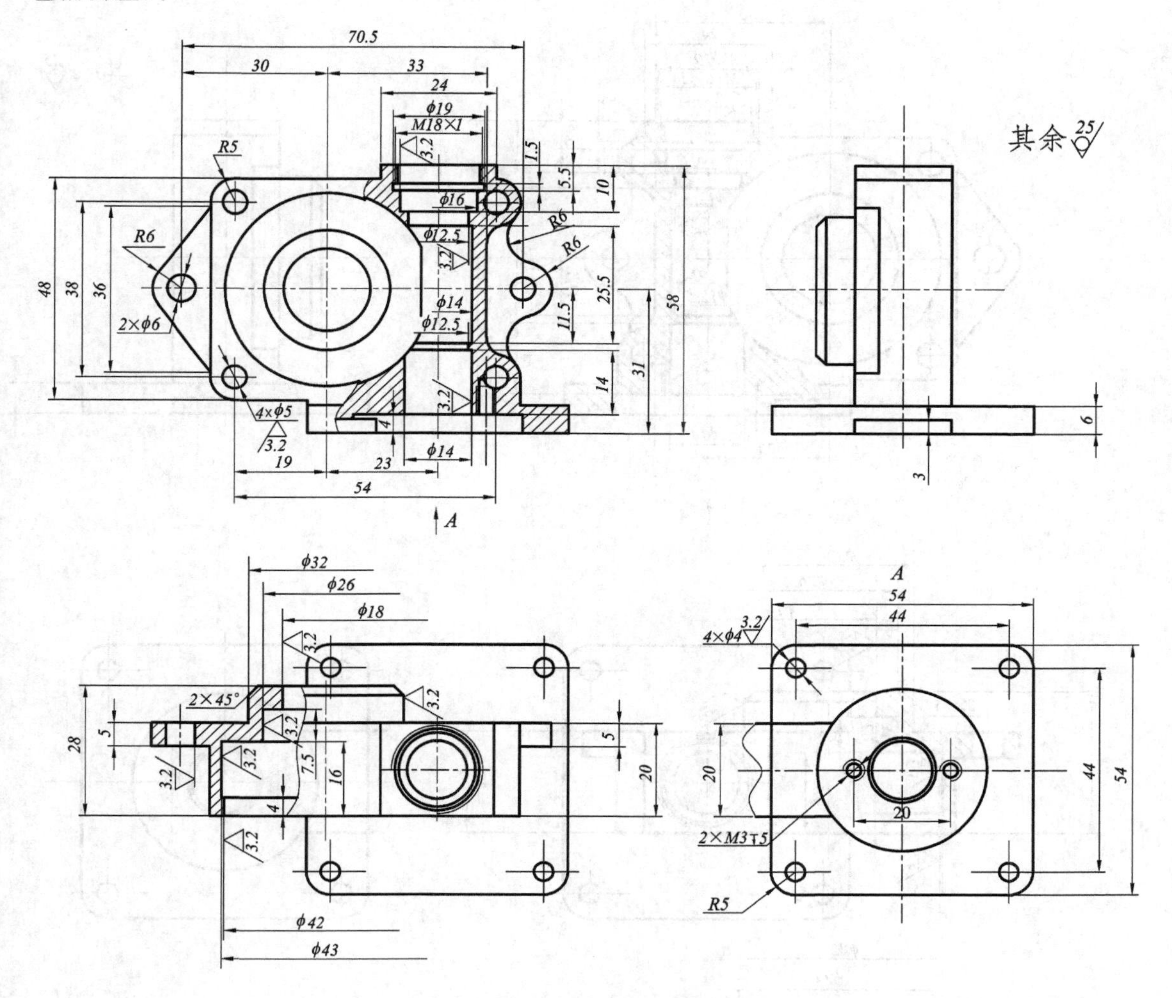

图 14－82　壳体零件的尺寸标注

标注此壳体零件尺寸的步骤如下:

① 标注重要设计尺寸,此零件的两交叉孔的轴心距是重要尺寸。

② 标注工作部分尺寸,如图 14－83 所示。

③ 标注连接部分尺寸，如图 14－84 所示。

④ 标注安装部分尺寸，如图 14－85 所示。

⑤ 将整个图的尺寸检查一遍，看是否有遗漏不清晰或基准错误，改正或补充后如图 14－82 所示。

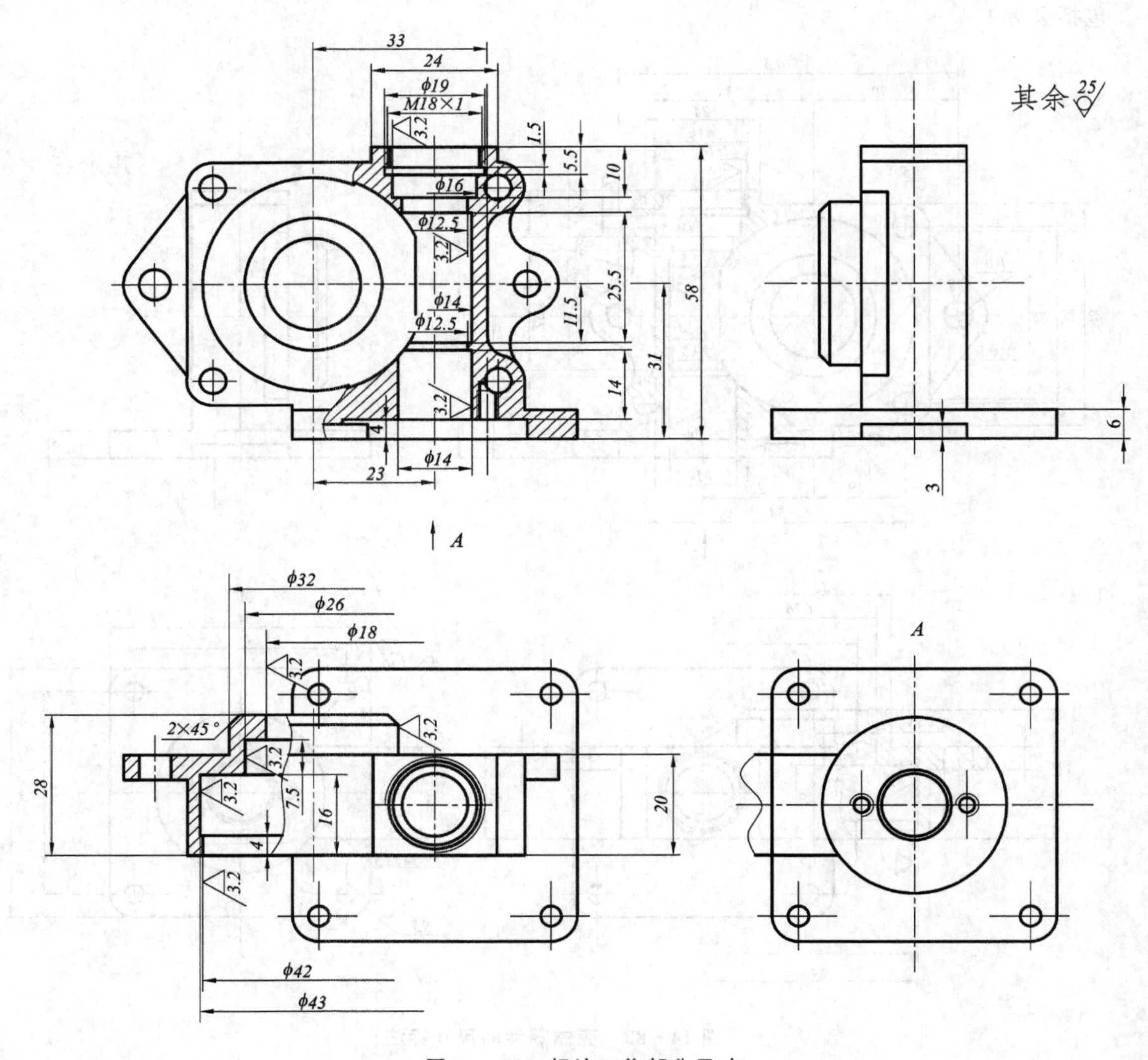

图 14－83　标注工作部分尺寸

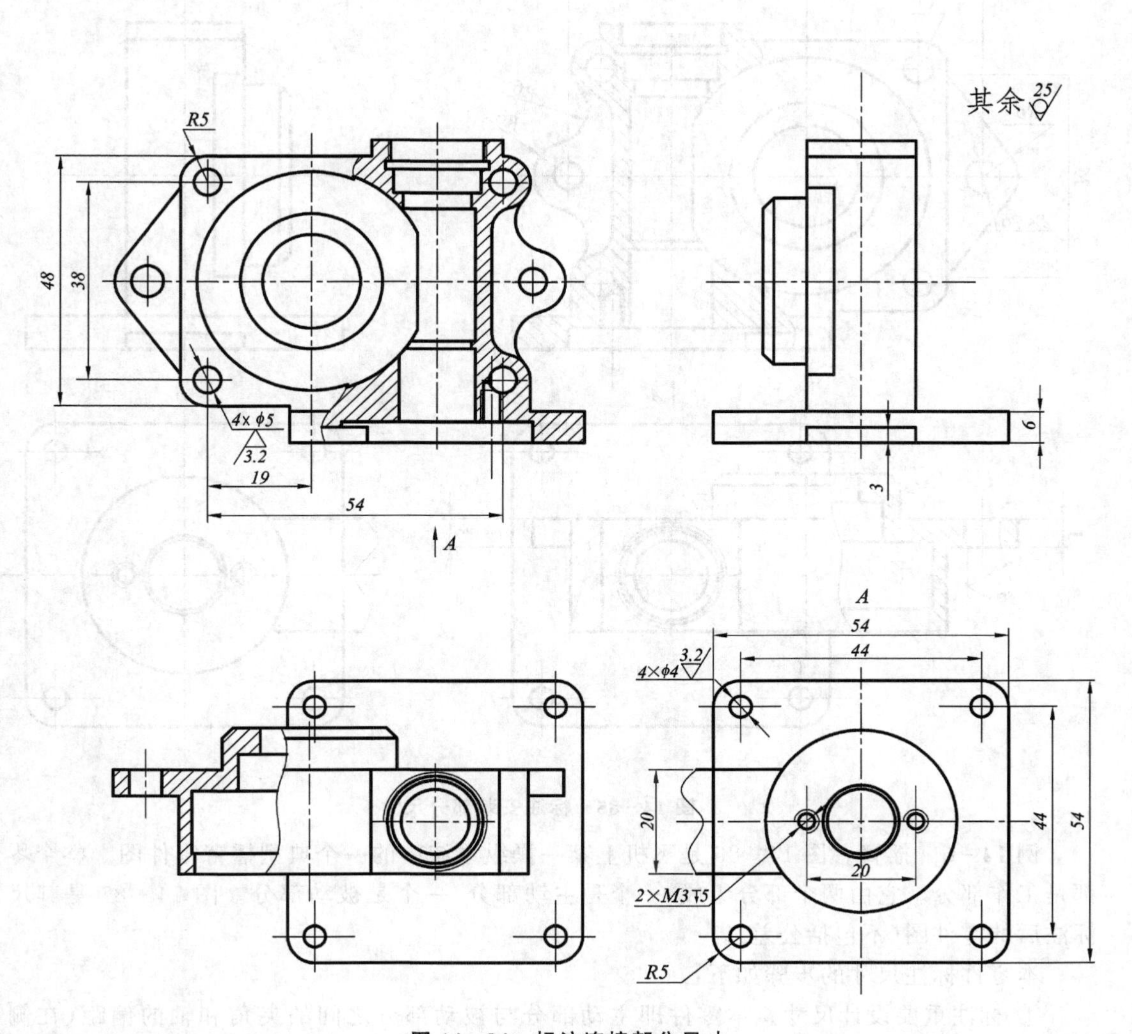

图 14－84　标注连接部分尺寸

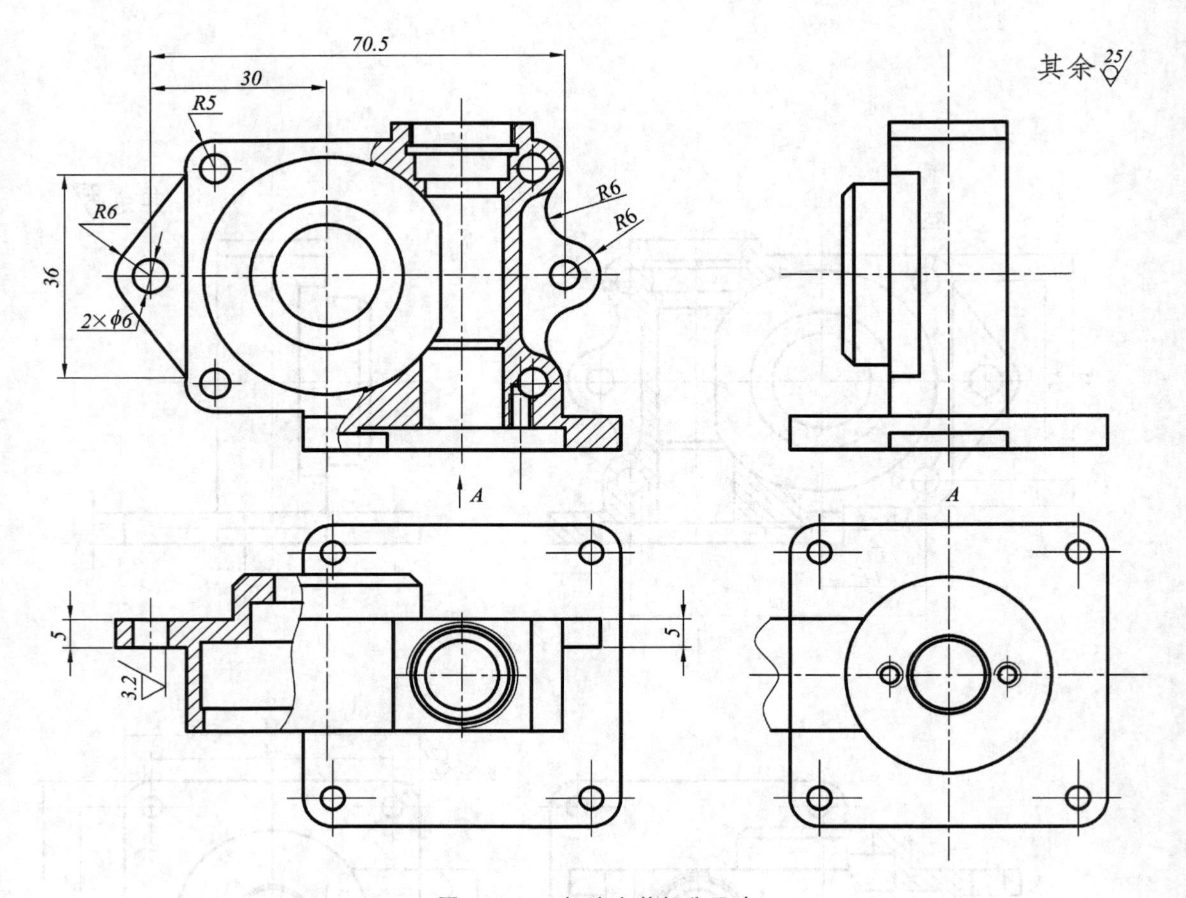

图 14-85　标注安装部分尺寸

例 14-6　摇臂。图 14-86 是飞机上某一操纵系统中的一个典型摇臂零件图。整个零件都是工作部分。它由两个部分组成：一个是主动部分，一个是被动部分。图 14-87 是其尺寸标注后的零件图(不包括公差)。

本零件标注尺寸的步骤如下：

① 标注重要设计尺寸。本零件即主动部分与被动部分之间的夹角和轴的偏距(在侧视图)，如图 14-88 所示。

② 标注主动部分的尺寸，如图 14-89 所示。

③ 标注从动部分的尺寸，如图 14-90 所示。

④ 按标注尺寸的步骤，重新检查一次，看是否有遗漏尺寸、重复尺寸，或者标注不够清晰、基准错误等，经补充和改正后如图 14-87 所示。

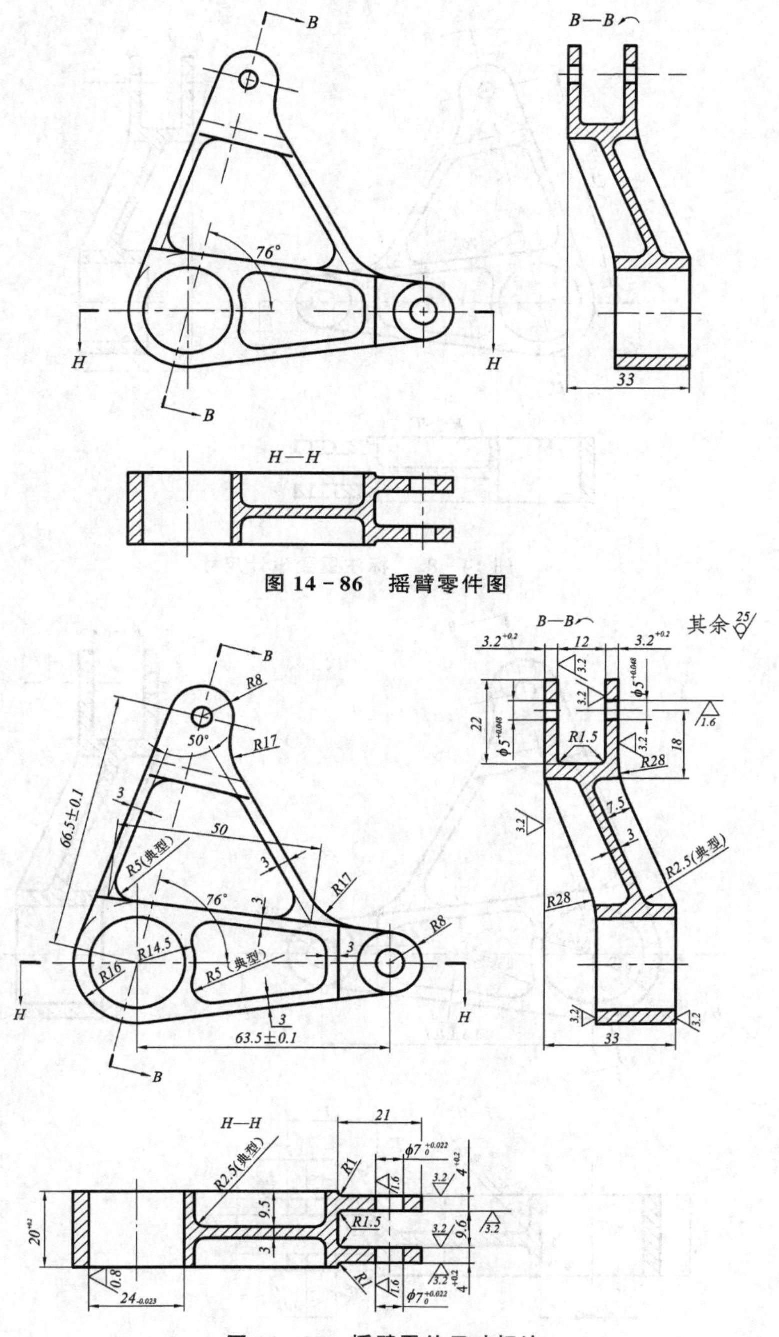

图 14－86　摇臂零件图

图 14－87　摇臂零件尺寸标注

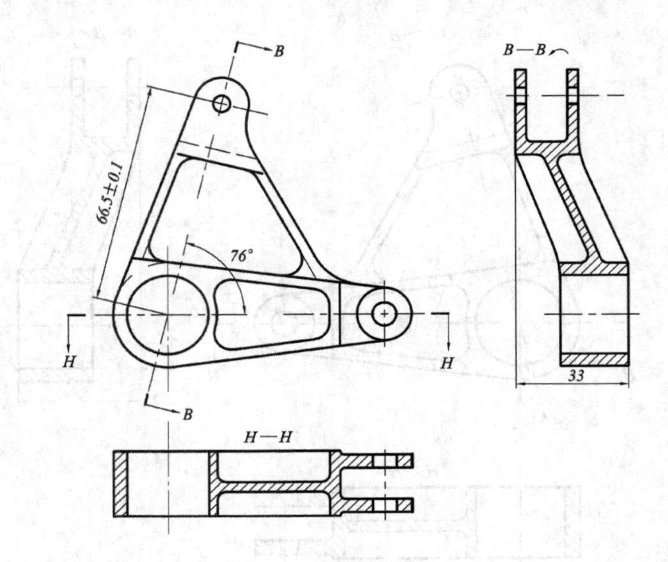

图 14-88　标注重要设计尺寸

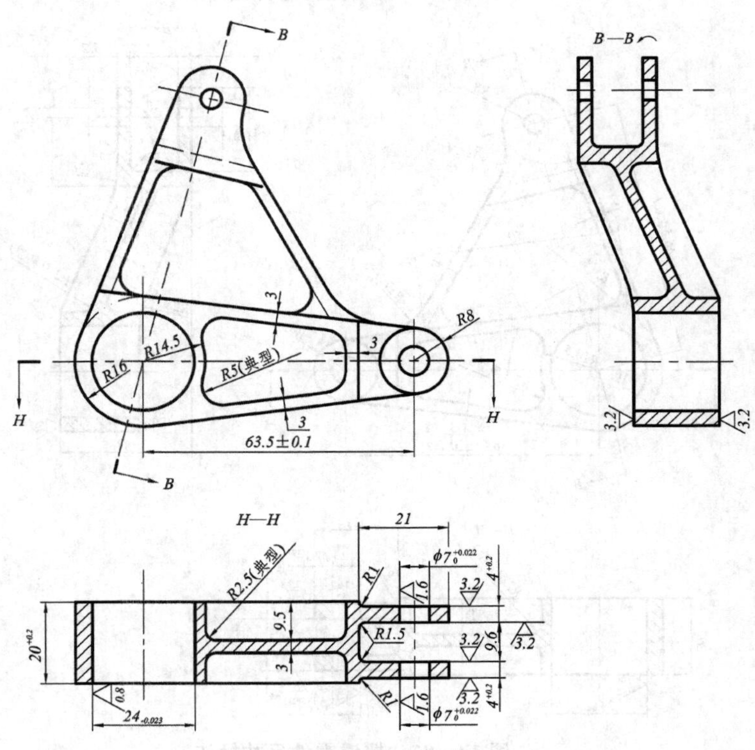

图 14-89　标注主动部分尺寸

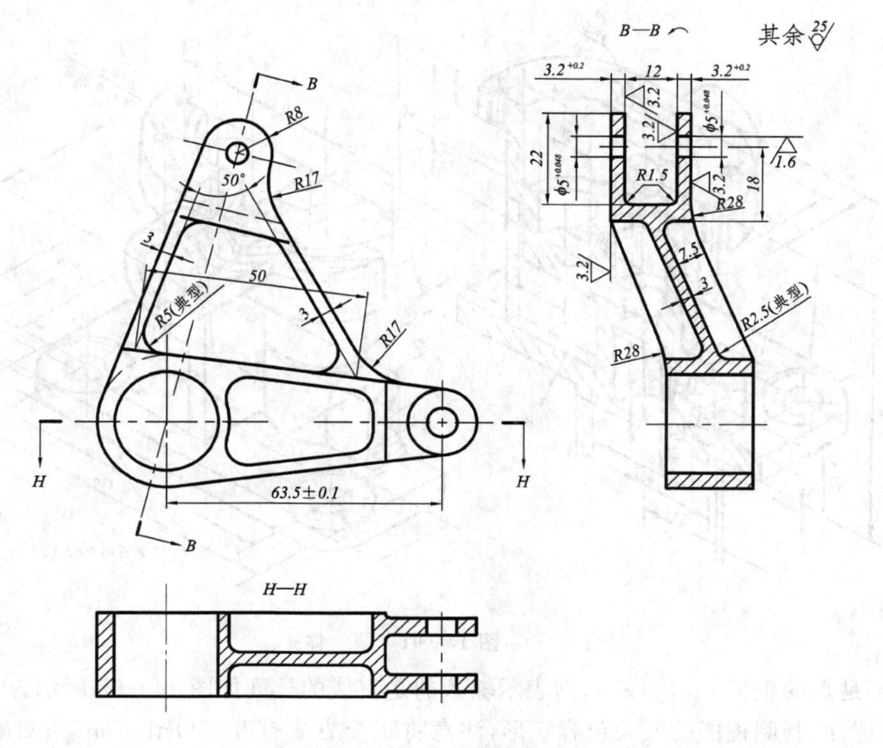

图 14－90　标注被动部分尺寸

14.7　计算机绘制零件图实例

14.7.1　绘制二维零件图

1. 泵体零件的轴测图

根据泵体零件的轴测图如图 14－91 所示，绘制其二维零件图。

2. 绘图步骤

如第 2 章所述，做好绘图前的准备，即设置图层、绘制 A2 图幅（594×420）及填写标题栏。下面以泵体为例分析零件图的绘制过程。

将粗实线层置为当前层，绘制三视图的最大包容矩形，由此可以安排三视图在图纸幅面中的布局。注意要预留出尺寸标注的空间。

用 line 命令绘制主视图的最大包容矩形，注意将正交方式打开＜Ortho on＞。这样只能画水平直线和铅垂直线，如果在命令提示“Specify next point or [Undo]:”时只输入一个数

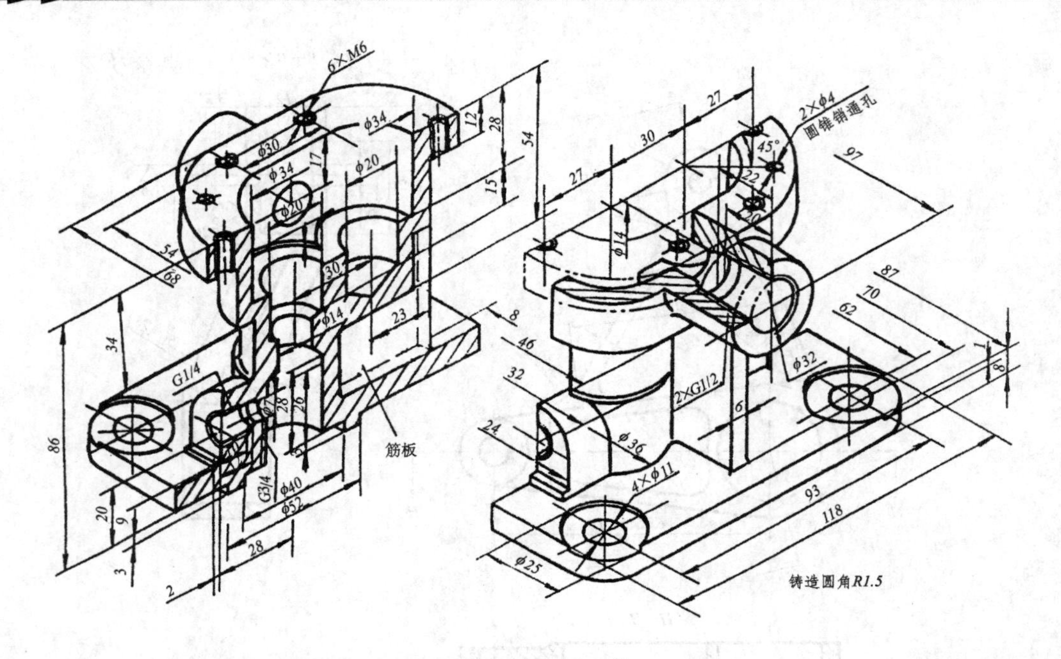

图 14－91　泵　体

值，而不是点的坐标＜x,y,z＞，则表示输入的是直线的长度如图 14－92 所示。

同理，绘制侧视图的最大包容矩形，注意将正交方式打开＜Ortho on＞、对象捕捉方式打开＜Osnap on＞、对象捕捉轨迹线方式打开＜Object Snap Tracking on＞。这样可以保证在绘制侧视图的最大包容矩形时与主视图的最大包容矩形“高平齐”，如图 14－92 所示。

同理，绘制俯视图的最大包容矩形，注意将正交方式打开＜Ortho on＞、对象捕捉方式打开＜Osnap on＞、对象捕捉轨迹线方式打开＜Object Snap Tracking on＞。这样可以保证在绘制俯视图的最大包容矩形时与主视图的最大包容矩形“长对正”，如图 14－93 所示。

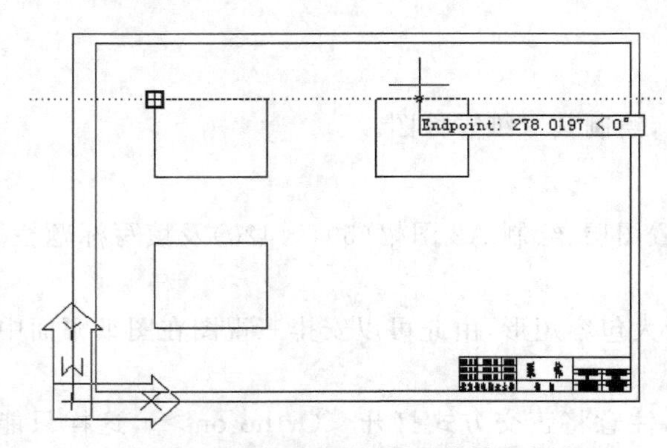

图 14－92　绘制主视图、侧视图的最大包容矩形

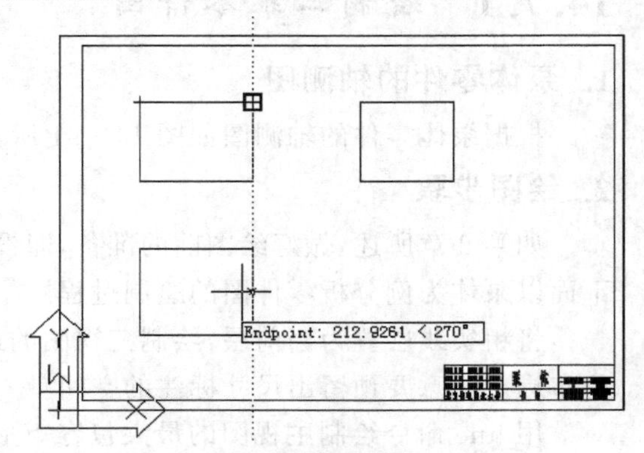

图 14－93　绘制俯视图的最大包容矩形

将中心线层置为当前层，绘制三视图的对称中心线和回转轴线。这样，三视图中凡是有对称性或回转性的图形均可以用 Offset 命令来绘制，以下不再重复，如图 14－94 所示。

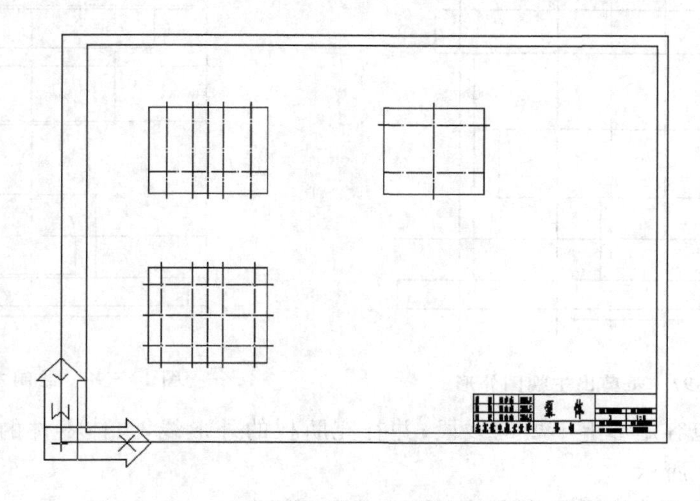

图 14－94　绘制三视图的对称中心线和回转轴线

绘制俯视图中 6－M6 的中心线。为了确定俯视图中 2－ϕ4 圆锥销通孔的圆心，用 xline 命令绘制两条 45°角度线，并用 trim 命令裁剪掉多余的线段如图 14－95 所示。

绘制泵体零件的主视图外形，主要用到等距线命令 offset、裁剪命令 trim，如图 14－96 所示。

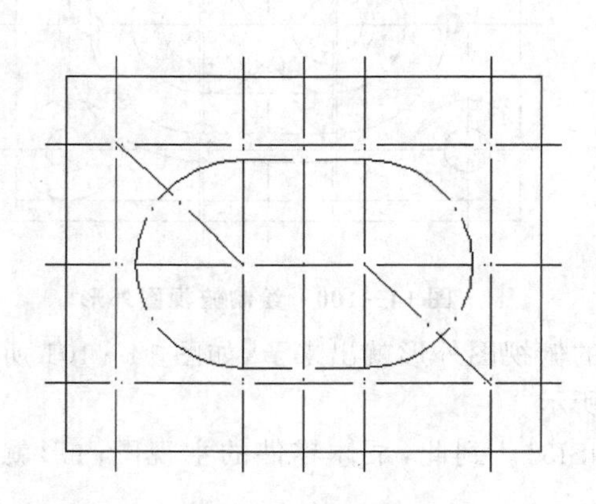

图 14－95　绘制俯视图 6×M6 的中心线

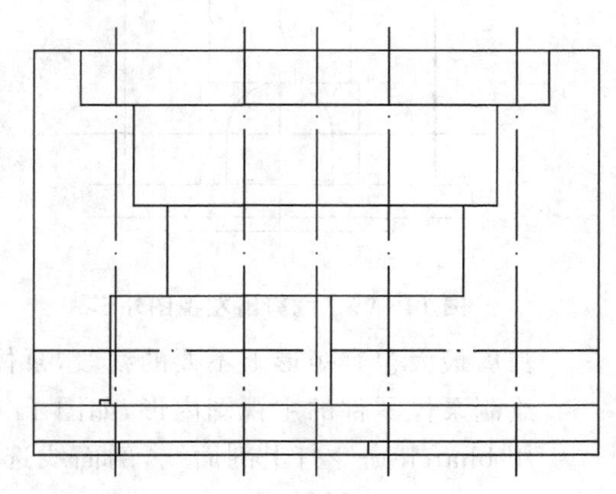

图 14－96　绘制主视图外形

裁剪最大包容矩形上不要的线段，并补充肋板的外形线，泵体零件的主视图外形就出来了如图 14－97 所示。

绘制泵体零件的左视图外形，主要用到等距线命令 offset、裁剪命令 trim，如图 14－98

所示。

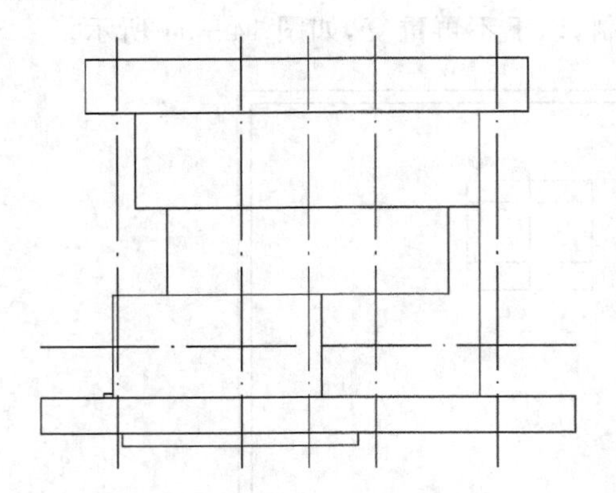

图 14-97　裁剪出主视图外形

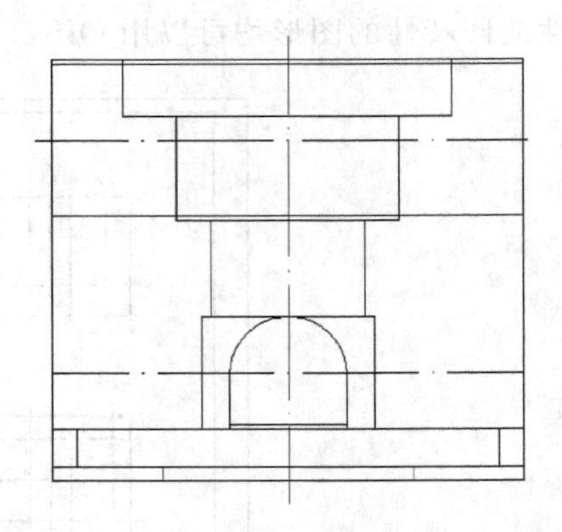

图 14-98　绘制左视图外形

裁剪最大包容矩形上不要的线段，并补充肋板的外形线，泵体零件的左视图外形就出来了，如图 14-99 所示。

绘制泵体零件的俯视图外形，如图 14-100 所示。

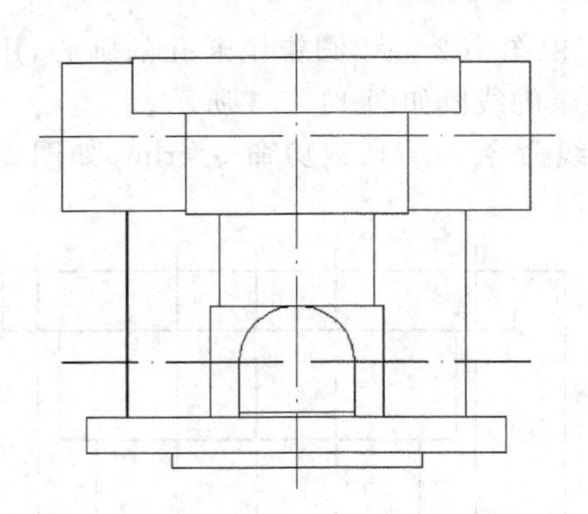

图 14-99　裁剪出左视图外形

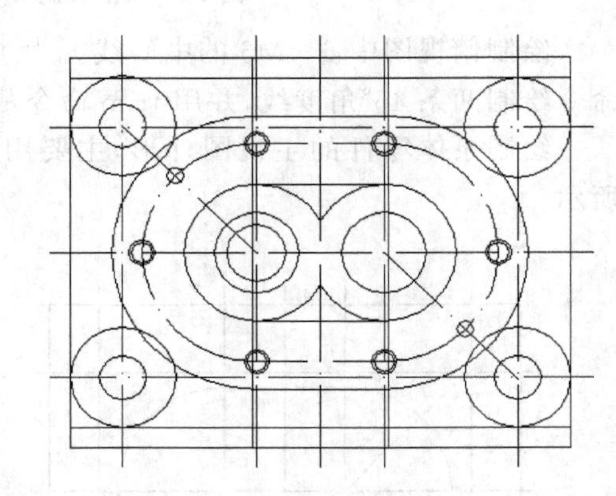

图 14-100　绘制俯视图外形

裁剪最大包容矩形上不要的线段，泵体零件的俯视图外形就出来了，如图 14-101 所示。

绘制泵体零件的主视图内形，如图 14-102 所示。

用 bhatch 命令打上剖面线，剖面线选择 ANSI31。到此，泵体零件的主视图内形就画完了，如图 14-103 所示。

完成泵体零件的左视图，如图 14-104 所示。

完成泵体零件的俯视图，如图 14-105 和图 14-106 所示。

开始绘制断面图，用 line 命令和 text 命令在主视图上绘制 $A-A$ 和 $B-B$ 的剖切符号，如图 14-107 所示。

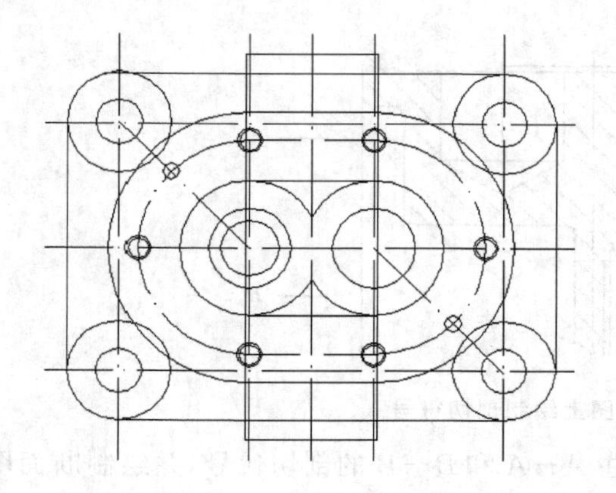

图 14－101　裁剪出俯视图外形

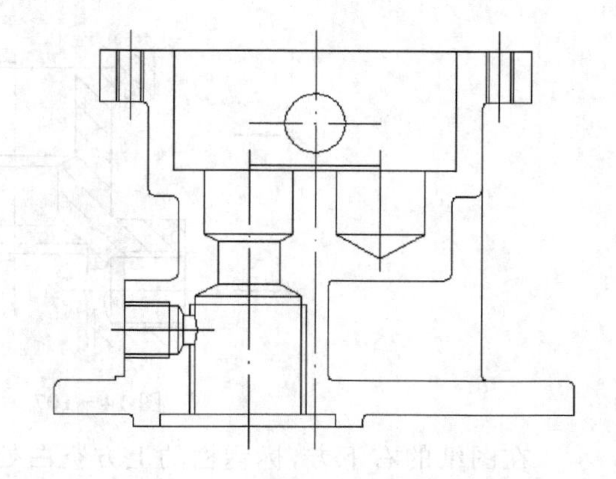

图 14－102　绘制主视图内形

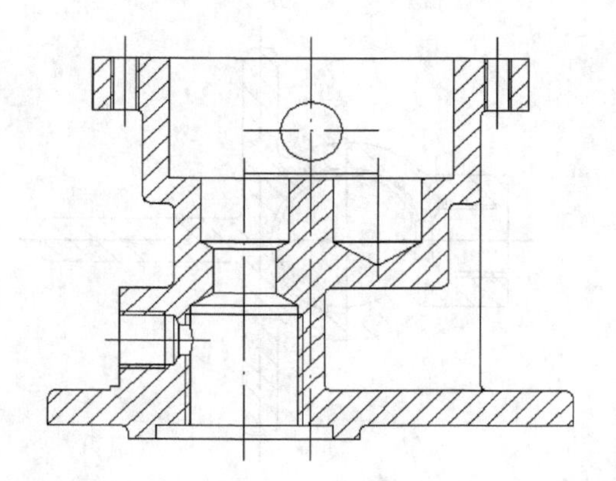

图 14－103　主视图画剖面线

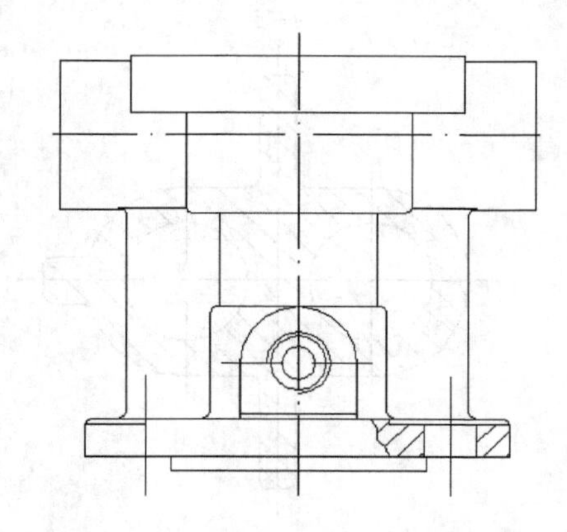

图 14－104　左视图补画局部剖并画剖面线

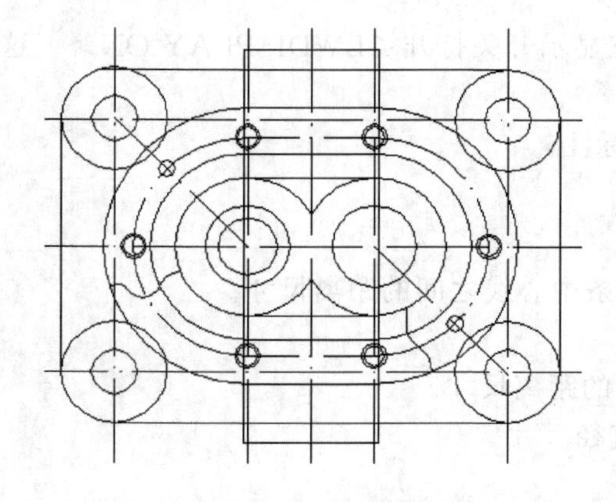

图 14－105　俯视图补画局部剖

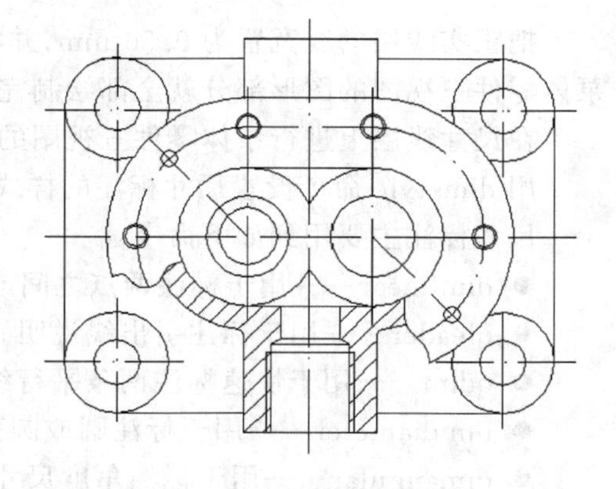

图 14－106　俯视图局部剖画剖面线

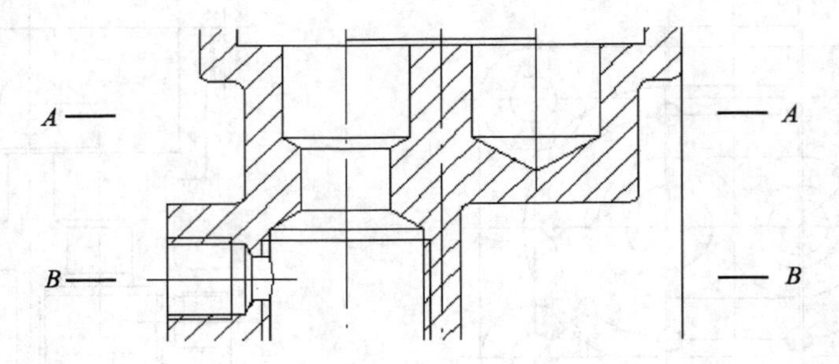

图 14－107 主视图上绘制剖切符号

在图纸的右下方，标题栏的上方空白处标注 $A-A$ 和 $B-B$ 的剖切代号，并绘制断面图的中心线，然后完成 $A-A$ 断面图和 $B-B$ 剖视图，如图 14－108 和图 14－109 所示。

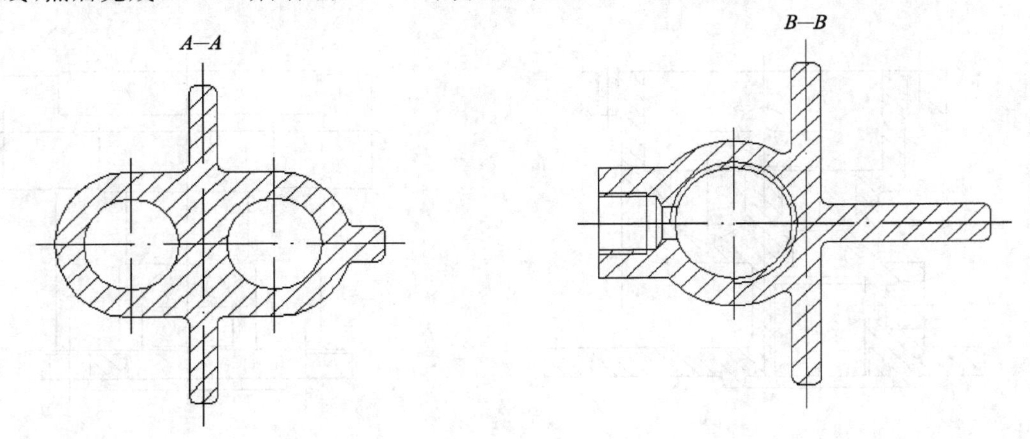

图 14－108 *A*－*A* 断面图　　　　图 14－109 *B*－*B* 断面图

把粗实线层的线宽置为 0.30 mm，并将线宽显示开关打开＜LWDISPLAY ON＞。这样，泵体零件三视图的图形部分就全部绘制完成了。

在尺寸线层上进行泵体零件三视图的尺寸标注。

用 dimstyle 命令设置尺寸标注的样式。

尺寸标注主要用到如下命令：

- dimlinear——用于标注两点之间或者两条中心线之间的距离尺寸。
- qleader——用于标注引出线说明。
- qdim——用于快速标注两条平行线之间的距离尺寸。
- dimdiameter——用于标注圆或圆弧的直径尺寸。
- dimangular——用于标注角度尺寸。
- dimradius——用于标注圆或圆弧的半径尺寸。

标注主视图的尺寸如图 14－110 所示。

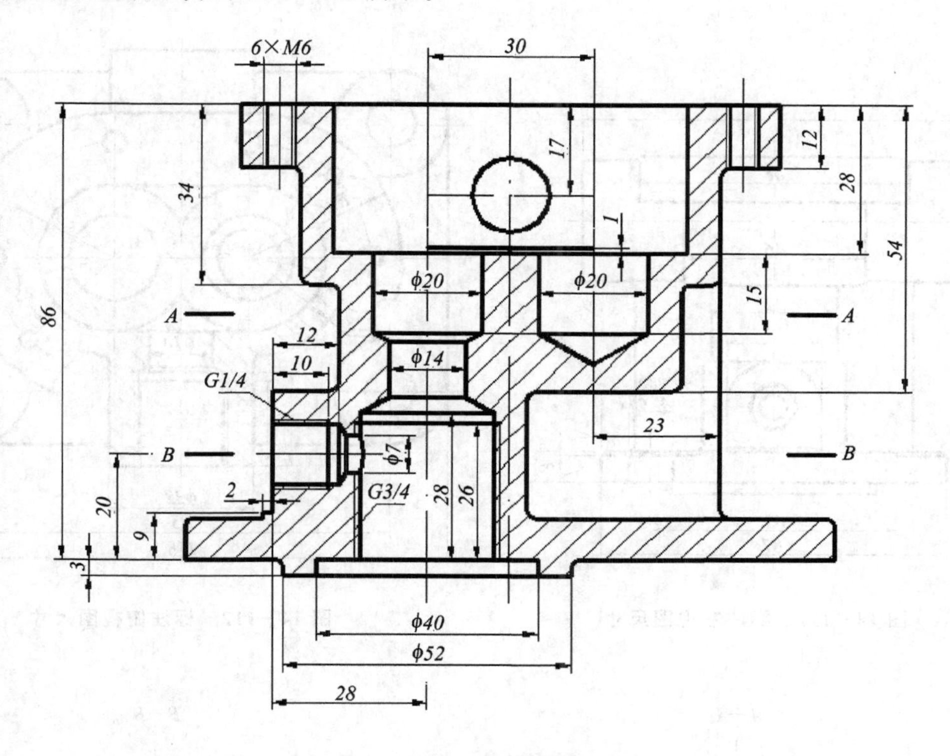

图 14－110　标注主视图尺寸

标注左视图的尺寸如图 14－111 所示。

标注俯视图的尺寸如图 14－112 所示。

标注 $A-A$ 和 $B-B$ 剖面图的尺寸如图 14－113 所示。

在尺寸线层上标注泵体零件的表面粗糙度。

绘制表面粗糙度符号，并定义成块。注意表面粗糙度 Ra 的具体数值在实际应用中是不同的，因此用 attdef 命令将其定义成块属性，具体方法与定义标题栏的块属性相同。在进行某些角度的标注时，往往要对块进行旋转，这时会出现 Ra 数值方向不符合制图规范的标注。为了避免这种错误出现，需要制作两种表面粗糙度符号块，块名分别取作“表面粗糙度 A”、“表面粗糙度 B”，如图 14－114 所示；另外，还须制作一个“不去除材料”的表面粗糙度符号块如图 14－115 所示。

标注主视图中的表面粗糙度如图 14－116 所示。

在图纸幅面的右上方标注统一的“不去除材料”的表面粗糙度，注意要放大 1.4 倍，并加注“其余”两字如图 14－117 所示。

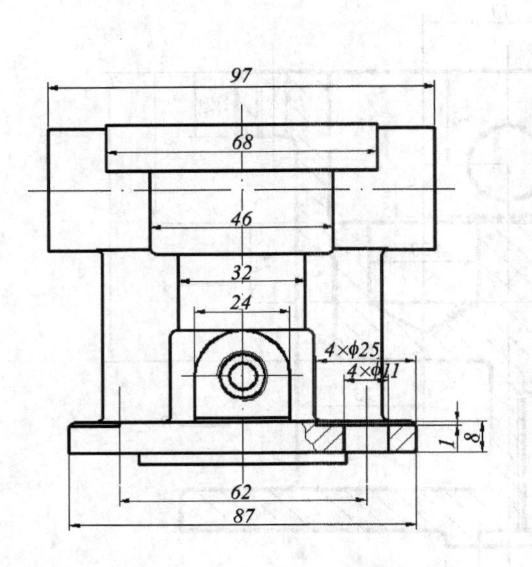

图 14－111　标注左视图尺寸

图 14－112　标注俯视图尺寸

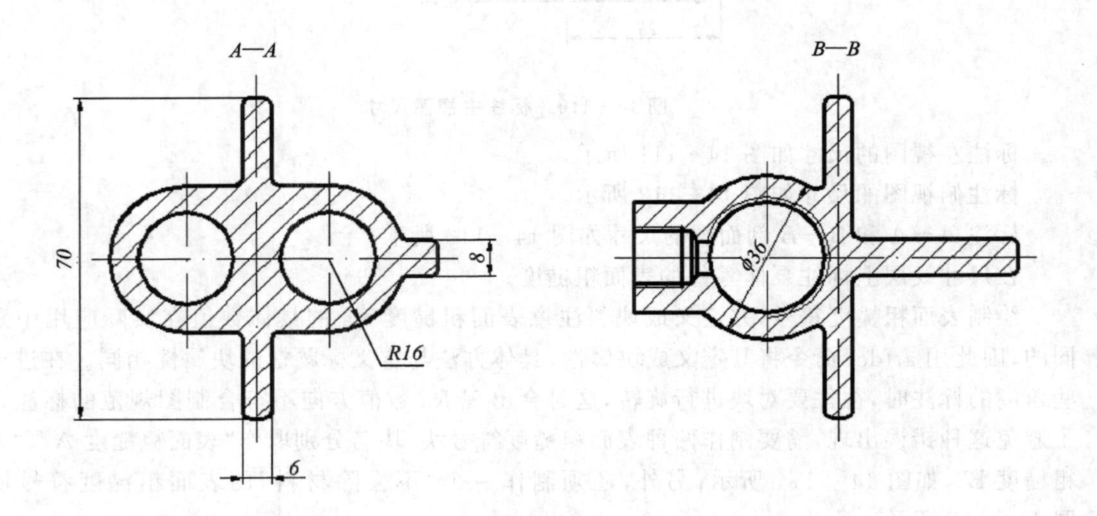

图 14－113　标注剖面图上的尺寸

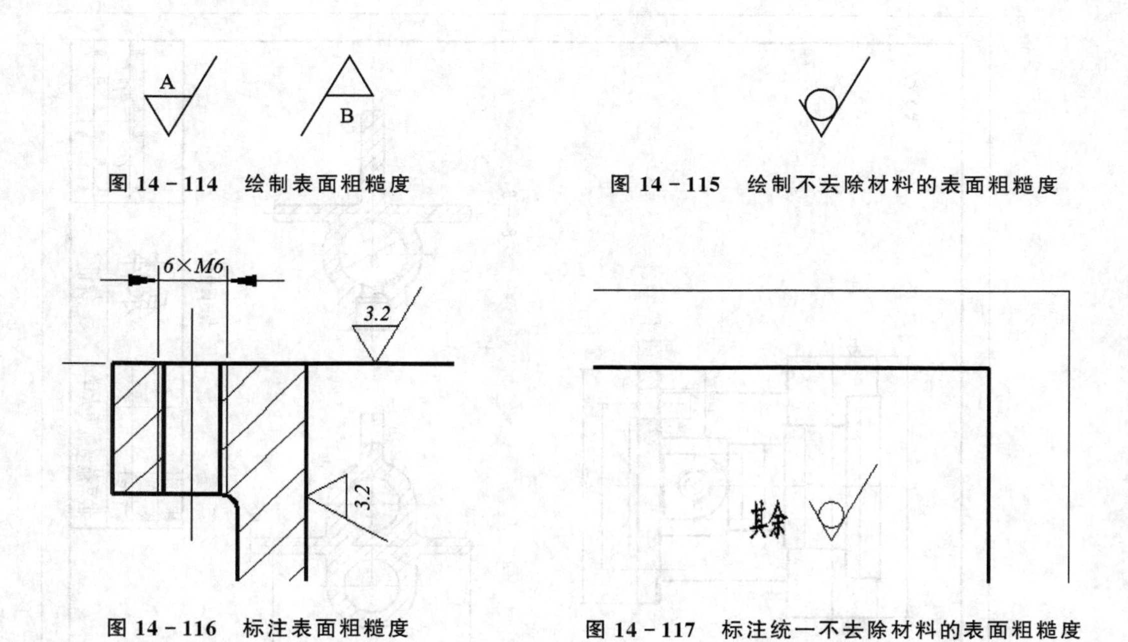

图 14－114　绘制表面粗糙度　　图 14－115　绘制不去除材料的表面粗糙度

图 14－116　标注表面粗糙度　　图 14－117　标注统一不去除材料的表面粗糙度

在图纸幅面的右下方标注“铸造圆角 R1.5”，如图 14－118 所示。

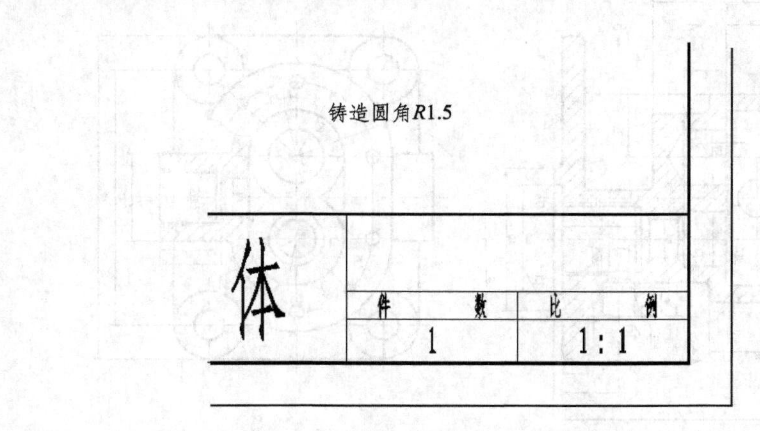

图 14－118　标注技术要求的说明性文字

到此，泵体二维零件图即全部绘制完成如图 14－119 所示。

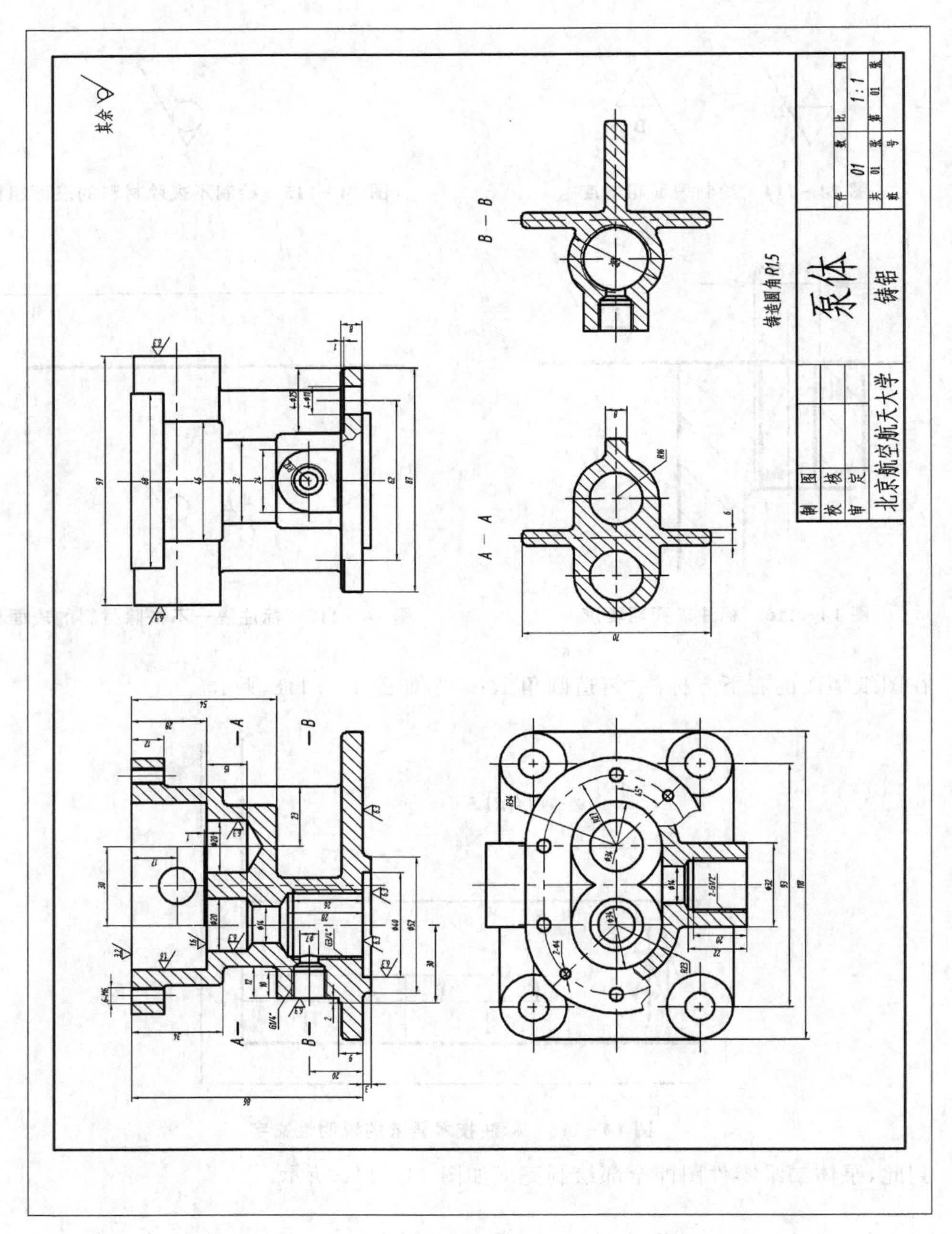

图 14－119　泵体零件图

14.7.2　绘制三维零件实体模型

1. 泵体零件的轴测图

根据泵体零件的轴测图如图 14－91 所示，绘制其三维实体模型。

2. 泵体零件的造型方法

把泵体零件划分为由外形部分和内形部分两部分组成。外形部分由 A,B,C,D,E 几部分实形体组成，内形部分由 F,G,H,I,J 几部分空形体组成。用实体造型命令分别把泵体零件的外形部分和内形部分造型出来，然后再用外形部分减掉内形部分即得泵体零件的模型如图 14－120 所示。

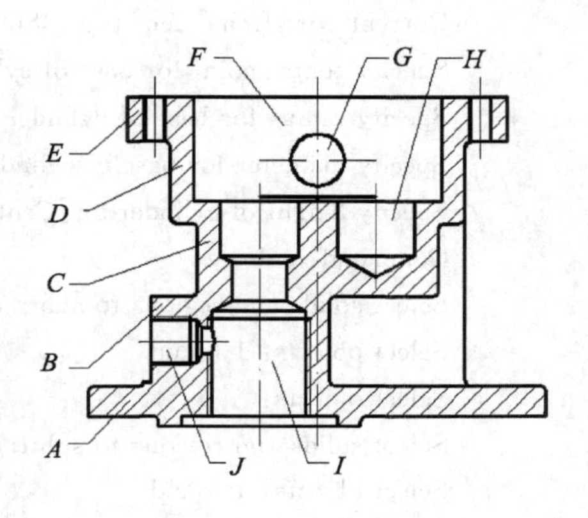

图 14－120　泵体外形、内形的划分

3. 外形体 A 部分的造型

变换视点如图 14－121 所示。

Command：vpoint

Current view direction：　VIEWDIR＝0.0000,0.0000,1.0000

Specify a view point or [Rotate] <display compass and tripod>：1,1,1

Regenerating model.

用 cylinder 命令和 subtract 命令造型外径为 ϕ52、内径为 ϕ40 的空心圆柱，如图 14－122 所示。

图 14－121　变换视点

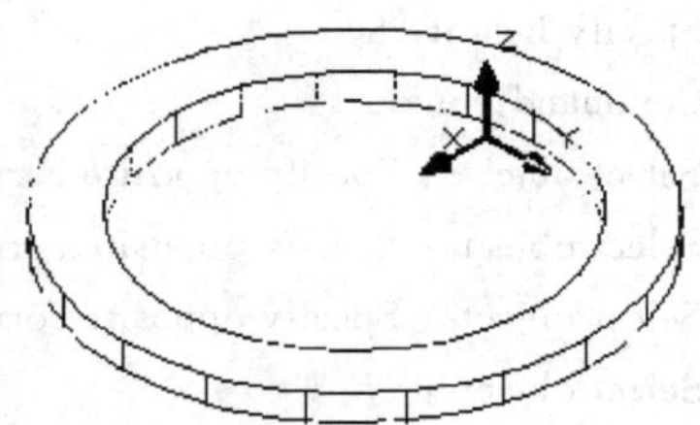

图 14－122　外径 ϕ52、内径 ϕ40 的空心圆柱

Command：isolines

Enter new value for ISOLINES <4>：20

Command：cylinder

Current wire frame density：　ISOLINES＝20

Specify center point for base of cylinder or [Elliptical] <0,0,0>：15,0,－3

Specify radius for base of cylinder or [Diameter]：d

Specify diameter for base of cylinder：40

Specify height of cylinder or [Center of other end]：3
Command：cylinder
Current wire frame density：　ISOLINES＝20
Specify center point for base of cylinder or [Elliptical] <0,0,0>：15,0,－3
Specify radius for base of cylinder or [Diameter]：d
Specify diameter for base of cylinder：52
Specify height of cylinder or [Center of other end]：3
Command：subtract
Select solids and regions to subtract from ..
Select objects：1 found
Select objects：
Select solids and regions to subtract ..
Select objects：1 found
Select objects：

用 box 命令和 union 命令造型 118×87×8 的四棱柱，并与外径为 ϕ52、内径为 ϕ40 的空心圆柱合并，如图 14－123 所示。

Command：box
Specify corner of box or [CEnter] <0,0,0>：ce
Specify center of box <0,0,0>：0,0,4
Specify corner or [Cube/Length]：l
Specify length：118
Specify width：87
Specify height：8
Command：union
Select objects：Specify opposite corner：1 found
Select objects：Specify opposite corner：0 found
Select objects：Specify opposite corner：1 found，2 total
Select objects：

用 fillet 命令对 118×87×8 的四棱柱沿 Z 方向的四条棱做圆角，如图 14－124 所示。

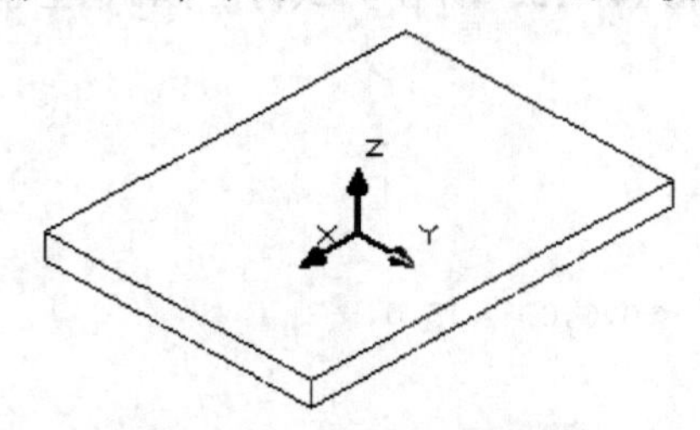

图 14－123　与 118×87×8 的四棱柱合并

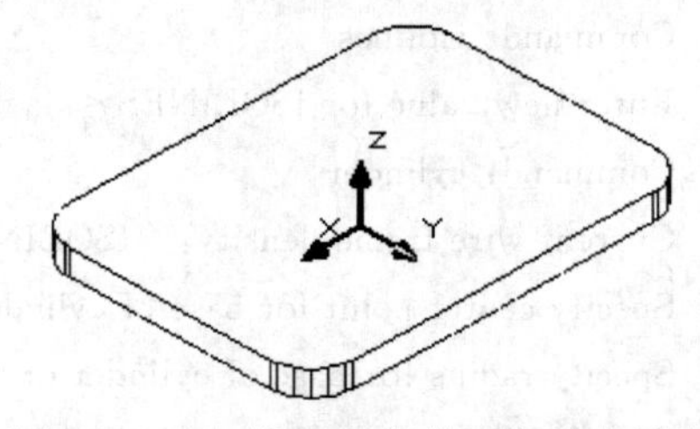

图 14－124　沿 Z 方向的四条棱作圆角

Command：fillet

Current settings：Mode ＝ TRIM，Radius ＝ 10.0000

Select first object or [Polyline/Radius/Trim]：r

Specify fillet radius <10.0000>：12.5

Command：fillet

Current settings：Mode ＝ TRIM，Radius ＝ 12.5000

Select first object or [Polyline/Radius/Trim]：

Enter fillet radius <12.5000>：

Select an edge or [Chain/Radius]：

1 edge(s) selected for fillet

用 fillet 命令对 118×87×8 的四棱柱与 *XOY* 平面平行的四条棱作圆角，如图 14－125 所示。

Command：fillet

Current settings：Mode ＝ TRIM，Radius ＝ 12.5000

Select first object or [Polyline/Radius/Trim]：r

Specify fillet radius <12.5000>：1.5

Command：fillet

Current settings：Mode ＝ TRIM，Radius ＝ 1.5000

Select first object or [Polyline/Radius/Trim]：

Enter fillet radius <1.5000>：

Select an edge or [Chain/Radius]：c

Select an edge chain or [Edge/Radius]：

Select an edge chain or [Edge/Radius]：

8 edge(s) selected for fillet

用 cylinder 命令作 $\phi 25$ 的圆柱如图 14－126 所示。

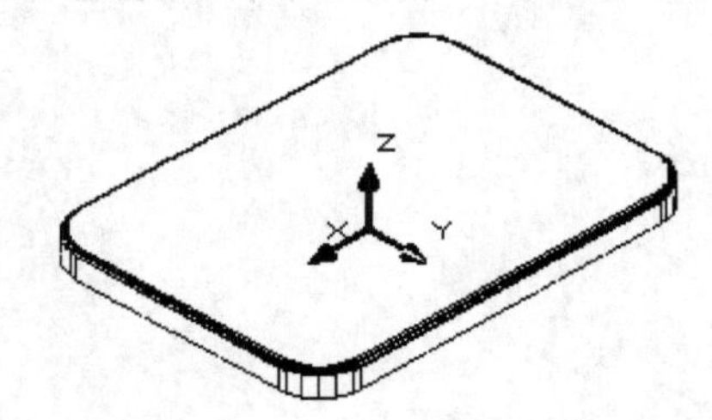

图 14－125　沿 *XOY* 平面的四条棱作圆角

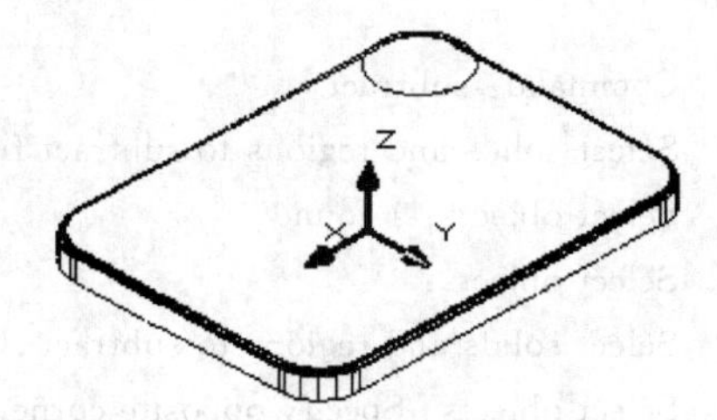

图 14－126　$\phi 25$ 的圆柱

Command：cylinder

Current wire frame density：　ISOLINES＝20

Specify center point for base of cylinder or [Elliptical] <0,0,0>：－46.5，－31，7

Specify radius for base of cylinder or [Diameter]：d

Specify diameter for base of cylinder：25

Specify height of cylinder or [Center of other end]：1

用 3darray 命令阵列四个 ϕ25 的圆柱如图 14－127 所示。

Command：3darray

Initializing...　3DARRAY loaded

Select objects：Specify opposite corner：1 found

Select objects：

Enter the type of array [Rectangular/Polar] <R>：

Enter the number of rows (---) <1>：2

Enter the number of columns (|||) <1>：2

Enter the number of levels (...) <1>：

Specify the distance between rows (---)：62

Specify the distance between columns (|||)：93

用 subtract 命令从 118×87×8 的四棱柱上减掉四个 ϕ25 的圆柱，如图 14－128 所示。

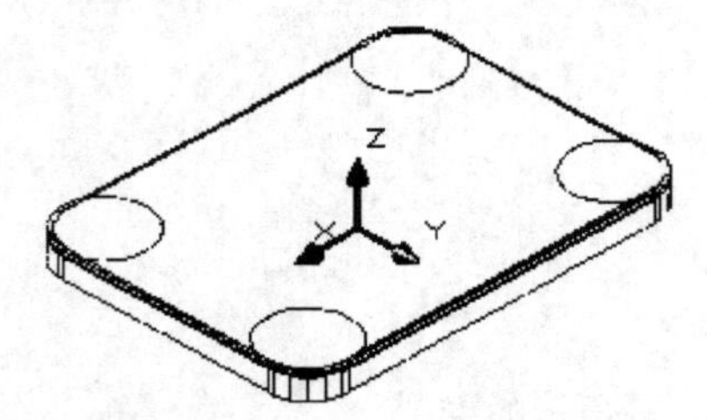

图 14－127　阵列 4 个 ϕ25 的圆柱

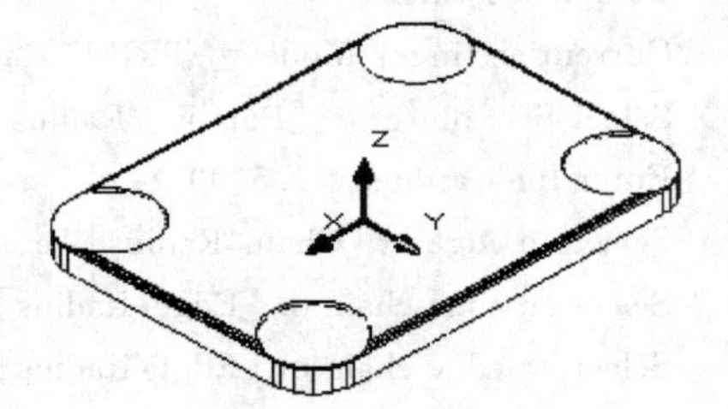

图 14－128　从 118×87×8 的四棱柱上减掉 4 个 ϕ25 的圆柱

Command：subtract

Select solids and regions to subtract from ..

Select objects：1 found

Select objects：

Select solids and regions to subtract ..

Select objects：Specify opposite corner：1 found

Select objects：Specify opposite corner：1 found，2 total

Select objects：Specify opposite corner：0 found

Select objects：Specify opposite corner：1 found，3 total

Select objects：Specify opposite corner：1 found，4 total

Select objects：

用同样的方法作四个 ϕ11 的圆柱，如图 14－129 所示。

```
Command: cylinder
Current wire frame density:  ISOLINES=20
Specify center point for base of cylinder or [Elliptical] <0,0,0>: -46.5,-31,0
Specify radius for base of cylinder or [Diameter]: d
Specify diameter for base of cylinder: 11
Specify height of cylinder or [Center of other end]: 8
Command: 3darray
Select objects: 1 found
Select objects:
Enter the type of array [Rectangular/Polar] <R>:
Enter the number of rows (---) <1>: 2
Enter the number of columns (|||) <1>: 2
Enter the number of levels (...) <1>:
Specify the distance between rows (---): 62
Specify the distance between columns (|||): 93
```

用 subtract 命令从 118×87×8 的四棱柱上减掉四个 ϕ11 的圆柱，如图 14－130 所示。

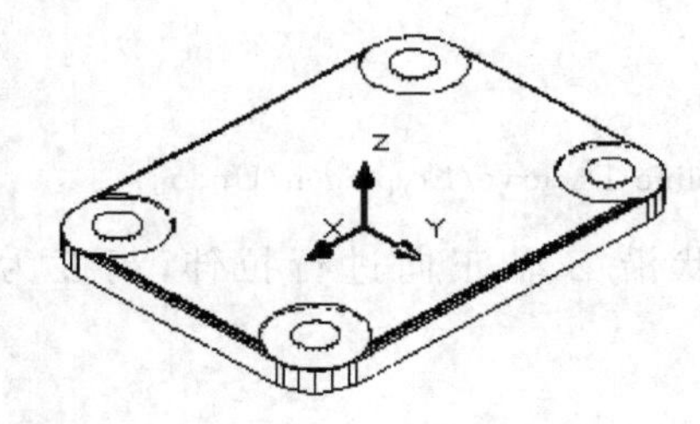

图 14－129　阵列 4 个 ϕ11 的圆柱

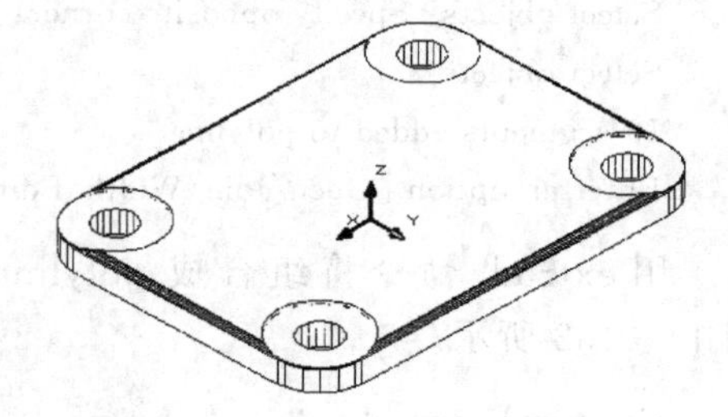

图 14－130　外形体 A

```
Command: subtract
Select solids and regions to subtract from ..
Select objects: 1 found
Select objects:
Select solids and regions to subtract ..
Select objects: Specify opposite corner: 1 found
Select objects: Specify opposite corner: 1 found, 2 total
Select objects: Specify opposite corner: 1 found, 3 total
Select objects: Specify opposite corner: 1 found, 4 total
Select objects:
```

用 wblock 命令将外形体 A 部分定义成块，并以 A.DWG 的块名文件存盘。块的基点坐标为(0,0,0)。

```
Command: wblock
Select objects: Specify opposite corner: 0 found
Select objects: 1 found
Select objects:
```

4. 外形体 B 部分的造型

在 *XOY* 平面内绘制外形体 B 部分 G3/4"圆柱管螺纹外形带肋板的基面形状，并作圆角 *R*1.5，然后用 pedit 命令将其组合成 polyline，如图 14－131 所示。

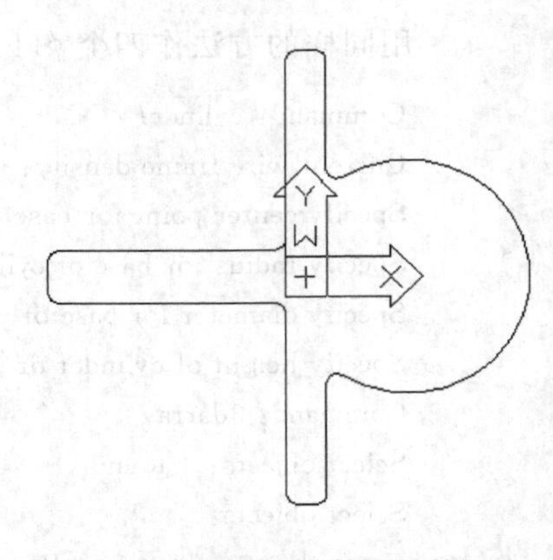

图 14－131　外形体 B 部分的基面

```
Command: pedit
Select polyline:
Object selected is not a polyline
Do you want to turn it into one? <Y>
Enter an option [Close/Join/Width/Edit vertex/Fit/Spline/Decurve/Ltype
gen/Undo]: j
Select objects: Specify opposite corner: 20 found
Select objects:
19 segments added to polyline
Enter an option [Open/Join/Width/Edit vertex/Fit/Spline/Decurve/Ltype gen/Undo]:
```

用 extrude 命令将组合成 polyline 的基面形状沿 *Z* 轴正向进行拉伸，高度为 32，如图 14－132 所示。

```
Command: extrude
Current wire frame density:  ISOLINES=20
Select objects: 1 found
Select objects:
Specify height of extrusion or [Path]: 32
Specify angle of taper for extrusion <0>:
```

用 box 命令造型 45×24×9 的四棱柱，并用 union 命令与已经造型出来的部分合并，如图 14－133 所示。

```
Command: box
Specify corner of box or [CEnter] <0,0,0>: 45,-12,0
Specify corner or [Cube/Length]: 0,12,0
Specify height: 9
```

Command：union
Select objects：1 found
Select objects：1 found，2 total
Select objects：

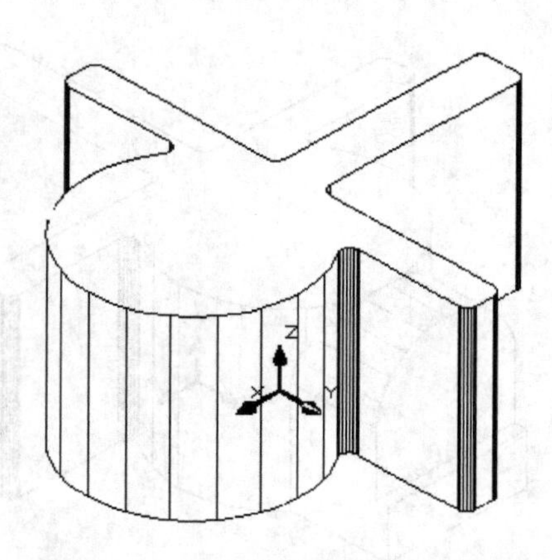

图 14－132　对基面沿 Z 轴正向拉伸

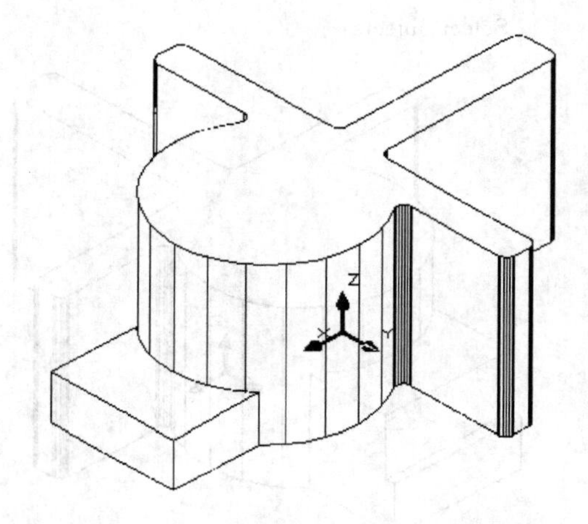

图 14－133　与 45×24×9 的四棱柱合并

用 box 命令造型 43×24×20 的四棱柱，并用 union 命令与已经造型出来的部分合并，如图 14－134 所示。

Command：box
Specify corner of box or [CEnter] <0,0,0>：43,－12,0
Specify corner or [Cube/Length]：0,12,0
Specify height：20
Command：union
Select objects：1 found
Select objects：1 found，2 total
Select objects：

用 cylinder 命令造型 ϕ24 的圆柱，并用 union 命令与已经造型出来的部分合并，如图 14－135 所示。

Command：cylinder
Current wire frame density：ISOLINES＝20
Specify center point for base of cylinder or [Elliptical] <0,0,0>：43,0,20
Specify radius for base of cylinder or [Diameter]：d
Specify diameter for base of cylinder：24
Specify height of cylinder or [Center of other end]：c

```
Specify center of other end of cylinder：0,0,20
Command：union
Select objects：Specify opposite corner：1 found
Select objects：1 found，2 total
Select objects：
```

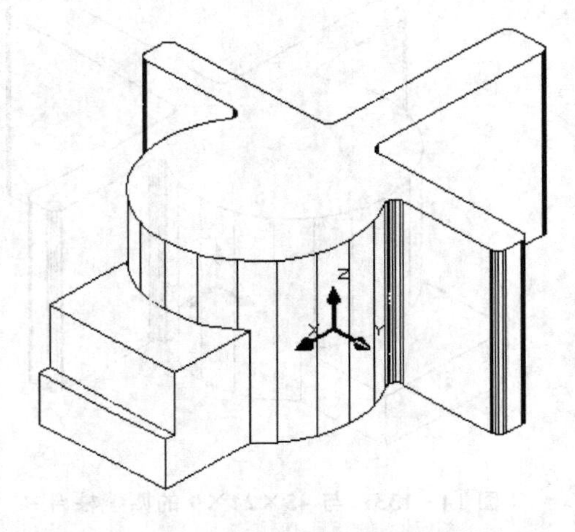

图 14－134　与 43×24×20 的四棱柱合并

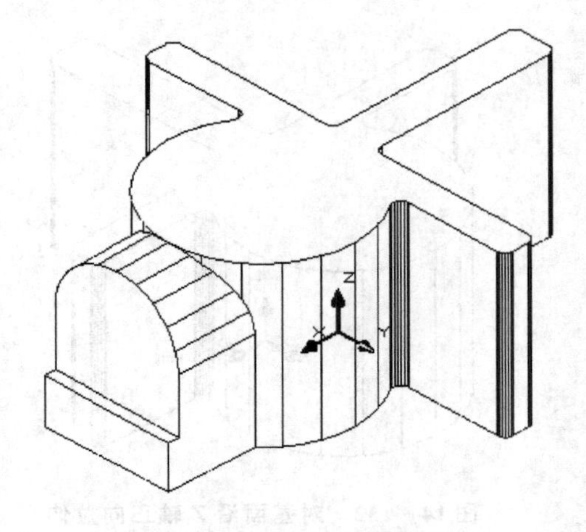

图 14－135　外形体 B

用 wblock 命令将形体 B 部分定义成块，并以 B. DWG 的块名文件存盘，块的基点坐标为(0,0,0)。

5. 外形体 C 部分的造型

在 *XOY* 平面内绘制外形体 C 部分外形带肋板的基面形状，并作圆角 *R*1.5，然后用 pedit 命令将其组合成 polyline，如图 14－136 所示。

用 extrude 命令将组合成 polyline 的基面形状沿 *Z* 轴正向进行拉伸，高度为 20，如图 14－137 所示。

用 move 命令将外形体 C 部分沿 *Z* 轴正向移动 32，如图 14－137 所示。

```
Command：move
Select objects：1 found
Select objects：
Specify base point or displacement：0,0,0
Specify second point of displacement or <use first point as displacement>：0,0,32
```

用 wblock 命令将外形体 C 部分定义成块，并以 C. DWG 的块名文件存盘。块的基点坐标为(0,0,0)。

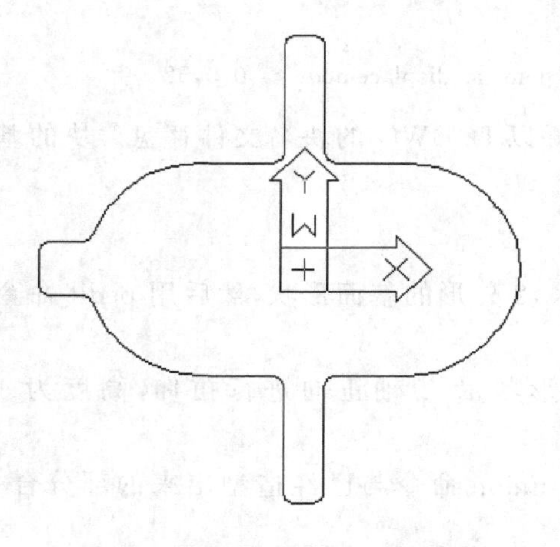

图 14－136　外形体 C 部分的基面

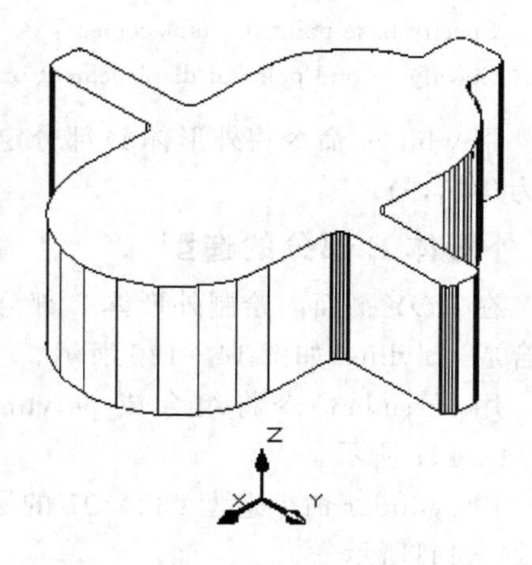

图 14－137　外形体 C

6. 外形体 D 部分的造型

在 *XOY* 平面内绘制外形体 D 部分外形带肋板的基面形状，并作圆角 *R*1.5，然后用 pedit 命令将其组合成 polyline，如图 14－138 所示。

用 extrude 命令将组合成 polyline 的基面形状沿 *Z* 轴正向进行拉伸，高度为 22，如图 14－139 所示。

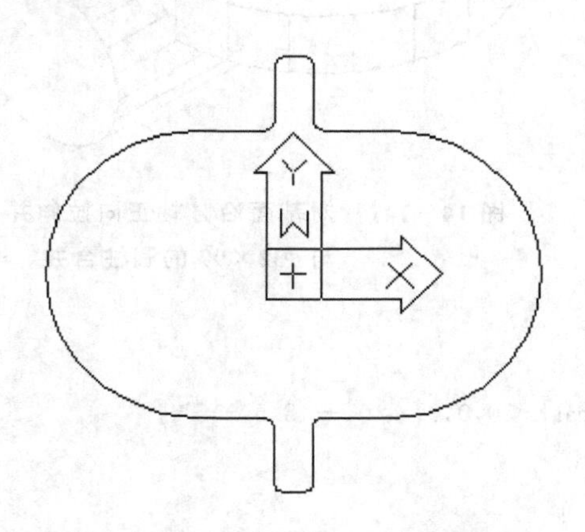

图 14－138　外形体 D 部分的基面

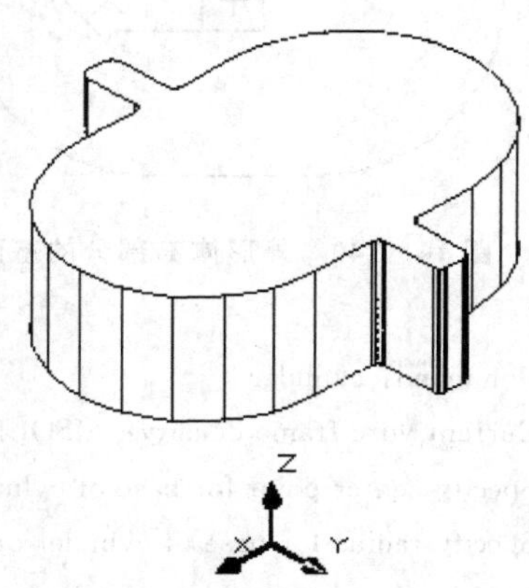

图 14－139　外形体 D

用 move 命令将外形体 D 部分沿 *Z* 轴正向移动 52，如图 14－139 所示。

Command：move

Select objects：1 found

Select objects：

Specify base point or displacement：0,0,0

Specify second point of displacement or <use first point as displacement>：0,0,52

用 wblock 命令将外形体 D 部分定义成块，并以 D. DWG 的块名文件存盘。块的基点坐标为(0,0,0)。

7. 外形体 E 部分的造型

在 *XOY* 平面内绘制外形体 E 部分 68×98×12 外形的基面形状，然后用 pedit 命令将其组合成 polyline，如图 14－140 所示。

用 extrude 命令将组合成 polyline 的基面形状沿 *Z* 轴正向进行拉伸，高度为 12，如图 14－141 所示。

用 cylinder 命令造型 ϕ32×97 的圆柱，并用 union 命令与已经造型出来的部分合并，如图 14－141所示。

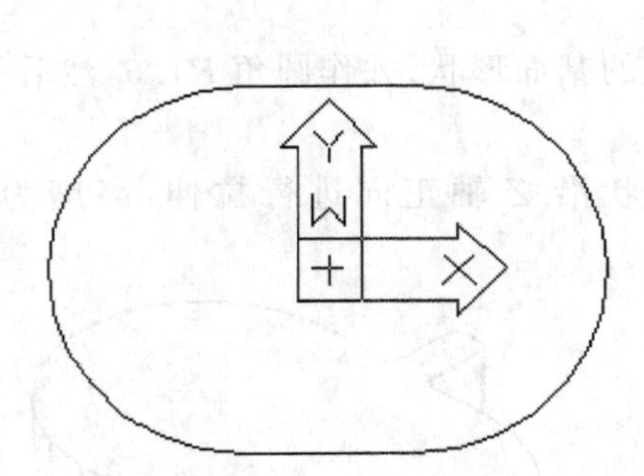

图 14－140　外形体 E 部分的基面

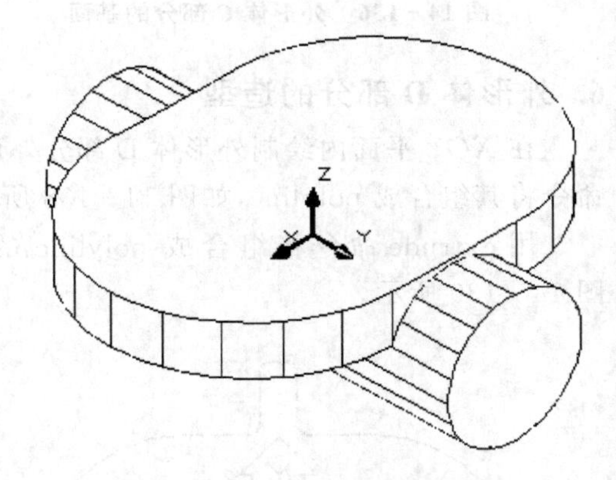

图 14－141　对基面沿 *Z* 轴正向拉伸并与 ϕ32×97 的圆柱合并

Command：cylinder

Current wire frame density：　ISOLINES＝20

Specify center point for base of cylinder or [Elliptical] <0,0,0>：0,－48.5,－5

Specify radius for base of cylinder or [Diameter]：d

Specify diameter for base of cylinder：32

Specify height of cylinder or [Center of other end]：c

Specify center of other end of cylinder：0,48.5,－5

Command：union

Select objects：1 found

Select objects：1 found，2 total

Select objects：

用 cylinder 命令和 3darray 命令造型 4×M6 的圆柱，如图 14－142 所示。

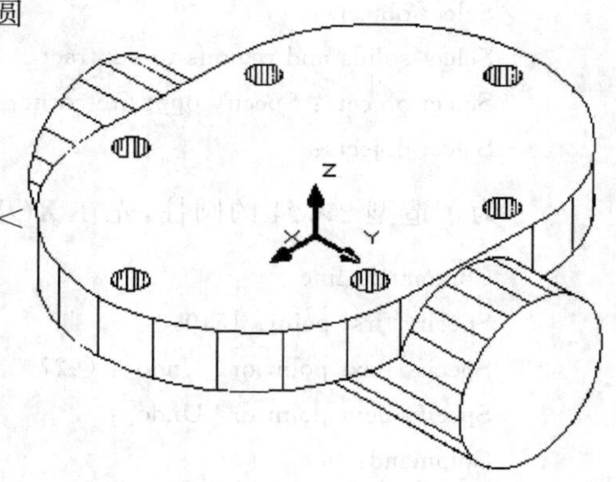

图 14－142　减掉 6 个 ϕ6 的圆柱

Command：cylinder

Current wire frame density：　ISOLINES＝20

Specify center point for base of cylinder or [Elliptical] ＜0,0,0＞：－15,－27,0

Specify radius for base of cylinder or [Diameter]：d

Specify diameter for base of cylinder：6

Specify height of cylinder or [Center of other end]：12

Command：3darray

Select objects：Specify opposite corner：1 found

Select objects：

Enter the type of array [Rectangular/Polar] ＜R＞：

Enter the number of rows (---) ＜1＞：2

Enter the number of columns (|||) ＜1＞：2

Enter the number of levels (...) ＜1＞：

Specify the distance between rows (---)：54

Specify the distance between columns (|||)：30

用 cylinder 命令造型 2×M6 的圆柱，如图 14－142 所示。

Command：cylinder

Current wire frame density：　ISOLINES＝20

Specify center point for base of cylinder or [Elliptical] ＜0,0,0＞：42,0,0

Specify radius for base of cylinder or [Diameter]：d

Specify diameter for base of cylinder：6

Specify height of cylinder or [Center of other end]：12

Command：cylinder

Current wire frame density：　ISOLINES＝20

Specify center point for base of cylinder or [Elliptical] ＜0,0,0＞：－42,0,0

Specify radius for base of cylinder or [Diameter]：d

Specify diameter for base of cylinder：6

Specify height of cylinder or [Center of other end]：12

用 subtract 命令从已经造型出来的部分中减掉 6×M6 的圆柱，如图 14－142 所示。

Command：subtract

Select solids and regions to subtract from ..

Select objects：1 found

Select objects：
Select solids and regions to subtract ..
Select objects：Specify opposite corner：6 found
Select objects：

为了造型 2×ϕ4 的圆柱，先在 *XOY* 平面内画两条 45°直线，如图 14－143 所示。

Command：line
Specify first point：15，0，0
Specify next point or [Undo]：@27＜－45
Specify next point or [Undo]：
Command：line
Specify first point：－15，0，0
Specify next point or [Undo]：@27＜135
Specify next point or [Undo]：

造型 2×ϕ4 的圆柱，其圆心通过捕捉两条 45°直线的端点确定，如图 14－144 所示。

Command：cylinder
Current wire frame density：　ISOLINES＝20
Specify center point for base of cylinder or [Elliptical] ＜0，0，0＞：_endp of
Specify radius for base of cylinder or [Diameter]：d
Specify diameter for base of cylinder：4
Specify height of cylinder or [Center of other end]：12

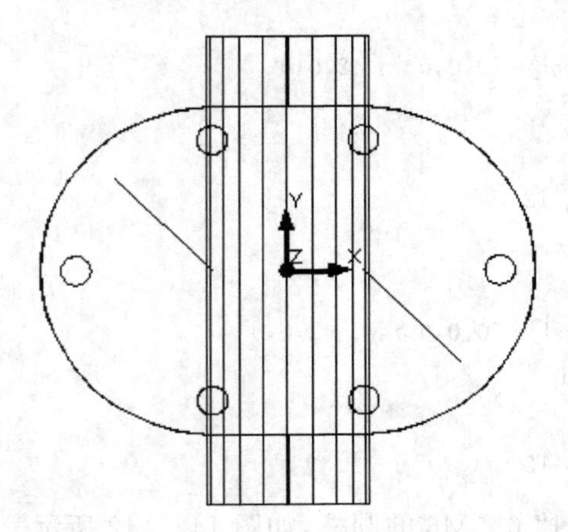

图 14－143　用相对极坐标画两条 45°直线段

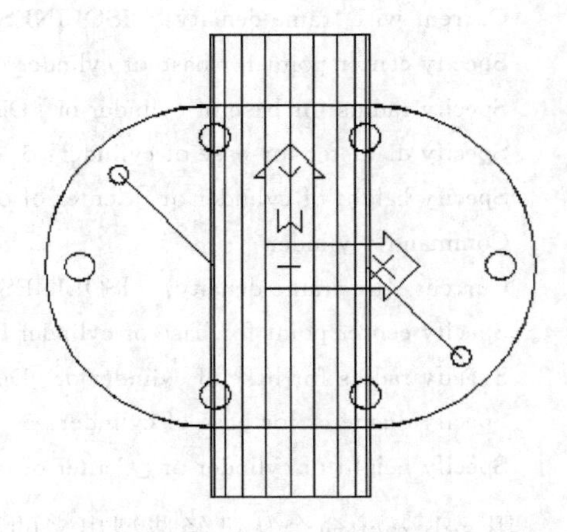

图 14－144　两个 ϕ4 的圆柱

从已经造型出来的部分中减掉 2×ϕ4 的圆柱，并删除两条 45°直线，如图 14－145 所示。
用 move 命令将外形体 E 部分沿 *Z* 轴正向移动 74，如图 14－145 所示。

Command：move

Select objects：1 found

Select objects：

Specify base point or displacement：0,0,0

Specify second point of displacement or <use first point as displacement>：0,0,74

用 wblock 命令将外形体 E 部分定义成块，并以 E.DWG 的块名文件存盘。块的基点坐标为(0,0,0)。

8. 内形体 F 部分的造型

用 box 命令造型 30×34×27 的四棱柱，如图 14－146 所示。

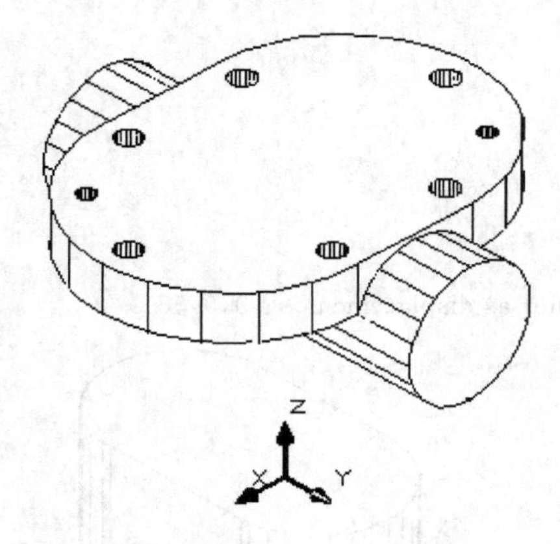

图 14－145　外形体 E

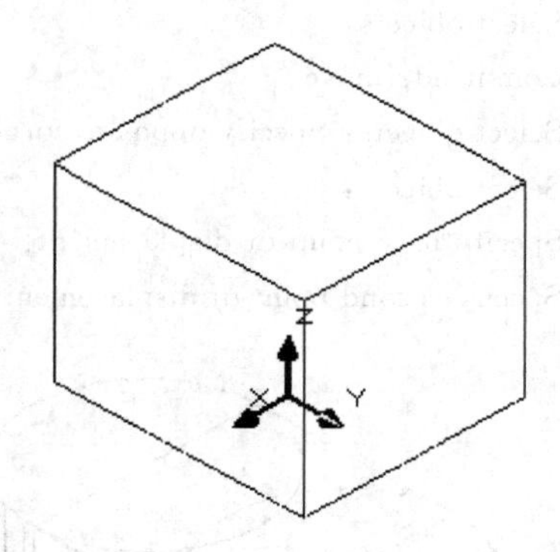

图 14－146　30×34×27 的四棱柱

Command：box

Specify corner of box or [CEnter] <0,0,0>：15,－17,1

Specify corner or [Cube/Length]：－15,17,1

Specify height：27

用 cylinder 命令造型 2×ϕ34×28 的圆柱，如图 14－147 所示。

Command：cylinder

Current wire frame density：　ISOLINES＝30

Specify center point for base of cylinder or [Elliptical] <0,0,0>：15,0,0

Specify radius for base of cylinder or [Diameter]：d

Specify diameter for base of cylinder：34

Specify height of cylinder or [Center of other end]：28

Command：cylinder

Current wire frame density：　ISOLINES＝30

Specify center point for base of cylinder or [Elliptical] <0,0,0>：－15,0,0
Specify radius for base of cylinder or [Diameter]：d
Specify diameter for base of cylinder：34
Specify height of cylinder or [Center of other end]：28

用 union 命令将 30×34×27 的四棱柱与 2×ϕ34×28 的圆柱合并，然后用 move 命令沿 Z 轴正向移动 58，如图 14－148 所示。

Command：union
Select objects：1 found
Select objects：1 found，2 total
Select objects：1 found，3 total
Select objects：
Command：move
Select objects：Specify opposite corner：1 found
Select objects：
Specify base point or displacement：0,0,0
Specify second point of displacement or <use first point as displacement>：0,0,58

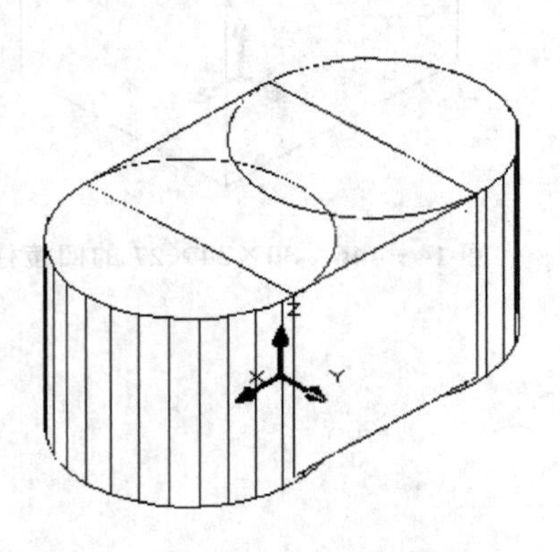

图 14－147　两个 ϕ34 的圆柱

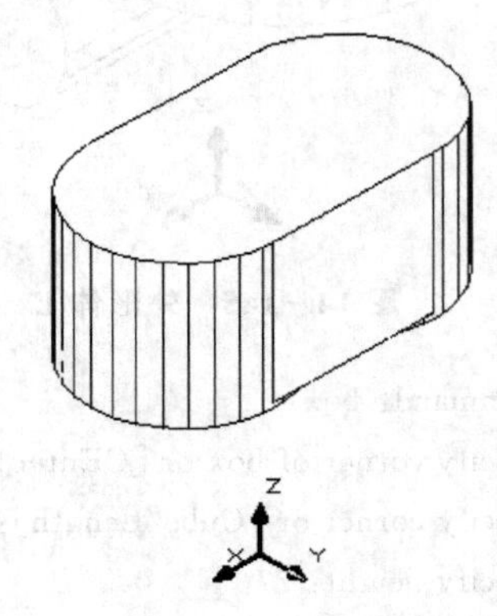

图 14－148　内形体 F

用 wblock 命令将内形体 F 部分定义成块，并以 F.DWG 的块名文件存盘。块的基点坐标为(0,0,0)。

9. 内形体 G 部分的造型

绘制内形体 G 部分回转基面形状，然后用 pedit 命令将其组合成 polyline，如图 14－149 所示。

用 revolve 命令将回转基面形状绕 Y 轴回转 360°，然后用 move 命令沿 Z 轴正向移动 69，如图 14－150 所示。

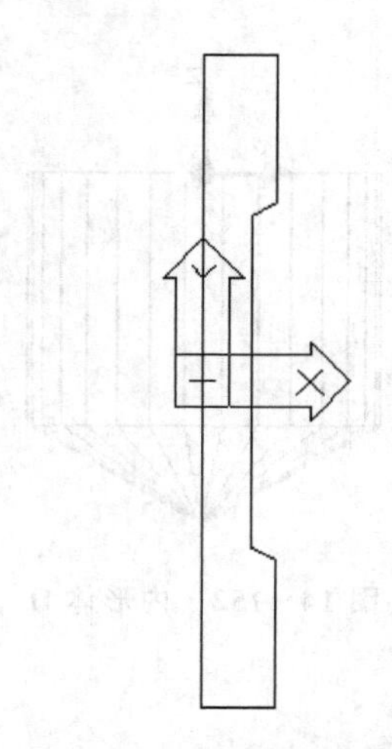

图 14－149　内形体 G 部分的回转基面形状

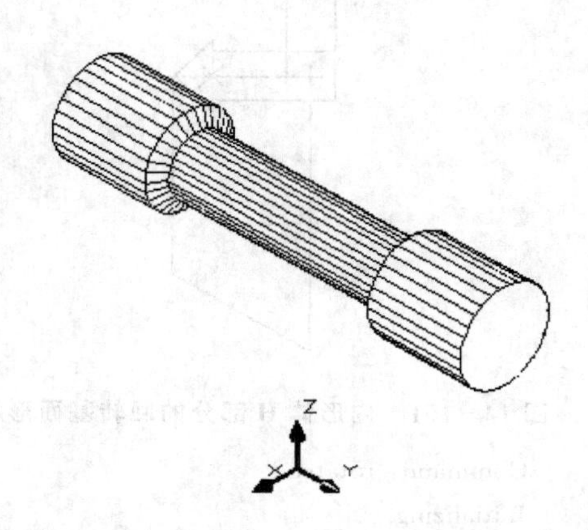

图 14－150　内形体 G

```
Command：revolve
Current wire frame density:  ISOLINES=30
Select objects：1 found
Select objects：
Specify start point for axis of revolution or
define axis by [Object/X (axis)/Y (axis)]：y
Specify angle of revolution <360>：
Command：move
Select objects：Specify opposite corner：1 found
Select objects：
Specify base point or displacement：0,0,0
Specify second point of displacement or <use first point as displacement>：0,0,69
```

用 wblock 命令将内形体 G 部分定义成块，并以 G. DWG 的块名文件存盘。块的基点坐标为(0,0,0)。

10. 内形体 H 部分的造型

在 *XOY* 平面内绘制内形体 H 部分回转基面形状，然后用 pedit 命令将其组合成 polyline 如图 14－151 所示。

用 revolve 命令将回转基面形状绕 *Y* 轴回转 360°，形成内形体 H 部分，如图 14－152 所示。

用 rotate3d 命令将内形体 H 部分绕 *X* 轴正向旋转 90°，如图 14－152 所示。

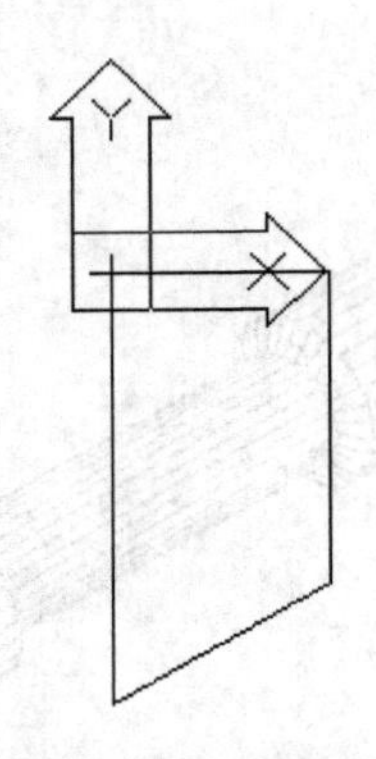

图 14－151　内形体 H 部分的回转基面形状

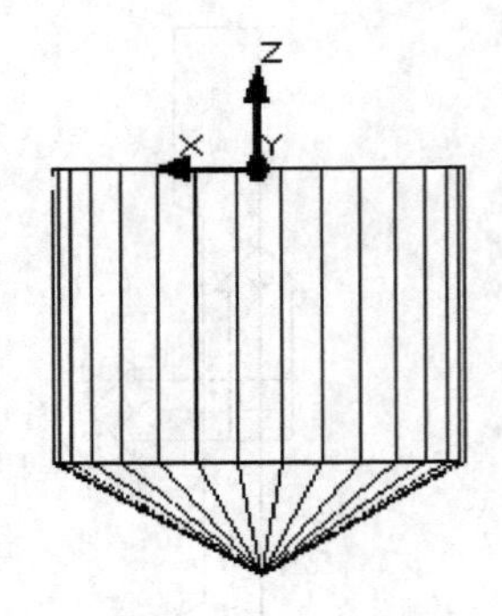

图 14－152　内形体 H

Command：rotate3d
Initializing...
Current positive angle：　ANGDIR＝counterclockwise　ANGBASE＝0
Select objects：1 found
Select objects：
Specify first point on axis or define axis by
［Object/Last/View/Xaxis/Yaxis/Zaxis/2points］：x
Specify a point on the X axis ＜0,0,0＞：
Specify rotation angle or ［Reference］：90

用 move 命令将内形体 H 部分上的基准点(0,0,0)移动到(－15,0,58),如图 14－153 所示。

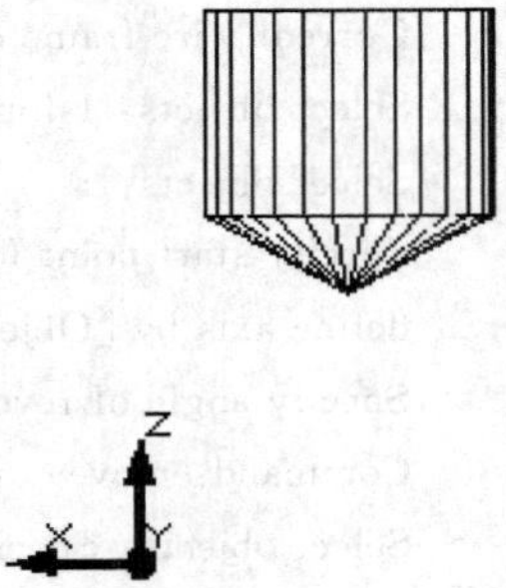

图 14－153　移动内形体 H

Command：move
Select objects：1 found
Select objects：
Specify base point or displacement：0,0,0
Specify second point of displacement or ＜use first point as displacement＞：－15,0,58

用 wblock 命令将内形体 H 部分定义成块,并以 H.DWG 的块名文件存盘。块的基点坐标为(0,0,0)。

11. 内形体 I 部分的造型

在 *XOY* 平面内绘制内形体 I 部分回转基面形状,然后用 pedit 命令将其组合成 polyline,如图 14－154 所示。

用 revolve 命令将回转基面形状绕 *Y* 轴回转 360°,形成内形体 I 部分,如图 14－155 所示。

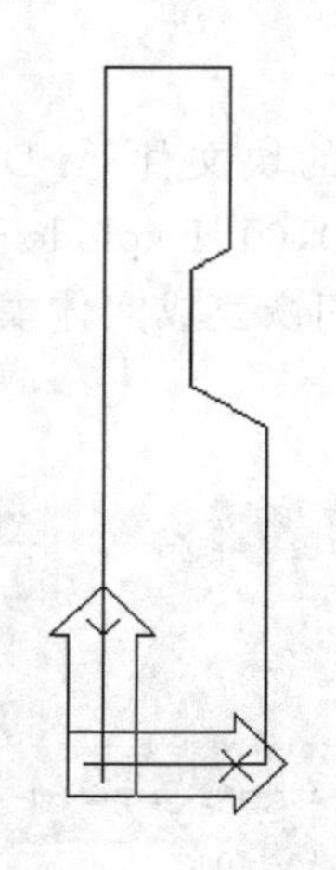

图 14－154　内形体 I 部分的回转基面形状

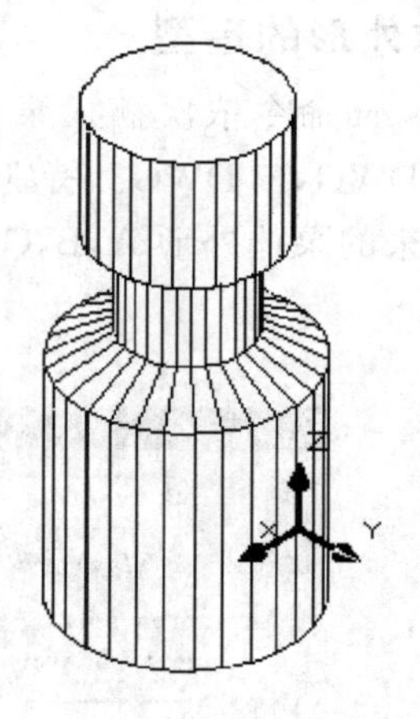

图 14－155　内形体 I

用 rotate3d 命令将内形体 I 部分绕 *X* 轴正向旋转 90°，如图 14－155 所示。

用 move 命令将内形体 I 部分沿 *X* 轴正向移动 15，如图 14－155 所示。

用 wblock 命令将内形体 I 部分定义成块，并以 I. DWG 的块名文件存盘。块的基点坐标为(0,0,0)。

12. 内形体 J 部分的造型

在 *XOY* 平面内绘制内形体 J 部分回转基面形状，然后用 pedit 命令将其组合成 polyline，如图 14－156 所示。

用 revolve 命令将回转基面形状绕 *X* 轴回转 360°，形成内形体 J 部分，如图 14－157 所示。

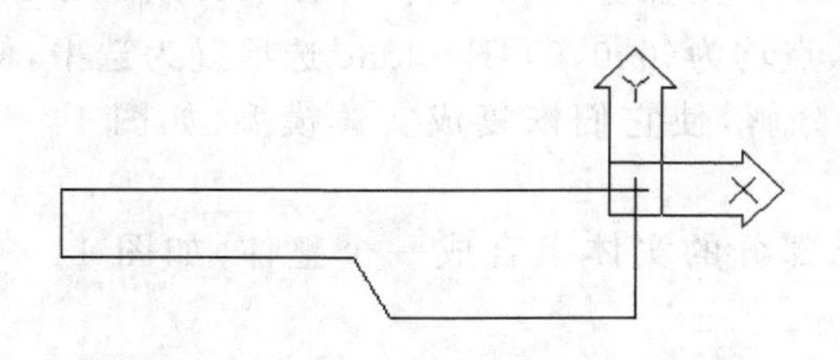

图 14－156　内形体 J 部分的回转基面形状

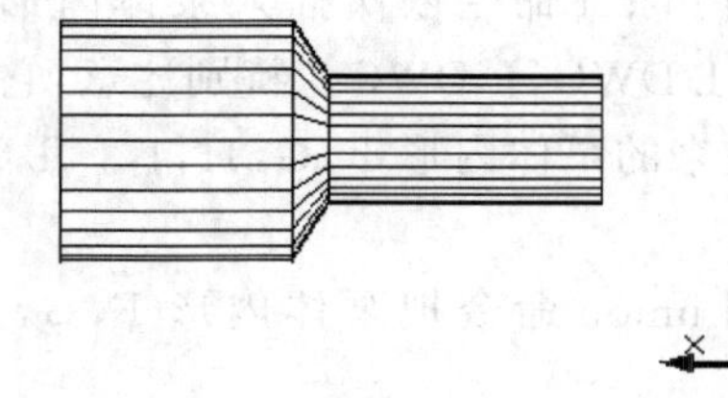

图 14－157　内形体 J

用 move 命令将内形体 J 部分上的基准点(0,0,0)移动到(43,0,20)，如图 14－157 所示。

用 wblock 命令将内形体 J 部分定义成块，并以 J. DWG 的块名文件存盘。块的基点坐标为(0,0,0)。

13. 泵体外形的造型

用 insert 命令依次插入泵体外形 A,B,C,D,E 几部分的块文件 A. DWG,B. DWG,C. DWG,D. DWG,E. DWG。特别注意,它们的插入点均为(0,0,0),Explode 选项置为选中,使得插入进来的泵体外形 A,B,C,D,E 几部分的块分解,使它们恢复成实体模型,如图 14－158 所示。

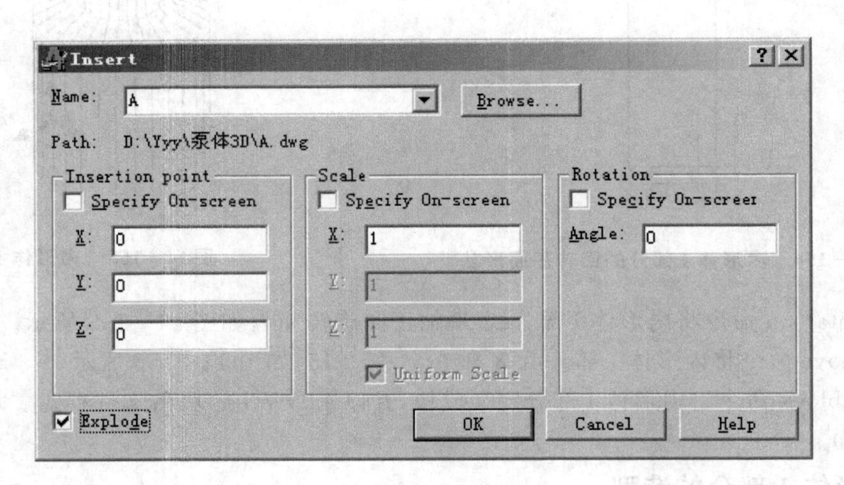

图 14－158　块文件的插入

用 union 命令把泵体外形 A,B,C,D,E 几部分的实体组合成一个整体,如图 14－159 所示。

14. 泵体内形的造型

用 insert 命令依次插入泵体内形 F,G,H,I,J 几部分的块文件 F. DWG,G. DWG,H. DWG,I. DWG,J. DWG。特别注意,它们的插入点均为(0,0,0),Explode 选项置为选中,使得插入进来的泵体内形 F,G,H,I,J 几部分的块分解,使它们恢复成实体模型,如图 14－158 所示。

用 union 命令把泵体内形 F,G,H,I,J 几部分的实体组合成一个整体,如图 14－160 所示。

15. 泵体的造型

用 subtract 命令把泵体外形的实体模型减掉泵体内形的实体模型,即得泵体的实体模型,如图 14－161 所示。

用 slice 命令沿 *XOZ* 平面剖切泵体,如图 14－162 所示。

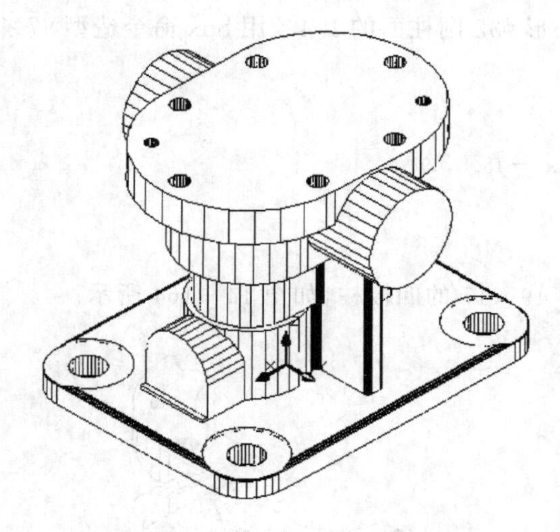

图 14－159　泵体外形

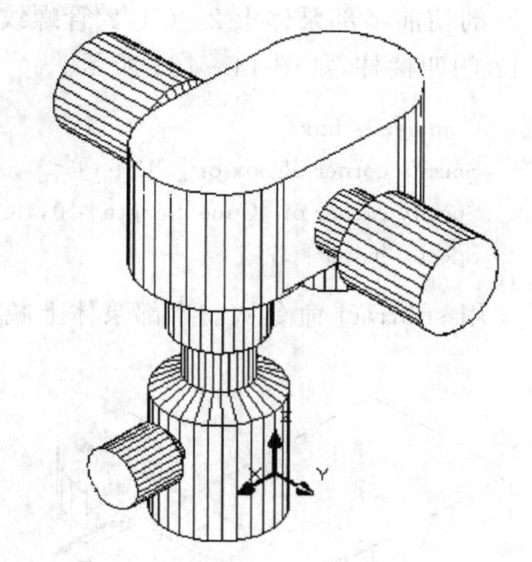

图 14－160　泵体内形

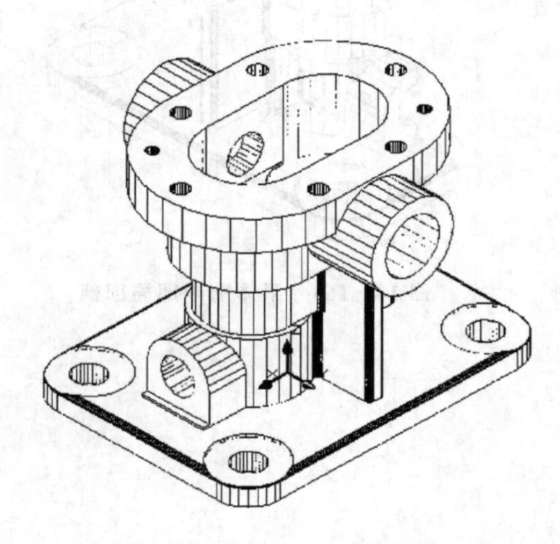

图 14－161　泵　体

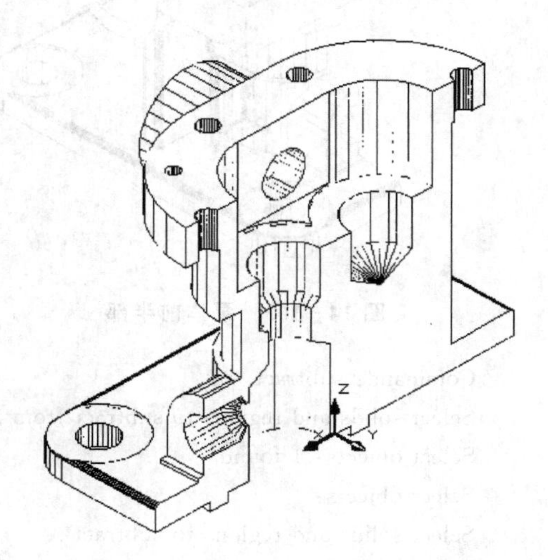

图 14－162　泵体后半部

Command：slice

Select objects：1 found

Select objects：

Specify first point on slicing plane by [Object/Zaxis/View/XY/YZ/ZX/3points]

<3points>：zx

Specify a point on the ZX－plane <0,0,0>：

Specify a point on desired side of the plane or [keep Both sides]：b

剖切前半部泵体上 2 - G1/2″管螺纹及其外形 ϕ32 圆柱面的 1/4。用 box 命令造型 97×49×17 的四棱柱，如图 14 - 163 所示。

```
Command：box
Specify corner of box or [CEnter] <0,0,0>：49,－48.5,69
Specify corner or [Cube/Length]：0,48.5,69
Specify height：17
```

用 subtract 命令从前半部泵体上减掉 97×49×17 的四棱柱，如图 14 - 164 所示。

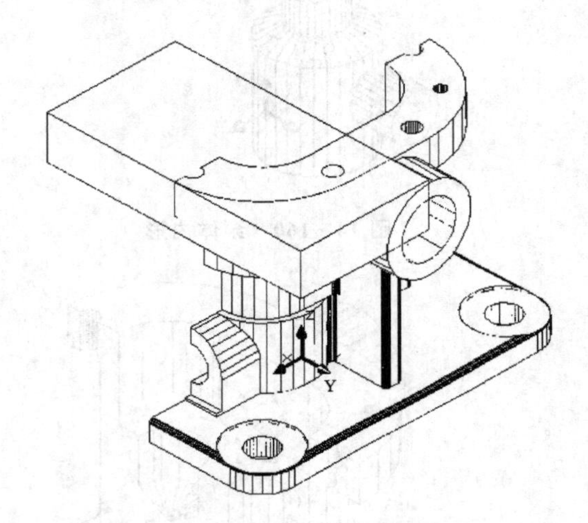

图 14 - 163　泵体前半部

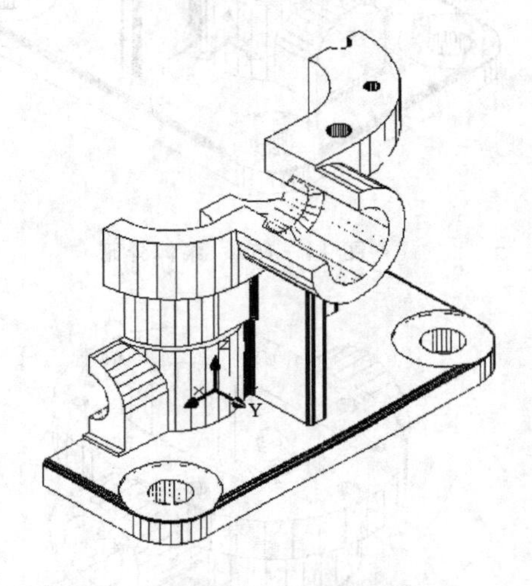

图 14 - 164　泵体前半部局部剖

```
Command：subtract
Select solids and regions to subtract from ..
Select objects：1 found
Select objects：
Select solids and regions to subtract ..
Select objects：1 found
Select objects：
```

用 shademode 命令对后半部泵体施与光效应，如图 14 - 165 所示。

```
Command：shademode
Current mode：Flat＋Edges
Enter option [2D wireframe/3D wireframe/Hidden/Flat/Gouraud/fLat + edges/gOuraud + edges] <Flat＋Edges>：g
```

用 shademode 命令对前半部泵体施与光效应，如图 14 - 166 所示。

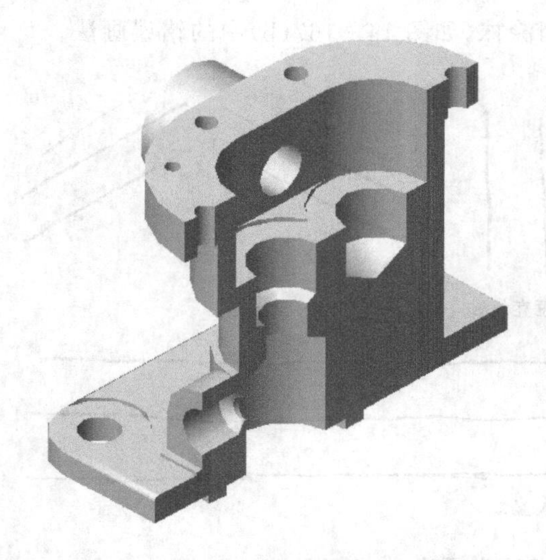

图 14-165　施与光效应的泵体后半部

图 14-166　施与光效应的泵体前半部

14.8　零件测绘

当需要仿制式维修机器时，有时必须对实际零件进行测绘，即根据零件的实物绘制其零件草图，必要时还要绘制其零件图或装配图。按照这些图生产出零件或甚至整个机器。

14.8.1　零件测绘的方法与步骤

进行零件测绘的方法和步骤如下：

① 构形分析　在具体测绘之前，应先对零件的功能、结构及形状进行分析，特别是要深入细致地观察零件各部分的形状及工艺结构等，为零件的表达及绘图做好充分的准备。

② 视图选择　选择主视图，并确定所需的其他视图以及视图上应作哪些剖视等，并作好图面布置。

③ 绘制草图　根据目测和判断零件各部分的形状大小，按比例徒手绘制零件草图。

④ 测量尺寸，并填写在图纸上。

⑤ 根据实物和装配关系查阅相关资料，注写零件的表面粗糙度、尺寸公差等技术要求。

14.8.2　徒手绘制草图的方法

1. 直线的画法

直线要力求画直，水平线一般应从左向右画，垂直线由上向下画，如图 14-167(a)所示。

比较长的直线可以由几段连接而成，但不要来回涂抹，如图 14－167(b)中的错误画法。

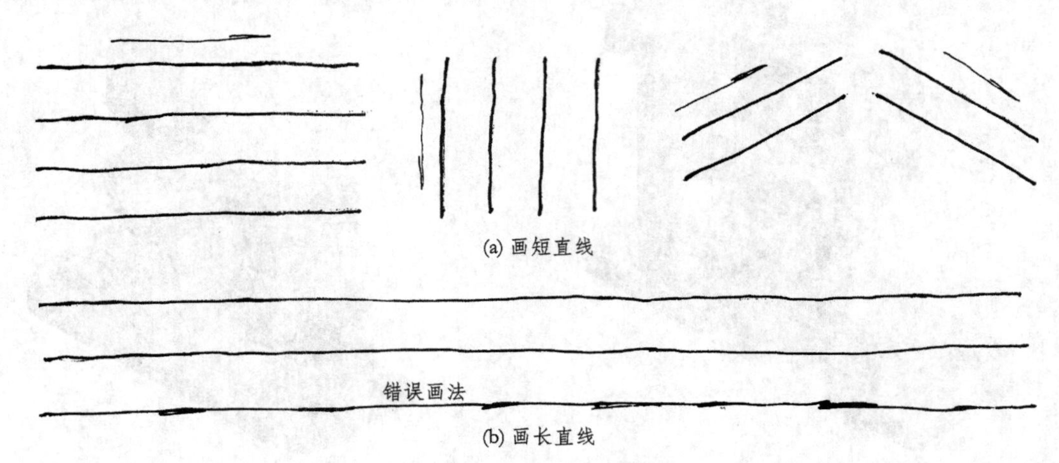

(a) 画短直线

(b) 画长直线

图 14－167　直线的画法

2. 直线等分的画法

将直线分成几段相等的线段是画草图常遇到的问题，方法如图 14－168 所示。从图中可以看出：画 4 等分时，先作 2 等分，然后作 4 等分；画 3 等分时，先分成 1∶2，然后再完成 3 等分；画 5 等分时，先分成 3∶2，再将 3 和 2 细分，最后分成 5 等分；画 6 等分时，可先分成 2 等分，再将两半各分成 1∶2，最后分成 6 等分。

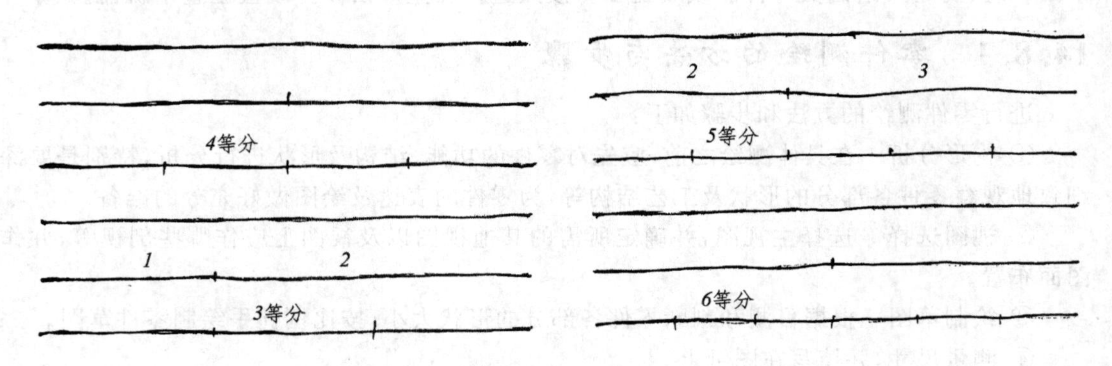

图 14－168　直线的等分

应善于观察零件各部分形状和大小，然后利用大致的比例画图，如图 14－169 所示。从实物上大致可以判断：ϕA 的长度 OA 大约为全长的$\frac{2}{3}$，而 ϕB 的半径约$\frac{2}{3}OA$，内孔的半径略大于$\frac{1}{2}\phi B$。有了这个基本判断，可以很快画出该零件的草图。其绘图过程如图 14－169 所示。

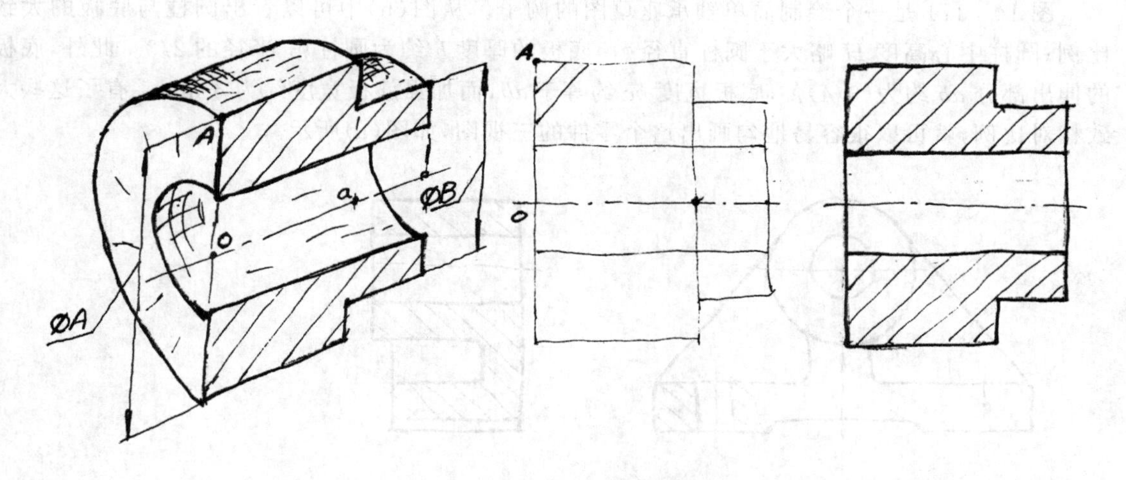

图 14－169　观察比例画图

3. 徒手画圆的方法

对于直径较小的圆可以用一笔或两笔勾出，如图 14－170(a)所示。对于稍大的圆，可以先画出两中心线，并在其上各取直径的两个端点，然后过 4 点轻轻勾出整圆，最后描粗即可，如图 14－170(a)右下图所示。对于较大的圆，可以再加过圆心的 45°斜线，在斜线上各取两点，最后通过八个点画圆、描粗即可，如图 14－170(b)所示。

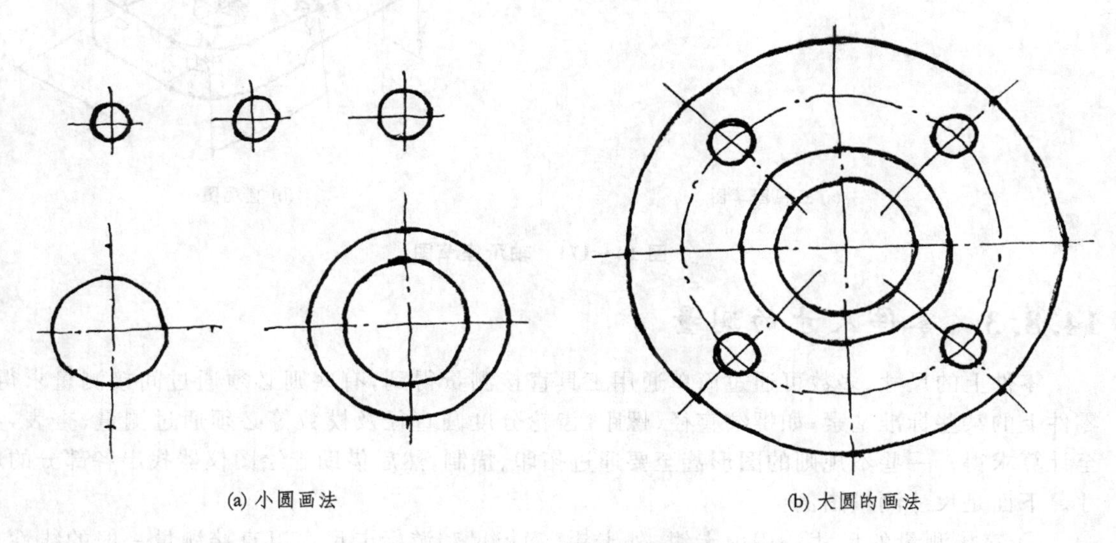

(a) 小圆画法　　(b) 大圆的画法

图 14－170　圆的草图画法

图 14－171 是一个绘制简单轴承座草图的例子。从图(b)中可以看出圆柱与底板的大致比例;圆柱中心高度 H 略大于圆柱直径 ϕ_1,底板的厚度 h 约为圆柱 ϕ_1 半径的 2/3。此外,底板的伸出部分 ab 约为(3/4)ϕ_1,底板宽度 bc 约等于 ab,而加强筋板宽度约为 6 mm。有了这些大致相对比例,就可以很容易地勾画出这个零件的三视图,如图(a)所示。

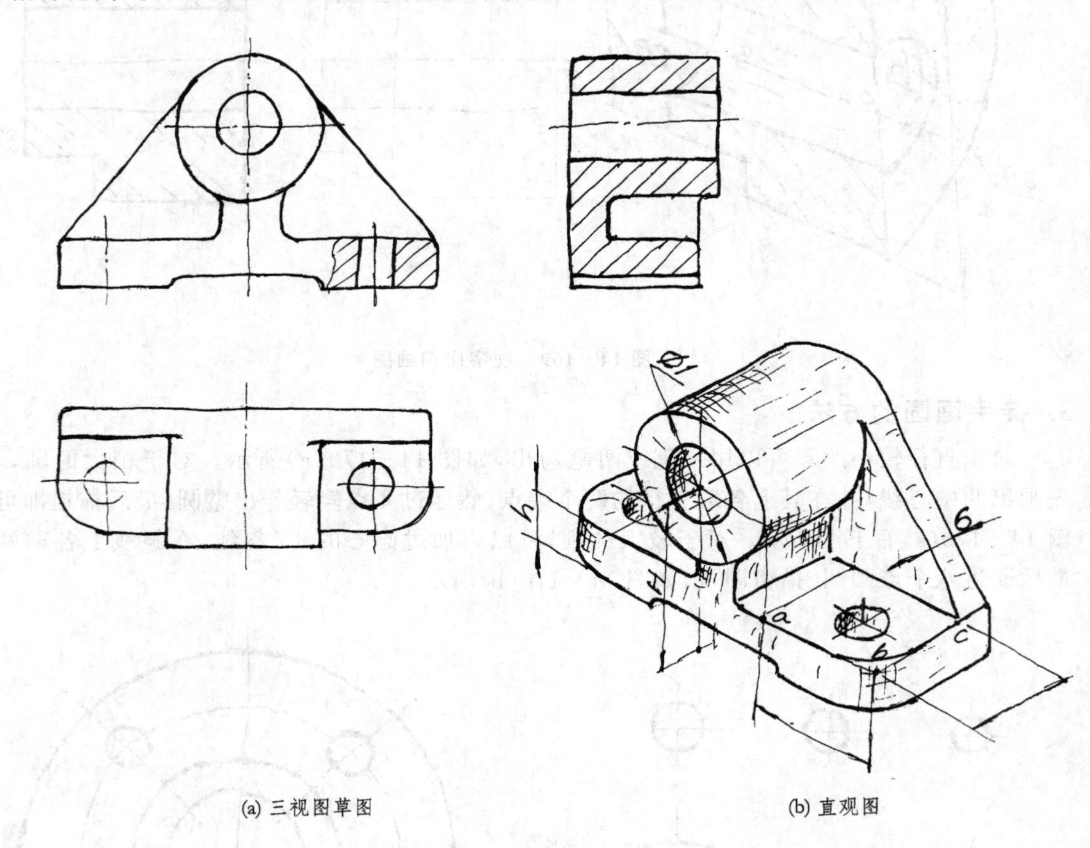

(a) 三视图草图　　(b) 直观图

图 14－171　轴承座草图

14.8.3　零件尺寸的测量

零件上的尺寸,多数可通过简单通用工具直接测量得到,有些则必须通过间接测量求得。零件上的某些标准基素,如螺纹直径、螺距、齿轮分度圆直径及模数等必须通过测量、查表,甚至计算求得。一些不规则的图形甚至要通过拓印、描制,然后借助于绘图仪器找出各部分的尺寸。下面是尺寸测量图例:

① 直接测量的尺寸　用内卡钳、外卡钳、钢板尺和游标卡尺可以直接测量一般的线性尺寸,如图 14－172 和图 14－173 所示。

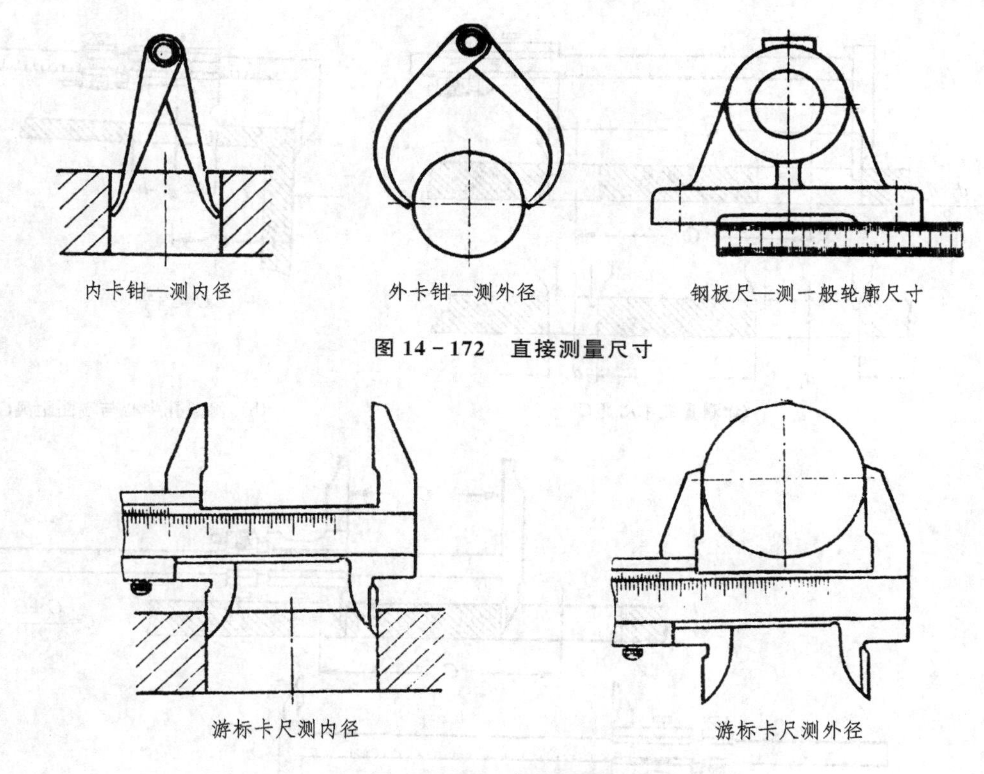

图 14－172　直接测量尺寸

图 14－173　直接测量尺寸

② 间接测量的尺寸　当无法直接测量时，可以通过间接测量，并经简单计算即可得到所需尺寸，如图 14－174 和图 14－175 所示。

③ 复杂图形的测量　一些底座和连接法兰盘等的形状呈规则或不规则形状时，可以通过直接拓印，然后由绘图仪器近似地将其画出，如图 14－176 所示。

14.8.4　典型零件草图测绘图例

例 14－7　图 14－177 为一简单轴套，因为标注直径符号 ϕ，所以只需一个视图即可。用局部放大图表示螺纹退力槽的局部结构，以便标注尺寸，但因是草图，没有说明放大比例。

例 14－8　图 14－178 为一简单端盖，因为有六角形部分（螺纹装拆的结构对），所以采用两视图。

例 14－9　图 14－179 为一简单轴类零件，采用一个视图加两个断面图和一个局部放大图。

例 14－10　图 14－180 是壳体零件草图图例。它是个控制阀的阀体，铸造零件，内外表面多数不加工。为了表示其内部形状，主视图采用了全剖视，左侧视图和俯视图均采用了局部剖视，以便确切表示其内部结构。*A*—*A* 断面图表示其加强筋板的形状。

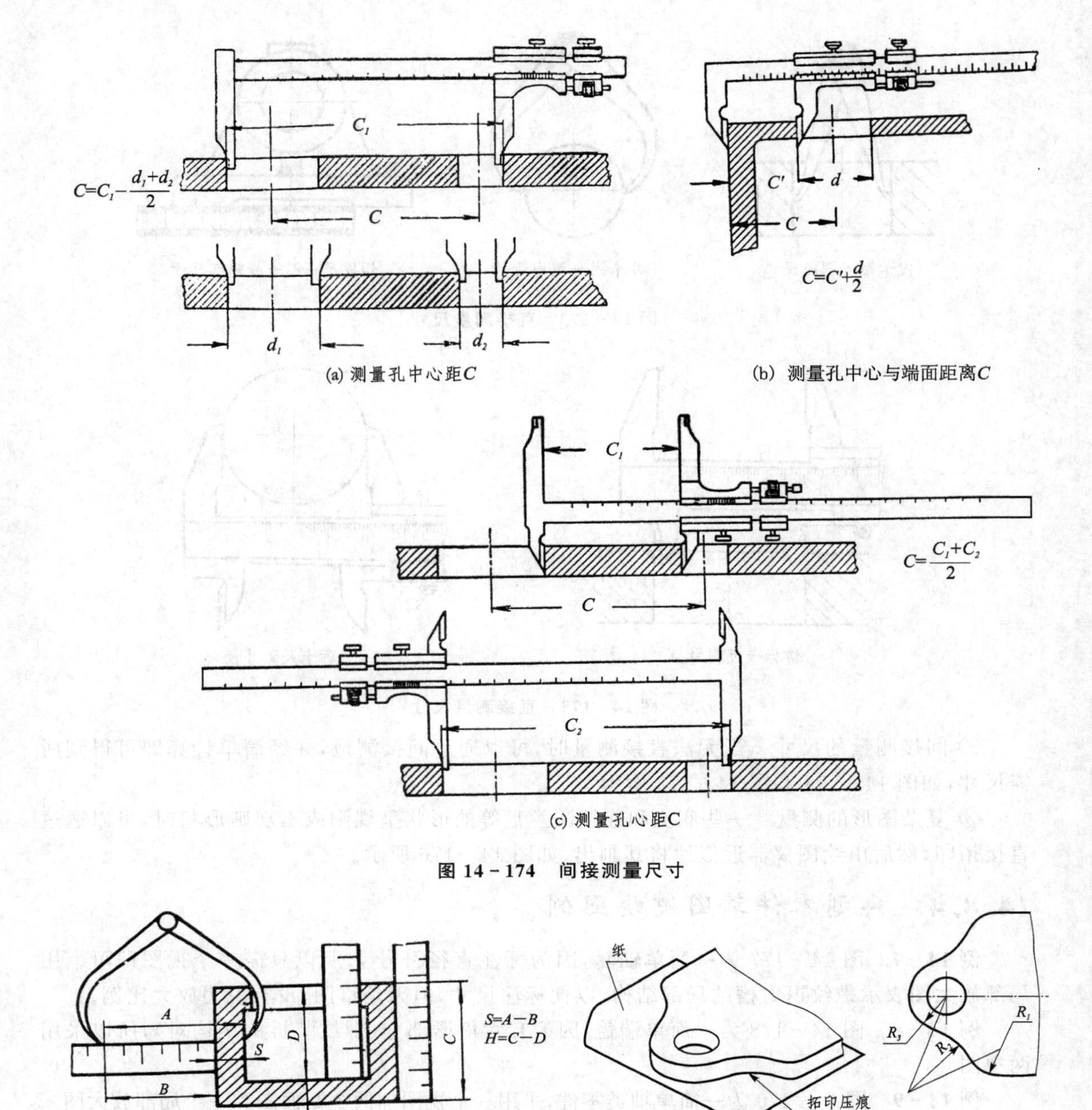

图 14－174　间接测量尺寸

图 14－175　间接测量尺寸

图 14－176　复杂形状拓印

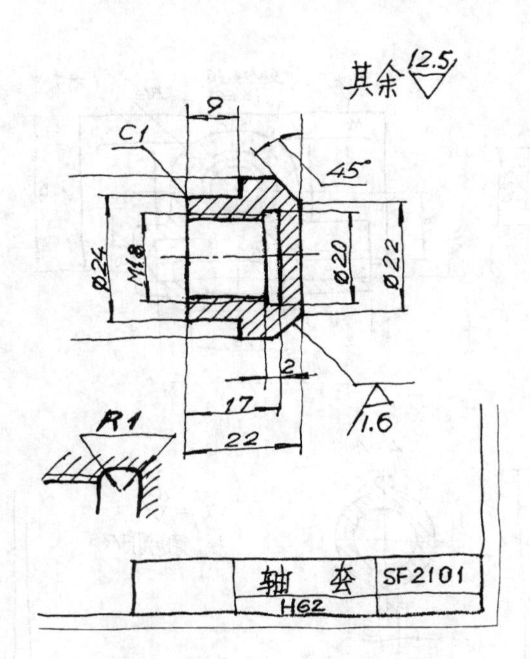

图 14－177　简单轴套草图

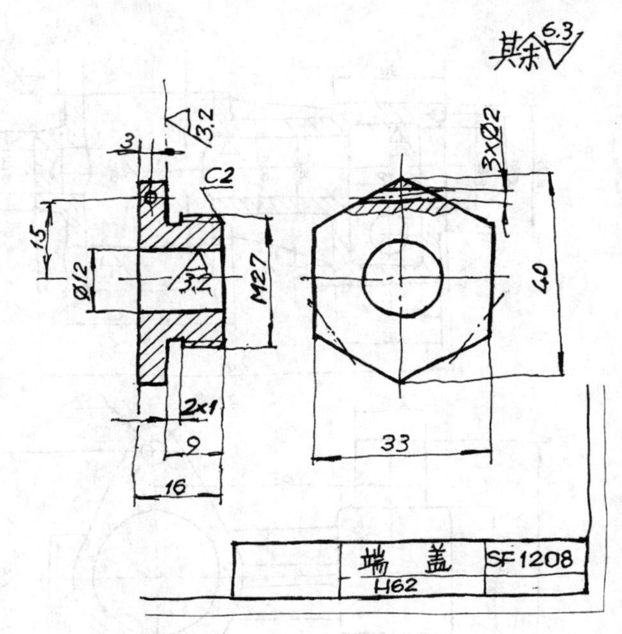

图 14－178　端盖草图

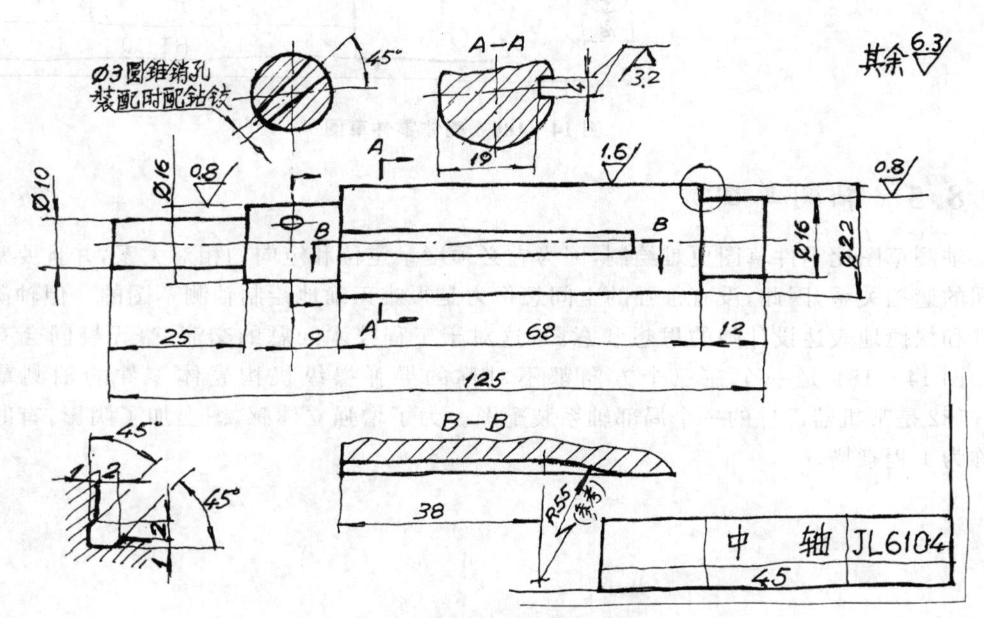

图 14－179　轴类零件草图

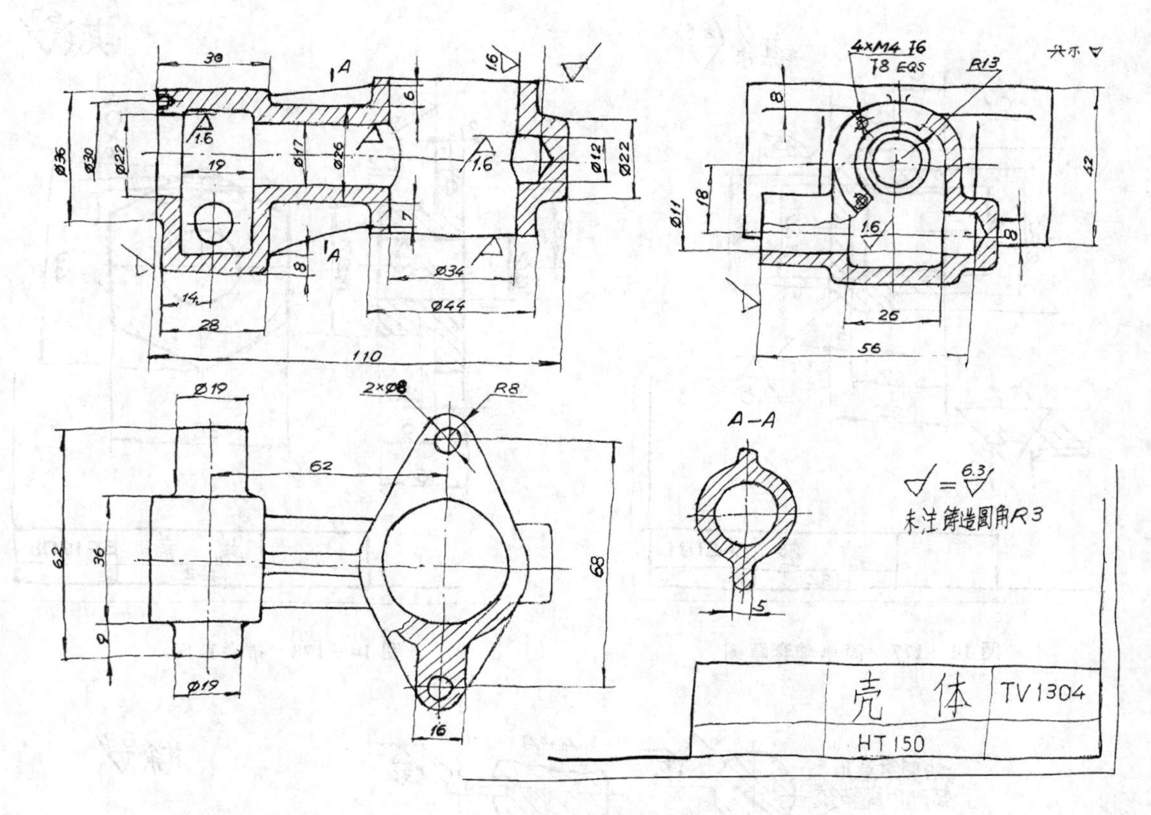

图 14－180　壳体零件草图

14.8.5　轴测草图

轴测草图比零件草图更难绘制，因为它必须度量定位和定向的相对关系，并且要判断形体之间的遮挡关系，因此，没有很强的空间想像力是很难正确地绘制轴测草图的。但轴测草图能很好和快捷地表达设计师的思想和意图，这对于工程技术问题的交流，毫无疑问会有很大益处。图 14－181 是一个在三个方向都不对称的导弹操纵机构壳体零件的轴测草图。图 14－182 是某机器部件的一个局部轴系装配图。为了增强立体感，图上加了阴影，有时把这种图称为工程素描。

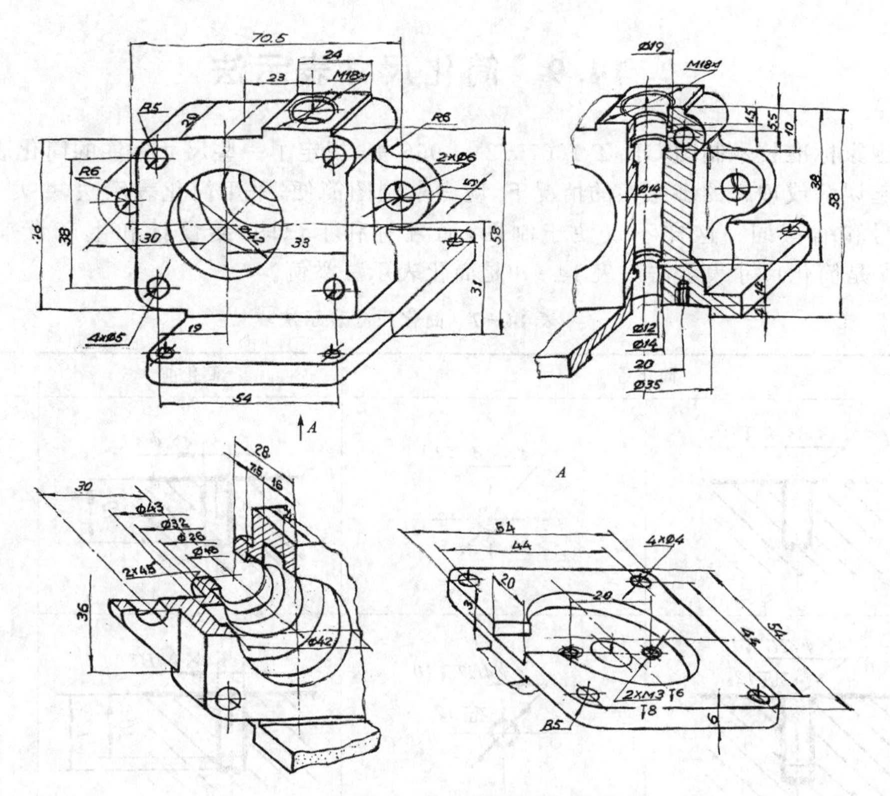

图 14－181　壳体零件轴测草图

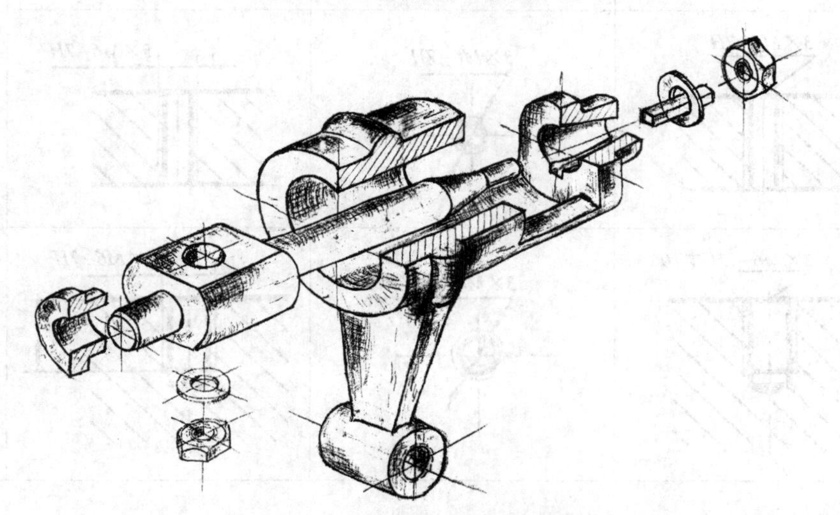

图 14－182　轴系装配图的轴测草图

14.9　简化尺寸表示法

在国家标准技术制图 GB/T 16675.2—1996 中，规定了一些尺寸标注的简化表示法，在保证不引起误解或理解的多意性的情况下，应力求制图简便，采用简化表示法，并尽可能使用规定的符号和缩写词。这样不仅便于制图，而且有利于识图，给设计和生产带来很大方便。表 14－7 是简化尺寸表示法。表 14－8 是简化表示法举例。

表 14－7　简化尺寸表示法

简化后		简化前	说　明
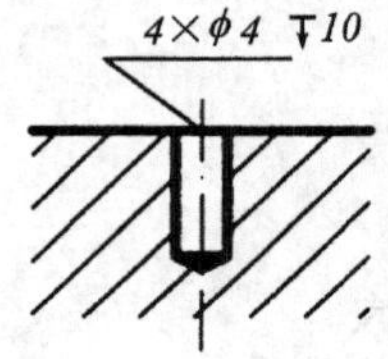 4×ϕ4 ↧10	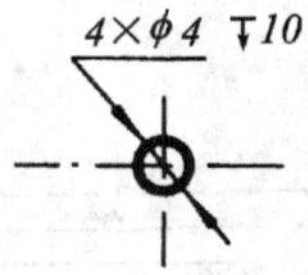 4×ϕ4 ↧10	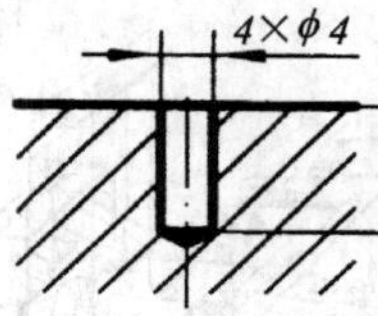 4×ϕ4 10	采用旁注和深度符号↧简化标注
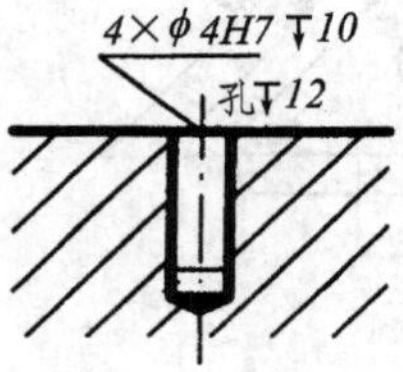 4×ϕ4H7 ↧10 孔↧12	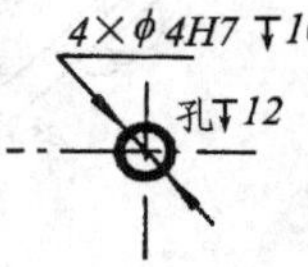 4×ϕ4H7 ↧10 孔↧12	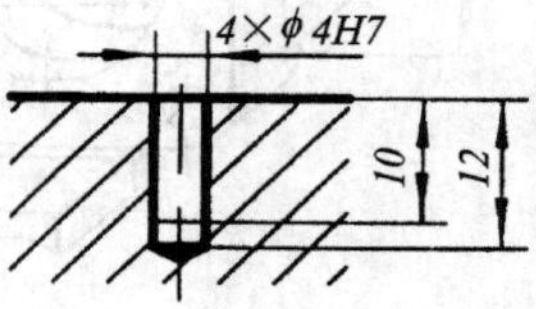 4×ϕ4H7 10 12	
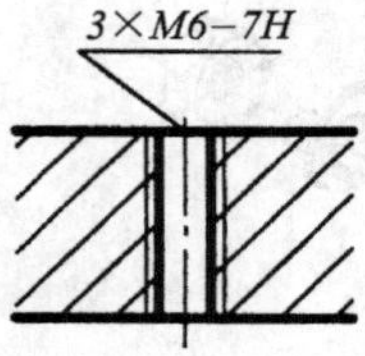 3×M6－7H	 3×M6－7H	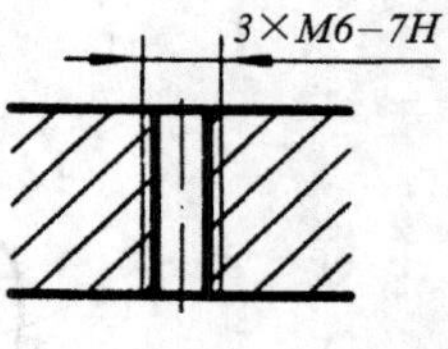 3×M6－7H	
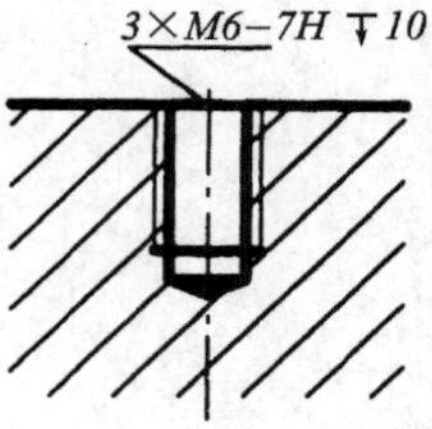 3×M6－7H ↧10	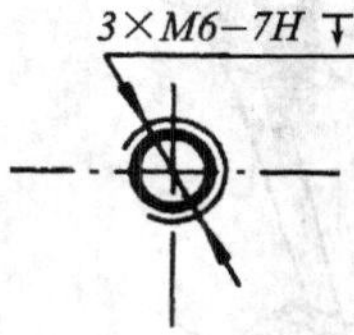 3×M6－7H ↧10	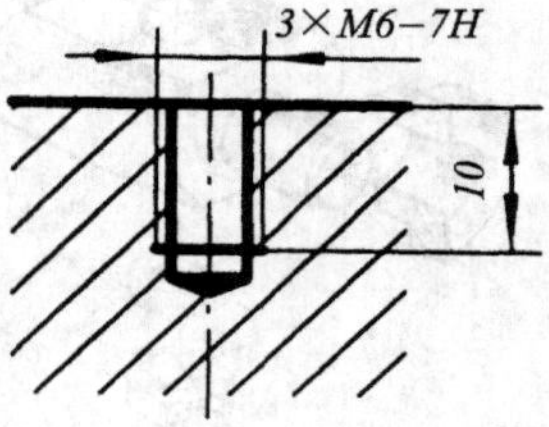 3×M6－7H 10	

续表 14－7

简化后		简化前	说　明
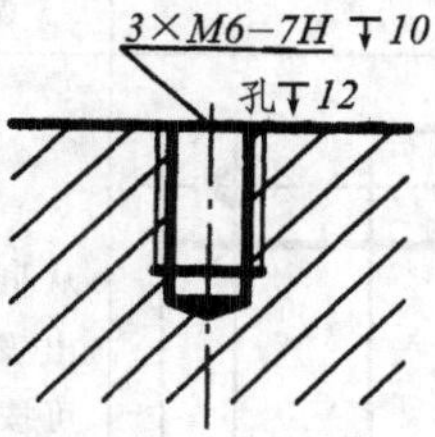 3×M6－7H ↧10 孔↧12	 3×M6－7H ↧10 孔↧12	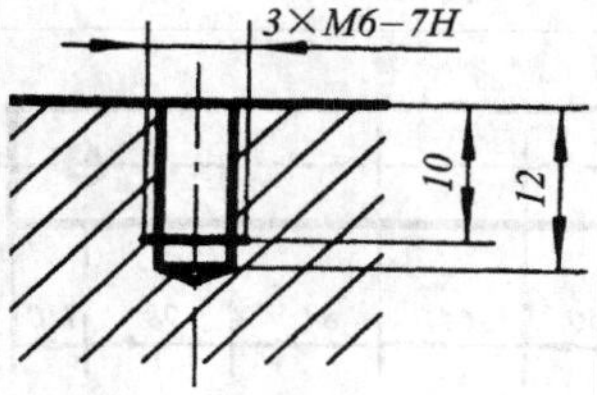 3×M6－7H 10 12	
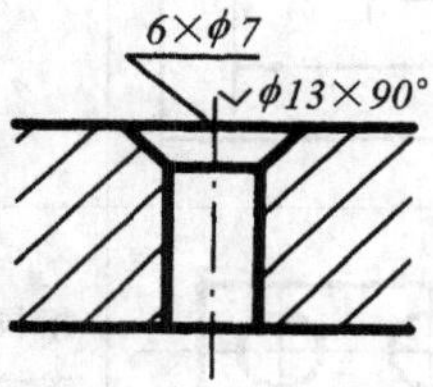 6×φ7 ⌵φ13×90°	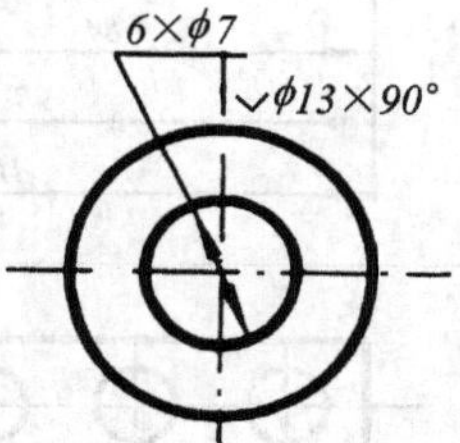 6×φ7 ⌵φ13×90°	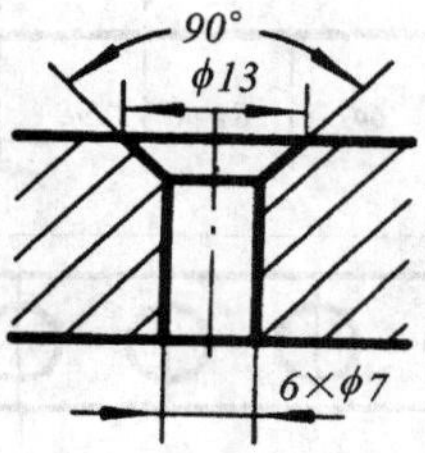 90° φ13 6×φ7	采用旁注和沉头埋孔符号∨简化标注
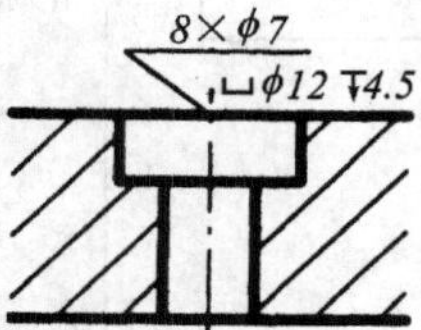 8×φ7 ⌴φ12 ↧4.5	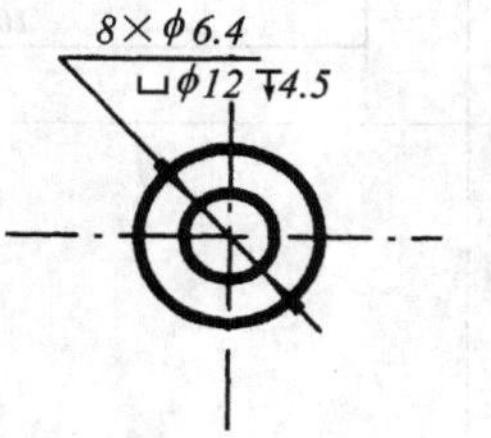 8×φ6.4 ⌴φ12 ↧4.5	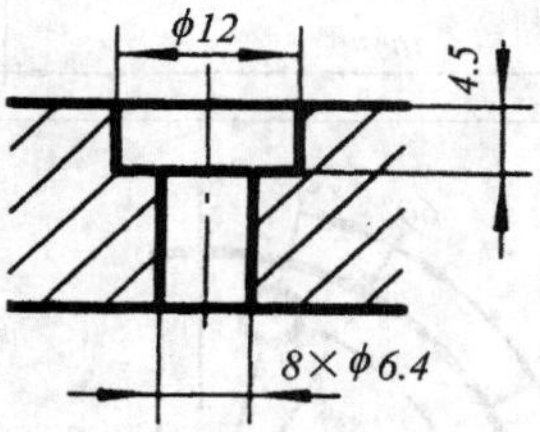 φ12 4.5 8×φ6.4	采用旁注和沉孔符号 ⌴ 简化标注
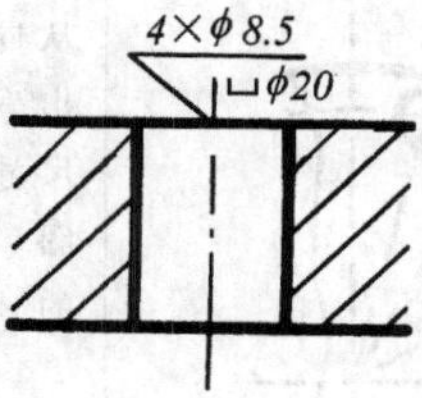 4×φ8.5 ⌴φ20	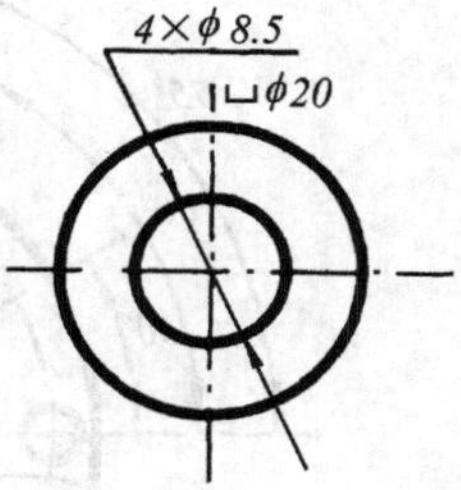 4×φ8.5 ⌴φ20	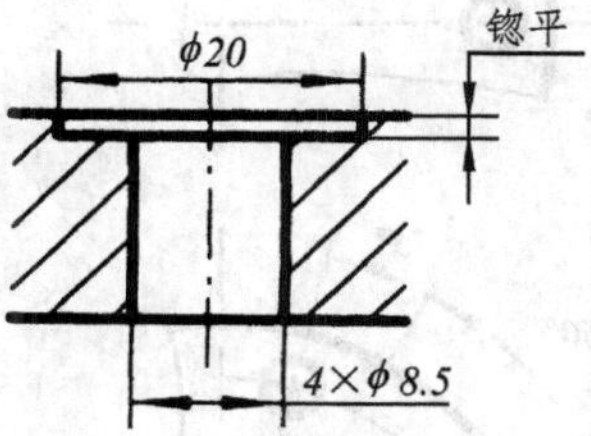 φ20 锪平 4×φ8.5	用沉孔符号标注只需锪平平面而不需要孔深的情况

表 14-8　简化表示法举例

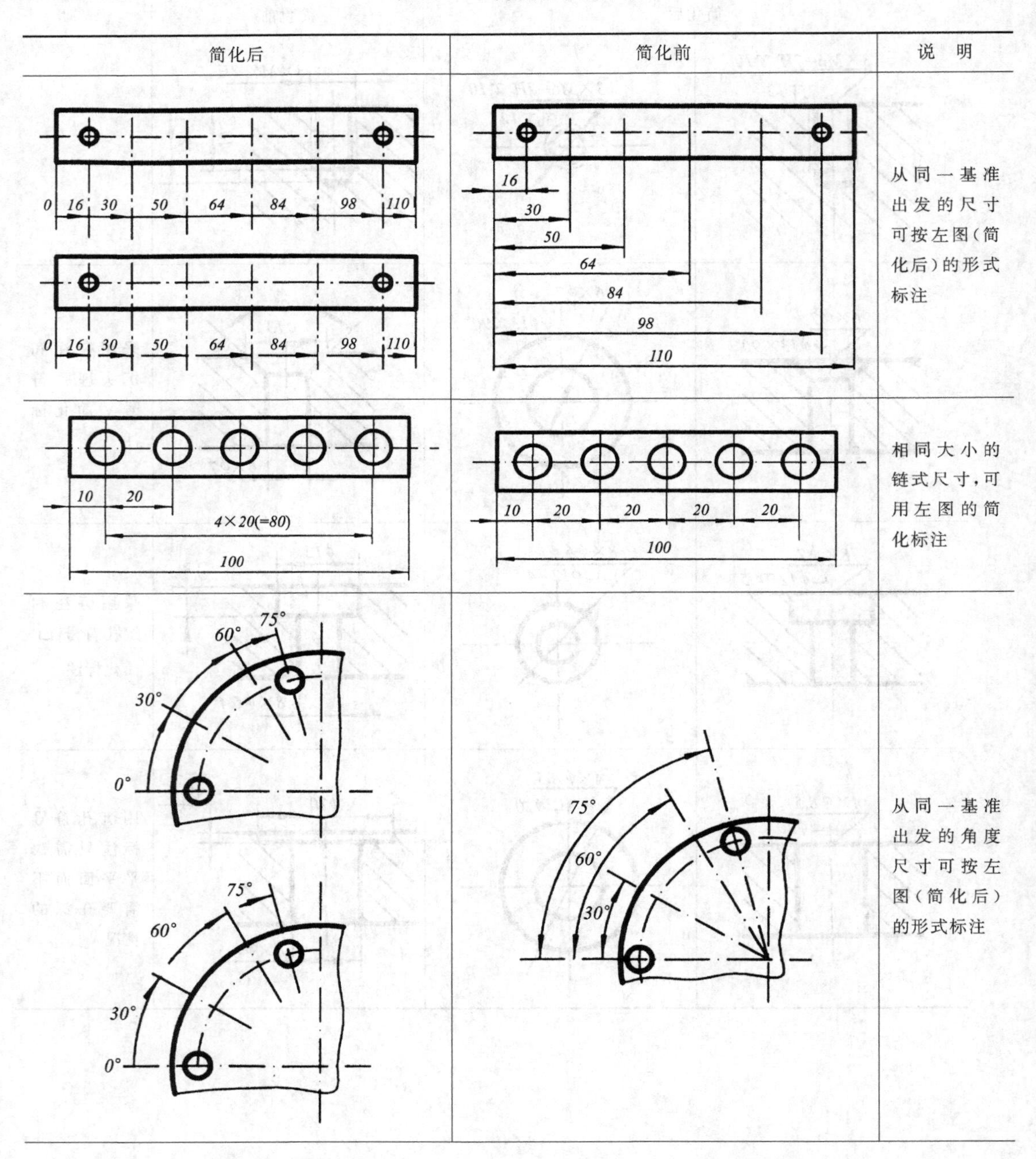

简化后	简化前	说　明
		从同一基准出发的尺寸可按左图(简化后)的形式标注
		相同大小的链式尺寸，可用左图的简化标注
		从同一基准出发的角度尺寸可按左图(简化后)的形式标注

续表 14－8

简化后	简化前	说　明
45°　3×45°(=135°)	45°　45°　45°	相同大小的角度值式尺寸，可按左图简化标注
R14,R20,R30,R40　R40,R30,R20,R14	R20　R30　R10　R14	一组同心圆弧或圆心位于一条直线上的多个不同心圆弧的尺寸，可用共用的尺寸线箭头依次表示。
R12,R22,R30	R30　R22　R12	

续表 14－8

简化后	简化前	说明
$\phi60,\phi100,\phi120$	$\phi60$　$\phi120$　$\phi100$	一组同心圆或尺寸较多的台阶孔的尺寸，也可用共用的尺寸线和箭头依次表示。
$\phi5,\phi10,\phi12$	$\phi12$　$\phi10$　$\phi5$	
ϕ　ϕ　ϕ　ϕ　ϕ　ϕ	ϕ　ϕ　ϕ　ϕ　ϕ　ϕ	标注尺寸时可采用带箭头的指引线
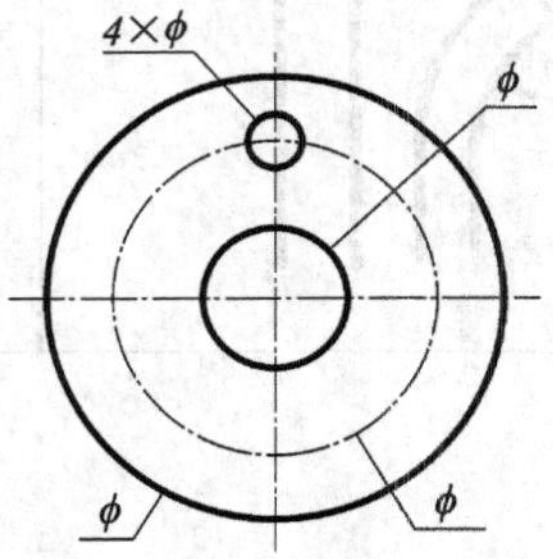 $4\times\phi$　ϕ　ϕ　ϕ	$4\times\phi$　ϕ　ϕ　ϕ	标注尺寸时也可采用不带箭头的指引线

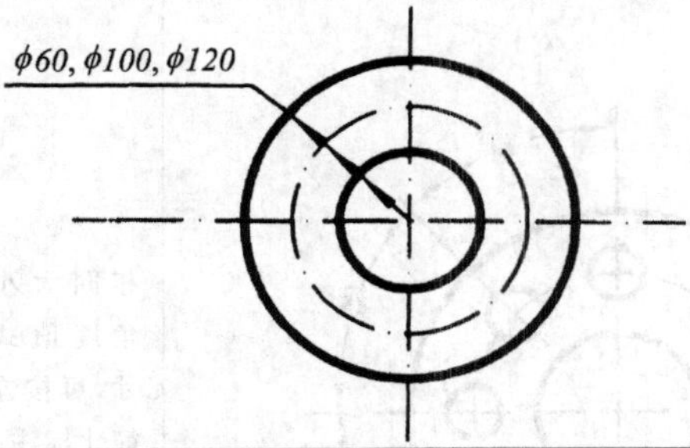

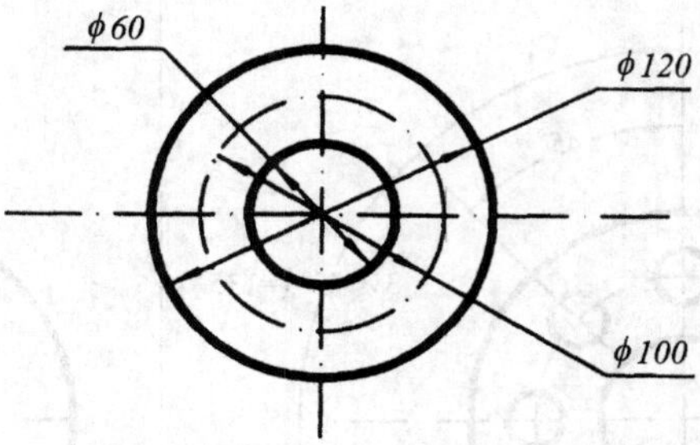

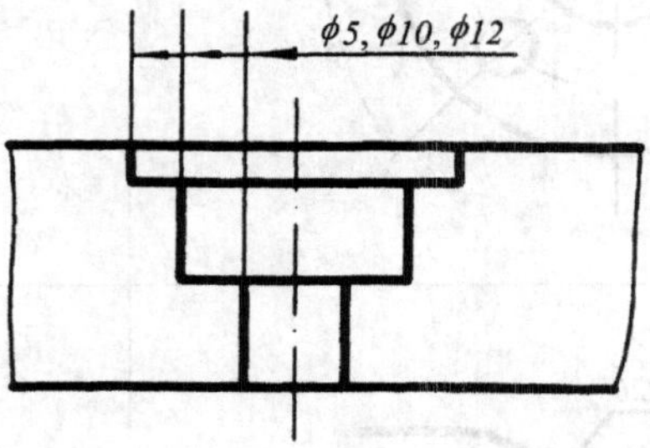

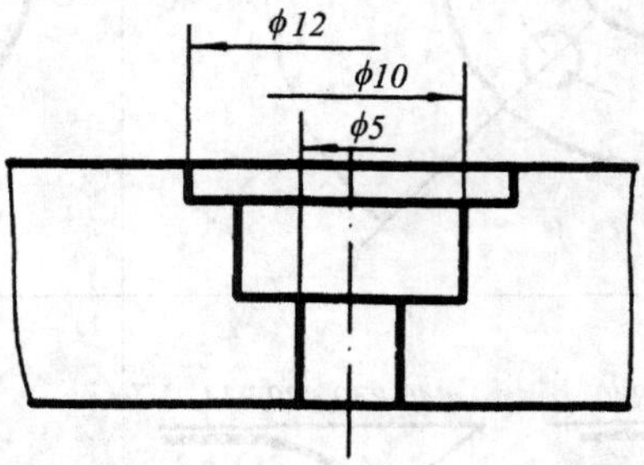

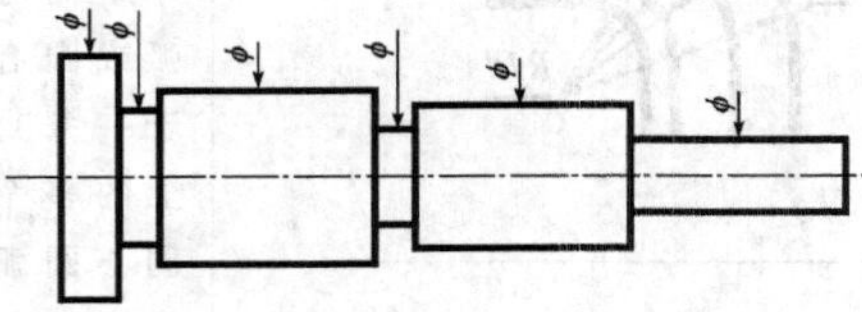

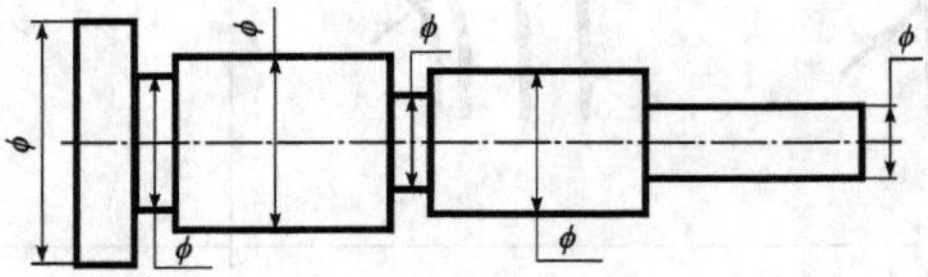

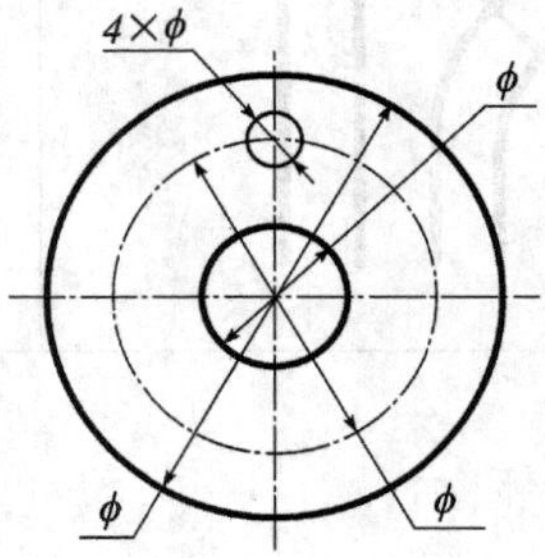

第四篇

常用部件的设计与表达

- 标准件和常用件
- 装配图与结构设计基础

第 15 章　标准件和常用件

机器的功能不同，其组成零件的数量、种类和形状等均不同。但有一些零件被广泛、大量地在各种机器上频繁使用，如螺钉、螺母、垫圈、齿轮、轴承及弹簧等。这些零件可称为常用件。为了设计、制造和使用方便，常用件的结构形状、尺寸、画法和标记等，有的已完全标准化了，有的部分标准化了，有的虽未标准化但已形成很强的规律性。完全标准化的称为标准件。在设计、绘图和制造时必须遵守国家标准规定和已形成的规律。

本章介绍这些常用件的结构、画法和标记方法。

15.1　螺纹及螺纹紧固件

15.1.1　螺纹的形成、结构和要素

1. 螺纹的形成和结构

在车床上车削螺纹，是常见的形成螺纹的一种方法。如图 15－1 所示，将工件装卡在与车床主轴相连的卡盘上，使它随主轴做等速旋转，同时使车刀沿轴线方向做等速移动，那么当刀尖切入工件达一定深度时，就在工件的表面上车制出螺纹。

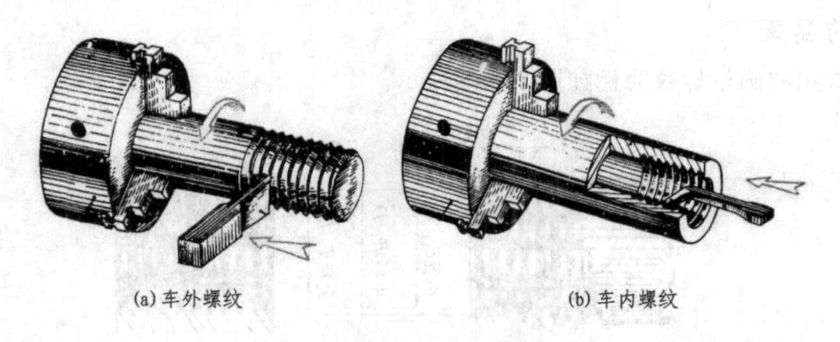

图 15－1　车制螺纹

制在零件外表面上的螺纹被称为外螺纹，制在零件孔腔内表面的螺纹被称为内螺纹。

螺纹的表面可分为凸起和沟槽两部分。凸起部分的顶端称为牙顶，沟槽部分的底端称为牙底。

为了防止螺纹端部损坏和便于安装，通常在螺纹的起始处做出圆锥形的倒角或球面形的

倒圆，如图 15－2 所示。

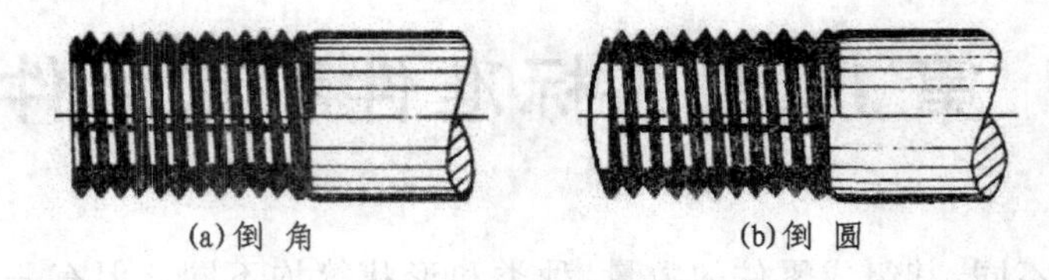

图 15－2　倒角和倒圆

当车削螺纹的刀具快要到达螺纹终止处时，要逐渐离开工件，因而螺纹终止处附近的牙型将逐渐变浅，形成不完整的螺纹牙型。这一段螺纹称为螺尾，如图 15－3 所示。加工到要求深度的螺纹才具有完整的牙型，才是有效螺纹。

为了避免出现螺尾，可以在螺纹终止处事先车削出一个槽，以便于刀具退出。这个槽称为螺纹退刀槽，如图 15－4 所示。

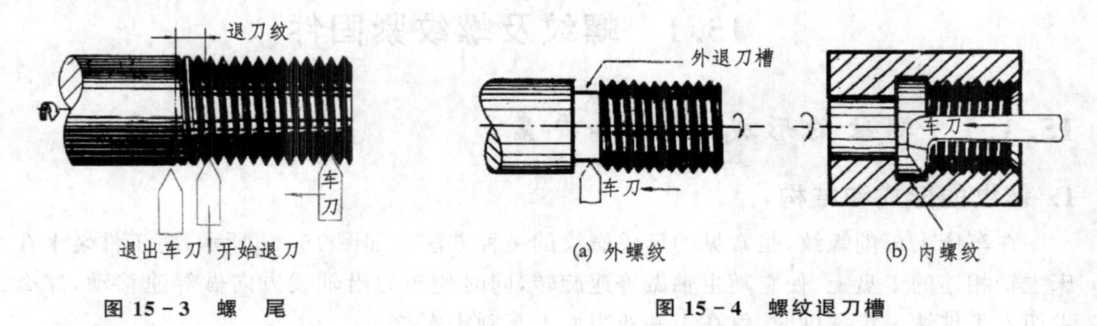

图 15－3　螺　尾　　**图 15－4　螺纹退刀槽**

2. 螺纹的要素

以最常用的圆柱螺纹为例如图 15－5 所示。

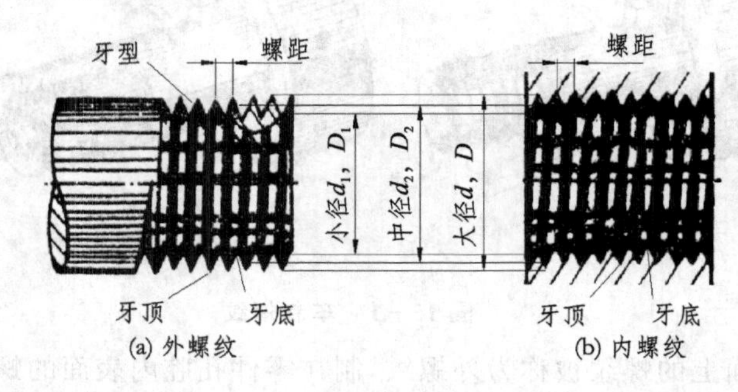

图 15－5　螺纹的各部分名称

(1) 螺纹的牙型

在通过螺纹轴线的剖面上，螺纹的轮廓形状称为螺纹牙型。常见的螺纹牙型有三角形和梯形等。

(2) 直　径

螺纹的直径有大径、小径和中径。

与外螺纹牙顶或内螺纹牙底相对应的假想圆柱面的直径称为大径。内、外螺纹的大径分别以 D 和 d 表示。

与外螺纹牙底或内螺纹牙顶相对应的假想圆柱面的直径称为小径。内、外螺纹的小径分别以 D_1 和 d_1 表示。

中径是一个假想圆柱的直径。该圆柱的母线(称为中型线)通过牙型上沟槽和凸起宽度相等的地方,称为中径圆柱。内、外螺纹的中径分别以 D_2 和 d_2 表示。

(3) 螺纹的线数

螺纹有单线和多线之分。当圆柱面上只有一条螺纹盘绕时叫做单线螺纹,如图 15－6(a)所示;如果同时有两条或三条螺纹盘绕时就叫双线或三线螺纹。螺纹的线数以 n 表示。图 15－6(b) 所示为双线螺纹。

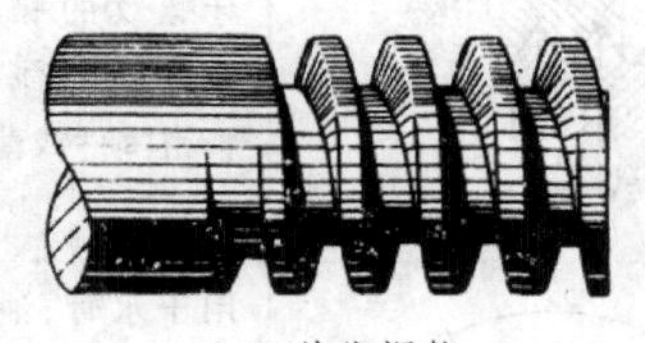

(a) 单线螺纹

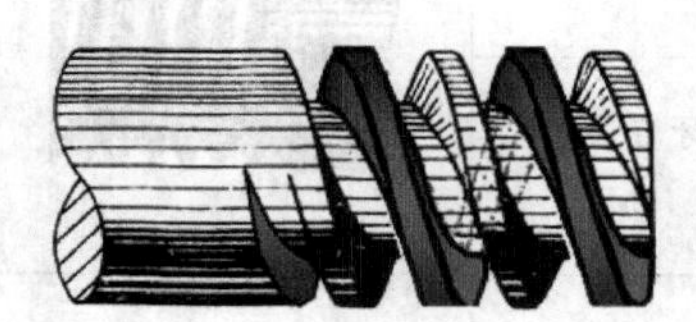

(b) 双线螺纹

图 15－6　螺纹的线数

(4) 螺距和导程

螺纹的相邻牙在中径上的对应点之间的轴向距离 P 称为螺距。同一条(线)螺纹上相邻两牙在中径线上的对应点之间的轴向距离 P_h 称为导程。螺距与导程的关系为

$$螺距 = 导程/线数$$

因此,单线螺纹的螺距 $P=P_h$,多线螺纹的螺距 $P=P_h/n$。

(5) 螺纹的旋向

螺纹有右旋和左旋之分。将外螺纹轴线铅垂放置,螺纹右上左下则为右旋,左上右下则为左旋。右旋螺纹顺时针旋转时旋合,逆时针旋转时退出,左旋螺纹反之。其中以右旋最常用。以右、左手判断右旋螺纹和左旋螺纹的方法如图 15－7 所示。

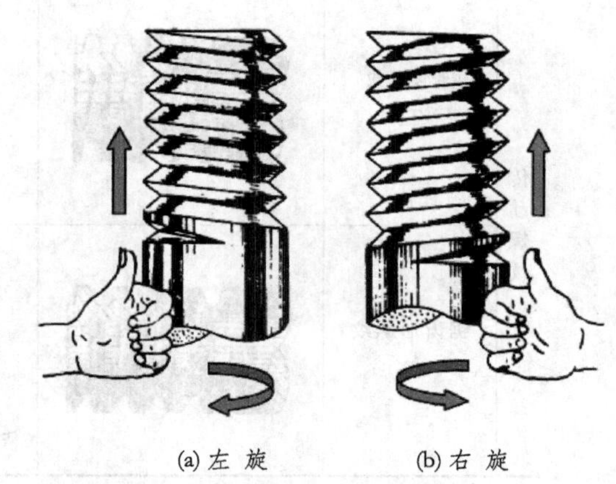

(a) 左　旋　　(b) 右　旋

图 15－7　螺纹的旋向

在螺纹的五个要素中，螺纹牙型、直径和螺距是决定螺纹的最基本要素，称为螺纹三要素。凡这三个要素都符合标准的称为标准螺纹；螺纹牙型符合标准，而大径和螺距不符合标准的称为特殊螺纹；若螺纹牙型不符合标准，则称为非标准螺纹。内、外螺纹总是成对地使用，但只有当五个要素相同时，内、外螺纹才能拧合在一起。

15.1.2　螺纹的种类

螺纹按用途分为两大类：连接螺纹和传动螺纹。

表 15－1 介绍了常用标准螺纹。本书后附有部分标准螺纹参数。

表 15－1　常用标准螺纹

螺纹种类及特征代号		外形图	内、外螺纹旋合后牙型的放大图	功　用
连接螺纹	粗牙普通螺纹 M		60° 内螺纹 d d_1 外螺纹 P d_2	是最常用的连接螺纹。细牙螺纹的螺距较粗牙为小，切深较浅，用于细小的精密零件或薄壁零件上
	细牙普通螺纹 M			
	圆柱管螺纹 G 或 Rp		55° 内螺纹 d d_1 外螺纹 P d_2	用于水管、油管和煤气管等薄壁管子上，是一种螺纹深度较浅的特殊细牙螺纹，仅用于管子的连接。分为非密封(代号 G)与密封(代号 Rp)两种
传动螺纹	梯形螺纹 Tr		30° 内螺纹 d d_1 外螺纹 P d_2	作传动用，各种机床上的丝杠多采用这种螺纹
	锯齿形螺纹 B		30° 3° 内螺纹 d d_1 外螺纹 P d_2	只能传递单向动力，例如螺旋压力机和千斤顶的传动丝杠就采用这种螺纹

注：d——外螺纹大径；d_1——外螺纹小径；d_2——外螺纹中径；P——螺距。

1. 连接螺纹

常见的连接螺纹有三种：粗牙普通螺纹、细牙普通螺纹和管螺纹。

连接螺纹的共同特点是牙型皆为三角形。其中，普通螺纹的牙型角为 60°，管螺纹的牙型角为 55°。

同一种大径的普通螺纹一般有几种螺距。螺距最大的一种称为粗牙普通螺纹，其余的称为细牙普通螺纹。

细牙普通螺纹多用于细小的精密零件或薄壁零件，而管螺纹多用于水管、油管和煤气管等。

2. 传动螺纹

传动螺纹是用来传递动力和运动的，常用的是梯形螺纹，有时也用锯齿形螺纹。

每种螺纹都有相应的特征代号(用字母表示)，标准螺纹的各参数如大径和螺距等均已规定，设计选用时应查阅相应标准。

15.1.3　螺纹的规定画法

绘制螺纹的真实投影是十分繁琐的事情，并且在实际生产中也没有必要这样做。为了便于绘图，国家标准(GB/T 4459.1—1995)对螺纹的画法作了规定，综述如下：

可见螺纹的牙顶用粗实线表示；可见螺纹的牙底用细实线表示(当外螺纹画出倒角或倒圆时，应将表示牙底的细实线画入圆角或倒圆部分)。在垂直于螺纹轴线的投影视图(投影为圆的视图)中，表示牙底的细实线圆只画约 3/4 圈(空出的约 1/4 圈的位置不作规定)。此时，螺杆(外螺纹)或螺孔(内螺纹)上的倒角的投影不应画出，如图 15－8 和 15－9 所示。

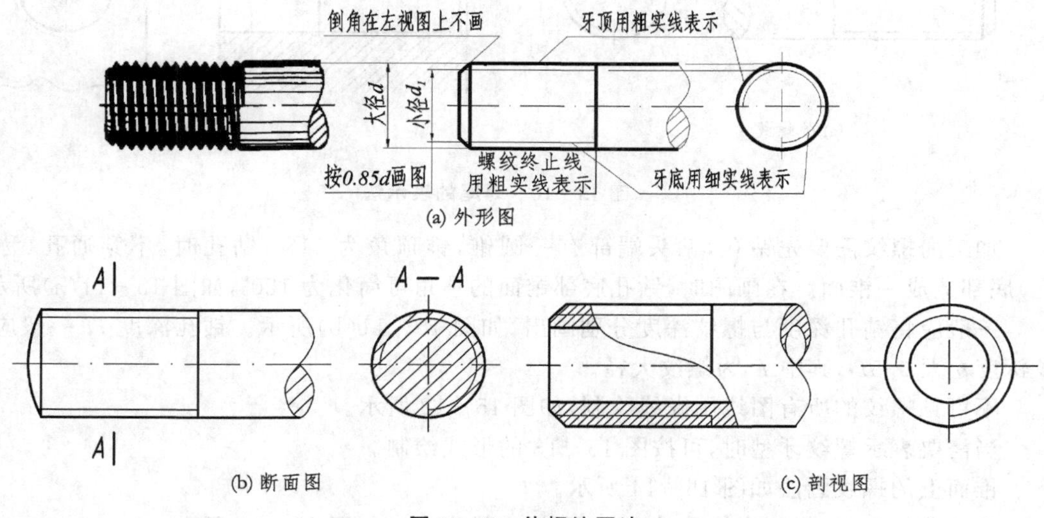

图 15－8　外螺纹画法

有效螺纹的终止界线（简称螺纹终止线）用粗实线表示。外螺纹终止线的画法如图15－8所示，内螺纹终止的画法如图15－9所示。

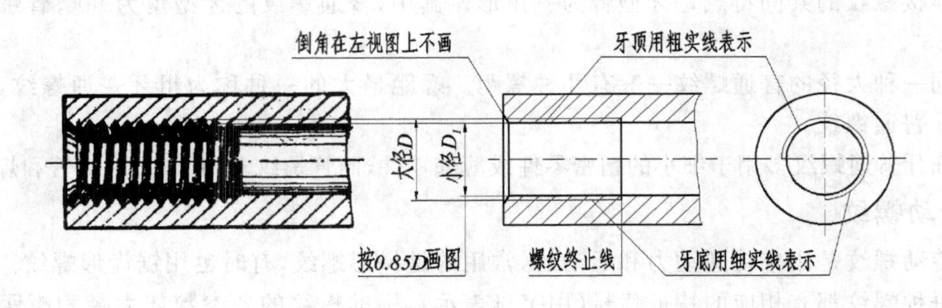

图 15－9　内螺纹画法

螺尾部分一般不必画出。当需要表示螺尾时，螺尾部分的牙底用与轴线成 30°的细实线绘制，如图 15－10(a)所示。

无论是外螺纹或内螺纹，在剖视或断面图中的剖面线都必须画到粗实线（见图 15－8、图 15－9及图 15－10(b)）。

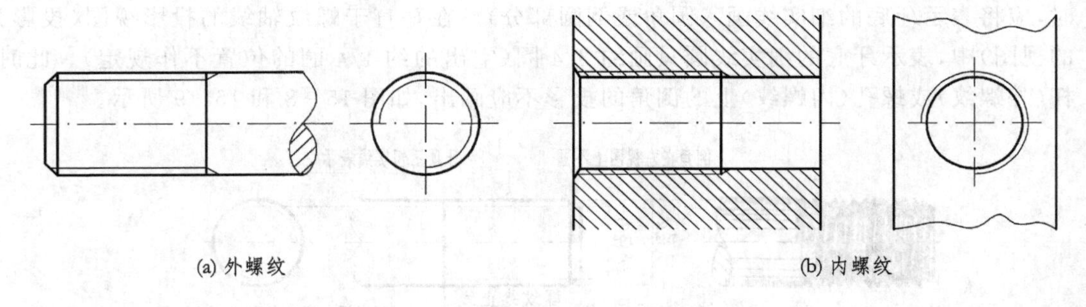

图 15－10　螺尾的表示法

加工内螺纹需要先钻孔，钻头端部有一圆锥，锥顶角为 118°，钻孔时，不穿通孔（称为盲孔）底部造成一锥面。在画图时，钻孔底部锥面的顶角可简化为 120°，如图 15－11(a)所示。

一般应将钻孔深度与螺纹深度分别画出，如图 15－11(b)所示。钻孔深度 H 一般应比螺纹深度 b 大 $0.5D$，其中 D 为螺纹大径。

不可见螺纹的所有图线用虚线绘制，如图 15－12 所示。

当需要表示螺纹牙型时，可按图 15－13 的形式绘制。

锥面上的螺纹画法如图 15－14 所示。

螺纹孔相交时，只画出钻孔的交线（用粗实线表示），如图 15－15 所示。

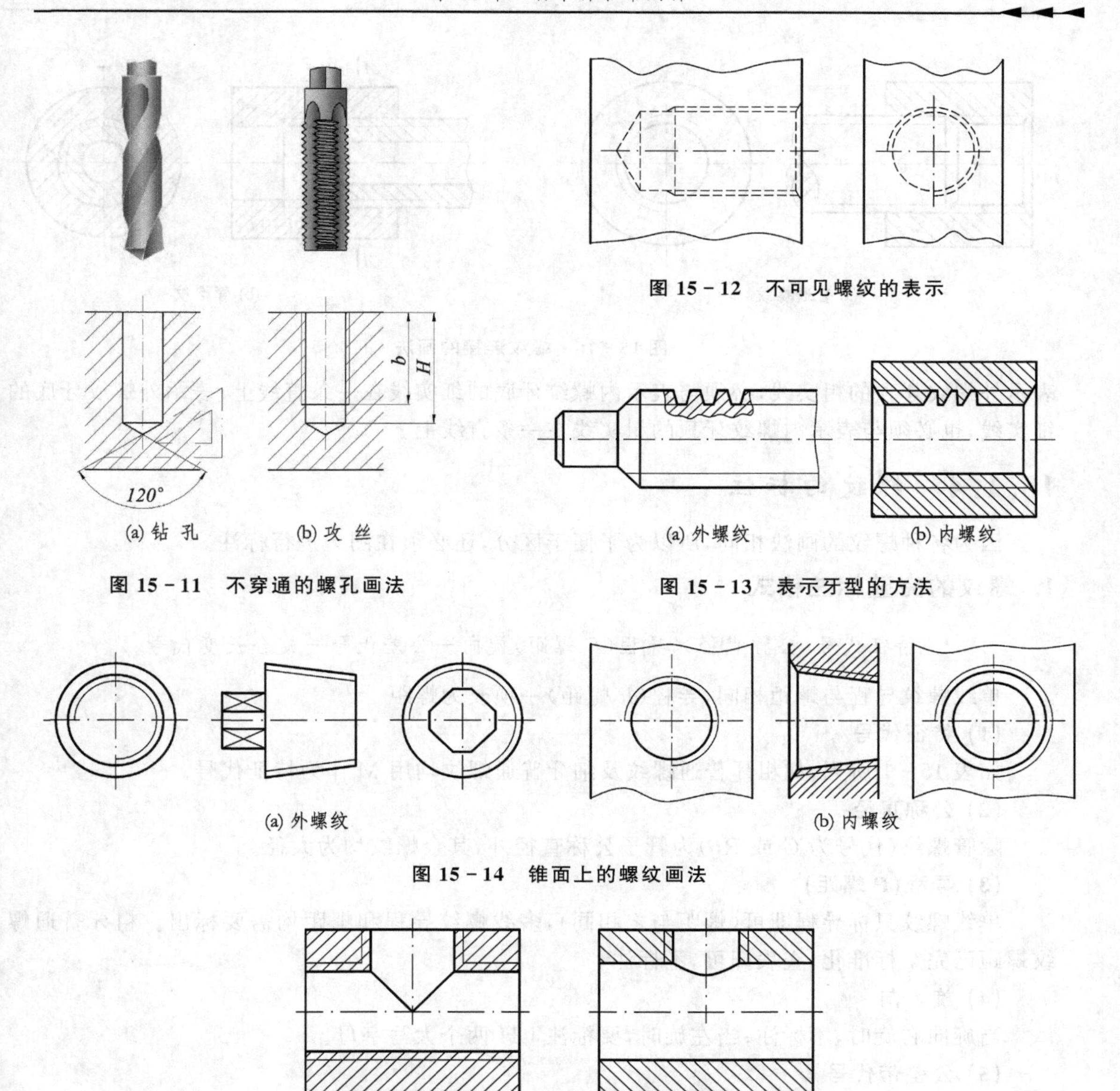

(a) 钻 孔　(b) 攻 丝

图 15 - 11　不穿通的螺孔画法

图 15 - 12　不可见螺纹的表示

(a) 外螺纹　(b) 内螺纹

图 15 - 13　表示牙型的方法

(a) 外螺纹　(b) 内螺纹

图 15 - 14　锥面上的螺纹画法

(a) 两螺纹孔相交　(b) 螺纹孔与光孔相交

图 15 - 15　螺纹孔的相交画法

螺纹连接的画法：以剖视图表示内、外螺纹的连接时，其旋合部分应按外螺纹的画法绘制，其余部分仍按各自的画法表示，如图 15 - 16 所示。

因为只有牙型、大径、小径、螺距及旋向都相同的螺纹才能旋合到一起，所以在剖视图中，

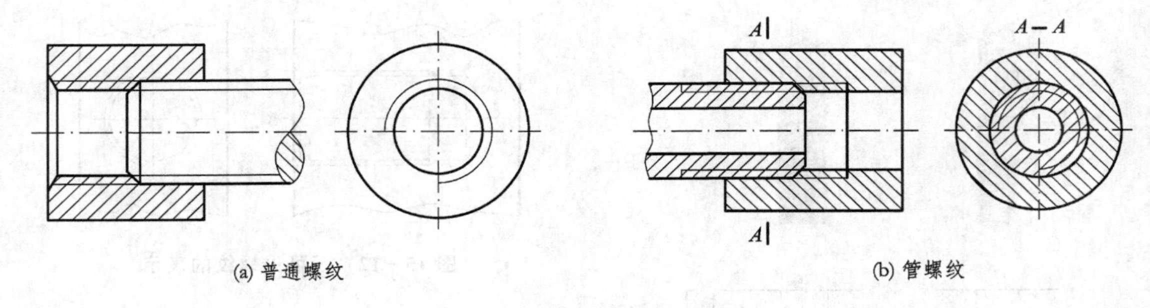

(a) 普通螺纹　　(b) 管螺纹

图 15－16　螺纹连接的画法

表示外螺纹牙顶的粗实线，必须与表示内螺纹牙底的细实线在一条直线上；表示外螺纹牙底的细实线，也必须与表示内螺纹牙顶的粗实线在一条直线上。

15.1.4　螺纹的标注

因为各种螺纹的画法相同，所以为了便于区分，还必须在图上进行标注。

1. 螺纹的完整标注格式

特征代号　公称直径×导程（P 螺距）旋向－公差代号－旋合长度代号

单线螺纹导程与螺距相同，导程（P 螺距）一项改为螺距。

(1) 特征代号

如表 15－1 所列，如粗牙普通螺纹及细牙普通螺纹均用 M 作为特征代号。

(2) 公称直径

除管螺纹（代号为 G 或 Rp）为管子公称直径外，其余螺纹均为大径。

(3) 导程（*P* 螺距）

单线螺纹只标导程即可（螺距与之相同），多线螺纹导程和螺距均需要标出。粗牙普通螺纹螺距已完全标准化，查表即可，不标注。

(4) 旋　向

当旋向右旋时，不标注；当左旋时，要标注 LH 两个大写字母。

(5) 公差带代号

由表示公差等级的数字和表示基本偏差的字母（外螺纹用小写字母，内螺纹用大写字母）组成，如 5G，6g，6H 等。内、外螺纹的公差等级和基本偏差都已有规定。

需要说明的是外螺纹要控制顶径（即大径）和中径两个公差带，内螺纹也要控制顶径（即小径）和中径两个公差带。

公差等级规定如下：

- 内螺纹　顶径的公差等级有 4，5，6，7，8 五种；

中径的公差等级有 4、5、6、7、8 五种。

● 外螺纹　顶径的公差等级有 4,6,8 三种；

中径的公差等级有 3,4,5,6,7,8,9 七种。

基本偏差规定如下：

内螺纹的基本偏差有 G 和 H 两种。

外螺纹的基本偏差有 e,f,g,h 四种。

中径和顶径的基本偏差相同。

螺纹公差带代号标注时,应顺序标注中径公差带代号及顶径公差代号;当两公差带代号完全相同时,可只标一项。

(6) 旋合长度代号

分别用 S,N,L 来表示短、中等和长三种不同旋合长度,其中 N 省略不标。

2. 标准螺纹标注示例

标准螺纹标注示例如表 15－2、表 15－3 和表 15－4 所列。

表 15－2　普通螺纹的标注

螺纹种类	标注的内容和方式	图　例	说　明
粗牙 普通螺纹	M10－5g6g－S M10——螺纹大径； 5g——中径公差带； 6g——顶径公差带； S——短旋合长度 M10LH－7H－L LH——旋向为左旋； 7H——顶径和中径公差带(相同)； L——长旋合长度	M10-5g6g-S 20 M10LH-7H-L 20	① 不注螺距； ② 右旋省略不注,左旋要标注； ③ 中径和顶径公差带相同时,只注一个代号,如 7H； ④ 当旋合长度为中等长度时,不标注； ⑤ 图中所注螺纹长度,均不包括螺尾在内
细牙 普通螺纹	M10×1－6g 1——螺距	M10×1-6g 20	① 要注螺距； ② 其他规定同上

表 15-3　管螺纹的标注

螺纹种类	标注方式	图　例	说　明
非螺纹密封的管螺纹	G1A(外螺纹公差等级分A级和B级两种,此处表示A级) G3/4(内螺纹公差等级只有一种)	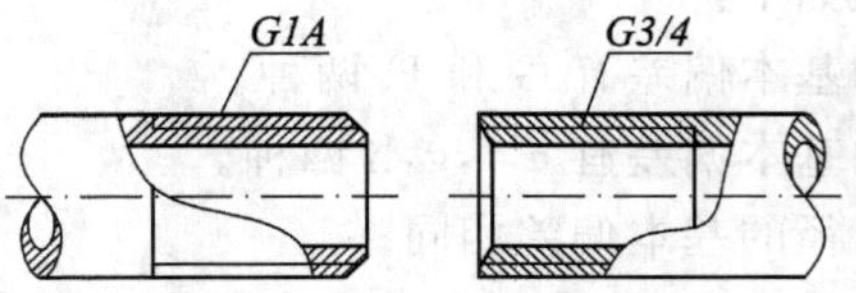 G1A　G3/4	① 特征代号后边的数字是管子尺寸代号而不是螺纹大径,管子尺寸代号数值等于管子的内径,单位为英寸。作图时应据此查出螺纹大径; ② 管螺纹标记一律注在引出线上(不能以尺寸方式标记),引出线应由大径处引出(或由对称中心处引出)
用螺纹密封的圆柱管螺纹	Rp1 Rp3/4(内外螺纹均只有一种公差带)	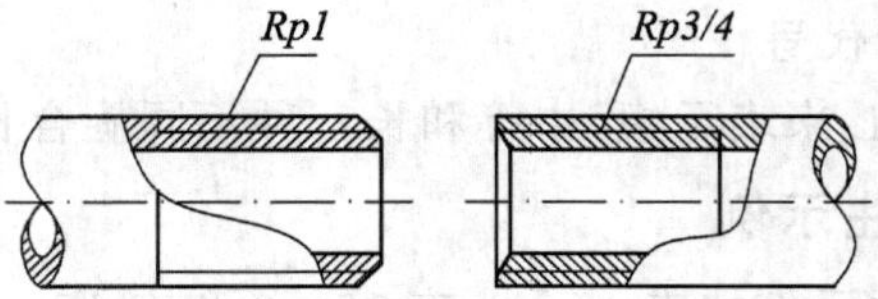 Rp1　Rp3/4	
用螺纹密封的圆锥管螺纹	R1/2(外螺纹) Rc1/2(内螺纹) (内外螺纹均只有一种公差带)	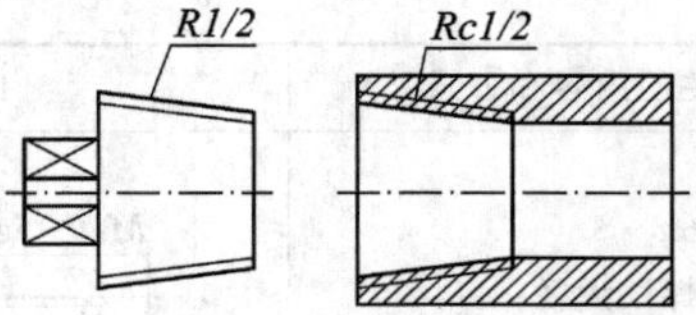 R1/2　Rc1/2	

表 15-4　梯形螺纹的标注

螺纹种类	标注方式	图　例	说　明
单线梯形螺纹	Tr36×6－8e 36——螺纹大径; 6——导程＝螺距; 8e——公差带代号	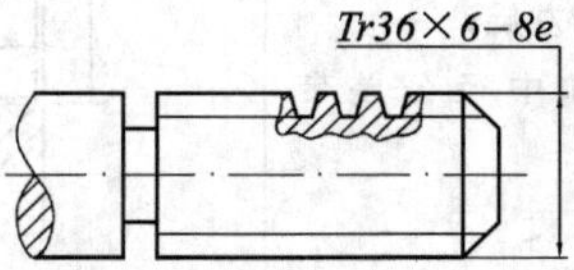 Tr36×6-8e	① 单线注导程即可; ② 多线的要注导程和螺距; ③ 右旋省略不注,左旋要注LH; ④ 旋合长度分为中等(N)和长(L)两组,中等旋合长度代号N可以不注
多线梯形螺纹	Tr36×12(*P*6)LH－8e－L 12——导程 *P*6——螺距 LH——左旋	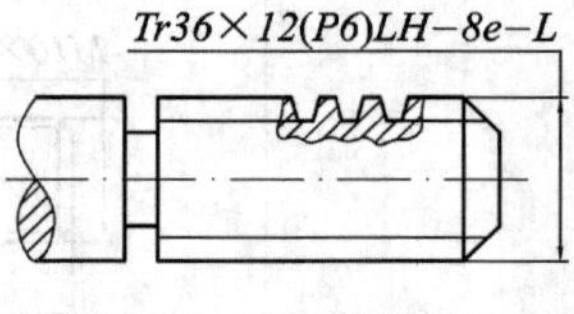 Tr36×12(P6)LH-8e-L	

3. 特殊螺纹和非标准螺纹的标注

牙型符合标准,直径或螺距不符合标准的螺纹,应在特征代号前加注“特”字,并标出大径和螺距，如图 15－17 所示。

绘制非标准的螺纹（见图 15－18）时，应画出螺纹的牙型，并注出所需要的尺寸及有关要求。

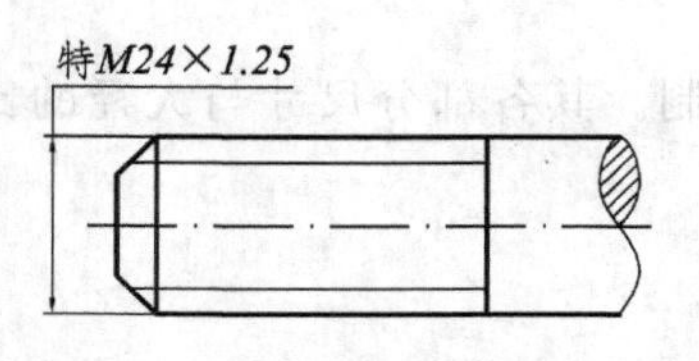

图 15－17　特殊螺纹的标注

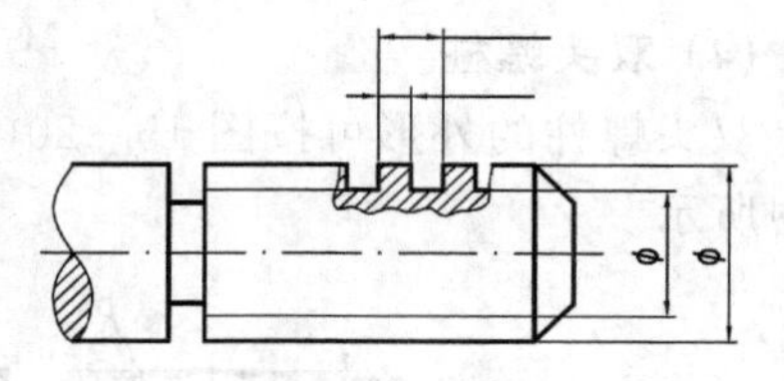

图 15－18　非标准螺纹的标注

4. 螺纹副的标注

内、外螺纹旋合到一起后称螺纹副，其标注示例如图 15－19 所示：

M14×1.5－6H/6g（中等旋合长度 N 不标注）

1.5——细牙普通螺纹，螺距 1.5 mm；

6H——内螺纹的中径和顶径公差带（相同）；

6g——外螺纹的中径和顶径公差带（相同）。

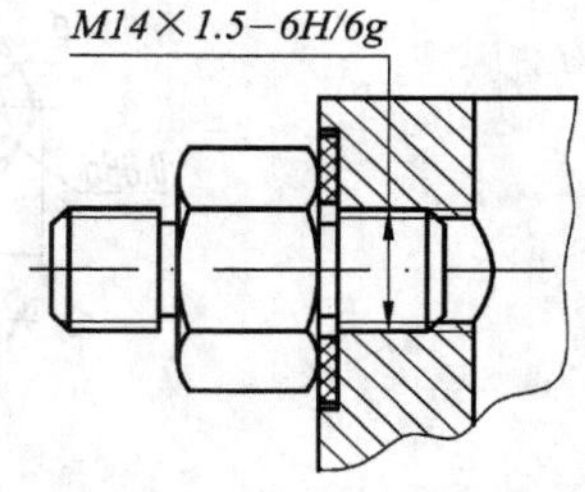

图 15－19　螺纹副的标注

15.1.5　常用螺纹紧固件的画法和标记

螺纹紧固件指的是通过螺纹旋合起到紧固、连接作用的主要零件和辅助零件。

常用的螺纹紧固件有螺栓、螺钉、双头螺柱、螺母和垫圈等，均为标准件。在设计机器时，标准件不必画零件图，只需在装配图中画出，并写明所用标准件的标记即可。

1. 常用紧固件的比例画法

紧固件各部分尺寸可以从相应国家标准中查出，但在绘图时为了简便和提高效率，却大多不必查表绘图，而是采用比例画法。

所谓比例画法就是当螺纹大径选定后，除了螺栓等紧固件的有效长度要根据被紧固件实际情况确定外，紧固件的其他各部分尺寸都取与紧固件的螺纹大径 d（或 D）成一定比例的数值来作图的方法。

下面分别介绍六角螺母、六角头螺栓、垫圈和双头螺柱的比例画法，如图 15－20 所示。

(1) 六角螺母

六角螺母各部分尺寸及其表面上用几段圆弧表示的交线，都以螺纹大径 d 的比例关系画出，如图 15－20(a)所示。

(2) 六角头螺柱

六角头螺柱各部分尺寸与螺纹大径 d 的比例关系如图 15－20(b)所示。六角头头部除厚度为 0.7d 外，其余尺寸的比例关系和画法与六角螺母相同。

(3) 垫 圈

垫圈各部分尺寸与它相配的螺纹紧固件的大径 d 的比例关系画出，如图 15－20(c)所示。

(4) 双头螺柱

双头螺柱的外形可按图 15－20(d)的简化画法绘制。其各部分尺寸与大径的比例关系如图中所示。

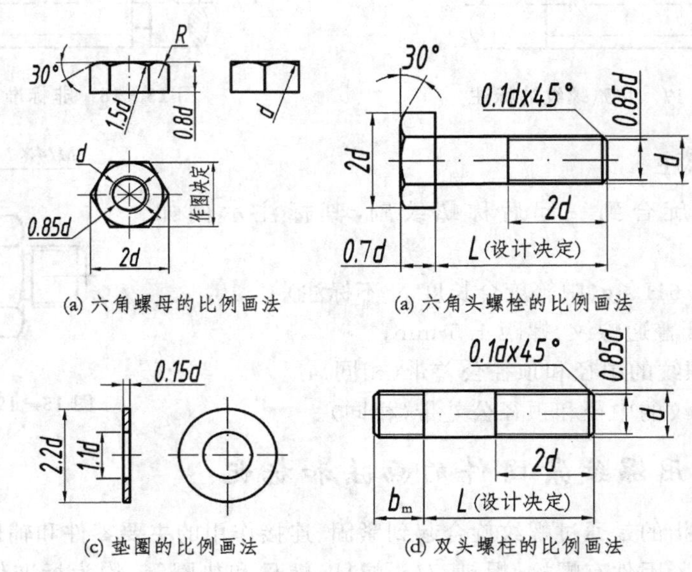

图 15－20 常用紧固件的比例画法

螺钉的比例画法在下面装配画法中介绍。

2. 紧固件的标记方法(GB/T1237—2000)

紧固件有完整标记和简化标记两种方法。完整标记形式如下：

□1□2－□3×□4×□5×□6－□7－□8－□9－□10－□11

1——类别(产品名称)；

2——标准编号；

3——螺纹规格或公称尺寸(如销的直径及其公差)；

4——其他直径或特性(必要时，如杆径公差)；

5——公称长度(规格)(必要时)；

6——螺纹长度或杆长(必要时)；

7——产品型式(必要时)；

8——性能等级或硬度或材料；

9——产品等级(必要时);

10——扳拧型式(必要时,如十字槽型式);

11——表面处理(必要时)。

图 15-21 所示六角头螺栓公称直径 d=M10,公称长度 45,性能等级 10.9 级,产品等级为 A 级,表面氧化。其完整标记如下:

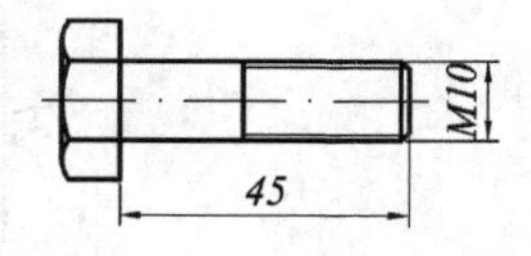

图 15-21　六角头螺栓

螺栓 GB/T 5782—2000—M10×45—10.9—A—0

在一般情况下,紧固件采用简化标记法,简化原则如下:

类别(名称)、标准年代号及其前面的"—",允许全部或部分省略。省略年代号的标准应以现行标准为准。

标记中的"—"允许全部或部分省略;标记中"其他直径或特性"前面的"×"允许省略。但省略后不应导致标记的误解,一般以空格代替。

当产品标准中只规定一种产品型式、性能等级或硬度或材料、产品等级、扳拧型式及表面处理时,允许全部或部分省略。

当产品标准中规定两种以上的产品型式、性能等级或硬度或材料、产品等级、扳拧型式及表面处理时,应规定可以省略其中的一种,并在产品标准的标记示例中给出省略后的简化标记。

上述螺栓的标记可简化为:螺栓 GB/T 5782 M10×45。

还可进一步简化为:GB/T 5782 M10×45。

常用紧固件的标记示例可查阅有关产品标准。

15.1.6　螺纹紧固件的装配图画法

在画螺纹紧固件的装配图时,首先作如下规定:

当剖切平面通过螺杆的轴线时,螺栓、螺柱、螺钉及螺母、垫圈等均按未剖切绘制。

在剖视图上,相接触的两个零件的剖面线的方向或间隔应不同,同一零件在各视图上的剖面线的方向和间隔必须一致。

1. 螺栓连接装配图的画法

螺栓连接由螺栓、螺母和垫圈组成。螺栓连接用于当被连接的两零件厚度不大,容易钻出通孔的情况下,如图 15-22 所示。

螺栓连接装配图一般根据公称直径 d 按比例关系画出,如图 15-23 所示。

在画图时应注意下列两点:

(1) 螺栓的有效长度

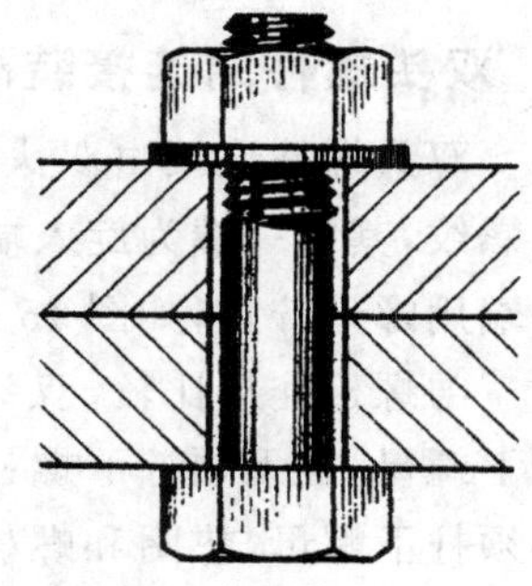

图 15-22　螺栓连接

应按下式估算:

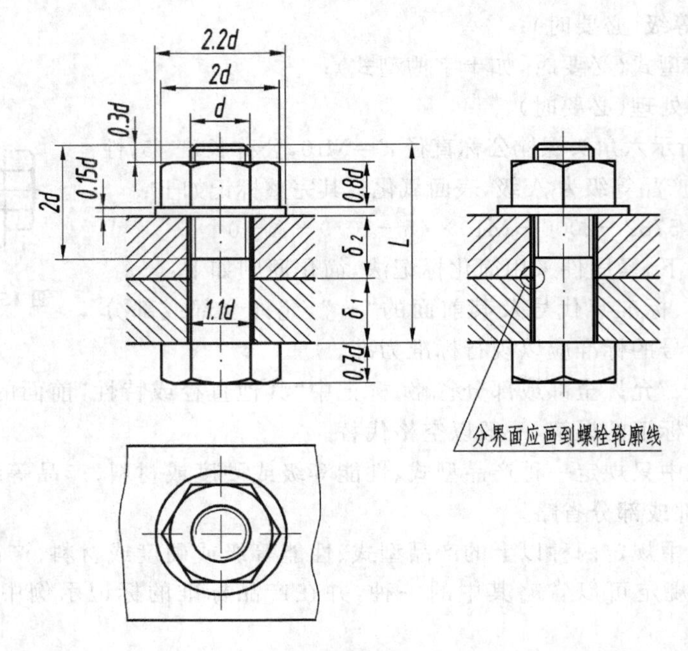

图 15-23 螺栓连接装配图画法

$$l=\delta_1+\delta_2+0.15d(\text{垫圈厚})+0.8d(\text{螺母厚})+0.3d$$

其中，$0.3d$ 是螺栓末端的伸出高度。然后，根据算出的数值查附录 B 中螺栓的有效长度的系列值，选取一个相近的标准数值。

(2) 被连接零件上通孔的孔径

为了保证成组多个螺栓装配方便，不因上、下板孔间距误差造成装配困难，被连接零件上的孔径总比螺纹大径略大些。画图时按 $1.1d$ 画出。同时，螺栓上的螺纹终止线应低于通孔的顶面，以显示拧紧螺母时有足够的螺纹长度。

2. 双头螺柱的连接装配图的画法

双头螺柱连接由双头螺柱、螺母和垫圈组成。双头螺柱两端都有螺纹，其中一端为旋入端，装配时先将其拧入被连接件，且拧紧；另一端用螺母拧紧，如图 15-24 所示。

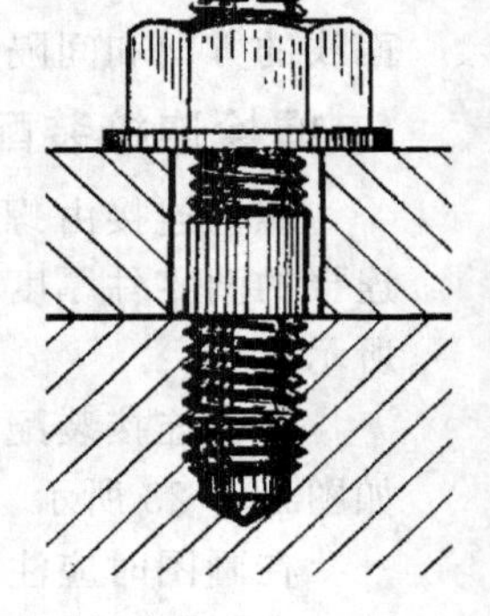

图 15-24 双头螺柱连接

与螺栓连接比较，双头螺柱在装配时比较方便，只需一个扳手，拧下螺母，且无须拧下螺柱；而螺栓连接则需要同时用两个扳手，且必须拧下螺母、垫圈和螺栓。对于需要多个螺纹连接件的箱体和箱盖及高空作业的情况，拆装方便是极为重要的。

双头螺柱装配图的比例画法，如图 15-25 所示。在画图时应注意下列几点：

(1) 双头螺柱的有效长度

应按以下估算：

$$l=\delta+0.15d(\text{垫圈厚})+0.8d(\text{螺母厚})+0.3d$$

然后，根据估算出的数值查附录 B 中双头螺柱的有效长度 l 的系列值，选取一个相近的标准数值。

(2) 双头螺柱旋入端螺纹长度

双头螺柱旋入端的长度 b_m 的值与机件的材料有关。对于钢，$b_m=d$；对于铸铁，$b_m=1.25d$；对于铜，$b_m=1.5d$；对于铝，$b_m=2d$。

旋入端应全部拧入机件的螺孔内，所以螺纹终止线与机件端面应平齐。

(3) 机件上螺孔的螺纹深度

为确保旋入端全部旋入，机件上螺孔的螺纹深度应大于旋入端的螺纹长度 b_m。在画图时，螺孔的螺纹深度可按 $b_m+0.5d$ 画出；钻孔深度可按 b_m+d 画出。

(4) 螺母和垫圈

螺母和垫圈等各部分尺寸与大径 d 的比例关系和画法与前述相同。

(5) 不穿通的螺孔和倒角

在装配图中，对于不穿通的螺孔，也可以不画出钻孔深度，而仅按螺纹的深度画出；六角螺母及螺杆头部的倒角也可省略不画，如图 15-26 所示。

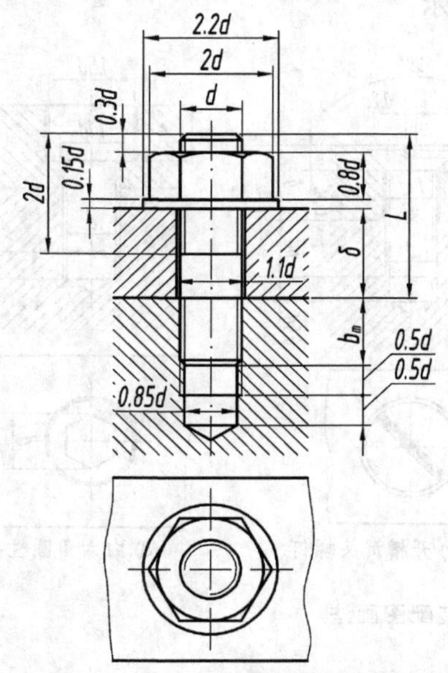

图 15-25　双头螺柱连接装配图画法

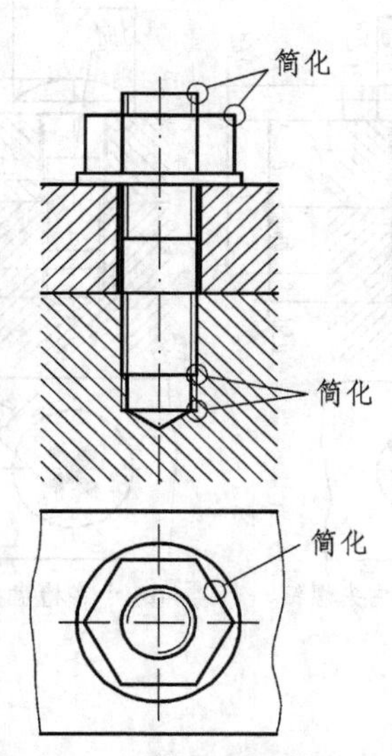

图 15-26　装配图的简化画法

3. 螺钉连接装配图的画法

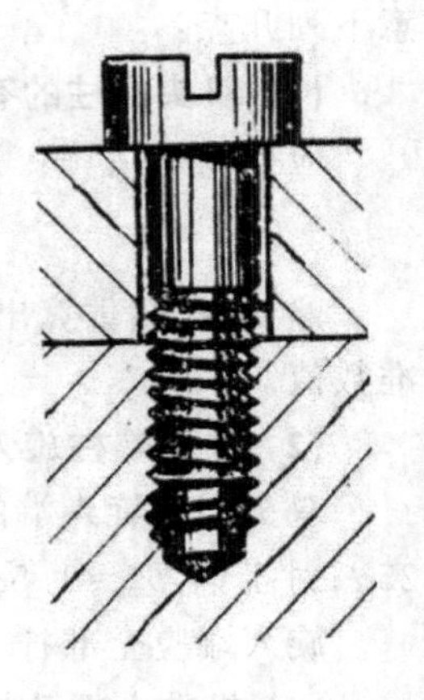
图 15-27　螺钉连接

螺钉连接不用螺母，而是将螺钉直接拧入机件的螺孔里，依靠螺钉头部压紧被紧固件，如图 15-27 所示。螺钉连接多用于受力不大，而被连接件之一较厚的情况。

螺钉根据头部形状不同有许多型式。图 15-28 是几种常用螺钉装配图的比例画法。

画螺钉装配图时应注意下列几点：

(1) 螺钉的有效长度

应按下式估算：

$$l=\delta+b_m$$

其中，b_m 根据被旋入零件的材料而定，见双头螺柱。然后，根据估算出的数据查附录 B 中相应螺钉的有效长度 l 的系列值，选取相近的标准数值。

(2) 螺钉的螺纹终止线

为了使螺钉头能压紧被连接零件，螺钉的螺纹终止线应高出螺孔的端面如图 15-28(a)和(b)所示，或在螺杆的全长上都有螺纹如图 15-28(c)和(d)所示。

(3) 螺钉头部

螺钉头部的一字槽和十字槽的投影可以涂黑表示。在投影为圆的视图上，这些槽按习惯应画成与中心线成 45°，如图 15-28(a)、(b)和(c)所示。

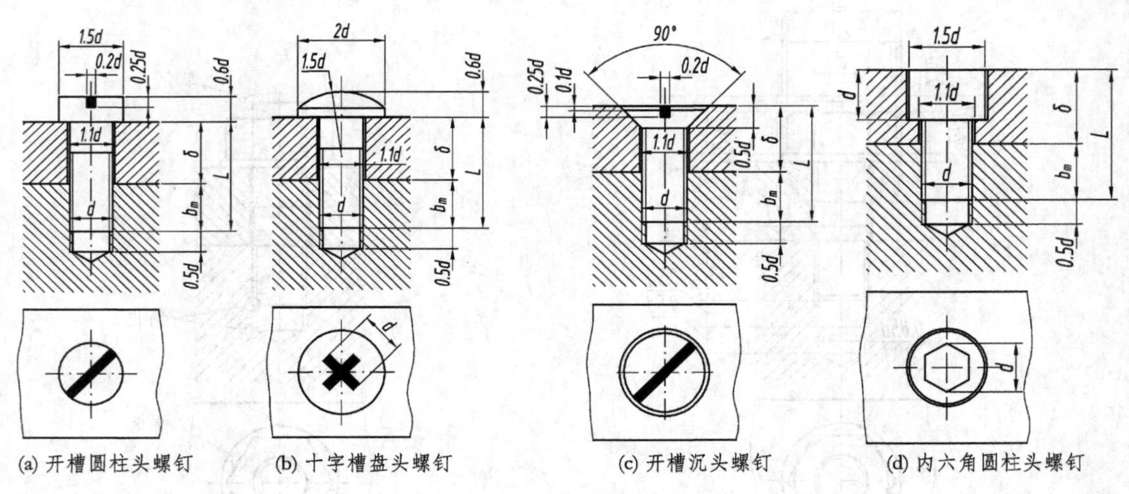

图 15-28　螺钉连接装配图画法

4. 紧定螺钉连接装配图的画法

与螺栓、双头螺柱和螺钉不同，紧定螺钉不是利用旋紧螺纹产生轴向压力压紧机件来起固定作用的。紧定螺钉分为柱端、锥端和平端三种。柱端紧定螺钉利用其端部小圆柱插入机件小孔（见图 15－29(a)）或环槽（见图 15－29(b)）中起定位、固定作用，阻止机件移动。锥端紧定螺钉利用端部锥面顶入机件上小锥坑（见图 15－29(c)）起定位、固定作用。平端紧定螺钉则依靠其端平面与机件的摩擦力起定位作用。三种紧定螺钉能承受的横向力递减。

有时也常将紧定螺钉“骑缝”旋入（将两机件装好，加工螺孔，使螺孔在两机件上各有一半，再旋入紧定螺钉），起固定作用（见图 15－29(d)）。此时称为骑缝螺钉。

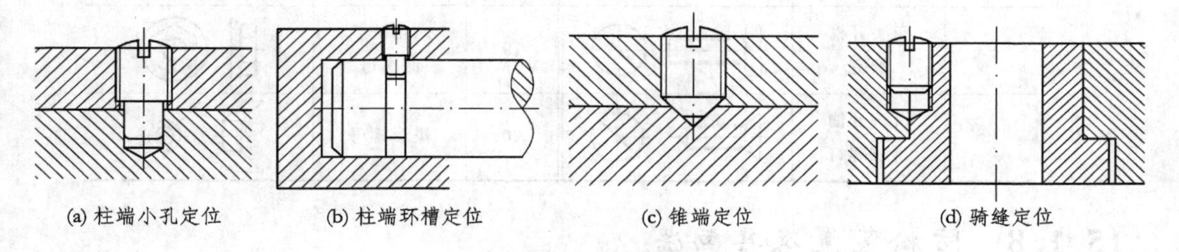

(a) 柱端小孔定位　(b) 柱端环槽定位　(c) 锥端定位　(d) 骑缝定位

图 15－29　紧定螺钉连接的装配画法

15.1.7 简化画法

国家标准规定：在装配中，常用螺栓、螺钉的头部及螺母等也可采用表 15－5 所列的简化画法。

表 15－5　螺栓、螺钉头部和螺母的简化画法

序　号	型　式	简化画法	序　号	型　式	简化画法
1	六角头螺栓	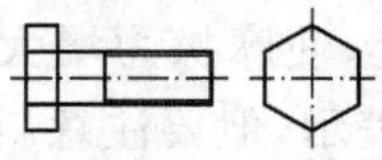	11	沉头十字槽螺钉	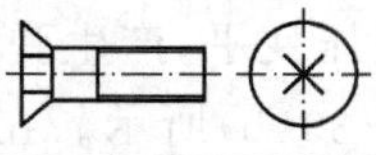
2	方头螺栓	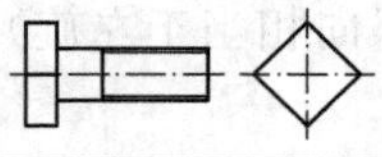	12	半沉头十字槽螺钉	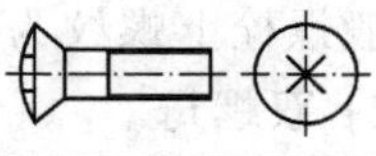
3	圆柱头内六角螺钉	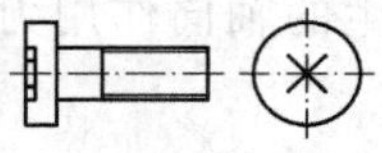	13	盘头十字槽螺钉	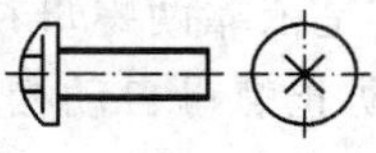
4	无头内六角螺钉	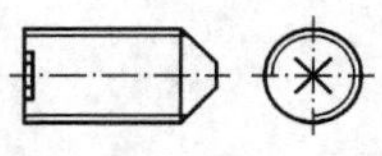	14	六角法兰面螺栓	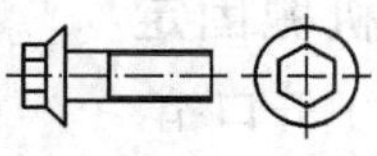
5	无头开槽螺钉	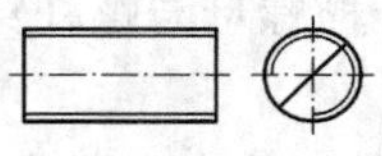	15	圆头十字槽木螺钉	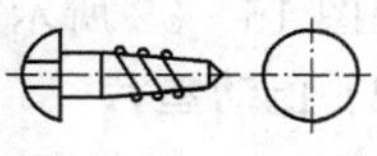

续表 15-5

序　号	型　式	简化画法	序　号	型　式	简化画法
6	沉头开槽螺钉		16	六角螺母	
7	半沉头开槽螺钉		17	方头螺母	
8	圆柱头开槽螺钉		18	六角开槽螺母	
9	盘头开槽螺钉		19	六角法兰面螺母	
10	沉头开槽自攻螺钉		20	蝶形螺母	

15.1.8　防松装置及其画法

在变载荷或连续冲击和振动载荷下，螺纹连接常会自动松脱。这样很容易导致机器或部件不能正常使用，甚至发生严重事故。因此，在使用螺纹紧固件进行连接时，有时还需要有防松装置。

防松装置大致可以分为两类：一类是靠增加摩擦力，另一类是靠机械固定。

1. 靠增加摩擦力

(1) 弹簧垫圈

它是一个开有斜口、形状扭曲且具有弹性的垫圈，如图 15-30(a))所示。当螺母拧紧后，垫圈受压变平，产生弹力，作用在螺母和机件上，使摩擦力增大，就可以防止螺母自动松脱，如图 15-30(b)所示。在画图时，斜口可以涂黑表示，但要注意斜口的方向应与螺栓螺纹旋向相反(一般螺栓上螺纹为右旋，则垫圈上斜口的斜向相当于左旋)。

(2) 双螺母

它是依靠两螺母在拧紧后，相互之间所产生的轴向作用力，使内、外螺纹之间的摩擦力增大，以防止螺母自动松脱，如图 15-31 所示。

2. 靠机械固定

(1) 开口销

如图 15-32 所示，用开口销直接将六角开槽螺母与螺杆穿插在一起，以防止松脱。

(2) 止动垫片

如图 15-33 所示，在拧紧螺母后，把垫片的一边向上敲弯与螺母紧贴；而另一边向下敲弯与机件贴紧。这样，螺母就被垫片卡住，不能松脱。

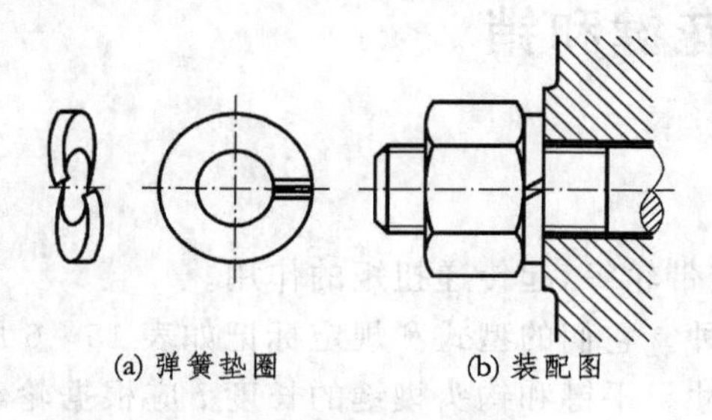

图 15－30　弹簧垫圈防松结构

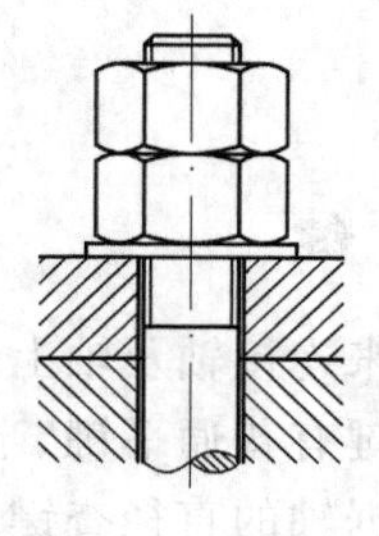

图 15－31　双螺母防松结构

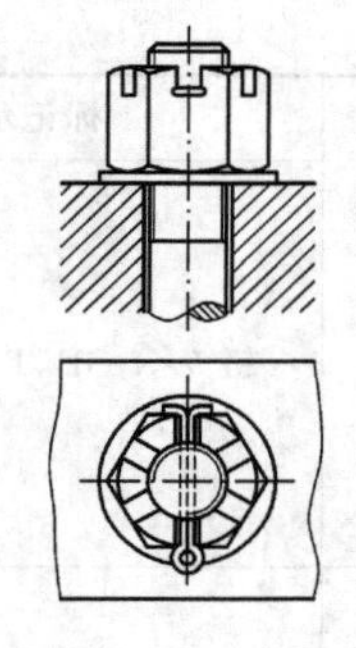

图 15－32　开口销防松结构

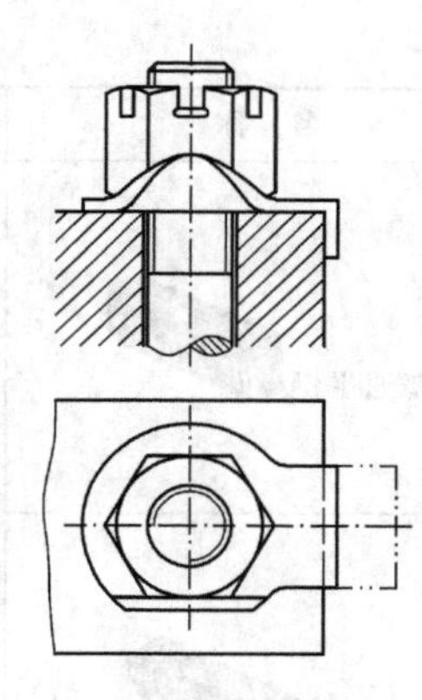

图 15－33　止动垫片防松结构

(3) 止动垫圈

止动垫圈如图 15－34(a)所示。这种垫圈为图 15－34(b)所示的圆螺母专用，用来固定轴上零件，如图 15－35 所示，为了防止螺母松脱。在轴端开出一个方槽，把止动垫圈套在轴上，使垫圈内圆上突起的小片卡在轴槽中，从而使止动垫圈与轴不能相对转动；然后拧紧螺母，并把垫圈外圆上的某小片弯入圆螺母外面的方槽中。这样，圆螺母就不能自动松脱。

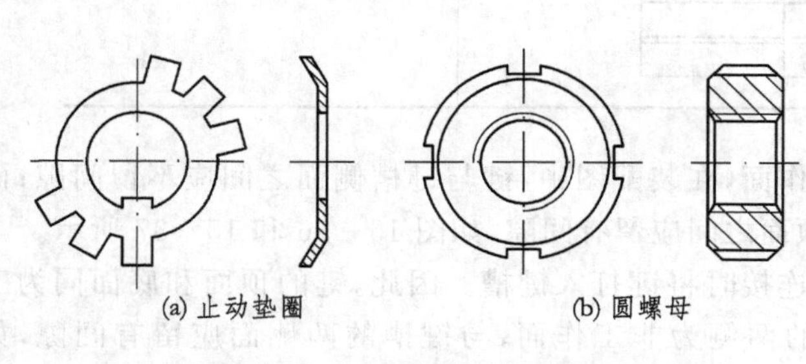

图 15－34　止动垫圈和圆螺母

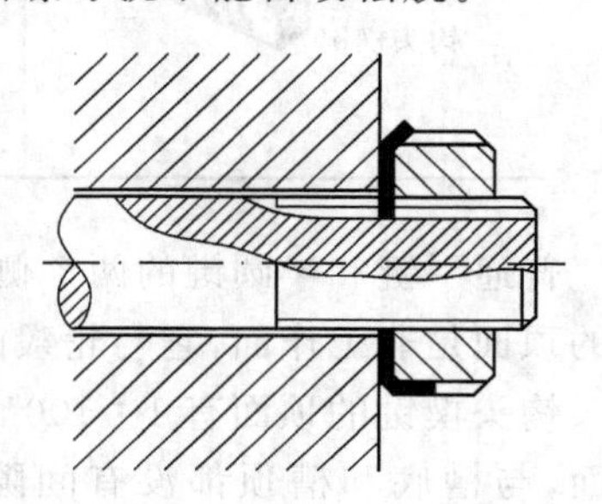

图 15－35　装配情形

15.2　键、花键和销

15.2.1　键

键是用来连接轴及轴上的传动件，如齿轮、皮带轮等，起传递扭矩的作用。

常用的键有普通平键、半圆键和钩头楔键三种。它们的型式和规定标记如表 15－6 所列。选用时可根据轴的直径查键的标准，得出它的尺寸。平键和钩头楔键的长度 l 应根据轮毂(轮盘上有孔，穿轴的那一部分)长度及受力大小选取相应的系列值。

表 15－6　常用键的型式及标记

名　称	图　例	标记示例
普通平键		键 $b \times l$ GB/T 1096—1979
半圆键		键 $b \times d_1$ GB/T 1099—1979
钩头楔键		键 $b \times l$ GB/T 1565—1979

普通平键和半圆键的两个侧面是工作面，在装配图中，键与键槽侧面之间应不留间隙；而键的顶面是非工作面，它与轮毂的键槽顶面之间应留有间隙，如图 15－36 和 15－37 所示。

钩头楔键的顶面有 1∶100 的斜度，连接时将键打入键槽。因此，键的顶面和底面同为工作面，与槽底和槽顶都没有间隙；而键的两侧为非工作面，与键槽的两侧面应留有间隙，如图 15－38 所示。

轴上的键槽和轮毂上的键槽的画法和尺寸注法，如图 15－39 所示。

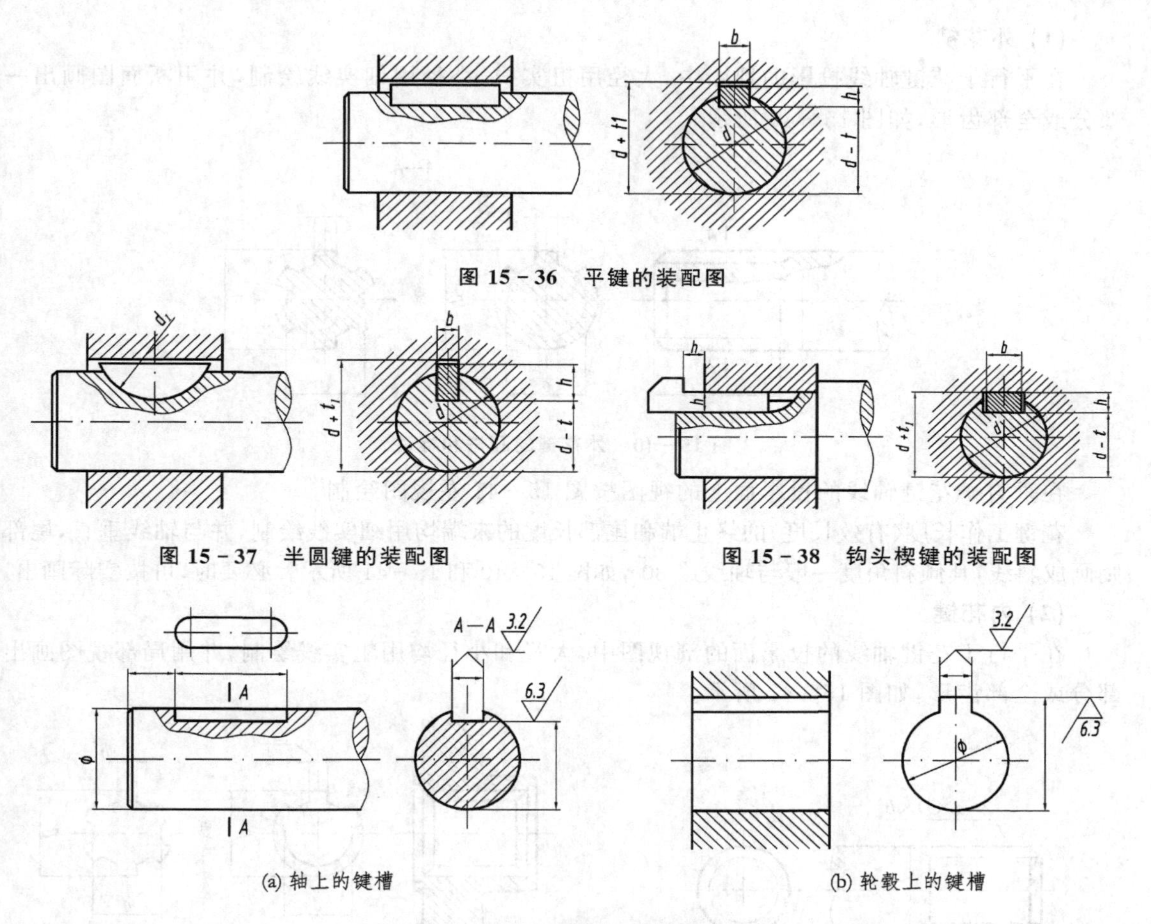

图 15－36　平键的装配图

图 15－37　半圆键的装配图

图 15－38　钩头楔键的装配图

(a) 轴上的键槽

(b) 轮毂上的键槽

图 15－39　键槽的画法和尺寸注法

15.2.2　花　　键

花键是把键直接做在轴上和轮孔上(轴上为凸条,孔中为凹槽),与它们成一整体。把花键轴装入齿轮的花键孔内,能传递较大的扭矩,并且两者的同轴度和轮沿轴向滑移性能都较好,适宜于需轴向移动的轮。因此,花键联结在汽车和机床中应用很广。

花键的齿形有矩形和渐开线形,其中以矩形为最常见,它的结构和尺寸已标准化。渐开线齿形花键又分压力角为 30°和压力角为 45°两种,后者亦称细牙渐开线花键,取代以前的三角形花键。

1. 矩形花键的画法

国家标准对矩形花键的画法作如下规定。

(1) 外花键

在平行于花键轴线投影的视图中,大径用粗实线、小径用细实线绘制,并用断面图画出一部分或全部齿形,如图 15-40 所示。

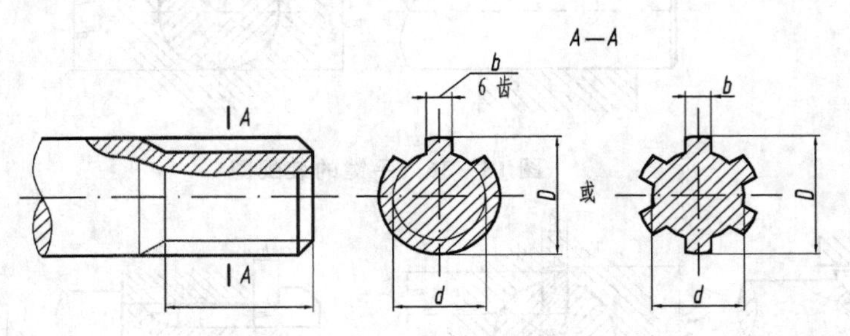

图 15-40　外花键的画法和标注

在垂直于花键轴线的投影面上的视图按图 15-41 左视图绘制。

花键工作长度(有效长度)的终止端和尾部长度的末端均用细实线绘制,并与轴线垂直,尾部则画成斜线,其倾斜角度一般与轴线成 30°,如图 15-40 和 15-41 所示。必要时,可按实际画出。

(2) 内花键

在平行于花键轴线的投影面的剖视图中,大径和小径均用粗实线绘制,并用局部视图画出部分或全部齿形,如图 15-42 所示。

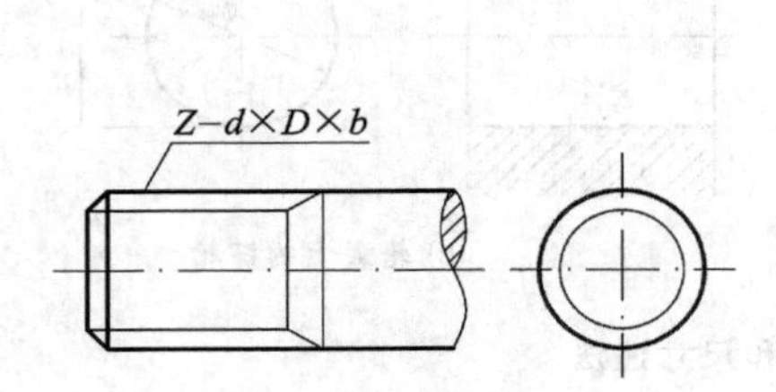

图 15-41　外花键的代号标注

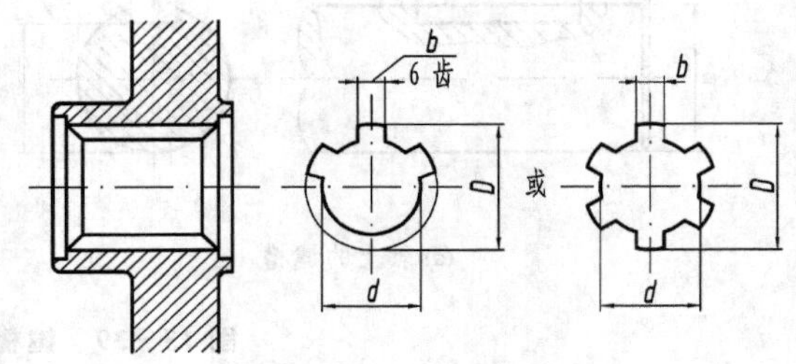

图 15-42　内花键的画法和标注

花键联结用剖视表示时,其联结部分按外花键的画法画,如图 15-43 所示。

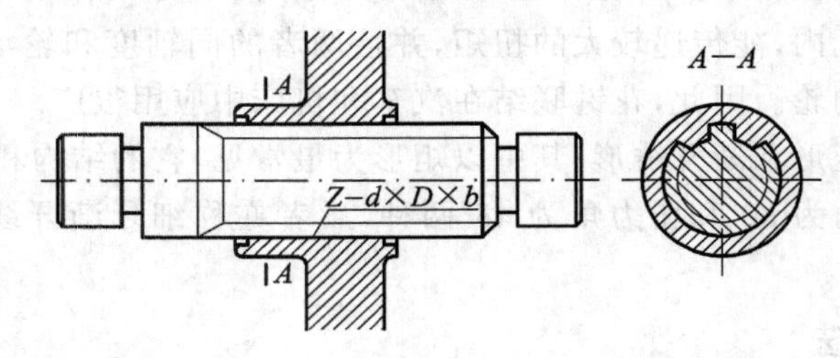

图 15-43　花键联结的画法

2. 矩形花键的尺寸标注

花键一般注出小径、大径、键宽和工作长度，如图 15－40 和 15－42 所示，也可以用标注花键代号的方法，如图 15－41 所示。

花键的代号用 $Z-d\times D\times b$ 表示。其中，Z 为齿数，d 为小径，D 为大径，b 为键宽。在 d，D 和 b 的数值后均应加注公差带代号（零件图上）或配合代号（装配图中）。

15.2.3　销

销又分为圆柱销、圆锥销和开口销。

(1) 圆柱销和圆锥销

圆柱销和圆锥销用来联结和固定零件，或在装配时作定位用。它们的型式和尺寸都已经标准化，如表 15－7 所列。

表 15－7　圆柱销和圆锥销的型式及其标记

名　称	型　式	标记示例	说　明
圆柱销	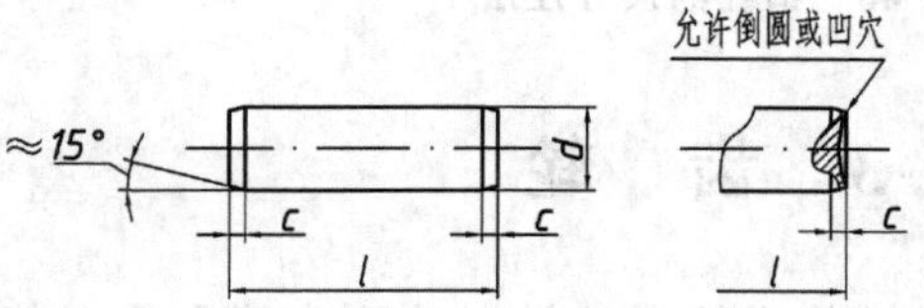 ≈15°　c　c　l　d　允许倒圆或凹穴　c　l	销 GB/T 119.1—2000 6m6×30 （公称直径 $d=6$，公差 m6，公称长度 $l=30$，材料为钢，不淬火，不表面处理）	末端形状由制造者确定，可根据工作条件选用
圆锥销	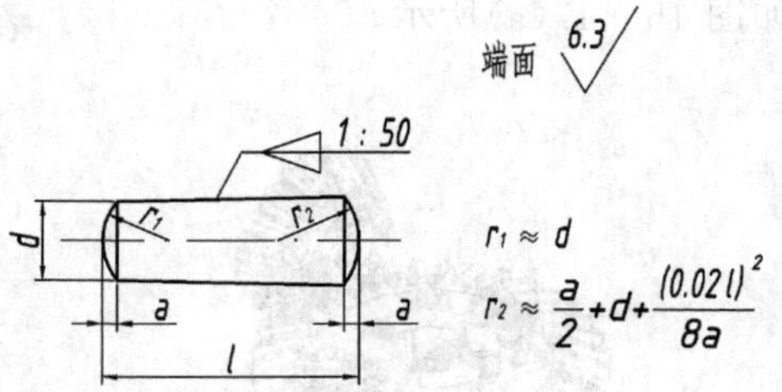 端面 6.3　1:50　r_1　r_2　d　a　a　l $r_1\approx d$ $r_2\approx \dfrac{a}{2}+d+\dfrac{(0.021l)^2}{8a}$	销 GB/T 117—2000 10×60 （A 型，公称直径 $d=10$，公称长度 $l=60$，材料为 35 钢，热处理 28～38HRC，表面氧化）	A 型（磨削）： 锥面表面粗糙度 $R_a=0.8\ \mu m$； B 型（切削或冷镦）： 锥面表面粗糙度 $R_a=3.2\ \mu m$； 锥度 1:50 有自锁作用，打入后不会自动松脱

圆柱销和圆锥销的装配图画法如图 15－44 和 15－45 所示。

用销联结或定位的两个零件上的销孔是在装配时一起加工的，在零件图上应当注明，如图 15－46所示。圆锥销孔的尺寸应引出标注，其中 $\phi4$ 是所配圆锥销的公称直径（即它的小端直径）。

(2) 开口销

用来锁定螺母或垫圈，防止松脱，如图 15－32 所示。

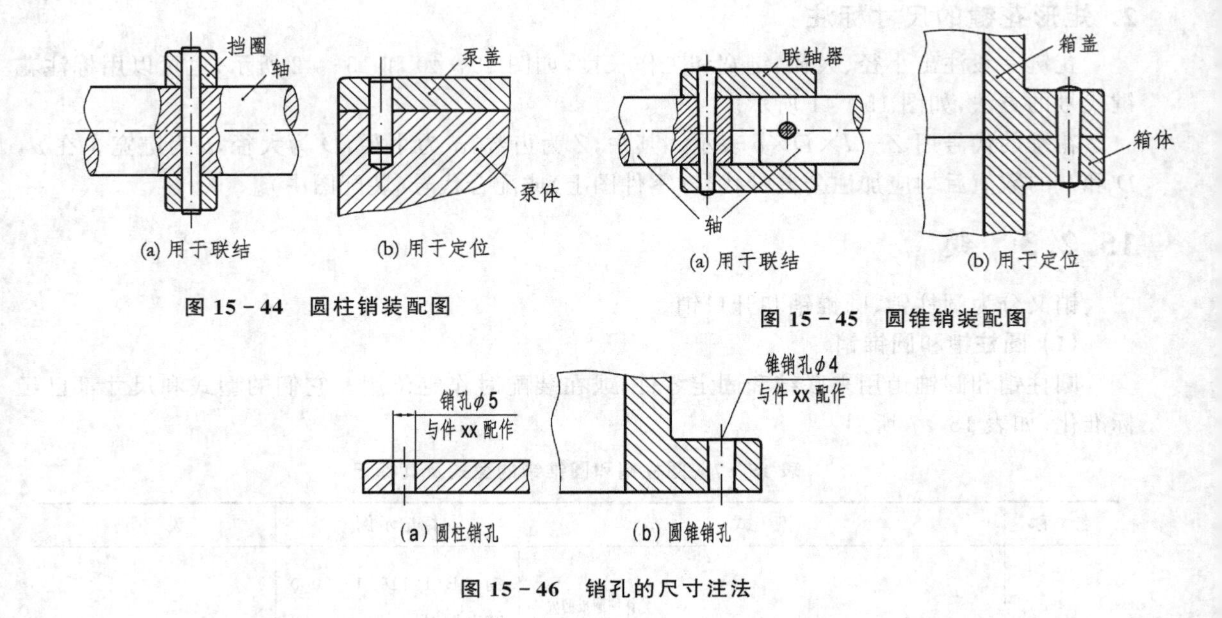

(a) 用于联结　(b) 用于定位

图 15－44　圆柱销装配图

(a) 用于联结　(b) 用于定位

图 15－45　圆锥销装配图

(a) 圆柱销孔　(b) 圆锥销孔

图 15－46　销孔的尺寸注法

15.3　齿　轮

在机械上，常常用齿轮把一个轴的转动传递给另一轴以达到变速和换向等目的。齿轮的种类很多，根据其传动情况可分为三类：

- 圆柱齿轮——用于两轴平行时，如图 15－47(a)所示。

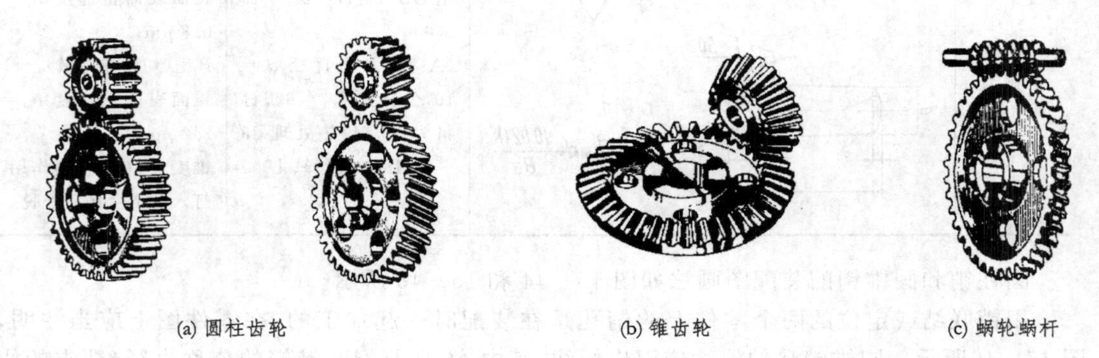

(a) 圆柱齿轮　(b) 锥齿轮　(c) 蜗轮蜗杆

图 15－47　齿轮传动

- 锥齿轮——用于两轴相交时，如图 15－47(b)所示。

● 蜗轮蜗杆——用于两轴交叉时，如图 15－47(c)所示。

15.3.1　圆柱齿轮

常见的圆柱齿轮按其齿的方向分成直齿轮和斜齿轮两种，如图 15－47(a)所示。

1. 圆柱齿轮各部分的名称和尺寸关系

现以标准直齿圆柱齿轮为例来说明，如图 15－48 所示。

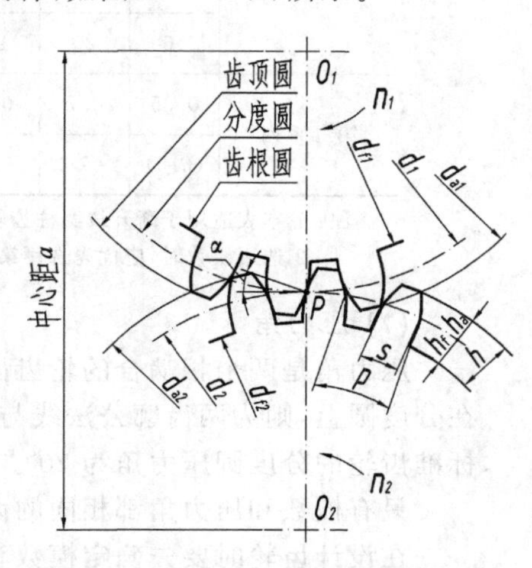

图 15－48　两啮合的标准直齿圆柱齿轮各部分的名称

(1) 齿顶圆

通过轮齿顶部的圆称为齿顶圆，其直径以 d_a 表示。

(2) 齿根圆

通过轮齿根部的圆称为齿根圆，其直径以 d_f 表示。

(3) 分度圆

标准齿轮的齿厚(某圆上齿部的弧长)与齿间(某圆上空槽的弧长)相等的圆称为分度圆，其直径以 d 表示。

(4) 齿　高

齿顶圆与齿根圆之间的径向距离称为齿高，以 h 表示。分度圆将齿高分为两个不等的部分。齿顶圆与分度圆之间称为齿顶高，以 h_a 表示。分度圆与齿根圆之间称为齿根高，以 h_f 表示。齿高是齿顶高与齿根高之和，即

$$h = h_a + h_f$$

(5) 齿　距

分度圆上相邻两齿的对应点之间的弧长称为齿距，以 p 表示。

(6) 模　数

设齿轮的齿数为 z，则分度圆的周长等于 $zp = \pi d$，即

$$d = (p/\pi)z$$

如果取 p 为有理数，那么 d 就成了无理数，例如：$z = 20, p = 10$，则

$$d = (p/\pi)z = (10/\pi) \times 20 = 63.662\,03\cdots$$

因此，为了便于计算和测量，取 $m = p/\pi$ 为参数，于是

$$d = mz$$

这样，若规定参数 m 为有理数，则 d 也为有理数。把 m 称为模数，由于模数是齿距 p 和 π 的比值，因此若齿轮的模数大，其齿距就大，齿轮的轮齿就肥大。齿轮能承受的力量也就大。

模数是设计和制造齿轮的基本参数。为了设计和制造方便，已经将模数标准化。模数的标准值见表 15－8 所示。

表 15－8　标准模数(GB/T 1357—1987)　mm

第一系列	0.1	0.12	0.15	0.2	0.25	0.3	0.4	0.5	0.6	0.8	1
	1.25	1.5	2	2.5	3	4	5	6	8	10	12
	16	20	25	32	40	50					
第二系列	0.35	0.7	0.9	1.75	2.25	2.75	(3.25)	3.5	(3.75)	4.5	5.5
	(6.5)	7	9	(11)	14	18	22	28	30	(36)	45

注：1 本表适用于渐开线圆柱齿轮，对斜齿轮是指法面模数。

2 选用模数时，应优先选用第一系列，其次是第二系列，括号内的模数尽可能不用。

(7) 压力角

压力角是两个相啮合的轮齿齿廓在接触点 P 处的受力方向与运动方向的夹角。若点 P 在分度圆上，则为两齿廓公法线与两分度圆的公切线的夹角，在图 15－48 中以 α 表示。我国标准齿轮的分度圆压力角为 20°。通常所称压力角指分度圆压力角。

只有模数和压力角都相同的齿轮才能相互啮合。

在设计齿轮时要先确定模数和齿数，其他各部分尺寸都可由模数和齿数计算出来。标准直齿圆柱齿轮的计算公式如表 15－9 所列。

表 15－9　标准直齿圆柱齿轮的尺寸计算公式

各部分名称	代　号	公　式
分度圆直径	d	$d = mz$
齿顶高	h_a	$h_a = m$
齿根高	h_f	$h_f = 1.25\,m$
齿顶圆直径	d_a	$d_a = m(z+2)$
齿根圆直径	d_f	$d_f = m(z-2.5)$
齿　距	p	$p = \pi m$
齿　厚	s	$s = (\pi m)/2$
中心距	a	$a = (d_1 + d_2)/2 = m(z_1 + z_2)/2$

2. 单个圆柱齿轮画法

(1) 轮齿部分

在视图中，齿轮的轮齿部分按下列规定绘制：

齿顶圆和齿顶线用粗实线表示；分度圆和分度线用细点画线表示；齿根圆和齿根线用细实线表示，如图 15－49(a)所示，也可省略不画，如图 15－49(c)所示。

(2) 剖视图

在剖视图中，当剖切平面通过齿轮的轴线时，轮齿一律按不剖处理。这时，齿根线用粗实线绘制，如图 15－49(b)所示。

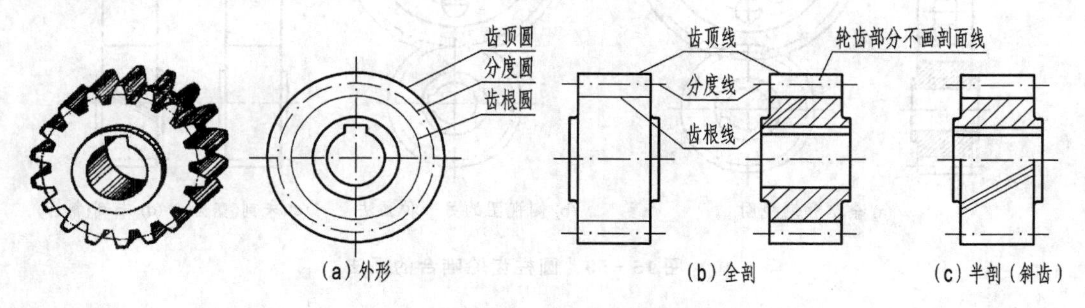

图 15－49　单个圆柱齿轮的画法

(3) 斜齿轮

对于斜齿轮，可在非圆的外形图上用三条与轮齿倾斜方向相同的、平行的细实线表示轮齿的方向，如图 15－49(c)所示。

3. 圆柱齿轮啮合的画法

两标准齿轮相互啮合时，它们的分度圆处于相切位置。此时，分度圆又称节圆。啮合部分的规定画法如下。

(1) 有圆的视图

在垂直于圆柱齿轮轴线的投影面的视图上，两齿轮的节圆应该相切。啮合区内的齿顶圆仍用粗实线画出，如图 15－50(a)所示，也可省略不画，如图 15－50(b)所示。

(2) 非圆的视图

在平行于圆柱齿轮轴线的投影面的视图上，啮合区内的齿顶线无须画出，节线用粗实线绘制，如图 15－50(c)和(d)所示。

(3) 剖视图

在剖视图中，当剖切平面通过两啮合齿轮的轴线时，在啮合区内，将一个齿轮的轮齿用粗实线绘制，另一个齿轮的轮齿被遮挡的部分用虚线绘制，如图 15－50(a)和图 15－51 所示，也可省略不画，如图 15－52 所示。

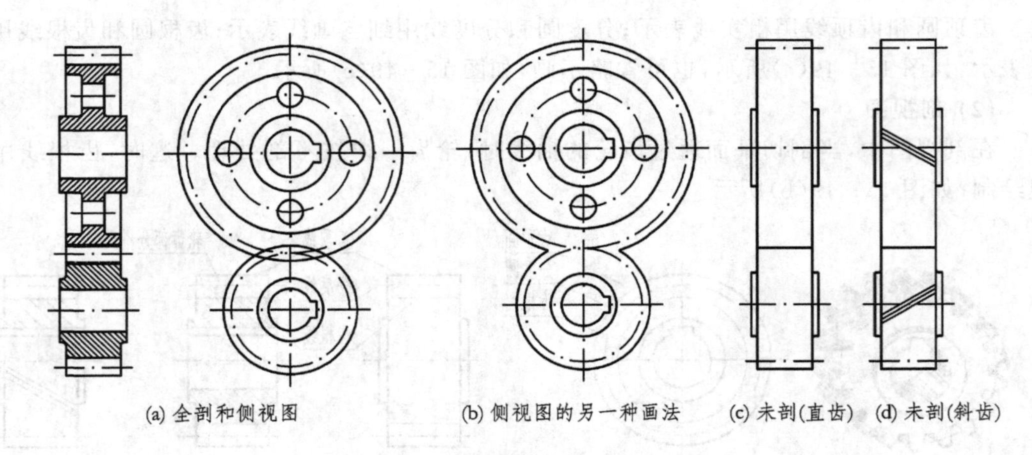

图 15－50 圆柱齿轮啮合的画法

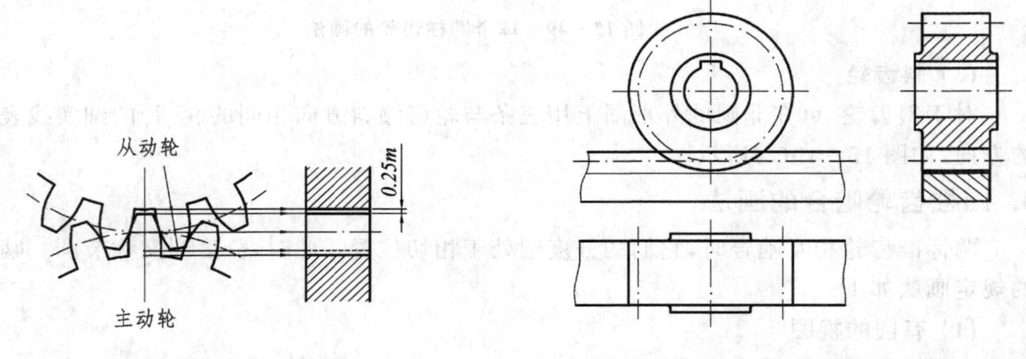

图 15－51 齿轮啮合投影的表示方法

图 15－52 齿轮与齿条啮合的画法

在剖视图中，当剖切平面不通过啮合齿轮的轴线时，齿轮一律按不剖绘制。

4. 齿轮和齿条啮合的画法

当齿轮的直径无限大时，其齿顶圆、齿根圆、分度圆和齿廓曲线都成了直线。这时，齿轮就变成了齿条。

齿轮与齿条啮合时，齿轮旋转，齿条做直线运动。齿轮与齿条啮合的画法与两圆柱齿轮啮合的画法基本相同。这时，齿轮的节圆应与齿条的节线相切，如图 15－52 所示。

在齿轮零件图上不仅要表示出齿轮的形状、尺寸和技术要求，而且要列出制造齿轮所需要的参数和公差值，如图 15－53 所示。

有时在齿轮零件图上还要画出一个齿形轮廓，以便标注尺寸。一般都采用近似画法，如图 15－54 所示。

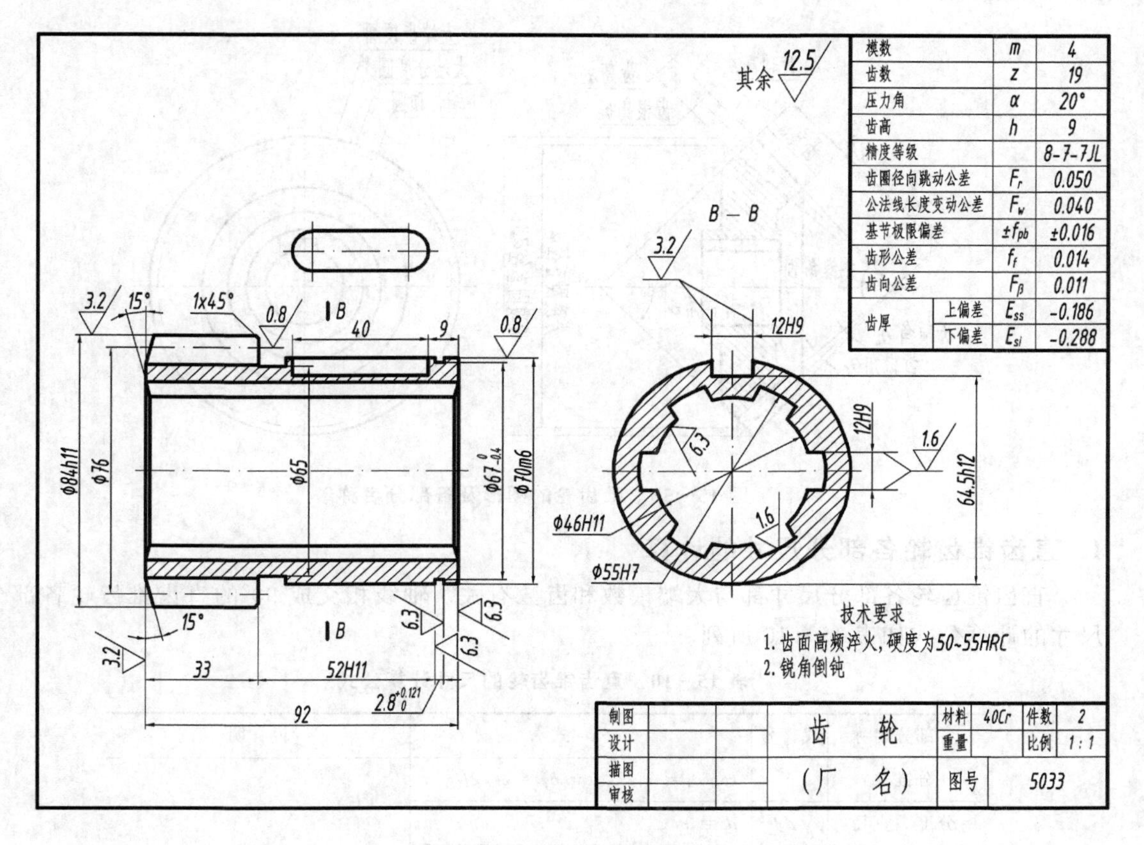

图 15－53　齿轮零件图

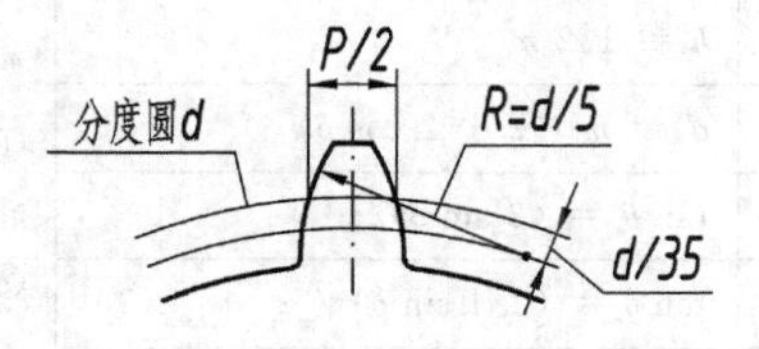

图 15－54　齿廓的近似画法

15.3.2　锥齿轮

锥齿轮的轮齿位于圆锥面上，因此它的轮齿一端大而另一端小，齿厚由大端到小端逐渐变小，模数和分度圆也随之变化。为了设计和制造方便，规定以大端端面模数（大端端面模数数值由 GB/T 12368—1990 规定）为标准模数来计算大端轮齿各部分的尺寸。锥齿轮各部分名称和符号如图 15－55 所示。

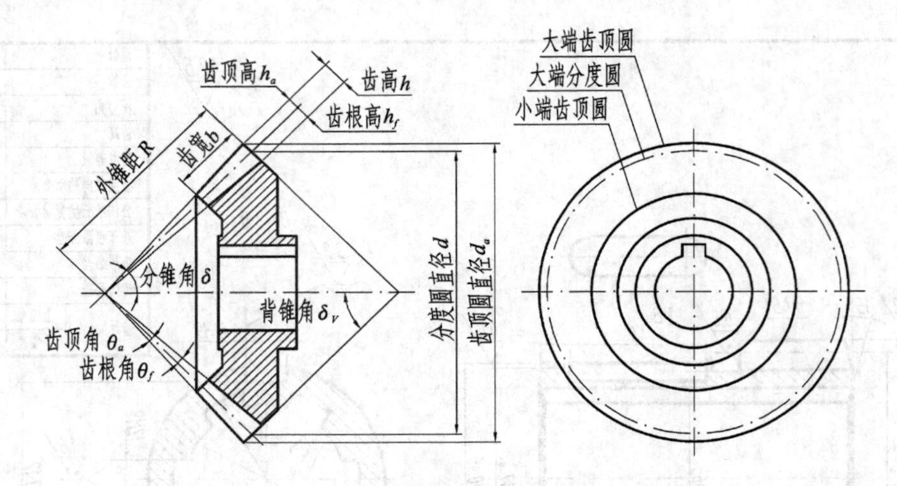

图 15-55 锥齿轮的图形及各部分名称

1. 直齿锥齿轮各部分尺寸的计算

直齿锥齿轮各部分尺寸都与大端模数和齿数有关。轴线相交成 90°的直齿锥齿轮各部分尺寸的计算公式如表 15-10 所列。

表 15-10 直齿锥齿轮的尺寸计算公式

各部分名称	代 号	公 式	说 明
分锥角	δ	$\tan\delta_1 = z_1/z_2$, $\tan\delta_2 = z_2/z_1$	① 角标 1 和 2 分别代表小齿轮和大齿轮； ② m, d_a, h_a, h_f 等均指大端
分度圆直径	d	$d = mz$	
齿顶高	h_a	$h_a = m$	
齿根高	h_f	$h_f = 1.2\,m$	
齿顶圆直径	d_a	$d_a = m\,(z + 2\cos\delta)$	
齿顶角	θ_a	$\tan\theta_a = (2\sin\delta)/z$	
齿根角	θ_f	$\tan\theta_f = (2.4\sin\delta)\,/\,z$	
顶锥角	δ_a	$\delta_a = \delta + \theta_a$	
根锥角	δ_f	$\delta_f = \delta - \theta_f$	
外锥距	R	$R = mz\,/\,(2\sin\delta)$	
齿 宽	b	$b = (0.2 \sim 0.35)\,R$	

2. 锥齿轮的画法

锥齿轮的画法基本上与圆柱齿轮相同，只是由于圆锥的特点，在表达和作图方法上较圆柱齿轮复杂。

(1) 单个锥齿轮的画法

单个锥齿轮的主视图常画成剖视图。而在左视图上用粗实线画出齿轮大端和小端的齿顶圆,用点画线画出大端的分度圆,如图 15－55 所示。

图 15－56 是锥齿轮的零件图(对检测项目及公差作了简略)。

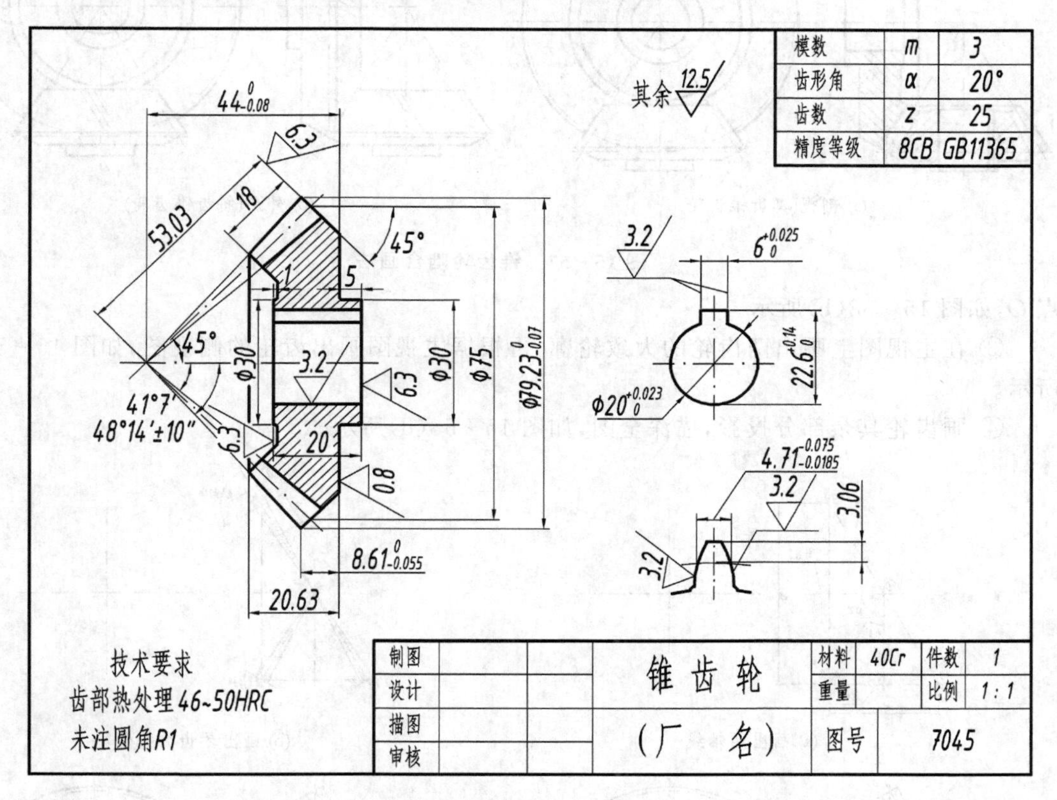

图 15－56　锥齿轮零件图

(2) 锥齿轮啮合的画法

锥齿轮啮合时,两分度圆锥相切,它们的锥顶交于一点。画图时主视图多用剖视表示,如图 15－57(a)所示。当需要画外形时,如图 15－57(b)所示。若为斜齿,则在外形图上加画三条平行的细实线表示轮齿的方向。

锥齿轮啮合图的绘制步骤如下:

① 根据两轴线的交角 φ 画出两轴线(这里 $\varphi=90°$),再根据节锥角 δ_1 和 δ_2 及大端节圆直径 d_1 和 d_2 画出两个圆锥的投影,如图 15－58(a)所示。

② 过 1,2,3 点分别作两节锥母线的垂直线,得到两圆锥齿轮的背部轮廓;再根据齿顶高 h_a、齿根高 h_f、齿宽 b 画出两齿轮轮齿的投影。齿顶、齿根各圆锥母线延长后必相交于锥顶

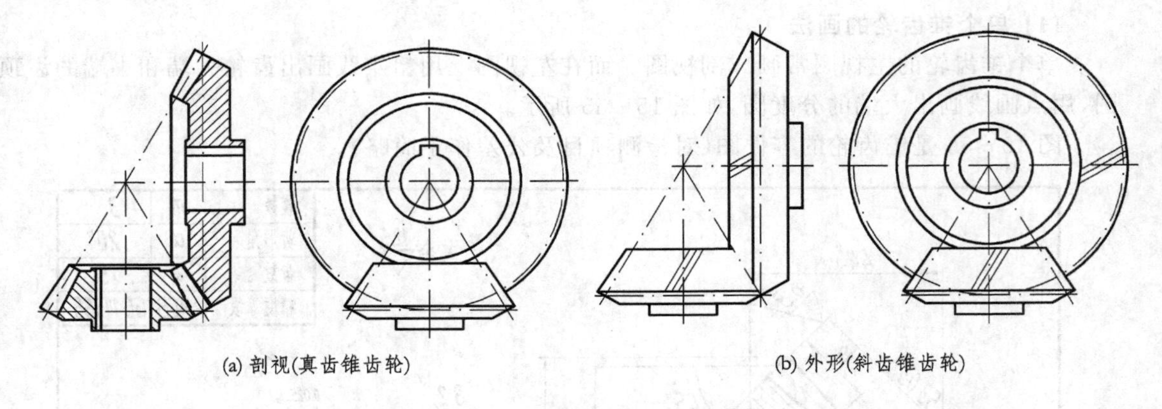

(a) 剖视(真齿锥齿轮)　　　　(b) 外形(斜齿锥齿轮)

图 15-57　锥齿轮啮合画法

点 O,如图 15-58(b)所示。

③ 在主视图上画出两齿轮的大致轮廓,再根据主视图画出齿轮的侧视图,如图 15-58(c)所示。

④ 画齿轮其余部分投影,描深全图,如图 15-58(d)所示。

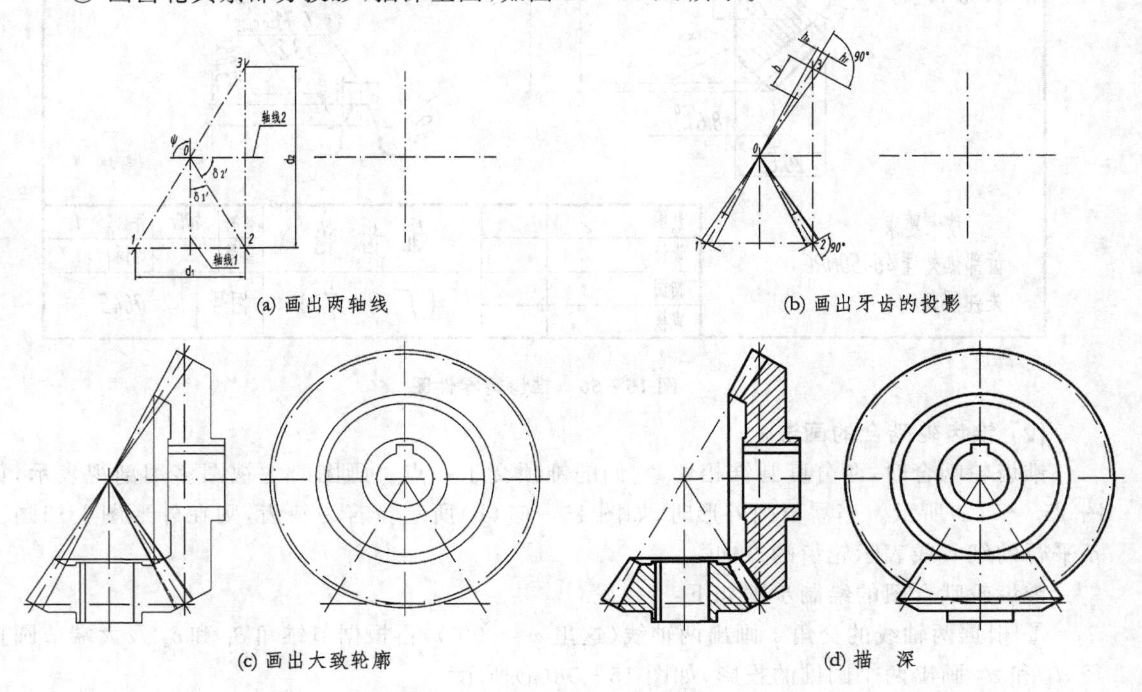

(a) 画出两轴线　　　　(b) 画出牙齿的投影

(c) 画出大致轮廓　　　　(d) 描　深

图 15-58　锥齿轮啮合的画图步骤

15.3.3　蜗轮、蜗杆

蜗轮、蜗杆的结构形状如图 15－59 所示。蜗轮实际上是斜齿的圆柱齿轮。为了增加它与蜗杆啮合时的接触面积，提高它的工作寿命，分度圆柱面改为分度圆环面，蜗轮的齿顶和齿根也形成圆环面。

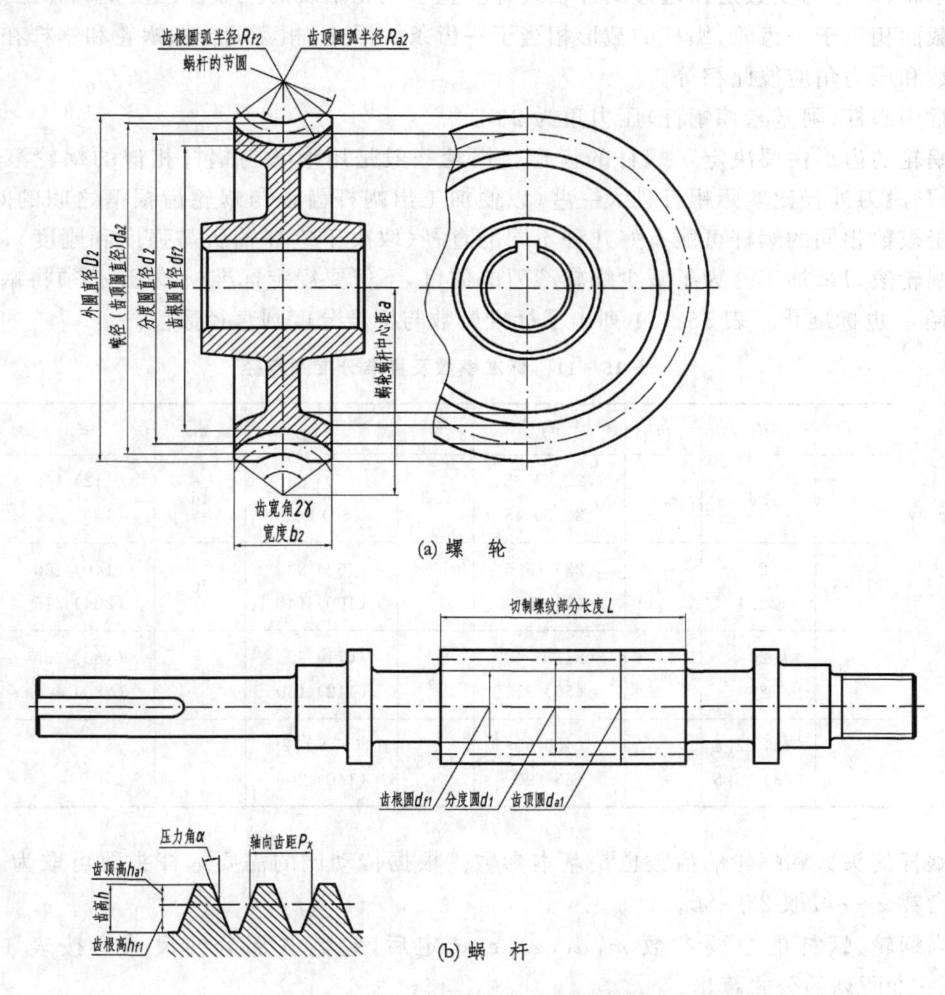

(a) 螺　轮

(b) 蜗　杆

图 15－59　蜗轮、蜗杆的各部分名称及其画法

蜗杆实际上是螺旋角很大，分度圆较小，轴向长度较长的斜齿圆柱齿轮。这样，轮齿就会在圆柱表面形成完整的螺旋线，因此蜗杆的外形和梯形螺纹相似。蜗杆的齿数 z_1 等于它的齿的螺纹线数（也叫头数），常用的为单线或双线。此时，蜗杆转一圈，蜗轮只转过一个齿或两个齿。因此，用蜗轮、蜗杆传动，蜗杆主动时，可得到很大的降速比。其速比公式如下：

$$i = 蜗轮齿数/蜗杆线数 = z_2 / z_1$$

1. 蜗轮、蜗杆的基本参数和尺寸计算

蜗轮、蜗杆的模数是在通过蜗杆轴线并垂直于蜗轮轴线的主截面内度量。在主截面内，蜗轮的截面相当于一齿轮，蜗杆的截形相当于一齿条。因此，相互啮合的蜗轮和蜗杆在主截面内的模数和压力角应彼此相等。

常用蜗杆(阿基米德蜗杆)压力角为20°。

蜗轮的齿形主要决定于蜗杆的齿形。蜗轮一般是用形状与蜗杆相似的蜗轮滚刀来加工的，只是滚刀外径比实际蜗杆稍大一些(以便加工出蜗杆齿顶与蜗轮齿根槽之间的间隙)。但是由于模数相同的蜗杆可能有好几种不同的直径(取决于蜗杆轴所需强度和刚度)，就要用不同的蜗轮滚刀来加工。为了减少蜗轮滚刀的数目，不但要规定标准模数，还必须将蜗杆的分度圆直径 d_1 也标准化。表15－11列出了标准模数与标准分度圆直径数值。

表15－11　标准模数及标准分度圆直径

m	d_1	m	d_1	m	d_1	m	d_1
1	18	2.5	(22.4) 28 (35.5) 45	6.3	(50) 63 (80) 112	16	(112) 140 (180) 250
1.25	20 22.4	3.15	(28) 35.5 (45) 56	8	(63) 80 (100) 140	20	(140) 160 (224) 315
1.6	20 28	4	(31.5) 40 (50) 71	10	(71) 90 (112) 160	25	(180) 200 (280) 400
2	(18) 22.4 (28) 35.5	5	(40) 50 (63) 90	12.5	(90) 112 (140) 200		

蜗杆的头数和蜗轮的齿数也是基本参数。根据传动比的需要蜗杆头数可取为1,2,4,6，蜗轮齿数 z_2 一般取27～80。

当蜗轮、蜗杆的主要参数 m, d_1, z_1, z_2 选定后，它们各部分的尺寸可按表15－12及表15－13所列的公式算出。

2. 蜗轮、蜗杆的画法

蜗轮的画法是：在剖视图上，轮齿的画法与圆柱齿轮相同。在投影为圆的视图中，只画分度圆和外圆，齿顶圆和齿根圆不必画出，如图15－59(a)所示。

表 15-12　蜗杆的尺寸计算公式

各部分名称	代　号	公　式	说　明
分度圆直径	d_1	根据强度、刚度计算结果按标准选取	基本参数： m—轴向模数； z_1—蜗杆头数； d_1—蜗杆分度圆直径
齿顶角	h_a	$h_a = m$	
齿根高	h_f	$h_f = 1.2\ m$	
齿顶圆直径	d_{a1}	$d_{a1} = d_1 + 2\ m$	
齿根部直径	d_{f1}	$d_{f1} = d_1 - 2.4\ m$	
导程角	γ	$\tan\gamma = m\,z_1 / d_1$	
轴向齿距	p_x	$p_x = \pi\ m$	
导　程	p_z	$p_z = z_1 p_x$	
螺纹部分长度	L	$L \geqslant (11 + 0.1\ z_2)\ m$，当 $z_1 = 1 \sim 2$ 时 $L \geqslant (13 + 0.1\ z_2)\ m$，当 $z_1 = 3 \sim 4$ 时	

表 15-13　蜗轮的尺寸计算公式

各部分名称	代　号	公　式	说　明
分度圆直径	d_2	$d_2 = m\,z_2$	基本参数： m—端面模数； z_2—蜗轮齿数
齿顶高	h_a	$h_a = m$	
齿根高	h_f	$h_f = 1.2\ m$	
齿顶圆（喉圆）直径	d_{a2}	$d_{a2} = d_2 + 2\ m = m\ (z_2 + 2)$	
齿根圆直径	d_{f2}	$d_{f2} = d_2 - 2.4\ m = m\ (z_2 - 2.4)$	
齿顶圆弧半径	R_a	$R_a = d_1 / 2 - m$	
齿根圆弧半径	R_f	$R_f = d_1 / 2 + 1.2\ m$	
外　径	D_2	$D_2 \leqslant d_{a2} + 2\ m$，当 $z_1 = 1$ 时 $D_2 \leqslant d_{a2} + 1.5\ m$，当 $z_1 = 2 \sim 3$ 时 $D_2 \leqslant d_{a2} + m$，当 $z_1 = 4$ 时	
蜗轮宽度	b_2	$b_2 \leqslant 0.75 d_{a1}$，当 $z_1 \leqslant 3$ 时 $b_2 \leqslant 0.67 d_{a1}$，当 $z_1 = 4$ 时	
齿宽角	γ	$2\gamma = 45° \sim 60°$，用于分度传动 $2\gamma = 70° \sim 90°$，用于一般传动 $2\gamma = 90° \sim 130°$，用于高速传动	
中心距	a	$a = (d_1 + d_2) / 2$	

蜗杆的画法与圆柱齿轮的画法相同。为了表明蜗杆的牙型，一般都采用局部剖视图画出几个牙型，或画出牙型的放大图，如图 15－59(b)所示。

蜗轮、蜗杆啮合的画法如图 15－60 所示。在垂直于蜗轮轴线的投影面的视图上，蜗轮的分度圆与蜗杆的分度线要画成相切，啮合区内的齿顶圆和齿顶线仍用粗实线画出；在垂直于蜗杆轴线的视图上，啮合区只画蜗杆不画蜗轮，如图 15－60(a)所示。

在剖视图中，当剖切平面通过蜗轮轴线并垂直于蜗杆轴线时，在啮合区内将蜗杆的轮齿用粗实线绘制，蜗轮的轮齿被遮挡的部分可省略不画；当剖切平面通过蜗杆轴线并垂直于蜗轮轴线时，在啮合区内，蜗轮的外圆、齿顶圆可以省略不画，有时蜗杆的齿顶线也可省略不画，如图 15－60(b)所示。

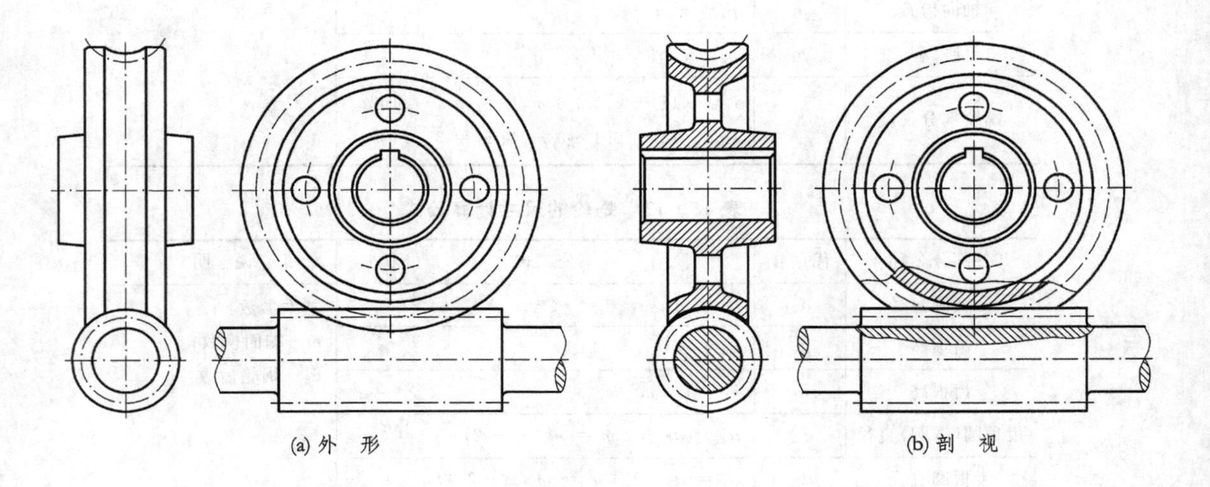

图 15－60　蜗轮蜗杆啮合的画法

蜗轮、蜗杆啮合图的画图步骤如下：

① 画出蜗轮与蜗杆分度圆的投影，如图 15－61(a)所示。

② 画出蜗杆的投影，如图 15－61(b)所示。

③ 画出蜗轮的投影，如图 15－61(c)所示。

④ 画出其他细节，最后描深，如图 15－61(d)所示。

图 15－62 和图 15－63 是蜗杆和蜗轮的零件图。

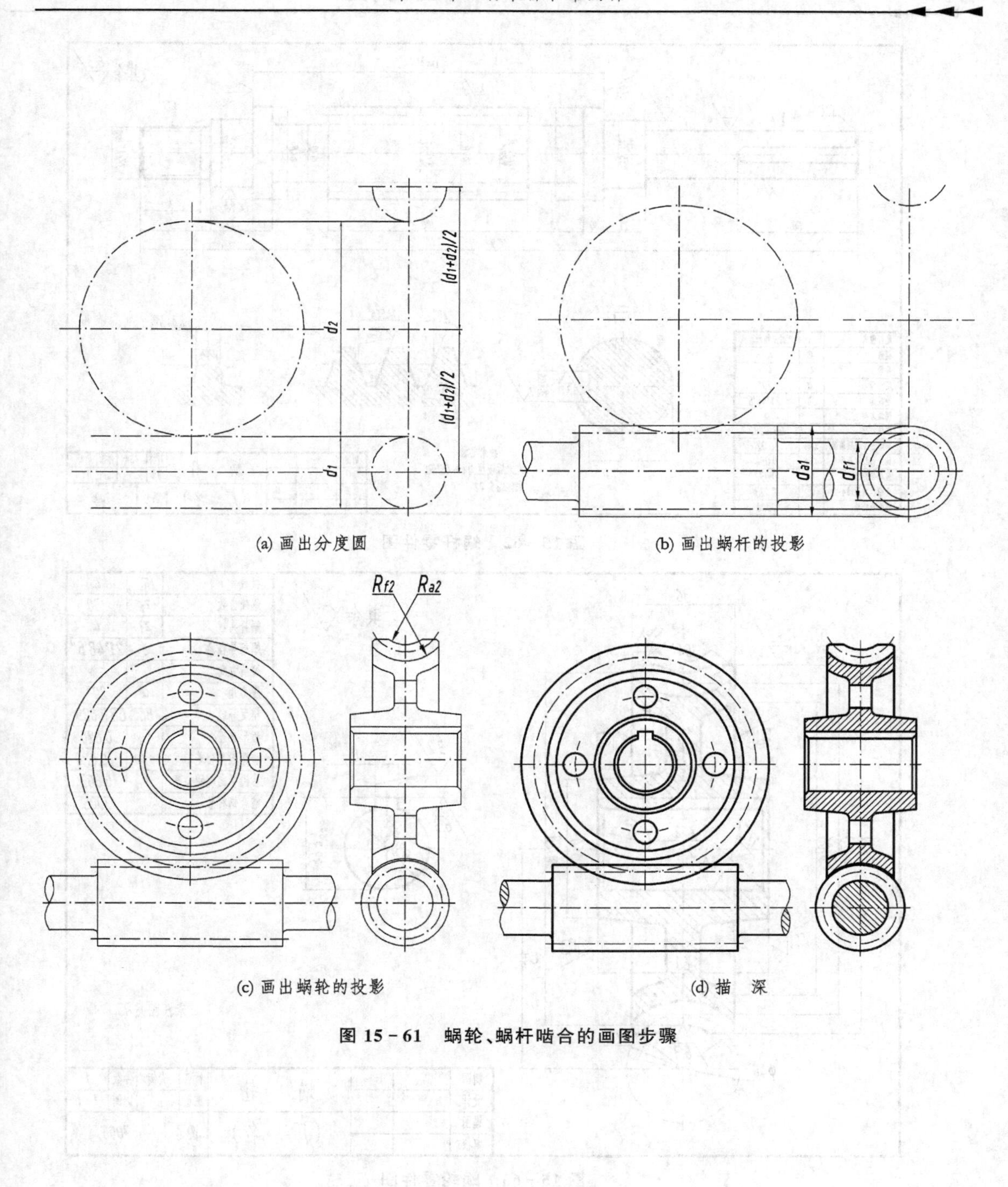

(a) 画出分度圆　(b) 画出蜗杆的投影

(c) 画出蜗轮的投影　(d) 描　深

图 15-61　蜗轮、蜗杆啮合的画图步骤

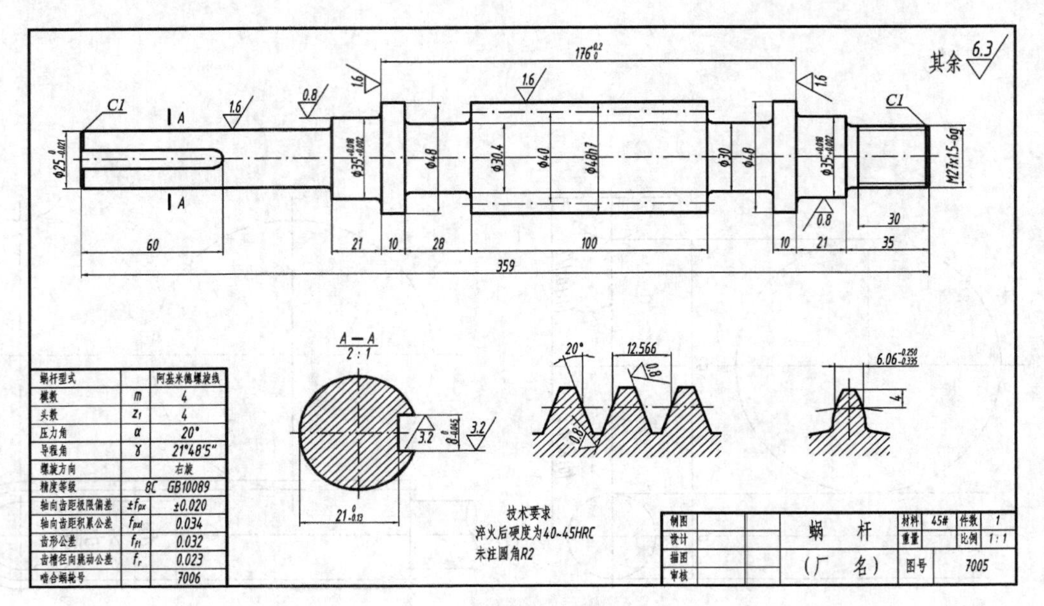

图 15－62　蜗杆零件图

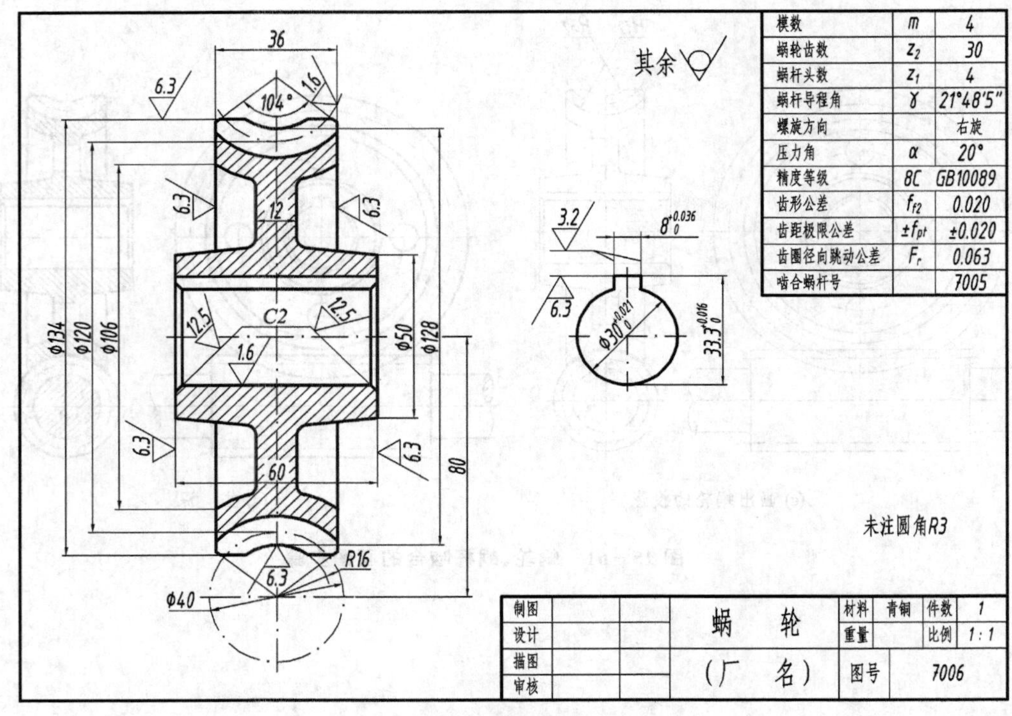

图 15－63　蜗轮零件图

15.4 弹　簧

弹簧也是一种标准零件，它的作用是减震、夹紧、储能及测力等。其特点是利用材料的弹性和结构特点，通过变形和储存能量工作，当外力去除后能立即恢复原状。

弹簧的种类很多，常见的有金属螺旋弹簧和涡卷弹簧等，如图 15－64 所示。根据受力情况不同，螺旋弹簧又分为压缩弹簧（见图(a)）、拉伸弹簧（见图(b)）、扭转弹簧（见图(c)）和涡卷弹簧（见图(d)）四种。本节重点介绍圆柱螺旋压缩弹簧的画法。

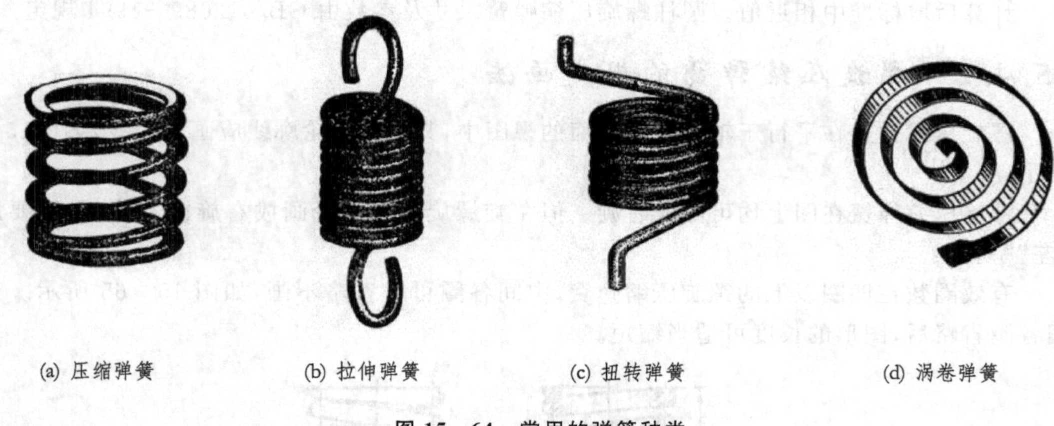

(a) 压缩弹簧　(b) 拉伸弹簧　(c) 扭转弹簧　(d) 涡卷弹簧

图 15－64　常用的弹簧种类

15.4.1　圆柱螺旋压缩弹簧的各部分名称和尺寸关系

参看图 15－64(a)和图 15－65(a)。为使压缩弹簧的端面与轴线垂直，在工作时受力均匀，在制造时将两端几圈并紧、磨平。工作时，并紧和磨平部分基本上不产生弹力，仅起支承或固定作用，称为支承圈。两端支承圈总数采用 1.5 圈、2 圈和 2.5 圈三种形式。除支承圈外，中间那些保持相等节距，产生弹力的圈称为有效圈。有效圈数是计算弹簧刚度的圈数。有效圈数与支承圈数之和称为总圈数。弹簧参数已标准化，设计时选用即可。下边给出与画图有关的几个参数：

（1）簧丝直径

制造弹簧的钢丝直径即簧丝直径 d，按标准选取。

（2）弹簧直径

弹簧中径 D——弹簧的平均直径，按标准选取；

弹簧内径 D_1——弹簧的最小直径，$D_1 = D-d$；

弹簧外径 D_2——弹簧的最大直径，$D_2 = D + d$。

(3) 有效圈数 n、支承圈数 n_2 和总圈数 n_1

$$n_1 = n + n_2$$

有效圈数按标准选取。

(4) 节距 t

两相邻有效圈截面中心线的轴向距离，按标准选取。

(5) 自由高度 H_0

弹簧无负荷时的高度。

$$H_0 = nt + 2d$$

计算后取标准中相近值。圆柱螺旋压缩弹簧尺寸及参数由 GB/T 2089—1994 规定。

15.4.2　螺旋压缩弹簧的规定画法

螺旋压缩弹簧在平行于轴线的投影面的视图中，其各圈的轮廓线应画成直线，如图15－65所示。

螺旋压缩弹簧在图上均可画成右旋。但左旋螺旋弹簧不论画成右旋或左旋，一律要加注"左"字。

有效圈数在四圈以上的螺旋压缩弹簧，中间各圈可以省略不画，如图 15－65 所示。当中间各圈省略后，图形的长度可适当缩短。

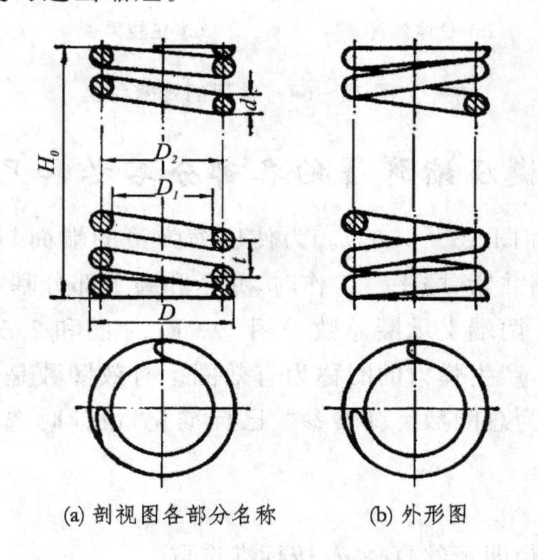

(a) 剖视图各部分名称　　(b) 外形图

图 15－65　螺旋压缩弹簧的画法

因为弹簧画法实际上只起一个符号作用，所以螺旋压缩弹簧要求两端并紧并磨平时，不论支承圈数多少，均可按图 15－65 的形式绘制。支承圈数在技术条件中另加说明。

在装配图中，当弹簧中间各圈采用省略画法时，弹簧后面被挡住的结构一般不画，可见部分只画到弹簧钢丝的剖面轮廓或中心线处，如图 15－66(a)所示。

在装配图中，螺旋弹簧被剖切时，簧丝直径小于 2 mm 的剖面可以涂黑表示，当簧丝直径小于 1 mm 时，可采用示意图画法，如图 15－66(b)所示。

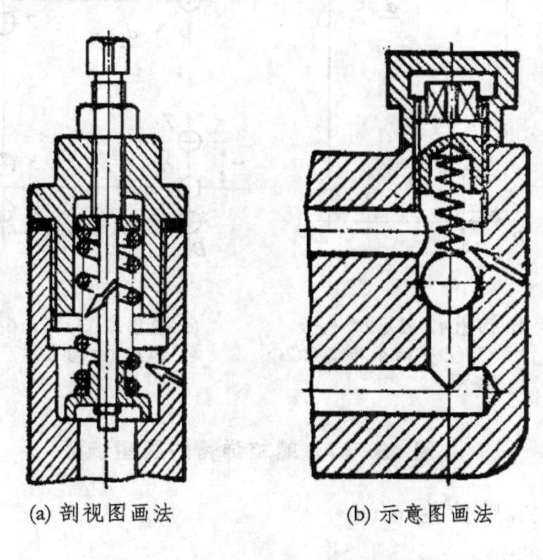

(a) 剖视图画法　　(b) 示意图画法

图 15－66　装配图中的弹簧画法

15.4.3　圆柱螺旋压缩弹簧的画图步骤

已知圆柱螺旋压缩弹簧的簧丝直径 $d=6$，弹簧中径 $D=35$，节距 $t=11$，有效圈数 $n=6.5$，右旋，其作图步骤如图 15－67 所示。

步骤 1：算出弹簧自由高度 H_0，用 D 及 H_0 画出长方形 $ABCD$，如图 15－67(a)所示。

步骤 2：画出支承圈部分直径与簧丝直径相等的圆和半圆，如图 15－67(b)所示。

步骤 3：画出有效圈数部分直径与簧丝直径相等的圆，如图 15－67(c)所示。先在 CD 上根据节距 t 画出圆 2 和圆 3；然后从 1、2 和 3、4 的中点作水平线与 AB 相交，画出圆 5 和圆 6，再根据 t 在 7 处画圆。

步骤 4：按右旋方向作相应圆的公切线及剖面线，即完成作图，如图 15－67(d)所示。

在装配图中画处于被压缩状态的螺旋压缩弹簧时，H_0 改为实际被压缩后高度，其余画法不变。

15.4.4　圆柱螺旋压缩弹簧的标记

(1) 标记方法

弹簧的标记由名称、型式、尺寸、标准编号、材料牌号以及表面处理组成，规定如下：

$$Y\boxed{1}\ d\times D\times H_0-\boxed{2}\boxed{3}\ \text{GB/T 2089}\ \boxed{4}-\boxed{5}$$

其中：Y——圆柱螺旋压缩弹簧代号；

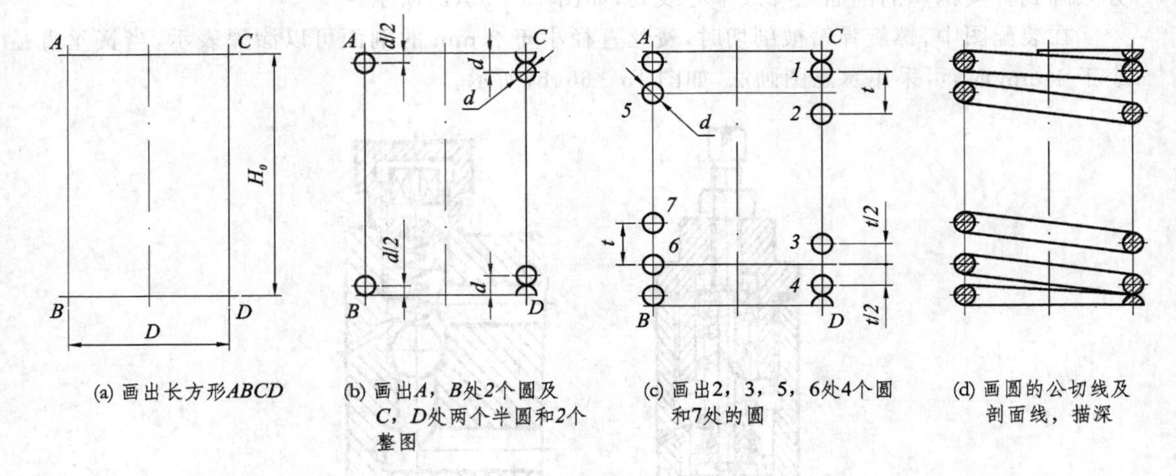

图 15－67　螺旋弹簧的画图步骤

$d \times D \times H_0$——尺寸，单位为 mm；

GB/T 2089——标准号；

1——注写型式代号 A 或 B；

2——注写精度代号（2 级精度制造应注明 2，3 级不表示）；

3——注写旋向代号（左旋应注明为"左"，右旋不表示）；

4——注写材料牌号；

5——注写表面处理，一般不表示，如要求镀锌、镀镉及磷化等金属镀层和化学处理时，应在标记注明，其标记方法应按 GB1238 的规定。

(2) 标记示例

YA 型弹簧，材料直径 1.2 mm，弹簧中径 8 mm，自由高度 40 mm，刚度、外径及自由高度的精度为 2 级，材料为碳素弹簧钢丝 B 级，表面镀锌处理的左旋弹簧的标记为

YA 1.2×8×40－2 左 GB/T 2089—1994 B 级－D－Zn

YB 型弹簧，材料直径 30 mm，弹簧中径 150 mm，自由高度 320 mm，材料为 $60Si_2MnA$，表面涂漆处理的右旋弹簧的标记为

YB 30×150×320 GB/T 2089—1994

15.4.5　零件图示例

图 15－68 为圆柱螺旋压缩弹簧零件图示例。从图中可以看出：

弹簧的参数应直接标注在图形上，若直接标注有困难时，可在技术要求中说明。

当需要表明弹簧的负荷与高度之间的变化关系时，必须用图解表示。螺旋压缩弹簧的机械性

能曲线成直线。其中：P_1 为弹簧的预加负荷，P_2 为弹簧的最大负荷，P_3 为弹簧的允许极限负荷。

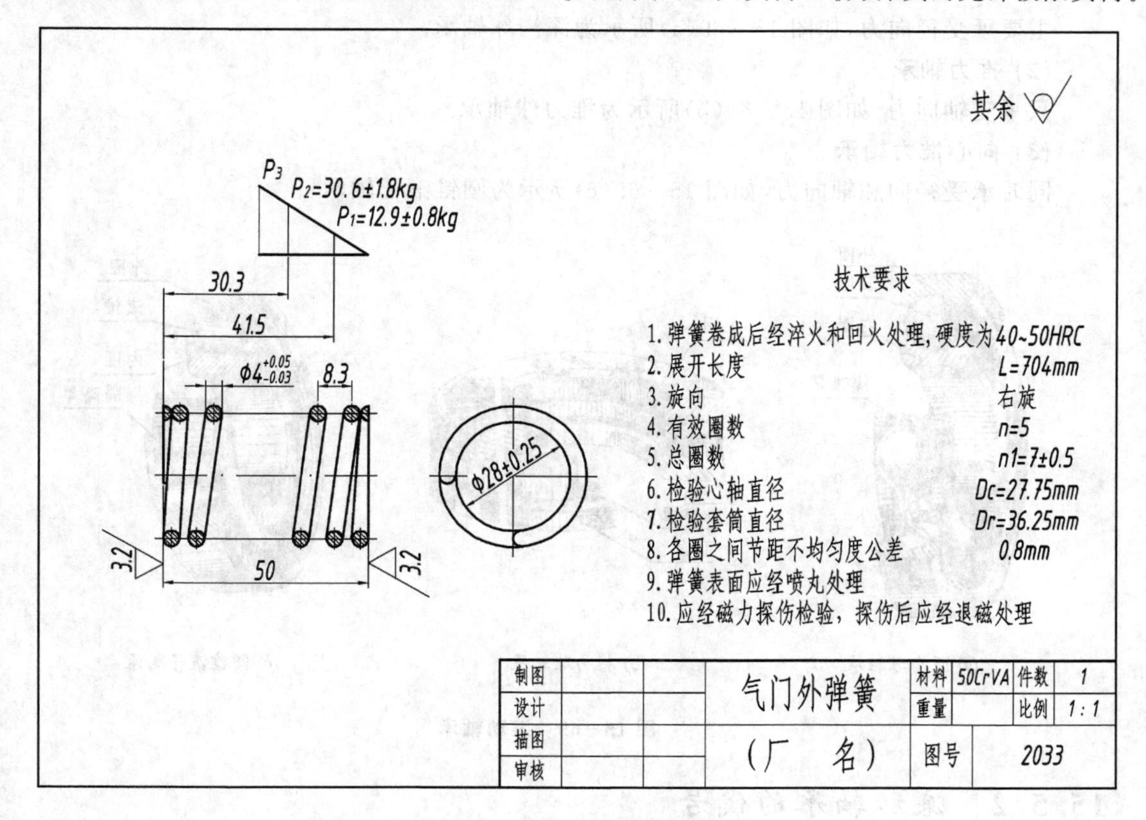

图 15 - 68　圆柱螺旋压缩弹簧零件图

15.5　滚动轴承

轴承有滑动轴承和滚动轴承两种。它们的作用是支持轴旋转及承受轴上的载荷。由于滚动轴承的摩擦阻力小，所以在生产中使用比较广泛。

滚动轴承是标准组件，由专门的工厂生产，需用时可根据要求确定型号，选购即可。在设计机器时，不必画滚动轴承的零件图，只要在装配图中按规定画出即可。

15.5.1　滚动轴承的种类

滚动轴承的种类很多，但它们的结构大致相似，一般由四个元件组成，如图 15 - 69 所示。

滚动轴承按其受力方向可分为三类：

(1) 向心轴承

主要承受径向力,如图 15-69(a)所示为深沟球轴承。

(2) 推力轴承

只承受轴向力,如图 15-69(b)所示为推力球轴承。

(3) 向心推力轴承

同时承受径向和轴向力,如图 15-69(c)所示为圆锥滚子轴承。

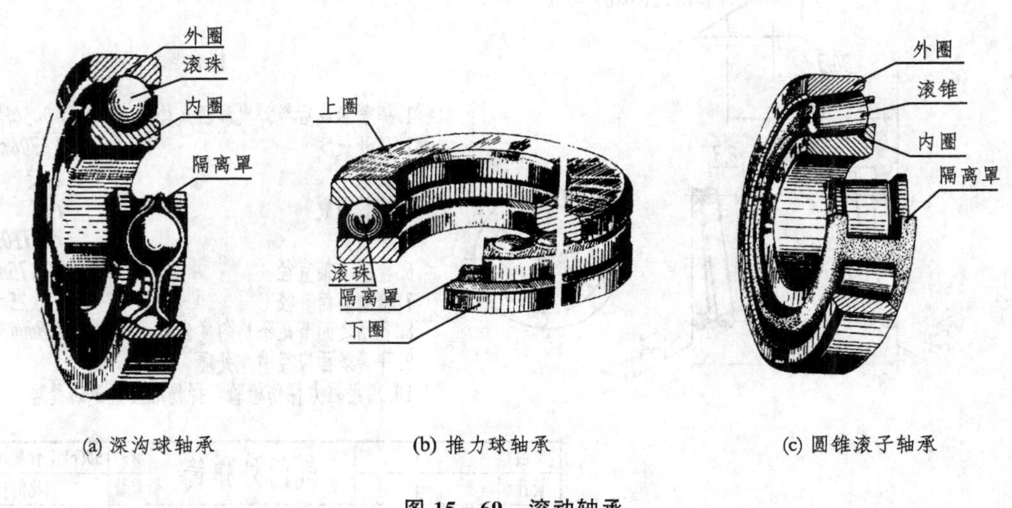

(a) 深沟球轴承　(b) 推力球轴承　(c) 圆锥滚子轴承

图 15-69　滚动轴承

15.5.2　滚动轴承的代号

滚动轴承的种类很多。为便于选用,国家标准规定用代号来表示滚动轴承。代号能表示出滚动轴承的结构、尺寸、公差等级和技术性能等特性。

滚动轴承代号用字母加数字组成。完整的代号包括前置代号、基本代号和后置代号三部分。基本代号表示轴承的基本类型、结构和尺寸,是轴承代号的基础。

1. 基本代号的组成

基本代号由轴承类型代号、尺寸系列代号和内径代号三部分自左至右顺序排列组成。

(1) 类型代号

类型代号采用数字或字母。数字和字母含义如表 15-14 所列。

类型代号有的可以省略。双列角接触球轴承的代号“0”均不写;调心球轴承的代号“1”有时亦可省略。区分类型的另一重要标志是标准号,每一类轴承都有一个标准编号,例如,双列角接触球轴承标准编号为 GB/T 296—1994;调心球轴承标准编号为 GB/T 281—1994。

表 15 - 14　滚动轴承的类型代号

代　号	轴承类型	代　号	轴承类型
0	双列角接触球轴承	N	圆柱滚子轴承 双列或多列用字母 NN 表示
1	调心球轴承	U	外球面球轴承
2	调心滚子轴承和推力调心滚子轴承	QJ	四点接触球轴承
3	圆锥滚子轴承		
4	双列深沟球轴承		
5	推力球轴承		
6	深沟球轴承		
7	角接触球轴承		
8	推力圆柱滚子轴承		

(2) 尺寸系列代号

尺寸系列代号由轴承的宽(高)度系列代号(一位数字)和直径系列代号(一位数字)左右排列组成。它反映了同种轴承在内圈孔径相同时,内、外圈的宽度和厚度的不同及滚动体大小的不同。显然,尺寸系列代号不同的轴承其外廓尺寸不同,承载能力也不同。向心轴承、推力轴承尺寸系列代号如表 15 - 15 所列。

表 15 - 15　滚动轴承的尺寸系列代号

直径系列代号	向心轴承								推力轴承			
	宽度系列代号								高度系列代号			
	8	0	1	2	3	4	5	6	7	9	1	2
	尺寸系列代号											
7	—	—	17	—	37	—	—	—	—	—	—	—
8	—	08	18	28	38	48	58	68	—	—	—	—
9	—	09	19	29	39	49	59	69	—	—	—	—
0	—	00	10	20	30	40	50	60	70	90	10	—
1	—	01	11	21	31	41	51	61	71	91	11	—
2	82	02	12	22	32	42	52	62	72	92	12	22
3	83	03	13	23	33	—	—	—	73	93	13	23
4	—	04	—	24	—	—	—	—	74	94	14	24
5	—	—	—	—	—	—	—	—	—	95	—	—

尺寸系列代号有时也可以省略:

● 除圆锥滚子轴承外,其余各类轴承宽度系列代号“0”均省略;

● 深沟球轴承和角接触球轴承的尺寸系列代号如果是“10”，则其中的“1”可以省略；

● 双列深沟球轴承的宽度系列代号“2”可以省略。

(3) 内径代号

内径代号表示滚动轴承内圈孔径。内圈孔径称为“轴承公称内径”，因与轴产生配合，是一个重要参数。内径代号如表 15-16 所列。

表 15-16　滚动轴承的内径代号

<table>
<tr><th colspan="2">轴承公称内径 d/mm</th><th>内径代号</th><th>示　例</th></tr>
<tr><td colspan="2">06～10(非整数)</td><td>用公称内径值直接表示，在其与尺寸系列代号之间用“/”分开</td><td>深沟球轴承 618/2.5
$d = 2.5$ mm</td></tr>
<tr><td colspan="2">1～9(整数)</td><td>用公称内径值直接表示，对深沟及角接触球轴承 7,8,9 直径系列，内径与尺寸系列代号之间用“/”分开</td><td>深沟球轴承 625、618/5
均为 $d = 5$ mm</td></tr>
<tr><td rowspan="4">10～17</td><td>10</td><td>00</td><td rowspan="4">深沟球轴承 6200
$d = 10$ mm</td></tr>
<tr><td>12</td><td>01</td></tr>
<tr><td>15</td><td>02</td></tr>
<tr><td>17</td><td>03</td></tr>
<tr><td colspan="2">20～480(22,28,32 除外)</td><td>公称内径值除以 5 的商数，商数为个位数，需在商数左边加“0”，如 08</td><td>调心滚子轴承 23208
$d = 40$ mm</td></tr>
<tr><td colspan="2">≥500 以及 22,28,32</td><td>用公称内径值数直接表示，但在与尺寸系列之间用“/”分开。</td><td>调心滚子轴承 230/500
$d = 500$ mm
深沟球轴承 62/22
$d = 22$ mm</td></tr>
</table>

2. 基本代号示例

(1) 轴承 6208

6——类型代号，表示深沟球轴承；

2——尺寸系列代号，表示 02 系列(0 可省略)；

08——内径代号，表示公称内径为 40 mm。

(2) 轴承 320/32

3——类型代号，表示圆锥滚子轴承；

20——尺寸系列代号，表示 20 系列；

32——内径代号，表示公称内径为 32 mm。

(3) 轴承 51203

5——类型代号，表示推力球轴承；

12——尺寸系列代号，表示 12 系列；

03——内径代号，表示公称内径为 17 mm。

(4) 轴承 N1006

N——类型代号，表示外圈无挡边的圆柱滚子轴承；

10——尺寸系列代号，表示 10 系列；

06——内径代号，表示公称内径为 30 mm。

当只须表示类型时，常将右边的几位数字用 0 表示，如 6000 就表示深沟球轴承，30000 表示圆锥滚子轴承等。

关于代号的其他内容可查阅有关手册。

15.5.3　滚动轴承的画法

如前所述，滚动轴承不必画零件图。在装配图中，滚动轴承可以用三种画法来绘制。这三种画法是通用画法、特征画法和规定画法。前两种属简化画法，在同一图样中一般只采用这两种简化画法中的一种。

对于这三种画法，国家标准《机械制图 滚动轴承表示法》(GB/T 4459.7—1998)作了如下规定：

1. 基本规定

通用画法、特征画法及规定画法中的各种符号、矩形线框和轮廓线均用粗实线绘制。

绘制滚动轴承时，其矩形线框或外框轮廓的大小应与滚动轴承的外形尺寸(由手册中查出)一致，并与所属图样采用同一比例。

在剖视图中，用通用画法和特征画法绘制滚动轴承时，一律不画剖面符号(剖面线)。采用规定画法绘制时，轴承的滚动体不画剖面线，其各套圈可画成方向和间隔相同的剖面线，如图 15-70(a)所示。若轴承带有其他零件或附件(如偏心套、紧定套、挡圈等)时，其剖面线应与套圈的剖面线呈不同方向或不同间隔，如图 15-70(b)所示。在不致引起误解时也允许省略不画。

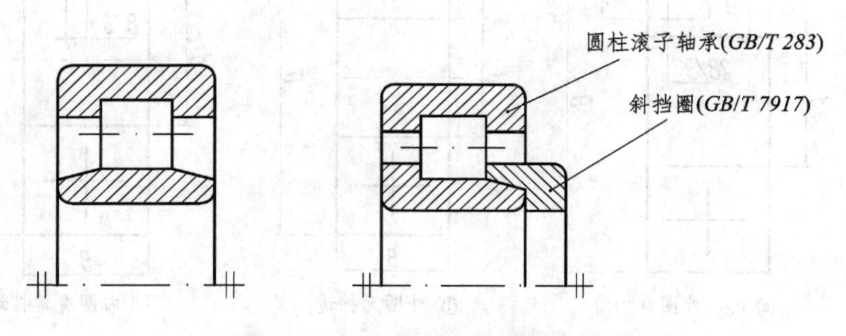

图 15-70　滚动轴承剖面线画法

2. 通用画法

在剖视图中，当不需要确切地表示滚动轴承的外形轮廓、载荷特性及结构特征时，用矩形线框及位于线框中央正立的十字形符号表示。十字形符号不应与矩形线框接触，如图 15－71(a)所示。通用画法在轴的两侧以同样方式画出，如图 15－71(b)所示。

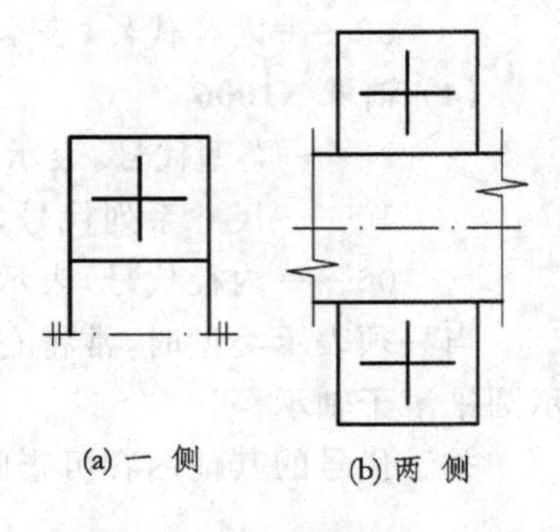

(a) 一 侧　　(b) 两 侧

图 15－71　通用画法(一)

当需要表示滚动轴承的防尘盖和密封时，可按图 15－72(a)和(b)绘制；当需要表示滚动轴承内圈或外圈有、无挡边时，可按图 15－72(c)和(d)所示方法，在十字符号上附加一短画线表示内圈或外圈无挡边的方向。

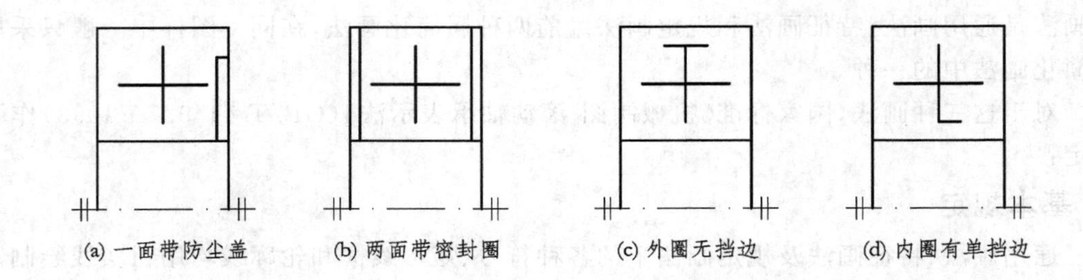

(a) 一面带防尘盖　(b) 两面带密封圈　(c) 外圈无挡边　(d) 内圈有单挡边

图 15－72　通用画法(二)

通用画法的尺寸比例示例如图 15－73 所示，尺寸 d,A,B 和 D 由手册中查出。

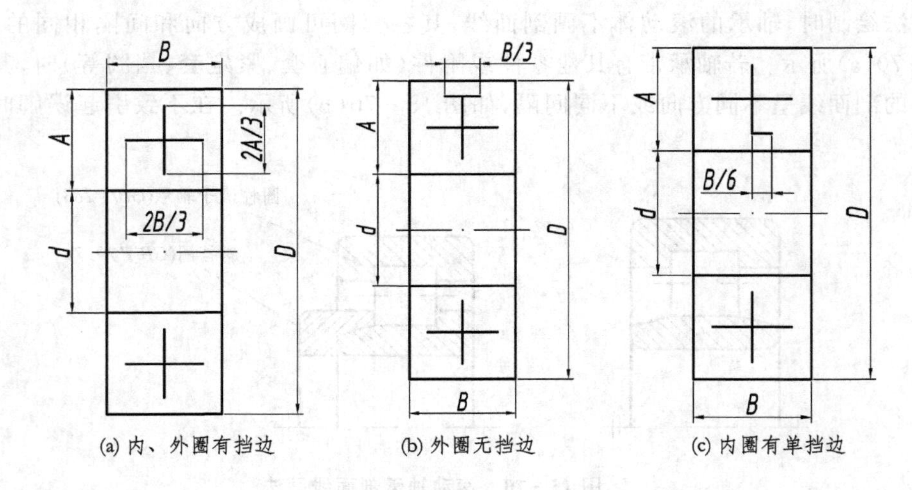

(a) 内、外圈有挡边　(b) 外圈无挡边　(c) 内圈有单挡边

图 15－73　通用画法(三)

如需确切地表示滚动轴承的外形，则应画出其剖面轮廓，并在轮廓中央画出正立的十字形符号。十字形符号不应与剖面轮廓线接触，如图 15－74 所示。

滚动轴承带有附件或零件时，这些附件或零件可以只画出其外形轮廓，如图 15－74(a)和(b)所示，也可以为了表达滚动轴承的安装方法而将某些零件详细画出如图15－74(c)所示。

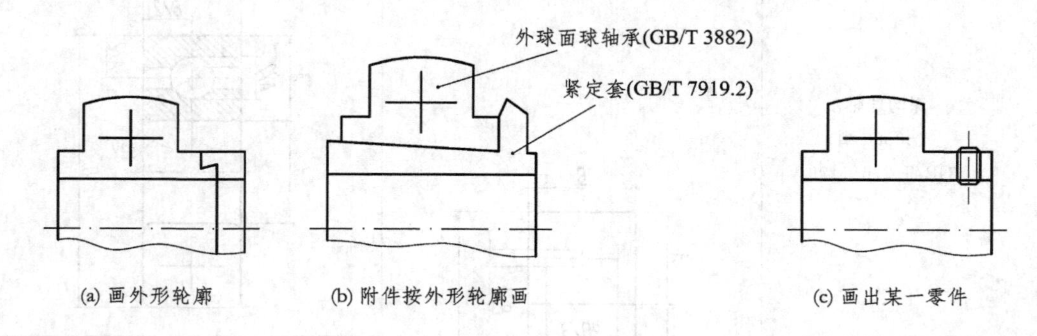

图 15－74　通用画法(四)

3. 特征画法

在垂直于滚动轴承轴线的投影面的视图上，无论滚动体的形状(球、柱和针等)及尺寸如何，均按图 15－75 所示的方法绘制。

通用画法中有关防尘盖、密封圈、挡边、剖面轮廓和附件或零件画法的规定也适用于特征画法。

特征画法亦应绘制在轴的两侧。

在剖视图中，如需较形象地表示滚动轴承的结构特征时，可采用在矩形线框内画出其结构要素符号的方法表示。常用轴承的特征画法在表 15－17 中列出。

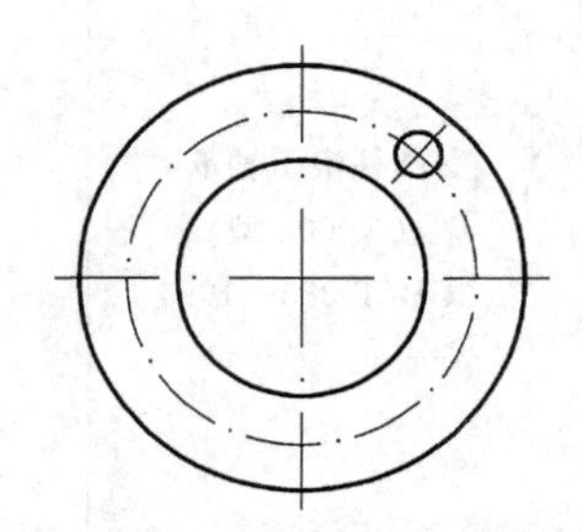

图 15－75　滚动轴承轴线垂直于投影面的特征画法

4. 规定画法

规定画法既能较真实、形象地表达滚动轴承的结构和形状，又简化了对滚动轴承中各零件尺寸数值的查找，必要时可以采用。表 15－17 列出了常见滚动轴承的规定画法。

在装配图中，滚动轴承的保持架及倒角、圆角等可省略不画。

规定画法一般绘制在轴的一侧，另一侧按通用画法绘制，如表 15－17 所列。

表 15-17 常用滚动轴承的特征画法和规定画法

轴承类型及标准号	特征画法	规定画法
深沟球轴承 (60000 型) GB/T 276—1994	B, A, B/6, 2B/3, d, D	B, B/2, A/2, A, A/2, 60°, d, D
圆柱滚子轴承 (N0000 型) GB/T 283—1994		B, B/2, A/8, A/2, A, A/2, 15°, d, D
推力球轴承 (51000 型) GB/T 301—1995	T, A, 2A/3, A/6, d, D	T, T/2, 60°, T/2, A/2, d, D

续表 15-17

轴承类型及标准号	特征画法	规定画法
角接触球轴承 （70000型） GB/T 292—1994	B, 2B/3, 30°, A, d, D	T, C, T/2, A/2, A/4, A, A/2, 15°, D, d, B
圆锥滚子轴承 （30000型） GB/T 297—1994		T, C, T/2, A/2, A/4, A, A/2, 15°, D, d, B

第 16 章 装配图与结构设计基础

机械系统的设计完成后，往往以图样的形式提交成果。机械系统设计图样资料主要有装配图、零件图和设计说明书。装配图是相关设计人员了解设计内容、设计质量和加工装配的重要技术文件。工艺师将根据系统及装配图技术要求绘制工作装配图，并设计零件的整个加工工艺过程。因此，设计图样也是施工的技术依据。现代设计图样一般有纸图样和电子图样。掌握机械系统装配和零件图样的表达是机械结构设计的基础，也是工程设计人员必须具备的技能。本章将以机械结构设计为背景，讨论机械装配图、零件图的设计要求、方法、内容和电子图样的生成。

16.1 装配图的内容与要求

16.1.1 装配图的作用

设计师在设计一个机器或部件时，通常是根据客户提出的要求先设计好机器的部件，并画出其装配图，再根据部件装配图及相应的资料设计其中的每一个零件，绘制零件图。所以说，装配图是零件设计的依据。此外，装配图还充分表达了设计师的设计意图，即所利用的工作原理，如：离心、偏心、斜面及螺旋等。另外，当部件在进行装配时，装配图也是必不可少的，它是装配工作必需的技术资料。最后，当部件在使用中，某个部分出现故障时，维修人员必须根据装配图来了解部件的详细结构，判断或估计到底是哪个零件发生损坏，并决定拆卸分解该部件的详细步骤。综上所述，装配图的作用可以归纳为下述几个方面：

① 是零件设计的依据；

② 说明该部件的工作原理；

③ 是部件装配的必要资料；

④ 是维修该部件的重要技术资料。

16.1.2 装配图的内容

根据上述装配图的作用，装配图必须包含以下几方面的内容：

① 一组视图。装配图必须有一组视图，其视图数量根据部件结构的复杂程度而定。它应能充分表达部件的工作原理和装配关系。

② 标注尺寸。装配图上无须标注零件的尺寸，但必须标注与零件设计有关的一些尺寸，

以及影响机器性能的某些重要尺寸等;此外,还应标出部件的轮廓尺寸,即长、宽、高等尺寸,以便估计该部件所占空间,或设计其包装箱尺寸等;最后,还应标注出该零部件安装时所必需的安装尺寸等。因此,装配图中必须标出以下几种尺寸:

- 配合尺寸和装配协调尺寸;
- 外形尺寸;
- 安装尺寸;
- 影响性能的某些重要尺寸;
- 说明该部件性能的规格尺寸。

③ 技术要求。在装配图中一般还应标注出为保证该部件工作质量必须采取的一些措施和要求,如试验或检验等,通常称为技术要求,写在标题栏上方。如果这种要求很多,可以另附说明。

④ 标题栏和明细表。装配图上必须包括设计师对部件中每个零件的命名、编号及材料选择等内容。这些内容应按规定填写在标题栏上方的明细表中。此外,在标题栏中还应填写部件的名称、编号及设计师的签名等内容。

16.2　机械设计中常见的装配关系

如前所述,装配图的一个非常重要的作用,即表示部件中零件之间的装配关系和部件的工作原理。学习装配图绘制方法的一个很重要方面,即如何正确绘制零件间的装配关系。零件的装配关系有很多种,如配合关系、连接关系、传动关系、螺旋运动关系、零件间的轴向定位关系及整个轴系的定位关系,此外还有密封关系、零件装配时的对中关系等。只有充分了解这些装配关系才能正确地把这种关系表达出来,而更多地接触一些常见的、基本的装配关系对正确地绘制装配图,甚至正确设计一个机器部件都是至关重要的。下面是一些常见的装配关系画法及正误对比和举例。

1. 配合与非配合

基本尺寸相同的两零件装配在一起称为配合。在装配图上,在配合处,两零件用同一条线表示。如图 16－1(a)所示,当零件基本尺寸不同,哪怕只差很小如 0.3 或 0.5 也要画成不接触,甚至要夸大画出,如图 16－1(b)所示的 $\phi 51$。此外从图中可以看出,实心轴通常不剖切,相邻的两零件剖面线均为 45°,但方向应相反。

2. 键连接

键连接通常用于轴和其上的零件,如齿轮、皮带轮等零件的连接。目的是使它们成为一个整体,即当轮转动时轴也转动,轴转动时轮也转动。在装配图中可以采用图 16－2 的画法。此时,剖切平面通过轴和轮的对称中心。从图中可以看出,为了将整个键都表示出来,必须将轴

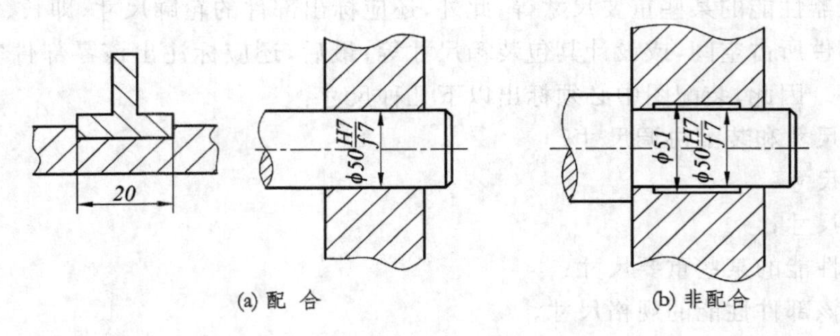

(a) 配　合　　　　(b) 非配合

图 16－1　配合与非配合的画法

作局部剖，即键不剖，轮全剖。沿键的长度方向剖切时，键不剖。垂直键的长度方向剖切时，键必须剖断。图中所用的键，装配时在顶面有间隙，应画两条线表示。

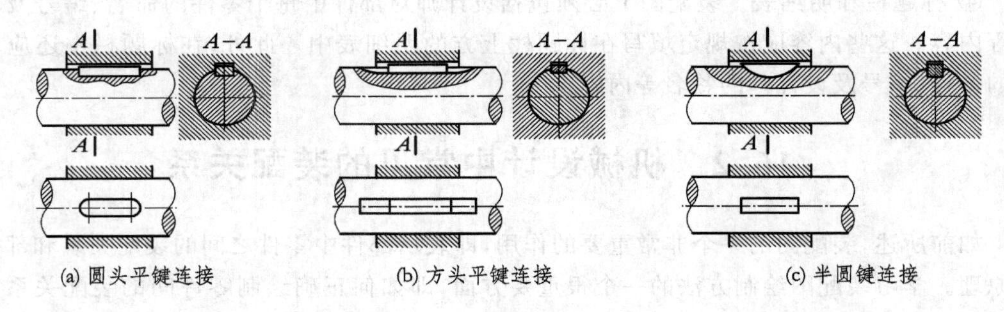

(a) 圆头平键连接　　(b) 方头平键连接　　(c) 半圆键连接

图 16－2　键连接的画法

由于键的尺寸是标准的，其高度和宽度与轴的直径有关。因此，在装配图中键连接通常用一个视图表示，即图中的主视图即可，如图 16－3 所示。

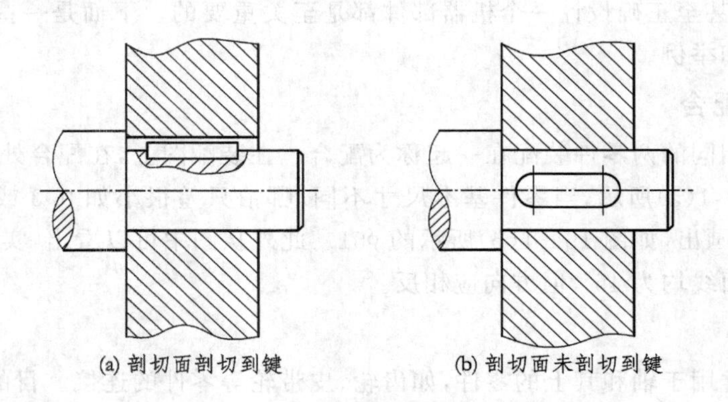

(a) 剖切面剖切到键　　(b) 剖切面未剖切到键

图 16－3　表示轴和轮用圆头平键连接

图 16－4 是常见的错误画法。

图 16－4(a)中的错误画法是：①和③处没有画间隙；②处孔的键槽没有穿通。

图 16－4(b)中的错误画法是尺寸注法不对：主视图上表示不出真实直径。侧视图上不宜这样标注键槽深度。

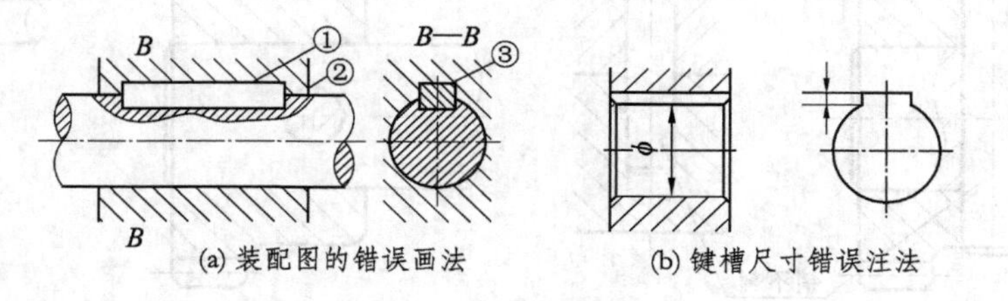

图 16－4　常见错误画法

图 16－5 是花键连接的画法。

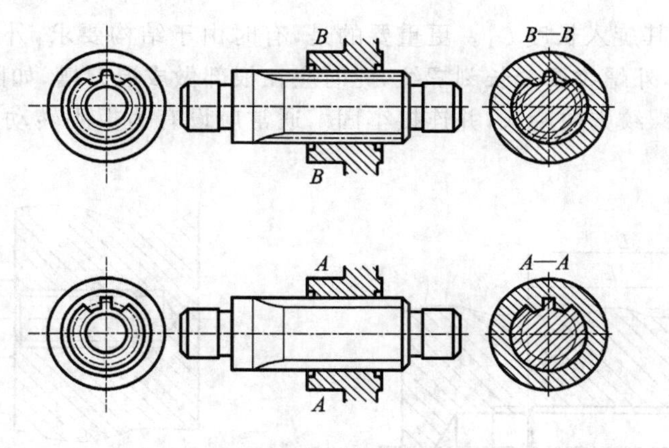

图 16－5　花键连接的画法

3. 销钉连接

销钉也可以用于轴与其上零件的连接。图 16－6 是销钉连接装配关系的画法，此时实心销钉不剖，但轴必须作局部剖切，才能清楚地表达出连接关系。其画法如下：

① 沿销的轴线剖切时，销不剖，用外形线表示，如图 16－6(a)所示。

② 垂直销的轴线剖切时，销必须剖切，并画出剖面线，如图 16－6(b)所示。

③ 圆锥销可以稍夸大画，以便看清锥度，如图 16－6(c)所示。

4. 螺纹连接的装配关系

螺纹连接是两个零件通过螺纹连接成一个整体。其装配关系是，画图时外螺纹与内螺纹的大径与小径应分别相等。一般情况下，内螺纹的深度应比外螺纹的旋入长度长些。如图 16－7所示，即 L_2(内螺纹的深度)应大于外螺纹的旋入长度 L_1。从图中还可看出，外螺纹

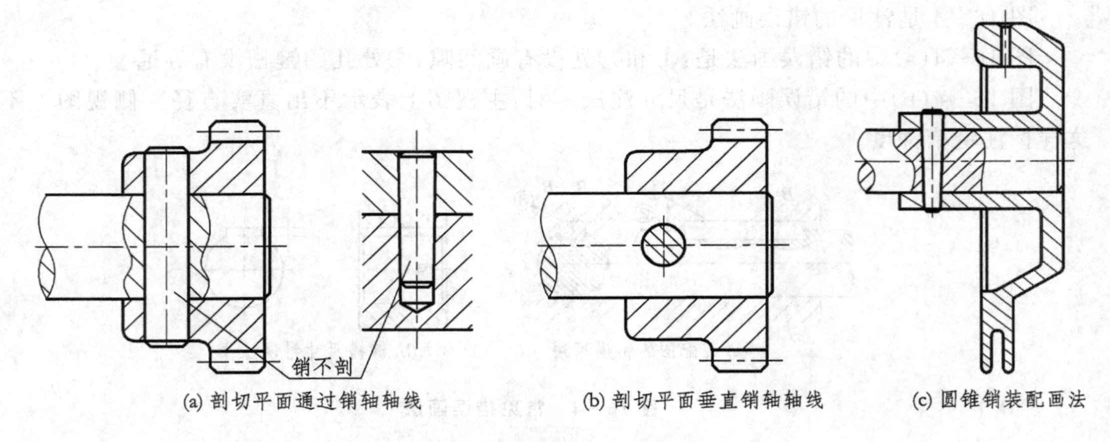

图 16－6　销钉连接的装配关系画法

的长度 L 应大于其旋入长度 L_1。更重要的是，有时由于结构要求，外螺纹必须旋入到位。为了达到这个要求，外螺纹要全长刻螺纹，此时应在根部做成退刀槽，如图 16－8 所示。此外，还要考虑如何使外螺纹方便旋入，并连接牢固。通常应设有为扳手转动所必需的平面或其他结构，如图中 $\phi 2$ 孔。

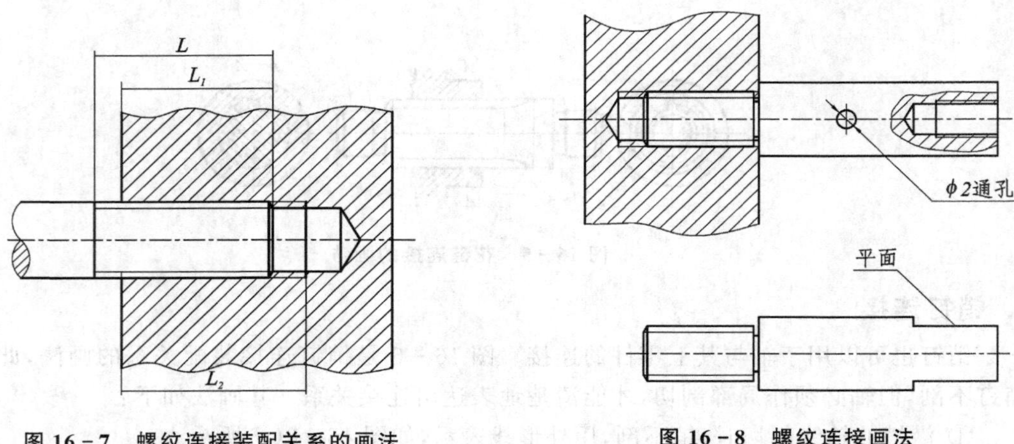

图 16－7　螺纹连接装配关系的画法　　图 16－8　螺纹连接画法

图 16－9 中，螺盖采用螺纹与阀体连接，图 16－9(a)是正确画法，图(b)是错误画法，原因是确定螺盖在装配图位置的是其端面 A，它必须与阀体上端面接触，因此这种画法的装配关系不正确。图 16－9(a)中的螺盖，其底面是装配基准面，注意图 16－9(a)与(b)的装配位置的差别。

与图 16－9 相比较，图 16－10 是更复杂的螺纹连接装配关系。它增加了一个螺杆，用它可以调节弹簧伸缩量。使进口可以适用于不同油压情况，扩大了使用范围。当需要调节时，必须先将螺母松开，转动螺杆到需要的位置后，再将其拧紧，达到锁紧的目的。弹簧应使活门紧

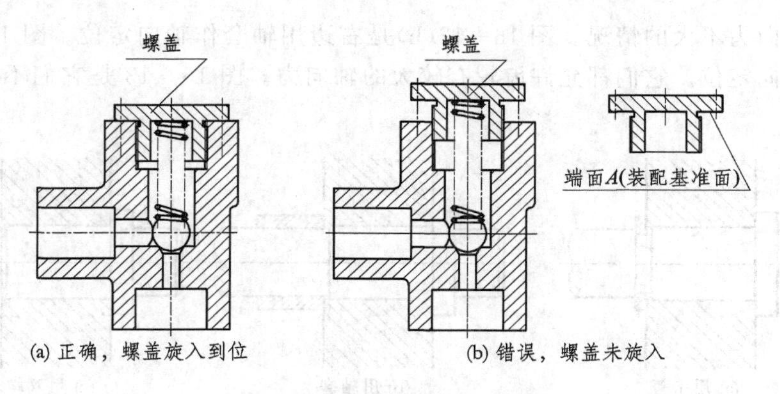

(a) 正确，螺盖旋入到位　　(b) 错误，螺盖未旋入

图 16-9 螺纹连接装配画法

贴住阀体上。阀盖必须压住垫片，垫片必须被压在阀体上。所以，画图时应先画阀体，再画垫片，最后再画阀盖。这就是螺纹连接的装配关系。

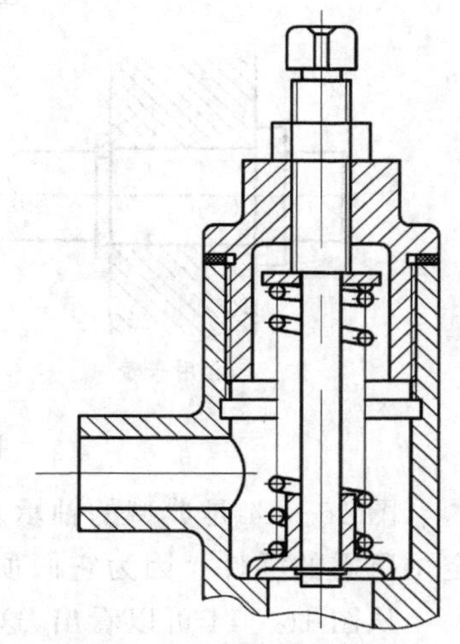

图 16-10 复杂的螺纹连接装配关系的画法

5. 轴及轴上零件的轴向定位

一般情况下，机器部件由许多轴构成，每个轴上会有许多零件，因此有时称其为轴系。轴系中的每个零件都必须轴向定位，最后将整个轴连同其上的零件装到机箱里，此时还要考虑整个轴系的定位。因此在画装配图时，必须要正确画出轴向定位的装配关系。

图 16-11 中都是用紧固螺钉作轴向定位。显然，这种结构轴套能承受的轴向力很小，通常用于仪器仪表的旋扭受力不大的情况。在表达装配关系时，注意应将轴局部剖。

图 16-12(a)中齿轮在轴上左边用轴环定位，右边用卡簧(挡圈)定位，但由于卡簧能承受的轴向力有限，所以它适

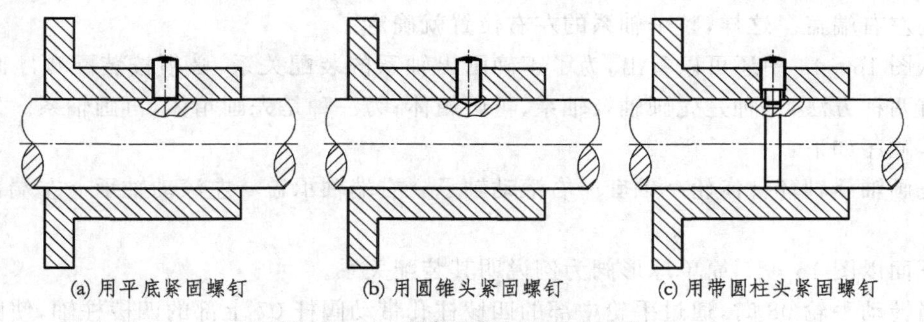

(a) 用平底紧固螺钉　　(b) 用圆锥头紧固螺钉　　(c) 用带圆柱头紧固螺钉

图 16-11 用紧固螺钉作轴向定位

用于齿轮轴向力不大的情况。图 16－12(b)是右边用轴套作轴向定位。图 16－12(c)是两个圆螺母做轴向定位。它们都允许齿轮有较大的轴向力。图 16－13 是它们不正确的装配关系画法。

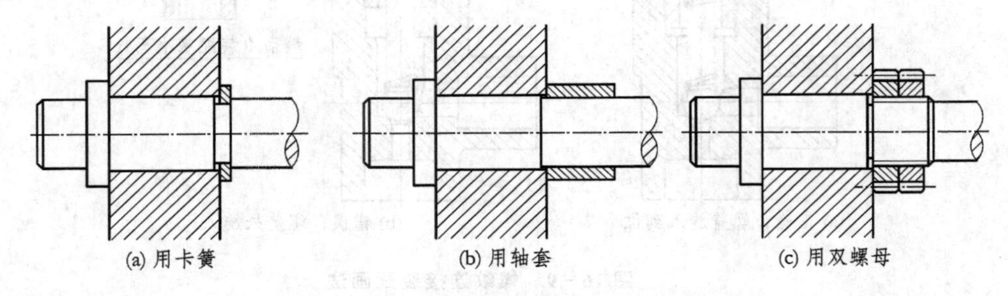

图 16－12　轴向定位正确的装配关系画法

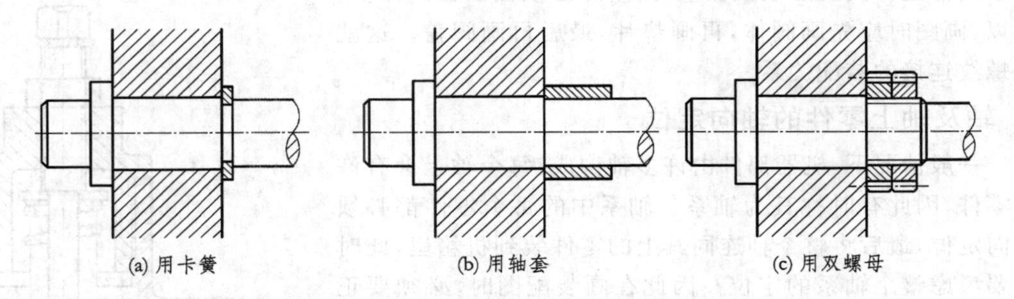

图 16－13　轴向定位不正确的装配关系

图 16－14 是典型的轴承及其零件轴向定位的例子。其中,两端轴承盖可以说是整个轴系定位所需的零件。因为它们顶住了左右两个轴承,整个轴系就不能左右移动了。

从图 16－14 可以看出,这是个常见的轴系。轴上装有一个齿轮和两个滚动轴承,齿轮的轴向定位,左边采用轴环,右边采用轴套,当装上两端轴承后就可以构成一个轴系。然后,再将整个轴系装入箱体中。图中还可以看出,箱体与箱盖是上下分离的,即箱体在下,箱盖在上,最后装上左右端盖。这样,整个轴系的左右位置就确定了。

从图 16－14 中还可以看出,为了正确画出轴系的装配关系,必须按装配顺序画图。通常可以有两种方法:一种是先画轴及轴系,再画箱体;另一种是先画箱体,再画轴系。先画轴系的方法其顺序如下:

先画轴→轴环→齿轮→轴套→右滚动轴承→右端轴承盖→左滚动轴承→左端盖→箱体→箱盖。

下面以图 16－15 简单球形阀为例说明其装配关系。

当转动手轮 08 时,通过手轮中部的四棱柱孔带动阀杆 07 上部的四棱柱轴,使阀杆随之转动,阀杆中部为螺纹,由于阀盖 02 上也有相同的螺纹孔,且阀盖不动,故阀杆边旋转边作轴向

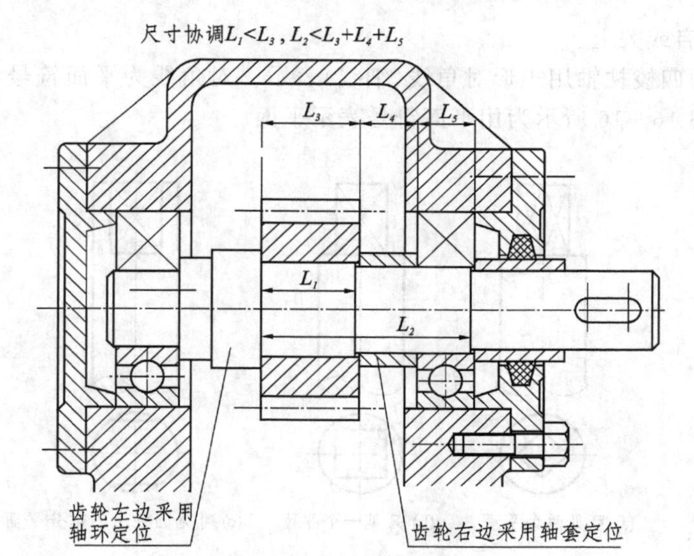

图 16－14　轴系装配图

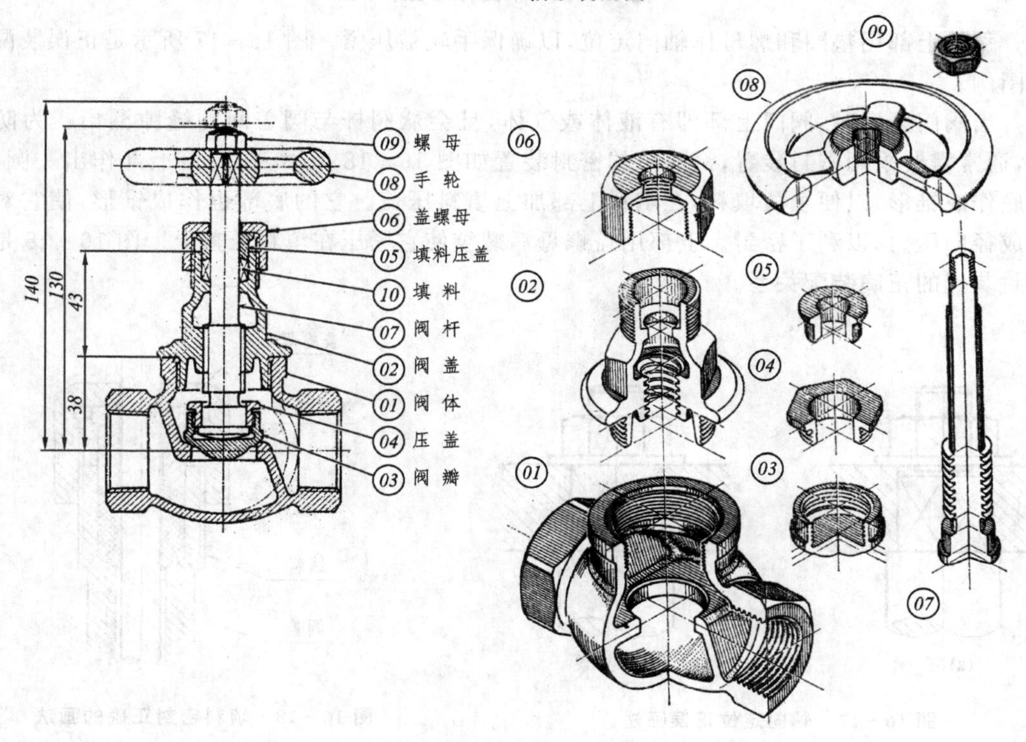

图 16－15　球形阀

移动,使阀门开启或关上。

阀杆上部的四棱柱轴用矩形对角线(细线)表示。对角线为平面符号,表示它是平面而不是圆柱面。如图16－16所示为用平面符号表示平面。

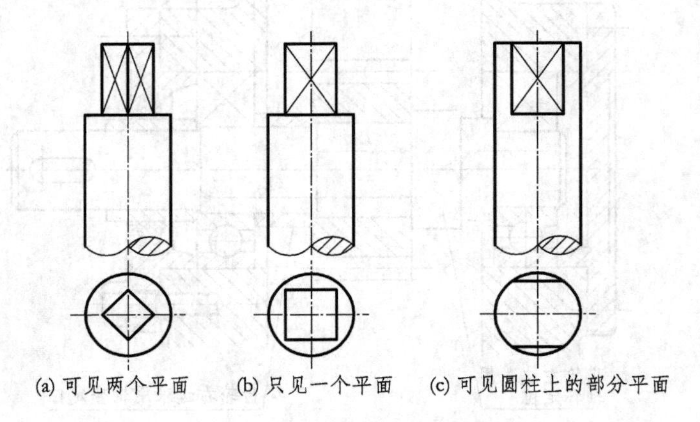

图16－16　平面符号表示平面

手轮上部用垫圈和螺母作轴向定位,以确保手轮被压紧。图16－17所示是正误装配关系的图例。

当阀门开启时,阀门上部即有液体或气体,且会从阀杆与阀盖间的缝隙漏出。为防止泄露,通常需要采用密封装置,最简单的密封装置如图16－18所示,在阀盖上部作出一圆柱孔,孔底作成锥形,以便填放填料,在填料上部加上填料压盖。它的底部也作成锥形,使它对填料形成径向压力,以利于密封。上部用盖螺母靠螺纹使它紧压在填料压盖上。图16－18是这种密封装置的正确装配关系。

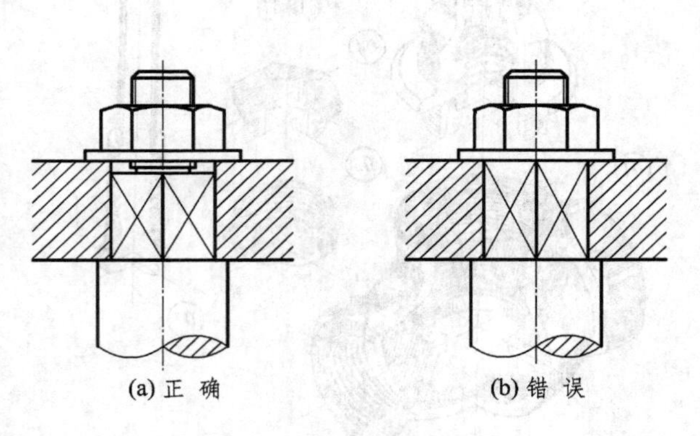

图16－17　轴向定位正误画法

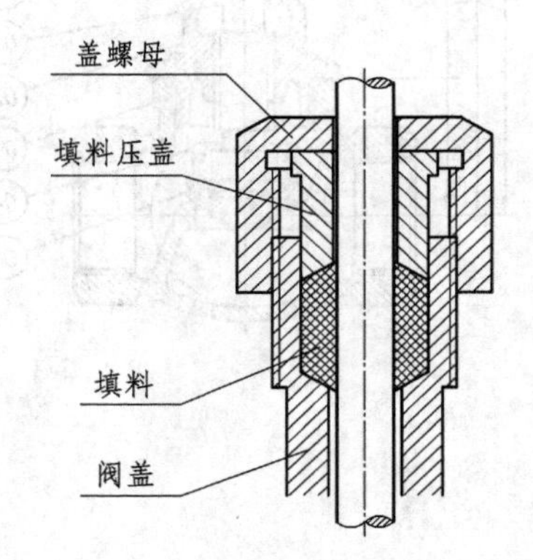

图16－18　填料密封正确的画法

图 16－19 是两种常见的不正确装配关系。其中，图 16－19(a)的错误在于填料压盖只能靠下端的锥面(装配基准面)与填料接触，不能同时又使其上端面与阀盖接触；图 16－19(b)的错误在于盖螺母应继续拧下至与填料压盖接触，以便通过它使填料压紧。填料压盖的最大外圆尺寸不应大于螺纹的小径，否则螺母无法旋入。此外填料应塞满，并且与阀杆接触，否则无法密封。

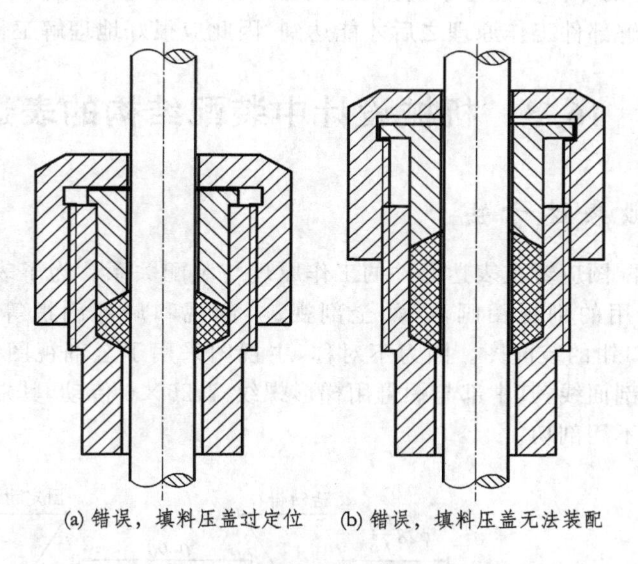

(a) 错误，填料压盖过定位　(b) 错误，填料压盖无法装配

图 16－19　填料密封不正确的画法

图 16－20(a)中阀杆的底部作成锥面，与阀体锥面相接触，以便密封。但此时在工作中，当螺杆拧紧到位时，螺杆的锥面与阀体的锥面有相对转动，产生摩擦，影响到零件的寿命。所以有时要采用分离式结构，即螺杆做成三个零件，如图 16－20(b)所示。真正与阀体接触的零

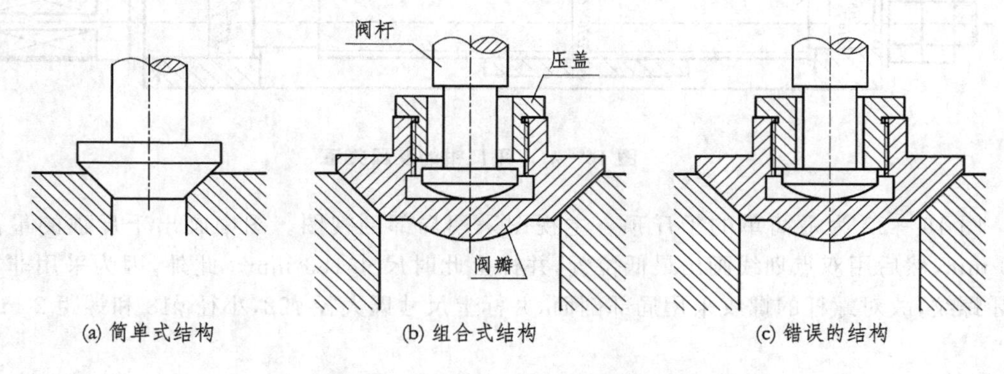

(a) 简单式结构　(b) 组合式结构　(c) 错误的结构

图 16－20　阀瓣正确结构及其画法

件是阀瓣，它只受阀杆的压力而不旋转。压盖的作用是当阀杆提升时，能把阀瓣也向上带起。图 16－20(c)是错误的装配关系，首先压盖是无法装进去的，其次它不应压着螺杆，因为这样阀瓣要与阀杆一起转动，而这正是这种结构要避免的。

上述图例说明，表达正确的装配关系是何等重要，否则画出的装配图是没有意义的，因为照此图纸加工出来的零件可能达不到正确的装配关系或甚至是无法装配的。而正确的装配关系，只有在正确理解部件工作原理之后才能达到，因此应很好地理解工作原理。

16.3　机械设计中装配结构的表达

16.3.1　一般表达方法

如前所述，装配图应着重表达部件的工作原理与装配关系。为了表达部件内零件的工作情况，零件图所采用的剖视图画法，如全剖视、半剖视和局部剖视等照样可以应用。例如图 16－21是个平口钳的装配图。因为不对称，主视图采用了全剖视图。图中，丝杠为实心轴不作剖切，即不画剖面线，其中部与螺母用梯形螺纹 Tr26×6 传动，其左端部的两个螺母与垫圈都是标准件，也不用剖切。

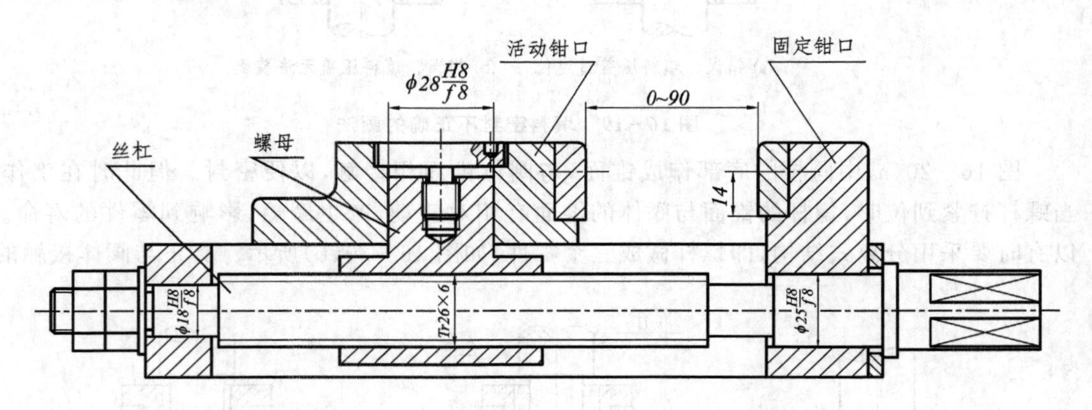

图 16－21　平口钳的装配关系

图 16－22 为最简单的千斤顶。主视图采用局部剖视图。图中画出千斤顶的最高位置 210 mm，然后用双点划线画出最低位置，并标上此时尺寸 153 mm。此外，因为采用非标准的方牙螺纹，故对螺杆的螺纹采用局部剖面，并标上尺寸即大径 $\phi22$，小径 $\phi18$ 和螺距 2 mm。

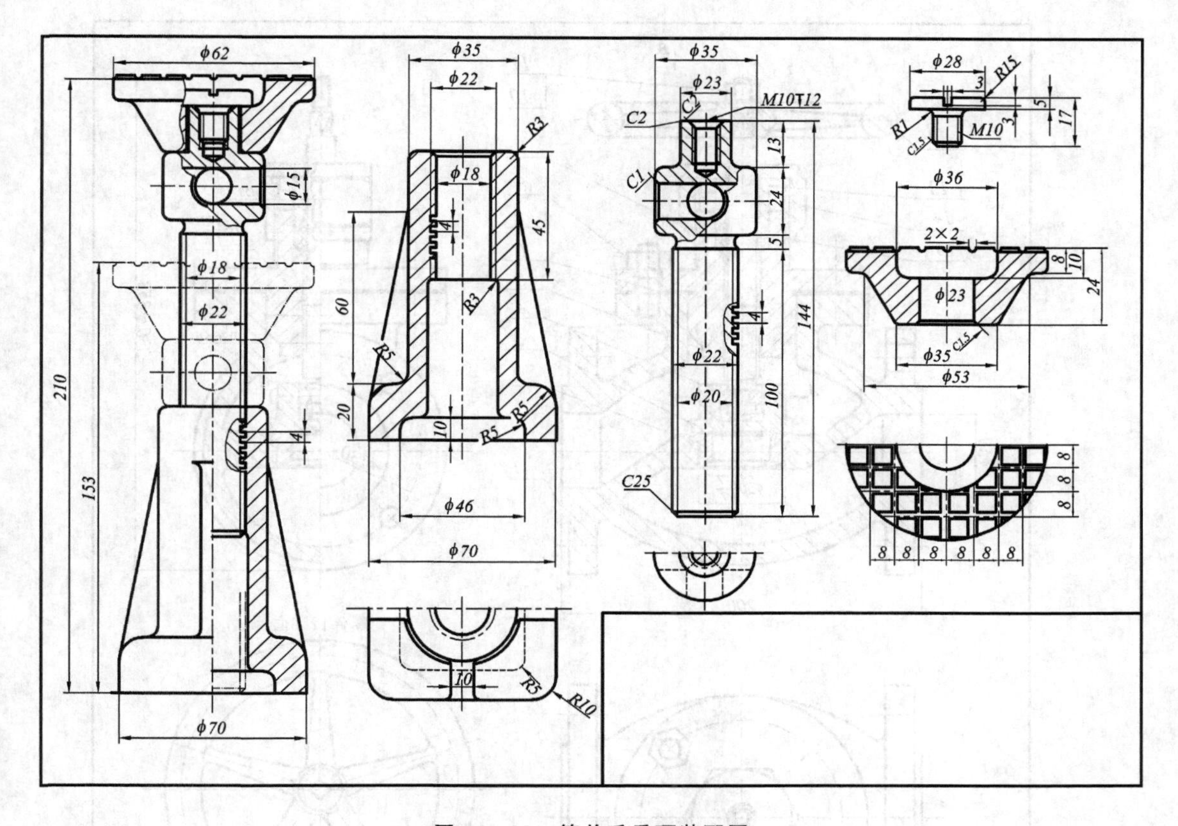

图 16-22　简单千斤顶装配图

16.3.2　装配图的特殊表达方法

除上述与零件图相同的一般表示方法之外，装配图上还常采用两种特殊的表示方法，即拆卸画法和拆卸剖视法。

1. 拆卸画法

有时部件的上部或前部的零件比较大，如手轮、皮带轮等零件，因此，在画俯视或左视图时，它们会挡住后面的部分零件，使部件的形状表达不清楚。在这种情况下，允许将这类零件拆卸下来，以利于后面零件的表达。这种画法称为拆卸画法。如果这类零件仍须表达，则可以在图上另作表示。图 16-23 是拆卸画法的图例。

2. 拆卸剖视法

对于某些部件，有时需要表达部件内部零件的形状及装配关系，就如同将部件的壳盖或箱盖打开一样。因此，装配图常采用沿着箱体和箱盖或壳体和壳盖，或泵体和泵盖的接触面剖切

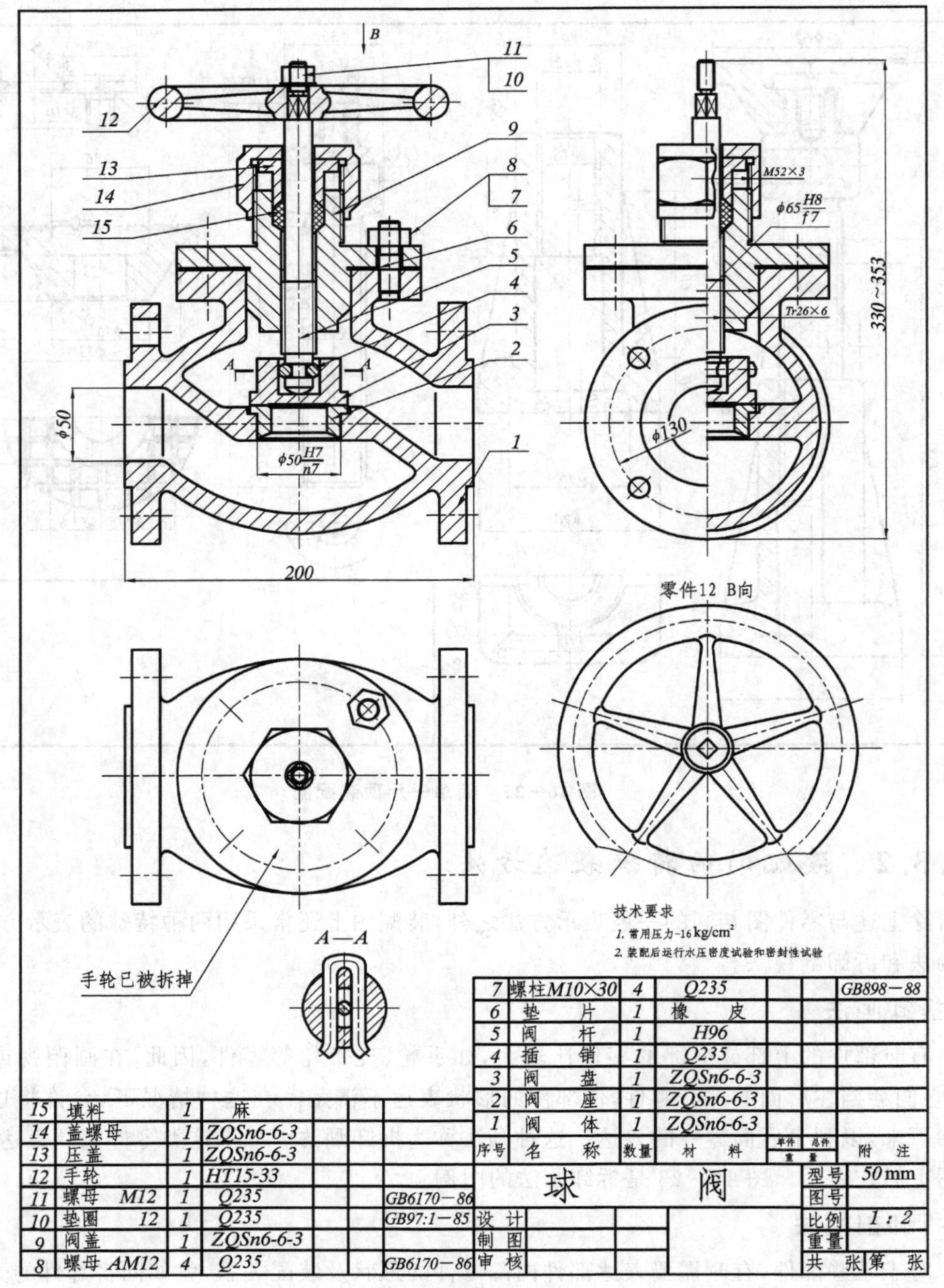

序号	名称	数量	材料	单件重量	总件重量	附注
15	填料	1	麻			
14	盖螺母	1	ZQSn6-6-3			
13	压盖	1	ZQSn6-6-3			
12	手轮	1	HT15-33			
11	螺母 M12	1	Q235			GB6170—86
10	垫圈 12	1	Q235			GB97:1—85
9	阀盖	1	ZQSn6-6-3			
8	螺母 AM12	4	Q235			GB6170—86
7	螺柱M10×30	4	Q235			GB898—88
6	垫片	1	橡皮			
5	阀杆	1	H96			
4	插销	1	Q235			
3	阀盘	1	ZQSn6-6-3			
2	阀座	1	ZQSn6-6-3			
1	阀体	1	ZQSn6-6-3			

图 16-23　拆卸画法图例

的方法。这种剖切方法通常可能只剖切到轴和螺栓、螺钉及销钉等零件，作图非常简单。这种剖切方法通常称拆卸剖视法。因为剖切位置非常明显，有时甚至都可以不画剖切符号就能理解。图 16－24 中齿轮泵装配图，侧视图作了拆卸剖视 $A—A$。

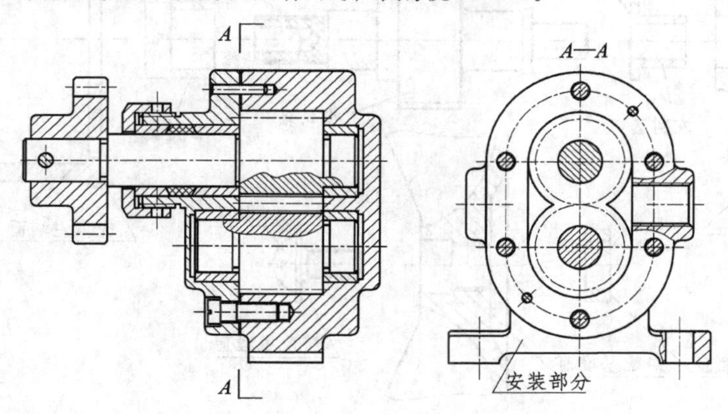

图 16－24　齿轮泵

在图 16－24 的齿轮泵主视图中所示的销钉并不在剖切面上，它是不对称的。但在主视图上，实际上也把销钉当成在剖切平面上。也就是说，把销钉旋转到垂直的位置上。这样既能表示泵体与泵盖的连接关系（螺钉连接），又能表示它们之间装配时的定位关系（用销钉对中）。

16.4　绘制机械设计图的方法与步骤

16.4.1　装配基准面

画装配图的最关键问题是如何正确地画出部件的装配关系。为了正确地画出零件间的装配关系，特别要注意每个零件的装配基准面。所谓装配基准面，即确定零件在装配体中位置的那个面。每个零件都有一个装配基准面，因此只要按每个零件的装配基准面画装配图就能保证正确的装配关系。图 16－25 是一个比较完整的轴系装配图。

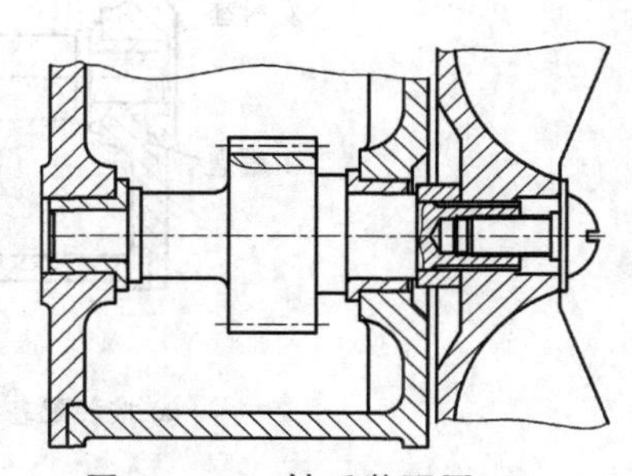

图 16－25　轴系装配图

图 16－26 是其零件的系列图。系列图基本上反映了其装配顺序，当然也是将来画装配图的顺序。在系列图上可以看出每个零件的装配基准面。

从图 16－26 中可以看出，壳体上内孔 ϕ 的端面是最初的基准面。所以，为正确表达这个轴系的装配关系，首先应画壳体零件。这样就有了最初的基准面。其次是画右衬套，然后画齿

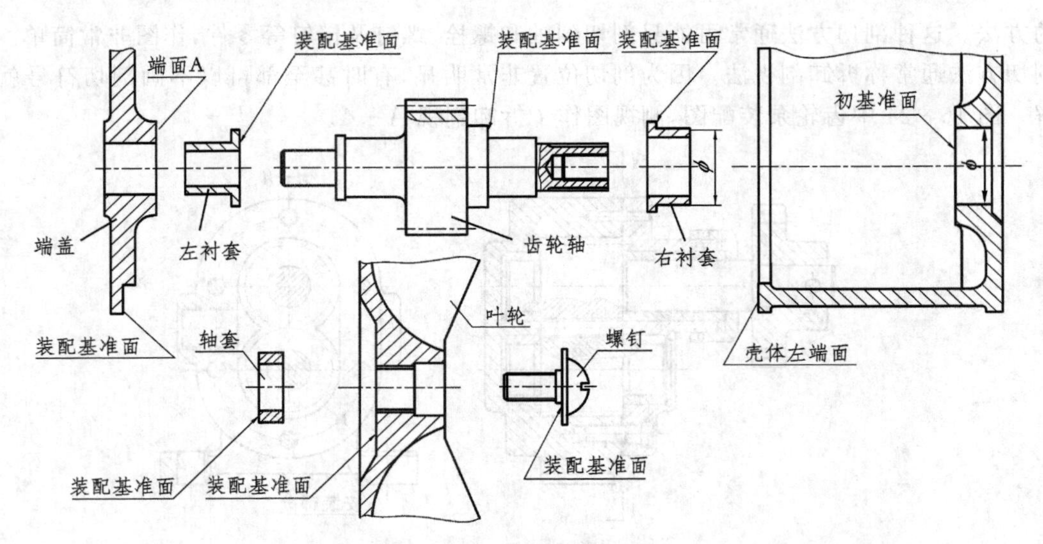

图 16-26　轴系装配系列图

轮轴和左衬套，最后画端盖，如图 16-27(a)所示。注意，端盖的基准面是它的右端面，它应与壳体的左端面接触。当然，正确的装配关系是端盖装配后，其端面 A 应恰好与衬套的左端面接触，否则满足不了装配关系的要求。所以，这时也可检验零件图的尺寸是否正确，即壳体端面的位置(即深度尺寸)尺寸 L_1，应等于右衬套凸缘宽度尺寸 A、加上齿轮轴尺寸 B、加上左衬套凸缘宽度尺寸 C 再加上端盖尺寸 D，即 $L_1=A+B+C+D$，如图 16-27(b)所示。

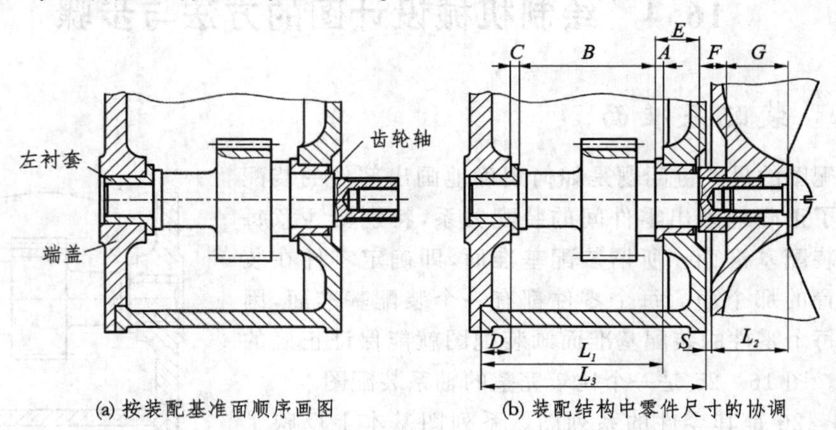

(a) 按装配基准面顺序画图　　(b) 装配结构中零件尺寸的协调

图 16-27　装配图画法与尺寸协调

此外，为了保证叶轮能正常的转动，它必须与壳体右端有一个距离(或间隙)S，从图 16-27中可以看到，为了保证这个间隙，几个零件的某些尺寸必须有严格的协调，即

$$L_3+S+L_2=D+C+B+E+F+G$$

亦即

$$S=D+C+B+E+F+G-L_2-L_3$$

通常可通过改变一个较简单的零件如垫套的尺寸 F 来控制间隙 S 的大小，如图 16－27(b)所示。

现以图 16－28 为例说明如何画柱塞泵的装配图。

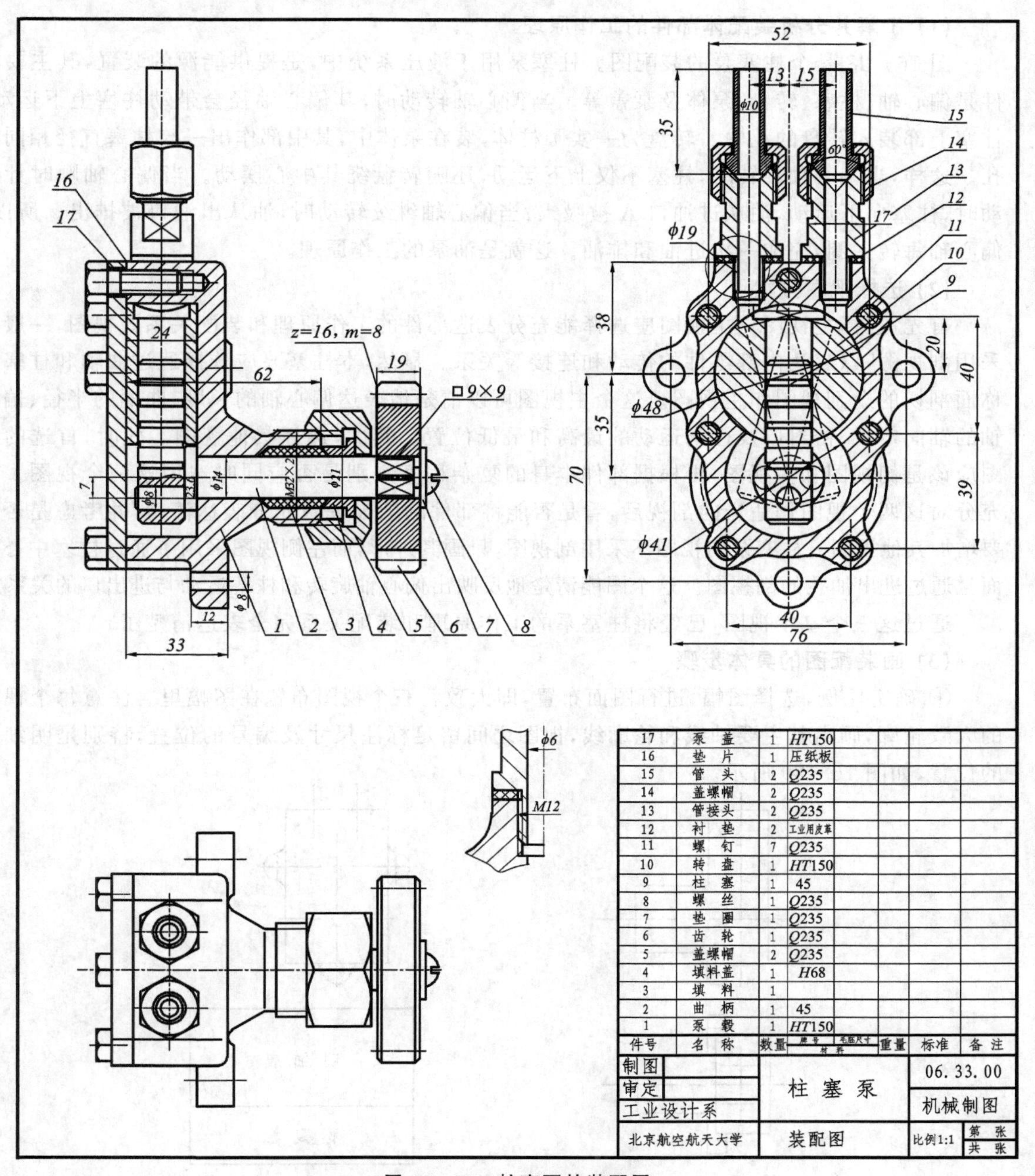

件号	名称	数量	材料	重量	标准	备注
17	泵盖	1	HT150			
16	垫片	1	压纸板			
15	管头	2	Q235			
14	盖螺帽	2	Q235			
13	管接头	2	Q235			
12	衬垫	2	工业用皮革			
11	螺钉	7	Q235			
10	转盘	1	HT150			
9	柱塞	1	45			
8	螺丝	1	Q235			
7	垫圈	1	Q235			
6	齿轮	1	Q235			
5	盖螺帽	2	Q235			
4	填料盖	1	H68			
3	填料	1				
2	曲柄	1	45			
1	泵毂	1	HT150			

图 16－28　柱塞泵的装配图

16.4.2　装配图的画图步骤

(1) 了解并分析装配体部件的工作原理

图16－28是个柱塞泵的装配图。柱塞泵用于液压系统中，是提供能源的装置，其主要零件是偏心轴、柱塞、转盘、泵体及泵盖等。当偏心轴转动时，其偏心轴径会带动柱塞上下运动。柱塞上部装入转盘的孔中。转盘为一实圆柱体，装在泵体中，其中部作出一与柱塞直径相同的孔。这样，当偏心轴旋转时，柱塞不仅上下运动，还随转盘绕其中心摆动。当偏心轴顺时针运动时，柱塞向下运动，油从进油口A被吸入；当偏心轴继续转动时，油从出油口被排出。所以，偏心轴每转一圈，完成一次进油和排油。这就是油泵的工作原理。

(2) 选择视图方案

首先，选择主视图。主视图应选择能充分表达部件的工作原理和装配关系的视图，一般应采用剖视图，以表达内部零件的传动和连接等关系。显然，本柱塞泵应选择通过曲轴和柱塞对称面剖切的全剖视图作主视图。这个主视图可以清楚地表达偏心轴的长度、曲柄的半径、偏心轴的轴向定位、密封以及柱塞运动的最高和最低位置。其次，选择其他视图。此时，首选的视图应该是俯视图和左视图，再根据部件本身的复杂程度判别是否应同时选用这两个视图。在充分对这两个视图作适当的剖视后，看是否能将部件的装配关系充分表达清楚，并考虑是否还要增加其他视图。柱塞泵俯视图不采用剖视图，只画其外形，而左侧视图采用了通过柱塞中心平面且通过进出油孔的剖视图。这个图能清楚地反映出偏心轴旋转和柱塞运动与进出口的关系。

通过这三个基本视图，已经将柱塞泵的工作原理和装配关系完全表达清楚了。

(3) 画装配图的具体步骤

① 确定比例，选择图幅，进行图面布置，即大致将三个视图布置在图幅里。注意每个视图的大致轮廓，画出其主要轴线和轮廓线，视图之间留足标注尺寸及编号的位置，特别是明细表的位置，如图16－29所示。

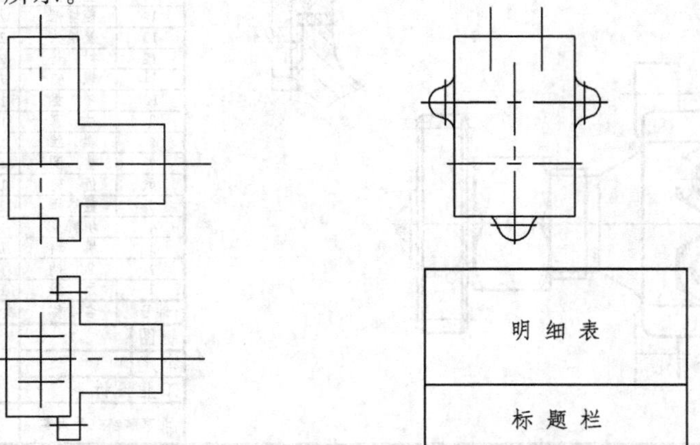

图16－29　装配图画图步骤(一)

② 先画主要零件的视图，可以先画内部零件，也可以先画外部零件。本装配图采用后者画法，即先画泵体零件的三视图，特别是主视图的全剖视图，提供出最初的基准面，如图 16－30 所示。

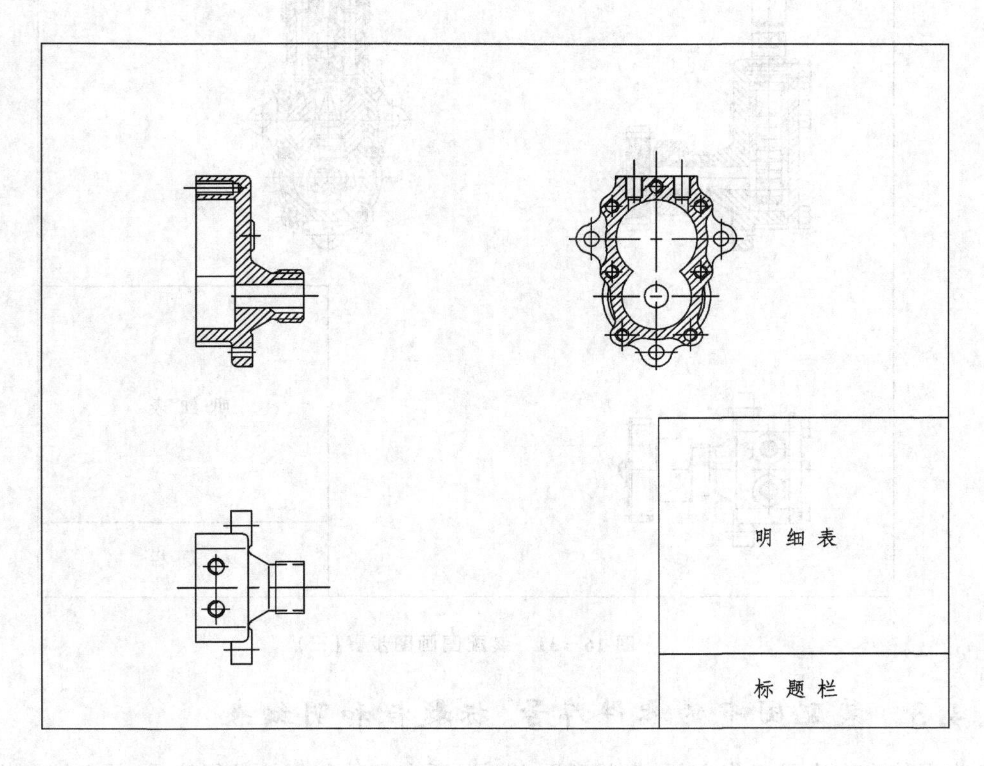

图 16－30　装配图画图步骤(二)

③ 按装配关系画出偏心轴的装配关系(主视图)，即泵体→转盘→柱塞(上、下装配关系)→曲柄(偏心轴)→填料密封→填料盖→盖螺母→传动齿轮→垫圈→螺钉。然后画出泵盖和螺钉。最好主、侧视图同时画出。画螺钉允许采用简化画法，即只画出其中一个的装配图，其他只画出中心线或轴线。画剖面线时应该注意相邻两零件的剖面线方向应相反，实在不能画相反时也可用剖面线间隔不等来区分，零件大时间隔大些，反之则小些，如图 16－31 所示。

④ 标注出装配图的 5 种尺寸，并编号，填写明细表，如图 16－32 所示。

⑤ 描粗，如图 16－28 所示。

⑥ 仔细检查并在制图栏签名。

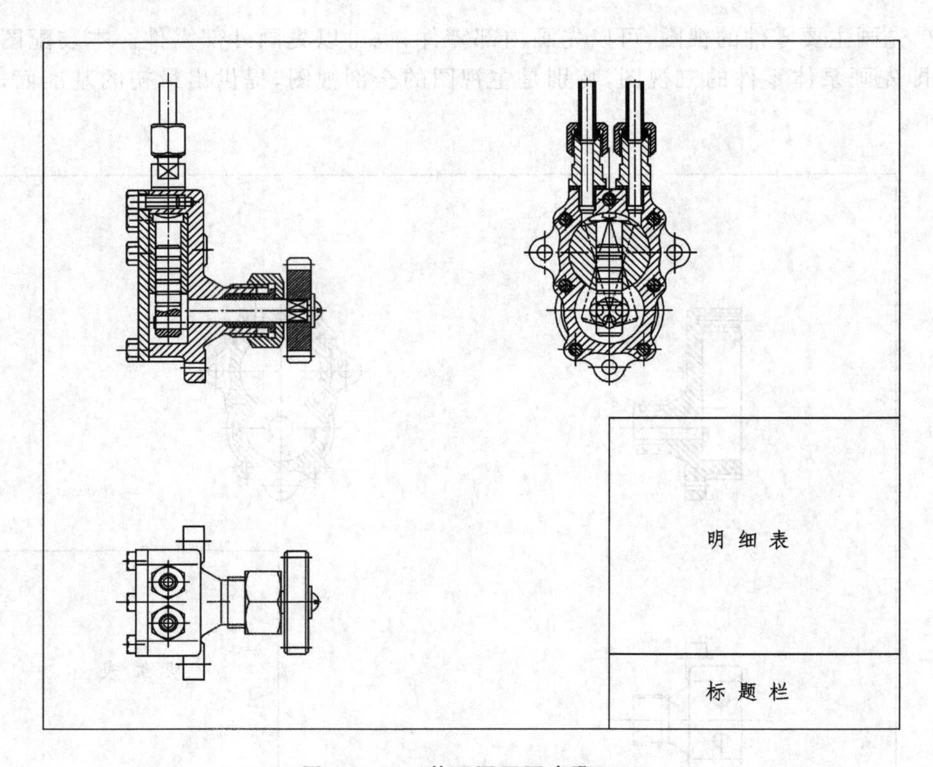

图 16－31　装配图画图步骤(三)

16.4.3　装配图中的零件序号、标题栏和明细表

为了使生产人员工作方便，在装配图上要对所有零件和部件进行编号，并在标题栏的上方或另外的纸上填写明细表。这一切都是为机械产品的装配、图纸管理、备料、编制购货订单和有效地组织生产等服务的。

1. 怎样编写零件序号

为了使图面清晰，便于看图，图中每个零件都应编上序号。编零件序号应遵守制图标准。编写零件序号的要求如下：

① 装配图上，每种零件只应编一个序号。如有几个零件相同时(结构形状、尺寸和材料都相同)，在图中只对一个零件编序号，其数量在明细表的相应表格里填写。如图 16－32 的螺钉 11 数量是 7 个，但序号只编一个。对形状相同而尺寸或材料不同的零件仍应各自编号。

② 指引线应从所指零件的可见轮廓线内引出，并在末端画一个小圆点，指引线另一端画一水平短线或小圆圈，如图 16－33(a)所示。

③ 指引线尽可能分布均匀，不得相交。当指引线通过有剖面线的区域时，应尽量不与剖

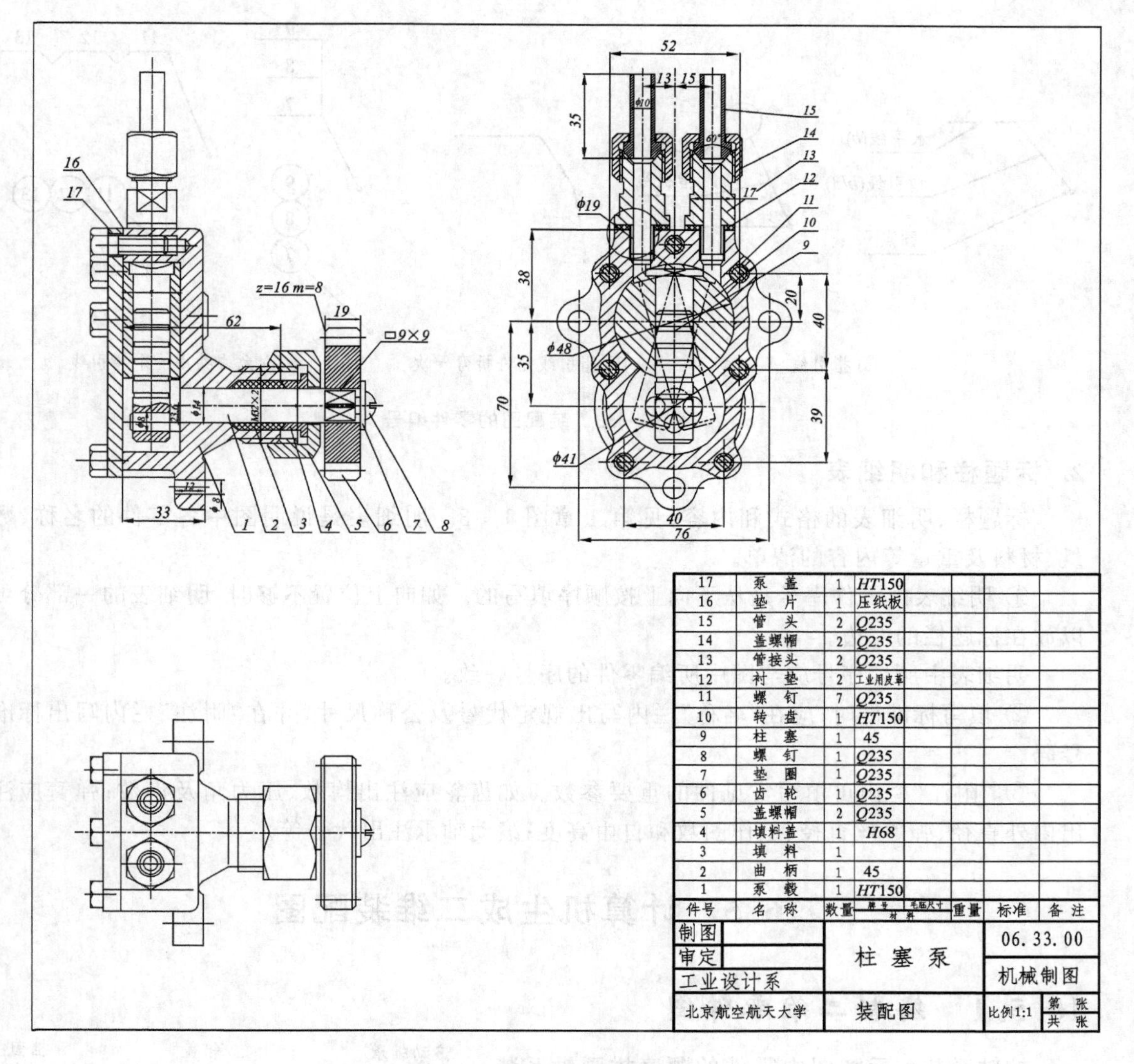

图 16－32　装配图画图步骤(四)

面线平行。

④ 指引线可以画成折线，但只允许曲折一次，如图 16－33(b)所示。螺纹连接件以及装配关系清楚的零件组，可以采用公共指引线，如图 16－33(c)所示。

⑤ 序号应按水平或垂直方向的顺序排列。序号的字体须大于图上尺寸数字的字体。

⑥ 装配图上的标准化部件(如油杯、滚动轴承和电动机等)，在图上是被当作一个元件，只编上一个序号。

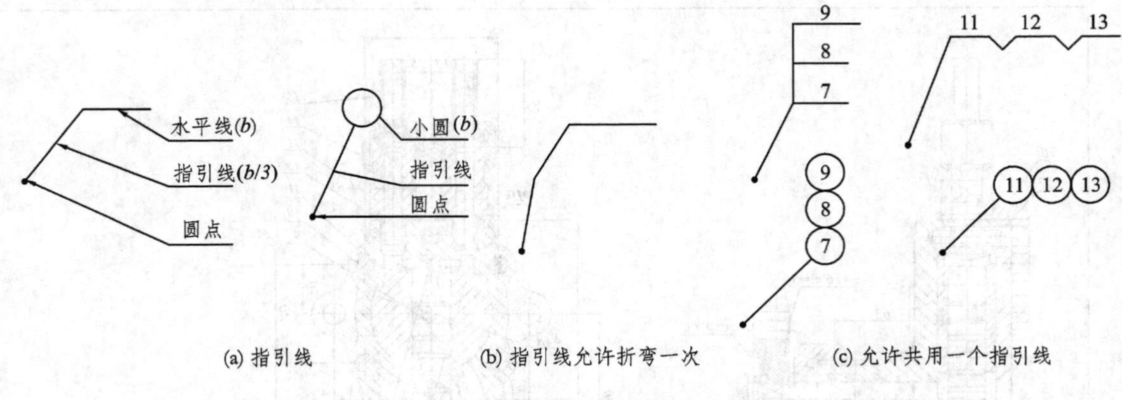

图 16－33　装配图的零件编号

2. 标题栏和明细表

标题栏、明细表的格式和内容，见第 1 章图 1－3。明细表是说明图中各零件的名称、数量、材料及重量等内容的清单。

① 明细表内零件序号是从下向上按顺序填写的。如向上位置不够时，明细表的一部分可以放在标题栏的左边。

明细表中所填序号应与图中所编零件的序号一致。

② 填写标准件时，应在“名称”栏内写出规定代号及公称尺寸，并在“附注”栏内写出标准号码。

③“附注”栏内可填写常见件的重要参数。如齿轮应注出模数、压力角及齿数；弹簧应注出内外直径、弹簧丝直径、工作圈数和自由高度；滚动轴承注出代号等。

16.5　计算机生成二维装配图

16.5.1　绘制二维零件图

按轴系装配示意图中零件的顺序拼画轴系装配图，如图 16－34 所示。

已知箱盖尺寸如图 16－35 所示。

已知箱体尺寸如图 16－36 所示。

已知左端盖尺寸如图 16－37 所示。

已知垫片(左右各一)尺寸如图 16－38 所示。

已知齿轮($m=4,z=40$)尺寸如图 16－39 所示。

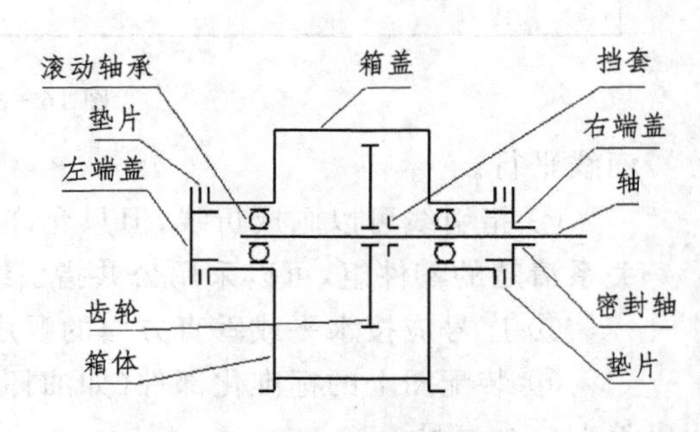

图 16－34　轴系装配示意图

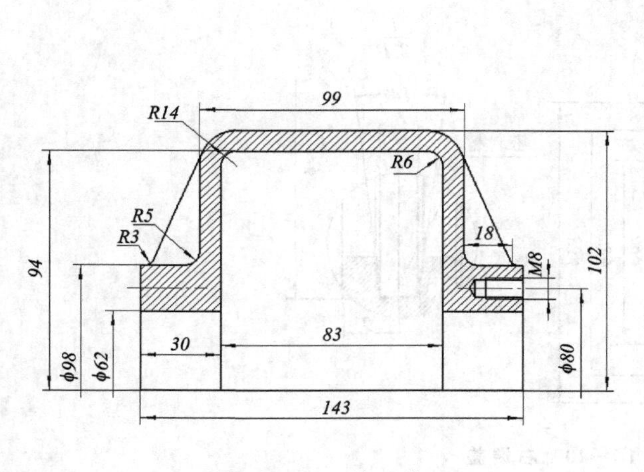

图 16-35　箱　盖

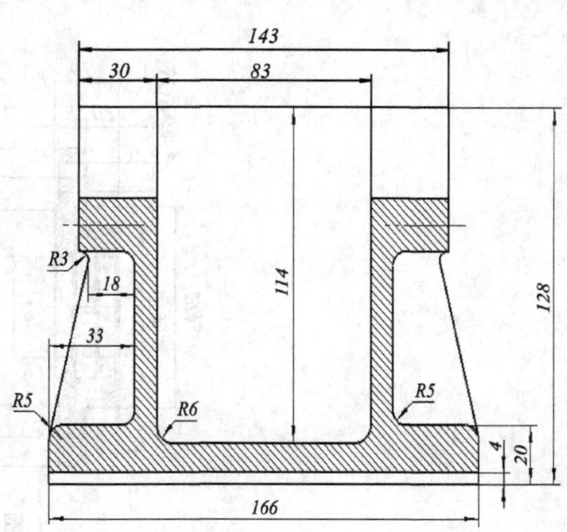

图 16-36　箱　体

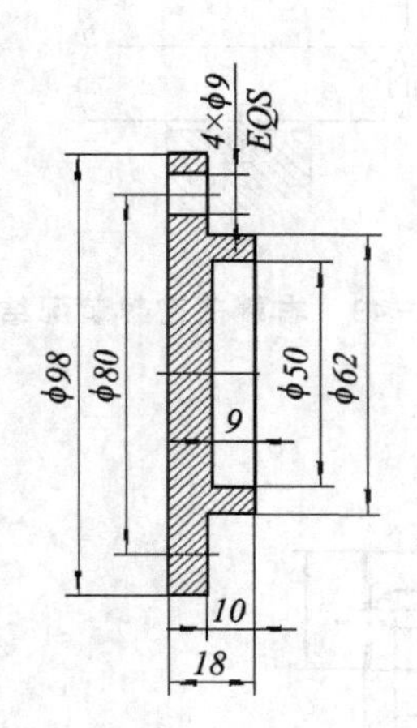

图 16-37　左端盖

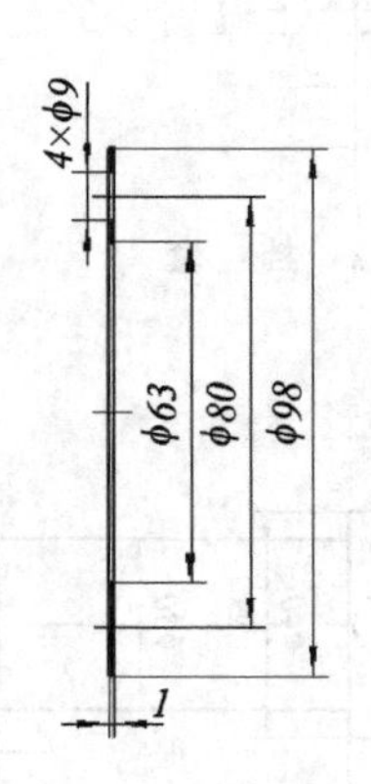

图 16-38　垫　片

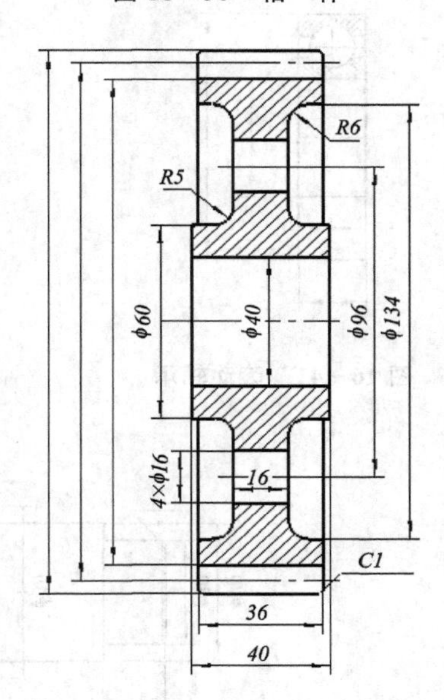

图 16-39　圆柱齿轮

已知右端盖尺寸如图 16-40 所示。

已知滚动轴承 6206(左右各一)如图 16-41 所示。

已知挡套尺寸如图 16-42 所示。

已知右端盖密封装配结构如图 16-43 所示。

已知轴的尺寸如图 16-44 所示。

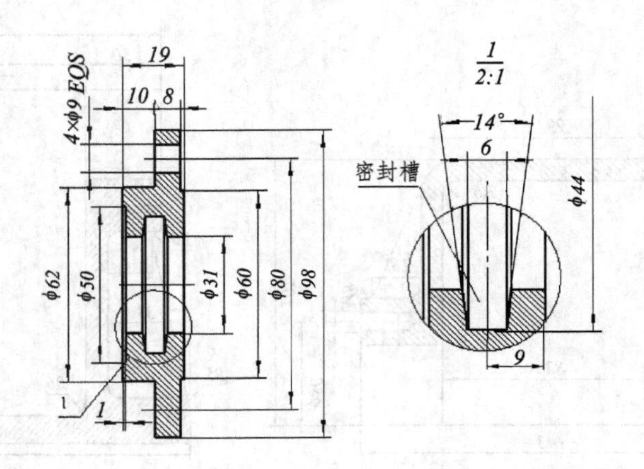

图 16－40　右端盖

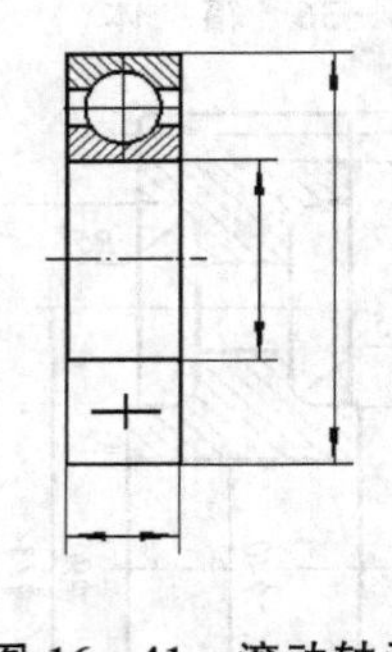

图 16－41　滚动轴承

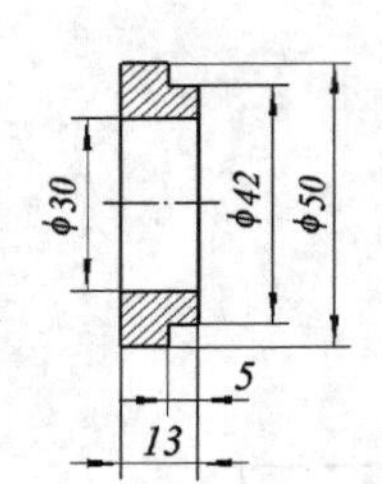

图 16－42　挡　套

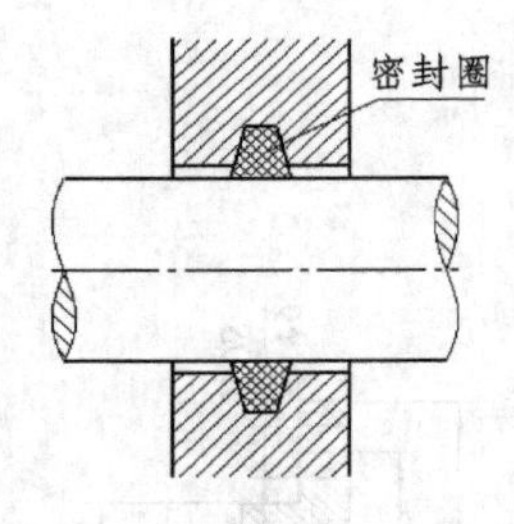

图 16－43　右端盖密封装配结构

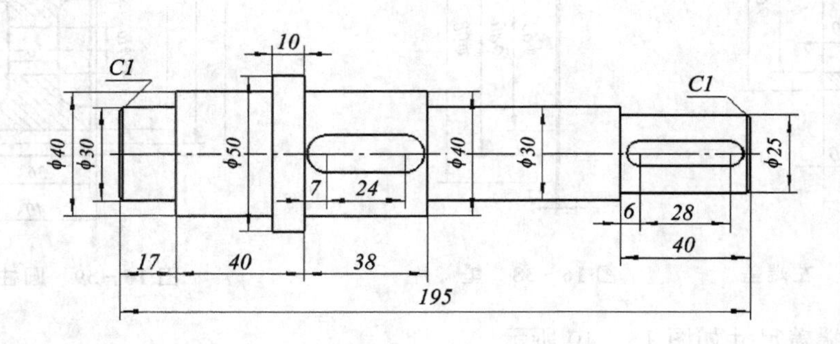

图 16－44　轴

标准件与常用件的尺寸须计算、查表而定，如螺纹、齿轮、滚动轴承及平键等。轴系装配图不注尺寸。箱体和箱盖为铸铁材料。

16.5.2　绘制二维装配图

1. 拼画方法

拼画轴系装配图是在零件图都已绘制完成的情况下进行的。在一张空白图上用块插入命令将各零件图插入进来，然后用最便捷的移动命令将各零件图拼装到一起。在拼装的过程中，用对象捕捉命令来保证精确定位。当各零件图拼装到一起后，零件与零件之间就存在着遮挡与被遮挡的关系，需要用块消影命令进行处理。

2. 拼画步骤

根据每个零件图的尺寸，按照 1：1 的绘图比例绘制完成每个零件图，并保存成对应的零件图文件，文件名用零件名即可。注意，每个零件图都应按照图形分层的原则，把不同的线型用不同的颜色画在不同的图层上，规定粗实线用黄色画在粗实线层上，细实线用蓝色画在细实线层上，中心线用红色画在中心线层上，剖面线用绿色画在剖面线层上，除了粗实线的线宽为 0.30 mm 之外，其余线宽都为 0.09 mm，如图 16－45 所示。

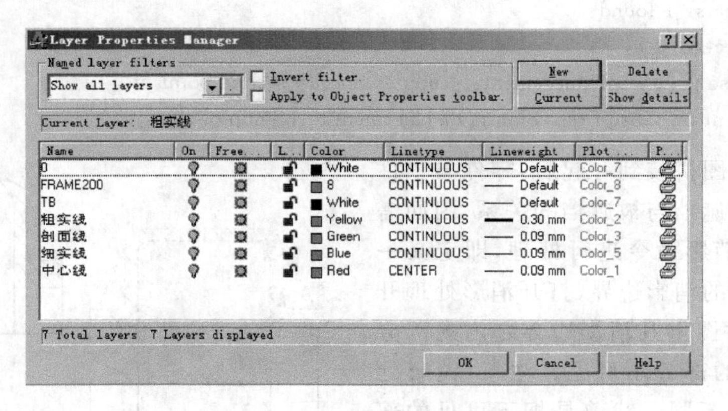

图 16－45　图形分层绘制零件图

创建一个空白图形文件，文件名为轴系装配图，用 Insert 块插入命令依次把各零件图插入进来定位在不同的地方。注意，在插入之前应去掉各零件图的图框、标题栏及标注的尺寸；插入进来之后，各零件图彼此之间不能有重叠的地方，以免影响后续的拼装。由于每个零件图插入进来之后都变成了块，因此块的定位点就是原来零件图的坐标系原点。为了使插入进来定位方便，在绘制原来的零件图时尽量离坐标系原点近一些，如图 16－46 所示。

用 move 命令将各零件图拼装到一起，即把一个零件图上的某个基准点与另一个零件图上的某个基准点重合。为了保证精确定位，用 osnap 命令来捕捉各种便于定位的特征点，比如端点、中点、圆心和象限点等，如图 16－47 所示。

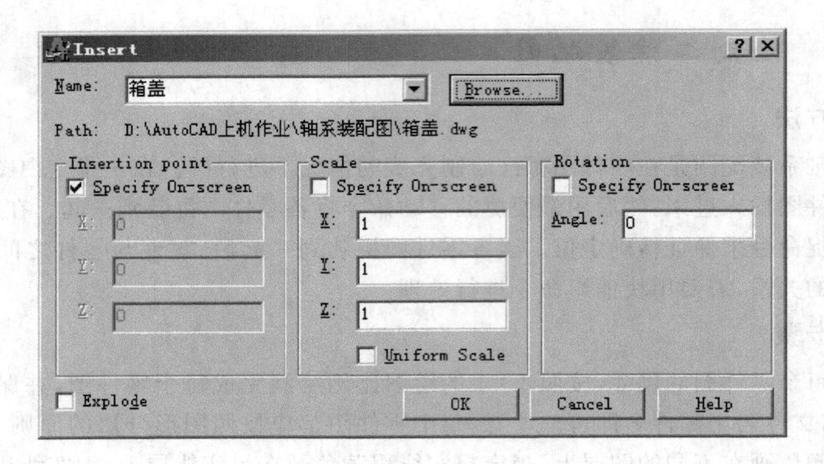

图 16－46　零件图插入

Command：move

Select objects：1 found

Select objects：

Specify base point or displacement：_endp of Specify second point of displacement or <use first point as displacement>：_endp of

当各零件图拼装到一起后，零件与零件之间就存在着遮挡与被遮挡的关系，因而需要用 xclip 块消影命令进行处理，即定义一个必须是封闭的消影边界，打开消影处理开关 ON，则零件图上凡消影边界之内的部分都可见，之外的部分不可见。注意：消影处理与裁剪完全不同。裁剪是把不可见的部分裁剪之后删除，不能再恢复；而消影处理只是把不可见的部分隐藏，若想恢复的话，只须关闭消影处理开关 OFF 即可。另外，可以用 xclipframe 命令来显示所定义的消影边界<1>，或者不显示所定义的消影边界<0>，如图 16－48 所示。

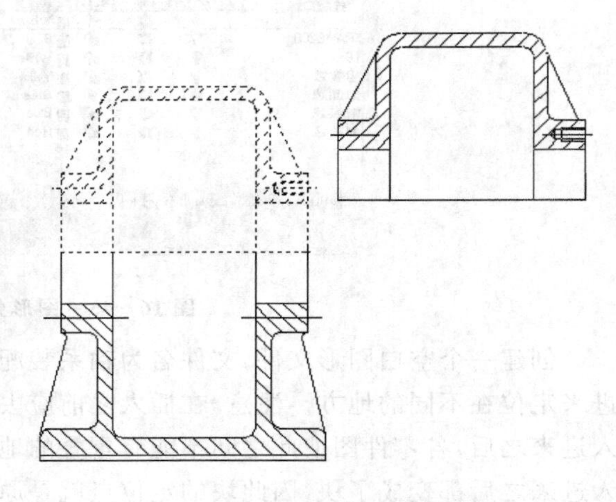

图 16－47　零件图拼装

Command：xclip

Select objects：1 found

……

Select objects：1 found，6 total

```
Select objects:
Enter clipping option
[ON/OFF/Clipdepth/Delete/generate Polyline/New boundary] <New>: on
Command: xclipframe
Enter new value for XCLIPFRAME <0>: 1
Regenerating layout
```

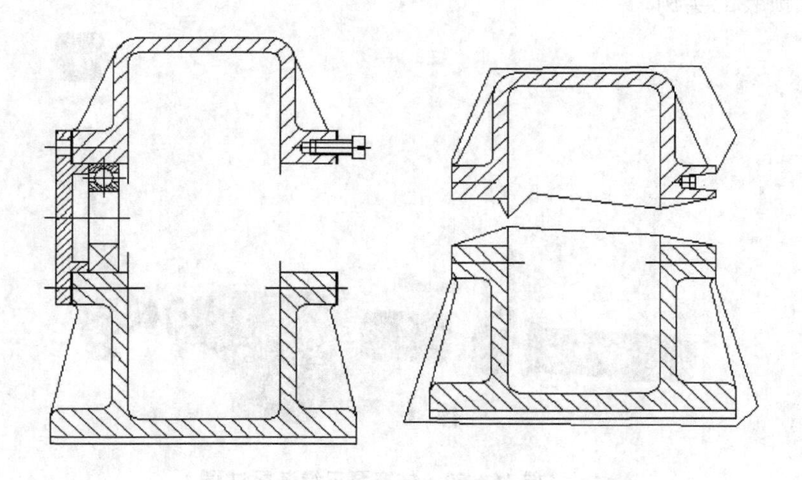

图 16－48　装配图消影

经过上述步骤即可完成整个轴系装配图的拼画，如图 16－49 所示。

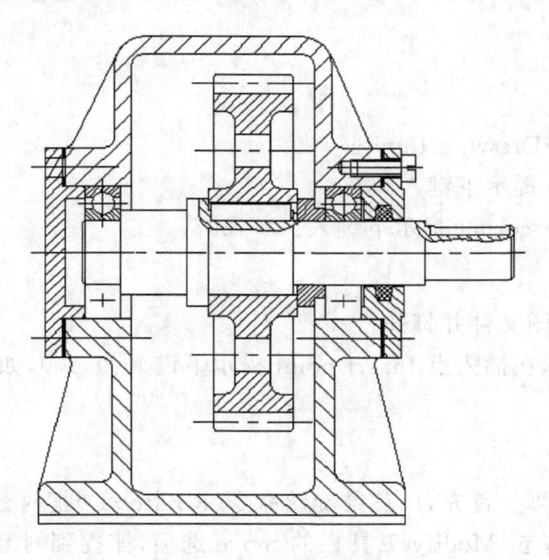

图 16－49　轴系装配图

16.6 计算机生成三维装配图

通过三维造型及预装配可以体会用计算机进行协同设计、预装配设计的全过程，体会用计算机进行工程设计的先进性，培养现代化设计的意识。图 16－50 为用计算机进行柱塞泵设计过程的三维预装配实例。

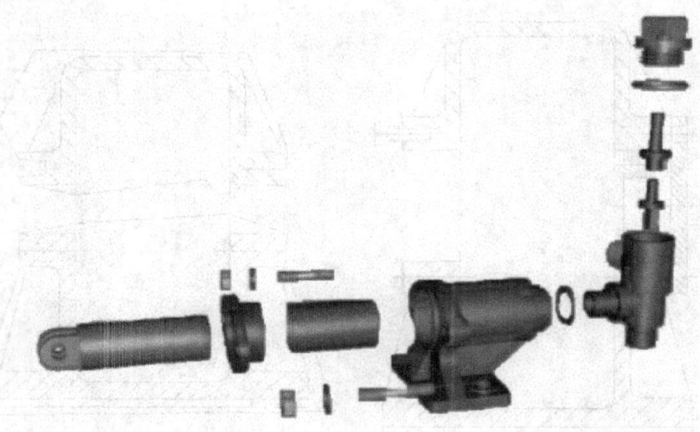

图 16－50　柱塞泵三维装配过程

利用 Xref(外部引用)指令，将已绘制出的三维柱塞泵零件拼成装配图。

1. 新建文件(A3)

① 文件名 ZC－1000。

② 设置绘图界。

③ 单击 Format⇒Drawing Limits.

在 On/Off/... 提示下键入 0,0；

在 Upper right corner 提示下键入：420,297。

2. 调入泵体零件图

① 选取泵体零件图文件并打开。

② 单击 OK 按钮，在插入点 Insert point 提示下键入：0,0,0，如图 16－51 所示。

3. 安装衬套

① 调入衬套。

② 把衬套装入泵体。首先，用三维旋转命令(Rotate 3D)把衬套转 90°，如图 16－52(a)所示；然后用移动命令：单击 Modify 工具栏的 move 选项，捕捉到衬套的插入段圆心，把基点定在圆心，终点定在泵体内的插入点圆心，如图 16－52(b)所示。

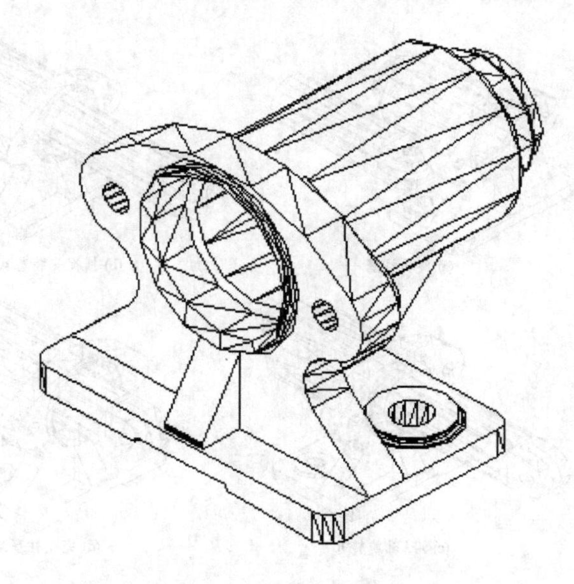

图 16－51　泵　体

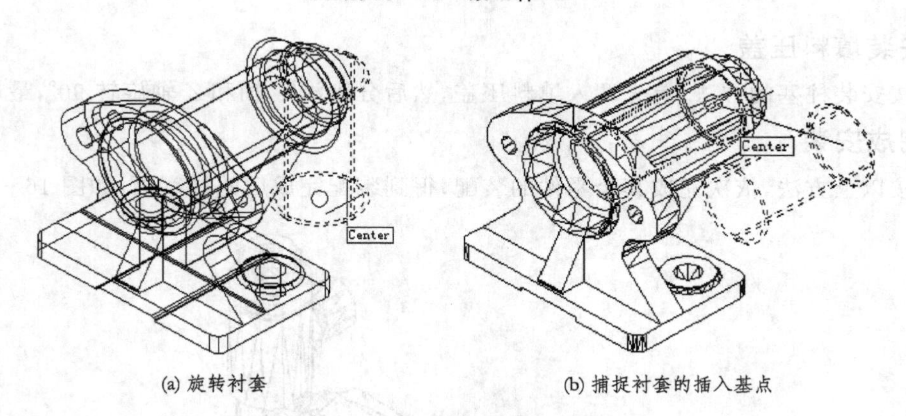

(a) 旋转衬套　　(b) 捕捉衬套的插入基点

图 16－52　安装衬套

4. 安装柱塞

① 调入柱塞。

② 旋转柱塞。首先沿 X 轴旋转 90°成水平，然后沿 Y 轴旋转 90°调整好安装位置，如图 16－53(a) 所示。

③ 移动柱塞。单击 move，捕捉到端点圆心，并以此为基点，以泵体左端圆心为终点，如图 16－53(b)所示。然后沿 X 轴旋转 90°调整好安装位置，如图 16－53(c)所示。重复 move 命令，将柱塞水平移动一段距离，完成柱塞的安装，如图 16－53(d)所示。

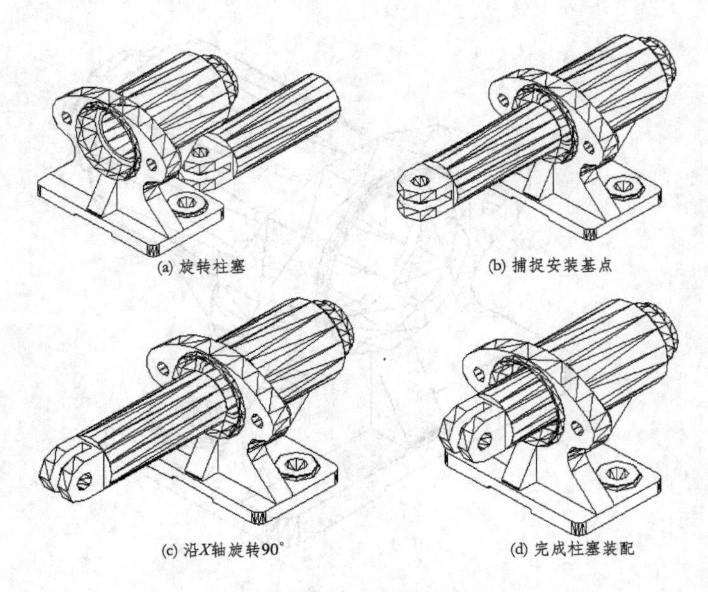

(a) 旋转柱塞　(b) 捕捉安装基点

(c) 沿X轴旋转90°　(d) 完成柱塞装配

图 16-53　安装柱塞

5. 安装填料压盖

按安装柱塞的方法,首先调入填料压盖,然后分别沿 Y 轴和 Z 轴旋转 90°,最后安装到位。

6. 完成安装

按以上方法,依次完成其余零件的装配,得到装配完成后的柱塞泵,如图 16-54 所示。

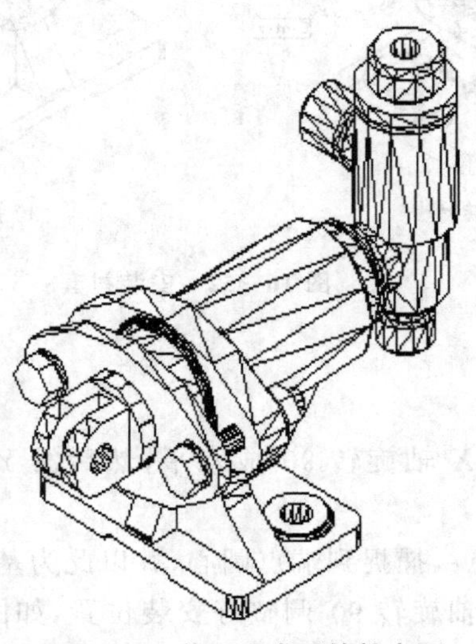

图 16-54　装配完成后的柱塞泵

16.7　设计过程与装配图的读图

在着手设计任何一个新产品时，首先必须了解目前已有的同类型产品，对它们的性能、结构、使用情况以及优缺点等进行详细的比较和分析，然后根据设计要求，在分析已有的产品的基础上，提出新产品的结构、形状、尺寸及技术性能等。对现有产品的了解当然可以参照实物，查阅大量有关资料，但是最起码的是查阅这些产品的全套图纸，首先是装配图，也就是说要读装配图。

前面已经谈到，装配图是设计零件或部件的依据。也就是说，在实际设计工作中，一般先设计装配图，然后再根据装配图进一步设计零、部件。因此，在设计零件或简单部件之前，必须先读懂装配图，然后才能设计零件。

此外，在学校的整个学习过程中，特别是高年级的后修课程里，可能要介绍某些机构、机械的原理、作用及性能等，它们常以装配图出现。在这种情况下，看懂装配图是一个很重要的环节。

从上述几方面的分析表明，无论是学习过程或实践工作中，读装配图都是非常重要的。

16.7.1　读装配图的要求

对不同的工作情况及不同的阶段，读装配图可能有不同的要求。例如，在设计一个新产品时，首先是方案设计，主要是确定比较大的方案设计问题。因此，在这阶段读装配图不要求太细，而是作比较粗略的参考，主要是看该部件采用了那些原理，如偏心、斜面、离心力及凸轮等，以便确定设计方案。但到最后的结构设计时，就要设计各个部件的详细结构。为了参考别人的经验，这时应仔细读装配图。例如在设计一个工作台的上下运动时，粗读了几张装配图后，可以宏观地了解到几种不同方案可供选择。以图 16－55 所示为例，在分析设计要求后，从中选出一种方案。显然，这几种方案适合于不同的情况，图(a)是利用斜面和螺旋，可以精细调节，但上升距离很小；图(b)和图(c)是利用凸轮和连杆，它们都可以实现快速上下运动的要求，但行程还是比较小，不过凸轮可以满足上下运动规律的要求；图(d)是齿轮齿条，图(e)是螺旋传动，它们都可以传递较大的力，但由于结构稳定性原因，行程也不能太大，而螺旋传动上升速度较慢；图(f)采用钢丝绳吊起的方法，起重量大，升程可以很大，但缺点是结构庞大，且寿命短。

从上述情况看，在方案设计阶段，读装配图要求可以粗略一些，从原理到结构有时会有很大不同。例如图 16－56(a)所示旋板泵，从原理上是可行的，但在结构上是不可行的，因为旋板在每一个位置时其长度都不同，在垂直位置时最长，在水平位置时最短。所以，在结构设计时要想办法使这种方案能够实现。一种最简单的可行方案是将旋板分成两块，中间加一弹簧，靠离心力使旋板与泵体内壁贴紧。

图 16－57 是一个已确定了方案的轴系。轴上要求设计有两个皮带轮及两端两个轴承。

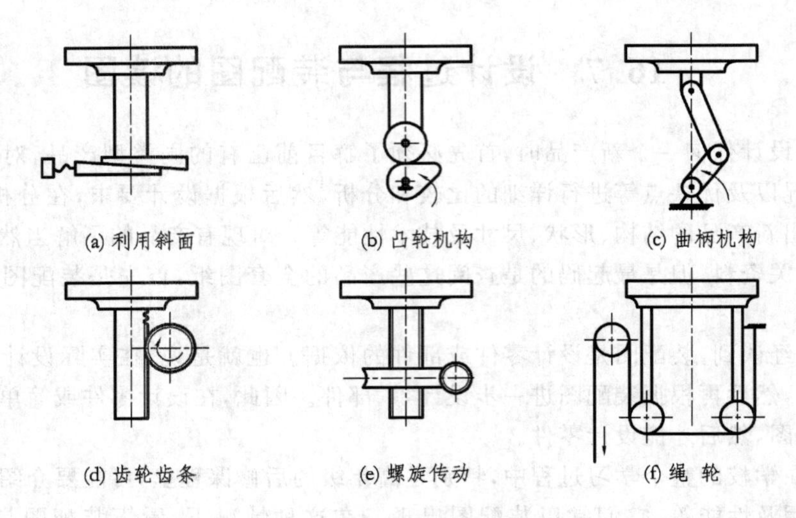

图 16－55　不同方案的设计

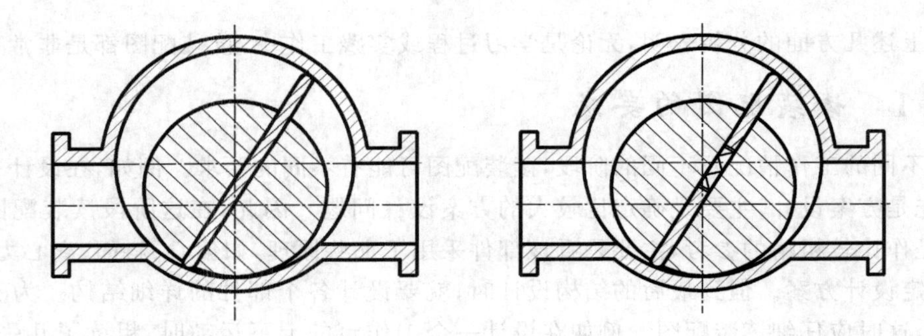

图 16－56　旋板泵原理图

在结构设计时有三个结构可供参考，此时设计者就应该仔细读图，看懂其装配关系，了解其装配基准面和零件形状，并考虑其工艺性和装配可能性等关系，分析这三种结构的优缺点，从中选出一种或吸收每种方案的优点，设计出一个理想的结构。

图 16－57(a)中是一个普通的传动结构，即两个皮带轮紧靠在一起，用平键与轴连接，两端用两个卡簧作轴向定位。两端的轴承分别装在轴承架内。显然，这种结构零件比较多，结构不太紧凑。图(c)是一种结构比较紧凑的方案，两个皮带轮作成整体结构，只用了一个轴承架，从而使零件数目减少，装配工作比较简单，结构紧凑。

图 16－58 中，图(a)是一个传统的结构；图(b)是螺纹结构，与图(a)比较它的质量较轻；图(c)是一个纯焊接结构，其中每一个零件几乎都可以从下脚料中找到，因此它是成本最低的结构。

因此，读装配图可能要求不同，有时要求粗读有时要求细读。但不管是粗读还是细读都应

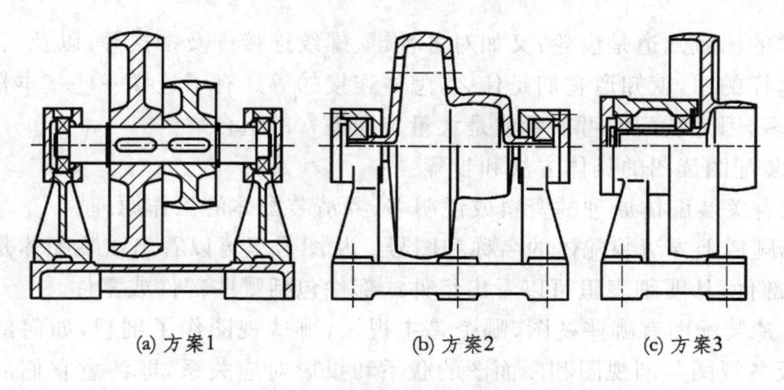

图 16－57　皮带轮轴系的方案设计

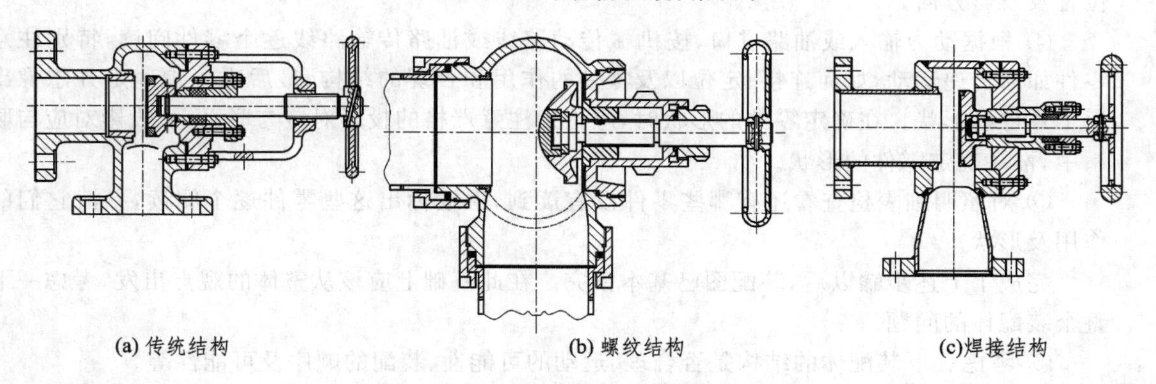

图 16－58　轴系装配的几种常见结构

该根据需要了解装配体的设计要求,即

① 了解装配体的工作原理和工作过程。例如,对液压油路或气压回路,首先必须弄清在不同情况下油路的走向及进出口等;对运动机构应了解机构运动情况、传动关系和极限位置等。

② 了解装配体的装配关系和连接方法等。所谓装配关系是指零件的配合、连接、定位(轴向和切向)对中、锁紧及密封等情况。

③ 准确地想像出零件的形状。

④ 在读完装配图后应对该装配体有一个完整的概念,应能初步评价其结构的合理性、可靠性及装配的可能性。

16.7.2　装配图读图的一般方法与步骤

由于装配图也是按正投影规律绘制的,因此装配图的读图方法依然是投影对应,从投影对应来分析零件间的传动、装配、连接定位以及它们的形状等。但是纯粹按投影对应的方法来读图不是最快的方法,通常应从机械构造的常识及零件的合理结构两方面主动地读图,才能收到更好的效果。因此,读者应该有意识地注意并熟悉一些常见机构的形状、传动特点及其表示方法，看到这样的图就知道是齿轮；又如对各种键、螺纹连接件及铆接等，以及它们在图上的表示方法，看到这样的图，就知道它们是什么，怎样连接的等。有了这样一些基本概念，读起装配图来就要快得多，因为装配图可以看成是大量装配基素的组合。

下面是装配图读图的具体方法和步骤：

① 查阅有关装配体原理的资料或说明书，弄清装配体的工作原理。

② 从标题栏上弄清装配体的名称和图号。从图号里可以看出该装配体是属于哪一级的，即是组件或部件，从明细表里可以看出组件或部件包括哪些部件或零件。

③ 弄清楚装配图有哪些视图，哪个是主视图，哪些视图作了剖视，如何剖切的，有哪些断面图等，以及各视图与剖视图和断面图的联系和投影对应关系，即注意它们的剖切符号、剖切位置及投影方向。

④ 根据动力输入或油路进口，按机械传动路线或油路传输路线逐个零件阅读，特别注意零件如何传递运动，如何连接、定位以及零件的作用和合理的结构，最后准确地确定并想像出每个零件的形状。在确定零件的形状时，应特别注意严格的投影对应与联系，从投影对应与联系中，惟一确定零件的形状。

⑤ 对照明细表检查看还有哪些零件没有读到，继续标出这些零件逐个阅读，弄清它们的作用及形状。

完成了上述步骤以后，装配图已基本读完。在此基础上应该从整体的观点出发，考虑一下整个装配体的问题。

⑥ 考虑一下装配体的结构是否合理、运动的可能性、装配的顺序及可能性等。

下面以图 16－59 为例说明读装配图的一般方法和步骤：

① 从说明书中可知道它的工作原理。

② 从标题栏看出它是三公分谐振波长计，图号是 BHW2.060.001。从这图号里看出，这张装配图是整件图。从明细表里可以看出，它是由一个部件即波导焊接部件和几个零件、连接件组成。

③ 从装配图上看出，它由三个基本视图，即主视图、俯视图和左视图组成。主视图是外形图，左视图采用局部剖视图；另外，还有 $A—A$ 断面图和局部放大图，左视图上可以分别找出它们的剖切位置 $A—A$ 和局部放大图的位置。

④ 从外壳 3 开始读，从主视图与左视图可以看出拧动外壳 3，通过螺钉 7 可使调谐棒 5 与外壳 3 一起转动。外壳 3 与调谐棒 5 均为回转体，形状极为简单。为了增加摩擦力，在外壳 3 的外表面作出网纹滚花（从主视图中可以看出）。另外，从主视图中还可以看出，外壳 3 上有 50 格刻度，从左视图可以看到调谐棒上刻有 M10×0.5 的细牙螺纹。因此，从主视图上可以看到，当外壳 3 转动一周时，它和调谐棒均上升一格（即 0.5 mm）；从左视图上还可以看到，调谐棒用螺纹与弹性卡座连接；为了消除螺纹间隙避免刻度的回程误差，从 $A—A$ 断面及放大图上可以看到，弹性卡座的上端作成锥面并对开成四个槽（增加弹性），然后用六角螺母 4 拧紧到

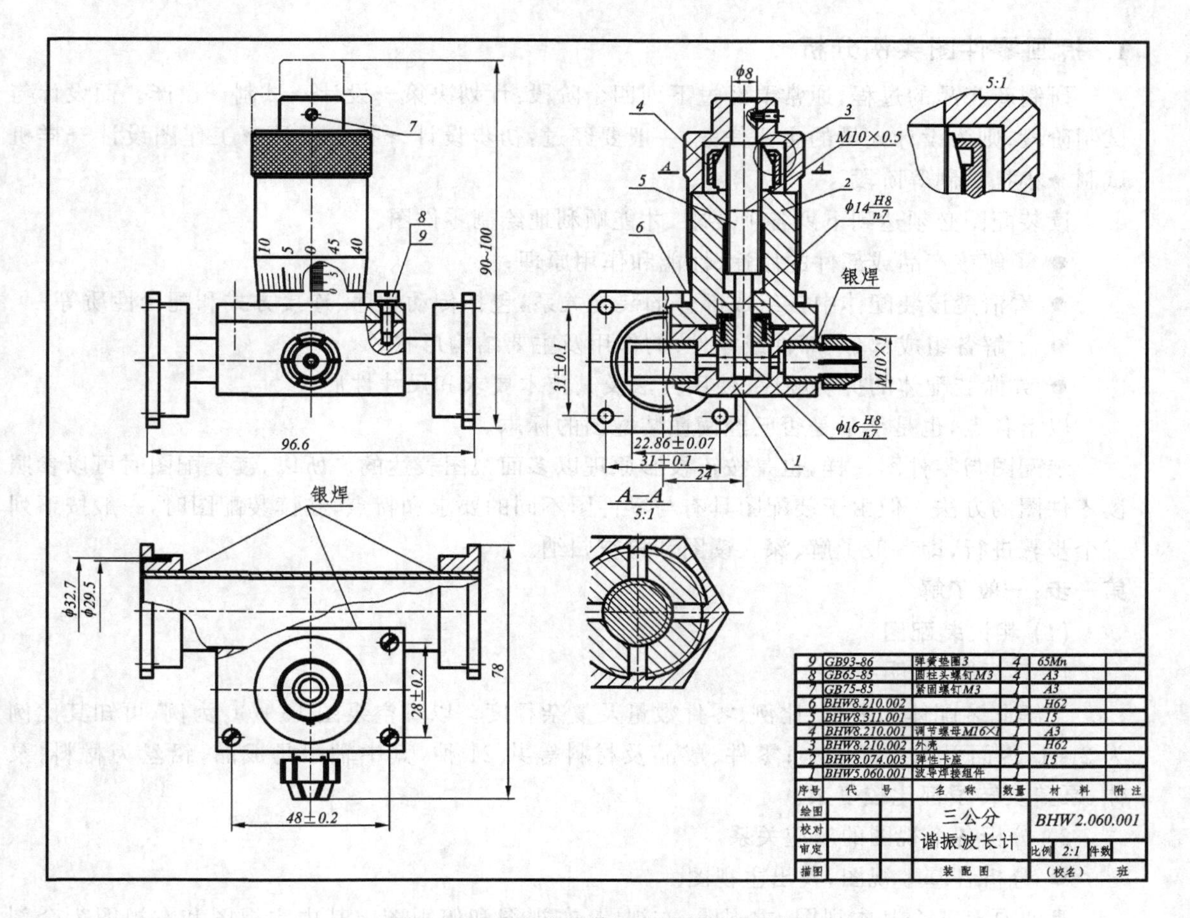

序号	代　　号	名　　称	数量	材　　料	附 注
9	GB93-86	弹簧垫圈3	4	65Mn	
8	GB65-85	圆柱头螺钉M3	4	A3	
7	GB75-85	紧固螺钉M3	1	A3	
6	BHW8.210.002		1	H62	
5	BHW8.311.001		1	15	
4	BHW8.210.001	调节螺母M16×1	1	A3	
3	BHW8.210.002	外壳	1	H62	
2	BHW8.074.003	弹性卡座	1	15	
1	BHW5.060.001	波导焊接组件	1		

绘图			三公分谐振波长计	BHW2.060.001	
校对					
审定				比例 2:1	件数
描图			装 配 图	（校名）	班

图 16－59　三公分谐振波长计的装配图

一定程度，使螺纹之间没有间隙，又能保持调谐棒能灵活转动为止。从三个基本视图可以看出，弹性卡座底部作成矩形，并用四个螺钉与波导焊接部件连接。图上还给出装配尺寸，即四个螺孔的中心距尺寸 28 和 48。另外，从左视图上可以清楚看出波导焊接部件中空及焊接情况等。主视图上用双点划线表示外壳 3 的极限位置，并注明尺寸 90～100。至此每个零、部件均已读完，并惟一确定其形状。

16.8　根据装配图拆画零件图

16.8.1　拆画主体零件图

只有了解装配图在机械设计过程中的作用，正确读懂装配图，才能完成拆画零件图的工作。

1. 拆画零件图实例分析

研制新产品的过程，通常要经过下列四个阶段：计划决策→设计→试制→投产。而设计与试制阶段，则为设计人员的主要任务，一般要经过：初步设计→技术设计→工作图设计→样机试制→小批试制等阶段。

读装配图必须达到下列各项要求，才能顺利地绘制零件图：

- 了解该产品或部件的用途、性能和作用原理；
- 看清楚该装配体中各组成部分的装配关系，包括传动顺序、连接方式和配合性质等；
- 了解各组成部分(部件或零件)的作用及主要结构形状；
- 弄懂装配体的拆装顺序、使用方法及其技术要求和尺寸性质。

以上各点，也是衡量是否已经读懂装配图的标志。

装配图与零件图一样，也是按正投影原理以多面视图表达的。所以，读装配图时可以参照读零件图的方法。但由于装配图具有与零件图不同的要求和特点，在读装配图时，一般按下列三个步骤进行，即一般了解、深入读图和检查归纳。

第一步：一般了解

(1) 粗读装配图

1) 读标题栏、明细栏

了解此装配体的名称、比例、零件数量及复杂程度。以真空泵图 16-60 为例，可知其比例为 2∶1，因而可知道其大小；零件、成品及材料等共 21 种，其中轴承是成品，铅丝为材料；泵体、泵盖及转子都比较复杂。

2) 分析各个视图的对应关系

- 分析各基本视图，找出主视图。

真空泵有 4 个基本视图：主视图、左视图、右视图和俯视图。其中主视图和右视图为全剖视图，俯视图为局部剖视。分析基本视图应知道各视图的名称，分析剖视图则应找出有关视图上剖切平面的位置，例如俯视图上较大的局部剖视是通过转子轴线剖切的。

- 分析各辅助视图。

表达装配关系的辅助视图有：零件 6，12，18 的 $E—E$ 剖视图着重表达弹簧座上 4 个弹簧孔分布及销连接情况；零件 9，10，12，13，14 的 $C—C$ 剖视图着重表达弹簧片 14 及两个小弹簧 9、固定销 10 的装配关系。

表达单个零件主要的结构的剖视图有：零件 4 的 $D—D$ 剖视图表达 4 个小斜孔的倾角和孔深；零件 4 的 $F—F$ 剖视图表达泵盖主要结构；还有零件 11 的 B 向外形视图。

分析各辅助视图时，同理应先找出各剖视图对应视图上的剖切平面位置。

在图纸左下方，还有一个在设计时考虑进出口和内腔与旋板位置关系的 $A—A$ 剖视图。这个视图与右视图相似，只是 4 块旋板以 45°位置画出。

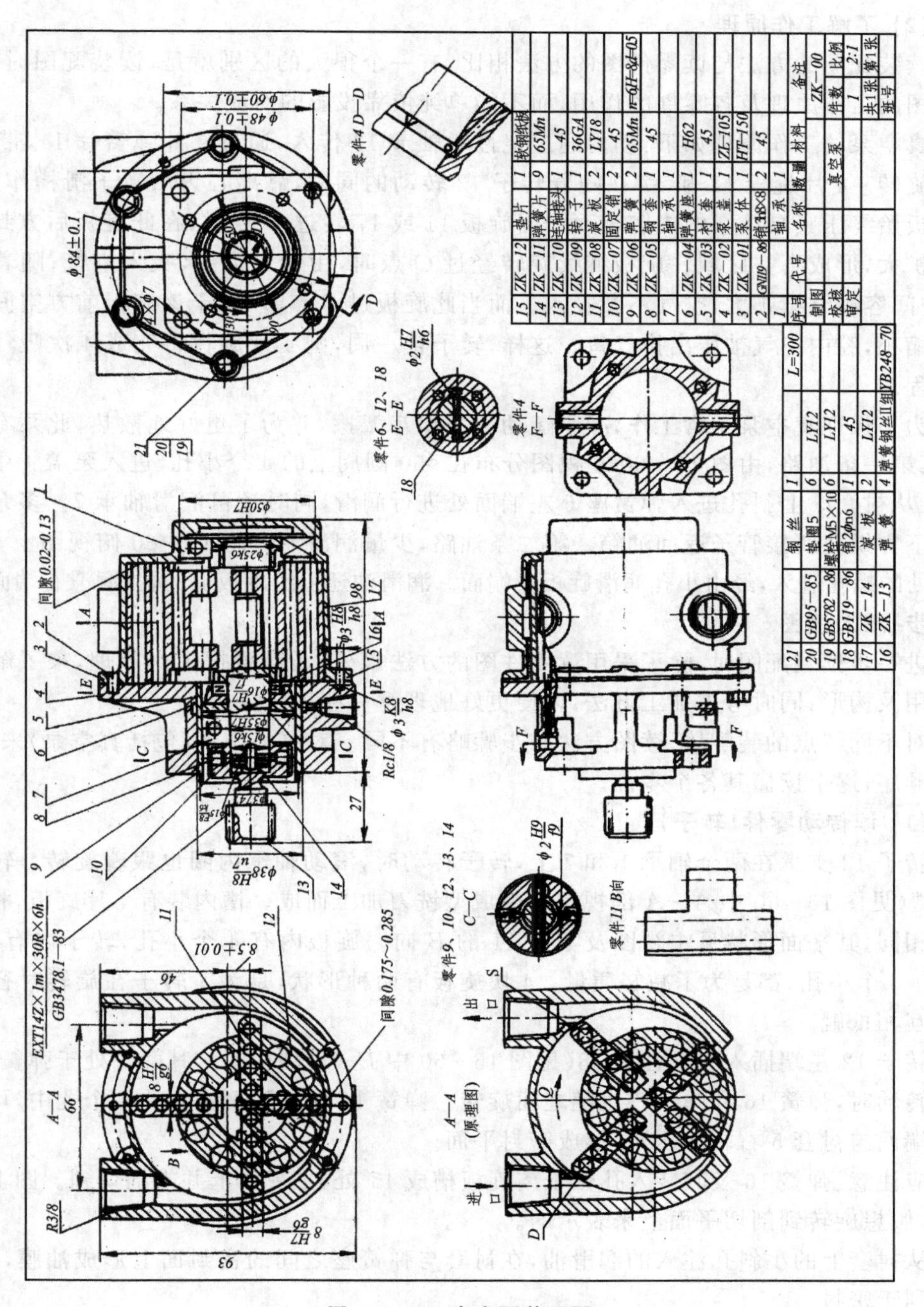

图 16-60　真空泵装配图

(2) 了解工作原理

读装配图的方法与读零件图的方法相比,有一个很大的区别就是,读装配图时,必须结合装配图的工作原理及各零件的作用,而不能单纯依靠投影的对应关系。

真空泵的工作原理如下:动力通过挠性联轴节 13 传入,通过 9 片弹簧片 14,带动转子 12 高速旋转。4 片旋板 11 和 17 在随着转子 12 转动的同时,靠离心力沿转子滑槽作径向滑动,使旋板始终压紧泵体 3 的内腔表面。当旋板 11 或 17 转过 P 点时,在此旋板后方封闭的空间逐渐扩大,形成真空区域。旋板继续旋转经过 Q 点时,由于压力差,吸入空气;随着旋板的旋转,空间容积继续扩大,空气不断吸入。而当此旋板过 S 点时,由于该旋板前方空间容积开始逐渐缩小,腔内空气被压出排气口。这样,转子转一周,则 4 片旋板将完成 4 次吸气和 4 次排气过程。

为了保证真空泵正常工作,减小运动部分相互摩擦,并为了更好地散热,此泵有润滑散热油路:第一条油路,由图 16-60 左视图分布在 $\phi50$ 圆周上的 4 个小孔,进入泵盖 4 中部环形槽中,又从衬套 5 上斜孔进入弹簧座 6 左端面处进行润滑,同时还可润滑轴承 7。多余的油由环形槽下方螺孔所接管子返回油箱。第二条油路,少量润滑油由图 16-60 俯视图上 $F—F$ 剖切符号处的螺孔进入,经由小孔润滑旋板左端面。润滑油还可经旋板上的孔,润滑右端面及轴承 1。

第二步:深入读图

进一步读装配图时,除了采用读零件图的方法以外,还应根据工作原理,来了解每一零件的功用及构形;同时考虑加工方法,以便更好地理解一些工艺结构。

对不同特点的装配体,读图方法和步骤略有不同。对泵类零件(包括真空泵)来说,可按照传动顺序,逐个读懂其各个零件。

(1) 读传动零件(转子)

转子 12 支承在两个轴承 1 和 7 上,转子转动时,滚动轴承内圈也跟着旋转。转子中部有 4 个槽(见图 16-60 中 $A—A$ 剖视图),由成型铣刀加工而成。槽内装有 4 片旋板,相对两旋板形状相同,其平面形状见主视图及零件 11 的 B 向。旋板内有 4 个小孔,转子内有一个大孔,4 周有 8 个小孔,都是为了减轻质量。4 块旋板有两种形状,是为了转子在旋转时径向滑动中防止互相抵触。

转子 12 左端插入一圆柱销 18(见图 16-60 中 $E—E$ 剖视图),其两端处于弹簧座 6 槽中。转子转动时,弹簧 16 和弹簧座也随之而旋转。弹簧 16 装入弹簧座 6 的 4 个孔中,可以把弹簧座左端面与衬套 5 右端面压紧,形成密封平面。

应注意:弹簧 16 及其装入孔位于离旋板槽成 45°处,主视图上并未剖切到。图上是按习惯画法,假想旋转到剖切平面上来表示的。

从衬套上的小斜孔注入的润滑油,在衬套与弹簧座之间的密封面上形成油膜,减小摩擦,并有利于密封。

(2) 读泵体与泵盖

泵体 3 与泵盖 4 用以包容内部零件，所以其内腔与内部各零件形状有关，其外形则根据铸件壁厚均匀的原则，又与内腔相似。

① 泵 体 按照图 16－60 主、俯、右视图可知，其基本形体为两偏心圆柱，偏心距为 (8.5±0.01) mm。进、出口处以锥管螺纹 Rc3/8 与管道相连接，所以，进口与出口的外形在两者之间为圆柱体；从左视图截交线（双曲线）分析，在两者之外，则为圆锥面，与三个平面相截交。因为三个平面均平行圆锥面（或螺孔）轴线，截交线均为双曲线。泵体 3 的左端有凸缘，用 6 个螺栓 19 与泵盖 4 相连接，并有 2 个圆柱销 2 定位。泵体凸缘上有孔处，作出了凸台，以增加这些地方的凸缘厚度（见图 16－60 中右、俯视图）。6 个螺栓 19 头部有孔，用一条铅丝 21 穿过孔扎结焊封（见图 16－60 中左视图），以防止螺栓在振动下松动。

② 泵 盖 泵盖和衬套 5 间的配合尺寸为 ϕ38H8/u7，过盈配合。从泵盖左端面上（见图 16－60 中左视图）钻入 4 个分布在 ϕ50 圆周上的斜孔（见图 16－60 中 *D*—*D* 剖视），与 ϕ38 同轴之油槽相通。泵盖中部外形为四棱柱体（见图 16－60 中 *F*—*F* 剖视图）。泵盖右端具有与泵体一样的凸缘，与泵体相连接。左端有一正方形凸缘（见图 16－60 中左视图），其上有 4 个安装孔 ϕ7。在正方形凸缘右侧 4 孔端面，用铣刀加工。铣刀加工时，与上述正方形凸缘及四棱柱产生了交线，可由 *F*—*F* 剖视图及俯视图上进行分析。在泵盖左右两凸缘之间，上下、前后有 4 块筋板。前后筋板内有小油孔（见图 16－60 中俯、右视图）。从泵盖主视图下方分析，泄油螺孔 Rc1/8 之外是一圆柱体，与四棱柱及右凸缘相贯。

这一阶段在分析各视图以后，还应再分析图上尺寸等其他内容。

第三步：检查归纳

通过上述步骤，一般已能将装配图读懂，但为了防止遗漏疏忽，还应进行检查。检查时，可利用明细栏，逐个检查每个零件，看是否都已读到、读懂；还可以分析拆装顺序。这也是为了检查设计的拆装可能性。最后，应对整个装配体形成完整的形象。

在读图步骤中，必须随时注意贯彻下列正确的读图方法：

① 读图时，要结合工作原理、构形原则与投影对应方法，即对一个零件要了解它在装配体中的作用，由作用可以估计它的构形，再看投影就容易了。当然，看清楚了投影，可以修正原先设想的构形，对其构造与作用，可有更深的了解。

② 对阀、泵和减速器等具有包容与被包容关系的装配体，在读图时，按各装配组合先看内部较小、较简单的零件，然后按由内定外原则，读外面较大、较复杂的壳体，先易后难。由于存在内外联系，“难”也可转化为“易”。

③ 要善于区分不同的相邻零件。凡剖面线相同者，可能为同一零件；如不同，则必非同一零件。此外，还可注意规定画法，如实心件不剖等，也有利于从剖视图中区分零件。

④ 尺寸与结构具有密切的联系。结构决定尺寸，可利用图上尺寸得到启示，也有利于了解结构。如带 ϕ 的尺寸，必为圆形；□10 或 10×10 必为正方形；Rc3/8 必为圆锥形。

此外,从尺寸的配合代号,可以知道各零件的运动状态和配合性质。

⑤ 要联系加工方法分析其结构。对一些复杂的交线,要了解其成因,并通过形体分析与线面分析,以求彻底地了解。

⑥ 对复杂的壳体,必须将几个有关投影结合起来看,切忌只看一个投影。必要时,可借助仪器、工具找对应投影关系。

2. 零件结构与视图方案的确定

在画零件图时,不假思索地抄袭装配图上的零件视图方案,可能造成的严重后果就是非确定性,即可能表达不全,没有达到惟一确定的地步,以致可能使读图者无法理解,或造成不同的理解。这是因为装配图允许省略一些零件的次要结构,不予表达;而零件图则是绝对不允许省略的。因此,就要在拆画装配图进行零件设计的基础上,进一步完成零件设计,使零件形状惟一确定。现举例说明。

例 16-1　真空泵泵体(见图 16-61)。

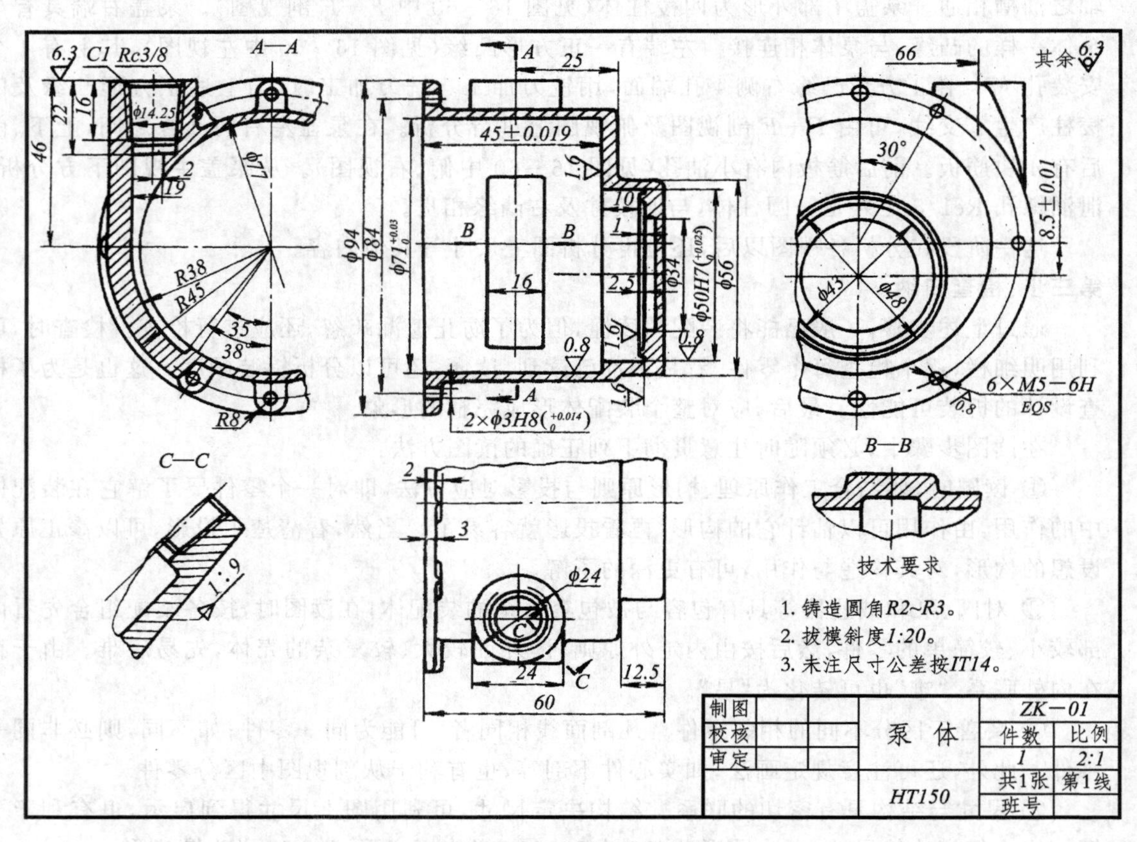

图 16-61　泵体零件图

泵体属于铸造零件，加工位置很多，所以常按工作位置画主视图（与装配图相同）。其基本视图方案与该零件在装配图中的视图方案基本相同。这对画图与读图都较方便。

如图 16－61 所示，$B-B$ 剖视图与装配图（图 16－60）俯视图上在该处的局部剖视图的剖切位置不同，前者通过孔 $\phi71_{0}^{+0.03}$ 的轴线；后者则剖切平面在其下 8.5 mm 处，通过转子 12 轴线。为了充分表明进、出口处的圆锥面，零件图上增加了斜剖视图 $C—C$（锥度为 1∶9）。

在拆图时，应注意投影的变化，如主、左视图，由于拆去转子等零件，装配图中被挡住的轮廓变成了可见轮廓线，不要漏画。同样属于拆走零件的投影，泵体零件图上不应画出。

例 16－2　转子（见图 16－62）。

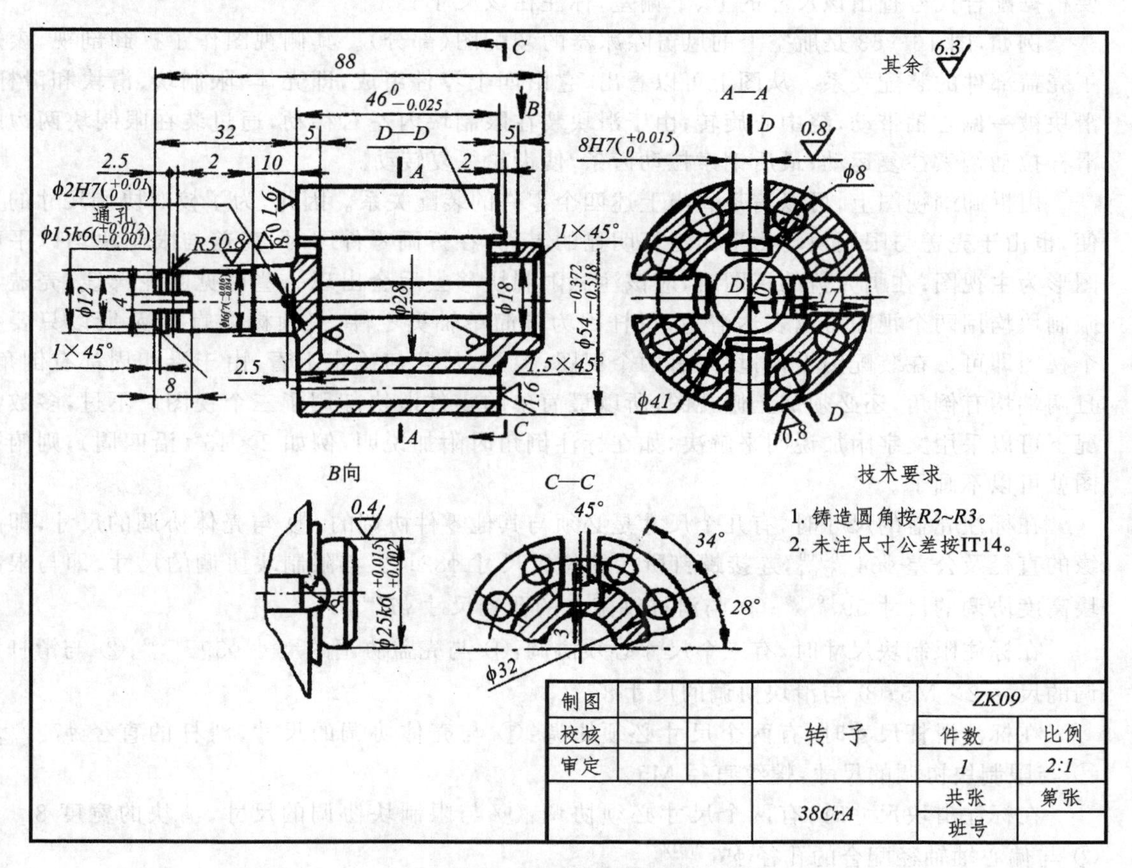

图 16－62　转子零件图

在真空泵装配图（见图 16－60）中，较难想像转子 12 的完整形象。这是因为中间部分被旋板 12 和 17 挡住隔开的缘故，要根据工作原理及主、右视图，才能想像其整个形象。

转子零件图上主视图与其在装配图上的位置相同，但改为由两个相交平面 $D—D$ 作出的局部剖视图，以便表达槽（8H7）及通孔（$\phi8$），并把原装配图中此零件的右视图改为左视图。这样更符合一般的看图习惯。

C—*C* 剖视图主要表达直径为 $\phi32$ 的圆柱部分，并便于标注尺寸。

3. 根据装配图拆画零件图

从装配图上画零件图时，最主要的是要将零件的构形表达清楚，但装配图上主要是表示装配关系，对零件的形状不一定能完全表达清楚，所以在画零件图时，从构形分析结果看，有时还要补充一些剖视图、局部视图或表示真形的断面图等。此外，在标注尺寸时，装配图上已标注的尺寸均为设计尺寸，是零件之间必须配合和协调的尺寸，因此在零件图上必须照抄，而且还要根据配合代号查出该尺寸的上、下偏差，标注在该尺寸上。

例如，图 16-63 是航空上的风窗除冰器的装配图（部分）。其侧视图作了拆卸剖视，表达了壳盖部件的装配关系。从图上可以看出，它由四个零件组成，即壳体、限制块、滑块和滑杆。滑块被一偏心轴带动，绕中心旋转；由于滑块装在限制块内左右移动，通过装在限制块两边的滑杆拉动钢索往复运动；最后钢索拉动齿条，使齿轮往复转动。

由拆卸剖视图上，可以清楚看出上述四个零件的装配关系。因此，为了校对协调尺寸的方便，也由于壳盖与限制块均为平面特征明显的零件，在拆画零件图时，壳盖与限制块均以平面图形为主视图；在画壳盖的视图时，应该注意限制块移去后会出现一些可见的轮廓线，壳盖与限制块均用两个视图可以表达清楚，滑杆因为是简单轴类零件，只须标注直径 ϕ，所以只要一个视图即可。在装配图上，滑块只有两个视图，但是，从几何确定上看，由于沿四周都有倒角，且两端均有倒角，还必须加上俯视图，所以最简单的零件滑块却用了三个视图。不过，多数情况下可以采用文字附加说明来解决，如在标注倒角时附加说明，例如 2×45°（沿四周），则俯视图就可以不画了。

在标注壳盖的尺寸时，有几个尺寸是必须与其他零件协调的：① 与壳体协调的尺寸，即凸缘的直径及公差 $\phi64_{-0.034}^{-0.009}$，连接螺钉所在的位置尺寸 $\phi82$；② 与限制块协调的尺寸，即与限制块高度协调的尺寸 $59_{0}^{+0.030}$；③ 与滑杆轴配合的孔径尺寸 $\phi7_{0}^{+0.015}$。

在标注限制块尺寸时，有三个尺寸必须协调：① 与壳盖协调的尺寸 $\phi59_{-0.040}^{-0.030}$；② 与滑杆协调的尺寸 2×M5；③ 与滑块协调的尺寸 $8^{+0.1}$。

在标注滑杆尺寸时，有两个尺寸必须协调：① 与壳体协调的尺寸，滑杆的直径 $\phi7_{-0.022}^{-0.013}$；② 与限制块协调的尺寸，螺纹直径 M5。

在标注滑块尺寸时，有两个尺寸必须协调：① 与限制块协调的尺寸，滑块的宽度 $8_{-0.1}$；② 与偏心轴轴径配合的孔径 $\phi5^{+0.012}$。

上述每个零件除了要与其他零件协调的尺寸须按设计基准标注之外，其余尺寸应按加工要求标注，或按工艺基准标注。标注粗糙度时，除了与上述需要协调的尺寸有关的表面需要较小的粗糙度之外，其余大多数表面可采用较大的表面粗糙度，而且统一标注在图纸的右上角，如图 16-64～16-67 所示。其中，图 16-64 壳盖视图选择与装配图一致，这样对校对协调尺寸有利。

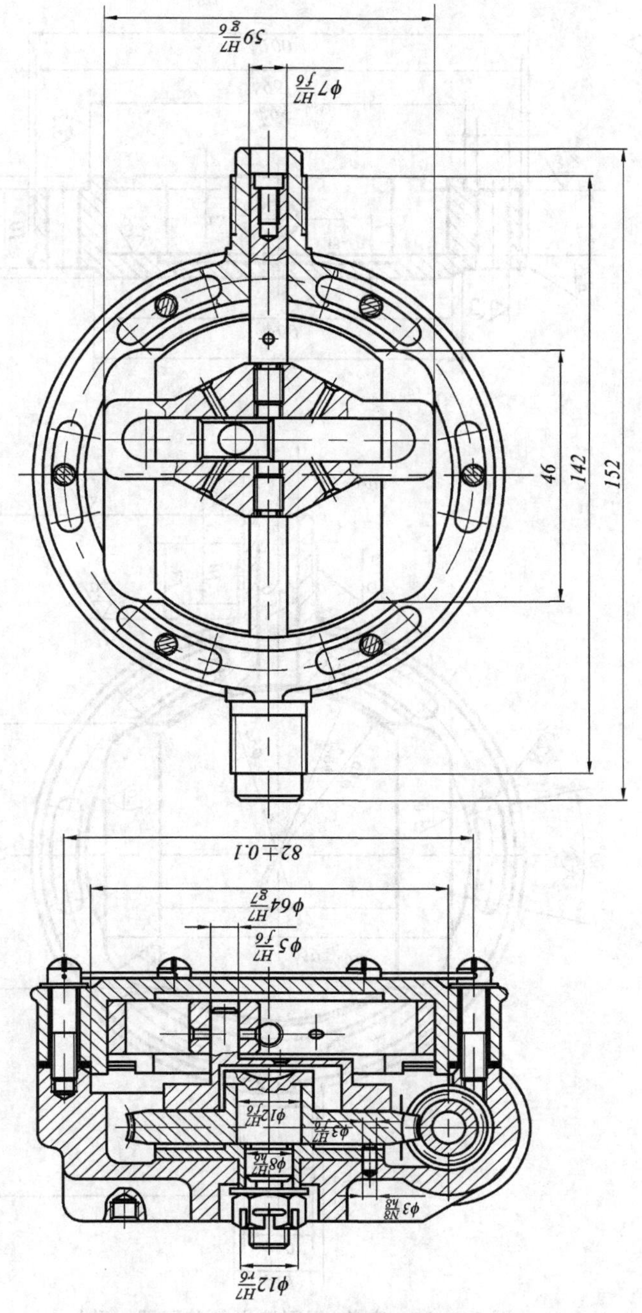

图 16－63　风窗除冰器的装配图(部分)

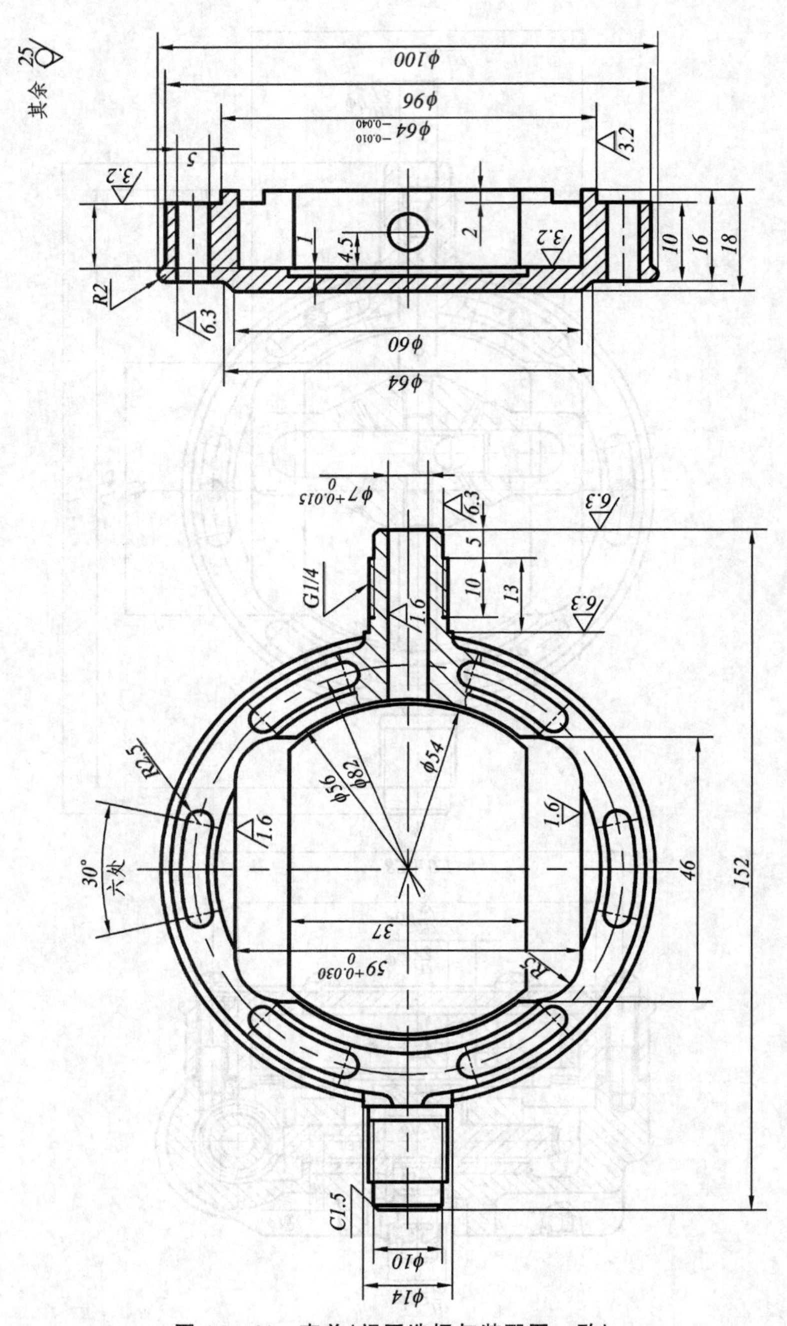

图 16-64　壳盖（视图选择与装配图一致）

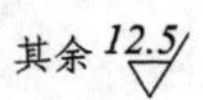

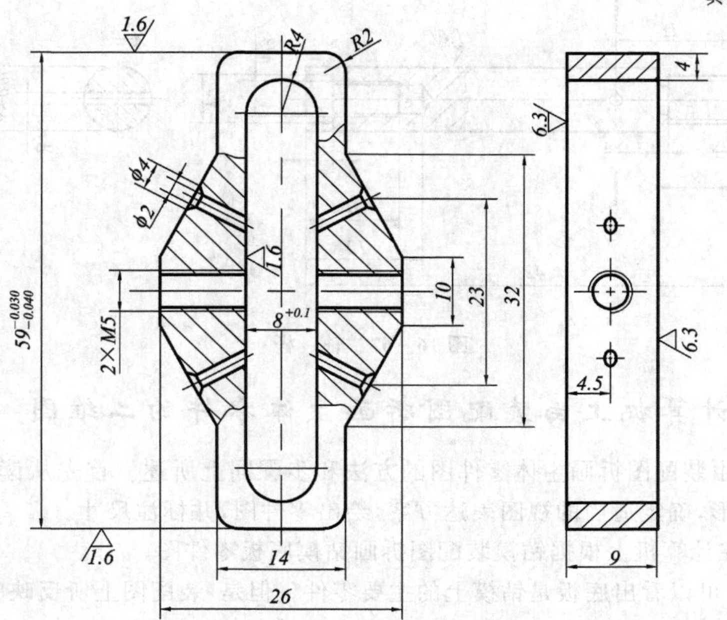

图 16－65　限制块

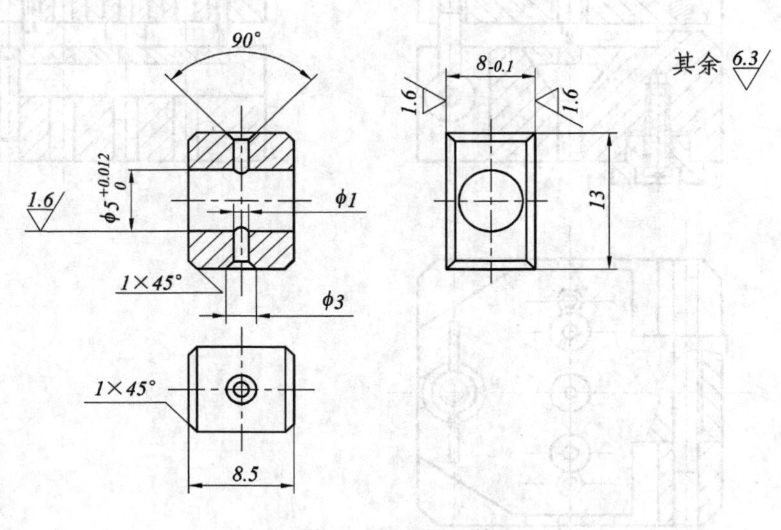

图 16－66　滑　块

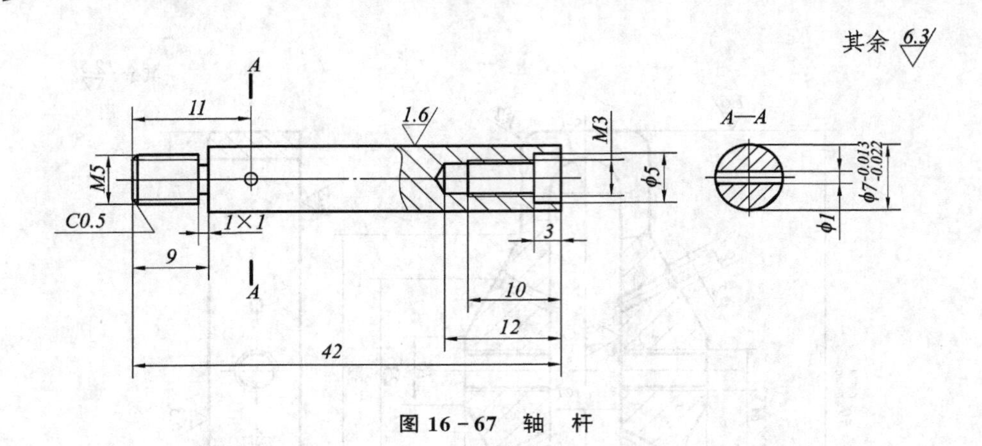

图 16-67　轴　杆

16.8.2　在计算机上由装配图拆画主体零件的二维图

在计算机上由装配图拆画主体零件图的方法和步骤同上所述。首先从读装配图入手，然后分析零件的构形，确定适当的视图表达方案，绘出零件图，并标注尺寸。

例 16-3　在计算机上根据钻模装配图拆画钻模底板零件图。

由图 16-68 可以看出底板是钻模上的主要零件。但是，装配图上所反映的钻模的底板结

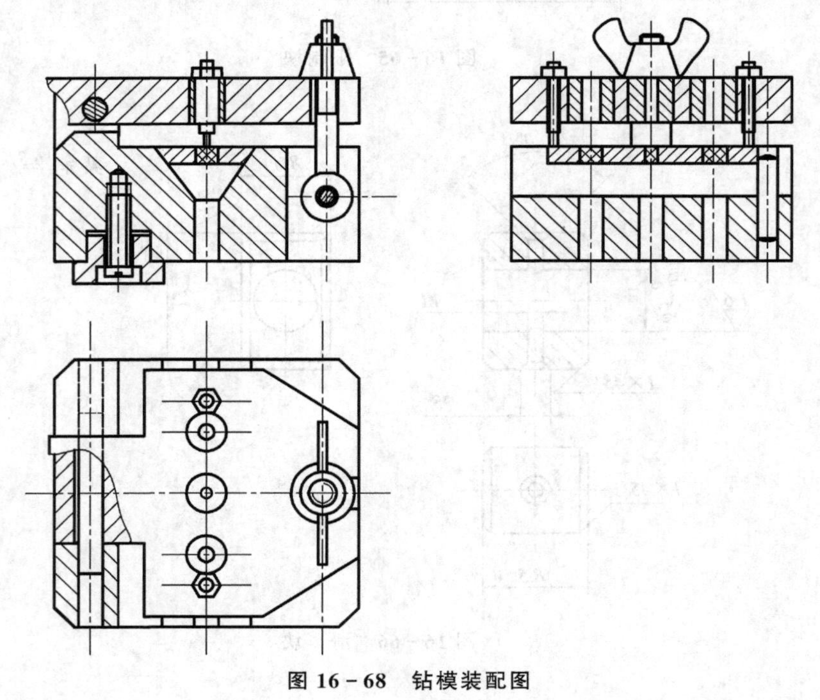

图 16-68　钻模装配图

构不是完全确定的。例如放置活节螺栓的槽，仅出现于主视图，没有表示其宽度及实形，可以设计成图 16－69 和 16－70 两种形状。因为槽内放置球面的螺栓头，从加工方便考虑，直径较小且深的孔不另加工，故图 16－69 设计较好。

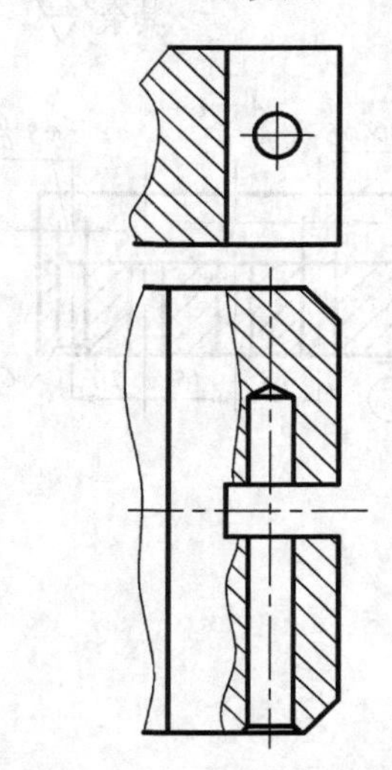

图 16－69　孔与槽结构的确定

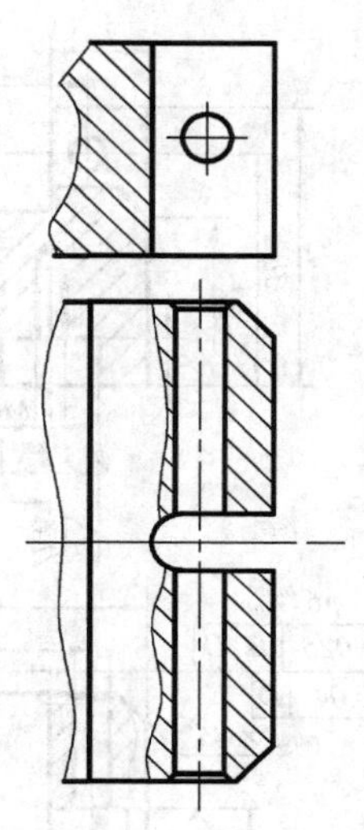

图 16－70　打成通孔

此外，支承活节螺栓的销钉孔，装配图上也未表达其深度，可以设计成图 16－69 和16－70 两种结构。为了拆卸方便，以图 16－70 的结构即打成通孔为更好。

在确定钻模结构之后，可以选定视图方案。如果原装配图的基本视图可以利用，则可在原图上先删掉其他零件的图线，见图 16－71，然后根据分析出的零件的结构，恢复在装配图中被其他零件遮挡的线段。

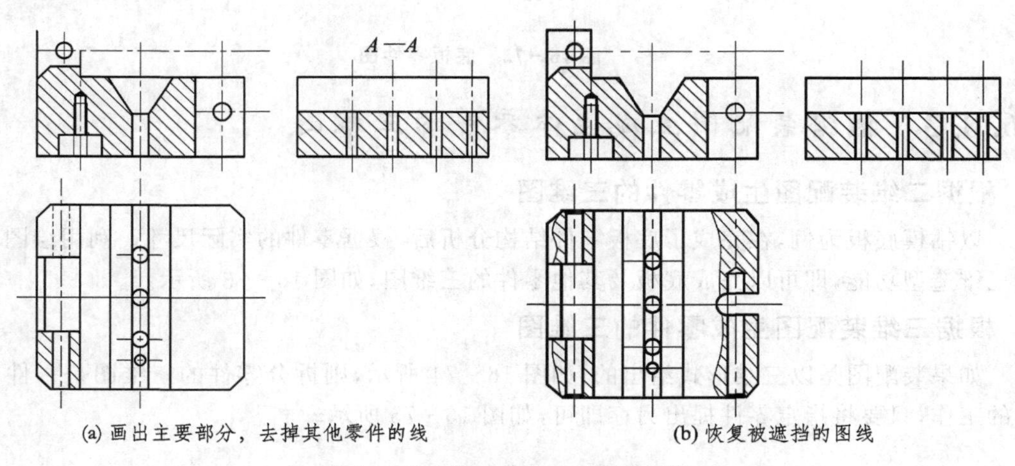

(a) 画出主要部分，去掉其他零件的线　　(b) 恢复被遮挡的图线

图 16－71　在计算机上拆画零件图

在装配图上省略的一些工艺结构，画零件图时必须恢复画出，一般不许省略，如图 16－72 底板零件图上，补充画出了销钉孔倒角。

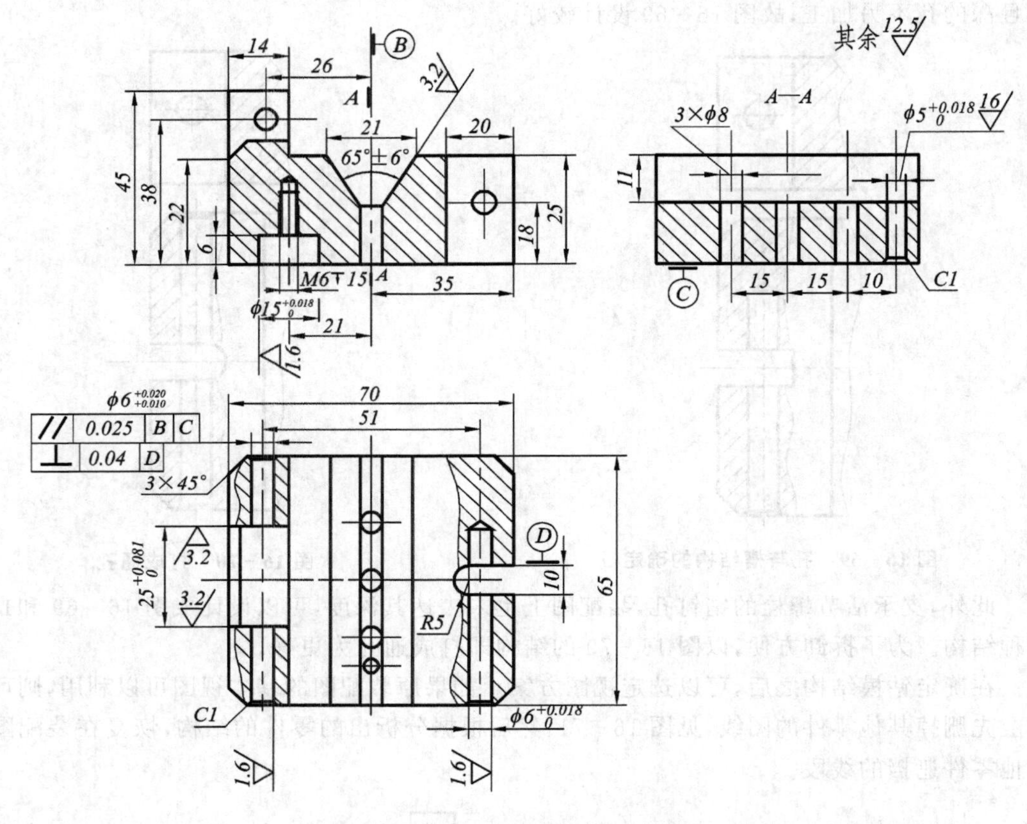

图 16－72　底板零件图

16.8.3　根据装配图生成主体零件的三维图

1. 根据二维装配图生成零件的三维图

以钻模底板为例，在完成了底板零件结构分析后，根据零件的实际尺寸，利用绘图软件中的三维造型功能，即可以完成底板及其他零件的三维图，如图 16－73 所示。

2. 根据三维装配图生成零件的三维图

如果装配图是以三维形式给出的，如图 16－74 所示，则拆分零件的三维图是一件非常容易的工作，只要将指定零件提出另存即可，如图 16－75 所示。

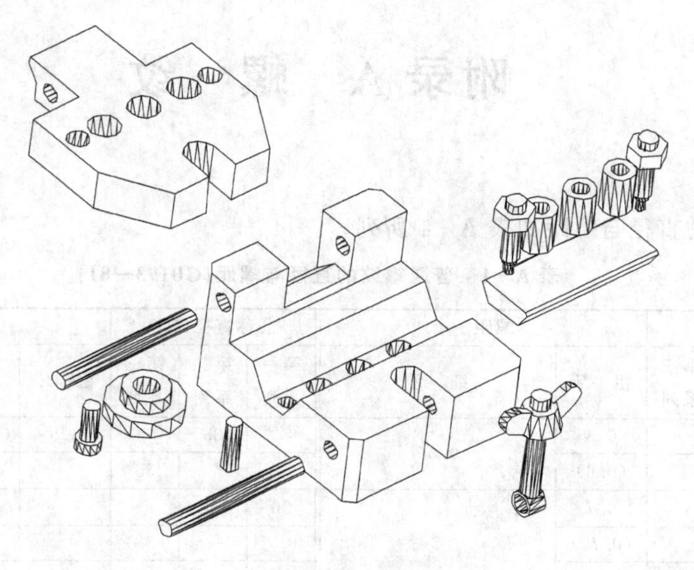

图 16-73　钻　模

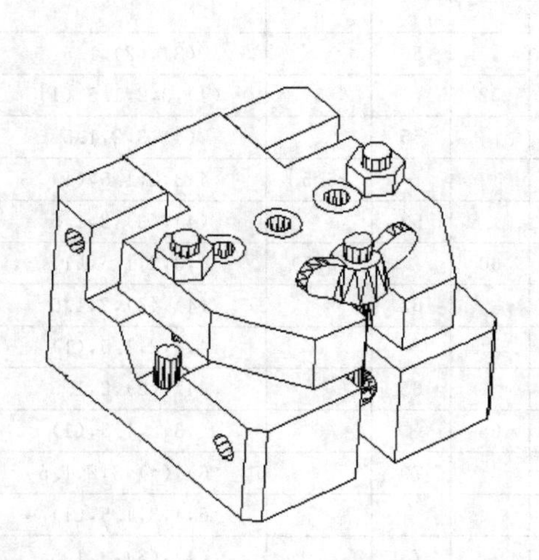

图 16-74　三维钻模装配图

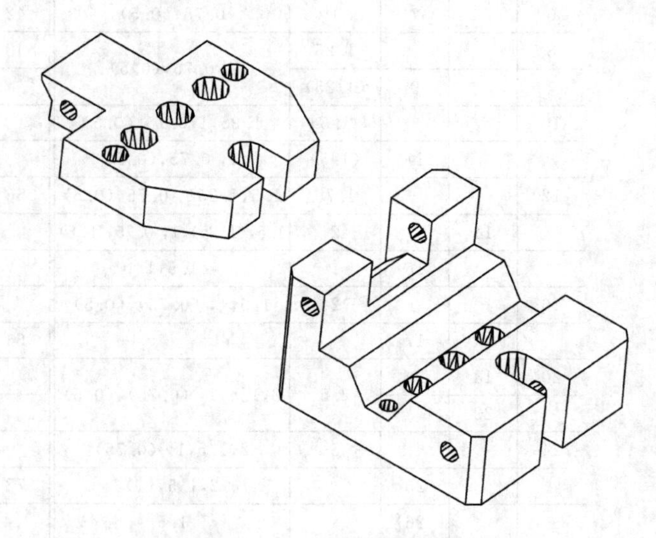

图 16-75　三维钻模底板

附录A 螺 纹

1. 普通螺纹

普通螺纹的直径与螺距如表A-1所列。

表A-1 普通螺纹的直径与螺距(GB193—81) mm

公称直径 d,D			螺距 P		公称直径 d,D			螺距 P	
第一系列	第二系列	第三系列	粗牙	细牙	第一系列	第二系列	第三系列	粗牙	细牙
3			0.5	0.35		33		3.5	(3),2,1.5,(1),(0.75)
	3.5		(0.6)				35		(1.5)
4			0.7	0.5	36			4	3,2,1.5,(1)
	4.5		(0.75)				(38)		1.5
5			0.8		39			4	3,2,1.5,(1)
		5.5					40		3,2,1.5
6		7	1	0.75,(0.5)	42	45		4.5	(4),3,2,1.5,(1)
8			1.25	1,0.75,(0.5)	48			5	
		9	(1.25)				50		(3),(2),1.5
10			1.5	1.25,1,0.75,(0.5)		52		5	(4),3,2,1.5,(1)
		11	(1.5)	1, 0.75,(0.5)			55		(4),3,2,1.5
12			1.75	1.5,1.251, 0.75,(0.5)	56			5.5	4,3,2,1.5,(1)
	14		2	1.5,(1.25),1, 0.75,(0.5)			58		(4),(3),2,1.5
		15		1.5,1		60		(5.5)	4,3,2,1.5,(1)
16			2	1.5,1, (0.75),(0.5)			62		(4),(3),2,1.5
		17			64			6	4,3,2,1.5,(1)
20	18		2.5	2,1.5,1, (0.75),(0.5)			65		(4),(3),2,1.5
	22					68		6	4,3,2,1.5,(1)
24			3	2,1.5,1, (0.75)			70		(6),(4),3,2,1.5
		25		2,1.5,(1)	72				6,4,3,1.5,(1)
		(26)		1.5			75		(4),(3),2,1.5
	27		3	2,1.5,1, (0.75)		76			6,4,3,2,1.5,(1)
		(28)		2,1.5,1			(78)		2
30			3.5	(3),2,1.5,1, (0.75)	80				6,4,3,2,1.5,(1)
		(32)		2,1.5			(82)		2

续表 A-1

公称直径 d,D			螺距 P		公称直径 d,D			螺距 P	
第一系列	第二系列	第三系列	粗 牙	细 牙	第一系列	第二系列	第三系列	粗 牙	细 牙
90	85						255		
100	95					260	265		
110	105						270		
125	115			6,4,3,2,(1.5)			275		6,4,(3)
	120				280		285		
	130	135					290		
140	150	145				300	295		
		155					310		
160	170	165			320		330		
180		175		6,4,3,(2)		340	350		6,4
	190	185			360		370		
200		195			400	380	390		
		205				420	410		
	210	215				440	430		
220		225		6,4,3	450	460	470		
		230				480	490		6
	240	235			500	520	510		
250		245			550	540	530		
						560	570		
					600	580	590		

注：1　优先选用第一系列，其次是第二系列，第三系列尽可能不用。

2　M14×1.25 仅用于火花塞；M35×1.5 仅用于滚动轴承锁紧螺母。

3　括号内的螺距应尽可能不用。

2. 非螺纹密封的管螺纹

非螺纹密封的管螺纹的直径与螺距如表 A-2 所列。

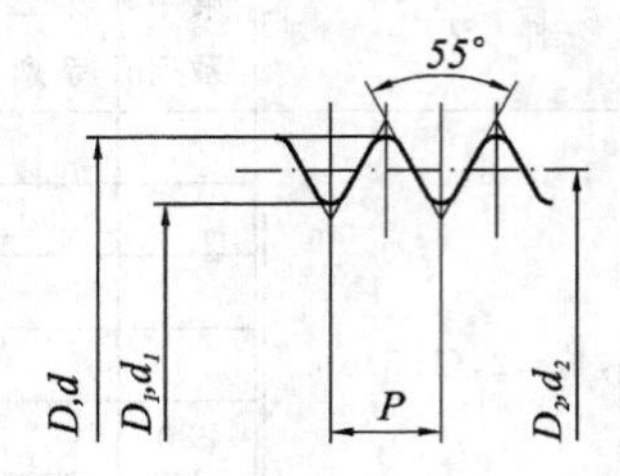

表 A-2　非螺纹密封的管螺纹的直径与螺距(GB/T 7307—1987)　　mm

尺寸代号	每 25.4 mm 内的牙数/n	螺距/P	基本直径	
			大径 D、d	小径 D_1、d_1
1/8	28	0.907	9.728	8.566
1/4	19	1.337	13.157	11.445
3/8	19	1.337	16.662	18.631
1/2	14	1.814	20.955	20.587
5/8	14	1.814	22.911	24.117
3/4	14	1.814	26.441	27.877
7/8	14	1.814	30.201	30.291
1	14	2.309	33.249	34.939
$1\frac{1}{8}$	11	2.309	37.897	38.952
$1\frac{1}{4}$	11	2.309	41.910	44.845
$1\frac{1}{2}$	11	2.309	47.803	50.788
$1\frac{3}{4}$	11	2.309	53.746	56.656
2	11	2.309	59.614	62.752
$2\frac{1}{4}$	11	2.309	65.710	72.226
$2\frac{1}{2}$	11	2.309	75.184	78.226
$2\frac{3}{4}$	11	2.309	81.534	78.576
3	11	2.309	87.884	84.926

3．普通螺纹的螺纹收尾、肩距、退刀槽和倒角

普通螺纹的螺纹收尾、肩距、退刀槽和倒角如表 A－3 所列。

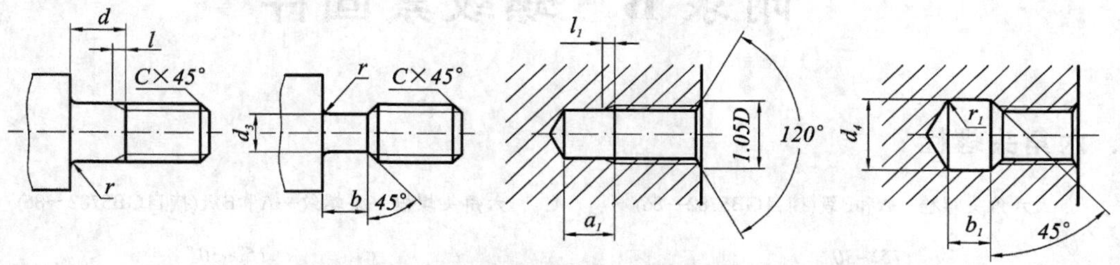

表 A－3 普通螺纹的螺纹收尾、肩距、退刀槽和倒角(GB 3—79)

mm

螺距 P	粗牙螺纹直径	细牙螺纹直径	螺纹收尾≤				肩距≤					退刀槽							倒角 C
			一般		短的	长的	一般		长的		短的	一般		窄的		d_3	d_4	r 或 r_1 ≈	
	d		l	l_1	l	l_1	a	a_1	a	a_1	a	b	b_1	b	b_1				
0.5	3	根据螺距查表	1.25	1	0.7	1.5	1.5	3	2	4	1	1.5	2	1	1.5	$d-0.8$	$d+0.3$	0.5P	0.5
0.6	3.5		1.5	1.2	0.75	1.8	1.8	3.2	2.4	4.8	1.2					$d-1$			
0.7	4		1.75	1.4	0.9	2.1	2.1	3.5	2.8	5.6	1.4	2	3			$d-1.1$			0.6
0.75	4.5		1.9	1.5	1	2.3	2.25	3.8	3	6	1.5				2	$d-1.2$			
0.8	5		2	1.6	1	2.4	2.4	4	3.2	6.4	1.6					$d-1.3$			0.8
1	6;7		2.5	2	1.25	3	3	5	4	8	2	2.5	4	1.3	2.5	$d-1.6$	$d+0.5$		1
1.25	8		3.2	2.5	1.6	3.8	4	6	5	10	2.5	3	5		3	$d-2$			1.2
1.5	10		3.8	3	1.9	4.5	4.5	7	6	12	3	4	6	2.5	4	$d-2.3$			1.5
1.75	12		4.3	3.5	2.2	5.2	5.3	9	7	14	3.5	5	7			$d-2.6$			2
2	14;16		5	4	2.5	6	6	10	8	16	4		8	3.5	5	$d-3$			
2.5	18;20;22		5.3	5	3.2	7.5	7.5	12	10	18	5	6	10		6	$d-3.6$			2.5
3	24;27		7.5	6	3.8	9	9	14	12	22	6	7	12	4.5	7	$d-4.4$			
3.5	30;33		9	7	4.5	10.5	10.5	16	14	24	7	8	14		8	$d-5$			3
4	36;39		10	8	5	12	12	18	16	26	8	9	16	5.5	9	$d-5.7$			
4.5	42;45		11	9	5.5	13.5	13.5	21	18	29	9	10	18	6	10	$d-6.4$			4
5	48;52		12.5	10	6.3	15	15	23	20	32	10	11	20	6.5	11	$d-7$			
5.5	56;60		14	11	7	16.5	16.5	25	22	35	11	12	22	7.5	12	$d-7.7$			5
6	64;68		15	12	7.5	18	18	28	24	38	12	14	24	8	14	$d-8.3$			

注：1 本表未摘录 $P<0.5$ 的各有关尺寸。

2 国家标准局发布了国家标准《紧固件 外螺纹零件的末端》(GB 2—85)，可查阅其中的有关规定。

附录B　螺纹紧固件

1. 六角头螺栓

六角头螺栓—A和B级(摘自GB5782—86)　　　六角头螺栓—全螺纹—A和B级(摘自GB5782—86)

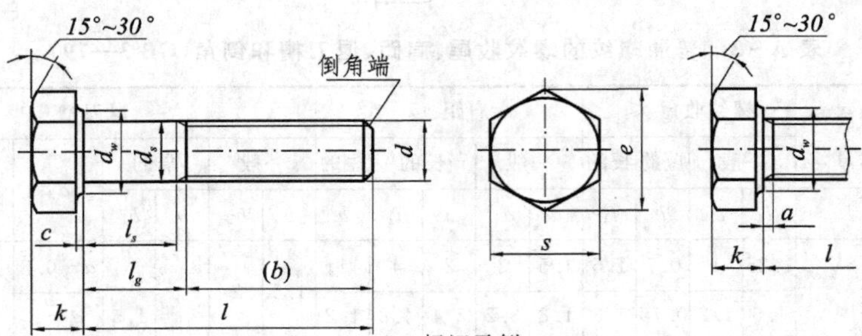

标记示例

螺纹规格 d=M12、公称长度 l=80 mm、性能等级为8.8级、表面氧化、A级的六角头螺栓：

螺栓 GB5782—86　M12×80

表 B-1　六角头螺栓[GB5782—86]　　mm

螺纹规格 d		M5	M6	M8	M10	M12	M16	M20	M24	M30	M36
b 参考	l<125	16	18	22	26	30	38	46	54	66	78
	125<l<200	—	—	28	32	36	44	52	60	72	84
	l>200	—	—	—	—	—	57	65	73	85	97
c	max	0.5	0.5	0.6	0.6	0.6	0.8	0.8	0.8	0.8	0.8
d_a	max	6	7.2	10.2	12.2	14.7	18.7	24.4	28.4	35.4	42.4
d_s	max	5.48	6.48	8.58	10.58	12.7	16.7	20.84	24.84	30.84	37
	min	4.52	5.52	7.42	9.42	11.3	15.3	19.16	23.16	29.16	35
d_w	min	6.7	8.7	11.4	14.4	16.4	22	27.7	33.2	42.7	51.1
e^t	min	8.63	10.89	14.20	17.59	19.85	26.17	32.95	39.55	50.85	60.79
k	公称	3.5	4	5.3	6.4	7.5	10	12.5	15	18.7	22.5
	min	3.12	3.62	4.92	5.95	7.05	9.25	11.6	14.1	17.65	21.45
	max	3.88	4.38	5.68	6.85	7.95	10.75	13.4	15.9	19.75	23.85
k'	min	2.2	2.5	3.45	4.2	4.95	6.5	8.1	9.9	12.4	15.0
r	min	0.2	0.25	0.4	0.4	0.6	0.6	0.8	0.8	1	1

续表 B-1

螺纹规格 d		M5	M6	M8	M10	M12	M16	M20	M24	M30	M36
s	max	8	10	13	16	18	24	30	36	46	55
	min	7.64	9.64	12.57	15.57	17.57	23.16	29.16	35	45	53.8
l(商品规格范围及通用规格)		25～50	30～60	35～80	40～100	45～120	55～160	65～200	80～240	90～300	110～360
l 系列	25,30,40,45,50,(55),60,(65),70,80,90,100,110,120,130,140,150,160,180,190,200,220,240,260,280,300,320,340,360										

注：1　末端按 GB2—85 规定。

2　$l_{g,\max}=l$(公称)$-b$(参考)。

3　$L_{\min}=l_{g,\max}=5P$。

4　P—螺距。

2. 双头螺柱

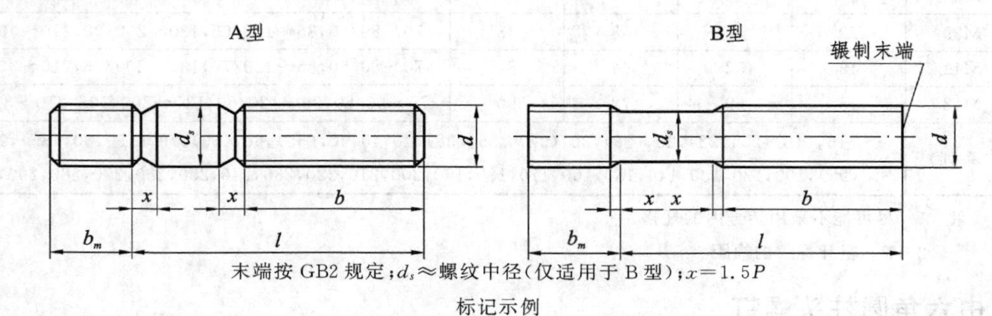

末端按 GB2 规定；d_s≈螺纹中径（仅适用于 B 型）；$x=1.5P$

标记示例

两端均为粗牙普通螺纹，$d=10$ mm，$l=50$ mm，性能等级为 4.8 级、不经表面处理、B 型、$b_m=1.25d$ 的双头螺柱：

螺柱 GB898—88　M10×50

旋入机体一端为粗牙普通螺纹、旋螺母一端为螺距 $P=1$ mm 的细牙普通螺纹，$d=10$ mm，$l=50$ mm，性能等级为 4.8 级、不经表面处理、A 型、$b_m=1.25d$ 的双头螺柱：

螺柱 GB898—88A　M10—M10×1×50

表 B-2　双头螺柱[GB897—88～GB900—88]　　mm

螺纹规格	b_m				l/b
	GB897—88 $b_m=1d$	GB898—88 $b_m=1.25d$	GB899—88 $b_m=1.5d$	GB900—88 $b_m=2d$	
M5	5	6	8	10	16～22/10,23～50/16
M6	6	8	10	12	18～22/10,23～30/14,32～75/18
M8	8	10	12	16	18～22/12,23～30/16,32～90/22
M10	10	12	15	20	25～28/14,30～38/16,40～120/26,130/32
M12	12	15	18	24	25～30/16,32～40/20,45～120/30,130～180/36

续表 B-2

螺纹规格	b_m				l/b
	GB897—88	GB898—88	GB899—88	GB900—88	
	$b_m=1d$	$b_m=1.25d$	$b_m=1.5d$	$b_m=2d$	
M14	14		21	28	30～35/18,38～50/25,55～120/34,130～180/40
M16	16	20	24	32	30～38/20,40～60/30,65～120/38,130～200/44
M18	18		27	36	35～410/22,45～60/35,65～120/42,130～200/48
M20	20	25	30	40	35～40/25,45～60/35,70～120/46,130～200/52
M22	22		33	44	40～55/30,55～70/40,75～120/50,130～200/56
M24	24	30	36	48	45～50/30,55～70/45,80～120/54,130～200/60
M27	27		40	54	50～60/35,65～85/50,90～120/60,130～200/66
M30	30	38	45	60	60～65/40,70～90/50,95～120/66,130～200/72
M33	33		49	66	65～70/45,75～95/60,100～120/72,130～200/78
M36	36	45	54	72	65～70/45,80～120/60,130～120/84,210～300/97
M39	39		58	78	70～80/50,85～120/65,130～200/90,210～300/103
M42	42	52	64	84	70～80/50,85～120/70,130～200/96,210～300/109
M48	48	60	72	96	75～90/60,95～120/80,130～200/108,210～300/121
l(系列)	16,(18),20,(22),25,(28),30,(32), 35,(38),40,45,50,(55),60,(65),70,(75),80,(85),90,(95),100,120,130,140,150,160,170,180,190,200,210,220,230,240,250,260,270,280,290,300				

注：1　尽可能不采用括号内的规格。

2　P—粗牙螺纹的螺距。

3. 由六角圆柱头螺钉

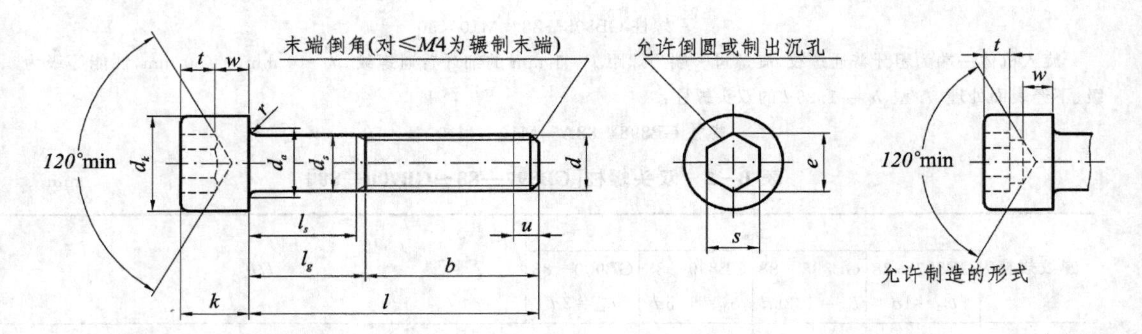

标记示例

螺纹规格 d=M5、公称长度 l=20 mm、性能等级为 12.9 级、表面氧化的内六角圆柱头螺钉：

螺钉 GB70—85　M5×20—12.9

表B-3　内六角圆柱头螺钉[GB70—85]　　mm

螺纹规格 d		M3	M4	M5	M6	M8	M10	M12	M16	M20	M24
P		0.5	0.7	0.8	1	1.25	1.5	1.75	2	2.5	3
b 参考		18	20	22	24	28	32	36	44	52	60
d_k	max	5.5	7	8.5	10	13	16	18	24	30	36
	min	5.32	6.78	8.28	9.78	12.73	15.73	17.73	23.67	29.67	35.61
d_a	max	3.6	4.7	5.7	6.8	9.2	11.2	13.7	17.7	22.4	26.4
d_s	max	3	4	5	6	8	10	12	16	20	24
	min	2.86	3.82	4.82	5.82	7.78	9.78	11.73	15.73	19.67	23.67
e	min	2.87	3.44	4.58	5.72	6.86	9.15	11.43	16.00	19.44	21.73
f	max	0.51	0.60	0.60	0.68	1.02	1.02	1.87	1.87	2.04	2.04
k	max	3	4	5	6	8	10	12	16	20	24
	min	2.86	3.82	4.82	5.70	7.64	9.64	11.57	15.57	19.48	23.48
r	min	0.1	0.2	0.2	0.25	0.4	0.4	0.6	0.6	0.8	0.8
s	公称	2.5	3	4	5	6	8	10	14	17	19
	min	2.52	3.02	4.02	5.02	6.02	8.025	10.025	14.032	17.05	19.065
	max	2.56	3.08	4.095	5.095	6.095	8.115	10.115	14.142	17.23	19.275
t	min	1.3	2	2.5	3	4	5	6	8	10	12
v	max	0.3	0.4	0.5	0.6	0.8	1	1.2	1.6	2	2.4
d_w	min	5.07	6.53	8.03	9.38	12.38	15.33	17.23	23.17	28.87	34.81
w	min	1.15	1.4	1.9	2.3	3.3	4	4.8	6.8	8.6	10.4
l(商品规格范围长度)		5～30	6～40	8～50	10～60	12～80	16～100	20～120	25～160	30～200	40～200
$l\leqslant$表中数值时，制出全螺纹		20	25	25	30	35	40	45	55	65	80
l系列		5,6,8,10,12,(14),16,20,25,30,35,40,45,50,(55),60,(65),70,80,90,100,110,120,130,140,150,160,180,200									

注：1　P—螺距；v—不完整螺纹的长度，$v\leqslant 2P$。

2　$L_{g,\max}$(夹紧长度)$=l$(公称)$-b$(参考)，$l_{s,\min}$(无螺纹杆部长)$=l_{g,\max}-5P$。

3　尽可能不采用括号内的规格。GB70—85包括$d=$M1.6～M36，本表只摘录其中一部分。

4. 螺　钉

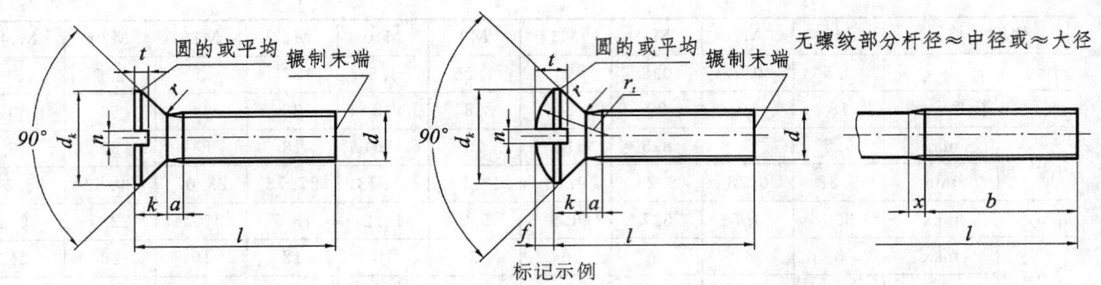

标记示例

螺纹规格 d=M5、公称长度 l=20 mm、性能等级为4.8级、不经表面处理的开槽沉头螺钉：

螺钉 GB68—85　M5×20

表 B-4　开槽沉头螺钉[GB68—85]、开槽半沉头螺钉[GB69—85]　　mm

螺纹规格 d			M1.6	M2	M2.5	M3	M4	M5	M6	M8	M10
P			0.35	0.4	0.45	0.5	0.7	0.8	1	1.25	1.5
a		max	0.7	0.8	0.9	1	1.4	1.6	2	2.5	3
b		min	25			38					
d_k	理论值	max	3.6	4.4	5.5	6.3	9.4	10.4	12.6	17.3	20
	实际值	max	3	3.8	4.7	5.5	8.4	9.3	11.3	15.8	18.3
		min	2.7	3.5	4.4	5.2	8	8.9	10.9	15.4	17.8
k		max	1	1.2	1.5	1.65	2.7	2.7	3.3	4.65	5
n		公称	0.4	0.5	0.6	0.8	1.2	1.2	1.6	2	2.5
		min	0.46	0.56	0.66	0.86	1.26	1.26	1.66	2.06	2.56
		max	0.6	0.7	0.8	1	1.51	1.51	1.91	2.31	2.81
r		max	0.4	0.5	0.6	0.8	1	1.3	1.5	2	2.5
x		max	0.9	1	1.1	1.25	1.75	2	2.5	3.2	3.8
f		≈	0.4	0.5	0.6	0.7	1	1.2	1.4	2	2.3
r_t		≈	3	4	5	6	9.5	9.5	12	16.5	19.5
	max	GB68—85	0.5	0.6	0.75	0.85	1.3	1.4	1.6	2.3	2.6
		GB69—85	0.8	1	1.2	1.45	1.9	2.4	2.8	3.7	4.4
	min	GB68—85	0.32	0.4	0.5	0.6	1	1.1	1.2	1.8	2
		GB69—85	0.64	0.8	1	1.2	1.6	2	2.4	3.2	3.8
l(商品规格范围长度)			2.5～16	3～20	4～25	5～30	6～40	8～50	8～60	10～80	12～80
l(系列)			2.5,3,4,5,6,8,10,12,(14),16,20,25,30,35,40,45,50,(55),60,(65),70,75,80								

注：1　P—螺距。

2　公称长度 l≤30 mm，而螺纹规格 d 在 M1.6～M3 的螺钉，应制出全螺纹；公称长度 l≤45 mm，而螺纹规格在 M4～M10 的螺钉也应制出全螺纹 $b=l-(k+a)$。

3　尽可能不采用括号内的规格。

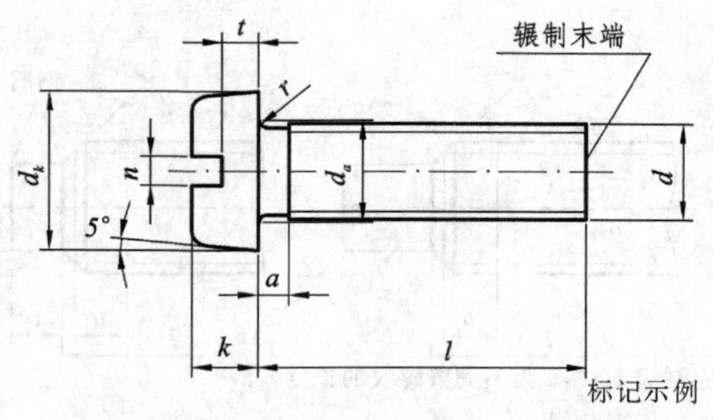

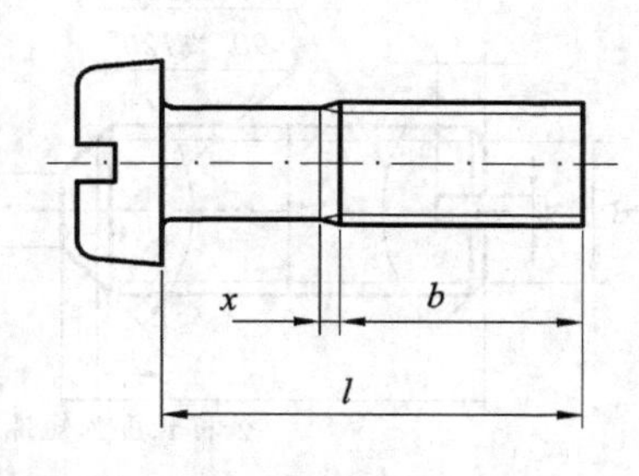

标记示例

螺纹规格 d=M5、公称长度 l=20 mm、性能等级为 4.8 级、不经表面处理的开槽圆柱头螺钉：

螺钉 GB65—85　M5×20

表 B-5　开槽圆柱头螺钉[GB65—85]　mm

螺纹规格 d		M4	M5	M6	M8	M10
P		0.7	0.8	1	1.25	1.5
a	max	1.4	1.6	2	2.5	3
b	min	38	38	38	38	38
d_k	max	7	8.5	10	13	16
	min	6.78	8.28	9.78	12.73	15.73
d_a	max	4.7	5.7	6.8	9.2	11.2
k	max	2.6	3.3	3.9	5	6
	min	2.45	3.1	3.6	4.7	5.7
n	公称	1.2	1.2	1.6	2	2.5
	min	1.26	1.26	1.66	2.06	2.56
	max	1.51	1.51	1.91	2.31	2.81
r	min	0.2	0.2	0.25	0.4	0.4
t	min	1.1	1.3	1.6	2	2.4
w	min	1.1	1.3	1.6	2	2.4
x	max	1.75	2	2.5	3.2	3.8
公称长度 l(商品规格范围)		5～40	6～50	8～60	10～80	12～80
l(系列)						

注：1　尽可能不采用括号内的规格。

2　P—螺距。

3　公称长度 $l \leqslant 40$ mm 的螺钉，制出全螺纹($b=l-a$)。

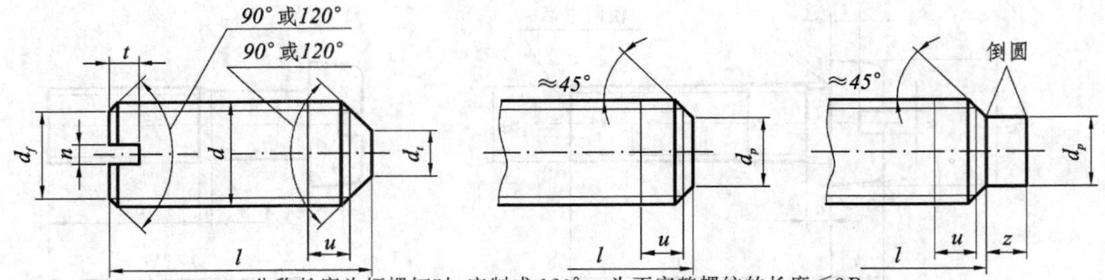

公称长度为短螺钉时，应制成120°，u为不完整螺纹的长度$\leqslant 2P$

标记示例

螺纹规格d=M5、公称长度l=12 mm、性能等级为14H级、表面氧化的开槽平端紧定螺钉：

螺钉 GB73—85　M5×12—14H

表 B-6　开槽锥端紧定螺钉[GB71—85]开槽平端紧定螺钉[GB73—85]

开槽长圆柱端紧定螺钉[GB75—85]

mm

螺旋规格 d		M1.2	M1.6	M2	M2.5	M3	M4	M5	M6	M8	M10	M12
P		0.25	0.35	0.4	0.45	0.5	0.7	0.8	1	1.25	1.5	1.75
d_f	≈	螺纹小径										
d_t	min	—	—	—	—	—	—	—	—	—	—	—
	max	0.12	0.16	0.2	0.25	0.3	0.4	0.5	1.5	2	2.5	3
d_p	min	0.35	0.55	0.75	1.25	1.75	2.25	3.2	3.7	5.2	6.64	8.14
	max	0.6	0.8	1	1.5	2	2.5	3.5	4	5.5	7	8.5
n	公称	0.2	0.25	0.25	0.4	0.4	0.6	0.8	1	1.2	1.6	2
	min	0.26	0.31	0.31	0.46	0.46	0.66	0.86	1.06	1.26	1.66	2.06
	max	0.4	0.45	0.45	0.6	0.6	0.8	1	1.2	1.51	1.91	2.31
t	min	0.4	0.56	0.64	0.72	0.8	1.12	1.28	1.6	2	2.4	2.8
	max	0.52	0.74	0.84	0.95	1.05	1.42	1.63	2	2.5	3	3.6
z	min	—	0.8	1	1.2	1.5	2	2.5	3	4	5	6
	max	—	1.05	1.25	1.25	1.75	2.25	2.75	3.25	4.3	5.3	6.3
GB71—85	l(公称长度)	2~6	2~8	3~10	3~12	4~16	6~20	8~25	8~30	10~40	12~50	14~60
	l(短螺钉)	2	2~2.5	2~2.5	2~3	2~3	2~4	2~5	2~6	2~8	2~10	2~12
GB73—85	l(公称长度)	2~6	2~8	2~10	2.5~12	3~16	4~20	5~25	6~30	8~40	10~50	12~60
	l(短螺钉)	—	2	2~2.5	2~3	2~3	2~4	2~5	2~6	2~8	2~10	2~12
GB75—85	l(公称长度)	—	2.5~8	3~10	4~12	5~16	6~20	8~25	8~30	10~40	12~50	14~60
	l(短螺钉)	—	2~2.5	2~3	2~4	2~5	2~6	2~8	2~10	2~14	2~16	2~20
l(系列)		2,2.5,3,4,5,6,8,10,12,(14),16,20,25,30,35,40,45,50,(55),60										

5. 六角螺母

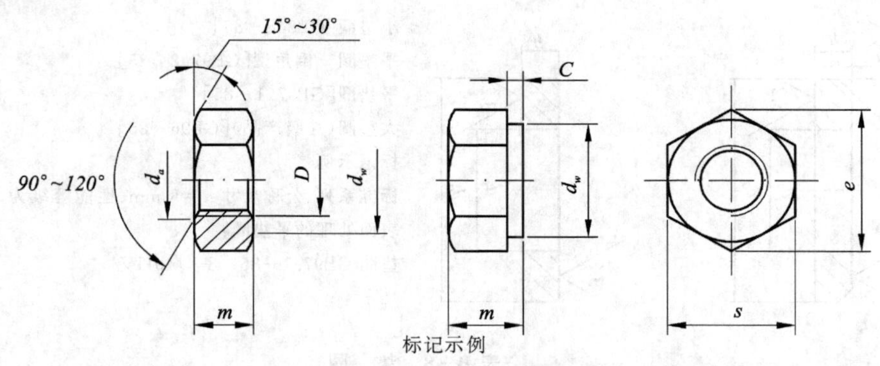

标记示例

螺纹规格 D＝M12、性能等级为 10 级、不经表面处理 A 级的 I 型六角螺母：

螺母 GB6170—86　M16

表 B-7　I 型六角螺母—A 级和 B 级[GB6170—86]　　mm

螺纹规格 D	C	d_a		d_w	e	m		m′	m″	s	
	max	min	max	min	min	max	min	min	min	max	min
M1.6	0.2	1.6	1.84	2.4	3.41	1.3	1.05	0.8	0.7	3.2	3.02
M2	0.2	2	2.3	3.1	4.32	1.6	1.35	1.1	0.9	4	3.82
M2.5	0.3	2.5	2.9	4.1	5.45	2	1.75	1.4	1.2	5	4.82
M3	0.4	3	3.45	4.6	6.01	2.4	2.15	1.7	1.5	5.5	5.32
M4	0.4	4	4.6	5.9	7.66	3.2	2.9	2.3	2	7	6.78
M5	0.5	5	5.75	6.9	8.79	4.7	4.4	3.5	3.1	8	7.78
M6	0.5	6	6.75	8.9	11.05	5.2	4.9	3.9	3.4	10	9.78
M8	0.6	8	8.75	11.6	14.38	6.8	6.44	5.1	4.5	13	12.73
M10	0.6	10	10.8	14.6	17.77	8.4	8.04	6.4	5.6	16	15.73
M12	0.6	12	13	16.6	20.03	10.8	10.37	8.3	7.3	18	17.73
M16	0.8	16	17.3	22.5	26.75	14.8	14.1	11.3	9.9	24	23.67
M20	0.8	20	21.6	27.7	32.95	18	16.9	13.5	11.8	30	29.16
M24	0.8	24	25.9	33.2	39.55	21.5	20.2	16.2	14.1	36	35
M30	0.8	30	32.4	42.7	50.85	25.6	24.3	19.4	17	46	45
M36	0.8	36	38.9	51.1	60.79	31	29.4	23.5	20.6	55	53.8
M42	1	42	45.4	60.6	72.22	34	32.4	25.9	22.7	65	63.8
M48	1	48	51.8	49.4	82.6	38	36.4	29.1	25.5	75	73.1
M56	1	56	60.5	78.7	93.56	45	43.3	34.7	30.4	85	82.8
M64	1.2	64	69.1	88.2	104.86	51	49.1	39.3	34.4	95	92.8

注：1　A 级用于 D≤16 的螺母；B 级用于 D＞16 的螺母。本表仅按商品规格和通用规格列出。

2　螺纹规格为 M8～M64、细牙、A 级和 B 级的 I 型六角螺母，请查阅 GB6171—86。

6. 垫 圈

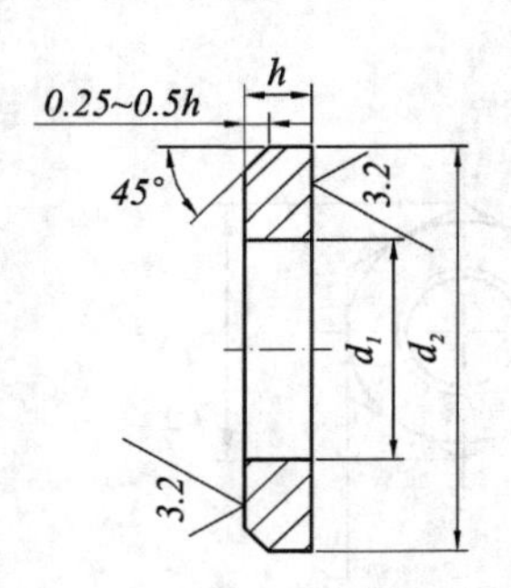

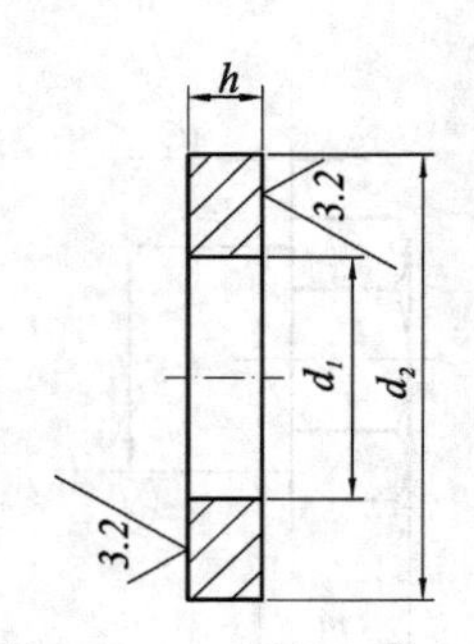

小垫圈[GB848—85]

平垫圈一倒角型[GB97.2—85]

平垫圈[GB97.1—85]

大垫圈(A级产品)[GB96—85]

标记示例

标准系列、公称尺寸 $d=8$ mm、性能等级为140HV级、不经表面处理的平垫圈：

垫圈 GB97.1—85 8—140HV

表 B-8 垫 圈 mm

<table>
<tr><td colspan="3">公称尺寸
(螺纹规格)d</td><td>1.6</td><td>2</td><td>2.5</td><td>3</td><td>4</td><td>5</td><td>6</td><td>8</td><td>10</td><td>12</td><td>14</td><td>16</td><td>20</td><td>24</td><td>30</td><td>36</td></tr>
<tr><td rowspan="8">d_1 内径</td><td rowspan="4">max</td><td>GB848—85</td><td rowspan="2">1.84</td><td rowspan="2">2.34</td><td rowspan="2">2.84</td><td rowspan="2">3.38</td><td rowspan="2">4.48</td><td rowspan="4">5.48</td><td rowspan="4">6.62</td><td rowspan="4">8.62</td><td rowspan="4">10.77</td><td rowspan="4">13.27</td><td rowspan="4">15.27</td><td rowspan="4">17.27</td><td rowspan="3">21.33</td><td rowspan="3">25.33</td><td>31.33</td><td rowspan="3">37.62</td></tr>
<tr><td>GB97.1—85</td><td rowspan="2">31.39</td></tr>
<tr><td>GB97.2—85</td><td>—</td><td>—</td><td>—</td><td>—</td><td>—</td></tr>
<tr><td>GB96—85</td><td>—</td><td>—</td><td>—</td><td>3.38</td><td>3.48</td><td>22.52</td><td>26.84</td><td>34</td><td>40</td></tr>
<tr><td rowspan="4">公称
(min)</td><td>GB848—85</td><td rowspan="2">1.7</td><td rowspan="2">2.2</td><td rowspan="2">2.7</td><td rowspan="2">3.2</td><td rowspan="2">4.3</td><td rowspan="4">5.3</td><td rowspan="4">6.4</td><td rowspan="4">8.4</td><td rowspan="4">10.5</td><td rowspan="4">13</td><td rowspan="4">15</td><td rowspan="4">17</td><td rowspan="3">21</td><td rowspan="3">25</td><td rowspan="3">31</td><td rowspan="3">37</td></tr>
<tr><td>GB97.1—85</td></tr>
<tr><td>GB97.2—85</td><td>—</td><td>—</td><td>—</td><td>—</td><td>—</td></tr>
<tr><td>GB96—85</td><td>—</td><td>—</td><td>—</td><td>3.2</td><td>4.3</td><td>22</td><td>26</td><td>33</td><td>39</td></tr>
<tr><td rowspan="8">d_2 内径</td><td rowspan="4">公称
(max)</td><td>GB848—85</td><td>3.5</td><td>4.5</td><td>5</td><td>6</td><td>8</td><td>9</td><td>11</td><td>15</td><td>18</td><td>20</td><td>24</td><td>28</td><td>34</td><td>39</td><td>50</td><td>60</td></tr>
<tr><td>GB97.1—85</td><td>4</td><td>5</td><td>6</td><td>7</td><td>9</td><td rowspan="2">10</td><td rowspan="2">12</td><td rowspan="2">16</td><td rowspan="2">20</td><td rowspan="2">24</td><td rowspan="2">28</td><td rowspan="2">30</td><td rowspan="2">37</td><td rowspan="2">44</td><td rowspan="2">56</td><td rowspan="2">66</td></tr>
<tr><td>GB97.2—85</td><td>—</td><td>—</td><td>—</td><td>—</td><td>—</td></tr>
<tr><td>GB96—85</td><td>—</td><td>—</td><td>—</td><td>9</td><td>12</td><td>15</td><td>18</td><td>24</td><td>30</td><td>37</td><td>44</td><td>50</td><td>60</td><td>72</td><td>92</td><td>110</td></tr>
<tr><td rowspan="4">min</td><td>GB848—85</td><td>3.2</td><td>4.2</td><td>4.7</td><td>5.7</td><td>7.64</td><td>8.64</td><td>10.57</td><td>14.57</td><td>17.57</td><td>19.48</td><td>23.48</td><td>27.48</td><td>33.38</td><td>33.38</td><td>49.38</td><td>58.8</td></tr>
<tr><td>GB97.1—85</td><td>3.7</td><td>4.7</td><td>5.7</td><td>6.64</td><td>8.64</td><td rowspan="2">9.64</td><td rowspan="2">11.57</td><td rowspan="2">15.57</td><td rowspan="2">19.48</td><td rowspan="2">23.48</td><td rowspan="2">27.48</td><td rowspan="2">29.48</td><td rowspan="2">36.38</td><td rowspan="2">43.38</td><td rowspan="2">56.26</td><td rowspan="2">64.8</td></tr>
<tr><td>GB97.2—85</td><td>—</td><td>—</td><td>—</td><td>—</td><td>—</td></tr>
<tr><td>GB96—85</td><td>—</td><td>—</td><td>—</td><td>8.64</td><td>11.57</td><td>14.57</td><td>17.57</td><td>23.48</td><td>29.48</td><td>36.38</td><td>43.38</td><td>49.38</td><td>58.1</td><td>70.1</td><td>89.8</td><td>107.8</td></tr>
<tr><td rowspan="12">h 厚度</td><td rowspan="4">公称</td><td>GB848—85</td><td rowspan="2">0.3</td><td rowspan="2">0.3</td><td rowspan="2">0.5</td><td rowspan="2">0.5</td><td>0.5</td><td rowspan="3">1</td><td rowspan="3">1.6</td><td rowspan="3">1.6</td><td>1.6</td><td>2</td><td rowspan="3">2.5</td><td>2.5</td><td rowspan="3">3</td><td rowspan="3">4</td><td rowspan="3">4</td><td rowspan="3">5</td></tr>
<tr><td>GB97.1—85</td><td>0.8</td><td rowspan="2">2</td><td rowspan="2">2.5</td><td rowspan="2">3</td></tr>
<tr><td>GB97.2—85</td><td>—</td><td>—</td><td>—</td><td>—</td><td>—</td></tr>
<tr><td>GB96—85</td><td>—</td><td>—</td><td>—</td><td>0.8</td><td>1</td><td>1.2</td><td>1.6</td><td>2</td><td>2.5</td><td>3</td><td>3</td><td>3</td><td>4</td><td>5</td><td>6</td><td>8</td></tr>
<tr><td rowspan="4">max</td><td>GB848—85</td><td rowspan="2">0.35</td><td rowspan="2">0.35</td><td rowspan="2">0.55</td><td rowspan="2">0.55</td><td>0.55</td><td rowspan="3">1.1</td><td rowspan="3">1.8</td><td rowspan="3">1.8</td><td>1.8</td><td>2.2</td><td rowspan="3">2.7</td><td>2.7</td><td rowspan="3">3.3</td><td rowspan="3">4.3</td><td rowspan="3">4.3</td><td rowspan="3">5.6</td></tr>
<tr><td>GB97.1—85</td><td>0.9</td><td rowspan="2">2.2</td><td rowspan="2">2.7</td><td rowspan="2">3.3</td></tr>
<tr><td>GB97.2—85</td><td>—</td><td>—</td><td>—</td><td>—</td><td>—</td></tr>
<tr><td>GB96—85</td><td>—</td><td>—</td><td>—</td><td>0.9</td><td>1.1</td><td>1.4</td><td>1.8</td><td>2.2</td><td>2.7</td><td>3.3</td><td>3.3</td><td>3.3</td><td>4.6</td><td>6</td><td>7</td><td>9.2</td></tr>
<tr><td rowspan="4">min</td><td>GB848—85</td><td rowspan="2">0.25</td><td rowspan="2">0.25</td><td rowspan="2">0.45</td><td rowspan="2">0.45</td><td>0.45</td><td rowspan="3">0.9</td><td rowspan="3">1.4</td><td rowspan="3">1.4</td><td>1.4</td><td>1.8</td><td rowspan="3">2.3</td><td>2.3</td><td rowspan="3">2.7</td><td rowspan="3">3.7</td><td rowspan="3">3.7</td><td rowspan="3">4.4</td></tr>
<tr><td>GB97.1—85</td><td>0.7</td><td rowspan="2">1.8</td><td rowspan="2">2.3</td><td rowspan="2">2.7</td></tr>
<tr><td>GB97.2—85</td><td>—</td><td>—</td><td>—</td><td>—</td><td>—</td></tr>
<tr><td>GB96—85</td><td>—</td><td>—</td><td>—</td><td>0.7</td><td>0.9</td><td>1.0</td><td>1.4</td><td>18</td><td>2.3</td><td>2.7</td><td>2.7</td><td>2.7</td><td>3.4</td><td>4</td><td>5</td><td>6.8</td></tr>
</table>

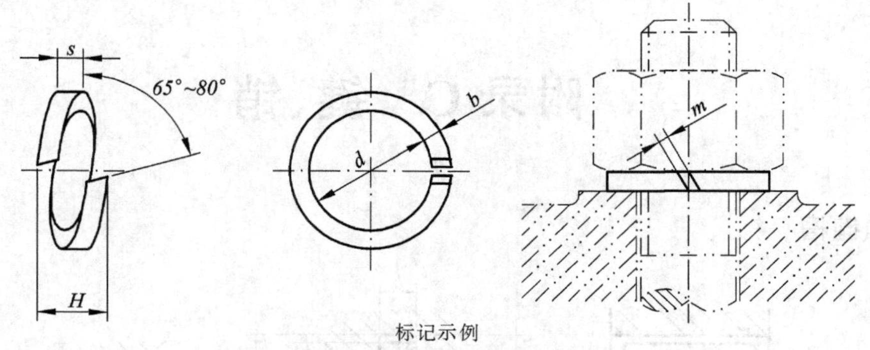

标记示例

规格 16 mm、材料为 65Mn、表面氧化的标准型弹簧垫圈：

垫圈 GB93—87　16

表 B-9　标准型弹簧垫圈[GB93—87]　　mm

规格（螺纹大径）	d		$s(b)$			H		m
	min	max	公称	min	max	min	max	≤
2	2.1	2.35	0.5	0.42	0.58	1	1.25	0.25
2.5	2.6	2.85	0.65	0.57	0.73	1.3	1.63	0.33
3	3.1	3.4	0.8	0.7	0.9	1.6	2	0.4
4	4.1	4.4	1.1	1	1.2	2.2	2.75	0.55
5	5.1	5.4	1.3	1.2	1.4	2.6	3.25	0.65
6	6.1	6.68	1.6	1.5	1.7	3.2	4	0.8
8	8.1	8.68	2.1	22.45	2.2	4.2	5.25	1.05
10	10.2	10.9	2.6	2.95	2.75	5.2	6.5	1.3
12	12.2	12.9	3.1	3.4	3.25	6.2	7.75	1.55
(14)	14.2	14.9	3.6	3.9	3.8	7.2	9	1.8
16	16.2	16.9	4.1	4.3	4.3	8.2	10.25	2.05
(18)	18.2	19.04	4.5	4.8	4.7	9	11.25	2.25
20	20.2	21.04	5	5.3	5.2	10	12.5	2.5
(22)	22.5	23.34	5.6	5.8	5.7	11	13.75	2.75
24	24.5	25.5	6	5.8	6.2	12	15	3
(27)	27.5	28.5	6.8	6.5	7.1	13.6	17	3.4
30	30.5	31.5	7.5	7.2	7.7	15	18.75	3.75
(33)	33.5	34.7	8.5	8.2	8.8	17	21.25	4.25
36	36.5	37.7	9	8.7	9.3	18	22.5	4.5
(39)	39.5	40.7	10	9.7	10.3	20	25	5
42	42.5	43.7	10.5	10.2	10.8	21	26.25	5.25
(45)	45.5	46.7	11	10.7	11.3	22	27.5	5.5
48	48.5	49.7	12	11.7	12.3	24	30	6

注：1　尽可能不采用括号内的规格。

2　m 应大于零。

附录C　键、销

1. 键和键槽

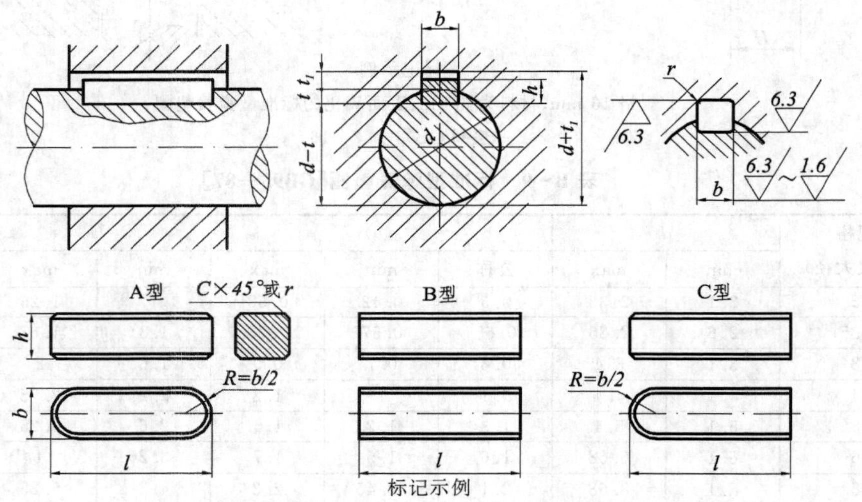

标记示例

圆头普通平键(A 型),b=18 mm,h=11 mm,l=100 mm:

键 18×100　GB1096—79

方头普通平键(B 型),b=18 mm,h=11 mm,l=100 mm:

键 B18×100　GB1096—79

单圆头普通平键(C 型),b=18 mm,h=11 mm,l=100 mm:

键 C18×100　GB1096—79

表 C-1　普通平键[GB1096—79]、平键的剖面及键槽[GB1095—79 及 GB1096—79]

轴径 d	键的公称尺寸			键槽深		$r<$
				轴	轮毂	
	b	h	l	t	t_1	
自 6～8	2	2	6～20	1.2	1.0	0.16
>8～10	3	3	6～36	1.8	1.4	
>10～12	4	4	8～45	2.5	1.8	

续表 C-1

轴径 d	键的公称尺寸			键槽深		$r<$
				轴	轮毂	
	b	h	l	t	t_1	
>12~17	5	5	10~56	3.0	2.3	
>17~22	6	6	14~70	3.5	2.8	0.25
>22~30	8	7	18~90	4.0	3.3	
>30~38	10	8	22~110	5.0	3.3	
>38~44	12	8	28~140	5.0	3.3	
>44~50	14	9	36~160	5.5	3.8	0.40
>50~58	16	10	45~180	6.0	4.3	
>58~65	18	11	50~200	7.0	4.4	
>65~75	20	12	56~220	7.5	4.9	
>75~85	22	14	63~250	9.0	5.4	
>85~95	25	14	70~280	9.0	5.4	0.60
>95~110	28	16	80~320	10.0	6.4	
>110~130	32	18	93~60	11.0	7.4	
>130~150	36	20	100~400	12.0	8.4	
>150~170	40	22	100~400	13.0	9.4	1.00
>170~200	45	25	110~450	15.0	10.4	
>200~230	50	28	125~500	17.0	11.4	
>230~260	56	30	140~500	20.0	12.4	
>260~290	63	32	160~500	20.0	12.4	1.60
>290~330	70	36	180~500	22.0	12.4	
>330~380	80	40	200~500	25.0	15.4	
>380~440	90	45	220~500	28.0	17.4	2.50
>440~500	100	50	250~500	31.0	19.5	
l 系列	6,8,10,12,14,16,18,20,22,25,28,32,36,40,45,50,56,63,70,80,90,100,110,125,140,160,…					

注：1　在工作图中轴槽深用 $d-t$ 或 t 标注，轮毂槽深用 $d+t_1$ 标注。

2　对于空心轴、阶梯轴、传递较低扭矩及定位等特殊情况，允许大直径的轴选用较小剖面尺寸的键。

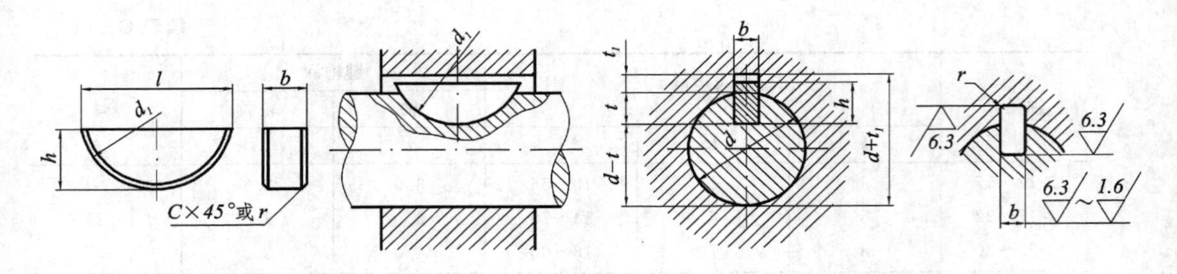

标记示例

半圆键 $b=6$ mm，$h=10$ mm，$d=25$ mm，$l=24.5$ mm：

键 6×25　GB1099—79

表 C-2　半圆键[GB1099—79]、键的剖面及键槽[GB1098—79]　　mm

轴径 d		键的公称尺寸				键槽深		$C<$
						轴	轮毂	
键传递扭矩用	键传动定位用	b	h	d	l	t	t_1	
自 3～4	自 3～4	1.0	1.4	4	3.9	1.0	0.6	0.25
>4～5	>4～6	1.5	2.6	7	6.8	2.0	0.8	
>5～6	>6～8	2.0	2.6	7	6.8	1.8	1.0	
>6～7	>8～10		3.7	10	9.7	2.9		
>7～8	>10～12	2.5	3.7	10	9.7	2.7	1.2	
>8～10	>12～15	3.0	5.0	13	12.7	3.8	1.4	
>10～12	>15～18		6.5	16	15.7	5.3		
>12～14	>18～20	4.0	6.5	16	15.7	5.0	1.8	0.4
>14～16	>20～22		7.5	19	18.6	6.0		
>16～18	>22～25	5.0	6.5	16	15.7	4.5	2.3	
>18～20	>25～28		7.5	19	18.6	5.5		
>20～22	>28～32		9	22	21.6	7.0		
>22～25	>32～36	6.0	9	22	21.6	6.5	2.8	
>25～28	>36～40		10	25	24.5	7.5		
>28～32	40	8	11	28	27.4	8.0	3.3	0.6
>32～38	—	10	13	32	31.4	10.0		

注：1　在工作图中轴槽深用 $d-t$ 或 t 标注，轮毂槽深用 $d+t_1$ 标注。

2　k 值系计算键联结挤压应力时的参考尺寸。

2. 销

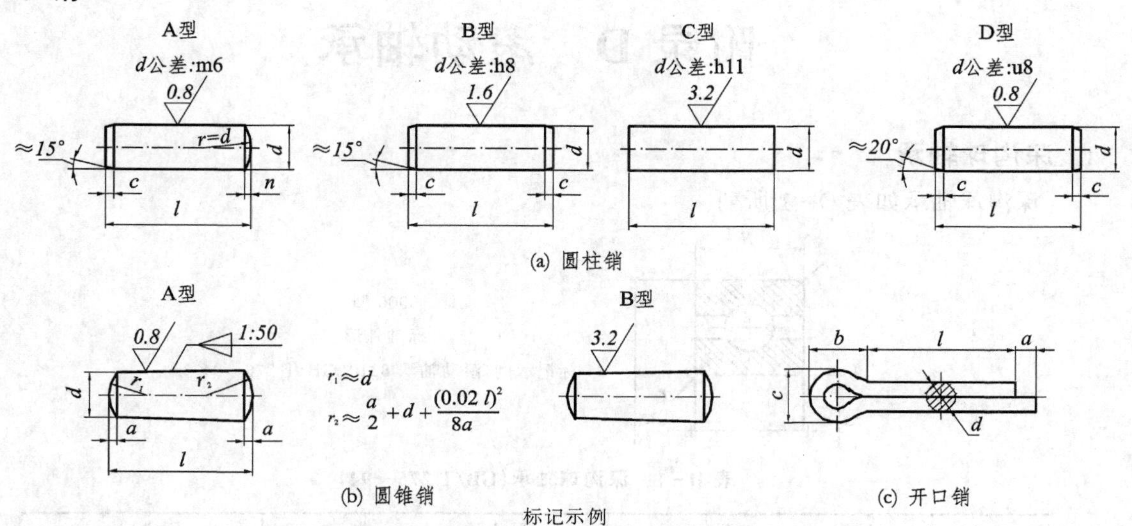

(a) 圆柱销

(b) 圆锥销

(c) 开口销

标记示例

公称直径 10 mm、长 50 mm 的 A 型圆柱销：销 GB119—86 A10×50

公称直径 10 mm、长 60 mm 的 A 型圆锥销：销 GB117—86 A10×60

公称直径 d=5 mm、长度 l=50 mm 的开口销：销 GB91—86—5×50

表 C-3 圆柱销[GB119—86]、圆锥销[GB117—86]、开口销[GB91—86] mm

名 称	公称直径 d	1	1.2	1.5	2	2.5	3	4	5	6	8	10	12
圆柱销（GB119—86）	$n\approx$	0.12	0.16	0.20	0.25	0.30	0.40	0.50	0.63	0.80	1.0	1.2	1.6
	$c\approx$	0.20	0.25	0.30	0.35	0.40	0.50	0.63	0.80	1.2	1.6	2	2.5
圆锥销（GB117—86）	$a\approx$	0.12	0.16	0.2	0.25	0.3	0.4	0.5	0.63	0.8	1	1.2	1.6
开口销（GB91—86）	d（公称）	0.6	0.8	1	1.2	1.6	2	2.5	3.2	4	5	6.3	8
	c	1	1.4	1.8	2	2.8	3.6	4.6	5.8	7.4	9.2	11.8	15
	$b\approx$	2	2.4	3	3	3.2	4	5	6.4	8	10	12.6	16
	a	1.6	1.6	1.6	2.5	2.5	2.5	2.5	4	4	4	4	4
	l（商品规格范围公称长度）	4～12	5～16	6～20	8～26	8～32	10～40	12～50	14～65	18～80	22～100	30～120	40～160
l系列	2,3,4,5,6,7,8,10,12,14,16,18,20,22,24,26,28,30,32,35,40,45,50,55,60,65,70,75,80,85,90,95,100,120												

附录 D　滚动轴承

1. 深沟球轴承

深沟球轴承如表 D－1 所列。

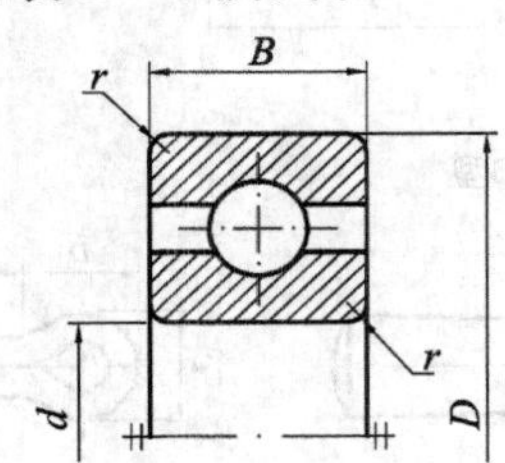

6000 型

标准外形

标记示例：滚动轴承 6210(GB/T 276—94)

表 D－1　深沟球轴承(GB/T 276—94)

轴承代号	尺寸/mm				轴承代号	尺寸/mm				轴承代号	尺寸/mm			
	d	D	B	r_{smin}		d	D	B	r_{smin}		d	D	B	r_{smin}
02 系列					03 系列					04 系列				
6200	10	30	9	0.6	6300	10	35	11	0.6	6403	17	62	17	1.1
6201	12	32	10	0.6	6301	12	37	12	1	6404	20	72	19	1.1
6202	15	35	11	0.6	3602	15	42	13	1	6405	25	80	21	1.5
6203	17	40	12	0.6	6303	17	47	14	1	6406	30	90	23	1.5
6204	20	47	14	1	6304	20	52	15	1.1	6407	35	100	25	1.5
6205	25	52	15	1	6305	25	62	17	1.1	6408	40	110	27	2
6206	30	62	16	1	6306	30	72	19	1.1	6409	45	120	29	2
6207	35	72	17	1.1	6307	35	80	21	1.5	6410	50	130	31	2.1
6208	40	80	18	1.1	6308	40	90	23	1.5	6411	55	140	33	2.1
6209	45	85	19	1.1	6309	45	100	25	1.5	6412	60	150	35	2.1
6210	50	90	20	1.1	6310	50	110	27	2	6413	65	160	37	2.1
6211	55	100	21	1.5	6311	55	120	29	2	6414	70	180	42	3
6212	60	110	22	1.5	6312	60	130	31	2.1	6415	75	190	45	3
6213	65	120	23	1.5	6313	65	140	33	2.1	6416	80	200	48	3
6214	70	125	24	1.5	6314	70	150	35	2.1	6417	85	210	52	4
6215	75	130	25	1.5	6315	75	160	37	2.1	6418	90	225	54	4
6216	80	140	26	2	6316	80	170	39	2.1	6420	100	250	58	4
6217	85	150	28	2	6317	85	180	41	3					
6218	90	160	30	2	6318	90	190	43	3					
6219	95	170	32	2.1	6319	95	200	45	3					
6220	100	180	34	2.1	6320	100	215	47	3					

注：d—轴承公称内径；　　D—轴承公称外径；

　　B—轴承公称宽度；　　r—内、外圈公称倒角尺寸的单向最小尺寸。

2. 圆锥滚子轴承

圆锥滚子轴承如表 D-2 所列。

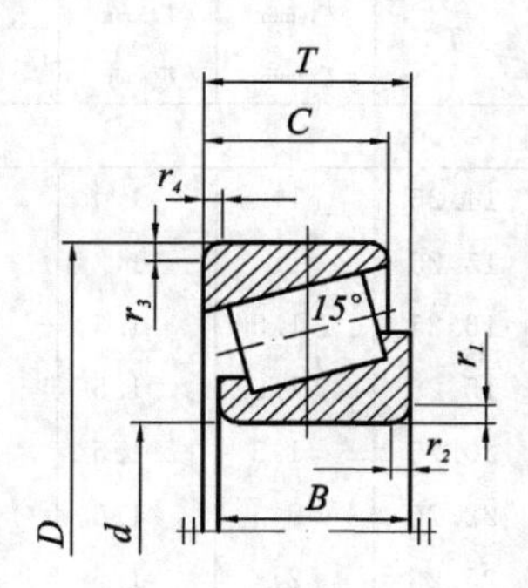

30000 型

标准外形

标记示例：滚动轴承 30312(GB/T 297—94)

表 D-2 圆锥滚子轴承(GB/T 297—94)

轴承代号	尺寸/mm							
	d	D	B	C	T	r_{1smin} r_{2smin}	r_{3smin} r_{4smin}	a
02 系列								
30203	17	40	12	11	13.25	1	1	12°57′10″
30204	20	47	14	12	15.25	1	1	12°57′10″
30205	25	52	15	13	16.25	1	1	14°02′10″
30206	30	62	16	14	17.25	1	1	14°02′10″
30207	35	72	17	15	18.25	1.5	1.5	14°02′10″
30208	40	80	18	16	19.75	1.5	1.5	14°02′10″
30209	45	85	19	16	20.75	1.5	1.5	15°06′34″
30210	50	90	20	17	21.75	1.5	1.5	15°38′32″
30211	55	100	21	18	22.75	2	1.5	15°06′94″
30212	60	110	22	19	23.75	2	1.5	15°06′34″
30213	65	120	23	20	24.75	2	1.5	15°06′34″
30214	70	125	24	21	26.25	2	1.5	15°38′32″
30215	75	130	25	22	27.25	2	1.5	16°10′20″
30216	80	140	26	22	28.25	2.5	2	15°38′3″
30217	85	150	28	24	30.5	2.5	2	15°38′32″
30218	90	160	30	26	32.5	2.5	2	15°38′32″
30219	95	170	32	27	34.5	3	2.5	15°38′32″
30220	100	180	34	29	37	3	2.5	15°38′32″

续表 D-2

轴承代号	尺寸/mm							
	d	D	B	C	T	r_{1smin} r_{2smin}	r_{3smin} r_{4smin}	a
03系列								
30302	15	42	13	11	14.25	1	1	10°45′29″
30303	17	47	14	12	15.25	1	1	10°45′29″
30304	20	52	15	13	16.25	1.5	1.5	11°18′36″
30305	25	62	17	15	18.25	1.5	1.5	11°18′36″
30306	30	72	19	16	20.75	1.5	1.5	11°51′35″
30307	35	80	21	18	22.75	2	1.5	11°51′35″
30308	40	90	23	20	25.25	2	1.5	12°57′10″
30309	45	100	25	22	27.25	2	1.5	12°57′10″
30310	50	110	27	23	29.25	2.5	2	12°57′10″
30311	55	120	29	25	31.5	2.5	2	12°57′10″
30312	60	130	31	26	33.5	3	2.5	12°57′10″
30313	65	140	33	28	36	3	2.5	12°57′10″
30314	70	150	35	30	38	3	2.5	12°57′10″
30315	75	160	37	31	40	3	2.5	12°57′10″
30316	80	170	39	33	42.5	3	2.5	12°57′10″
30317	85	180	41	34	44.5	4	3	12°57′10″
30318	90	190	43	36	46.5	4	3	12°57′10″
30319	95	200	45	38	49.5	4	3	12°57′10″
30320	100	215	47	39	51.5	4	3	12°57′10″

3. 推力球轴承

推力球轴承如表 D-3 所列。

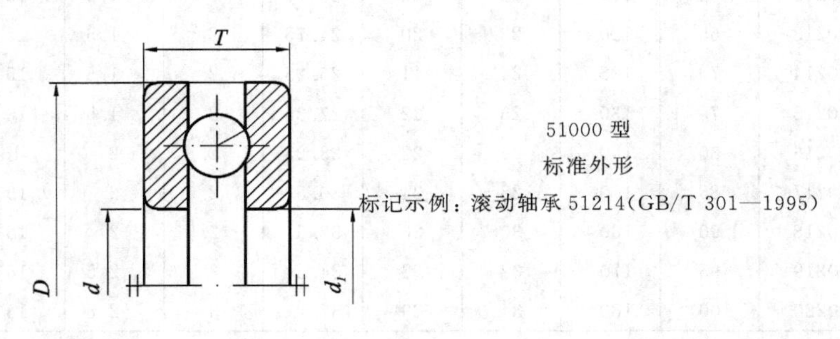

表 D－3　推力球轴承(GB/T 301—1995)

轴承代号	尺寸/mm						
	d	d_1	D	T	B	r_{smin}	r_{1smin}
				12、22系列			
51200	10	12	26	11	—	0.6	—
51201	12	14	28	11	—	0.6	—
51202	15	17	32	12	5	0.6	0.3
51203	17	19	35	12	—	0.6	—
51204	20	22	40	14	6	0.6	0.3
51205	25	27	47	15	7	0.6	0.3
51206	30	32	52	16	7	0.6	0.3
51207	35	37	62	18	8	1	0.3
51208	40	42	68	19	9	1	0.6
51209	45	47	73	20	9	1	0.6
51210	50	52	78	22	9	1	0.6
51211	55	57	90	25	10	1	0.6
51212	60	62	95	26	10	1	0.6
51213	65	67	100	27	10	1	0.1
51214	70	72	105	27	10	1	1
51215	75	77	110	27	10	1	1
51216	80	82	115	28	10	1	1
51217	85	88	125	31	12	1	1
51218	90	93	135	35	14	1.1	1
51220	100	103	150	38	15	1.1	1
				13、23系列			
51304	20	22	47	18	—	1	—
51305	25	27	52	18	8	1	0.3
51306	30	32	60	21	9	1	0.3
51307	35	37	68	24	10	1	0.3
51308	40	42	78	26	12	1	0.6
51309	45	47	85	28	12	1	0.6
51310	50	52	95	31		1.1	0.6
51311	55	57	105	35	15	1.1	0.6
51312	60	62	110	35	15	1.1	0.6
51313	65	67	115	36	15	1.1	0.6
51314	70	72	125	40	16	1.1	1
51315	75	77	135	44	18	1.5	1
51316	80	82	140	44	18	1.1	1
51317	85	88	150	49	19	1.5	1
51318	90	93	155	52	19	1.5	1
51320	100	103	170	55	21	1.5	1
				14、24系列			
51405	25	27	60	24	11	1	0.6
51406	30	32	70	28	12	1	0.6
51407	35	37	80	32	14	1.1	0.6
51408	40	42	90	36	15	1.1	0.6
51409	45	47	100	39	17	1.1	0.6
51410	50	52	110	43	18	1.5	0.6
61411	55	57	120	48	20	1.5	0.6
51412	60	62	130	51	21	1.5	0.6
51413	65	68	140	56	23	2	1
51414	70	73	150	60	24	2	1
51415	75	78	160	65	26	2	1
51417	85	88	180	72	29	2.1	1.1
51418	90	93	190	77	30	2.1	1.1
51420	100	103	210	85	33	3	1.1

附录 E　公差与配合

公差与配合的基本数值如表 E-1～E-4 所列。

表 E-1　轴的基本偏差数值

基本尺寸/mm	基本														
	上偏差 es														
	a*	b*	c	cd	d	e	ef	f	fg	g	h	js**	j		
	所有公差等级												5,6	7	8
≤3	−270	−140	−60	−34	−20	−14	−10	−6	−4	−2	0		−2	−4	−6
>3～6	−270	−140	−70	−46	−30	−20	−14	−10	−6	−4	0		−2	−4	—
>6～10	−280	−150	−80	−56	−40	−25	−18	−13	−8	−5	0		−2	−5	—
>10～14	−290	−150	−95	—	−50	−32	—	−16	—	−6	0		−3	−6	—
>14～18															
>18～24	−300	−160	−110	—	−65	−40	—	−20	—	−7	0		−4	−8	—
>24～30															
>30～40	−310	−170	−120	—	−80	−50	—	−25	—	−9	0		−5	−10	—
>40～50	−320	−180	−130												
>50～65	−340	−190	−140	—	−100	−60	—	−30	—	−10	0		−7	−12	—
>65～80	−360	−200	−150												
>80～100	−380	−220	−170	—	−120	−72	—	−36	—	−12	0	偏差=±IT/2	−9	−15	—
>100～120	−410	−240	−180												
>120～140	−460	−260	−200	—	−145	−85	—	−43	—	−14	0		−11	−18	—
>140～160	−520	−280	−210												
>160～180	−580	−310	−230												
>180～200	−660	−340	−240	—	−170	−100	—	−50	—	−15	0		−13	−21	—
>200～225	−740	−380	−260												
>225～250	−820	−420	−280												
>250～280	−920	−480	−300	—	−190	−110	—	−56	—	−17	0		−16	−26	—
>280～315	−1050	−540	−330												
>315～355	−1200	−600	−360	—	−210	−125	—	−62	—	−18	0		−18	−28	—
>355～400	−1350	−680	−400												

注：* 基本尺寸小于 1 mm 时，各级的 a 和 b 均不采用。

** js 的数值，对 IT7 至 IT11，若 IT 的数值(μm)均为奇数，则取 js=±(IT−1)/2。

［GB/T1800.3—1998］　　μm

偏差															
下偏差 ei															
k		m	n	p	r	s	t	u	v	x	y	z	za	zb	zc
4～7	≤3 >7	所有公差等级													
+0	0	+2	+4	+6	+10	+14	—	+18	—	+20	—	+26	+32	+40	+60
+1	0	+4	+8	+12	+15	+19	—	+23	—	+28	—	+35	+42	+50	+80
+1	0	+6	+10	+15	+19	+23	—	+28	—	+34	—	+42	+52	+67	+97
+1	0	+7	+12	+18	+23	+28	—	+33	—	+40	—	+50	+64	+90	+130
							—		+39	+45	—	+60	+77	+108	+150
+2	0	+8	+15	+22	+28	+35	—	+41	+47	+54	+63	+73	+98	+136	+188
							+41	+48	+55	+64	+75	+88	+118	+160	+218
+2	0	+9	+17	+26	+34	+43	+48	+60	+68	+80	+94	+112	+148	+200	+274
							+54	+70	+81	+97	+114	+136	+180	+242	+325
+2	0	+11	+20	+32	+41	+53	+66	+87	+102	+122	+144	+172	+226	+300	+405
					+43	+59	+75	+102	+120	+146	+174	+210	+274	+360	+480
+3	0	+13	+23	+37	+51	+71	+91	+124	+146	+178	+214	+258	+335	+445	+585
					+54	+79	+104	+144	+172	+210	+254	+310	+400	+525	+690
+3	0	+15	+27	+43	+63	+92	+122	+170	+202	+248	+300	+365	+470	+620	+800
					+65	+100	+134	+190	+228	+280	+340	+415	+535	+700	+900
					+68	+108	+146	+210	+252	+310	+380	+465	+600	+780	+1 000
+4	0	+17	+31	+50	+77	+122	+166	+236	+248	+350	+425	+520	+670	+880	+1 150
					+80	+130	+180	+258	+310	+385	+470	+575	+740	+960	+1 250
					+84	+140	+196	+284	+340	+425	+520	+640	+820	+1050	+1350
+4	0	+20	+34	+56	+94	+158	+218	+315	+385	+475	+580	+710	+920	+1200	+1 550
					+98	+170	+240	+350	+425	+525	+650	+790	+1 000	+1 300	+1 700
+4	0	+21	+37	+62	+108	+190	+268	+390	+475	+590	+730	+900	+1150	+1 500	+1 900
					+114	+208	+294	+435	+530	+660	+820	+1 000	+1 300	+1 650	+2 100

表 E-2　孔的基本偏差数值

基本

基本尺寸/mm	下偏差 EI												上偏差 ES								
	A*	B*	C	CD	D	E	EF	F	FG	G	H	JS**	J			K		M		N*	
	所有公差等级												6	7	8	≤8	>8	≤8	>8	≤8	>8
≤3	+270	+140	+60	+34	+20	14	+10	+6	+4	+2	0	偏差=±IT/2	+2	+4	+6	0	0	−2	2	−4	−4
>3~6	+270	+140	+70	+46	+30	+20	+14	+10	+6	+4	0		+5	+6	+10	−1+Δ	—	−4+Δ	−4	−8+Δ	0
>6~10	+280	+150	+80	+56	+40	+25	+18	+13	+8	+5	0		+5	+8	12	−1+Δ	—	−6+Δ	−6	−10+Δ	0
>10~14	+290	+150	+95	—	+50	+32	—	+16		+6	0		+6	+10	+15	−1+Δ	—	−7+Δ	−7	−12+Δ	0
>14~18																					
>18~24	+300	+160	+110	—	+65	+40	—	+20	—	+7	0		+8	+12	+20	−2+Δ	—	−8+Δ	−8	−15+Δ	0
>24~30																					
>30~40	+310	+170	+120	—	+80	+50	—	+25	—	+9	0		+10	+14	+24	−2+Δ	—	−9+Δ	−9	−17+Δ	0
>40~50	+320	+180	+130																		
>50~65	+340	+190	+140	—	+100	+60	—	+30	—	+10	0		+13	+18	+28	−2+Δ	—	−11+Δ	−11	−20+Δ	0
>65~80	+360	+200	+150																		
>80~100	+380	+220	+170	—	+120	+72	—	+36	—	+12	0		+16	+22	+34	−3+Δ	—	−13+Δ	−13	−23+Δ	0
>100~120	+410	+240	+180																		
>120~140	+460	+260	+200																		
>140~160	+520	+280	+210	—	+145	+85	—	+43	—	+14	0		+18	+26	+41	−3+Δ	—	−15+Δ	−15	−27+Δ	0
>160~180	+580	+310	+230																		
>180~200	+600	+340	+240																		
>200~225	+740	+380	+260	—	+170	+100	—	+50	—	+15	0		+22	+30	+47	−4+Δ	—	−17+Δ	−17	−31+Δ	0
>225~250	+820	+420	+280																		
>250~280	+920	+480	+300	—	+190	+110	—	+56	—	+17	0		+25	+36	+55	−4+Δ	—	−20+Δ	20	−34+Δ	0
>280~315	+1050	+540	+330																		
>315~355	+1200	+600	+360	—	+210	+125	—	+62	—	+18	0		+29	+39	+60	−4+Δ	—	−21+Δ	−21	−37+Δ	0
>355~400	+1350	+680	+400																		

注：* 基本尺寸小于 1 mm 时，各级的 A 和 B 及大于 8 级的 N 均不采用。

** JS 的数值，对 IT7 至 IT11，若 IT 的数值(μm)为奇数，则取 JS=±(IT−1)/2。

［摘自 GB/T 1800.3—1998］

μm

偏差

上偏差 ES													Δ					
P～ZC	P	R	S	T	U	V	X	Y	Z	ZA	ZB	ZC						
≤7	>7												3	4	5	6	7	8
在>7的相应数值上增加一个Δ值	−6	−10	−14	—	−18	—	−20	—	−26	−32	−40	−60	0					
	−12	−15	−19	—	−23	—	−28	—	−35	−42	−50	−80	1	1.5	1	3	4	6
	−15	−19	−23	—	−28	—	−34	—	−42	−52	−67	−97	1	1.5	2	3	6	7
	−8	−23	−28	—	−33	—	−40	—	−50	−64	−90	−130	1	2	3	3	7	9
						−39	−45	—	−60	−77	−108	−150						
	−22	−28	−35	—	−41	−47	−54	−63	−73	−98	−136	−188	1.5	2	3	4	8	12
				−41	−48	−55	−64	−75	−88	−118	−160	−218						
	−26	−34	−43	−48	−60	−68	−80	−94	−112	−148	−200	−274	1.5	3	4	5	9	14
				−54	−70	−81	−97	−114	−136	−180	−242	−325						
	−32	−41	−53	−66	−87	−102	−122	−114	−172	−226	−300	−405	2	3	5	6	11	16
		−43	−59	−75	−102	−120	−146	−174	−210	−274	−360	−480						
	−37	−51	−71	−91	−124	−146	−178	−214	−258	−335	−445	−585	2	4	5	7	13	19
		−54	−79	−104	−144	−172	−210	−254	−310	−400	−525	−690						
	−43	−63	−92	−122	−170	−202	−248	−300	−365	−470	−620	−800	3	4	6	7	15	23
		−65	−100	−134	−190	−228	−280	−340	−415	−535	−700	−900						
		−68	−108	−146	−210	−252	−310	−380	−465	−600	−780	−1 000						
	−50	−77	−122	−166	−236	−284	−350	−425	−520	−670	−880	−1 150	3	4	6	9	17	26
		−80	−130	−180	−258	−310	−385	−470	−575	−740	−960	−1 250						
		−84	−140	−196	−284	−340	−425	−520	−640	−820	−1 050	−1 350						
	−56	−94	−158	−218	−315	−385	−475	−580	−710	−920	−1 200	−1 550	4	4	7	9	20	29
		−98	−170	−240	−350	−425	−525	−650	−790	−1 000	−1 300	−1 700						
	−62	−108	−190	−268	−390	−470	−590	−730	−900	−1 150	−1 500	−1 900	4	5	7	11	21	32
		−114	−208	−294	−435	−530	−660	−820	−1 000	−1 300	−1 650	−2 100						

表 E-3　轴的极限偏差

常用

基本尺寸/mm		d		e			f					g			h					js		
大于	至	8	9	7	8	9	5	6	7	8	9	5	6	7	5	6	7	8	9	5	6	7
—	3	−20 −34	−20 −45	−14 −24	−14 −28	−14 −39	−6 −10	−6 −12	−6 −16	−6 −20	−6 −31	−2 −6	−2 −8	−2 −12	−0 −4	−0 −6	−0 −10	−0 −14	−0 −25	±2	±3	±5
3	6	−30 −48	−30 −60	−20 −32	−20 −38	−20 −50	−10 −15	−10 −18	−10 −22	−10 −28	−10 −40	−4 −9	−4 −12	4 −16	−0 −5	0 8	0 12	0 18	0 30	±2.5	±4	±6
6	10	−40 −62	−40 −76	−25 −40	−25 −47	−25 −61	−13 −19	−13 −22	−13 −28	−13 −35	−13 −49	−5 −11	−5 −14	−5 −20	−0 −6	0 9	0 15	0 22	0 36	±3	±4.5	±7
10 14	14 18	−50 −77	−50 −93	−32 −50	−32 −59	−32 −75	−16 −24	−16 −27	−16 −34	−16 −43	−16 −59	−6 −14	−6 −17	−6 −24	−0 −8	−0 −11	−0 −18	−0 −27	−0 −43	±4	±5.5	±9
18 24	24 30	−65 −98	−65 −117	−40 −61	−40 −73	−40 −92	−20 −29	−20 −33	−20 −41	−20 −53	−20 −72	−7 −16	−7 −20	−7 −28	−0 −9	−0 −13	−0 −21	−0 −33	−0 −52	±4.5	±6.5	±10
30 40	40 50	−80 −119	−80 −142	−50 −75	−50 −89	−50 −112	−25 −36	−25 −41	−25 −50	−25 −64	−25 −87	−9 −20	−9 −25	−9 −34	−0 −11	−0 −16	0 25	−0 −39	−0 −62	±5.5	±8	±12
50 65	65 80	−100 −146	−100 −174	−60 −90	−60 −106	−60 −134	−30 −43	−30 −49	−30 −60	−30 −76	−30 −104	−10 −23	−10 −29	−10 −40	−0 −13	−0 −19	−0 −30	−0 −46	−0 −74	±6.5	±9.5	±15
80 100	100 120	−120 −174	−120 −207	−72 −107	−72 −126	−72 −159	−36 −51	−36 −58	−36 −71	−36 −90	−36 −123	−12 −27	−12 −34	−12 −47	−0 −15	−0 −22	−0 −35	−0 −54	−0 −87	±7.5	±11	±17
120 140 160	140 160 180	−145 −208	−145 −245	−85 −125	−85 −148	−85 −185	−43 −61	−43 −68	−43 −83	−43 −106	−43 −143	−14 −32	−14 −39	−14 −54	−0 −18	−0 −25	−0 −40	−0 −63	−0 −100	±9	±12.5	±20
180 200 225	200 225 250	−170 −242	−170 −285	−100 −146	−100 −172	−100 −215	−50 −70	−50 −79	−50 −96	−50 −122	−50 −165	−15 −35	−15 −44	−15 −61	−0 −20	−0 −29	−0 −46	−0 −72	−0 −115	±10	±14.5	±23
250 280	280 315	−190 −271	−190 −320	−110 −162	−110 −191	−110 −240	−56 −79	−56 −88	−56 −108	−56 −137	−56 −186	−17 −40	−17 −49	−17 −69	−0 −23	0 32	0 52	−0 81	−0 −130	±11.5	±16	±26
315 355	355 400	−210 −299	−210 −350	−125 −182	−125 −214	−125 −265	−62 −87	−62 −98	−62 −119	−62 −151	−62 −202	−18 −43	−18 −54	−18 −75	−0 −25	−0 −36	−0 −57	−0 −89	−0 −140	±12.5	±18	±28

摘自[GB1801—79] μm

公差带

k			m			n			p			r			s			t		
5	6	7	5	6	7	5	6	7	5	6	7	5	6	7	5	6	7	5	6	7
+4 0	+6 0	+10 0	+6 +2	+8 +2	+12 +2	+8 +4	+10 +4	+14 +4	+10 +6	+12 +6	+16 +6	+14 +10	+16 +10	+20 +10	+18 +14	+20 +14	+24 +14	—	—	—
+6 +1	+9 +1	+13 +1	+9 +4	+12 +4	+16 +4	+13 +18	+16 +8	+20 +8	+17 +12	+20 +12	+24 +12	+20 +15	+23 +15	+27 +15	+24 +19	+27 +19	+31 +19	—	—	—
+7 +1	+10 +1	+16 +1	+12 +6	+15 +6	+21 +6	+16 +10	+19 +10	+25 +10	+21 +15	+24 +15	+30 +15	+25 +19	+28 +19	+34 +19	+29 +23	+32 +23	+38 +23	—	—	—
+9 +1	+12 +1	+19 +1	+15 +7	+18 +7	+25 +7	+20 +12	+23 +12	+30 +12	+26 +18	+29 +18	+36 +18	+31 +23	+34 +23	+41 +23	+36 +28	+29 +28	+46 +28	—	—	—
																		—	—	—
+11 +2	+15 +2	+23 +2	+17 +8	+21 +8	+29 +8	+24 +15	+28 +15	+36 +15	+31 +22	+35 +22	+43 +22	+37 +28	+41 +29	+49 +28	+44 +35	+48 +35	+56 +35	—	—	—
																		+50 +41	+54 +41	+62 +41
+13 +2	+18 +2	+27 +2	+20 +9	+25 +9	+34 +9	+28 +17	+33 +17	+42 +17	+37 +26	+42 +26	+51 +26	+45 +34	+50 +34	+59 +34	+54 +43	+59 +43	+68 +43	+59 +48	+64 +48	+73 +78
																		+65 +54	+70 +54	+79 +54
+15 +2	+21 +2	+32 +2	+24 +11	+30 +11	+41 +11	+33 +20	+39 +20	+50 +20	+45 +32	+51 +32	+62 +32	+54 +41	+60 +41	+71 +41	+66 +53	+72 +53	+83 +53	+79 +66	+85 +66	+96 +66
												+56 +43	+62 +43	+73 +43	+72 +59	+78 +59	+89 +59	+88 +75	+94 +75	+105 +75
+18 +3	+25 +3	+38 +3	+28 +13	+35 +13	+48 +13	+38 +23	+45 +23	+58 +23	+52 +37	+59 +37	+72 +37	+66 +51	+73 +51	+86 +51	+86 +71	+93 +71	+106 +71	+106 +91	+113 +91	+126 +91
												+69 +54	+76 +54	+89 +54	+94 +79	+101 +79	+114 +79	+110 +104	+126 +104	+139 +104
+21 +3	+2 +3	+43 +3	+33 +15	+40 +15	+55 +15	+45 +27	+52 +27	+67 +27	+61 +43	+68 +43	+83 +43	+81 +63	+88 +63	+103 +63	+110 +92	+117 +92	+132 +92	+140 +122	+147 +122	+162 +122
												+83 +65	+90 +65	+165 +65	+118 +100	+125 +100	+140 +100	+152 +134	+159 +134	+174 +134
												+86 +68	+93 +68	+108 +68	+126 +108	+133 +108	+148 +108	+164 +146	+171 +146	+186 +146
+24 +4	+33 +4	+50 +4	+37 +17	+46 +17	+63 +17	+51 +31	+60 +31	+77 +31	+70 +50	+79 +50	+96 +50	+97 +77	+106 +77	+123 +77	+142 +122	+151 +122	+168 +122	+186 +166	+195 +166	+212 +166
												+100 +80	+109 +80	+126 +80	+150 +130	+159 +130	+176 +130	+200 +180	+209 +180	+226 +180
												+104 +84	+113 +84	+130 +84	+160 +140	+169 +140	+186 +140	+216 +196	+225 +196	+242 +196
+27 +4	+36 +4	+56 +4	+43 +20	+52 +20	+72 +20	+57 +34	+66 +34	+86 +34	+79 +56	+88 +56	+108 +56	+117 +94	+126 +94	+146 +94	+181 +158	+290 +158	+210 +158	+241 +218	+250 +218	+270 +218
												+121 +98	+130 +98	+150 +98	+193 +170	+202 +170	+222 +170	+263 +240	+272 +240	+292 +240
+29 +4	+40 +4	+61 +4	+46 +21	+57 +21	+78 +21	+62 +37	+73 +37	+94 +37	+87 +62	+98 +62	+119 +62	+133 +108	+144 +108	+165 +108	+215 +190	+226 +190	+247 +190	+293 +268	+304 +268	+325 +268
												+139 +114	+150 +114	+171 +114	+233 +208	+244 +208	+265 +208	+319 +294	+330 +294	+351 +294

表 E-4　孔的极限偏差

常用

基本尺寸/mm		D				E		F				G		H					
大于	至	8	9	10	11	8	9	6	7	8	9	6	7	6	7	8	9	10	11
—	3	+34 +20	+45 +20	+60 +20	+80 +20	+28 +14	+39 +14	+12 +6	+16 +6	+20 +6	+31 +6	+8 +2	+12 +2	+6 +0	+10 +0	+14 +0	+25 +0	+40 +0	+60 +0
3	6	+48 +30	+60 +30	+78 +30	+105 +30	+38 +20	+50 +20	+18 +10	+22 +10	+28 +10	+40 +10	+12 +4	−16 −14	+8 +0	+12 +0	+18 +0	+30 +0	+48 +0	+75 +0
6	10	+62 +40	+76 +40	+98 +40	+130 +40	+47 +25	+61 +25	+22 +13	+28 +13	+35 +13	+49 +13	+14 +5	+20 +5	+9 +0	+15 +0	+22 +0	+36 +0	+58 +0	+90 +0
10 14	14 18	+77 +50	+90 +50	+120 +50	+160 +50	+59 +32	+75 +32	+27 +16	+34 +16	+43 +16	+59 +16	+17 +6	+24 +6	+11 +0	+18 +0	+27 +0	+43 +0	+70 +0	+10 +0
18 24	24 30	+98 +65	+117 +65	+149 +65	+195 +65	+73 +40	+92 +40	+33 +20	+41 +20	+33 +20	+72 +20	+20 +7	+28 +7	+13 +0	+21 +0	+33 +0	+52 +0	+84 +0	+130 +0
30 40	40 50	+119 +80	+142 +80	+180 +80	+240 +80	+89 +50	+112 +50	+41 +25	+50 +25	+64 +25	+87 +25	+25 +9	+34 +9	+16 +0	+25 +0	+39 +0	+62 +0	+100 +0	+160 +0
50 65	65 80	+146 +100	+170 +100	+220 +100	+290 +100	+106 +60	+134 +60	+49 +30	+60 +30	+76 +30	+104 +30	+29 +10	+40 +10	+19 +0	+30 +0	+46 +0	+74 +0	+120 +0	+190 +0
80 100	100 120	+174 +120	+207 +120	+260 +120	+340 +120	+126 +72	+159 +72	+58 +36	+71 +36	+90 +36	+123 +36	+34 +12	+47 +12	+22 +0	+35 +0	+54 +0	+87 +0	+140 +0	+220 +0
120 140 160	140 160 180	+208 +145	+245 +145	+305 +145	+395 +145	+148 +85	+185 +85	+68 +43	+68 +43	+106 +43	+143 +43	+39 +14	+54 +14	+25 +0	+40 +0	+63 +0	+100 +0	+160 +0	+250 +0
180 200 225	200 225 250	+242 +170	+285 +170	+355 +170	+460 +170	+172 +100	+215 +100	+79 +50	+96 +50	+122 +50	+165 +50	+44 +15	+61 +15	+29 +0	+46 +0	+72 +0	+115 +0	+185 +0	+290 +0
250 280	280 315	+271 +190	+320 +190	+400 +190	+510 +190	+191 +110	+240 +110	+88 +56	+108 +56	+173 +56	+186 +56	+49 +17	+69 +17	+32 +0	+52 +0	+81 +0	+130 +0	+210 +0	+320 +0
315 355	355 400	+299 +210	+350 +210	+410 +210	+570 +210	+214 +125	+265 +125	+98 +62	+119 +62	+151 +62	+202 +62	+54 +18	+75 +18	+36 +0	+57 +0	+89 +0	+140 +0	+230 +0	+360 +0

摘自［GB1801—79］　　μm

公差带

JS			K			M			N			P		R		S		T	
6	7	8	6	7	8	6	7	8	6	7	8	6	7	6	7	6	7	6	7
±3	±5	±7	0 −6	0 −10	0 −14	−2 −8	−2 −12	−2 −16	−4 −10	−4 −14	−4 −18	−6 −12	−6 −16	−10 −16	−10 −20	−14 −20	−14 −24	—	—
±4	±6	±9	+2 −6	+3 −9	+5 −13	−1 9	0 −12	+2 −16	−5 −13	−4 −16	−2 −20	−9 −17	−8 −20	−12 −20	−11 −23	−16 −24	−15 −27	—	—
±4.5	±7	±11	+2 −7	+5 −10	+6 −16	−3 12	0 −15	+1	−7 −16	−4 −19	−3 −25	−12 −21	−9 −24	−16 −25	−13 −28	−20 −29	−17 −32	—	—
±5.5	±9	±13	+2 −9	+6 −12	+8 −19	+4 15	0 −18	+2 −25	−9 −20	−5 −23	−3 −30	−15 −26	−11 −29	−20 −31	−16 −34	−25 −36	−21 −39	—	—
±6.5	±10	±16	+2 −11	+6 −15	+10 −23	+4 17	0 −21	+4 −29	11 24	−7 −28	−3 −36	−18 −31	−14 −35	−24 −37	−20 −41	−31 −44	−27 −48	—	—
																		−37 −50	−33 −54
±8	±12	±19	+3 −13	+7 −18	+12 −27	+4 20	0 −25	+5 −34	−12 −28	−8 −33	−3 −42	−21 −37	−17 −42	−29 −45	−25 −50	−38 −54	−34 −59	−43 −59	−39 −64
																		−49 −65	−45 −70
±9.5	±15	±23	+4 −15	+9 −21	+14 −32	+6 24	0 −30	+5 −41	−14 −33	−9 −39	−4 −50	−26 −45	−21 −51	−35 −54	−30 −60	−47 −66	−42 −72	−60 −79	−55 −85
														−37 −56	−32 −62	−63 −72	−48 −78	−69 −88	−64 −94
±11	±17	±27	+4 −18	+10 −25	+16 −38	+6 28	0 −35	+6 −48	−16 −38	−10 −45	−4 −58	−30 −52	−24 −59	−44 −66	−38 −73	−64 −86	−58 −93	−84 −106	−73 −113
														−47 −69	−41 −76	−72 −94	−66 −101	−97 −119	−91 −126
±12.5	±20	±31	+4 −21	+12 −28	+20 −43	+8 33	0 −40	+8 −55	−20 −45	−12 −52	−4 −67	−36 −61	−28 −68	−56 −81	−48 −88	−85 −110	−77 −117	−115 −140	−107 −147
														−58 −83	−50 −90	−93 −118	−85 −125	−127 −152	−119 −159
														−61 −86	−53 −93	−101 −126	−93 −133	−139 −164	−131 −171
±14.5	±23	±36	+5 −24	+13 −33	+22 −50	+8 37	0 −46	+9 −63	−22 −51	−14 −60	−5 −77	−41 −70	−33 −79	−68 −97	−60 −106	−113 −142	−105 −151	−157 −186	−149 195
														−71 −100	−63 −109	−121 −150	−113 −159	−171 −200	−163 −209
														−75 −104	−67 −113	131 −160	−123 −169	−187 −216	−179 −225
±16	±26	±40	+5 −27	+16 −36	+25 −56	+9 41	0 −52	+9 −72	−25 −57	−14 −66	−5 −86	−47 −79	−36 −88	−85 −117	−74 −126	−149 −181	−138 −190	−209 −241	−198 −250
														−89 −121	−78 130	−161 −193	−150 −202	−231 −263	−220 −272
±18	±28	±44	+7 −29	+17 −40	+28 −61	+10 46	0 −57	+11 −78	−26 −62	−16 −73	−5 −94	−51 −87	−41 −98	−97 −133	−87 −144	−179 −215	−169 −226	−257 −293	−247 −304
														−103 −139	−93 −150	−197 −233	−187 −244	−283 −319	−273 −330

参 考 文 献

1　张士权主编．画法几何．北京:北京航空航天大学出版社，1992
2　佟国治主编．机械制图．北京:北京航空航天大学出版社，1992
3　宋子玉主编．画法几何．北京:北京航空航天大学出版社，1998
4　董国耀主编．机械制图．北京:北京理工大学出版社，1998
5　谭建荣主编．图学基础教程．北京:高等教育出版社，1999
6　佟国治主编．现代工程设计图学．北京:机械工业出版社，2000
7　杨文彬．机械结构设计准则及实例．北京：机械工业出版社，1997
8　吴宗泽主编．机械结构设计．北京：机械工业出版社，1998